Arithmetik

Springer
Berlin
Heidelberg
New York
Barcelona
Hongkong
London
Mailand
Paris
Singapur
Tokio

Donald E. Knuth

Arithmetik

Aus dem Englischen übersetzt
von Rüdiger Loos

Mit 17 Abbildungen

Springer

Autor
Prof. Donald E. Knuth
Stanford University
Department of Computer Science
Gates Building 4b-477
Stanford, CA 94305, USA

Übersetzer
Prof. Dr. Rüdiger Loos
Universität Tübingen
Fakultät für Informatik
Sand 13, 72076 Tübingen
loos@informatik.uni-tuebingen.de

Englische Originalausgabe
D. E. Knuth: The Art of Computer Programming
Volume 3, Chapter 4, Addison-Wesley 1998

Die Deutsche Bibliothek - CIP-Einheitsaufnahme
Knuth, D.E.: Arithmetik. Übers. von R. Loos. Originaltitel: The Art of Computer Programming. Berlin; Heidelberg; New York; Barcelona; Hongkong; London; Mailand; Paris; Singapur; Tokio: Springer, 2001
ISBN 3-540-66745-8

ISBN 3-540-66745-8 Springer-Verlag Berlin Heidelberg New York

Springer-Verlag Berlin Heidelberg New York
ein Unternehmen der BertelsmannSpringer Science+Business Media GmbH

Angaben zur Herstellung finden sich im Kolophon am Buchende.

Gedruckt auf säurefreiem Papier SPIN 10744711 - 33/3142PS - 5 4 3 2 1 0

Inhalt

Vorwort

Wo es die Sache leidet,
halte ich es immer für besser,
nicht mit dem Anfang anzufangen,
der immer das Schwerste ist.
— Schiller im Briefwechsel an Goethe (5.2.1796)

Zur Übersetzung

DIE VORLIEGENDE ÜBERSETZUNG folgt der dritten, aktualisierten und revidierten Auflage des amerikanischen Originals, wobei alle Änderungen und Verbesserungen bis Juli 2000 berücksichtigt wurden. Da weitere Teile aus der auf sieben Bände angelegten Reihe ins Deutsche übertragen werden sollen, wurde die Einteilung in Kapitel, Abschnitte und Unterabschnitte beibehalten. Dies hat den Vorteil, dass sich die Querverweise nicht ändern, auch nicht zwischen Übersetzung und Original. So bezieht sich etwa der Verweis auf Abschnitt 4.6.3 auf das vorliegende Kapitel 4, während 7.1 auf die booleschen Algorithmen im noch nicht erschienenen Kapitel 7 verweist.

Für Auskünfte bei der Abfassung des Textes danke ich den Kollegen G. Collins, U. Kulisch, H. Lüneburg, K. Mehlhorn, M. Mignotte, R. Remmert und M. Schramm. Für die unermüdliche Verbesserung meines Deutschs und meiner Rechtschreibung – nach: *Die deutsche Rechtschreibung* (Bertelsmann Lexikon Verlag, 1996) – danke ich meiner Sekretärin Mme Gaudefroy-Bergmann. Zahlreiche Fehler wurden von meinen Mitarbeitern Ch. Schwarzweller, H. Gast, A. Haug, U. Kreppel, V. Simonis und R. Weiss aufgespießt, außerdem von S. Huggenberger und den Hörern meiner Vorlesung *Finger oder Fäuste? – Arithmetische Algorithmen.* Weitere Verbesserungen der Übersetzung durch Leser werde ich zu schätzen wissen, auch wenn ich hierfür keine Belohnung wie der Autor D. Knuth aussetze. Ihm und H. Engesser vom Springer-Verlag für prompten Rat und viel Geduld besonderen Dank!

Tübingen im Januar 2001 Rüdiger Loos

O liebe Ophelia!
Es gelingt mir schlecht mit dem Silbenmaße; ich besitze
die Kunst nicht, meine Seufzer zu messen.

— Hamlet (Akt II, Szene 2, Zeile 120,
in Schlegels Übersetzung)

Vorwort zur dritten Auflage

Als im Jahre 1980 die zweite Auflage dieses Buchs fertig war, stellte sie den ersten größeren Testfall für Prototypsysteme für elektronische Publikation namens TEX und METAFONTdar. Jetzt kann ich glücklich die volle Entfaltung dieser Systeme feiern und kehre zu dem Buch zurück, das sie inspirierte und formte. Endlich kann ich alle Bände der*The Art of Computer Programming* in einem einheitlichen Format halten, so dass sie sich nun an künftige Änderungen der Druck- und Darstellungstechnik leicht anpassen lassen. Dieses Neuaufsetzen hat mir viele tausend Verbesserungen ermöglicht, auf deren Einfügung ich eine lange Zeit gewartet hatte.

In dieser neuen Auflage ging ich den Text Wort für Wort durch. Ich habe versucht, den jugendlichen Schwung meiner ursprünglichen Sätze beizubehalten, und gleichzeitig vielleicht ein reiferes Urteil hinzuzufügen. Dutzende neuer Übungen sind hinzugekommen; dutzende früherer Übungen haben neue und bessere Antworten bekommen. Änderungen erscheinen überall, am meisten jedoch in den Abschnitten 3.5 (über theoretische Garantien von Zufälligkeit), 3.6 (über portable Zufallszahlgeneratoren), 4.5.2 (über den binären ggT-Algorithmus) und 4.7 (über Komposition und Iteration von Potenzreihen).

The Art of Computer Programming ist jedoch immer noch ein Projekt in Entwicklung. Die Erforschung seminumerischer Algorithmen wächst weiter in einem phänomenalen Ausmaß. Deshalb sind einige Teile dieses Buchs mit dem Zeichen „Baustelle“ versehen. Damit möchte ich mich für die Tatsache entschuldigen, dass das Material nicht auf dem neuesten Stand ist. Meine Dateien quellen über von wichtigem Material, das ich in die endgültige, glanzvolle, vierte Auflage von Band 2, vielleicht in 16 Jahren, einzufügen plane; aber ich muss Band 4 und 5 erst zu Ende bringen und will ihre Veröffentlichung nicht mehr als unbedingt notwendig verzögern.

Ich bin den vielen Menschen außerordentlich dankbar, die mir in den letzten 35 Jahren geholfen haben, das Material zu sammeln und aufzubereiten. Den größten Teil der harten Arbeit bei der Vorbereitung der Neuauflage leisteten Silvio Levy, der den elektronischen Text fachmännisch editierte, und Jeffrey Oldham, der nahezu alle ursprünglichen Illustrationen in das METAPOST-Format konvertierte. Ich habe jeden Fehler korrigiert, den aufmerksame Leser in der zweiten Auflage entdeckten (dazu noch einige Fehler, die leider niemand bemerkte); und ich habe mich bemüht, im neuen Material keine neuen Fehler hinzuzufügen. Die sicher noch verbliebenen Fehler will ich so bald wie möglich beheben. Deswegen werde ich mich freuen, jedem $2,56 zu zahlen, der als erster einen technischen, typographischen oder historischen Fehlers entdeckt. Die auf Seite iv zitierte Webseite enthält eine Liste aller Korrekturen, die mir berichtet wurden.

Stanford, Kalifornien D. E. K.
Juli 1997

Vorwort zur ersten Auflage

Die Algorithmen dieses Buches arbeiten direkt mit Zahlen; trotzdem werden sie, glaube ich, zu Recht *seminumerisch* genannt, weil sie an der Grenze zwischen numerischen und symbolischen Rechnungen liegen. Jeder Algorithmus berechnet nicht nur die gewünschten Antworten zu einem numerischen Problem, er soll ausdrücklich auch gut an die internen Operationen eines Rechners anpasst sein. In vielen Fällen kann man die volle Schönheit eines solchen Algorithmus nur schätzen, wenn man auch etwas von der Maschinensprache des Rechners versteht; die Effizienz des entsprechenden Maschinenprogramms ist ein vitaler Faktor, der nicht vom Algorithmus selbst geschieden werden darf. Das Problem besteht darin, die besten Wege zu finden, Rechner mit Zahlen arbeiten zu lassen, und das schließt sowohl taktische als auch numerische Überlegungen ein. Deshalb gehört der Stoff dieses Buch zweifelsohne zur Informatik als Rechnerwissenschaft wie auch zur numerischen Mathematik.

Einige, die in den „oberen Etagen“ der Numerik arbeiten, werden die hier behandelten Themen als Domäne von Systemprogrammierern betrachten. Andere, die in den „oberen Etagen“ der Systemprogrammierung arbeiten, werden die hier behandelten Themen als Domäne der Numeriker ansehen. Doch hoffe ich, dass einige Leute übrig bleiben, die sorgfältig diese grundlegenden Methoden studieren wollen. Obwohl die Verfahren vielleicht auf einer unteren Ebene zu Hause sind, so liegen sie allen eindrucksvolleren Rechneranwendungen auf numerische Probleme zu Grunde, so dass es wichtig ist, sie gut zu kennen. Wir befassen uns hier mit der Schnittstelle zwischen numerischer Mathematik und Programmierung, und gerade die Begegnung beider Arten von Können macht das Thema so interessant.

In diesem Buch gibt es einen merklich höheren Anteil an mathematischem Stoff als in den anderen Bänden dieser Reihe auf Grund der Natur des behandelten Themas. In den meisten Fällen werden die notwendigen mathematischen Themen hier nahezu von den Anfängen her entwickelt (oder von in Band 1 bewiesenen Ergebnissen), doch wurden in einigen leicht erkennbaren Abschnitten Kenntnisse der Analysis vorausgesetzt.

Dieser Band umfasst Kapitel 3 und 4 der vollständigen Reihe. Kapitel 3 befaßt sich mit „Zufallszahlen“: Es studiert nicht nur verschiedene Methoden, Zufallsfolgen zu erzeugen, sondern untersucht auch statistische Tests auf Zufälligkeit sowie die Transformationen gleichverteilter Zufallszahlen in andere Arten zufälliger Größen; letzteres illustriert, wie Zufallszahlen in der Praxis benutzt werden. Ich habe auch einen Abschnitt über die Natur des Zufalls selbst eingefügt. In Kapitel 4 habe ich versucht, die faszinierende Geschichte von der Entdeckung der arithmetischen Prozesse zu erzählen, die sich über Jahrhunderte hinweg entwickelt haben. Dort werden verschiedene Systeme der Zahldarstellung und die Möglichkeiten besprochen, von einer Darstellung in die andere zu konvertieren; es behandelt die Arithmetik von Gleitkommazahlen, von hochgenauen ganzen Zahlen, rationalen Brüchen, von Polynomen und Potenzreihen, einschließlich der Fragen der Faktorisierung und der Bestimmung größter gemeinsamer Teiler.

Sowohl Kapitel 3 als auch Kapitel 4 kann als Basis eines halbjährigen Kurses in der Oberstufe oder im Grundstudium gewählt werden. Obwohl Kurse über „Zufallszahlen“ und „Arithmetik“ gegenwärtig nur selten Teil des Curriculums sind, glaube ich dennoch, dass sich die Themen dieser Kapitel hervorragend zu einer einheitlichen Behandlung didaktisch wertvollen Materials eignen. Meine eigene Erfahrung war, dass diese Kurse sehr geeignet waren, elementare Wahrscheinlichkeitsrechnung und Zahlentheorie für Anfänger einzuführen. Nahezu alle Themen solcher Einführungskurse hängen in natürlicher Weise mit Anwendungen zusammen, und die Existenz dieser Anwendungen kann eine wichtige Motivation bieten, die Theorie zu lernen und zu schätzen. Außerdem bietet jedes Kapitel einige Hinweise auf fortgeschrittenere Themen, die den Appetit vieler Studenten auf weitere mathematische Untersuchungen anregen werden.

Dieses Buch ist größtenteils als geschlossene Einheit verfaßt, mit der Ausnahme gelegentlicher Diskussionen des `MIX`-Rechners, der in Band 1 erklärt wird. Anhang B enthält eine Zusammenstellung der benutzten mathematischen Notationen, von denen einige leicht von denen traditioneller mathematischer Bücher abweichen.

Wenn man acht Jahre lang an einem Buch gearbeitet hat, so muss man viel zu vielen Kollegen, Sekretärinnen, Studenten, Lehrern und Freunden danken. Außerdem habe ich nicht die Absicht, solchen Leuten die übliche Entlastung von der Verantwortung für verbliebene Fehler zu geben. Sie hätten mich korrigieren sollen! Und manchmal sind sie sogar Schuld an Ideen, die sich langfristig als falsch herausstellen könnten. Nichtsdestotrotz, solchen Mitstreitern mein Dank.

— EDWARD F. CAMPBELL, JR. (1975)

'Defendit numerus,' [Zahlen geben Schutz]
ist die Maxime des Narren,
'Deperdit numerus.' [Zahlen ruinieren]
die des Weisen.

— C. C. COLTON (1820)

Hinweise zu den Übungen

DIE ÜBUNGEN in dieser Buchsammlung wurden konzipiert für das Selbststudium wie auch für den Unterricht. Es ist schwierig, wenn nicht unmöglich, nur durch Lesen etwas zu lernen, ohne die Informationen auf spezifische Probleme anzuwenden und hierdurch ermuntert zu werden, über das Gelesene nachzudenken. Außerdem lernen wir das am besten, was wir selbst entdeckt haben. Deswegen nehmen die Übungen einen breiten Raum in diesem Werk ein; es wurde ausdrücklich versucht, sie so informativ wie möglich zu gestalten, und Probleme auszuwählen, die gleichermaßen Freude machen und instruktiv sind.

In vielen Büchern findet man leichte Übungen in zufälliger Mischung mit extrem schweren. Das ist schlecht, weil Leser im Voraus wissen möchten, wieviel Zeit eine Aufgabe in Anspruch nehmen sollte – sonst überspringen sie vielleicht alle Aufgaben. Ein klassisches Beispiel dieser Situation ist das Buch *Dynamic Programming* von Richard Bellman; es handelt sich um eine wichtige Pionierarbeit, in der man am Ende mancher Kapitel unter der Überschrift „Übungen und Forschungsprobleme" eine Sammlung von Problemen findet, wobei äußerst triviale Fragen und tiefe ungelöste Probleme zusammengeworfen sind. Es heißt, Dr. Bellman sei einmal gefragt worden, wie man die Übungen von den Forschungsproblemen unterscheiden könne, und er habe geantwortet „Wenn du es lösen kannst, ist es eine Übung, sonst ist es ein Forschungsproblem."

Es gibt gute Gründe, sowohl Forschungsprobleme als auch ganz leichte Übungen in ein Buch dieser Art aufzunehmen; der Leser sollte jedoch nicht selbst entscheiden müssen, um welche Art von Problem es sich jeweils handelt. Daher wurden die Übungen mit *Gradzahlen* versehen, die den Schwierigkeitsgrad anzeigen. Diese Zahlen haben die folgende allgemeine Bedeutung:

Grad *Interpretation*

00 Eine sehr leichte Übung, die sofort gelöst werden kann, wenn man den Stoff verstanden hat; eine solche Übung kann fast immer „im Kopf" bearbeitet werden.

10 Ein einfaches Problem, das zum Nachdenken über das gerade Gelesene anregt, aber keinesfalls schwierig ist. Es sollte nicht länger als eine Minute in Anspruch nehmen; Bleistift und Papier können zur Lösung des Problems nützlich sein.

20 Ein Problem durchschnittlicher Schwierigkeit, das das Grundverständnis des Materials testet, aber 15 bis 20 Minuten können zur vollständigen Beantwortung erforderlich sein.

30 Ein Problem mäßiger Schwierigkeit und/oder Komplexität; eine befriedigende Lösung kann länger als zwei Stunden in Anspruch nehmen oder sogar noch länger, wenn der Fernseher läuft.

40 Ein ganz schwieriges oder langwieriges Problem, das für eine Studienarbeit zu einer Vorlesung geeignet ist. Ein Student sollte das Problem in einem vernünftigen Zeitraum lösen können, aber die Lösung ist nicht trivial.

50 Ein Forschungsproblem, das nach Wissen des Autors bisher noch keine befriedigende Lösung gefunden hat, obwohl viele sich daran versucht haben. Wer für ein solches Problem eine Lösung findet, sollte sie für eine Publikation aufschreiben; außerdem würde der Autor dieses Buchs gerne die Lösung so bald wie möglich erfahren (vorausgesetzt, sie stimmt).

Durch Interpolation in dieser „logarithmischen" Skala wird die Bedeutung der anderen Gradzahlen klar. Zum Beispiel kennzeichnet Gradzahl *17* eine im Verglich zum Durchschnitt etwas leichtere Übung.

Probleme mit einem Grad von *50*, die in der Folge von einem Leser gelöst werden, können dann in späteren Ausgaben dieses Buchs mit der Gradzahl *45* versehen werden und in den Errata im Internet (siehe Seite iv) erscheinen.

Wenn man die Gradzahlen durch 5 teilt, so gibt der Rest den Umfang der Arbeit im Detail an. Also braucht eine Übung mit Gradzahl *24* länger zur Lösung als eine Übung mit Grad *25*, doch letztere erfordert mehr Kreativität.

Der Autor hat ernsthaft versucht, genaue Gradzahlen zuzuordnen. Es ist jedoch für den Aufgabenstellenden nicht einfach zu wissen, wie schwierig es für jemand anders sein wird, eine Lösung zu finden, zumal jeder für bestimmte Arten von Problemen besser geeignet ist als für andere. Hoffentlich stellen die Gradzahlen eine gute Einschätzung des Schwierigkeitsgrads dar, aber sie sollten nur als allgemeine Richtschnur, nicht als absolute Indikatoren dienen.

Dieses Buch wurde für Leser mit unterschiedlicher mathematischer Übung und Fertigkeit geschrieben; daher sind einige der Übungen nur für mathematisch geneigtere Leser gedacht. Ein *M* vor dem Schwierigkeitsgrad weist darauf hin, dass die Übung mathematische Motivation oder die Beherrschung mathematischer Begriffe in größerem Ausmaß voraussetzt, als sie notwendig für jemanden sind, der hauptsächlich an der eigenen Programmierung der Algorithmen interessiert ist. Eine Übung wird mit den Buchstaben „*HM*" versehen, wenn ihre Lösung Kenntnis der Analysis oder höhere Mathematik erfordert, die nicht in diesem Buch entwickelt wird. Eine „*HM*"-Kennzeichnung bedeutet *nicht* notwendigerweise Schwere.

Eine Pfeilspitze „▸" vor einigen Übungen weist auf besonders instruktive und empfehlenswerte Probleme hin. Natürlich wird von keinem Leser oder Studenten erwartet, dass er *alle* Übungen macht; deswegen wurden die Wertvollsten besonders hervorgehoben, (Das soll nicht von den anderen Übungen ablenken.) Jeder Leser sollte wenigsten einen Versuch machen, alle Übungen vom Grad *10* oder weniger zu lösen; und die Pfeile können helfen zu erkennen, welche Probleme mit einer höheren Gradzahl vorrangig behandelt werden sollten.

Lösungen zu den meisten Übungen erscheinen im Lösungsabschnitt. Bitte nutze sie weise; wende dich erst der Antwort zu, wenn du eine nachdrückliche Anstrengung zur Lösung des Problems selbst unternommen hast, oder wenn du absolut keine Zeit hast, dieses spezielle Problem zu bearbeiten. Erst *nachdem* du deine eigene Lösung gefunden hast oder dem Problem einen ehrlichen Versuch gewidmet hast, wird die Antwort vielleicht instruktiv und hilfreich sein. Die Lösungen werden oft recht kurz gegeben und die Details nur skizziert unter der Annahme, dass du einen ernsten Versuch unternommen hast, es erst mit eigenen Kräften zu lösen. Manchmal enthält die Lösung weniger Informationen als gefragt wurde; oft jedoch mehr. Es ist durchaus möglich, dass du eine bessere Antwort als die hier publizierte hast oder dass du in der publizierten Lösung einen Fehler findest; in einem solchen Fall würde der Autor gerne die Details erfahren. Spätere Ausgaben dieses Buchs werden die bessere Lösung und den Namen des Einsenders angeben, wo es angebracht ist.

Bei der Bearbeitung der Übungen kannst du in der Regel die Antworten der früheren Übungen verwenden, wenn es nicht ausdrücklich untersagt ist. Dies wurde bei der Vergabe des Schwierigkeitsgrads bereits berücksichtigt; deswegen ist es möglich, dass Übung $n+1$ einen geringeren Grad hat als Übung n, obwohl sie das Ergebnis von Übung n als Spezialfall enthält.

Zusammenfassung der Gradangaben:		*00*	Sofort
		10	Einfach (eine Minute)
		20	Mittel (Viertelstunde)
▶	Empfohlen	*30*	Maßvoll schwierig
M	Mathematisch orientiert	*40*	Studienarbeit
HM	Erfordert „höhere Mathematik“	*50*	Forschungsprojekt

Übungen

▶ **1.** [*00*] Was bedeutet der Grad „*M20*“?

2. [*10*] Von welchem Wert können die Übungen eines Lehrbuchs für den Leser sein?

3. [*34*] Leonhard Euler vermutete 1772, dass die Gleichung $w^4 + x^4 + y^4 = z^4$ keine Lösung in positiven ganzen Zahlen hat, doch bewies Noam Elkies 1987, dass unendlich viele Lösungen existieren [siehe *Math. Comp.* **51** (1988), 825–835]. Finde alle ganzzahligen Lösungen mit $0 \le w \le x \le y < z < 10^6$.

4. [*M50*] Beweise, dass wenn n eine ganze Zahl ist, $n > 4$, die Gleichung $w^n + x^n + y^n = z^n$ keine Lösung in positiven ganzen Zahlen w, x, y, z hat.

Übung ist das beste Instrument zum Lernen.
— ROBERT RECORDE, *The Whetstone of Witte* (1557)

Kapitel vier

Arithmetik

Ich sah, es gibt nichts (recht wohl geliebte Studenten der Mathematiken), das so misslich für die mathematische Praxis und den Kalkulatoren so beschwer- und hinderlich ist als Multiplikationen, Divisionen und Extraktionen quadratischer und kubischer Wurzeln großer Zahlen, die trotz des mühsamen Zeitaufwands meistenteils vielen Flüchtigkeitsfehlern ausgesetzt sind. Deshalb begann ich darüber nachzusinnen, durch welche gewisse und handliche Kunst ich diese Hindernisse auszuräumen vermöchte.

— JOHN NEPAIR [NAPIER] (1616)

Ich hasse Summen. Es gibt kein größeres Missverständnis, als die Arithmetik eine exakte Wissenschaft zu nennen. Es gibt . . . verborgene Gesetze der Zahl, die wahrzunehmen eines Geistes wie des meinen bedarf. Wenn Du zum Beispiel eine Summe von unten nach oben addierst und dann wieder von oben nach unten, ist das Ergebnis immer verschieden.

— M. P. LA TOUCHE (1878)

Ich kann mir nicht vorstellen, daß jemand 40,000 oder gar 4,000 Multiplikationen pro Stunde braucht; eine so revolutionäre Änderung wie das Oktalsystem sollte nicht der ganzen Menschheit zum Nutzen einiger weniger Individuen auferlegt werden.

— F. H. WALES (1936)

Die meisten Numeriker haben kein Interesse an Arithmetik.

— B. PARLETT (1979)

HAUPTZIEL DIESES KAPITELS ist eine sorgfältige Untersuchung der vier arithmetischen Grundrechenarten: Addition, Subtraktion, Multiplikation und Division. Viele betrachten Arithmetik als eine triviale Sache, die Kinder lernen und Rechner abarbeiten, doch wir werden sehen, dass Arithmetik ein faszinierender Gegenstand mit vielen interessanten Facetten ist. Es ist wichtig, effiziente Methoden für das Rechnen mit Zahlen zu studieren, da Arithmetik so vielen Rechneranwendungen zu Grunde liegt.

Arithmetik ist in der Tat eine lebendige Sache, die in der Weltgeschichte eine bedeutende Rolle spielte und die sich immer noch in schneller Entwicklung befindet. In diesem Kapitel werden wir Algorithmen analysieren für arithmetische Operationen an vielen Arten von Größen, wie „Gleitkomma“-Zahlen, ganz großen Zahlen, Brüchen (rationalen Zahlen), Polynomen und Potenzreihen; und wir werden auch damit zusammenhängende Themen wie Basiswechsel, Faktorisierung von Zahlen und die Auswertung von Polynomen besprechen.

4.1. Stellenwertsysteme

Wie wir arithmetische Operationen ausführen, ist eng damit verknüpft, wie wir die Zahlen darstellen, mit denen wir operieren. Deshalb ist es angebracht, unsere Untersuchung des Themas mit einer Diskussion der hauptsächlichen Darstellungsarten von Zahlen zu beginnen. Die Stellenschreibweise mit Basis b ist definiert durch die Regel

$$(\ldots a_3a_2a_1a_0{,}a_{-1}a_{-2}\ldots)_b \\ = \cdots + a_3b^3 + a_2b^2 + a_1b^1 + a_0 + a_{-1}b^{-1} + a_{-2}b^{-2} + \cdots; \qquad (1)$$

zum Beispiel, $(520{,}3)_6 = 5 \cdot 6^2 + 2 \cdot 6^1 + 0 + 3 \cdot 6^{-1} = 192\frac{1}{2}$. Unser übliches Zehnersystem ist natürlich der Spezialfall, dass b zehn ist und dass die a als die „Zehnerziffern" 0, 1, 2, 3, 4, 5, 6, 7, 8, 9 genommen werden; in diesem Fall kann das Subskript b in (1) weggelassen werden. Die einfachsten Verallgemeinerungen des Dezimalsystems erhält man, wenn man b als ganze Zahl größer 1 nimmt und wenn man von den a verlangt, dass sie ganze Zahlen im Bereich $0 \leq a_k < b$ sind. Das gibt uns die üblichen binären ($b = 2$), ... Zahlsysteme. Allgemein könnten wir b als irgendeine nicht-verschwindende Zahl und die a von irgendeiner spezifizierten Menge von Zahlen nehmen; dies führt zu einigen interessanten Situationen, wie wir sehen werden.

Das Komma, das zwischen a_0 und a_{-1} in (1) auftritt, wird das *Stellenkomma* genannt. (Wenn $b = 10$, heißt es auch Dezimalkomma, und wenn $b = 2$, heißt es manchmal Binärkomma, usw.) Die Angelsachsen benutzen einen Punkt an Stelle des Kommas. Die Engländer benutzten früher einen hochgestellten Punkt.

Die a in (1) heißen die *Ziffern* der Darstellung. Eine Ziffer a_k für großes k heißt häufig „signifikanter" als die Ziffern a_k kür kleines k; entsprechend wird die Ziffer am weitesten links oder die „führende" Ziffer als *signifikanteste Ziffer* und die Ziffer am weitesten rechts oder die „Endziffer" als *die am wenigsten signifikante* Ziffer bezeichnet. Im üblichen Binärsystem werden die Binärziffern häufig *Bit* genannt; im üblichen hexadezimalen System (Basis sechzehn) werden die hexadezimalen Ziffern null bis fünfzehn üblicherweise mit

0, 1, 2, 3, 4, 5, 6, 7, 8, 9, A, B, C, D, E, F

bezeichnet.

Die historische Entwicklung der Zahldarstellungen ist eine faszinierende Geschichte, da sie parallel zur Entwicklung der Kultur selbst verläuft. Wir würden viel zu weit gehen, wenn wir diese Geschichte in allen Einzelheiten untersuchen wollten, es wird aber erhellend sein, die Hauptmerkmale zu betrachten.

Die ältesten Formen der Zahldarstellungen, die man noch bei Naturvölkern findet, basieren auf Gruppen von Fingern, Steinhaufen, usw., üblicherweise mit besonderen Konventionen für die Ersetzung eines größeren Steinhaufens oder einer größeren Gruppe, von, sagen wir fünf oder zehn, Gegenständen durch einen Gegenstand besonderer Art oder an einem besonderen Platz. Solche Systeme führen ganz natürlich zu den ältesten Formen der schriftlichen Zahldarstellung, wie in den Systemen der babylonischen, ägyptischen, griechischen, chinesischen und römischen Ziffern; doch sind solche Darstellungen recht unbequem, um arithmetische Operationen, außer in den einfachsten Fällen, auszuführen. Während des zwanzigsten Jahrhunderts haben Mathematikhistoriker ausgedehnte Studien alter Keilschrifttäfelchen betrieben, die von Archäologen im Mittleren Osten gefunden wurden. Diese Untersuchungen zeigen, dass die Babylonier tatsächlich zwei verschiedene Systeme einer Zahldarstellung besaßen: Die im täglichen Handel benutzten Zahlen wurden in einer Notation dargestellt, die auf Zehner-, Hundertergruppen usw. beruhten; diese Notation war von früheren mesopotanischen Kulturen überkommen, und große Zahlen wurden selten benötigt. Wenn jedoch schwierigere mathematische Probleme behandelt wurden, machten die babylonischen Mathematiker ausführlichen Gebrauch von einer sexagesimalen (zur Basis 60) Stellenwertnotation, die mindestens schon 1750 v.Chr. hoch entwickelt war. Diese Darstellung war einzigartig darin, dass sie tatsächlich eine *Gleitkommaform* war, bei der die Exponenten unterdrückt wurden; der geeignete Skalierungsfaktor oder die Potenz von sechzig musste vom Kontext geliefert werden, so dass zum Beispiel die Zahlen 2, 120, 7200, und $\frac{1}{30}$ alle gleich geschrieben wurden. Die Notation war besonders bequem für Multiplikation und Division mittels Hilfstabellen, da die Anpassung des Kommas keinen Einfluß auf das Ergebnis hatte. Als Beispiele für diese babylonische Notation betrachte man die folgenden Exzerpte aus alten Tafeln: Das Quadrat von 30 ist 15 (was man auch lesen kann als: „Das Quadrat von $\frac{1}{2}$ ist $\frac{1}{4}$“); das Reziproke von $81 = (1\ 21)_{60}$ ist $(44\ 26\ 40)_{60}$; und das Quadrat des letzteren ist $(32\ 55\ 18\ 31\ 6\ 40)_{60}$. Die Babylonier hatten ein Symbol für die Null, aber ihrer „Gleitkomma“-Philosophie wegen wurde sie nur innerhalb von Zahlen, nicht aber am rechten Ende zur Bezeichnung eines Skalierungsfaktors benutzt. Zur interessanten Geschichte der alten babylonischen Mathematik siehe O. Neugebauer, *The Exact Sciences in Antiquity* (Princeton, N. J.: Princeton University Press, 1952), und B. L. van der Waerden, *Science Awakening*, übersetzt von A. Dresden (Groningen: P. Noordhoff, 1954); siehe aber auch D. E. Knuth, *CACM* **15** (1972), 671–677; **19** (1976), 108.

Festkommanotation wurde offensichtlich zuerst von den Mayaindianern in Zentralamerika etwa vor 2000 Jahren erdacht; ihr Basis-20-System war hoch entwickelt, besonders in Verbindung mit astronomischen Daten und Zeiten des Kalenders. Sie fingen an, ein geschriebenes Zeichen für die Null etwa 200 v.Chr. zu benutzen. Doch die spanischen Eroberer zerstörten nahezu alle Mayabücher zur Geschichte und Wissenschaft, so dass wir vergleichsweise wenig Kenntnis über das Maß an Fertigkeit haben, das die amerikanischen Ureinwohner in der Arithmetik erreicht hatten. Spezielle Multiplikationstafeln wurden gefunden, jedoch sind keine Beispiele für die Division bekannt [Siehe J. Eric S. Thompson, *Contributions to Amer. Anthropology and History* **7** (Carnegie Inst. of Washington, 1941), 37–67; J. Justeson, „Ancient Mesoamerican computing practices,“ *History of Science* **3** (Rome: Istituto della Enciclopedia Italiana), Erscheinung angekündigt.]

Einige Jahrhunderte vor Christi Geburt gebrauchten die Griechen eine alte Form des Abakus für ihre arithmetischen Berechnungen mit Sand oder Steinchen auf einer Tafel, die Zeilen und Spalten besass, die in natürlicher Weise unserem Dezimalsystem entsprachen. Es überrascht uns vielleicht, dass dasselbe Stellenwertsystem niemals auf die Schreibweise von Zahlen angewendet wurde, da wir so vertraut sind, mit Bleistift und Papier dezimal zu arbeiten; aber die größere Leichtigkeit, mit dem Abakus zu rechnen (da Schreiben keine allgemeine Fertigkeit war, und da Abakusbenutzer keine Additionen und Multiplikationen auswendig lernen mussten) gab den Griechen wahrscheinlich das Gefühl, es wäre unsinnig, auf die Idee zu kommen, dass man besser mit „Notizpapier" rechnen könne. Zur selben Zeit benutzten griechische Astronomen eine sexagesimale Notation für Brüche, die sie von den Babyloniern gelernt hatten.

Unsere Dezimalnotation, die sich von den älteren Formen hauptsächlich durch das feste Komma unterscheidet, zusammen mit ihrem Symbol für null zur Markierung einer Leerstelle wurde zuerst in Indien innerhalb der Hindukultur entwickelt. Dabei ist der genaue Zeitpunkt, zu dem diese Notation zuerst auftauchte, ganz ungewiss; etwa 600 v.Chr. scheint eine gute Mutmaßung zu sein. Die Hinduwissenschaft war hochentwickelt zu dieser Zeit, besonders in der Astronomie. Die ältesten bekannten Hindumanuskripte mit Dezimalnotation zeigen die Zahlen in umgekehrter Reihenfolge geschrieben (mit der signifikantesten Ziffer rechts), doch wurde es bald üblich, die signifikanteste Ziffer nach links zu setzen.

Die Hinduprinzipien der Dezimalarithmetik wurden etwa 750 v.Chr. nach Persien gebracht, als einige wichtige Werke ins Arabische übersetzt wurden; eine pittoreske Darstellung dieser Entwicklung findet sich in einem hebräischen Dokument von Abraham Ibn Ezra, das ins Englische übersetzt wurde in *AMM* **25** (1918), 99–108. Nicht lange danach, schrieb al-Khwārizmī sein arabisches Lehrbuch zum Thema. (Wie in Kapitel 1 festgestellt wurde, kommt unser Wort „Algorithmus" von al-Khwārizmīs Namen). Sein Werk wurde ins Lateinische übersetzt und übte einen starken Einfluss auf Leonardo Pisano (Fibonacci) aus, dessen Buch über Arithmetik 1202 n.Chr. eine größere Rolle bei der Verbreitung der hindu-arabischen Ziffern in Europa spielte. Interessanterweise blieb die Links-nach-rechts-Reihenfolge beim Schreiben der Ziffern unverändert bei diesen beiden Übergängen, obwohl Arabisch von rechts nach links geschrieben wird und lateinische Gelehrte allgemein von links nach rechts schrieben. Eine detaillierte Aufstellung der nun folgenden Ausbreitung der Dezimalschreibweise und -arithmetik in alle Teile Europas in der Periode von 1200–1600 wurde von David Eugene Smith in seiner *History of Mathematics* **1** (Boston: Ginn and Co., 1923), Kapitel 6 und 8, gegeben.

Dezimalsnotation wurde zunächst nur für ganze Zahlen verwendet, nicht für Brüche. Arabische Astronomen, die Brüche in ihren Stern- und anderen Tafeln brauchten, benutzten weiterhin die Schreibweise von Ptolemäus (dem berühmten griechischen Astronom), eine Notation basierend auf Sexagesimalbrüchen. Dieses System lebt heute in unseren trigonometrischen Einheiten von Grad, Minuten und Sekunden fort, und ebenso in unseren Zeiteinheiten als eine Erinnerung an die ursprüngliche babylonische sexagesimale Notation. Alte europäische Mathematiker benutzten auch Sexagesimalbrüche, wenn sie nichtganze Zahlen behandelten; zum Beispiel gab Fibonacci den Wert

$$1^\circ\ 22'\ 7''\ 42'''\ 33^{IV}\ 4^{V}\ 40^{VI}$$

als Näherung der Wurzel der Gleichung $x^3 + 2x^2 + 10x = 20$ an. (Die korrekte Antwort lautet $1^\circ\ 22'\ 7''\ 42'''\ 33^{IV}\ 4^{V}\ 38^{VI}\ 30^{VII}\ 50^{VIII}\ 15^{IX}\ 43^{X}\ \ldots$.)

Die Benutzung der Dezimalnotation für Zehntel, Hunderstel, usw. in ähnlicher Weise scheint eine vergleichsweise geringfügige Änderung; doch selbstverständlich ist es schwer, mit der Tradition zu brechen, und sexagesimale Brüche haben einen Vorteil gegenüber Dezimalbrüchen, weil Zahlen wie $\frac{1}{3}$ in einfacher Weise exakt dargestellt werden können.

Chinesische Mathematiker–die niemals Sexagesimalzahlen benutzten– waren offensichtlich die ersten, die mit dem Äquivalent der Dezimalbrüche arbeiteten, obwohl ihr Zahlensystem (in Ermangelung der Null) ursprünglich kein Stellenwertsystem im strikten Sinn war. Chinesische Einheiten für Maße und Gewichte waren dezimal, so dass Tsu Ch'ung-Chih (der 501 n.Chr. starb) in der Lage war, eine Näherung von π in der folgenden Form auszudrücken:

3 chang, 1 ch'in, 4 ts'un, 1 fen, 5 li, 9 hao, 2 miao, 7 hu.

Hier sind chang, ..., hu Längeneinheiten; 1 hu (der Durchmesser eines Seidenfadens) ist 1/10 miao, usw. Der Gebrauch solcher dezimalartiger Brüche war nach 1250 in China ziemlich weit verbreitet.

Eine embryonale Form echter Dezimalbrüche in Stellenschreibweise erschien in einem arithmetischen Text des 10. Jahrhunderts, geschrieben in Damaskus von einem obskuren Mathematiker namens al-Uqlīdisī („der Euklidische"). Er markierte manchmal die Kommastelle, zum Beispiel in Verbindung mit einem Zinseszinsproblem wie der Berechnung von 135 mal $(1{,}1)^n$ für $1 \le n \le 5$. [Siehe A. S. Saidan, *The Arithmetic of al-Uqlīdisī* (Dordrecht: D. Reidel, 1975), 110, 114, 343, 355, 481–485.] Doch er entwickelte die Idee nicht sehr weit, und sein Kunstgriff war bald vergessen. Al-Samaw'al von Bagdad und Baku, der 1172 schrieb, wußte, dass $\sqrt{10} = 3{,}162277\ldots$, er hatte aber keine bequeme Schreibweise für solche Näherungen. Mehrere Jahrhunderte vergingen, bevor Dezimalbrüche wiedererfunden wurden durch einen persischen Mathematiker, al-K-ashī, der 1429 starb. Al-K-ashī war ein hoch versierter Rechner, der den Wert von 2π wie folgt korrekt auf 16 Dezimalstellen angab:

ganz		gebrochen															
0	6	2	8	3	1	8	5	3	0	7	1	7	9	5	8	6	5

Das war die mit Abstand beste bekannte Näherung von π, bis Ludolph van Ceulen mühsam 35 Dezimalstellen in der Zeit von 1596–1610 berechnete.

Das in Europa älteste bekannte Beispiel von Dezimalbrüchen tritt in einem Text aus dem 15. Jahrhundert auf, wo zum Beispiel 153,5 multipliziert wird mit 16,25, um 2494,375 zu ergeben; das wurde als „türkische Methode" bezeichnet. Im Jahr 1525 entdeckte Christof Rudolff aus Deutschland Dezimalbrüche für sich selbst; doch wie bei al-Uqlīdisī scheint seine Arbeit wenig Einfluß gehabt zu haben. François Viète schlug die Idee ein weiteres Mal im Jahre 1579 vor.

Schließlich und endlich wurde ein arithmetischer Text von Simon Stevin aus Belgien, der 1585 unabhängig auf die Idee von Dezimalbrüchen gestoßen war, popuplär. Stevins Arbeit und die Entdeckung von Logarithmen bald danach machten Dezimalbrüche allgegenwärtig im Europa des 17. Jahrhunderts. [Siehe D. E. Smith, *History of Mathematics* **2** (Boston: Ginn and Co., 1925), 228–247, und V. J. Katz, *A History of Mathematics* (New York: HarperCollins, 1993) für weitere Bemerkungen und Referenzen.]

Die Binärdarstellung hat ihre eigene interessante Geschichte. Man kennt von vielen heute existierenden Naturvölkern die Benutzung eines binären oder Paar-Systems des Zählens (Bildung von Zweier- statt Fünfer- oder Zehnergruppen), doch sie zählen nicht in einem echten System zur Basis 2, da Zweierpotenzen nicht besonders behandelt werden. Siehe *The Diffusion of Counting Practices* von Abraham Seidenberg, *Univ. of Calif. Publ. in Math.* **3** (1960), 215–300, für interessante Details über primitive Zahlsysteme. Ein weiteres „primitives" Beispiel eines wesentlich binären Systems ist die herkömmliche Musiknotation, um Rhythmus und Zeitdauer auszudrücken.

Nicht-dezimale Zahlsystem wurden in Europa im sechzehnten Jahrhundert diskutiert. Über viele Jahre hatten Astronomen gelegentlich sexagesimale Arithmetik benutzt, sowohl für den ganzen als auch gebrochenen Teil der Zahlen, hauptsächlich wenn sie Multiplikationen ausführten [siehe John Wallis, *Treatise of Algebra* (Oxford: 1685), 18–22, 30]. Die Tatsache, dass *irgendeine* ganze Zahl größer als 1 als Basis dienen konnte, wurde offensichtlich zum ersten Mal durch Blaise Pascal publiziert in *De Numeris Multiplicibus*, was um 1658 geschrieben wurde, [siehe Pascals *Œuvres Complètes* (Paris: Éditions du Seuil, 1963), 84–89]. Pascal schrieb, „Denaria enim ex instituto hominum, non ex necessitate naturæ ut vulgus arbitratur, et sane satis inepte, posita est"; d.h., „Das Dezimalsystem besteht als Menschenwerk und nicht, wie gemeinhin wenig erleuchtet geglaubt wird, aus Naturnotwendigkeit." Er behauptete, dass das Zwölfersystem (Basis zwölf) eine willkommene Änderung sei, und gab eine Regel an, eine Zwölferzahl auf Teilbarkeit durch neun zu testen. Erhard Weigel versuchte, Begeisterung für das quaternäre (Basis vier) System zu entfachen in einer Reihe von Veröffentlichungen beginnend 1673. Eine eingehende Besprechung von Zwölferarithmetik wurde von Joshua Jordaine, *Duodecimal Arithmetick* (London, 1687) gegeben.

Obwohl in dieser Zeit Dezimalnotation nahezu ausschließlich für Arithmetik verwendet wurde, so wurden andere Maß- und Gewichtssysteme selten, wenn überhaupt, auf Vielfachen von 10 aufgebaut, und der Handel erforderte eine beträchtlichte Fertigkeit bei der Addition solcher Größen wie Pfund, Schilling und Pences. Über Jahrhunderte hatten deshalb Händler gelernt, Summen und Differenzen von Größen in Zahlsystemen mit gemischter Basis zu berechnen, in Sondereinheiten von Währung, Maß und Gewicht. Die üblichen Einheiten der Flüssigkeitsmaße in England, zurückgehend bis ins 13. Jahrhundert oder früher, sind besonders erwähnenswert:

$$\begin{aligned} 2 \text{ gills} &= 1 \text{ chopin} \\ 2 \text{ chopins} &= 1 \text{ pint} \end{aligned} \qquad 2 \text{ pints} = 1 \text{ quart}$$

2 quarts = 1 pottle	2 firkins = 1 kilderkin
2 pottles = 1 gallon	2 kilderkins = 1 barrel
2 gallons = 1 peck	2 barrels = 1 hogshead
2 pecks = 1 demibushel	2 hogsheads = 1 pipe
2 demibushels = 1 bushel or firkin	2 pipes = 1 tun

Flüssigkeitgrößen ausgedrückt in Gallonen, Pottles, Quarts, Pints, usw. waren im Grunde in Binärnotation geschrieben. Vielleicht sind die wirklichen Erfinder der Binärarithmetik die englischen Weinhändler.

Das erste bekannte Auftreten reiner Binärnotation findet sich etwa um das Jahr 1605 in einigen unpublizierten Manuskripten von Thomas Harriot (1560–1621). Harriot war ein kreativer Mann, der zuerst berühmt wurde, als er als Repräsentant von Sir Walter Raleigh nach Amerika kam. Er erfand (unter anderem) eine Notation ähnlich der heute benutzten für die Relationen „kleiner als" und „größer als"; aber aus irgendeinem Grund zog er es vor, viele seiner Entdeckungen nicht zu veröffentlichen. Auszüge seiner Notizen über Binärarithmetik wurden von John W. Shirley, *Amer. J. Physics* **19** (1951), 452–454, reproduziert; Harriots Entdeckung der Binärnotation wurde zuerst von Frank Morley in *The Scientific Monthly* **14** (1922), 60–66, erwähnt.

Die erste veröffentliche Behandlung des Binärsystems erschien im Werk eines prominenten Zisterzienserbischofs, Juan de Caramuel Lobkowitz, *Mathesis Biceps* **1** (Campaniæ: 1670), 45–48. Caramuel diskutiert die Darstellung der Zahlen in den Basen 2, 3, 4, 5, 6, 7, 8, 9, 10, 12 und 60 ausführlich, aber er gab keine Beispiele arithmetischer Operationen in nicht-dezimalen Systemen mit Ausnahme des sexagesimalen Falls.

Zu allerletzt brachte ein Artikel von G. W. Leibniz [*Mémoires de l'Académie Royale des Sciences* (Paris: 1703), 110–116], der binäre Addition, Subtraktion, Multiplikation und Division illustrierte, die Binärdarstellung wirklich ins Rampenlicht, und auf seinen Artikel bezieht man die Geburt der Basis-2-Arithmetik. Leibniz bezog sich später ganz häufig auf das Binärsystem. Er empfahl es nicht fürs praktische Rechnen, aber er betonte seine Bedeutung für zahlentheoretische Untersuchungen, da Muster in Zahlfolgen oft mehr in die Augen springen in binärer Notation als in dezimaler; er sah auch eine mystische Bedeutung darin, dass alles ausdrückbar ist durch null und eins. Leibniz' unveröffentlichte Manuskripte zeigen, dass er an binärer Notation schon im Jahr 1679 interessiert war, als er sie als „bimal" (analog zu „dezimal") bezeichnete.

Eine sorgfältige Untersuchung von Leibniz' frühem Werk mit Binärzahlen wurde angestellt von Hans J. Zacher, *Die Hauptschriften zur Dyadik von G. W. Leibniz* (Frankfurt am Main: Klostermann, 1973). Zacher weist darauf hin, dass Leibniz mit John Napiers sogenannter „Lokalen Arithmetik" vertraut war, einer Methode zum Rechnen mit Steinen, die darauf hinausläuft, einen Basis-2-Abakus zu benutzen. [Napier hatte die Idee lokaler Arithmetik veröffentlicht als einen Anhang zu seinem kleinen Buch *Rhabdologia* im Jahr 1617; man mag ihn den ersten „binären Computer" der Welt nennen, und er ist sicher der Welt billigster, obwohl Napier ihn mehr belustigend als praktisch empfand. Siehe Martin Gardners Diskussion in *Knotted Doughnuts and Other Mathematical Entertainments* (New York: Freeman, 1986), Kapitel 8; deutsch: *Bacons Geheimnis: die Wurzeln des Zufalls und andere numerische Merkwürdigkeiten* (Frankfurt am Main: Krüger, 1990).]

Interessanterweise war der wichtige Begriff negativer Potenzen zur Rechten des Kommas zu dieser Zeit noch nicht gut verstanden. Leibniz bat James Bernoulli, π im Binärsystem zu berechnen, und Bernoulli „löste" das Problem dadurch, dass er eine 35-stellige Näherung von π nahm, sie mit 10^{35} multiplizierte und diese ganze Zahl im Binärsystem als Antwort präsentierte. Auf einer kleineren Skala ist das so, als sagte man, dass $\pi \approx 3{,}14$ und $(314)_{10} = (100111010)_2$ gelte; also sei π in Binärdarstellung 100111010! [Siehe Leibniz, *Math. Schriften*, herausgegeben von K. Gehrhardt, **3** (Halle: 1855), 97; zwei der 118 Bit in der Antwort sind inkorrekt auf Grund von Rechenfehlern.] Der Grund für Bernoullis Rechnung war offensichtlich zu sehen, ob irgendein einfaches Muster in dieser Darstellung von π entdeckt werden könnte.

Karl XII. von Schweden, dessen Talent für Mathematik vielleicht das aller anderen Könige in der Geschichte der Welt übertraf, stieß auf die Idee einer Arithmetik zur Basis 8 etwa 1717. Das war wahrscheinlich seine eigene Erfindung, obwohl er Leibniz 1707 kurz getroffen hatte. Karl empfand, dass Basis 8 oder 64 geschickter für Rechnungen als das Dezimalsystem sei und erwog, oktale Arithmetik in Schweden einzuführen; aber er fiel in der Schlacht, bevor er eine solche Änderung dekretieren konnte. [Siehe *The Works of Voltaire* **21** (Paris: E. R. DuMont, 1901), 49; E. Swedenborg, *Gentleman's Magazine* **24** (1754), 423–424.]

Oktale Arithmetik wurde auch im Amerika der Kolonialzeit vor 1750 vorgeschlagen von Rev. Hugh Jones, Professor am College of William and Mary [siehe *Gentleman's Magazine* **15** (1745), 377–379; H. R. Phalen, *AMM* **56** (1949), 461–465].

Mehr als ein Jahrhundert später beschloß ein prominenter schwedisch-amerikanischer Ingenieur namens John W. Nystrom, die Pläne Karls des XII. einen Schritt weiter zu führen durch Angabe eines vollständigen Systems von Zahlen, Maßen und Gewichten basierend auf einer Arithmetik zur Basis 16. Er schrieb: „Ich scheue mich nicht, oder zögere nicht, ein Binärsystem der Arithmetik und Maßlehre zu vertreten. Ich weiß die Natur auf meiner Seite; falls ich Dir nicht die Nützlichkeit und große Bedeutung für die Menschheit nachdrücklich erweisen kann, wird viel weniger Ansehen auf unsere Generation, unsere Wissenschaftler und Philosophen fallen." Nystrom entwickelte spezielle Hilfsmittel, Hexadezimalzahlen auszusprechen; zum Beispiel musste $(\texttt{C0160})_{16}$ „vybong, bysanton" gelesen werden. Sein ganzes System wurde das Tonale System genannt und es ist beschrieben in *J. Franklin Inst.* **46** (1863), 263–275, 337–348, 402–407. Ein ähnliches System, aber mit Basis 8, wurde von Alfred B. Taylor ausgearbeitet, [*Proc. Amer. Pharmaceutical Assoc.* **8** (1859), 115–216; *Proc. Amer. Philosophical Soc.* **24** (1887), 296–366]. Der zunehmende Gebrauch des französischen (metrischen) Systems von Maßen und Gewichten rief eine ausgedehnte Debatte über die

Vorzüge der Dezimalarithmetik in dieser Zeit hervor; so wurde selbst oktale Arithmetik in Frankreich vorgeschlagen, [J. D. Collenne, *Le Système Octaval* (Paris: 1845); Aimé Mariage, *Numération par Huit* (Paris: Le Nonnant, 1857)].

Seit Leibniz' Zeiten war das Binärsystem als Kuriosität bekannt, und es wurden etwa 20 frühe Referenzen darauf zusammengestellt von R. C. Archibald [*AMM* **25** (1918), 139–142]. Es wurde hauptsächlich zur Berechnung von Potenzen angewendet, wie in Abschnitt 4.6.3 erklärt, und zur Analyse bestimmter Spiele und Puzzels. Giuseppe Peano [*Atti della R. Accademia delle Scienze di Torino* **34** (1898), 47–55] benutzte Binärnotation als Basis eines „logischen" Zeichensatzes von 256 Symbolen. Joseph Bowden [*Special Topics in Theoretical Arithmetic* (Garden City: 1936), 49] stellte sein eigenes System einer Nomenklatur für Hexdezimalzahlen auf. Das Buch *History of Binary and Other Nondecimal Numeration* von Anton Glaser (Los Angeles: Tomash, 1981) enthält eine informative und nahezu vollständige Diskussion der Entwicklung der binären Schreibweise einschließlich englischer Übersetzungen vieler oben zitierter Werke [siehe *Historia Math.* **10** (1983), 236–243].

Die jüngste Geschichte von Zahlensystemen hängt stark mit der Entwicklung von Rechenmaschinen zusammen. Charles Babbages Notizbücher von 1838 zeigen, daß er erwog, Dezimalzahlen in seiner Analytischen Maschine zu benutzen [siehe M. V. Wilkes, *Historia Math.* **4** (1977), 421]. Zunehmendes Interesse für mechanische arithmetische Apparate, besonders für Multiplikation, ließ verschiedene Leute in den dreißiger Jahren das Binärsystem für diesen Zweck erwägen. Eine besonders entzückende Zusammenstellung solcher Bemühung erscheint im Artikel „Binary Calculation" von E. William Phillips [*Journal of the Institute of Actuaries* **67** (1936), 187–221] zusammen mit einer Diskussion, die einer Vorlesung von ihm über das Thema folgte. Phillips begann mit dem Satz „Das letzte Ziel [dieser Arbeit] ist es, die ganze zivilisierte Welt zu überreden, dezimales Zählen aufzugeben und stattdessen oktonale [das heißt, Basis 8] Zählung zu benutzen."

Moderne Leser von Phillips Artikel werden vielleicht überrascht sein über die Entdeckung, daß ein System zur Basis 8 richtig als „oktonär" oder „oktonal" bezeichnet wurde nach allen Wörterbüchern der englischen Sprache dieser Zeit, so wie das System zur Basis 10 richtig „denär" oder „dezimal" genannt wird; das Wort „oktal" erschien in englischen Wörterbüchern erst 1961 und entstand offensichtlich als Ausdruck für den Sockel einer bestimmten Klasse von Vakuumröhren. Das Wort „hexadezimal", das sich in unsere Sprache in noch jüngerer Zeit eingeschlichen hat, besteht aus einer Mischung griechischer und lateinischer Wurzeln; besser wäre „senidenär" oder „sedezimal" oder sogar „sexadezimal", aber letzteres ist vielleicht zu riskant für Programmierer.

Die Bemerkung von Herrn Wales, die am Beginn dieses Kapitels zitiert wird, stammt aus der Diskussion, die mit Philipps Arbeit gedruckt ist. Jemand anderes, der dieselbe Vorlesung besuchte, lehnte das Oktalsystem für geschäftliche Zwecke ab: „5% wird zu $3{,}\dot{1}46\dot{3}$ pro 64, was ziemlich schrecklich klingt."

Phillips hatte die Inspiration für seinen Vorschlag von einem elektronischen Schaltkreis bekommen, der binär zählen konnte. [C. E. Wynn-Williams, *Proc.*

Roy. Soc. London **A136** (1932), 312–324]. Elektromechanische und elektronische Schaltungen für allgemeine arithmetische Operationen wurden in den späten dreißiger Jahren entwickelt, hauptsächlich von John V. Atanasoff und George R. Stibitz in den U.S.A., L. Couffignal und R. Valtat in Frankreich, Helmut Schreyer und Konrad Zuse in Deutschland. Alle diese Erfinder benutzten das Binärsystem, obwohl Stibitz später binär-codierte dezimale 3-Exzess-Notation entwickelte. Eine faszinierende Zusammenstellung dieser frühen Entwicklungen, einschließlich Nachdrucke und Übersetzungen wichtiger zeitgenössischer Dokumente, erscheint in Brian Randells Buch *The Origins of Digital Computers* (Berlin: Springer, 1973).

Die ersten amerikanischen Hochgeschwindigkeitsrechner, gebaut in den frühen Vierzigern, benutzten Dezimalarithmetik. Doch im Jahre 1946 stellte ein bedeutendes Memorandum von A. W. Burks, H. H. Goldstine und J. von Neumann in Verbindung mit dem Entwurf des ersten Rechners mit gespeichertem Programm detailliert Gründe auf, eine radikale Abkehr von der Tradition zu vollziehen und Zweiernotation zu benutzen [siehe John von Neumann, *Collected Works* **5**, 41–65]. Seitdem hat sich die Anzahl binärer Rechner vervielfacht. Nach ein dutzend Jahre Erfahrung mit binären Maschinen besprach W. Buchholz die relativen Vor- und Nachteile der Zweiernotation in seiner Arbeit „Fingers or Fists?“ [*CACM* **2** (Dezember 1959), 3–11].

Der in diesem Buch benutzte `MIX`-Rechner wurde so definiert, dass er entweder binär oder dezimal sein kann. Bemerkenswerterweise können alle `MIX`-Programme ausgedrückt werden, ohne dass man weiß, ob binäre oder dezimale Darstellung benutzt wird – sogar wenn wir Rechnungen mit mehrfachgenauer Arithmetik ausführen. Also schließen wir, dass die Wahl der Basis das Programmieren nicht bedeutsam beeinflußt. (Beachtenswerte Ausnahmen zu dieser Aussage sind allerdings die „booleschen“ Algorithmen in Abschnitt 7.1; siehe auch Algorithmus 4.5.2B.)

Es gibt einige verschiedene Möglichkeiten, *negative* Zahlen in einem Rechner darzustellen, und das beeinflusst manchmal die Art, wie gerechnet wird. Um diese Noationen zu verstehen, wollen wir erst `MIX` betrachten, als ob es ein dezimaler Rechner wäre; dann enthält jedes Wort 10 Ziffern und ein Vorzeichen, zum Beispiel

$$-12345\ 67890. \qquad (2)$$

Das nennt man die *Vorzeichen-Betrag*-Darstellung. Eine solche Darstellung passt zu den üblichen Notationskonventionen, weswegen sie von vielen Programmierern bevorzugt wird. Ein möglicher Nachteil dieser Darstellung ist, dass minus null und plus null beide dargestellt werden können, während sie normalerweise dieselbe Zahl bedeuten sollen; diese Möglichkeit erfordert einige Sorgfalt in der Praxis, obwohl sie sich manchmal als nützlich herausstellt.

Die meisten mechanischen Rechenmaschinen, die mit dezimaler Arithmetik arbeiten, benutzen ein anderes System, genannt *Zehnerkomplement*-Notation. Wenn wir 1 abziehen von 00000 00000, so erhalten wir 99999 99999 in dieser Notation; in anderen Worten, es wird kein explizites Vorzeichen an die Zahl geheftet, und gerechnet wird modulo 10^{10}. Die Zahl $-12345\ 67890$ würde als

$$87654\ 32110 \qquad (3)$$

in der Zehnerkomplementnotation erscheinen. Es ist üblich, jede Zahl mit führender Ziffer 5, 6, 7, 8 oder 9 als negativen Wert in dieser Notation anzusehen, obwohl es bezüglich Addition und Subtraktion nichts ausmacht, (3) als Zahl $+87654\ 32110$ zu betrachten, wenn es gerade passt. Man beachte, daß es kein Prolem mit minus null in einem solchen System gibt.

In der Praxis besteht der größere Unterschied zwischen Vorzeichen-Betrag- und Zehnerkomplement-Darstellung darin, dass eine Rechtsverschiebung den Betrag nicht durch Zehn teilt; zum Beispiel ergibt die Zahl $-11 = \ldots 99989$ um 1 nach rechts geschoben $\ldots 99998 = -2$ (unter der Annahme, dass eine Rechtsverschiebung „9“ als führende Ziffer einsetzt, wenn die verschobene Zahl negativ ist). Allgemein, x rechts verschoben um eine Ziffer in Zehnerkomplementnotation ergibt $\lfloor x/10 \rfloor$, ob nun x positiv oder negativ ist.

Ein möglicher Nachteil der Zehnerkomplementnotation ist die Tatsache, dass sie nicht symmetrisch zur Null ist; die negative Zahl, die durch $500\ldots0$ in p Ziffern dargestellt wird, ist nicht das Negative irgendeiner p-stelligen positiven Zahl. Folglich ist es möglich, dass der Wechsel von x zu $-x$ einen Überlauf erzeugt. (Siehe Übungen 7 und 31 für eine Besprechung der Komplementnotation mit *unendlicher* Genauigkeit.)

Eine andere Darstellung, die seit den frühesten Tagen von Hochgeschwindigkeitsrechnern benutzt wird, heißt *Neunerkomplement*-Darstellung. In diesem Fall würde die Zahl $-12345\ 67890$ als

$$87654\ 32109 \qquad (4)$$

erscheinen. Jede Ziffer einer negativen Zahl $(-x)$ ist 9 minus die entsprechende Ziffer von x. Man sieht leicht, dass die Neunerkomplementdarstellung einer negativen Zahl immer eins weniger als die entsprechende Zehnerkomplementdarstellung ist. Addition und Subtraktion werden modulo $10^{10} - 1$ ausgeführt, was bedeutet, dass ein Übertrag über das linke Ende am rechten Ende addiert werden muss. (Siehe die Diskussion der Arithmetik modulo $w - 1$ in Abschnitt 3.2.1.1.) Wiederum gibt es möglicherweise ein Problem mit minus null, da 99999 99999 und 00000 00000 denselben Wert bezeichnen.

Die gerade erklärten Ideen für Zehnerarithmetik finden in ähnlicher Weise Anwendung auf Zweierarithmetik, wo es *Vorzeichen-Betrag-*, *Zweierkomplement-* und *Einerkomplement*-Notationen gibt. Zweierkomplementarithmetik an n-Bit-Zahlen ist Arithmetik modulo 2^n; Einerkomplementarithmetik geschieht modulo $2^n - 1$. Der `MIX`-Rechner, wie er in den Beispielen dieses Buchs benutzt wird, behandelt nur Vorzeichen-Betrag-Arithmetik; allerdings werden alternative Prozeduren für Komplementnotation im Begleittext besprochen, wenn es wichtig ist.

Detailbesessene Leser und Lektoren sollten die Stellung des Apostrophs in Ausdrücken wie „two's complement“ (Zweierkomplement, d. Ü.) und „ones' complement“ (Einerkomplement, d. Ü.) beachten: Eine „two's complement“ Zahl wird komplementiert bezüglich einer einzigen Zweierpotenz, während eine „ones' complement“ Zahl komplementiert wird bezüglich einer langen 1-Folge. Tatsächlich gibt es auch eine „twos' complement-Notation“, die Basis 3 besitzt und komplementiert wird bezüglich $(2\ldots22)_3$.

Beschreibungen von Maschinensprachen erzählen uns oft, dass des Rechners Schaltkreise mit dem Komma an einer bestimmten Stelle des numerischen Wortes aufgebaut sind. Solche Aussagen sollte man ignorieren. Besser lernt man die Regeln, wo das Komma im Ergebnis einer Instruktion erscheint, wenn man seine Stelle vor Ausführung der Instruktion kennt. Zum Beispiel im Falle von MIX könnten wir entweder unsere Operanden als ganze Zahlen mit dem Komma äußerst rechts oder als Brüche mit dem Komma äußerst links ansehen oder als Mischung dieser Extreme; die Regeln für das Komma nach Addition, Subtraktion, Multiplikation, oder Division ergeben sich von selbst.

Man sieht leicht, dass es eine einfache Beziehung zwischen Basis b und Basis b^k gibt:

$$(\ldots a_3a_2a_1a_0,a_{-1}a_{-2}\ldots)_b = (\ldots A_3A_2A_1A_0,A_{-1}A_{-2}\ldots)_{b^k}, \qquad (5)$$

wobei

$$A_j = (a_{kj+k-1}\ldots a_{kj+1}a_{kj})_b;$$

gilt, siehe Übung 8. Folglich haben wir eine einfache Technik, um nach Sicht zwischen, sagen wir, binärer und hexadezimaler Notation zu konvertieren.

Viele interessante Variationen über Stellenwertsysteme sind zusätzlich zu den Systemen zur Basis b möglich, die wir bisher diskutiert haben. Zum Beispiel könnten wir Zahlen zu einer Basis (-10) haben mit

$$\begin{aligned}&(\ldots a_3a_2a_1a_0,a_{-1}a_{-2}\ldots)_{-10}\\ &\quad= \cdots + a_3(-10)^3 + a_2(-10)^2 + a_1(-10)^1 + a_0 + \cdots\\ &\quad= \cdots - 1000a_3 + 100a_2 - 10a_1 + a_0 - \tfrac{1}{10}a_{-1} + \tfrac{1}{100}a_{-2} - \cdots.\end{aligned}$$

Hier erfüllen die individuellen Ziffern die Relation $0 \le a_k \le 9$, gerade wie im Dezimalsystem. Die Zahl 12345 67890 erscheint im „Negadezimalsystem“ als

$$(1\ 93755\ 73910)_{-10}, \qquad (6)$$

da letzteres 10305070900 − 9070503010 darstellt.

Interessanterweise würde das Negative dieser Zahl, −12345 67890, als

$$(28466\ 48290)_{-10} \qquad (7)$$

geschrieben, und tatsächlich kann *jede reelle Zahl, ob positiv oder negativ, ohne Vorzeichen* im (-10)-System dargestellt werden.

Systeme mit negativer Basis wurden zuerst von Vittorio Grünwald [*Giornale di Matematiche di Battaglini* **23** (1885), 203–221, 367] betrachtet, der erklärte, wie man die vier Grundrechenarten in solchen Systemen ausführt; Grünwald besprach auch Wurzelziehen, Teilbarkeitstests und Basiswechsel. Allerdings scheint sein Werk keinen Effekt auf andere Forschung gehabt zu haben, da es in einem recht obskuren Journal veröffentlicht wurde und bald vergessen war. Die nächste Publikation über Systeme mit negativer Basis kam offensichtlich von A. J. Kempner [*AMM* **43** (1936), 610–617], der die Eigenschaften nicht-ganzer Basen diskutierte und in einer Fußnote anmerkte, dass negative Basen auch gingen. Zwanzig Jahre später wurde die Idee wiederentdeckt, diesmal von Z. Pawlak und A. Wakulicz [*Bulletin de l'Académie Polonaise des Sciences*, Classe III, **5** (1957), 233–236; Série des sciences techniques **7** (1959), 713–721] und auch von L. Wadel [*IRE Transactions* **EC-6** (1957), 123]. Experimentelle Rechner, SKRZAT 1 und BINEG genannt, die Basis -2 für die Arithmetik benutzten, wurden in Polen Ende der fünziger Jahre gebaut; siehe N. M. Blachman, *CACM* **4** (1961), 257; R. W. Marczyński, *Ann. Hist. Computing* **2** (1980), 37–48. Für weitere Referenzen siehe *IEEE Transactions* **EC-12** (1963), 274–276; *Computer Design* **6** (May 1967), 52–63. Es ist evident, dass eine ganze Menge von Leuten auf die Idee negativer Basen kam. Zum Beispiel hatte D. E. Knuth die Idee negativer Basissysteme 1955 diskutiert zusammen mit einer weiteren Verallgemeinerung zu komplexwertigen Basen in einer kurzen Arbeit, die er zu einem „science talent search contest for high-school seniors" eingeschickt hatte.

Die Basis $2i$ läßt ein „quater-imaginäres" Zahlsystem (in Analogie zu „quaternär") entstehen, das die auffällige Eigenschaft hat, dass in ihm *jede komplexe Zahl durch die Ziffern* 0, 1, 2 *und* 3 *ohne Vorzeichen* dargestellt werden kann. [Siehe D. E. Knuth, *CACM* **3** (1960), 245–247.] Zum Beispiel

$$(11210,31)_{2i} = 1\cdot 16 + 1\cdot(-8i) + 2\cdot(-4) + 1\cdot(2i) + 3\cdot(-\tfrac{1}{2}i) + 1(-\tfrac{1}{4}) = 7\tfrac{3}{4} - 7\tfrac{1}{2}i.$$

Hier ist die Zahl $(a_{2n}\ldots a_1a_0,a_{-1}\ldots a_{-2k})_{2i}$ gleich

$$(a_{2n}\ldots a_2a_0,a_{-2}\ldots a_{-2k})_{-4} + 2i(a_{2n-1}\ldots a_3a_1,a_{-1}\ldots a_{-2k+1})_{-4},$$

so dass sich die Konversion zu und von quater-imaginärer Darstellung auf die Konversion zu und von negativer quaternärer Darstellung von Real- und Imaginärteil reduziert. Die interessante Eigenschaft dieses Systems ist, dass Multiplikation und Division komplexer Zahlen in einer ziemlich einheitlichen Art und Weise ausgeführt werden können, ohne Real- und Imaginärteil getrennt behandeln zu müssen. Beispielsweise können wir in diesem System zwei Zahlen multiplizieren weitgehend wie wir es mit jeder Basis tun, lediglich die Übertragsregel ist verschieden: Wenn eine Ziffer 3 übersteigt, ziehen wir 4 ab und übertragen -1 zwei Spalten nach links; wenn eine Ziffer negativ ist, addieren wir 4 und übertragen $+1$ zwei Spalten nach links. das folgende Beispiel zeigt diese sonderbare Übertragsregel in Aktion:

```
  1 2 2 3 1 · 1 2 2 3 1      [9 − 10i] · [9 − 10i]
  ---------------------
              1 2 2 3 1
    1 0 3 2 0 2 1 3
          1 3 0 2 2
      1 3 0 2 2
    1 2 2 3 1
  ---------------------
    0 2 1 3 3 3 1 2 1        [−19 − 180i]
```

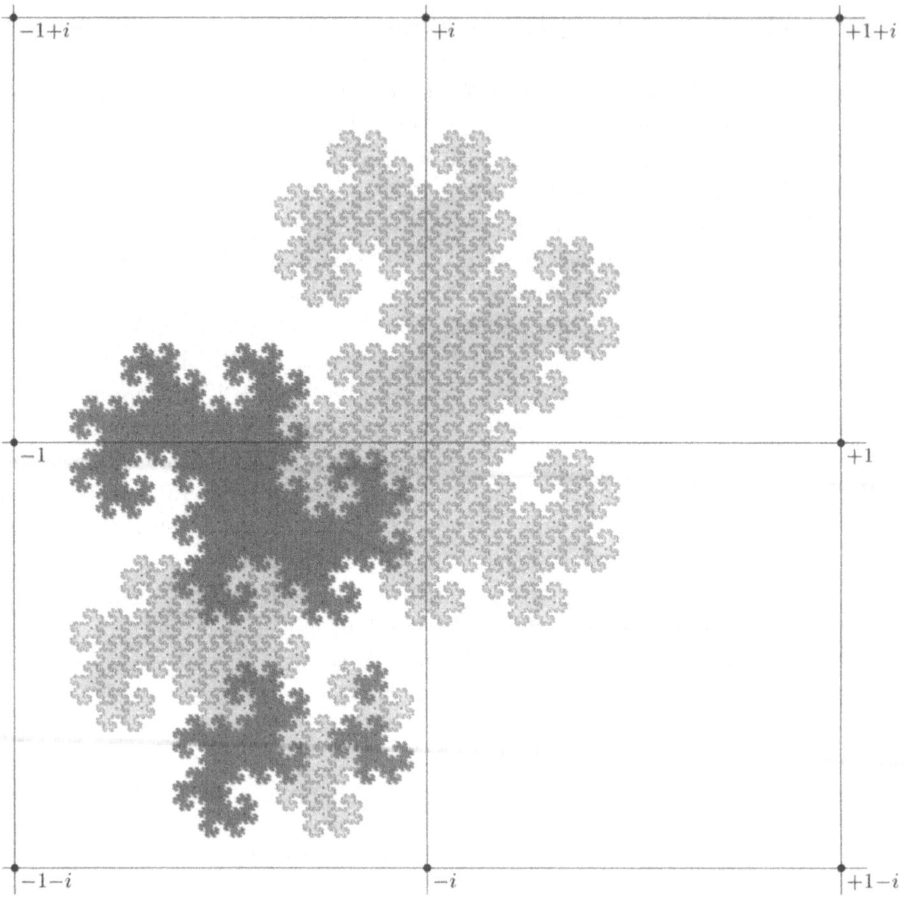

Fig. 1. Die fraktale Menge S, genannt der „Zwillingsdrachen".

Ein ähnliches System, das gerade nur die Ziffern 0 und 1 benutzt, kann auf Basis $\sqrt{2}\,i$ beruhen, doch führt dies zu einer unendlichen, nicht-periodischen Darstellung der einfachen Zahl „i" selbst. Vittorio Grünwald schlug vor, die Ziffern 0 und $1/\sqrt{2}$ in ungeraden Positionen zu benutzen, um diese Problem zu vermeiden; doch das zerstört das ganze System [siehe *Commentari dell'Ateneo di Brescia* (1886), 43–54].

Ein anderes binäres System komlexer Zahlen erhält man mit der Basis $i-1$, vorgeschlagen von W. Penney [*JACM* **12** (1965), 247–248]:

$$(\ldots a_4a_3a_2a_1a_0,a_{-1}\ldots)_{i-1}$$
$$= \cdots - 4a_4 + (2+2i)a_3 - 2ia_2 + (i-1)a_1 + a_0 - \tfrac{1}{2}(i+1)a_{-1} + \cdots.$$

In diesem System braucht man nur die Ziffern 0 und 1. Um zu zeigen, dass jede komplexe Zahl eine solche Darstellung besitzt, betrachte man die interessante Menge S in Fig. 1; diese Menge besteht nach Definition aus allen Punkten die als $\sum_{k\geq 1} a_k(i-1)^{-k}$ geschrieben werden können, für eine unendliche Folge a_1, a_2,

$a_3, \ldots$ von Nullen und Einsen. Sie ist auch als „Zwillingsdrachenfraktal“ bekannt [siehe M. F. Barnsley, *Fractals Everywhere*, zweite Auflage (Academic Press, 1993), 306, 310]. Figure 1 zeigt, dass S in 256 Stücke kongruent zu $\frac{1}{16}S$ zerlegt werden kann. Beachte, dass wir bei Drehung des Diagramms von S gegen den Uhrzeigersinn um 135° zwei adjazente Mengen kongruent zu $(1/\sqrt{2})\,S$ erhalten, weil $(i-1)S = S \cup (S+1)$. Für die Einzelheiten eines Beweises, dass S alle komplexen Zahlen eines hinreichend kleinen Betrags enthält, siehe Übung 18.

Vielleicht das schönste Zahlsystem von allen ist die *balancierte ternäre* Notation, die in einer Darstellung zur Basis 3 besteht mit -1, 0 und $+1$ als „Trits“ (ternäre Bits) an Stelle von 0, 1 und 2. Wenn wir das Symbol $\bar{1}$ für -1 stehen lassen, ergeben sich die folgenden Beispiele für balancierte ternäre Zahlen:

balanciert ternär	dezimal
$1 0 \bar{1}$	8
$1 1 \bar{1} 0{,}\bar{1} \bar{1}$	$32\frac{5}{9}$
$\bar{1} \bar{1} 1 0{,}1 1$	$-32\frac{5}{9}$
$\bar{1} \bar{1} 1 0$	-33
$0{,}1 1 1 1 1\ldots$	$\frac{1}{2}$

Um die Darstellung einer balancierten ternären Zahl zu finden, beginne man etwa mit einer gewöhnlichen ternären Darstellung; zum Beispiel:

$$208{,}3 = (21201{,}022002200220\ldots)_3.$$

(Eine sehr einfache Methode für Bleistift und Papier, um nach ternärer Notation zu konvertieren, wird in Übung 4.4–12 angegeben.) Dann addiere die unendliche Zahl $\ldots 11111{,}11111\ldots$ in ternärer Notation; wir erhalten in obigem Beispiel die unendliche Zahl

$$(\ldots 11111210012{,}210121012101\ldots)_3.$$

Schließlich subtrahiere $\ldots 11111{,}11111\ldots$ durch Erniedrigen einer jeden Ziffer:

$$208{,}3 = (10\bar{1}\bar{1}01{,}10\bar{1}010\bar{1}010\bar{1}0\ldots)_3. \tag{8}$$

Dieses Vorgehen kann offensichtlich streng gemacht werden, wenn wir die unendliche Zahl $\ldots 11111{,}11111\ldots$ durch eine Zahl mit genügend vielen Einsen ersetzen.

Das balancierte ternäre Zahlsystem hat viele erfreuliche Eigenschaften:

a) Das Negative einer Zahl erhält man durch Vertauschen von 1 und $\bar{1}$.

b) Das Vorzeichen einer Zahl ist das Vorzeichen des führenden nicht-verschwindenden Trits, und allgemein können wir zwei Zahlen vergleichen, indem wir sie von links nach rechts lesen und lexikographische Ornung wie beim Dezimalsystem benutzen.

c) Die Operation, zur nächsten ganzen Zahl zu runden, ist identisch mit Abschneiden; in andern Worten, wir löschen einfach alles rechts vom Komma.

Addition im balancierten ternären System ist ganz einfach mit der Tafel

$\bar{1}$	$\bar{1}$	$\bar{1}$	$\bar{1}$	$\bar{1}$	$\bar{1}$	$\bar{1}$	$\bar{1}$	$\bar{1}$	0	0	0	0	0	0	0	0	0	1	1	1	1	1	1	1	1	1
$\bar{1}$	$\bar{1}$	$\bar{1}$	0	0	0	1	1	1	$\bar{1}$	$\bar{1}$	$\bar{1}$	0	0	0	1	1	1	$\bar{1}$	$\bar{1}$	$\bar{1}$	0	0	0	1	1	1
$\bar{1}$	0	1	$\bar{1}$	0	1	$\bar{1}$	0	1	$\bar{1}$	0	1	$\bar{1}$	0	1	$\bar{1}$	0	1	$\bar{1}$	0	1	$\bar{1}$	0	1	$\bar{1}$	0	1
$\bar{1}0$	$\bar{1}1$	$\bar{1}$	$\bar{1}1$	$\bar{1}$	0	$\bar{1}$	0	1	$\bar{1}1$	$\bar{1}$	0	$\bar{1}$	0	1	0	1	$1\bar{1}$	$\bar{1}$	0	1	0	1	$1\bar{1}$	1	$1\bar{1}$	10

(Die drei Eingaben zur Addition sind die Ziffern der zu addierenden Zahlen und die Übertragsziffer.) Subtraktion ist Negation gefolgt von Addition. Die Multiplikation reduziert sich ebenfalls zu Negation und Addition wie im folgenden Beispiel:

$$\begin{array}{rrrrrrrl}
\multicolumn{7}{r}{1\,\bar{1}\,0\,\bar{1}\cdot 1\,\bar{1}\,0\,\bar{1}} & \quad [17]\cdot[17] \\
\hline
 & & & \bar{1} & 1 & 0 & 1 & \\
 & & \bar{1} & 1 & 0 & 1 & & \\
 & 1 & \bar{1} & 0 & \bar{1} & & & \\
\hline
0 & 1 & 1 & \bar{1} & \bar{1} & 0 & 1 & \quad [289]
\end{array}$$

Die Darstellung von Zahlen im balancierten ternären System ist implzit präsent in einem berühmten mathematischen Puzzel, allgemein genannt „Bachets Gewichteproblem", obwohl es schon von Fibonacci vier Jahrhunderte, bevor Bachet sein Buch schrieb, gestellt wurde und von Ṭabarī in Persien mehr als 100 Jahre vor Fibonacci. [Siehe W. Ahrens, *Mathematische Unterhaltungen und Spiele* **1** (Leipzig: Teubner, 1910), Abschnitt 3.4; H. Hermelink, *Janus* **65** (1978), 105–117.] Stellenwertsysteme mit negativen Ziffern wurden von J. Colson [*Philos. Trans.* **34** (1726), 161–173] erfunden, dann vergessen und etwa 100 Jahre später wiederentdeckt von Sir John Leslie [*The Philosophy of Arithmetic* (Edinburgh: 1817); siehe Seite 33–34, 54, 64–65, 117, 150] und A. Cauchy [*Comptes Rendus Acad. Sci. Paris* **11** (1840), 789–798]. Cauchy wies darauf hin, dass negative Ziffern es überflüssig machen, das kleine Einmaleins weiter als bis 5×5 auswendig zu lernen. Eine Behauptung, dass solche Zahlsysteme in Indien schon lange zuvor bekannt waren [J. Bharati, *Vedic Mathematics* (Delhi: Motilal Banarsidass, 1965)], ist zurückgewiesen worden von K. S. Shukla [*Mathematical Education* **5**, 3 (1989), 129–133]. Das erste wirkliche Erscheinen „reiner" balancierter ternärer Notation gab es in einem Artikel von Léon Lalanne [*Comptes Rendus Acad. Sci. Paris* **11** (1840), 903–905], der mechanische Geräte für Arithmetik entwarf. Das System wurde nur selten erwähnt für 100 Jahre nach Lalannes Arbeit bis zur Entwicklung der ersten elektronischen Rechner an der Moore School of Electrical Engineering 1945–1946; zu dieser Zeit war es Gegenstand ernstzunehmender Überlegungen über das Binärsystem als möglichen Ersatz für das Dezimalsystem. Die Komplexität arithmetischer Schaltkreise ist nicht viel größer als die für das binäre System, und eine gegebene Zahl benötigt nur $\ln 2/\ln 3 \approx 63\%$ viele Ziffernstellen für ihre Darstellung. Besprechungen des balancierten ternären Zahlensystems erschienen in *AMM* **57** (1950), 90–93, und in *High-speed Computing Devices*, Engineering Research Associates (McGraw–Hill, 1950), 287–289. Der experimentelle russische Rechner SETUN basierte auf balancierter ternärer Notation *CACM* **3** (1960), 149–150], und vielleicht werden sich die Symmetrieeigenschaften und die simple Arithmetik eines Tages als ganz wichtig herausstellen – wenn das „Flip-flop" ersetzt wird durch ein „Flip-flap-flop".

Stellenwertnotation läßt sich auf eine andere wichtige Weise zu einem *System mit gemischter Basis* erweitern. Gegeben sei eine Folge von Zahlen $\langle b_n \rangle$ (wobei n negativ sein darf). Wir definieren

$$\begin{bmatrix} \ldots, a_3, a_2, a_1, a_0;\ a_{-1},\ a_{-2}, \ldots \\ \ldots, b_3, b_2, b_1, b_0;\ b_{-1},\ b_{-2}, \ldots \end{bmatrix}$$
$$= \cdots + a_3 b_2 b_1 b_0 + a_2 b_1 b_0 + a_1 b_0 + a_0 + a_{-1}/b_{-1} + a_{-2}/b_{-1} b_{-2} + \cdots. \quad (9)$$

In den einfachsten Systemen mit gemischter Basis arbeiten wir nur mit ganzen Zahlen; wir lassen b_0, b_1, b_2, ... ganze Zahlen größer eins sein und befassen uns nur mit Zahlen ohne Komma, wobei a_n im Bereich $0 \le a_n < b_n$ liegen muss.

Eines der wichtigsten Systeme mit gemischter Basis ist das faktorielle System mit gemischter Basis $b_n = n+2$. Mittels dieses Systems können wir jede positive ganze Zahl eindeutig darstellen in der Form

$$c_n\, n! + c_{n-1}\, (n-1)! + \cdots + c_2\, 2! + c_1, \quad (10)$$

wobei $0 \le c_k \le k$ für $1 \le k \le n$ und $c_n \ne 0$. (Siehe Algorithmus 3.3.2P.)

Systeme mit gemischter Basis sind vertraut im Alltag, wenn wir mit Maßeinheiten arbeiten. Zum Beispiel ist die Größe „3 Wochen, 2 Tage, 9 Stunden, 22 Minuten, 57 Sekunden und 492 Millisekunden" gleich

$$\begin{bmatrix} 3,\ 2,\ \ 9,\ 22,\ 57;\ \ 492 \\ 7,\ 24,\ 60,\ 60;\ 1000 \end{bmatrix} \text{ Sekunden.}$$

Die Größe „10 Pfund, 6 Schilling und Thruppence- Ha'penny" war einmal gleich $\left[\begin{smallmatrix} 10, & 6, & 3; & 1 \\ & 20, & 12; & 2 \end{smallmatrix}\right]$ Pence in britischer Währung, bevor Großbritannien zu einem rein dezimalen Währungssystem wechselte.

Man kann Zahlen mit gemischter Basis addieren und subtrahieren durch eine naheliegende Verallgemeinerung der üblichen Additions- und Subtraktionsalgorithmen, vorausgesetzt natürlich, dass dasselbe System gemischter Basen für beide Operanden benutzt wird (siehe Übung 4.3.1–9). Ähnlich können wir leicht eine Zahl in gemischter Basis mit einer kleinen ganzzahligen Konstanten multiplizieren oder dividieren, indem wir einfache Erweiterungen der vertrauten Methoden mit Bleistift und Papier benutzen.

Systeme mit gemischter Basis wurden zuerst in voller Allgemeinheit von Georg Cantor [*Zeitschrift für Math. und Physik* **14** (1869), 121–128] behandelt. Die Übungen 26 und 29 informieren darüber weiter.

Einige Fragen bezüglich *irrationaler* Basen wurden von W. Parry, *Acta Math. Acad. Sci. Hung.* **11** (1960), 401–416, untersucht.

Außer den in diesem Abschnitt behandelten Systemen werden einige andere Zahldarstellungen anderswo in der Reihe dieser Bücher erwähnt: das kombinatorische Zahlsystem (Übung 1.2.6–56); das Fibonacci-Zahlsystem (Übung 1.2.8–34, 5.4.2–10); das phi-Zahlsystem (Übung 1.2.8–35); modulare Darstellungen

(Abschnitt 4.3.2); Gray-Code (Abschnitt 7.2.1); und schließlich römische Zahlen (Abschnitt 9.1).

Übungen

1. [*15*] Drücke −10, −9, ..., 9, 10 im Zahlsystem mit Basis −2 aus.

▶ **2.** [*24*] Betrachte die folgenden Zahlsysteme: (a) binär (Vorzeichen-Betrag); (b) negabinär (Basis −2); (c) balanciert ternär; und (d) Basis $b = \frac{1}{10}$. In jedem dieser vier Zahlsysteme drücke jede der drei folgenden Zahlen aus: (i) −49; (ii) $-3\frac{1}{7}$ (gib die Periode an); (iii) π (auf einige signifikante Stellen).

3. [*20*] Drücke $-49 + i$ im quater-imaginären System aus.

4. [*15*] Angenommen wir haben ein MIX-Programm, in dem Stelle `A` eine Zahl enthält, deren Komma zwischen Byte 3 und 4 liegt, während Stelle `B` eine Zahl enthält, deren Komma zwischen Byte 2 und 3 liegt. (Das Byte am weitesten links hat Nummer 1) Wo liegt das Komma in den Registern A und X nach den folgenden Instruktionen?

(a) `LDA A; MUL B` (b) `LDA A; SRAX 5; DIV B`

5. [*00*] Erkläre, warum eine negative ganze Zahl in Neunerkomplement-Notation eine Darstellung in Zehnerkomplement-Notation hat, die immer eins größer ist, wenn die Darstellungen als positiv betrachtet werden.

6. [*16*] Was sind die größten und kleinsten p-Bit ganzen Zahlen, die dargestellt werden können in (a) Vorzeichen-Betrag-Binärdarstellung (einschließlich eines Bits für das Vorzeichen), (b) Zweierkomplement (c) Einerkomplement?

7. [*M20*] Der Text definiert die Zahnerkomplementnotation nur für ganze Zahlen in einem einzigen Rechnerwort. Kann man eine Zehnerkomlementnotation definieren *für alle reellen Zahlen*, die „unendliche Genauigkeit" haben, analog zur Defiinition im Text? Kann man ähnlich eine Neunerkomplementnotation für alle reellen Zahlen definieren?

8. [*M10*] Beweise Gl. (5).

▶ **9.** [*15*] Konvertiere die folgenden *Oktalzahlen* zu *Hexadezimalzahlen* mit den Hexdezimalziffern. `0, 1, ..., 9, A, B, C, D, E, F`: *12*; *5655*; *2550276*; *76545336*; *3726755*.

10. [*M22*] Verallgemeinere Gl. (5) zur Notation mit gemischter Basis wie in (9).

11. [*22*] Entwirf einen Algorithmus, der das (−2)-Zahlsystem benutzt, um die Summe von $(a_n \dots a_1 a_0)_{-2}$ und $(b_n \dots b_1 b_0)_{-2}$, zu berechnen und die Antwort $(c_{n+2} \dots c_1 c_0)_{-2}$ zu erhalten.

12. [*23*] Spezifiziere Algorithmen, die (a) die binäre Zahl $\pm(a_n \dots a_0)_2$ in Vorzeichen-Betrag-Form in ihre negabinäre Form $(b_{n+2} \dots b_0)_{-2}$; und (b) die negabinäre Zahl $(b_{n+1} \dots b_0)_{-2}$ in ihre Vorzeichen-Betrag-Form $\pm(a_{n+1} \dots a_0)_2$ konvertieren.

▶ **13.** [*M21*] Im Dezimalsystem gibt es einige Zahlen mit zwei unendlichen Dezimalbruchentwicklungen, zum Beispiel 2,3599999... = 2,3600000.... Hat das *negadezimale* System (Basis −10) eindeutige Entwicklungen oder gibt es reelle Zahlen mit zwei verschiedenen Entwicklungen auch in dieser Basis?

14. [*14*] Multipliziere $(11321)_{2i}$ mit sich selbst im quater-imaginären System mit der im Text illustrierten Methode.

15. [*M24*] Wie lauten die Mengen $S = \{\sum_{k\geq 1} a_k b^{-k} \mid a_k \text{ eine zulässige Ziffer}\}$, analog zu Fig. 1, für das negativ-dezimale und für das quater-imaginäre Zahlsystem?

16. [*M24*] Entwirf einen Algorithmus, um 1 zu $(a_n \ldots a_1 a_0)_{i-1}$ im Zahlsystem zur Basis $i-1$ zu addieren.

17. [*M30*] Es mag sonderbar erscheinen, dass $i-1$ als Basis eines Zahlsystems vorgeschlagen wurde anstatt der ähnlichen, aber intuitiv einfacheren Zahl $i+1$. Kann jede komplexe Zahl $a+bi$, wobei a und b ganze Zahlen sind, in einem Stellenwertsystem zur Basis $i+1$ unter ausschließlicher Verwendung der Ziffern 0 und 1 dargestellt werden?

18. [*HM32*] Zeige, dass der Zwillingsdrachen in Fig. 1 eine abgeschlossene Menge ist, die eine Umgebung des Ursprungs enthält. (Folglich hat jede komplexe Zahl eine Binrärdarstellung mit Basis $i-1$.)

▶ **19.** [*23*] (David W. Matula.) Sei D eine Menge von b ganzen Zahlen, die genau eine Lösung der Kongruenz $x \equiv j$ (modulo b) für $0 \le j < b$ enthält. Beweise, dass alle ganzen Zahlen m (positiv, negativ oder null) in der Form $m = (a_n \ldots a_0)_b$ dargestellt werden können, wobei alle a_j genau dann in D liegen, wenn alle ganze Zahlen im Bereich $l \le m \le u$ so dargestellt werden können, wobei $l = -\max\{a \mid a \in D\}/(b-1)$ und $u = -\min\{a \mid a \in D\}/(b-1)$. Zum Beispiel erfüllt $D = \{-1, 0, \ldots, b-2\}$ die Bedingungen für alle $b \ge 3$. [*Hinweis:* Entwirf einen Algorithmus, der eine geeignete Darstellung konstruiert.]

20. [*HM28*] (David W. Matula.) Betrachte ein dezimales Zahlensystem, das die Ziffern $D = \{-1, 0, 8, 17, 26, 35, 44, 53, 62, 71\}$ an Stelle von $\{0, 1, \ldots, 9\}$ benutzt. Das Ergebnis von Übung 19 impliziert (wie in Übung 18), dass alle reellen Zahlen eine unendliche Dezimalentwicklung haben mit Ziffern von D.

Übung 13 zeigt, dass einige Zahlen im üblichen Dezimalsystem zwei Darstellungen haben. (a) Finde eine reelle Zahl, die *mehr* als zwei D-Dezimaldarstellungen hat. (b) Zeige, dass keine reelle Zahl unendlich viele D-Dezimaldarstellungen hat. (c) Zeige, daß überabzählbar viele Zahlen zwei oder mehr D-Dezimaldarstellungen haben.

▶ **21.** [*M22*] (C. E. Shannon.) Kann jede reelle Zahl (positiv, negativ oder null) in einem „balancierten dezimalen“ System ausgedrückt werden, d.h, in der Form $\sum_{k \le n} a_k 10^k$, für eine ganze Zahl n und eine Folge a_n, a_{n-1}, a_{n-2}, ..., wobei jedes a_k eine von zehn Zahlen $\{-4\frac{1}{2}, -3\frac{1}{2}, -2\frac{1}{2}, -1\frac{1}{2}, -\frac{1}{2}, \frac{1}{2}, 1\frac{1}{2}, 2\frac{1}{2}, 3\frac{1}{2}, 4\frac{1}{2}\}$ ist? (Obwohl null keine erlaubte Ziffer ist, nehmen wir implizit an, dass a_{n+1}, a_{n+2}, ... null sind.) Finde alle Darstellungen der Null in diesem Zahlsystem und finde alle Darstellungen der Eins.

22. [*HM25*] Sei $\alpha = -\sum_{m \ge 1} 10^{-m^2}$. Gegeben $\epsilon > 0$ und irgendeine reelle Zahl x, beweise, dass es eine „dezimale“ Darstellung gibt mit $0 < \left|x - \sum_{k=0}^{n} a_k 10^k\right| < \epsilon$, wobei jedes a_k nur einer der drei Werte 0, 1 oder α sein darf. (In der Darstellung werden keine negativen Zehnerpotenzen benutzt!)

23. [*HM30*] Sei D eine Menge von b reellen Zahlen derart, dass jede positive reelle Zahl eine Darstellung $\sum_{k \le n} a_k b^k$ mit allen $a_k \in D$ besitzt. Übung 20 zeigt, dass es viele Zahlen ohne *eindeutige* Darstellungen geben kann; doch beweise, dass die Menge T all solcher Zahlen Maß null hat, falls $0 \in D$. Zeige, dass diese Folgerung nicht wahr sein muss, wenn $0 \notin D$.

24. [*M35*] Finde unendlich viele Mengen D von zehn nicht-negativen ganzen Zahlen, die alle drei folgenden Bedingungen erfüllen: (i) $\mathrm{ggT}(D) = 1$; (ii) $0 \in D$; (iii) jede positive reelle Zahl kann in der Form $\sum_{k \le n} a_k 10^k$ mit allen $a_k \in D$ repräsentiert werden.

25. [*M25*] (S. A. Cook.) Seien b, u und v positive ganze Zahlen, wobei $b \ge 2$ und $0 < v < b^m$. Zeige, dass die Basis-b-Darstellung von u/v keine Folge von m aufeinander folgenden Ziffern gleich $b-1$ enthält irgendwo rechts vom Komma. (Nach Konvention werden keine Folgen von unendlich vielen $(b-1)$ erlaubt in der Standard-Basis-b-Darstellung.)

▶ **26.** [*HM30*] (N. S. Mendelsohn.) Sei $\langle\beta_n\rangle$ eine Folge reeller Zahlen definiert für alle ganze Zahlen n, $-\infty < n < \infty$, derart, dass

$$\beta_n < \beta_{n+1}; \qquad \lim_{n\to\infty} \beta_n = \infty; \qquad \lim_{n\to-\infty} \beta_n = 0.$$

Sei $\langle c_n\rangle$ eine beliebige Folge positiver ganzer Zahlen, die für alle ganzen Zahlen n, $-\infty < n < \infty$ definiert ist. Wir sagen, eine Zahl x habe eine „verallgemeinerte Darstellung", falls es eine ganze Zahl n und eine unendliche Folge ganzer Zahlen $a_n, a_{n-1}, a_{n-2}, \ldots$ gibt mit $x = \sum_{k\le n} a_k\beta_k$, wobei $a_n \ne 0$, $0 \le a_k \le c_k$ und $a_k < c_k$ für unendlich viele k.

Zeige, dass jede positive reelle Zahl x genau eine verallgemeinerte Darstellung hat genau dann, wenn

$$\beta_{n+1} = \sum_{k\le n} c_k\beta_k \qquad \text{für alle } n.$$

(Folglich haben alle Syteme mit ganzzahligen gemischten Basen diese Eigenschaft; und Systeme mit gemischter Basis $\beta_1 = (c_0+1)\beta_0$, $\beta_2 = (c_1+1)(c_0+1)\beta_0$, $\ldots$, $\beta_{-1} = \beta_0/(c_{-1}+1)$, $\ldots$ sind die allgemeinsten Zahlsysteme dieser Art.)

27. [*M21*] Zeige, dass jede nicht-verschwindende ganze Zahl eine eindeutige „umgedrehte Binärdarstellung"

$$2^{e_0} - 2^{e_1} + \cdots + (-1)^t 2^{e_t},$$

hat, wobei $e_0 < e_1 < \cdots < e_t$.

▶ **28.** [*M24*] Zeige, dass jede nicht-verschwindende komplexe Zahl der Form $a+bi$, wobei a und b ganze Zahlen sind, eine eindeutige„revolvierende Binärdarstellung"

$$(1+i)^{e_0} + i(1+i)^{e_1} - (1+i)^{e_2} - i(1+i)^{e_3} + \cdots + i^t(1+i)^{e_t}$$

hat, wobei $e_0 < e_1 < \cdots < e_t$. (Vergl. Übung 27.)

29. [*M35*] (N. G. de Bruijn.) Seien S_0, S_1, S_2, $\ldots$ Mengen natürlicher Zahlen; wir sagen, diese Kollektion $\{S_0, S_1, S_2, \ldots\}$ habe Eigenschaft B, wenn jede natürliche Zahl n in der Form

$$n = s_0 + s_1 + s_2 + \cdots, \qquad s_j \in S_j,$$

in genau einer Weise geschrieben werden kann. (Eigenschaft B impliziert, dass $0 \in S_j$ für alle j, da $n = 0$ nur dargestellt werden kann als $0+0+0+\cdots$.) Irgendein System mit gemischten Basen b_0, b_1, b_2, $\ldots$ ist ein Beispiel einer Kollektion von Mengen, die Eigenschaft B erfüllen, wenn wir $S_j = \{0, B_j, \ldots, (b_j-1)B_j\}$ setzen, wobei $B_j = b_0b_1\ldots b_{j-1}$; hier entspricht die Darstellung der Zahl $n = s_0+s_1+s_2+\cdots$ in offensichtlicher Weise ihrer Darstellung mit gemischter Basis (9). Wenn weiter die Kollektion $\{S_0, S_1, S_2, \ldots\}$ die Eigenschaft B hat und wenn A_0, A_1, A_2, $\ldots$ irgendeine Partition der natürlichen Zahlen ist (so dass wir $A_0 \cup A_1 \cup A_2 \cup \cdots = \{0,1,2,\ldots\}$ und $A_i \cap A_j = \emptyset$ für $i \ne j$ haben, wobei einige A_j leer sein können), dann hat die „kollabierte" Kollektion $\{T_0, T_1, T_2, \ldots\}$ auch Eigenschaft B, wobei T_j die Menge aller Summen $\sum_{i\in A_j} s_i$ ist, summiert über alle möglichen Auswahlen von $s_i \in S_i$.

Zeige, dass *jede* Kollektion $\{T_0, T_1, T_2, \ldots\}$, die die Eigenschaft B erfüllt, erhalten werden kann durch Kollabierung einer Kollektion $\{S_0, S_1, S_2, \ldots\}$, die einem System mit gemischten Basen entspricht.

30. [*M39*] (N. G. de Bruijn.) Das negabinäre Zahlsystem zeigt uns, dass jede ganze Zahl (positiv, negativ oder null) eine eindeutige Darstellun der Form

$$(-2)^{e_1} + (-2)^{e_2} + \cdots + (-2)^{e_t}, \qquad e_1 > e_2 > \cdots > e_t \geq 0, \qquad t \geq 0$$

hat. Das Ziel dieser Übung ist die Erforschung von Verallgemeinerungen diese Phänomens.

a) Sei $b_0, b_1, b_2, \ldots$ eine Folge von ganzen Zahlen derart, dass jede ganze Zahl n eine eindeutige Darstellung der Form

$$n = b_{e_1} + b_{e_2} + \cdots + b_{e_t}, \qquad e_1 > e_2 > \cdots > e_t \geq 0, \qquad t \geq 0$$

hat (Eine solche Folge $\langle b_n \rangle$ wird „binäre Basis“ genannt.) Zeige, dass es einen Index j derart, dass b_j ungerade, jedoch b_k gerade ist für alle $k \neq j$.

b) Zeige, dass eine binäre Basis $\langle b_n \rangle$ immer in die Form $d_0, 2d_1, 4d_2, \ldots = \langle 2^n d_n \rangle$ gebracht werden kann, wobei jedes d_k ungerade ist.

c) Wenn jedes $d_0, d_1, d_2, \ldots$ in (b) ± 1 ist, zeige, dass $\langle b_n \rangle$ genau dann eine binäre Basis ist, wenn es unendlich viele $+1$ und unendlich viele -1 gibt.

d) Zeige, dass $7, -13 \cdot 2, 7 \cdot 2^2, -13 \cdot 2^3, \ldots, 7 \cdot 2^{2k}, -13 \cdot 2^{2k+1}, \ldots$ eine binäre Basis ist, und finde die Darstellung von $n = 1$.

▸ **31.** [*M35*] Eine Verallgemeinerung der Zweierkomplement-Arithmetik, genannt „2-adische Zahlen“, wurde von K. Hensel in *Crelle* **127** (1904), 51–84, eingeführt. (Tatsächlich behandelt er *p-adische Zahlen*, für jede Primzahl p.) Eine 2-adische Zahl kann betrachtet werden als eine Binärzahl

$$u = (\ldots u_3 u_2 u_1 u_0, u_{-1} \ldots u_{-n})_2,$$

deren Darstellung sich unendlich weit links vom Komma erstreckt, aber nur endlich viele Stellen rechts davon. Addition, Subtraktion und Multiplikation von 2-adischen Zahlen werden nach den gewöhnlichen Rechenregeln ausgeführt, die im Prinzip unbegrenzt nach links ausgeführt werden können. Zum Beispiel

$$7 = (\ldots 000000000000111)_2 \qquad \tfrac{1}{7} = (\ldots 110110110110111)_2$$

$$-7 = (\ldots 111111111111001)_2 \qquad -\tfrac{1}{7} = (\ldots 001001001001001)_2$$

$$\tfrac{7}{4} = (\ldots 0000000000000001{,}11)_2 \qquad \tfrac{1}{10} = (\ldots 110011001100110{,}1)_2$$

$$\sqrt{-7} = (\ldots 100000010110101)_2 \quad \text{oder} \quad (\ldots 011111101001011)_2.$$

Hier erscheint 7 als gewöhnliche Binärzahl 7, während -7 das Zweierkomplement (sich unendlich nach links erstreckend) ist; man kann leicht verifizieren, dass die gewöhnliche Prozedur zur Addition binärer Zahlen $-7 + 7 = (\ldots 00000)_2 = 0$ liefert, wenn das Verfahren unbegrenzt weitergeführt wird. Die Werte $\frac{1}{7}$ und $-\frac{1}{7}$ sind die eindeutigen 2-adischen Zahlen, die, wenn formal mit 7 multipliziert, 1 bzw. -1 ergeben. Die Werte von $\frac{7}{4}$ und $\frac{1}{10}$ sind Beispiele von 2-adischen Zahlen, die keine 2-adischen „ganzen Zahlen“ sind, da sie nicht-verschwindende Bits rechts vom Komma haben. Die beiden Werte von $\sqrt{-7}$, die Negative voneinander sind, sind die einzigen 2-adischen Zahlen, die, wenn formal quadriert, den Wert $(\ldots 111111111111001)_2$ liefern.

a) Zeige, dass jede 2-adische Zahl u durch eine von null verschiedene 2-adische Zahl v dividiert werden kann, um eine eindeutige 2-adische Zahl w zu erhalten, die $u = vw$ erfüllt. (Also ist die Menge der 2-adischen Zahlen ein „Körper“; siehe Abschnitt 4.6.1.)

b) Beweise, dass die 2-adische Darstellung der rationalen Zahl $-1/(2n+1)$ wie folgt erhalten werden kann, wenn n eine positive ganze Zahl ist: Finde zuerst die gewöhnliche binäre Entwicklung von $+1/(2n+1)$, welche die periodische Form $(0{,}\alpha\alpha\alpha\ldots)_2$ für einen String α von 0 und 1 besitzt. Dann ist $-1/(2n+1)$ die 2-adische Zahl $(\ldots\alpha\alpha\alpha)_2$.

c) Beweise, dass die Darstellung einer 2-adischen Zahl u genau dann schließlich periodisch ist (d.h., $u_{N+\lambda} = u_N$ für alle großen N, für ein $\lambda \geq 1$), wenn u rational ist (d.h. $u = m/n$, für ganze Zahlen m und n).

d) Beweise, dass wenn n eine ganze Zahl ist, $\sqrt{n}$ genau dann eine 2-adische Zahl ist, wenn sie $n \bmod 2^{2k+3} = 2^{2k}$ erfüllt für natürliche Zahlen k. (Also sind die Möglichkeiten entweder $n \bmod 8 = 1$ oder $n \bmod 32 = 4$ usw.)

32. [*M40*] (I. Z. Ruzsa.) Konstruiere unendlich viele ganze Zahlen, deren ternäre Darstellung nur 0 und 1 benutzt und deren quinäre Darstellung nur 0, 1 und 2 benutzt.

33. [*M40*] (D. A. Klarner.) Sei D irgendeine Menge ganzer Zahlen, sei b eine positive ganze Zahl und sei k_n die Anzahl der verschiedenen ganzen Zahlen, die als n-ziffrige Zahlen $(a_{n-1}\ldots a_1a_0)_b$ zur Basis b mit Ziffern a_i in D geschrieben werden können. Zeige, dass die Folge $\langle k_n\rangle$ eine lineare Rekurrenzrelation erfüllt und erkläre, wie die Erzeugungsfunktion $\sum_n k_n z^n$ berechnet werden kann. Illustriere Deinen Algorithmus durch den Nachweis, dass k_n eine Fibonaccizahl im Fall von $b = 3$ und $D = \{-1, 0, 3\}$ ist.

▸ **34.** [*22*] (G. W. Reitwiesner, 1960.) Erkläre, wie eine gegebene ganze Zahl n in der Form $(\ldots a_2a_1a_0)_2$ dargestellt werden kann, wobei jedes a_j entweder -1, 0 oder 1 ist, mit der geringsten Zahl von null verschiedener Ziffern.

4.2. Gleitkomma-Arithmetik

IN DIESEM ABSCHNITT werden wir die Grundprinzipien der arithmetischen Operationen auf „Gleitkommazahlen“ untersuchen und die internen Mechanismen, die solchen Rechnungen zu Grunde liegen, analysieren. Vielleicht werden viele Leser wenig Interesse an diesem Gegenstand haben, da ihre Rechner entweder eingebaute Gleitkomma-Instruktionen haben oder ihr Betriebssystem geeignete Unterprogramme enthält. Jedenfalls sollte das Material dieses Abschnitts nicht lediglich die Sorge von Rechnerentwurfsingenieuren oder einer kleinen Gruppe von Leuten sein, die Bibliotheksunterprogramme für neue Maschinen schreiben; *jeder* wohl ausgebildete Programmierer sollte eine Kenntnis haben von dem, was während der elementaren Schritte der Gleitkomma-Arithmetik vorgeht. Dieser Gegenstand ist überhaupt nicht so trivial, wie die meisten Leute denken, und involviert ein überraschendes Ausmaß interessanter Information.

4.2.1. Einfachgenaue Rechnungen

A. Gleitkomma-Notation. Wir haben „Festkomma-Notation“ für Zahlen in Abschnitt 4.1 besprochen; in einem solchen Fall weiß der Programmierer, wo das Basiskomma in den bearbeiteten Zahlen liegen soll. Für viele Zwecke ist es jedoch beträchtlich bequemer, die Stelle des Basiskommas dynamisch variabel oder mit der Ausführung des Programms „gleiten“ zu lassen und mit jeder Zahl eine Anzeige ihrer laufenden Basiskommastelle zu übertragen. Diese Idee wurde viele Jahre in wissenschaftlichen Rechnungen verwendet, speziell um sehr große Zahlen wie Avogadros Zahl $N = 6{,}2214 \times 10^{23}$ oder sehr kleine Zahlen wie Plancks Konstante $h = 6{,}6261 \times 10^{-27}$ erg sec auszudrücken.

In diesem Abschnitt werden wir mit *Basis b, Exzess q und p-stelligen Gleitkommazahlen* arbeiten: Solche Zahlen werden dargestellt durch Paare (e, f), die

$$(e, f) = f \times b^{e-q} \tag{1}$$

bezeichnen. Hier ist e eine ganze Zahl mit einem spezifizierten Bereich und f ein vorzeichenbehafteter Bruchteil. Wir werden die Konvention befolgen, dass

$$|f| < 1;$$

in anderen Worten, das Basiskomma erscheint links von der Stellenwertdarstellung von f. Genauer bedeutet die Vereinbarung, dass wir p-stellige Zahlen haben, dass $b^p f$ eine ganze Zahl ist und

$$-b^p < b^p f < b^p. \tag{2}$$

Der Term „Gleitkommabinärzahl“ impliziert, dass $b = 2$, „Gleitkommadezimalzahl“ impliziert $b = 10$, usw. Mit Exzess-50-Gleitkommadezimalzahlen mit 8 Ziffern können wir zum Beispiel

$$\begin{aligned} &\text{die Avogadrozahl} \quad && N = (74, +0{,}60221400),\\ &\text{Plancks Konstante} \quad && h = (24, +0{,}66261000) \end{aligned} \tag{3}$$

schreiben.

Die zwei Komponenten e und f einer Gleitkommazahl werden der *Exponent* bzw. der *Bruchteil* genannt. (Gelegentlich werden andere Namen für diesen Zweck verwendet, zu erwähnen sind „Charakteristik" und „Mantisse"; doch ist es ein Missbrauch der Terminologie, den Bruchteil eine Mantisse zu nennnen, da dieser Term eine ganz verschiedene Bedeutung in Verbindung mit Logarithmen hat. Darüber hinaus bedeutet das englische Wort Mantisse „eine wertlose Addition".)

Die MIX-Rechner nimmt an, dass seine Gleitkommazahlen die Form haben

±	e	f	f	f	f

. (4)

Hier haben wir Basis b, Exzess q, Gleitkommanotation mit vier Byte Genauigkeit, wobei b die Bytegröße (z.B. $b = 64$ oder $b = 100$) und q gleich $\lfloor \frac{1}{2}b \rfloor$ ist. Der Bruchteil ist $\pm\, f\,f\,f\,f$, und e ist der Exponent, welcher im Bereich $0 \le e < b$ liegt. Diese interne Darstellung ist typisch für die Konventionen in den meisten existierenden Rechnern, obwohl b eine viel größere Basis als gewöhnlich ist.

B. Normierte Rechnungen. Eine Gleitkommazahl (e, f) ist *normiert*, wenn die signifikanteste Ziffer der Darstellung von f von null verschieden ist, so dass

$$1/b \le |f| < 1; \tag{5}$$

oder, wenn $f = 0$ und e seinen kleinstmöglichen Wert hat. Man kann sagen, welche von zwei normierten Gleitkommazahlen den größeren Betrag hat, dadurch dass man die Exponenten zuerst vergleicht und dann die Bruchteile nur prüft, wenn die Exponenten gleich sind.

Die meisten heute verwendeten Gleitkommaroutinen befassen sich fast ausschließlich mit normierten Zahlen: die Eingaben zu den Routinen werden normiert angenommen und die Ausgaben sind immer normiert. Unter diesen Konventionen verlieren wir die Möglichkeit, einige wenige Zahlen sehr kleiner Größe zu repräsentieren — z.B. kann der Wert (0; 0,00000001) nicht normiert werden, ohne einen negativen Exponenten zu liefern — doch wir gewinnen Geschwindigkeit, Gleichmäßigkeit und die Möglichkeit, vergleichsweise einfache Schranken für den relativen Fehler in unseren Rechnungen anzugeben. (Unnormalisierte Gleitkomma-Arithmetik wird in Abschnitt 4.2.2 besprochen.)

Untersuchen wir jetzt die normierten Gleitkommaoperationen im Einzelnen. Gleichzeitig können wir die Konstruktion von Unterprogrammen für diese Operationen betrachten, wenn wir annehmen, dass wir einen Rechner ohne eingebaute Gleitkommahardware haben.

Unterprogramme in Maschinensprache für Gleitkomma-Arithmetik werden gewöhnlich in einer sehr maschinenabhängigen Weise geschrieben, mit vielen der wildesten Eigenheiten der vorliegenden Rechner. Deshalb haben Unterprogramme für Gleitkomma-Addition für zwei verschiedene Maschinen gewöhnlich dem Anschein nach wenig Ähnlichkeit miteinander. Doch zeigt eine sorgfältige Untersuchung zahlreicher Unterprogramme für binäre und dezimale Rechner, dass diese Programme doch eine ganze Menge gemein haben, und man kann die Themen in einer maschinenunabhängigen Weise behandeln.

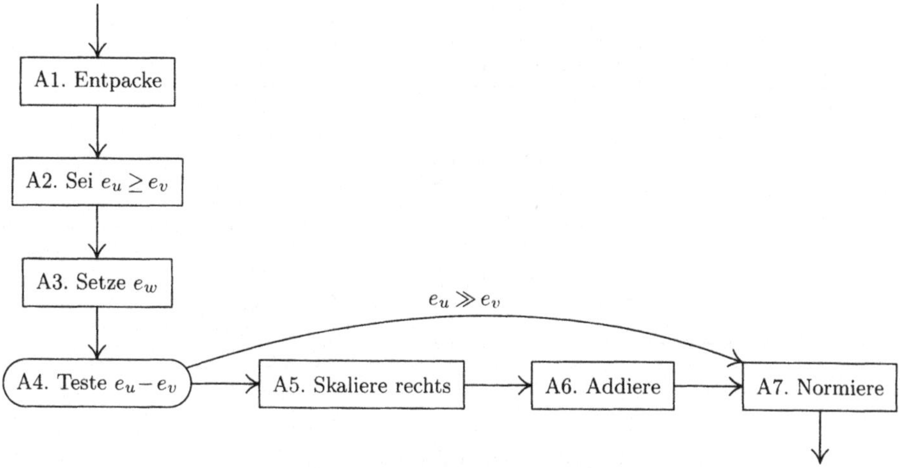

Fig. 2. Gleitkomma-Addition.

Der erste (und bei weitem schwierigste!) Algorithmus, den wir in diesem Abschnitt besprechen werden, ist ein Verfahren zur Gleitkomma-Addition,

$$(e_u, f_u) \oplus (e_v, f_v) = (e_w, f_w). \tag{6}$$

Da Gleitkomma-Arithmetik inhärent approximativ und nicht exakt ist, werden wir „runde" Operatorsymbole

$$\oplus, \quad \ominus, \quad \otimes, \quad \oslash$$

der Reihe nach für die Gleitkomma-Addition, -Subtraktion, -Multiplikation und -Division verwenden, bzw., um approximative Operationen von den wahren zu unterscheiden.

Die Grundidee bei der Gleitkomma-Addition ist ziemlich einfach: Angenommen, dass $e_u \geq e_v$; wir setzen $e_w = e_u$, $f_w = f_u + f_v/b^{e_u - e_v}$ (dadurch richten wir die Basiskommas für eine sinnvolle Addition aus) und normieren das Ergebnis. Doch mehrere Situationen können auftreten, die diesen Prozess nichttrivial machen, und der folgende Algorithmus erklärt die Methode genauer.

Algorithmus A (*Gleitkomma-Addition*). Gegeben seien p-stellige, normierte Gleitkommazahlen mit Basis b, Exzess q: $u = (e_u, f_u)$ und $v = (e_v, f_v)$; dieser Algorithmus bildet die Summe $w = u \oplus v$. Dasselbe Verfahren kann für die Gleitkomma-Subtraktion verwendet werden, wenn $-v$ für v substituiert wird.

A1. [Entpacke.] Trenne die Exponenten und Bruchteile der Darstellungen von u und v.

A2. [Sei $e_u \geq e_v$.] Wenn $e_u < e_v$, vertausche u und v. (In viele Fällen ist es das Beste, Schritt A2 mit Schritt A1 oder mit einigen der späteren Schritte zu kombinieren.)

A3. [Setze e_w.] Setze $e_w \leftarrow e_u$.

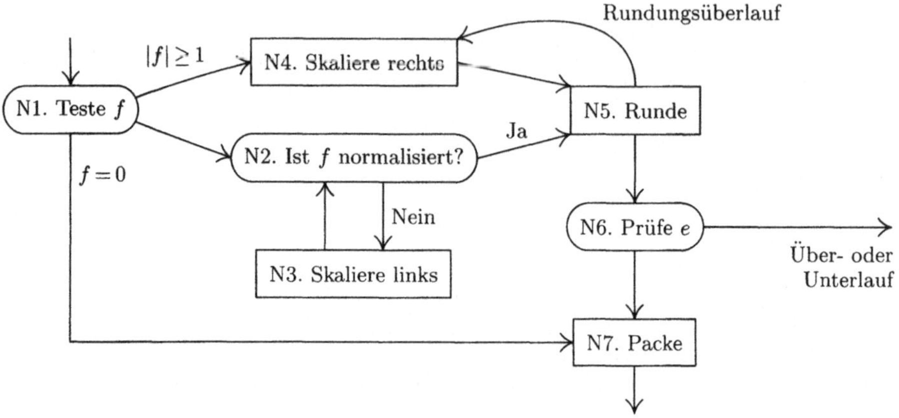

Fig. 3. Normalisierung von (e, f).

A4. [Prüfe $e_u - e_v$.] Wenn $e_u - e_v \geq p + 2$ (große Differenz in Exponenten), setze $f_w \leftarrow f_u$ und geh nach Schritt A7. (Eigentlich könnten wir, da wir u normiert annahmen, den Algorithmus beenden; doch ist es gelegentlich nützlich, eine möglicherweise unnormalisierte Zahl durch Addition von null zu normieren.)

A5. [Skaliere rechts.] Schiebe f_v um $e_u - e_v$ Stellen nach rechts;, d.h., dividiere durch $b^{e_u - e_v}$. [*Bemerkung:* Dies wird eine Verschiebung um bis zu $p + 1$ Stellen und der nächste Schritt (welcher f_u zu f_v addiert) erfordert dadurch einen Akkumulator, der $2p+1$ Basis-b-Ziffern rechts des Basiskommas halten kann. Wenn ein so großer Akkumulator nicht verfügbar ist, kann man die Anforderung auf $p + 2$ oder $p + 3$ Stellen abschwächen, wenn geeignete Vorsichtsmaßnahmen getroffen werden; die Einzelheiten werden in Übung 5 angegeben.]

A6. [Addiere.] Setze $f_w \leftarrow f_u + f_v$.

A7. [Normiere.] (An diesem Punkt repräsentiert (e_w, f_w) die Summe von u und v, doch $|f_w|$ kann mehr als p Ziffern haben, und kann größer 1 oder kleiner $1/b$ sein.) Führe den nachfolgenden Algorithmus N zu Normierung und Rundung von (e_w, f_w) für das Endresultat aus. ▮

Algorithmus N (*Normalisierung*). Ein „roher Exponent" e und ein „roher Bruchteil" f werden in normierte Form mit eventueller Rundung auf p Stellen konvertiert. Dieser Algorithmus nimmt $|f| < b$ an.

N1. [Prüfe f.] Wenn $|f| \geq 1$ („Bruchteilüberlauf"), geh nach Schritt N4. Wenn $f = 0$, setze e auf seinen niedrigstmöglichen Wert und geh nach Schritt N7.

N2. [Ist f normiert?] Wenn $|f| \geq 1/b$, geh zu Schritt N5.

N3. [Skaliere links.] Verschiebe f nach links um eine Stelle (d.h. multipliziere mit b) und erniedrige e um 1. Kehre zurück nach Schritt N2.

N4. [Skaliere rechts.] Verschiebe f nach rechts um eine Stelle (d.h. dividiere durch b) und erhöhe e um 1.

N5. [Runde.] Runde f auf p Stellen. (Das soll bedeuten, f wird auf das nächste Vielfache von b^{-p} geändert. Für $(b^p f) \bmod 1 = \frac{1}{2}$ kann es *zwei* nächste Vielfache geben; wenn b gerade ist, ändern wir f zum nächsten Vielfachen f' von b^{-p}, so dass $b^p f' + \frac{1}{2}b$ ungerade ist. Weitere Besprechung von Rundung erscheint in Abschnitt 4.2.2.) Es ist wichtig, zu beachten, dass diese Rundungsoperation $|f| = 1$ machen kann („Rundungsüberlauf“); in solch einem Fall kehre zurück nach Schritt N4.

N6. [Prüfe e.] Wenn e zu groß ist, d.h. größer als sein erlaubter Bereich, wird ein *Exponentenüberlauf* ausgelöst. Wenn e zu klein ist, wird ein *Exponentenunterlauf* ausgelöst. (Siehe die Besprechung unten; da das Ergebnis nicht als normierte Gleitkommazahl im geforderten Bereich ausgedrückt werden kann, ist eine besondere Aktion notwendig.)

N7. [Packe.] Setze e und f zu der gewünschten Ausgabedarstellung zusammen. ▮

Einige einfache Beispiele von Gleitkomma-Addition werden in Übung 4 gegeben.

Die folgenden `MIX`- Unterprogramme für Addition und Subtraktion von Zahlen in der Form von (4) zeigen, wie die Algorithmen A und N als Programme ausgedrückt werden können. Die Unterprogramme unten sind so entworfen, dass sie die eine Eingabe u von der symbolischen Stelle `ACC` nehmen, während die andere Eingabe v von Register A bei Eintritt in das Unterprogramm kommt. Die Ausgabe w erscheint sowohl in Register A als auch an Stelle `ACC`. Also würde eine Festkomma-Programmstück

```
LDA A;   ADD B;   SUB C;   STA D                (7)
```

dem Gleitkomma-Programmstück

```
LDA A, STA ACC;  LDA B, JMP FADD;  LDA C, JMP FSUB;  STA D   (8)
```

entsprechen.

Programm A (*Addition, Subtraktion und Normalisierung*). Das folgende Programm ist ein Unterprogramm für Algorithmus A und ist so entworfen, dass der Normalisierungsteil von anderen Unterprogrammen verwendet werden kann, die später in diesem Abschnitt erscheinen. In diesem und in vielen anderen Programmen in diesem Kapitel steht `OFLO` für ein Unterprogramm, das eine Mitteilung ausdruckt, wenn `MIX`s Überlaufsanzeige unerwartet angeschaltet an getroffen wurde. Die Bytegröße b wird als Vielfaches von 4 angenommen. Die Normalisierungsroutine `NORM` nimmt an, dass $rI2 = e$ und $rAX = f$, wobei $rA = 0$ auch $rX = 0$ und $rI2 < b$ impliziert.

```
BYTE  EQU   1(4:4)        Bytegröße b
EXP   EQU   1:1           Definition des Exponentenfelds
FSUB  STA   TEMP          Gleitkomma-Subtraktionsunterprogramm:
      LDAN  TEMP          Wechsle Vorzeichen des Operanden.
FADD  STJ   EXITF         Gleitkomma-Additionsunterprogramm:
```

```
          JOV  OFLO           Stelle Überlaufanzeige aus.
          STA  TEMP           TEMP ← v.
          LDX  ACC            rX ← u.
          CMPA ACC(EXP)       Schritte A1, A2, A3 zusammen:
          JGE  1F             Springe, wenn e_v ≥ e_u.
          STX  FU(0:4)        FU ← ± f f f f 0.
          LD2  ACC(EXP)       rI2 ← e_w.
          STA  FV(0:4)
          LD1N TEMP(EXP)      rI1 ← −e_v.
          JMP  4F
1H        STA  FU(0:4)        FU ← ± f f f f 0 (u, v vertauscht).
          LD2  TEMP(EXP)      rI2 ← e_w.
          STX  FV(0:4)
          LD1N ACC(EXP)       rI1 ← −e_v.
4H        INC1 0,2            rI1 ← e_u − e_v. (Schritt A4 unnötig.)
5H        LDA  FV             A5. Skaliere rechts.
          ENTX 0              Klar rX.
          SRAX 0,1            Schiebe rechts um e_u − e_v Stellen.
6H        ADD  FU             A6. Addiere.
          JOV  N4             A7. Normiere. Springe bei Bruchteilüberlauf.
          JXZ  NORM           Leichter Fall?
          CMPA =0=(1:1)       Ist f normiert?
          JNE  N5             Wenn, dann runde es.
          SRC  5              |rX| ↔ |rA|.
          DECX 1              (rX ist positiv.)
          STA  TEMP           (Operanden hatten verschiedene Vorzeichen;
          STA  HALF(0:0)        wir müssen die Register adjustieren
          LDAN TEMP             vor Rundung und Normalisierung.)
          ADD  HALF
          ADD  HALF           Komplementiere nicht-signifikanten Teil.
          SRC  4              Springe in Normalisierungsroutine.
          JMP  N3A
HALF      CON  1//2           Halbe Wortgröße (Vorzeichen ändert sich)
FU        CON  0              Bruchteil f_u
FV        CON  0              Bruchteil f_v
NORM      JAZ  ZRO            N1. Prüfe f.
N2        CMPA =0=(1:1)       N2. Ist f normiert?
          JNE  N5             Zu N5, wenn führendes Byte nicht null.
N3        SLAX 1              N3. Skaliere links.
N3A       DEC2 1              Erniedrige e um 1.
          JMP  N2             Kehre zurück nach N2.
N4        ENTX 1              N4. Skaliere rechts.
          SRC  1              Schiebe nach rechts, setze „1“ mit Vorz. ein.
          INC2 1              Erhöhe e um 1.
N5        CMPA =BYTE/2=(5:5)  N5. Runde.
          JL   N6             Ist |Endziffer| < ½b?
          JG   5F
          JXNZ 5F             Ist |Endziffer| > ½b?
          STA  TEMP           |Endziffer| = ½b; runde auf ungerade.
```

```
54        LDX   TEMP(4:4)
55        JXO   N6          Zu N6, wenn rX ungerade ist.
56  5H    STA   *+1(0:0)    Speichere Vorzeichen von rA.
57        INCA  BYTE        Addiere b^-4 zu |f|. (Vorzeichen ändert sich)
58        JOV   N4          Prüfe auf Rundungsüberlauf.
59  N6    J2N   EXPUN       N6. Prüfe e. Unterlauf, wenn e < 0.
60  N7    ENTX  0,2         N7. Packe. rX ← e.
61        SRC   1
62  ZRO   DEC2  BYTE        rI2 ← e − b.
63  8H    STA   ACC
64  EXITF J2N   *           Fertig, es sei denn, e ≥ b.
65  EXPOV HLT   2           Exponentenüberlauf entdeckt
66  EXPUN HLT   1           Exponentenunterlauf entdeckt
67  ACC   CON   0           Gleitkomma-Akkumulator ▌
```

Der recht lange Programmabschnitt von Zeile 25 zu 37 ist nötig, weil MIX nur einen 5-Byte-Akkumulator für die Addition vorzeichenbehafteter Zahlen hat, während im Allgemeinen $2p+1=9$ Stellen an Genauigkeit von Algorithmus A gefordert werden. Das Programm könnte auf etwa die Hälfte seiner gegenwärtigen Länge gekürzt werden, wenn wir etwas von seiner Genauigkeit opfern wollten, doch wir werden im nächsten Abschnitt sehen, dass volle Genauigkeit wichtig ist. Zeile 55 verwendet eine in Abschnitt 4.5.2 definierte Nicht-standard-MIX-Instruktion. Die Laufzeit für Gleitkomma-Addition und -Subtraktion hängt von mehreren Faktoren ab, die in Abschnitt 4.2.4 analysiert werden.

Betrachten wir jetzt Multiplikation und Division, welche einfacher als Addition sind und und eine gewisse Ähnlichkeit zueinander haben.

Algorithmus M (*Gleitkomma-Multiplikation oder -Division*). Gegeben seien normierte Gleitkommazahlen mit Basis b, Exzess q und p Stellen: $u=(e_u,f_u)$ und $v=(e_v,f_v)$; diese Algorithmus bildet das Produkt $w=u\otimes v$ oder den Quotienten $w=u\oslash v$.

M1. [Entpacke.] Trenne die Exponenten und Bruchteile der Darstellungen von u und v. (Manchmal ist es bequem, doch nicht notwendig, die Operanden auf null während dieses Schritts zu prüfen.)

M2. [Operiere.] Setze

$$\begin{aligned} &e_w \leftarrow e_u + e_v - q, && f_w \leftarrow f_u\, f_v && \text{für Multiplikation;}\\ &e_w \leftarrow e_u - e_v + q + 1, && f_w \leftarrow (b^{-1} f_u)/f_v && \text{für Division.}\end{aligned} \qquad (9)$$

(Da die Eingabezahlen normiert angenommen werden, folgt, dass entweder $f_w=0$ oder $1/b^2 \le |f_w| < 1$ oder der Fehler einer Division durch null auftrat.) Wenn nötig, kann die Darstellung von f_w auf $p+2$ oder $p+3$ Stellen an diesem Punkt, wie in Übung 5, reduziert werden.

M3. [Normiere.] Führe Algorithmus N mit (e_w,f_w) zur Normierung, Rundung und Packung des Ergebnisses aus. (*Bemerkung:* Normalisierung ist in diesem Fall einfacher, da Linksskalierung höchstens einmal vorkommt und Rundungsüberlauf nach Division nicht vorkommen kann.) ▌

Die folgenden MIX-Unterprogramme sind dazu gedacht, in Verbindung mit Programm A verwendet zu werden; sie illustrieren die maschinennahen Betrachtungen, die bei Algorithmus M entstehen.

Programm M (*Gleitkomma-Multiplikation und -Division*).

```
01 Q     EQU  BYTE/2      q ist halbe Bytegröße
02 FMUL  STJ  EXITF       Gleitkomma-Multiplikationsunterprogramm:
03       JOV  OFLO        Stelle Überlauf aus.
04       STA  TEMP        TEMP ← v.
05       LDX  ACC         rX ← u.
06       STX  FU(0:4)     FU ← ± f f f f 0.
07       LD1  TEMP(EXP)
08       LD2  ACC(EXP)
09       INC2 -Q,1        rI2 ← e_u + e_v − q.
10       SLA  1
11       MUL  FU          Multipliziere f_u mal f_v.
12       JMP  NORM        Normiere, runde, fertig.

13 FDIV  STJ  EXITF       Gleitkomma-Divisionsunterprogramm:
14       JOV  OFLO        Stelle Überlauf aus.
15       STA  TEMP        TEMP ← v.
16       STA  FV(0:4)     FV ← ± f f f f 0.
17       LD1  TEMP(EXP)
18       LD2  ACC(EXP)
19       DEC2 -Q,1        rI2 ← e_u − e_v + q.
20       ENTX 0
21       LDA  ACC
22       SLA  1           rA ← f_u.
23       CMPA FV(1:5)
24       JL   *+3         Springe, wenn |f_u| < |f_v|.
25       SRA  1           Sonst, skaliere f_u rechts
26       INC2 1               und erhöhe rI2 um 1.
27       DIV  FV          Dividiere.
28       JNOV NORM        Normiere, runde, fertig.
29 DVZRO HLT  3           Unnormalisiert oder Divisor null ▮
```

Die höchst bemerkenswerte Eigenschaft dieses Programms sind die Vorkehrungen für die Division in den Zeilen 23–26, welche gemacht wurden, um genügend hohe Genauigkeit für die Rundung des Resultats sicherzustellen. Wenn $|f_u| < |f_v|$, würde die direkte Anwendung von Algorithmus M ein Ergebnis der Form „$\pm 0\,f\,f\,f\,f$" in Register A lassen und diese würde keine angemessene Rundung erlauben ohne sorgfältige Analyse des Restes (welcher in Register X erscheint). Also berechnet das Programm $f_w \leftarrow f_u/f_v$ in diesem Fall und stellt sicher, dass f_w entweder null oder in allen Fällen normiert ist; die Rundung kann mit fünf signifikanten Bytes erfolgen und möglicherweise prüfen, ob der Rest null ist.

Wir haben gelegentlich Werte zwischen Fest- und Gleitkomma-Darstellungen zu konvertieren. Eine „Fest-nach-Gleitkomma-Routine" ist leicht mit Hilfe des obigen Normalisierungsalgorithmus zu erhalten; zum Beispiel konvertiert in MIX das folgende Unterprogramm eine ganze Zahl in Gleitkommaform:

```
FLOT STJ  EXITF  Nimm rA = u an, eine ganze Zahl.
     JOV  OFLO   Stelle Überlauf aus.
     ENT2 Q+5    Setze rohen Exponenten.
     ENTX 0
     JMP  NORM   Normalisiere, runde, fertig. ▮
```

(10)

Ein „Gleit-nach-Festkomma-Unterprogramm“ ist Gegenstand von Übung 14.

Die Fehlerbefreiung von Gleitkomma-Unterprogrammen ist gewöhnlich eine schwierige Aufgabe, da es so viele Fälle zu betrachten gibt. Hier folgt eine Liste häufiger Fallstricke, in denen sich oft ein Programmierer oder Maschinenarchitekt, der Gleitkomma-Routinen vorbereitet, verfängt:

1) *Verlust des Vorzeichens.* Auf vielen Maschinen (nicht MIX), beeinflussen Transfer-Instruktionen zwischen Registern das Vorzeichen, und die beim Normieren und Skalieren von Zahlen benutzten Verschiebe-Operationen müssen sorgfältig analysiert werden. Das Vorzeichen geht auch häufig verloren, wenn minus null vorkommt. (Zum Beispiel trägt Programm A Sorge, das Vorzeichen von Register A in den Zeilen 30–34 beizubehalten. Siehe auch Übung 6.)

2) *Fehler, den Exponenten-Unterlauf oder -Überlauf richtig zu behandeln.* Die Größe von e_w sollte erst *nach* der Rundung und Normalisierung geprüft werden, weil vorherige Prüfungen eine irrige Auskunft ergeben können. Exponenten-Unterlauf und -Überlauf können bei Gleitkomma-Addition und -Subtraktion vorkommen, nicht nur bei Multiplikation und Division; und obwohl diese recht selten vorkommen, müssen sie jedes Mal geprüft werden. Genügend Information sollte beihalten werden, so dass sinnvolle korrigierende Aktionen nach Über- oder Unterlauf möglich sind.

Es hat sich leider eingebürgert, in vielen Fällen Exponenten-Unterlauf zu ignorieren und einfach Unterlauf produzierende Ergebnisse ohne Anzeige eines Fehlers auf null zu setzen. Diese verursacht einen ernsthaften Verlust an Genauigkeit in den meisten Fällen (tatsächlich ist es der Verlust *aller* signifikanten Stellen) und die Annahmen, die der Gleitkomma-Arithmetik zu Grunde liegen, sind zusammengebrochen; also muss dem Programmierer wirklich mitgeteilt werden, wenn Unterlauf auftrat. Das Ergebnis auf null zu setzen, ist nur geeignet in gewissen Fällen, wenn das Ergebnis später zu einer signifikant größeren Größe hinzugefügt wird. Wenn Exponenten-Unterlauf nicht überprüft wird wird, finden wir rätselhafte Situationen, in welchen $(u \otimes v) \otimes w$ null ist, doch $u \otimes (v \otimes w)$ ist es nicht, da $u \otimes v$ in Exponenten-Unterlauf resultiert, doch $u \otimes (v \otimes w)$ berechnet werden kann, ohne dass irgendwelche Exponenten aus dem Bereich fallen. Ähnlich können wir positive Zahlen a, b, c, d und y mit

$$\begin{aligned} (a \otimes y \oplus b) \oslash (c \otimes y \oplus d) &\approx \tfrac{2}{3}, \\ (a \oplus b \oslash y) \oslash (c \oplus d \oslash y) &= 1 \end{aligned} \tag{11}$$

finden, wenn Exponentenunterlauf nicht entdeckt wird. (Siehe Übung 9.) Obwohl Gleitkomma-Routinen nicht genau sind, kommt eine solche Disparität wie (11) gewiss unerwartet, wenn a, b, c, d und y alle *positiv* sind! Exponentenunterlauf wird gewöhnlich von einem Programmierer nicht antizipiert, also muss er gemeldet werden.*

3) *Eingefügter Müll.* Wenn man nach links skaliert, ist es wichtig, rechts nichts anderes als Nullen einzuführen. Beachte zum Beispiel die „`ENTX 0`"-Instruktion in Zeile 21 von Programm A und die allzu leicht vergessene „`ENTX 0`"-Instruktion in Zeile 04 des `FLOT`-Unterprogramms (10). (Doch wäre es ein Missverständnis, Register X nach Zeile 27 im Divisionsunterprogramm zu klären.)

4) *Unvorhergesehener Rundungsüberlauf.* Wenn eine Zahl wie 0,999999997 auf 8 Stellen gerundet wird, tritt ein Übertrag links des Dezimalkommas auf und das Ergebnis muss nach rechts skaliert werden. Viele Leute haben fälschlicherweise geschlossen, dass Rundungsüberlauf während der Multiplikation unmöglich ist, da sie nach dem maximalen Wert von $|f_u f_v|$ sehen, welcher $1 - 2b^{-p} + b^{-2p}$ ist; und dies kann nicht auf 1 aufrunden. Die Täuschung in dieser Begründung wird in Übung 11 gezeigt. Interessanterweise stellt es sich heraus, dass das Phänomen des Rundungsüberlaufs während Gleitkommadivision unmöglich *ist* (siehe Übung 12).

Es gibt eine Denkschule, die sagt, es sei harmlos, einen Wert wie 0,999999997 zu 0,99999999 statt zu 1,0000000 zu „runden", da dies die Schranken im schlechtesten Fall für relative Fehler nicht erhöht. Von der Gleitkommadezimalzahl 1,0000000 kann gesagt werden, sie repräsentiere alle reellen Werte in dem Intervall

$$[1{,}0000000 - 5 \times 10^{-8} \,..\, 1{,}0000000 + 5 \times 10^{-8}],$$

während 0,99999999 alle Werte in dem viel kleineren Intervall

$$(0{,}99999999 - 5 \times 10^{-9} \,..\, 0{,}99999999 + 5 \times 10^{-9})$$

repräsentiert. Obwohl das letzte Intervall den ursprünglichen Wert 0,999999997 nicht enthält, ist jede Zahl des zweiten Intervalls im ersten enthalten, also sind nachfolgende Rechnungen mit dem zweiten Intervall nicht weniger genau als mit dem ersten. Dieses ingeniöse Argument ist jedoch inkompatibel mit der

* Andererseits, müssen wir zugeben, dass heutige höhere Programmiersprachen dem Programmierer wenig oder überhaupt keine zufriedenstellende Möglichkeit geben, von der Information Gebrauch zu machen, die eine Gleitkommaroutine zur Verfügung stellen will; und die `MIX`-Programme in diesem Abschnitt, welche einfach anhalten, wenn Fehler festgestellt werden, sind noch schlimmer. Es gibt zahlreiche wichtige Anwendungen, in welchen Exponentenunterlauf relativ harmlos ist, und es ist wünschenswert, einen Weg für Programmierer zu finden, sich mit solchen Situationen leicht und sicher zu befassen. Die Praxis, stillschweigend Unterlauf durch null zu ersetzen, wurde durchweg diskreditiert, doch gibt es eine andere Alternative, die jüngst viel Gefallen fand, nämlich die Definition zu ändern, die wir für Gleitkommazahlen gegeben haben, und einen unnormalisierten Bruchteil zu erlauben, wenn der Exponent seinen kleinstmöglichen Wert hat. Diese Idee eines „graduellen Unterlaufs", welche zuerst in der Hardware des Electrologica X8-Rechners einverleibt war, erhöht nur etwas die Komplexität der Algorithmen und macht Exponentenunterlauf während Addition oder Subtraktion unmöglich. Die einfachen Formeln für relative Fehler in Abschnitt 4.2.2 gelten nicht länger in Anwesenheit von graduellem Unterlauf, also ist das Thema außerhalb des Rahmens dieses Buchs. Jedoch kann man mit Formeln wie $\mathrm{round}(x) = x(1-\delta) + \epsilon$, wobei $|\delta| < b^{1-p}/2$ und $|\epsilon| < b^{-p-q}/2$, zeigen, dass gradueller Unterlauf in vielen wichtigen Fällen erfolgreich ist. Siehe W. M. Kahan und J. Palmer, *ACM SIGNUM Newsletter* (October 1979), 13–21.

in Abschnitt 4.2.2 ausgedrückten mathematischen Philosophie der Gleitkomma-Arithmetik.

5) *Runden vor Normieren.* Ungenauigkeiten werden durch vorschnelles Runden an der falschen Stelle verursacht. Dieser Fehler ist offensichtlich, wenn Rundung links der angemessenen Stelle geschieht; doch ist es auch gefährlich in den weniger offensichtlichen Fällen, wo erst zu weit rechts gerundet wird, gefolgt von einer Rundung an der richtigen Stelle. Aus diesem Grund ist es ein Missverständnis, während der „Skalieren-rechts"-Operation in Schritt A5 zu runden, außer wie in Übung 5 vorgeschrieben. (Der spezielle Fall einer Rundung in Schritt N5, dann wieder zu runden, nachdem ein Rundungsüberlauf aufgetreten ist, ist jedoch harmlos, weil Rundungsüberlauf immer $\pm 1,0000000$ ergibt und solche Werte bleiben von dem nachfolgenden Rundungsprozess unbeinflußt.)

6) *Fehler, genügend Genauigkeit in Zwischenrechnungen beizubehalten.* Detaillierte Analysen der Genauigkeit von Gleitkomma-Arithmetik, die im nächsten Abschnitt gemacht werden, legen es nachdrücklich nahe, dass normierende Gleitkommaroutinen immer ein richtig gerundetes Ergebnis maximal möglicher Genauigkeit liefern sollten. Es sollte keine Ausnahmen zu diesem *dictum* geben, sogar nicht in Fällen, die mit äußerst geringer Wahrscheinlichkeit vorkommen; die angemessene Anzahl signifikanter Stellen sollte während der gesamten Rechnungen beibehalten werden, wie es in Algorithmen A und M festgestellt wurde.

C. Gleitkommahardware. Nahezu jeder große Rechner, der für wissenschaftliches Rechnen konzipiert ist, schließt Gleitkomma-Arithmetik als Teil seines Repertoires eingebauter Operationen ein. Leider enthält der Entwurf derartiger Hardware gewöhnlich einige Anomalien, die in schmerzlich schlechtem Verhalten unter gewissen Umständen resultieren, und wir hoffen, dass künftige Rechnerarchitekten einem richtigen Verhalten mehr Beachtung als in der Vergangenheit schenken werden. Es kostet nur wenig mehr, die Maschine richtig zu bauen, und die Betrachtungen im folgenden Abschnitt zeigen, dass entscheidende Vorteile gewonnen werden. Gestrige Kompromisse sind für moderne Maschinen nicht länger geeignet, in Anbetracht dessen, was wir heute wissen.

Der MIX-Rechner, welcher als Beispiel einer „typischen" Maschine in dieser Buchreihe benutzt wird, hat einen optionalen „Gleitkommazusatz" (verfügbar gegen Aufgeld), der die folgenden sieben Operationen einschließt:

• FADD, FSUB, FMUL, FDIV, FLOT, FCMP ($C = 1, 2, 3, 4, 5$ bzw. 56; $F = 6$). Der Inhalt von rA nach der Operation „FADD V" ist genau derselbe wie der Inhalt von rA nach den Operationen

```
STA ACC;   LDA V;   JMP FADD
```

wobei FADD das obige Unterprogramm in diesem Abschnitt ist, außer dass beide Operanden automatisch vor Einsprung in dieses Unterprogramm normiert werden, wenn sie nicht schon normiert waren. (Wenn Exponentenunterlauf während dieser Pränormalisierung vorkommt, jedoch nicht während der Normalisierung des Ergebnisses, wird kein Unterlauf signalisiert.) Ähnliche Bemerkungen gelten für FSUB, FMUL und FDIV. Der Inhalt von rA nach der Operation „FLOT" ist der Inhalt nach „JMP FLOT" im obigen Unterprogramm (10).

Der Inhalt von rA bleibt unverändert durch die Operation „FCMP V". Diese Instruktion setzt den Vergleichsindikator auf LESS, EQUAL oder GREATER, abhängig davon, ob der Inhalt von rA „definitiv weniger als," „näherungsweise gleich," oder „definitiv größer als" V ist, wie im nächsten Abschnitt besprochen wird. Die genaue Aktion ist durch das Unterprogramm FCMP aus Übung 4.2.2–17 mit EPSILON an Stelle 0 definiert.

Kein anderes Register als rA wird durch irgendeine der Gleitkomma-Operationen beeinflusst. Wenn Exponentenüberlauf oder -Unterlauf vorkommt, wird die Überlaufanzeige gesetzt und der Exponent des Ergebnisses wird modulo der Bytegröße angegeben. Division durch null lässt undefinierten Müll in rA. Ausführungszeiten sind: $4u$, $4u$, $9u$, $11u$, $3u$ bzw. $4u$.

• FIX ($C = 5$; $F = 7$). Der Inhalt von rA wird durch die ganze Zahl „round(rA)", unter Rundung zur nächsten ganzen Zahl wie in Schritt N5 von Algorithmus N ersetzt. Wenn jedoch dieses Ergebnis zu groß ist, um in das Register zu passen, wird die Überlaufsanzeige gesetzt und das Ergebnis ist undefiniert. Ausführungszeit: $3u$.

Manchmal ist es hilfreich, Gleitkomma-Operatoren in einer Nicht-Standardweise zu verwenden. Wenn zum Beispiel die Operation FLOT nicht als Teil des MIX-Gleitkommazusatzes vorhanden wäre, könnten wir leicht ihre Wirkung auf 4-Byte-Zahlen erreichen durch

```
FLOT STJ  9F
     SLA  1
     ENTX Q+4
     SRC  1                                        (12)
     FADD =0=
9H   JMP  *  ▌
```

Diese Routine ist nicht strikt äquivalent zum FLOT Operator, da sie annimmt, dass das 1:1 Byte von rA null ist, und sie rX zerstört. Die Behandlung allgemeinerer Situationen ist etwas schwierig, weil Rundungsüberlauf just während einer FLOT-Operation vorkommen kann.

Ähnlich könnten wir annehmen, MIX hätte eine FADD-Operation, aber kein FIX. Wenn wir eine Zahl u von Gleitkommaform zur nächsten ganzen Fixkommazahl runden wollten, und wenn wir weiter wüssten, dass die Zahl nicht-negativ wäre und in höchstens drei Bytes passen würde, könnten wir schreiben

FADD FUDGE

wobei die Stelle FUDGE die Konstante

+	Q+4	1	0	0	0

enthält und das Ergebnis in rA wäre

+	Q+4	1	round(u)

. (13)

D. Geschichte und Bibliographie. Die Ursprünge der Gleitkomma-Notation können bis zu den babylonischen Mathematikern (1800 v.Chr. oder früher) zurückverfolgt werden, die extensiv Gleitkomma-Arithmetik zur Basis 60 verwendeten doch keine Notation für die Exponenten hatten. Die richtigen Exponenten wurden immer irgendwie „verstanden“, wer auch immer die Berechnungen durchführte. In mindestens einem Fall wurde eine falsche Antwort gefunden, weil Addition ohne richtige Ausrichtung der Operanden durchgeführt wurde, doch solche Beispiele sind sehr selten; siehe O. Neugebauer, *The Exact Sciences in Antiquity* (Princeton, N. J.: Princeton University Press, 1952), 26–27. Ein anderer früher Beitrag zur Gleitkomma-Notation stammt von dem griechischen Mathematiker Apollonius (3. Jahrhundert v.Chr.), der anscheinend als erster erklären konnte, wie man Multiplikation durch Sammeln von Zehnerpotenzen getrennt von ihren Koeffizienten vereinfachen kann, zumindest in einfachen Fällen. [Für eine Besprechung von Apollonius' Methode, siehe Pappus, *Mathematical Collections* (4. Jahrhundert n.Chr.).] Nach dem Aussterben der babylonischen Kultur trat die erste bedeutende Verwendung von Gleitkomma-Notation für Produkte und Quotienten erst viel später wieder auf, etwa zur Zeit, als Logarithmen erfunden wurden (1600), und kurz danach, als Oughtred den Rechenschieber (1630) erfunden hatte. Die moderne Notation „ x^n “ für Exponenten wurde etwa zur selben Zeit eingeführt; besondere Symbole für x zum Quadrat, x zur Dritten, usw., waren zuvor in Gebrauch.

Gleitkomma-Arithmetik wurde im Entwurf einiger der frühesten Rechner vorgesehen. Unabhängig voneinander wurde sie 1914 von Leonardo Torres y Quevedo in Madrid vorgeschlagen, 1936 von Konrad Zuse in Berlin und 1939 von George Stibitz in New Jersey. Zuses Maschinen benutzten eine Gleitkommabinärdarstellung, die er „halb-logarithmische Notation“ genannt hat; er fügte auch Konventionen zur Behandlung spezieller Größen wie „∞“ und „undefiniert“ ein. Die ersten amerikanischen Rechner zu Operation mit Gleitkomma-Arithmetik-Hardware waren Modell V der Bell Laboratorien und Mark II von Harvard, beides waren 1944 entworfene Relaisrechner. [Siehe B. Randell, *The Origins of Digital Computers* (Berlin: Springer, 1973), 100, 155, 163–164, 259–260; *Proc. Symp. Large-Scale Digital Calculating Machinery* (Harvard, 1947), 41–68, 69–79; *Datamation* **13** (April 1967), 35–44 (Mag 1967), 45–49; *Zeit. für angew. Math. und Physik* **1** (1950), 345–346.]

Die Verwendung von Gleitkomma-Binärarithmetik wurde ernsthaft 1944–1946 von Forschern der Moore-Schule in ihren Plänen für die ersten *elektronischen* Digitalrechner in Erwägung gezogen, doch sie fanden, dass Gleitkommaschaltungen viel schwieriger mit Röhren als mit Relais zu implementieren waren. Die Gruppe erkannte, dass Skalieren ein Problem beim Programmieren war; doch sie wusste, dass es nur ein sehr kleiner Teil der gesamten Programmieraufgabe jener Tage war. In der Tat schien explizite Fixkomma-Skalierung die Zeit und den Ärger wohl wert zu sein, die sie kostete, da sie Programmierern die numerische Genauigkeit bewusst machte, die sie erhielten. Weiterhin argumentierten die Maschinenarchitekten, dass Gleitkommadarstellung wertvollen Speicherplatz brauchen würde, da die Exponenten abgespeichert werden müssen; und sie bemerkten, dass Gleitkommahardware nicht leicht für vielfachgenaue Berechnungen zu adaptieren war. [Siehe von Neumann *Collected Works* **5** (New York: Macmillan, 1963), 43, 73–74.] Zu jener Zeit entwarfen sie natürlich gerade den ersten Rechner mit gespeichertem Programm und den zweiten elektronischen Rechner und ihre Wahl musste *entweder* Festkomma- *oder* Gleitkomma-Arithmetik sein, aber nicht beides. Sie nahmen die Codierung von binären Gleitkomma-Unterprogrammen vorweg und in der Tat schlossen sie Instruktionen für „Verschiebung nach links" und „Verschiebung nach rechts" in ihren Entwurf hauptsächlich deswegen ein, um solche Routinen effizienter zu machen. Die erste Maschine, die beide Arten von Arithmetik in ihrer Hardware hatte, war anscheinend ein von General Electric Company entwickelter Rechner [siehe *Proc. 2nd Symp. Large-Scale Digital Calculating Machinery* (Cambridge, Mass.: Harvard University Press, 1951), 65–69].

Gleitkomma-Unterprogramme und interpretierende Systeme für frühe Maschinen wurden von D. J. Wheeler und anderen codiert und die ersten Veröffentlichungen derartiger Routinen erschienen in *The Preparation of Programs for an Electronic Digital Computer* von Wilkes, Wheeler und Gill (Reading, Mass.: Addison–Wesley, 1951), Unterprogramme A1–A11, auf den Seiten 35–37 und 105–117. Es ist interessant zu beobachten, dass Gleitkomma*dezimal*-Unterprogramme hier beschrieben werden, obwohl ein binärer Rechner verwendet wurde; in anderen Worten, die Zahlen waren dargestellt als $10^e f$, nicht $2^e f$, und deshalb erforderten die Skalierungsoperationen Multiplikation oder Division mit 10. Auf dieser besonderen Maschine waren solche dezimalen Skalierungen fast so leicht wie Verschiebung und das dezimale Vorgehen vereinfachte Eingabe/Ausgabe-Konversionen außerordentlich.

Die meisten veröffentlichten Referenzen für die Einzelheiten von Gleitkomma-Arithmetik-Routinen sind in technischen Memoranden verstreut, verteilt von verschiedenen Rechnerherstellern, doch gab es gelegentlich Veröffentlichungen dieser Routinen in der offenen Literatur. Außer den obigen Referenzen sind die folgenden von geschichtlichem Interesse: R. H. Stark und D. B. MacMillan, *Math. Comp.* **5** (1951), 86–92, wo ein Programm, verdrahtet auf einem Steckbrett, beschrieben wird; D. McCracken, *Digital Computer Programming* (New York: Wiley, 1957), 121–131; J. W. Carr III, *CACM* **2**, 5 (Mai 1959), 10–15; W. G. Wadey, *JACM* **7** (1960), 129–139; D. E. Knuth, *JACM* **8** (1961), 119–128; O. Kesner, *CACM* **5** (1962), 269–271; F. P. Brooks und K. E. Iverson, *Automatic Data Processing* (New York: Wiley, 1963), 184–199. Für eine Besprechung von Gleitkomma-Arithmetik vom Standpunkt eines Rechnerarchitekten siehe „Floating Point Operation" von S. G. Campbell, in *Planning a Computer System*, herausgegeben von W. Buchholz (New York: McGraw–Hill, 1962), 92–121; A. Padegs, *IBM Systems J.* **7** (1968), 22–29. Zusätzliche Referenzen, welche sich hauptsächlich mit der Genauigkeit von Gleitkomma-Methoden befassen, werden in Abschnitt 4.2.2 gegeben.

Ein revolutionärer Wechsel in Gleitkommahardware fand statt, als die meisten Hersteller begannen, dem ANSI/IEEE-Standard 754 während der späten achtziger Jahre zu folgen. Wichtige Referenzen sind: *IEEE Micro* **4** (1984), 86–100; W. J. Cody, *Comp. Sci. and Statistics: Symp. on the Interface* **15** (1983),

133–139; W. M. Kahan, *Mini/Micro West-83 Conf. Record* (1983), Paper 16/1; D. Goldberg, *Computing Surveys* **23** (1991), 5–48, 413; W. J. Cody und J. T. Coonen, *ACM Trans. Math. Software* **19** (1993), 443–451.

Die `MMIX`*-Rechner, der* `MIX` *in der nächsten Auflage dieses Buchs ersetzen wird, folgt natürlich diesem neuen Standard.*

ÜBUNGEN

1. [*10*] Wie würde Avogadros Zahl und Plancks Konstante (3) in Gleitkomma-Notation mit Basis 100, Exzess 50 und 4 Stellen dargestellt werden? (Diese wäre die von `MIX` benutzte Darstellung, wie in (4), wenn die Bytegröße 100 ist.)

2. [*12*] Was sind unter der Annahme, dass der Exponent e auf den Bereich $0 \le e \le E$ beschränkt ist, die größten und kleinsten positiven Werte, die als Gleitkommazahlen mit Basis b, Exzess q und p Stellen geschrieben werden können? Was sind die größten und kleinsten positiven Werte, die als *normierte* Gleitkommazahlen mit diesen Spezifikationen geschrieben werden können?

3. [*11*] (K. Zuse, 1936.) Zeige, dass wir bei Benutzung normierter Gleitkomma-Binärarithmetik, ohne Verlust an Speicherplatz die Genauigkeit etwas erhöhen können: ein p-Bit-Bruchteil kann mit nur $p-1$ Bit Stellen eines Rechnerwortes dargestellt werden, wenn der Bereich der Exponentenwerte ein klein wenig erniedrigt wird.

▸ **4.** [*16*] Nimm an, dass $b = 10$, $p = 8$. Welches Ergebnis liefert Algorithmus A für $(50, +0{,}98765432) \oplus (49, +0{,}33333333)$? Für $(53, -0{,}99987654) \oplus (54, +0{,}10000000)$? Für $(45, -0{,}50000001) \oplus (54, +0{,}10000000)$?

▸ **5.** [*24*] Sagen wir, dass $x \sim y$ (bzgl. einer gegebenen Basis b), wenn x und y reelle Zahlen sind, die die folgenden Bedingungen erfüllen:

$$\begin{aligned} \lfloor x/b \rfloor &= \lfloor y/b \rfloor; \\ x \bmod b = 0 &\iff y \bmod b = 0; \\ 0 < x \bmod b < \tfrac{1}{2}b &\iff 0 < y \bmod b < \tfrac{1}{2}b; \\ x \bmod b = \tfrac{1}{2}b &\iff y \bmod b = \tfrac{1}{2}b; \\ \tfrac{1}{2}b < x \bmod b < b &\iff \tfrac{1}{2}b < y \bmod b < b. \end{aligned}$$

Beweise: wenn f_v durch $b^{-p-2}F_v$ zwischen Schritt A5 und A6 des Algorithmus A ersetzt wird, wobei $F_v \sim b^{p+2}f_v$, bleibt das Ergebnis des Algorithmus unverändert. (Wenn F_v eine ganze Zahl und b gerade ist, schneidet diese Operation im Wesentlichen f_v auf $p+2$ Stellen ab, merkt sich, ob von null verschiedene Stellen weggefallen sind, und minimiert dadurch die Länge desjenigen Registers, das für die Addition in Schritt A6 benötigt wird.)

6. [*20*] Wenn das Ergebnis einer `FADD`-Instruktion null ist, was wird das Vorzeichen von rA gemäß den in diesem Abschnitt gegebenen Definitionen von `MIX`-Gleitkomma-Zusatz sein?

7. [*27*] Besprich Gleitkomma-Arithmetik balancierter ternärer Notation.

8. [*20*] Gib ein Beispiel normierter achtstelliger Gleitkomma-Dezimalzahlen u und v an, für welche Addition (a) Exponentenunterlauf, (b) Exponentenüberlauf ergibt, unter der Annahme, dass die Exponenten $0 \le e < 100$ erfüllen.

9. [*M24*] (W. M. Kahan.) Nimm an, dass bei Auftreten von Exponentenunterlauf das Ergebnis ohne Fehleranzeige durch null ersetzt wird. Finde unter Verwendung von achtstelligen Gleitkomma-Dezimalzahlen mit Exzess null und e im Bereich $-50 \le e < 50$ positive Werte a, b, c, d und y so, dass (11) gilt.

10. [*12*] Gib ein Beispiel normierter achtstelliger Gleitkomma-Dezimalzahlen u und v, für welche Rundungsüberlauf bei der Addition auftritt.

▶ **11.** [*M20*] Gib ein Beispiel normierter achtstelliger Gleitkomma-Dezimalzahlen u und v mit Exzess 50, für welche Rundungsüberlauf bei der Multiplikation auftritt.

12. [*M25*] Beweise, dass Rundungsüberlauf während der Normalisierungsphase der Gleitkomma-Division nicht vorkommen kann.

13. [*30*] Bei „Intervallarithmetik" wünschen wir keine Rundung der Ergebnisse der Gleitkomma-Rechnung; vielmehr wünschen wir eine Implementierung der Operationen $\triangledown\!\!\!+$ und $\triangle\!\!\!+$ in einer Weise, welche die engstmöglichen darstellbaren Schranken für die wahre Summe ergibt:

$$u \mathbin{\triangledown\!\!\!+} v \;\le\; u+v \;\le\; u \mathbin{\triangle\!\!\!+} v.$$

Wie sollten die Algorithmen dieses Abschnitts für einen solchen Zweck verändert werden?

14. [*25*] Schreibe ein `MIX`-Unterprogramm, dass mit einer beliebigen Gleitkommazahl in Register A, nicht notwendig normiert, beginnt, und sie zur nächsten ganzen Festkommazahl konvertiert (oder feststellt, dass die Zahl dem Absolutwert nach zu groß ist, eine solche Konversion zu ermöglichen).

▶ **15.** [*28*] Schreibe ein `MIX`-Unterprogramm zur Verwendung in Verbindung mit den anderen Unterprogrammen dieses Abschnitts, das $u \text{ (mod) } 1$ berechnet, nämlich $u - \lfloor u \rfloor$ gerundet zur nächsten Gleitkommazahl für eine gegebene Gleitkommazahl u. Beachte, dass wenn u eine sehr kleine negative Zahl ist, $u \text{ (mod) } 1$ so gerundet werden sollte, dass das Ergebnis eins ist (obwohl $u \bmod 1$ als eine reelle Zahl immer *kleiner* eins definiert wurde).

16. [*HM21*] (Robert L. Smith.) Entwirf einen Algorithmus zur Berechnung des Real- und Imaginärteils der komplexen Zahl $(a + bi)/(c + di)$ für gegebene reelle Gleitkommawerte a, b, c und d. Vermeide die Berechnung von $c^2 + d^2$, da es Gleitkomma-Überlauf verursachen würde, auch wenn $|c|$ oder $|d|$ näherungsweise die Quadratwurzel des maximal erlaubten Gleitkommawertes ist.

17. [*40*] (John Cocke.) Verfolge die Idee einer Erweiterung des Bereichs von Gleitkommazahlen durch Definition einer Darstellung in einem einzigen Wort, in welchem die Genauigkeit des Bruchteils abnimmt, wenn die Größe des Exponenten anwächst.

18. [*25*] Betrachte einen Binärrechner mit 36-Bit-Wörtern, auf dem positive Gleitkomma-Binärzahlen dargestellt als $(0e_1e_2\ldots e_8f_1f_2\ldots f_{27})_2$ werden, wo $(e_1e_2\ldots e_8)_2$ ein Exzess-$(10000000)_2$-Exponent und $(f_1f_2\ldots f_{27})_2$ ein 27-Bit-Bruchteil ist. Negative Gleitkommazahlen werden durch das *Zweierkomplement* der entsprechenden positiven Darstellung dargestellt (siehe Abschnitt 4.1). Also wird 1,5 zu *201*|*600000000* in oktaler Notation, während $-1{,}5$ die Darstellung *576*|*200000000* hat; die oktale Darstellungen von 1,0 und $-1{,}0$ sind *201*|*400000000* bzw. *576*|*400000000*. (Eine vertikaler Strich wird hier zur Anzeige der Grenze zwischen Exponent und Bruchteil verwendet.) Beachte, dass Bit f_1 einer normierten positiven Zahl immer 1 ist, während es für negative Zahlen fast immer null ist; die Ausnahmefälle sind Darstellungen von -2^k.

Nimm an, dass das genaue Ergebnis einer Gleitkomma-Operation den oktalen Code *572|740000000|01* hat; dieser (negative) 33-Bit-Bruchteil muss normiert und auf 27 Bit gerundet werden. Wenn wir nach links verschieben, bis das führende Bit des Bruchteils null ist, erhalten wir *576|000000000|20*, doch dies wird auf den illegalen Wert *576|000000000* gerundet; wir haben übernormiert, da die korrekte Antwort *575|400000000* ist. Andererseits, wenn wir (bei einem anderen Problem) mit dem Wert *572|740000000|05* beginnen und aufhören, bevor wir ihn übernormieren, bekommen wir den Wert *575|400000000|50*, welcher auf die unnormalisierte Zahl *575|400000001* gerundet wird; die nachfolgende Normalisierung ergibt *576|000000002*, während die korrekte Antwort *576|000000001* ist.

Gib eine einfache, korrekte Rundungsregel an, die dieses Dilemma auf einer solchen Maschine auflöst (ohne Aufgabe der Zweierkomplement-Notation).

19. [*24*] Was ist die Laufzeit für das FADD-Unterprogramm in Programm A, ausgedrückt durch die relevanten Eigenschaften der Daten? Was ist die maximale Laufzeit für alle Eingaben, die keinen Exponentenüberlauf oder -unterlauf verursachen?

Runde Zahlen sind immer falsch.
— SAMUEL JOHNSON (1750)

Ich werde in runden Zahlen sprechen, nicht absolut genau,
doch nicht so weit von der Wahrheit entfernt,
als dass das Ergebnis wesentlich geändert würde.
— THOMAS JEFFERSON (1824)

4.2.2. Genauigkeit der Gleitkomma-Arithmetik

Gleitkommarechnung ist von Natur aus ungenau, und Programmierer können sie leicht missbrauchen, so dass die berechneten Ergebnisse fast ganz aus „Rauschen“ bestehen. Eine der Hauptaufgaben der numerischen Analyse ist die Bestimmung, wie genau die Ergebnisse gewisser numerischer Methoden sind. Es gibt eine Glaubwürdigkeitslücke: Wir wissen nicht, wie viel wir den Rechenergebnissen glauben können. Anfänger in der Rechnerbenutzung lösen dieses Problem durch implizites Vertrauen in den Rechner als einer unfehlbaren Autorität; sie neigen zum Glauben, dass alle Stellen einer gedruckten Antwort signifikant sind. Desillusionierte Rechnerbenutzer haben gerade die entgegengesetzte Tendenz; sie sind dauernd in Furcht, dass ihre Antworten fast sinnlos sind. Viele ernsthafte Mathematiker haben versucht, eine Folge von Gleitkomma-Operationen streng zu analysieren, doch fanden sie die Aufgabe so schwierig, dass sie versuchten, sich stattdessen mit Plausibilitätsgründen zufrieden zu geben.

Eine eingehende Untersuchung von Fehleranalyse-Techniken liegt außerhalb des Rahmens dieses Buchs, jedoch werden wir in dem gegenwärtigen Abschnitt einige charakteristische Gleitkomma-Arithmetikfehler auf der unteren Ebene untersuchen. Unser Ziel ist die Erkenntnis, wie man Gleitkomma-Arithmetik derart ausführt, dass vernünftige Analysen der Fehlerausbreitung möglichst erleichtert werden.

Eine grobe (doch recht nützliche) Weise, das Verhalten von Gleitkomma-Arithmetik auszudrücken, kann auf dem Begriff „signifikanter Stellen" oder *relativer Fehler* basieren. Wenn wir eine exakte reelle Zahl x in einem Rechner mit der Näherung $\hat{x} = x(1 + \epsilon)$ darstellen, wird die Größe $\epsilon = (\hat{x} - x)/x$ der relative Fehler der Näherung genannt. Grob gesprochen vergrößern die Operationen von Gleitkomma-Multiplikation und -Division den relativen Fehler nicht sehr viel; doch Gleitkomma-Subtraktion von nahezu gleichen Größen (und Gleitkomma-Addition, $u \oplus v$, wobei u nahezu gleich $-v$ ist) können den relativen Fehler sehr stark erhöhen. Also haben wir eine allgemeine Daumenregel, dass ein wesentlicher Verlust an Genauigkeit von solchen Additionen und Subtraktionen erwartet wird, aber nicht von Multiplikationen und Divisionen. Andererseits ist die Situation etwas paradox und muss richtig verstanden werden, da die „schlechten" Additionen und Subtraktionen immer mit voller Genauigkeit durchgeführt werden! (Siehe Übung 25.)

Eine der Folgen der möglichen Unzuverlässigkeit von Gleitkomma-Addition ist der Zusammenbruch des Assoziativgesetzes:

$$(u \oplus v) \oplus w \neq u \oplus (v \oplus w) \qquad \text{für viele } u, v, w. \tag{1}$$

Zum Beispiel

$$(11111113, \oplus -11111111,) \oplus 7{,}5111111 = 2{,}0000000 \oplus 7{,}5111111 = 9{,}5111111;$$
$$11111113, \oplus (-11111111, \oplus 7{,}5111111) = 11111113, \oplus - 11111103, = 10{,}000000.$$

(Alle Beispiele in diesem Abschnitt werden in achtstelliger Gleitkomma-Dezimalarithmetik gegeben, mit Exponenten angezeigt durch ein explizites Dezimalkomma. Bekanntlich werden wie in Abschnitt 4.2.1 die Symbole $\oplus$, $\ominus$, $\otimes$, $\oslash$ für Gleitkomma-Operationen benutzt, die den genauen Operationen $+$, $-$, $\times$, $/$ entsprechen.)

Angesichts des Versagens des Assoziativgesetzes ist der Kommentar von Mrs. La Touche, der zu Beginn dieses Kapitels erscheint, recht sinnvoll in Bezug auf Gleitkomma-Arithmetik. Mathematische Notationen wie „$a_1 + a_2 + a_3$" oder „$\sum_{k=1}^{n} a_k$" basieren inhärent auf der Annahme der Assoziativität, also muss ein Programmierer besonders sorgfältig die implizite Annahme der Gültigkeit des Assoziativgesetzes vermeiden.

A. Ein axiomatisches Vorgehen. Obwohl das Assoziativgesetz nicht gültig ist, gilt das Kommutativgesetz

$$u \oplus v = v \oplus u, \tag{2}$$

und dieses Gesetz kann ein wertvoller begrifflicher Vorzug beim Programmieren und bei der Analyse von Programmen sein. Gleichung (2) legt es nahe, wir sollten uns nach zusätzlichen Beispielen wichtiger Gesetze umsehen, die von $\oplus$, $\ominus$, $\otimes$ und $\oslash$ erfüllt *sind*; es ist nicht unvernünftig zu sagen, dass *Gleitkommaroutinen so entworfen werden sollten, möglichst viele der üblichen mathematischen Gesetze beizubehalten.* Je mehr Axiome gültig sind, desto leichter wird es, gute Programme zu schreiben, und die Programme werden auch portabler von Maschine zu Maschine.

Betrachten wir deshalb einige der anderen Grundgesetze, die für normierte Gleitkomma-Operationen gültig sind, wie sie im vorigen Abschnitt beschrieben wurden. Zuerst haben wir

$$u \ominus v = u \oplus -v; \tag{3}$$

$$-(u \oplus v) = -u \oplus -v; \tag{4}$$

$$u \oplus v = 0 \quad \text{genau dann, wenn} \quad v = -u; \tag{5}$$

$$u \oplus 0 = u. \tag{6}$$

Von diesen Gesetzen können wir weitere Identitäten ableiten; z. B. (Übung 1),

$$u \ominus v = -(v \ominus u). \tag{7}$$

Identitäten (2) bis (6) können leicht von den Algorithmen in Abschnitt 4.2.1 gefolgert werden. Die folgende Regel ist etwas weniger offensichtlich:

$$\text{falls} \quad u \le v, \quad \text{dann} \quad u \oplus w \le v \oplus w. \tag{8}$$

Statt diese Regel durch Analyse von Algorithmus 4.2.1A zu beweisen zu versuchen, gehen wir zurück zu den Grundprinzipien, nach welchen der Algorithmus entworfen wurde. (Algorithmische Beweise sind nicht immer leichter als mathematische.) Unsere Idee war, dass die Gleitkomma-Operationen erfüllen sollten

$$\begin{aligned} u \oplus v &= \operatorname{round}(u + v), & u \ominus v &= \operatorname{round}(u - v),\\ u \otimes v &= \operatorname{round}(u \times v), & u \oslash v &= \operatorname{round}(u \,/\, v), \end{aligned} \tag{9}$$

wobei $\operatorname{round}(x)$ die beste Gleitkomma-Näherung zu x bezeichnet, wie sie in Algorithmus 4.2.1N definiert ist. Wir haben

$$\operatorname{round}(-x) = -\operatorname{round}(x), \tag{10}$$

$$x \le y \quad \text{impliziert} \quad \operatorname{round}(x) \le \operatorname{round}(y), \tag{11}$$

und diese Fundamentalrelationen ergaben unmittelbar die Eigenschaften (2) bis (8). Wir können noch einige Identitäten mehr niederschreiben:

$$u \otimes v = v \otimes u, \qquad (-u) \otimes v = -(u \otimes v), \qquad 1 \otimes v = v;$$

$$u \otimes v = 0 \quad \text{genau dann, wenn} \quad u = 0 \text{ or } v = 0;$$

$$(-u) \oslash v = u \oslash (-v) = -(u \oslash v);$$

$$0 \oslash v = 0, \qquad u \oslash 1 = u, \qquad u \oslash u = 1.$$

Wenn $u \le v$ und $w > 0$, dann $u \otimes w \le v \otimes w$ und $u \oslash w \le v \oslash w$; auch $w \oslash u \ge w \oslash v$, wenn $v \ge u > 0$. Wenn $u \oplus v = u + v$, dann $(u \oplus v) \ominus v = u$; und wenn $u \otimes v = u \times v \ne 0$, dann $(u \otimes v) \oslash v = u$. Wir sehen, dass eine ziemlich gute Regelmäßigkeit vorhanden ist trotz der Ungenauigkeit der Gleitkomma-Operationen, wenn die Dinge richtig definiert worden sind.

Mehrere vertraute Regeln der Algebra sind in der obigen Sammlung von Identitäten natürlich noch verdächtig abwesend. Das assoziative Gesetz für Gleitkomma-Multiplikation ist nicht strikt wahr, wie in Übung 3 gezeigt, und das distributive Gesetz zwischen $\otimes$ und $\oplus$ kann schlimm daneben gehen: Sei $u = 20000{,}000$, $v = -6{,}0000000$ und $w = 6{,}0000003$; dann

$$(u \otimes v) \oplus (u \otimes w) = -120000{,}00 \oplus 120000{,}01 = 0{,}010000000$$
$$u \otimes (v \oplus w) = 20000{,}000 \otimes 0{,}00000030000000 = 0{,}0060000000$$

also

$$u \otimes (v \oplus w) \neq (u \otimes v) \oplus (u \otimes w). \tag{12}$$

Andererseits haben wir $b \otimes (v \oplus w) = (b \otimes v) \oplus (b \otimes w)$, wenn b die Gleitkommabasis ist, da

$$\text{round}(bx) = b\,\text{round}(x). \tag{13}$$

(Genau genommen, nehmen die Identitäten und Ungleichungen, die wir in diesem Abschnitt betrachten, implizit an, dass Exponentenunterlauf und -überlauf nicht vorkommen. Die Funktion $\text{round}(x)$ ist undefiniert, wenn $|x|$ zu klein oder zu groß ist, und solche Gleichungen wie (13) gelten nur, wenn beide Seiten definiert sind.)

Die Ungültigkeit von Cauchys fundamentaler Ungleichung

$$(x_1^2 + \cdots + x_n^2)(y_1^2 + \cdots + y_n^2) \geq (x_1 y_1 + \cdots + x_n y_n)^2$$

ist ein anderes wichtiges Beispiel des Zusammenbruchs traditioneller Algebra bei Gleitkomma-Arithmetik. Übung 7 zeigt, dass Cauchys Ungleichung sogar in dem einfachen Fall $n = 2$, $x_1 = x_2 = 1$ verletzt sein kann. Programmieranfänger, die die Standardabweichung einiger Beobachtungen mit der Lehrbuchformel

$$\sigma = \sqrt{\left(n \sum_{1 \leq k \leq n} x_k^2 - \left(\sum_{1 \leq k \leq n} x_k\right)^2\right) \Big/ n(n-1)} \tag{14}$$

berechnen, finden oft, dass sie die Quadratwurzel einer negativen Zahl ziehen wollen! Ein viel besserer Weg zur Berechnung von Mittel und Standardabweichungen mit Gleitkomma-Arithmetik ist die Verwendung der Rekurrenzformeln

$$M_1 = x_1, \qquad M_k = M_{k-1} \oplus (x_k \ominus M_{k-1}) \oslash k, \tag{15}$$
$$S_1 = 0, \qquad S_k = S_{k-1} \oplus (x_k \ominus M_{k-1}) \otimes (x_k \ominus M_k), \tag{16}$$

für $2 \leq k \leq n$, wobei $\sigma = \sqrt{S_n/(n-1)}$. [Siehe B. P. Welford, *Technometrics* **4** (1962), 419–420.] Mit dieser Methode kann S_n niemals negativ werden, und wir vermeiden andere ernsthafte Probleme, die bei der naïven Methode der Akkumulation von Summen auftreten, wie in Übung 16 gezeigt. (Siehe Übung 19 für eine Summierungstechnik, die eine noch bessere Genauigkeitsgarantie gibt.)

Obwohl algebraische Gesetze nicht immer exakt gelten, können wir oft zeigen, dass sie nicht zu weit entfernt davon sind. Wenn $b^{e-1} \leq x < b^e$, haben wir $\text{round}(x) = x + \rho(x)$, wobei $|\rho(x)| \leq \frac{1}{2} b^{e-p}$; also

$$\text{round}(x) = x\bigl(1 + \delta(x)\bigr), \tag{17}$$

wobei der relative Fehler unabhängig von x beschränkt ist:

$$|\delta(x)| = \frac{|\rho(x)|}{|x|} \le \frac{|\rho(x)|}{b^{e-1} + |\rho(x)|} \le \frac{\frac{1}{2}b^{e-p}}{b^{e-1} + \frac{1}{2}b^{e-p}} < \tfrac{1}{2}b^{1-p}. \qquad (18)$$

Wir können diese Ungleichung zur Abschätzung des relativen Fehlers von normierten Gleitkomma-Rechnungen in einfacher Weise verwenden, da $u \oplus v = (u+v)\bigl(1+\delta(u+v)\bigr)$, usw.

Als ein Beispiel eines typischen Fehlerabschätzungsverfahrens betrachten wir das Assoziativgesetz der Multiplikation. Übung 3 zeigt, dass $(u \otimes v) \otimes w$ im Allgemeinen nicht gleich $u \otimes (v \otimes w)$ ist; doch ist die Situation in diesem Fall viel besser als sie bezüglich des Assoziativgesetzes der Addition (1) und des Distributivgesetzes (12) war. In der Tat haben wir

$$(u \otimes v) \otimes w = \bigl((uv)(1+\delta_1)\bigr) \otimes w = uvw(1+\delta_1)(1+\delta_2),$$

$$u \otimes (v \otimes w) = u \otimes \bigl((vw)(1+\delta_3)\bigr) = uvw(1+\delta_3)(1+\delta_4)$$

für bestimmte δ_1, δ_2, δ_3, δ_4, vorausgesetzt, dass kein Exponentenunterlauf oder -überlauf vorkommt, wobei $|\delta_j| < \frac{1}{2}b^{1-p}$ für jedes j. Also

$$\frac{(u \otimes v) \otimes w}{u \otimes (v \otimes w)} = \frac{(1+\delta_1)(1+\delta_2)}{(1+\delta_3)(1+\delta_4)} = 1 + \delta,$$

wobei

$$|\delta| < 2b^{1-p}/\bigl(1 - \tfrac{1}{2}b^{1-p}\bigr)^2. \qquad (19)$$

Die Zahl b^{1-p} kommt so oft in derartigen Analysen vor, dass ihr ein besonderer Name, *Ulp*, gegeben wurde, der eine Einheit in der letzten Stelle (*unit in the last place*) des Bruchteils bedeutet. Gleitkomma-Operationen sind korrekt innerhalb eines halben Ulp, und die Berechnung von uvw mit zwei Gleitkomma-Multiplikationen wird innerhalb etwa eines Ulp (Terme zweiter Ordnung außer Acht gelassen) korrekt sein. Also gilt das Assoziativgesetz der Multiplikation innerhalb eines relativen Fehlers von etwa zwei Ulp.

Wir haben gezeigt, dass $(u \otimes v) \otimes w$ näherungsweise gleich $u \otimes (v \otimes w)$ ist, außer wenn Exponentenüberlauf oder -unterlauf ein Problem ist. Es ist wertvoll, diese intuitive Idee approximierter Gleichheit detaillierter zu untersuchen; können wir eine solche Behauptung in vernünftiger Weise genauer machen?

Programmierer, die Gleitkomma-Arithmetik verwenden, wollen fast nie testen, ob zwei berechnete Werte genau einander gleich sind, (oder zumindest sollten sie es kaum je versuchen), weil dies ein äußerst unwahrscheinliches Ereignis ist. Wenn zum Beispiel eine Rekurrenzrelation

$$x_{n+1} = f(x_n)$$

benutzt wird, wobei die Theorie in einem Lehrbuch sagt, dass x_n einen Grenzwert für $n \to \infty$ anstrebt, so ist es gewöhnlich ein Irrtum, zu warten bis $x_{n+1} = x_n$ für ein n, da die Folge x_n periodisch mit einer längeren Periode wegen der Rundung von Zwischenergebnissen sein kann. Das richtige Verfahren ist zu warten, bis

$|x_{n+1} - x_n| < \delta$ für eine geeignet gewählte Zahl δ; doch da wir nicht notwendig die Größenordnung von x_n *a priori* wissen, ist es sogar besser zu warten, bis

$$|x_{n+1} - x_n| \leq \epsilon |x_n|; \tag{20}$$

jetzt ist ϵ eine Zahl, die viel leichter zu wählen ist. Relation (20) ist eine andere Weise zu sagen, dass x_{n+1} und x_n näherungsweise gleich sind; und unsere Besprechung zeigt, dass ein Relation von „näherungsweise gleich“ nützlicher als die traditionelle Relation von Gleichheit wäre, wo Gleitkomma-Rechnungen involviert sind, wenn wir nur eine geeignete Näherungsrelation definieren könnten.

In anderen Worten impliziert die Tatsache, dass strikte Gleichheit von Gleitkommawerten von geringer Bedeutung ist, dass wir eine neue Operation haben sollten, *Gleitkomma-Vergleich*, welche intendiert, die relativen Werte zweier Gleitkomma-Größen festzustellen. Die folgenden Definitionen scheinen für Gleitkommazahlen $u = (e_u, f_u)$ und $v = (e_v, f_v)$ mit Basis b und Exzess q geeignet zu sein:

$$u \prec v \quad (\epsilon) \qquad \text{genau dann, wenn} \qquad v - u > \epsilon \max(b^{e_u - q}, b^{e_v - q}); \tag{21}$$

$$u \sim v \quad (\epsilon) \qquad \text{genau dann, wenn} \qquad |v - u| \leq \epsilon \max(b^{e_u - q}, b^{e_v - q}); \tag{22}$$

$$u \succ v \quad (\epsilon) \qquad \text{genau dann, wenn} \qquad u - v > \epsilon \max(b^{e_u - q}, b^{e_v - q}); \tag{23}$$

$$u \approx v \quad (\epsilon) \qquad \text{genau dann, wenn} \qquad |v - u| \leq \epsilon \min(b^{e_u - q}, b^{e_v - q}). \tag{24}$$

Diese Definitionen treffen auf unnormalisierte Werte wie auch auf normierte zu. Beachte, dass genau eine der Bedingungen $u \prec v$ (definitiv weniger als), $u \sim v$ (näherungsweise gleich) oder $u \succ v$ (definitiv größer als) immer für jedes gegebene Paar von Werte u und v gelten muss. Die Relation $u \approx v$ ist etwas stärker als $u \sim v$, und sie kann als „u ist im Wesentlichen gleich v“ gelesen werden. Alle Relationen sind mit Hilfe einer positiven reellen Zahl ϵ spezifiziert, die den Grad der betrachteten Näherung misst.

Eine Weise, die obigen Definitionen zu sehen, ist sie als Assoziation einer „Umgebung“ $N(u) = \{x \mid |x - u| \leq \epsilon b^{e_u - q}\}$ mit jeder Gleitkommazahl u zu betrachten; also repräsentiert $N(u)$ eine Menge von Werten nahe u, basierend auf dem Exponenten der Gleitkommadarstellung von u. Damit haben wir $u \prec v$ genau dann, wenn $N(u) < v$ und $u < N(v)$; $u \sim v$ genau dann, wenn $u \in N(v)$ oder $v \in N(u)$; $u \succ v$ genau dann, wenn $u > N(v)$ und $N(u) > v$; $u \approx v$ genau dann, wenn $u \in N(v)$ und $v \in N(u)$. (Hier haben wir angenommen, dass der Parameter ϵ, welcher den Grad der Näherung misst, eine Konstante ist; eine vollständigere Notation würde die Abhängigkeit der Menge $N(u)$ von ϵ anzeigen.)

Hier sind einige einfache Folgerungen der Definitionen (21)–(24):

$$\text{wenn} \quad u \prec v \quad (\epsilon), \quad \text{dann} \quad v \succ u \quad (\epsilon); \tag{25}$$

$$\text{wenn} \quad u \approx v \quad (\epsilon), \quad \text{dann} \quad u \sim v \quad (\epsilon); \tag{26}$$

$$u \approx u \quad (\epsilon); \tag{27}$$

$$\text{wenn} \quad u \prec v \quad (\epsilon), \quad \text{dann} \quad u < v; \tag{28}$$

$$\text{wenn} \quad u \prec v \quad (\epsilon_1) \quad \text{und} \quad \epsilon_1 \geq \epsilon_2, \quad \text{dann} \quad u \prec v \quad (\epsilon_2); \tag{29}$$

$$\text{wenn} \quad u \sim v \quad (\epsilon_1) \quad \text{und} \quad \epsilon_1 \le \epsilon_2, \quad \text{dann} \quad u \sim v \quad (\epsilon_2); \tag{30}$$

$$\text{wenn} \quad u \approx v \quad (\epsilon_1) \quad \text{und} \quad \epsilon_1 \le \epsilon_2, \quad \text{dann} \quad u \approx v \quad (\epsilon_2); \tag{31}$$

$$\text{wenn} \quad u \prec v \quad (\epsilon_1) \quad \text{und} \quad v \prec w \quad (\epsilon_2), \quad \text{dann} \quad u \prec w \quad (\min(\epsilon_1, \epsilon_2)); \tag{32}$$

$$\text{wenn} \quad u \approx v \quad (\epsilon_1) \quad \text{und} \quad v \approx w \quad (\epsilon_2), \quad \text{dann} \quad u \sim w \quad (\epsilon_1 + \epsilon_2). \tag{33}$$

Darüber hinaus können wir ohne Schwierigkeit beweisen, dass

$$|u - v| \le \epsilon|u| \quad \text{und} \quad |u - v| \le \epsilon|v| \quad \text{impliziert} \quad u \approx v \quad (\epsilon); \tag{34}$$

$$|u - v| \le \epsilon|u| \quad \text{oder} \quad |u - v| \le \epsilon|v| \quad \text{impliziert} \quad u \sim v \quad (\epsilon); \tag{35}$$

und umgekehrt, für *normierte* Gleitkommazahlen u und v, wenn $\epsilon < 1$,

$$u \approx v \quad (\epsilon) \quad \text{impliziert} \quad |u - v| \le b\epsilon|u| \quad \text{und} \quad |u - v| \le b\epsilon|v|; \tag{36}$$

$$u \sim v \quad (\epsilon) \quad \text{impliziert} \quad |u - v| \le b\epsilon|u| \quad \text{oder} \quad |u - v| \le b\epsilon|v|. \tag{37}$$

Sei $\epsilon_0 = b^{1-p}$ ein Ulp. Die Ableitung von Gleichung (17) stellt die Ungleichung $|x - \mathrm{round}(x)| = |\rho(x)| < \frac{1}{2}\epsilon_0 \min(|x|, |\mathrm{round}(x)|)$ auf, also

$$x \approx \mathrm{round}(x) \quad (\tfrac{1}{2}\epsilon_0); \tag{38}$$

es folgt, dass $u \oplus v \approx u + v \quad (\frac{1}{2}\epsilon_0)$, usw. Das oben abgeleitete approximierte Assoziativgesetz der Multiplikation kann wie folgt neugefasst werden: Wir haben

$$\big|(u \otimes v) \otimes w - u \otimes (v \otimes w)\big| < \frac{2\epsilon_0}{(1 - \frac{1}{2}\epsilon_0)^2} \big|u \otimes (v \otimes w)\big|$$

nach (19) und dieselbe Ungleichung ist gültig mit $(u \otimes v) \otimes w$ und $u \otimes (v \otimes w)$ vertauscht. Also gilt nach (34)

$$(u \otimes v) \otimes w \approx u \otimes (v \otimes w) \quad (\epsilon), \tag{39}$$

wann immer $\epsilon \ge 2\epsilon_0/(1 - \frac{1}{2}\epsilon_0)^2$. Wenn $b = 10$ und $p = 8$, können wir zum Beispiel $\epsilon = 0{,}00000021$ nehmen.

Die Relationen $\prec$, $\sim$, $\succ$ und $\approx$ sind nützlich in numerischen Algorithmen, und es ist deshalb ein guter Gedanke, Routinen zum Vergleich von Gleitkommazahlen neben der Arithmetik an ihnen vorzusehen.

Lenken wir jetzt unsere Aufmerksamkeit zurück zur Frage, *exakte* Relationen zu finden, die durch die Gleitkomma-Operationen erfüllt werden. Es ist interessant zu beachten, dass Gleitkomma-Addition und -Subtraktion von einem axiomatischen Standpunkt nicht vollständig unbehandelbar sind, da sie die nichttrivialen Identitäten in den folgenden Sätzen erfüllen.

Satz A. *Seien u und v normierte Gleitkommazahlen. Dann*

$$\big((u \oplus v) \ominus u\big) + \big((u \oplus v) \ominus \big((u \oplus v) \ominus u\big)\big) = u \oplus v, \tag{40}$$

vorausgesetzt, dass kein Exponentenüberlauf oder -unterlauf vorkommt.

Diese recht kompliziert aussehende Identität kann in einfacherer Weise neu geschrieben werden: Sei

$$u' = (u \oplus v) \ominus v, \qquad v' = (u \oplus v) \ominus u;$$
$$u'' = (u \oplus v) \ominus v', \qquad v'' = (u \oplus v) \ominus u'. \tag{41}$$

Intuitiv sollen u' und u'' Näherungen zu u sowie v' und v'' Näherungen zu v sein. Satz A sagt uns, dass

$$u \oplus v = u' + v'' = u'' + v'. \tag{42}$$

Diese ist eine stärkere Behauptung als die Identität

$$u \oplus v = u' \oplus v'' = u'' \oplus v', \tag{43}$$

welche durch Rundung von (42) folgt.

Beweis. Sagen wir, dass t ein *Endteil* von x modulo b^e ist, wenn

$$t \equiv x \ (\text{modulo } b^e), \qquad |t| \le \tfrac{1}{2}b^e; \tag{44}$$

also ist $x - \text{round}(x)$ immer ein Endteil von x. Der Beweis von Satz A beruht größtenteils auf der folgenden einfachen Tatsache, bewiesen in Übung 11:

Lemma T. *Wenn t ein Endteil der Gleitkommazahl x ist, $x \ominus t = x - t$.* ∎

Sei $w = u \oplus v$. Satz A gilt trivialerweise, wenn $w = 0$. Durch Multiplikation aller Variablen mit einer geeigneten Potenz von b können wir ohne Beschränkung der Allgemeinheit annehmen, dass $e_w = p$. Dann $u+v = w+r$, wobei r ein Endteil von $u+v$ modulo 1 ist. Weiterhin $u' = \text{round}(w - v) = \text{round}(u - r) = u - r - t$, wobei t ein Endteil von $u - r$ modulo b^e und $e = e_{u'} - p$ ist.

Wenn $e \le 0$, dann $t \equiv u - r \equiv -v$ (modulo b^e), also ist t ein Endteil von $-v$ und $v'' = \text{round}(w - u') = \text{round}(v + t) = v + t$; dies beweist (40). Wenn $e > 0$, dann $|u - r| \ge b^p - \frac{1}{2}$; und da $|r| \le \frac{1}{2}$, haben wir $|u| \ge b^p - 1$. Es folgt, dass u eine ganze Zahl ist, also ist r ein Endteil von v modulo 1. Wenn $u' = u$, dann ist $t = -r$ ein Endteil von $-v$. Sonst impliziert die Relation $\text{round}(u - r) \ne u$, dass $|u| = b^p - 1$, $|r| = \frac{1}{2}$, $|u'| = b^p$, $t = r$; wieder ist t ein Endteil von $-v$. ∎

Satz A legt eine Regelmäßigkeitseigenschaft der Gleitkomma-Addition frei, doch scheint er kein sonderlich nützliches Ergebnis zu sein. Die folgende Identität ist bedeutungsvoller:

Satz B. *Unter den Hypothesen von Satz A und (41)*

$$u + v = (u \oplus v) + \big((u \ominus u') \oplus (v \ominus v'')\big). \tag{45}$$

Beweis. In der Tat können wir zeigen, dass $u \ominus u' = u - u'$, $v \ominus v'' = v - v''$, und $(u - u') \oplus (v - v'') = (u - u') + (v - v'')$, also wird (45) aus Satz A folgen. In der Notation des vorausgehenden Beweises sind diese Relationen der Reihe nach äquivalent zu

$$\text{round}(t + r) = t + r, \qquad \text{round}(t) = t, \qquad \text{round}(r) = r. \tag{46}$$

Übung 12 stellt den Satz im Spezialfall $|e_u - e_v| \geq p$ auf. Sonst hat $u+v$ höchstens $2p$ signifikante Stellen, und es ist leicht zu sehen, dass $\mathrm{round}(r) = r$. Wenn jetzt $e > 0$, zeigt der Beweis von Satz A, dass $t = -r$ oder $t = r = \pm\frac{1}{2}$. Wenn $e \leq 0$, haben wir $t + r \equiv u$ und $t \equiv -v$ (modulo b^e); dies genügt zu beweisen, dass sich $t + r$ und t auf sich selbst runden, vorausgesetzt, dass $e_u \geq e$ und $e_v \geq e$. Doch würde entweder $e_u < 0$ oder $e_v < 0$ unserer Hypothese widersprechen, dass $|e_u - e_v| < p$, da $e_w = p$. ▮

Satz B gibt *eine explizite Formel für die Differenz* zwischen $u + v$ und $u \oplus v$, ausgedrückt durch Größen, die direkt mit fünf Gleitkomma-Operationen berechnet werden können. Wenn die Basis b den Wert 2 oder 3 hat, können wir dieses Ergebnis verbessern und die genauen Werte des Korrekturterms mit nur zwei Gleitkomma-Operationen und einem (Festkomma-) Vergleich absoluter Werte erhalten:

Satz C. *Wenn $b \leq 3$ und $|u| \geq |v|$, dann*

$$u + v = (u \oplus v) + \bigl(u \ominus (u \oplus v)\bigr) \oplus v. \tag{47}$$

Beweis. Wieder wollen wir mit den Konventionen der vorausgehenden Beweise zeigen, dass $v \ominus v' = r$. Es genügt zu zeigen, dass $v' = w - u$, weil (46) dann $v \ominus v' = \mathrm{round}(v - v') = \mathrm{round}(u + v - w) = \mathrm{round}(r) = r$ ergeben wird.

Wir werden in der Tat (47) beweisen, wann immer $b \leq 3$ und $e_u \geq e_v$. Wenn $e_u \geq p$, dann ist r ein Endteil von v modulo 1, also $v' = w \ominus u = v \ominus r = v - r = w - u$, wie gewünscht. Wenn $e_u < p$, dann müssen wir $e_u = p - 1$ haben, und $w - u$ ist ein Vielfaches von b^{-1}; es wird sich deshalb auf sich selbst runden, wenn seine Größe kleiner $b^{p-1} + b^{-1}$ ist. Da $b \leq 3$, haben wir in der Tat $|w - u| \leq |w - u - v| + |v| \leq \frac{1}{2} + (b^{p-1} - b^{-1}) < b^{p-1} + b^{-1}$. Dies vervollständigt den Beweis. ▮

Die Beweise der Sätze A, B und C hängen nicht von den genauen Definitionen von $\mathrm{round}(x)$ in den mehrdeutigen Fällen ab, wenn x genau in der Hälfte zwischen aufeinander folgenden Gleitkomma-Zahlen liegt; irgendeine Auflösung der Mehrdeutigkeit reicht für die Gültigkeit von allem aus, was wir so weit bewiesen haben.

Keine Rundungsregel kann die beste für jede Anwendung sein. Zum Beispiel wünschen wir allgemein eine besondere Regel, wenn wir unsere Einkommensteuer berechnen. Doch für die meisten numerischen Berechnungen scheint die beste Richtschnur das in Algorithmus 4.2.1N spezifizierte Rundungsschema zu sein, welches darauf besteht, dass die am wenigsten signifikante Ziffer immer gerade (oder immer ungerade) gemacht werden sollte, wenn ein mehrdeutiger Wert gerundet wird. Diese ist keine triviale technische Besonderheit, die nur für Haarspalter von Interesse ist; es ist eine wichtige praktische Überlegung, da der mehrdeutige Fall erstaunlich oft auftritt und eine einseitige Rundungsregel signifikant schlechte Ergebnisse liefert. Betrachte zum Beispiel dezimale Arithmetik und nimm an, dass Endziffern 5 immer aufwärts gerundet werden. Wenn dann $u = 1{,}0000000$ und $v = 0{,}55555555$, haben wir $u \oplus v = 1{,}5555556$;

und Gleitkomma-Subtraktion von v von diesem Ergebnis liefert $u' = 1{,}0000001$. Hinzufügen und Abziehen von v von u' ergibt 1,0000002, und das nächste Mal bekommen wir 1,0000003, usw.; das Ergebnis wächst ständig, obwohl wir denselben Wert hinzufügen und abziehen.

Dieses Phänomen, *Drift* genannt, wird nicht auftreten, wenn wir eine stabile Rundungsregel verwenden, die auf der Parität der am wenigsten signifikanten Ziffer basiert. Genauer:

Satz D. $\big(((u \oplus v) \ominus v) \oplus v\big) \ominus v = (u \oplus v) \ominus v$.

Wenn zum Beispiel $u = 1{,}2345679$ und $v = -0{,}23456785$, finden wir

$$u \oplus v = 1{,}0000000, \qquad (u \oplus v) \ominus v = 1{,}2345678,$$
$$((u \oplus v) \ominus v) \oplus v = 0{,}99999995, \qquad \big(((u \oplus v) \ominus v) \oplus v\big) \ominus v = 1{,}2345678.$$

Der Beweis für allgemeine u und v scheint eine detailliertere Fallanalyse als in den obigen Sätzen zu erfordern; siehe die Referenzen unten. ▮

Satz D ist gültig sowohl für „runde auf gerade" als auch „runde auf ungerade"; wie sollten wir zwischen diesen Möglichkeiten wählen? Wenn die Basis b ungerade ist, entstehen mehrdeutige Fälle niemals, außer bei Gleitkomma-Division, aber die Rundung in solchen Fällen ist vergleichsweise unwichtig. Für *gerade* Basen gibt es Grund, die folgende Regel vorzuziehen: „Runde auf gerade, wenn $b/2$ ungerade ist, runde auf ungerade, wenn $b/2$ gerade ist." Die am wenigsten signifikante Ziffer eines Gleitkomma-Bruchteils kommt häufig als ein Rest vor, der in nachfolgenden Rechnungen weggerundet wird, und diese Regel vermeidet die Erzeugung der Ziffer $b/2$ in der am wenigsten signifikanten Stelle, wann immer möglich; ihre Auswirkung ist es, eine mehrdeutige Rundung in Erinnerung zu behalten, so dass nachfolgendes Runden dazu tendieren wird, eindeutig zu sein. Wenn wir zum Beispiel auf ungerade im Dezimalsystem zu runden hätten, führte wiederholtes Runden der Zahl 2,44445 auf eine Stelle weniger jedes Mal zu der Folge 2,4445, 2,445, 2,45, 2,5, 3; wenn wir auf gerade runden, treten solche Situationen nicht auf, obwohl wiederholtes Runden einer Zahl wie 2,5454 zu fast genauso viel Abweichung führen wird. [Siehe Roy A. Keir, *Inf. Proc. Letters* **3** (1975), 188–189.] Einige Leute ziehen Rundung auf gerade in allen Fällen vor, so dass die am wenigsten signifikante Ziffer häufiger dazu tendieren wird, 0 zu sein. Übung 23 zeigt diesen Vorteil des Rundens auf gerade. Keine der beiden Alternativen dominiert die andere überzeugend; zum Glück ist die Basis gewöhnlich $b = 2$ oder $b = 10$, wo jedermann zustimmt, dass Runden auf gerade das Beste ist.

Ein Leser, der einige der Einzelheiten der obigen Beweise geprüft hat, wird die immense Vereinfachung wahrnehmen, die durch die einfache Regel $u \oplus v = \operatorname{round}(u + v)$ erreicht worden ist. Wenn unsere Gleitkomma-Additionsroutine es verfehlen würde, dieses Ergebnis selbst in einigen seltenen Fällen zu geben, würden die Beweise enorm komplizierter werden und vielleicht völlig zusammenbrechen.

Satz B versagt, wenn Abschneiden an Stelle von Runden verwendet wird, d.h. wenn wir $u \oplus v = \operatorname{trunc}(u + v)$ und $u \ominus v = \operatorname{trunc}(u - v)$ setzen, wobei trunc(x) für ein positives reelles x die größte Gleitkommazahl $\leq x$ ist. Eine Ausnahme zu Satz B würde dann auftreten in Fällen wie $(20, +0{,}10000001) \oplus (10, -0{,}10000001) = (20, +0{,}10000000)$, wenn die Differenz zwischen $u + v$ und $u \oplus v$ nicht exakt als Gleitkommazahl ausgedrückt werden kann; und auch für Fälle wie $12345678 \oplus 0{,}012345678$, wenn es möglich ist.

Viele Leute denken, da Gleitkomma-Arithmetik von Natur aus ungenau ist, macht es nichts aus, sie sogar noch ein wenig ungenauer in gewissen, recht seltenen Fällen zu machen, wenn das bequem ist. Diese Politik spart ein paar Pfennige beim Entwurf der Rechnerhardware oder einen kleinen Bruchteil an mittlerer Laufzeit eines Unterprogramms. Doch zeigt unsere Besprechung, dass eine solche Politik ein Missverständnis ist. Wir könnten etwa fünf Prozent der Laufzeit des FADD-Unterprogramms, Programm 4.2.1A sparen, und etwa 25 Prozent seiner Größe, wenn wir uns die Freiheit einer inkorrekten Rundung in ein paar Fällen nähmen; doch kommen wir viel besser davon, wenn wir es so lassen, wie es ist. Der Grund ist nicht eine Glorifizierung der „Bitjagd"; ein fundamentaleres Prinzip steckt dahinter: *Numerische Unterprogramme sollten Ergebnisse liefern, die, wann immer möglich, einfache nützliche mathematische Gesetze erfüllen.* Die entscheidende Formel $u \oplus v = \text{round}(u + v)$ ist eine Regularitätseigenschaft, die einen Riesenunterschied dabei macht, ob mathematische Analyse von Algorithmen es wert ist, getan oder vermieden zu werden. Ohne alle zu Grunde liegenden Symmetrie-Eigenschaften verliert die Aufgabe, interessante Ergebnisse zu beweisen, jeden Reiz. *Die Freude an ihren Werkzeugen ist konstitutiv für erfolgreiche Arbeit.*

B. Unnormalisierte Gleitkomma-Arithmetik. Das Prinzip der Normierung aller Gleitkommazahlen kann auf zwei Weisen interpretiert werden: Wir können es vorteilhaft sehen und sagen, dass es ein Versuch ist, die maximal mögliche Genauigkeit mit einer gegebenen Anzahl von Stellen zu bekommen, oder wir können es als potenziell gefährlich betrachten, da es zu dem Schluss verführt, dass die Ergebnisse genauer seien, als sie es tatsächlich sind. Wenn wir das Ergebnis von $(1, +0{,}31428571) \ominus (1, +0{,}31415927)$ zu $(-2, +0{,}12644000)$ normieren, unterdrücken wir Information über die möglicherweise größere Ungenauigkeit letzter Größe. Solche Information würde beibehalten, wenn die Antwort als $(1, +0{,}00012644)$ belassen würde.

Die Eingabedaten für ein Problem sind häufig nicht so genau bekannt, wie es die Gleitkommadarstellung erlaubt. Zum Beispiel sind die Werte von Avogadros Zahl und Plancks Konstante nicht auf acht signifikante Stellen bekannt, und es könnte angebrachter sein, sie durch

$$(27, +0{,}00060221) \qquad \text{bzw.} \qquad (-23, +0{,}00066261)$$

als durch $(24, +0{,}60221400)$ und $(-26, +0{,}66261000)$ darzustellen. Es wäre schön, wenn wir unsere Eingabedaten für jedes Problem in einer unnormalisierten Form angeben könnten, die ausdrückte, wieviel Genauigkeit angenommen wird, und wenn die Ausgabe anzeigte, just wieviel Genauigkeit in der Antwort bekannt ist. Leider ist dies ein schrecklich schwieriges Problem, obwohl die Verwendung unnormalisierter Arithmetik mit einigen Hinweisen helfen kann. Wir können zum Beispiel mit einem guten Grad an Gewissheit sagen, das Produkt von Avogadros Zahl mit der planckschen Konstante sei $(1, +0{,}00039903)$, und ihre Summe $(27, +0{,}00060221)$. (Der Zweck dieses Beispiels ist nicht die Behauptung irgendeiner wichtigen physikalischen Bedeutung der Summe und des Produktes dieser fundamentalen Konstanten; der Punkt ist, dass es möglich ist, ein wenig an Information über die Genauigkeit im Ergebnis von Rechnungen mit ungenauen Größen beizuhalten, wenn die ursprünglichen Operanden unabhängig voneinander sind.)

Die Regeln für unnormalisierte Arithmetik sind einfach diese: Sei l_u die Anzahl führender Nullen im Bruchteil von $u = (e_u, f_u)$, so dass l_u die größte ganze Zahl $\le p$ mit $|f_u| < b^{-l_u}$ ist. Dann werden Addition und Subtraktion gerade wie in Algorithmus 4.2.1A ausgeführt, außer dass alle Skalierungen nach links unterdrückt werden. Multiplikation und Division werden wie in Algorithmus 4.2.1M ausgeführt, außer dass die Antwort rechts oder links skaliert wird, so dass genau $\max(l_u, l_v)$ führende Nullen erscheinen. Im Wesentlichen wurden dieselben Regeln bei manueller Rechnung für viele Jahre verwendet.

Es folgt, dass für unnormalisierte Berechnungen

$$e_{u\oplus v},\ e_{u\ominus v} = \max(e_u, e_v) + (0 \text{ oder } 1) \tag{48}$$

$$e_{u\otimes v} = e_u + e_v - q - \min(l_u, l_v) - (0 \text{ oder } 1) \tag{49}$$

$$e_{u\oslash v} = e_u - e_v + q - l_u + l_v + \max(l_u, l_v) + (0 \text{ oder } 1). \tag{50}$$

Wenn das Ergebnis einer Rechnung null ist, wird eine unnormalisierte Null (oft eine „ Größenordnungsnull“ genannt) als Antwort gegeben; dies zeigt an, dass die Antwort nicht wirklich null sein muss, wir kennen einfach keine ihrer signifikanten Stellen.

Fehleranalyse nimmt eine etwas andere Form mit unnormalisierter Gleitkomma-Arithmetik an. Definieren wir

$$\delta_u = \tfrac{1}{2} b^{e_u - q - p}, \qquad \text{wenn } u = (e_u, f_u). \tag{51}$$

Diese Größe hängt von der Darstellung von u ab, nicht einfach vom Wert $b^{e_u - q} f_u$. Unsere Rundungsregel sagt uns, dass

$$\bigl|u \oplus v - (u + v)\bigr| \le \delta_{u\oplus v}, \qquad \bigl|u \ominus v - (u - v)\bigr| \le \delta_{u\ominus v},$$
$$\bigl|u \otimes v - (u \times v)\bigr| \le \delta_{u\otimes v}, \qquad \bigl|u \oslash v - (u \,/\, v)\bigr| \le \delta_{u\oslash v}.$$

Diese Ungleichungen gelten für die normierte wie unnormalisierte Arithmetik; der Hauptunterschied zwischen den zwei Arten von Fehleranalyse ist die Definition des Exponenten des Ergebnisses jeder Operation (Gls. (48) bis (50)).

Wir haben bemerkt, dass die früher in diesem Abschnitt definierten Relationen $\prec$, $\sim$, $\succ$ und $\approx$ gültig und sinnvoll für unnormalisierte wie auch für normierte Zahlen sind. Als Beispiel der Verwendung dieser Relationen wollen wir ein approximiertes Assoziativgesetz für unnormalisierte Addition beweisen, analog zu (39):

$$(u \oplus v) \oplus w \approx u \oplus (v \oplus w) \quad (\epsilon), \tag{52}$$

für ein geeignetes ϵ. Wir haben

$$\begin{aligned}|(u \oplus v) \oplus w - (u+v+w)| &\leq \big|(u \oplus v) \oplus w - \big((u \oplus v) + w\big)\big| + |u \oplus v - (u+v)| \\ &\leq \delta_{(u \oplus v) \oplus w} + \delta_{u \oplus v} \\ &\leq 2\delta_{(u \oplus v) \oplus w}.\end{aligned}$$

Eine ähnliche Formel gilt für $|u \oplus (v \oplus w) - (u+v+w)|$. Da jetzt $e_{(u \oplus v) \oplus w} = \max(e_u, e_v, e_w) + (0,\ 1 \text{ oder } 2)$, haben wir $\delta_{(u \oplus v) \oplus w} \leq b^2 \delta_{u \oplus (v \oplus w)}$. Deshalb finden wir, dass (52) gültig ist, wenn $\epsilon \geq b^{2-p} + b^{-p}$; unnormalisierte Addition ist bezüglich des Assoziativgesetzes nicht so erratisch wie normierte Addition.

Es sollte betont werden, dass unnormalisierte Arithmetik durchaus kein Allheilmittel bedeutet. Es gibt Beispiele, wo sie größere Genauigkeit anzeigt, als vorliegt (zum Beispiel bei Addition einer großen Anzahl kleiner Größen von etwa derselben Größenordnung, oder bei der Auswertung von x^n für große n); und es gibt viel mehr Beispiele, wo sie schlechte Genauigkeit anzeigt, während normierte Arithmetik tatsächlich gute Ergebnisse liefert. Es gibt einen wichtigen Grund, warum keine direkte Fehleranalysemethode für jeweils eine Operation vollständig befriedigend sein kann, nämlich die Tatsache, dass die Operanden gewöhnlich nicht unabhängig voneinander sind. Dies bedeutet, dass Fehler dazu tendieren, sich gegenseitig auf seltsame Art und Weise auszulöschen oder zu verstärken. Nimm zum Beispiel an, dass x näherungsweise 1/2 ist, und dass wir eine Näherung $y = x + \delta$ mit absolutem Fehler δ haben. Wenn wir jetzt $x(1-x)$ berechnen wollen, können wir $y(1-y)$ bilden; wenn $x = \frac{1}{2} + \epsilon$, finden wir $y(1-y) = x(1-x) - 2\epsilon\delta - \delta^2$, also hat sich der absolute Fehler wesentlich erniedrigt: er wurde mit einem Faktor $2\epsilon + \delta$ multipliziert. Dies ist gerade ein Fall, wo Multiplikation ungenauer Größen zu einem recht genauen Ergebnis führen kann, wenn die Operanden nicht unabhängig voneinander sind. Ein offensichtlicheres Beispiel ist die Berechnung von $x \ominus x$, was wir mit vollkommener Genauigkeit erhalten können ohne Rücksicht darauf, mit einer wie schlechten Näherung zu x wir begonnen haben.

Die zusätzliche Information, die unnormalisierte Arithmetik uns gibt, kann oft wichtiger sein als die Information, die sie während einer ausgedehnteren Rechnung zerstört, doch (wie gewöhnlich) müssen wir sie mit Sorgfalt verwenden. Beispiele des rechten Gebrauchs unnormalisierter Arithmetik werden von R. L. Ashenhurst und N. Metropolis besprochen in *Computers and Computing, AMM*, Slaught Memorial Papers **10** (Februar 1965), 47–59; von N. Metropolis in *Numer. Math.* **7** (1965), 104–112; und von R. L. Ashenhurst in *Errors in Digital Computation* **2**, herausgegeben von L. B. Rall (New York: Wiley, 1965), 3–37. Geeignete Methoden zur Berechnung mathematischer Standardfunktionen mit sowohl Eingaben als auch Ausgaben in unnormalisierter Form werden von R. L. Ashenhurst angegeben in *JACM* **11** (1964), 168–187. Eine Erweiterung unnormalisierter Arithmetik, welche Buch führt, dass gewisse Werte *exakt* bekannt sind, wurde von N. Metropolis besprochen in *IEEE Trans.* **C-22** (1973), 573–576.

C. Intervall-Arithmetik. Ein anderer Zugang zum Problem der Fehlerbestimmung ist die so genannte Intervall- oder Bereichsarithmetik, bei der strenge obere und untere Schranken für jede Zahl während der Rechnungen erhalten werden. Wenn wir also zum Beispiel wissen, dass $u_0 \le u \le u_1$ und $v_0 \le v \le v_1$, repräsentieren wir dies durch die Intervall-Notation $u = [u_0 \,..\, u_1]$, $v = [v_0 \,..\, v_1]$. Die Summe $u \oplus v$ ist $[u_0 \mathbin{\nabla\!\!\!\!+} v_0 \,..\, u_1 \mathbin{\triangle\!\!\!\!+} v_1]$, wobei $\mathbin{\nabla\!\!\!\!+}$ „untere Gleitkomma-Addition“ bezeichnet, die größte darstellbare Zahl kleiner gleich der wahren Summe, und $\mathbin{\triangle\!\!\!\!+}$ entsprechend definiert ist (siehe Übung 4.2.1–13). Weiterhin $u \ominus v = [u_0 \mathbin{\nabla\!\!\!\!-} v_1 \,..\, u_1 \mathbin{\triangle\!\!\!\!-} v_0]$; und wenn u_0 und v_0 positiv sind, haben wir $u \otimes v = [u_0 \mathbin{\nabla\!\!\!\!\times} v_0, u_1 \mathbin{\triangle\!\!\!\!\times} v_1]$, $u \oslash v = [u_0 \mathbin{\nabla\!\!\!\!/} v_1 \,..\, u_1 \mathbin{\triangle\!\!\!\!/} v_0]$. Wir können zum Beispiel Avogadros Zahl und Plancks Konstante repräsentieren als

$$N = \big[(24, +0{,}60221331),\ (24, +0{,}60221403)\big],$$
$$h = \big[(-26, +0{,}66260715),\ (-26, +0{,}66260795)\big];$$

ihre Summe und Produkt wären dann

$$N \oplus h = \big[(24, +0{,}60221331) \,..\, (24, +0{,}60221404)\big],$$
$$N \otimes h = \big[(-2, +0{,}39903084) \,..\, (-2, +0{,}39903181)\big].$$

Wenn wir versuchen durch $[v_0 \,..\, v_1]$ zu dividieren, wenn $v_0 < 0 < v_1$, gibt es eine Möglichkeit der Division durch null. Da die der Intervall-Arithmetik zu Grunde liegende Philosophie strenge Fehlerabschätzungen voraussetzt, sollte ein Division-durch-Null-Fehler in diesem Fall signalisiert werden. Jedoch braucht Überlauf und Unterlauf nicht als fataler Fehler bei der Intervall-Arithmetik behandelt zu werden, wenn besondere Konventionen eingeführt sind, wie sie in Übung 24 besprochen werden.

Intervall-Arithmetik braucht nur etwa doppelt so lange wie gewöhnliche Arithmetik, und sie setzt wirklich zuverlässige Fehlerabschätzungen voraus. Angesichts der Schwierigkeit mathematischer Fehleranalysen ist dies in der Tat ein kleiner zu zahlender Preis. Da die Zwischenwerte in einer Rechnung oft, wie oben erklärt, voneinander abhängen, tendieren die Endabschätzungen, die man mit Intervall-Arithmetik erhält, dazu, zu pessimistisch zu sein; und iterative numerische Methoden müssen oft neu entworfen werden, wenn wir uns mit Intervallen befassen wollen. Jedoch sind die Aussichten für eine effektive Verwendung von Intervall-Arithmetik sehr gut, also sollten Anstrengungen gemacht werden zur Erhöhung ihrer Verfügbarkeit und einer größtmöglichen Benutzerfreundlichkeit.

D. Geschichte und Bibliographie. Jules Tannerys klassische Abhandlung über dezimale Rechnungen, *Leçons d'Arithmétique* (Paris: Colin, 1894), sagt, dass positive Zahlen aufwärts gerundet werden sollten, wenn die erste weggelassene Ziffer 5 oder mehr ist; da genau die Hälfte der Dezimalziffern 5 oder mehr sind, dachte er, dass diese Regel, in genau der Hälfte der Fälle im Mittel aufwärts rundete, also Fehlerkompensation lieferte. Die Idee des „Runden auf gerade“ in den mehrdeutigen Fällen scheint zuerst von James B. Scarborough in der ersten Auflage seines Pionierbuchs *Numerical Mathematical Analysis* (Baltimore: Johns Hopkins Press, 1930), 2, erwähnt worden zu sein; in der zweiten (1950) Auflage verstärkt er seine früheren Bemerkungen und sagt: „Es sollte jeder denkenden Person offensichtlich sein, dass wenn eine 5 weggelassen wird, die vorausgehende Ziffer in nur *der Hälfte* der Fälle“ um 1 anwachsen sollte. Er empfahl Runden-auf-gerade, um dies zu erreichen.

Die erste Analyse von Gleitkomma-Arithmetik wurde von F. L. Bauer und K. Samelson gegeben, *Zeitschrift für angewandte Math. und Physik* **4** (1953), 312–316. Die nächste Veröffentlichung geschah erst mehr als fünf Jahre später: J. W. Carr III, *CACM* **2**, 5 (Mag 1959), 10–15. Siehe auch P. C. Fischer, *Proc. ACM Nat. Meeting* **13** (1958), Paper 39. Das Buch *Rounding Errors in Algebraic Processes* (Englewood Cliffs: Prentice–Hall, 1963), von J. H. Wilkinson zeigte, wie die Fehleranalyse der einzelnen arithmetischen Operationen auf die Fehleranalyse von Problemen im großen Maßstab anzuwenden ist; siehe auch seine Abhandlung über *The Algebraic Eigenvalue Problem* (Oxford: Clarendon Press, 1965).

Zusätzliche frühe Arbeiten über Gleitkomma-Genauigkeit sind in zwei wichtigen Arbeiten zusammengefasst, die für weiteres Studium besonders empfohlen werden können: W. M. Kahan, *Proc. IFIP Congress* (1971), **2**, 1214–1239; R. P. Brent, *IEEE Trans.* **C-22** (1973), 601–607. Beide Arbeiten schließen nützliche Theorie ein und zeigen, dass sie sich in der Praxis auszahlt.

Die in diesem Abschnitt eingeführten Relationen $\prec$, $\sim$, $\succ$, $\approx$ ähneln A. van Wijngaardens Ideen, veröffentlicht in *BIT* **6** (1966), 66–81. Die obigen Sätze A und B wurden durch einige verwandte Arbeiten von Ole Møller inspiriert, *BIT* **5** (1965), 37–50, 251–255; Satz C stammt von T. J. Dekker, *Numer. Math.* **18** (1971), 224–242. Erweiterungen und Verfeinerungen aller drei Sätze wurden von S. Linnainmaa veröffentlicht, *BIT* **14** (1974), 167–202. W. M. Kahan führte Satz D in einigen unveröffentlichten Notizen ein; für einen vollständigen Beweis und weitere Kommentare siehe J. F. Reiser und D. E. Knuth, *Inf. Proc. Letters* **3** (1975), 84–87, 164.

F. L. Bauer und K. Samelson empfahlen unnormalisierte Gleitkomma-Arithmetik in dem oben zitierten Artikel. Unabhängig davon wurde sie von J. W. Carr III an der University of Michigan im Jahr 1953 verwendet. Mehrere Jahre später wurde der MANIAC III-Rechner entworfen mit beiden Arten von Arithmetik in seiner Hardware; siehe R. L. Ashenhurst und N. Metropolis, *JACM* **6** (1959), 415–428, *IEEE Trans.* **EC-12** (1963), 896–901; R. L. Ashenhurst, *Proc. Spring Joint Computer Conf.* **21** (1962), 195–202. Siehe auch H. L. Grau und C. Harrison, Jr., *Proc. Eastern Joint Computer Conf.* **16** (1959), 244–248, und W. G. Wadey, *JACM* **7** (1960), 129–139, für weitere frühe Besprechungen unnormalisierter Arithmetik.

Für frühe Entwicklungen der Intervall-Arithmetik und einige Änderungen siehe A. Gibb, *CACM* **4** (1961), 319–320; B. A. Chartres, *JACM* **13** (1966), 386–403; und das Buch *Interval Analysis* von Ramon E. Moore (Prentice–Hall, 1966). Die nachfolgende Blüte dieses Gegenstandes ist beschrieben in Moores späteren Buch, *Methods and Applications of Interval Analysis* (SIAM, 1979).

Eine Erweiterung der Sprache Pascal, die Variablen vom Typ „interval“ erlaubt, wurde an der Universität Karlsruhe in den frühen achtziger Jahren entwickelt. Für eine Beschreibung dieser Sprache, welche auch zahlreiche andere Möglichkeiten für wissenschaftliches Rechnen einschließt, siehe *Pascal-SC* von Bohlender, Ullrich, Wolff von Gudenberg und Rall (Academic Press, 1987).

Das Buch *Grundlagen des numerischen Rechnens: Mathematische Begründung der Rechnerarithmetik* von Ulrich Kulisch (Mannheim: Bibl. Inst., 1976) ist ganz der Untersuchung von Gleitkomma-Arithmetik-Systemen gewidmet. Siehe auch Kulischs Artikel in *IEEE Trans.* **C-26** (1977), 610–621, und sein kürzlich gemeinsam mit W. L. Miranker geschriebenes Buch, mit dem Titel *Computer Arithmetic in Theory and Practice* (New York: Academic Press, 1981).

Eine exzellente Zusammenfassung neuerer Arbeiten zur Gleitkomma-Fehleranalyse erscheint in dem Buch *Accuracy and Stability of Numerical Algorithms* von N. J. Higham (Philadelphia: SIAM, 1996).

Übungen

Bemerkung: Normierte Gleitkomma-Arithmetik wird angenommen, es sei denn, das Gegenteil ist spezifiziert.

1. [*M18*] Beweise, dass die Identität (7) eine Folge von (2) wegen (6) ist.

2. [*M20*] Verwende die Identitäten (2) bis (8) zum Beweis, dass $(u \oplus x) \oplus (v \oplus y) \geq u \oplus v$, wann immer $x \geq 0$ und $y \geq 0$.

3. [*M20*] Finde achtstellige Gleitkomma-Dezimalzahlen u, v und w mit

$$u \otimes (v \otimes w) \neq (u \otimes v) \otimes w,$$

und zwar so, dass kein Exponentenüberlauf oder -unterlauf während der Rechnungen vorkommt.

4. [*10*] Ist es möglich, Gleitkommazahlen u, v und w zu haben, für welche Exponentenüberlauf vorkommt während der Berechnung von $u \otimes (v \otimes w)$, doch nicht während der Berechnung von $(u \otimes v) \otimes w$?

5. [*M20*] Ist $u \oslash v = u \otimes (1 \oslash v)$ eine Identität für alle Gleitkommazahlen u und $v \neq 0$, so dass kein Exponentenüberlauf oder -unterlauf vorkommt?

6. [*M22*] Gilt jede der beiden folgenden Identitäten für alle Gleitkommazahlen u? (a) $0 \ominus (0 \ominus u) = u$; (b) $1 \oslash (1 \oslash u) = u$.

7. [*M21*] Stehe $u^{②}$ für $u \otimes u$. Finde Gleitkomma-Binärzahlen u und v mit $(u \oplus v)^{②} > 2(u^{②} + v^{②})$.

▸ **8.** [*20*] Sei $\epsilon = 0{,}0001$; welche der Relationen

$$u \prec v \quad (\epsilon), \qquad u \sim v \quad (\epsilon), \qquad u \succ v \quad (\epsilon), \qquad u \approx v \quad (\epsilon)$$

gelten für die folgenden Paare achtstelliger Gleitkommazahlen mit Basis 10 und Exzess 0?

a) $u = (1, +0{,}31415927)$, $v = (1, +0{,}31416000)$;
b) $u = (0, +0{,}99997000)$, $v = (1, +0{,}10000039)$;
c) $u = (24, +0{,}60221400)$, $v = (27, +0{,}00060221)$;
d) $u = (24, +0{,}60221400)$, $v = (31, +0{,}00000006)$;
e) $u = (24, +0{,}60221400)$, $v = (32, +0{,}00000000)$.

9. [*M22*] Beweise (33) und erkläre, warum die Konklusion nicht zur Relation $u \approx w \; (\epsilon_1 + \epsilon_2)$ verschärft werden kann.

▶ **10.** [*M25*] (W. M. Kahan.) Ein gewisser Rechner führt Gleitkomma-Arithmetik ohne richtige Rundung aus, und seine Gleitkomma-Multiplikationsroutine ignoriert denn auch alle bis auf die ersten p signifikantesten Stellen des $2p$-stelligen Produkts $f_u f_v$. (Wenn also $f_u f_v < 1/b$, wird die am wenigsten signifikante Stelle von $u \otimes v$ immer null sein wegen der nachfolgenden Normalisierung.) Zeige, dass dies die Monotonie der Multiplikation zerstört; in anderen Worten, gib positive normierte Gleitkommazahlen u, v und w mit $u < v$, jedoch $u \otimes w > v \otimes w$, auf dieser Maschine an.

11. [*M20*] Beweise Lemma T.

12. [*M24*] Führe den Beweis von Satz B und (46) aus, wenn $|e_u - e_v| \geq p$.

▶ **13.** [*M25*] Einige Programmiersprachen (und sogar einige Rechner) verwenden nur Gleitkomma-Arithmetik, ohne genaue Berechnungen mit ganzen Zahlen vorzusehen. Wenn Operationen auf ganzen Zahlen gewünscht werden, können wir natürlich eine ganze Zahl wie eine Gleitkommazahl repräsentieren; und wenn die Gleitkomma-Operationen die Grunddefinitionen in (9) erfüllen, wissen wir, dass alle Gleitkomma-Operationen exakt sein werden, vorausgesetzt, dass alle Operanden und das Resultat exakt mit p signifikanten Stellen dargestellt werden können. Deshalb – solange wir wissen, dass die Zahlen nicht zu groß sind – können wir addieren, subtrahieren oder multiplizieren ohne Ungenauigkeit wegen Rundungsfehler.

Doch nimm an, dass ein Programmierer bestimmen möchte, ob m ein exaktes Vielfaches von n ist, wenn m und $n \neq 0$ ganze Zahlen sind. Nimm weiter an, dass ein Unterprogramm zur Berechnung der Größe $\operatorname{round}(u \bmod 1) = u \; \text{(mod)} \; 1$ für jede gegebene Gleitkommazahl u wie in Übung 4.2.1–15 verfügbar ist. Ein guter Weg zur Bestimmung, ob m ein Vielfaches von n ist oder nicht, kann die Prüfung sein, ob $(m \oslash n) \; \text{(mod)} \; 1 = 0$ mit dem angenommenen Unterprogramm ist; doch werden vielleicht Rundungsfehler bei den Gleitkommarechnungen diesen Test in gewissen Fällen ungültig machen.

Finde geeignete Bedingungen für den Bereich ganzer Zahlen $n \neq 0$ und m, so dass m ein Vielfaches von n genau dann ist, wenn $(m \oslash n) \; \text{(mod)} \; 1 = 0$. In anderen Worten, zeige, dass wenn m und n nicht zu groß sind, dieser Test gültig ist.

14. [*M27*] Finde ein geeignetes ϵ mit $(u \otimes v) \otimes w \approx u \otimes (v \otimes w) \; (\epsilon)$, wenn *unnormalisierte* Multiplikation verwendet wird. (Diese verallgemeinert (39), da unnormalisierte Multiplikation genau dasselbe wie normierte Multiplikation ist, wenn die Eingabe-Operanden u, v und w normiert sind.)

▶ **15.** [*M24*] (H. Björk.) Liegt der berechnete Mittelpunkt eines Intervalls immer zwischen den Endpunkten? (In anderen Worten impliziert $u \leq v$, dass $u \leq (u \oplus v) \oslash 2 \leq v$?)

16. [*M28*] (a) Was ist $(\cdots((x_1 \oplus x_2) \oplus x_3) \oplus \cdots \oplus x_n)$, wenn $n = 10^6$ und $x_k = 1{,}1111111$ für alle k, mit achtstelliger Gleitkomma-Dezimalarithmetik? (b) Was passiert, wenn Gl. (14) zur Berechnung der Standardabweichung dieser besonderen Werte x_k verwendet wird? Was ereignet sich, wenn Gln. (15) und (16) stattdessen benutzt werden? (c) Beweise, dass $S_k \geq 0$ in (16) für alle Wahlmöglichkeiten von $x_1, \ldots, x_k$.

17. [*28*] Schreibe ein `MIX`-Unterprogramm, `FCMP`, das die Gleitkommazahl u an Stelle `ACC` mit der Gleitkommazahl v in Register A vergleicht und den Vergleichsindikator auf `LESS`, `EQUAL` oder `GREATER` gemäß $u \prec v$, $u \sim v$ oder $u \succ v \; (\epsilon)$ setzt; hier ist ϵ gespeichert an Stelle `EPSILON` als eine nicht-negative Festkommagröße mit dem Basiskomma auf der linken Wortseite. Nimm normierte Eingaben an.

18. [*M40*] Gibt es in unnormalisierter Arithmetik eine geeignete Zahl ϵ mit

$$u \otimes (v \oplus w) \approx (u \otimes v) \oplus (u \otimes w) \quad (\epsilon)\,?$$

▸ **19.** [*M30*] (W. M. Kahan.) Betrachte das folgende Verfahren zur Gleitkomma-Summation von $x_1, \ldots, x_n$:

$$s_0 = c_0 = 0;$$
$$y_k = x_k \ominus c_{k-1}, \quad s_k = s_{k-1} \oplus y_k, \quad c_k = (s_k \ominus s_{k-1}) \ominus y_k, \qquad \text{für } 1 \le k \le n.$$

Sei der relative Fehler bei diesen Operationen definiert durch die Gleichungen

$$y_k = (x_k - c_{k-1})(1+\eta_k), \qquad s_k = (s_{k-1} + y_k)(1+\sigma_k),$$
$$c_k = \big((s_k - s_{k-1})(1+\gamma_k) - y_k\big)(1+\delta_k),$$

wobei $|\eta_k|, |\sigma_k|, |\gamma_k|, |\delta_k| \le \epsilon$. Beweise, dass $s_n = \sum_{k=1}^{n}(1+\theta_k)x_k$, wobei $|\theta_k| \le 2\epsilon + O(n\epsilon^2)$. [Satz C besagt, dass wenn $b = 2$ und $|s_{k-1}| \ge |y_k|$, haben wir $s_{k-1}+y_k = s_k - c_k$ exakt. Doch in dieser Übung wollen wir eine Abschätzung erhalten, die gültig ist, *gerade wenn die Gleitkomma-Operationen nicht sorgfältig gerundet werden* und wir lediglich annehmen, dass jede Operation einen beschränkten relativen Fehler hat.]

20. [*25*] (S. Linnainmaa.) Finde alle u und v, für welche $|u| \ge |v|$ und (47) falsch ist.

21. [*M35*] (T. J. Dekker.) Satz C zeigt, wie man exakt Addition von Gleitkomma-Binärzahlen ausführen kann. Erkläre, wie man *Multiplikation exakt* ausführen kann: Drücke das Produkt uv in der Form $w + w'$ aus, wobei w und w' von zwei gegebenen Gleitkomma-Binärzahlen u und v nur mit den Operationen $\oplus$, $\ominus$ und $\otimes$ berechnet werden.

22. [*M30*] Kann Drift in Gleitkomma-Multiplikation oder -Division auftreten? Betrachte die Folge $x_0 = u$, $x_{2n+1} = x_{2n} \otimes v$, $x_{2n+2} = x_{2n+1} \oslash v$, gegeben u und $v \ne 0$; was ist der größte Index k, dass $x_k \ne x_{k+2}$ möglich ist?

▸ **23.** [*M26*] Beweise oder widerlege: $u \ominus (u \bmod 1) = \lfloor u \rfloor$ für alle Gleitkommazahlen u.

24. [*M27*] Betrachte die Menge aller Intervalle $[u_l \,..\, u_r]$, wobei u_l und u_r entweder von null verschiedene Gleitkommazahlen oder die speziellen Symbole $+0$, -0, $+\infty$, $-\infty$ sind; jedes Intervall muss $u_l \le u_r$ haben, und $u_l = u_r$ ist nur erlaubt, wenn u_l endlich und von null verschieden ist. Das Intervall $[u_l \,..\, u_r]$ steht für alle Gleitkommazahlen x mit $u_l \le x \le u_r$, wobei wir vereinbaren, dass

$$-\infty < -x < -0 < +0 < +x < +\infty$$

für alle positiven x. (Also, $[1\,..\,2]$ bedeutet $1 \le x \le 2$; $[+0\,..\,1]$ bedeutet $0 < x \le 1$; $[-0\,..\,1]$ bedeutet $0 \le x \le 1$; $[-0\,..\,+0]$ bezeichnet den einen Wert 0; und $[-\infty\,..\,+\infty]$ steht für alles.) Zeige, wie geeignete arithmetische Operationen auf allen derartigen Intervallen zu definieren sind, ohne zu Über- oder Unterlauf oder andere anomale Anzeigen Zuflucht zu nehmen, außer wenn durch ein Intervall geteilt wird, das null enthält.

▸ **25.** [*15*] Sprechen Leute über Ungenauigkeit bei Gleitkomma-Arithmetik, so schreiben sie oft Fehler der „Auslöschung“ zu, die bei der Subtraktion nahezu gleicher Größen vorkommt. Doch wenn u und v näherungsweise gleich sind, erhält man die Differenz $u \ominus v$ exakt, ohne jeden Fehler. Was meinen diese Leute wirklich?

26. [*M21*] Gegeben, dass u, u', v und v' positive Gleitkommazahlen sind mit $u \sim u'$ (ϵ) und $v \sim v'$ (ϵ); beweise, dass es ein kleines ϵ' mit $u \oplus v \sim u' \oplus v'$ (ϵ') gibt, wobei normierte Arithmetik angenommen werde.

27. [*M27*] (W. M. Kahan.) Beweise, dass $1 \oslash (1 \oslash (1 \oslash u)) = 1 \oslash u$ für alle $u \ne 0$.

28. [*HM30*] (H. G. Diamond.) Nimm an, $f(x)$ sei eine strikt wachsende Funktion auf einem Intervall $[x_0 \,..\, x_1]$ und $g(x)$ sei die inverse Funktion. (Zum Beispiel können f und g „exp“ und „ln“ sein oder „tan“ und „arctan“.) Wenn x eine Gleitkommazahl mit $x_0 \le x \le x_1$ ist, sei $\hat{f}(x) = \mathrm{round}(f(x))$, und wenn y eine andere solche mit $f(x_0) \le y \le f(x_1)$ ist, sei $\hat{g}(y) = \mathrm{round}(g(y))$; sei weiterhin $h(x) = \hat{g}(\hat{f}(x))$, wann immer dies definiert ist. Obwohl $h(x)$ wegen der Rundung nicht immer gleich x sein wird, erwarten wir, dass $h(x)$ ziemlich nahe bei x liegt.

Beweise, dass wenn die Präzision b^p mindestens 3 ist, und wenn f strikt konkav oder strikt konvex ist (d.h. $f''(x)$ hat dasselbe Vorzeichen für alle x in $[x_0 \,..\, x_1]$), dann wird wiederholte Anwendung von h *stabil* in dem Sinn sein, dass

$$h(h(h(x))) = h(h(x))$$

für alle x, so dass beide Seiten dieser Gleichung definiert sind. In anderen Worten, es wird keine „Drift“ geben, wenn die Unterprogramme richtig implementiert werden.

▶ **29.** [*M25*] Gib ein Beispiel für die Notwendigkeit der Bedingung $b^p \ge 3$ in der vorigen Übung.

▶ **30.** [*M30*] (W. M. Kahan.) Sei $f(x) = 1 + x + \cdots + x^{106} = (1 - x^{107})/(1 - x)$ für $x < 1$ und sei $g(y) = f((\frac{1}{3} - y^2)(3 + 3{,}45y^2))$ für $0 < y < 1$. Werte $g(y)$ auf einem oder mehreren Taschenrechnern für $y = 10^{-3}$, 10^{-4}, 10^{-5}, 10^{-6} aus und erkläre alle Ungenauigkeiten in den erhaltenen Ergebnissen. (Da die meisten der heutigen Taschenrechner nicht korrekt runden, sind die Ergebnisse oft überraschend. Beachte, dass $g(\epsilon) = 107 - 10491{,}35\epsilon^2 + 659749{,}9625\epsilon^4 - 30141386{,}26625\epsilon^6 + O(\epsilon^8)$.)

31. [*M25*] (U. Kulisch.) Wenn das Polynom $2y^2 + 9x^4 - y^4$ für $x = 408855776$ und $y = 708158977$ mit Standard-53-Bit-doppeltgenauer-Gleitkomma-Arithmetik ausgewertet wird, ist das Ergebnis $\approx -3{,}7 \times 10^{19}$. Auswertung in der alternativen Form $2y^2 + (3x^2 - y^2)(3x^2 + y^2)$ ergibt $\approx +1{,}0 \times 10^{18}$. Die wahre Antwort ist jedoch 1,0 (exakt). Erkläre, wie man ähnliche Beispiele numerischer Instabilität konstruieren kann.

*4.2.3. Doppeltgenaue Rechnungen

Bis jetzt haben wir „einfachgenaue“ Gleitkomma-Arithmetik betrachtet, was im Wesentlichen bedeutet, dass die Gleitkomma-Werte, mit denen wir uns befasst haben, in einem einzigen Maschinenwort gespeichert werden können. Wenn einfachgenaue Gleitkomma-Arithmetik nicht hinreichende Genauigkeit für eine gegebene Anwendung ergibt, kann die Genauigkeit durch geeignete Programmiertechniken erhöht werden, die zwei oder mehr Speicherwörter zur Repräsentation jeder Zahl verwendet.

Obwohl wir die allgemeine Frage hochgenauer Rechnungen in Abschnitt 4.3 besprechen werden, ist es sinnvoll, hier eine gesonderte Besprechung doppelter Genauigkeit zu geben. Spezielle Techniken gelten für doppelte Genauigkeit, die relativ unangemessen für höhere Genauigkeiten sind; und doppelte Genauigkeit ist ein recht wichtiges Thema an und für sich, da sie der erste Schritt außerhalb einfacher Genauigkeit und anwendbar auf viele Probleme ist, die keine äußerst hohe Genauigkeit erfordern.

Nun, dieser Paragraph war wahr, als der Autor die erste Auflage dieses Buchs in den sechziger Jahren schrieb. Doch die Rechner haben sich in einer solchen

Weise entwickelt, dass die alten Motivationen für doppeltgenaue Gleitkomma-Arithmetik fast ganz verschwunden sind; der gegenwärtige Abschnitt ist deshalb hauptsächlich von geschichtlichem Interesse. In der geplanten vierten Auflage dieses Buchs wird Abschnitt 4.2.1 in „Normierte Rechnungen“ umbenannt und der gegenwärtige Abschnitt 4.2.3 wird durch eine Besprechung „Exzeptioneller Zahlen“ ersetzt werden. Das neue Material wird auf besondere Aspekte des ANSI/IEEE-Standards 754 fokussiert sein: denormalisierte Zahlen und die so genannten NaN, die unendlich, undefiniert oder sonst ungewöhnliche Größen repräsentieren. (Siehe die Referenzen am Ende von Abschnitt 4.2.1.) Mittlerweile wollen wir einen letzten Blick auf die älteren Ideen werfen, um zu sehen, welche Lektionen sie uns noch lehren können.

Doppeltgenaue Rechnungen werden fast immer für Gleitkomma- und nicht für Festkomma-Arithmetik erforderlich, außer vielleicht in statistischen Arbeiten, wo doppeltgenaue Festkomma-Arithmetik gemeinhin zur Berechnung von Quadratsummen und Skalarprodukten verwendet wird; da Festkomma-Versionen doppeltgenauer Arithmetik einfacher sind als Gleitkomma-Versionen, werden wir hier unsere Besprechung auf letztere beschränken.

Doppelte Genauigkeit wird ganz häufig nicht nur zur Erweiterung der Genauigkeit der Bruchteile von Gleitkommazahlen gewünscht, sondern auch zur Ausweitung des Bereichs des Exponententeils. Also werden wir uns in diesem Abschnitt mit dem folgenden Zweiwortformat für doppeltgenaue Gleitkommazahlen im `MIX` Rechner befassen:

$\pm$	e	e	f	f	f			f	f	f	f	f . (1)

Hier werden zwei Bytes für den Exponenten und acht Bytes für den Bruchteil benutzt. Der Exponent ist „Exzess $b^2/2$“, wobei b die Bytegröße ist. Das Vorzeichen wird im signifikantesten Wort erscheinen; es ist bequem, das Vorzeichen des anderen Worts vollständig zu ignorieren.

Unsere Besprechung doppeltgenauer Arithmetik wird ganz maschinenorientiert sein, weil jemand nur durch das Studium der Probleme beim Programmieren dieser Routinen den Gegenstand richtig wertschätzen lernt. Eine sorgfältige Untersuchung der folgenden `MIX`-Programme ist deshalb wesentlich für das Verständnis des Materials.

In diesem Abschnitt werden wir von den idealistischen Genauigkeitszielen, die in den beiden vorigen Abschnitten aufgestellt wurden, abweichen; unsere doppeltgenauen Routinen werden ihre Ergebnisse *nicht* runden, und ein kleines bisschen Fehler darf sich manchmal einschleichen. Benutzer haben keinen Mut, diesen Routinen allzu viel zu vertrauen. Es gab jeden Grund, möglichst jeden Tropfen an Genauigkeit im einfachgenauen Fall herauszuquetschen, doch jetzt stehen wir einer anderen Situation gegenüber: (a) Der zusätzliche Programmieraufwand, der erforderlich ist, in allen Fällen echte doppeltgenaue Rundung sicherzustellen, ist beträchtlich; völlig genaue Routinen würden, sagen wir, doppelt soviel Raum und die Hälfte an zusätzlicher Zeit in Anspruch nehmen. Es war relativ leicht, unsere einfachgenauen Routinen perfekt zu machen, doch doppelte Genauigkeit konfrontiert uns unmittelbar mit den Grenzen unserer Maschine. Eine ähnliche Situation zeigt sich bezüglich anderer Gleitkomma-Unterprogramme; wir können nicht erwarten, die Cosinus-Routine round($\cos x$) für alle x exakt zu berechnen, da sich dies als schlechterdings unmöglich herausstellt. Stattdessen sollte die Cosinus-Routine den besten relativen Fehler bieten, den sie bei vernünftiger Geschwindigkeit für alle vernünftigen Werte von x erreichen kann. Natürlich sollte der Verfasser der Routine versuchen, dass die berechnete Funktion einfache mathematische Gesetze erfüllt, wann immer möglich – zum Beispiel

$$\textcircled{\cos}(-x) = \textcircled{\cos}\,x; \quad |\textcircled{\cos}\,x| \le 1; \quad \textcircled{\cos}\,x \ge \textcircled{\cos}\,y \text{ für } 0 \le x \le y < \pi.$$

(b) Einfachgenaue Arithmetik ist ein „Grundnahrungsmittel", das jeder verwenden muss, der Gleitkomma-Arithmetik benutzen will, aber doppelte Genauigkeit wird gewöhnlich für Situationen vorgesehen, wo solche sauberen Ergebnisse nicht so wichtig sind. Der Unterschied zwischen sieben- und achtstelliger Genauigkeit kann merklich sein, doch selten machen wir uns Sorgen über den Unterschied zwischen 15- und 16-stelliger Genauigkeit. Doppelte Genauigkeit wird meistens benutzt für Zwischenschritte während der Berechnung einfachgenauer Ergebnisse; ihr volles Potenzial wird nicht benötigt. (c) Es wird für uns instruktiv sein, diese Verfahren zu analysieren, um zu sehen, wie ungenau sie sein können, da sie typisch für die Abkürzungen sind, die allgemein in schlechten einfachgenauen Routinen genommen werden (siehe Übungen 7 und 8).

Betrachten wir jetzt Additions- und Subtraktions-Operationen von diesem Standpunkt aus. Subtraktion wird natürlich zu Addition durch Änderung des Vorzeichens des zweiten Operanden konvertiert. Addition wird durch getrenntes Addieren der unteren und der oberen Hälften ausgeführt, wobei Überträge entsprechend weitergegeben werden.

Eine Schwierigkeit entsteht jedoch, da wir Vorzeichen-Betrag-Arithmetik verwenden: man kann die unteren Hälften addieren und das falsche Vorzeichen bekommen (wenn nämlich die Vorzeichen der Operanden entgegengesetzt sind und die untere Hälfte des kleineren Operanden größer als die untere Hälfte des größeren Operanden ist). Die einfachste Lösung ist die Vorwegnahme des korrekten Vorzeichens; also nehmen wir in Schritt A2 von Algorithmus 4.2.1A jetzt nicht nur an, dass $e_u \ge e_v$ sondern auch, dass $|u| \ge |v|$. Dann können wir sicher sein, dass das endgültige Vorzeichen das Vorzeichen von u sein wird. In jeder anderen Hinsicht ähnelt doppeltgenaue Addition sehr stark ihrem einfachgenauen Gegenstück, außer dass alles doppelt getan werden muss.

Programm A (*Doppeltgenaue Addition*). Das Unterprogramm `DFADD` addiert ein doppeltgenaue Gleitkommazahl v der Form (1) zu einer doppeltgenauen Gleitkommazahl u, angenommen, dass v anfangs in rAX (Register A und X) sowie u anfangs an den Stellen `ACC` und `ACCX` gespeichert ist. Die Antwort erscheint sowohl in rAX als auch in (`ACC`, `ACCX`). Das Unterprogramm `DFSUB` subtrahiert v von u unter denselben Konventionen.

Beide Eingabe-Operanden werden normiert angenommen und die Antwort wird ebenfalls normiert. Der letzte Teil dieses Programms ist ein doppeltgenaues Normalisierungsverfahren, dass auch von anderen Unterprogrammen dieses

Abschnitts verwendet wird. Übung 5 zeigt, wie das Programm signifikant zu verbessern ist.

```
ABS     EQU   1:5           Felddefinition für Absolutwert
SIGN    EQU   0:0           Felddefinition für Vorzeichen
EXPD    EQU   1:2           Doppeltgenaues Exponentenfeld
DFSUB   STA   TEMP          Doppeltgenaue Subtraktion:
        LDAN  TEMP          Wechsle Vorzeichen von v.
DFADD   STJ   EXITDF        Doppeltgenaue Addition:
        CMPA  ACC(ABS)      Vergleiche |v| mit |u|.
        JG    1F
        JL    2F
        CMPX  ACCX(ABS)
        JLE   2F
1H      STA   ARG           Wenn |v| > |u|, vertausche u ↔ v.
        STX   ARGX
        LDA   ACC
        LDX   ACCX
        ENT1  ACC           (ACC und ACCX liegen hintereinander
        MOVE  ARG(2)           im Speicher.)
2H      STA   TEMP
        LD1N  TEMP(EXPD)    rI1 ← −e_v.
        LD2   ACC(EXPD)     rI2 ← e_u.
        INC1  0,2           rI1 ← e_u − e_v.
        SLAX  2             Nimm Exponenten weg.
        SRAX  1,1           Skaliere rechts.
        STA   ARG           0 v1 v2 v3 v4
        STX   ARGX                         v5 v6 v7 v8 v9
        STA   ARGX(SIGN)    Wahres Vorzeichen von v in beide
        LDA   ACC           Hälften. u hat Vorz. des Resultats
        LDX   ACCX          rAX ← u.
        SLAX  2             Nimm Exponenten weg.
        STA   ACC           u1 u2 u3 u4 u5
        SLAX  4
        ENTX  1
        STX   EXPO          EXPO ← 1 (siehe unten).
        SRC   1             1 u5 u6 u7 u8
        STA   1F(SIGN)      ein Kunstgriff, Kommentare im Text.
        ADD   ARGX(0:4)     Addiere 0 v5 v6 v7 v8.
        SRAX  4
1H      DECA  1             Für eingesetzte 1. (Vorzeichenwechsel)
        ADD   ACC(0:4)      Addiere signifikante Hälften.
        ADD   ARG           (Überlauf kann nicht vorkommen)

DNORM   JANZ  1F            Normalisierungsroutine:
        JXNZ  1F            f_w in rAX, e_w = EXPO + rI2.
DZERO   STA   ACC           Wenn f_w = 0, setze e_w ← 0.
        JMP   9F
2H      SLAX  1             Normiere nach links.
        DEC2  1
```

```
47  1H      CMPA  =0=(1:1)      Ist das führende Byte null?
48          JE    2B
49          SRAX  2             (Rundung ausgelassen)
50          STA   ACC
51          LDA   EXPO          Berechne Endexponenten.
52          INCA  0,2
53          JAN   EXPUND        Ist er negativ?
54          STA   ACC(EXPD)
55          CMPA  =1(3:3)=      Ist er größer als zwei Bytes?
56          JL    8F
57  EXPOVD  HLT   20
58  EXPUND  HLT   10
59  8H      LDA   ACC           Bringe Antwort in rA.
60  9H      STX   ACCX
61  EXITDF  JMP   *             Beende das Unterprogramm.
62  ARG     CON   0
63  ARGX    CON   0
64  ACC     CON   0             Gleitkomma-Akkumulator
65  ACCX    CON   0
66  EXPO    CON   0             Teil des „rohen Exponenten“ ▮
```

Wenn die unteren Hälften in diesem Programm addiert sind, wird eine extra Ziffer „1“ zur Linken des Worts eingesetzt, von dem man weiss, dass es das korrekte Vorzeichen hat. Nach der Addition kann dieses Byte 0, 1 oder 2 je nach den Umständen sein, und alle drei Fälle werden auf diese Weise gleichzeitig behandelt. (Vergleiche dies mit der mühsamen Methode der Komplementierung, die in Programm 4.2.1A verwendet wird.)

Es ist Wert festzuhalten, dass Register A null sein kann, nachdem die Instruktion in Zeile 40 ausgeführt wurde; und wegen der Art, wie `MIX` das Vorzeichen eines Ergebnisses null definiert, enthält der Akkumulator das korrekte Vorzeichen, das dem Ergebnis angeheftet werden muss, wenn Register X von null verschieden ist. Wenn die Zeilen 39 und 40 vertauscht würden, wäre das Programm inkorrekt, obwohl beide Instruktionen „`ADD`“ sind!

Betrachten wir jetzt doppeltgenaue Multiplikation. Das Produkt hat vier Komponenten, schematisch in Fig. 4 gezeigt. Da wir nur die am weitesten links stehenden acht Byte brauchen, ist es bequem, die Ziffern rechts der vertikalen Linie im Diagramm zu ignorieren; insbesondere brauchen wir nicht einmal das Produkt der zwei unteren Hälften zu berechnen.

Programm M (*Doppeltgenaue Multiplikation*). Die Eingabe- und Ausgabe-Konventionen für dieses Unterprogramm sind dieselben wie für Programm A.

```
BYTE    EQU   1(4:4)          Bytegröße
QQ      EQU   BYTE*BYTE/2     Exzess des doppeltgen. Exponenten
DFMUL   STJ   EXITDF          Doppeltgenaue Multiplikation:
        STA   TEMP
        SLAX  2               Nimm Exponenten weg.
        STA   ARG             v_m
```

			$u\ u\ u\ u\ u$	$u\ u\ u\ 0\ 0$	$= u_m + \epsilon u_l$
			$v\ v\ v\ v\ v$	$v\ v\ v\ 0\ 0$	$= v_m + \epsilon v_l$
			$x\ x\ x\ x\ x$	$x\ 0\ 0\ 0\ 0$	$= \epsilon^2 u_l \times v_l$
	$x\ x\ x\ x$	x	$x\ x\ x\ 0\ 0$		$= \epsilon\, u_m \times v_l$
	$x\ x\ x\ x$	x	$x\ x\ x\ 0\ 0$		$= \epsilon\, u_l \times v_m$
$x\ x\ x\ x\ x$	$x\ x\ x\ x$	x			$= u_m \times v_m$
$w\ w\ w\ w\ w$	$w\ w\ w\ w$	w	$w\ w\ w\ w\ w$	$w\ 0\ 0\ 0\ 0$	

Fig. 4. Doppeltgenaue Multiplikation von Acht-Byte-Bruchteilen.

```
        STX   ARGX          v_l
        LDA   TEMP(EXPD)
        ADD   ACC(EXPD)
        STA   EXPO          EXPO ← e_u + e_v.
        ENT2  -QQ           rI2 ← −QQ.
        LDA   ACC
        LDX   ACCX
        SLAX  2             Nimm Exponenten weg.
        STA   ACC           u_m
        STX   ACCX          u_l
        MUL   ARGX          u_m × v_l
        STA   TEMP
        LDA   ARG(ABS)
        MUL   ACCX(ABS)     |v_m × u_l|
        SRA   1             0 x x x x
        ADD   TEMP(1:4)     (Überlauf kann nicht vorkommen)
        STA   TEMP
        LDA   ARG
        MUL   ACC           v_m × u_m
        STA   TEMP(SIGN)    Wahres Vorzeichen des Ergebnisses.
        STA   ACC           Bereite jetzt Addition aller
        STX   ACCX             teilweisen Produkte vor.
        LDA   ACCX(0:4)     0 x x x x
        ADD   TEMP          (Überlauf kann nicht vorkommen)
        SRAX  4
        ADD   ACC           (Überlauf kann nicht vorkommen)
        JMP   DNORM         Normiere, fertig. ▮
```

Beachte die sorgfältige Behandlung der Vorzeichen in diesem Programm und auch die Tatsache, dass der Exponentenbereich es unmöglich macht, den Endexponenten in einem Indexregister zu berechnen. Programm M ist vielleicht zu sorglos mit der Genauigkeit, da es nur die Information links der vertikalen Linie in Fig. 4 verwendet; dies kann beim unteren Byte einen Fehler von 2 ausmachen. Ein wenig mehr Genauigkeit kann erreicht werden, wie in Übung 4 besprochen wird.

Doppeltgenaue Gleitkomma-Division ist die schwierigste Routine oder zumindest die am erschreckendsten aussehende, die wir so weit in diesem Kapitel angetroffen haben. Tatsächlich ist sie jedoch nicht schrecklich kompliziert, wenn wir einmal sehen, wie es zu machen ist; schreiben wir die zu dividierenden Zahlen in der Form $(u_m + \epsilon u_l)/(v_m + \epsilon v_l)$, wobei ϵ die reziproke Wortgröße des Rechners ist und v_m normiert angenommen wird. Der Bruch kann nun wie folgt entwickelt werden:

$$\begin{aligned}\frac{u_m + \epsilon u_l}{v_m + \epsilon v_l} &= \frac{u_m + \epsilon u_l}{v_m}\left(\frac{1}{1 + \epsilon(v_l/v_m)}\right)\\ &= \frac{u_m + \epsilon u_l}{v_m}\left(1 - \epsilon\left(\frac{v_l}{v_m}\right) + \epsilon^2\left(\frac{v_l}{v_m}\right)^2 - \cdots\right). \qquad (2)\end{aligned}$$

Da $0 \le |v_l| < 1$ und $1/b \le |v_m| < 1$, haben wir $|v_l/v_m| < b$ und der Fehler vom Weglassen der Terme mit ϵ^2 kann vernachlässigt werden. Unsere Methode ist deshalb, $w_m + \epsilon w_l = (u_m + \epsilon u_l)/v_m$ zu berechnen und dann ϵ mal $w_m v_l/v_m$ vom Ergebnis zu subtrahieren.

Im folgenden Programm führen die Zeilen 27–32 die doppeltgenaue Addition der unteren Hälften mit einer anderen Methode zur Erzwingung des geeigneten Vorzeichens als eine Alternative zum Kunstgriff von Programm A aus.

Programm D (*Doppeltgenaue Division*). Dieses Programm folgt denselben Konventionen wie Programme A und M.

01	DFDIV	STJ	EXITDF	Doppeltgenaue Division:
02		JOV	OFLO	Stelle Überlauf aus.
03		STA	TEMP	
04		SLAX	2	Nimm Exponenten weg.
05		STA	ARG	v_m
06		STX	ARGX	v_l
07		LDA	ACC(EXPD)	
08		SUB	TEMP(EXPD)	
09		STA	EXPO	EXPO $\leftarrow e_u - e_v$.
10		ENT2	QQ+1	rI2 $\leftarrow$ QQ + 1.
11		LDA	ACC	
12		LDX	ACCX	
13		SLAX	2	Nimm Exponenten weg.
14		SRAX	1	(Siehe Algorithmus 4.2.1M)
15		DIV	ARG	Überlauf wird unten entdeckt.
16		STA	ACC	w_m
17		SLAX	5	Verwende Rest in weiterer Division.
18		DIV	ARG	
19		STA	ACCX	$\pm w_l$
20		LDA	ARGX(1:4)	
21		ENTX	0	
22		DIV	ARG(ABS)	rA $\leftarrow \lfloor \lvert b^4 v_l/v_m \rvert \rfloor / b^5$.
23		JOV	DVZROD	Verursachte die Division Überlauf?
24		MUL	ACC(ABS)	rAX $\leftarrow \lvert w_m v_l / b v_m \rvert$, genähert.
25		SRAX	4	Multipliziere mit b und rette
26		SLC	5	das führende Byte in rX.
27		SUB	ACCX(ABS)	Subtrahiere $\lvert w_l \rvert$.
28		DECA	1	Erzwinge Minuszeichen.

```
         SUB  WM1                    Wenn kein Überlauf, eins mehr
         JOV  *+2                       zur oberen Hälfte.
         INCX 1
         SLC  5                      (Jetzt rA ≤ 0)
         ADD  ACC(ABS)               rA ← |w_m| − |rA|.
         STA  ACC(ABS)               (Jetzt rA ≥ 0)
         LDA  ACC                    rA ← w_m mit korrektem Vorz.
         JMP  DNORM                  Normiere, fertig.
DVZROD   HLT  30                     Unnormalisiert oder Divisor null
1H       EQU  1(1:1)
WM1      CON  1B-1,BYTE-1(1:1)       Wortgröße minus eins ▌
```

Hier ist eine Tabelle der näherungsweisen mittleren Rechenzeiten für diese doppeltgenauen, verglichen mit den einfachgenauen, Unterprogrammen, die in Abschnitt 4.2.1 erschienen:

	Einfache Genauigkeit	Doppelte Genauigkeit
Addition	$45{,}5u$	$84u$
Subtraktion	$49{,}5u$	$88u$
Multiplikation	$48u$	$109u$
Division	$52u$	$126{,}5u$

Für eine Erweiterung der Methoden dieses Abschnitts auf dreifachgenaue Gleitkomma-Bruchteile, siehe Y. Ikebe, *CACM* **8** (1965), 175–177.

Übungen

1. [*16*] Versuche die doppeltgenaue Divisionstechnik per Hand mit $\epsilon = \frac{1}{1000}$ für die Division von 180000 durch 314159. (Also, sei $(u_m, u_l) = (0{,}180,\ 0{,}000)$ und $(v_m, v_l) = (0{,}314,\ 0{,}159)$ und finde den Quotienten mit der im Text nach (2) vorgeschlagenen Methode.)

2. [*20*] Wäre es eine gute Idee, die Instruktion „`ENTX 0`" zwischen Zeile 30 und 31 von Programm M einzusetzen, um unerwünschte, in Register X übriggebliebene Information von einer Interferenz mit der Genauigkeit des Ergebnisses fernzuhalten?

3. [*M20*] Erkläre, warum Überlauf bei Programm M nicht vorkommen kann.

4. [*22*] Wie sollte Programm M geändert werden, dass zusätzliche Genauigkeit erreicht wird, und zwar im Wesentlichen durch Verschiebung der vertikalen Linie in Fig. 4 nach rechts um eine Stelle? Spezifiziere alle erforderlichen Änderungen und bestimme die durch diese Änderungen verursachte Differenz der Ausführungszeit.

▸ **5.** [*24*] Wie sollte Programm A geändert werden, so dass zusätzliche Genauigkeit erreicht wird, und zwar im Wesentlichen durch Verwendung eines Neun-Byte-Akkumulators statt eines Acht-Byte-Akkumulators zur Rechten des Basiskommas? Spezifiziere alle erfoderlichen Änderungen und bestimme die durch diese Änderungen verursachte Differenz der Ausführungszeit.

6. [*23*] Nimm an, dass die doppeltgenauen Unterprogramme dieses Abschnitts und die einfachgenauen Unterprogramme von Abschnitt 4.2.1 im selben Hauptprogramm verwendet werden. Schreibe ein Unterprogramm, das eine einfachgenaue Gleitkommazahl in doppeltgenaue Form (1) konvertiert, und schreibe ein anderes Unterprogramm, das eine doppeltgenaue Gleitkommazahl in einfachgenaue Form konvertiert (zeige Exponenten-Überlauf oder -Unterlauf an, wenn die Konversion unmöglich ist).

▶ **7.** [*M30*] Schätze die Genauigkeit der doppeltgenauen Unterprogramme in diesem Abschnitt durch Schranken δ_1, δ_2 und δ_3 für den relativen Fehler ab:

$$\bigl|((u \oplus v) - (u+v))/(u+v)\bigr|, \qquad \bigl|((u \otimes v) - (u \times v))/(u \times v)\bigr|,$$
$$\bigl|((u \oslash v) - (u/v))/(u/v)\bigr|.$$

8. [*M28*] Schätze die Genauigkeit der „verbesserten" doppeltgenauen Unterprogramme von Übungen 4 und 5 ab, im Sinne von Übung 7.

9. [*M42*] T. J. Dekker [*Numer. Math.* **18** (1971), 224–242] hat ein alternatives Vorgehen bei doppelter Genauigkeit vorgeschlagen, ganz auf einfachgenauen Gleitkomma-Binärrechnungen basierend. Zum Beispiel besagt Satz 4.2.2C, dass $u+v = w+r$, wobei $w = u \oplus v$ und $r = (u \ominus w) \oplus v$, wenn $|u| \geq |v|$ und die Basis 2 ist; hier $|r| \leq |w|/2^p$, also kann das Paar (w, r) als eine doppeltgenaue Version von $u+v$ betrachtet werden. Zur Addition zweier solcher Paare $(u, u') \oplus (v, v')$, wobei $|u'| \leq |u|/2^p$ und $|v'| \leq |v|/2^p$ und $|u| \geq |v|$, schlägt Dekker vor, $u+v = w+r$ (exakt) zu berechnen, dann $s = (r \oplus v') \oplus u'$ (einen approximierten Rest) und schließlich den Wert $(w \oplus s, (w \ominus (w \oplus s)) \oplus s)$ zurückzugeben.

Untersuche die Genauigkeit und Effizienz dieses Vorgehens, wenn es rekursiv für vierfachgenaue Rechnungen verwendet wird.

4.2.4. Verteilung von Gleitkommazahlen

Um das mittlere Verhalten der Gleitkomma-Arithmetik-Algorithmen zu analysieren (und insbesondere ihre mittlere Laufzeit zu bestimmen), brauchen wir einige statistische Informationen, die uns die Bestimmung erlaubt, wie oft verschiedene Fälle auftreten. Der Zweck dieses Abschnitts ist die Besprechung der empirischen und theoretischen Eigenschaften der Verteilung von Gleitkomma-Zahlen.

A. Additions- und Subtraktionsroutinen. Die Ausführungszeit für eine Gleitkomma-Addition oder -Subtraktion hängt größtenteils von der anfänglichen Differenz der Exponenten ab und auch von der Zahl der erforderlichen Normalisierungsschritte (nach links oder nach rechts). Kein Weg ist bekannt, ein gutes theoretisches Modell zu geben, das die zu erwartenden charakteristischen Eigenschaften voraussagt, doch wurden ausführliche empirische Untersuchungen von D. W. Sweeney gemacht [*IBM Systeme J.* **4** (1965), 31–42].

Mit Hilfe einer speziellen Ablaufverfolgungsroutine ließ Sweeney sechs „typische" große numerische Programme ablaufen, die von mehreren verschiedenen Computer-Laboratorien ausgewählt wurden, und prüfte jede Gleitkomma-Addition oder -Subtraktion sehr sorgfältig. Über 250.000 Gleitkomma-Additionen oder -Subtraktionen wurden insgesamt in diesen Daten untersucht. Etwa eine von je zehn ausgeführten Instruktionen in den geprüften Programmen war entweder `FADD` oder `FSUB`.

Subtraktion ist dasselbe wie Addition nach vorausgegangener Negation des zweiten Operanden, also können wir die gesamte Statistik angeben, als ob wir lediglich Addition ausführten. Sweeneys Ergebnisse können wie folgt zusammengefasst werden:

Einer der beiden zu addierenden Operanden war null in etwa 9 Prozent der Fälle und dies war gewöhnlich der Akkumulator (`ACC`). Die anderen 91 Prozent

Tabelle 1

EMPIRISCHE DATEN FÜR OPERANDEN-AUSRICHTUNG VOR ADDITION

$\lvert e_u - e_v \rvert$	$b = 2$	$b = 10$	$b = 16$	$b = 64$
0	0,33	0,47	0,47	0,56
1	0,12	0,23	0,26	0,27
2	0,09	0,11	0,10	0,04
3	0,07	0,03	0,02	0,02
4	0,07	0,01	0,01	0,02
5	0,04	0,01	0,02	0,00
über 5	0,28	0,13	0,11	0,09
im Mittel	3,1	0,9	0,8	0,5

Tabelle 2

EMPIRISCHE DATEN FÜR NORMALISIERUNG NACH ADDITION

	$b = 2$	$b = 10$	$b = 16$	$b = 64$
Verschiebung rechts 1 mal	0,20	0,07	0,06	0,03
Keine Verschiebung	0,59	0,80	0,82	0,87
Verschiebung links 1 mal	0,07	0,08	0,07	0,06
Verschiebung links 2 mal	0,03	0,02	0,01	0,01
Verschiebung links 3 mal	0,02	0,00	0,01	0,00
Verschiebung links 4 mal	0,02	0,01	0,00	0,01
Verschiebung links >4 mal	0,06	0,02	0,02	0,02

der Fälle zerfallen in etwa gleich viele mit gleichem und entgegengesetztem Vorzeichen der Operanden und etwa gleichviele Fälle mit $|u| \leq |v|$ oder $|v| \leq |u|$. Das berechnete Ergebnis war null in etwa 1,4 Prozent der Fälle.

Die Differenz zwischen den Exponenten hatte ein Verhalten, wie es näherungsweise durch die Wahrscheinlichkeiten in Tabelle 1 für verschiedene Basen b angegeben wird. (Die Zeile mit „über 5" dieser Tabelle schließt im Wesentlichen alle die Fälle ein, wenn ein Operand null war, doch die Zeile „Mittel" schließt diese Fälle nicht ein.)

Wenn u und v dasselbe Vorzeichen haben und normiert sind, dann erfordert $u + v$ entweder eine Verschiebung nach *rechts* (für Bruchüberlauf) oder überhaupt keine Normalisierungsverschiebungen. Wenn u und v entgegengesetzte Vorzeichen haben, gibt es null oder mehr Verschiebungen nach *links* während der Normalisierung. Tabelle 2 gibt die beobachtete Anzahl von erforderlichen Verschiebungen; die letzte Zeile der Tabelle schließt alle Fälle ein, bei denen das Ergebnis null war. Die mittlere Anzahl von Verschiebungen nach links pro Normalisierung war etwa 0,9, wenn $b = 2$; etwa 0,2, wenn $b = 10$ oder 16; und etwa 0,1, wenn $b = 64$.

B. Die Bruchteile. Eine weitere Analyse von Gleitkommaroutinen kann die *statistische Verteilung der Bruchteile* zufällig ausgewählter normierter Gleitkommazahlen zu Grunde legen. Die Fakten sind ganz und gar überraschend, und es gibt eine interessante Theorie, die die ungewöhnlichen beobachteten Phänomene erklärt.

Aus Bequemlichkeit wollen wir temporär annehmen, dass wir uns mit Gleitkomma-*Dezimal*-Arithmetik (Basis 10) befassen; Änderungen der folgenden Diskussion zu jeder anderen positiven ganzzahligen Basis b sind sehr leicht. Nehmen wir an, es sei eine „zufällige" positive normierte Zahl $(e, f) = 10^e \cdot f$ gegeben. Da f normiert ist, wissen wir, dass die führende Ziffer 1, 2, 3, 4, 5, 6, 7, 8 oder 9 ist, und wir können natürlich erwarten, dass jede dieser neun möglichen führenden Ziffern etwa mit der Häufigkeit ein Neuntel vorkommt. Doch ist das tatsächliche Verhalten in der Praxis total verschieden. Zum Beispiel tritt die führende Ziffer 1 in mehr als 30 Prozent der Fälle auf!

Ein Weg, die gerade gemachte Behauptung zu prüfen, besteht darin, eine Tabelle physikalischer Konstanten (wie der Lichtgeschwindigkeit oder der Gravitationsbeschleunigung) einer Standardreferenz zu entnehmen. Wenn wir zum Beispiel im *Handbook of Mathematical Funktions* (U.S. Dept von Commerce, 1964), nachsehen, finden wir, dass 8 der 28 verschiedenen physikalischen Konstanten, die dort in Tabelle 2.3 angegeben werden, grob gesprochen 29 Prozent, eine führende Ziffer 1 haben. Der dezimale Werte von $n!$ für $1 \le n \le 100$ enthält genau 30 Einträge, die mit 1 beginnen; ebenso ist es mit den dezimalen Werten von 2^n und von F_n, für $1 \le n \le 100$. Wir können auch bei Volkszählungsberichten oder einem „Farmer's Almanack" (doch keinem Telefonverzeichnis) nachzusehen versuchen.

In der Zeit, bevor es Taschenrechner gab, hatten die Seiten häufig benutzter Logarithmentafeln die Tendenz, am Anfang ganz schmutzig zu werden, während die letzten Seiten relativ sauber und glatt blieben. Dieses Phänomen wurde anscheinend zuerst im Druck von dem Astronom Simon Newcomb erwähnt [*Amer. J. Math.* **4** (1881), 39–40], der gute Gründe für die Vermutung angab, dass die führende Ziffer d mit Wahrscheinlichkeit $\log_{10}(1 + 1/d)$ vorkommt. Dieselbe Verteilung wurde viele Jahre später von Frank Benford empirisch entdeckt, der die Ergebnisse von 20.229 Beobachtungen verschiedener Quellen berichtet [*Proc. Amer. Philosophical Soc.* **78** (1938), 551–572].

Um dieses Gesetz der führenden Stelle zu rechtfertigen, wollen wir einen näheren Blick darauf werfen, wie wir Zahlen in Gleitkomma-Notation schreiben. Wenn wir irgendeine positive Zahl u nehmen, wird ihr Bruchteil durch die Formel $10 f_u = 10^{(\log_{10} u) \bmod 1}$ bestimmt; also ist ihre führende Ziffer kleiner d genau dann, wenn

$$(\log_{10} u) \bmod 1 < \log_{10} d. \qquad (1)$$

Wenn wir jetzt eine „zufällige" positive Zahl U haben, die aus einer vernünftigen Verteilung ausgewählt wird, die in der Natur vorkommen kann, können wir erwarten, dass $(\log_{10} U) \bmod 1$ gleichmäßig zwischen null und eins verteilt ist, zumindest in einer sehr guten Näherung. (Wir erwarten ähnlich $U \bmod 1$, $U^2 \bmod 1$, $\sqrt{U + \pi} \bmod 1$, usw., gleichmäßig verteilt zu sein. Wir erwarten im Wesentlichen aus demselben Grund, dass ein Rouletterad ohne Vorzugsrichtung ist.) Deshalb wird nach (1) die führende Ziffer 1 mit Wahrscheinlichkeit $\log_{10} 2 \approx$ 30,103 Prozent sein; sie wird 2 mit Wahrscheinlichkeit $\log_{10} 3 - \log_{10} 2 \approx 17{,}609$ Prozent sein; und im Allgemeinen, wenn r irgendein reeller Wert zwischen 1 und 10 ist, sollten wir $10 f_U \le r$ in näherungsweise $\log_{10} r$ der Fälle haben.

Die Tatsache, dass führende Ziffern dazu tendieren, klein zu sein, macht die offensichtlichsten Techniken der „mittleren Fehlerabschätzung“ für Gleitkommarechnungen ungültig. Der relative Fehler ist wegen der Rundung gewöhnlich etwas größer als erwartet.

Natürlich kann man berechtigterweise sagen, dass das obige heuristische Argument das besagte Gesetz nicht beweist. Es zeigt uns lediglich einen plausiblen Grund, warum sich die führenden Ziffern so verhalten, wie sie es tun. Ein interessanter Zugang zur Analyse führender Ziffern wurde von R. Hamming vorgeschlagen: Sei $p(r)$ die Wahrscheinlichkeit, dass $10f_U \le r$, wobei $1 \le r \le 10$ und f_U der normierte Bruchteil einer zufälligen normierten Gleitkommazahl U ist. Wenn wir an zufällige Größen in der realen Welt denken, bemerken wir, dass sie in Abhängigkeit von beliebigen Einheiten gemessen werden; und wenn wir die Definition eines Meters oder eines Gramms änderten, hätten viele der fundamentalen physikalischen Konstanten andere Werte. Nehmen wir einmal an, alle Zahlen im Universum wären plötzlich mit einem konstanten Faktor c multipliziert; unser Universum zufälliger Gleitkomma-Größen sollte durch diese Transformation im Wesentlichen unverändert bleiben, also sollte $p(r)$ nicht davon beeinflusst werden.

Multiplikation mit c hat die Wirkung der Transformation von $(\log_{10} U) \bmod 1$ in $(\log_{10} U + \log_{10} c) \bmod 1$. Es ist jetzt Zeit, Formeln aufzustellen, die das gewünschte Verhalten beschreiben; wir können $1 \le c \le 10$ annehmen. Nach Definition

$$p(r) = \Pr\bigl((\log_{10} U) \bmod 1 \le \log_{10} r\bigr).$$

Gemäß unserer Annahme sollten wir auch haben:

$$\begin{aligned} p(r) &= \Pr\bigl((\log_{10} U + \log_{10} c) \bmod 1 \le \log_{10} r\bigr) \\ &= \begin{cases} \Pr\bigl((\log_{10} U \bmod 1) \le \log_{10} r - \log_{10} c \\ \qquad\text{oder } (\log_{10} U \bmod 1) \ge 1 - \log_{10} c\bigr), & \text{wenn } c \le r; \\ \Pr\bigl((\log_{10} U \bmod 1) \le \log_{10} r + 1 - \log_{10} c \\ \qquad\text{und } (\log_{10} U \bmod 1) \ge 1 - \log_{10} c\bigr), & \text{wenn } c \ge r; \end{cases} \\ &= \begin{cases} p(r/c) + 1 - p(10/c), & \text{wenn } c \le r; \\ p(10r/c) - p(10/c), & \text{wenn } c \ge r. \end{cases} \end{aligned} \tag{2}$$

Erweitern wir jetzt die Funktion $p(r)$ auf Werte außerhalb des Bereichs $1 \le r \le 10$ durch die Definition $p(10^n r) = p(r) + n$; wenn wir dann $10/c$ durch d ersetzen, kann die letzte Gleichung von (2)

$$p(rd) = p(r) + p(d) \tag{3}$$

geschrieben werden. Wenn unsere Annahme über die Invarianz der Verteilung unter Multiplikation mit einem konstanten Faktor gültig ist, dann muss Gl. (3) für alle $r > 0$ und $1 \le d \le 10$ gelten. Die Tatsache, dass $p(1) = 0$ und $p(10) = 1$, impliziert jetzt, dass

$$1 = p(10) = p\bigl((\sqrt[n]{10})^n\bigr) = p(\sqrt[n]{10}) + p\bigl((\sqrt[n]{10})^{n-1}\bigr) = \cdots = np(\sqrt[n]{10});$$

also folgern wir, dass $p(10^{m/n}) = m/n$ für alle positiven ganzen Zahlen m und n. Wenn wir jetzt die Forderung aufstellen, dass p stetig ist, sind wir zu dem Schluss gezwungen, dass $p(r) = \log_{10} r$, und dies ist das gewünschte Gesetz.

Obwohl diese Begündung überzeugender als die erste sein mag, hält sie einer eingehenden Prüfung nicht stand, wenn wir am konventionellen Begriff der Wahrscheinlichkeit festhalten. Die traditionelle Weise, die obige Begründung streng zu machen, ist die Annahme einer zu Grunde liegenden Verteilung von Zahlen $F(u)$, so dass eine gegebene positive Zahl U dann $\leq u$ mit Wahrscheinlichkeit $F(u)$ ist; dann ist die in Frage stehende Wahrscheinlichkeit

$$p(r) = \sum_m \bigl(F(10^m r) - F(10^m)\bigr), \tag{4}$$

summiert über alle Werte $-\infty < m < \infty$. Unsere Annahmen über Skalierungsinvarianz und Stetigkeit haben uns zu dem Schluss veranlasst, dass

$$p(r) = \log_{10} r.$$

Mit derselben Begründung könnten wir „beweisen“, dass

$$\sum_m \bigl(F(b^m r) - F(b^m)\bigr) = \log_b r, \tag{5}$$

für jede ganze Zahl $b \geq 2$, wenn $1 \leq r \leq b$. Doch *gibt* es keine Verteilungsfunktion F, die diese Gleichung für alle derartigen b und r erfüllt! (Siehe Übung 7.)

Ein Weg aus der Schwierigkeit ist der, das logarithmische Gesetz $p(r) = \log_{10} r$ nur als eine sehr gute *Näherung* an die wahre Verteilung zu betrachten. Die wahre Verteilung ändert sich vielleicht mit der Expansion des Universums und wird mit der Zeit eine immer bessere Näherung; und wenn wir 10 durch ein beliebige Basis b ersetzen, kann die Näherung mit größer werdendem b (zu irgendeinem Zeitpunkt) ungenauer werden. Eine andere recht ansprechende Weise zur Auflösung des Dilemmas durch Aufgabe der herkömmlichen Idee einer Verteilungsfunktion wurde von R. A. Raimi vorgeschlagen, *AMM* **76** (1969), 342–348.

Die Absicherung im letzten Paragraphen ist wahrscheinlich eine sehr unbefriedigende Erklärung; deswegen sollte die folgende weiterführende Rechnung (welche bei strenger Mathematik bleibt und irgendwelche intuitiven, aber paradoxen Begriffe von Wahrscheinlichkeit meidet) willkommen sein. Betrachten wir die Verteilung der führenden Ziffern der *positiven ganzen Zahlen*, anstatt der Verteilung für eine irgendwie gedachte Menge reeller Zahlen. Die Untersuchung dieses Themas ist ganz interessant, nicht nur weil sie ein Licht auf die Wahrscheinlichkeitsverteilungen von Gleitkommadaten wirft, sondern auch weil sie ein besonders instruktives Beispiel für die Kombination der Methoden der diskreten Mathematik mit denen der Infinitesimalrechnung abgibt.

In der folgenden Besprechung sei r eine feste reelle Zahl, $1 \leq r \leq 10$; wir werden den Versuch einer vernünftigen Definition von $p(r)$ als der „Wahrscheinlichkeit“ machen, dass für die Darstellung $10^{e_N} \cdot f_N$ einer „zufälligen“ positiven ganzen Zahl N bei unendlicher Genauigkeit $10 f_N < r$ gilt.

Zu Beginn wollen wir versuchen, die Wahrscheinlichkeit mit einer Eingrenzungsmethode wie der Definition von „Pr" in Abschnitt 3.5 zu finden. Eine schöne Weise, jene Definition umzuformulieren, ist die Definition

$$P_0(n) = \bigl[n = 10^e \cdot f,\ \text{wobei } 10f < r\bigr] = \bigl[(\log_{10} n) \bmod 1 < \log_{10} r\bigr]. \qquad (6)$$

Jetzt ist $P_0(1)$, $P_0(2)$, ... eine unendliche Folge von Nullen und Einsen, wobei die Einsen diejenigen Fälle repräsentieren, die zur gesuchten Wahrscheinlichkeit beitragen. Wir können versuchen, diese Folge „auszumitteln" durch die Definition

$$P_1(n) = \frac{1}{n}\sum_{k=1}^{n} P_0(k). \qquad (7)$$

Wenn wir also eine zufällige ganze Zahl zwischen 1 und n mit den Techniken von Kapitel 3 erzeugen und sie zur Gleitkomma-Dezimal-Form (e, f) konvertieren, ist die Wahrscheinlichkeit, dass $10f < r$ genau $P_1(n)$. Es ist natürlich, $\lim_{n\to\infty} P_1(n)$ als die gesuchte „Wahrscheinlichkeit" $p(r)$ zu betrachten, und das ist es gerade, was wir in Definition 3.5A taten.

Doch in diesem Fall existiert der Grenzwert nicht. Betrachten wir zum Beispiel die Teilfolge

$$P_1(s),\ P_1(10s),\ P_1(100s),\ \ldots,\ P_1(10^n s),\ \ldots,$$

wobei s eine reelle Zahl ist, $1 \le s \le 10$. Wenn $s \le r$, finden wir, dass

$$\begin{aligned} P_1(10^n s) &= \frac{1}{10^n s}\bigl(\lceil r\rceil - 1 + \lceil 10r\rceil - 10 + \cdots + \lceil 10^{n-1} r\rceil - 10^{n-1} + \lfloor 10^n s\rfloor + 1 - 10^n\bigr)\\ &= \frac{1}{10^n s}\bigl(r(1 + 10 + \cdots + 10^{n-1}) + O(n) + \lfloor 10^n s\rfloor - 1 - 10 - \cdots - 10^n\bigr)\\ &= \frac{1}{10^n s}\bigl(\tfrac{1}{9}(10^n r - 10^{n+1}) + \lfloor 10^n s\rfloor + O(n)\bigr). \qquad (8) \end{aligned}$$

Mit $n \to \infty$ strebt $P_1(10^n s)$ deshalb zum Grenzwert $1 + (r - 10)/9s$. Dieselbe Rechnung ist für den Fall $s > r$ gültig, wenn wir $\lfloor 10^n s\rfloor + 1$ durch $\lceil 10^n r\rceil$ ersetzen; also erhalten wir den Grenzwert $10(r-1)/9s$, wenn $s \ge r$. [Siehe J. Franel, *Naturforschende Gesellschaft, Vierteljahrsschrift* **62** (Zürich: 1917), 286–295.]

In anderen Worten hat die Folge $\langle P_1(n)\rangle$ Teilfolgen $\langle P_1(10^n s)\rangle$, deren Grenzwert von $(r-1)/9$ auf zu $10(r-1)/9r$ steigt und wieder auf $(r-1)/9$ fällt, wenn s von 1 nach r und dann nach 10 läuft. Wir sehen, dass $P_1(n)$ keinen Grenzwert für $n \to \infty$ hat; und die Werte von $P_1(n)$ für große n sind außerdem keine besonders guten Näherungen an unseren vermuteten Grenzwert $\log_{10} r$!

Da $P_1(n)$ keinen Grenzwert anstrebt, können wir wieder einmal die Verwendung derselben Idee wie bei (7) versuchen, das anomale Verhalten „auszumitteln". Sei allgemein

$$P_{m+1}(n) = \frac{1}{n}\sum_{k=1}^{n} P_m(k). \qquad (9)$$

Dann wird sich die Folge $P_{m+1}(n)$ besser verhalten als die Folge $P_m(n)$. Versuchen wir eine Bestätigung davon mit quantitativen Berechnungen; unsere Erfahrung mit dem Spezialfall $m = 0$ zeigt, dass es sich lohnen kann, die Teilfolge $P_{m+1}(10^n s)$ zu betrachten. Die folgenden Ergebnisse können in der Tat abgeleitet werden:

Lemma Q. *Für jede ganze Zahl $m \geq 1$ und jede reelle Zahl $\epsilon > 0$ gibt es Funktionen $Q_m(s)$, $R_m(s)$ und eine ganze Zahl $N_m(\epsilon)$, so dass wir, wann immer $n > N_m(\epsilon)$ und $1 \leq s \leq 10$, haben*

$$|P_m(10^n s) - Q_m(s) - R_m(s)[s > r]| < \epsilon. \tag{10}$$

Weiterhin erfüllen die Funktionen $Q_m(s)$ und $R_m(s)$ die Relationen

$$\begin{aligned} Q_m(s) &= \frac{1}{s}\Big(\frac{1}{9}\int_1^{10} Q_{m-1}(t)\,dt + \int_1^s Q_{m-1}(t)\,dt + \frac{1}{9}\int_r^{10} R_{m-1}(t)\,dt\Big); \\ R_m(s) &= \frac{1}{s}\int_r^s R_{m-1}(t)\,dt; \\ Q_0(s) &= 1, \qquad R_0(s) = -1. \end{aligned} \tag{11}$$

Beweis. Betrachte die durch (11) definierten Funktionen $Q_m(s)$ und $R_m(s)$, und sei

$$S_m(t) = Q_m(t) + R_m(t)[t > r]. \tag{12}$$

Wir werden das Lemma durch Induktion nach m beweisen.

Zuerst beachte, dass $Q_1(s) = \big(1 + (s-1) - (10-r)/9\big)/s = 1 + (r-10)/9s$, und $R_1(s) = (r-s)/s$. Von (8) finden wir, dass $|P_1(10^n s) - S_1(s)| = O(n)/10^n$; dies beweist das Lemma für $m = 1$.

Für $m > 1$ haben wir jetzt

$$P_m(10^n s) = \frac{1}{s}\Big(\sum_{0\leq j<n} \frac{1}{10^{n-j}} \sum_{10^j \leq k < 10^{j+1}} \frac{1}{10^j} P_{m-1}(k) + \sum_{10^n \leq k \leq 10^n s} \frac{1}{10^n} P_{m-1}(k)\Big),$$

und wir wollen diese Größe approximieren. Nach Induktion ist die Differenz

$$\Big|\sum_{10^j \leq k \leq 10^j q} \frac{1}{10^j} P_{m-1}(k) - \sum_{10^j \leq k \leq 10^j q} \frac{1}{10^j} S_{m-1}\Big(\frac{k}{10^j}\Big)\Big| \tag{13}$$

kleiner $q\epsilon$, wenn $1 \leq q \leq 10$ und $j > N_{m-1}(\epsilon)$. Da $S_{m-1}(t)$ stetig ist, ist sie eine Riemann-integrierbare Funktion; und die Differenz

$$\Big|\sum_{10^j \leq k \leq 10^j q} \frac{1}{10^j} S_{m-1}\Big(\frac{k}{10^j}\Big) - \int_1^q S_{m-1}(t)\,dt\Big| \tag{14}$$

ist kleiner ϵ für alle j größer als eine gewisse Zahl N, unabhängig von q, nach Definition der Integration. Wir können N als $> N_{m-1}(\epsilon)$ wählen. Deshalb ist für

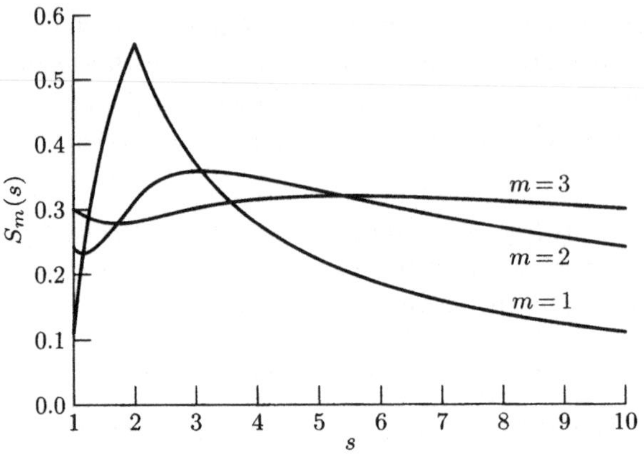

Fig. 5. Die Wahrscheinlichkeit, dass die führende Ziffer 1 ist.

$n > N$ die Differenz

$$\left| P_m(10^n s) - \frac{1}{s}\left(\sum_{0 \le j < n} \frac{1}{10^{n-j}} \int_1^{10} S_{m-1}(t)\,dt + \int_1^s S_{m-1}(t)\,dt \right) \right| \qquad (15)$$

beschränkt durch $\sum_{j=0}^{N}(M/10^{n-j}) + \sum_{N<j<n}(11\epsilon/10^{n-j}) + 11\epsilon$, wenn M eine obere Schranke für (13) + (14) ist, die für alle positiven ganzen Zahlen j gültig ist. Schließlich ist die Summe $\sum_{0\le j<n}(1/10^{n-j})$, welche in (15) erscheint, gleich $(1 - 1/10^n)/9$; also

$$\left| P_m(10^n s) - \frac{1}{s}\left(\frac{1}{9} \int_1^{10} S_{m-1}(t)\,dt + \int_1^s S_{m-1}(t)\,dt \right) \right|$$

kann kleiner als, sagen wir, 20ϵ gemacht werden, wenn n groß genug gewählt wird. Vergleich mit (10) und (11) vervollständigt den Beweis. ▮

Der springende Punkt von Lemma Q ist die Grenzwertbeziehung

$$\lim_{n\to\infty} P_m(10^n s) = S_m(s). \qquad (16)$$

Zusätzlich existiert, da $S_m(s)$ nicht konstant bleibt, wenn s sich ändert, der Grenzwert

$$\lim_{n\to\infty} P_m(n)$$

(welcher unsere gewünschte „Wahrscheinlichkeit" wäre) für kein m. Die Situation wird in Fig. 5 gezeigt, welche die Werte von $S_m(s)$ für kleine m und $r = 2$ zeigt.

Obwohl $S_m(s)$ keine Konstante ist, so dass wir keinen definiten Grenzwert für $P_m(n)$ haben, beachte jedoch, dass bereits für $m = 3$ in Fig. 5 der Wert von $S_m(s)$ sehr nahe bei $\log_{10} 2 \approx 0{,}30103$ bleibt. Deshalb haben wir guten Grund zu der Vermutung, dass $S_m(s)$ sehr nahe bei $\log_{10} r$ für alle großen m liegt, und in der Tat die Folge von Funktionen $\langle S_m(s)\rangle$ gleichmäßig zu der konstanten Funktion $\log_{10} r$ konvergiert.

Es ist interessant, diese Vermutung durch explizites Berechnen von $Q_m(s)$ und $R_m(s)$ für alle m zu beweisen, wie es im Beweis des folgenden Satzes geschieht:

Satz F. *Sei $S_m(s)$ der in (16) definierte Grenzwert. Für alle $\epsilon > 0$ gibt es eine Zahl $N(\epsilon)$ mit*

$$|S_m(s) - \log_{10} r| < \epsilon \qquad \text{für } 1 \le s \le 10, \tag{17}$$

wann immer $m > N(\epsilon)$.

Beweis. Angesichts von Lemma Q können wir dieses Ergebnis beweisen, wenn wir zeigen können, dass es eine Zahl M abhängig von ϵ für $1 \le s \le 10$ und für alle $m > M$ gibt mit

$$|Q_m(s) - \log_{10} r| < \epsilon \qquad \text{und} \qquad |R_m(s)| < \epsilon. \tag{18}$$

Es ist nicht schwierig, die Rekurrenzformel (11) für R_m zu lösen: Wir haben $R_0(s) = -1$, $R_1(s) = -1 + r/s$, $R_2(s) = -1 + (r/s)\bigl(1 + \ln(s/r)\bigr)$ und allgemein

$$R_m(s) = -1 + \frac{r}{s}\left(1 + \frac{1}{1!}\ln\frac{s}{r} + \cdots + \frac{1}{(m-1)!}\left(\ln\frac{s}{r}\right)^{m-1}\right). \tag{19}$$

Dies konvergiert gleichmäßig gegen

$$-1 + (r/s)\exp\bigl(\ln(s/r)\bigr) = 0$$

für den besagten Bereich von s.

Die Rekurrenz (11) für Q_m hat die Form

$$Q_m(s) = \frac{1}{s}\left(c_m + 1 + \int_1^s Q_{m-1}(t)\,dt\right), \tag{20}$$

wobei

$$c_m = \frac{1}{9}\left(\int_1^{10} Q_{m-1}(t)\,dt + \int_r^{10} R_{m-1}(t)\,dt\right) - 1. \tag{21}$$

Und die Lösung der Rekurrenz (20) wird leicht gefunden durch Ausrechnen der ersten paar Fälle und durch den Ansatz einer Formel, die durch Induktion bewiesen werden kann; wir finden, dass

$$Q_m(s) = 1 + \frac{1}{s}\left(c_m + \frac{1}{1!}c_{m-1}\ln s + \cdots + \frac{1}{(m-1)!}c_1(\ln s)^{m-1}\right). \tag{22}$$

Es verbleibt uns, die Koeffizienten c_m zu berechnen, welche nach (19), (21) und (22) die Relationen

$$\begin{aligned} c_1 &= (r-10)/9 \\ c_{m+1} &= \frac{1}{9}\left(c_m \ln 10 + \frac{1}{2!}c_{m-1}(\ln 10)^2 + \cdots + \frac{1}{m!}c_1(\ln 10)^m\right. \\ &\qquad \left. + r\left(1 + \frac{1}{1!}\ln\frac{10}{r} + \cdots + \frac{1}{m!}\left(\ln\frac{10}{r}\right)^m\right) - 10\right) \end{aligned} \tag{23}$$

erfüllen. Diese Folge scheint zuerst sehr kompliziert zu sein, doch wir können sie tatsächlich ohne Schwierigkeit mit Hilfe von Erzeugungsfunktionen analysieren. Sei

$$C(z) = c_1 z + c_2 z^2 + c_3 z^3 + \cdots;$$

dann folgern wir, da $10^z = 1 + z\ln 10 + (1/2!)(z\ln 10)^2 + \cdots$, dass

$$\begin{aligned} c_{m+1} &= \frac{1}{10}c_{m+1} + \frac{9}{10}c_{m+1} \\ &= \frac{1}{10}\left(c_{m+1} + c_m \ln 10 + \cdots + \frac{1}{m!}c_1(\ln 10)^m\right) + \frac{r}{10}\left(1 + \cdots + \frac{1}{m!}\left(\ln\frac{10}{r}\right)^m\right) - 1 \end{aligned}$$

der Koeffizient von z^{m+1} in der Funktion

$$\frac{1}{10}C(z)10^z + \frac{r}{10}\left(\frac{10}{r}\right)^z\left(\frac{z}{1-z}\right) - \frac{z}{1-z} \tag{24}$$

ist. Diese Bedingung gilt für alle Werte von m, also muss (24) gleich $C(z)$ sein, und wir erhalten die explizite Formel

$$C(z) = \frac{-z}{1-z}\left(\frac{(10/r)^{z-1} - 1}{10^{z-1} - 1}\right). \tag{25}$$

Wir wollen asymptotische Eigenschaften der Koeffizienten von $C(z)$ zu Vervollständigung unserer Analyse untersuchen. Der große Faktor in der Klammer von (25) strebt zu $\ln(10/r)/\ln 10 = 1 - \log_{10} r$ für $z \to 1$, also sehen wir, dass

$$C(z) + \frac{1 - \log_{10} r}{1 - z} = R(z) \tag{26}$$

eine analytische Funktion der komplexen Variablen z im Kreis

$$|z| < \left|1 + \frac{2\pi i}{\ln 10}\right|$$

ist. Insbesondere konvergiert die Reihe $R(z)$ für $z = 1$, also streben ihre Koeffizienten gegen null. Diese beweist, dass sich die Koeffizienten von $C(z)$ wie die von $(\log_{10} r - 1)/(1 - z)$ verhalten, d.h.

$$\lim_{m\to\infty} c_m = \log_{10} r - 1.$$

Schließlich können wir dies mit (22) kombinieren, um zu zeigen, dass $Q_m(s)$ für $1 \le s \le 10$ gleichmäßig gegen

$$1 + \frac{\log_{10} r - 1}{s}\left(1 + \ln s + \frac{1}{2!}(\ln s)^2 + \cdots\right) = \log_{10} r$$

strebt. ▌

Deshalb haben wir das logarithmische Gesetz für ganze Zahlen durch direkte Rechnung nachgewiesen und gleichzeitig gesehen, dass es eine äußerst gute Näherung für das mittlere Verhalten ist, obwohl es niemals genau erreicht wird.

Die oben gegebenen Beweise von Lemma Q und Satz F sind leichte Vereinfachungen und Erweiterungen von Methoden von B. J. Flehinger, *AMM* **73** (1966), 1056–1061. Viele Autoren haben über die Verteilung der führenden Ziffern geschrieben und gezeigt, dass das logarithmische Gesetz eine gute Näherung für viele zu Grunde liegende Verteilungen ist; siehe die Übersicht von Ralph A. Raimi, *AMM* **83** (1976), 521–538, und Peter Schatte, *J. Information Processing and Cybernetics* **24** (1988), 443–455, für eine umfassende Übersicht der Literatur.

Übung 17 bespricht einen Zugang zur Definition von Wahrscheinlichkeit, unter welcher das logarithmische Gesetz für die ganzen Zahlen genau gilt. Weiterhin zeigt Übung 18, dass *jede* vernünftige Definition von Wahrscheinlichkeit für die ganzen Zahlen zum logarithmischen Gesetz führen muss, wenn es der Wahrscheinlichkeit führender Ziffern einen Wert zuweist.

Gleitkomma-Rechnungen operieren hauptsächlich natürlich auf nicht ganzzahligen Zahlen; wir haben ganze Zahlen untersucht wegen ihrer Vertrautheit und ihrer Einfachheit. Wenn beliebige reelle Zahlen betrachtet werden, sind theoretische Ergebnisse schwieriger zu erhalten, doch akkumuliert sich die Evidenz, dass dieselbe Statistik anwendbar ist in dem Sinne, dass iterierte Rechnungen mit reellen Zahlen fast immer dazu tendieren, immer bessere Näherungen zu einer logarithmischen Verteilung der Bruchteile zu liefern. Zum Beispiel zeigte Peter Schatte [*Zeitschrift für angewandte Math. und Mechanik* **53** (1973), 553–565], dass unter milden Einschränkungen die Produkte von unabhängigen, identisch verteilten zufälligen reellen Variablen gegen die logarithmische Verteilung streben. Die Summen solcher Variablen ebenso, doch nur im Sinn eines wiederholten Mittelns. Ähnliche Ergebnisse wurden von J. L. Barlow und E. H. Bareiss, *Computing* **34** (1985), 325–347, erhalten.

Übungen

1. [*13*] Gegeben seien u und v als von null verschiedene Gleitkomma-Dezimal-Zahlen *mit demselben Vorzeichen*; was ist die approximierte Wahrscheinlichkeit gemäß der Tabellen 1 und 2, dass Bruchüberlauf während der Berechnung von $u \oplus v$ vorkommt?

2. [*42*] Führe weitere Tests von Gleitkomma-Addition und -Subtraktion aus, um die Genauigkeit der Tabellen 1 und 2 zu bestätigen oder zu verbessern.

3. [*15*] Was ist die Wahrscheinlichkeit gemäß des logarithmischen Gesetzes, dass die zwei führenden Ziffern einer Gleitkomma-Dezimalzahl „23" sind?

4. [*M18*] Der Text führt aus, dass die Anfangsseiten einer häufig benutzten Logarithmentabelle schmutziger als die weiter zurückliegenden Seiten werden. Wie sieht das aus, wenn wir eine *Antilogarithmen*-Tabelle stattdessen hätten, nämlich eine Tabelle, die uns den Wert von x sagt, wenn $\log_{10} x$ gegeben ist; welche Seiten einer solchen Tabelle wären die schmutzigsten?

▸ **5.** [*M20*] Sei U eine zufällige reelle Zahl, die gleichmäßig in dem Interval $0 < U < 1$ verteilt ist. Was ist die Verteilung der führenden Ziffern von U?

6. [*23*] Wenn wir binäre Rechnerwörter mit $n + 1$ Bit haben, könnten wir p Bit für den Bruchteil von Gleitkomma-Binärzahlen, ein Bit für das Vorzeichen und $n - p$ Bit für den Exponenten verwenden. Dies bedeutet, dass der Bereich darstellbarer Werte, nämlich das Verhältnis des größten positiven normierten Wertes zum kleinsten, im

Wesentlichen $2^{2^{n-p}}$ ist. Dasselbe Rechnerwort könnte zur Darstellung von Gleitkomma-*Hexadezimal*zahlen benutzt werden, d.h. für Gleitkommazahlen mit Basis 16, mit $p+2$ Bit für den Bruchteil ($(p+2)/4$ hexadezimale Stellen) und $n-p-2$ Bit für den Exponenten; dann wäre der Wertebereich $16^{2^{n-p-2}} = 2^{2^{n-p}}$, genau so wie zuvor, und mit mehr Bit im Bruchteil. Das klingt so, als bekämen wir etwas umsonst, doch ist die Normalisierungsbedingung für die Basis 16 schwächer insofern, als es bis zu drei führende Nullbit im Bruchteil geben kann; also sind nicht alle $p+2$ Bit „signifikant".

Was sind auf der Basis des logarithmischen Gesetzes die Wahrscheinlichkeiten, dass der Bruchteil einer positiven normierten Basis-16-Gleitkommazahl genau 0, 1, 2 und 3 führende Nullbit hat? Besprich die Erwünschtheit hexadezimaler im Vergleich zu binärer Gleikomma-Arithmetik.

7. [*HM28*] Beweise, dass es keine Verteilungsfunktion $F(u)$ gibt, die (5) für jede ganze Zahl $b \geq 2$ und für alle reellen Werte r im Bereich $1 \leq r \leq b$ erfüllt.

8. [*HM23*] Gilt (10), wenn $m = 0$ für ein geeignetes $N_0(\epsilon)$?

9. [*HM25*] (P. Diaconis.) Sei $P_1(n)$, $P_2(n)$, ... irgendeine Folge von Funktionen, die durch wiederholtes Mitteln einer gegebenen Funktion $P_0(n)$ gemäß Gl. (9) definiert sind. Beweise, dass $\lim_{m\to\infty} P_m(n) = P_0(1)$ für alle festen n.

▸ **10.** [*HM28*] Der Text zeigt, dass $c_m = \log_{10} r - 1 + \epsilon_m$, wobei ϵ_m für $m \to \infty$ gegen null strebt. Erhalte den nächsten Term in der asymptotischen Entwicklung von c_m.

11. [*M15*] Gegeben sei U als eine Zufallsvariable, die gemäß des logarithmischen Gesetzes verteilt ist; beweise, dass $1/U$ es auch ist.

12. [*HM25*] (R. W. Hamming.) Der Zweck dieser Übung ist der Nachweis, dass das Ergebnis der Gleitkomma-Multiplikation dazu tendiert, dem logarithmischen Gesetz vollkommener zu gehorchen als es die Operanden tun. Seien U und V zufällige, normierte, positive Gleitkomma-Zahlen, deren Bruchteile mit den Dichtefunktionen $f(x)$ bzw. $g(x)$ unabhängig verteilt sind. Also, $f_u \leq r$ und $f_v \leq s$ mit Wahrscheinlichkeit $\int_{1/b}^{r}\int_{1/b}^{s} f(x)g(y)\,dy\,dx$, für $1/b \leq r, s \leq 1$. Sei $h(x)$ die Dichtefunktion des Bruchteils von $U \times V$ (ungerundet). Definiere die *Anormalität* $A(f)$ einer Dichtefunktion f als den maximalen relativen Fehler,

$$A(f) = \max_{1/b \leq x \leq 1} \left| \frac{f(x) - l(x)}{l(x)} \right|,$$

wobei $l(x) = 1/(x \ln b)$ die Dichte der logarithmischen Verteilung ist.

Beweise, dass $A(h) \leq \min(A(f), A(g))$. (Insbesondere hat das Produkt eine logarithmische Verteilung, wenn jeder Faktor eine solche besitzt.)

▸ **13.** [*M20*] Die Gleitkomma-Multiplikation, Algorithmus 4.2.1M, erfordert null oder eine Linksverschiebung während der Normalisierung, abhängig davon, ob $f_u f_v \geq 1/b$ oder nicht. Angenommen, dass die Eingabe-Operanden unabhängig gemäß des logarithmischen Gesetzes verteilt sind; was ist die Wahrscheinlichkeit, dass keine Linksverschiebung für die Normalisierung des Ergebnisses benötigt wird?

▸ **14.** [*HM30*] Seien U und V zufällige, normierte, positive Gleitkommazahlen, deren Bruchteile unabhängig gemäß des logarithmischen Gesetzes verteilt sind, und sei p_k die Wahrscheinlichkeit, dass die Differenz ihrer Exponenten k ist. Angenommen, dass die Verteilung der Exponenten unabhängig von den Bruchteilen ist, gib eine Gleichung für die Wahrscheinlichkeit, dass „Bruchüberlauf" während der Gleitkomma-Addition $U \oplus V$ vorkommt, ausgedrückt durch die Basis b und die Größen p_0, p_1, p_2, ... Vergleiche dieses Ergebnis mit Übung 1. (Ignoriere Rundung.)

15. [*HM28*] Sei U, V, p_0, p_1, … wie in Übung 14, und nehmen wir an, dass Arithmetik zur Basis 10 verwendet wird. Zeige, dass ohne Rücksicht auf die Werte von p_0, p_1, p_2, …, die Summe $U \oplus V$ *nicht* dem logarithmischen Gesetz genau gehorchen wird, und in der Tat ist die Wahrscheinlichkeit, dass $U \oplus V$ führende Ziffer 1 hat, immer strikt *kleiner* als $\log_{10} 2$.

16. [*HM28*] (P. Diaconis.) Besitze $P_0(n)$ den Wert 0 oder 1 für jedes n; definiere „Wahrscheinlichkeiten" $P_{m+1}(n)$ durch wiederholtes Mitteln, wie in (9). Zeige, dass wenn $\lim_{n\to\infty} P_1(n)$ nicht existiert, so existiert auch $\lim_{n\to\infty} P_m(n)$ für kein m. [*Hinweis:* Beweise, dass $a_n \to 0$, wann immer wir $(a_1+\cdots+a_n)/n \to 0$ und $a_{n+1} \le a_n + M/n$ haben für ein feste Konstante $M > 0$.]

▸ **17.** [*HM25*] (M. Tsuji.) Eine andere Weise, den Wert von $\Pr(S(n))$ zu definieren, besteht in der Auswertung der Größe $\lim_{n\to\infty}(H_n^{-1}\sum_{k=1}^{n}[S(k)]/k)$; es kann gezeigt werden, dass diese *harmonische Wahrscheinlichkeit* existiert und gleich $\Pr(S(n))$ ist, wann immer die letztere gemäß Definition 3.5A existiert. Beweise, dass die harmonische Wahrscheinlichkeit der Behauptung „$(\log_{10} n) \bmod 1 < r$" existiert und gleich r ist. (Also erfüllen Anfangsziffern ganzer Zahlen das logarithmische Gesetz *genau* in diesem Sinn.)

▸ **18.** [*HM30*] Sei $P(S)$ irgendeine reellwertige Funktion definiert auf Mengen S positiver ganzer Zahlen, doch nicht notwendig auf allen solchen Mengen, die die folgenden recht schwachen Axiome erfüllt:

i) Wenn $P(S)$ und $P(T)$ definiert sind und $S \cap T = \emptyset$, dann $P(S \cup T) = P(S) + P(T)$.
ii) Wenn $P(S)$ definiert ist, dann $P(S+1) = P(S)$, wobei $S+1 = \{n+1 \mid n \in S\}$.
iii) Wenn $P(S)$ definiert ist, dann $P(2S) = \frac{1}{2}P(S)$, wobei $2S = \{2n \mid n \in S\}$.
iv) Wenn S die Menge *aller* positiven ganzen Zahlen ist, dann $P(S) = 1$.
v) Wenn $P(S)$ definiert ist, dann $P(S) \ge 0$.

Nimm weiterhin an, dass $P(L_a)$ für alle positiven ganzen Zahlen a definiert ist, wobei L_a die Menge aller ganzen Zahlen ist, deren Dezimaldarstellung mit a beginnt:

$$L_a = \{n \mid 10^m a \le n < 10^m(a+1) \text{ für eine ganze Zahl } m\}\ .$$

(In dieser Definition kann m negativ sein; zum Beispiel ist 1 ein Element von L_{10}, doch nicht von L_{11}.) Beweise, dass $P(L_a) = \log_{10}(1 + 1/a)$ für alle ganzen Zahlen $a \ge 1$.

19. [*HM25*] (R. L. Duncan.) Beweise, dass die führenden Ziffern der Fibonaccizahlen dem logarithmischen Gesetz der Bruchteile gehorchen: $\Pr(10 f_{F_n} < r) = \log_{10} r$.

20. [*HM40*] Verschärfe (16) durch Bestimmung des asymptotischen Verhaltens von $P_m(10^n s) - S_m(s)$ für $n \to \infty$.

4.3. Mehrfachgenaue Arithmetik

BETRACHTEN WIR NUN Operationen an Zahlen beliebig hoher Genauigkeit. Zur einfacheren Darstellung nehmen wir an, dass wir mit ganzen Zahlen arbeiten statt mit Zahlen mit einem eingebetteten Komma.

4.3.1. Die klassischen Algorithmen

In diesem Abschnitt besprechen wir Algorithmen für

a) Addition oder Subtraktion von n-stelligen ganzen Zahlen, die eine n-stellige Antwort und einen Übertrag ergeben;
b) Multiplikation einer m-stelligen ganzen Zahl mit einer n-stelligen ganzen Zahl, die eine $(m + n)$-stellige ganze Antwort ergibt;
c) Division einer $(m+n)$-stelligen ganzen Zahl durch eine n-stellige ganze Zahl, die einen $(m + 1)$-stelligen Quotienten und einen n-stelligen Rest ergibt.

Diese können *die klassischen Algorithmen* genannt werden, da das Wort „Algorithmus" für mehrere Jahrhunderte nur in Verbindung mit diesen Prozessen benutzt wurde. Der Ausdruck „n-stellige ganze Zahl" bedeutet eine natürliche Zahl kleiner als b^n, wobei b die Basis der üblichen Stellenwertnotation ist, in der die Zahlen ausgedrückt sind; solche Zahlen können mit höchstens n „Stellen" in dieser Notation geschrieben werden.

Es ist relativ einfach, die klassischen Algorithmen für ganze Zahlen auf Zahlen mit eingebettetem Komma oder auf Gleitpunktzahlen mit erweiterter Genauigkeit anzuwenden in der gleichen Weise, wie arithmetische Operationen für ganze Zahlen in `MIX` auf diese allgemeineren Probleme angewendet werden.

In diesem Abschnitt werden wir Algorithmen untersuchen, die oben genannte Operationen (a), (b), und (c) für ganze Zahlen ausgedrückt in Basis-b-Notation ausführen, wobei b eine gegebene ganze Zahl gleich 2 oder größer ist. Deswegen sind die Algorithmen ganz allgemeingültige Definitionen von Arithmetik und als solche sind sie auf keinen speziellen Rechner bezogen. Doch wird die Besprechung in diesem Abschnitt auch etwas maschinenorientiert sein, da wir uns hauptsächlich mit effizienten Methoden für Berechnungenen hoher Genauigkeit befassen. Obwohl unsere Beispiele auf dem mythischen `MIX` basieren, gelten im Wesentlichen dieselben Betrachtungen für nahezu jede andere Maschine.

Die wichtigste Tatsache zum Verständnis der Zahlen mit erweiterter Genauigkeit ist die, dass sie als Zahlen zur Basis w angesehen werden können, wobei w die Wortgröße des Rechners ist. Zum Beispiel hat eine ganze Zahl, die 10 Wörter auf einem Rechner füllt, dessen Wortgröße $w = 10^{10}$ ist, 100 dezimale Ziffern; doch werden wir sie als eine 10-stellige Zahl zur Basis 10^{10} betrachten. Dieser Gesichtspunkt ist gerechtfertigt aus demselben Grund, aus dem wir von, sagen wir, binärer zu hexdezimaler Notation einfach durch Zusammenfassung der Bits konvertieren. (Siehe Gl. 4.1–(5).) In dieser Sprechweise haben für unsere Aufgabe die folgenden primitiven Operationen gegeben:

a_0) Addition oder Subtraktion einstelliger ganzer Zahlen, die eine einstellige Antwort und ein Übertrag ergeben;

b_0) Multiplikation einer einstelligen ganzen Zahl mit einer anderen einstelligen ganzen Zahl, die eine zweistellige Antwort ergibt;

c_0) Division einer zweistelligen ganzen Zahl durch eine einestellige ganze Zahl, vorausgesetzt, dass der Quotient eine einstellige ganze Zahl und der Rest ebenfalls eine einstellige ganze Zahl ergeben.

Nahezu alle Rechner werden diese drei Operationen verfügbar haben, allenfalls nach Adjustieren der Wortgröße; also werden wir die erwähnten Algorithmen (a), (b), und (c) mittels der primitiven Operationen (a_0), (b_0) und (c_0) konstruieren.

Da wir ganze Zahlen erweiterter Genauigkeit als Zahlen zur Basis b betrachten, ist manchmal die Vorstellung hilfreich, als ob $b = 10$ wäre und wir die Arithmetik per Hand ausführten. Dann ist Operation (a_0) analog zum Auswendiglernen der Additionstafel; (b_0) ist analog zum Auswendiglernen der Multiplikationstafel; und (c_0) ist im Wesentlichen das Auswendiglernen der Multiplikationstafel rückwärts. Die komplizierteren Operationen (a), (b), (c) auf hochgenauen Zahlen können jetzt mit den einfachen Additions-, Subtraktions-, Multiplikations- und Divisionsverfahren ausgeführt werden, die Kinder in der Grundschule lernen. In der Tat sind die meisten in diesem Abschnitt besprochenen Algorithmen im Wesentlichen nichts anderes als Mechanisierungen vertrauter Operationen mit Bleistift und Papier. Natürlich müssen wir die Algorithmen viel genauer als jemals in der Grundschule formulieren und wir sollten auch Speicher- und Laufzeitanforderungen zu minimieren versuchen.

Zur Vermeidung einer umständlichen Sprech- und Notationsweise nehmen wir zunächst an, dass alle vorkommenden Zahlen *natürliche* sind. Die zusätzliche Arbeit zur Berechnung von Vorzeichen usw. ist ganz einfach, obwohl einige Sorgfalt notwendig ist, wenn man sich mit komplementierten Zahlen auf Rechnern befasst, die keine Vorzeichen-Betrag-Darstellung besitzen. Solche Dinge werden gegen Ende dieses Abschnitts besprochen.

Zuerst kommt die Addition, welche natürlich sehr einfach ist, doch ist sie sorgfältiger Untersuchung wert, da dieselben Ideen auch in den anderen Algorithmen vorkommen.

Algorithmus A (*Addition natürlicher Zahlen*). Gegeben seien natürliche n-stellige Zahlen $(u_{n-1}\ldots u_1u_0)_b$ und $(v_{n-1}\ldots v_1v_0)_b$, dieser Algorithmus bildet ihre Basis-b-Summe, $(w_nw_{n-1}\ldots w_1w_0)_b$. Hier ist w_n der Übertrag, und er wird immer 0 oder 1 sein.

A1. [Initialisiere.] Setze $j \leftarrow 0$, $k \leftarrow 0$. (Die Variable j wird durch die verschiedenen Ziffernpositionen laufen, und die Variable k wird Übertrage bei jedem Schritt nachführen.)

A2. [Füge Ziffern hinzu.] Setze $w_j \leftarrow (u_j + v_j + k) \bmod b$, und $k \leftarrow \lfloor (u_j + v_j + k)/b \rfloor$. (Durch Induktion über den Rechnungsverlauf, werden wir immer

$$u_j + v_j + k \leq (b-1) + (b-1) + 1 < 2b$$

haben. Also wird k auf 1 oder 0 gesetzt in Anhängigkeit davon, ob ein Übertrag auftritt oder nicht; äquivalent, $k \leftarrow [u_j + v_j + k \geq b]$.)

A3. [Schleife über j.] Erhöhe j um eins. Wenn jetzt $j < n$, gehe zurück nach Schritt A2; sonst setze $w_n \leftarrow k$ und terminiere den Algorithmus. ▮

Für einen formalen Korrektheitsbeweis des Algorithmus A siehe Übung 4.

Ein `MIX`Programm für diesen Additionsprozess kann die folgende Form annehmen:

Programm A (*Addition natürlicher Zahlen*). Sei $\texttt{LOC}(u_j) \equiv \texttt{U} + j$, $\texttt{LOC}(v_j) \equiv \texttt{V} + j$, $\texttt{LOC}(w_j) \equiv \texttt{W} + j$, rI1 $\equiv j - n$, rA $\equiv k$, Wortgröße $\equiv b$, $\texttt{N} \equiv n$.

```
    ENN1 N       1          A1. Initialisiere. j ← 0.
    JOV  OFLO    1          Stelle Überlaufanzeige aus.
1H  ENTA 0       N + 1 − K  k ← 0.
    J1Z  3F      N + 1 − K  Nach A3, wenn j = n.
2H  ADD  U+N,1   N          A2. Addiere Ziffern.
    ADD  V+N,1   N
    STA  W+N,1   N
    INC1 1       N          A3. Schleife über j. j ← j + 1.
    JNOV 1B      N          Wenn kein Überlauf, setze k ← 0.
    ENTA 1       K          Sonst setze k ← 1.
    J1N  2B      K          Nach A2, wenn j < n.
3H  STA  W+N     1          Speichere letzten Übertrag in w_n. ▮
```

Die Laufzeit für dieses Programm ist $10N + 6$ Zyklen, unabhängig von der Zahl K der Überträge. Die Größe K wird detailliert am Ende dieses Abschnitts analysiert.

Viele Modifikationen von Algorithmus A sind möglich und nur einige wenige von diesen werden in den Übungen weiter unten erwähnt. Ein Kapitel über Verallgemeinerungen dieses Algorithmus könnte den Titel tragen „Entwurf von Additionsschaltungen für einen digitalen Rechner".

Das Problem der Subtraktion ähnelt dem der Addition, doch die Unterschiede sind Wert, festgehalten zu werden:

Algorithmus S (*Subtraktion natürlicher ganzer Zahlen*). Gegeben seien natürliche n-stellige Zahlen $(u_{n-1} \ldots u_1 u_0)_b \geq (v_{n-1} \ldots v_1 v_0)_b$, dieser Algorithmus bildet ihre natürliche Basis-b-Differenz, $(w_{n-1} \ldots w_1 w_0)_b$.

S1. [Initialisiere.] Setze $j \leftarrow 0$, $k \leftarrow 0$.

S2. [Subtrahiere Ziffern.] Setze $w_j \leftarrow (u_j - v_j + k) \bmod b$, und $k \leftarrow \lfloor (u_j - v_j + k)/b \rfloor$. (In andern Worten, k wird auf -1 oder 0 gesetzt abhängig davon, ob ein Leihen vorkommt oder nicht, nämlich ob $u_j - v_j + k < 0$ oder nicht. Bei der Berechnung von w_j müssen wir $-b = 0 - (b-1) + (-1) \leq u_j - v_j + k \leq (b-1) - 0 + 0 < b$ haben; also $0 \leq u_j - v_j + k + b < 2b$, und dies legt die Methode der unten erklärten Implementierung nahe.)

S3. [Schleife über j.] Erhöhe j um eins. Wenn jetzt $j < n$, geh zurück zu Schritt S2; sonst terminiere den Algorithmus. (Wenn der Algorithmus terminiert, sollten wir $k = 0$ haben; die Bedingung $k = -1$ wird genau dann auftreten, wenn $(v_{n-1} \ldots v_1 v_0)_b > (u_{n-1} \ldots u_1 u_0)_b$, im Gegensatz zu den gemachten Annahmen. Siehe Übung 12.) ▮

In einem MIX Programm zur Implementierung der Subtraktion ist es höchst bequem, den Wert $1+k$ statt k während des Algorithmus beizubehalten, so dass wir $u_j - v_j + (1+k) + (b-1)$ in Schritt S2 berechnen können. (Zur Erinnerung, b ist die Wortgröße.) Das ist im folgenden Code illustriert.

Programm S (*Subtraktion natürlicher Zahlen*). Dieses Programm ist analog zum Code in Programm A, doch mit $\text{rA} \equiv 1+k$. Hier enthält wie in anderen Programmen dieses Abschnitts die Stelle WM1 die Konstante $b-1$, der größtmögliche Wert, der in einem MIX-Wort gespeichert werden kann; siehe Programm 4.2.3D, Zeilen 38–39.

```
     ENN1 N        1      S1. Initialisiere.  j ← 0.
     JOV  OFLO     1      Sicherstellen: Überlauf ist aus.
 1H  J1Z  DONE   K + 1    Terminiere, wenn j = n.
     ENTA 1        K      Setze k ← 0.
 2H  ADD  U+N,1    N      S2. Subtrahiere Ziffern.
     SUB  V+N,1    N      Berechne u_j − v_j + k + b.
     ADD  WM1      N
     STA  W,1      N      (Kann minus null sein)
     INC1 1        N      S3. Schleife über j.  j ← j + 1.
     JOV  1B       N      Wenn Überlauf, setze k ← 0.
     ENTA 0      N − K    Sonst setze k ← −1.
     J1N  2B     N − K    Zurück nach S2, wenn j < n.
     HLT  5               (Fehler, v > u) ▮
```

Die Laufzeit für dieses Programm ist $12N+3$ Zyklen, ein bißchen länger als der entsprechende Betrag für Programm A.

Der Leser mag fragen, ob es nicht wertvoll sein würde, eine kombinierte Additions/Subtraktionsroutine an Stelle der zwei Algorithmen A und S zu haben. Doch eine Prüfung des Codes zeigt, dass es im Allgemeinen besser ist, zwei verschiedene Routinen zu verwenden, so dass die inneren Schleifen der Rechnungen so schnell wie möglich abgearbeitet werden können, da die Programme so kurz sind.

Unser nächstes Problem ist Multiplikation, und hier führen wir die in Algorithmus A benutzten Ideen ein wenig weiter:

Algorithmus M (*Multiplikation natürlicher Zahlen*). Gegeben seien natürliche Zahlen $(u_{m-1} \ldots u_1 u_0)_b$ und $(v_{n-1} \ldots v_1 v_0)_b$, dieser Algorithmus bildet ihr Basis-b-Produkt $(w_{m+n-1} \ldots w_1 w_0)_b$. (Die konventionelle Methode mit Bleistift und Papier basiert auf der Bildung der teilweisen Produkte $(u_{m-1} \ldots u_1 u_0) \times v_j$ zuerst, für $0 \le j < n$, und der darauf folgenden Addition dieser Produkte mit geeigneten Skalierungsfaktoren; doch im Rechner ist es am besten, die Addition gleichzeitig mit der Multiplikation, wie in diesem Algorithmus beschrieben, durchzuführen.)

M1. [Initialisiere.] Setze $w_{m-1}, w_{m-2} \ldots, w_0$ alle auf null. Setze $j \leftarrow 0$. (Wenn $w_{m-1}, \ldots, w_0$ nicht auf null in diesem Schritt gesetzt würden, stellte sich heraus, dass die Schritte unten

$$(w_{m+n-1} \ldots w_0)_b \leftarrow (u_{m-1} \ldots u_0)_b \times (v_{n-1} \ldots v_0)_b + (w_{m-1} \ldots w_0)_b$$

Tafel 1

MULTIPLIKATION VON 914 MIT 84.

Schritt	i	j	u_i	v_j	t	w_4	w_3	w_2	w_1	w_0
M5	0	0	4	4	16	.	.	0	0	6
M5	1	0	1	4	05	.	.	0	5	6
M5	2	0	9	4	36	.	.	6	5	6
M6	3	0	.	4	36	.	3	6	5	6
M5	0	1	4	8	37	.	3	6	7	6
M5	1	1	1	8	17	.	3	7	7	6
M5	2	1	9	8	76	.	6	7	7	6
M6	3	1	.	8	76	7	6	7	7	6

setzen würden. Diese allgemeinere Multiplikations- und Additionsoperation ist oft nützlich.)

M2. [Multiplikator null?] Wenn $v_j = 0$, setze $w_{j+m} \leftarrow 0$ und geh nach Schritt M6. (Diese Prüfung kann Zeit sparen, wenn es eine vernünftige Chance gibt, dass v_j null ist, doch kann sie ausgelassen werden, ohne die Gültigkeit des Algorithmus zu beeinflussen.)

M3. zu [Initialisiere i.] Setze $i \leftarrow 0$, $k \leftarrow 0$.

M4. [Multiplizieren und Addieren.] Setze $t \leftarrow u_i \times v_j + w_{i+j} + k$; dann setze $w_{i+j} \leftarrow t \bmod b$ und $k \leftarrow \lfloor t/b \rfloor$. (Hier wird der Übertrag k immer im Bereich $0 \le k < b$ liegen; siehe unten.)

M5. [Schleife über i.] Erhöhe i um eins. Wenn jetzt $i < m$, geh zurück nach Schritt M4; sonst setze $w_{j+m} \leftarrow k$.

M6. [Schleife über j.] Erhöhe j um eins. Wenn jetzt $j < n$, geh zurück nach Schritt M2; sonst beende den Algorithmus. ▮

Algorithmus M wird in Tafel 1 illustriert mit der Annahme $b = 10$ durch Anzeige des Zustandes der Rechnung bei Beginn von Schritte M5 und M6. Ein Korrektheitsbeweis von Algorithmus M erscheint in der Lösung zu Übung 14.

Die zwei Ungleichungen

$$0 \le t < b^2, \qquad 0 \le k < b \tag{1}$$

sind entscheidend für eine effiziente Implementierung dieses Algorithmus, da sie anzeigen, ein wie großes Register für die Berechnungen benötigt wird. Diese Ungleichungen können durch Induktion über den Ablauf des Algorithmus bewiesen werden, denn wenn wir $k < b$ zu Beginn von Schritt M4 haben, gilt

$$u_i \times v_j + w_{i+j} + k \le (b-1) \times (b-1) + (b-1) + (b-1) = b^2 - 1 < b^2.$$

Das folgende `MIX` Programm zeigt die notwendigen Überlegungen bei der Implementierung von Algorithmus M auf einem Rechner. Die Programmierung für Schritt M4 wäre etwas einfacher, wenn unser Rechner eine „Multipliziere-und-Addiere"-Instruktion hätte, oder wenn er einen Akkumulator doppelter Länge für Addition hätte.

Programm M. (*Multiplikation natürlicher Zahlen*). Dieses Programm entspricht Programm A. rI1 $\equiv i-m$, rI2 $\equiv j-n$, rI3 $\equiv i+j$, `CONTENTS(CARRY)` $\equiv k$.

	`ENT1`	`M-1`	1	<u>M1. Initialisiere.</u>
	`JOV`	`OFLO`	1	Sicherstellen: Überlauf ist aus.
	`STZ`	`W,1`	M	$w_{\mathrm{rI1}} \leftarrow 0$.
	`DEC1`	`1`	M	
	`J1NN`	`*-2`	M	Wiederhole für $m >$ rI1 ≥ 0.
	`ENN2`	`N`	1	$j \leftarrow 0$.
`1H`	`LDX`	`V+N,2`	N	<u>M2. Multiplikator null?</u>
	`JXZ`	`8F`	N	Wenn $v_j = 0$, setze $w_{j+m} \leftarrow 0$, geh nach M6.
	`ENN1`	`M`	$N - Z$	<u>M3. Initialisiere i.</u> $i \leftarrow 0$.
	`ENT3`	`N,2`	$N - Z$	$(i + j) \leftarrow j$.
	`ENTX`	`0`	$N - Z$	$k \leftarrow 0$.
`2H`	`STX`	`CARRY`	$(N - Z)M$	<u>M4. Multiplizieren und addieren.</u>
	`LDA`	`U+M,1`	$(N - Z)M$	
	`MUL`	`V+N,2`	$(N - Z)M$	rAX $\leftarrow u_i \times v_j$.
	`SLC`	`5`	$(N - Z)M$	Vertauschung von rA $\leftrightarrow$ rX.
	`ADD`	`W,3`	$(N - Z)M$	Addiere w_{i+j} zur niedrigeren Hälfte.
	`JNOV`	`*+2`	$(N - Z)M$	Trat Überlauf auf?
	`INCX`	`1`	K	Wenn so, Übertrag 1 in obere Hälfte.
	`ADD`	`CARRY`	$(N - Z)M$	Addiere k zur niedrigeren Hälfte.
	`JNOV`	`*+2`	$(N - Z)M$	Trat Überlauf auf?
	`INCX`	`1`	K'	Wenn so, Übertrag 1 in obere Hälfte.
	`STA`	`W,3`	$(N - Z)M$	$w_{i+j} \leftarrow t \bmod b$.
	`INC1`	`1`	$(N - Z)M$	<u>M5. Schleife über i.</u> $i \leftarrow i + 1$.
	`INC3`	`1`	$(N - Z)M$	$(i + j) \leftarrow (i + j) + 1$.
	`J1N`	`2B`	$(N - Z)M$	Zurück nach M4 mit rX = $\lfloor t/b \rfloor$, wenn $i < m$.
`8H`	`STX`	`W+M+N,2`	N	Setze $w_{j+m} \leftarrow k$.
	`INC2`	`1`	N	<u>M6. Schleife über j.</u> $j \leftarrow j + 1$.
	`J2N`	`1B`	N	Wiederholung bis $j = n$. ▮

Die Ausführungszeit von Programm M hängt von der Zahl von Stellen M im Multiplikanden u ab; von der Zahl von Stellen N im Multiplikator v ab; von der Zahl Z von Stellen mit null im Multiplikator ab; und von der Zahl von Überträgen K und K', die während der Addition zur niedrigeren Hälfte des Produkts in der Berechnung von t vorkommen. Wenn wir sowoh K als auch K' durch die vernünftigen (obwohl etwas pessimistischen) Werte $\frac{1}{2}(N - Z)M$ approximieren, finden wir, dass die Gesamtlaufzeit auf

$$28MN + 4M + 10N + 3 - Z(28M + 3)$$

Zyklen kommt. Wenn Schritt M2 gelöscht würde, wäre die Laufzeit $28MN+4M+7N+3$ Zyklen, also ist der Schritt vorteilhaft nur, wenn die Dichte der Stellen mit null innerhalb des Multiplikators $Z/N > 3/(28M+3)$ ist. Wenn der Multiplikator völlig zufällig ausgewählt wird, wird der Erwartungswert des Verhältnisses Z/N nur etwa $1/b$, was äußerst klein ist. Wir schließen, dass Schritt M2 gewöhnlich *nicht* von Nutzen ist, es sei denn, b ist klein.

Algorithmus M ist nicht der schnellste Weg zu multiplizieren, wenn m und n groß sind, obwohl er den Vorteil der Einfachheit hat. Schnellere doch kompli-

$$u_n u_{n-1} \ldots u_1 u_0 : v_{n-1} \ldots v_1 v_0 = q$$

$$\longleftarrow qv \longrightarrow$$

$$\underline{\hspace{6em}}$$

$$\longleftarrow r \longrightarrow$$

Fig. 6. Gesucht: ein Weg zur schnellen Bestimmung von q.

ziertere Methoden werden in Abschnitt 4.3.3 besprochen; es ist möglich, Zahlen schneller als Algorithmus M zu multiplizieren, sogar wenn $m = n = 4$.

Der letzte Algorithmus, der uns in diesem Abschnitt beschäftigt, ist die lange Division, bei der wir $(m+n)$-stellige ganze Zahlen durch n-stellige ganze Zahlen dividieren wollen. Hier involviert die übliche Methode mit Bleistift und Papier ein gewisses Ausmaß an Schätzung und Findigkeit seitens der dividierenden Person; wir müssen entweder diese Schätzung vom Algorithmus eliminieren oder einige Theorie zur sorgfältigeren Erklärung entwickeln.

Kurzes Nachdenken über den gewöhnlichen Prozess der langen Division zeigt, dass das allgemeine Problem in einfache Schritte zerfällt, von denen jeder in der Division eines $(n+1)$-stelligen Dividenden u durch den n-stelligen Divisor v besteht, wobei $0 \le u/v < b$; der Rest r nach jedem Schritt ist weniger als v, also können wir die Größe $rb +$ (nächste Stelle des Dividenden) als das neue u im nachfolgenden Schritt verwenden. Wenn wir zum Beispiel 3142 durch 53 dividieren sollen, dividieren wir zuerst 314 durch 53, was 5 und einen Rest von 49 ergibt; dann dividieren wir 492 durch 53, was 9 und einen Rest von 15 ergibt; also haben wir einen Quotienten von 59 und einen Rest von 15. Es ist klar, dass derselbe Gedanke allgemein funktioniert, und so reduziert sich unsere Suche nach einem geeigneten Divisionalgorithmus auf das folgende Problem (Fig. 6):

Seien $u = (u_n u_{n-1} \ldots u_1 u_0)_b$ und $v = (v_{n-1} \ldots v_1 v_0)_b$ natürliche Zahlen in Basis-b-Notation, wobei $u/v < b$. Finde einen Algorithmus zur Bestimmung von $q = \lfloor u/v \rfloor$.

Wir können bemerken, dass die Bedingung $u/v < b$ äquivalent ist zur Bedingung $u/b < v$, welche dasselbe wie $\lfloor u/b \rfloor < v$ besagt. Dies ist einfach die Bedingung $(u_n u_{n-1} \ldots u_1)_b < (v_{n-1} v_{n-2} \ldots v_0)_b$. Wenn wir weiterhin $r = u - qv$ schreiben, dann ist q diejenige eindeutige ganze Zahl mit $0 \le r < v$.

Der nächstliegende Zugang zu diesem Problem ist die Aufstellung einer Vermutung über q, die auf den führenden Ziffern von u und v basiert. Es ist nicht offensichtlich, dass eine solche Methode genügend zuverlässig ist, doch sie ist einer Untersuchung wert; setzen wir deshalb

$$\hat{q} = \min\left(\left\lfloor \frac{u_n b + u_{n-1}}{v_{n-1}} \right\rfloor, \; b - 1 \right). \tag{2}$$

Diese Formel besagt, dass $\hat{q}$ erhalten wird durch Division der beiden führenden Ziffern von u durch die führende Ziffer von v; wenn das Ergebnis b oder mehr ist, können wir es durch $(b-1)$ ersetzen.

Es ist eine bemerkenswerte Tatsache, die wir jetzt untersuchen werden, dass dieser Wert $\hat{q}$ immer ein sehr gute Näherung an die gewünschte Antwort q ist, so lange v_{n-1} genügend groß ist. Um zu analysieren, wie nahe $\hat{q}$ dem Wert q kommt, werden wir zuerst beweisen, dass $\hat{q}$ niemals zu klein ist.

Satz A. *In der obigen Notation,* $\hat{q} \geq q$.

Beweis. Da $q \leq b-1$, ist der Satz gewiss wahr, wenn $\hat{q} = b-1$. Sonst haben wir $\hat{q} = \lfloor (u_n b + u_{n-1})/v_{n-1} \rfloor$, also $\hat{q} v_{n-1} \geq u_n b + u_{n-1} - v_{n-1} + 1$. Es folgt, dass

$$\begin{aligned} u - \hat{q}v &\leq u - \hat{q}v_{n-1}b^{n-1} \\ &\leq u_n b^n + \cdots + u_0 - (u_n b^n + u_{n-1}b^{n-1} - v_{n-1}b^{n-1} + b^{n-1}) \\ &= u_{n-2}b^{n-2} + \cdots + u_0 - b^{n-1} + v_{n-1}b^{n-1} < v_{n-1}b^{n-1} \leq v. \end{aligned}$$

Da $u - \hat{q}v < v$, müssen wir $\hat{q} \geq q$ haben. ∎

Wir werden jetzt beweisen, dass $\hat{q}$ nicht viel größer als q in praktischen Fällen sein kann. Nehmen wir an, dass $\hat{q} \geq q+3$. Wir haben

$$\hat{q} \leq \frac{u_n b + u_{n-1}}{v_{n-1}} = \frac{u_n b^n + u_{n-1}b^{n-1}}{v_{n-1}b^{n-1}} \leq \frac{u}{v_{n-1}b^{n-1}} < \frac{u}{v - b^{n-1}}.$$

(Der Fall $v = b^{n-1}$ ist unmöglich, denn wenn $v = (100\ldots0)_b$, dann $q = \hat{q}$.) Weiterhin impliziert die Relation $q > (u/v) - 1$, dass

$$3 \leq \hat{q} - q < \frac{u}{v - b^{n-1}} - \frac{u}{v} + 1 = \frac{u}{v}\left(\frac{b^{n-1}}{v - b^{n-1}}\right) + 1.$$

Deshalb

$$\frac{u}{v} > 2\left(\frac{v - b^{n-1}}{b^{n-1}}\right) \geq 2(v_{n-1} - 1).$$

Schließlich, da $b-4 \geq \hat{q}-3 \geq q = \lfloor u/v \rfloor \geq 2(v_{n-1}-1)$, haben wir $v_{n-1} < \lfloor b/2 \rfloor$. Dies beweist das gesuchte Ergebnis:

Satz B. *Wenn* $v_{n-1} \geq \lfloor b/2 \rfloor$, *dann* $\hat{q} - 2 \leq q \leq \hat{q}$. ∎

Der wichtigste Teil dieses Satzes ist, dass *die Konklusion unabhängig von b ist*; wie groß auch immer die Basis ist, der Versuchsquotient $\hat{q}$ wird niemals um mehr als 2 falsch sein.

Die Bedingung $v_{n-1} \geq \lfloor b/2 \rfloor$ ähnelt sehr einer Normalisierungsforderung; in der Tat ist sie genau die Bedingung der Gleitkommanormalisierung in einem binären Rechner. Ein einfacher Weg, sicher zu stellen, dass v_{n-1} hinreichend groß ist, besteht in der Multiplikation von u und v mit $\lfloor b/(v_{n-1}+1) \rfloor$; diese ändert nicht den Wert von u/v, noch erhöht sie die Zahl von Stellen in v, und Übung 23 beweist, dass sie immer den neuen Wert von v_{n-1} groß genug machen wird. (Ein anderer Weg zur Normierung des Divisors wird in Übung 28 besprochen.)

Nachdem wir uns mit all diesen Einsichten gewappnet haben, können wir den gesuchten Langzahldivisionsalgorithmus schreiben. Dieser Algorithmus verwendet eine etwas verbesserte Wahl von $\hat{q}$ in Schritt D3, welche garantiert, dass $q = \hat{q}$ oder $\hat{q} - 1$; tatsächlich ist die hier gemachte Verbesserung der Wahl von $\hat{q}$ nahezu immer genau.

Algorithmus D (*Division natürlicher Zahlen*). Gegeben seien natürliche Zahlen $u = (u_{m+n-1} \ldots u_1 u_0)_b$ und $v = (v_{n-1} \ldots v_1 v_0)_b$, wobei $v_{n-1} \neq 0$ und $n > 1$, wir bilden den Basis-b-Quotienten $\lfloor u/v \rfloor = (q_m q_{m-1} \ldots q_0)_b$ und den Rest $u \bmod v =$

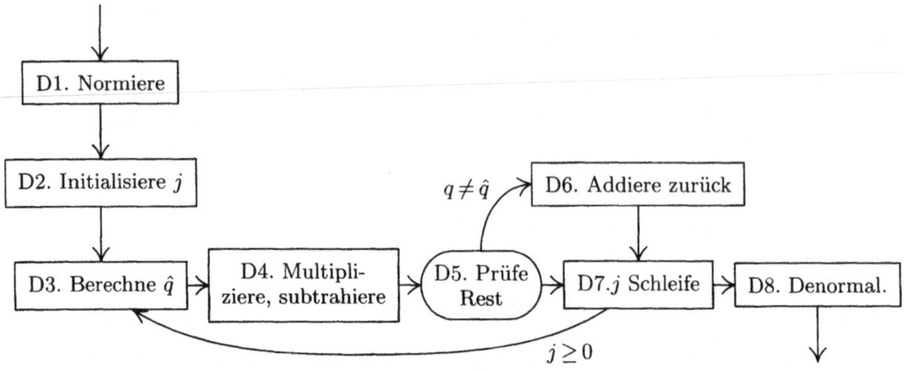

Fig. 7. Langzahldivision.

$(r_{n-1}\ldots r_1r_0)_b$. (Wenn $n = 1$, sollte der einfachere Algorithmus der Übung 16 verwendet werden.)

D1. [Normiere.] Setze $d \leftarrow \lfloor b/(v_{n-1}+1)\rfloor$. Dann setze $(u_{m+n}u_{m+n-1}\ldots u_1u_0)_b$ gleich $(u_{m+n-1}\ldots u_1u_0)_b$ mal d; setze $(v_{n-1}\ldots v_1v_0)_b$ zu $(v_{n-1}\ldots v_1v_0)_b$ mal d. (Beachte die Einführung einer neuen Ziffernstelle u_{m+n} links von u_{m+n-1}; wenn $d = 1$, bleibt als Einziges in diesem Schritt $u_{m+n} \leftarrow 0$. Auf einem binären Rechner kann es vorzuziehen sein, d als eine Potenz von 2 statt des hier vorgeschlagenen Wertes zu wählen; jeder Wert d mit einem Ergebnis in $v_{n-1} \geq \lfloor b/2\rfloor$ tut es hier. Siehe auch Übung 37.)

D2. [Initialisiere j.] Setze $j \leftarrow m$. (Die Schleife über j in den Schritten D2 bis D7 wird im Wesentlichen eine Division von $(u_{j+n}\ldots u_{j+1}u_j)_b$ durch $(v_{n-1}\ldots v_1v_0)_b$ sein, um eine einzige Quotientenziffer q_j zu bekommen; siehe Fig. 6.)

D3. [Berechne $\hat{q}$.] Setze $\hat{q} \leftarrow \lfloor (u_{j+n}b + u_{j+n-1})/v_{n-1}\rfloor$, und $\hat{r}$ sei der Rest, $(u_{j+n}b + u_{j+n-1}) \bmod v_{n-1}$. Prüfe jetzt, ob $\hat{q} = b$ oder $\hat{q}v_{n-2} > b\hat{r} + u_{j+n-2}$; wenn dem so ist, erniedrige $\hat{q}$ um 1, erhöhe $\hat{r}$ um v_{n-1} und wiederhole diesen Test, wenn $\hat{r} < b$. (Die Prüfung von v_{n-2} bestimmt mit hoher Geschwindigkeit die meisten Fälle, in denen der Versuchswert $\hat{q}$ eins zu groß ist, und sie eliminiert *alle* Fälle, wo $\hat{q}$ zwei zu groß ist; siehe Übungen 19, 20, 21.)

D4. [Multipliziere und subtrahiere.] Ersetze $(u_{j+n}u_{j+n-1}\ldots u_j)_b$ durch

$$(u_{j+n}u_{j+n-1}\ldots u_j)_b \;-\; \hat{q}\,(0v_{n-1}\ldots v_1v_0)_b.$$

Diese Rechnung (analog zu den Schritten M3, M4 und M5 von Algorithmus M) besteht in einer einfachen Multiplikation mit einer einstelligen Zahl, kombiniert mit einer Subtraktion. Die Ziffern $(u_{j+n}, u_{j+n-1}, \ldots, u_j)$ sollten positiv gehalten werden; wenn das Ergebnis dieses Schritts tatsächlich negativ wird, sollte $(u_{j+n}u_{j+n-1}\ldots u_j)_b$ als wahrer Wert plus b^{n+1} beibehalten werden, nämlich als das b-Komplement des wahren Wertes, und ein „negativer Übertrag“ nach links sollte vorgemerkt werden.

D5. [Prüfe Rest.] Setze $q_j \leftarrow \hat{q}$. Wenn das Ergebnis von Schritt D4 negativ war, geh nach Schritt D6; sonst geh voraus nach Schritt D7.

D6. [Addiere zurück.] (Die Wahrscheinlichkeit dieses Schritts ist sehr klein, nur von der Ordnung $2/b$, wie in Übung 21 gezeigt wird; Testdaten zur Aktivierung dieses Schritts sollten deshalb speziell bei der Fehlerüberprüfung ausgedacht werden. Siehe Übung 22.) Erniedrige q_j um 1, und addiere $(0v_{n-1} \ldots v_1v_0)_b$ zu $(u_{j+n}u_{j+n-1} \ldots u_{j+1}u_j)_b$. (Ein Übertrag nach links von u_{j+n} wird vorkommen und er sollte ignoriert werden, da er sich mit dem negativen Übertrag in D4 aufhebt.)

D7. [Schleife über j.] Erniedrige j um eins. Wenn jetzt $j \geq 0$, geh zurück nach D3.

D8. [Denormalisieren.] Jetzt ist $(q_m \ldots q_1q_0)_b$ der gewünschte Quotient und der gewünschte Rest kann durch Division von $(u_{n-1} \ldots u_1u_0)_b$ durch d erhalten werden. ▮

Die Darstellung von Algorithmus D als ein MIX-Programm birgt mehrere interessante Punkte:

Programm D (*Division natürlicher Zahlen*). Die Konventionen dieses Programms sind analog zu Programm A; $rI1 \equiv i - n$, $rI2 \equiv j$, $rI3 \equiv i + j$.

D1	JOV	OFLO	1	*D1. Normieren.*
...				(Siehe Übung 25)
D2	ENT2	M	1	*D2. Initialisiere j.* $j \leftarrow m$.
	STZ	V+N	1	Setze $v_n \leftarrow 0$, erleicht D4.
D3	LDA	U+N,2(1:5)	$M+1$	*D3. Berechne* $\hat{q}$.
	LDX	U+N-1,2	$M+1$	$rAX \leftarrow u_{j+n}b + u_{j+n-1}$.
	DIV	V+N-1	$M+1$	$rA \leftarrow \lfloor rAX/v_{n-1} \rfloor$.
	JOV	1F	$M+1$	Springe, wenn Quotient $= b$.
	STA	QHAT	$M+1$	$\hat{q} \leftarrow rA$.
	STX	RHAT	$M+1$	$\hat{r} \leftarrow u_{j+n}b + u_{j+n-1} - \hat{q}v_{n-1}$
	JMP	2F	$M+1$	$= (u_{j+n}b + u_{j+n-1}) \bmod v_{n-1}$.
1H	LDX	WM1		$rX \leftarrow b - 1$.
	LDA	U+N-1,2		$rA \leftarrow u_{j+n-1}$. (Hier $u_{j+n} = v_{n-1}$.)
	JMP	4F		
3H	LDX	QHAT	E	
	DECX	1	E	Erniedrige $\hat{q}$ um eins.
	LDA	RHAT	E	Adjustiere $\hat{r}$ entsprechend:
4H	STX	QHAT	E	$\hat{q} \leftarrow rX$.
	ADD	V+N-1	E	$rA \leftarrow \hat{r} + v_{n-1}$.
	JOV	D4	E	(Wenn $\hat{r} \geq b$, dann $\hat{q}v_{n-2} < \hat{r}b$.)
	STA	RHAT	E	$\hat{r} \leftarrow rA$.
	LDA	QHAT	E	
2H	MUL	V+N-2	$M+E+1$	
	CMPA	RHAT	$M+E+1$	Prüfe, ob $\hat{q}v_{n-2} \leq \hat{r}b + u_{j+n-2}$.
	JL	D4	$M+E+1$	
	JG	3B	E	
	CMPX	U+N-2,2		
	JG	3B		Wenn nicht, ist $\hat{q}$ zu groß.

065	D4	ENTX	1	$M+1$	*D4. Multipliziere und subtrahiere.*
066		ENN1	N	$M+1$	$i \leftarrow 0$.
067		ENT3	0,2	$M+1$	$(i+j) \leftarrow j$.
068	2H	STX	CARRY	$(M+1)(N+1)$	(Hier $1-b <$ rX $\leq +1$.)
069		LDAN	V+N,1	$(M+1)(N+1)$	
070		MUL	QHAT	$(M+1)(N+1)$	rAX $\leftarrow -\hat{q}v_i$.
071		SLC	5	$(M+1)(N+1)$	Vertausche rA $\leftrightarrow$ rX.
072		ADD	CARRY	$(M+1)(N+1)$	Addiere den Beitrag der
073		JNOV	*+2	$(M+1)(N+1)$	Ziffer rechts plus 1.
074		DECX	1	K	Wenn Summe $\leq -b$ ist, Übertrag -1.
075		ADD	U,3	$(M+1)(N+1)$	Addiere u_{i+j}.
076		ADD	WM1	$(M+1)(N+1)$	Addiere $b-1$ für positives Ergebnis.
077		JNOV	*+2	$(M+1)(N+1)$	Wenn kein Überlauf, Übertrag -1.
078		INCX	1	K'	rX $\equiv$ carry $+ 1$.
079		STA	U,3	$(M+1)(N+1)$	$u_{i+j} \leftarrow$ rA (kann minus null sein).
080		INC1	1	$(M+1)(N+1)$	
081		INC3	1	$(M+1)(N+1)$	
082		J1NP	2B	$(M+1)(N+1)$	Wiederhole für $0 \leq i \leq n$.
083	D5	LDA	QHAT	$M+1$	*D5. Prüfe Rest.*
084		STA	Q,2	$M+1$	Setze $q_j \leftarrow \hat{q}$.
085		JXP	D7	$M+1$	(Hier rX $= 0$ oder 1, da $v_n = 0$.)
086	D6	DECA	1		*D6. Addiere zurück.*
087		STA	Q,2		Setze $q_j \leftarrow \hat{q} - 1$.
088		ENN1	N		$i \leftarrow 0$.
089		ENT3	0,2		$(i+j) \leftarrow j$.
090	1H	ENTA	0		(Dies gleicht Programm A.)
091	2H	ADD	U,3		
092		ADD	V+N,1		
093		STA	U,3		
094		INC1	1		
095		INC3	1		
096		JNOV	1B		
097		ENTA	1		
098		J1NP	2B		
099	D7	DEC2	1	$M+1$	*D7. Schleife über j.*
100		J2NN	D3	$M+1$	Wiederhole für $m \geq j \geq 0$.
101	D8	···			(Siehe Übung 26) ▮

Beachte, wie leicht die ziemlich kompliziert erscheinenden Berechnungen und Entscheidungen in Schritt D3 in der Maschine behandelt werden können. Beachte auch, dass das Programm für Schritt D4 analog zu Programm M ist, außer dass die Ideen von Programm S ebenfalls eingefügt wurden.

Die Laufzeit für Programm D kann durch Betrachtung der im Programm gezeigten Größen M, N, E, K und K' abgeschätzt werden. (Diese Größen ignorieren mehrere Situationen, die nur mit sehr kleiner Wahrscheinlichkeit vorkommen; wir können zum Beispiel annehmen, dass die Zeilen 048–050, 063–064 und der Schritt D6 niemals ausgeführt werden.) Hier ist $M+1$ die Anzahl von Wörtern im Quotienten; N ist die Anzahl von Wörtern im Divisor; E ist die Anzahl, wie oft $\hat{q}$ in Schritt D3 nach unten korrigiert wird ; K und K' sind die Anzahl, wie oft gewisse Übertragsanpassungen gemacht werden müssen während der Multiplikations-Subtraktions-Schleife. Wenn wir annehmen, dass $K + K'$ näherungsweise $(N+1)(M+1)$ ist, und dass E näherungsweise $\frac{1}{2}M$ ist, bekommen wir eine Gesamtlaufzeit von näherungsweise $30MN + 30N + 89M + 111$ Zyklen, plus $67N + 235M + 4$ mehr, wenn $d > 1$. (Die Programmsegmente von Übungen 25 und 26 sind enthalten in diesen Gesamtergebnissen.) Wenn M und N groß sind, ist dies nur etwa sieben Prozent länger als die Zeit, die Programm M zur Multiplikation des Quotienten mit dem Divisor benötigt.

Wenn die Basis b vergleichsweise klein ist, so dass b^2 kleiner als die Wortgröße des Rechners ist, kann mehrfachgenaue Division beschleunigt werden durch Auslassen der Reduktion individueller Ziffern von Zwischenergebnissen auf Werte im Bereich $[0\,..\,b)$; siehe D. M. Smith, *Math. Comp.* **65** (1996), 157–163. Weitere Kommentare zu Algorithmus D erscheinen in den Übungen am Schluss dieses Abschnitts.

Es ist möglich zur Fehlerbefreiung von Programmen für mehrfachgenaue Arithmetik mittels Multiplikation und Addition die Ergebnisse der Division zu prüfen, usw. Die folgende Art von Prüfdaten ist gelegentlich nützlich:

$$(t^m - 1)(t^n - 1) = t^{m+n} - t^n - t^m + 1.$$

Wenn $m < n$, hat diese Zahl die Entwicklung zur Basis t

$$\underbrace{(t-1)\ \ldots\ (t-1)}_{m-1 \text{ Stellen}}\ (t-2)\ \underbrace{(t-1)\ \ldots\ (t-1)}_{n-m \text{ Stellen}}\ \underbrace{0\ \ldots\ 0}_{m-1 \text{ Stellen}}\ 1;$$

zum Beispiel $(10^3 - 1)(10^8 - 1) = 99899999001$. Im Fall von Programm D muss man außerdem einige Testfälle finden, die die selten ausgeführten Teile dieses Programms ausführen; einige Teile des Programms würden wahrscheinlich niemals geprüft werden, auch wenn eine Million zufälliger Testfälle versucht würden. (Siehe Übung 22.)

Nachdem wir nun gesehen haben, wie man mit Zahlen in Vorzeichen-Betrag-Darstellung zu verfahren hat, wollen wir das Vorgehen bei denselben Problemen betrachten, wenn ein Rechner mit Komplementnotation benutzt wird. Für Zweier- und Einerkomplement-Notation ist es gewöhnlich am besten die Basis b *halb so groß* wie die Wortgröße sein zu lassen; für ein Rechnerwort mit 32 Bit würden wir also $b = 2^{31}$ in den obigen Algorithmen verwenden. Das Vorzeichenbit aller Wörter bis auf das signifikanteste Wort einer mehrfachgenauen Zahl wird null sein, so dass keine anomale Vorzeichenkorrektur während des Rechners Multiplikations- und Divisionsoperationen stattfindet. Der tiefere Sinn der Komplementnotation erfordert ja, dass wir alle Wörter bis auf das signifikanteste Wort als nicht-negativ betrachten. Als Beispiel mit Wörtern zu 8 Bit wird die Zweierkomplementzahl 11011111 1111110 1101011 (wobei das Vorzeichenbit nur im signifikantesten Wort gezeigt wird) richtigerweise als $-2^{21} + (1011111)_2 \cdot 2^{14} + (1111110)_2 \cdot 2^7 + (1101011)_2$ gedacht.

Andererseits besitzen einige binäre Rechner, die mit Zweierkomplement arbeiten, zusätzlich auch echte Arithmetik ohne Vorzeichen. Zum Beispiel seien x

und y 32-Bit-Operanden. Ein Rechner kann sie als Zweierkomplementzahlen im Wertebereich $-2^{31} \leq x, y < 2^{31}$ betrachten oder aber als vorzeichenlose Zahlen im Wertebereich $0 \leq x, y < 2^{32}$. Wenn wir Überlauf ignorieren, ist die 32-Bit-Summe $(x + y) \bmod 2^{32}$ dieselbe unter beiden Interpretationen; doch Überlauf tritt unter verschiedenen Umstände auf, wenn wir den angenommenen Wertebereich ändern. Wenn der Rechner eine leicht Bestimmung des Übertragsbits $\lfloor (x + y)/2^{32} \rfloor$ bei der Interpretation ohne Vorzeichen gestattet, und wenn er ein volles 64-Bit-Produkt vorzeichenloser 32-Bit-Zahlen bietet, können wir $b = 2^{32}$ statt $b = 2^{31}$ in unseren hochgenauen Algorithmen verwenden.

Addition von vorzeichenbehafteten Zahlen ist etwas leichter, wenn Komplementnotationen verwendet werden, da die Routine zur Addition n-stelliger natürlicher Zahlen benutzt für beliebige n-stellige ganze Zahlen wieder verwendet werden können; das Vorzeichen erscheint nur im ersten Wort, so dass die weniger signifikanten Wörter addiert werden können ohne Bezug auf das tatsächliche Zeichen. (Besondere Beachtung muss jedoch dem am weitesten links auftretenden Übertrag bei Einerkomplement-Notation geschenkt werden; er muss in das am wenigsten signifikante Wort addiert werden und möglicherweise weiter nach links propagiert werden.) Ähnlich finden wir, dass Subtraktion von vorzeichenbehafteten Zahlen etwas einfacher in Komplementnotation ist. Andererseits scheinen Multiplikation und Division am leichtesten durch Arbeiten mit natürlichen Größen ausführbar zu sein, wenn man geeignete Komplementierungsoperationen vorher ausführt, um sicher zu stellen, dass beide Operanden nicht negativ sind. Es mag möglich sein, diese Komplementierung durch einige Kunstgriffe zum direkten Arbeiten mit negativen Zahlen in einer Komplementnotation zu vermeiden, und man kann leicht sehen, wie dies bei doppelt genauer Multiplikation getan werden könnte; doch sollte Sorgfalt walten, nicht die inneren Schleifen der Unterprogramme zu verlangsamen, wenn hohe Genauigkeit erfordert ist.

Widmen wir uns jetzt einer Analyse der im Programm A auftretenden Größe K, nämlich der Anzahl der Überträge, wenn zwei n-stellige Zahlen addiert werden. Obwohl K keine Wirkung auf die Gesamtlaufzeit von Programm A hat, beeinflusst es die Laufzeit von Programm As Derivaten, die sich mit Komplementnotationen befassen, und die Analyse ist um ihrer selbst willen als eine bedeutende Anwendung von Erzeugungsfunktionen interessant.

Nehmen wir an, dass u und v unabhängige zufällige n-stellige ganze Zahlen sind, die gleichmäßig im Bereich $0 \leq u, v < b^n$ verteilt sind. Sei p_{nk} die Wahrscheinlichkeit dafür, dass genau k Überträge bei der Addition von u zu v vorkommen, *und* dass einer von diesen Überträgen in der signifikantesten Stelle auftritt (so dass $u + v \geq b^n$). Ähnlich sei q_{nk} die Wahrscheinlichkeit dafür, dass genau k Überträge vorkommen, doch kein Übertrag in der signifikantesten Stelle auftritt. Dann ist es nicht hart zu sehen, dass für alle k und n

$$\begin{aligned} p_{0k} &= 0, & p_{(n+1)(k+1)} &= \frac{b+1}{2b} p_{nk} + \frac{b-1}{2b} q_{nk}, \\ q_{0k} &= \delta_{0k}, & q_{(n+1)k} &= \frac{b-1}{2b} p_{nk} + \frac{b+1}{2b} q_{nk}; \end{aligned} \tag{3}$$

gilt, weil $(b-1)/2b$ die Wahrscheinlichkeit, dass $u_{n-1}+v_{n-1} \geq b$, und $(b+1)/2b$ die Wahrscheinlichkeit, dass $u_{n-1}+v_{n-1}+1 \geq b$ ist, wenn u_{n-1} und v_{n-1} unabhängige und gleichmäßig verteilte ganze Zahlen im Bereich $0 \leq u_{n-1}, v_{n-1} < b$ sind.

Um weitere Informationen über diese Größen p_{nk} und q_{nk} zu erhalten, machen wir den Ansatz für die Erzeugungsfunktionen

$$P(z,t) = \sum_{k,n} p_{nk}\, z^k t^n, \qquad Q(z,t) = \sum_{k,n} q_{nk}\, z^k t^n. \tag{4}$$

Von (3) haben wir die Grundrelationen

$$P(z,t) = zt\left(\frac{b+1}{2b}P(z,t) + \frac{b-1}{2b}Q(z,t)\right),$$

$$Q(z,t) = 1 + t\left(\frac{b-1}{2b}P(z,t) + \frac{b+1}{2b}Q(z,t)\right).$$

Diese zwei Gleichungen sind leicht für $P(z,t)$ und $Q(z,t)$ lösbar; und wenn wir

$$G(z,t) = P(z,t) + Q(z,t) = \sum_n G_n(z)t^n$$

setzen, wobei $G_n(z)$ die Erzeugungsfunktion für die Gesamtzahl von Überträgen ist, wenn n-stellige Zahlen addiert werden, finden wir, dass

$$G(z,t) = (b-zt)/p(z,t), \quad \text{where } p(z,t) = b - \tfrac{1}{2}(1+b)(1+z)t + zt^2. \tag{5}$$

Beachte, dass $G(1,t) = 1/(1-t)$, und dies stimmt mit der Tatsache überein, dass $G_n(1)$ gleich 1 sein muss (als Summe aller möglichen Wahrscheinlichkeiten). Durch Bildung partieller Ableitungen von (5) nach z finden wir

$$\frac{\partial G}{\partial z} = \sum_n G_n'(z)t^n = \frac{-t}{p(z,t)} + \frac{t(b-zt)(b+1-2t)}{2p(z,t)^2};$$

$$\frac{\partial^2 G}{\partial z^2} = \sum_n G_n''(z)t^n = \frac{-t^2(b+1-2t)}{p(z,t)^2} + \frac{t^2(b-zt)(b+1-2t)^2}{2p(z,t)^3}.$$

Jetzt wollen wir $z = 1$ setzen und eine Partialbruchentwicklung durchführen:

$$\sum_n G_n'(1)t^n = \frac{t}{2}\left(\frac{1}{(1-t)^2} - \frac{1}{(b-1)(1-t)} + \frac{1}{(b-1)(b-t)}\right)$$

$$\sum_n G_n''(1)t^n = \frac{t^2}{2}\left(\frac{1}{(1-t)^3} - \frac{1}{(b-1)^2(1-t)} + \frac{1}{(b-1)^2(b-t)} + \frac{1}{(b-1)(b-t)^2}\right)$$

Es folgt, dass die mittlere Anzahl von Überträgen, der Mittelwert von K,

$$G_n'(1) = \frac{1}{2}\left(n - \frac{1}{b-1}\left(1 - \left(\frac{1}{b}\right)^n\right)\right) \tag{6}$$

ist; die Varianz ist

$$G_n''(1) + G_n'(1) - G_n'(1)^2$$
$$= \frac{1}{4}\left(n + \frac{2n}{b-1} - \frac{2b+1}{(b-1)^2} + \frac{2b+2}{(b-1)^2}\left(\frac{1}{b}\right)^n - \frac{1}{(b-1)^2}\left(\frac{1}{b}\right)^{2n}\right). \qquad (7)$$

Also ist die Anzahl von Überträgen unter diesen Annahme gerade etwas weniger als $\frac{1}{2}n$.

Geschichte und Bibliographie. Die frühe Geschichte der in diesem Abschnitt beschriebenen klassischen Algorithmen bleibe dem Leser als interessantes Projekt überlassen und hier sei nur die Geschichte ihrer Implementierung auf Rechnern zurückverfolgt.

Die Verwendung von 10^n als einer angenommenen Basis bei der Multiplikation großer Zahlen auf einem Tischrechner wurde von D. N. Lehmer und J. P. Ballantine, *AMM* **30** (1923), 67–69, besprochen.

Doppeltgenaue Arithmetik auf digitalen Rechnern wurde zuerst von J. von Neumann und H. H. Goldstine in ihren Einführungshinweisen zum Programmieren behandelt, ursprünglich veröffentlicht 1947 [J. von Neumann, *Collected Works* **5**, 142–151]. Die oben erwähnten Sätze A und B sind von D. A. Pope und M. L. Stein [*CACM* **3** (1960), 652–654], deren Arbeit auch eine Bibliographie früherer Arbeiten über doppeltgenaue Routinen enthält. Andere Wege zur Auswahl des Versuchsquotienten $\hat{q}$ wurden von A. G. Cox und H. A. Luther besprochen, *CACM* **4** (1961), 353 [dividiere durch $v_{n-1}+1$ statt durch v_{n-1}], und von M. L. Stein, *CACM* **7** (1964), 472–474 [dividiere durch v_{n-1} oder $v_{n-1}+1$ gemäß der Größe von v_{n-2}]; E. V. Krishnamurthy [*CACM* **8** (1965), 179–181] zeigte, dass die Prüfung des einfachgenauen Restes bei der letzten Methode zu einer Verbesserung gegenüber Satz B führt. Krishnamurthy und Nandi [*CACM* **10** (1967), 809–813] schlugen einen Weg zur Ersetzung der Normalisierung und Denormalisierung in Algorithmus D durch eine Berechnung von $\hat{q}$ basiert auf mehreren führenden Ziffern der Operanden vor. G. E. Collins und D. R. Musser haben eine interessante Analyse des ursprünglichen Algorithmus von Pope und Stein durchgeführt [*Information Processing Letters* **6** (1977), 151–155].

Mehrere Alternativen zum Vorgehen bei der Division wurden vorgeschlagen:

1) „Fourier-Division" [J. Fourier, *Analyse des Équations Déterminées* (Paris: 1831), §2.21]. Diese Methode, welche oft bei Schreibtischrechnern benutzt wurde, erhält im Wesentlichen jede neue Quotientenziffer durch ein Anwachsen der Genauigkeit des Divisors und des Dividenden bei jedem Schritt. Einige sehr ausführliche Tests durch den Autor haben gezeigt, dass die Methode gegenüber der Technik des Dividierens und Korrigierens unterlegen ist, doch kann es einige Anwendungen geben, bei denen Fourierdivision praktisch ist. Siehe D. H. Lehmer, *AMM* **33** (1926), 198–206; J. V. Uspensky, *Theory of Equations* (New York: McGraw–Hill, 1948), 159–164.

2) „Newtons Methode" zur Auswertung des Reziproken einer Zahl wurde extensiv in frühen Rechnern benutzt, wenn es dort keine einfachgenaue Division gab. Die Idee ist, eine anfängliche Näherung x_0 zur Zahl $1/v$ zu finden und

dann $x_{n+1} = 2x_n - vx_n^2$ zu setzen. Diese Methode konvergiert schnell zu $1/v$, da $x_n = (1-\epsilon)/v$ impliziert, dass $x_{n+1} = (1-\epsilon^2)/v$. Konvergenz dritter Ordnung, mit ϵ ersetzt durch $O(\epsilon^3)$ bei jedem Schritt, kann man erhalten mit der Formel

$$\begin{aligned} x_{n+1} &= x_n + x_n(1 - vx_n) + x_n(1 - vx_n)^2 \\ &= x_n\bigl(1 + (1 - vx_n)(1 + (1 - vx_n))\bigr), \end{aligned}$$

und ähnliche Formeln gelten für Konvergenz vierter Ordnung, usw.; siehe P. Rabinowitz, *CACM* **4** (1961), 98. Für Berechnungen mit äußerst großen Zahlen kann Newtons Methode zweiter Ordnung mit nachfolgender Multiplikation mit u tatsächlich beträchtlich schneller als Algorithmus D sein, wenn wir die Genauigkeit von x_n bei jedem Schritt erhöhen und wenn wir zusätzlich die schnelle Multiplikation von Abschnitt 4.3.3 verwenden. (Siehe Algorithmus 4.3.3R für Einzelheiten.) Einige diesbezügliche iterative Schemata wurden von E. V. Krishnamurthy, *IEEE Trans.* **C-19** (1970), 227–231 besprochen.

3) Divisionsmethoden wurden auch auf der Berechnung von

$$\frac{u}{v+\epsilon} = \frac{u}{v}\left(1 - \left(\frac{\epsilon}{v}\right) + \left(\frac{\epsilon}{v}\right)^2 - \left(\frac{\epsilon}{v}\right)^3 + \cdots\right)$$

basiert. Siehe H. H. Laughlin, *AMM* **37** (1930), 287–293. Wir haben diese Idee im doppeltgenauen Fall (Gl. 4.2.3–(2)) benutzt.

Außer den gerade zitierten Referenzen sind auch die folgenden frühen Artikel über vielfachgenaue Arithmetik von Interesse: Hochgenaue Routinen für Gleitkomma-Rechnungen mit Einerkomplement-Arithmetik wurden von A. H. Stroud und D. Secrest, *Comp. J.* **6** (1963), 62–66, beschrieben. Unterprogramme mit erweiterter Genauigkeit zur Verwendung in FORTRAN-Programmen wurden von B. I. Blum, *CACM* **8** (1965), 318–320, beschrieben und zur Verwendung in ALGOL von M. Tienari und V. Suokonautio, *BIT* **6** (1966), 332–338. Arithmetik auf ganzen Zahlen mit *unbegrenzter* Genauigkeit unter Verwendung von verketteter Speicherallokation wurde elegant von G. E. Collins, *CACM* **9** (1966), 578–589 eingeführt. Für ein viel größeres Repertoire an vielfachgenauen Operationen, einschließlich Logarithmen und trigonometrische Funktionen, siehe R. P. Brent, *ACM Trans. Math. Software* **4** (1978), 57–81; D. M. Smith, *ACM Trans. Math. Software* **17** (1991), 273–283.

Der menschliche Fortschritt beim Rechnen wurde traditionell durch die Anzahl von Dezimalziffern von π gemessen, die zu einem gegebenen Punkt in der Geschichte bekannt waren. Abschnitt 4.1 erwähnt einige dieser frühen Entwicklungen; im Jahre 1719 hatte Thomas Fantet de Lagny π auf 127 Dezimalstellen [*Mémoires Acad. Sci. Paris* (1719), 135–145 berechnet; ein typographischer Fehler befiel die 113. Ziffer]. Nach der Entdeckung besserer Formeln benötigte ein berühmter Kopfrechner aus Hamburg, genannt Zacharias Dase, weniger als zwei Monate zur Berechnung von 200 korrekten Dezimalziffern 1844 [*Crelle* **27** (1844), 198]. Dann veröffentlichte William Shanks 607 Dezimalen von π im Jahr 1853 und er erweiterte danach seine Berechnungen bis er 707 Ziffern 1873 erhalten hatte. [Siehe W. Shanks, *Contributions to Mathematics* (London: 1853); *Proc. Royal*

Soc. London **21** (1873), 318–319; **22** (1873), 45–46; J. C. V. Hoffmann, *Zeit. für Math. und naturwiss. Unterricht* **26** (1895), 261–264.] Shanks' 707-stelliger Wert wurde weithin in mathematischen Handbüchern für viele Jahre zitiert, doch D. F. Ferguson bemerkte 1945, dass er mehrere Missverständnisse ab der 528. Dezimalstelle [*Math. Gazette* **30** (1946), 89–90] enthielt. G. Reitwiesner und seine Kollegen benutzten 70 Stunden Rechnenzeit auf einer ENIAC während des Labor-Day-Wochenendes 1949, um 2037 korrekte Dezimalen [*Math. Tabels and Other Aids to Comp.* **4** (1950), 11–15] zu erhalten. F. Genuys erreicht 10.000 Ziffern 1958 nach 100 Minuten auf einer IBM 704 [*Chiffres* **1** (1958), 17–22]; kurz danach wurden die ersten 100.000 Ziffern von D. Shanks [keine Verwandschaft zu William] und J. W. Wrench, Jr. [*Math. Comp.* **16** (1962), 76–99] veröffentlicht nach über 8 Stunden Rechenzeit auf einer IBM 7090 und zusätzlichen 4,5 Stunden zur Überprüfung. Ihre Prüfung offenbarte tatsächlich einen vorübergehenden Hardwarefehler, der verschwand, als die Rechnung wiederholt wurde. Eine Million Ziffern von π wurden von Jean Guilloud und Martine Bouyer von die Französischen Atomenergiekommission 1973 berechnet nach nahezu 24 Stunden Rechnenzeit auf einer CDC 7600 [siehe A. Shibata, *Surikagaku* **20** (1982), 65–73].

Überraschenderweise hatte Dr. I. J. Matrix sieben Jahre vorher korrekt vorausgesagt, dass die millionste Ziffer sich als „5“ herausstellen würde [Martin Gardner, *New Mathematical Diversions* (Simon and Schuster, 1966), Addendum nach Kapitel 8]. Die Barriere der milliardsten Ziffer wurde 1989 von Gregory V. Chudnovsky und David V. Chudnovsky, und unabhängig von Yasumasa Kanada und Yoshiaki Tamura durchbrochen; die Chudnovskys erweiterten ihre Rechnung auf zwei Milliarden Ziffern 1991 nach 250 Stunden Rechnung auf einer zu Hause gebauten parallelen Maschine. [Siehe Richard Preston, *The New Yorker* **68**, 2 (2 March 1992), 36–67. Die neue von den Chudnovskys verwendete Formel ist in *Proc. Nat. Acad. Sci.* **86** (1989), 8178–8182] beschrieben. Yasumasa Kanada und Daisuke Takahashi erhielten mehr als 51,5 Milliarden Ziffern Juli 1997 mit zwei unabhängigen Methoden, die 29,0 bzw. 37,1 Stunden auf einem HITACHI SR2201-Rechner mit 1024 Prozessoren erforderten. Man kann neue Rekorde erwarten, wenn wir uns in das neue Jahrtausend bewegen.

Wir haben unsere Besprechung in diesem Abschnitt auf arithmetische Techniken zur Verwendung in Rechnerprogrammen eingeschränkt. Viele Algorithmen zur *Hardware*-Implementierung von Arithmetik sind auch recht interessant, doch erscheinen sie auf hochgenaue Softwareroutinen nicht anwendbar; siehe zum Beispiel G. W. Reitwiesner, „Binary Arithmetic,“ *Advances in Computers* **1** (New York: Academic Press, 1960), 231–308; O. L. MacSorley, *Proc. IRE* **49** (1961), 67–91; G. Metze, *IRE Trans.* **EC-11** (1962), 761–764; H. L. Garner, „Number Systems and Arithmetic“, *Advances in Computers* **6** (New York: Academic Press, 1965), 131–194.

Ein berüchtigter, doch sehr instruktiver Programmierfehler in der Divisionsroutine des Pentiumchips von 1994 wird von A. Edelman in *SIAM Review* **39** (1997), 54–67, besprochen. Die minimale erreichbare Ausführungszeit für Hardware-Addition und -Multiplikation wurde von S. Winograd, *JACM* **12**

(1965), 277–285, **14** (1967), 793–802, und von R. P. Brent, *IEEE Trans.* **C-19** (1970), 758–759, untersucht; und von R. W. Floyd, *FOCS* **16** (1975), 3–5. Siehe auch Abschnitt 4.3.3E.

Übungen

1. [*42*] Untersuche die frühe Geschichte der klassischen Algorithmen für Arithmetik durch Nachschlagen in den Schriften von, sagen wir, Sun Tsŭ, al-Khwārizmī, al-Uqlīdisī, Fibonacci und Robert Recorde, und durch möglichst getreue Übersetzung ihrer Methoden in genaue algorithmische Notation.

2. [*15*] Verallgemeinere Algorithmus A so, dass er „Spaltenaddition" ausführt und die Summe von m natürlichen n-stelligen Zahlen liefert. (Nimm an, dass $m \le b$.)

3. [*21*] Schreibe ein MIX-Programm für den Algorithmus von Übung 2, und schätze seine Laufzeit als eine Funktion von m und n ab.

4. [*M21*] Gib einen formalen Beweis der Gültigkeit von Algorithmus A mit der in Abschnitt 1.2.1 erklärten Methode der induktiven Zusicherungen.

5. [*21*] Algorithmus A addiert die zwei Eingaben von rechts nach links, doch manchmal sind die Daten leichter von links nach rechts zugänglich. Entwirf einen Algorithmus, der dieselbe Antwort wie Algorithmus A liefert, doch der die Ziffern des Ergebnisses von links nach rechts erzeugt und zurückgeht zum Ändern früherer Werte, wenn ein Übertrag auftritt, der die früheren Werte inkorrekt macht. [*Bemerkung:* Frühe Hindu- und arabische Manuskripte befassten sich mit Addition von links nach rechts in dieser Weise, weil man wahrscheinlich auf einem Abakus von links nach rechts zu arbeiten gewohnt war; der Algorithmus zur Addition von rechts nach links war eine Verfeinerung dank al-Uqlīdisī, vielleicht weil Arabisch von rechts nach links geschrieben wird.]

▶ **6.** [*22*] Entwirf einen Algorithmus, der von links nach rechts (wie in Übung 5) addiert, doch niemals eine Ziffer des Ergebnisses speichert, bis diese Ziffer unmöglich von künftigen Überträgen noch beeinflusst werden kann; es sollte keine Änderung einer einmal gespeicherten Ergebnisziffer mehr geben. [*Hinweis:* Kontrolliere die Zahl aufeinanderfolgender Ziffern $(b-1)$, die noch nicht im Ergebnis gespeichert worden sind.] Diese Art von Algorithmen wären geeignet zum Beispiel in einer Situation, wo die Eingabe und Ausgabe von links nach rechts auf Magnetbänder zu lesende oder zu schreibende Zahlen sind, oder wenn sie in einfachen linearen Listen auftreten.

7. [*M26*] Bestimme die mittlere Anzahl, wie oft der Algorithmus von Übung 5 herausfindet, dass ein Übertrag es notwendig macht, zurückzugehen und k Ziffern der teilweisen Antwort für $k = 1, 2, \ldots, n$ zu ändern. (Nimm an, dass beide Eingaben unabhängig und gleichmäßig zwischen 0 und $b^n - 1$ verteilt sind.)

8. [*M26*] Schreibe ein MIX-Programm für den Algorithmus von Übung 5 und bestimme seine mittlere Laufzeit auf der Grundlage erwarteter Überträge nach der Berechnung im Text.

▶ **9.** [*21*] Verallgemeinere Algorithmus A, um einen Algorithmus zu erhalten, der zwei n-stellige Zahlen in einem Zahlsystem mit *gemischter Basis* mit Basen $b_0, b_1, \ldots$ (von rechts nach links) addiert. Also liegen die am wenigsten signifikanten Ziffern zwischen 0 und $b_0 - 1$, die nächsten Ziffern zwischen 0 und $b_1 - 1$, usw.; siehe Gl. 4.1–(9).

10. [*18*] Würde Programm S richtig arbeiten, wenn die Instruktionen in den Zeilen 06 und 07 vertauscht wären? Wenn die Instruktionen in den Zeilen 05 und 06 vertauscht wären?

11. [*10*] Entwirf einen Vergleichs-Algorithmus für zwei natürliche n-stellige Zahlen $u = (u_{n-1} \ldots u_1 u_0)_b$ und $v = (v_{n-1} \ldots v_1 v_0)_b$, um festzustellen, ob $u < v$, $u = v$ oder $u > v$.

12. [*16*] Algorithmus S nimmt an, dass wir wissen, welcher der zwei eingegebenen Operanden der größere ist; wenn diese Information nicht bekannt ist, könnten wir so vorgehen, dass wir die Subtraktion nichtsdestotrotz ausführen, und am Ende fänden, dass noch ein zusätzlicher negativer Übertrag am Ende des Algorithmus vorhanden ist. Entwirf einen anderendr Algorithmus, der benutzt werden könnte (wenn es einen negativen Übertrag am Ende von S gibt) zur Komplementierung von $(w_{n-1} \ldots w_1 w_0)_b$ und deshalb zum Erhalten des Absolutwertes der Differenz von u und v.

13. [*21*] Schreibe ein MIX-Programm, das $(u_{n-1} \ldots u_1 u_0)_b$ mit v multipliziert, wobei v eine einfachgenaue Zahl (das heißtt, $0 \le v < b$), und die Antwort $(w_n \ldots w_1 w_0)_b$ liefert. Welche Laufzeit ist erforderlich?

▶ **14.** [*M22*] Gib einen formalen Beweis der Gültigkeit von Algorithmus M, mit der in Abschnitt 1.2.1 erklärten Methode der induktiven Zusicherungen. (Siehe Übung 4.)

15. [*M20*] Wenn wir das Produkt von zwei n-stelligen Brüchen zur Basis b bilden wollen, $(0{,}u_1 u_2 \ldots u_n)_b \times (0{,}v_1 v_2 \ldots v_n)_b$, um nur eine n-stellige Näherung $(0{,}w_1 w_2 \ldots w_n)_b$ an das Ergebnis zu erhalten, könnte Algorithmus M verwendet werden, um eine $2n$-stellige Antwort zu erhalten, die darauf auf die gewünschte Näherung gerundet wird. Doch dies involviert über doppelt soviel Arbeit als für eine vernünftige Genauigkeit notwendig ist, da die Produkte $u_i v_j$ für $i+j > n+2$ sehr wenig zur Antwort beitragen.

Gib eine Abschätzung des maximalen Fehlers, der auftreten kann, wenn diese Produkte $u_i v_j$ für $i + j > n + 2$ während der Multiplikation nicht berechnet werden, sondern als null angenommen werden.

▶ **16.** [*20*] (*Kurze Division.*) Entwirf einen Algorithmus, der eine natürliche n-stellige Zahl $(u_{n-1} \ldots u_1 u_0)_b$ durch v teilt, wobei v eine einfachgenaue Zahl ist (das heißt, $0 < v < b$), und den Quotienten $(w_{n-1} \ldots w_1 w_0)_b$ und Rest r liefert.

17. [*M20*] In der Notation von Fig. 6 nimm an, dass $v_{n-1} \ge \lfloor b/2 \rfloor$; zeige, dass fü $u_n = v_{n-1}$ wir $q = b - 1$ oder $b - 2$ haben müssen.

18. [*M20*] In der Notation von Fig. 6 zeige, dass für $q' = \lfloor (u_n b + u_{n-1})/(v_{n-1} + 1) \rfloor$ gilt $q' \le q$.

▶ **19.** [*M21*] In der Notation von Fig. 6 sei $\hat{q}$ eine Näherung an q und sei $\hat{r} = u_n b + u_{n-1} - \hat{q} v_{n-1}$. Nimm an, dass $v_{n-1} > 0$. Zeige, dass für $\hat{q} v_{n-2} > b\hat{r} + u_{n-2}$ gilt $q < \hat{q}$. [*Hinweis:* Verstärke den Beweis von Satz A durch Prüfung des Einflusses von v_{n-2}.]

20. [*M22*] Mit der Notation und den Annahmen von Übung 19 zeige, dass für $\hat{q} v_{n-2} \le b\hat{r} + u_{n-2}$ gilt $\hat{q} = q$ oder $q = \hat{q} - 1$.

▶ **21.** [*M23*] Zeige, dass wenn $v_{n-1} \ge \lfloor b/2 \rfloor$ und wenn $\hat{q} v_{n-2} \le b\hat{r} + u_{n-2}$, jedoch $\hat{q} \ne q$, in der Notation der Übungen 19 und 20, dann $u \bmod v \ge (1 - 2/b)v$. (Das letztere Ereignis tritt mit näherungsweiser Wahrscheinlichkeit $2/b$ auf, so dass, wenn b die Wortgröße eines Rechners ist, wir $q_j = \hat{q}$ in Algorithmus D außer in sehr seltenen Fällen haben müssen.)

▶ **22.** [*24*] Finde ein Beispiel einer vierziffrigen Zahl dividiert durch eine dreiziffrige Zahl, für welche Schritt D6 in Algorithmus D notwendig ist, wenn die Basis $b = 10$.

23. [*M23*] Gegeben v und b als ganze Zahlen und dass $1 \le v < b$, beweise, dass wir immer $\lfloor b/2 \rfloor \le v\lfloor b/(v+1) \rfloor < (v+1)\lfloor b/(v+1) \rfloor \le b$ haben.

24. [*M20*] Gib mit Hilfe des in Abschnitt 4.2.4 erklärten Gesetzes über die Verteilung führender Ziffern eine Näherungsformel für die Wahrscheinlichkeit, dass $d = 1$ in Algorithmus D. (Wenn $d = 1$, können wir das Meiste von der Rechnung in Schritte D1 und D8 weglassen.)

25. [*26*] Schreibe eine MIX-Routine für Schritt D1, welche zur Vervollständigung des Programms D nötig ist.

26. [*21*] Schreibe eine MIX-Routine für Schritt D8, welche zur Vervollständigung des Programms D nötig ist.

27. [*M20*] Beweise, dass zu Beginn von Schritt D8 in Algorithmus D der unnormalisierte Rest $(u_{n-1} \ldots u_1 u_0)_b$ immer ein exaktes Vielfaches von d ist.

28. [*M30*] (A. Svoboda, *Stroje na Zpracovéiní Informací* **9** (1963), 25–32.) Sei $v = (v_{n-1} \ldots v_1 v_0)_b$ eine ganze Zahl zu irgend einer Basis b, wobei $v_{n-1} \neq 0$. Führe die folgenden Operationen aus:

N1. Wenn $v_{n-1} < b/2$, multipliziere v mit $\lfloor (b+1)/(v_{n-1}+1) \rfloor$. Sei das Ergebnis dieses Schritts $(v_n v_{n-1} \ldots v_1 v_0)_b$.

N2. Wenn $v_n = 0$, setze $v \leftarrow v + (1/b)\lfloor b(b - v_{n-1})/(v_{n-1}+1) \rfloor v$; sei das Ergebnis dieses Schritts $(v_n v_{n-1} \ldots v_0.v_{-1} \ldots)_b$. Wiederhole Schritt N2, bis $v_n \neq 0$.

Beweise, dass Schritt N2 höchstens dreimal ausgeführt wird, und dass wir immer $v_n = 1$, $v_{n-1} = 0$ am Ende der Rechnungen haben.

[*Bemerkung:* Wenn u und v beide mit der obigen Konstanten multipliziert werden, ändern wir nicht den Wert des Quotienten u/v; der Divisor wurde konvertiert zur Form $(10v_{n-2} \ldots v_0.v_{-1}v_{-2}v_{-3})_b$. Diese Form des Divisors ist sehr passend, weil, in der Notation von Algorithmus D, wir einfach $\hat{q} = u_{j+n}$ als Versuchsdivisor zu Beginn von Schritt D3 nehmen können, oder $\hat{q} = b - 1$, wenn $(u_{j+n+1}, u_{j+n}) = (1, 0)$.]

29. [*15*] Beweise oder widerlege: Zu Beginn von Schritt D7 in Algorithmus D haben wir immer $u_{j+n} = 0$.

▶ **30.** [*22*] Wenn Speicherplatz knapp ist, kann es wünschenswert sein, dieselben Speicherstellen für sowohl die Eingabe als auch die Ausgabe während der Ausführung einiger Algorithmen in diesem Abschnitt zu verwenden. Ist es möglich, $w_0, w_1, \ldots, w_{n-1}$ der Reihe nach an denselben Stellen wie $u_0, \ldots, u_{n-1}$ oder $v_0, \ldots, v_{n-1}$ während Algorithmus A oder S zu speichern? Ist es möglich, den Quotienten $q_0, \ldots, q_m$ dieselben Stellen wie $u_n, \ldots, u_{m+n}$ in Algorithmus D einnehmen zu lassen? Gibt es irgend eine zulässige Überlappung von Speicherstellen zwischen Eingabe und Ausgabe in Algorithmus M?

31. [*28*] Nimm an, dass $b = 3$ und dass $u = (u_{m+n-1} \ldots u_1 u_0)_3$, $v = (v_{n-1} \ldots v_1 v_0)_3$ ganze Zahlen in *balancierter ternärer* Notation sind (siehe Abschnitt 4.1), $v_{n-1} \neq 0$. Entwirf einen Langzahldivisionsalgorithmus, der u durch v teilt und einen Rest, dessen Absolutwert $\frac{1}{2}|v|$ nicht überschreiten, liefert. Versuche einen Algorithmus zu finden, der effizient sein würde, wenn er in die Arithmetikschaltung eines balancierten ternären Rechners eingefügt würde.

32. [*M40*] Nimm an, dass $b = 2i$ und dass u und v komplexe Zahlen ausgedrückt im quarter-imaginären Zahlsystem sind. Entwirf Algorithmen zur Division von u durch v, vielleicht mit einem irgendwie geeigneten Rest, und vergleiche ihre Effizienz.

33. [*M40*] Entwirf einen Algorithmus zum Ziehen von Quadratwurzeln, analog zu Algorithmus D und analog zur traditionellen Methode mit Bleistift und Papier.

34. [*40*] Entwickle einen Satz von Unterprogrammen für die vier arithmetischen Operationen an beliebigen ganzen Zahlen ohne Beschränkung für die Größe der ganzen Zahlen außer der impliziten Annahme, dass die Gesamtspeicher-Kapzität des Rechners nicht überschritten werden sollte. (Verwende verkettete Speicher-Allokation, so dass kein Zeit verloren geht, um Platz für die Ergebnisse zu finden.)

35. [*40*] Entwickle einen Satz von Unterprogrammen für „entkoppeltgenaue" Gleitkomma-Arithmetik, mit Exzess 0, Basis b und neunstelliger Gleitkommazahl- Darstellung, wobei b die Rechnerwortgröße ist, und erlaube ein volles Wort für den Exponenten. (Also wird jede Gleitkomma-Zahl in 10 Wörtern des Speichers dargestellt, und alle Skalierung geschieht durch Bewegung ganzer Wörter statt durch Verschiebung innerhalb der Wörter.)

36. [*M25*] Erkläre eine Berechnung von $\ln\phi$ mit hoher Genauigkeit, wenn eine geeignete Näherung von ϕ gegeben ist, unter ausschließlicher Verwendung von mehrfachgenauer Addition und Subtraktion sowie Division durch kleine Zahlen.

▶ **37.** [*20*] (E. Salamin.) Erkläre, wie die Normalisierungs- und Denormalisierungsschritte von Algorithmus D zu vermeiden sind, wenn d eine Zweierpotenz auf einem binären Rechner ist, ohne die Folge von durch den Algorithmus berechneten Versuchsquotienten-Ziffern zu ändernd. (Wie kann $\hat{q}$ in Schritt D3 berechnet werden, wenn die Normalisierung von Schritt D1 nicht stattfand?)

38. [*M35*] Nimm an, u und v sind ganze Zahlen im Bereich $0 \leq u, v < 2^n$. Entwirf einen Weg zur Berechnung des geometrischen Mittels $\lfloor\sqrt{uv}+\frac{1}{2}\rfloor$ mit $O(n)$ Operationen von Addition, Subtraktion und Vergleich von $(n+2)$-Bit-Zahlen. [*Hinweis:* Verwende eine „Pipeline", um die klassischen Methoden von Multiplikation und Quadratwurzelziehen zu kombinieren.]

39. [*25*] (D. Bailey, P. Borwein, und S. Plouffe, 1996.) Erkläre, wie das n-te Bit der Binärdarstellung von π berechnet werden kann, ohne die vorigen $n-1$ Bit zu kennen, mittels der Identität

$$\pi = \sum_{k\geq 0} \frac{1}{16^k}\left(\frac{4}{8k+1} - \frac{2}{8k+4} - \frac{1}{8k+5} - \frac{1}{8k+6}\right)$$

und $O(n\log n)$ arithmetischen Operationen an $O(\log n)$-Bit-Ganzzahlen. (Nimm an, dass die Binärziffern von π keine erstaunlich langen Folgen von 0 oder 1 hintereinander haben.)

40. [*M24*] Manchmal wollen wir u durch v dividieren, wenn wir wissen, dass der Rest null ist. Zeige, dass wenn u eine $2n$-stellige Zahl und v eine n-stellige Zahl mit $u \bmod v = 0$ ist, wir über 75% der Arbeit von Algorithmus D einsparen können, wenn wir die eine Hälfte des Quotienten von links nach rechts und die andere Hälfte von rechts nach links berechnen.

▶ **41.** [*M26*] Viele Anwendungen hochgenauer Arithmetik erfordern wiederholte Rechnungen modulo einer festen n-stelligen Zahl w, wobei w zur Basis b teilerfremd ist. Wir können solche Rechnungen mittels eines Kunstgriffs von Peter L. Montgomery [*Math. Comp.* **44** (1985), 519–521] beschleunigen, der den Restbildungsprozess im Wesentlichen dadurch beschleunigt, dass er von rechts nach links statt von links nach rechts arbeitet.

a) Gegeben seien $u = \pm(u_{m+n-1}\ldots u_1u_0)_b$, $w = (w_{n-1}\ldots w_1w_0)_b$, und eine Zahl w' mit $w_0w' \bmod b = 1$; zeige die Berechnung von $v = \pm(v_{n-1}\ldots v_1v_0)_b$, so dass $b^m v \bmod w = u \bmod w$.

b) Gegeben seien n-stellige vorzeichenbehaftete ganze Zahlen u, v, w mit $|u|, |v| < w$ und w' wie in (a); zeige die Berechnung einer n-stelligen ganzen Zahl t, so dass $|t| < w$ und $b^n t \equiv uv$ (modulo w).

c) Wie erleichtern die Algorithmen von (a) und (b) die Arithmetik mod w?

42. [*HM35*] Gegeben seien m und b und sei P_{nk} die Wahrscheinlichkeit, dass $\lfloor (u_1 + \cdots + u_m)/b^n \rfloor = k$, wenn $u_1, \ldots, u_m$ zufällige n-stellige ganze Zahlen zur Basis b sind. (Dies ist die Verteilung von w_n im Spaltenadditionsalgorithmus von Übung 2.) Zeige, dass $P_{nk} = \frac{1}{m!}\left\langle {m \atop k} \right\rangle + O(b^{-n})$, wobei $\left\langle {m \atop k} \right\rangle$ eine Eulersche Zahl ist (siehe Abschnitt 5.1.3).

▶ **43.** [*22*] Graustufen oder Komponenten von Farbwerten in digitalisierten Bildern werden gewöhnlich als 8-Bit-Zahlen u im Bereich $[0\,..\,255]$ dargestellt, die den Bruch $u/255$ bezeichnen. Gegeben seien zwei derartige Brüche $u/255$ und $v/255$. Graphische Algorithmen müssen oft ihr approximieres Produkt $w/255$ berechnen, wobei w die nächste ganze Zahl zu $uv/255$ ist. Beweise, dass w aus der effizienten Formel

$$t = uv + 128, \qquad w = \lfloor (\lfloor t/256 \rfloor + t)/256 \rfloor$$

erhalten werden kann.

*4.3.2. Modulare Arithmetik

Eine andere interessante Alternative für die Arithmetik großer ganzer Zahlen ist verfügbar, die auf einigen einfachen Prinzipien der Zahlentheorie beruht. Die Idee besteht darin, mehrere *Moduli* $m_1, m_2, \ldots, m_r$ zu haben, die keine gemeinsamen Teiler enthalten, und indirekt mit *Resten* $u \bmod m_1$, $u \bmod m_2$, $\ldots$, $u \bmod m_r$ statt direkt mit der Zahl u zu arbeiten.

Zur bequemen Notation in diesem Abschnitt sei

$$u_1 = u \bmod m_1, \qquad u_2 = u \bmod m_2, \qquad \ldots, \qquad u_r = u \bmod m_r. \tag{1}$$

Es ist leicht $(u_1, u_2, \ldots, u_r)$ von einer ganzen Zahl u durch Division zu berechnen; und wir halten die wichtige Beobachtung fest, dass keine Information bei diesem Prozess verloren geht (wenn u nicht zu groß ist), da wir u aus $(u_1, u_2, \ldots, u_r)$ neu berechnen können. Wenn zum Beispiel $0 \le u < v \le 1000$, kann unmöglich $(u \bmod 7, u \bmod 11, u \bmod 13)$ gleich $(v \bmod 7, v \bmod 11, v \bmod 13)$ sein. Dies ist eine Folge des unten aufgestellten „chinesischen Restsatzes“.

Wir können deshalb $(u_1, u_2, \ldots, u_r)$ als eine neue Art interner Darstellung, als eine „modulare Darstellung“, der ganzen Zahl u betrachten.

Die Vorteile einer modularen Darstellung bestehen darin, dass Addition, Subtraktion und Multiplikation sehr einfach sind:

$$(u_1, \ldots, u_r) + (v_1, \ldots, v_r) = \bigl((u_1 + v_1) \bmod m_1, \ \ldots, \ (u_r + v_r) \bmod m_r\bigr), \tag{2}$$

$$(u_1, \ldots, u_r) - (v_1, \ldots, v_r) = \bigl((u_1 - v_1) \bmod m_1, \ \ldots, \ (u_r - v_r) \bmod m_r\bigr), \tag{3}$$

$$(u_1, \ldots, u_r) \times (v_1, \ldots, v_r) = \bigl((u_1 \times v_1) \bmod m_1, \ \ldots, \ (u_r \times v_r) \bmod m_r\bigr). \tag{4}$$

Um zum Beispiel (4) abzuleiten, müssen wir zeigen, dass

$$uv \bmod m_j = (u \bmod m_j)(v \bmod m_j) \bmod m_j$$

für jeden Modulus m_j. Doch dies ist eine Grundtatsache aus der elementaren Zahlentheorie: $x \bmod m_j = y \bmod m_j$ genau dann, wenn $x \equiv y$ (modulo m_j);

weiterhin, wenn $x \equiv x'$ und $y \equiv y'$, dann $xy \equiv x'y'$ (modulo m_j); also $(u \bmod m_j)(v \bmod m_j) \equiv uv$ (modulo m_j).

Der Hauptnachteil einer modularen Darstellung besteht darin, dass wir nur schwer prüfen können, ob

$$(u_1, \ldots, u_r) > (v_1, \ldots, v_r)$$

ist. Es ist auch schwierig zu prüfen, ob Überlauf auftrat als Ergebnis einer Addition, Subtraktion oder Multiplikation, und zu dividieren ist noch schwieriger. Wenn derartige Operationen im Zusammenhang mit Addition, Subtraktion und Multiplikation häufig erforderlich sind, kann die Verwendung modularer Arithmetik nur dann gerechtfertigt werden, wenn schnelle Methoden zur Konversion nach und von der modularen Darstellung verfügbar sind. Deshalb ist die Konversion zwischen modularer und Stellenwertnotation eines der Hauptthemen, die uns in diesem Abschnitt interessieren.

Die Prozesse der Addition, Subtraktion und Multiplikation nach (2), (3) und (4) werden Residuenarithmetik oder *modulare Arithmetik* genannt. Der Wertebereich von Zahlen, die durch modulare Arithmetik behandelt werden können, ist

$$m = m_1 m_2 \ldots m_r,$$

das Produkt der Moduli; wenn jeder Modulus m_j nahe der Wortgröße des Rechners ist, können wir uns mit n-stelligen Zahlen befassen, wenn $r \approx n$. Deshalb sehen wir, dass der Zeitaufwand für Addition, Subtraktion oder Multiplikation n-stelliger Zahlen mit modularer Arithmetik im Wesentlichen proportional zu n ist (ohne die Zeit zur Konversion in die und aus der modularen Darstellung zu zählen). Dies bietet überhaupt keinen Vorteil, wenn Addition und Subtraktion betrachtet werden, doch es kann ein beträchtlicher Vorteil bezüglich Multiplikation sein, da die konventionelle Methode aus Abschnitt 4.3.1 eine Ausführungszeit proportional zu n^2 erfordert.

Darüberhinaus kann auf einem Rechner, der viele Operationen gleichzeitig erlaubt, modulare Arithmetik einen bedeutenden Vorteil sogar für Addition und Subtraktion bieten; die Operationen bezüglich verschiedener Moduli können alle zur selben Zeit ausgeführt werden, so dass wir einen wesentlichen Zuwachs an Geschwindigkeit erhalten. Dieselbe Abnahme der Ausführungszeit könnte mit den konventionellen Techniken des vorigen Abschnitts nicht erreicht werden, da die Propagation des Übertrags betrachtet werden muss. Vielleicht werden eines Tages hochparallele Rechner gleichzeitige Operationen routinemäßig ausführen, so dass modulare Arithmetik von hoher Bedeutung bei „Realzeitanwendungen" sein wird, wenn ein schnelles Resultat für ein einziges Problem mit hoher Genauigkeit erforderlich ist. (Bei hochparallelen Rechnern ist es oft vorzuziehen, k *getrennte* Programme gleichzeitig ablaufen zu lassen, statt ein *einziges* Programm k mal so schnell auszuführen, da letztere Alternative komplizierter ist und die Maschine doch nicht effizienter nutzt. „Realzeitanwendungen" sind Ausnahmen, die die inhärente Paralellität modularer Arithmetik als wichtig hervortreten lassen.)

Jetzt wollen wir die Grundlagen der modularen Darstellung von Zahlen untersuchen:

Satz C (*Chinesischer Restsatz*). *Seien $m_1, m_2, \ldots, m_r$ positive ganze, paarweise teilerfremde Zahlen; d.h.*

$$m_j \perp m_k, \qquad \text{wenn } j \neq k. \tag{5}$$

Seien $m = m_1 m_2 \ldots m_r$ und $a, u_1, u_2, \ldots, u_r$ ganze Zahlen. Dann existiert genau eine ganze Zahl u, welche die folgenden Bedingungen erfüllt:

$$a \leq u < a + m \qquad \text{und} \qquad u \equiv u_j \text{ (modulo } m_j) \quad \text{for } 1 \leq j \leq r. \tag{6}$$

Beweis. Wenn $u \equiv v$ (modulo m_j) für $1 \leq j \leq r$, dann ist $u - v$ ein Vielfaches von m_j für alle j, also impliziert (5), dass $u - v$ ein Vielfaches von $m = m_1 m_2 \ldots m_r$ ist. Dieser Nachweis zeigt, dass es *höchstens* eine Lösung von (6) gibt. Um den Beweis zu vervollständigen, müssen wir jetzt die Existenz *mindestens* einer Lösung zeigen, und das kann auf zwei einfachen Wegen geschehen:

Methode 1 („Nicht-konstruktiver" Beweis). Wenn u durch die m verschiedenen Werte $a \leq u < a + m$ läuft, müssen auch die r-Tupel $(u \bmod m_1, \ldots, u \bmod m_r)$ durch m verschiedene Werte laufen, da (6) höchstens eine Lösung hat. Doch gibt es genau $m_1 m_2 \ldots m_r$ mögliche r-Tupel $(v_1, \ldots, v_r)$ mit $0 \leq v_j < m_j$. Deshalb muss jedes r-Tupel genau einmal vorkommen und es muss einen bestimmten Wert von u geben mit $(u \bmod m_1, \ldots, u \bmod m_r) = (u_1, \ldots, u_r)$.

Methode 2 („Konstruktiver" Beweis). Wir können Zahlen M_j für $1 \leq j \leq r$ so finden, dass

$$M_j \equiv 1 \text{ (modulo } m_j) \qquad \text{und} \qquad M_j \equiv 0 \text{ (modulo } m_k) \quad \text{for } k \neq j. \tag{7}$$

Dies folgt, weil (5) impliziert, dass m_j und m/m_j teilerfremd sind, also können wir

$$M_j = (m/m_j)^{\varphi(m_j)} \tag{8}$$

nehmen nach Eulers Satz (Übung 1.2.4–28). Jetzt erfüllt die Zahl

$$u = a + \big((u_1 M_1 + u_2 M_2 + \cdots + u_r M_r - a) \bmod m\big) \tag{9}$$

alle Bedingungen aus (6). ▮

Ein sehr spezieller Fall dieses Satzes wurde von dem chinesischen Mathematiker Sun Tsŭ aufgestellt, der eine Regel, genannt tái-yen, („grosse Verallgemeinerung") angab. Der Zeitpunkt seines Schreibens ist sehr unsicher; man vermutet zwischen 280 und 473 n.Chr.. Zur Zeit des Mittelalters entwickelten Mathematiker in Indien die Techniken mit ihren Methoden des *kuṭṭaka* (siehe Abschnitt 4.5.2) weiter, doch wurde Satz C zuerst in geeigneter Allgemeinheit von Ch'in Chiu-Shao in seinem Werk *Shu Shu Chiu Chang* (1247) ausgesprochen und bewiesen; letztere Arbeit betrachtet auch den Fall, dass die Moduli gemeinsame Faktoren wie in Übung 3 haben können. [Siehe J. Needham, *Science and Civilization in China* **3** (Cambridge University Press, 1959), 33–34, 119–120; Y. Li und S. Du, *Chinese Mathematics* (Oxford: Clarendon, 1987), 92–94, 105,

161–166; K. Shen, *Archiv for History of Exact Sciences* **38** (1988), 285–305.] Zahlreiche frühere Beiträge zu dieser Theorie wurden zusammengefasst von L. E. Dickson in seiner *History of the Theory of Numbers* **2** (Carnegie Inst. of Washington, 1920), 57–64.

Als eine Folge von Satz C können wir die modulare Darstellung für Zahlen in jedem zusammenhängenden Interval von $m = m_1 m_2 \ldots m_r$ ganzen Zahlen verwenden. Wir könnten zum Beispiel $a = 0$ in (6) nehmen und nur mit natürlichen Zahlen u kleiner m arbeiten. Andererseits, wenn sowohl Addition und Subtraktion als auch Multiplikation ausgeführt werden sollen, ist gewöhnlich die Annahme aller Moduli $m_1, m_2, \ldots, m_r$ als ungerade höchst bequem, so dass $m = m_1 m_2 \ldots m_r$ ungerade ist und man mit ganzen Zahlen im Bereich

$$-\frac{m}{2} < u < \frac{m}{2} \tag{10}$$

arbeiten kann, der völlig symmetrisch zur Null ist.

Um die Grundoperationen (2), (3) und (4) auszuführen, müssen wir $(u_j + v_j) \bmod m_j$, $(u_j - v_j) \bmod m_j$ und $u_j v_j \bmod m_j$ berechnen, wobei $0 \le u_j, v_j < m_j$. Wenn m_j eine einfachgenaue Zahl ist, kann man am einfachsten $u_j v_j \bmod m_j$ durch eine Multiplikation gefolgt von einer Division berechnen. Für Addition und Subtraktion ist die Situation ein wenig einfacher, da keine Division notwendig ist; die folgenden Formeln können leicht verwendet werden:

$$(u_j + v_j) \bmod m_j = u_j + v_j - m_j[u_j + v_j \ge m_j]. \tag{11}$$

$$(u_j - v_j) \bmod m_j = u_j - v_j + m_j[u_j < v_j]. \tag{12}$$

(Siehe Abschnitt 3.2.1.1.) Da wir m so groß wie möglich haben wollen, ist es am einfachsten, m_1 als die größte ungerade Zahl, die in ein Rechnerwort passt, m_2 als die größte ungerade, zu m_1 teilerfremde Zahl kleiner m_1, dann m_3 als die größte ungerade Zahl $< m_2$ zu nehmen, die zu m_1 und m_2 teilerfremd ist, und so weiter bis genug m_j gefunden wurden, um den gewünschten Bereich m abzudecken. Effiziente Methoden zu testen, ob zwei ganze Zahlen teilerfremd sind oder nicht, werden in Abschnitt 4.5.2 besprochen.

Als einfaches Beispiel wollen wir einen dezimalen Rechner mit nur zwei Ziffern pro Wort annehmen, so dass die Wortgröße 100 ist. Dann würde das im vorigen Abschnitt beschriebene Verfahren

$$m_1 = 99, \quad m_2 = 97, \quad m_3 = 95, \quad m_4 = 91, \quad m_5 = 89, \quad m_6 = 83 \tag{13}$$

und so weiter ergeben.

Auf binären Rechnern ist es manchmal wünschenswert, die m_j anders zu wählen, nämlich

$$m_j = 2^{e_j} - 1. \tag{14}$$

In andern Worten, jeder Modulus ist eins kleiner als eine Zweierpotenz. Eine solche Wahl von m_j macht oft die arithmetischen Grundoperationen einfacher, weil es relativ leicht ist, modulo $2^{e_j} - 1$ wie bei der Einerkomplement-Arithmetik zu arbeiten. Wenn die Moduli nach dieser Strategie gewählt werden, ist es hilfreich, die Bedingung $0 \le u_j < m_j$ ein wenig abzuschwächen, so dass wir nur

$$0 \le u_j < 2^{e_j}, \qquad u_j \equiv u \pmod{2^{e_j} - 1} \tag{15}$$

fordern. Also ist der Wert $u_j = m_j = 2^{e_j} - 1$ als eine mögliche Alternative zu $u_j = 0$ erlaubt; dies beeinflusst nicht die Gültigkeit von Satz C, und es bedeutet, wir erlauben u_j irgendeine binäre Zahl von e_j Bit zu sein. Unter dieser Annahme sehen die Operationen von Addition und Multiplikation modulo m_j folgendermaßen aus:

$$u_j \oplus v_j = \bigl((u_j + v_j) \bmod 2^{e_j}\bigr) + [u_j + v_j \ge 2^{e_j}]. \tag{16}$$

$$u_j \otimes v_j = (u_j v_j \bmod 2^{e_j}) \oplus \lfloor u_j v_j / 2^{e_j} \rfloor. \tag{17}$$

(Hier beziehen sich $\oplus$ und $\otimes$ auf die Operationen an den individuellen Komponenten von $(u_1, \ldots, u_r)$ und $(v_1, \ldots, v_r)$ bei der Addition bzw. Multiplikation mit der Konvention aus (15).) Gleichung (12) gilt noch für Subtraktion oder wir können

$$u_j \ominus v_j = \bigl((u_j - v_j) \bmod 2^{e_j}\bigr) - [u_j < v_j] \tag{18}$$

verwenden. Diese Operationen können effizient ausgeführt werden, auch wenn 2^{e_j} größer als die Wortgröße ist, da die Berechnung des Rests einer positiven Zahl modulo einer Zweierpotenz oder die Division einer Zahl durch eine Zweierpotenz einfach ist. In (17) haben wir die Summe der „oberen Hälfte“ und der „unteren Hälfte“ des Produkts wie in Übung 3.2.1.1–8 besprochen.

Wenn Moduli der Form $2^{e_j} - 1$ benutzt werden, müssen wir wissen, unter welchen Bedingungen die Zahl $2^e - 1$ teilerfremd zur Zahl $2^f - 1$ ist. Zum Glück gibt es eine sehr einfache Regel:

$$\mathrm{ggT}(2^e - 1, 2^f - 1) = 2^{\mathrm{ggT}(e,f)} - 1. \tag{19}$$

Diese Formel besagt insbesondere, dass $2^e - 1$ *und* $2^f - 1$ *genau dann teilerfremd sind, wenn* e *und* f *teilerfremd sind.* Gleichung (19) folgt aus Euklids Algorithmus und der Identität

$$(2^e - 1) \bmod (2^f - 1) = 2^{e \bmod f} - 1. \tag{20}$$

(Siehe Übung 6.) Auf einem Rechner mit Wortgröße 2^{32} könnten wir deshalb $m_1 = 2^{32} - 1$, $m_2 = 2^{31} - 1$, $m_3 = 2^{29} - 1$, $m_4 = 2^{27} - 1$, $m_5 = 2^{25} - 1$ wählen; diese würde effiziente Addition, Subtraktion und Multiplikation ganzer Zahlen in einem Bereich der Größe $m_1 m_2 m_3 m_4 m_5 > 2^{143}$ erlauben.

Wie wir bereits bemerkt haben, sind die Operationen der Konversion zu und von der modularen Darstellung sehr wichtig. Wenn wir eine Zahl u gegeben haben, kann ihre modulare Darstellung $(u_1, \ldots, u_r)$ durch einfaches Teilen von u durch $m_1, \ldots, m_r$ und Beibehaltung der Reste erhalten werden. Ein möglicherweise attraktiveres Verfahren besteht darin, wenn $u = (v_m v_{m-1} \ldots v_0)_b$, das Polynom

$$(\ldots(v_m b + v_{m-1})b + \cdots)\, b + v_0$$

in modularer Arithmetik auszuwerten. Wenn $b = 2$ ist und die Moduli m_j die besondere Form $2^{e_j} - 1$ haben, reduzieren sich beide Methoden auf ein ganz einfaches Verfahren: Betrachte die binäre Darstellung von u in Blöcke von e_j Bit gruppiert,

$$u = a_t A^t + a_{t-1} A^{t-1} + \cdots + a_1 A + a_0, \tag{21}$$

wobei $A = 2^{e_j}$ und $0 \leq a_k < 2^{e_j}$ für $0 \leq k \leq t$. Dann

$$u \equiv a_t + a_{t-1} + \cdots + a_1 + a_0 \pmod{2^{e_j} - 1}, \tag{22}$$

da $A \equiv 1$, also erhalten wir u_j durch Addition der e_j-Bit-Zahlen $a_t \oplus \cdots \oplus a_1 \oplus a_0$ nach (16). Dieser Prozess ähnelt dem vertrauten „Herausstreichen der Neuner", womit $u \bmod 9$ bestimmt wird, wenn u im Dezimalsystem ausgedrückt ist.

Konversion zurück von der modularen Form zur Stellenwertnotation ist etwas schwieriger. Es ist in diesem Zusammenhang interessant zu beobachten, wie die Untersuchung des Rechnens unseren Blickwinkel für mathematische Beweise ändert: Satz C sagt uns, dass die Konversion von $(u_1, \ldots, u_r)$ nach u möglich ist, und zwei Beweise werden gegeben. Der erste von uns betrachtete Beweis ist ein klassischer, der nur von sehr einfachen Begriffen abhängt, nämlich dass

i) jede Zahl, die ein Vielfaches von m_1, von m_2, ... und von m_r ist, auch ein Vielfaches von $m_1 m_2 \ldots m_r$ sein muss, wenn die m_j teilerfremd sind; und

ii) dass, wenn m Tauben auf m Taubenschläge so verteilt werden, dass keine zwei Tauben in denselben Schlag kommen, es dann eine Taube in jedem Schlag geben muss.

Nach dem herkömmlichen Begriff mathematischer Ästhetik ist dies ohne Zweifel der schönste Beweis von Satz C; doch vom rechnerischen Standpunkt aus ist er völlig wertlos. Er läuft auf die Anweisung hinaus „Versuche $u = a$, $a + 1$, ... bis du einen Wert findest, für welchen $u \equiv u_1 \pmod{m_1}$, ..., $u \equiv u_r \pmod{m_r}$."

Der zweite Beweis von Satz C ist expliziter; er zeigt, wie man r neue Konstante $M_1, \ldots, M_r$, berechnen und die Lösung mittels dieser neuen Konstanten nach Formel (9) bekommen kann. Dieser Beweis verwendet kompliziertere Begriffe (zum Beispiel Eulers Satz), doch er ist viel befriedigender unter dem Gesichtspunkt des Rechnens, da die Konstanten $M_1, \ldots, M_r$ nur einmal bestimmt werden müssen. Andererseits ist die Bestimmung von M_j nach Gl. (8) gewiss nicht trivial, da die Auswertung von Eulers φ-Funktion erforderlich ist, im Allgemeinen sogar die Faktorisierung von m_j in Primzahlpotenzen. Es gibt viel bessere Wege zur Berechnung von M_j, als (8) zu verwenden; in dieser Hinsicht können wir wieder den Unterschied zwischen mathematischer Eleganz und Effizienz des Rechnens sehen. Doch wenn wir M_j auch durch die bestmögliche Methode finden, bleibt die Tatsache bestehen, dass M_j ein Vielfaches der riesigen Zahl m/m_j ist. Also zwingt uns (9) eine Menge hochgenauer Rechnungen auf, was wir gerade durch modulare Arithmetik ursprünglich vermeiden wollten.

Also brauchen wir einen noch *besseren* Beweis von Satz C, wenn wir zu einer wirklich brauchbaren Methode zur Konversion von $(u_1, \ldots, u_r)$ nach u kommen wollen. Eine solche Methode wurde von H. L. Garner 1958 vorgeschlagen; sie kann mit $\binom{r}{2}$ Konstanten c_{ij} für $1 \le i < j \le r$ ausgeführt werden, wobei

$$c_{ij}\, m_i \equiv 1 \ (\text{modulo } m_j). \tag{23}$$

Diese Konstanten c_{ij} können leicht mit Euklids Algorithmus berechnet werden, da für beliebige gegebene i und j Algorithmus 4.5.2X a und b derart bestimmen wird, dass $am_i + bm_j = \mathrm{ggT}(m_i, m_j) = 1$, und wir können dann $c_{ij} = a$ nehmen. Wenn die Moduli die spezielle Form $2^{e_j} - 1$ haben, können die Konstanten c_{ij} mit einer einfachen Methode in Übung 6 bestimmt werden.

Sind die c_{ij} einmal bestimmt worden und erfüllen sie (23), können wir

$$\begin{aligned}
v_1 &\leftarrow u_1 \bmod m_1,\\
v_2 &\leftarrow (u_2 - v_1)\, c_{12} \bmod m_2,\\
v_3 &\leftarrow \big((u_3 - v_1)\, c_{13} - v_2\big)\, c_{23} \bmod m_3,\\
&\ \ \vdots\\
v_r &\leftarrow \big(\ldots((u_r - v_1)\, c_{1r} - v_2)\, c_{2r} - \cdots - v_{r-1}\big)\, c_{(r-1)r} \bmod m_r
\end{aligned} \tag{24}$$

setzen. Dann ist

$$u = v_r m_{r-1} \ldots m_2 m_1 + \cdots + v_3 m_2 m_1 + v_2 m_1 + v_1 \tag{25}$$

eine Zahl, die die Bedingungen

$$0 \le u < m, \qquad u \equiv u_j \ (\text{modulo } m_j) \quad \text{für } 1 \le j \le r \tag{26}$$

erfüllt. (Siehe Übung 8; ein anderer Weg, (24) so umzuschreiben, dass nicht so viele Hilfsgrößen auftreten, wird in Übung 7 angegeben.) Gleichung (25) ist eine *Gemischte-Basis-Darstellung* von u, welche in binäre oder dezimale Notation mit den Methoden aus Abschnitt 4.4 konvertiert werden kann. Wenn $0 \le u < m$ nicht der gewünschte Bereich ist, kann nach dem Konversionsprozess ein geeignetes Vielfaches von m hinzugefügt oder abgezogen werden.

Der Vorteil der in (24) gezeigten Rechnung ist der, dass die Berechnung der v_j ausschließlich mit Arithmetik mod m_j durchgeführt werden kann, welche bereits in die Algorithmen der modularen Arithmetik eingebaut ist. Weiterhin erlaubt (24) eine parallele Berechnung: Wir können mit $(v_1, \ldots, v_r) \leftarrow (u_1 \bmod m_1, \ldots, u_r \bmod m_r)$ beginnen, dann setzen wir zur Zeit j für $1 \le j < r$ gleichzeitig $v_k \leftarrow (v_k - v_j)c_{jk} \bmod m_k$ für $j < k \le r$. Eine Alternative zur Berechnung der Gemischten-Basis-Darstellung, die ähnliche Möglichkeiten der Paralellisierung eröffnet, wurde von A. S. Fraenkel, *Proc. ACM Nat. Conf.* **19** (Philadelphia: 1964), E1.4 besprochen.

Es ist wichtig zu bemerken, dass die Gemischte-Basis-Darstellung (25) hinreichend ist zum Vergleich der Ordnung zweier modularer Zahlen. Denn wenn wir wissen, dass $0 \le u < m$ und $0 \le u' < m$, dann können wir $u < u'$ dadurch bestimmen, dass wir zuerst die Konversion nach $(v_1, \ldots, v_r)$ und $(v_1', \ldots, v_r')$ durchführen, dann prüfen, ob $v_r < v_r'$, oder ob $v_r = v_r'$ und $v_{r-1} < v_{r-1}'$ usw. gemäß lexikographischer Ordnung. Man braucht nicht den ganzen Weg zur binären oder dezimalen Notation zu konvertieren, wenn wir nur wissen wollen, ob $(u_1, \ldots, u_r)$ kleiner ist als $(u'_1, \ldots, u'_r)$.

Die Operation des Vergleichs zweier Zahlen oder der Test, ob eine modulare Zahl negativ ist, erscheint intuitiv sehr einfach, so dass wir einen viel leichteren Test als die Konversion zur Gemischten-Basis-Form erwarten würden. Doch der folgende Satz zeigt, dass es wenig Hoffnung gibt, eine wesentlich bessere Methode zu finden, da der Wertebereich einer modularen Zahl im Wesentlichen von allen Bit aller Reste $(u_1, \ldots, u_r)$ abhängt:

Satz S (Nicholas Szabó, 1961). *Mit der obigen Notation sei $m_1 < \sqrt{m}$ angenommen und L sei irgendein Wert im Bereich*

$$m_1 \le L \le m - m_1. \tag{27}$$

g sei irgendeine Funktion derart, dass die Menge $\{g(0), g(1), \ldots, g(m_1 - 1)\}$ weniger als m_1 Werte enthält. Dann gibt es Zahlen u und v mit

$$g(u \bmod m_1) = g(v \bmod m_1), \qquad u \bmod m_j = v \bmod m_j \quad \text{für } 2 \le j \le r; \tag{28}$$

$$0 \le u < L \le v < m. \tag{29}$$

Beweis. Nach Voraussetzung muss es Zahlen $u \ne v$ geben, die (28) erfüllen, da g denselben Wert für zwei verschiedene Reste annehmen muss. (u, v) sei ein solches Paar von Werten mit $0 \le u < v < m$, die (28) erfüllen und für welche u minimal ist. Da $u' = u - m_1$ und $v' = v - m_1$ auch (28) erfüllen, müssen wir $u' < 0$ wegen der Minimalität von u haben. Also $u < m_1 \le L$; und wenn (29) nicht gilt, müssen wir $v < L$ haben. Doch $v > u$, und $v - u$ ist ein Vielfaches von $m_2 \ldots m_r = m/m_1$, also $v \ge v - u \ge m/m_1 > m_1$. Deshalb, wenn die Gleichung (29) nicht für (u, v) gilt, wird sie für das Paar $(u'', v'') = (v - m_1,\ u + m - m_1)$ erfüllt sein. ∎

Natürlich kann ein ähnliches Ergebnis für irgendein m_j an Stelle von m_1 bewiesen werden; wir könnten auch (29) durch die Bedingung „$a \le u < a + L \le v < a + m$“ mit nur geringfügigen Änderungen im Beweis ersetzen. Deshalb zeigt Satz S, dass viele einfachen Funktionen nicht zur Bestimmung des Werts einer modularen Zahl in Frage kommen können.

Wir wollen nun die Hauptpunkte der Besprechung in diesem Abschnitt wiederholen: modulare Arithmetik kann von signifikantem Vorteil für Anwendungen sein, in welchen die dominanten Rechnungen exakte Multiplikation (oder Potenzierung) großer ganzer Zahlen involvieren, kombiniert mit Addition und Subtraktion, wobei es jedoch sehr wenig Bedarf an Division oder Vergleich von Zahlen gibt, *oder an Prüfung auf „Überlauf“ von Zwischenergebnissen aus dem Wertebereich.* (Es ist wichtig, letztere Einschränkung nicht zu vergessen; Methoden sind verfügbar zur Prüfung auf Überlauf, wie in Übung 12, doch sind sie so kompliziert, dass sie die Vorteile modularer Arithmetik zunichte machen.) Mehrere Anwendungen modularer Berechnungen wurden von H. Takahasi und Y. Ishibashi, *Information Proc. in Japan* **1** (1961), 28–42, besprochen.

Ein Beispiel einer solchen Anwendung ist die exakte Lösung linearer Gleichungen mit rationalen Koeffizienten. Aus verschiedenen Gründen ist in diesem

Fall die Annahme wünschenswert, dass die Moduli $m_1, m_2, \ldots, m_r$ alle Primzahlen sind; die linearen Gleichungen können unabhängig modulo jedes m_j gelöst werden. Eine detaillierte Besprechung dieses Verfahrens wurde von I. Borosh und A. S. Fraenkel [*Math. Comp.* **20** (1966), 107–112] gegeben, mit weiteren Verbesserungen von A. S. Fraenkel und D. Loewenthal [*J. Res. National Bureau of Standards* **75B** (1971), 67–75]. Mittels ihrer Methode wurden die exakten neun unabhängigen Lösungen eines Systems von 111 linearen Gleichungen in 120 Unbekannten in weniger als 20 Minuten auf einem CDC 1604 Rechner gewonnen. Dasselbe Verfahren ist auch wertvoll zur simultanen Lösung linearer Gleichungen mit Gleitkomma-Koeffizienten, wenn die Matrix der Koeffizienten schlecht konditioniert ist. Die modulare Technik (wobei die gegebenen Gleitkomma-Koeffizienten als genaue rationale Zahlen behandelt werden) stellt eine Methode zur Erhaltung der *wahren* Antworten in weniger Zeit dar, als konventionelle Methoden zuverlässige *approximative* Resultate liefern können! [Siehe M. T. McClellan, *JACM* **20** (1973), 563–588, für Weiterentwicklungen dieser Methode; und siehe auch E. H. Bareiss, *J. Inst. Math. and Appl.* **10** (1972), 68–104, für eine Besprechung ihrer Grenzen.]

Die publizierte Literatur bezüglich modularer Arithmetik ist meist in Richtung Hardware-Entwurf orientiert, da die übertragsfreien Eigenschaften modularer Arithmetik sie attraktiv vom Standpunkt eines schnellen Operierens machen. Die Idee war zuerst von A. Svoboda und M. Valach in dem tscheschoslowakischen Journal *Stroje na Zpracováí Informací* (*Information Processing Maschines*) **3** (1955) veröffentlicht worden, 247–295; danach unabhängig von H. L. Garner [*IRE Trans.* **EC-8** (1959), 140–147]. Die Verwendung von Moduli der Form $2^{e_j} - 1$ war von A. S. Fraenkel [*JACM* **8** (1961), 87–96], vorgeschlagen worden, und mehrere Vorteile solcher Moduli wurden von A. Schönhage [*Computing* **1** (1966), 182–196] aufgezeigt. Siehe das Buch *Residue Arithmetic and its Applications to Computer Technology* von N. S. Szabó und R. I. Tanaka (New York: McGraw–Hill, 1967), für zusätzliche Information und eine umfassende Bibliographie des Gegenstandes. Ein russisches Buch, veröffentlicht 1968 von I. Y. Akushsky und D. I. Yuditsky, schließt ein Kapitel über komplexe Moduli ein [siehe *Rev. Roumaine de Math. Pures et Appl.* **15** (1970), 159–160].

Weitere Behandlungen modularer Arithmetik können in Abschnitt 4.3.3B gefunden werden.

Die Anzeigetafel hatte gesagt, er sei in Raum 423;
doch das System angeblich aufeinander folgender Nummern
schien nach einem Plan umgesetzt worden zu sein, der nur
das Werk eines Schlafwandlers oder Mathematikers gewesen sein konnte.
— ROBERT BARNARD, *The Case of the Missing Brontë* (1983)

Übungen

1. [*20*] Finde alle ganzen Zahlen u, die alle folgenden Bedingungen erfüllen: $u \bmod 7 = 1$, $u \bmod 11 = 6$, $u \bmod 13 = 5$, $0 \le u < 1000$.

2. [*M20*] Würde Satz C noch gelten, wenn wir für $a, u_1, u_2, \ldots, u_r$ und u beliebige reelle Zahlen (nicht just ganze Zahlen) zuließen?

▶ **3.** [*M26*] (*Verallgemeinerter chinesischer Restsatz.*) Seien $m_1, m_2, \ldots, m_r$ positive ganze Zahlen. Sei m das kleinste gemeinsame Vielfache von $m_1, m_2, \ldots, m_r$ und seien $a, u_1, u_2, \ldots, u_r$ irgendwelche ganze Zahlen. Beweise, dass es genau eine ganze Zahl u gibt, die die Bedingungen

$$a \le u < a + m, \qquad u \equiv u_j \pmod{m_j}, \qquad 1 \le j \le r$$

erfüllt, vorausgesetzt, dass

$$u_i \equiv u_j \quad (\text{modulo ggT}(m_i, m_j)), \qquad 1 \le i < j \le r;$$

und dass es keine solche ganze Zahl u gibt, wenn die letzte Bedingung nicht gilt.

4. [*20*] Führe den in (13) gezeigten Prozess fort; welche Werte würden m_7, m_8, m_9, … erhalten?

▶ **5.** [*M23*] Nimm an, dass die Methode von (13) solange fortgesetzt wird, bis keine m_j mehr gewählt werden können; ergibt diese „Hamster"-Methode den größtmöglichen Wert $m_1 m_2 \ldots m_r$, so dass die m_j ungerade positive, paarweise teilerfremde, ganze Zahlen kleiner als 100 sind?

6. [*M22*] Seien e, f und g natürliche Zahlen.

a) Zeige, dass $2^e \equiv 2^f \pmod{2^g - 1}$ genau dann, wenn $e \equiv f \pmod{g}$.

b) Gegeben sei $e \bmod f = d$ und $ce \bmod f = 1$, beweise die Identität

$$((1 + 2^d + \cdots + 2^{(c-1)d}) \cdot (2^e - 1)) \bmod (2^f - 1) = 1.$$

(Wir haben also eine vergleichsweise einfache Formel für das Inverse von $2^e - 1$, modulo $2^f - 1$, was in (23) erforderlich ist.)

▶ **7.** [*M21*] Zeige, dass (24) wie folgt neu geschrieben werden kann:

$$\begin{aligned}
v_1 &\leftarrow u_1 \bmod m_1,\\
v_2 &\leftarrow (u_2 - v_1)\, c_{12} \bmod m_2,\\
v_3 &\leftarrow (u_3 - (v_1 + m_1 v_2))\, c_{13} c_{23} \bmod m_3,\\
&\ \vdots\\
v_r &\leftarrow (u_r - (v_1 + m_1(v_2 + m_2(v_3 + \cdots + m_{r-2} v_{r-1}) \ldots)))\, c_{1r} \ldots c_{(r-1)r} \bmod m_r.
\end{aligned}$$

Wenn die Formeln auf diese Weise neu geschrieben werden, sehen wir, dass nur $r - 1$ Konstante $C_j = c_{1j} \ldots c_{(j-1)j} \bmod m_j$ statt der $r(r-1)/2$ Konstante c_{ij} in (24) benötigt werden. Besprich den relativen Vorzug dieser Version der Formel im Vergleich zu (24) vom Standpunkt des Rechnens her.

8. [*M21*] Beweise, dass die durch (24) und (25) definierte Zahl u die Beziehung (26) erfüllt.

9. [*M20*] Zeige, wie man von den Werten $v_1, \ldots, v_r$ in der Notation (25) mit gemischter Basis zurück zu den ursprünglichen Resten $u_1, \ldots, u_r$ kommt, wobei man nur Arithmetik mod m_j zur Berechnung der Werte u_j verwendet.

10. [*M25*] Eine ganze Zahl u, die im symmetrischen Bereich (10) liegt, kann durch Berechnung der Zahlen $u_1, \ldots, u_r$ dargestellt werden, so dass $u \equiv u_j \pmod{m_j}$ und $-m_j/2 < u_j < m_j/2$, statt auf der Bedingung $0 \le u_j < m_j$ wie im Text zu insistieren. Besprich die Verfahren modularer Arithmetik, die in Verbindung mit einer solchen symmetrischen Darstellung (einschließlich des Konversionsprozesses (24)) geeignet wären.

11. [*M23*] Nimm an, dass alle m_j ungerade sind und dass $u = (u_1, \ldots, u_r)$ als gerade bekannt ist, wobei $0 \le u < m$. Finde eine halbwegs schnelle Methode, $u/2$ mit modularer Arithmetik zu berechnen.

12. [*M10*] Beweise, dass die modulare Addition von u und v, wenn $0 \le u, v < m$, Überlauf verursacht (außerhalb des von der modularen Darstellung erlaubten Bereichs liegt) genau dann, wenn die Summe kleiner als u ist. (Also ist das Überlaufsentdeckungsproblem äquivalent zum Vergleichsproblem.)

▸ **13.** [*M25*] (*Automorphe Zahlen.*) Eine n-stellige dezimale Zahl $x > 1$ wird von Unterhaltungsmathematikern „automorph" genannt, wenn die n letzten Ziffern von x^2 gleich x sind. Zum Beispiel ist 9376 eine 4-stellige automorphe Zahl, da $9376^2 = 87909376$. [Siehe *Scientific American* **218** (January 1968), 125.]

a) Beweise, dass eine n-stellige Zahl $x > 1$ automorph ist genau dann, wenn $x \bmod 5^n = 0$ bzw. 1 und $x \bmod 2^n = 1$ bzw. 0. (Also sind für $m_1 = 2^n$ und $m_2 = 5^n$ die beiden einzigen n-stelligen automorphen Zahlen gerade die Zahlen M_1 und M_2 in (7).)

b) Beweise, dass wenn x eine n-stellige automorphe Zahl ist, dann $(3x^2 - 2x^3) \bmod 10^{2n}$ eine $2n$-stellige automorphe Zahl ist.

c) Gegeben sei $cx \equiv 1$ (modulo y), finde eine einfache Formel für eine Zahl c' in Abhängigkeit von c und x, doch nicht von y, so dass $c'x^2 \equiv 1$ (modulo y^2).

▸ **14.** [*M30*] (*Mersenne-Multiplikation.*) Die zyklische Konvolution von $(x_0, x_1, \ldots, x_{n-1})$ und $(y_0, y_1, \ldots, y_{n-1})$ ist definiert als $(z_0, z_1, \ldots, z_{n-1})$, wobei

$$z_k = \sum_{i+j \equiv k \ (\mathrm{modulo}\ n)} x_i y_j \qquad \text{für } 0 \le k < n.$$

Wir werden effiziente Algorithmen für zyklische Konvolution in Abschnitt 4.3.3 und 4.6.4 untersuchen.

Betrachte q-Bit-Ganzzahlen u und v, die in der Form

$$u = \sum_{k=0}^{n-1} u_k 2^{\lfloor kq/n \rfloor}, \qquad v = \sum_{k=0}^{n-1} v_k 2^{\lfloor kq/n \rfloor}$$

dargestellt sind, wobei $0 \le u_k, v_k < 2^{\lfloor (k+1)q/n \rfloor - \lfloor kq/n \rfloor}$. (Diese Darstellung ist eine Mischung von Basen $2^{\lfloor q/n \rfloor}$ und $2^{\lceil q/n \rceil}$.) Schlage einen guten Weg zur Bestimmung der Darstellung von

$$w = (uv) \bmod (2^q - 1),$$

mittels einer geeigneten zyklischen Konvolution vor. [*Hinweis:* Fürchte dich nicht vor Gleitkomma-Arithmetik.]

*4.3.3. Wie schnell können wir multiplizieren?

Das konventionelle Verfahren zur Multiplikation in Stellenwertsystemen, Algorithmus 4.3.1M, erfordert näherungsweise cmn Operationen zum Multiplizieren einer m-stelligen Zahl mit einer n-stelligen, wobei c eine Konstante ist. In diesem Abschnitt nehmen wir einfachheitshalber $m = n$ an, und wir wollen die folgende Frage betrachten: *Braucht jeder allgemeine Algorithmus zur Multiplikation zweier n-stelliger Zahlen eine Ausführungszeit proportional zu n^2, wenn n wächst?*

Bei dieser Frage bedeutet ein „allgemeiner" Computeralgorithmus einen solchen, der als Eingabe die Zahl n und zwei beliebige n-stellige Zahlen in

Stellenwertnotation akzeptiert; der Algorithmus gibt nach Annahme ihr Produkt in Stellenwertform aus. Wenn wir einen verschiedenen Algorithmus für jeden Wert von n zu wählen erlaubten, wäre die Frage gewiss von keinem Interesse, da Multiplikation für spezifische Werte von n durch ein „Tabellen-Nachschlagen“ in einer riesigen Tabelle durchgeführt werden könnte. Der Term „Computeralgorithmus“ impliziert einen Algorithmus, der zur Implementierung auf einem digitalen Rechner wie `MIX` geeignet ist, und die Ausführungszeit soll die verbrauchte Zeit zur Abarbeitung des Algorithmus auf einem solchen Rechner sein.)

A. Digitale Methoden. Die Antwort auf die oben gestellte Frage ist erstaunlicherweise „nein“ und tatsächlich ist es nicht sehr schwierig, zu sehen warum. Zur Einfachheit wollen wir während dieses ganzen Abschnitts annehmen, dass wir mit ganzen Zahlen ausgedrückt in binärer Darstellung arbeiten. Wenn wir zwei $2n$-Bit-Zahlen $u = (u_{2n-1} \ldots u_1 u_0)_2$ und $v = (v_{2n-1} \ldots v_1 v_0)_2$ haben, können wir

$$u = 2^n U_1 + U_0, \qquad v = 2^n V_1 + V_0 \tag{1}$$

schreiben, wobei $U_1 = (u_{2n-1} \ldots u_n)_2$ die „ signifikante Hälfte“ der Zahl u und $U_0 = (u_{n-1} \ldots u_0)_2$ die „weniger signifikante Hälfte“ ist; ähnlich $V_1 = (v_{2n-1} \ldots v_n)_2$ und $V_0 = (v_{n-1} \ldots v_0)_2$. Jetzt haben wir

$$uv = (2^{2n} + 2^n)U_1V_1 + 2^n(U_1 - U_0)(V_0 - V_1) + (2^n + 1)U_0V_0. \tag{2}$$

Diese Formel reduziert das Problem der Multiplikation zweier $2n$-Bit-Zahlen auf drei Multiplikationen von n-Bit-Zahlen, nämlich U_1V_1, $(U_1 - U_0)(V_0 - V_1)$, und U_0V_0, plus einige einfache Verschiebungs- und Additionsoperationen.

Formel (2) kann zur Multiplikation doppeltgenauer Eingaben benutzt werden, wenn wir ein vierfachgenaues Ergebnis wünschen, und sie wird auf vielen Maschinen etwas schneller als die traditionelle Methode sein. Doch der Hauptvorteil von (2) ist der, dass wir sie zur Definition eines rekursiven Prozesses für die Multiplikation verwenden können, der signifikant schneller als die vertraute Methode von der Ordnung n^2 ist, wenn n groß ist: Wenn $T(n)$ die erforderliche Zeit zur Multiplikation von n-Bit-Zahlen ist, haben wir

$$T(2n) \le 3T(n) + cn \tag{3}$$

für eine Konstante c, da die rechte Seite von (2) gerade drei Multiplikationen plus einige Additionen und Verschiebungen verwendet. Relation (3) impliziert nach Induktion, dass

$$T(2^k) \le c(3^k - 2^k), \qquad k \ge 1, \tag{4}$$

wenn wir c groß genug wählen, so dass diese Ungleichung für $k = 1$ gültig ist; deshalb haben wir

$$T(n) \le T\bigl(2^{\lceil \lg n \rceil}\bigr) \le c\bigl(3^{\lceil \lg n \rceil} - 2^{\lceil \lg n \rceil}\bigr) < 3c \cdot 3^{\lg n} = 3cn^{\lg 3}. \tag{5}$$

Relation (5) zeigt, dass die Laufzeit für Multiplikation von der Ordnung n^2 auf die Ordnung $n^{\lg 3} \approx n^{1.585}$ reduziert werden kann; also ist die rekursive Methode für große n viel schneller als die traditionelle Methode. Übung 18 bespricht eine Implementierung dieses Vorgehens.

(Eine ähnliche doch etwas kompliziertere Methode für die Multiplikation mit Laufzeit von der Ordnung $n^{\lg 3}$ war anscheinend zuerst von A. Karatsuba in *Doklady Akad. Nauk SSSR* **145** (1962), 293–294, [Englische Übersetzung in *Soviet Physics–Doklady* **7** (1963), 595–596] vorgeschlagen worden. Interessanterweise scheint diese Idee nicht vor 1962 entdeckt worden zu sein; keiner der „berühmten Kopfrechner", die für ihre Fähigkeit zur Multiplikation großer Zahlen im Kopf berühmt wurden, soll irgendeine derartige Methode verwendet haben, obwohl Formel (2) adaptiert auf Dezimalnotation zu einem recht leichten Weg zur Multiplikation achtstelliger Zahlen in Kopf zu führen schiene.)

Die Laufzeit kann im Grenzfall, dass n gegen unendlich geht, noch weiter reduziert werden, wenn wir bemerken, dass die gerade benutzte Methode im Wesentlichen der besondere Fall $r = 1$ einer allgemeineren Methode ist, die

$$T\bigl((r+1)n\bigr) \le (2r+1)T(n) + cn \tag{6}$$

für jedes feste r ergibt. Diese allgemeinere Methode kann man wie folgt erhalten: Sei

$$u = (u_{(r+1)n-1} \ldots u_1 u_0)_2 \qquad \text{und} \qquad v = (v_{(r+1)n-1} \ldots v_1 v_0)_2$$

in $r+1$ Stücke geteilt,

$$u = U_r 2^{rn} + \cdots + U_1 2^n + U_0, \qquad v = V_r 2^{rn} + \cdots + V_1 2^n + V_0, \tag{7}$$

wobei jedes U_j und jedes V_j eine n-Bit-Zahl ist. Betrachte die Polynome

$$U(x) = U_r x^r + \cdots + U_1 x + U_0, \qquad V(x) = V_r x^r + \cdots + V_1 x + V_0, \tag{8}$$

und sei

$$W(x) = U(x)V(x) = W_{2r} x^{2r} + \cdots + W_1 x + W_0. \tag{9}$$

Da $u = U(2^n)$ und $v = V(2^n)$, haben wir $uv = W(2^n)$, also können wir uv leicht berechnen, wenn wir die Koeffizienten von $W(x)$ wissen. Das Problem ist, einen guten Weg zur Berechnung der Koeffizienten von $W(x)$ mit nur $2r+1$ Multiplikationen von n-Bit-Zahlen plus einigen weiteren Operationen, die nur eine Ausführungszeit proportional zu n haben, zu finden. Dies kann durch Berechnen von

$$U(0)V(0) = W(0), \quad U(1)V(1) = W(1), \quad \ldots, \quad U(2r)V(2r) = W(2r) \tag{10}$$

geschehen. Die Koeffizienten eines Polynoms vom Grad $2r$ können als eine Linearkombination der Werte des Polynoms an $2r+1$ verschiedenen Punkten geschrieben werden; die Berechnung einer solchen Linearkombination erfordert eine Ausführungszeit höchstens proportional zu n. (Genaugenommen sind die Produkte $U(j)V(j)$ nicht strikte Produkte von n Bit Zahlen, sondern sie sind Produkte von höchstens $(n+t)$-Bit-Zahlen, wobei t ein fester Wert abhängig von r ist. Es ist leicht, eine Multiplikationsroutine für $(n+t)$-Bit-Zahlen zu entwerfen, die nur $T(n) + c_1 n$ Operationen erfordert, wobei $T(n)$ die Anzahl der benötigten

Operationen für n-Bit-Multiplikation ist, da zwei Produkte von t Bit mit n-Bit-Zahlen in c_2n Operationen ausgeführt werden können, wenn t fest ist.) Deshalb erhalten wir eine Multiplikationsmethode, die (6) erfüllt.

Relation (6) impliziert, dass $T(n) \le c_3 n^{\log_{r+1}(2r+1)} < c_3 n^{1+\log_{r+1} 2}$, wenn wir wie bei der Ableitung von (5) argumentieren, also haben wir jetzt das folgende Ergebnis bewiesen:

Satz A. *Für jedes $\epsilon > 0$ existiert ein Multiplikationsalgorithmus derart, dass die Anzahl elementarer Operationen $T(n)$ zur Multiplikation zweier n-Bit-Zahlen*

$$T(n) < c(\epsilon)n^{1+\epsilon} \tag{11}$$

für eine Konstante $c(\epsilon)$ unabhängig von n erfüllt. ▮

Dieser Satz ist noch nicht das gesuchte Ergebnis. Er ist unbefriedigend für praktische Zwecke, weil die Methode für $\epsilon \to 0$ (und deshalb für $r \to \infty$) ganz kompliziert wird, was $c(\epsilon)$ so schnell anwachsen lässt, dass äußerst große Werte von n nötig sind, bevor wir irgendeine signifikante Verbesserung gegenüber (5) haben. Und er ist unbefriedigend für theoretische Zwecke, weil er nicht die volle Potenz der Polynommethode verwendet, auf welcher er basiert. Wir können ein besseres Ergebnis erhalten, wenn wir r *veränderlich* mit n sein lassen, und größere und größere Werte von r wählen, wenn n wächst. Diese Idee stammt von A. L. Toom [*Doklady Akad. Nauk SSSR* **150** (1963), 496–498, Englische Übersetzung in *Soviet Mathematics* **4** (1963), 714–716], der sie zum Nachweis benutzte, dass Rechnerschaltkreise für die Multiplikation von n-Bit-Zahlen für wachsendes n mit einer ziemlich kleinen Anzahl von Komponenten konstruiert werden können. S. A. Cook [*On the Minimum Computation Time of Functions* (Thesis, Harvard University, 1966), 51–77], zeigte später, dass Tooms Methode für schnelle Rechnerprogramme adaptiert werden kann.

Bevor wir den Toom–Cook-Algorithmus weiter besprechen, wollen wir ein kleines Beispiel für den Übergang von $U(x)$ und $V(x)$ zu den Koeffizienten von $W(x)$ untersuchen. Dieses Beispiel wird nicht die Effizienz der Methode zeigen, da die Zahlen zu klein sind, doch es offenbart einige nützliche Vereinfachungen, die wir im allgemeinen Fall machen können. Nimm an, dass wir $u = 1234$ mal $v = 2341$ multiplizieren wollen; in binärer Notation ist dies

$$u = (0100\ 1101\ 0010)_2 \text{ mal } v = (1001\ 0010\ 0101)_2. \tag{12}$$

Sei $r = 2$; die Polynome $U(x)$ und $V(x)$ in (8) sind

$$U(x) = 4x^2 + 13x + 2, \qquad V(x) = 9x^2 + 2x + 5.$$

Also finden wir für $W(x) = U(x)V(x)$,

$$\begin{aligned} &U(0) = 2, && U(1) = 19, && U(2) = 44, && U(3) = 77, && U(4) = 118;\\ &V(0) = 5, && V(1) = 16, && V(2) = 45, && V(3) = 92, && V(4) = 157;\\ &W(0) = 10, && W(1) = 304, && W(2) = 1980, && W(3) = 7084, && W(4) = 18526. \end{aligned} \tag{13}$$

Unsere Aufgabe ist die Berechnung der fünf Koeffizienten von $W(x)$ von den letzten fünf Werten.

Ein attraktiver kleiner Algorithmus kann zur Berechnung der Koeffizienten eines Polynoms $W(x) = W_{m-1}x^{m-1} + \cdots + W_1 x + W_0$ verwendet werden, wenn die Werte $W(0)$, $W(1)$, $\ldots$, $W(m-1)$ gegeben sind. Wir wollen zuerst schreiben

$$W(x) = a_{m-1}x^{\underline{m-1}} + a_{m-2}x^{\underline{m-2}} + \cdots + a_1 x^{\underline{1}} + a_0, \tag{14}$$

wobei $x^{\underline{k}} = x(x-1)\ldots(x-k+1)$ und wobei die Koeffizienten a_j unbekannt sind. Die fallenden faktoriellen Potenzen haben die wichtige Eigenschaft, dass

$$W(x+1) - W(x) = (m-1)a_{m-1}x^{\underline{m-2}} + (m-2)a_{m-2}x^{\underline{m-3}} + \cdots + a_1;$$

also finden wir mittels Induktion, dass für alle $k \geq 0$

$$\frac{1}{k!}\left(W(x+k) - \binom{k}{1}W(x+k-1) + \binom{k}{2}W(x+k-2) - \cdots + (-1)^k W(x)\right)$$
$$= \binom{m-1}{k} a_{m-1}x^{\underline{m-1-k}} + \binom{m-2}{k} a_{m-2}x^{\underline{m-2-k}} + \cdots + \binom{k}{k} a_k. \tag{15}$$

Bezeichnen wir die linke Seite von (15) mit $(1/k!)\,\Delta^k W(x)$, so sehen wir, dass

$$\frac{1}{k!}\Delta^k W(x) = \frac{1}{k}\left(\frac{1}{(k-1)!}\Delta^{k-1}W(x+1) - \frac{1}{(k-1)!}\Delta^{k-1}W(x)\right)$$

und $(1/k!)\,\Delta^k W(0) = a_k$. Also können die Koeffizienten a_j mit einer sehr einfachen Methode ausgewertet werden, illustriert hier für die Polynome $W(x)$ in (13):

$$\begin{array}{rrrrr}
10 & & & & \\
 & 294 & & & \\
304 & & 1382/2 = 691 & & \\
 & 1676 & & 1023/3 = 341 & \\
1980 & & 3428/2 = 1714 & & 144/4 = 36 \\
 & 5104 & & 1455/3 = 485 & \\
7084 & & 6338/2 = 3169 & & \\
 & 11442 & & & \\
18526 & & & &
\end{array} \tag{16}$$

Die am weitesten links stehende Spalte dieses Tableaus ist eine Liste der gegebenen Werte $W(0)$, $W(1)$, $\ldots$, $W(4)$; die k-te nachfolgende Spalte wird durch Berechnung der Differenzen zwischen aufeinanderfolgenden Werten der vorausgehenden Spalte und Division durch k erhalten. Die Koeffizienten a_j erscheinen am Kopf der Spalten, so dass $a_0 = 10$, $a_1 = 294$, $\ldots$, $a_4 = 36$, und wir

$$\begin{aligned} W(x) &= 36x^{\underline{4}} + 341x^{\underline{3}} + 691x^{\underline{2}} + 294x^{\underline{1}} + 10 \\ &= \big(((36(x-3) + 341)(x-2) + 691)(x-1) + 294\big)x + 10 \end{aligned} \tag{17}$$

haben. Allgemein können wir schreiben

$$W(x) = (\ldots((a_{m-1}(x-m+2) + a_{m-2})(x-m+3) + a_{m-3})(x-m+4) + \cdots + a_1)\,x + a_0,$$

und diese Formel zeigt, wie die Koeffizienten $W_{m-1}, \ldots, W_1, W_0$ von den a erhalten werden können:

$$\begin{array}{rrrrr}
36 & 341 & & & \\
 & -3\cdot 36 & & & \\ \hline
36 & 233 & 691 & & \\
 & -2\cdot 36 & -2\cdot 233 & & \\ \hline
36 & 161 & 225 & 294 & \\
 & -1\cdot 36 & -1\cdot 161 & -1\cdot 225 & \\ \hline
36 & 125 & 64 & 69 & 10
\end{array} \qquad (18)$$

Hier zeigen die Zahlen unter den horizontalen Linien sukzessive die Koeffizienten der Polynome

$$a_{m-1},$$
$$a_{m-1}(x-m+2)+a_{m-2},$$
$$\bigl(a_{m-1}(x-m+2)+a_{m-2}\bigr)(x-m+3)+a_{m-3}, \qquad \text{usw.}$$

Von diesem Tableau haben wir

$$W(x) = 36x^4 + 125x^3 + 64x^2 + 69x + 10, \qquad (19)$$

also ist die Antwort auf unser ursprüngliches Problem

$$1234\cdot 2341 = W(16) = 2888794,$$

wobei $W(16)$ durch Addition und Verschieben erhalten wird. Eine Verallgemeinerung dieser Methode zur Bestimmung der Koeffizienten wird in Abschnitt 4.6.4 besprochen.

Die grundlegende Identität der Stirlingzahlen aus Gl. 1.2.6–(45),

$$x^n = \left\{ {n \atop n} \right\} x^{\underline{n}} + \cdots + \left\{ {n \atop 1} \right\} x^{\underline{1}} + \left\{ {n \atop 0} \right\},$$

zeigt, dass wenn die Koeffizienten von $W(x)$ nicht-negativ sind, es auch die Zahlen a_j sind, und in einem solchen Fall *sind alle Zwischenergebnisse der obigen Rechnung nicht-negativ*. Dies vereinfacht den Toom–Cook–Multiplikationsalgorithmus weiter, den wir jetzt im Detail betrachten werden. (Ungeduldige Leser sollten jedoch zu Unterabschnitt C weiter unten eilen.)

Algorithmus T (*Hochgenaue Multiplikation binärer Zahlen*). Gegeben seien eine positive ganze Zahl n und zwei natürliche n-Bit-Zahlen u und v; dieser Algorithmus bildet ihr $2n$-Bit-Produkt w. Vier Hilfsstapel werden zur Speicherung der langen Zahlen benutzt, die während des Verfahrens manipuliert werden:

Stapel U, V:	Hilfsspeicher für $U(j)$ und $V(j)$ in Schritt T4.
Stapel C:	die zu multiplizierenden Zahlen und Kontrollcodes.
Stapel W:	Speicher für $W(j)$.

Diese Stapel können entweder binäre Zahlen oder besondere Kontrollsymbole, genannt Code-1, Code-2 und Code-3, enthalten. Der Algorithmus konstruiert

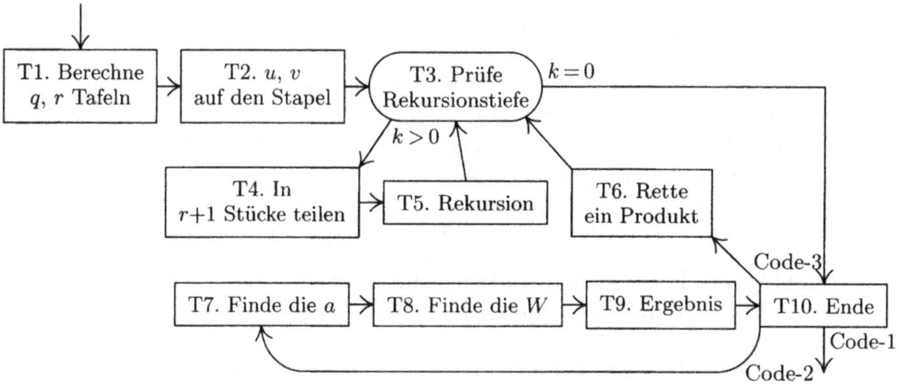

Fig. 8. Der Toom–Cook–Algorithmus für hochgenaue Multiplikation.

auch eine Hilfstafel von Zahlen q_k, r_k; diese Tafel wird so gehalten, dass sie als eine lineare Liste gespeichert werden kann, wobei ein einziger Zeiger zum Durchlaufen der Liste (rückwärts und vorwärts) zum Zugriff auf den laufenden Tafeleintrag verwendet werden kann.

(Stapelt C und W werden zur Kontrolle der Rekursion dieses Multiplikationsalgorithmus in einer naheliegenden direkten Weise verwendet, die ein Spezialfall des allgemeinen in Kapitel 8 besprochenen Verfahrens ist.)

T1. [Berechne q, r Tafeln.] Setze Stapel U, V, C, und W auf leer. Setze

$$k \leftarrow 1, \qquad q_0 \leftarrow q_1 \leftarrow 16, \qquad r_0 \leftarrow r_1 \leftarrow 4, \qquad Q \leftarrow 4, \qquad R \leftarrow 2.$$

Wenn jetzt $q_{k-1} + q_k < n$, setze

$$k \leftarrow k+1, \qquad Q \leftarrow Q + R, \qquad R \leftarrow \lfloor \sqrt{Q} \rfloor, \qquad q_k \leftarrow 2^Q, \qquad r_k \leftarrow 2^R,$$

und wiederhole diese Operation bis $q_{k-1} + q_k \geq n$. (*Bemerkung:* Die Berechnung von $R \leftarrow \lfloor \sqrt{Q} \rfloor$ erfordert nicht ein Wurzelziehen, da wir einfach $R \leftarrow R+1$, wenn $(R+1)^2 \leq Q$, setzen und R, wenn $(R+1)^2 > Q$, ungeändert lassen können; siehe Übung 2. In diesem Schritt bilden wir die Folgen

$$\begin{array}{rcllllllll} k &=& 0 & 1 & 2 & 3 & 4 & 5 & 6 & \ldots \\ q_k &=& 2^4 & 2^4 & 2^6 & 2^8 & 2^{10} & 2^{13} & 2^{16} & \ldots \\ r_k &=& 2^2 & 2^2 & 2^2 & 2^2 & 2^3 & 2^3 & 2^4 & \ldots \end{array}$$

Die Multiplikation von 70000-Bit-Zahlen würde diesen Schritt mit $k = 6$ terminieren lassen, da $70000 < 2^{13} + 2^{16}$.)

T2. [Lege u, v auf Stapel.] Lege Code-1 auf Stapel C, dann lege u und v auf Stapel C jede als Zahl von genau $q_{k-1} + q_k$ Bit.

T3. [Prüfe Rekursionstiefe.] Erniedrige k um 1. Wenn $k = 0$, liegen oben auf dem Stapel C jetzt zwei 32-Bit-Zahlen u und v; nimm sie weg, setze $w \leftarrow uv$ mit einem Unterprogramm zur Multiplikation zweier 32-Bit-Zahlen und geh nach Schritt T10. Wenn $k > 0$, setze $r \leftarrow r_k$, $q \leftarrow q_k$, $p \leftarrow q_{k-1} + q_k$ und geh weiter zu Schritt T4.

T4. [Aufteilen in $r + 1$ Stücke.] Betrachte die Zahl oben auf dem Stapel C als eine Liste von $r + 1$ Zahlen, jede zu q Bit, $(U_r \ldots U_1 U_0)_{2^q}$. (Oben auf dem Stapel C liegt jetzt eine $(r + 1)q = (q_k + q_{k+1})$-Bit-Zahl.) Für $j = 0, 1, \ldots, 2r$, berechne die p-Bit-Zahlen

$$\bigl(\ldots(U_r j + U_{r-1})j + \cdots + U_1\bigr)j + U_0 = U(j)$$

und lege der Reihe nach diese Werte auf Stapel U. (Der Boden von Stapel U enthält jetzt $U(0)$, dann kommt $U(1)$ usw. bis $U(2r)$ ganz oben. Wir haben

$$U(j) \le U(2r) < 2^q\bigl((2r)^r + (2r)^{r-1} + \cdots + 1\bigr) < 2^{q+1}(2r)^r \le 2^p,$$

nach Übung 3.) Dann nimm $U_r \ldots U_1 U_0$ von Stapel C.

Jetzt liegt oben auf dem Stapel C eine andere Liste von $r + 1$ q-Bit-Zahlen, $V_r \ldots V_1 V_0$, und die p-Bit-Zahlen

$$\bigl(\ldots(V_r j + V_{r-1})j + \cdots + V_1\bigr)j + V_0 = V(j)$$

sollten genauso auf Stapel V gelegt werden. Danach nimm $V_r \ldots V_1 V_0$ vom Stapel C.

T5. [Rekursion.] Sukzessiv lege die folgenden Dinge auf Stapel C, wobei die Stapel U und V geleert werden.

$$\text{code-2}, V(2r), U(2r), \text{code-3}, V(2r-1), U(2r-1), \ldots,$$
$$\text{code-3}, V(1), U(1), \text{code-3}, V(0), U(0).$$

Geh zurück nach Schritt T3.

T6. [Speichere ein Produkt.] (An diesem Punkt hat der Multiplikationsalgorithmus w auf eines der Produkte $W(j) = U(j)V(j)$ gesetzt.) Lege w auf Stapel W. (Diese Zahl w besitzt $2(q_k + q_{k-1})$ Bit.) Geh zurück nach Schritt T3.

T7. [Finde die a.] Setze $r \leftarrow r_k$, $q \leftarrow q_k$, $p \leftarrow q_{k-1} + q_k$. (An diesem Punkt hält Stapel W eine Folge von Zahlen endend mit $W(0)$, $W(1)$, …, $W(2r)$ von unten nach oben, wobei jedes $W(j)$ eine $2p$-Bit-Zahl ist.)

Jetzt führe für $j = 1, 2, 3, \ldots, 2r$ die folgende Schleife aus: Für $t = 2r, 2r-1, 2r-2, \ldots, j$ setze $W(t) \leftarrow \bigl(W(t) - W(t-1)\bigr)/j$. (Dabei muss j wachsen und t abnehmen. Die Größe $\bigl(W(t) - W(t-1)\bigr)/j$ wird immer eine natürliche Zahl sein, die in $2p$ Bit passt; siehe (16).)

T8. [Finde die W.] Für $j = 2r-1, 2r-2, \ldots, 1$ führe folgende Schleife aus: Für $t = j, j+1, \ldots, 2r-1$ setze $W(t) \leftarrow W(t) - jW(t+1)$. (Hier nimmt j ab und t wächst. Das Ergebnis dieser Operation ist wieder eine natürliche $2p$-Bit-Zahl; siehe (18).)

T9. [Ergebnis.] Setze w auf die $2(q_k + q_{k+1})$ Bit Zahl

$$\bigl(\ldots\bigl(W(2r)2^q + W(2r-1)\bigr)2^q + \cdots + W(1)\bigr)2^q + W(0).$$

Nimm $W(2r), \ldots, W(0)$ von Stapel W.

T10. [Rückkehr.] Setze $k \leftarrow k+1$. Nimm das oberste Element von Stapel C. Wenn es Code-3 ist, geh nach Schritt T6. Wenn es Code-2 ist, lege w auf Stapel W und geh nach Schritt T7. Und wenn es Code-1 ist, terminiere den Algorithmus (w ist das Resultat). ▮

Wir wollen jetzt die Laufzeit, $T(n)$, für Algorithmus T abschätzen, ausgedrückt durch etwas, was wir „Zyklen" nennen, d.h. elementare Maschinenoperationen. Schritt T1 braucht $O(q_k)$ Zyklen, sogar wenn wir die Zahl q_k intern als lange Kette von q_k Bit gefolgt von einem Begrenzer repräsentieren, da $q_k + q_{k-1} + \cdots + q_0$ von der Ordnung $O(q_k)$ wird. Schritt T2 braucht offenbar $O(q_k)$ Zyklen.

Jetzt bezeichne t_k den erforderlichen Rechenaufwand, um von Schritt T3 zu Schritt T10 für einen bestimmten Wert von k zu gelangen (nachdem k zu Beginn von Schritt T3 erniedrigt wurde). Schritt T3 erfordert höchstens $O(q)$ Zyklen. Schritt T4 involviert r Multiplikationen von p-Bit-Zahlen mit $(\lg 2r)$-Bit-Zahlen und r Additionen von p-Bit-Zahlen, alles $4r+2$ mal wiederholt. Also brauchen wir im Ganzen $O(r^2 q \log r)$ Zyklen. Schritt T5 erfordert, $4r+2$ p-Bit-Zahlen zu bewegen, also involviert er $O(rq)$ Zyklen. Schritt T6 erfordert $O(q)$ Zyklen, und er wird $2r+1$ mal pro Iteration ausgeführt. Die involvierte Rekursion, wenn der Algorithmus sich im Wesentlichen selbst aufruft (durch Rückkehr nach Schritt T3), erfordert t_{k-1} Zyklen, $2r+1$ mal. Schritt T7 erfordert $O(r^2)$ Subtraktionen von p-Bit-Zahlen und Divisionen von $2p$ Bit durch $(\lg 2r)$ Bit Zahlen, also erfordert er $O(r^2 q \log r)$ Zyklen. Ähnlich erfordert T8 $O(r^2 q \log r)$ Zyklen. Schritt T9 involviert $O(rq)$ Zyklen und T10 verbraucht fast überhaupt keine Zeit.

Alles aufsummiert haben wir $T(n) = O(q_k) + O(q_k) + t_{k-1}$, wobei (wenn $q = q_k$ und $r = r_k$) der Hauptbeitrag zur Laufzeit

$$\begin{aligned} t_k &= O(q) + O(r^2 q \log r) + O(rq) + (2r+1)O(q) + O(r^2 q \log r) \\ &\qquad + O(r^2 q \log r) + O(rq) + O(q) + (2r+1)t_{k-1} \\ &= O(r^2 q \log r) + (2r+1)t_{k-1} \end{aligned}$$

erfüllt. Also gibt es eine Konstante c derart, dass

$$t_k \le c r_k^2 q_k \lg r_k + (2r_k + 1)t_{k-1}.$$

Zur Vervollständigung der Abschätzung von t_k können wir unter Anwendung von Gewalt

$$t_k \le C q_{k+1} 2^{2{,}5\sqrt{\lg q_{k+1}}} \tag{20}$$

für eine Konstante C beweisen. Wählen wir $C > 20c$ und nehmen wir auch C groß genug, dass (20) gültig ist für $k \le k_0$, wobei k_0 unten spezifiziert wird. Wenn dann $k > k_0$, sei $Q_k = \lg q_k$, $R_k = \lg r_k$; wir haben mittels Induktion

$$t_k \le c q_k r_k^2 \lg r_k + (2r_k+1) C q_k 2^{2{,}5\sqrt{Q_k}} = C q_{k+1} 2^{2{,}5\sqrt{\lg q_{k+1}}}(\eta_1 + \eta_2),$$

wobei

$$\eta_1 = \frac{c}{C} R_k 2^{R_k - 2{,}5\sqrt{Q_{k+1}}} < \frac{1}{20} R_k 2^{-R_k} < 0{,}05,$$

$$\eta_2 = \left(2 + \frac{1}{r_k}\right) 2^{2{,}5(\sqrt{Q_k} - \sqrt{Q_{k+1}})} \to 2^{-1/4} < 0{,}85,$$

da

$$\sqrt{Q_{k+1}} - \sqrt{Q_k} = \sqrt{Q_k + \lfloor \sqrt{Q_k} \rfloor} - \sqrt{Q_k} \to \tfrac{1}{2}$$

für $k \to \infty$. Es folgt, dass wir k_0 derart finden können, dass $\eta_2 < 0{,}95$ für alle $k > k_0$, und dies vervollständigt den Beweis von (20) durch Induktion.

Endlich sind wir soweit, $T(n)$ abzuschätzen. Da $n > q_{k-1} + q_{k-2}$, haben wir $q_{k-1} < n$; also

$$r_{k-1} = 2^{\lfloor \sqrt{\lg q_{k-1}} \rfloor} < 2^{\sqrt{\lg n}} \qquad \text{und} \qquad q_k = r_{k-1} q_{k-1} < n 2^{\sqrt{\lg n}}.$$

Also

$$t_{k-1} \le C q_k 2^{2{,}5\sqrt{\lg q_k}} < C n 2^{\sqrt{\lg n} + 2{,}5(\sqrt{\lg n} + 1)},$$

und wir haben, da $T(n) = O(q_k) + t_{k-1}$, den folgenden Satz abgeleitet:

Satz B. *Es gibt eine Konstante c_0 derart, dass die Ausführungszeit von Algorithmus T kleiner als $c_0 n 2^{3{,}5\sqrt{\lg n}}$ Zyklen ist.* ▌

Da $n 2^{3{,}5\sqrt{\lg n}} = n^{1+3{,}5/\sqrt{\lg n}}$, ist dieses Ergebnis merklich stärker als Satz S. Durch Hinzufügen einiger weniger Komplikationen zum Algorithmus, die die Ideen an ihre offensichtlichen Grenzen treiben (siehe Übung 5), können wir die abgeschätzte Ausführungszeit auf

$$T(n) = O(n 2^{\sqrt{2 \lg n}} \log n) \tag{21}$$

verbessern.

***B. Eine modulare Methode.** Es gibt eine andere Methode zur sehr schnellen Multiplikation großer Zahlen, die auf den Ideen der in Abschnitt 4.3.2 präsentierten modularen Arithmetik basiert. Es ist zuerst sehr schwer zu glauben, dass diese Methode von Vorteil sein könnte, da ein auf modularer Arithmetik basierender Multiplikationsalgorithmus die Wahl der Moduli und die Zahlkonversion in die und aus der modularen Darstellung einschließen muss, außerdem die tatsächliche Multiplikationsoperation selbst. Trotz dieser beträchtlichen Schwierigkeiten hat A. Schönhage entdeckt, dass alle diese Operationen ganz schnell ausgeführt werden können.

Um den wesentlichen Mechanismus von Schönhages Methode zu verstehen, werden wir uns einen speziellen Fall ansehen. Betrachte die durch die Regeln

$$q_0 = 1, \qquad q_{k+1} = 3q_k - 1 \tag{22}$$

definierte Folge, so dass $q_k = 3^k - 3^{k-1} - \cdots - 1 = \frac{1}{2}(3^k + 1)$. Wir werden ein Verfahren zur Multiplikation von p_k Bit Zahlen, wobei $p_k = (18q_k + 8)$, mit Hilfe einer Methode zur Multiplikation von p_{k-1} Bit Zahlen studieren. Wenn wir also wissen, wie man Zahlen mit $p_0 = 26$ Bit multiplizieren kann, wird uns das zu beschreibende Verfahren zeigen, wie man Zahlen mit $p_1 = 44$ Bit multiplizieren kann, dann mit 98 Bit, dann mit 260 Bit usw., wobei schließlich die Bitanzahl bei jedem Schritt um fast einen Faktor 3 wachsen wird.

Wenn man p_k-Bit-Zahlen multipliziert, besteht die Idee darin, die sechs Moduli

$$\begin{aligned} m_1 &= 2^{6q_k-1}-1, & m_2 &= 2^{6q_k+1}-1, & m_3 &= 2^{6q_k+2}-1, \\ m_4 &= 2^{6q_k+3}-1, & m_5 &= 2^{6q_k+5}-1, & m_6 &= 2^{6q_k+7}-1 \end{aligned} \tag{23}$$

zu verwenden. Diese Moduli sind nach Gl. 4.3.2–(19) teilerfremd, da die Exponenten

$$6q_k-1, \quad 6q_k+1, \quad 6q_k+2, \quad 6q_k+3, \quad 6q_k+5, \quad 6q_k+7 \tag{24}$$

immer teilerfremd sind (siehe Übung 6). Die sechs Moduli in (23) können Zahlen bis zu $m = m_1m_2m_3m_4m_5m_6 > 2^{36q_k+16} = 2^{2p_k}$ darstellen, also droht keine Gefahr eines Überlaufs bei der Multiplikation der p_k-Bit-Zahlen u und v. Deshalb können wir die folgende Methode verwenden, wenn $k > 0$:

a) Berechne $u_1 = u \bmod m_1, \ldots, u_6 = u \bmod m_6$ und $v_1 = v \bmod m_1, \ldots, v_6 = v \bmod m_6$.

b) Multipliziere u_1 mit v_1, u_2 mit v_2, ..., u_6 mit v_6. Dies sind Zahlen von höchstens $6q_k + 7 = 18q_{k-1} + 1 < p_{k-1}$ Bit, also können die Multiplikationen mit dem angenommenen p_{k-1}-Bit-Multiplikationsverfahren ausgeführt werden.

c) Berechne $w_1 = u_1v_1 \bmod m_1, w_2 = u_2v_2 \bmod m_2, \ldots, w_6 = u_6v_6 \bmod m_6$.

d) Berechne w derart, dass $0 \le w < m$, $w \bmod m_1 = w_1, \ldots, w \bmod m_6 = w_6$.

Sei t_k der Zeitaufwand für diesen Prozess. Es ist nicht schwer zu sehen, dass die Operation (a) $O(p_k)$ Zyklen braucht, da die Bestimmung von $u \bmod (2^e - 1)$ ganz einfach (wie das „Herauswerfen der Neunen") ist, wie in Abschnitt 4.3.2 gezeigt wurde. Ganz ähnlich braucht Operation (c) $O(p_k)$ Zyklen. Operation (b) erfordert im Wesentlichen $6t_{k-1}$ Zyklen. Dies lässt Operation (d) übrig, welche eine ganz schwierige Rechnung zu sein scheint; doch Schönhage fand einen genialen Weg, Schritt (d) in $O(p_k \log p_k)$ Zyklen auszuführen, und das ist der Knackpunk der Methode. Als eine Folge davon haben wir

$$t_k = 6t_{k-1} + O(p_k \log p_k).$$

Da $p_k = 3^{k+2} + 17$, können wir zeigen, dass die Zeit für n-Bit-Multiplikation

$$T(n) = O(n^{\log_3 6}) = O(n^{1{,}631}) \tag{25}$$

ist. (Siehe Übung 7.)

Obwohl die modulare Methode komplizierter als das $O(n^{\lg 3})$ Verfahren ist, das wir zu Beginn dieses Abschnitts diskutiert haben, zeigt Gl. (25), dass es tatsächlich zu einer wesentlich besseren Ausführungszeit als $O(n^2)$ für die Multiplikation von n-Bit-Zahlen führt. Also haben wir gesehen, wie man die klassische Methode auf zwei vollständig verschiedenen Wegen verbessern kann.

Wir wollen jetzt Operation (d) analysieren. Nehmen wir an, dass wir eine Menge von paarweise teilerfremden positiven ganzen Zahlen $e_1 < e_2 < \cdots < e_r$ gegeben haben; sei

$$m_1 = 2^{e_1} - 1, \qquad m_2 = 2^{e_2} - 1, \qquad \ldots, \qquad m_r = 2^{e_r} - 1. \tag{26}$$

Wir haben auch Zahlen $w_1, \ldots, w_r$ derart gegeben, dass $0 \le w_j \le m_j$. Unsere Aufgabe ist die Bestimmung der binären Darstellung der Zahl w, die die Bedingungen

$$\begin{gathered} 0 \le w < m_1 m_2 \ldots m_r, \\ w \equiv w_1 \text{ (modulo } m_1), \qquad \ldots, \qquad w \equiv w_r \text{ (modulo } m_r) \end{gathered} \tag{27}$$

erfüllt. Die Methode basiert auf (24) und (25) aus Abschnitt 4.3.2. Zuerst berechnen wir

$$w'_j = \bigl(\ldots((w_j - w'_1)\,c_{1j} - w'_2)\,c_{2j} - \cdots - w'_{j-1}\bigr)\,c_{(j-1)j} \bmod m_j, \tag{28}$$

für $j = 2, \ldots, r$, wobei $w'_1 = w_1 \bmod m_1$; dann berechnen wir

$$w = \bigl(\ldots(w'_r m_{r-1} + w'_{r-1})\,m_{r-2} + \cdots + w'_2\bigr)\,m_1 + w'_1. \tag{29}$$

Hier ist c_{ij} eine Zahl mit $c_{ij} m_i \equiv 1$ (modulo m_j); diese Zahlen c_{ij} sind nicht gegeben, sie müssen aus den e_j bestimmt werden.

Die Berechnung von (28) für alle j involviert $\binom{r}{2}$ Additionen modulo m_j, von denen jede $O(e_r)$ Zyklen benötigt, plus $\binom{r}{2}$ Multiplikationen mit c_{ij} modulo m_j. Die Berechnung von w durch Formel (29) involviert r Additionen und r Multiplikationen mit m_j; es ist leicht, mit m_j zu multiplizieren, da dies gerade Addieren, Verschieben und Subtraktion ist, also beansprucht die Auswertung von Gl. (29) klarerweise $O(r^2 e_r)$ Zyklen. Wir werden bald sehen, dass jede der Multiplikationen mit c_{ij} modulo m_j nur $O(e_r \log e_r)$ Zyklen erfordert, und deshalb *kann die ganze Aufgabe der Konversion in $O(r^2 e_r \log e_r)$ Zyklen vollendet werden.*

Nach diesen Beobachtungen bleibt uns die Lösung folgenden Problems: Gegeben seien teilerfremde positive ganze Zahlen e und f mit $e < f$, und eine natürliche Zahl $u < 2^f$, berechne den Wert von $(cu) \bmod (2^f - 1)$, wobei c die Zahl mit $(2^e - 1)c \equiv 1$ (modulo $2^f - 1$) ist; diese ganze Rechnung muss in $O(f \log f)$ Zyklen erledigt werden. Das Ergebnis von Übung 4.3.2–6 ergibt eine Formel für c, die ein geeignetes Verfahren nahelegt. Zuerst finden wir die kleinste positive ganze Zahl b mit

$$be \equiv 1 \text{ (modulo } f). \tag{30}$$

Euklids Algorithmus wird b in $O\bigl((\log f)^3\bigr)$ Zyklen entdecken, da er angewandt auf e und f gerade $O(\log f)$ Iterationen erfordert und jede Iteration $O\bigl((\log f)^2\bigr)$ Zyklen kostet. Alternativ könnten wir hier sehr locker ohne Verletzung der Gesamtzeitschranke einfach $b = 1, 2$, usw. versuchen, bis (30) erfüllt ist; ein solcher Prozess würde $O(f \log f)$ Zyklen alles in allem kosten. Ist b einmal gefunden, so sagt uns Übung 4.3.2–6:

$$c = c[b] = \left(\sum_{0 \le j < b} 2^{je} \right) \bmod (2^f - 1). \tag{31}$$

Eine direkte Multiplikation von $(cu) \bmod (2^f - 1)$ würde zur Lösung des Problems nicht gut genug sein, da wir nicht wissen, wie wir allgemeine f-Bit-Zahlen in $O(f \log f)$ Zyklen multiplizieren können. Doch die spezielle Form von c setzt uns auf eine Fährte: Die binäre Darstellung von c setzt sich nach einem regulären Bitmuster zusammen und Gl. (31) zeigt, wie die Zahl $c[2b]$ einfach von $c[b]$ erhalten werden kann. Das legt nahe, dass wir eine Zahl u mit $c[b]$ schnell multiplizieren können, wenn wir $c[b]u$ in $\lg b$ Schritten nur geschickt genug wie folgt aufbauen können: Nehmen wir b als

$$b = (b_s \ldots b_2 b_1 b_0)_2$$

in binärer Notation an; wir können vier Folgen a_k, d_k, u_k, v_k berechnen, definiert durch

$$\begin{aligned}
a_0 &= e, & a_k &= 2a_{k-1} \bmod f;\\
d_0 &= b_0 e, & d_k &= (d_{k-1} + b_k a_k) \bmod f;\\
u_0 &= u, & u_k &= (u_{k-1} + 2^{a_{k-1}} u_{k-1}) \bmod (2^f - 1);\\
v_0 &= b_0 u, & v_k &= (v_{k-1} + b_k 2^{d_{k-1}} u_k) \bmod (2^f - 1).
\end{aligned} \tag{32}$$

Man kann leicht durch Induktion nach k beweisen, dass

$$\begin{aligned}
a_k &= (2^k e) \bmod f; & u_k &= (c[2^k]u) \bmod (2^f - 1);\\
d_k &= \big((b_k \ldots b_1 b_0)_2\, e\big) \bmod f; & v_k &= \big(c[(b_k \ldots b_1 b_0)_2]u\big) \bmod (2^f - 1).
\end{aligned} \tag{33}$$

Also ist das gewünschte Ergebnis, $(c[b]u) \bmod (2^f - 1)$, gerade v_s. Die Berechnung von a_k, d_k, u_k und v_k aus a_{k-1}, d_{k-1}, u_{k-1}, v_{k-1} braucht $O(\log f) + O(\log f) + O(f) + O(f) = O(f)$ Zyklen; folglich kann die ganze Rechnung wie gewünscht in $s\,O(f) = O(f \log f)$ Zyklen durchgeführt werden.

Der Leser wird es instruktiv finden, die geniale durch (32) und (33) dargestellte Methode sehr sorgfältig zu studieren. Ähnliche Techniken werden in Abschnitt 4.6.3 besprochen.

Schönhages Arbeit [*Computing* **1** (1966), 182–196] zeigt, dass diese Ideen auf die Multiplikation von n-Bit-Zahlen mit Hilfe von $r \approx 2^{\sqrt{2 \lg n}}$ Moduli erweitert werden können und dass man eine Methode analog zu Algorithmus T erhält. Wir werden auf die Einzelheiten hier keine Zeit aufwenden, da Algorithmus T immer überlegen ist; eine in der Tat sogar noch bessere Methode steht als nächstes auf unserer Tagesordnung.

C. Diskrete Fouriertransformation. Das kritische Problem bei hochgenauer Multiplikation ist die Bestimmung der „Konvolutionsprodukte“ wie etwa

$$u_r v_0 + u_{r-1} v_1 + \cdots + u_0 v_r, \tag{34}$$

und es besteht eine enge Beziehung zwischen Konvolutionen und einem wichtigen mathematischen Begriff, „Fouriertransformation“ genannt. Sei $\omega = \exp(2\pi i/K)$

eine K-te Einheitswurzel, dann ist die eindimensionale Fouriertransformierte der Folge komplexer Zahlen $(u_0, u_1, \ldots, u_{K-1})$ definiert als die Folge $(\hat{u}_0, \hat{u}_1, \ldots, \hat{u}_{K-1})$, wobei

$$\hat{u}_s = \sum_{0 \le t < K} \omega^{st} u_t, \qquad 0 \le s < K. \tag{35}$$

Wenn $(\hat{v}_0, \hat{v}_1, \ldots, \hat{v}_{K-1})$ genau so definiert ist als die Fouriertransformierte von $(v_0, v_1, \ldots, v_{K-1})$, so kann man leicht sehen, dass $(\hat{u}_0\hat{v}_0, \hat{u}_1\hat{v}_1, \ldots, \hat{u}_{K-1}\hat{v}_{K-1})$ die Transformierte von $(w_0, w_1, \ldots, w_{K-1})$ ist, wobei

$$\begin{aligned} w_r &= u_r v_0 + u_{r-1} v_1 + \cdots + u_0 v_r + u_{K-1} v_{r+1} + \cdots + u_{r+1} v_{K-1} \\ &= \sum_{i+j \equiv r \ (\text{modulo } K)} u_i v_j. \end{aligned} \tag{36}$$

Wenn $K \ge 2n - 1$ und $u_n = u_{n+1} = \cdots = u_{K-1} = v_n = v_{n+1} = \cdots = v_{K-1} = 0$, sind die w gerade das, was wir für die Multiplikation brauchen, da die Terme $u_{K-1}v_{r+1} + \cdots + u_{r+1}v_{K-1}$ verschwinden, wenn $0 \le r \le 2n - 2$. In anderen Worten, *die Transformierte eines Konvolutionsprodukts ist das gewöhnliche Produkt der Transformierten.* Dieser Gedanke ist tatsächlich ein Spezialfall von Tooms Idee der Verwendung von Polynomen (siehe (10)) mit x ersetzt durch Einheitswurzeln.

Wenn K eine Zweierpotenz ist, kann die diskrete Fouriertransformation (35) ganz schnell erhalten werden, wenn die Rechnungen in einer gewissen Weise arrangiert werden, und ebenso die Inverstransformierten (Bestimmung der w aus den $\hat{w}$). Diese Eigenschaft der Fouriertransformation wurde von V. Strassen 1968 ausgenutzt, der entdeckte, wie man große Zahlen schneller als nach allen vorher bekannten Schemata multiplizieren kann. Er und A. Schönhage verfeinerten später die Methode und veröffentlichten das verbesserte Verfahren in *Computing* **7** (1971), 281–292. Ähnliche Ideen, doch mit ausschließlichen Ganzzahlmethoden, waren unabhängig von J. M. Pollard [*Math. Comp.* **25** (1971), 365–374] ausgearbeitet worden. Um ihr Herangehen an das Problem zu verstehen, wollen wir zuerst auf den Mechanismus der schnellen Fouriertransformation einen Blick werfen.

Gegeben sei eine Folge $K = 2^k$ komplexer Zahlen $(u_0, \ldots, u_{K-1})$ und die komplexe Zahl

$$\omega = \exp(2\pi i/K), \tag{37}$$

die in (35) definierte Folge $(\hat{u}_0, \ldots, \hat{u}_{K-1})$ kann schnell nach dem folgenden Schema berechnet werden. (In diesen Formeln sind die Parameter s_j und t_j entweder 0 oder 1, so dass jeder „Pass“ 2^k elementare Berechnungen repräsentiert.)

Pass 0. Sei $A^{[0]}(t_{k-1}, \ldots, t_0) = u_t$, wobei $t = (t_{k-1} \ldots t_0)_2$.

Pass 1. Setze $A^{[1]}(s_{k-1}, t_{k-2}, \ldots, t_0) \leftarrow$

$$A^{[0]}(0, t_{k-2}, \ldots, t_0) + \omega^{2^{k-1}s_{k-1}} A^{[0]}(1, t_{k-2}, \ldots, t_0).$$

Pass 2. Setze $A^{[2]}(s_{k-1}, s_{k-2}, t_{k-3}, \ldots, t_0) \leftarrow$

$$A^{[1]}(s_{k-1}, 0, t_{k-3}, \ldots, t_0) + \omega^{2^{k-2}(s_{k-2}s_{k-1})_2} A^{[1]}(s_{k-1}, 1, t_{k-3}, \ldots, t_0).$$

...

Pass k. Setze $A^{[k]}(s_{k-1},\ldots,s_1,s_0) \leftarrow$
$$A^{[k-1]}(s_{k-1},\ldots,s_1,0) + \omega^{(s_0 s_1 \ldots s_{k-1})_2} A^{[k-1]}(s_{k-1},\ldots,s_1,1).$$

Es ist ziemlich leicht, durch Induktion zu beweisen, dass wir

$$A^{[j]}(s_{k-1},\ldots,s_{k-j},t_{k-j-1},\ldots,t_0) = \sum_{0\le t_{k-1},\ldots,t_{k-j}\le 1} \omega^{2^{k-j}(s_{k-j}\ldots s_{k-1})_2 (t_{k-1}\ldots t_{k-j})_2} u_t \tag{38}$$

haben, wobei $t = (t_{k-1}\ldots t_1 t_0)_2$, so dass

$$A^{[k]}(s_{k-1},\ldots,s_1,s_0) = \hat{u}_s \qquad \text{mit } s = (s_0 s_1 \ldots s_{k-1})_2. \tag{39}$$

(Es ist wichtig zu bemerken, dass die binären Ziffern von s im Endergebnis t (39) umgekehrt werden. Abschnitt 4.6.4 enthält eine weitere Besprechung von derartigen Transformationen.)

Um die inverse Fouriertransformation $(u_0,\ldots,u_{K-1})$ von $(\hat{u}_0,\ldots,\hat{u}_{K-1})$ zu bekommen, beachte, dass die „Doppeltransformierte“

$$\begin{aligned}\hat{\hat{u}}_r = \sum_{0\le s<K} \omega^{rs}\hat{u}_s &= \sum_{0\le s,t<K} \omega^{rs}\omega^{st}u_t \\ &= \sum_{0\le t<K} u_t \Biggl(\sum_{0\le s<K} \omega^{s(t+r)}\Biggr) = K u_{(-r) \bmod K}\end{aligned} \tag{40}$$

ist, da die geometrische Reihe $\sum_{0\le s<K}\omega^{sj}$ sich auf null summiert, es sei denn, dass j ein Vielfaches von K ist. Deshalb kann die inverse Transformation in derselben Weise wie die Transformation selbst berechnet werden, außer dass die Endergebnisse durch K geteilt und etwas in der Reihenfolge geändert werden müssen.

Zurückkehrend zum Problem der Ganzzahlmultiplikation nehmen wir an, wir möchten das Produkt von zwei n-Bit-Ganzzahlen u und v berechnen. Wie in Algorithmus T werden wir mit Bitgruppen arbeiten; sei

$$2n \le 2^k l < 4n, \qquad K = 2^k, \qquad L = 2^l, \tag{41}$$

und schreiben wir

$$u = (U_{K-1}\ldots U_1 U_0)_L, \qquad v = (V_{K-1}\ldots V_1 V_0)_L, \tag{42}$$

wobei wir u und v als K-stellige Zahlen zur Basis L betrachten, so dass jede Ziffer U_j oder V_j eine ganze Zahl von l Bit ist. Übrigens sind die führenden Ziffern U_j und V_j null für alle $j \ge K/2$, weil $2^{k-1}l \ge n$. Wir werden geeignete Werte für k und l später auswählen; im Moment ist unser Ziel zu sehen, was im Allgemeinen passiert, so dass wir k und l intelligent wählen können, wenn alle Tatsachen auf dem Tisch liegen.

Der nächste Schritt des Multiplikationsverfahrens ist die Berechnung der Fouriertransformierten $(\hat{u}_0,\ldots,\hat{u}_{K-1})$ und $(\hat{v}_0,\ldots,\hat{v}_{K-1})$ von den Folgen $(u_0,$ …, $u_{K-1})$ und $(v_0,\ldots,v_{K-1})$, wobei wir

$$u_t = U_t/2^{k+l}, \qquad v_t = V_t/2^{k+l} \tag{43}$$

definieren. Diese Skalierung wird zur Erleichterung eingeführt, dass jedes u_t und v_t kleiner als 2^{-k} ist und sicher gestellt ist, dass die Absolutwerte $|\hat{u}_s|$ und $|\hat{v}_s|$ kleiner 1 für alle s sein werden.

Offensichtlich tritt hier ein Problem auf, da die komplexe Zahl ω in binärer Notation nicht genau dargestellt werden kann. Wie gehen wir zur Berechnung einer zuverlässigen Fouriertransformation vor? Zum Glück wird alles richtig, wenn wir die Berechnungen mit nur einer bescheidenen Genauigkeit durchführen. Im Moment stellen wir diese Frage zurück und nehmen an, dass unendlichgenaue Berechnungen durchgeführt werden; wir werden später analysieren, wieviel Genauigkeit tatsächlich benötigt wird.

Sind einmal $\hat{u}_s$ und $\hat{v}_s$ gefunden, setzen wir $\hat{w}_s = \hat{u}_s\hat{v}_s$ für $0 \le s < K$ und bestimmen die inverse Fouriertransformation $(w_0, \ldots, w_{K-1})$. Wie oben erklärt, haben wir jetzt

$$w_r = \sum_{i+j=r} u_i v_j = \sum_{i+j=r} U_i V_j / 2^{2k+2l}$$

also sind die ganzen Zahlen $W_r = 2^{2k+2l} w_r$ die Koeffizienten im gewünschten Produkt

$$u \cdot v = W_{K-2} L^{K-2} + \cdots + W_1 L + W_0. \tag{44}$$

Da $0 \le W_r < (r+1)L^2 < KL^2$, hat jedes W_r höchstens $k + 2l$ Bit, also wird es nicht schwierig sein, die binäre Darstellung zu berechnen, wenn die W bekannt sind, es sei denn, dass k groß ist im Vergleich zu l.

Nehmen wir zum Beispiel an, wir wollten $u = 1234$ mal $v = 2341$ multiplizieren, wenn die Parameter $k = 3$ und $l = 4$ sind. Die Berechnung von $(\hat{u}_0, \ldots, \hat{u}_7)$ von u geht wie folgt vor sich (siehe (12)):

$(r,s,t) =$	$(0,0,0)$	$(0,0,1)$	$(0,1,0)$	$(0,1,1)$	$(1,0,0)$	$(1,0,1)$	$(1,1,0)$	$(1,1,1)$
$2^7 A^{[0]}(r,s,t) =$	2	13	4	0	0	0	0	0
$2^7 A^{[1]}(r,s,t) =$	2	13	4	0	2	13	4	0
$2^7 A^{[2]}(r,s,t) =$	6	13	-2	13	$2+4i$	13	$2-4i$	13
$2^7 A^{[3]}(r,s,t) =$	19	-7	$-2+13i$	$-2-13i$	$\alpha+\beta$	$\alpha-\beta$	$\bar{\alpha}-\bar{\beta}$	$\bar{\alpha}+\bar{\beta}$

Hier $\alpha = 2 + 4i$, $\beta = 13\omega$ und $\omega = (1+i)/\sqrt{2}$; dies gibt uns die Spalte mit dem Kopf $\hat{u}_s$ in Tafel 1. Die $\hat{v}_s$ Spalte erhält man von v in derselben Weise; dann multiplizieren wir $\hat{u}_s$ mit $\hat{v}_s$ zum Ergebnis $\hat{w}_s$. Nochmalige Transformation gibt uns w_s und W_s mittels Relation (40). Einmal mehr erhalten wir die Konvolutionsprodukte in (19), diesmal mit komplexen Zahlen, statt an einer ausschließlichen Ganzzahlmethode zu kleben.

Wir wollen versuchen abzuschätzen, wieviel Zeit diese Methode für große Zahlen braucht, wenn m-Bit-Festkomma-Arithmetik zur Berechnung der Fouriertransformation verwendet wird. Übung 10 zeigt, dass alle Größen $A^{[j]}$ während aller Pässe der Transformation kleiner 1 der Größenordnung nach wegen der Skalierung (43) sein werden, also genügt es, sich mit m-Bit-Brüchen $(0,a_{-1}\ldots a_{-m})_2$ für die Real- und Imaginärteile aller Zwischengrößen zu befassen. Vereinfachungen sind möglich, weil die Eingaben u_t und v_t reellwertig sind; in jedem Schritt müssen nur K statt $2K$ reelle Werte mitgeführt werden (siehe Übung 4.6.4–14).

Tafel 1

MULTIPLIKATION MITTELS DISKRETER FOURIERTRANSFORMATION

s	$2^7\hat{u}_s$	$2^7\hat{v}_s$	$2^{14}\hat{w}_s$	$2^{14}\hat{\hat{w}}_s$	$2^{14}w_s = W_s$
0	19	16	304	80	10
1	$2+4i+13\omega$	$5+9i+2\omega$	$-26+64i+69\omega-125\bar{\omega}$	0	69
2	$-2+13i$	$-4+2i$	$-18-56i$	0	64
3	$2-4i-13\bar{\omega}$	$5-9i-2\bar{\omega}$	$-26-64i+125\omega-69\bar{\omega}$	0	125
4	-7	12	-84	288	36
5	$2+4i-13\omega$	$5+9i-2\omega$	$-26+64i-69\omega+125\bar{\omega}$	1000	0
6	$-2-13i$	$-4-2i$	$-18+56i$	512	0
7	$2-4i+13\bar{\omega}$	$5-9i+2\bar{\omega}$	$-26-64i-125\omega+69\bar{\omega}$	552	0

Wir werden solche Verfeinerungen ignorieren, um Komplikationen minimal zu halten.

Die erste Aufgabe ist die Berechnung des ω und seiner Potenzen. Zur Vereinfachung machen wir eine Tabelle der Werte $\omega^0, \ldots, \omega^{K-1}$. Sei

$$\omega_r = \exp(2\pi i/2^r), \tag{45}$$

so dass $\omega_1 = -1$, $\omega_2 = i$, $\omega_3 = (1+i)/\sqrt{2}$, ..., $\omega_k = \omega$. Wenn $\omega_r = x_r + iy_r$, haben wir $\omega_{r+1} = x_{r+1} + iy_{r+1}$, wobei

$$x_{r+1} = \sqrt{\frac{1+x_r}{2}}, \qquad y_{r+1} = \frac{y_r}{2x_{r+1}}. \tag{46}$$

[Siehe S. R. Tate, *IEEE Transactions* **SP-43** (1995), 1709–1711.] Die Berechnung von $\omega_1, \omega_2, \ldots, \omega_k$ benötigt vernachlässigbare Zeit verglichen mit den anderen Rechnungen, so dass wir irgendeinen unkomplizierten Algorithmus zum Ziehen der Quadratwurzeln verwenden können. Sind einmal die ω_r berechnet, können wir alle Potenzen ω^j durch die Feststellung berechnen, dass

$$\omega^j = \omega_1^{j_{k-1}} \ldots \omega_{k-1}^{j_1} \omega_k^{j_0}, \qquad \text{falls } j = (j_{k-1} \ldots j_1 j_0)_2. \tag{47}$$

Diese Methode der Rechnung vermeidet eine Fehlerfortpflanzung, da jedes ω^j ein Produkt von höchstens k der ω_r ist. Die Gesamtzeit zur Berechnung aller ω^j ist $O(KM)$, wobei M die Zeit für eine komplexe m-Bit-Multiplikation ist, weil nur eine Multiplikation zur Erhaltung jedes ω^j von einem vorher berechneten Wert benötigt wird. Die nachfolgenden Schritte werden mehr als $O(KM)$ Zyklen erfordern, so dass die Potenzen von ω zu vernachlässigbaren Kosten berechnet wurden.

Jede der drei Fouriertransformationen umfasst k Pässe, von denen jeder K Operationen der Form $a \leftarrow b + \omega^j c$ involviert, so dass die Gesamtzeit zur Berechnung der Fouriertransformationen

$$O(kKM) = O(Mnk/l)$$

ist. Schließlich kostet die Arbeit zur Berechnung der binären Ziffern von $u \cdot v$ mittels (44) $O\big(K(k+l)\big) = O(n + nk/l)$. In der Summe über alle Operationen finden wir als Gesamtzeit zur Multiplikation von n-Bit-Zahlen u und v schließlich $O(n) + O(Mnk/l)$.

Jetzt wollen wir sehen, wie groß die Zwischengenauigkeit m sein muss, so dass wir wissen, wie groß M sein muss. Zur Vereinfachung wollen wir uns mit sicheren Abschätzungen der Genauigkeit zufrieden geben, statt die bestmöglichen Schranken finden zu wollen. Es wird eine solche Berechnung aller ω^j genügen, dass unsere Näherungen $(\omega^j)'$ die Beziehung $|(\omega^j)'| \le 1$ erfüllen; diese Bedingung kann leicht garantiert werden, wenn wir in Richtung null abschneiden statt zu runden, weil $x_{r+1}^2 + y_{r+1}^2 = (1 + x_r^2 + y_r^2 + 2x_r)/(2 + 2x_r)$ in (46). Die für die komplexe m-Bit-Festkomma-Arithmetik benötigten Operationen erhält man alle durch Ersetzung einer genauen Rechnung der Form $a \leftarrow b + \omega^j c$ durch eine approximierte Rechnung

$$a' \leftarrow \text{abgeschnitten}\big(b' + (\omega^j)'c'\big), \tag{48}$$

wobei b', $(\omega^j)'$ und c' vorher berechnete Näherungen sind; alle diese komplexen Zahlen und ihre Näherungen sind durch 1 im Absolutwert beschränkt. Wenn $|b' - b| \le \delta_1$, $|(\omega^j)' - \omega^j| \le \delta_2$ und $|c' - c| \le \delta_3$, kann man leicht sehen, dass wir $|a' - a| < \delta + \delta_1 + \delta_2 + \delta_3$ haben werden, wobei

$$\delta = |2^{-m} + 2^{-m}i| = 2^{1/2-m}, \tag{49}$$

weil wir $\big|(\omega^j)'c' - \omega^j c\big| = \big|\big((\omega^j)' - \omega^j\big)c' + \omega^j(c' - c)\big| \le \delta_2 + \delta_3$ haben und δ den maximalen Rundungsfehler überschreitet. Die Näherungen $(\omega^j)'$ erhält man, wenn man mit Näherungen ω_r' der in (46) definierten Zahlen beginnt, und wir können annehmen, dass (46) mit hinreichender Genauigkeit berechnet wird, um $|\omega_r' - \omega_r| < \delta$ zu machen. Dann impliziert (47), dass $\big|(\omega^j)' - \omega^j\big| < (2k-1)\delta$ für alle j, weil der Fehler von höchstens k Näherungen und $k-1$ Abschneidungen verursacht wird.

Wenn wir Fehler von höchstens ϵ vor irgendeinem Pass der schnellen Fouriertransformation haben, besitzen die Operationen dieses Passes deshalb die Form (48), wobei $\delta_1 = \delta_3 = \epsilon$ und $\delta_2 = (2k - 1)\delta$; die Fehler nach dem Pass werden dann höchstens $2\epsilon + 2k\delta$ sein. Es gibt keinen Fehler in Pass 0, also finden wir durch Induktion nach j, dass der maximale Fehler nach Pass j durch $(2^j - 1) \cdot 2k\delta$ beschränkt ist, und die berechneten Werte von $\hat{u}_s$ werden $|(\hat{u}_s)' - \hat{u}_s| < (2^k - 1) \cdot 2k\delta$ erfüllen. Eine ähnliche Formel wird für $(\hat{v}_s)'$ gelten; und wir werden

$$|(\hat{w}_s)' - \hat{w}_s| < 2(2^k - 1) \cdot 2k\delta + \delta < (4k2^k - 2k)\delta$$

haben. Während der inversen Transformation gibt es eine zusätzliche Akkumulation von Fehlern, doch die Division durch $K = 2^k$ macht davon das meiste wett; aus dem gleichen Grund finden wir, dass die berechneten Werte w_r' die Relationen

$$\big|(\hat{\hat{w}}_r)' - \hat{\hat{w}}_r\big| < 2^k(4k2^k - 2k)\delta + (2^k - 1)2k\delta; \quad |w_r' - w_r| < 4k2^k\delta \tag{50}$$

erfüllen werden. Wir brauchen genügend Genauigkeit, um $2^{2k+2l}w_r'$ auf die korrekte ganze Zahl W_r runden zu können, also brauchen wir

$$2^{2k+2l+2+\lg k+k+1/2-m} \le \tfrac{1}{2}; \tag{51}$$

d.h. $m \geq 3k + 2l + \lg k + 7/2$. Dies wird gelten, wenn wir einfach fordern, dass

$$k \geq 7 \qquad \text{und} \qquad m \geq 4k + 2l. \tag{52}$$

Die Relationen (41) und (52) können zur Bestimmung der Parameter k, l, m verwendet werden, so dass die Multiplikation $O(n) + O(Mnk/l)$ Zeiteinheiten braucht, wobei M die Zeit zur Multiplikation von m-Bit-Brüchen ist.

Wenn wir mit MIX zum Beispiel binäre Zahlen von $n = 2^{13} = 8192$ Bit multiplizieren wollen, können wir $k = 11$, $l = 8$, $m = 60$ wählen, so dass die notwendigen m-Bit-Operationen nichts anderes als doppeltgenaue Arithmetik sind. Die Laufzeit M, die man für die komplexe m-Bit-Festkommamultiplikation benötigt, wird deshalb vergleichsweise klein sein. Mit dreifachgenauen Operationen können wir zum Beispiel bis zu $k = l = 15$, $n \leq 15 \cdot 2^{14}$ gehen, was uns jenseits der Speicherkapazität von MIX führt. Auf einer größeren Maschine könnten wir ein Paar von Gigabitzahlen multiplizieren, wenn wir $k = l = 27$ und $m = 144$ nähmen.

Eine weitere Untersuchung der Wahlmöglichkeiten für k, l und m führt in der Tat zu einer überraschenden Konklusion: *Für alle praktischen Zwecke können wir M als konstant annehmen und die Schönhage–Strassen–Multiplikation wird ein Laufzeit linear proportional zu n haben.* Der Grund dafür ist, dass wir $k = l$ und $m = 6k$ wählen können; diese Möglichkeit für k ist immer kleiner als $\lg n$, also werden wir niemals mehr als sechsfache Genauigkeit verwenden müssen, es sei denn, n ist größer als die Wortgröße unseres Rechners. (Insbesondere müsste n größer als die Kapazität eines Indexregisters sein, so dass wir wahrscheinlich die Zahlen u und v nicht im Hauptspeicher halten könnten.)

Das praktische Problem der schnellen Multiplikation ist deshalb gelöst bis auf Verbesserungen beim konstanten Faktor. Wahrscheinlich ist in der Tat der Konvolutionsalgorithmus mit ausschließlich ganzen Zahlen von Übung 4.6.4–59 eine bessere Wahl für praktische hochgenaue Multiplikation. Unser Interesse an der Multiplikation großer Zahlen ist jedoch teils theoretischer Natur, weil es interessant ist, die äußersten Grenzen der Berechnungskomplexität zu erkunden. Also seien für den Moment praktische Betrachtungen vergessen und es werde angenommen, dass n riesengroß ist, vielleicht viel größer als die Anzahl der Atome im Universum. Wir können m näherungsweise $6 \lg n$ sein lassen und denselben Algorithmus rekursiv für die m-Bit-Multiplikationen verwenden. Die Laufzeit wird $T(n) = O\bigl(nT(\log n)\bigr)$ erfüllen; also

$$T(n) \leq C\,n(C \lg n)(C \lg\lg n)(C \lg\lg\lg n) \ldots, \tag{53}$$

wobei das Produkt fortgeht bis ein Faktor mit $\lg \ldots \lg n \leq 2$ erreicht ist.

Wie man diese theoretische obere Schranke auf $O(n \log n \log\log n)$ verbessern kann, zeigten Schönhage und Strassen in ihrer Arbeit mit *ganzen* Zahlen ω zur Ausführung der schnellen Fouriertransformation an ganzen Zahlen modulo Zahlen der Form $2^e + 1$. Diese obere Schranke gilt für Turingmaschinen, nämlich für Rechner mit beschränktem Speicher und einer endlichen Anzahl beliebig langer Bänder.

Wenn wir uns einen mächtigeren Rechner mit Zufallszugriff auf jede Anzahl an Wörtern beschränkter Größe gestatten, dann fällt, wie Schönhage gezeigt hat, die obere Schranke auf $O(n \log n)$. Denn wir können $k = l$ und $m = 6k$ wählen und haben Zeit, eine vollständige Multiplikationstafel aller möglichen Produkte xy für $0 \leq x, y < 2^{\lceil m/12 \rceil}$ aufzubauen. (Die Anzahl solcher Produkte ist 2^k oder 2^{k+1} und wir können jeden Tabelleneintrag durch Addition von einem seiner Vorgänger in $O(k)$ Schritten berechnen, also werden $O(k2^k) = O(n)$ Schritte für die Berechnung ausreichen.) In diesem Fall ist M die notwendige Zeit für 12-stellige Arithmetik zur Basis $2^{\lceil m/12 \rceil}$ und es folgt, dass $M = O(k) = O(\log n)$, weil 1-stellige Multiplikation durch Nachschlagen in der Tabelle ausgeführt werden kann. (Die Zugriffszeit auf ein Wort im Speicher wird als proportional zur Bitzahl der Wortadresse angenommen.)

Darüberhinaus entdeckte Schönhage 1979, dass eine *Zeigermaschine* n-Bit-Multiplikation in $O(n)$ Schritte ausführen kann; siehe Übung 12. Solche Geräte (auch „Speicheränderungsmaschinen " und „Verkettungsautomaten" genannt) scheinen die besten Rechenmodellierungen für $n \to \infty$ darzustellen wie am Ende von Abschnitt 2.6 besprochen wird. Also können wir schließen, dass Multiplikation in $O(n)$ Schritten sowohl für theoretische wie auch praktische Zwecke möglich ist.

Ein ungewöhnlicher Allgemeinrechner, genannt Kleiner Fermat, wurde 1986 mit einer speziellen Fähigkeit zur schnellen Multiplikation großer ganzer Zahlen von D. V. Chudnovsky, G. V. Chudnovsky, M. M. Denneau und S. G. Younis entworfen. Seine Hardware erlaubt schnelle Arithmetik modulo $2^{256} + 1$ an 257-Bit-Wörtern; eine Konvolution von 256-Wort-Arrays konnte dann mit 256 Einwortmultiplikationen zusammen mit drei diskreten Transformationen ausgeführt werden, die nur Addition, Subtraktion und Verschiebung erforderten. Dies machte es möglich, zwei 10^6-Bit-Ganzzahlen in weniger als 0,1 Sekunden zu multiplizieren, basierend auf einem Pipelineverarbeitungszyklus von näherungsweise 60 Nanosekunden [*Proc. Third Int. Conf. on Supercomputing* **2** (1988), 498–499; *Contemporary Math.* **143** (1993), 136].

D. Division. Jetzt, wo wir effiziente Routinen für die Multiplikation haben, wollen wir das inverse Problem betrachten. Es stellt sich heraus, dass Division genau so schnell wie Multiplikation ausgeführt werden kann – bis auf einen konstanten Faktor.

Zur Division einer n-Bit-Zahl u durch eine n-Bit-Zahl v können wir zuerst eine n-Bit-Näherung für $1/v$ finden, dann mit u multiplizieren, um eine Näherung $\hat{q}$ für u/v zu bekommen; schließlich können wir mittels einer weiteren Multiplikation die notwendige kleine Korrektur an $\hat{q}$ anbringen, um sicher zu stellen, dass $0 \leq u - qv < v$. Aus diesem Grund sehen wir, dass es genügt, einen effizienten Weg zur Approximation des Reziproken einer n-Bit-Zahl zu haben. Der folgende Algorithmus erreicht dies mit „Newtons Methode", wie sie am Ende von Abschnitt 4.3.1 erklärt wurde.

Algorithmus R (*Hochgenaues Reziprokes*). Habe v die binäre Darstellung $v = (0{,}v_1v_2v_3\ldots)_2$, wobei $v_1 = 1$. Dieser Algorithmus berechnet eine Näherung

z zu $1/v$ mit

$$|z - 1/v| \le 2^{-n}. \tag{54}$$

R1. [Anfangsnäherung.] Setze $z \leftarrow \frac{1}{4}\lfloor 32/(4v_1 + 2v_2 + v_3)\rfloor$ und $k \leftarrow 0$.

R2. [Newton-Iteration.] (An diesem Punkt haben wir eine Zahl z der binären Form $(xx{,}xx\ldots x)_2$ mit $2^k + 1$ Stellen nach dem Basiskomma und $z \le 2$.) Berechne $z^2 = (xxx{,}xx\ldots x)_2$ exakt mit einer schnellen Multiplikationsroutine. Dann berechne $V_k z^2$ exakt, wobei $V_k = (0{,}v_1v_2\ldots v_{2^{k+1}+3})_2$. Dann setze $z \leftarrow 2z - V_k z^2 + r$, wobei $0 \le r < 2^{-2^{k+1}-1}$ hinzugefügt wird, wenn z aufgerundet werden muss, bis es ein Vielfaches von $2^{-2^{k+1}-1}$ ist. Schließlich setze $k \leftarrow k + 1$.

R3. [Prüfung auf Ende.] Wenn $2^k < n$, geh zurück zu Schritt R2; sonst terminiert der Algorithmus. ▮

Dieser Algorithmus basiert auf einem Vorschlag von S. A. Cook. Eine ähnliche Technik wurde in Hardware verwendet [siehe Anderson, Earle, Goldschmidt und Powers, *IBM J. Res. Dev.* **11** (1967), 48–52]. Natürlich ist es notwendig, die Genauigkeit von Algorithmus R ganz sorgfältig zu prüfen, weil er nahe daran kommt, ungenau zu sein. Wir werden durch Induktion beweisen, dass

$$z \le 2 \qquad \text{und} \qquad |z - 1/v| \le 2^{-2^k} \tag{55}$$

zu Beginn und Ende von Schritt R2 gilt.

Zu diesem Zweck sei $\delta_k = 1/v - z_k$, wobei z_k der Wert von z nach k Iterationen von Schritt R2 ist. Um die Induktion nach k zu beginnen, haben wir

$$\delta_0 = 1/v - 8/v' + (32/v' - \lfloor 32/v'\rfloor)/4 = \eta_1 + \eta_2,$$

wobei $v' = (v_1v_2v_3)_2$ und $\eta_1 = (v' - 8v)/vv'$, so dass wir $-\frac{1}{2} < \eta_1 \le 0$ und $0 \le \eta_2 < \frac{1}{4}$ haben. Also $|\delta_0| < \frac{1}{2}$. Jetzt nehmen wir an, (55) sei für k verifiziert worden; dann

$$\begin{aligned}\delta_{k+1} = 1/v - z_{k+1} &= 1/v - z_k - z_k(1 - z_kV_k) - r\\ &= \delta_k - z_k(1 - z_kv) - z_k^2(v - V_k) - r\\ &= \delta_k - (1/v - \delta_k)v\delta_k - z_k^2(v - V_k) - r\\ &= v\delta_k^2 - z_k^2(v - V_k) - r.\end{aligned}$$

Jetzt $0 \le v\delta_k^2 < \delta_k^2 \le (2^{-2^k})^2 = 2^{-2^{k+1}}$ und

$$0 \le z^2(v - V_k) + r < 4(2^{-2^{k+1}-3}) + 2^{-2^{k+1}-1} = 2^{-2^{k+1}},$$

also $|\delta_{k+1}| \le 2^{-2^{k+1}}$. Wir müssen noch die erste Ungleichung von (55) verifizieren; zum Nachweis von $z_{k+1} \le 2$ unterscheiden wir drei Fälle:

a) $V_k = \frac{1}{2}$; dann $z_{k+1} = 2$.

b) $V_k \ne \frac{1}{2} = V_{k-1}$; dann $z_k = 2$, also $2z_k - z_k^2V_k \le 2 - 2^{-2^{k+1}-1}$.

c) $V_{k-1} \ne \frac{1}{2}$; dann $z_{k+1} = 1/v - \delta_{k+1} < 2 - 2^{-2^{k+1}} \le 2$, da $k > 0$.

Die Laufzeit von Algorithmus R ist auf

$$2T(4n) + 2T(2n) + 2T(n) + 2T(\tfrac{1}{2}n) + \cdots + O(n)$$

Schritte beschränkt, wobei $T(n)$ eine obere Schranke für die Zeit zur Multiplikation von n-Bit-Zahlen ist. Wenn $T(n)$ die Form $nf(n)$ für eine beliebige monoton nicht-fallende Funktion $f(n)$ hat, haben wir

$$T(4n) + T(2n) + T(n) + \cdots < T(8n), \qquad (56)$$

also kann Division mit einer Geschwindigkeit vergleichbar zur Multiplikation bis auf einen konstanten Faktor durchgeführt werden.

R. P. Brent hat gezeigt, dass Funktionen wie $\log x$, $\exp x$ und $\arctan x$ auf n signifikante Bit in $O\bigl(M(n)\log n\bigr)$ Schritten ausgewertet werden können, wenn $M(n)$ Zeiteinheiten zur Multiplikation von n-Bit-Zahlen benötigt werden [*JACM* **23** (1976), 242–251].

E. Multiplikation in Echtzeit. Es ist natürlich zu fragen, ob Multiplikation von n-Bit-Zahlen in gerade n Schritten erreichbar ist. Wir kamen von Ordnung n^2 herunter auf Ordnung n, also können wir vielleicht die Zeit auf das absolute Minimum drücken. In der Tat kann man die Antwort genau so schnell ausgeben, wie man die Ziffern eingeben kann, wenn wir den Bereich konventioneller Programmierung verlassen und uns erlauben, selbst einen Rechner zu bauen, der eine unbegrenzte Anzahl von lauter gleichzeitig operierenden Komponenten hat.

Ein *lineares iteratives Array* von Automaten ist eine Menge von Geräten M_1, M_2, M_3, …, von denen jedes in einer endlichen Menge von „Zuständen“ an jeder Stelle der Rechnung sein kann. Die Maschinen M_2, M_3, … haben alle *identische* Schaltungen und ihr Zustand zur Zeit $t+1$ ist eine Funktion sowohl ihres eigenen Zustandes zur Zeit t als auch des Zustands ihrer linken und rechten Nachbarn zur Zeit t. Die erste Maschine M_1 ist ein bisschen verschieden: Ihr Zustand zur Zeit $t+1$ ist eine Funktion ihres eigenen Zustands wie des Zustands von M_2 zur Zeit t und auch der *Eingabe* zur Zeit t. Die *Ausgabe* eines linearen iterativen Arrays ist eine auf den Zuständen von M_1 definierte Funktion.

Seien $u = (u_{n-1}\ldots u_1u_0)_2$, $v = (v_{n-1}\ldots v_1v_0)_2$ und $q = (q_{n-1}\ldots q_1q_0)_2$ binäre Zahlen und sei $uv + q = w = (w_{2n-1}\ldots w_1w_0)_2$. Es ist eine bemerkenswerte Tatsache, dass ein lineares iteratives Array konstruiert werden kann, unabhängig von n, das w_0, w_1, w_2, … ausgibt zu den Zeiten 1, 2, 3, …, wenn es die Eingaben (u_0, v_0, q_0), (u_1, v_1, q_1), (u_2, v_2, q_2), … zu den Zeiten 0, 1, 2, … erhält.

Wir können dieses Phänomen in der Sprache der Rechnerhardware ausdrücken, indem wir sagen, dass ein einziger integrierter Schaltkreis mit den folgenden Eigenschaften entworfen werden kann: Wenn wir hinreichend viele dieser Chips in einer geraden Zeile verdrahten, wobei jeder Modul nur mit seinem linken und rechten Nachbarn kommuniziert, liefert die resultierende Schaltung das $2n$-Bit-Produkt von n-Bit-Zahlen in genau $2n$ Takten.

Die Grundidee kann wie folgt verstanden werden. Zur Zeit 0 fragt Maschine M_1 die (u_0, v_0, q_0) ab und kann deshalb $(u_0v_0 + q_0) \bmod 2$ zur Zeit 1 ausgeben.

Tafel 2

MULTIPLIKATION IN EINEM LINEAREN ITERATIVEN ARRAY

Zeit	Eingabe		Modul M_1					Modul M_2					Modul M_3				
	u_j v_j	q_j	c	x_0 y_0	x_1 y_1	x y	z_2 z_1 z_0	c	x_0 y_0	x_1 y_1	x y	z_2 z_1 z_0	c	x_0 y_0	x_1 y_1	x y	z_2 z_1 z_0
0	1 1	1	0	0 0	0 0	0 0	0 0 0	0	0 0	0 0	0 0	0 0 0	0	0 0	0 0	0 0	0 0 0
1	1 1	1	1	1 1	0 0	0 0	0 1 0	0	0 0	0 0	0 0	0 0 0	0	0 0	0 0	0 0	0 0 0
2	1 1	0	2	1 1	1 1	0 0	1 0 0	0	0 0	0 0	0 0	0 0 0	0	0 0	0 0	0 0	0 0 0
3	0 0	1	3	1 1	1 1	1 1	0 1 1	0	0 0	0 0	0 0	0 0 1	0	0 0	0 0	0 0	0 0 0
4	1 1	0	3	1 1	1 1	0 0	1 0 1	1	1 1	0 0	0 0	0 0 1	0	0 0	0 0	0 0	0 0 0
5	0 0	0	3	1 1	1 1	1 1	0 1 1	2	1 1	0 0	0 0	0 0 1	0	0 0	0 0	0 0	0 0 0
6	0 0	0	3	1 1	1 1	0 0	1 0 0	3	1 1	0 0	1 1	0 1 0	0	0 0	0 0	0 0	0 0 0
7	0 0	0	3	1 1	1 1	0 0	0 0 0	3	1 1	0 0	0 0	0 1 0	1	1 1	0 0	0 0	0 0 1
8	0 0	0	3	1 1	1 1	0 0	0 0 0	3	1 1	0 0	0 0	0 1 0	2	1 1	0 0	0 0	0 0 0
9	0 0	0	3	1 1	1 1	0 0	0 0 0	3	1 1	0 0	0 0	0 0 1	3	1 1	0 0	0 0	0 0 0
10	0 0	0	3	1 1	1 1	0 0	0 0 1	3	1 1	0 0	0 0	0 0 0	3	1 1	0 0	0 0	0 0 0
11	0 0	0	3	1 1	1 1	0 0	0 0 0	3	1 1	0 0	0 0	0 0 0	3	1 1	0 0	0 0	0 0 0

Dann sieht sie (u_1, v_1, q_1) und kann $(u_0v_1 + u_1v_0 + q_1 + k_1) \bmod 2$ zur Zeit 2 ausgeben, wobei k_1 der vom vorigen Schritt übrig gebliebene „Übertrag" ist. Als nächstes sieht sie (u_2, v_2, q_2) und gibt $(u_0v_2 + u_1v_1 + u_2v_0 + q_2 + k_2) \bmod 2$ aus; weiterhin hält ihr Zustand die Werte von u_2 und v_2, so dass Maschine M_2 diese Werte zur Zeit 3 lesen kann und M_2 kann u_2v_2 berechnen zum Vorteil von M_1 zur Zeit 4. Maschine M_1 arrangiert im Wesentlichen anfänglich, dass M_2 die Folge (u_2, v_2), (u_3, v_3), ... multiplizieren kann und M_2 wird schließlich M_3 die Aufgabe, (u_4, v_4), (u_5, v_5) usw. zu multiplizieren geben. Zum Glück geht die Sache so auf, dass keine Zeit verloren geht. Der Leser wird es interessant finden, weitere Einzelheiten aus der folgenden formalen Beschreibung zu folgern.

Jedes Automaton hat 2^{11} Zustände $(c, x_0, y_0, x_1, y_1, x, y, z_2, z_1, z_0)$, wobei $0 \le c < 4$ und jedes x, y und z entweder 0 oder 1 ist. Anfangs sind alle Geräte im Zustand $(0,0,0,0,0,0,0,0,0,0)$. Nehmen wir an, dass eine Maschine M_j für $j > 1$ im Zustand $(c, x_0, y_0, x_1, y_1, x, y, z_2, z_1, z_0)$ zur Zeit t ist, und ihr linker Nachbar M_{j-1} im Zustand $(c^l, x_0^l, y_0^l, x_1^l, y_1^l, x^l, y^l, z_2^l, z_1^l, z_0^l)$ ist, während ihr rechter Nachbar M_{j+1} im Zustand $(c^r, x_0^r, y_0^r, x_1^r, y_1^r, x^r, y^r, z_2^r, z_1^r, z_0^r)$ zur selben Zeit ist. Dann wird Maschine M_j in den Zustand $(c', x_0', y_0', x_1', y_1', x', y', z_2', z_1', z_0')$ zur Zeit $t+1$ übergehen, wobei

$$\begin{aligned} c' &= \min(c+1, 3), && \text{falls } c^l = 3, && 0 && \text{sonst;} \\ (x_0', y_0') &= (x^l, y^l), && \text{falls } c = 0, && (x_0, y_0) && \text{sonst;} \\ (x_1', y_1') &= (x^l, y^l), && \text{falls } c = 1, && (x_1, y_1) && \text{sonst;} \\ (x', y') &= (x^l, y^l), && \text{falls } c \ge 2, && (x, y) && \text{sonst;} \end{aligned} \tag{57}$$

und $(z_2'z_1'z_0')_2$ die binäre Notation für

$$z_0^r + z_1 + z_2^l + \begin{cases} x^l y^l, & \text{falls } c = 0; \\ x_0 y^l + x^l y_0, & \text{falls } c = 1; \\ x_0 y^l + x_1 y_1 + x^l y_0, & \text{falls } c = 2; \\ x_0 y^l + x_1 y + x y_1 + x^l y_0, & \text{falls } c = 3 \end{cases} \tag{58}$$

ist. Die Maschine M_1 am weitesten links verhält sich fast wie die anderen; sie tut genau so, als ob es links eine Maschine im Zustand $(3,0,0,0,0,u,v,q,0,0)$ gäbe, wenn sie die Eingaben (u, v, q) empfängt. Die Ausgabe des Arrays ist die z_0-Komponente von M_1.

Tafel 2 zeigt ein Beispiel dieses Arrays, das die Eingaben

$$u = v = (\ldots 00010111)_2, \qquad q = (\ldots 00001011)_2$$

bearbeitet. Die Ausgabefolge erscheint im unteren rechten Teil der Zustände von M_1:

$$0, 0, 1, 1, 1, 0, 0, 0, 0, 1, 0, \ldots,$$

von rechts nach links die Zahl $(\ldots 01000011100)_2$ darstellend.

Diese Konstruktion basiert auf einer ähnlichen, die zuerst von A. J. Atrubin, *IEEE Trans.* **EC-14** (1965), 394–399, veröffentlicht wurde.

So schnell das iterative Array auch ist, optimal ist es nur, wenn die Eingabebit alle nacheinander ankommen. Wenn die Eingabebit alle gleichzeitig präsent sind, ziehen wir eine parallele Schaltung vor, die das Produkt zweier n-Bit-Zahlen nur um $O(\log n)$ Takte verzögert erhält. Effiziente Schaltungen dieser Art wurden beschrieben, zum Beispiel von C. S. Wallace, *IEEE Trans.* **EC-13** (1964), 14–17, oder D. E. Knuth, *The Stanford GraphBase* (New York: ACM Press, 1994), 270–279.

S. Winograd [*JACM* **14** (1967), 793–802] hat die minimal ereichbare Multiplikationszeit in einer logischen Schaltung untersucht, wenn n gegeben ist und die Eingaben alle auf einmal in beliebig codierter Form verfügbar sind. Für ähnliche Fragen, wenn Multiplikation und Addition gleichzeitig unterstützt werden müssen, siehe A. C. Yao, *STOC* **13** (1981), 308–311; Mansour, Nisan und Tiwari, *STOC* **22** (1990), 235–243.

Multiplikation ist meine Qual,
Und Division genau so schlimm:
Die Goldene Regel ist mein Stolperstein,
Und Übungen treiben mich zur Verzweiflung.

— MANUSKRIPT GESAMMELT VON J. O. HALLIWELL (c. 1570)

Übungen

1. [*22*] Die in (2) ausgedrückte Idee kann auf das Dezimalsystem verallgemeinert werden, wenn die Basis 2 durch 10 ersetzt wird. Berechne mit dieser Verallgemeinerung 1234 mal 2341 (durch Reduktion dieses Produkts vierstelliger Zahlen auf drei Produkte zweistelliger Zahlen und Reduktion jedes letzteren auf Produkte einstelliger Zahlen).

2. [*M22*] Beweise, dass in Schritt T1 von Algorithmus T der Wert von R entweder derselbe bleibt oder um eins wächst, wenn wir $R \leftarrow \lfloor\sqrt{Q}\rfloor$ setzen. (Deshalb brauchen wir, wie in diesem Schritt angemerkt wurde, keine Quadratwurzel zu berechnen.)

3. [*M22*] Beweise, dass die in Algorithmus T definierten Folgen q_k und r_k die Ungleichung $2^{q_k+1}(2r_k)^{r_k} \le 2^{q_{k-1}+q_k}$ erfüllen, wenn $k > 0$.

▶ **4.** [*28*] (K. Baker.) Zeige, dass es vorteilhaft ist, das Polynom $W(x)$ an den Punkten $x = -r, \ldots, 0, \ldots, r$ auszuwerten statt an den nicht-negativen Punkten $x = 0, 1, \ldots, 2r$ wie in Algorithmus T. Das Polynom $U(x)$ kann

$$U(x) = U_e(x^2) + xU_o(x^2)$$

geschrieben werden und ähnlich können $V(x)$ und $W(x)$ auf diesem Weg entwickelt werden; zeige, wie durch Ausnutzen dieser Idee schnellere Rechnungen in Schritte T7 und T8 erhalten werden.

▶ **5.** [*35*] Zeige, dass wenn wir in Schritt T1 von Algorithmus T die Zuweisung $R \leftarrow \lceil\sqrt{2Q}\,\rceil + 1$ anstatt $R \leftarrow \lfloor\sqrt{Q}\rfloor$ mit geeigneten Anfangswerten q_0, q_1, r_0 und r_1 wählen, dann kann (21) auf $t_k \le q_{k+1}2^{\sqrt{2\lg q_{k+1}}}(\lg q_{k+1})$ verbessert werden.

6. [*M23*] Beweise, dass die sechs Zahlen in (24) paarweise teilerfremd sind.

7. [*M23*] Beweise (25).

8. [*M20*] Wahr oder falsch: Wir können die Bitumkehrung $(s_{k-1}, \ldots, s_0) \rightarrow (s_0, \ldots, s_{k-1})$ in (39) ignorieren, weil die inverse Fouriertransformation die Bit ohnehin wieder umkehren wird.

9. [*M15*] Nimm an, die Fouriertransformationsmethode des Textes wird angewandt mit allen Vorkommen von ω ersetzt durch ω^q, wobei q eine feste ganze Zahl ist. Finde eine einfache Relation zwischen den Zahlen $(\tilde{u}_0, \tilde{u}_1, \ldots, \tilde{u}_{K-1})$, die man durch dieses allgemeine Verfahren erhält, und den Zahlen $(\hat{u}_0, \hat{u}_1, \ldots, \hat{u}_{K-1})$, die man für $q = 1$ erhält.

10. [*M26*] Die Skalierung in (43) macht klar, dass alle komplexen Zahlen $A^{[j]}$, die in Pass j von dem Transformationsunterprogramm berechnet werden, kleiner 2^{j-k} im Absolutwert während der Berechnung von $\hat{u}_s$ und $\hat{v}_s$ im Schönhage–Strassen-Multiplikationsalgorithmus sein werden. Zeige, dass alle $A^{[j]}$ kleiner 1 im Absolutwert während der *dritten* Fouriertransformation (der Berechnung von $\hat{\hat{w}}_r$) sein werden.

▶ **11.** [*M26*] Wie viele Automaten im linearen iterativen Array, definiert durch (57) und (58), werden zur Berechnung des Produkts von n-Bit-Zahlen, wenn n fest ist, benötigt? (Beachte, dass das Automaton M_j nur durch die Komponente z_0^r der Maschine zur Rechten beeiflusst wird, also können wir alle Automaten wegnehmen, deren z_0-Komponente immer null ist, wenn die Eingaben n-Bit-Zahlen sind.)

▶ **12.** [*M41*] (A. Schönhage.) Der Zweck dieser Übung ist der Nachweis, dass eine einfache Form einer Zeigermaschine n-Bit-Zahlen in $O(n)$ Schritten multiplizieren kann. Die Maschine hat keine eingebaute Arithmetik; alles, was sie tut, ist mit Knoten und Zeigern zu arbeiten. Jeder Knoten hat dieselbe endliche Anzahl von Zeigerfeldern, und es gibt endlich viele Zeigerregister. Die einzigen Operationen dieser Maschine sind:

i) lies ein Bit von der Eingabe und springe, wenn das Bit 0 ist;
ii) gib 0 oder 1 aus;
iii) lade ein Register mit dem Inhalt eines anderen Registers oder mit dem Inhalt eines Zeigerfeldes in einem Knoten, auf den ein Register zeigt;
iv) Speichere den Inhalt eines Registers in ein Zeigerfeld in einem Knoten, auf den ein Register zeigt;
v) springe, wenn zwei Register gleich sind;
vi) erzeuge einen neuen Knoten und lasse ein Register auf ihn zeigen;
vii) halt.

Implementiere die Fouriertransformationsmethode für die Multiplikation effizient auf einer solchen Maschine. [*Hinweise:* Zeige zuerst, dass wenn N eine beliebige positive ganze Zahl ist, es möglich ist, N Knoten für die Darstellung der ganzen Zahlen $\{0, 1, \ldots, N-1\}$ zu erzeugen, wobei der Knoten für p Zeiger zu den Knoten für $p+1$, $\lfloor p/2 \rfloor$ und $2p$ hat. Diese Knoten können in $O(N)$ Schritten erzeugt werden. Zeige, dass Arithmetik zur Basis N jetzt ohne Schwierigkeit simuliert werden kann: Zum Beispiel braucht man $O(\log N)$ Schritte, um die Knoten für $(p+q) \bmod N$ zu finden, und zur Bestimmung, ob $p+q \geq N$, wenn Zeiger nach p und q gegeben sind; und Multiplikation kann in $O(\log N)^2$ Schritte simuliert werden. Jetzt betrachte den Algorithmus im Text mit $k = l$ und $m = 6k$ und $N = 2^{\lceil m/13 \rceil}$, so dass alle Größen in der Festkomma-Arithmetik Berechnungen 13-stelliger ganzer Zahlen zur Basis N sind. Zeige schließlich, dass jeder Pass der schnellen Fouriertransformation in $O(K + (N \log N)^2) = O(K)$ Schritten ausgeführt werden kann mittels folgender Idee: Jede der K notwendigen Zuweisungen kann in eine beschränkte Liste von Instruktionen für einen simulierten `MIX`-ähnlichen Rechner „kompiliert“ werden, dessen Wortgröße N ist, und Instruktionen für K derartige parallele Maschinen können in $O(K + (N \log N)^2)$ Schritten simuliert werden, wenn sie zuerst so sortiert werden, dass alle identischen Instruktionen zusammen ausgeführt werden. (Zwei Instruktionen sind identisch, wenn sie denselben

Operationscode, dieselben Registerinhalte und dieselben Inhalte der Speicheroperanden haben.) Beachte, dass $N^2 = O(n^{12/13})$, also $(N \log N)^2 = O(K)$.]

13. [*M25*] (A. Schönhage.) Was ist eine gute obere Schranke für die benötigte Zeit zur Multiplikation einer m-Bit-Zahl mit einer n-Bit-Zahl, wenn m und n sehr groß sind, doch n viel größer als m ist, auf der Basis der Ergebnisse dieses Abschnitts für den Fall $m = n$?

14. [*M42*] Schreibe ein Programm für Algorithmus T, das die Verbesserungen von Übung 4 einschließt. Vergleiche es mit einem Programm für Algorithmus 4.3.1M und mit einem Programm basierend auf (2), um zu sehen, wie groß n sein muss, bevor Algorithmus T eine Verbesserung darstellt.

15. [*M49*] (S. A. Cook.) Ein Multiplikationsalgorithmus heißt *online*, wenn das $(k+1)$-te Eingabebit der Operanden, von rechts nach links, nicht gelesen wird, bevor das k-te Ausgabebit produziert worden ist. Was sind die schnellstmöglichen Online-Multiplikationsalgorithmen für die verschiedenen Maschinenmodelle?

▶ **16.** [*25*] Beweise, dass man nur $O(K \log K)$ arithmetische Operationen zur Auswertung der diskreten Fouriertransformation (35) braucht, sogar wenn K keine Zweierpotenz ist. [*Hinweis:* Schreibe (35) in der Form

$$\hat{u}_s = \omega^{-s^2/2} \sum_{0 \le t < K} \omega^{(s+t)^2/2} \omega^{-t^2/2} u_t$$

und drücke diese Summe als ein Konvolutionsprodukt aus.]

17. [*M26*] Karatsubas Multiplikationsschema (2) führt K_n 1-stellige Multiplikationen durch, wenn es die Produkte von n-stelligen Zahlen formt, wobei $K_1 = 1$, $K_{2n} = 3K_n$ und $K_{2n+1} = 2K_{n+1} + K_n$ für $n \ge 1$. „Löse" diese Rekurrenz durch Auffindung einer expliziten Formel für K_n, wenn $n = 2^{e_1} + 2^{e_2} + \cdots + 2^{e_t}$, $e_1 > e_2 > \cdots > e_t \ge 0$.

▶ **18.** [*M30*] Entwirf ein Schema zur Speicherallokation für die Zwischenresultate, wenn die Multiplikation durch einen rekursiven Algorithmus basierend auf (2) durchgeführt wird: Gegeben seien zwei N-stellige ganze Zahlen u und v, jede in N aufeinanderfolgenden Stellen des Speichers, zeige, wie man die Rechnung so arrangiert, dass das Produkt uv in den weniger signifikanten $2N$ Stellen eines $(3N + O(\log N))$-stelligen Arbeitsspeicherbereichs erscheint.

▶ **19.** [*M23*] Zeige, wie man $uv \bmod m$ mit einer beschränkten Anzahl von Operationen, die die Grundregeln aus Übung 3.2.1.1–11 erfüllen, berechnen kann, wenn man auch prüfen darf, ob ein Operand kleiner als der andere ist. Sowohl u als auch v sind variabel, doch m ist konstant. *Hinweis:* Betrachte die Zerlegung in (2).

4.4. Basiswechsel

Wenn unsere Vorfahren Arithmetik durch Zählen mit ihren zwei Fäusten oder acht statt mit zehn Fingern erfunden hätten, bräuchten wir uns niemals um das Schreiben von Routinen für Binär-Dezimal-Konversion zu kümmern. (Und wir hätten vielleicht niemals viel über Zahlsysteme gelernt.) In diesem Abschnitt werden wir die Konversion von Zahlen in Stellenwertnotation von einer Basis zu einer anderen Basis besprechen; dieser Prozess ist natürlich höchst wichtig auf binären Rechnern zur Konversion dezimaler Eingabedaten in die binäre Form und zur Konversion binärer Resultate in die dezimale Form.

A. Die vier Grundmethoden. Binär-Dezimal-Konversion gehört zu den maschinenabhängigsten Operationen, da Rechnerarchitekten immerfort neue verschiedene Wege zu ihrer Realisierung in Hardware erfinden. Deshalb werden wir nur die allgemeinen einschlägigen Prinzipien besprechen, von welchen Programmierer diejenigen Verfahren auswählen können, die am besten für ihre Maschinen geeignet sind.

Wir werden annehmen, dass wir nur nicht-negative Zahlen in die Konversion eingeben, da die Handhabung der Vorzeichen leicht zu bewerkstelligen ist.

Nehmen wir an, dass wir von Basis b zu Basis B konvertieren. (Verallgemeinerungen auf gemischte Basen werden in Übungen 1 und 2 betrachtet.) Die meisten Basiskonversionsroutinen basieren auf Multiplikation und Division mittels einer der vier unten angegebenen Methoden. Die ersten beiden Methoden sind auf ganze Zahlen (Basiskomma rechts) und die anderen auf Brüche (Basiskomma links) anwendbar. Es ist oft unmöglich, einen endlichen Basis-b-Bruch $(0{,}u_{-1}u_{-2}\ldots u_{-m})_b$ als einen endlichen Basis-B-Bruch $(0{,}U_{-1}U_{-2}\ldots U_{-M})_B$ *genau* auszudrücken. So hat zum Beispiel der Bruch $\frac{1}{10}$ die unendliche binäre Darstellung $(0{,}0001100110011\ldots)_2$. Deshalb sind manchmal Methoden zur Rundung des Ergebnisses auf M Stellen notwendig.

Methode 1a (Division durch B in Basis-b-Arithmetik). Gegeben sei eine ganze Zahl u, ihre Basis-B-Darstellung $(\ldots U_2U_1U_0)_B$ können wir wie folgt erhalten:

$$U_0 = u \bmod B, \qquad U_1 = \lfloor u/B \rfloor \bmod B, \qquad U_2 = \lfloor \lfloor u/B \rfloor /B \rfloor \bmod B, \qquad \ldots,$$

bis schließlich $\lfloor \ldots \lfloor \lfloor u/B \rfloor /B \rfloor \ldots /B \rfloor = 0$.

Methode 1b (Multiplikation mit b in Basis-B-Arithmetik). Wenn u die Basis-b-Darstellung $(u_m \ldots u_1u_0)_b$ hat, können wir Basis-B-Arithmetik zur Auswertung des Polynoms $u_mb^m + \cdots + u_1b + u_0 = u$ in der Form

$$\bigl((\ldots(u_m\,b + u_{m-1})\,b + \cdots)\,b + u_1\bigr)\,b + u_0$$

verwenden.

Methode 2a (Multiplikation mit B in Basis-b-Arithmetik). Gegeben sei eine gebrochene Zahl u; die Ziffern ihrer Basis-B-Darstellung $(0{,}U_{-1}U_{-2}\ldots)_B$ können wir wie folgt erhalten:

$$U_{-1} = \lfloor uB \rfloor, \qquad U_{-2} = \lfloor \{uB\}B \rfloor, \qquad U_{-3} = \lfloor \{\{uB\}B\}B \rfloor, \qquad \ldots,$$

wobei $\{x\}$ den Bruchteil $x \bmod 1 = x - \lfloor x \rfloor$ bezeichnet. Wenn die Rundung des Ergebnisses auf M Stellen gewünscht wird, kann die Rechnung anhalten, nachdem U_{-M} berechnet wurde, und U_{-M} sollte um eins erhöht werden, wenn $\{\ldots\{\{uB\}B\}\ldots B\}$ größer als $\frac{1}{2}$ ist. (Beachte jedoch, dass dies zur Propagation von Überträgen führen kann, und diese Überträge müssen in das Resultat in Basis-B-Arithmetik eingefügt werden. Es wäre einfacher, die Konstante $\frac{1}{2}B^{-M}$ zur ursprünglichen Zahl u vor Rechnungsbeginn hinzuzufügen, doch kann dies zu einer inkorrekten Antwort führen, wenn $\frac{1}{2}B^{-M}$ nicht genau als eine Basis-b-Zahl im Rechner darstellbar ist. Beachte weiter, dass es möglich ist, die Antwort aufzurunden auf $(1{,}00\ldots0)_B$, wenn $b^m \geq 2B^M$.)

Übung 3 zeigt die Erweiterung dieser Methode auf den Fall, dass M *variabel* ist, gerade groß genug zur Darstellung der ursprünglichen Zahl in einer spezifizierten Genauigkeit. In diesem Fall tritt das Problem der Überträge nicht auf.

Methode 2b (Division durch b in Basis-B-Arithmetik). Wenn u die Basis-b-Darstellung $(0{,}u_{-1}u_{-2}\ldots u_{-m})_b$ hat, können wir Basis-B-Arithmetik zur Auswertung von $u_{-1}b^{-1} + u_{-2}b^{-2} + \cdots + u_{-m}b^{-m}$ in der Form

$$\bigl((\ldots(u_{-m}/b + u_{1-m})/b + \cdots + u_{-2})/b + u_{-1}\bigr)/b$$

verwenden. Sorgfältig sollten Fehler kontrolliert werden, die wegen des Abschneidens oder der Rundung bei der Division durch b auftreten können; diese sind oft vernachlässigbar, doch nicht immer.

Zusammenfassend geben die Methoden 1a, 1b, 2a und 2b uns zwei Wege zur Konvertierung ganzer Zahlen und zwei Wege zu Konvertierung von Brüchen; und man kann sicherlich zwischen ganzen Zahlen und Brüchen durch Multiplikation oder Division mit einer geeigneten Potenz von b oder B konvertieren. Deshalb gibt es mindestens vier Methoden der Wahl bei Basiswechsel.

B. Einfachgenaue Konversion. Zu Illustration dieser vier Methoden wollen wir `MIX` als Binärrechner annehmen und eine natürliche Binärzahl u zu einer ganzen Dezimalzahl konvertieren. Also $b = 2$ und $B = 10$. Methode 1a könnte wie folgt programmiert werden:

```
    ENT1 0           Setze j ← 0.
    LDX  U
    ENTA 0           Setze rAX ← u.
 1H DIV  =10=        (rA, rX) ← (⌊rAX/10⌋, rAX mod 10)          (1)
    STX  ANSWER,1    U_j ← rX.
    INC1 1           j ← j + 1.
    SRAX 5           rAX ← rA.
    JXP  1B          Wiederhole, bis das Resultat 0 ist. ▮
```

Dies erfordert $18M + 4$ Zyklen, um M Ziffern zu erhalten.

Methode 1a verwendet Division durch 10; Methode 2a verwendet *Multiplikation* mit 10, also kann sie ein wenig schneller sein. Doch um Methode 2a zu verwenden, müssen wir uns mit Brüchen befassen und dies führt zu einer interessanten Situation. Sei w die Wortgröße des Rechners und nehmen wir $u < 10^n < w$ an. Mit einer einzigen Division können wir q und r finden, wobei

$$wu = 10^n q + r, \qquad 0 \le r < 10^n. \tag{2}$$

Wenn wir jetzt Methode 2a auf den Bruch $(q+1)/w$ anwenden, erhalten wir die Ziffern von u von links nach rechts, in n Schritten, da

$$\left\lfloor 10^n \frac{q+1}{w} \right\rfloor = \left\lfloor u + \frac{10^n - r}{w} \right\rfloor = u. \tag{3}$$

(Diese Idee stammt von P. A. Samet, *Software Practice & Experience* **1** (1971), 93–96.)

Hier ist das entsprechende MIX Programm:

```
    JOV  OFLO        Stelle Überlauf ab.
    LDA  U
    LDX  =10^n=      rAX ← wu + 10^n.
    DIV  =10^n=      rA ← q + 1, rX ← r.
    JOV  ERROR       Springe, falls u ≥ 10^n.
    ENT1 n-1         Setze j ← n − 1.                              (4)
2H  MUL  =10=        Nun denk dir das Basiskomma links, rA = x.
    STA  ANSWER,1    Setze U_j ← ⌊10x⌋.
    SLAX 5           x ← {10x}.
    DEC1 1           j ← j − 1.
    J1NN 2B          Wiederhole für n > j ≥ 0. ▌
```

Diese etwas längere Routine erfordert $16n + 19$ Zyklen, also ist sie ein wenig schneller als Programm (1), wenn $n = M \ge 8$; wenn führende Nullen präsent sind, wird (1) schneller sein.

Programm (4) kann so, wie es steht, nicht zur Konvertierung ganzer Zahlen $u \ge 10^m$, wenn $10^m < w < 10^{m+1}$, verwendet werden, da wir $n = m+1$ nehmen müssten. In diesem Fall können wir die führende Ziffer von u durch $\lfloor u/10^m \rfloor$ erhalten; dann kann $u \bmod 10^m$ wie oben mit $n = m$ konvertiert werden.

Die Tatsache, dass die Ergebnisziffern von links nach rechts erhalten werden, kann bei einigen Anwendungen (zum Beispiel beim ziffernweisen Ausdrucken eines Ergebnisses) von Vorteil sein. Also sehen wir, dass eine Methode mit Brüchen zur Konversion von ganzen Zahlen verwendet werden kann, obwohl die Verwendung ungenauer Division ein wenig numerische Analyse erfordert.

Wir können die Division durch 10 in Methode 1a vermeiden, wenn wir statt dessen zwei Multiplikationen ausführen. Diese Alternative kann wichtig sein, weil Basiskonversion oft durch „Satelliten"-Rechner ausgeführt wird, die keine eingebaute Division haben. Wenn wir x als eine Näherung von $\frac{1}{10}$ wählen, so dass

$$\frac{1}{10} < x < \frac{1}{10} + \frac{1}{w},$$

ist leicht zu beweisen (siehe Übung 7), dass $\lfloor ux \rfloor = \lfloor u/10 \rfloor$ oder $\lfloor u/10 \rfloor + 1$, solange $0 \le u < w$. Wenn wir deshalb $u - 10\lfloor ux \rfloor$ berechnen, werden wir den

Wert von $\lfloor u/10 \rfloor$ bestimmen können:

$$\lfloor u/10 \rfloor = \lfloor ux \rfloor - \big[u < 10\lfloor ux \rfloor\big]. \qquad (5)$$

Zur gleichen Zeit haben wir $u \bmod 10$ bestimmt. Ein MIX Programm zur Konversion mittels (5) erscheint in Übung 8; es erfordert etwa 33 Zyklen pro Ziffer.

Wenn der Rechner weder Division noch Multiplikation in seinem eingebauten Befehlsrepertoire hat, können wir noch Methode 1a zur Konversion durch sorgfältiges Verschieben und Addieren verwenden, wie in Übung 9 erklärt wird.

Ein anderer Weg zur Konvertierung von binär nach dezimal besteht in der Anwendung von Methode 1b, doch dazu bedarf es der Simulation des Verdoppelns in einem *dezimalen* Zahlsystem. Dieses Vorgehen ist allgemein am geeignetsten zum Einbau in die Hardware; man kann jedoch den Verdopplungsprozess für dezimale Zahlen mit binärer Addition, binärer Verschiebung und binärer Extraktion oder Maskierung (bitweises UND) programmieren, wie in Tafel 1 gezeigt wird, was von Peter L. Montgomery vorgeschlagen wurde.

Tafel 1

VERDOPPLUNG EINER BINÄRCODIERTEN DEZIMALZAHL

Operation	*Allgemeine Form*	*Beispiel*
1. Gegebene Zahl	$u_{11}\,u_{10}\,u_9\,u_8\;u_7\,u_6\,u_5\,u_4\;u_3\,u_2\,u_1\,u_0$	0011 0110 1001 = 3 6 9
2. Addiere 3 zu jeder Ziffer	$v_{11}\,v_{10}\,v_9\,v_8\;v_7\,v_6\,v_5\,v_4\;v_3\,v_2\,v_1\,v_0$	0110 1001 1100
3. Extrahiere jedes führende Bit	$v_{11}\;0\;0\;0\;v_7\;0\;0\;0\;v_3\;0\;0\;0$	0000 1000 1000
4. Verschiebe 2 nach rechts und subtrahiere	$0\;v_{11}\,v_{11}\,0\;\;0\;v_7\,v_7\;0\;\;0\;v_3\,v_3\;0$	0000 0110 0110
5. Addiere ursprüngliche Zahl	$w_{11}w_{10}w_9w_8\;w_7w_6w_5w_4\;w_3w_2w_1w_0$	0011 1100 1111
6. Addiere ursprüngliche Zahl	$x_{12}\,x_{11}\,x_{10}\,x_9\,x_8\;x_7\,x_6\,x_5\,x_4\;x_3\,x_2\,x_1\,x_0$	0 0111 0011 1000 = 7 3 8

Diese Methode ändert jede einzelne Ziffer d zu $2d$ für $0 \le d \le 4$ und zu $6 + 2d = (2d - 10) + 2^4$ für $5 \le d \le 9$; und das braucht man gerade zur Verdopplung dezimaler Zahlen, die mit 4 Bit pro Ziffer codiert sind.

Eine andere verwandte Idee hält eine Tabelle der Zweierpotenzen in dezimaler Form und addiert geeignete Potenzen durch Simulation dezimaler Addition. Eine Übersicht über Bitmanipulations-Algorithmen erscheint in Abschnitt 7.1.

Schließlich kann sogar Methode 2b für die Konversion von ganzen binären Zahlen zu ganzen dezimalen Zahlen verwendet werden. Wir können q wie in (2) finden, und dann können wir die dezimale Division von $q + 1$ durch w

mit einem „Halbierungsprozess" (Übung 10) simulieren, der ähnlich zum gerade beschriebenen Verdopplungsprozess ist, wobei nur die ersten n Ziffern rechts vom Basiskomma im Resultat beibehalten werden. In dieser Situation scheint Methode 2b keine Vorteile gegenüber den andern drei bereits besprochenen Methoden zu bieten, doch haben wir die früher gemachte Bemerkung bestätigt, dass mindestens vier verschiedene Methoden zur Konvertierung ganzer Zahlen von einer Basis zu einer anderen verfügbar sind.

Jetzt wollen wir Dezimal-zu-binär-Konversion (also $b = 10$, $B = 2$) betrachten. Methode 1a simuliert eine dezimale Division durch 2; dies ist machbar (siehe Übung 10), doch ist sie am geeignetsten für den Einbau in Hardware statt in Programme.

Methode 1b ist die praktischste Methode für Dezimal-zu-binär-Konversion in der großen Mehrheit aller Fälle. Der folgende MIX Code nimmt an, dass mindestens zwei Ziffern in der Zahl $(u_m \ldots u_1 u_0)_{10}$ konvertiert werden, und weiter $10^{m+1} < w$, so dass Überlauf kein Problem ist:

```
   ENT1 M-1       Setze j ← m − 1.
   LDA  INPUT+M   Setze U ← u_m.
1H MUL  =10=
   SLAX 5                                    (6)
   ADD  INPUT,1   U ← 10U + u_j.
   DEC1 1
   J1NN 1B        Wiederhole für m > j ≥ 0. ▮
```

Die Multiplikation mit 10 könnte durch Verschiebung und Addition ersetzt werden.

Eine kniffligere, doch vielleicht schnellere Methode, welche etwa $\lg m$ Multiplikationen, Extraktionen und Additionen an Stelle von $m - 1$ Multiplikationen und Additionen verwendet, wird in Übung 19 beschrieben.

Für die Konversion von Dezimalbrüchen $(0{,}u_{-1}u_{-2} \ldots u_{-m})_{10}$ zu Binärform können wir Methode 2b verwenden; oder wir konvertieren, wie es üblicher ist, zuerst die ganze Zahl $(u_{-1}u_{-2} \ldots u_{-m})_{10}$ mit Methode 1b und dividieren dann durch 10^m.

C. Handrechnung. Es ist gelegentlich für Programmierer notwendig, Zahlen per Hand zu konvertieren, und da dieser Gegenstand noch nicht in Grundschulen gelehrt wird, mag hier ein kurze Untersuchung wertvoll sein. Es gibt einfache Methoden mit Bleistift und Papier zur Konvertierung zwischen dezimaler und oktaler Notation und diese Methoden sind leicht erlernbar, also sollten sie weiter bekannt sein.

Konvertierung oktaler ganzer Zahlen zu dezimalen Zahlen. Die einfachste Konversion geht von oktal nach dezimal; diese Technik wurde anscheinend zuerst von Walter Soden, *Math. Comp.* **7** (1953), 273–274, veröffentlicht. Schreibe die zur Konversion gegebene oktale Zahl nieder; beim k-ten Schritt verdopple dann die k führenden Ziffern mit dezimaler Arithmetik und subtrahieren diese von den $k+1$ führenden Ziffern mit dezimaler Arithmetik. Der Prozess terminiert in m Schritten. wenn die gegebene Zahl $m+1$ Ziffern hat. Es ist ein gute Idee, ein Komma einzusetzen, um anzuzeigen, welche Ziffern verdoppelt werden, wie im folgenden Beispiel gezeigt wird, um frustrierende Irrtümer zu vermeiden.

Beispiel 1. Konvertiere $(\mathit{5325121})_8$ zu dezimal.

$$\begin{array}{rccccccc}
 & 5, & \mathit{3} & \mathit{2} & \mathit{5} & \mathit{1} & \mathit{2} & \mathit{1} \\
- & 1 & 0 & & & & & \\ \cline{2-3}
 & 4 & 3, & \mathit{2} & \mathit{5} & \mathit{1} & \mathit{2} & \mathit{1} \\
- & & 8 & 6 & & & & \\ \cline{2-4}
 & 3 & 4 & 6, & \mathit{5} & \mathit{1} & \mathit{2} & \mathit{1} \\
- & & 6 & 9 & 2 & & & \\ \cline{2-5}
 & 2 & 7 & 7 & 3, & \mathit{1} & \mathit{2} & \mathit{1} \\
- & & 5 & 5 & 4 & 6 & & \\ \cline{2-6}
 & 2 & 2 & 1 & 8 & 5, & \mathit{2} & \mathit{1} \\
- & & 4 & 4 & 3 & 7 & 0 & \\ \cline{2-7}
 & 1 & 7 & 7 & 4 & 8 & 2, & \mathit{1} \\
- & & 3 & 5 & 4 & 9 & 6 & 4 \\ \cline{2-8}
 & 1 & 4 & 1 & 9 & 8 & 5 & 7
\end{array}
\qquad \textit{Ergebnis:}\ (1419857)_{10}.$$

Eine recht gute Probe der Rechnungen kann das „Herauswerfen der Neunen“ sein: Die Quersumme der Ziffern der Dezimalzahl muss kongruent modulo 9 zur alternierenden Summe und Differenz der Ziffern der Oktalzahl sein, wobei der Ziffer am weitesten rechts der letzteren ein Pluszeichen gegeben wird. Im obigen Beispiel haben wir $1+4+1+9+8+5+7=35$, und $1-2+1-5+2-3+5=-1$; die Differenz ist 36 (ein Vielfaches von 9). Wenn diese Probe schief geht, kann sie auf die $k+1$ führenden Ziffern nach dem k-ten Schritt angewandt werden und der Fehler kann mit einer „binären Suche“ geortet werden; in anderen Worten, wir können die Fehlerstelle dadurch finden, dass wir zuerst das Ergebnis in der Mitte testen, dann mit demselben Verfahren in der ersten oder zweiter Hälfte der Rechnung in Abhängigkeit davon, ob das Ergebnis in der Mitte inkorrekt oder korrekt war.

Der Prozess des „Herauswerfens der Neunen“ ist nur zu etwa 89 Prozent zuverlässig, weil es eine Chance 1:9 gibt, dass zwei *zufällige* ganze Zahlen um ein Vielfaches von Neun verschieden sind. Eine noch bessere Probe besteht in der Konvertierung des Ergebnisses zurück zu einer oktalen Zahl mit einer inversen Methode, welche wir jetzt betrachten werden.

Konvertierung dezimaler ganzer Zahlen zu oktalen Zahlen. Ein ähnliches Verfahren kann für die gegenläufige Konversion verwendet werden: Schreibe die gegebene Dezimalzahl auf; beim k-ten Schritt verdopple die k führenden Ziffern mit *oktaler* Arithmetik und *addiere* dies zu den $k+1$ führenden Ziffern mit *oktaler* Arithmetik. Der Prozess terminiert in m Schritten, wenn die gegebene Zahl $m+1$ Ziffern hat.

Beispiel 2. Konvertiere $(1419857)_{10}$ zu oktal.

$$\begin{array}{cccccccc}
 & \mathit{1}, & 4 & 1 & 9 & 8 & 5 & 7 \\
+ & & \mathit{2} & & & & & \\ \hline
 & \mathit{1} & \mathit{6}, & 1 & 9 & 8 & 5 & 7 \\
+ & & \mathit{3} & \mathit{4} & & & & \\ \hline
 & \mathit{2} & \mathit{1} & \mathit{5}, & 9 & 8 & 5 & 7 \\
+ & & \mathit{4} & \mathit{3} & \mathit{2} & & & \\ \hline
 & \mathit{2} & \mathit{6} & \mathit{1} & \mathit{3}, & 8 & 5 & 7 \\
+ & & \mathit{5} & \mathit{4} & \mathit{2} & \mathit{6} & & \\ \hline
 & \mathit{3} & \mathit{3} & \mathit{5} & \mathit{6} & \mathit{6}, & 5 & 7 \\
+ & & \mathit{6} & \mathit{7} & \mathit{3} & \mathit{5} & \mathit{4} & \\ \hline
 & \mathit{4} & \mathit{2} & \mathit{5} & \mathit{2} & \mathit{4} & \mathit{1}, & 7 \\
+ & \mathit{1} & \mathit{0} & \mathit{5} & \mathit{2} & \mathit{5} & \mathit{0} & \mathit{2} \\ \hline
 & \mathit{5} & \mathit{3} & \mathit{2} & \mathit{5} & \mathit{1} & \mathit{2} & \mathit{1}
\end{array}
\qquad \textit{Ergebnis: } (\mathit{5325121})_8.$$

(Beachte, dass die nicht-oktalen Ziffern 8 und 9 in diese oktale Rechnung eingehen.) Für das Ergebnis kann, wie es oben besprochen wurde, die Probe gemacht werden. Diese Methode wurde von Charles P. Rozier, *IEEE Trans.* **CE-11** (1962), 708–709, veröffentlicht.

Die beiden gerade angegebenen Verfahren sind im Wesentlichen Methode 1b der allgemeinen Basis-Konversion. Verdoppeln und Abziehen in dezimaler Notation entspricht Multiplizieren mit $10 - 2 = 8$; Verdoppeln und Hinzufügen in oktaler Notation entspricht Multiplizieren mit $8+2 = 10$. Es gibt eine ähnliche Methode für Hexadezimal-Dezimal-Konversionen, doch ist sie etwas schwieriger, da sie Multiplikation mit 6 statt mit 2 involviert.

Um diese zwei Methoden auswendig zu behalten, prägt man sich unschwer ein, dass man zum Übergang von oktal zu dezimal subtrahieren muss, da die dezimale Darstellung einer Zahl kürzer ist; ähnlich muss man addieren zum Übergang von dezimal nach oktal. Die Rechnungen werden zur Basis des *Ergebnisses*, nicht zur Basis der gegebenen Zahl durchgeführt, sonst bekäme man nicht die gewünschte Antwort.

Konvertierung von Brüchen. Es ist keine gleichermaßen schnelle Methode zur manuellen Konvertierung von Brüchen bekannt. Der beste Weg scheint Methode 2a zu sein, mit Verdoppeln und Hinzufügen oder Abziehen zur Vereinfachung der Multiplikationen mit 10 oder mit 8. In diesem Fall kehren wir das Additions-Subtraktions-Kriterium um, Addition, wenn wir nach dezimal konvertieren, und Subtraktion, wenn wir nach oktal konvertieren; auch verwenden wir die Basis der Eingabezahl, *nicht* die Basis des Ergebnisses bei dieser Rechnung (siehe Beispiel 3 und 4). Der Prozess ist etwa doppelt so schwierig wie die für ganze Zahlen verwendete Methode.

Beispiel 3. Konvertiere $(0{,}14159)_{10}$ zu oktal.

$$
\begin{array}{l}
,1\ 4\ 1\ 5\ 9 \\
\quad 2\ 8\ 3\ 1\ 8- \\
\hline
\mathit{1},1\ 3\ 2\ 7\ 2 \\
\quad 2\ 6\ 5\ 4\ 4- \\
\hline
\mathit{1},0\ 6\ 1\ 7\ 6 \\
\quad 1\ 2\ 3\ 5\ 2- \\
\hline
\mathit{0},4\ 9\ 4\ 0\ 8 \\
\quad 9\ 8\ 8\ 1\ 6- \\
\hline
\mathit{3},9\ 5\ 2\ 6\ 4 \\
\quad 1\ 9\ 0\ 5\ 2\ 8- \\
\hline
\mathit{7},6\ 2\ 1\ 1\ 2 \\
\quad 1\ 2\ 4\ 2\ 2\ 4- \\
\hline
\mathit{4},9\ 6\ 8\ 9\ 6 \qquad \textit{Ergebnis: } (\mathit{0{,}110374}\ldots)_8
\end{array}
$$

Beispiel 4. Konvertiere $(0{,}\mathit{110374})_8$ zu dezimal.

$$
\begin{array}{l}
,\mathit{1\ 1\ 0\ 3\ 7\ 4} \\
\quad \mathit{2\ 2\ 0\ 7\ 7\ 0}+ \\
\hline
1,\mathit{3\ 2\ 4\ 7\ 3\ 0} \\
\quad \mathit{6\ 5\ 1\ 6\ 6\ 0}+ \\
\hline
4,\mathit{1\ 2\ 1\ 1\ 6\ 0} \\
\quad \mathit{2\ 4\ 2\ 3\ 4\ 0}+ \\
\hline
1,\mathit{4\ 5\ 4\ 1\ 4\ 0} \\
\quad \mathit{1\ 1\ 3\ 0\ 3\ 0\ 0}+ \\
\hline
5,\mathit{6\ 7\ 1\ 7\ 0\ 0} \\
\quad \mathit{1\ 5\ 6\ 3\ 6\ 0\ 0}+ \\
\hline
8,\mathit{5\ 0\ 2\ 6\ 0\ 0} \\
\quad \mathit{1\ 2\ 0\ 5\ 4\ 0\ 0}+ \\
\hline
6,\mathit{2\ 3\ 3\ 4\ 0\ 0} \qquad \text{also: } (0{,}141586\ldots)_{10}
\end{array}
$$

D. Gleitkomma-Konversion. Wenn Gleitkomma-Werte zu konvertieren sind, muss man sich mit den Exponenten und den Mantissen gleichzeitig befassen, da die Konversion des Exponenten die Mantisse beeinflussen wird. Gegeben sei die Zahl $f \cdot 2^e$, die zu dezimal zu konvertieren ist; wir können 2^e in der Form $F \cdot 10^E$ ausdrücken (gewöhnlich mit Hilfstabellen) und dann Ff nach dezimal konvertieren. Alternativ können wir e mit $\log_{10} 2$ multiplizieren und dies zur nächsten ganzen Zahl E runden; dann erfolgt Division $f \cdot 2^e$ durch 10^E und Konvertierung des Ergebnisses. Wenn umgekehrt die Zahl $F \cdot 10^E$ zur Konvertierung zu binär gegeben ist, können wir F konvertieren und dann mit der Gleitkommazahl 10^E multiplizieren (wieder mit Hilfstabellen). Offensichtlich können Techniken zur Reduktion der maximalen Größe der Hilfstabellen mittels mehrerer Multiplikationen und/oder Divisionen benutzt werden, obwohl dies die

Fortpflanzung von Rundungsfehlern verursachen kann. Übung 17 betrachtet die Fehlerminimierung.

E. Mehrfachgenaue Konversion. Bei der Konvertierung äußerst langer Zahlen ist eine anfängliche Konvertierung von Ziffernblöcken höchst angebracht, die durch einfachgenaue Techniken behandelt werden können, um dann diese Blöcke mit simplen mehrfachgenauen Techniken zu kombinieren. Nimm zum Beispiel an, dass 10^n die höchste Potenz von 10 kleiner als die Wortgröße des Rechners ist. Dann:

a) Zur Konvertierung einer mehrfachgenauen *ganzen Zahl* von binär zu dezimal dividiere sie wiederholt durch 10^n (also Konvertierung von binär zur Basis 10^n nach Methode 1a). Einfachgenaue Operationen ergeben dann die n Dezimalziffern für jede Stelle der Basis-10^n-Darstellung.

b) Zur Konvertierung eines mehrfachgenauen *Bruchs* von binär zu dezimal geh ähnlich vor und multipliziere mit 10^n (d.h. benutze Methode 2a mit $B = 10^n$).

c) Zur Konvertierung einer mehrfachgenauen ganzen Zahl von dezimal zu binär konvertiere Blöcke von n Ziffern zuerst; dann verwende Methode 1b zur Konvertierung von Basis 10^n zu binär.

d) Zur Konvertierung eines mehrfachgenauen Bruchs von dezimal zu binär konvertiere zuerst zu Basis 10^n wie in (c) und dann verwende Methode 2b.

F. Geschichte und Bibliographie. Basis-Konversionstechniken stammen implizit von alten Problemen, die sich mit Gewichten, Maßen und Währungen befassen, wobei allgemein Systeme mit vermischter Basis involviert waren. Hilfstabellen wurden gewöhnlich für die Leute zur Erleichterung der Konversionen vorbereitet. Als während des siebzehnten Jahrhunderts Sexagesimal- durch Dezimalbrüche ersetzt wurden, war die Konvertierung zwischen beiden Systemen notwendig, um existierende Bücher astronomischer Tabellen verwenden zu können; eine systematische Methode zur Transformation von Brüchen zur Basis 60 zu solchen zur Basis 10 und umgekehrt wurde in der 1667-er Auflage von William Oughtreds *Clavis Mathematicæ*, Kapitel 6, Abschnitt 18, angegeben. (Dieses Material war nicht präsent in der ursprünglichen 1631-er Auflage von Oughtreds Buch.) Konversionsregeln waren bereits von al-KĀscheī von Samarkand in seinem *Schlüssel zur Arithmetik* (1427) gegeben worden, wobei die Methoden 1a, 1b und 2a in Klarheit dargestellt werden [*Istoriko-Mat. Issled.* **7** (1954), 126–135], doch war sein Werk in Europa unbekannt. Der amerikanische Mathematiker Hugh Jones des 18. Jahrhunderts verwendet die Wörtern „Oktavierung“ und „Dezimierung“ zur Beschreibung von Oktal-dezimal-Konversionen, doch waren seine Methoden nicht so geschickt wie seine Terminologie. A. M. Legendre [*Théorie des Nombres* (Paris: 1798), 229] bemerkte, dass positive ganze Zahlen bequem in binäre Form konvertiert werden können, wenn sie wiederholt durch 64 geteilt werden.

1946 schenkten H. H. Goldstine und J. von Neumann herausragende Beachtung der Basiskonversion in ihrem klassischen Memorandum, *Planning and Coding Problems for an Electronic Computing Instrument*, weil die Verwendung binärer Arithmetik gerechtfertigt werden musste; siehe John von Neumann, *Collected Works* **5** (New York: Macmillan, 1963), 127–142. Eine andere frühe Besprechung der Basiskonversion auf binären Rechnern wurde von F. Koons und S. Lubkin, *Math. Comp.* **3** (1949), 427–431, veröffentlicht, der eine recht ungewöhnliche Methode vorschlug. Die erste Besprechung von Gleitkomma-Konversion wurde etwas später von F. L. Bauer und K. Samelson [*Zeit. für angewandte Math. und Physik* **4** (1953), 312–316], gegeben.

Die folgenden Artikel sind gleichermaßen von geschichtlichem Interesse: Eine Notiz von G. T. Lake [*CACM* **5** (1962), 468–469] erwähnt einige Hardwaretechniken zur Konversion und gab klare Beispiele. A. H. Stroud und D. Secrest [*Comp. J.* **6** (1963), 62–66] besprachen Konversion von mehrfachgenauen Gleitkommazahlen. Die Konversion *unnormalisierter* Gleitkommazahlen, welche die durch die Darstellung implizierte „Signifikanz" bewahrte, wurde von H. Kanner [*JACM* **12** (1965), 242–246] und von N. Metropolis und R. L. Ashenhurst [*Math. Comp.* **19** (1965), 435–441] besprochen. Siehe auch K. Sikdar, *Sankhyā* **B30** (1968), 315–334, und die in seiner Arbeit zitierten Referenzen.

Detaillierte Unterprogramme für die formatierte Ein- und Ausgabe von ganzen und Gleitkommazahlen in der Programmiersprache C wurden von P. J. Plauger in *The Standard C Library* (Prentice–Hall, 1992), 301–331, angegeben.

Übungen

▸ **1.** [*25*] Verallgemeinere Methode 1b, so dass sie mit beliebigen Notationen zu gemischter Basis arbeitet, und konvertiere

$$a_m b_{m-1} \ldots b_1 b_0 + \cdots + a_1 b_0 + a_0 \quad \text{zu} \quad A_M B_{M-1} \ldots B_1 B_0 + \cdots + A_1 B_0 + A_0,$$

wobei $0 \le a_j < b_j$ und $0 \le A_J < B_J$ für $0 \le j < m$ und $0 \le J < M$.

Gib ein Beispiel deiner Verallgemeinerung durch Konvertierung von „3 Tage, 9 Stunden, 12 Minuten und 37 Sekunden" in lange Tonnen, Zentner, Steine, Pfunde und Unzen per Hand. (Eine Sekunde sei gleich einer Unze. Das Britische System von Gewichten hat 1 Stein = 14 Pfunde, 1 Zentner = 8 Stein, 1 lange Tonne = 20 Zentner.) In anderen Worten, sei $b_0 = 60$, $b_1 = 60$, $b_2 = 24$, $m = 3$, $B_0 = 16$, $B_1 = 14$, $B_2 = 8$, $B_3 = 20$, $M = 4$; das Problem ist, $A_4, \ldots, A_0$ in den richtigen Bereichen derart zu finden, dass $3b_2b_1b_0 + 9b_1b_0 + 12b_0 + 37 = A_4B_3B_2B_1B_0 + A_3B_2B_1B_0 + A_2B_1B_0 + A_1B_0 + A_0$, mittels einer systematischen Methode, die Methode 1b verallgemeinert. (Alle Arithmetik ist in einem System mit gemischter Basis auszuführen.)

2. [*25*] Verallgemeinere Methode 1a, so dass sie mit gemischten Basen arbeitet, wie in Übung 1, und gib ein Beispiel deiner Verallgemeinerung durch eine manuelle Lösung desselben Konversionsproblems, das in Übung 1 genannt ist.

▸ **3.** [*25*] (D. Taranto.) Wenn Brüche konvertiert werden, gibt es keine naheliegende Entscheidung, wie viele Ziffern in der Antwort anzugeben sind. Entwirf eine einfache Verallgemeinerung von Methode 2a, die für zwei gegebene positive Basis-b-Brüche u und ϵ zwischen 0 und 1 den Bruch u zu einem gerundeten äquivalenten Bruch U zur Basis-B konvertiert, der gerade genug Stellen M rechts des Kommas hat, um sicherzustellen, dass $|U - u| < \epsilon$. (Insbesondere wird, wenn u ein Vielfaches von b^{-m} und $\epsilon = b^{-m}/2$ ist, der Wert U gerade genug Ziffern haben, so dass u genau aus gegebenem U und m wieder berechnet werden kann. Beachte, dass M null sein kann; wenn zum Beispiel $\epsilon \le \frac{1}{2}$ und $u > 1 - \epsilon$, ist die richtige Antwort $U = 1$.)

4. [*M21*] (a) Beweise, dass jede reelle Zahl mit einer endlichen *binären* Darstellung auch eine terminierende *dezimale* Darstellung hat. (b) Finde eine einfache Bedingung für die positiven ganzen Zahlen b und B, die genau dann erfüllt ist, wenn jede reelle Zahl mit einer terminierenden Basis-b-Darstellung auch eine terminierende Basis-B-Darstellung hat.

5. [*M20*] Zeige, dass Programm (4) noch funktionieren würde, wenn die Instruktion „`LDX =10`^{n}`=`" ersetzt würde durch „`LDX =`c`=`" für gewisse andere Konstante c.

6. [*30*] Bespreche anhand der Methoden 1a, 1b, 2a und 2b die Situation, wenn b oder B gleich -2 ist.

7. [*M18*] Gegeben $0 < \alpha \le x \le \alpha + 1/w$ und $0 \le u \le w$, wobei u eine ganze Zahl ist; beweise, dass $\lfloor ux \rfloor$ entweder gleich $\lfloor \alpha u \rfloor$ oder $\lfloor \alpha u \rfloor + 1$ ist. Weiterhin gilt $\lfloor ux \rfloor = \lfloor \alpha u \rfloor$ exakt, wenn $u < \alpha w$ und α^{-1} eine ganze Zahl ist.

8. [*24*] Schreibe ein `MIX` Programm analog zu (1), das (5) verwendet und keine Divisionsbefehle enthält.

▶ **9.** [*M29*] Der Zweck dieser Übung ist es, $\lfloor u/10 \rfloor$ und $u \bmod 10$ ausschließlich mit binärer Verschiebung, Maskierung und Addition zu berechnen, wenn u eine natürliche Zahl ist. Sei k eine feste ganze Zahl ≥ 2; betrachte die Rechnung

$$v \leftarrow u+1, v \leftarrow v + \left\lfloor \frac{v}{2} \right\rfloor, v \leftarrow v + \left\lfloor \frac{v}{16} \right\rfloor, v \leftarrow v + \left\lfloor \frac{v}{256} \right\rfloor, v \leftarrow v + \left\lfloor \frac{v}{2^{2^k}} \right\rfloor;$$

$$q \leftarrow \left\lfloor \frac{v}{16} \right\rfloor, r \leftarrow v \bmod 16, r \leftarrow r + \left\lfloor \frac{r}{4} \right\rfloor, r \leftarrow \left\lfloor \frac{r}{2} \right\rfloor.$$

Was ist die kleinste positive ganze Zahl u mit $q \ne \lfloor u/10 \rfloor$ oder $r \ne u \bmod 10$?

10. [*22*] Tafel 1 zeigt, wie eine binär-codierte Dezimalzahl verdoppelt werden kann durch verschiedene Verschiebungen, Extraktionen und Additionen auf einem binären Rechner. Gib eine analoge Methode an, die die *Hälfte* einer binär-codierten Dezimalzahl berechnet, wobei der Rest einer ungeraden Zahl weggeworfen wird.

11. [*16*] Konvertiere $(57721)_8$ zu dezimal.

▶ **12.** [*22*] Erfinde eine schnelle Methode mit Bleistift und Papier zur Konvertierung ganzer Zahlen von ternärer Notation zu dezimaler und illustriere deine Methode durch Konvertierung von $(1212011210210)_3$ zu dezimal. Wie würdest du von dezimal nach ternär gehen?

▶ **13.** [*25*] Nimm an, dass Speicherstellen `U`$+1$, `U`$+2$, ..., `U`$+m$ einen mehrfachgenauen Bruch $(0{,}u_{-1}u_{-2}\ldots u_{-m})_b$ enthalten, wobei b die Wortgröße von `MIX` ist. Schreibe eine `MIX` Routine, die diesen Bruch in Dezimalnotation konvertiert und ihn auf 180 dezimale Ziffern abschneidet. Das Ergebnis sollte auf zwei Zeilen gedruckt werden, mit den Ziffern in 20 Blöcke zu je neun gruppiert und durch Leerzeichen getrennt. (Verwende die `CHAR` Instruktion.)

▶ **14.** [*M27*] (A. Schönhage.) Die Methode im Text zur Konvertierung mehrfachgenauer ganzer Zahlen erfordert eine Ausführungszeit der Ordnung n^2 zu Konversion einer n-stelligen ganzen Zahl, wenn n groß ist. Zeige, dass man n-stellige ganze Dezimalzahlen in binärer Notation in $O(M(n)\log n)$ Schritten konvertieren kann, wobei $M(n)$ eine obere Schranke für die Anzahl von Schritten für die Multiplikation von binären n-Bit-Zahlen ist, die die „Glattheitsbedingung" $M(2n) \ge 2M(n)$ erfüllt.

15. [*M47*] Kann die obere Schranke für die in der vorigen Übung gegebene Zeit zur Konvertierung großer ganzer Zahlen wesentlich erniedrigt werden? (Siehe Übung 4.3.3–12.)

16. [*41*] Konstruiere ein schnelles lineares iteratives Array für Basiskonversion von dezimal nach binär (siehe Abschnitt 4.3.3E).

17. [*M40*] Entwirf „ideale“ Gleitkomma-Konversions-Unterprogramme, die p-stellige Dezimalzahlen in P-stellige Binärzahlen und umgekehrt umwandeln und in beiden Fällen ein richtig gerundetes Ergebnis im Sinn von Abschnitt 4.2.2 liefern.

18. [*HM34*] (David W. Matula.) Sei $\mathrm{round}_b(u,p)$ die Funktion von b, u und p, die die beste p-stellige Basis-b-Gleitkomma-Näherung an u im Sinn von Abschnitt 4.2.2 repräsentiert. Unter der Annahme, dass $\log_B b$ irrational ist und dass der Wertebereich der Exponenten unbegrenzt ist, beweise, dass

$$u = \mathrm{round}_b(\mathrm{round}_B(u,P),p)$$

für alle p-stelligen Basis-b-Gleitkommazahlen u gilt genau, wenn $B^{P-1} \geq b^p$. (In anderen Worten wird eine „ideale“ Eingabekonversion von u in eine unabhängige Basis B gefolgt von einer „idealen“ Ausgabekonversion dieses Ergebnisses genau dann immer wieder u ergeben, wenn die Zwischengenauigkeit P, wie durch die obige Formel spezifiziert, genügend groß ist.)

19. [*M23*] Sei die Dezimalzahl $u = (u_7 \ldots u_1 u_0)_{10}$ als die binär-codierte Dezimalzahl $U = (u_7 \ldots u_1 u_0)_{16}$ dargestellt. Finde eine geeignete Konstante c_i und Masken m_i, so dass die Operation $U \leftarrow U - c_i(U \wedge m_i)$, wiederholt für $i = 1, 2, 3$, U zur binären Darstellung von u konvertieren wird , wobei „$\wedge$“-Extraktion (bitweises `UND`) bezeichnet.

4.5. Rationale Arithmetik

Es ist oft wichtig, zu wissen, dass das Ergebnis eines numerischen Problems exakt 1/3 ist, und nicht eine Gleitkommazahl, die als „0,333333574“ gedruckt wird. Wenn Arithmetik an Brüchen statt an Näherungen von Brüchen ausgeführt wird, können viele Rechnungen ganz *ohne jeden akkumulierten Rundungsfehler* ausgeführt werden. Dies resultiert in einem komfortablen Gefühl von Sicherheit, das oft bei Gleitkommarechnungen fehlt, und es bedeutet, dass die Genauigkeit der Rechnung nicht verbessert werden kann.

4.5.1. Brüche

Wenn Arithmetik an Brüchen erwünscht ist, können die Zahlen als Paare ganzer Zahlen, (u/u'), dargestellt werden, wobei u und u' teilerfremd zu einander sind und $u' > 0$. Die Zahl null wird als $(0/1)$ dargestellt. In dieser Form gilt $(u/u') = (v/v')$ genau, wenn $u = v$ und $u' = v'$.

Multiplikation von Brüchen ist natürlich leicht; zur Bildung von $(u/u') \times (v/v') = (w/w')$ können wir einfach uv und $u'v'$ berechnen. Die zwei Produkte uv und $u'v'$ mögen nicht teilerfremd sein, doch wenn $d = \mathrm{ggT}(uv, u'v')$, ist die gewünschte Antwort $w = uv/d$, $w' = u'v'/d$. (Siehe Übung 2.) Effiziente Algorithmen zur Berechnung des größten gemeinsamen Teilers werden in Abschnitt 4.5.2 besprochen.

Ein anderer Weg für die Multiplikation ist das Auffinden von $d_1 = \mathrm{ggT}(u, v')$ und $d_2 = \mathrm{ggT}(u', v)$; dann ist die Antwort $w = (u/d_1)(v/d_2)$, $w' = (u'/d_2)(v'/d_1)$. (Siehe Übung 3.) Diese Methode erfordert zwei ggT-Berechnungen, doch ist sie nicht wirklich langsamer als die frühere Methode; der ggT-Prozess involviert eine Anzahl von Iterationen, die im Wesentlichen proportional zum Logarithmus seiner Eingaben ist, also ist die benötigte Gesamtzahl an Iterationen zur Auswertung der beiden d_1 und d_2 im Wesentlichen dieselbe wie die Anzahl an Iterationen während der einen Berechnung von d. Weiterhin ist jede Iteration bei der Berechnung von d_1 und d_2 möglicherweise schneller, weil vergleichsweise kleine Zahlen untersucht werden. Wenn u, u', v und v' einfachgenaue Größen sind, hat diese Methode den Vorteil, dass keine doppeltgenauen Zahlen in der Rechnung erscheinen, außer wenn eine der beiden Antworten w und w' nicht einfachgenau repräsentiert werden kann.

Division kann in einer ähnlichen Weise ausgeführt werden; siehe Übung 4.

Addition und Subtraktion sind ein bisschen komplizierter. Das offensichtliche Verfahren ist, $(u/u') \pm (v/v') = \big((uv' \pm u'v)/u'v'\big)$ zu setzen und dann diesen Bruch durch Berechnung von $d = \mathrm{ggT}(uv' \pm u'v, u'v')$ zu kürzen wie bei der ersten Multiplikationsmethode. Doch wieder ist es möglich, das Arbeiten mit derart großen Zahlen zu vermeiden, wenn wir mit der Berechnung von $d_1 = \mathrm{ggT}(u', v')$ beginnen. Wenn $d_1 = 1$, dann ist der gewünschte Zähler und Nenner $w = uv' \pm u'v$ bzw. $w' = u'v'$. (Nach Satz 4.5.2D wird d_1 in etwa 61 Prozent aller Fälle 1 sein, wenn die Nenner u' und v' zufällig verteilt sind, also ist es weise, diesen Fall gesondert zu behandeln.) Wenn $d_1 > 1$, dann setze $t = u(v'/d_1) \pm v(u'/d_1)$ und berechne $d_2 = \mathrm{ggT}(t, d_1)$; schließlich ist die Antwort $w = t/d_2$,

$w' = (u'/d_1)(v'/d_2)$. (Übung 6 beweist, dass diese Werte w und w' zueinander teilerfremd sind.) Wenn einfachgenaue Zahlen verwendet werden, erfordert diese Methode nur einfachgenaue Operationen, außer dass t eine doppeltgenaue Zahl oder noch etwas größer sein kann (siehe Übung 7); da $\mathrm{ggT}(t, d_1) = \mathrm{ggT}(t \bmod d_1, d_1)$, erfordert die Berechnung von d_2 keine doppelte Genauigkeit.

Um zum Beispiel $(7/66)+(17/12)$ zu berechnen, bilden wir $d_1 = \mathrm{ggT}(66, 12) = 6$; dann $t = 7\cdot 2 + 17\cdot 11 = 201$ und $d_2 = \mathrm{ggT}(201, 6) = 3$, also ist die Antwort

$$\frac{201}{3}\Big/\left(\frac{66}{6}\cdot\frac{12}{3}\right) = 67/44.$$

Als Testhilfe für Unterprogramme mit rationaler Arithmetik wird die Inversion von Matrizen mit bekannten Inversen (wie Cauchy-Matrizen, Übung 1.2.3–41) vorgeschlagen.

Erfahrung mit Bruchrechnungen zeigt, dass in vielen Fällen die Zahlen sehr stark anwachsen. Deshalb ist es wichtig, wenn u und u' als einfachgenaue Zahlen für jeden Bruch (u/u') intendiert sind, Tests auf Überlauf in allen Additions-, Subtraktions-, Multiplikations- und Divisionsunterprogrammen vorzusehen. Für numerische Probleme, in welchen vollkommene Genauigkeit wichtig ist, erweist sich ein Satz von Unterprogrammen für gebrochene Arithmetik mit *beliebiger* Genauigkeit in Zähler und Nenner als sehr nützlich.

Die Methoden dieses Abschnitts lassen sich auch auf andere Zahlkörper außer den rationalen Zahlen erweitern; zum Beispiel könnten wir Arithmetik auf Größen der Form $(u+u'\sqrt{5}\,)/u''$, wobei u, u', u'' ganze Zahlen sind, $\mathrm{ggT}(u, u', u'') = 1$ und $u'' > 0$, oder auf Größen der Form $(u+u'\sqrt[3]{2}+u''\sqrt[3]{4}\,)/u'''$ usw. treiben.

Statt auf genauer Bruchrechnung zu insistieren, ist es interessant, auch „Feststrich-“ und „Gleitstrich-“Zahlen zu betrachten, welche analog zu Gleitkommazahlen sind, die jedoch auf rationalen Brüchen basieren statt auf basisorientierten Brüchen. In einem binären Feststrichschema bestehen Zähler und Nenner eines darstellbaren Bruchs aus höchstens p Bit, für ein gegebenes p. In einem Gleitstrichschema darf die *Bitsumme* von Zähler und Nenner insgesamt höchstens q für ein gegebenes q sein und ein zusätzliches Feld der Darstellung wird zur Anzeige verwendet, wie viele dieser q Bit zum Zähler gehören. Unendlich kann als $(1/0)$ dargestellt werden. Um Arithmetik auf derartigen Zahlen zu treiben, definieren wir $x \oplus y = \mathrm{round}(x + y)$, $x \ominus y = \mathrm{round}(x - y)$ usw., wobei $\mathrm{round}(x) = x$, wenn x darstellbar ist, und sonst ist es eine der zwei darstellbaren Zahlen, die x umgeben.

Es mag zuerst scheinen, dass die beste Definition von $\mathrm{round}(x)$ die Wahl jener darstellbaren Zahl wäre, die am nächsten bei x liegt in Analogie zur Rundung bei der Gleitkomma-Arithmetik. Doch hat die Erfahrung gezeigt, dass eine Rundung in Richtung auf „einfache“ Zahlen am besten ist, da Zahlen mit kleinem Zähler und Nenner viel öfter als komplizierte Brüche vorkommen. Wir wünschen von mehr Zahlen, dass sie auf $\frac{1}{2}$ als auf $\frac{127}{255}$ gerundet werden. Die Rundungsregel, die sich als höchst erfolgreich in der Praxis herausstellt, wird „mediante Rundung“ genannt: Wenn (u/u') und (v/v') adjazente darstellbare Zahlen sind, so dass wir, wann immer $u/u' \le x \le v/v'$, $\mathrm{round}(x)$ gleich (u/u')

oder (v/v') haben müssen, besagt die mediante Rundungsregel, dass

$$\text{round}(x) = \frac{u}{u'} \text{ für } x < \frac{u+v}{u'+v'}, \quad \text{round}(x) = \frac{v}{v'} \text{ für } x > \frac{u+v}{u'+v'}. \tag{1}$$

Wenn $x = (u+v)/(u'+v')$ exakt gilt, lassen wir round(x) den benachbarten Bruch mit dem kleinsten Nenner sein (oder für $u' = v'$ mit dem kleinsten Zähler). Übung 4.5.3–43 zeigt, dass es nicht schwierig ist, mediante Rundung effizient zu implementieren.

Nehmen wir zum Beispiel an, wir führen Feststricharithmetik mit $p = 8$ aus, so dass wir für die darstellbaren Zahlen (u/u') sowohl $-128 < u < 128$ als auch $0 \le u' < 256$ und $u \perp u'$ haben. Dies ist nicht viel Genauigkeit, doch genügt sie, uns ein Gefühl für Stricharithmetik zu geben. Die zu $0 = (0/1)$ adjazenten Zahlen sind $(-1/255)$ und $(1/255)$; gemäß der medianten Rundungsregel werden wir deshalb genau dann round$(x) = 0$ haben, wenn $|x| \le 1/256$. Nehmen wir eine Rechnung von der Gesamtgestalt $\frac{22}{7} = \frac{314}{159} + \frac{1300}{1113}$ an, wenn wir mit exakter rationaler Arithmetik arbeiteten, doch sollten die Zwischengrößen auf darstellbare Zahlen gerundet werden. In diesem Fall würde $\frac{314}{159}$ auf $(79/40)$ und $\frac{1300}{1113}$ auf $(7/6)$ gerundet werden. Die gerundeten Terme summieren sich zu $\frac{79}{40} + \frac{7}{6} = \frac{377}{120}$, was auf $(22/7)$ gerundet wird; also haben wir sogar die korrekte Antwort erhalten, obwohl drei Rundungen erforderlich waren. Dieses Beispiel war nicht besonders ausgesucht. Wenn die Antwort eines Problems ein einfacher Bruch ist, tendiert Stricharithmetik zur Auslöschung der Zwischenrundungsfehler.

Exakte Darstellung von Brüchen in einem Rechner wurde zuerst in der Literatur von P. Henrici, *JACM* **3** (1956), 6–9, besprochen. Fest- und Gleitstricharithmetik wurden von David W. Matula, in *Applications of Number Theory to Numerical Analysis*, herausgegeben von S. K. Zaremba (New York: Academic Press, 1972), 486–489, vorgeschlagen. Weitere Entwicklungen dieser Ideen werden von Matula und Kornerup in *Proc. IEEE Symp. Computer Arith.* **4** (1978), 29–47, besprochen; *Lecture Notes in Comp. Sci.* **72** (1979), 383–397; *Computing*, Suppl. **2** (1980), 85–111; *IEEE Trans.* **C-32** (1983), 378–388; *IEEE Trans.* **C-34** (1985), 3–18; *IEEE Trans.* **C-39** (1990), 1106–1115.

Übungen

1. [*15*] Schlage eine vernünftige Rechenmethode zum Vergleich zweier Brüche vor, zum Test, ob $(u/u') < (v/v')$.

2. [*M15*] Beweise, dass wenn $d = \text{ggT}(u, v)$, dann u/d und v/d teilerfremd sind.

3. [*M20*] Beweise, dass $u \perp u'$ und $v \perp v'$ dann $\text{ggT}(uv, u'v') = \text{ggT}(u, v')\,\text{ggT}(u', v)$ impliziert.

4. [*11*] Entwirf einen Divisionsalgorithmus für Brüche analog zur zweiten Multiplikationsmethode des Textes. (Beachte, dass das Vorzeichen von v betrachtet werden muss.)

5. [*10*] Berechne $(17/120) + (-27/70)$ nach der im Text empfohlenen Methode.

▶ **6.** [*M23*] Zeige, dass $u \perp u'$ und $v \perp v'$ impliziert $\text{ggT}(uv' + vu', u'v') = d_1 d_2$, wobei $d_1 = \text{ggT}(u', v')$ und $d_2 = \text{ggT}(d_1, u(v'/d_1) + v(u'/d_1))$. (Also, wenn $d_1 = 1$, haben wir $(uv' + vu') \perp u'v'$.)

7. [*M22*] Wie groß kann der Absolutwert der Größe t bei der im Text empfohlenen Additions-Subtraktionsmethode werden, wenn die Zähler und Nenner der Eingaben absolut kleiner als N sind?

▶ **8.** [*22*] Bespreche die Benutzung von $(1/0)$ und $(-1/0)$ als Darstellungen für ∞ und $-\infty$, und/oder als Darstellungen von Überlauf.

9. [*M23*] Wenn $1 \le u', v' < 2^n$, zeige, dass $\lfloor 2^{2n}u/u' \rfloor = \lfloor 2^{2n}v/v' \rfloor$ impliziert $u/u' = v/v'$.

10. [*41*] Erweitere die in Übung 4.3.1.34 vorgeschlagenen Unterprogramme, so dass sie sich mit „beliebigen" rationalen Zahlen befassen.

11. [*M23*] Betrachte Brüche der Form $(u + u'\sqrt{5})/u''$, wobei u, u', u'' ganze Zahlen sind, $\mathrm{ggT}(u, u', u'') = 1$ und $u'' > 0$. Erkläre, wie zwei derartige Brüche zu dividieren sind, um einen Quotienten derselben Form zu erhalten.

12. [*M16*] Was ist die größte endliche Gleitstrichzahl, wenn eine Schranke q für die Zähler- plus die Nennerlänge gegeben ist? Welche Zahlen werden auf $(0/1)$ gerundet?

13. [*20*] (Matula und Kornerup.) Besprich die Darstellung von Gleitstrichzahlen in einem 32-Bit-Wort.

14. [*M23*] Erkläre, wie die genaue Anzahl von Paaren ganzer Zahlen (u, u') mit $M_1 < u \le M_2$ und $N_1 < u' \le N_2$ und $u \perp u'$ zu berechnen ist. (Dies kann verwendet werden, um zu bestimmen, wie viele Zahlen in Stricharithmetik darstellbar sind. Nach Satz 4.5.2D wird die Zahl näherungsweise $(6/\pi^2)(M_2 - M_1)(N_2 - N_1)$ sein.)

15. [*42*] Ändere einen Compiler deiner Rechnerinstallation so, dass er alle Gleitkomma- durch Gleitstrichrechnungen ersetzen wird. Experimentiere mit der Verwendung von Stricharithmetik durch Ausführung existierender Programme, die von Programmierern mit Gleitkomma-Arithmetik im Sinn geschrieben worden waren. (Wenn spezielle Unterprogramme wie Quadratwurzelziehen oder Logarithmus genannt werden, sollte dein System automatisch Strichzahlen in Gleitkommaform konvertieren, bevor das Unterprogramm aufgerufen wird, und nachher dann wieder zurück zur Strichform. Es sollte eine neue Option geben zum Ausdruck von Strichzahlen in einem gebrochenen Format; jedoch solltest du auch Strichzahlen in dezimaler Notation wie gewöhnlich drucken, wenn keine Änderungen am Quellprogramm eines Benutzers vorgenommen werden.) Sind die Ergebnisse besser oder schlechter, wenn Gleitstrichzahlen substituiert werden?

16. [*40*] Experimentiere mit Intervallarithmetik für Strichzahlen.

4.5.2. Der größte gemeinsame Teiler

Wenn u und v ganze Zahlen sind, nicht beide null, sagen wir, dass ihr *größter gemeinsamer Teiler*, $\mathrm{ggT}(u, v)$, die größte ganze Zahl ist, die gleichermaßen u und v teilt. Diese Definition macht Sinn, weil für $u \ne 0$ keine ganze Zahl größer $|u|$ dann u teilen kann, jedoch teilt die ganze Zahl 1 sowohl u als auch v; also muss es eine größte ganze Zahl geben, die sie beide teilt. Wenn u und v beide null sind, teilt jede ganze Zahl gleichermaßen null, also lässt sich die obige Definition nicht anwenden; man setzt vorteilhaft

$$\mathrm{ggT}(0, 0) = 0. \tag{1}$$

Die gerade gegebenen Definitionen implizieren offenbar

$$\mathrm{ggT}(u,v) = \mathrm{ggT}(v,u), \tag{2}$$
$$\mathrm{ggT}(u,v) = \mathrm{ggT}(-u,v), \tag{3}$$
$$\mathrm{ggT}(u,0) = |u|. \tag{4}$$

Im vorigen Abschnitt reduzierten wir das Problem des Kürzens einer rationalen Zahl auf das Problem, den größten gemeinsamen Teiler ihres Zählers und Nenners zu finden. Andere Anwendungen des größten gemeinsamen Teilers wurden zum Beispiel in den Abschnitten 3.2.1.2, 3.3.3, 4.3.2, 4.3.3 erwähnt. Also ist der Begriff des $\mathrm{ggT}(u,v)$ wichtig und wert einer ernsthaften Untersuchung.

Das *kleinste gemeinsame Vielfache* zweier ganzer Zahlen u und v, geschrieben $\mathrm{kgV}(u,v)$, ist ein verwandter Gedanke, der ebenfalls wichtig ist. Es ist definiert als die kleinste positive ganze Zahl, die ein ganzzahliges Vielfaches von u und v ist; und $\mathrm{kgV}(u,0) = \mathrm{kgV}(0,v) = 0$. Die klassische Lehrmethode für Kinder für die Addition von Brüchen $u/u' + v/v'$ besteht im Aufsuchen des „kleinsten gemeinsamen Nenners", was $\mathrm{kgV}(u',v')$ ist.

Nach dem „Fundamentalsatz der Arithmetik" (bewiesen in Übung 1.2.4–21) kann jede positive ganze Zahl u in der Form

$$u = 2^{u_2}3^{u_3}5^{u_5}7^{u_7}11^{u_{11}}\ldots = \prod_{p \text{ prim}} p^{u_p} \tag{5}$$

ausgedrückt werden, wobei die Exponenten $u_2, u_3, \ldots$ eindeutig bestimmte nichtnegative ganze Zahlen sind, und wobei alle Exponenten bis auf eine endliche Anzahl null sind. Von dieser kanonischen Faktorisierung einer positiven ganzen Zahl erhalten wir unmittelbar einen Weg zur Berechnung des größten gemeinsamen Teilers von u und v: Nach (2), (3) und (4) können wir annehmen, dass u und v positive ganze Zahlen sind, und wenn beide kanonisch in Primzahlen faktorisiert wurden, haben wir

$$\mathrm{ggT}(u,v) = \prod_{p \text{ prim}} p^{\min(u_p,v_p)}, \tag{6}$$

$$\mathrm{kgV}(u,v) = \prod_{p \text{ prim}} p^{\max(u_p,v_p)}. \tag{7}$$

Also ist zum Beispiel der größte gemeinsame Teiler von $u = 7000 = 2^3 \cdot 5^3 \cdot 7$ und $v = 4400 = 2^4 \cdot 5^2 \cdot 11$ das Produkt

$$2^{\min(3,4)}\,5^{\min(3,2)}\,7^{\min(1,0)}\,11^{\min(0,1)} = 2^3 \cdot 5^2 = 200.$$

Das kleinste gemeinsame Vielfaches derselben zwei Zahlen ist

$$2^4 \cdot 5^3 \cdot 7 \cdot 11 = 154000.$$

Mit Hilfe der Formeln (6) und (7) können wir leicht eine Anzahl von Grundidentitäten bezüglich ggT und kgV beweisen:

$$\mathrm{ggT}(u,v)w = \mathrm{ggT}(uw,vw), \qquad \text{wenn } w \geq 0; \tag{8}$$

$$\mathrm{kgV}(u,v)w = \mathrm{kgV}(uw,vw), \qquad \text{wenn } w \geq 0; \tag{9}$$

$$u \cdot v = \mathrm{ggT}(u,v) \cdot \mathrm{kgV}(u,v), \qquad \text{wenn } u,v \geq 0; \tag{10}$$

$$\mathrm{ggT}\bigl(\mathrm{kgV}(u,v),\mathrm{kgV}(u,w)\bigr) = \mathrm{kgV}\bigl(u,\mathrm{ggT}(v,w)\bigr); \tag{11}$$

$$\mathrm{kgV}\bigl(\mathrm{ggT}(u,v),\mathrm{ggT}(u,w)\bigr) = \mathrm{ggT}\bigl(u,\mathrm{kgV}(v,w)\bigr). \tag{12}$$

Die beiden letzten Formeln sind „distributive Gesetze" analog zu den vertrauten Identitäten $uv + uw = u(v + w)$. Gleichung (10) reduziert die Berechnung von $\mathrm{ggT}(u, v)$ auf die Berechnung von $\mathrm{kgV}(u, v)$ und umgekehrt.

Euklids Algorithmus. Obwohl Gl. (6) für theoretische Zwecke nützlich ist, so ist sie im Allgemeinen keine Hilfe zur Berechnung eines größten gemeinsamen Teilers in der Praxis, weil sie erfordert, dass wir zuerst die kanonische Faktorisierung von u und v bestimmen. Es ist kein Weg bekannt, die Primfaktoren einer ganzen Zahl sehr schnell (siehe Abschnitt 4.5.4) zu finden. Doch zum Glück kann der größte gemeinsame Teiler zweier ganzer Zahlen effizient ohne Faktorzerlegung bestimmt werden und tatsächlich ist eine solche Methode vor mehr als 2250 Jahren entdeckt worden; es ist der *euklidsche Algorithmus*, den wir bereits in Abschnitt 1.1 und 1.2.1 untersucht haben.

Euklids Algorithmus befindet sich in Buch 7, Sätze 1 und 2 seiner *Elemente* (c. 300 v.Chr.), doch ist er wahrscheinlich nicht seine eigene Erfindung. Einige Gelehrte glauben, dass die Methode bis zu 200 Jahre früher bekannt war, zumindest in ihrer subtraktiven Form, und sie war nahezu sicher Eudoxus (c. 375 v.Chr.) bekannt; siehe K. von Fritz, *Ann. Math.* (2) **46** (1945), 242–264. Aristoteles (c. 330 v.Chr.) wies auf sie in seinen *Topoi* hin, 158b, 29–35. Jedoch hat wenig sichere Evidenz über diese frühe Geschichte überlebt [siehe W. R. Knorr, *The Evolution of the Euclidean Elements* (Dordrecht: 1975)].

Wir können das euklidsche Verfahren den Urahnen aller Algorithmen nennen, weil es der älteste nicht-triviale Algorithmus ist, der bis heute überlebt hat. (Der Hauptrivale für diese Ehre ist vielleicht die alte agyptische Methode für die Multiplikation, welche auf Verdoppeln und Addieren basierte und welche die Basis zur effizienten Berechnung der n-ten Potenzen, wie in Abschnitt 4.6.3 erklärt, bildet. Doch geben die ägyptischen Manuskripte lediglich Beispiele, die nicht völlig systematisch sind, und die Beispiele wurden sicherlich nicht systematisch dargestellt; die ägyptische Methode verdient deshalb nicht ganz den Namen „Algorithmus". Es sind auch mehrere alte babylonische Methoden bekannt für Probleme etwa wie die Lösung spezieller quadratischer Gleichungen in zwei Variablen. Echte Algorithmen sind in diesem Fall involviert, nicht lediglich spezielle Lösungen für die Gleichungen für gewisse Eingabeparameter; obwohl die Babylonier unablässig jede Methode in Verbindung mit einem Beispiel für besondere Eingabedaten präsentieren, erklären sie regelmäßig das allgemeine Verfahren im begleitenden Text. [Siehe D. E. Knuth, *CACM* **15** (1972), 671–677; **19** (1976), 108.] Viele dieser babylonischen Algorithmen gehen Euklid um

1500 Jahre voraus und sie sind die frühesten bekannten Beispiele von Verfahren, die für die Mathematik aufgeschrieben wurden. Doch sie haben nicht die Statur vom euklidschen Algorithmus, da sie keine Iteration involvieren und da sie durch moderne algebraische Methoden ersetzt wurden.)

Angesichts der Bedeutung von Euklids Algorithmus, aus geschichtlichen wie praktischen Gründen, wollen wir uns jetzt ansehen, wie Euklid selbst ihn behandelte. Als Paraphrase in moderner Terminologie folgt im Wesentlichen, was er schrieb:

> **Proposition.** *Gegeben seien zwei positive ganze Zahlen; finde ihren größten gemeinsamen Teiler.*
>
> Seien A und C die zwei gegebenen positiven ganzen Zahlen; es wird verlangt, ihren größten gemeinsamen Teiler zu finden. Wenn C die Zahl A teilt, dann ist C ein gemeinsamer Teiler von C und A, da es auch sich selbst teilt. Und es ist klarerweise in der Tat der größte, da keine größere Zahl als C selbst C teilen wird.
>
> Doch wenn C die Zahl A nicht teilt, dann subtrahiere immerfort die kleinere der Zahlen A, C von der größeren, bis eine Zahl übrig bleibt, die die vorige teilt. Dies wird schließlich eintreten, denn wenn eins übrig bleibt, teilt sie die vorige Zahl.
>
> Jetzt sei E der positive Rest von A geteilt durch C; sei F der positive Rest von C geteilt durch E; und nimm an, F sei Teiler von E. Da F auch E teilt und E auch $C - F$ teilt, teilt F auch $C - F$; doch teilt es auch sich selbst, also teilt es C. Und C teilt $A - E$; deshalb teilt F auch $A - E$. Doch es teilt auch E; deshalb teilt es A. Also ist es ein gemeinsamer Teiler von A und C.
>
> Ich behaupte jetzt, dass es auch der größte Teiler ist. Denn wenn F nicht der größte gemeinsame Teiler von A und C ist, wird eine größere Zahl sie beide teilen. Sei eine solche Zahl G.
>
> Da jetzt G auch C teilt, während C die Differenz $A - E$ teilt, teilt G auch $A - E$. G teilt auch das ganze A, also teilt es auch den Rest E. Doch E teilt $C - F$; deshalb teilt G auch $C - F$. Und G teilt auch das ganze C, also teilt es den Rest F; d.h., eine größere Zahl teilt eine kleinere. Dies ist unmöglich.
>
> Deshalb teilt keine Zahl größer als F die Zahlen A und C, also ist F ihr größter gemeinsamer Teiler.
>
> **Korrolar.** Diese Begründung macht evident, dass jede Zahl, die zwei Zahlen teilt, auch ihren größten gemeinsamen Teiler teilt. *Q.E.D.*

Euklids Anweisungen wurden hier in einer nicht-trivialen Hinsicht vereinfacht: Griechische Mathematiker betrachten die Eins nicht als einen „Teiler“ von einer anderen positiven ganzen Zahl. Zwei positive ganze Zahlen waren entweder beide gleich eins oder sie waren teilerfremd oder sie hatten einen größten gemeinsamen Teiler. Tatsächlich wurde die Eins nicht einmal als eine „Zahl“ betrachtet und null war natürlich nicht existent. Diese ungünstigen Konventionen machten es notwendig für Euklid, viele seiner Besprechungen zu duplizieren, und er stellte zwei getrennte Behauptungen auf, von denen jede im Wesentlichen die eine hier angegebene ist.

In seiner Besprechung schlägt Euklid zuerst vor, die kleinere der zwei anstehenden Zahlen von der größeren abzuziehen, so oft wiederholt, bis wir zwei

Zahlen bekommen, von denen die eine ein Vielfaches der andern ist. Doch im Beweis stützt er sich wirklich auf den Rest von einer Zahl geteilt durch eine andere; und da er keinen einfachen Begriff der Null hat, kann er nicht vom Rest sprechen, wenn eine Zahl die andere teilt. Es ist vernünftig zu sagen, dass er sich jede *Division* (nicht die individuellen Subtraktionen) als einen einzigen Schritt des Algorithmus vorstellt, und deshalb kann eine „authentische“ Wiedergabe seines Algorithmus wie folgt formuliert werden:

Algorithmus E (*Ursprünglicher euklidscher Algorithmus*). Gegeben seien zwei ganze Zahlen A und C größer als eins, dieser Algorithmus findet ihren größten gemeinsamen Teiler.

E1. [Ist A durch C teilbar?] Wenn C die Zahl A teilt, terminiert der Algorithmus mit C als Ergebnis.

E2. [Ersetze A durch Rest.] Wenn $A \bmod C$ gleich eins ist, waren die gegebenen Zahlen teilerfremd, also terminiert der Algorithmus. Sonst ersetze das Wertepaar (A, C) durch $(C, A \bmod C)$ und kehre zu Schritt E1 zurück. ▮

Euklids oben zitierter „Beweis“ ist besonders interessant, weil er überhaupt kein wirklicher Beweis ist! Er verifiziert das Ergebnis des Algorithmus nur, wenn Schritt E1 einmal oder dreimal ausgeführt wird. Sicherlich muss er wahrgenommen haben, dass Schritt E1 mehr als dreimal ausgeführt werden kann, obwohl er eine solche Möglichkeit nicht erwähnt. Ohne den Begriff eines Beweises durch mathematische Induktion zu haben, konnte er nur einen Beweis für eine endliche Anzahl von Fällen geben. (Tatsächlich bewies er oft nur den Fall $n = 3$ eines Satzes, den er gerne für allgemeines n bewiesen hätte.) Obwohl Euklid zu Recht für die großen Fortschritte in der Kunst des logischen Folgerns berühmt ist, wurden Techniken für gültige Induktionsbeweise erst viele Jahrhunderte später entdeckt und die entscheidenden Ideen für Korrektheitsbeweise von *Algorithmen* werden erst jetzt wirklich klar. (Siehe Abschnitt 1.2.1 für einen vollständigen Beweis von Euklids Algorithmus zusammen mit einer kurzen Besprechung allgemeiner Beweisverfahren für Algorithmen.)

Es ist wert, festgehalten zu werden, dass dieser Algorithmus zur Bestimmung des größten gemeinsamen Teilers von Euklid ausgewählt wurde, der allererste Schritt in seiner Entwicklung der Zahlentheorie zu sein. Dieselbe Anordnung der Präsentation wird noch heute in modernen Lehrbüchern verwendet. Euklid gab auch eine Methode (Proposition 34) zur Bestimmung des kleinsten gemeinsamen Vielfachens zweier ganzer Zahlen u und v, nämlich u durch $\mathrm{ggT}(u, v)$ zu dividieren und das Ergebnis mit v zu multiplizieren; dies ist äquivalent zu Gl. (10).

Wenn wir Euklids Zwänge mit den Zahlen 0 und 1 vermeiden, können wir Algorithmus E in folgender Weise neu formulieren.

Algorithmus A (*Moderner euklidscher Algorithmus*). Gegeben seien natürliche Zahlen u und v; dieser Algorithmus findet ihren größten gemeinsamen Teiler. (*Bemerkung:* Der größte gemeinsame Teiler von *beliebigen* ganzen Zahlen u und v kann durch Anwenden dieses Algorithmus auf $|u|$ und $|v|$ erhalten werden wegen Gln. (2) und (3).)

A1. [$v = 0$?] Wenn $v = 0$, terminiert der Algorithmus mit u als Antwort.

A2. [Bilde $u \bmod v$.] Setze $r \leftarrow u \bmod v$, $u \leftarrow v$, $v \leftarrow r$, und kehre zurück nach A1. (Die Operationen dieses Schritts erniedrigen den Wert von v, doch sie lassen $\mathrm{ggT}(u, v)$ unverändert.) ▮

Als Beispiel wollen wir ggT(40902, 24140) wie folgt berechnen:

$$\begin{aligned}\mathrm{ggT}(40902, 24140) &= \mathrm{ggT}(24140, 16762) = \mathrm{ggT}(16762, 7378)\\ &= \mathrm{ggT}(7378, 2006) = \mathrm{ggT}(2006, 1360) = \mathrm{ggT}(1360, 646)\\ &= \mathrm{ggT}(646, 68) = \mathrm{ggT}(68, 34) = \mathrm{ggT}(34, 0) = 34.\end{aligned}$$

Die Gültigkeit von Algorithmus A folgt leicht aus Gl. (4) und der Tatsache, dass

$$\mathrm{ggT}(u, v) = \mathrm{ggT}(v,\ u - qv), \tag{13}$$

wenn q eine beliebige ganze Zahl ist. Gleichung (13) gilt, weil jeder gemeinsame Teiler von u und v ein Teiler von v und $u - qv$ ist, und, umgekehrt, jeder gemeinsame Teiler von v und $u - qv$ muss u und v teilen.

Das folgende MIX-Programm illustriert die Tatsache, dass Algorithmus A leicht auf einem Rechner implementiert werden kann:

Programm A (*Euklids Algorithmus*). Nimm u und v einfachgenau an, als natürliche Zahlen, die an den Stellen U bzw. V gespeichert sind; dieses Programm setzt $\mathrm{ggT}(u, v)$ in rA.

```
   LDX  U    1     rX ← u.
   JMP  2F   1
1H STX  V    T     v ← rX.
   SRAX 5    T     rAX ← rA.
   DIV  V    T     rX ← rAX mod v.
2H LDA  V    1+T   rA ← v.
   JXNZ 1B   1+T   Fertig, wenn rX = 0. ▮
```

Die Laufzeit für dieses Programm ist $19T + 6$ Zyklen, wobei T die Anzahl an Divisionen ist. Die Besprechung in Abschnitt 4.5.3 zeigt, dass wir $T = 0{,}842766 \ln N + 0{,}06$ als näherungsweisen Mittelwert nehmen können, wenn u und v unabhängig und gleichmäßig im Bereich $1 \le u, v \le N$ verteilt sind.

Eine binäre Methode. Da Euklids patriarchaler Algorithmus für so viele Jahrhunderte verwendet wurde, ist es recht überraschend, dass er trotz allem nicht der beste Weg zur Bestimmung des größten gemeinsamen Teilers ist. Ein ganz verschiedener ggT-Algorithmus, hauptsächlich für binäre Arithmetik geeignet, wurde von Josef Stein 1961 [siehe *J. Comp. Phys.* **1** (1967), 397–405] entworfen. Dieser neue Algorithmus erfordert keine Divisionsinstruktion; er hängt lediglich von den Operationen der Subtraktion, Paritätsprüfung und Halbierung gerader Zahlen (was einer Rechtsverschiebung in Binärdarstellung entspricht) ab.

Der binäre ggT-Algorithmus basiert auf vier einfachen Tatsachen über positive ganze Zahlen u und v:

a) Wenn u und v gerade sind, $\mathrm{ggT}(u, v) = 2\,\mathrm{ggT}(u/2, v/2)$. [S. Gl. (8).]

b) Wenn u gerade und v ungerade ist, $\mathrm{ggT}(u,v) = \mathrm{ggT}(u/2,v)$. [S. Gl. (6).]
c) Wie in Algorithmus A $\mathrm{ggT}(u,v) = \mathrm{ggT}(u-v,\ v)$. [S. Gln. (13), (2).]
d) Wenn u und v ungerade sind, ist $u - v$ gerade, $|u - v| < \max(u,v)$.

Algorithmus B (*Binärer ggT-Algorithmus*). Gegeben seien positive ganze Zahlen u und v; dieser Algorithmus findet ihren größten gemeinsamen Teiler.

B1. [Finde Zweierpotenz.] Setze $k \leftarrow 0$ und dann setze wiederholt $k \leftarrow k+1$, $u \leftarrow u/2$, $v \leftarrow v/2$, null oder mehr mal, bis u und v nicht beide gerade sind.

B2. [Initialisiere.] (Jetzt wurden die ursprünglichen Werte von u und v durch 2^k geteilt, und mindestens einer ihrer jetzigen Werte ist ungerade.) Wenn u ungerade ist, setze $t \leftarrow -v$ und geh zu B4. Sonst setze $t \leftarrow u$.

B3. [Halbiere t.] (An diesem Punkt ist t gerade und von null verschieden.) Setze $t \leftarrow t/2$.

B4. [Ist t gerade?] Wenn t gerade ist, geh zurück nach B3.

B5. [Ersetze $\max(u,v)$.] Wenn $t > 0$, setze $u \leftarrow t$; sonst setze $v \leftarrow -t$. (Die größere Zahl von u und v wurde durch $|t|$ ersetzt, außer vielleicht bei der ersten Durchführung dieses Schritts.)

B6. [Subtrahiere.] Setze $t \leftarrow u - v$. Wenn $t \neq 0$, geh zurück nach B3. Sonst terminiert der Algorithmus mit $u \cdot 2^k$ als Ausgabe. ▌

Als ein Beispiel von Algorithmus B betrachten wir $u = 40902$, $v = 24140$, dieselben Zahlen, die wir zum Ausprobieren von Euklids Algorithmus benutzten. Schritt B1 setzt $k \leftarrow 1$, $u \leftarrow 20451$, $v \leftarrow 12070$. Dann wird t zu -12070 gesetzt und durch -6035 ersetzt; dann wird v durch 6035 ersetzt und die Rechnung fährt wie folgt fort:

u	v	t
20451	6035	+14416, +7208, +3604, +1802, +901;
901	6035	−5134, −2567;
901	2567	−1666, −833;
901	833	+68, +34, +17;
17	833	−816, −408, −204, −102, −51;
17	51	−34, −17;
17	17	0.

Die Antwort ist $17 \cdot 2^1 = 34$. Ein paar mehr Iterationen waren hier notwendig, als wir mit Algorithmus A benötigten, doch war jede Iteration etwas einfacher, da keine Divisionsschritte verwendet wurden.

Ein `MIX`-Programm für Algorithmus B erfordert gerade ein wenig mehr Code als Algorithmus A. Um ein solches Programm ziemlich typisch für die Darstellung von Algorithmus B auf einem binären Rechner zu machen, nehmen wir eine Erweiterung von `MIX` um die folgenden Operatoren an:

• `SLB` (Verschiebe AX binär nach links). C = 6; F = 6.
Die Inhalte von Register A und X werden nach „links verschoben" um M binäre Stellen; d.h., $|\mathrm{rAX}| \leftarrow |2^M \mathrm{rAX}| \bmod B^{10}$, wobei B die Bytegröße ist. (Wie

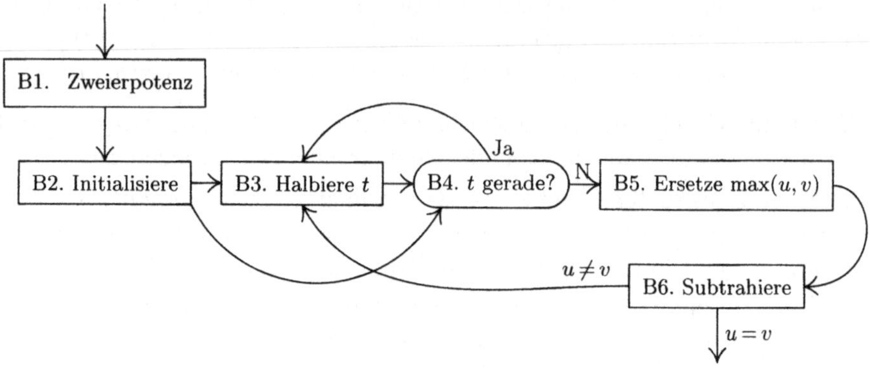

Fig. 9. Binärer Algorithmus für den größten gemeinsamen Teiler.

bei allen `MIX`-Verschiebebefehlen werden die Vorzeichen von rA und rX nicht beeinflusst.)

- `SRB` (Verschiebe AX binär nach rechts). C = 6; F = 7.
Die Inhalte von Register A und X werden nach „rechts verschoben" um M binäre Stellen; d.h., $|\mathrm{rAX}| \leftarrow \lfloor |\mathrm{rAX}|/2^M \rfloor$.

- `JAE`, `JAO` (springe, wenn A gerade; springe, wenn A ungerade). C = 40; F = 6, bzw. 7. Ein `JMP` tritt auf, wenn rA gerade bzw. ungerade ist.

- `JXE`, `JXO` (springe, wenn X gerade; springe, wenn X ungerade). C = 47; F = 6, bzw. 7. Analog zu `JAE`, `JAO`.

Programm B (*Binärer ggT-Algorithmus*). Nimm u und v als einfachgenaue positive ganze Zahlen an, gespeichert an Stelle `U` bzw. `V`; dieses Programm verwendet Algorithmus B, um ggT(u, v) in rA abzulegen. Registerzuordnungen: rA $\equiv t$, rI1 $\equiv k$.

`ABS`	`EQU`	`1:5`		
`B1`	`ENT1`	`0`	1	*B1. Finde Zweierpotenz.*
	`LDX`	`U`	1	rX $\leftarrow u$.
	`LDAN`	`V`	1	rA $\leftarrow -v$.
	`JMP`	`1F`	1	
`2H`	`SRB`	`1`	An	Halbiere rA, rX.
	`INC1`	`1`	A	$k \leftarrow k + 1$.
	`STX`	`U`	A	$u \leftarrow u/2$.
	`STA`	`V(ABS)`	A	$v \leftarrow v/2$.
`1H`	`JXO`	`B4`	$1 + A$	Nach B4 mit $t \leftarrow -v$, wenn u ungerade ist.
`B2`	`JAE`	`2B`	$B + A$	*B2. Initialisiere.*
	`LDA`	`U`	B	$t \leftarrow u$.
`B3`	`SRB`	`1`	D	*B3. Halbiere t.*
`B4`	`JAE`	`B3`	$1 - B + D$	*B4. Ist t gerade?*
`B5`	`JAN`	`1F`	C	*B5. Ersetze* max(u, v).
	`STA`	`U`	E	Wenn $t > 0$, setze $u \leftarrow t$.
	`SUB`	`V`	E	$t \leftarrow u - v$.
	`JMP`	`2F`	E	

```
1H   STA  V(ABS)   C − E   Wenn t < 0, setze v ← −t.
B6   ADD  U        C − E   B6. Subtrahiere.
2H   JANZ B3         C     Nach B3, wenn t ≠ 0.
     LDA  U          1     rA ← u.
     ENTX 0          1     rX ← 0.
     SLB  0,1        1     rA ← 2^k · rA.  ▮
```

Die Laufzeit dieses Programms ist

$$9A + 2B + 6C + 3D + E + 13$$

Einheiten, wobei $A = k$, $B = 1$, wenn $t \leftarrow u$ in Schritt B2 (sonst $B = 0$), C ist die Anzahl von Subtraktionsschritten, D ist die Anzahl von Halbierungen in Schritt B3 und E ist die Anzahl, wie häufig $t > 0$ in Schritt B5. Später in diesem Abschnitt besprochene Berechnungen implizieren, dass wir $A = \frac{1}{3}$, $B = \frac{1}{3}$, $C = 0{,}71N - 0{,}5$, $D = 1{,}41N - 2{,}7$ und $E = 0{,}35N - 0{,}4$ als Mittelwerte für diese Größen nehmen können unter der Annahme zufälliger Eingaben u und v im Bereich $1 \le u, v < 2^N$. Die Gesamtlaufzeit ist deshalb etwa $8{,}8N + 5{,}2$ Zyklen verglichen zu etwa $11{,}1N + 7{,}1$ für Programm A unter denselben Annahmen. Die schlechtest mögliche Laufzeit für u und v in diesem Bereich kommt vor, wenn $A = 0$, $B = 1$, $C = N$, $D = 2N - 2$, $E = N - 1$; diese beträgt etwa $13N + 8$ Zyklen. (Der entsprechende Wert für Programm A ist $26{,}8N + 19$.)

Also kompensiert die größere Geschwindigkeit der Iterationen wegen der Einfachheit der Operationen in Programm B die größere Anzahl an erforderlichen Iterationen. Wir fanden, dass der binäre Algorithmus etwa 20 Prozent schneller als Euklids Algorithmus auf dem `MIX`-Rechner ist. Natürlich kann die Situation auf anderen Rechnern verschieden sein, doch in jedem Fall sind beide Programme ganz effizient; aber anscheinend kann auch ein so verehrungswürdiges Verfahren wie Euklids Algorithmus dem Fortschritt nicht widerstehen.

Der binäre ggT-Algorithmus selbst hat vielleicht eine distinguierte Herkunft, da er wohl im alten China bekannt gewesen ist. Kapitel 1, Abschnitt 6 eines klassischen Textes, genannt *Chiu Chang Suan Shu*, die „Neun Kapitel über Arithmetik“ (circa erstes Jahrhundert n.Chr.), gibt die folgende Methode zum Kürzen eines Bruchs an:

> Wenn halbieren möglich ist, halbiere.
>
> Sonst schreibe Nenner und Zähler auf und subtrahiere die kleinere von der größeren Zahl.
>
> Wiederhole, bis beide Zahlen gleich sind.
>
> Vereinfache mit diesem gemeinsamen Wert.

Wenn die Wiederholungsinstruktion bedeutet, zurückzugehen zum Halbierungsschritt statt den Subtraktionsschritt zu wiederholen – dieser Punkt ist nicht klar – , ist die Methode im Wesentlichen Algorithmus B. [Siehe Y. Mikami, *The Development of Mathematics in China and Japan* (Leipzig: 1913), 11; K. Vogel, *Neun Bücher arithmetischer Technik* (Braunschweig: Vieweg, 1968), 8.]

V. C. Harris [*Fibonacci Quarterly* **8** (1970), 102–103i, aber auch auch V. A. Lebesgue, *J. Math. Pures Appl.* **12** (1847), 497–520] haben eine interessante

Kreuzung zwischen Euklids Algorithmus und dem binären Algorithmus vorgeschlagen. Wenn u und v ungerade sind und $u \geq v > 0$, können wir immer schreiben

$$u = qv \pm r$$

wobei $0 \leq r < v$ und r gerade ist; wenn $r \neq 0$, setzen wir $r \leftarrow r/2$ bis r ungerade ist, dann setzen wir $u \leftarrow v$, $v \leftarrow r$ und wiederholen den Prozess. In nachfolgenden Iterationen ist $q \geq 3$.

Erweiterungen. Wir können die zur Berechnung von $\mathrm{ggT}(u, v)$ verwendeten Methoden erweitern, um einige geringfügig schwierigere Probleme zu lösen. Nehmen wir zum Beispiel an, wir wollten den größten gemeinsamen Teiler von n ganzen Zahlen u_1, u_2, …, u_n berechnen.

Ein Weg zur Berechnung von $\mathrm{ggT}(u_1, u_2, \ldots, u_n)$ unter der Annahme, dass die u alle nicht-negativ sind, ist die Erweiterung von Euklids Algorithmus in der folgenden Weise: Wenn alle u_j null sind, wird der größte gemeinsame Teiler auf null gesetzt; sonst, wenn nur ein u_j von null verschieden ist, ist es der größte gemeinsame Teiler; sonst ersetze u_k durch $u_k \bmod u_j$ für alle $k \neq j$, wobei u_j das Minimum der von null verschiedenen u ist, und wiederhole den Prozess.

Der im vorausgehenden Paragraphen skizzierte Algorithmus ist eine natürliche Verallgemeinerung der euklidschen Methode und sie kann in ähnlicher Weise gerechtfertigt werden. Doch gibt es eine einfachere Methode, die auf der leicht verifizierten Identität

$$\mathrm{ggT}(u_1, u_2, \ldots, u_n) = \mathrm{ggT}\big(u_1, \mathrm{ggT}(u_2, \ldots, u_n)\big) \tag{14}$$

beruht. Zur Berechnung von $\mathrm{ggT}(u_1, u_2, \ldots, u_n)$ können wir deshalb wie folgt vorgehen:

Algorithmus C (*Größter gemeinsamer Teiler von n ganzen Zahlen*). Gegeben seien ganze Zahlen u_1, u_2, …, u_n, wobei $n \geq 1$; dieser Algorithmus berechnet ihren größten gemeinsamen Teiler mit einem Algorithmus für den Fall $n = 2$ als Unterprogramm.

C1. Setze $d \leftarrow u_n$, $k \leftarrow n - 1$.

C2. Wenn $d \neq 1$ und $k > 0$, setze $d \leftarrow \mathrm{ggT}(u_k, d)$ und $k \leftarrow k - 1$ und wiederhole diesen Schritt. Sonst $d = \mathrm{ggT}(u_1, \ldots, u_n)$. ▮

Diese Methode reduziert die Berechnung von $\mathrm{ggT}(u_1, \ldots, u_n)$ auf die wiederholte Berechnungen des größten gemeinsamen Teilers von je zwei Zahlen. Er verwendet die Tatsache, dass $\mathrm{ggT}(u_1, \ldots, u_k, 1) = 1$; und dies wird hilfreich sein, da wir $\mathrm{ggT}(u_{n-1}, u_n) = 1$ bereits in mehr als 60 Prozent der Fälle haben, wenn u_{n-1} und u_n zufällig ausgewählt werden. In den meisten Fällen wird der Wert von d schnell während der ersten paar Durchgänge der Rechnung erniedrigt und dies wird den Rest der Rechnung ganz schnell machen. Hier hat Euklids Algorithmus einen Vorteil gegenüber Algorithmus B, weil seine Laufzeit hauptsächlich von dem Wert $\min(u, v)$, während die Laufzeit für Algorithmus B hauptsächlich von $\max(u, v)$ bestimmt wird; es wäre vernünftig, eine Iteration von Euklids

Algorithmus mit Ersetzung von u durch $u \bmod v$ durchzuführen, wenn u viel größer als v ist, und dann mit Algorithmus B fortzufahren.

Die Behauptung, dass $\mathrm{ggT}(u_{n-1}, u_n)$ gleich eins in mehr als 60 Prozent der Fälle für zufällige Eingaben ist, ergibt sich als Folge des folgenden wohlbekannten Ergebnisses der Zahlentheorie:

Satz D (G. Lejeune Dirichlet, *Abhandlungen Königlich Preuß. Akad. Wiss.* (1849), 69–83). *Wenn u und v ganze, zufällig ausgewählte Zahlen sind, ist die Wahrscheinlichkeit für* $\mathrm{ggT}(u, v) = 1$ *gleich* $6/\pi^2 \approx 0,60793$.

Eine genaue Formulierung dieses Satzes, welche sorgfältig definiert, was mit „zufällig ausgewählt" gemeint ist, erscheint in Übung 10 mit einem strengen Beweis. Wir wollen uns hier mit einer heuristischen Begründung zufrieden geben, die zeigt, warum der Satz plausibel ist.

Wenn wir ohne Beweis die Existenz einer wohl-definierten Wahrscheinlichkeit p annehmen, dass $u \perp v$, dann können wir die Wahrscheinlichkeit bestimmen, dass $\mathrm{ggT}(u, v) = d$ für jede positive ganze Zahl d, weil $\mathrm{ggT}(u, v) = d$ genau dann gilt, wenn u ein Vielfaches von d und v ein Vielfaches von d und $u/d \perp v/d$ ist. Also ist die Wahrscheinlichkeit, dass $\mathrm{ggT}(u, v) = d$ gleich $1/d$ mal $1/d$ mal p, nämlich p/d^2. Jetzt summieren wir diese Wahrscheinlichkeiten über alle möglichen Werte von d; wir sollten

$$1 = \sum_{d \geq 1} p/d^2 = p\bigl(1 + \tfrac{1}{4} + \tfrac{1}{9} + \tfrac{1}{16} + \cdots\bigr)$$

bekommen. Da die Summe $1 + \frac{1}{4} + \frac{1}{9} + \cdots = H_\infty^{(2)}$ gleich $\pi^2/6$ nach Gl. 1.2.7–(7) ist, brauchen wir $p = 6/\pi^2$, um diese Gleichung zu erfüllen. ▮

Euklids Algorithmus kann in einer anderen wichtigen Weise erweitert werden: Wir können ganze Zahlen u' und v' derart berechnen, dass

$$uu' + vv' = \mathrm{ggT}(u, v) \tag{15}$$

zur gleichen Zeit wie $\mathrm{ggT}(u, v)$ berechnet wird. Diese Erweiterung von Euklids Algorithmus kann vorteilhaft in Vektornotation beschrieben werden:

Algorithmus X (*Erweiterter euklidscher Algorithmus*). Gegeben seien nichtnegative ganze Zahlen u und v; dieser Algorithmus bestimmt einen Vektor (u_1, u_2, u_3) mit $uu_1 + vu_2 = u_3 = \mathrm{ggT}(u, v)$. Die Rechnung verwendet Hilfsvektoren (v_1, v_2, v_3) und (t_1, t_2, t_3); alle Vektoren werden so behandelt, dass die Relationen

$$ut_1 + vt_2 = t_3, \qquad uu_1 + vu_2 = u_3, \qquad uv_1 + vv_2 = v_3 \tag{16}$$

während der Rechnung gelten.

X1. [Initialisiere.] Setze $(u_1, u_2, u_3) \leftarrow (1, 0, u)$, $(v_1, v_2, v_3) \leftarrow (0, 1, v)$.

X2. [Ist $v_3 = 0$?] Wenn $v_3 = 0$, terminiert der Algorithmus.

X3. [Dividiere, subtrahiere.] Setze $q \leftarrow \lfloor u_3/v_3 \rfloor$, und dann setze

$$(t_1, t_2, t_3) \leftarrow (u_1, u_2, u_3) - (v_1, v_2, v_3)q,$$
$$(u_1, u_2, u_3) \leftarrow (v_1, v_2, v_3), \qquad (v_1, v_2, v_3) \leftarrow (t_1, t_2, t_3).$$

Kehre zurück nach Schritt X2. ▮

Zum Beispiel seien $u = 40902$, $v = 24140$. Bei Schritt X2 haben wir

q	u_1	u_2	u_3	v_1	v_2	v_3
—	1	0	40902	0	1	24140
1	0	1	24140	1	−1	16762
1	1	−1	16762	−1	2	7378
2	−1	2	7378	3	−5	2006
3	3	−5	2006	−10	17	1360
1	−10	17	1360	13	−22	646
2	13	−22	646	−36	61	68
9	−36	61	68	337	−571	34
2	337	−571	34	−710	1203	0

Die Lösung ist deshalb $337 \cdot 40902 - 571 \cdot 24140 = 34 = \mathrm{ggT}(40902, 24140)$.

Algorithmus X kann zu den *Aryabhatiya* (499 n.Chr.) von Aryabhata im nördlichen Indien zurückverfolgt werden. Seine Beschreibung war recht kryptisch, doch spätere Kommentatoren wie Bhāskara I im sechsten Jahrhundert klärten die Regel, welche *kuṭṭalias* („der Pulverisierer") genannt wurde. [Siehe B. Datta und A. N. Singh, *History of Hindu Mathematics* **2** (Lahore: Motilal Banarsi Das, 1938), 89–116.] Ihre Gültigkeit folgt von (16) und der Tatsache, dass der Algorithmus identisch zu Algorithmus A bezüglich der Behandlung von u_3 und v_3 ist; ein detaillierter Beweis von Algorithmus X wird in Abschnitt 1.2.1 besprochen. Gordon H. Bradley bemerkte, dass wir einen beträchtlichen Teil der Rechnung in Algorithmus X durch Unterdrückung von u_2, v_2, und t_2 vermeiden können; dann kann u_2 nachher mit der Beziehung $uu_1 + vu_2 = u_3$ bestimmt werden.

Übung 15 zeigt, dass die Werte von $|u_1|$, $|u_2|$, $|v_1|$ und $|v_2|$ durch die Größe der Eingaben u und v beschränkt bleiben. Algorithmus B, der den größten gemeinsamen Teiler mit Eigenschaften der Binärdarstellung berechnet, kann in einer ähnlichen Weise erweitert werden; siehe Übung 39. Für einige instruktive Erweiterungen zu Algorithmus X, siehe Übungen 18 und 19 in Abschnitt 4.6.1.

Die Euklids Algorithmus zu Grunde liegenden Ideen können auch zur Auffindung einer *allgemeinen ganzzahligen Lösung* irgendeiner Menge von linearen Gleichungen mit ganzzahligen Koeffizienten angewandt werden. Wir könnten zum Beispiel alle ganzen Zahlen w, x, y, z finden wollen, die die zwei Gleichungen

$$10w + 3x + 3y + 8z = 1, \tag{17}$$

$$6w - 7x \qquad - 5z = 2 \tag{18}$$

erfüllen. Wir können eine neue Variable

$$\lfloor 10/3 \rfloor w + \lfloor 3/3 \rfloor x + \lfloor 3/3 \rfloor y + \lfloor 8/3 \rfloor z = 3w + x + y + 2z = t_1$$

einführen und sie zur Elimination von y verwenden; Gl. (17) wird

$$(10 \bmod 3)w + (3 \bmod 3)x + 3t_1 + (8 \bmod 3)z = w + 3t_1 + 2z = 1, \tag{19}$$

und Gl. (18) bleibt unverändert. Die neue Gleichung (19) kann zur Elimination von w verwendet werden und (18) wird

$$6(1 - 3t_1 - 2z) - 7x - 5z = 2;$$

d.h.,

$$7x + 18t_1 + 17z = 4. \tag{20}$$

Jetzt führen wir wie zuvor eine neue Variable

$$x + 2t_1 + 2z = t_2$$

ein und eliminieren x von (20):

$$7t_2 + 4t_1 + 3z = 4. \tag{21}$$

Eine andere neue Variable kann in derselben Art eingeführt werden, um die Variable z zu eliminieren, welche den kleinsten Koeffizienten hat:

$$2t_2 + t_1 + z = t_3.$$

Elimination von z aus (21) ergibt

$$t_2 + t_1 + 3t_3 = 4, \tag{22}$$

und diese Gleichung kann schließlich zur Elimination von t_2 verwendet werden. Wir behalten zwei unabhängige Variable, t_1 und t_3, übrig; nach Rücksubstitution zu den ursprünglichen Variablen erhalten wir die allgemeine Lösung

$$\begin{aligned} w &= 17 - 5t_1 - 14t_3, \\ x &= 20 - 5t_1 - 17t_3, \\ y &= -55 + 19t_1 + 45t_3, \\ z &= -8 + t_1 + 7t_3. \end{aligned} \tag{23}$$

In anderen Worten, es werden alle ganzzahligen Lösungen (w, x, y, z) der ursprünglichen Gleichungen (17) und (18) erhalten aus (23), wenn t_1 und t_3 unabhängig durch alle ganzen Zahlen laufen.

Die allgemeine Methode, die gerade illustriert wurde, beruht auf folgendem Verfahren: Finde einen von null verschiedenen Koeffizienten c von kleinstem Absolutwert im System der Gleichungen. Nimm an, dass dieser Koeffizient in einer Gleichung der Form

$$cx_0 + c_1x_1 + \cdots + c_kx_k = d \tag{24}$$

erscheint; und nimm zur Einfachheit an, dass $c > 0$. Wenn $c = 1$, verwende diese Gleichung zur Elimination der Variablen x_0 aus den anderen im System verbleibenden Gleichungen; dann wiederhole das Verfahren für die verbleibenden Gleichungen. (Wenn keine Gleichungen mehr bleiben, hält die Rechnung an und es wurde im Ergebnis eine allgemeine Lösung, ausgedrückt in den noch nicht eliminierten Variablen, erhalten.) Wenn $c > 1$, prüfe dann, wenn $c_1 \bmod c = \cdots = c_k \bmod c = 0$, ob $d \bmod c = 0$, sonst gibt es keine ganzzahlige Lösung; dann dividiere beide Seiten von (24) durch c und eliminiere x_0 wie im Fall $c = 1$.

Wenn schließlich $c > 1$ und nicht alle $c_1 \bmod c, \ldots, c_k \bmod c$ null sind, führe dann eine neue Variable

$$\lfloor c/c \rfloor x_0 + \lfloor c_1/c \rfloor x_1 + \cdots + \lfloor c_k/c \rfloor x_k = t \tag{25}$$

ein und eliminiere die Variable x_0 aus den anderen Gleichungen zu Gunsten von t, und ersetze die ursprüngliche Gleichung (24) durch

$$ct + (c_1 \bmod c)x_1 + \cdots + (c_k \bmod c)x_k = d. \tag{26}$$

(Siehe (19) und (21) im obigen Beispiel.)

Dieser Prozess muss terminieren, da jeder Schritt entweder die Zahl der Gleichungen oder die Größe des kleinsten von null verschiedenen Koeffizienten im System reduziert. Wenn dieses Verfahren auf die Gleichung $ux + vy = 1$ für spezifische ganze Zahlen u und v angewandt wird, durchläuft es im Wesentlichen die Schritte von Algorithmus X.

Das gerade erklärte Variablentransformationsverfahren ist eine einfacher und direkter Weg zur Lösung linearer Gleichungen, wenn die Variablen nur ganzzahlige Werte annehmen dürfen, doch ist es nicht die beste verfügbare Methode für dieses Problem. Wesentliche Verfeinerungen sind möglich, doch liegen sie außerhalb des Bereichs dieses Buchs. [Siehe Henri Cohen, *A Course in Computational Algebraic Number Theory* (New York: Springer, 1993), Kapitel 2.]

Varianten des euklidschen Algorithmus können auch mit gaußschen ganzen Zahlen $u + iu'$ und in gewissen anderen quadratischen Zahlkörpern verwendet werden. Siehe zum Beispiel A. Hurwitz, *Acta Math.* **11** (1887), 187–200; E. Kaltofen und H. Rolletschek, *Math. Comp.* **53** (1989), 697–720; A. Knopfmacher und J. Knopfmacher, *BIT* **31** (1991), 286–292.

Hochgenaue Berechnung. Wenn u und v sehr große ganze Zahlen sind, die eine mehrfachgenaue Darstellung benötigen, ist die binäre Methode (Algorithmus B) ein einfaches und ziemlich effizientes Mittel zur Berechnung ihres größten gemeinsamen Teilers, da sie nur Subtraktionen und Verschiebungen involviert.

Im Gegensatz hierzu scheint Euklids Algorithmus viel weniger attraktiv zu sein, da Schritt A2 eine mehrfachgenaue Division von u durch v erfordert. Doch ist diese Schwierigkeit nicht wirklich so schlimm, wie sie scheint, da wir in Abschnitt 4.5.3 beweisen werden, dass der Quotient $\lfloor u/v \rfloor$ fast immer sehr klein ist. Zum Beispiel wird für zufällige Eingaben der Quotient $\lfloor u/v \rfloor$ kleiner als 1000 in näherungsweise 99,856 Prozent aller Fälle sein. Deshalb ist es fast immer möglich, $\lfloor u/v \rfloor$ und $(u \bmod v)$ mit einfachgenauen Rechnungen zu finden, zusammen mit der vergleichsweise einfachen Berechnung von $u - qv$, wobei q eine einfachgenaue Zahl ist. Wenn es sich weiterhin herausstellt, dass u viel größer als v ist (zum Beispiel können die anfänglichen Eingabedaten diese Form haben), kümmert uns ein großer Quotient q nicht, da Euklids Algorithmus einen beträchtlichen Fortschritt macht, wenn er u durch $u \bmod v$ in einem solchen Fall ersetzt.

Eine signifikante Verbesserung in der Geschwindigkeit von Euklids Algorithmus für hochgenaue Zahlen kann mit einer Methode von D. H. Lehmer [*AMM* **45** (1938), 227–233] erreicht werden. Wenn man nur mit den führenden Ziffern von langen Zahlen arbeitet, ist es möglich, die meisten Rechnungen nur mit einfachgenauer Arithmetik auszuführen und eine wesentliche Reduktion der Anzahl involvierter vielfachgenauer Operationen durchzuführen. Die Idee ist, Zeit zu sparen durch eine „scheinbare" statt der tatsächlichen Rechnung.

Betrachten wir z. B. das Paar von achtstelligen Zahlen $u = 27182818$ und $v = 10000000$ unter der Annahme, dass wir eine Maschine mit nur vierstelligen Wörtern benutzen. Sei $u' = 2718$, $v' = 1001$, $u'' = 2719$, $v'' = 1000$; dann sind u'/v' und u''/v'' Näherungen an u/v mit

$$u'/v' < u/v < u''/v''. \tag{27}$$

Das Verhältnis u/v bestimmt die Folge von Quotienten, die man in Euklids Algorithmus erhält. Wenn wir Euklids Algorithmus gleichzeitig auf den einfachgenauen Werten (u', v') und (u'', v'') ausführen, bis wir einen verschiedenen Quotienten bekommen, kann man leicht erkennen, dass dieselbe Folge von Quotienten bis zu diesem Punkt aufgetreten wäre, wenn wir mit den mehrfachgenauen Zahlen (u, v) gearbeitet hätten. Betrachte also, was passiert, wenn Euklids Algorithmus auf (u', v') und (u'', v'') angewandt wird:

u'	v'	q'	u''	v''	q''
2718	1001	2	2719	1000	2
1001	716	1	1000	719	1
716	285	2	719	281	2
285	146	1	281	157	1
146	139	1	157	124	1
139	7	19	124	33	3

Die ersten fünf Quotienten sind dieselben in beiden Fällen, also müssen sie die wahren sein. Doch im sechsten Schritt finden wir, dass $q' \neq q''$, also werden die einfachgenauen Rechnungen suspendiert. Wir haben die Erkenntnis gewonnen, dass die Rechnung wie folgt fortgeschritten wäre, wenn wir mit den ursprünglichen mehrfachgenauen Zahlen gearbeitet hätten:

$$\begin{array}{ccc} u & v & q \\ u_0 & v_0 & 2 \\ v_0 & u_0 - 2v_0 & 1 \\ u_0 - 2v_0 & -u_0 + 3v_0 & 2 \\ -u_0 + 3v_0 & 3u_0 - 8v_0 & 1 \\ 3u_0 - 8v_0 & -4u_0 + 11v_0 & 1 \\ -4u_0 + 11v_0 & 7u_0 - 19v_0 & ? \end{array} \tag{28}$$

(Der nächste Quotient liegt irgendwo zwischen 3 und 19.) Unabhängig davon, wie viele Ziffern u und v hat, wären die ersten fünf Schritte von Euklids Algorithmus dieselben wie in (28) gewesen, solange (27) gilt. Wir können deshalb die mehrfachgenauen Operationen der ersten fünf Schritte vermeiden und sie alle durch eine mehrfachgenaue Berechnung von $-4u_0 + 11v_0$ und $7u_0 - 19v_0$ ersetzen. In diesem Fall erhalten wir $u = 1268728$, $v = 279726$; die Rechnung kann nun in einer ähnlichen Weise mit $u' = 1268$, $v' = 280$, $u'' = 1269$, $v'' = 279$ usw. fortfahren. Wenn wir einen größeren Akkumulator hätten, könnten mehr Schritte mit einfachgenauen Berechnungen durchgeführt werden. Unser Beispiel zeigte, dass nur fünf Zyklen von Euklids Algorithmus in einen mehrfachen Schritt kombiniert wurden, doch mit einer Wortgröße von (sagen wir) 10 Ziffern könnten wir etwa je zwölf Zyklen auf einmal durchführen. Ergebnisse, die in Abschnitt 4.5.3 bewiesen werden, implizieren, dass die Anzahl vielfachgenauer Zyklen, die bei jeder Iteration ersetzt werden können, im Wesentlichen proportional zur Ziffernzahl in den einfachgenauen Berechnungen ist.

Lehmers Methode kann wie folgt formuliert werden:

Algorithmus L (*Euklids Algorithmus für große Zahlen*). Seien u und v natürliche Zahlen, mit $u \geq v$, mehrfachgenau dargestellt. Dieser Algorithmus berechnet den größten gemeinsamen Teiler von u und v unter Verwendung einfachgenauer p-stelliger Hilfsvariablen $\hat{u}$, $\hat{v}$, A, B, C, D, T, q und mehrfachgenauer Hilfsvariablen t und w.

L1. [Initialisiere.] Wenn v klein genug ist, um als einfachgenauer Wert dargestellt werden zu können, berechne $\mathrm{ggT}(u, v)$ mit Algorithmus A und terminiere die Rechnung. Sonst enthalte $\hat{u}$ die p führenden Ziffern von u und $\hat{v}$ die entsprechenden Ziffern von v; in anderen Worten in Basis-b-Notation $\hat{u} \leftarrow \lfloor u/b^k \rfloor$ und $\hat{v} \leftarrow \lfloor v/b^k \rfloor$, wobei k so klein wie möglich in Konsistenz mit der Bedingung $\hat{u} < b^p$ ist.

Setze $A \leftarrow 1$, $B \leftarrow 0$, $C \leftarrow 0$, $D \leftarrow 1$. (Diese Variablen repräsentieren die Koeffizienten in (28), wobei

$$u = Au_0 + Bv_0, \quad \text{und} \quad v = Cu_0 + Dv_0, \tag{29}$$

in den äquivalenten Aktionen des Algorithmus A an mehrfachgenauen Zahlen. Wir haben auch

$$u' = \hat{u} + B, \qquad v' = \hat{v} + D, \qquad u'' = \hat{u} + A, \qquad v'' = \hat{v} + C \tag{30}$$

in der Bezeichnung des oben ausgearbeiteten Beispiels.)

L2. [Prüfe Quotient.] Setze $q \leftarrow \lfloor(\hat{u}+A)/(\hat{v}+C)\rfloor$. Wenn $q \neq \lfloor(\hat{u}+B)/(\hat{v}+D)\rfloor$, geh zu Schritt L4. (Dieser Schritt prüft, ob $q' \neq q''$, in der Notation des obigen Beispiels. Einfachgenauer Überlauf kann unter besonderen Umständen während der Rechnung in diesem Schritt vorkommen, doch nur wenn $\hat{u} = b^p - 1$ und $A = 1$ oder wenn $\hat{v} = b^p - 1$ und $D = 1$; die Bedingungen

$$\begin{aligned} 0 \leq \hat{u} + A \leq b^p, \qquad 0 \leq \hat{v} + C < b^p, \\ 0 \leq \hat{u} + B < b^p, \qquad 0 \leq \hat{v} + D \leq b^p \end{aligned} \tag{31}$$

werden immer gelten wegen Gleichung (30). Man kann $\hat{v}+C = 0$ oder $\hat{v}+D = 0$ bekommen, doch nicht beides gleichzeitig; deshalb bedeutet Division durch null in diesem Schritt „Geh direkt nach L4".)

L3. [Emuliere Euklid.] Setze $T \leftarrow A-qC$, $A \leftarrow C$, $C \leftarrow T$, $T \leftarrow B-qD$, $B \leftarrow D$, $D \leftarrow T$, $T \leftarrow \hat{u} - q\hat{v}$, $\hat{u} \leftarrow \hat{v}$, $\hat{v} \leftarrow T$ und geh zurück nach Schritt L2. (Diese einfachgenauen Rechnungen sind das Äquivalent der mehrfachgenauen Operationen, wie in (28), mit den Konventionen von (29).)

L4. [Mehrfachgenauer Schritt.] Wenn $B = 0$, setze $t \leftarrow u \bmod v$, $u \leftarrow v$, $v \leftarrow t$ mit mehrfachgenauer Division. (Dies tritt nur auf, wenn die einfachgenauen Operationen keine der mehrfachgenauen simulieren können. Das impliziert, dass Euklids Algorithmus einen sehr großen Quotienten erfordert, und dies ist äußerst selten.) Sonst setze $t \leftarrow Au$, $t \leftarrow t + Bv$, $w \leftarrow Cu$, $w \leftarrow w + Dv$, $u \leftarrow t$, $v \leftarrow w$ (mit simplen mehrfachgenauen Operationen). Geh zurück nach Schritt L1. ▎

Die Werte von A, B, C, D bleiben während dieser Rechnung einfachgenaue Zahlen wegen (31).

Algorithmus L erfordert ein etwas komplizierteres Programm als Algorithmus B, doch bei großen Zahlen wird er auf vielen Rechnern schneller sein. Die binäre Technik von Algorithmus B kann jedoch in ähnlicher Weise beschleunigt werden (siehe Übung 38), bis zu dem Punkt, ab dem er dann immer gewinnt. Algorithmus L hat den Vorteil, dass er die in Euklids Algorithmus enthaltene Quotientenfolge bestimmt, und diese besitzt zahlreiche Anwendungen (siehe zum Beispiel Übungen 43, 47, 49 und 51 in Abschnitt 4.5.3). Siehe auch Übung 4.5.3–46.

***Analyse des binären Algorithmus.** Wir wollen diesen Abschnitt beschließen mit der Untersuchung der Laufzeit von Algorithmus B, um die früher aufgestellten Formeln zu rechtfertigen.

Eine genaue Bestimmung des Verhaltens von Algorithmus B erscheint über die Maßen schwierig abzuleiten, doch können wir die Untersuchung mittels eines näherungsweisen Modells beginnen. Nehmen wir u und v als ungerade Zahlen an, mit $u > v$ und

$$\lfloor \lg u \rfloor = m, \qquad \lfloor \lg v \rfloor = n. \tag{32}$$

(Also, u ist eine $(m+1)$-Bit-Zahl und v ist eine $(n+1)$-Bit-Zahl.) Betrachte einen Subtraktions- und Verschiebungszyklus von Algorithmus B, nämlich eine Operation, die bei Schritt B6 beginnt und dann hält, wenn Schritt B5 beendet ist. Jeder Subtraktions- und Verschiebungszyklus mit $u > v$ bildet $u - v$ und verschiebt diese Größe nach rechts, bis eine ungerade Zahl u' erhalten wird, die u ersetzt. Unter zufälligen Bedingungen würden wir $u' = (u-v)/2$ erwarten in etwa der Hälfte, $u' = (u-v)/4$ in etwa einem Viertel, $u' = (u-v)/8$ in etwa einem Achtel der Fälle und so fort. Wir haben

$$\lfloor \lg u' \rfloor = m - k - r, \tag{33}$$

wobei k die Anzahl von Stellen ist, um die $u - v$ nach rechts verschoben wird, und wobei r gleich $\lfloor \lg u \rfloor - \lfloor \lg(u-v) \rfloor$ die Anzahl der bei der Subtraktion v von u links verlorenen Bit ist. Bemerke, dass $r \le 1$, wenn $m \ge n+2$, und $r \ge 1$, wenn $m = n$.

Die Interaktion zwischen k und r ist ganz hässlich (siehe Übung 20), doch entdeckte Richard Brent einen schönen Weg zur Analyse des approximierten Verhaltens unter der Annahme, dass u und v groß genug sind, dass eine stetige Verteilung das Verhältnis v/u beschreibt, während k sich diskret ändert. [Siehe *Algorithms and Complexity*, herausgegeben von J. F. Traub (New York: Academic Press, 1976), 321–355.] Nehmen wir an, u und v sind große, im Wesentlichen zufällige, ganze Zahlen, außer dass sie ungerade sind und ihr Verhältnis eine gewisse Wahrscheinlichkeitsverteilung hat. Dann werden die am wenigsten signifikanten Bit der Größe $t = u - v$ in Schritt B6 im Wesentlichen zufällig sein, außer dass t gerade sein wird. Also wird t ein ungerades Vielfaches von 2^k mit Wahrscheinlichkeit 2^{-k} sein; dies ist die approximierte Wahrscheinlichkeit dafür, dass k Rechtsverschiebungen im Subtraktions- und Verschiebungszyklus benötigt werden. In anderen Worten, wir erhalten eine vernünftige Näherung an das Verhalten von Algorithmus B, wenn wir annehmen, dass Schritt B4 immer mit Wahrscheinlichkeit 1/2 nach B3 verzweigt.

Sei $G_n(x)$ die Wahrscheinlichkeit dafür, dass $\min(u,v)/\max(u,v) \geq x$ nach n Subtraktions- und Verschiebungszyklen unter dieser Annahme ist. Wenn $u \geq v$ und wenn genau k Rechtsverschiebungen vorkamen, ändert sich das Verhältnis $X = v/u$ zu $X' = \min(2^k v/(u-v), (u-v)/2^k v) = \min\bigl(2^k X/(1-X), (1-X)/2^k X\bigr)$. Also werden wir $X' \geq x$ genau dann haben, wenn $2^k X/(1-X) \geq x$ und $(1-X)/2^k X \geq x$; und dies ist dasselbe wie

$$\frac{1}{1+2^k/x} \leq X \leq \frac{1}{1+2^k x}. \tag{34}$$

Deshalb erfüllt $G_n(x)$ die interessante Rekurrenz

$$G_{n+1}(x) = \sum_{k\geq 1} 2^{-k}\biggl(G_n\Bigl(\frac{1}{1+2^k/x}\Bigr) - G_n\Bigl(\frac{1}{1+2^k x}\Bigr)\biggr), \tag{35}$$

wobei $G_0(x) = 1 - x$ für $0 \leq x \leq 1$. Rechnerexperimente zeigen, dass $G_n(x)$ schnell zu einer Grenzverteilung $G_\infty(x) = G(x)$ konvergiert, obwohl ein formaler Konvergenzbeweis schwierig zu sein scheint. Wir werden annehmen, dass $G(x)$ existiert; also erfüllt es

$$G(x) = \sum_{k\geq 1} 2^{-k}\biggl(G\Bigl(\frac{1}{1+2^k/x}\Bigr) - G\Bigl(\frac{1}{1+2^k x}\Bigr)\biggr) \quad \text{für } 0 < x \leq 1; \tag{36}$$

$$G(0) = 1; \qquad G(1) = 0. \tag{37}$$

Sei

$$S(x) = \frac{1}{2}G\Bigl(\frac{1}{1+2x}\Bigr) + \frac{1}{4}G\Bigl(\frac{1}{1+4x}\Bigr) + \frac{1}{8}G\Bigl(\frac{1}{1+8x}\Bigr) + \cdots$$

$$= \sum_{k\geq 1} 2^{-k} G\Bigl(\frac{1}{1+2^k x}\Bigr); \tag{38}$$

dann haben wir

$$G(x) = S(1/x) - S(x). \tag{39}$$

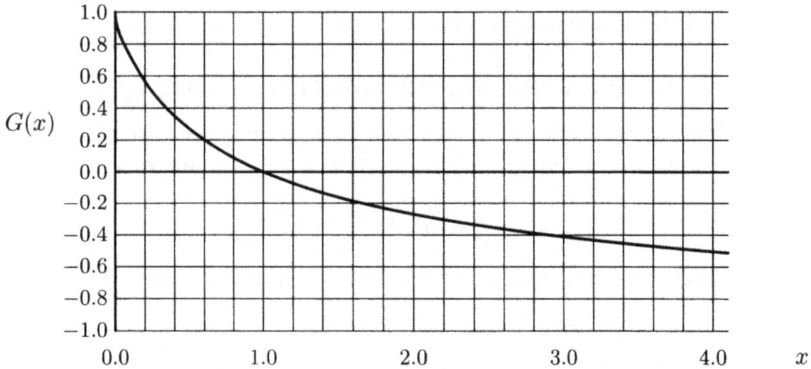

Fig. 10. Die Grenzverteilung der Verhältnisse im binären ggT-Algorithmus.

Es ist vorteilhaft, zu definieren

$$G(1/x) = -G(x), \tag{40}$$

so dass (39) für alle $x > 0$ gilt. Wenn x von 0 nach ∞ läuft, wächst $S(x)$ von 0 nach 1, also nimmt $G(x)$ von $+1$ auf -1 ab. Natürlich ist $G(x)$ nicht länger eine Wahrscheinlichkeit, wenn $x > 1$; doch ist es nichtsdestoweniger sinnvoll (siehe Übung 23).

Wir wollen annehmen, dass es Potenzreihen $\alpha(x)$, $\beta(x)$, $\gamma_m(x)$, $\delta_m(x)$, $\lambda(x)$, $\mu(x)$, $\sigma_m(x)$, $\tau_m(x)$ und $\rho(x)$ gibt mit

$$G(x) = \alpha(x)\lg x + \beta(x) + \sum_{m=1}^{\infty}\bigl(\gamma_m(x)\cos 2\pi m\lg x + \delta_m(x)\sin 2\pi m \lg x\bigr), \tag{41}$$

$$S(x) = \lambda(x)\lg x + \mu(x) + \sum_{m=1}^{\infty}\bigl(\sigma_m(x)\cos 2\pi m\lg x + \tau_m(x)\sin 2\pi m \lg x\bigr), \tag{42}$$

$$\rho(x) = G(1+x) = \rho_1 x + \rho_2 x^2 + \rho_3 x^3 + \rho_4 x^4 + \rho_5 x^5 + \rho_6 x^6 + \cdots, \tag{43}$$

weil man zeigen kann, dass die Lösungen $G_n(x)$ von (35) diese Eigenschaft für $n \geq 1$ haben. (Siehe zum Beispiel Übung 30.) Die Potenzreihen konvergieren für $|x| < 1$.

Was können wir über $\alpha(x), \ldots, \rho(x)$ aus den Gleichungen (36)–(43) folgern? An erster Stelle haben wir

$$2S(x) = G\bigl(1/(1+2x)\bigr) + S(2x) = S(2x) - \rho(2x) \tag{44}$$

von (38), (40) und (43). Folglich gilt Gl. (42) genau, wenn

$$2\lambda(x) = \lambda(2x); \tag{45}$$

$$2\mu(x) = \mu(2x) + \lambda(2x) - \rho(2x); \tag{46}$$

$$2\sigma_m(x) = \sigma_m(2x), \qquad 2\tau_m(x) = \tau_m(2x) \qquad \text{für } m \geq 1. \tag{47}$$

Relation (45) sagt uns, dass $\lambda(x)$ einfach ein konstantes Vielfaches von x ist; wir werden

$$\lambda(x) = -\lambda x \tag{48}$$

schreiben, weil die Konstante negativ ist. (Der relevante Koeffizient stellt sich als

$$\lambda = 0{,}39792\,26811\,88316\,64407\,67071\,61142\,65498\,23098+ \qquad (49)$$

heraus, doch ist kein leichter Weg zu seiner Berechnung bekannt.) Relation (46) sagt uns, dass $\rho_1 = -\lambda$ und dass $2\mu_k = 2^k\mu_k - 2^k\rho_k$, wenn $k > 1$; in anderen Worten,

$$\mu_k = \rho_k/(1-2^{1-k}) \qquad \text{für } k \geq 2. \qquad (50)$$

Wir wissen auch von (47), dass die zwei Familien von Potenzreihen

$$\sigma_m(x) = \sigma_m x, \qquad \tau_m(x) = \tau_m x \qquad (51)$$

einfache lineare Funktionen sind. (Dies ist für $\gamma_m(x)$ und $\delta_m(x)$ nicht wahr.)

Ersetzung von x durch $1/2x$ in (44) ergibt

$$2S(1/2x) = S(1/x) + G(x/(1+x)), \qquad (52)$$

und (39) konvertiert diese Gleichung zu einer Relation zwischen G und S, wenn x nahe 0 ist:

$$2G(2x) + 2S(2x) = G(x) + S(x) + G(x/(1+x)). \qquad (53)$$

Die Koeffizienten von $\lg x$ müssen übereinstimmen, wenn beide Seiten dieser Gleichung in Potenzreihen entwickelt werden, also

$$2\alpha(2x) - 4\lambda x = \alpha(x) - \lambda x + \alpha(x/(1+x)). \qquad (54)$$

Gleichung (54) ist eine Rekurrenz, die $\alpha(x)$ definiert. Betrachten wir in der Tat die Funktion $\psi(z)$, die

$$\psi(z) = \frac{1}{2}\left(z + \psi\left(\frac{z}{2}\right) + \psi\left(\frac{z}{2+z}\right)\right), \qquad \psi(0) = 0, \quad \psi'(0) = 1 \qquad (55)$$

erfüllt. Dann besagt (54), dass

$$\alpha(x) = \frac{3}{2}\lambda\psi(x). \qquad (56)$$

Darüber hinaus ergibt Iteration von (55)

$$\begin{aligned}\psi(z) &= \frac{z}{2}\left(\frac{1}{1} + \frac{1}{2}\left(\frac{1}{2} + \frac{1}{2+z}\right) + \frac{1}{4}\left(\frac{1}{4} + \frac{1}{4+z} + \frac{1}{4+2z} + \frac{1}{4+3z}\right) + \cdots\right)\\ &= \frac{z}{2}\sum_{k\geq 0}\frac{1}{2^k}\sum_{0\leq j<2^k}\frac{1}{2^k+jz}. \end{aligned} \qquad (57)$$

Daraus folgt die Potenzreihenentwicklung von $\psi(z)$ als

$$\psi(z) = \sum_{n\geq 1}(-1)^{n-1}\psi_n z^n, \qquad \psi_n = \frac{1}{2n}\sum_{k=0}^{n-1}\frac{B_k}{2^{k+1}-1}\binom{n}{k} + \frac{\delta_{n1}}{2}; \qquad (58)$$

siehe Übung 27. Diese Formel für ψ_n ist erstaunlich ähnlich zu einem Ausdruck, der in Verbindung mit digitalen Suchbaumalgorithmen entsteht, Gl. 6.3–(18). Übung 28 beweist $\psi_n = \Theta(n^{-2})$.

Wir kennen jetzt $\alpha(x)$ bis auf die Konstante $\lambda = -\rho_1$, und (50) bezieht $\mu(x)$ auf $\rho(x)$ bis auf den Koeffizienten μ_1. Die Lösung zu Übung 25 zeigt, dass alle Koeffizienten von $\rho(x)$ mittels $\rho_1, \rho_3, \rho_5, \ldots$ ausgedrückt werden können; darüber hinaus können die Konstanten σ_m und τ_m mit der Methode zur Lösung von Übung 29 berechnet werden, und komplizierte Beziehungen bestehen auch zwischen den Koeffizienten der Funktionen $\gamma_m(x)$ und $\delta_m(x)$. Anscheinend gibt es jedoch keinen Weg, alle Koeffizienten der verschiedenen in $G(x)$ eingehenden Funktionen zu berechnen, außer die Rekurrenz (36) durch numerische Methoden zu iterieren.

Haben wir einmal eine gute Näherung zu $G(x)$ berechnet, dann können wir die asymptotische mittlere Laufzeit von Algorithmus B wie folgt abschätzen: Wenn $u \geq v$ und wenn k Rechtsverschiebungen ausgeführt werden, ändert sich die Größe $Y = uv$ zu $Y' = (u - v)v/2^k$; also ist das Verhältnis Y/Y' gleich $2^k/(1 - X)$, wobei $X = v/u$ mit Wahrscheinlichkeit $G(x)$ dann $\geq x$ ist. Deshalb nimmt die Anzahl von Bit in uv im Mittel um die Konstante

$$b = \mathrm{E}\lg(Y/Y') = \sum_{k\geq 1} 2^{-k}\Big(f_k(0) + \int_0^1 G(x) f_k'(x)\,dx\Big)$$

ab, wobei $f_k(x) = \lg\big(2^k/(1 - x)\big)$; wir haben

$$b = \sum_{k\geq 1} 2^{-k}\Big(k + \int_0^1 \frac{G(x)\,dx}{(1-x)\ln 2}\Big) = 2 + \int_0^1 \frac{G(x)\,dx}{(1-x)\ln 2}. \tag{59}$$

Wenn schließlich $u = v$, wird der Erwartungswert von $\lg uv$ näherungsweise 0,9779 (siehe Übung 14) sein; deshalb wird die Gesamtzahl von Subtraktions- und Verschiebungszyklen in Algorithmus B näherungsweise $1/b$ mal dem anfänglichen Wert von $\lg uv$ sein. Aus Symmetrie ist dies etwa $2/b$ mal dem anfänglichen Wert von $\lg u$. Numerische Berechnungen wurden von Richard Brent 1997 ausgeführt und ergaben den Wert

$$2/b = 0{,}70597\,12461\,01916\,39152\,93141\,35852\,88176\,66677+ \tag{60}$$

für diese fundamentale Konstante.

Eine tiefere Untersuchung dieser Funktionen durch Brigitte Vallée führte sie zu dem Verdacht, dass die Konstanten λ und b durch die bemerkenswerte Formel

$$\frac{\lambda}{b} = \frac{2\ln 2}{\pi^2} \tag{61}$$

miteinander verknüpft sein könnten. Eines ist sicher, die von Brent berechneten Werte stimmen vollkommen mit dieser herausfordernden Vermutung überein. Vallée hat erfolgreich Algorithmus B mit strengen „dynamischen" Methoden von großem Interesse [siehe *Algorithmica* **22** (1998), 660–685] analysiert.

Kehren wir zu unserer Annahme in (32) zurück, dass u und v ungerade und im Bereich $2^m \leq u < 2^{m+1}$ und $2^n \leq v < 2^{n+1}$ sind. Empirische Tests von Algorithmus B mit mehreren Millionen zufälliger Eingaben und mit verschiedenen

Werten von m und n im Bereich $29 \le m, n \le 37$ zeigen, dass das tatsächliche mittlere Verhalten dieses Algorithmus gegeben ist durch

$$\begin{aligned} C &\approx \tfrac{1}{2}m + 0{,}203n + 1{,}9 - 0{,}4(0{,}6)^{m-n}, \\ D &\approx \phantom{\tfrac{1}{2}}m + 0{,}41n - 0{,}5 - 0{,}7(0{,}6)^{m-n}, \end{aligned} \qquad m \ge n, \tag{62}$$

mit einer recht kleinen Standardabweichung von diesen beobachteten Mittelwerten. Die Koeffizienten $\frac{1}{2}$ und 1 von m in (62) können streng verifiziert werden (siehe Übung 21).

Wenn wir statt dessen annehmen, dass u und v *beliebige* ganze Zahlen sind, unabhängig und gleichmäßig verteilt über die Bereiche

$$1 \le u < 2^N, \qquad 1 \le v < 2^N, \tag{63}$$

dann können wir die Mittelwerte von C und D aus den bereits gegebenen Daten berechnen:

$$C \approx 0{,}70N + O(1), \qquad D \approx 1{,}41N + O(1). \tag{64}$$

(Siehe Übung 22.) Dies stimmt vollkommen mit den Ergebnissen weiterer empirischer Prüfungen überein, die mit mehreren Millionen zufälliger Eingaben für $N \le 30$ gemacht wurden; die letzteren Tests zeigen, dass wir

$$C = 0{,}70N - 0{,}5, \qquad D = 1{,}41N - 2{,}7 \tag{65}$$

als recht gute Schätzungen der Werte für diese Verteilung der Eingaben u und v nehmen können.

Die theoretische Analyse in Brents stetigem Modell von Algorithmus B sagt voraus, dass C und D asymptotisch $2N/b$ und $4N/b$ unter Annahme von (63) sein werden, wobei $2/b \approx 0{,}70597$ die Konstante in (60) ist. Die Überstimmung mit dem Experiment ist so gut, dass Brents Konstante $2/b$ der wahre Wert der Zahl „0,70“ in (65) sein muss, und wir sollten 0,203 durch 0,206 in (62) ersetzen.

Dies vollendet unsere Untersuchung der Mittelwerte von C und D. Die anderen drei Größen, die in der Laufzeit von Algorithmus B erscheinen, sind ganz leicht zu analysieren; siehe Übungen 6, 7 und 8.

Jetzt, da wir das näherungsweise Verhalten im Mittel von Algorithmus B kennen, wollen wir das Szenario des „schlechtesten Falls“ betrachten: Welche Werte von u und v sind in einem bestimmten Sinn am härtesten zu behandeln? Wenn wir wie zuvor annehmen, dass

$$\lfloor \lg u \rfloor = m \qquad \text{und} \qquad \lfloor \lg v \rfloor = n,$$

wollen wir u und v so finden, dass sie den Algorithmus am langsamsten ablaufen lassen. Die Subtraktionen dauern etwas länger als die Verschiebungen, wenn die Hilfsbuchführung betrachtet wird, also kann diese Frage durch die Frage nach den Eingaben u und v umformuliert werden, die die meisten Subtraktionen erfordern. Die Antwort ist etwas überraschend; der maximale Wert von C ist genau

$$\max(m, n) + 1, \tag{66}$$

obwohl eine naïve Analyse voraussagen würde, dass wesentlich höhere Werte von C möglich sind (siehe Übung 35). Die Ableitung des schlimmsten Falls (66) ist ganz interessant, so dass sie als ein lustiges Problem den Lesern zur Selbstausarbeitung überlassen wurde (siehe Übungen 36 und 37).

Übungen

1. [*M21*] Wie können (8), (9), (10), (11) und (12) leicht von (6) und (7) abgeleitet werden?

2. [*M22*] Gegeben, dass u das Produkt $v_1v_2\ldots v_n$ teilt, beweise, dass u auch

$$\mathrm{ggT}(u,v_1)\,\mathrm{ggT}(u,v_2)\ldots\mathrm{ggT}(u,v_n)$$

teilt.

3. [*M23*] Zeige, dass die Anzahl geordneter Paare positiver ganzer Zahlen (u,v) mit $\mathrm{kgV}(u,v)=n$ die Anzahl der Teiler von n^2 ist.

4. [*M21*] Gegeben seien positive ganze Zahlen u und v, zeige, dass es Teiler u' von u und v' von v mit $u'\perp v'$ und $u'v'=\mathrm{kgV}(u,v)$ gibt.

▶ **5.** [*M26*] Entwickle einen Algorithmus (analog zu Algorithmus B) zur Berechnung des größten gemeinsamen Teilers zweier ganzen Zahlen basierend auf ihrer *balancierten ternären* Darstellung. Demonstriere deinen Algorithmus durch Anwendung auf die Berechnung von $\mathrm{ggT}(40902,24140)$.

6. [*M22*] Gegeben seien u und v als zufällige positive ganze Zahlen, finde den Mittelwert und die Standardabweichung der Größe A, die in den Zeitverlauf von Programm B eingeht. (Dies ist die Anzahl von Rechtsverschiebungen angewandt auf sowohl u als auch v während der Vorbereitungsphase.)

7. [*M20*] Analysiere die Größe B, die in den Zeitverlauf von Programm B eingeht.

▶ **8.** [*M25*] Zeige, dass im Programm B, der Mittelwert von E näherungsweise gleich $\frac{1}{2}C_{\mathrm{ave}}$ ist, wobei C_{ave} der Mittelwert von C ist.

9. [*18*] Mit Algorithmus B und manueller Rechnung finde $\mathrm{ggT}(31408,2718)$. Auch finde ganze Zahlen m und n mit $31408m+2718n=\mathrm{ggT}(31408,2718)$ mittels Algorithmus X.

▶ **10.** [*HM24*] Sei q_n die Anzahl geordneter Paare ganzer Zahlen (u,v), die im Bereich $1\le u,v\le n$ liegen, so dass $u\perp v$. Der Gegenstand dieser Übung ist der Beweis, dass $\lim_{n\to\infty} q_n/n^2=6/\pi^2$, wodurch wir Satz D begründen.

a) Verwende das Prinzip der Inklusion und Exklusion (Abschnitt 1.3.3), um

$$q_n=n^2-\sum_{p_1}\lfloor n/p_1\rfloor^2+\sum_{p_1<p_2}\lfloor n/p_1p_2\rfloor^2-\cdots$$

zu zeigen, wobei die Summen über alle *Primzahlen* p_i genommen werden.

b) Die *Möbiusfunktion* $\mu(n)$ ist durch die Regeln $\mu(1)=1$, $\mu(p_1p_2\ldots p_r)=(-1)^r$ definiert, wenn $p_1,p_2,\ldots,p_r$ verschiedene Primzahlen sind, und $\mu(n)=0$, wenn n durch das Quadrat einer Primzahl teilbar ist. Zeige, dass $q_n=\sum_{k\ge1}\mu(k)\lfloor n/k\rfloor^2$.

c) Als eine Folgerung aus (b), beweise $\lim_{n\to\infty} q_n/n^2=\sum_{k\ge1}\mu(k)/k^2$.

d) Beweise, dass $(\sum_{k\ge1}\mu(k)/k^2)(\sum_{m\ge1}1/m^2)=1$. *Hinweis:* Wenn die Reihen absolut konvergent sind, haben wir

$$\Bigl(\sum_{k\ge1}a_k/k^z\Bigr)\Bigl(\sum_{m\ge1}b_m/m^z\Bigr)=\sum_{n\ge1}\Bigl(\sum_{d\backslash n}a_d b_{n/d}\Bigr)\Big/n^z.$$

11. [*M22*] Was ist die Wahrscheinlichkeit, dass $\mathrm{ggT}(u,v)\le 3$? (Siehe Satz D.) Was ist der *Mittelwert* von $\mathrm{ggT}(u,v)$?

12. [*M24*] (E. Cesàro.) Wenn u und v zufällige positive ganze Zahlen sind, was ist die mittlere Zahl von (positiven) Teilern, die sie gemeinsam haben? [*Hinweis:* Siehe die Identität in Übung 10(d) mit $a_k=b_m=1$.]

13. [*HM23*] Gegeben u und v als zufällige *ungerade* positive ganze Zahlen, zeige, dass sie mit Wahrscheinlichkeit $8/\pi^2$ teilerfremd sind.

▶ **14.** [*HM25*] Was ist der Erwartungswert von $\ln\mathrm{ggT}(u,v)$, wenn u und v (a) zufällige positive ganze Zahlen sind? (b) zufällige positive ungerade ganze Zahlen sind?

15. [*M21*] Was sind die Werte von v_1 und v_2, wenn Algorithmus X terminiert?

▶ **16.** [*M22*] Entwirf einen Algorithmus zur *Division u durch v modulo m* für gegebene positive ganze Zahlen u, v und m, mit v teilerfremd zu m. In anderen Worten, dein Algorithmus sollte w im Bereich $0\le w<m$ finden mit $u\equiv vw$ (modulo m).

▶ **17.** [*M20*] Gegeben seien zwei ganze Zahlen u und v mit $uv\equiv 1$ (modulo 2^e); erkläre, wie eine ganze Zahl u' so zu berechnen ist, dass $u'v\equiv 1$ (modulo 2^{2e}). [Dies führt zu einem schnellen Algorithmus zur Berechnung des Reziproken einer ungeraden Zahl modulo einer Zweierpotenz, da wir mit einer Tabelle aller solcher Reziproken für $e=8$ oder $e=16$ beginnen können.]

▶ **18.** [*M24*] Zeige, wie Algorithmus L (so wie Algorithmus A zu Algorithmus X erweitert wurde) zur Erhaltung von Lösungen zu (15) erweitert werden kann, wenn u und v groß sind.

19. [*21*] Verwende die Methode im Text zur Auffindung einer allgemeinen Lösung in ganzen Zahlen für die folgenden Mengen von Gleichungen:

a) $3x+7y+11z=1$, $5x+7y-5z=3$ b) $3x+7y+11z=1$, $5x+7y-5z=-3$

20. [*M37*] Seien u und v ungerade ganze Zahlen, unabhängig und gleichmäßig verteilt in den Bereichen $2^m\le u<2^{m+1}$, $2^n\le v<2^{n+1}$. Was ist die *genaue* Wahrscheinlichkeit dafür, dass ein einziger Subtraktions- und Verschiebungszyklus in Algorithmus B u und v auf die Bereiche $2^{m'}\le u<2^{m'+1}$, $2^{n'}\le v<2^{n'+1}$ reduziert, als eine Funktion von m, n, m' und n'?

21. [*HM26*] Seien C_{mn} und D_{mn} die mittlere Anzahl von Subtraktions- bzw. Verschiebungsschritten in Algorithmus B, wenn u und v ungerade sind, $\lfloor\lg u\rfloor=m$, $\lfloor\lg v\rfloor=n$. Zeige, dass für festes n, $C_{mn}=\frac12 m+O(1)$ und $D_{mn}=m+O(1)$, wenn $m\to\infty$.

22. [*M28*] Fortfahrend mit der vorigen Übung zeige, dass wenn $C_{mn}=\alpha m+\beta n+\gamma$ für Konstante α, β und γ, dann

$$\sum_{1\le n<m\le N}(N-m)(N-n)2^{m+n-2}C_{mn}=2^{2N}\bigl(\tfrac{11}{27}(\alpha+\beta)N+O(1)\bigr),$$

$$\sum_{1\le n\le N}(N-n)^2 2^{2n-2}C_{nn}=2^{2N}\bigl(\tfrac{5}{27}(\alpha+\beta)N+O(1)\bigr).$$

▶ **23.** [*M20*] Was ist die Wahrscheinlichkeit dafür, dass $v/u \leq x$ nach n Subtraktions- und Verschiebungszyklen von Algorithmus B, wenn der Algorithmus mit großen zufälligen ganzen Zahlen beginnt? (Hier ist x irgendeine reelle Zahl ≥ 0; wir nehmen nicht $u \geq v$ an.)

24. [*M20*] Nimm $u > v$ in Schritt B6 an und, dass das Verhältnis v/u Brents Grenzverteilung G hat. Was ist die Wahrscheinlichkeit dafür, dass $u < v$ beim nächsten Mal in Schritt B6 angetroffen wird?

25. [*M21*] Gl. (46) impliziert, dass $\rho_1 = -\lambda$; beweise, dass $\rho_2 = \lambda/2$.

26. [*M22*] Beweise, dass wenn $G(x)$ (36)–(40) erfüllt, wir

$$2G(x) - 5G(2x) + 2G(4x) = G(1+2x) - 2G(1+4x) + 2G(1+1/x) - G(1+1/2x)$$

haben.

27. [*M22*] Beweise Gleichung (58), welche ψ_n durch Bernoullizahlen ausdrückt.

28. [*HM36*] Untersuche das asymptotische Verhalten von ψ_n. *Hinweis:* Siehe Übung 6.3–34.

▶ **29.** [*HM26*] (R. P. Brent.) Finde $G_1(x)$, die Verteilung von $\min(u,v)/\max(u,v)$ nach dem ersten Subtraktions- und Verschiebungszyklus von Algorithmus B, wie sie in (35) definiert ist. *Hinweis:* Sei $S_{n+1}(x) = \sum_{k=1}^{\infty} 2^{-k} G_n(1/(1+2^k x))$, und verwende die Methode der Mellintransformierten für harmonische Summen [siehe P. Flajolet, X. Gourdon und P. Dumas, *Theor. Comp. Sci.* **144** (1995), 3–58].

30. [*HM39*] Fortfahrend mit der voriger Übung bestimme $G_2(x)$.

31. [*HM46*] Beweise oder widerlege Vallées Vermutung (61).

32. [*HM47*] Gibt es eine eindeutige stetige Funktion $G(x)$, die (36) und (37) erfüllt?

33. [*M46*] Analysiere Harris' „binären euklidschen Algorithmus", welcher nach Programm B beschrieben ist.

34. [*HM49*] Finde einen strengen Beweis dafür, dass Brents Modell das asymptotische Verhalten von Algorithmus B beschreibt.

35. [*M23*] Betrachte einen gerichteten Graphen mit Knoten (m,n) für alle nicht-negativen ganzen Zahlen $m, n \geq 0$, der Bögen von (m,n) nach (m',n') hat, wann immer es für einen Subtraktions- und Verschiebungszyklus von Algorithmus B möglich ist, ganze Zahlen u und v mit $\lfloor \lg u \rfloor = m$ und $\lfloor \lg v \rfloor = n$ in ganze Zahlen u' und v' mit $\lfloor \lg u' \rfloor = m'$ und $\lfloor \lg v' \rfloor = n'$ zu transformieren; es gebe auch einen besonderen „Stop"-Knoten mit Bögen von (n,n) zu Stop für alle $n \geq 0$. Was ist die Länge des längsten Pfades von (m,n) nach Stop? (Dies ergibt eine obere Schranke für die maximale Laufzeit von Algorithmus B.)

▶ **36.** [*M28*] Gegeben seien $m \geq n \geq 1$, finde Werte von u und v mit $\lfloor \lg u \rfloor = m$ und $\lfloor \lg v \rfloor = n$ derart, dass Algorithmus B $m+1$ Subtraktionsschritte erfordert.

37. [*M32*] Beweise, dass der Subtraktionsschritt B6 von Algorithmus B niemals mehr als $1 + \lfloor \lg \max(u,v) \rfloor$ mal ausgeführt wird.

▶ **38.** [*M32*] (R. W. Gosper.) Zeige, wie Algorithmus B für große Zahlen mit Ideen analog zu denen in Algorithmus L zu ändern ist.

▶ **39.** [*M28*] (V. R. Pratt.) Erweitere Algorithmus B zu einem Algorithmus Y, der analog zu Algorithmus X ist.

▸ **40.** [*M25*] (R. P. Brent und H. T. Kung.) Die folgende Variante des binären ggT-Algorithmus ist besser als Algorithmus B vom Standpunkt der Hardware-Implementierung, weil sie nicht die Vorzeichenprüfung von $u - v$ erfordert. Nimm an, dass u ungerade ist; u und v können entweder positiv oder negativ sein.

K1. [Initialisiere.] Setze $c \leftarrow 0$. (Dieser Zähler schätzt die Differenz zwischen $\lg|u|$ und $\lg|v|$.)

K2. [Fertig?] Wenn $v = 0$, terminiere mit $|u|$ als Antwort.

K3. [Mache v ungerade.] Setze $v \leftarrow v/2$ und $c \leftarrow c + 1$ null oder mehr mal, bis v ungerade ist.

K4. [Mache $c \leq 0$.] Wenn $c > 0$, vertausche $u \leftrightarrow v$ und setze $c \leftarrow -c$.

K5. [Reduziere.] Setze $w \leftarrow (u + v)/2$. Wenn w gerade ist, setze $v \leftarrow w$; sonst setze $v \leftarrow w - v$. Kehre zurück nach Schritt K2. ▮

Beweise, dass Schritt K2 höchstens $2 + 2\lg\max(|u|, |v|)$ mal ausgeführt wird.

41. [*M22*] Verwende Euklids Algorithmus zur Bestimmung einer einfachen Formel für $\mathrm{ggT}(10^m - 1, 10^n - 1)$, wenn m und n natürliche Zahlen sind.

42. [*M30*] Berechne die Determinante

$$\begin{vmatrix} \mathrm{ggT}(1,1) & \mathrm{ggT}(1,2) & \ldots & \mathrm{ggT}(1,n) \\ \mathrm{ggT}(2,1) & \mathrm{ggT}(2,2) & \ldots & \mathrm{ggT}(2,n) \\ \vdots & \vdots & & \vdots \\ \mathrm{ggT}(n,1) & \mathrm{ggT}(n,2) & \ldots & \mathrm{ggT}(n,n) \end{vmatrix}.$$

*4.5.3. Analyse des euklidschen Algorithmus

Die Ausführungszeit des euklidschen Algorithmus hängt von T ab, der Anzahl ausgeführter Divisionsschritte A2. (Siehe Algorithmus 4.5.2A und Programm 4.5.2A.) Die Größe T ist auch ein wichtiger Faktor in der Laufzeit anderer Algorithmen, wie etwa der Auswertung von Funktionen, die eine Reziprozitätsformel (siehe Abschnitt 3.3.3) erfüllen. Wir werden in diesem Abschnitt sehen, dass die mathematische Analyse dieser Größe T interessant und instruktiv ist.

Beziehung zu Kettenbrüchen. Euklids Algorithmus ist eng verknüpft mit *Kettenbrüchen*; das sind Ausdrücke der Form

$$\cfrac{b_1}{a_1 + \cfrac{b_2}{a_2 + \cfrac{b_3}{\cdots \, \overline{\qquad} \atop a_{n-1} + \cfrac{b_n}{a_n}}}} = b_1/\bigl(a_1+b_2/(a_2+b_3/(\cdots/(a_{n-1}+b_n/a_n)\ldots))\bigr). \tag{1}$$

Kettenbrüche haben eine schöne Theorie, die der Gegenstand mehrerer klassischer Bücher ist, wie O. Perron, *Die Lehre von den Kettenbrüchen*, 3. Auflage (Stuttgart: Teubner, 1954), 2 Bände; A. Khinchin, *Continued Fraktions*, übersetzt von Peter Wynn (Groningen: P. Noordhoff, 1963); und H. S. Wall, *Analytic Theory of Continued Fractions* (New York: Van Nostrand, 1948). Siehe auch Claude Brezinski, *History of Continued Fractions and Padé Approximants* (Springer, 1991) für die frühe Geschichte des Gegenstands. Es ist notwendig, dass wir uns auf eine vergleichsweise kurze Behandlung der Theorie hier beschränken und nur diejenigen Aspekte untersuchen, die uns mehr Einsicht in das Verhalten von Euklids Algorithmus geben.

Für uns sind diejenigen Kettenbrüche von Hauptinteresse, in welchen alle b in (1) gleich eins sind. Zur Vereinfachung der Notation wollen wir definieren

$$/\!/x_1, x_2, \ldots, x_n/\!/ = 1/\big(x_1 + 1/(x_2 + 1/(\cdots(x_{n-1} + 1/x_n)\ldots))\big). \qquad (2)$$

Also zum Beispiel

$$/\!/x_1/\!/ = \frac{1}{x_1}, \qquad /\!/x_1, x_2/\!/ = \frac{1}{x_1 + 1/x_2} = \frac{x_2}{x_1x_2 + 1}. \qquad (3)$$

Wenn $n = 0$, soll das Symbol $/\!/x_1, \ldots, x_n/\!/$ die Zahl 0 bedeuten. Wir wollen auch für $n \geq 0$ die so genannten *Kontinuantenpolynome* $K_n(x_1, x_2, \ldots, x_n)$ von n Variablen definieren durch die Regel

$$K_n(x_1, x_2, \ldots, x_n) = \begin{cases} 1, & \text{wenn } n = 0; \\ x_1, & \text{wenn } n = 1; \\ x_1K_{n-1}(x_2, \ldots, x_n) + K_{n-2}(x_3, \ldots, x_n), & \text{wenn } n > 1. \end{cases} \qquad (4)$$

Also $K_2(x_1, x_2) = x_1x_2 + 1, K_3(x_1, x_2, x_3) = x_1x_2x_3 + x_1 + x_3$, usw. Im Allgemeinen, wie von L. Euler im 18. Jahrhundert bemerkt, ist $K_n(x_1, x_2, \ldots, x_n)$ die Summe aller Terme, die man aus $x_1x_2 \ldots x_n$ und durch Löschen von null oder mehr nicht-überlappenden Paaren aufeinanderfolgender Variablen x_jx_{j+1} erhält; es gibt F_{n+1} solcher Terme.

Die Grundeigenschaft von Kontinuanten ist die explizite Formel

$$/\!/x_1, x_2, \ldots, x_n/\!/ = K_{n-1}(x_2, \ldots, x_n)/K_n(x_1, x_2, \ldots, x_n), \qquad n \geq 1. \qquad (5)$$

Diese kann durch Induktion bewiesen werden, da sie impliziert, dass

$$x_0 + /\!/x_1, \ldots, x_n/\!/ = K_{n+1}(x_0, x_1, \ldots, x_n)/K_n(x_1, \ldots, x_n);$$

also ist $/\!/x_0, x_1, \ldots, x_n/\!/$ das Reziproke letzterer Größe.

Die K-Polynome sind symmetrisch in dem Sinn, dass

$$K_n(x_1, x_2, \ldots, x_n) = K_n(x_n, \ldots, x_2, x_1) \qquad (6)$$

Dies folgt aus Eulers obiger Beobachtung und als Folge haben wir

$$K_n(x_1, \ldots, x_n) = x_nK_{n-1}(x_1, \ldots, x_{n-1}) + K_{n-2}(x_1, \ldots, x_{n-2}) \qquad (7)$$

für $n > 1$. Die K-Polynome erfüllen auch die wichtige Identität

$$K_n(x_1, \ldots, x_n)K_n(x_2, \ldots, x_{n+1}) - K_{n+1}(x_1, \ldots, x_{n+1})K_{n-1}(x_2, \ldots, x_n) = (-1)^n, \qquad n \geq 1. \qquad (8)$$

(Siehe Übung 4.) Die letzte Gleichung impliziert in Verbindung mit (5), dass

$$//x_1,\ldots,x_n// = \frac{1}{q_0q_1} - \frac{1}{q_1q_2} + \frac{1}{q_2q_3} - \cdots + \frac{(-1)^{n-1}}{q_{n-1}q_n},$$
$$\text{wobei } q_k = K_k(x_1,\ldots,x_k). \qquad (9)$$

Also sind die K-Polynome eng mit den Kettenbrüchen verwandt.

Jede reelle Zahl X im Bereich $0 \le X < 1$ besitzt einen *regulären Kettenbruch*, der wie folgt definiert ist: Sei $X_0 = X$ und für alle $n \ge 0$ mit $X_n \ne 0$ sei

$$A_{n+1} = \lfloor 1/X_n \rfloor, \qquad X_{n+1} = 1/X_n - A_{n+1}. \qquad (10)$$

Für $X_n = 0$ sind die Größen A_{n+1} und X_{n+1} nicht definiert und der reguläre Kettenbruch für X ist $//A_1,\ldots,A_n//$. Für $X_n \ne 0$ garantiert diese Definition, dass $0 \le X_{n+1} < 1$, also ist jedes A eine positive ganze Zahl. Die Definition (10) impliziert auch, dass

$$X = X_0 = \frac{1}{A_1 + X_1} = \frac{1}{A_1 + 1/(A_2 + X_2)} = \cdots;$$

also

$$X = //A_1, \ldots, A_{n-1}, A_n + X_n// \qquad (11)$$

für alle $n \ge 1$, wann immer X_n definiert ist. Insbesondere haben wir $X = //A_1,\ldots,A_n//$ für $X_n = 0$. Wenn $X_n \ne 0$, liegt die Zahl X immer *zwischen* $//A_1,\ldots,A_n//$ und $//A_1, \ldots, A_n + 1//$, da nach (7) die Größe $q_n = K_n(A_1, \ldots, A_n + X_n)$ monoton von $K_n(A_1,\ldots,A_n)$ bis zu $K_n(A_1, \ldots, A_n + 1)$ wächst, wenn X_n von 0 bis 1 wächst, und nach (9) wächst der Kettenbruch oder er nimmt ab, wenn q_n wächst, je nachdem, ob n gerade oder ungerade ist. In der Tat

$$\begin{aligned} |X - //A_1,\ldots,A_n//| &= |//A_1,\ldots,A_n + X_n// - //A_1,\ldots,A_n//| \\ &= |//A_1,\ldots,A_n, 1/X_n// - //A_1,\ldots,A_n//| \\ &= \left| \frac{K_n(A_2,\ldots,A_n,1/X_n)}{K_{n+1}(A_1,\ldots,A_n,1/X_n)} - \frac{K_{n-1}(A_2,\ldots,A_n)}{K_n(A_1,\ldots,A_n)} \right| \\ &= 1/\big(K_n(A_1,\ldots,A_n)K_{n+1}(A_1,\ldots,A_n,1/X_n)\big) \\ &\le 1/\big(K_n(A_1,\ldots,A_n)K_{n+1}(A_1,\ldots,A_n,A_{n+1})\big) \qquad (12) \end{aligned}$$

nach (5), (7), (8) und (10). Deshalb ist $//A_1,\ldots,A_n//$ eine äußerst gute Approximation an X, es sei denn, n ist klein. Wenn X_n für alle n von null verschieden ist, erhalten wir einen *unendlichen Kettenbruch* $//A_1, A_2, A_3, \ldots//$, dessen Wert als

$$\lim_{n\to\infty} //A_1, A_2, \ldots, A_n//$$

definiert ist; von Ungleichung (12) ist klar, dass dieser Grenzwert gleich X ist.

Die reguläre Kettenbruchentwicklung reeller Zahlen hat mehrere Eigenschaften analog zur Zahldarstellung im Dezimalsystem. Wenn wir die obigen Formeln zu Berechnung der regulären Kettenbruchentwicklungen einiger vertrauter reeller Zahlen verwenden, finden wir zum Beispiel, dass

$$\begin{aligned}
\tfrac{8}{29} &= //3,1,1,1,2//;\\
\sqrt{\tfrac{8}{29}} &= //1,1,9,2,2,3,2,2,9,1,2,1,9,2,2,3,2,2,9,1,2,1,9,2,2,3,2,2,9,1,\ldots//;\\
\sqrt[3]{2} &= 1+//3,1,5,1,1,4,1,1,8,1,14,1,10,2,1,4,12,2,3,2,1,3,4,1,1,2,14,3,\ldots//;\\
\pi &= 3+//7,15,1,292,1,1,1,2,1,3,1,14,2,1,1,2,2,2,2,1,84,2,1,1,15,3,13,\ldots//;\\
e &= 2+//1,2,1,1,4,1,1,6,1,1,8,1,1,10,1,1,12,1,1,14,1,1,16,1,1,18,1,\ldots//;\\
\gamma &= //1,1,2,1,2,1,4,3,13,5,1,1,8,1,2,4,1,1,40,1,11,3,7,1,7,1,1,5,1,49,\ldots//;\\
\phi &= 1+//1,1,1,1,1,1,1,1,1,1,1,1,1,1,1,1,1,1,1,1,1,1,1,1,1,1,1,1,\ldots//.
\end{aligned} \qquad (13)$$

Die Zahlen A_1, A_2, ... werden die *Partialquotienten* von X genannt. Beachte das reguläre Muster, das im Partialquotient für $\sqrt{8/29}$, ϕ und e erscheint; die Gründe für dieses Verhalten werden in Übungen 12 und 16 besprochen. Es gibt kein offensichtliches Muster im Partialquotient für $\sqrt[3]{2}$, π oder γ.

Es ist interessant zu bemerken, dass der alten Griechen erste Definition reeller Zahlen, nachdem sie einmal die Existenz irrationaler Zahlen entdeckt hatten, im Wesentlichen durch unendliche Kettenbrüche geschah. (Später übernahmen sie den Vorschlag von Eudoxus, dass $x = y$ stattdessen definiert werden sollte als „$x < r$ genau dann, wenn $y < r$ für alle rationalen r.") Siehe O. Becker, *Quellen und Studien zur Geschichte der Math., Astron., Physik* **B2** (1933), 311–333.

Wenn X eine rationale Zahl ist, entspricht der reguläre Kettenbruch in natürlicher Weise Euklids Algorithmus. Nehmen wir an, dass $X = v/u$, wobei $u > v \geq 0$. Der reguläre Kettenbruchprozess beginnt mit $X_0 = X$; definieren wir $U_0 = u$, $V_0 = v$. Angenommen, dass $X_n = V_n/U_n \neq 0$, dann wird (10)

$$A_{n+1} = \lfloor U_n/V_n \rfloor, \qquad X_{n+1} = U_n/V_n - A_{n+1} = (U_n \bmod V_n)/V_n. \qquad (14)$$

Wenn wir deshalb

$$U_{n+1} = V_n, \qquad V_{n+1} = U_n \bmod V_n \qquad (15)$$

definieren, gilt die Bedingung $X_n = V_n/U_n$ während des ganzen Prozesses. Weiterhin ist (15) genau die Transformation, die an den Variablen u und v in Euklids Algorithmus durchgeführt wird (siehe Algorithmus 4.5.2A, Schritt A2). Da zum Beispiel $\frac{8}{29} = //3,1,1,1,2//$, wissen wir, dass Euklids Algorithmus angewandt auf $u = 29$ und $v = 8$ genau fünf Divisionsschritte erfordern wird, und die Quotienten $\lfloor u/v \rfloor$ in Schritt A2 werden sukzessiv 3, 1, 1, 1 und 2 sein. Der letzte Partialquotient A_n muss immer 2 oder mehr sein, wenn $X_n = 0$ und $n \geq 1$, da X_{n-1} kleiner eins ist.

Von dieser Entsprechung mit Euklids Algorithmus können wir sehen, dass der reguläre Kettenbruch für X bei einem Schritt mit $X_n = 0$ genau dann terminiert, wenn X rational ist; denn es ist offensichtlich, dass X_n nicht null sein kann, wenn X irrational ist, und umgekehrt wissen wir, dass Euklids Algorithmus immer terminiert. Wenn die Partialquotienten, die wir während Euklids

Algorithmus erhalten, $A_1, A_2, \ldots, A_n$ sind, dann haben wir wegen (5)

$$\frac{v}{u} = \frac{K_{n-1}(A_2, \ldots, A_n)}{K_n(A_1, A_2, \ldots, A_n)}. \tag{16}$$

Diese Formel gilt auch, wenn Euklids Algorithmus angewandt wird auf $u < v$, wenn $A_1 = 0$. Weiterhin sind wegen (8) die Kontinuanten $K_{n-1}(A_2, \ldots, A_n)$ und $K_n(A_1, A_2, \ldots, A_n)$ teilerfremd und der Bruch rechts in (16) ist gekürzt; deshalb

$$u = K_n(A_1, A_2, \ldots, A_n)d, \qquad v = K_{n-1}(A_2, \ldots, A_n)d, \tag{17}$$

wobei $d = \mathrm{ggT}(u, v)$.

Der schlimmste Fall. Wir können jetzt diese Beobachtungen zur Bestimmung des Verhaltens von Euklids Algorithmus im schlimmsten Fall anwenden, oder in anderen Worten, zur Angabe einer oberen Schranke für die Anzahl von Divisionsschritten. Der schlimmste Fall kommt vor, wenn die Eingaben aufeinander folgende Fibonacci-Zahlen sind:

Satz F. *Für $n \geq 1$ seien u und v ganze Zahlen mit $u > v > 0$, so dass Euklids Algorithmus angewandt auf u und v genau n Divisionsschritte erfordert, und dass u so klein wie möglich zur Erfüllung dieser Bedingungen ist. Dann $u = F_{n+2}$ und $v = F_{n+1}$.*

Beweis. Nach (17) müssen wir $u = K_n(A_1, A_2, \ldots, A_n)d$ haben, wobei $A_1, A_2, \ldots, A_n$ und d positive ganze Zahlen sind und $A_n \geq 2$. Da K_n ein Polynom mit nicht-negativen Koeffizienten ist, in dem alle Variablen vorkommen, wird der minimale Wert nur angenommen, wenn $A_1 = 1, \ldots, A_{n-1} = 1$, $A_n = 2$, $d = 1$. Setzt man diese Werte in (17) ein, ergibt sich das gewünschte Ergebnis. ∎

Dieser Satz hat den geschichtlichen Anspruch, die erste praktische Anwendung der Fibonacci-Folge zu sein; seither wurden viele andere Anwendungen von Fibonacci-Zahlen bei Algorithmen und der Untersuchung von Algorithmen entdeckt. Das Ergebnis stammt im Wesentlichen von T. F. de Lagny [*Mém. Acad. Sci. Paris* **11** (1733), 363–364], der die ersten paar Kontinuanten tabellierte und bemerkte, dass die Fibonacci-Zahlen die kleinsten Zähler und Nenner für Kettenbrüche einer gegebenen Länge ergeben. Er erwähnte jedoch ggT-Berechnung nicht explizit; die Verbindung zwischen Fibonacci-Zahlen und Euklids Algorithmus wurde zuerst von É. Léger [*Correspondance Math. et Physique* **9** (1837), 483–485] gezeigt.

Kurz darauf bewies P. J. É. Finck [*Traité Élémentaire d'Arithmétique* (Strasbourg: 1841), 44] mit einer anderen Methode, dass $\mathrm{ggT}(u, v)$ höchstens $2 \lg v + 1$ Schritte braucht, wenn $u > v > 0$; und G. Lamé [*Comptes Rendus Acad. Sci. Paris* **19** (1844), 867–870] verbesserte dies zu $5\lceil \log_{10}(v + 1)\rceil$. Alle Einzelheiten über diese Pioniertaten in der Analyse von Algorithmen erscheinen in einer interessanten Übersicht von J. O. Shallit, *Historia Mathematica* **21** (1994), 401–419. Eine genauere Abschätzung des schlimmsten Falls ist jedoch eine direkte Folge von Satz F:

Korrolar L. Wenn $0 \le v < N$, ist die erforderliche Anzahl von Divisionsschritten, wenn Algorithmus 4.5.2A auf u und v angewandt wird, höchstens $\lfloor \log_\phi (3-\phi)N \rfloor$.

Beweis. Nach Schritt A1 haben wir $v > u \bmod v$. Deshalb tritt nach Satz F die maximale Anzahl von Schritten, n, auf, wenn $v = F_{n+1}$ und $u \bmod v = F_n$. Da $F_{n+1} < N$, haben wir $\phi^{n+1}/\sqrt{5} < N$ (siehe Gl. 1.2.8–(15)); also $\phi^n < (\sqrt{5}/\phi)N = (3-\phi)N$. ▮

Die Größe $\log_\phi (3-\phi)N$ ist näherungsweise $2{,}078 \ln N + 0{,}6723 \approx 4{,}785 \log_{10} N + 0{,}6723$. Siehe die Übungen 31, 36 und 38 für Erweiterungen zu Satz F.

Ein Näherungsmodell. Jetzt, da wir die maximale Anzahl an möglichen Divisionsschritten kennen, wollen wir die *mittlere* Anzahl zu finden versuchen. Sei $T(m,n)$ die Anzahl vorkommender Divisionsschritte, wenn $u = m$ und $v = n$ Eingaben zu Euklids Algorithmus sind. Also

$$T(m,0) = 0; \qquad T(m,n) = 1 + T(n, m \bmod n), \qquad \text{wenn } n \ge 1. \tag{18}$$

Sei T_n die mittlere Anzahl von Divisionsschritten, wenn $v = n$ und u zufällig ausgewählt ist; da nur der Wert von $u \bmod v$ den Algorithmus nach dem ersten Divisionsschritt beeinflusst, haben wir

$$T_n = \frac{1}{n} \sum_{0 \le k < n} T(k,n). \tag{19}$$

Zum Beispiel $T(0,5) = 1$, $T(1,5) = 2$, $T(2,5) = 3$, $T(3,5) = 4$, $T(4,5) = 3$, also

$$T_5 = \tfrac{1}{5}(1+2+3+4+3) = 2\tfrac{3}{5}.$$

Unser Ziel ist, T_n für große n abzuschätzen. Eine von R. W. Floyd vorgeschlagene Idee ist, eine Näherung zu versuchen: Wir können annehmen, dass für $0 \le k < n$ der Wert n im Wesentlichen „zufällig" modulo k ist, so dass wir

$$T_n \approx 1 + \frac{1}{n}(T_0 + T_1 + \cdots + T_{n-1})$$

setzen können. Dann $T_n \approx S_n$, wobei die Folge $\langle S_n \rangle$ die Lösung der Rekurrenzrelation

$$S_0 = 0, \qquad S_n = 1 + \frac{1}{n}(S_0 + S_1 + \cdots + S_{n-1}), \qquad n \ge 1 \tag{20}$$

ist. Diese Rekurrenz ist leicht zu lösen durch die Beobachtung

$$\begin{aligned} S_{n+1} &= 1 + \frac{1}{n+1}(S_0 + S_1 + \cdots + S_{n-1} + S_n) \\ &= 1 + \frac{1}{n+1}\bigl(n(S_n - 1) + S_n\bigr) = S_n + \frac{1}{n+1}; \end{aligned}$$

also ist S_n dann $1 + \frac{1}{2} + \cdots + \frac{1}{n} = H_n$, eine harmonische Zahl. Die Näherung $T_n \approx S_n$ legt jetzt $T_n \approx \ln n + O(1)$ nahe.

Ein Vergleich dieser Näherung mit Tabellen des wahren Werts von T_n zeigt jedoch, dass $\ln n$ zu groß ist; T_n wächst nicht so schnell. Unsere probeweise Annahme, dass n zufällig modulo k ist, muss deshalb zu pessimistisch sein. Und in der Tat zeigt eine nähere Prüfung, dass der mittlere Wert von $n \bmod k$ kleiner als der mittlere Wert von $\frac{1}{2}k$ im Bereich $1 \le k \le n$ ist:

$$\begin{aligned} \frac{1}{n}\sum_{1\le k\le n}(n \bmod k) &= \frac{1}{n}\sum_{1\le k,q\le n}(n-qk)\bigl[\lfloor n/(q+1)\rfloor < k \le \lfloor n/q\rfloor\bigr] \\ &= n - \frac{1}{n}\sum_{1\le q\le n} q\left(\binom{\lfloor n/q\rfloor+1}{2} - \binom{\lfloor n/(q+1)\rfloor+1}{2}\right) \\ &= n - \frac{1}{n}\sum_{1\le q\le n}\binom{\lfloor n/q\rfloor+1}{2} \\ &= \left(1-\frac{\pi^2}{12}\right)n + O(\log n) \end{aligned} \qquad (21)$$

(siehe Übung 4.5.2–10(c)). Das ist nur etwa $0{,}1775n$, nicht $0{,}25n$; also tendiert der Wert von $n \bmod k$ dazu, kleiner als von Floyds Modell vorausgesagt zu sein, und Euklids Algorithmus läuft schneller als wir erwarten mögen.

Ein stetiges Modell. Das Verhalten von Euklids Algorithmus mit $v = N$ wird im Wesentlichen bestimmt durch das Verhalten des regulären Kettenbruchprozesses, wenn $X = 0/N, 1/N, \ldots, (N-1)/N$. Wenn N sehr groß ist, wünschen wir deshalb, das Verhalten regulärer Kettenbrüche zu untersuchen, wenn X im Wesentlichen eine zufällige reelle Zahl ist, gleichmäßig in $[0\,..\,1)$ verteilt. Betrachten wir die Verteilungsfunktion

$$F_n(x) = \Pr(X_n \le x) \qquad \text{für } 0 \le x \le 1 \qquad (22)$$

für eine gegebene gleichmäßige Verteilung von $X = X_0$. Nach Definition regulärer Kettenbrüche haben wir $F_0(x) = x$ und

$$\begin{aligned} F_{n+1}(x) &= \sum_{k\ge 1}\Pr(k \le 1/X_n \le k+x) \\ &= \sum_{k\ge 1}\Pr\bigl(1/(k+x) \le X_n \le 1/k\bigr) \\ &= \sum_{k\ge 1}\Bigl(F_n(1/k) - F_n\bigl(1/(k+x)\bigr)\Bigr). \end{aligned} \qquad (23)$$

Wenn sich die durch diese Formeln definierten Verteilungen $F_0(x)$, $F_1(x)$, … einer Grenzverteilung $F_\infty(x) = F(x)$ nähern, werden wir

$$F(x) = \sum_{k\ge 1}\Bigl(F(1/k) - F\bigl(1/(k+x)\bigr)\Bigr) \qquad (24)$$

erhalten. (Eine analoge Relation, 4.5.2–(36), trat in unserer Untersuchung des binären ggT-Algorithmus auf.) Eine Funktion, die (24) erfüllt, ist $F(x) = \log_b(1+x)$ für jede Basis $b > 1$; siehe Übung 19. Die weitere Bedingung $F(1) = 1$ impliziert, dass wir $b = 2$ nehmen sollten. Also ist es vernünftig, zu vermuten, dass $F(x) = \lg(1+x)$, und dass $F_n(x)$ dieses Verhalten annähert.

Wir können zum Beispiel vermuten, dass $F(\frac{1}{2}) = \lg(\frac{3}{2}) \approx 0{,}58496$; wir wollen sehen, wie nahe $F_n(\frac{1}{2})$ diesem Wert für kleine n kommt. Wir haben $F_0(\frac{1}{2}) = 0{,}50000$ und

$$F_1(x) = \sum_{k\geq 1}\Bigl(\frac{1}{k} - \frac{1}{k+x}\Bigr) = H_x;$$

$$F_1(\tfrac{1}{2}) = H_{1/2} = 2 - 2\ln 2 \approx 0{,}61371;$$

$$F_2(\tfrac{1}{2}) = H_{2/2} - H_{2/3} + H_{2/4} - H_{2/5} + H_{2/6} - H_{2/7} + \cdots .$$

(Siehe Tafel 3 von Appendix A.) Die Potenzreihenentwicklung

$$H_x = \zeta(2)x - \zeta(3)x^2 + \zeta(4)x^3 - \zeta(5)x^4 + \cdots \tag{25}$$

ermöglicht die Berechnung des numerischen Werts

$$F_2(\tfrac{1}{2}) = 0{,}57655\,93276\,99914\,08418\,82618\,72122\,27055\,92452 - . \tag{26}$$

Wir kommen näher an 0,58496; doch es ist nicht unmittelbar klar, wie wir eine gute Abschätzung für $F_n(\frac{1}{2})$ für $n = 3$ bekommen, noch viel weniger für wirklich große Werte von n.

Die Verteilungen $F_n(x)$ wurden zuerst von C. F. Gauß untersucht, der zum ersten Mal über dieses Problem am 5. Februar 1799 nachdachte. Sein Notizbuch für 1800 listet verschiedene Rekurrenzrelationen auf und gibt eine kurze Tablle von Werten einschließlich der (ungenauen) Näherung $F_2(\frac{1}{2}) \approx 0{,}5748$. Nach Durchführung dieser Rechnungen schrieb Gauß „Tam complicatæ evadunt, ut nulla spes superesse videatur“; d.h., „Sie kommen so kompliziert heraus, dass keine Hoffnung zu bleiben scheint.“ Zwölf Jahre später schrieb er einen Brief an Laplace, in welchem er das Problem als eines aufstellt, das er nicht zu seiner Zufriedenheit lösen konnte. Er sagt, „Ich habe durch sehr einfache Überlegungen gefunden, dass für n unendlich $F_n(x) = \log(1+x)/\log 2$. Doch die Anstrengungen, die ich hiernach in meinen Untersuchungen machte, $F_n(x) - \log(1+x)/\log 2$ für sehr große, doch nicht unendliche Werte von n, auszudrücken, waren fruchtlos.“ Er veröffentlichte niemals seine „sehr einfache Begründung“, und es ist nicht völlig klar, ob er einen strengen Beweis gefunden hatte. [Siehe Gauß' *Werke*, Bd. 10^1, 552–556.]

Mehr als 100 Jahre vergingen, bevor ein Beweis schließlich von R. O. Kuz'min [*Atti del Congresso Internazionale dei Matematici* **6** (Bologna, 1928), 83–89] veröffentlicht wurde, der zeigte, dass $F_n(x) = \lg(1+x) + O(e^{-A\sqrt{n}})$ für eine positive Konstante A. Der Fehlerterm wurde zu $O(e^{-An})$ von Paul Lévy kurz nachher verbessert [*Bull. Soc. Math. de France* **57** (1929), 178–194]*; doch das

* Eine Darstellung von Lévys interessantem Beweis erschien in der ersten Auflage dieses Buchs.

Problem von Gauß, nämlich das asymptotische Verhalten von $F_n(x) - \lg(1+x)$ zu finden, wurde nicht wirklich bis 1974 gelöst, als Eduard Wirsing eine schöne Analyse der Situation veröffentlichte [*Acta Arithmetica* **24** (1974), 507–528]. Wir werden die einfachsten Aspekte von Wirsings Vorgehen hier untersuchen, da seine Methode für die Verwendung linearer Operatoren instruktiv ist.

Wenn G irgendeine Funktion von x ist, definiert für $0 \le x \le 1$, sei SG die Funktion definiert durch

$$SG(x) = \sum_{k\ge1} \left(G\Big(\frac{1}{k}\Big) - G\Big(\frac{1}{k+x}\Big)\right). \qquad (27)$$

Also ist S ein Operator, der eine Funktion in eine andere transformiert. Insbesondere haben wir nach (23) $F_{n+1}(x) = SF_n(x)$, also

$$F_n = S^n F_0. \qquad (28)$$

(In dieser Diskussion steht F_n für eine Verteilungsfunktion, *nicht* für eine Fibonacci-Zahl.) Beachte, dass S ein „linearer Operator“ ist; d.h.,

$$S(cG) = c(SG)$$

für alle Konstanten c und

$$S(G_1 + G_2) = SG_1 + SG_2$$

.

Wenn jetzt G eine beschränkte erste Ableitung hat, können wir (27) Term für Term differenzieren, um zu zeigen, dass

$$(SG)'(x) = \sum_{k\ge1} \frac{1}{(k+x)^2} G'\Big(\frac{1}{k+x}\Big); \qquad (29)$$

also hat auch SG eine beschränkte erste Ableitung. (Termweise Differentiation einer konvergenten Reihe ist erlaubt, wenn die Reihe der Ableitungen gleichmäßig konvergent ist; siehe zum Beispiel K. Knopp, *Theorie und Anwendung der unendlichen Reihen* (Berlin et al.: Springer, 1947), §47.)

Sei $H = SG$ und sei $g(x) = (1+x)G'(x)$, $h(x) = (1+x)H'(x)$. Es folgt, dass

$$\begin{aligned} h(x) &= \sum_{k\ge1} \frac{1+x}{(k+x)^2} \Big(1 + \frac{1}{k+x}\Big)^{-1} g\Big(\frac{1}{k+x}\Big) \\ &= \sum_{k\ge1} \Big(\frac{k}{k+1+x} - \frac{k-1}{k+x}\Big) g\Big(\frac{1}{k+x}\Big). \end{aligned}$$

In anderen Worten $h = Tg$, wobei T der lineare Operator ist, definiert durch

$$Tg(x) = \sum_{k\ge1} \Big(\frac{k}{k+1+x} - \frac{k-1}{k+x}\Big) g\Big(\frac{1}{k+x}\Big). \qquad (30)$$

Fortfahrend sehen wir, dass, wenn g eine beschränkte erste Ableitung hat, wir termweise differenzieren können, um zu zeigen, dass Tg auch eine solche hat:

$$\begin{aligned}(Tg)'(x) = -\sum_{k\geq 1}\biggl(\Bigl(\frac{k}{(k+1+x)^2}-\frac{k-1}{(k+x)^2}\Bigr)g\Bigl(\frac{1}{k+x}\Bigr)\\ +\Bigl(\frac{k}{k+1+x}-\frac{k-1}{k+x}\Bigr)\frac{1}{(k+x)^2}g'\Bigl(\frac{1}{k+x}\Bigr)\biggr)\\ = -\sum_{k\geq 1}\biggl(\frac{k}{(k+1+x)^2}\Bigl(g\Bigl(\frac{1}{k+x}\Bigr)-g\Bigl(\frac{1}{k+1+x}\Bigr)\Bigr)\\ +\frac{1+x}{(k+x)^3(k+1+x)}g'\Bigl(\frac{1}{k+x}\Bigr)\biggr).\end{aligned}$$

Es gibt folglich einen dritten linearen Operator U mit $(Tg)' = -U(g')$, nämlich

$$U\varphi(x) = \sum_{k\geq 1}\biggl(\frac{k}{(k+1+x)^2}\int_{1/(k+1+x)}^{1/(k+x)}\varphi(t)\,dt + \frac{1+x}{(k+x)^3(k+1+x)}\varphi\Bigl(\frac{1}{k+x}\Bigr)\biggr). \tag{31}$$

Welche Bedeutung hat dies alles für unser Problem? Nun, wenn wir

$$F_n(x) = \lg(1+x) + R_n\bigl(\lg(1+x)\bigr), \tag{32}$$

$$f_n(x) = (1+x)\,F_n'(x) = \frac{1}{\ln 2}\bigl(1 + R_n'\bigl(\lg(1+x)\bigr)\bigr) \tag{33}$$

setzen, haben wir

$$f_n'(x) = R_n''\bigl(\lg(1+x)\bigr)/\bigl((\ln 2)^2(1+x)\bigr); \tag{34}$$

die Wirkung des $\lg(1+x)$ Terms verschwindet nach diesen Transformationen. Da weiterhin $F_n = S^n F_0$, haben wir $f_n = T^n f_0$ und $f_n' = (-1)^n U^n f_0'$. F_n und f_n haben durch Induktion nach n beschränkte Ableitungen. Also wird (34)

$$(-1)^n R_n''\bigl(\lg(1+x)\bigr) = (1+x)(\ln 2)^2\, U^n f_0'(x). \tag{35}$$

Jetzt $F_0(x) = x$, $f_0(x) = 1+x$, und $f_0'(x)$ ist die konstante Funktion 1. Wir werden zeigen, dass der Operator U^n die konstante Funktion in eine Funktion mit sehr kleinen Werten transformiert, also muss $|R_n''(x)|$ für $0 \leq x \leq 1$ sehr klein sein. Schließlich können wir die Begründung absichern durch den Nachweis, dass $R_n(x)$ selbst klein ist: Da wir $R_n(0) = R_n(1) = 0$ haben, folgt aus einer wohlbekannten Interpolationsformel (siehe Übung 4.6.4–15 mit $x_0 = 0$, $x_1 = x$, $x_2 = 1$), dass

$$R_n(x) = -\frac{x(1-x)}{2}\,R_n''\bigl(\xi_n(x)\bigr) \tag{36}$$

für eine Funktion $\xi_n(x)$, wobei $0 \leq \xi_n(x) \leq 1$, wenn $0 \leq x \leq 1$.

Also hängt alles daran, beweisen zu können, dass U^n kleine Funktionswerte liefert, wobei U der lineare in (31) definierte Operator ist. Beachte, dass U ein *positiver* Operator in dem Sinn ist, dass $U\varphi(x) \geq 0$ für alle x, wenn $\varphi(x) \geq 0$

für alle x. Es folgt, dass U die Ordnung bewahrt: Wenn $\varphi_1(x) \le \varphi_2(x)$ für alle x, dann haben wir $U\varphi_1(x) \le U\varphi_2(x)$ für alle x.

Ein Weg, diese Eigenschaft auszunutzen, ist die Bestimmung einer Funktion φ, für welche wir $U\varphi$ genau berechnen können, und die Verwendung konstanter Vielfache dieser Funktion als Schranke dafür, woran wir wirklich interessiert sind. Zuerst wollen wir uns nach einer Funktion g umsehen, so dass Tg leicht zu berechnen ist. Wenn wir Funktionen betrachten, die für alle $x \ge 0$ statt nur auf $[0\,..\,1]$ definiert sind, ist es leicht, die Summierung von (27) wegzunehmen mit Hilfe der Beobachtung, dass

$$SG(x+1) - SG(x) = G\Big(\frac{1}{1+x}\Big) - \lim_{k\to\infty} G\Big(\frac{1}{k+x}\Big) = G\Big(\frac{1}{1+x}\Big) - G(0), \quad (37)$$

wenn G stetig ist. Da $T\big((1+x)G'\big) = (1+x)(SG)'$, folgt (siehe Übung 20), dass

$$\frac{Tg(x)}{1+x} - \frac{Tg(1+x)}{2+x} = \Big(\frac{1}{1+x} - \frac{1}{2+x}\Big) g\Big(\frac{1}{1+x}\Big). \quad (38)$$

Wenn wir $Tg(x) = 1/(1+x)$ setzen, finden wir, dass der entsprechende Wert von $g(x)$ dann $1 + x - 1/(1+x)$ ist. Sei $\varphi(x) = g'(x) = 1 + 1/(1+x)^2$, so dass $U\varphi(x) = -(Tg)'(x) = 1/(1+x)^2$; dies ist die Funktion φ, nach der wir Ausschau hielten.

Für diese Wahl von φ haben wir $2 \le \varphi(x)/U\varphi(x) = (1+x)^2 + 1 \le 5$ für $0 \le x \le 1$, also

$$\tfrac{1}{5}\varphi \le U\varphi \le \tfrac{1}{2}\varphi.$$

Wegen der Positivität von U und φ können wir U wieder auf diese Ungleichung anwenden und erhalten $\frac{1}{25}\varphi \le \frac{1}{5}U\varphi \le U^2\varphi \le \frac{1}{2}U\varphi \le \frac{1}{4}\varphi$; und nach $n-1$ Anwendungen haben wir

$$5^{-n}\varphi \le U^n\varphi \le 2^{-n}\varphi \quad (39)$$

für dieses besondere φ. Sei $\chi(x) = f_0'(x) = 1$ die konstante Funktion; für $0 \le x \le 1$ haben wir dann $\frac{5}{4}\chi \le \varphi \le 2\chi$, also

$$\tfrac{5}{8}5^{-n}\chi \le \tfrac{1}{2}5^{-n}\varphi \le \tfrac{1}{2}U^n\varphi \le U^n\chi \le \tfrac{4}{5}U^n\varphi \le \tfrac{4}{5}2^{-n}\varphi \le \tfrac{8}{5}2^{-n}\chi.$$

Es folgt aus (35), dass

$$\tfrac{5}{8}(\ln 2)^2 5^{-n} \le (-1)^n R_n''(x) \le \tfrac{16}{5}(\ln 2)^2 2^{-n} \qquad \text{für } 0 \le x \le 1;$$

also haben wir wegen (32) und (36) das folgende Ergebnis bewiesen:

Satz W. *Die Verteilung $F_n(x)$ ist gleich $\lg(1+x) + O(2^{-n})$ für $n \to \infty$. Tatsächlich liegt $F_n(x) - \lg(1+x)$ zwischen $\frac{5}{16}(-1)^{n+1}5^{-n}\big(\ln(1+x)\big)\big(\ln 2/(1+x)\big)$ und $\frac{8}{5}(-1)^{n+1}2^{-n}\big(\ln(1+x)\big)\big(\ln 2/(1+x)\big)$ für $0 \le x \le 1$.* ∎

Mit einer leicht verschiedenen Wahl von φ können wir eine schärfere Schranke erhalten (siehe Übung 21). In der Tat ging Wirsing viel weiter in seiner Arbeit und bewies, dass

$$F_n(x) = \lg(1+x) + (-\lambda)^n\Psi(x) + O\big(x(1-x)(\lambda - 0{,}031)^n\big), \quad (40)$$

wobei

$$\begin{aligned}\lambda &= 0{,}30366\,30028\,98732\,65859\,74481\,21901\,55623\,31109-\\ &= /\!/3,3,2,2,3,13,1,174,1,1,1,2,2,2,1,1,1,2,2,1,\ldots/\!/\end{aligned} \tag{41}$$

eine fundamentale Konstante (anscheinend ohne Beziehung zu vertrauteren Konstanten) und Ψ eine interessante Funktion ist, die analytisch in der ganzen komplexen Ebene ist bis auf die negative reelle Axe von -1 bis $-\infty$. Wirsings Funktion erfüllt $\Psi(0) = \Psi(1) = 0$, $\Psi'(0) < 0$ und $S\Psi = -\lambda\Psi$; also nach (37) erfüllt sie die Identität

$$\Psi(z) - \Psi(z+1) = \frac{1}{\lambda}\Psi\Bigl(\frac{1}{1+z}\Bigr). \tag{42}$$

Weiterhin zeigte Wirsing, dass

$$\Psi\Bigl(-\frac{u}{v} + \frac{i}{N}\Bigr) = c\lambda^{-n}\log N + O(1) \qquad \text{für } N \to \infty, \tag{43}$$

wobei c eine Konstante und $n = T(u,v)$ die Anzahl von Iterationen ist, wenn Euklids Algorithmus auf die ganzen Zahlen $u > v > 0$ angewandt wird.

Eine vollständige Lösung des Problems von Gauß wurde wenige Jahre später von K. I. Babenko [*Doklady Akad. Nauk SSSR* **238** (1978), 1021–1024] gefunden, der mächtige Techniken der Funktionalanalysis zum Beweis verwendete, dass

$$F_n(x) = \lg(1+x) + \sum_{j\ge 2} \lambda_j^n\,\Psi_j(x) \tag{44}$$

für alle $0 \le x \le 1$, $n \ge 1$. Hier $|\lambda_2| > |\lambda_3| \ge |\lambda_4| \ge \cdots$ und jede Funktion $\Psi_j(z)$ ist analytisch in der komplexen Ebene bis auf einen Schnitt längs $[-\infty\,..-1]$. Die Funktion Ψ_2 ist Wirsings Ψ und $\lambda_2 = -\lambda$, während $\lambda_3 \approx 0{,}10088$, $\lambda_4 \approx -0{,}03550$, $\lambda_5 \approx 0{,}01284$, $\lambda_6 \approx -0{,}00472$, $\lambda_7 \approx 0{,}00175$. Babenko stellte auch weitere Eigenschaften der Eigenwerte λ_j auf und bewies insbesondere, dass sie exponentiell klein für $j \to \infty$ sind und die Summe für $j \ge k$ in (44) durch $(\pi^2/6)|\lambda_k|^{n-1}\min(x,\,1-x)$ beschränkt ist. [Weitere Information erscheint in Arbeiten von Babenko und Yuriev, *Doklady Akad. Nauk SSSR* **240** (1978), 1273–1276; Mayer und Roepstorff, *J. Statistical Physics* **47** (1987), 149–171; **50** (1988), 331–344; D. Hensley, *J. Number Theory* **49** (1994), 142–182; Daudé, Flajolet und Vallée, *Combinatorics, Probability and Computing* **6** (1997), 397–433; Flajolet und Vallée, *Theoretical Comp. Sci.* **194** (1998), 1–34.] Der 40-stellige Wert von λ in (41) wurde von John Hershberger berechnet.

Vom Stetigen zum Diskreten. Wir haben jetzt Ergebnisse über die Wahrscheinlichkeitsverteilungen für Kettenbrüche abgeleitet, wenn X eine reelle, uniform im Interval $[0\,..\,1)$ verteilte Zahl ist. Doch ist eine reelle Zahl rational mit Wahrscheinlichkeit null – fast alle Zahlen sind irrational – also lassen sich diese Ergebnisse nicht direkt auf Euklids Algorithmus anwenden. Bevor wir Satz W auf unser Problem anwenden können, müssen einige technische Schwierigkeiten überwunden werden. Betrachte die folgende Beobachtung, die auf elementarer Maßtheorie basiert:

Lemma M. *Seien $I_1, I_2, \ldots, J_1, J_2, \ldots$ paarweise disjunkte Intervalle, die im Interval $[0\,..\,1)$ enthalten sind, und sei*

$$\mathcal{I} = \bigcup_{k\geq 1} I_k, \qquad \mathcal{J} = \bigcup_{k\geq 1} J_k, \qquad \mathcal{K} = [0\,..\,1] \setminus (\mathcal{I} \cup \mathcal{J}).$$

Nehmen wir an, dass $\mathcal{K}$ Maß null hat. Sei P_n die Menge $\{0/n, 1/n, \ldots, (n-1)/n\}$. Dann

$$\lim_{n\to\infty} \frac{|\mathcal{I} \cap P_n|}{n} = \mu(\mathcal{I}). \tag{45}$$

Hier ist $\mu(\mathcal{I})$ das Lebesguemaß von $\mathcal{I}$, nämlich, $\sum_{k\geq 1}$ Länge(I_k); und $|\mathcal{I} \cap P_n|$ bezeichnet die Anzahl der Elemente in der Menge $\mathcal{I} \cap P_n$.

Beweis. Seien $\mathcal{I}_N = \bigcup_{1\leq k\leq N} I_k$ und $\mathcal{J}_N = \bigcup_{1\leq k\leq N} J_k$. Gegeben $\epsilon > 0$, finde N genügend groß, so dass $\mu(\mathcal{I}_N) + \mu(\mathcal{J}_N) \geq 1 - \epsilon$, und sei

$$\mathcal{K}_N = \mathcal{K} \;\cup\; \bigcup_{k>N} I_k \;\cup\; \bigcup_{k>N} J_k.$$

Wenn I ein Interval von irgendeiner der Formen $(a\,..\,b)$ oder $[a\,..\,b)$ oder $(a\,..\,b]$ oder $[a\,..\,b]$ ist, gilt klarerweise $\mu(I) = b - a$ und

$$n\mu(I) - 1 \leq |I \cap P_n| \leq n\mu(I) + 1.$$

Jetzt sei $r_n = |\mathcal{I}_N \cap P_n|$, $s_n = |\mathcal{J}_N \cap P_n|$, $t_n = |\mathcal{K}_N \cap P_n|$; wir haben

$$r_n + s_n + t_n = n;$$

$$n\mu(\mathcal{I}_N) - N \leq r_n \leq n\mu(\mathcal{I}_N) + N;$$
$$n\mu(\mathcal{J}_N) - N \leq s_n \leq n\mu(\mathcal{J}_N) + N.$$

Also

$$\mu(\mathcal{I}) - \frac{N}{n} - \epsilon \leq \mu(\mathcal{I}_N) - \frac{N}{n} \leq \frac{r_n}{n} \leq \frac{r_n + t_n}{n}$$
$$= 1 - \frac{s_n}{n} \leq 1 - \mu(\mathcal{J}_N) + \frac{N}{n} \leq \mu(\mathcal{I}) + \frac{N}{n} + \epsilon.$$

Dies gilt für alle n und für alle ϵ; also $\lim_{n\to\infty} r_n/n = \mu(\mathcal{I})$. ∎

Übung 25 zeigt, dass Lemma M nicht-trivial in dem Sinn ist, dass einige recht restriktive Hypothesen zum Beweis von (45) nötig sind.

Verteilung von Partialquotienten. Jetzt fügen wir Satz W und Lemma M zur Ableitung einiger solider Aussagen über Euklids Algorithmus zusammen.

Satz E. *Seien n und k positive ganze Zahlen und sei $p_k(a,n)$ die Wahrscheinlichkeit dafür, dass der $(k+1)$-te Quotient A_{k+1} in Euklids Algorithmus gleich a ist, wenn $v = n$ und u zufällig ausgewählt werden. Dann*

$$\lim_{n\to\infty} p_k(a,n) = F_k\Big(\frac{1}{a}\Big) - F_k\Big(\frac{1}{a+1}\Big),$$

wobei $F_k(x)$ die Verteilungsfunktion (22) ist.

Beweis. Die Menge $\mathcal{I}$ aller X in $[0\,..\,1)$, für welche $A_{k+1} = a$, ist eine Vereinigung disjunkter Intervalle, und ebenfalls ist es die Menge $\mathcal{J}$ aller X, für welche $A_{k+1} \neq a$. Lemma M ist deshalb anwendbar mit $\mathcal{K}$ als Menge aller X, für welche A_{k+1} undefiniert ist. Weiterhin ist $F_k(1/a) - F_k\bigl(1/(a+1)\bigr)$ die Wahrscheinlichkeit dafür, dass $1/(a+1) < X_k \le 1/a$, was $\mu(\mathcal{I})$ ist, die Wahrscheinlichkeit, dass $A_{k+1} = a$. ∎

Als Folge der Sätze E und W können wir sagen, dass ein Quotient a mit der approximierten Wahrscheinlichkeit

$$\lg(1+1/a) - \lg\bigl(1+1/(a+1)\bigr) = \lg\bigl((a+1)^2/\bigl((a+1)^2-1\bigr)\bigr)$$

vorkommt. Also

ein Quotient 1 kommt in etwa $\lg(\frac{4}{3}) \approx 41{,}504$ Prozent der Fälle vor;

ein Quotient 2 kommt in etwa $\lg(\frac{9}{8}) \approx 16{,}993$ Prozent der Fälle vor;

ein Quotient 3 kommt in etwa $\lg(\frac{16}{15}) \approx 9{,}311$ Prozent der Fälle vor;

ein Quotient 4 kommt in etwa $\lg(\frac{25}{24}) \approx 5{,}889$ Prozent der Fälle vor.

Wenn Euklids Algorithmus die Quotienten $A_1, A_2, \ldots, A_t$ liefert, garantiert die Natur obiger Beweise dieses Verhalten jedoch nur für A_k, wenn k vergleichsweise klein im Vergleich zu t ist; die Werte $A_{t-1}, A_{t-2}, \ldots$ werden durch diesen Beweis nicht abgedeckt. Doch wir können in der Tat zeigen, dass die Verteilung der letzten Quotienten $A_{t-1}, A_{t-2}, \ldots$ im Wesentlichen dieselbe wie die der ersten ist.

Betrachte etwa die regulären Kettenbruchentwicklungen für die Menge aller echten Brüche, deren Nenner 29 ist:

$\frac{1}{29} = /\!/29/\!/$	$\frac{8}{29} = /\!/3,1,1,1,2/\!/$	$\frac{15}{29} = /\!/1,1,14/\!/$	$\frac{22}{29} = /\!/1,3,7/\!/$
$\frac{2}{29} = /\!/14,2/\!/$	$\frac{9}{29} = /\!/3,4,2/\!/$	$\frac{16}{29} = /\!/1,1,4,3/\!/$	$\frac{23}{29} = /\!/1,3,1,5/\!/$
$\frac{3}{29} = /\!/9,1,2/\!/$	$\frac{10}{29} = /\!/2,1,9/\!/$	$\frac{17}{29} = /\!/1,1,2,2,2/\!/$	$\frac{24}{29} = /\!/1,4,1,4/\!/$
$\frac{4}{29} = /\!/7,4/\!/$	$\frac{11}{29} = /\!/2,1,1,1,3/\!/$	$\frac{18}{29} = /\!/1,1,1,1,1,3/\!/$	$\frac{25}{29} = /\!/1,6,4/\!/$
$\frac{5}{29} = /\!/5,1,4/\!/$	$\frac{12}{29} = /\!/2,2,2,2/\!/$	$\frac{19}{29} = /\!/1,1,1,9/\!/$	$\frac{26}{29} = /\!/1,8,1,2/\!/$
$\frac{6}{29} = /\!/4,1,5/\!/$	$\frac{13}{29} = /\!/2,4,3/\!/$	$\frac{20}{29} = /\!/1,2,4,2/\!/$	$\frac{27}{29} = /\!/1,13,2/\!/$
$\frac{7}{29} = /\!/4,7/\!/$	$\frac{14}{29} = /\!/2,14/\!/$	$\frac{21}{29} = /\!/1,2,1,1,1,2/\!/$	$\frac{28}{29} = /\!/1,28/\!/$

Mehrere Dinge können in dieser Tafel abgelesen werden.

a) Wie früher erwähnt wurde, ist der letzte Quotient immer 2 oder mehr. Weiterhin haben wir die offensichtliche Identität

$$/\!/x_1, \ldots, x_{n-1}, x_n + 1/\!/ = /\!/x_1, \ldots, x_{n-1}, x_n, 1/\!/, \tag{46}$$

was zeigt, wie Kettenbrüche mit letztem Quotient eins mit regulären Kettenbrüchen verwandt sind.

b) Die Werte in den rechten Spalten haben eine einfache Beziehung zu den Werten in den linken Spalten; kann der Leser die Entsprechung sehen, bevor er weiter liest? Die bedeutsame Identität ist

$$1 - //x_1, x_2, \ldots, x_n// = //1, x_1 - 1, x_2, \ldots, x_n//; \tag{47}$$

siehe Übung 9.

c) Es gibt eine Symmetrie zwischen links und rechts in den ersten zwei Spalten: Kommt

$$//A_1, A_2, \ldots, A_t// \qquad \text{vor, so auch} \qquad //A_t, \ldots, A_2, A_1//.$$

Dies wird immer der Fall sein (siehe Übung 26).

d) Wenn wir alle Quotienten in der Tafel prüfen, finden wir, dass dort 96 insgesamt sind, von welchen $\frac{39}{96} \approx 40{,}6$ Prozent gleich 1, $\frac{21}{96} \approx 21{,}9$ Prozent gleich 2 und $\frac{8}{96} \approx 8{,}3$ Prozent gleich 3 sind; dies stimmt recht gut mit den oben angegebenen Wahrscheinlichkeiten überein.

Die Anzahl von Divisionsschritten. Kehren wir jetzt zu unserem ursprünglichen Problem zurück und untersuchen wir T_n, die mittlere Anzahl von Divisionsschritten, wenn $v = n$. (Siehe Gl. (19).) Hier sind einige Probewerte von T_n:

$n =$	95	96	97	98	99	100	101	102	103	104	105
$T_n =$	5,0	4,4	5,3	4,8	4,7	4,6	5,3	4,6	5,3	4,7	4,6

$n =$	996	997	998	999	1000	1001	⋯	9999	10000	10001
$T_n =$	6,5	7,3	7,0	6,8	6,4	6,7	⋯	8,6	8,3	9,1

$n =$	49998	49999	50000	50001	⋯	99999	100000	100001
$T_n =$	9,8	10,6	9,7	10,0	⋯	10,7	10,3	11,0

Beachte das etwas erratische Verhalten; T_n tendiert dazu, größer als seine Nachbarn zu sein, wenn n Primzahl ist, und es ist entsprechend kleiner, wenn n viele Teiler hat. (In dieser Liste sind 97, 101, 103, 997 und 49999 Primzahlen; $10001 = 73 \cdot 137$; $49998 = 2 \cdot 3 \cdot 13 \cdot 641$; $50001 = 3 \cdot 7 \cdot 2381$; $99999 = 3 \cdot 3 \cdot 41 \cdot 271$; und $100001 = 11 \cdot 9091$.) Es ist nicht schwierig, zu verstehen, warum dies so ist: Wenn $\mathrm{ggT}(u, v) = d$, verhält sich Euklids Algorithmus angewandt auf u und v im Wesentlichen genau so, wie wenn er auf u/d und v/d angewandt worden wäre. Wenn deshalb $v = n$ mehrere Teiler hat, gibt es viele Wahlmöglichkeiten für u, für welche n sich verhält, als ob es kleiner wäre.

Entsprechend wollen wir *eine andere* Größe, τ_n, betrachten, welche die mittlere Anzahl von Divisionsschritten ist, wenn $v = n$ und wenn u *teilerfremd* zu n ist. Also

$$\tau_n = \frac{1}{\varphi(n)} \sum_{\substack{0 \le m < n \\ m \perp n}} T(m, n). \tag{48}$$

Es folgt, dass

$$T_n = \frac{1}{n} \sum_{d \backslash n} \varphi(d) \tau_d. \tag{49}$$

Hier ist eine Tafel von τ_n für diesselben oben betrachteten Werte von n:

$n =$	95	96	97	98	99	100	101	102	103	104	105
$\tau_n =$	5,4	5,3	5,3	5,6	5,2	5,2	5,4	5,3	5,4	5,3	5,6

$n =$	996	997	998	999	1000	1001	$\cdots$	9999	10000	10001
$\tau_n =$	7,2	7,3	7,3	7,3	7,3	7,4	$\cdots$	9,21	9,21	9,22

$n =$	49998	49999	50000	50001	$\cdots$	99999	100000	100001
$\tau_n =$	10,59	10,58	10,57	10,59	$\cdots$	11,170	11,172	11,172

Klarerweise zeigt τ_n viel mehr Wohlverhalten als T_n und es sollte besser analysierbar sein. Inspektion einer Tafel von τ_n für kleine n offenbart einige sonderbare Anomalien; zum Beispiel $\tau_{50} = \tau_{100}$ und $\tau_{60} = \tau_{120}$. Doch wenn n wächst, verhalten sich die Werte von τ_n tatsächlich ganz regelmäßig, wie die Tafel anzeigt, und sie zeigen keine signifikante Relation zu den Faktorisierungseigenschaften von n. Wenn diese Werte τ_n als Funktionen von $\ln n$ auf graphischem Papier geplottet werden für die oben angegebenen Werte von τ_n, liegen sie sehr nahe bei der Geraden

$$\tau_n \approx 0{,}843 \ln n + 1{,}47. \tag{50}$$

Wir können dieses Verhalten begründen, wenn wir den regulären Kettenbruchprozess ein wenig weiter untersuchen. In Euklids Algorithmus, wie er in (15) ausgedrückt ist, haben wir

$$\frac{V_0}{U_0}\frac{V_1}{U_1}\cdots\frac{V_{t-1}}{U_{t-1}} = \frac{V_{t-1}}{U_0},$$

da $U_{k+1} = V_k$; wenn deshalb $U = U_0$ und $V = V_0$ teilerfremd sind, und wenn es t Divisionsschritte gibt, haben wir

$$X_0 X_1 \ldots X_{t-1} = 1/U.$$

Mit $U = N$ und $V = m < N$ finden wir, dass

$$\ln X_0 + \ln X_1 + \cdots + \ln X_{t-1} = -\ln N. \tag{51}$$

Wir kennen die näherungsweise Verteilung von X_0, X_1, X_2, ..., also können wir diese Gleichung zur Abschätzung von

$$t = T(N, m) = T(m, N) - 1$$

verwenden.

Zurückkehrend zu den Formeln vor Satz W finden wir, dass der mittlere Wert von $\ln X_n$, wenn X_0 eine reelle, uniform in $[0\,..\,1)$ verteilte Zahl ist,

$$\int_0^1 \ln x\, F_n'(x)\, dx = \int_0^1 \ln x\, f_n(x)\, dx/(1+x) \tag{52}$$

ist, wobei $f_n(x)$ in (33) definiert ist. Jetzt

$$f_n(x) = \frac{1}{\ln 2} + O(2^{-n}) \tag{53}$$

mit den Zusammenhängen, die wir früher (siehe Übung 23) abgeleitet haben; also wird der mittlere Wert von $\ln X_n$ sehr gut durch

$$\begin{aligned}
\frac{1}{\ln 2}\int_0^1 \frac{\ln x}{1+x}\,dx &= -\frac{1}{\ln 2}\int_0^\infty \frac{ue^{-u}}{1+e^{-u}}\,du \\
&= -\frac{1}{\ln 2}\sum_{k\geq 1}(-1)^{k+1}\int_0^\infty ue^{-ku}\,du \\
&= -\frac{1}{\ln 2}\left(1-\frac{1}{4}+\frac{1}{9}-\frac{1}{16}+\frac{1}{25}-\cdots\right) \\
&= -\frac{1}{\ln 2}\left(1+\frac{1}{4}+\frac{1}{9}+\cdots-2\left(\frac{1}{4}+\frac{1}{16}+\frac{1}{36}+\cdots\right)\right) \\
&= -\frac{1}{2\ln 2}\left(1+\frac{1}{4}+\frac{1}{9}+\cdots\right) \\
&= -\pi^2/(12\ln 2)
\end{aligned}$$

approximiert. Nach (51) erwarten wir deshalb, die approximierte Formel

$$-t\pi^2/(12\ln 2) \approx -\ln N$$

zu erhalten; d.h., t sollte näherungsweise gleich $\bigl((12\ln 2)/\pi^2\bigr)\ln N$ sein. Diese Konstante $(12\ln 2)/\pi^2 = 0{,}842765913\ldots$ stimmt vollkommen mit der empirischen, früher erhaltenen Formel (50) überein; also haben wir guten Grund zu der Annahme, dass die Formel

$$\tau_n \approx \frac{12\ln 2}{\pi^2}\ln n + 1{,}47 \tag{54}$$

das wahre asymptotische Verhalten von τ_n für $n \to \infty$ anzeigt.

Wenn wir annehmen, dass (54) gültig ist, erhalten wir die Formel

$$T_n \approx \frac{12\ln 2}{\pi^2}\left(\ln n - \sum_{d\backslash n}\frac{\Lambda(d)}{d}\right) + 1{,}47, \tag{55}$$

wobei $\Lambda(d)$ die *von Mangoldt-Funktion* ist, die durch die Regeln

$$\Lambda(n) = \begin{cases} \ln p, & \text{falls } n = p^r \text{ für } p \text{ prim und } r \geq 1; \\ 0, & \text{sonst} \end{cases} \tag{56}$$

definiert wird. (Siehe Übung 27.) Zum Beispiel

$$\begin{aligned}
T_{100} &\approx \frac{12\ln 2}{\pi^2}\left(\ln 100 - \frac{\ln 2}{2} - \frac{\ln 2}{4} - \frac{\ln 5}{5} - \frac{\ln 5}{25}\right) + 1{,}47 \\
&\approx (0{,}843)(4{,}605 - 0{,}347 - 0{,}173 - 0{,}322 - 0{,}064) + 1{,}47 \\
&\approx 4{,}59;
\end{aligned}$$

der genaue Wert von T_{100} ist 4,56. Wir können auch die mittlere Anzahl von Divisionsschritten abschätzen, wenn u und v beide zwischen 1 und N gleichmäßig verteilt sind, durch Berechnung von

$$\frac{1}{N^2}\sum_{m=1}^{N}\sum_{n=1}^{N}T(m,n) = \frac{2}{N^2}\sum_{n=1}^{N}nT_n - \frac{1}{2} - \frac{1}{2N}. \tag{57}$$

Angenommen Formel (55) gilt, dann zeigt Übung 29, dass diese Summe die Form

$$\frac{12\ln 2}{\pi^2}\ln N + O(1) \tag{58}$$

hat, und empirische Berechnungen mit denselben Zahlen, die zur Ableitung von Gl. 4.5.2–(65) verwendet wurden, zeigen gute Übereinstimmung mit der Formel

$$\frac{12\ln 2}{\pi^2}\ln N + 0{,}06. \tag{59}$$

Natürlich haben wir noch nichts allgemein über T_n und τ_n *bewiesen*; so weit haben wir nur plausible Gründe betrachtet, warum gewisse Formeln zu gelten haben. Zum Glück es ist jetzt möglich, strenge Beweise basierend auf einer sorgfältigen Analyse mehrerer Mathematiker zu liefern.

Der führende Koeffizient $(12\ln 2)/\pi^2$ in den oben genannten Formeln wurde zuerst in unabhängigen Untersuchungen von Gustav Lochs, John D. Dixon und Hans A. Heilbronn angegeben. Lochs [*Monatshefte für Math.* **65** (1961), 27–52] leitete eine Formel ab, die äquivalent zur Tatsache ist, dass (57) gleich $(12\pi^{-2}\ln 2)\ln N + a + O(N^{-1/2})$ ist, wobei $a \approx 0{,}065$. Leider blieb seine Arbeit für viele Jahre praktisch unbekannt, vielleicht weil sie nur einen Mittelwert berechnete, von dem wir keine definitive Information über T_n für irgendein spezielles n erhalten können. Dixon [*J. Number Theory* **2** (1970), 414–422] entwickelte die Theorie der $F_n(x)$-Verteilungen, um zu zeigen, dass in einem geeigneten Sinn individuelle Partialquotienten im Wesentlichen unabhängig voneinander sind, und bewies, dass wir $\left|T(m,n) - \left((12\ln 2)/\pi^2\right)\ln n\right| < (\ln n)^{(1/2)+\epsilon}$ für alle positiven ϵ haben, außer für $\exp\left(-c(\epsilon)(\log N)^{\epsilon/2}\right)N^2$ Werte von m und n im Bereich $1 \le m < n \le N$, wobei $c(\epsilon) > 0$. Heilbronns Vorgehen war vollständig verschieden, er arbeitete nur mit ganzen Zahlen statt mit stetigen Variablen. Seine Idee, welche in etwas veränderter Form in den Übungen 33 und 34 präsentiert wird, basiert auf der Tatsache, dass τ_n auf die Anzahl von Wegen bezogen werden kann, n in einer gewissen Weise zu repräsentieren. Weiterhin zeigt seine Arbeit [*Number Theory and Analysis*, herausgegeben von Paul Turán (New York: Plenum, 1969), 87–96], dass die Verteilung individueller Partialquotient 1, 2, …, die wir oben besprochen haben, tatsächlich auf die ganze Sammlung von Partialquotienten, die zu Brüchen mit einem gegebenen Nenner gehören, anwendbar ist; dies ist eine schärfere Form von Satz E. Ein noch schärferes Ergebnis wurde mehrere Jahre später von J. W. Porter [*Mathematika* **22** (1975), 20–28] erhalten, der die Beziehung

$$\tau_n = \frac{12\ln 2}{\pi^2}\ln n + C + O(n^{-1/6+\epsilon}) \tag{60}$$

aufstellte, wobei $C \approx 1{,}46707\,80794$ die Konstante

$$\frac{6\ln 2}{\pi^2}\bigl(3\ln 2 + 4\gamma - 24\pi^{-2}\zeta'(2) - 2\bigr) - \frac{1}{2} \tag{61}$$

ist; siehe D. E. Knuth, *Computers and Math. with Applic.* **2** (1976), 137–139. Also ist die Vermutung (50) voll bewiesen. Mit (60) erweiterte Graham H. Norton [*J. Symbolic Computation* **10** (1990), 53–58] die Rechnungen in Übung 29, um die Ergebnisse von Lochs zu bestätigen und zu beweisen, dass die empirische Konstante 0,06 in (59) tatsächlich

$$\frac{6\ln 2}{\pi^2}\bigl(3\ln 2 + 4\gamma - 12\pi^{-2}\zeta'(2) - 3\bigr) - 1 = 0{,}06535\,14259\ldots \tag{62}$$

ist.

Die mittlere Laufzeit von Euklids Algorithmus für mehrfachgenaue ganze Zahlen, mit klassischen Algorithmen für die Arithmetik, wurde als von der Ordnung

$$\bigl(1 + \log\bigl(\max(u,v)/\mathrm{ggT}(u,v)\bigr)\bigr)\log\min(u,v) \tag{63}$$

von G. E. Collins, in *SICOMP* **3** (1974), 1–10, nachgewiesen.

Zusammenfassung. Wir haben gefunden, dass der schlimmste Fall für Euklids Algorithmus auftritt, wenn seine Eingaben u und v aufeinander folgende Fibonacci-Zahlen (Satz F) sind; die Anzahl von Divisionsschritten, wenn $0 \le v < N$, wird niemals $\lceil 4{,}8\log_{10} N - 0{,}32\rceil$ überschreiten. Wir haben die Häufigkeit der Werte von verschiedenen Partialquotienten bestimmt und zum Beispiel gezeigt, dass der Divisionsschritt $\lfloor u/v\rfloor = 1$ in etwa 41 Prozent aller Fälle (Satz E) findet. Und schließlich beweisen die Sätze von Heilbronn und Porter, dass die mittlere Anzahl T_n von Divisionsschritten, wenn $v = n$, näherungsweise

$$\bigl((12\ln 2)/\pi^2\bigr)\ln n \approx 1{,}9405\log_{10} n$$

ist, minus eines Korrekturterms basierend auf den Teilern von n, wie in Gl. (55) gezeigt wurde.

Übungen

▶ **1.** [*20*] Da der Quotient $\lfloor u/v\rfloor$ gleich eins in mehr als 40 Prozent der Fälle in Algorithmus 4.5.2A ist, kann es auf einigen Rechnern vorteilhafter sein, einen Test für diesen Fall durchzuführen und die Division zu vermeiden, wenn der Quotient eins ist. Ist das folgende MIX-Programm für Euklids Algorithmus effizienter als Programm 4.5.2A?

```
    LDX  U   rX ← u.                SRAX 5   rAX ← rA.
    JMP  2F                         JL   2F  Ist u − v < v?
1H  STX  V   v ← rX.                DIV  V   rX ← rAX mod v.
    SUB  V   rA ← u − v.        2H  LDA  V   rA ← v.
    CMPA V                          JXNZ 1B  Fertig, wenn rX = 0.  ▌
```

2. [*M21*] Berechne das Matrixprodukt

$$\begin{pmatrix} x_1 & 1 \\ 1 & 0 \end{pmatrix}\begin{pmatrix} x_2 & 1 \\ 1 & 0 \end{pmatrix}\cdots\begin{pmatrix} x_n & 1 \\ 1 & 0 \end{pmatrix}.$$

3. [*M21*] Was ist der Wert von

$$\det\begin{pmatrix} x_1 & 1 & 0 & \dots & 0 \\ -1 & x_2 & 1 & & 0 \\ 0 & -1 & x_3 & 1 & \vdots \\ \vdots & & -1 & \ddots & 1 \\ 0 & 0 & \dots & -1 & x_n \end{pmatrix}?$$

4. [*M20*] Beweise Gl. (8).

5. [*HM25*] Sei x_1, x_2, ... eine Folge reeller Zahlen, von denen jede größer als eine positive reelle Zahl ϵ ist. Beweise, dass der unendliche Kettenbruch $/\!/x_1, x_2, \dots/\!/ = \lim_{n\to\infty} /\!/x_1, \dots, x_n/\!/$ existiert. Zeige auch, dass $/\!/x_1, x_2, \dots/\!/$ nicht existieren muss, wenn wir nur annehmen, dass $x_j > 0$ für alle j.

6. [*M23*] Beweise, dass die reguläre Kettenbruchentwicklung einer Zahl *eindeutig* in dem folgenden Sinn ist: Wenn B_1, B_2, ... positive ganze Zahlen sind, dann ist der unendliche Kettenbruch $/\!/B_1, B_2, \dots/\!/$ eine irrationale Zahl X zwischen 0 und 1, dessen regulärer Kettenbruch $A_n = B_n$ für alle $n \geq 1$ hat; und wenn $B_1, \dots, B_m$ positive ganze Zahlen mit $B_m > 1$ sind, dann hat der reguläre Kettenbruch für $X = /\!/B_1, \dots, B_m/\!/$ die Eigenschaft $A_n = B_n$ für $1 \leq n \leq m$.

7. [*M26*] Finde alle Permutationen $p(1)p(2)\dots p(n)$ der ganzen Zahlen $\{1, 2, \dots, n\}$ mit der Eigenschaft, dass $K_n(x_1, x_2, \dots, x_n) = K_n(x_{p(1)}, x_{p(2)}, \dots, x_{p(n)})$ eine Identität für alle x_1, x_2, ..., x_n ist.

8. [*M20*] Zeige, dass im regulären Kettenbruchprozess $-1/X_n = /\!/A_n, \dots, A_1, -X/\!/$, wann immer X_n definiert ist.

9. [*M21*] Zeige, dass Kettenbrüche die folgenden Identitäten erfüllen:

a) $/\!/x_1, \dots, x_n/\!/ = /\!/x_1, \dots, x_k + /\!/x_{k+1}, \dots, x_n/\!/\,/\!/, \quad 1 \leq k \leq n;$

b) $/\!/0, x_1, x_2, \dots, x_n/\!/ = x_1 + /\!/x_2, \dots, x_n/\!/, \quad n \geq 1;$

c) $/\!/x_1, \dots, x_{k-1}, x_k, 0, x_{k+1}, x_{k+2}, \dots, x_n/\!/ = /\!/x_1, \dots, x_{k-1}, x_k + x_{k+1}, x_{k+2}, \dots, x_n/\!/,$ $1 \leq k < n;$

d) $1 - /\!/x_1, x_2, \dots, x_n/\!/ = /\!/1, x_1 - 1, x_2, \dots, x_n/\!/, \quad n \geq 1.$

10. [*M28*] Nach dem Ergebnis von Übung 6 hat jede irrationale reelle Zahl X eine eindeutige reguläre Kettenbruchdarstellung der Form

$$X = A_0 + /\!/A_1, A_2, A_3, \dots/\!/,$$

wobei A_0 eine ganze Zahl ist und A_1, A_2, A_3, ... positive ganze Zahlen sind. Zeige, dass wenn X diese Darstellung hat, der reguläre Kettenbruch für $1/X$ dann

$$1/X = B_0 + /\!/B_1, \dots, B_m, A_5, A_6, \dots/\!/$$

für geeignete ganze Zahlen B_0, B_1, ..., B_m ist. (Der Fall $A_0 < 0$ ist natürlich am interessantesten.) Erkläre, wie die B ausgedrückt durch die A_0, A_1, A_2, A_3 und A_4 zu bestimmen sind.

11. [*M30*] (J.-A. Serret, 1850.) Seien $X = A_0 + /\!/A_1, A_2, A_3, A_4, \dots/\!/$ und $Y = B_0 + /\!/B_1, B_2, B_3, B_4, \dots/\!/$ die regulären Kettenbruchdarstellungen zweier reeller Zahlen X und Y im Sinn von Übung 10. Zeige, dass diese Darstellungen „schließlich übereinstimmen" in dem Sinn, dass $A_{m+k} = B_{n+k}$ für ein m und n und für alle $k \geq 0$ genau dann, wenn wir $X = (qY + r)/(sY + t)$ für ganze Zahlen q, r, s, t

mit $|qt - rs| = 1$ haben. (Dieser Satz ist das Analogon bei Kettenbruchdarstellungen des einfachen Ergebnisses, dass die Darstellungen von X und Y im Dezimalsystem schließlich übereinstimmen genau dann, wenn $X = (10^q Y + r)/10^s$ für ganze Zahlen q, r und s.)

▶ **12.** [*M30*] Eine *quadratische Irrationalität* ist eine Zahl der Form $(\sqrt{D} - U)/V$, wobei D, U und V ganze Zahlen sind, $D > 0$, $V \neq 0$ und D kein vollkommenes Quadrat ist. Wir können ohne Beschränkung der Allgemeinheit annehmen, dass V ein Teiler von $D - U^2$ ist, weil sonst die Zahl als $(\sqrt{DV^2} - U|V|)/(V|V|)$ umgeschrieben werden könnte.

a) Beweise, dass die reguläre Kettenbruchentwicklung (im Sinn von Übung 10) einer quadratischen Irrationalität $X = (\sqrt{D} - U)/V$ durch folgende Formeln zu erhalten ist:

$$V_0 = V, \qquad A_0 = \lfloor X \rfloor, \qquad U_0 = U + A_0 V;$$
$$V_{n+1} = (D - U_n^2)/V_n, \quad A_{n+1} = \lfloor (\sqrt{D} + U_n)/V_{n+1} \rfloor, \quad U_{n+1} = A_{n+1} V_{n+1} - U_n.$$

b) Beweise, dass $0 < U_n < \sqrt{D}$, $0 < V_n < 2\sqrt{D}$, für alle $n > N$, wobei N eine ganze Zahl abhängig von X ist; also ist die reguläre Kettenbruchdarstellung jeder quadratischen Irrationalität schließlich periodisch. [*Hinweis:* Zeige, dass

$$(-\sqrt{D} - U)/V = A_0 + //A_1, \ldots, A_n, -V_n/(\sqrt{D} + U_n)//,$$

und verwende Gl. (5) zum Beweis, dass $(\sqrt{D} + U_n)/V_n$ positiv ist, wenn n groß ist.]

c) Setze $p_n = K_{n+1}(A_0, A_1, \ldots, A_n)$ und $q_n = K_n(A_1, \ldots, A_n)$ zum Beweis der Identität $Vp_n^2 + 2Up_n q_n + ((U^2 - D)/V)q_n^2 = (-1)^{n+1} V_{n+1}$.

d) Beweise, dass die reguläre Kettenbruchdarstellung einer irrationalen Zahl X genau dann schließlich periodisch ist, wenn X eine quadratische Irrationalität ist. (Dies ist das Kettenbruchanalogon zur Tatsache, dass die Dezimalentwicklung einer reellen Zahl X periodisch ist genau dann, wenn X rational ist.)

13. [*M40*] (J. Lagrange, 1767.) Sei $f(x) = a_n x^n + \cdots + a_0$, $a_n > 0$ ein Polynom mit ganzzahligen Koeffizienten, das keine rationalen Wurzeln, aber genau eine reelle Wurzel $\xi > 1$ hat. Experimentiere mit einem Programm zum Finden der rund ersten tausend Partialquotienten von ξ mittels des folgenden Algorithmus (der im Wesentlichen nur Addition benutzt):

L1. Setze $A \leftarrow 1$.

L2. Für $k = 0, 1, \ldots, n-1$ (in dieser Reihenfolge) und für $j = n-1, \ldots, k$ (in dieser Reihenfolge), setze $a_j \leftarrow a_{j+1} + a_j$. (Dieser Schritt ersetzt $f(x)$ durch $g(x) = f(x+1)$, ein Polynom mit Wurzeln, die eins kleiner als diejenigen von f sind.)

L3. Wenn $a_n + a_{n-1} + \cdots + a_0 < 0$, setze $A \leftarrow A + 1$ und kehre nach L2 zurück.

L4. Ausgabe A (was der Wert des nächsten Partialquotienten ist). Ersetze die Koeffizienten $(a_n, a_{n-1}, \ldots, a_0)$ durch $(-a_0, -a_1, \ldots, -a_n)$ und kehre nach L1 zurück. (Dieser Schritt ersetzt $f(x)$ durch ein Polynom, dessen Wurzeln Reziproke zu denjenigen von f sind.)

Zum Beispiel wird der Algorithmus, wenn er mit $f(x) = x^3 - 2$ beginnt, „1" ausgeben (und $f(x)$ zu $x^3 - 3x^2 - 3x - 1$ ändern); dann „3" (und $f(x)$ zu $10x^3 - 6x^2 - 6x - 1$ ändern); usw.

14. [*M22*] (A. Hurwitz, 1891.) Zeige, dass die folgenden Regeln es ermöglichen, die reguläre Kettenbruchentwicklung von $2X$ zu finden, wenn die Partialquotienten von X gegeben sind:

$$2/\!/\,2a, b, c, \ldots /\!/ = /\!/\,a, 2b + 2/\!/c, \ldots /\!/\,/\!/;$$
$$2/\!/\,2a+1, b, c, \ldots /\!/ = /\!/\,a, 1, 1 + 2/\!/b-1, c, \ldots /\!/\,/\!/.$$

Verwende diese Idee zur Auffindung der regulären Kettenbruchentwicklung von $\frac{1}{2}e$, wenn die Entwicklung von e in (13) gegeben ist.

▸ **15.** [*M31*] (R. W. Gosper.) In Verallgemeinerung zu Übung 14 entwirf einen Algorithmus, der den Kettenbruch $X_0 + /\!/X_1, X_2, \ldots /\!/$ für $(ax+b)/(cx+d)$ berechnet, wenn der Kettenbruch $x_0 + /\!/x_1, x_2, \ldots /\!/$ für x und ganze Zahlen a, b, c, d mit $ad \neq bc$ gegeben sind. Mache deinen Algorithmus zu einer „Online-Koroutine", die so viele X_k wie möglich vor der Eingabe eines jeden x_j ausgibt. Zeige, wie dein Algorithmus $(97x+39)/(-62x-25)$ berechnet, wenn $x = -1 + /\!/5, 1, 1, 1, 2, 1, 2/\!/$.

16. [*HM30*] (L. Euler, 1731.) Sei $f_0(z) = (e^z - e^{-z})/(e^z + e^{-z}) = \tanh z$ und sei $f_{n+1}(z) = 1/f_n(z) - (2n+1)/z$. Beweise für alle n, dass $f_n(z)$ eine analytische Funktion der komplexen Variablen z in einer Umgebung des Ursprungs ist und die Differentialgleichung $f_n'(z) = 1 - f_n(z)^2 - 2nf_n(z)/z$ erfüllt. Verwende diese Tatsache zum Beweis, dass

$$\tanh z = /\!/z^{-1}, 3z^{-1}, 5z^{-1}, 7z^{-1}, \ldots /\!/;$$

wende dann die hurwitzsche Regel (Übung 14) an zum Beweis, dass

$$e^{-1/n} = /\!/\,\overline{1, (2m+1)n-1, 1}\,/\!/, \qquad m \geq 0.$$

(Diese Notation bezeichnet den unendlichen Kettenbruch $/\!/1, n-1, 1, 1, 3n-1, 1, 1, 5n-1, 1, \ldots /\!/$.) Finde auch die reguläre Kettenbruchentwicklung von $e^{-2/n}$, wenn $n > 0$ ungerade ist.

▸ **17.** [*M23*] (a) Beweise, dass $/\!/x_1, -x_2/\!/ = /\!/x_1 - 1, 1, x_2 - 1/\!/$. (b) Verallgemeinere diese Identität zu einer Formel für $/\!/x_1, -x_2, x_3, -x_4, x_5, -x_6, \ldots, x_{2n-1}, -x_{2n}/\!/$, in welcher alle Partialquotienten positive ganze Zahlen sind, wenn die x große positive ganze Zahlen sind. (c) Das Ergebnis von Übung 16 impliziert, dass $\tan 1 = /\!/1, -3, 5, -7, \ldots /\!/$. Finde die reguläre Kettenbruchentwicklung von $\tan 1$.

18. [*M25*] Zeige, dass $/\!/a_1, a_2, \ldots, a_m, x_1, a_1, a_2, \ldots, a_m, x_2, a_1, a_2, \ldots, a_m, x_3, \ldots /\!/ - /\!/a_m, \ldots, a_2, a_1, x_1, a_m, \ldots, a_2, a_1, x_2, a_m, \ldots, a_2, a_1, x_3, \ldots /\!/$ nicht von x_1, x_2, x_3, … abhängt. *Hinweis:* Multipliziere beide Kettenbrüche mit $K_m(a_1, a_2, \ldots, a_m)$.

19. [*M20*] Beweise, dass $F(x) = \log_b(1+x)$ Gl. (24) erfüllt.

20. [*HM20*] Leite (38) von (37) ab.

21. [*HM29*] (E. Wirsing.) Die Schranken (39) wurden für eine Funktion φ erhalten, die g mit $Tg(x) = 1/(x+1)$ entsprach. Zeige, dass die Funktion, die $Tg(x) = 1/(x+c)$ entspricht, bessere Schranken ergibt, wenn $c > 0$ eine geeignete Konstante ist.

22. [*HM46*] (K. I. Babenko.) Entwickle effiziente Methoden zur Berechnung genauer Näherungen der Größen λ_j und $\Psi_j(x)$ in (44) für kleine $j \geq 3$ und für $0 \leq x \leq 1$.

23. [*HM23*] Beweise (53) mit Ergebnissen aus dem Beweis von Satz W.

24. [*M22*] Was ist der mittlere Wert eines Partialquotienten A_n in der regulären Kettenbruchentwicklung einer zufälligen reellen Zahl?

25. [*HM25*] Finde ein Beispiel einer Menge $\mathcal{I} = I_1 \cup I_2 \cup I_3 \cup \cdots \subseteq [0\,..\,1]$, wobei die I disjunkte Intervalle sind, für welche (45) nicht gilt.

26. [*M23*] Zeige, dass wenn die Zahlen $\{1/n, 2/n, \ldots, \lfloor n/2 \rfloor/n\}$ als reguläre Kettenbrüche ausgedrückt werden, das Ergebnis symmetrisch zwischen links und rechts in dem Sinn ist, dass $/\!/A_t, \ldots, A_2, A_1/\!/$ erscheint, wann immer $/\!/A_1, A_2, \ldots, A_t/\!/$ auftritt.

27. [*M21*] Leite (55) von (49) und (54) ab.

28. [*M23*] Beweise die folgenden Identitäten, die die drei zahlentheoretischen Funktionen $\varphi(n)$, $\mu(n)$, $\Lambda(n)$ enthalten:

$$\text{a)}\ \sum_{d\backslash n} \mu(d) = \delta_{n1}. \qquad \text{b)}\ \ln n = \sum_{d\backslash n} \Lambda(d), \qquad n = \sum_{d\backslash n} \varphi(d).$$

$$\text{c)}\ \Lambda(n) = \sum_{d\backslash n} \mu\left(\frac{n}{d}\right) \ln d, \qquad \varphi(n) = \sum_{d\backslash n} \mu\left(\frac{n}{d}\right) d.$$

29. [*M23*] Angenommen, dass T_n durch (55) gegeben ist, zeige, dass (57) gleich (58) ist.

▶ **30.** [*HM32*] Die folgende „Hamster"-Variante von Euklids Algorithmus wird oft vorgeschlagen: Statt v durch $u \bmod v$ während des Divisionsschritts zu ersetzen, ersetze es durch $|(u \bmod v) - v|$, wenn $u \bmod v > \frac{1}{2}v$. Also haben wir zum Beispiel, wenn $u = 26$ und $v = 7$, $\mathrm{ggT}(26, 7) = \mathrm{ggT}(-2, 7) = \mathrm{ggT}(7, 2)$; -2 ist der *betragsmäßig kleinste Rest*, wenn Vielfache von 7 von 26 abgezogen werden. Vergleiche dieses Verfahren mit Euklids Algorithmus; schätze die mittlere Anzahl an Divisionsschritten ab, die diese Methode spart.

▶ **31.** [*M35*] Finde den schlimmsten Fall für die in Übung 30 vorgeschlagene Änderung von Euklids Algorithmus: Was sind die kleinsten Eingaben $u > v > 0$, die n Divisionsschritten erfordern?

32. [*20*] (a) Eine Morsecode-Folge der Länge n ist eine Kette von r Punkten und s Strichen, wobei $r + 2s = n$. Zum Beispiel sind die Morsecode-Folgen der Länge 4

$$\cdot\cdot\cdot\cdot,\quad \cdot\cdot\!-,\quad \cdot\!-\!\cdot,\quad -\cdot\cdot,\quad --.$$

Benutze, dass die Kontinuante $K_4(x_1, x_2, x_3, x_4)$ gerade $x_1x_2x_3x_4 + x_1x_2 + x_1x_4 + x_3x_4 + 1$ ist, finde und beweise eine einfache Relation zwischen $K_n(x_1, \ldots, x_n)$ und Morsecode-Folgen der Länge n. (b) (L. Euler, *Novi Comm. Acad. Sci. Pet.* **9** (1762), 53–69.) Beweise, dass

$$K_{m+n}(x_1, \ldots, x_{m+n}) = K_m(x_1, \ldots, x_m) K_n(x_{m+1}, \ldots, x_{m+n}) + K_{m-1}(x_1, \ldots, x_{m-1}) K_{n-1}(x_{m+2}, \ldots, x_{m+n}).$$

33. [*M32*] Sei $h(n)$ die Anzahl von Darstellungen von n in der Form

$$n = xx' + yy', \qquad x > y > 0, \qquad x' > y' > 0, \qquad x \perp y, \qquad x, x', y, y' \ \text{ganzzahlig.}$$

a) Zeige, dass wenn die Bedingungen gelockert werden, $x' = y'$ zu erlauben, die Anzahl der Darstellungen $h(n) + \lfloor (n-1)/2 \rfloor$ ist.

b) Zeige, dass für festes $y > 0$ und $0 < t \le y$, wobei $t \perp y$, und für jedes feste x' im Bereich $0 < x' < n/(y + t)$ mit $x't \equiv n$ (modulo y) es genau eine Darstellung von n gibt, die die Einschränkungen von (a) und die Bedingung $x \equiv t$ (modulo y) erfüllt.

c) Folglich $h(n) = \sum \lceil (n/(y+t) - t')/y \rceil - \lfloor (n-1)/2 \rfloor$, wobei die Summe über alle positiven ganzen Zahlen y, t, t' mit $t \perp y$, $t \le y$, $t' \le y$, $tt' \equiv n$ (modulo y) läuft.

d) Zeige, dass jede der $h(n)$ Darstellungen eindeutig in der Form

$$x = K_m(x_1, \ldots, x_m), \qquad y = K_{m-1}(x_1, \ldots, x_{m-1}),$$
$$x' = K_k(x_{m+1}, \ldots, x_{m+k})\, d, \qquad y' = K_{k-1}(x_{m+2}, \ldots, x_{m+k})\, d$$

ausgedrückt werden kann, wobei m, k, d und die x_j positive ganze Zahlen mit $x_1 \geq 2$, $x_{m+k} \geq 2$ sind und d ein Teiler von n ist. Die Identität von Übung 32 impliziert jetzt, dass $n/d = K_{m+k}(x_1, \ldots, x_{m+k})$. Umgekehrt entspricht jede gegebene Folge positiver ganzer Zahlen $x_1, \ldots, x_{m+k}$ mit $x_1 \geq 2$, $x_{m+k} \geq 2$, und wobei $K_{m+k}(x_1, \ldots, x_{m+k})$ die Zahl n teilt, in dieser Weise $m + k - 1$ Darstellungen von n.

e) Deshalb $nT_n = \lfloor (5n-3)/2 \rfloor + 2h(n)$.

34. [*HM40*] (H. Heilbronn.) Sei $h_d(n)$ die Anzahl von Darstellungen von n wie in Übung 33 mit $xd < x'$, plus der Hälfte der Darstellungen mit $xd = x'$.

a) Sei $g(n)$ die Anzahl der Darstellungen ohne die Forderung, dass $x \perp y$. Beweise, dass

$$h(n) = \sum_{d \backslash n} \mu(d) g\Bigl(\frac{n}{d}\Bigr), \qquad g(n) = 2 \sum_{d \backslash n} h_d\Bigl(\frac{n}{d}\Bigr).$$

b) Verallgemeinere Übung 33(b) und zeige, dass für $d \geq 1$, $h_d(n) = \sum (n/(y(y+t))) + O(n)$, wobei die Summe über alle ganzen Zahlen y und t mit $t \perp y$ und $0 < t \leq y < \sqrt{n/d}$ läuft.

c) Zeige, dass $\sum_{y=1}^{n} (y/(y+t)) = \varphi(y) \ln 2 + O(\sigma_{-1}(y))$, wobei die Summe über den Bereich $0 < t \leq y$, $t \perp y$ läuft; und wobei $\sigma_{-1}(y) = \sum_{d \backslash y} (1/d)$.

d) Zeige, dass $\sum_{y=1}^{n} \varphi(y)/y^2 = \sum_{d=1}^{n} \mu(d) H_{\lfloor n/d \rfloor}/d^2$.

e) Also haben wir die asymptotische Formel

$$T_n = ((12 \ln 2)/\pi^2)(\ln n - \sum_{d \backslash n} \Lambda(d)/d) + O(\sigma_{-1}(n)^2).$$

35. [*HM41*] (A. C. Yao und D. E. Knuth.) Beweise, dass die Summe aller Partialquotienten der Brüche m/n für $1 \leq m < n$ gleich $2(\sum \lfloor x/y \rfloor + \lfloor n/2 \rfloor)$ ist, wobei die Summation über alle Darstellungen $n = xx' + yy'$ läuft, die die Bedingungen von Übung 33(a) erfüllen. Zeige, dass $\sum \lfloor x/y \rfloor = 3\pi^{-2} n (\ln n)^2 + O(n \log n\, (\log\log n)^2)$, und wende dies auf die „alte“ Form von Euklids Algorithmus an, der nur Subtraktion an Stelle von Divisionen verwendet.

36. [*M25*] (G. H. Bradley.) Was ist der kleinste Wert von u_n, dass die Berechnung von $\mathrm{ggT}(u_1, \ldots, u_n)$ mittels Algorithmus 4.5.2C N Divisionen erfordert, wenn Euklids Algorithmus durchgehend verwendet wird? Nimm $N \geq n \geq 3$ an.

37. [*M38*] (T. S. Motzkin und E. G. Straus.) Seien $a_1, \ldots, a_n$ positive ganze Zahlen. Zeige, dass $\max K_n(a_{p(1)}, \ldots, a_{p(n)})$ über alle Permutationen $p(1) \ldots p(n)$ von $\{1, 2, \ldots, n\}$, auftritt, wenn $a_{p(1)} \geq a_{p(n)} \geq a_{p(2)} \geq a_{p(n-1)} \geq \cdots$; und das Minimum kommt vor, wenn $a_{p(1)} \leq a_{p(n)} \leq a_{p(3)} \leq a_{p(n-2)} \leq a_{p(5)} \leq \cdots \leq a_{p(6)} \leq a_{p(n-3)} \leq a_{p(4)} \leq a_{p(n-1)} \leq a_{p(2)}$.

38. [*M25*] (J. Mikusiński.) Sei $L(n) = \max_{m \geq 0} T(m, n)$. Satz F zeigt, dass $L(n) \leq \log_\phi(\sqrt{5}\, n + 1) - 2$; beweise, dass $2L(n) \geq \log_\phi(\sqrt{5}\, n + 1) - 2$.

▶ **39.** [*M25*] (R. W. Gosper.) Wenn eines Baseball-Spielers mittlere Trefferquote 0,334 ist, was ist die kleinstmögliche Anzahl, wie oft er am Schlag war? [Bemerkung für Nicht-Baseball-Anhänger: mittlere Trefferquote = (Zahl der Treffer)/(Anzahl der Schläge) gerundet auf drei Dezimalstellen.]

▶ **40.** [*M28*] (*Der Stern-Brocot-Baum.*) Betrachte einen unendlichen Binärbaum, in welchem jeder Knoten mit dem Bruch $(p_l + p_r)/(q_l + q_r)$ markiert ist, wobei p_l/q_l die Marke von des Knotens nächstem linkem Ahnen und p_r/q_r die Marke von des Knotens nächstem rechtem Ahnen ist. (Ein linker Ahne ist einer, der einem Knoten in symmetrischer Ordnung vorausgeht, während ein rechter Ahne dem Knoten folgt. Siehe Abschnitt 2.3.1 für die Definition von symmetrischer Ordnung.) Wenn der Knoten keine linken Ahnen hat, $p_l/q_l = 0/1$; wenn er keine rechten Ahnen hat, $p_r/q_r = 1/0$. Also ist die Marke der Wurzel 1/1; die Marken seiner beiden Kinder sind 1/2 und 2/1; die Marken der vier Knoten auf Ebene 2 sind 1/3, 2/3, 3/2 und 3/1, von links nach rechts; die Marken die acht Knoten auf Ebene 3 sind 1/4, 2/5, 3/5, 3/4, 4/3, 5/3, 5/2, 4/1; und so fort.

Beweise, dass p teilerfremd zu q in jeder Marke p/q ist; weiterhin geht der Knoten mit Marke p/q dem Knoten mit Marke p'/q' in symmetrischer Ordnung genau dann voraus, wenn die Marken $p/q < p'/q'$ erfüllen. Finde eine Verbindung zwischen dem Kettenbruch für die Marke eines Knotens und dem Pfad zu dem Knoten und zeige dadurch, dass jede positive rationale Zahl als die Marke genau eines Knotens in dem Baum erscheint.

41. [*M40*] (J. Shallit, 1979.) Zeige, dass die reguläre Kettenbruchentwicklung von

$$\frac{1}{2^1} + \frac{1}{2^3} + \frac{1}{2^7} + \cdots = \sum_{n\geq 1} \frac{1}{2^{2^n-1}}$$

nur die Ziffern 1 und 2 enthält, und dass sie ein ziemlich einfaches Muster zeigt. Beweise, dass die Partialquotienten von Liouvilles Zahlen $\sum_{n\geq 1} l^{-n!}$ auch ein reguläres Muster haben, wenn l irgendeine ganze Zahl ≥ 2 ist. [Die letzteren Zahlen, eingeführt von J. Liouville in *J. de Math. Pures et Appl.* **16** (1851), 133–142, waren die ersten explizit definierten Zahlen, die als *transzendent* bewiesen wurden. Die vorige Zahl und ähnliche Konstante wurden zuerst von A. J. Kempner, *Trans. Amer. Math. Soc.* **17** (1916), 476–482.] als transzendent bewiesen.

42. [*M30*] (J. Lagrange, 1798.) Besitze X die reguläre Kettenbruchentwicklung $/\!/A_1, A_2, \ldots/\!/$ und sei $q_n = K_n(A_1, \ldots, A_n)$. Bezeichne $\|x\|$ den Abstand von x zur nächsten ganzen Zahl, nämlich $\min_p |x - p|$. Zeige, dass $\|qX\| \geq \|q_{n-1}X\|$ für $1 \leq q < q_n$. (Also sind die Nenner q_n der so genannten Konvergenten $p_n/q_n = /\!/A_1, \ldots, A_n/\!/$ die „alle Rekorde brechenden" ganzen Zahlen, die $\|qX\|$ neue Tiefen erreichen lassen.)

43. [*M30*] (D. W. Matula.) Zeige, dass die „mediante Rundungsregel" für Fest- oder Gleitstrichzahlen, Gl. 4.5.1–(1), einfach wie folgt implementiert werden kann, wenn die Zahl $x > 0$ nicht darstellbar ist: Sei die reguläre Kettenbruchentwicklung von x gleich $a_0 + /\!/a_1, a_2, \ldots/\!/$, und sei $p_n = K_{n+1}(a_0, \ldots, a_n)$, $q_n = K_n(a_1, \ldots, a_n)$. Dann $\operatorname{round}(x) = (p_i/q_i)$, wobei (p_i/q_i) darstellbar ist, jedoch (p_{i+1}/q_{i+1}) nicht darstellbar ist. [*Hinweis:* Siehe Übung 40.]

44. [*M25*] Nimm an, wir führen Feststricharithmetik mit Mediantenrundung aus, wobei der Bruch (u/u') genau dann darstellbar ist, wenn $|u| < M$ und $0 \leq u' < N$ und $u \perp u'$. Beweise oder widerlege die Identität $((u/u') \oplus (v/v')) \ominus (v/v') = (u/u')$ für alle darstellbaren (u/u') und (v/v'), vorausgesetzt, dass $u' < \sqrt{N}$ und kein Überlauf vorkommt.

45. [*M25*] Zeige, dass Euklids Algorithmus (Algorithmus 4.5.2A) angewandt auf zwei n-Bit-Binärzahlen $O(n^2)$ Zeiteinheiten erfordert für $n \to \infty$. (Dieselbe obere Schranke gilt offenbar für Algorithmus 4.5.2B.)

46. [*M43*] Kann die obere Schranke $O(n^2)$ in Übung 45 erniedrigt werden, wenn ein anderer Algorithmus zur Berechnung des größten gemeinsamen Teilers verwendet wird?

47. [*M40*] Entwickle ein Programm, um möglichst viele Partialquotienten von x zu finden, wenn x eine reelle Zahl hoher Genauigkeit ist. Verwende dein Programm zur Berechnung der ersten paar tausend Partialquotienten der eulerschen Konstante γ, welche, wie von D. W. Sweeney in *Math. Comp.* **17** (1963), 170–178, erklärt, berechnet werden können. (Wenn γ eine rationale Zahl ist, kannst du ihren Zähler und Nenner entdecken und dadurch ein berühmtes Problem der Mathematik lösen. Gemäß der Theorie im Text erwarten wir, etwa 0,97 Partialquotienten pro Dezimalziffer zu bekommen, wenn die gegebene Zahl zufällig ist. Mehrfachgenaue Division ist nicht notwendig; siehe Algorithmus 4.5.2L und den Artikel von J. W. Wrench, Jr. und D. Shanks, *Math. Comp.* **20** (1966), 444–447.)

48. [*M21*] Seien $T_0 = (1,0,u)$, $T_1 = (0,1,v)$, …, $T_{n+1} = ((-1)^{n+1}v/d,\ (-1)^n u/d,\ 0)$ die Folge der von Algorithmus 4.5.2X (dem erweiterten euklidschen Algorithmus) berechneten Vektoren und sei $//a_1, \ldots, a_n//$ der reguläre Kettenbruch für v/u. Drücke T_j durch Kontinuanten mit a_1, …, a_n für $1 < j \le n$ aus.

49. [*M33*] Durch Adjustierung der letzten Iteration von Algorithmus 4.5.2X, so dass a_n durch zwei Partialquotienten $(a_n - 1, 1)$ optional ersetzt wird, können wir annehmen, dass die Anzahl der Iterationen, n, eine gegebene Parität hat. Fortfahrend mit der vorigen Übung seien λ und μ beliebige positive reelle Zahlen und sei $\theta = \sqrt{\lambda\mu v/d}$, wobei $d = \mathrm{ggT}(u,v)$. Beweise, dass wir, wenn n gerade ist und wenn $T_j = (x_j, y_j, z_j)$, dann $\min_{j=1}^{n+1} |\lambda x_j + \mu z_j - [j \text{ even}]\,\theta| \le \theta$ haben.

▸ **50.** [*M25*] Gegeben sei eine irrationale Zahl $\alpha \in (0\,..\,1)$ und reelle Zahlen β und γ mit $0 \le \beta < \gamma < 1$; sei $f(\alpha,\beta,\gamma)$ die kleinste natürliche Zahl n mit $\beta \le \alpha n \bmod 1 < \gamma$. (Eine solche Zahl existiert wegen Weyls Satz, Übung 3.5–22.) Entwirf einen Algorithmus zur Berechnung von $f(\alpha,\beta,\gamma)$.

▸ **51.** [*M30*] (*Rationale Rekonstruktion.*) Es stellt sich heraus, dass die Zahl 28481 gleich 41/316 (modulo 199999) ist, in dem Sinn, dass $316 \cdot 28481 \equiv 41$. Wie könnte jemand dies entdecken? Gegeben seien ganze Zahlen a und m mit $m > a > 1$; erkläre, wie man ganze Zahlen x und y mit $ax \equiv y$ (modulo m), $x \perp y$, $0 < x \le \sqrt{m/2}$, und $|y| \le \sqrt{m/2}$ finden kann, oder entscheidet, dass kein solches x und y existiert. Kann es mehr als eine Lösung geben?

4.5.4. Zerlegung in Primfaktoren

Mehrere Rechenmethoden, die wir in diesem Buch angetroffen haben, beruhen auf der Tatsache, dass jede positive ganze Zahl n in eindeutiger Weise in der Form

$$n = p_1 p_2 \ldots p_t, \qquad p_1 \le p_2 \le \cdots \le p_t \tag{1}$$

ausgedrückt werden kann, wobei jedes p_k prim ist. (Wenn $n = 1$, gilt diese Gleichung für $t = 0$.) Leider ist es nicht einfach, diese Primfaktorisierung von n zu finden, oder zu entscheiden, ob n Primzahl ist. So weit jedermann weiß, ist es beträchtlich schwerer, eine große Zahl n zu faktorisieren, als den größten gemeinsamen Teiler zweier großer Zahlen m und n zu berechnen; deshalb sollten wir die Faktorzerlegung großer Zahlen, wann immer möglich, vermeiden. Doch wurden mehrere geistvolle Wege zur Beschleunigung des Faktorzerlegungsprozesses entdeckt und wir werden jetzt einige von ihnen untersuchen. [Eine umfassende

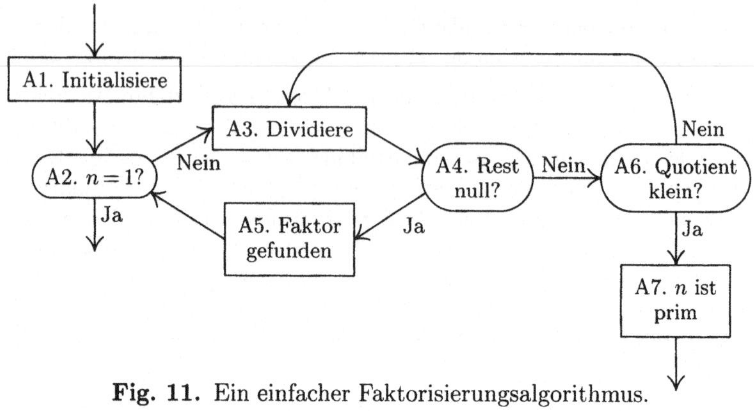

Fig. 11. Ein einfacher Faktorisierungsalgorithmus.

Geschichte der Faktorzerlegung vor 1950 wurde von H. C. Williams und J. O. Shallit kompiliert, *Proc. Symp. Applied Math.* **48** (1993), 481–531.]

Teile und faktorisiere. Zuerst wollen wir den offensichtlichsten Algorithmus zur Faktorisierung betrachten: Wenn $n > 1$, können wir n durch aufeinander folgende Primzahlen $p = 2, 3, 5, \ldots$ dividieren, bis wir das kleinste p entdecken, für das $n \bmod p = 0$. Dann ist p der kleinste Primfaktor von n und derselbe Prozess kann auf $n \leftarrow n/p$ in einem Versuch angewandt werden, diesen neuen Wert von n durch p und durch höhere Primzahlen zu teilen. Wenn wir zu irgendeinem Zeitpunkt finden, dass $n \bmod p \neq 0$, jedoch $\lfloor n/p \rfloor \leq p$, können wir schließen, dass n Primzahl ist; denn wenn n keine Primzahl ist, müssen wir nach (1) $n \geq p_1^2$ haben, doch impliziert $p_1 > p$, dass $p_1^2 \geq (p+1)^2 > p(p+1) > p^2 + (n \bmod p) \geq \lfloor n/p \rfloor p + (n \bmod p) = n$. Dies führt uns zu dem folgenden Verfahren:

Algorithmus A (*Faktorzerlegung durch Division*). Gegeben sei eine positive ganze Zahl N; dieser Algorithmus findet die Primfaktoren $p_1 \leq p_2 \leq \cdots \leq p_t$ von N in Gl. (1). Die Methode verwendet eine Hilfsfolge von Versuchsteilern

$$2 = d_0 < d_1 < d_2 < d_3 < \cdots, \qquad (2)$$

welche alle Primzahlen $\leq \sqrt{N}$ (und möglicherweise Werte, die *keine* Primzahlen sind, wenn es vorteilhaft ist) einschließt. Die Folge der d muss auch mindestens einen Wert $d_k \geq \sqrt{N}$ einschließen.

A1. [Initialisiere.] Setze $t \leftarrow 0$, $k \leftarrow 0$, $n \leftarrow N$. (Während dieses Algorithmus sind die Variablen t, k, n durch folgende Bedingung aufeinander bezogen: „$n = N/p_1 \ldots p_t$ und n hat keine Primfaktoren kleiner als d_k.“)

A2. [$n = 1$?] Wenn $n = 1$, terminiert der Algorithmus.

A3. [Dividiere.] Setze $q \leftarrow \lfloor n/d_k \rfloor$, $r \leftarrow n \bmod d_k$. (Hier sind q und r Quotient und Rest aus der Division von n durch d_k.)

A4. [Rest null?] Wenn $r \neq 0$, geh zu Schritt A6.

A5. [Faktor gefunden.] Erhöhe t um 1 und setze $p_t \leftarrow d_k$, $n \leftarrow q$. Kehre zurück zu Schritt A2.

A6. [Quotient klein?] Wenn $q > d_k$, erhöhe k um 1 und kehre zurück zu Schritt A3.

A7. [n ist Primzahl.] Erhöhe t um 1, setze $p_t \leftarrow n$, beende den Algorithmus. ▌

Als Beispiel zu Algorithmus A betrachte die Faktorisierung der Zahl $N = 25852$. Wir finden unmittelbar, dass $N = 2 \cdot 12926$; also $p_1 = 2$. Weiterhin $12926 = 2 \cdot 6463$, also $p_2 = 2$. Doch jetzt ist $n = 6463$ nicht teilbar durch 2, 3, 5, …, 19; wir finden, dass $n = 23 \cdot 281$, also $p_3 = 23$. Schließlich $281 = 12 \cdot 23 + 5$ und $12 \leq 23$; also $p_4 = 281$. Die Bestimmung der Faktoren von 25852 hat deshalb insgesamt 12 Divisionen benötigt; wenn wir andererseits versucht hätten, die etwas kleinere Zahl 25849 (welche prim ist) zu faktorisieren, wären mindestens 38 Divisionen ausgeführt worden. Dies illustriert die Tatsache, dass Algorithmus A eine Laufzeit grob gesprochen proportional zu $\max(p_{t-1}, \sqrt{p_t})$ erfordert. (Für $t = 1$ ist diese Formel gültig, wenn wir die Konvention $p_0 = 1$ dazu nehmen.)

Für die in Algorithmus A verwendete Folge $d_0, d_1, d_2, \ldots$ von Versuchsteilern kann einfach 2, 3, 5, 7, 11, 13, 17, 19, 23, 25, 29, 31, 35, … genommen werden, wobei wir abwechselnd 2 und 4 nach den ersten drei Termen hinzufügen. Diese Folge enthält alle Zahlen, die nicht Vielfache von 2 oder 3 sind; sie schließt auch Zahlen ein wie 25, 35, 49, usw., welche keine Primzahlen sind, doch wird der Algorithmus noch die korrekte Antwort geben. Eine weitere Einsparung von 20 Prozent an Rechenzeit kann durch Wegnehmen der Zahlen $30m \pm 5$ von der Liste für $m \geq 1$ erreicht werden, wodurch alle überflüssigen Vielfachen von 5 eliminiert werden. Die Exklusion von Vielfachen von 7 verkürzt die Liste um weitere 14 Prozent, usw. Eine kompakte Bittabelle kann zur Kontrolle der Auswahl von Versuchsteilern verwendet werden.

Wenn bekannt ist, dass N klein ist, sollte man vernünftigerweise eine Tabelle aller notwendigen Primzahlen als Teil des Programms haben. Wenn zum Beispiel N kleiner als eine Million ist, brauchen wir nur die 168 Primzahlen kleiner als tausend einzuschließen (gefolgt von dem Wert $d_{168} = 1000$, um die Liste zu beenden im Fall, dass N eine Primzahl größer 997^2 ist). Eine solche Tabelle kann durch ein kurzes Hilfsprogramm erstellt werden; siehe zum Beispiel Algorithmus 1.3.2P oder Übung 8.

Wie viele Versuchsdivisionen sind in Algorithmus A notwendig? Sei $\pi(x)$ die Primzahldichte $\leq x$, so dass $\pi(2) = 1$, $\pi(10) = 4$; das asymptotische Verhalten dieser Funktion wurde ausführlich von vielen der größten Mathematiker untersucht, beginnend mit Legendre 1798. Zahlreiche Fortschritte wurden während des neunzehnten Jahrhunderts gemacht und kulminierten 1899, als Charles de La Vallée Poussin bewies, dass für $A > 0$

$$\pi(x) = \int_2^x \frac{dt}{\ln t} + O\big(xe^{-A\sqrt{\log x}}\big). \tag{3}$$

[*Mém. Couronnés Acad. Roy. Belgique* **59** (1899), 1–74; siehe auch J. Hadamard, *Bull. Soc. Math. France* **24** (1896), 199–220.] Partielle Integration ergibt

$$\pi(x) = \frac{x}{\ln x} + \frac{x}{(\ln x)^2} + \frac{2!\,x}{(\ln x)^3} + \cdots + \frac{r!\,x}{(\ln x)^{r+1}} + O\left(\frac{x}{(\log x)^{r+2}}\right) \tag{4}$$

für alle festen $r \geq 0$. Der Fehlerterm in (3) wurde später verbessert; er kann zum Beispiel durch

$$O\bigl(xe^{-A(\log x)^{3/5}/(\log\log x)^{1/5}}\bigr)$$

ersetzt werden. [Siehe A. Walfisz, *Weylsche Exponentialsummen in der neueren Zahlentheorie* (Berlin: 1963), Kapitel 5.] Bernhard Riemann vermutete 1859, dass

$$\pi(x) = \sum_{k=1}^{\lg x} \frac{\mu(k)}{k} L(\sqrt[k]{x}) + O(1) = L(x) - \frac{1}{2}L(\sqrt{x}) - \frac{1}{3}L(\sqrt[3]{x}) + \cdots + O(1), \quad (5)$$

wobei $L(x) = \int_2^x dt/\ln t$, und seine Formel stimmt gut mit der tatsächlichen Zahl überein, wenn x von vernünftiger Größe ist:

x	$\pi(x)$	$L(x)$	Riemanns Formel
10^3	168	176.6	168.3
10^6	78498	78626.5	78527.4
10^9	50847534	50849233.9	50847455.4
10^{12}	37607912018	37607950279.8	37607910542.2
10^{15}	29844570422669	29844571475286.5	29844570495886.9
10^{18}	24739954287740860	24739954309690414.0	24739954284239494.4

(Siehe Übung 41.) Jedoch ist die Verteilung großer Primzahlen nicht so einfach und Riemanns Vermutung (5) wurde von J. E. Littlewood 1914 widerlegt; siehe Hardy und Littlewood, *Acta Math.* **41** (1918), 119–196, wo gezeigt wurde, dass es eine positive Konstante C mit

$$\pi(x) > L(x) + C\sqrt{x}\log\log\log x/\log x$$

für unendlich viele x gibt. Littlewoods Ergebnis zeigt, dass Primzahlen inhärent etwas geheimnisvoll sind, und es bedarf der Entwicklung tiefer Eigenschaften der Mathematik, bevor ihre Verteilung wirklich verstanden ist. Riemann stellte eine andere viel plausiblere Vermutung auf, die berühmte „Riemannsche Hypothese", welche besagt, dass die komplexe Funktion $\zeta(z)$ nur null ist, wenn der Realteil von z gleich $1/2$ ist, außer in den trivialen Fällen, wo z eine negative gerade ganze Zahl ist. Wäre diese Hypothese wahr, so würde das implizieren, dass $\pi(x) = L(x) + O\bigl(\sqrt{x}\log x\bigr)$; siehe Übung 25. Richard Brent hat eine Methode von D. H. Lehmer zur rechnerischen Verifikation der Riemannschen Vermutung benutzt, indem er für alle „kleinen" Werte von z zeigte, dass $\zeta(z)$ genau 75.000.000 Nullstellen besitzt, deren imaginärer Teil im Bereich $0 < \Im z < 32585736{,}4$ liegt; alle diese Nullstellen haben $\Re z = \frac{1}{2}$ und $\zeta'(z) \neq 0$. [*Math. Comp.* **33** (1979), 1361–1372.]

Um das mittlere Verhalten von Algorithmus A zu analysieren, möchten wir gerne wissen, wie groß der größte Primfaktor p_t tendenziell sein wird. Diese Frage wurde zuerst von Karl Dickman untersucht [*Arkiv för Mat., Astron. och*

Fys. **22A**, 10 (1930), 1–14], der die Wahrscheinlichkeit untersuchte, dass eine zufällige ganze Zahl zwischen 1 und x ihren größten Primfaktor $\leq x^{\alpha}$ haben wird. Dickman gab einen heuristischen Grund, dass diese Wahrscheinlichkeit zum Grenzwert $F(\alpha)$ mit $x \to \infty$ strebt, wobei F aus der folgenden Funktionalgleichung berechnet werden kann:

$$F(\alpha) = \int_0^{\alpha} F\Big(\frac{t}{1-t}\Big)\frac{dt}{t}, \quad \text{für } 0 \leq \alpha \leq 1; \qquad F(\alpha) = 1 \quad \text{für } \alpha \geq 1. \tag{6}$$

Seine Begründung war im Wesentlichen diese: Für $0 < t < 1$ ist die Anzahl ganzer Zahlen kleiner x, deren größter Primfaktor zwischen x^t und x^{t+dt} liegt, $xF'(t)\,dt$. Die Anzahl von Primzahlen p in diesem Bereich ist $\pi(x^{t+dt}) - \pi(x^t) = \pi\big(x^t + (\ln x)x^t\,dt\big) - \pi(x^t) = x^t\,dt/t$. Für jedes solches p ist die Anzahl ganzer Zahlen n mit „$np \leq x$ und der größte Primfaktor von n ist $\leq p$" die Anzahl der $n \leq x^{1-t}$, deren größter Primfaktor $\leq (x^{1-t})^{t/(1-t)}$ ist, nämlich $x^{1-t}F\big(t/(1-t)\big)$. Also $xF'(t)\,dt = (x^t\,dt/t)\big(x^{1-t}F\big(t/(1-t)\big)\big)$ und (6) folgt durch Integration. Dieser heuristische Grund kann streng gemacht werden; V. Ramaswami [*Bull. Amer. Math. Soc.* **55** (1949), 1122–1127] zeigte, dass die fragliche Wahrscheinlichkeit für festes α asymptotisch $F(\alpha) + O(1/\log x)$ für $x \to \infty$ ist, und viele andere Autoren haben die Analyse erweitert [siehe die Übersicht von Karl K. Norton, *Memoirs Amer. Math. Soc.* **106** (1971), 9–27].

Wenn $\frac{1}{2} \leq \alpha \leq 1$, vereinfacht sich Formel (6) zu

$$F(\alpha) = 1 - \int_{\alpha}^{1} F\Big(\frac{t}{1-t}\Big)\frac{dt}{t} = 1 - \int_{\alpha}^{1}\frac{dt}{t} = 1 + \ln\alpha.$$

Also ist zum Beispiel die Wahrscheinlichkeit, dass eine zufällige positive ganze Zahl $\leq x$ einen Primfaktor $> \sqrt{x}$ hat, $1 - F(\frac{1}{2}) = \ln 2$, etwa 69 Prozent. In allen solchen Fällen muss Algorithmus A hart arbeiten.

Unter dem Strich zeigt diese Besprechung, dass Algorithmus A die Antwort recht schnell geben wird, wenn wir eine sechsstellige Zahl faktorisieren wollen; doch für große N überschreitet das Ausmaß an Rechenzeit zur Faktorisierung mit Versuchsdivision schnell alle praktischen Grenzen, es sei denn, wir haben ungewöhnliches Glück.

Später werden wir in diesem Abschnitt sehen, dass es ziemlich gute Tests gibt, ob eine vernünftig große Zahl n Primzahl ist, ohne alle Teiler bis $\sqrt{n}$ zu probieren. Deshalb würde Algorithmus A oft schneller laufen, wenn wir einen Primtest zwischen Schritte A2 und A3 einsetzen würden; die Laufzeit für diesen verbesserten Algorithmus wäre dann grob gesprochen proportional zu p_{t-1}, dem *zweitgrößten* Primfaktor von N, statt zu $\max(p_{t-1}, \sqrt{p_t}\,)$. Durch einen Grund analog zu Dickmans Argument (siehe Übung 18), können wir zeigen, dass der zweitgrößte Primfaktor einer zufälligen ganzen Zahl $\leq x$ gerade $\leq x^{\beta}$ mit näherungsweiser Wahrscheinlichkeit $G(\beta)$ ist, wobei

$$G(\beta) = \int_0^{\beta}\Big(G\Big(\frac{t}{1-t}\Big) - F\Big(\frac{t}{1-t}\Big)\Big)\frac{dt}{t} \quad \text{für } 0 \leq \beta \leq \tfrac{1}{2}. \tag{7}$$

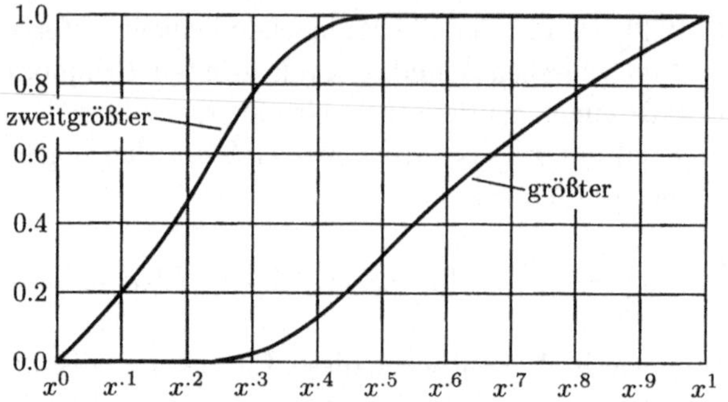

Fig. 12. Wahrscheinlichkeitsverteilungsfunktionen für die zwei größten Primfaktoren einer zufälligen ganzen Zahl $\le x$.

Klarerweise $G(\beta) = 1$ für $\beta \ge \frac{1}{2}$. (Siehe Fig. 12.) Numerische Auswertung von (6) und (7) ergibt die folgenden „Prozentpunkte“:

$F(\alpha) =$	0,01	0,05	0,10	0,20	0,35	0,50	0,65	0,80	0,90	0,95	0,99
$\alpha \approx$	0,2697	0,3348	0,3785	0,4430	0,5220	0,6065	0,7047	0,8187	0,9048	0,9512	0,9900
$G(\beta) =$	0,01	0,05	0,10	0,20	0,35	0,50	0,65	0,80	0,90	0,95	0,99
$\beta \approx$	0,0056	0,0273	0,0531	0,1003	0,1611	0,2117	0,2582	0,3104	0,3590	0,3967	0,4517

Also wird der zweitgrößte Primfaktor $\le x^{0,2117}$ etwa die Hälfte der Fälle sein, usw.

Die *Gesamtzahl von Primfaktoren*, t, ist auch intensiv analysiert worden. Offenbar $1 \le t \le \lg N$, doch werden diese unteren und oberen Schranken selten erreicht. Man kann beweisen, dass, wenn N zufällig zwischen 1 und x ausgewählt wird, die Wahrscheinlichkeit, dass $t \le \ln\ln x + c\sqrt{\ln\ln x}$, gegen

$$\frac{1}{\sqrt{2\pi}} \int_{-\infty}^{c} e^{-u^2/2}\,du \tag{8}$$

strebt, wenn $x \to \infty$, für jedes feste c. In anderen Worten, die Verteilung von t ist im Wesentlichen normal, mit Mittel und Varianz zu $\ln\ln x$; für etwa 99,73 Prozent aller großen ganzen Zahlen $\le x$ haben wir $|t - \ln\ln x| \le 3\sqrt{\ln\ln x}$. Weiterhin ist bekannt, dass der Mittelwert von $t - \ln\ln x$ für $1 \le N \le x$ gegen

$$\begin{aligned} \gamma + \sum_{p \text{ prime}} \bigl(\ln(1 - 1/p) + 1/(p-1)\bigr) &= \gamma + \sum_{n \ge 2} \frac{\varphi(n)\ln\zeta(n)}{n} \\ &= 1{,}03465\,38818\,97437\,91161\,97942\,98464\,63825\,46703+ \end{aligned} \tag{9}$$

strebt. [Siehe G. H. Hardy und E. M. Wright, *An Introduction to the Theory of Numbers*, 5-te Auflage (Oxford, 1979), §22.11; siehe auch P. Erdős und M. Kac, *Amer. J. Math.* **26** (1940), 738–742.]

Die Größe der Primfaktoren hat eine bemerkenswerte Verbindung zu Permutationen: Die mittlere Anzahl von Bit im k-größten Primfaktor einer zufälligen n-Bit-Ganzzahl ist asymptotisch dieselbe wie die mittlere Länge des k-größten Zyklus einer zufälligen n-Elemente-Permutation für $n \to \infty$. [Siehe D. E. Knuth und L. Trabb Pardo, *Theoretical Comp. Sci.* **3** (1976), 321–348; A. M. Vershik, *Soviet Math. Doklady* **34** (1987), 57–61.] Es folgt, dass Algorithmus A gewöhnlich ein paar kleine Faktoren findet und dann auf einer langen Durststrecke die Suche nach den großen beginnt, die übrig sind.

Eine exzellente Darstellung der Wahrscheinlichkeitsverteilung der Primfaktoren einer zufälligen ganzen Zahl wurde von Patrick Billingsley gegeben, *AMM* **80** (1973), 1099–1115; siehe auch seine Arbeit in *Annals of Probability* **2** (1974), 749–791.

Faktorzerlegung durch pseudozufällige Zyklen. Zu Beginn von Kapitel 3, bemerkten wir, dass „ein zufällig ausgewählter Zufallszahlgenerator nicht sehr zufällig ist“. Dieses Prinzip, welches in jenem Kapitel gegen uns arbeitete, hat die gewinnende Fähigkeit, zu einer erstaunlich effizienten Faktorisierungsmethode zu führen, die von J. M. Pollard entdeckt wurde [*BIT* **15** (1975), 331–334]. Die Zahl der Rechenschritte in Pollards Methode ist von der Ordnung $\sqrt{p_{t-1}}$, also ist sie signifikant schneller als Algorithmus A, wenn N groß ist. Gemäß (7) und Fig. 12 wird die Laufzeit gewöhnlich deutlich unter $N^{1/4}$ sein.

Sei $f(x)$ irgendein Polynom mit ganzzahligen Koeffizienten und betrachte die zwei Folgen definiert durch

$$x_0 = y_0 = A; \qquad x_{m+1} = f(x_m) \bmod N, \qquad y_{m+1} = f(y_m) \bmod p, \tag{10}$$

wobei p irgendein Primfaktor von N ist. Es folgt, dass

$$y_m = x_m \bmod p \qquad \text{für } m \ge 1. \tag{11}$$

Jetzt zeigt Übung 3.1–7, dass wir $y_m = y_{\ell(m)-1}$ für ein $m \ge 1$ haben werden, wobei $\ell(m)$ die größte Zweierpotenz ist, die $\le m$ ist. Also wird $x_m - x_{\ell(m)-1}$ ein Vielfaches von p sein. Wenn weiterhin $f(y) \bmod p$ sich wie eine Zufallsabbildung von der Menge $\{0, 1, \ldots, p-1\}$ in sich selbst verhält, zeigt Übung 3.1–12, dass der mittlere Wert des kleinsten solchen m von der Ordnung $\sqrt{p}$ sein wird. In der Tat zeigt Übung 4 unten, dass dieser Mittelwert für zufällige Abbildungen kleiner als $1{,}625\,Q(p)$ ist, wobei die Funktion $Q(p) \approx \sqrt{\pi p/2}$ in Abschnitt 1.2.11.3 definiert war. Wenn die verschiedenen Primteiler von N verschiedenen Werten von m entsprechen (wie es fast sicher der Fall sein wird, wenn N groß ist), werden wir befähigt, sie durch Berechnung von $\mathrm{ggT}(x_m - x_{\ell(m)-1}, N)$ für $m = 1, 2, 3, \ldots$ zu finden, bis der unzerlegte Rest Primzahl ist. Pollard nannte seine Technik die „rho-Methode,“ weil eine solche schließlich periodische Folge $y_0, y_1, \ldots$ an den griechischen Buchstaben ρ erinnert.

Von der Theorie in Kapitel 3 wissen wir, dass ein lineares Polynom $f(x) = ax + c$ nicht hinreichend zufällig für unsere Zwecke sein wird. Der nächst einfachste Fall ist quadratisch, sagen wir $f(x) = x^2 + 1$. Wir *wissen* nicht, dass diese Funktion hinreichend zufällig ist, doch unser Mangel an Kenntnis tendiert zur Unterstützung der Zufallshypothese und empirische Tests zeigen, dass dieses f im Wesentlichen wie vorausgesagt arbeitet. In der Tat ist f wahrscheinlich etwas *besser* als zufällig, da $x^2 + 1$ nur $\frac{1}{2}(p+1)$ verschiedene Werte mod p annimmt; siehe Arney und Bender, *Pacific J. Math.* **103** (1982), 269–294. Deshalb ist das folgende Verfahren vernünftig:

Algorithmus B (*Faktorzerlegung durch die rho-Methode*). Dieser Algorithmus gibt die Primfaktoren einer gegebenen ganzen Zahl $N \geq 2$ mit hoher Wahrscheinlichkeit aus, obwohl es eine Chance gibt, dass er versagt.

B1. [Initialisiere.] Setze $x \leftarrow 5$, $x' \leftarrow 2$, $k \leftarrow 1$, $l \leftarrow 1$, $n \leftarrow N$. (Während dieses Algorithmus ist n der unzerlegte Teil von N, und die Variablen x und x' repräsentieren die Größen $x_m \bmod n$ und $x_{\ell(m)-1} \bmod n$ in (10), wobei $f(x) = x^2 + 1$, $A = 2$, $l = \ell(m)$ und $k = 2l - m$.)

B2. [Teste Unzerlegbarkeit.] Wenn n Primzahl ist (siehe die Besprechung unten), gib n aus; der Algorithmus terminiert.

B3. [Faktor gefunden?] Setze $g \leftarrow \mathrm{ggT}(x' - x, n)$. Wenn $g = 1$, geh weiter nach Schritt B4; sonst gib g aus. Wenn jetzt $g = n$, terminiert der Algorithmus (und er hat versagt, weil wir wissen, dass n keine Primzahl ist). Sonst setze $n \leftarrow n/g$, $x \leftarrow x \bmod n$, $x' \leftarrow x' \bmod n$ und kehre nach Schritt B2 zurück. (Beachte, dass g keine Primzahl zu sein braucht; dies sollte geprüft werden. In dem seltenen Fall, dass die Zahl g nicht prim ist, sind ihre Primfaktoren mit diesem Algorithmus nicht bestimmbar.)

B4. [Weiterschalten.] Setze $k \leftarrow k - 1$. Wenn $k = 0$, setze $x' \leftarrow x$, $l \leftarrow 2l$, $k \leftarrow l$. Setze $x \leftarrow (x^2 + 1) \bmod n$ und kehre zu B3 zurück. ▮

Als Beispiel für Algorithmus B wollen wir wieder versuchen, $N = 25852$ zu faktorisieren. Die dritte Ausführung von Schritt B3 wird $g = 4$ ausgeben (was nicht prim ist). Nach sechs weiteren Iterationen findet der Algorithmus den Faktor $g = 23$. Algorithmus B hat sich nicht hervorgetan in diesem Beispiel, doch wurde er natürlich entworfen zum Faktorisieren *großer* Zahlen. Algorithmus A braucht viel länger, große Primfaktoren zu finden, doch kann er nicht geschlagen werden beim Wegnehmen der kleinen. In der Praxis sollten wir ein Weilchen Algorithmus A laufen lassen, bevor wir zu Algorithmus B umschalten.

Wir können eine bessere Idee von den Vorzügen des Algorithmus B bekommen, wenn wir die zehn größten sechsstelligen Primzahlen betrachten. Die Anzahl von Iterationen, $m(p)$, die Algorithmus B zum Finden des Faktors p benötigt, wird in der folgenden Tabelle angegeben:

$p =$	999863	999883	999907	999917	999931	999953	999959	999961	999979	999983
$m(p) =$	276	409	2106	1561	1593	1091	474	1819	395	814

Experimente zeigen an, dass $m(p)$ einen mittleren Wert von etwa $2\sqrt{p}$ hat, und er überschreitet $12\sqrt{p}$ niemals, wenn $p < 1000000$. Das maximale $m(p)$ für $p < 10^6$ ist $m(874771) = 7685$; und das Maximum von $m(p)/\sqrt{p}$ tritt auf, wenn $p = 290047$, $m(p) = 6251$. Gemäß dieser experimentellen Ergebnisse, können fast alle 12-stelligen Zahlen in weniger als 2000 Iterationen von Algorithmus B faktorisiert werden (verglichen mit rund 75 000 Divisionen in Algorithmus A).

Die zeitraubenden Operationen in jeder Iteration von Algorithmus B sind die mehrfachgenaue Multiplikation und Division in Schritt B4 und der ggT in Schritt B3. Die Technik der „Montgomery-Multiplikation“ (Übung 4.3.1–41) wird diese beschleunigen. Darüber hinaus schlägt Pollard vor, wenn die ggT-Operation langsam ist, Geschwindigkeit durch Akkumulieren des Produkts $\bmod n$ von, sagen wir, zehn aufeinander folgenden Werten $(x' - x)$ vor einem jedem ggT zu gewinnen; dies ersetzt 90 Prozent der ggT-Operationen durch eine einzige Multiplikation mod N, während die Chance eines Fehlers nur geringfügig wächst. Er schlägt auch vor, mit $m = q$ statt mit $m = 1$ in Schritt B1 zu beginnen, wobei q vielleicht ein Zehntel der Anzahl geplanter Iterationen ist.

In denjenigen seltenen Fällen, wo ein Fehler für große N vorkommt, könnten wir es mit $f(x) = x^2 + c$ für ein $c \neq 0$ oder 1 versuchen. Der Wert $c = -2$ sollte auch vermieden werden, da die Rekurrenz $x_{m+1} = x_m^2 - 2$ Lösungen der Form $x_m = r^{2^m} + r^{-2^m}$ hat. Andere Werte von c scheinen nicht zu einfachen Beziehungen mod p zu führen und sie sollten alle zufriedenstellend sein, wenn sie mit geeigneten Startwerten benutzt werden.

Richard Brent verwendete eine Änderung von Algorithmus B zur Entdeckung des Primfaktors 1238926361552897 von $2^{256} + 1$. [Siehe *Math. Comp.* **36** (1981), 627–630; **38** (1982), 253–255.]

Fermats Methode. Ein anderer Zugang zum Faktorzerlegungsproblem, der von Pierre de Fermat im Jahre 1643 benutzt wurde, ist geeigneter, große als kleine Faktoren zu finden. [Fermats ursprüngliche Beschreibung seiner Methode, übersetzt ins Englische, kann in L. E. Dicksons monumentaler *History of the Theory of Numbers* **1** (Carnegie Inst. of Washington, 1919), 357.] gefunden werden.

Nimm an, dass $N = uv$ mit $u \leq v$. Für praktische Zwecke können wir annehmen, dass N ungerade ist; dies bedeutet, dass u und v ungerade sind, und wir können setzen:

$$x = (u + v)/2, \qquad y = (v - u)/2, \tag{12}$$

$$N = x^2 - y^2, \qquad 0 \leq y < x \leq N. \tag{13}$$

Fermats Methode besteht in der systematischen Suche nach Werten x und y, die Gl. (13) erfüllen. Der folgende Algorithmus zeigt, wie Faktorzerlegung deshalb *ohne jede Multiplikation oder Division* durchgeführt werden kann:

Algorithmus C (*Faktorzerlegung durch Addition und Subtraktion*). Gegeben sei eine ungerade Zahl N; dieser Algorithmus bestimmt den größten Faktor von N kleiner oder gleich $\sqrt{N}$.

C1. [Initialisiere.] Setze $x \leftarrow 2\lfloor\sqrt{N}\rfloor + 1$, $y \leftarrow 1$, $r \leftarrow \lfloor\sqrt{N}\rfloor^2 - N$. (Während dieses Algorithmus entsprechen x, y bzw. r den Werten $2x + 1$, $2y + 1$ bzw. $x^2 - y^2 - N$ bei unserer Suche nach einer Lösung für (13); wir werden $|r| < x$ und $y < x$ haben.)

C2. [Fertig?] Für $r = 0$ terminiert der Algorithmus; wir haben

$$N = \big((x - y)/2\big)\big((x + y - 2)/2\big),$$

und $(x - y)/2$ ist der größte Faktor von N kleiner oder gleich $\sqrt{N}$.

C3. [Schritt x.] Setze $r \leftarrow r + x$ und $x \leftarrow x + 2$.

C4. [Schritt y.] Setze $r \leftarrow r - y$ und $y \leftarrow y + 2$.

C5. [Prüfe r.] Kehre zu C4 zurück, wenn $r > 0$, sonst geh zurück nach C2. ▮

Der Leser mag es belustigend finden, die Faktoren von 377 mit diesem Algorithmus per Hand zu suchen. Die Anzahl notwendiger Schritte zum Finden der Faktoren u und v von $N = uv$ ist im Wesentlichen proportional zu $(x+y-2)/2 - \lfloor\sqrt{N}\rfloor = v - \lfloor\sqrt{N}\rfloor$; dies kann natürlich eine sehr große Zahl sein, obwohl jeder Schritt auf den meisten Rechnern sehr schnell ausgeführt werden kann. Eine Verbesserung, die nur $O(N^{1/3})$ Operationen im schlimmsten Fall erfordert, wurde von R. S. Lehman entwickelt [*Math. Comp.* **28** (1974), 637–646].

Es ist nicht ganz korrekt, Algorithmus C „Fermats Methode“ zu nennen, da Fermat einen etwas glatteren Zugang verwendete. Die Hauptschleife von Algorithmus C ist ganz schnell auf dem Rechner, doch ist sie nicht sehr geeignet für Handrechnung. Fermat führte den laufenden Wert von y nicht mit; er sah sich $x^2 - N$ an und riet, ob diese Größe ein vollkommenes Quadrat war, indem er ihre letzten Ziffern betrachtete. (Die letzten beiden Ziffern eines vollkommenen Quadrats müssen 00, $g1$, $g4$, 25, $u6$ oder $g9$ sein, wobei g eine gerade Ziffer und u eine ungerade Ziffer ist.) Deshalb vermied er die Operationen der Schritte C4 und C5 und ersetzte sie durch eine gelegentliche Bestimmung, dass eine gewisse Zahl nicht ein vollkommenes Quadrat ist.

Fermats Methode des Nachsehens bei den am weitesten rechts stehenden Ziffern kann natürlich durch Benutzung anderer Moduli verallgemeinert werden. Nimm zur Klarheit an, dass $N = 8616460799$, eine Zahl, deren geschichtliche Bedeutung unten erklärt wird, und betrachte die folgende Tabelle:

m	wenn $x \bmod m$ ist	dann ist $x^2 \bmod m$	und $(x^2 - N) \bmod m$ ist
3	$0, 1, 2$	$0, 1, 1$	$1, 2, 2$
5	$0, 1, 2, 3, 4$	$0, 1, 4, 4, 1$	$1, 2, 0, 0, 2$
7	$0, 1, 2, 3, 4, 5, 6$	$0, 1, 4, 2, 2, 4, 1$	$5, 6, 2, 0, 0, 2, 6$
8	$0, 1, 2, 3, 4, 5, 6, 7$	$0, 1, 4, 1, 0, 1, 4, 1$	$1, 2, 5, 2, 1, 2, 5, 2$
11	$0, 1, 2, 3, 4, 5, 6, 7, 8, 9, 10$	$0, 1, 4, 9, 5, 3, 3, 5, 9, 4, 1$	$10, 0, 3, 8, 4, 2, 2, 4, 8, 3, 0$

Wenn $x^2 - N$ ein vollkommenes Quadrat y^2 sein soll, muss sie einen Rest mod m konsistent mit dieser Tatsache haben für alle m. Wenn zum Beispiel $N = 8616460799$ und $x \bmod 3 \neq 0$, dann $(x^2 - N) \bmod 3 = 2$, also kann $x^2 - N$ kein vollkommenes Quadrat sein; deshalb muss x ein Vielfaches von 3 sein, wann immer $N = x^2 - y^2$. Die Tabelle sagt uns in der Tat, dass

$$\begin{aligned} x \bmod 3 &= 0;\\ x \bmod 5 &= 0,\ 2 \text{ oder } 3;\\ x \bmod 7 &= 2,\ 3,\ 4 \text{ oder } 5;\\ x \bmod 8 &= 0 \text{ oder } 4 \text{ (also } x \bmod 4 = 0);\\ x \bmod 11 &= 1,\ 2,\ 4,\ 7,\ 9 \text{ oder } 10. \end{aligned} \tag{14}$$

Diese engt die Suche nach x beträchtlich ein. Zum Beispiel muss x ein Vielfaches von 12 sein. Wir müssen $x \geq \lceil\sqrt{N}\rceil = 92825$ haben und das kleinste solche Vielfache von 12 ist 92832. Dieser Wert hat Reste $(2, 5, 3)$ modulo $(5, 7, 11)$ der Reihe nach, also verfehlt er (14) bezüglich Modulus 11. Erhöhung von x um 12 ändert die Reste mod 5 um 2, mod 7 um 5 und mod 11 um 1; also ist leicht zu sehen, dass der erste Wert von $x \geq 92825$, der alle Bedingungen in (14) erfüllt, $x = 92880$ ist. Jetzt $92880^2 - N = 10233601$ und die Methode zum

Quadratwurzelziehen mit Bleistift und Papier sagt uns, dass $10233601 = 3199^2$ in der Tat ein vollkommenes Quadrat ist. Deshalb haben wir die gewünschte Lösung $x = 92880$, $y = 3199$ gefunden, und die Faktorisierung ist $8616460799 = (x-y)(x+y) = 89681 \cdot 96079$.

Dieser Wert von N ist interessant, weil der englische Ökonom und Logiker W. S. Jevons ihn wie folgt in einem wohlbekannten Buch eingeführt hat: „Gegeben seien irgend zwei Zahlen, wir können durch einen einfachen und unfehlbaren Prozess ihr Produkt erhalten, doch es ist eine ganz andere Sache, wenn eine große Zahl gegeben ist, ihre Faktoren zu bestimmen. Können die Leser sagen, welche zwei Zahlen zusammenmultipliziert die Zahl 8 616 460 799 liefern werden? Ich denke, es ist unwahrscheinlich, dass irgendjemand außer mir selbst es jemals wissen wird.“ [*The Principles of Science* (Macmillan, 1874), Kapitel 7.] Wir haben jedoch gerade gesehen, dass Fermat N in weniger als 10 Minuten hätte faktorisiert können – auf der Rückseite eines Briefumschlags! Jevons' Hauptpunkt über die Schwierigkeit der Faktorzerlegung gegenüber der Multiplikation ist wohl angebracht, doch nur wenn wir das Produkt von Zahlen bilden, die nicht so nahe beieinander liegen.

An Stelle der in (14) betrachteten Moduli, können wir irgendwelche Potenzen verschiedener Primzahlen verwenden. Wenn wir zum Beispiel 25 an Stelle von 5 benutzt hätten, würden wir finden, dass die einzigen zulässigen Werte von $x \bmod 25$ 0, 5, 7, 10, 15, 18 und 20 sind. Dies gibt mehr Information als (14). Im allgemeinen, werden wir mehr Information modulo p^2 als modulo p für ungerade Primzahlen p bekommen, wann immer $x^2 - N \equiv 0$ (modulo p) eine Lösung x hat.

Die gerade benutzte modulare Methode wird ein *Siebverfahren* genannt, da wir uns vorstellen können, alle ganzen Zahlen in ein „Sieb“ zu schütten, aus welchem nur die Werte mit $x \bmod 3 = 0$ unten herauskommen, dann diese Zahlen in ein anderes Sieb zu schütten, dass nur Zahlen mit $x \bmod 5 = 0$, 2 oder 3 durchlässt, usw. Jedes Sieb für sich betrachtet wird etwa die Hälfte der verbleibenden Werte wegnehmen (siehe Übung 6); und wenn wir sieben mit Moduli, die paarweise teilerfremd sind, ist jedes Sieb unabhängig von den anderen wegen des chinesischen Restsatzes (Satz 4.3.2C). Wenn wir also mit, sagen wir, 30 verschiedenen Primzahlen sieben, muss nur etwa ein Wert unter 2^{30} Werten geprüft werden, um zu sehen, ob $x^2 - N$ ein vollkommenes Quadrat y^2 ist.

Algorithmus D (*Faktorzerlegung mit Sieben*). Gegeben sei eine ungerade Zahl N; dieser Algorithmus bestimmt den größten Faktor von N kleiner oder gleich $\sqrt{N}$. Das Verfahren verwendet Moduli $m_1, m_2, \ldots, m_r$, die paarweise zueinander teilerfremd und teilerfremd zu N sind. Wir nehmen an, dass wir Zugriff auf r *Siebtabellen* $S[i,j]$ für $0 \le j < m_i$, $1 \le i \le r$ haben, wobei

$$S[i,j] = \bigl[j^2 - N \equiv y^2 \text{ (modulo } m_i\text{) eine Lösung } y \text{ hat}\bigr].$$

D1. [Initialisiere.] Setze $x \leftarrow \lceil \sqrt{N}\,\rceil$ und setze $k_i \leftarrow (-x) \bmod m_i$ für $1 \le i \le r$. (Während dieses Algorithmus werden die Indexvariablen $k_1, k_2, \ldots, k_r$ so gesetzt, dass $k_i = (-x) \bmod m_i$.)

D2. [Siebe.] Wenn $S[i, k_i] = 1$ für $1 \le i \le r$, geh nach Schritt D4.

D3. [Schritt x.] Setze $x \leftarrow x + 1$ und setze $k_i \leftarrow (k_i - 1) \bmod m_i$ für $1 \le i \le r$. Kehre zu Schritt D2 zurück.

D4. [Prüfe $x^2 - N$.] Setze $y \leftarrow \lfloor\sqrt{x^2 - N}\rfloor$ oder zu $\lceil\sqrt{x^2 - N}\,\rceil$. Wenn $y^2 = x^2 - N$, dann ist $(x - y)$ der gewünschte Faktor und der Algorithmus terminiert. Sonst kehre zu Schritt D3 zurück. ▮

Es gibt mehrere Wege, dieses Verfahren schnell laufen zu lassen. Wir haben zum Beispiel gesehen, dass für $N \bmod 3 = 2$ dann x ein Vielfaches von 3 sein muss; wir können $x = 3x'$ setzen und ein verschiedenes Sieb entsprechend x' verwenden, wodurch die Geschwindigkeit dreifach wächst. Wenn $N \bmod 9 = 1$, 4 oder 7, dann muss x entsprechend kongruent zu ± 1, ± 2 oder ± 4 (modulo 9) sein; also lassen wir zwei Siebe laufen (eines für x' und eines für x'', wobei $x = 9x' + a$ und $x = 9x'' - a$) zur Erhöhung der Geschwindigkeit um einen Faktor $4\frac{1}{2}$. Wenn $N \bmod 4 = 3$, dann ist $x \bmod 4$ bekannt und die Geschwindigkeit wächst um einen zusätzlichen Faktor 4; im anderen Fall, wenn $N \bmod 4 = 1$, muss x ungerade sein, also kann die Geschwindigkeit verdoppelt werden. Ein anderer Weg zur Verdopplung der Geschwindigkeit des Algorithmus (auf Kosten von Speicherplatz) ist die Kombination von Paaren von Moduli, mit $m_{r-k} m_k$ an Stelle von m_k für $1 \le k < \frac{1}{2}r$.

Eine noch wichtigere Methode zur Beschleunigung von Algorithmus D ist die Verwendung boolescher Operationen, die man auf den meisten Binärrechnern findet. Nehmen wir zum Beispiel an, dass MIX ein Binärrechner mit 30 Bit pro Wort ist. Die Tabellen $S[i, k_i]$ können im Speicher mit einem Bit pro Eintrag gehalten werden; also können 30 Werte in einem einzigen Wort gespeichert werden. Die Operation UND, welche das k-te Bit des Akkumulators durch null ersetzt, wenn das k-te Bit eines spezifizierten Wortes im Speicher null ist, für $1 \le k \le 30$, kann zur Verarbeitung von 30 Werten von x auf einmal verwendet werden! Zur leichteren Handhabung können wir mehrere Kopien der Tabellen $S[i, j]$ machen, so dass die Tabelleneinträge für m_i dann $\mathrm{kgV}(m_i, 30)$ Bit involvieren; dann füllen die Siebtabellen für jeden Modulus eine ganzzahlige Anzahl von Wörtern. Unter diesen Annahmen sind 30 Ausführungen der Hauptschleife in Algorithmus D äquivalent zu Code der folgenden Form:

```
D2 LD1  K1    rI1 ← k'_1.
   LDA  S1,1  rA ← S'[1,rI1].
   DEC1 1     rI1 ← rI1 − 1.
   J1NN *+2
   INC1 M1    Wenn rI1 < 0, setze rI1 ← rI1 + kgV(m_1,30).
   ST1  K1    k'_1 ← rI1.
   LD1  K2    rI1 ← k'_2.
   AND  S2,1  rA ← rA ∧ S'[2,rI1].
   DEC1 1     rI1 ← rI1 − 1.
   J1NN *+2
   INC1 M2    Wenn rI1 < 0, setze rI1 ← rI1 + kgV(m_2,30).
   ST1  K2    k'_2 ← rI1.
```

```
LD1   K3     rI1 ← k'_3.
...          (m_3 bis m_r sind wie m_2)
ST1   Kr     k'_r ← rI1.
INCX  30     x ← x + 30.
JAZ   D2     Wiederhole, wenn alle ausgesiebt sind. ▮
```

Die Anzahl von Zyklen für 30 Iterationen ist im Wesentlichen $2+8r$; für $r=11$ bedeutet dies, dass drei Zyklen bei jeder Iteration verwendet wurden, gerade wie bei Algorithmus C, und Algorithmus C enthält $y=\frac{1}{2}(v-u)$ mehr Iterationen. Wenn die Tabelleneinträge für m_i nicht als eine ganze Anzahl von Wörtern aufgehen, wären weitere Verschiebungen der Tabelleneinträge notwendig bei jeder Iteration, um die Bit korrekt auszurichten. Dies fügte eine ganze Menge Code zur Hauptschleife hinzu und es würde wahrscheinlich das Programm zu langsam machen, um mit Algorithmus C zu konkurrieren, wenn nicht $v/u \le 100$ (siehe Übung 7).

Siebverfahren können auf eine Reihe anderer Probleme angewandt werden, die nicht notwendig mit Arithmetik viel zu tun haben. Eine Übersicht dieser Techniken wurde von Marvin C. Wunderlich, *JACM* **14** (1967), 10–19, erstellt.

F. W. Lawrence schlug die Konstruktion spezieller Siebmaschinen für die Faktorisierung im 19. Jahrhundert vor [*Quart. J. of Pure and Applied Math.* **28** (1896), 285–311], und E. O. Carissan vollendete ein solches Gerät mit 14 Moduli im Jahr 1919. [Siehe Shallit, Williams und Morain, *Math. Intelligencer* **17**, 3 (1995), 41–47, für die interessante Geschichte, wie Carissans lange verlorenes Sieb wiederentdeckt und für die Nachkommenschaft bewahrt wurde.] D. H. Lehmer und seine Mitarbeiter konstruierten und benutzten viele verschiedene Siebgeräte während der Periode 1926–1989; sie begannen mit Fahrradketten und arbeiteten später mit photoelektrischen Zellen und anderen Techniken; siehe zum Beispiel *AMM* **40** (1933), 401–406. Lehmers Sieb mit einer elektronischen Verzögerungskette, welche im Jahr 1965 zu arbeiten begann, behandelte eine Million Zahlen pro Sekunde. Im Jahr 1995 war es möglich, eine Maschine zu konstruieren, die 6144 Million Zahlen pro Sekunde siebte, wobei sie 256 Iterationen der Schritte D2 und D3 in etwa 5,2 Nanosekunden ausführte [siehe Lukes, Patterson und Williams, *Nieuw Archief voor Wiskunde* (4) **13** (1995), 113–139]. Ein anderer Weg, mit Sieben zu faktorisieren, wurde von D. H. und Emma Lehmer in *Math. Comp.* **28** (1974), 625–635, beschrieben.

Primtests. Keiner der soweit besprochenen Algorithmen bietet einen effizienten Weg zur Feststellung, ob eine große Zahl n prim ist. Zum Glück gibt es andere Methoden zur Klärung dieser Frage; effiziente Techniken wurden von É. Lucas und anderen entworfen, beachtenswert auch die von D. H. Lehmer [siehe *Bull. Amer. Math. Soc.* **33** (1927), 327–340].

Nach Fermats Satz (Satz 1.2.4F) haben wir

$$x^{p-1} \bmod p = 1$$

wann immer p Primzahl und x kein Vielfaches von p ist. Weiterhin gibt es effiziente Wege zur Berechnung von $x^{n-1} \bmod n$, die nur $O(\log n)$ Multiplikationen mod n erfordern. (Wir werden sie weiter unten in Abschnitt 4.6.3 untersuchen.) Deshalb können wir oft entscheiden, dass n *nicht* Primzahl ist, wenn diese Beziehung nicht gilt.

Zum Beispiel verifizierte Fermat einmal, dass die Zahlen 2^1+1, 2^2+1, 2^4+1, 2^8+1 und $2^{16}+1$ Primzahlen sind. In einem Brief an Mersenne im Jahr 1640 vermutet Fermat, dass $2^{2^n}+1$ immer Primzahl ist, doch sagte er, er sei unfähig, definitiv zu entscheiden, ob die Zahl $4294967297 = 2^{32}+1$ Primzahl ist oder nicht. Weder Fermat noch Mersenne haben jemals dieses Problem gelöst, obwohl sie es wie folgt hätten tun können: Die Zahl $3^{2^{32}} \bmod (2^{32}+1)$ kann durch 32 Quadrierungen modulo $2^{32}+1$ berechnet werden und die Antwort ist 3029026160; deshalb (nach Fermats eigenem Satz, welchen er im selben Jahr 1640 entdeckte!) ist die Zahl $2^{32}+1$ *keine* Primzahl. Dieses Argument gibt uns absolut keine Idee, was die Faktoren sind, doch beantwortet es Fermats Frage.

Fermats Satz ist ein mächtiger Test zum Aufweis der Zusammengesetztheit einer gegebenen Zahl. Wenn n nicht Primzahl ist, kann man immer einen Wert $x < n$ so finden, dass $x^{n-1} \bmod n \neq 1$; die Erfahrung zeigt, dass in der Tat ein solcher Wert fast immer sehr schnell gefunden werden kann. Jedoch gibt es einige seltene Werte von n, für welche $x^{n-1} \bmod n$ häufig eins ist, doch hat dann n einen Faktor kleiner $\sqrt[3]{n}$; siehe Übung 9.

Dieselbe Methode kann zum Beweis erweitert werden, dass eine große Primzahl n wirklich prim *ist*, mittels folgender Idee: *Wenn es eine Zahl x gibt, für welche die Ordnung von x modulo n gleich $n-1$ ist, dann ist n Primzahl.* (Die Ordnung von x modulo n ist die kleinste positive ganze Zahl k derart, dass $x^k \bmod n = 1$; siehe Abschnitt 3.2.1.2.) Denn diese Bedingung impliziert, dass die Zahlen $x^1 \bmod n, \ldots, x^{n-1} \bmod n$ verschieden und teilerfremd zu n sind, also müssen sie die Zahlen $1, 2, \ldots, n-1$ in irgendeiner Reihenfolge sein; also hat n keine eigentlichen Teiler. Wenn n prim ist, wird eine solche Zahl x (eine *primitive Wurzel* von n genannt) immer existieren; siehe Übung 3.2.1.2–16. Tatsächlich gibt es recht zahlreiche primitive Wurzeln. Es gibt $\varphi(n-1)$ von ihnen und dies ist eine ganz beträchtliche Zahl, da $n/\varphi(n-1) = O(\log\log n)$.

Man braucht nicht $x^k \bmod n$ für alle $k \leq n-1$ zu berechnen zur Bestimmung, ob die Ordnung von x denn nun $n-1$ ist oder nicht. Die Ordnung von x wird genau dann $n-1$ sein, wenn

i) $x^{n-1} \bmod n = 1$;

ii) $x^{(n-1)/p} \bmod n \neq 1$ für alle Primzahlen p, die $n-1$ teilen.

Denn $x^s \bmod n = 1$ gilt genau dann, wenn s ein Vielfaches der Ordnung von x modulo n ist. Wenn die zwei Bedingungen gelten und wenn k die Ordnung von x modulo n ist, wissen wir deshalb, dass k ein Teiler von $n-1$ ist, doch kein Teiler von $(n-1)/p$ für irgendeinen Primfaktor p von $n-1$; die einzig verbleibende Möglichkeit ist $k = n-1$. Dies vervollständigt den Beweis, dass die Bedingungen (i) und (ii) zur Entscheidung der Primalität von n ausreichen.

Übung 10 zeigt, dass wir verschiedene Werte von x für jede der Primzahlen p verwenden können, und n noch prim sein wird. Wir können uns auf Primzahlwerte für x beschränken, da die Ordnung von uv modulo n das kleinste gemeinsame

Vielfache der Ordnungen von u und v nach Übung 3.2.1.2–15 teilt. Bedingungen (i) und (ii) können effizient mit den schnellen Methoden zur Auswertung der Potenzen von Zahlen, die in Abschnitt 4.6.3 besprochen sind, geprüft werden. Doch muss man die Primfaktoren von $n-1$ kennen, so dass wir eine interessante Situation haben, in welcher die Faktorisierung von n von der von $n-1$ abhängt.

Ein Beispiel. Die Untersuchung einer recht typischen großen Faktorisierung wird uns helfen, die Ideen zu fixieren, die wir so weit besprochen haben. Wollen wir versuchen, die Primfaktoren von $2^{214}+1$ zu finden, einer 65stelligen Zahl. Die Faktorisierung könnte mit etwas übersinnlicher Hellsicht beginnen, indem wir bemerken, dass

$$2^{214}+1=(2^{107}-2^{54}+1)(2^{107}+2^{54}+1); \tag{15}$$

dies ist ein Spezialfall der Faktorisierung $4x^4+1=(2x^2+2x+1)(2x^2-2x+1)$, welche Euler Goldbach im Jahr 1742 mitteilte [P. H. Fuss, *Correspondance Math. et Physique* **1** (1843), 145]. Das Problem läuft jetzt darauf hinaus, jeden der 33-stelligen Faktoren in (15) zu prüfen.

Ein Programm entdeckt leicht, dass $2^{107}-2^{54}+1=5\cdot 857\cdot n_0$, wobei

$$n_0=37866809061660057264219253397 \tag{16}$$

eine 29-stellige Zahl ist, die keine Primfaktoren kleiner 1000 hat. Eine vielfach-genaue Berechnung mit Algorithmus 4.6.3A zeigt, dass

$$3^{n_0-1} \bmod n_0 = 1,$$

also mutmaßen wir, dass n_0 eine Primzahl ist. Es ist gewiss außer Frage, beweisen zu wollen, dass n_0 Primzahl ist durch Test der 10 Millionen von Millionen potenzieller Teiler, doch die oben besprochene Methode ergibt eine durchführbare Prüfung der Primalität: Unser nächstes Ziel ist, n_0-1 zu faktorisieren. Mit wenig Schwierigkeit wird unser Rechner uns sagen, dass

$$n_0-1=2\cdot 2\cdot 19\cdot 107\cdot 353\cdot n_1, n_1=13191270754108226049301.$$

Hier $3^{n_1-1} \bmod n_1 \neq 1$, also ist n_1 keine Primzahl; mit Algorithmus A oder Algorithmus B fortfahrend erhalten wir einen anderen Faktor,

$$n_1=91813\cdot n_2, n_2=143675413657196977.$$

Dieses Mal $3^{n_2-1} \bmod n_2 = 1$, also werden wir versuchen, zu beweisen, dass n_2 eine Primzahl ist. Durch Herauswerfen von Faktoren < 1000 ergibt sich $n_2-1=2\cdot 2\cdot 2\cdot 2\cdot 3\cdot 3\cdot 547\cdot n_3$, wobei $n_3=1824032775457$. Da $3^{n_3-1} \bmod n_3 \neq 1$, wissen wir, dass n_3 nicht prim sein kann, und Algorithmus A findet, dass $n_3=1103\cdot n_4$, wobei $n_4=1653701519$. Die Zahl n_4 verhält sich wie eine Primzahl (d.h., $3^{n_4-1} \bmod n_4 = 1$), also berechnen wir

$$n_4-1=2\cdot 7\cdot 19\cdot 23\cdot 137\cdot 1973.$$

Gut, dies ist unsere erste vollständige Faktorisierung. Wir sind jetzt bereit, zum vorigen Teilproblem zurückzugehen, zum Nachweis, dass n_4 Primzahl ist. Mit dem in Übung 10 vorgeschlagenen Verfahren, berechnen wir die folgenden Werte:

x	p	$x^{(n_4-1)/p} \bmod n_4$	$x^{n_4-1} \bmod n_4$
2	2	1	(1)
2	7	766408626	(1)
2	19	332952683	(1)
2	23	1154237810	(1)
2	137	373782186	(1)
2	1973	490790919	(1)
3	2	1	(1)
5	2	1	(1)
7	2	1653701518	1

(17)

(Hier bedeutet „(1)“ ein Ergebnis von 1, das nicht berechnet werden muss, da es aus vorigen Rechnungen gefolgert werden kann.) Also ist n_4 Primzahl und $n_2 - 1$ wurde vollständig faktorisiert. Eine ähnliche Rechnung zeigt, dass n_2 Primzahl ist, und diese vollständige Faktorisierung von $n_0 - 1$ zeigt schließlich, nach noch einer anderen Rechnung (17), dass n_0 Primzahl ist.

Die letzten drei Zeilen von (17) repräsentieren eine Suche nach einer ganzen Zahl x, die $x^{(n_4-1)/2} \not\equiv x^{n_4-1} \equiv 1$ (modulo n_4) erfüllt. Wenn n_4 Primzahl ist, haben wir nur eine 50-prozentige Erfolgschance, also ist der Fall $p = 2$ typischerweise der härteste für die Verifikation. Wir könnten diesen Teil der Rechnung mittels des Gesetzes der quadratischen Reziprozität glätten (siehe Übung 23), welches uns zum Beispiel sagt, dass $5^{(q-1)/2} \equiv 1$ (modulo q), wann immer q eine Primzahl kongruent ± 1 (modulo 5) ist. Allein $n_4 \bmod 5$ zu berechnen, hätte uns sofort gesagt, dass $x = 5$ keine Hilfe sein kann beim Nachweis, dass n_4 Primzahl ist. In der Tat impliziert jedoch das Ergebnis von Übung 26, dass der Fall $p = 2$ bei der Prüfung der Primalität von n überhaupt nicht betrachtet werden muss, es sei denn, $n - 1$ ist durch ein hohe Zweierpotenz teilbar; also hätten wir auf die letzten drei Zeilen von (17) ganz verzichten können.

Die nächste Größe zur Faktorisierung ist die andere Hälfte von (15), nämlich

$$n_5 = 2^{107} + 2^{54} + 1.$$

Da $3^{n_5-1} \bmod n_5 \neq 1$, wissen wir, dass n_5 nicht Primzahl ist, und Algorithmus B zeigt, dass $n_5 = 843589 \cdot n_6$, wobei $n_6 = 192343993140277293096491917$. Leider gilt $3^{n_6-1} \bmod n_6 \neq 1$, so dass wir eine 27-stellige zusammengesetzte Zahl übrig haben. Mit Algorithmus B fortzufahren, mag wohl unsere Geduld erschöpfen (nicht jedoch unser Budget – wir benutzen Leerlaufzeiten am Wochenende statt „prime time“). Doch wird die Siebmethode von Algorithmus D n_6 in seine zwei Faktoren aufknacken können,

$$n_6 = 8174912477117 \cdot 23528569104401.$$

(Es stellt sich heraus, dass auch Algorithmus B nach 6 432 966 Iterationen erfolgreich gewesen wäre.) Die Faktoren von n_6 könnten *nicht* mit Algorithmus A in einer vernünftigen Zeitspanne entdeckt worden sein.

Jetzt ist die Rechnung vollständig: $2^{214} + 1$ hat die Primfaktorisierung

$$5 \cdot 857 \cdot 843589 \cdot 8174912477117 \cdot 23528569104401 \cdot n_0,$$

wobei n_0 die 29stellig Primzahl in (16) ist. Ein gewisses Ausmaß guten Glücks ging in diese Rechnungen ein, denn wenn wir nicht mit der bekannten Faktorisierung (15) begonnen hätten, wäre ganz wahrscheinlich gewesen, dass wir zuerst die kleinen Faktoren herausgeworfen und n zu $n_6 n_0$ reduziert hätten. Diese 55-stellige Zahl wäre sehr viel schwieriger zu faktorisieren gewesen – Algorithmus D wäre nutzlos gewesen und Algorithmus B hätte wegen der hohen notwendigen Genauigkeit Überstunden zu machen gehabt.

Dutzende weiterer Zahlenbeispiele können in einem Artikel von John Brillhart und J. L. Selfridge gefunden werden, *Math. Comp.* **21** (1967), 87–96.

Verbesserte Primtests. Das gerade illustrierte Verfahren erfordert die vollständigen Faktorisierung von $n - 1$, bevor wir beweisen können, dass n Primzahl ist, also wird es für große n zusammenbrechen. Eine andere Technik, welche stattdessen die Faktorisierung von $n + 1$ verwendet, wird in Übung 15 beschrieben; wenn $n - 1$ sich auch als hart herausstellt, kann $n + 1$ leichter sein.

Signifikante Verbesserungen gibt es für große n. Zum Beispiel ist es nicht schwierig, eine stärkere Konverse zu Fermats Satz zu beweisen, die nur eine teilweise Faktorisierung von $n - 1$ erfordert. Übung 26 zeigt, dass wir die meisten Rechnungen in (17) hätten vermeiden können; die drei Bedingungen $2^{n_4-1} \bmod n_4 = \mathrm{ggT}(2^{(n_4-1)/23} - 1, n_4) = \mathrm{ggT}(2^{(n_4-1)/1973} - 1, n_4) = 1$ sind alleine hinreichend zu beweisen, dass n_4 Primzahl ist. Brillhart, Lehmer und Selfridge haben in der Tat eine Methode entwickelt, die funktioniert, wenn die Zahlen $n - 1$ und $n + 1$ nur teilweise faktorisiert wurden, [*Math. Comp.* **29** (1975), 620–647, Korrolar 11]: Nehmen wir $n - 1 = f^- r^-$ und $n + 1 = f^+ r^+$ an, wobei wir die vollständige Faktorisierungen von f^- und f^+ kennen, und wir auch wissen, dass alle Faktoren von r^- und r^+ dann $\geq b$ sind. Wenn das Produkt $\bigl(b^3 f^- f^+ \max(f^-, f^+)\bigr)$ größer ist als $2n$, wird etwas zusätzliche, in ihrer Arbeit beschriebene Rechnung entscheiden, ob n Primzahl ist. Deshalb können bis zu 35-stellige Zahlen gewöhnlich im Bruchteil einer Sekunde auf Primalität geprüft werden, einfach durch Ausdividieren aller Primfaktoren < 30030 von $n \pm 1$ [siehe J. L. Selfridge und M. C. Wunderlich, *Congressus Numerantium* **12** (1974), 109–120]. Die teilweise Faktorisierung anderer Größen wie $n^2 \pm n + 1$ und $n^2 + 1$ kann zur weiteren Verbesserung dieser Methode benutzt werden [siehe H. C. Williams und J. S. Judd, *Math. Comp.* **30** (1976), 157–172, 867–886].

In der Praxis zeigen weitere Rechnungen fast immer, wenn n keine kleinen Primfaktoren hat und $3^{n-1} \bmod n = 1$, dass n Primzahl ist. (Eine der seltenen Ausnahmen nach des Autors Erfahrung ist $n = \frac{1}{7}(2^{28} - 9) = 2341 \cdot 16381$.) Andererseits sind einige zusammengesetzte Zahlen n ausgenommen schlechte Fälle für den besprochenen Primtest, weil es vorkommen kann, dass $x^{n-1} \bmod n = 1$

für alle zu n teilerfremden x (siehe Übung 9). Die kleinste solche Zahl ist $n = 3 \cdot 11 \cdot 17 = 561$; hier $\lambda(n) = \mathrm{kgV}(2, 10, 16) = 80$ in der Notation von Gl. 3.2.1.2–(9), also $x^{80} \bmod 561 = 1 = x^{560} \bmod 561$, wann immer x teilerfremd zu 561 ist. Unser Verfahren versagte wiederholt beim Nachweis, dass ein solches n nicht prim ist, bis wir über einen ihrer Teiler stolperten. Zur Verbesserung der Methode brauchen wir ein schnelles Mittel, die Zusammengesetztheit zusammengesetzter n zu bestimmen, gerade in derart pathologischen Fällen.

Das folgende erstaunlich einfache Verfahren erledigt garantiert die Aufgabe mit hoher Wahrscheinlichkeit:

Algorithmus P (*Probabilistischer Primalitätstest*). Gegeben sei eine ungerade ganze Zahl n; dieser Algorithmus versucht zu entscheiden, ob n Primzahl ist. Wie in den Bemerkungen weiter unten erklärt wird, kann man durch mehrmalige Wiederholung des Algorithmus in einem genauen Sinn einen hohen Konfidenzgrad für die Primalität von n erreichen, ohne dass die Primalität streng bewiesen würde. Sei $n = 1 + 2^k q$, wobei q ungerade ist.

P1. [Erzeuge x.] Sei x eine zufällige ganze Zahl im Bereich $1 < x < n$.

P2. [Potenziere.] Setze $j \leftarrow 0$ und $y \leftarrow x^q \bmod n$. (Wie im vorigen Primtest sollte $x^q \bmod n$ in $O(\log q)$ Schritten berechnet werden; s. Abschnitt 4.6.3.)

P3. [Fertig?] (Jetzt $y = x^{2^j q} \bmod n$.) Wenn $j = 0$ und $y = 1$ oder wenn $y = n-1$, terminiere den Algorithmus und sage „n ist wahrscheinlich Primzahl." Wenn $j > 0$ und $y = 1$, geh zu Schritt P5.

P4. [Erhöhe j.] Erhöhe j um 1. Wenn $j < k$, setze $y \leftarrow y^2 \bmod n$ und kehre zu Schritt P3 zurück.

P5. [Nicht Primzahl.] Terminiere den Algorithmus und sage „n ist bestimmt keine Primzahl". ▮

Die Algorithmus P zu Grunde liegende Idee ist, dass wenn $x^q \bmod n \neq 1$ und $n = 1 + 2^k q$ Primzahl ist, die Folge von Werten

$$x^q \bmod n, \quad x^{2q} \bmod n, \quad x^{4q} \bmod n, \quad \ldots, \quad x^{2^k q} \bmod n$$

mit 1 enden und der unmittelbar dem ersten Auftreten von 1 vorausgehende Wert $n-1$ sein wird. (Die einzigen Lösungen von $y^2 \equiv 1$ (modulo p) sind $y \equiv \pm 1$, wenn p Primzahl ist, da $(y-1)(y+1)$ ein Vielfaches von p sein muss.)

Übung 22 beweist die fundamentale Tatsache, dass Algorithmus P höchstens in $1/4$ aller Fälle falsch sein wird für alle n. Tatsächlich wird er für die meisten n selten überhaupt versagen; doch der entscheidende Punkt ist, dass die Wahrscheinlichkeit eines Fehlers beschränkt ist *unabhängig vom* Wert von n.

Nehmen wir an, wir rufen Algorithmus P wiederholt auf und wählen x unabhängig und zufällig aus, wann immer wir zu Schritt P1 kommen. Wenn der Algorithmus jemals berichtet, dass n zusammengesetzt ist, können wir sicher sein, dass dies so ist. Doch wenn der Algorithmus 25 mal hintereinander berichtet, dass n „wahrscheinlich Primzahl" ist, können wir sagen, dass n „nahezu sicher Primzahl" ist. Denn die Wahrscheinlichkeit ist kleiner $(1/4)^{25}$, dass ein solches

25-maliges Verfahren die falsche Information über seine Eingabe gibt. Diese Chance ist kleiner als 1 zu einer Trillion (10^{15}); selbst wenn wir eine Milliarde verschiedene Zahlen mit einem solchen Verfahren zertifiziert hätten, wäre die erwartete Anzahl von Missverständnissen kleiner $\frac{1}{1000000}$. Es ist viel wahrscheinlicher, dass unser Rechner ein Bit in seinen Rechnungen wegen Hardwarefehler oder kosmischer Strahlung zu Boden fallen ließ, als dass Algorithmus P wiederholt falsch geraten hätte!

Probabilistische Algorithmen wie diese lassen uns unsere traditionellen Zuverlässigkeitsstandards hinterfragen. *Brauchen* wir wirklich einen strengen Beweis der Primalität? Für Leute, die die traditionellen Begriffe von Beweis nicht aufgeben wollen, hat Gary L. Miller (in etwas schwächerer Form) gezeigt, dass wenn eine gewisse wohlbekannte Vermutung der Zahlentheorie, die erweiterte Riemannsche Hypothese genannt, bewiesen werden kann, dann entweder n Primzahl ist oder es ein $x < 2(\ln n)^2$ gibt derart, dass Algorithmus P die Zusammengesetztheit von n entdecken wird. [Siehe *J. Comp. System Sci.* **13** (1976), 300–317. Die Konstante 2 in dieser oberen Schranke stammt von Eric Bach, *Math. Comp.* **55** (1990), 355–380. Siehe Kapitel 8 von *Algorithmic Number Theory* **1** von E. Bach und J. O. Shallit (MIT Press, 1996) für eine Zusammenstellung verschiedener Verallgemeinerungen der Riemannschen Hypothese.] Also hätten wir eine strenge Entscheidung der Primalität in $O(\log n)^5$ elementaren Operationen im Gegensatz zu einer probabilistischen Methode mit Laufzeit $O(\log n)^3$, wenn die erweiterte Riemannsche Hypothese bewiesen wäre. Doch mag man wohl zu Recht fragen, ob irgendein angeblicher Beweis dieser Hypothese jemals so zuverlässig sein würde, wie die wiederholte Anwendung von Algorithmus P auf zufällige x.

Ein probabilistischer Primtest wurde zuerst im Jahre 1974 von R. Solovay und V. Strassen vorgeschlagen, die den interessanten, jedoch komplizierteren Test, der in Übung 23(b) beschrieben wird, entwarfen. [Siehe *SICOMP* **6** (1977), 84–85; **7** (1978), 118.] Algorithmus P ist eine vereinfachte Version eines Verfahrens von M. O. Rabin, das zum Teil auf Ideen von Gary L. Miller basiert [siehe *Algorithms and Complexity*, herausgegeben von J. F. Traub (Academic Press, 1976), 35–36]. B. Arazi [*Comp. J.* **37** (1994), 219–222] bemerkte, dass Algorithmus P signifikant beschleunigt werden kann für große n mittels Montgomerys schneller Methode für Reste (Übung 4.3.1–41).

Einen vollständig verschiedenen Zugang zu Tests auf Primalität wurde 1980 von Leonard M. Adleman entdeckt. Seine hochinteressante Methode basiert auf der Theorie ganzer algebraischer Zahlen und liegt deshalb außerhalb des Rahmens dieses Buchs; doch führt sie zu einem nicht-probabilistischen Verfahren, dass Primalität einer beliebigen Zahl von bis zu, sagen wir, 250 Ziffern in höchstens ein paar Stunden entscheiden wird. [Die Laufzeit ist allgemein $(\log n)^{O(\log\log\log n)}$; siehe L. M. Adleman, C. Pomerance und R. S. Rumely, *Annals von Math.* **117** (1983), 173–206.] Eine Änderung von H. W. Lenstra Jr. ist in der Praxis noch schneller so wie sie von H. Cohen und A. K. Lenstra implementiert wurde [*Math. Comp.* **42** (1984), 297–330; **48** (1987), 103–121]. Adleman und Ming-Deh A. Huang fanden später ein Verfahren, das strenge

Beweise von Primalität für alle Primzahlen n mit einer Laufzeit findet, die mit hoher Wahrscheinlichkeit polynomial in $\log n$ ist [*Lecture Notes in Math.* **1512** (1992)]. Jedoch scheint ihre Methode von rein theoretischem Interesse zu sein.

Faktorzerlegung mit Kettenbrüchen. Die soweit besprochenen Faktorisierungsverfahren werden oft vor Zahlen von 30 oder mehr Ziffern zurückschrecken und wir brauchen eine andere Idee, wenn wir viel weiter gehen wollen. Zum Glück gibt es ein solche Idee; tatsächlich gibt es zwei Ideen, die von A. M. Legendre bzw. M. Kraitchik stammen, welche D. H. Lehmer und R. E. Powers vor vielen Jahren veranlassten, eine neue Technik zu entwickeln [*Bull. Amer. Math. Soc.* **37** (1931), 770–776]. Jedoch wurde die Methode damals nicht verwendet, weil sie für Tischrechner vergleichsweise ungeeignet war. Dieses negative Urteil herrschte bis spät in die sechziger Jahre vor, als John Brillhart fand, dass das Lehmer–Powers–Vorgehen es verdiente, wieder hervorgeholt zu werden, da es sehr wohl zur Programmierung geeignet war. In der Tat entwickelten er und Michael A. Morrison es später zur besten aller mehrfachgenauen Faktorisierungsmethoden, die in den siebziger Jahren bekannt waren. Ihr Programm konnte typischerweise 25-stellige Zahlen in etwa 30 Sekunden und 40-stellige Zahlen in etwa 50 Minuten auf einem IBM 360/91 Rechner behandeln. [siehe *Math. Comp.* **29** (1975), 183–205]. Die Methode hatte ihren ersten triumphalen Erfolg 1970 durch die Entdeckung, dass $2^{128} + 1 = 59649589127497217 \cdot 5704689200685129054721$.

Der Grundgedanke ist, nach Zahlen x und y zu suchen mit

$$x^2 \equiv y^2 \pmod{N}, \qquad 0 < x, y < N, \qquad x \neq y, \qquad x + y \neq N \tag{18}$$

Fermats Methode erhebt die stärkere Forderung $x^2 - y^2 = N$, doch tatsächlich genügt die Kongruenz (18), um N in Faktoren zu zerlegen: Sie impliziert, dass N ein Teiler von $x^2 - y^2 = (x - y)(x + y)$ ist, ohne dass N einen der Faktoren $x - y$ oder $x + y$ teilt; also sind $\mathrm{ggT}(N, x - y)$ und $\mathrm{ggT}(N, x + y)$ eigentliche Faktoren von N, die durch die effizienten Methoden aus Abschnitt 4.5.2 gefunden werden können.

Ein Weg, Lösungen von (18) zu entdecken, besteht in der Suche nach Werten von x mit $x^2 \equiv a$ (modulo N) für kleine Werte von $|a|$. Wie wir sehen werden, ist es oft einfach, Lösungen dieser Kongruenz zusammenzustückeln, um Lösungen von (18) zu erhalten. Wenn jetzt $x^2 = a + kNd^2$ für bestimmte k und d, mit kleinem $|a|$, ist der Bruch x/d eine gute Näherung zu $\sqrt{kN}$; umgekehrt, wenn x/d eine besonders gute Näherung zu $\sqrt{kN}$ ist, wird die Differenz $|x^2 - kNd^2|$ klein sein. Diese Beobachtung legt es nahe, die Kettenbruchentwicklung von $\sqrt{kN}$ zu betrachten, da wir in Gl. 4.5.3–(12) und Übung 4.5.3–42 gesehen haben, dass Kettenbrüche gute rationale Näherungen ergaben.

Kettenbrüche für quadratische Irrationalitäten haben viele schöne Eigenschaften, welche in Übung 4.5.3–12 bewiesen sind. Der Algorithmus weiter unten verwendet diese Eigenschaften zur Herleitung von Lösungen zur Kongruenz

$$x^2 \equiv (-1)^{e_0} p_1^{e_1} p_2^{e_2} \ldots p_m^{e_m} \pmod{N}. \tag{19}$$

Hier verwenden wir eine feste Menge kleiner Primzahlen $p_1 = 2$, $p_2 = 3$, ..., bis p_m; nur Primzahlen p mit entweder $p = 2$ oder $(kN)^{(p-1)/2} \bmod p \le 1$

sollten in dieser Liste erscheinen, da andere Primzahlen niemals Faktoren der von diesem Algorithmus erzeugten Zahlen sein werden (siehe Übung 14). Wenn $(x_1, e_{01}, e_{11}, \ldots, e_{m1})$, …, $(x_r, e_{0r}, e_{1r}, \ldots, e_{mr})$ Lösungen von (19) sind, so dass die Vektorsumme

$$(e_{01}, e_{11}, \ldots, e_{m1}) + \cdots + (e_{0r}, e_{1r}, \ldots, e_{mr}) = (2e'_0, 2e'_1, \ldots, 2e'_m) \qquad (20)$$

gerade in jeder Komponente ist, dann ergibt

$$x = (x_1 \ldots x_r) \bmod N, \qquad y = \bigl((-1)^{e'_0} p_1^{e'_1} \ldots p_m^{e'_m}\bigr) \bmod N \qquad (21)$$

eine Lösung zu (18), außer für die Möglichkeit, dass $x \equiv \pm y$. Bedingung (20) besagt im Wesentlichen, dass die Vektoren linear abhängig modulo 2 sind, also müssen wir eine Lösung zu (20) haben, wenn wir mindestens $m+2$ Lösungen zu (19) gefunden haben.

Algorithmus E (*Faktorzerlegung mit Kettenbrüchen*). Gegeben sei eine positive ganze Zahl N und eine positive ganze Zahl k, so dass kN kein vollkommenes Quadrat ist; dieser Algorithmus sucht Lösungen zur Kongruenz (19) für eine gegebene Folge von Primzahlen p_1, …, p_m, durch Analyse der Konvergenten des Kettenbruchs für $\sqrt{kN}$. (Ein anderer Algorithmus, welcher die Ausgaben zur Entdeckung der Faktoren von N verwendet, ist Gegenstand von Übung 12.)

E1. [Initialisiere.] Setze $D \leftarrow kN$, $R \leftarrow \lfloor\sqrt{D}\rfloor$, $R' \leftarrow 2R$, $U \leftarrow U' \leftarrow R'$, $V \leftarrow 1$, $V' \leftarrow D - R^2$, $P \leftarrow R$, $P' \leftarrow 1$, $A \leftarrow 0$, $S \leftarrow 0$. (Dieser Algorithmus folgt dem allgemeinen Verfahren von Übung 4.5.3–12 und findet die Kettenbruchentwicklung von $\sqrt{kN}$. Die Variablen U, U', V, V', P, P', A und S repräsentieren der Reihe nach, was jene Übung $R + U_n$, $R + U_{n-1}$, V_n, V_{n-1}, $p_n \bmod N$, $p_{n-1} \bmod N$, A_n und $n \bmod 2$ nennt. Wir werden immer $0 < V \le U \le R'$ haben, also wird die höchste Genauigkeit nur für P und P' benötigt.)

E2. [Erhöhe U, V, S.] Setze $T \leftarrow V$, $V \leftarrow A(U' - U) + V'$, $V' \leftarrow T$, $A \leftarrow \lfloor U/V \rfloor$, $U' \leftarrow U$, $U \leftarrow R' - (U \bmod V)$, $S \leftarrow 1 - S$.

E3. [Faktorisiere V.] (Jetzt haben wir $P^2 - kNQ^2 = (-1)^S V$, für ein Q teilerfremd zu P nach Übung 4.5.3–12(c).) Setze $(e_0, e_1, \ldots, e_m) \leftarrow (S, 0, \ldots, 0)$, $T \leftarrow V$. Jetzt führe Folgendes für $1 \le j \le m$ aus: Wenn $T \bmod p_j = 0$, setze $T \leftarrow T/p_j$ und $e_j \leftarrow e_j + 1$ und wiederhole diesen Prozess bis $T \bmod p_j \ne 0$.

E4. [Lösung?] Wenn $T = 1$, gib die Werte $(P, e_0, e_1, \ldots, e_m)$ aus, welche eine Lösung zu (19) darstellen. (Wenn genug Lösungen erzeugt wurden, können wir den Algorithmus jetzt terminieren.)

E5. [Erhöhe P, P'.] Wenn $V \ne 1$, setze $T \leftarrow P$, $P \leftarrow (AP + P') \bmod N$, $P' \leftarrow T$ und kehre zu Schritt E2 zurück. Sonst begann der Kettenbruchprozess seinen Zyklus zu wiederholen, außer vielleicht für S, also terminiert der Algorithmus. (Der Zyklus ist gewöhnlich so lang, dass dies nicht vorkommt.) ▮

Tabelle 1

EINE ILLUSTRATION VON ALGORITHMUS E

$N = 197209$, $k = 1$, $m = 3$, $p_1 = 2$, $p_2 = 3$, $p_3 = 5$

	U	V	A	P	S	T	Ausgabe
Nach E1:	888	1	0	444	0	—	
Nach E4:	876	73	12	444	1	73	
Nach E4:	882	145	6	5329	0	29	
Nach E4:	857	37	23	32418	1	37	
Nach E4:	751	720	1	159316	0	1	$159316^2 \equiv +2^4 \cdot 3^2 \cdot 5^1$
Nach E4:	852	143	5	191734	1	143	
Nach E4:	681	215	3	131941	0	43	
Nach E4:	863	656	1	193139	1	41	
Nach E4:	883	33	26	127871	0	11	
Nach E4:	821	136	6	165232	1	17	
Nach E4:	877	405	2	133218	0	1	$133218^2 \equiv +2^0 \cdot 3^4 \cdot 5^1$
Nach E4:	875	24	36	37250	1	1	$37250^2 \equiv -2^3 \cdot 3^1 \cdot 5^0$
Nach E4:	490	477	1	93755	0	53	

Wir können die Anwendung von Algorithmus E auf relativ kleine Zahlen illustrieren durch Betrachtung des Falls $N = 197209$, $k = 1$, $m = 3$, $p_1 = 2$, $p_2 = 3$, $p_3 = 5$. Die Rechnung beginnt wie in Tabelle 1 gezeigt.

Die Fortführung der Rechnung ergibt 25 Ausgaben in den 100 ersten Iterationen; in anderen Worten, der Algorithmus findet Lösungen ganz schnell. Doch sind einige der Lösungen trivial. Wenn zum Beispiel die obige Rechnung 14 mal weitergeführt würde , erhielten wir die Ausgabe $197197^2 \equiv 2^4 \cdot 3^2 \cdot 5^0$, welche ohne Interesse ist, da $197197 \equiv -12$. Die ersten beiden obigen Lösungen genügen bereits für die vollständige Faktorisierung: Wir haben gefunden, dass

$$(159316 \cdot 133218)^2 \equiv (2^2 \cdot 3^3 \cdot 5^1)^2 \quad (\text{modulo } 197209);$$

also (18) gilt mit $x = (159316 \cdot 133218) \bmod 197209 = 126308$, $y = 540$. Mit Euklids Algorithmus $\mathrm{ggT}(126308 - 540, 197209) = 199$; also erhalten wir die hübsche Faktorisierung

$$197209 = 199 \cdot 991.$$

Wir können etwas Verständnis gewinnen, warum Algorithmus E große Zahlen so erfolgreich faktorisiert, durch eine heuristische Analyse seiner Laufzeit, indem wir unveröffentlichten Ideen folgen, die R. Schroeppel dem Autor im Jahre 1975 mitteilte. Setzen wir zur Vereinfachung $k = 1$. Die Anzahl benötigter Ausgaben für eine Faktorisierung von N wird grob gesprochen proportional zur Anzahl m kleiner Primzahlen sein, die herausgeworfen werden. Jede Ausführung von Schritt E3 braucht etwa Ordnung $m \log N$ Zeiteinheiten, also ist die Gesamtlaufzeit grob gesprochen proportional zu $m^2 \log N/P$, wobei P die Wahrscheinlichkeit einer erfolgreichen Ausgabe pro Iteration ist. Wenn wir die konservative Annahme machen, dass V zufällig verteilt zwischen 0 und $2\sqrt{N}$ ist, wird die Wahrscheinlichkeit P zu $(2\sqrt{N}\,)^{-1}$ mal der Anzahl ganzer Zahlen $< 2\sqrt{N}$, deren Primfaktoren alle in der Menge $\{p_1, \ldots, p_m\}$ sind. Übung 29 gibt eine untere Schranke für P, von welcher wir schließen, dass die Laufzeit höchstens von folgender Ordnung ist

$$\frac{2\sqrt{N}\,m^2\log N}{m^r/r!}, \qquad \text{wobei } r = \left\lfloor \frac{\log 2\sqrt{N}}{\log p_m} \right\rfloor. \tag{22}$$

Wenn wir $\ln m$ näherungsweise $\frac{1}{2}\sqrt{\ln N \ln\ln N}$ setzen, gilt $r \approx \sqrt{\ln N/\ln\ln N} - 1$ unter der Annahme, dass $p_m = O(m \log m)$, also reduziert sich Formel (22) auf

$$\exp\bigl(2\sqrt{(\ln N)(\ln\ln N)} \;+\; O\bigl((\log N)^{1/2}(\log\log N)^{-1/2}(\log\log\log N)\bigr)\bigr).$$

Anders gesagt erwarten wir die Laufzeit von Algorithmus E höchstens als $N^{\epsilon(N)}$ unter recht plausiblen Annahmen, wobei der Exponent $\epsilon(N) \approx 2\sqrt{\ln\ln N/\ln N}$ für $N \to \infty$ gegen 0 strebt.

Wenn N in einem praktikablen Bereich liegt, sollten wir natürlich besser derartige asymptotische Abschätzungen nicht zu ernst nehmen. Wenn zum Beispiel $N = 10^{50}$, haben wir $N^{1/\alpha} = (\lg N)^\alpha$, wenn $\alpha \approx 4{,}75$, und dieselbe Relation gilt für $\alpha \approx 8{,}42$, wenn $N = 10^{200}$. Die Funktion $N^{\epsilon(N)}$ hat eine Ordnung des Wachstums, die eine Art Kreuzung zwischen $N^{1/\alpha}$ und $(\lg N)^\alpha$ ist; doch sind alle diese drei Formen in etwa dieselben, wenn nicht N unerträglich groß ist. Ausführliche Rechnerexperimente von M. C. Wunderlich haben gezeigt, dass eine gut abgestimmte Version von Algorithmus E viel besser läuft, als unsere Abschätzungen anzeigten [siehe *Lecture Notes in Math.* **751** (1979), 328–342]; obwohl $2\sqrt{\ln\ln N/\ln N} \approx 0{,}41$, wenn $N = 10^{50}$, erhielt er Laufzeiten von etwa $N^{0,15}$ bei der Faktorisierung Tausender von Zahlen im Bereich $10^{13} \le N \le 10^{42}$.

Algorithmus E beginnt seinen Faktorisierungsversuch von N durch die Ersetzung von N durch im Wesentlichen kN und dies ist eine seltsame (wenn nicht ausgesprochen dumme) Vorgehensweise. „Entschuldige, macht es dir etwas aus, wenn ich deine Zahl mit 3 multipliziere, bevor ich sie zu faktorisieren versuche?" Nichtsdestotrotz stellt sie sich als eine gute Idee heraus, da gewisse Werte von k die Zahlen V möglicherweise durch mehr kleine Primzahlen teilbar machen, also werden sie wahrscheinlicher in Schritt E3 vollständig zerfallen. Andererseits wird ein großer Wert von k die Zahlen V größer machen, also werden sie weniger wahrscheinlich vollständig faktorisieren; wir wollen durch eine geschickte Wahl von k diese Tendenzen balancieren. Betrachte zum Beispiel die Teilbarkeit von V durch Potenzen von 5. Wir haben $P^2 - kNQ^2 = (-1)^S V$ in Schritt E3, also, wenn 5 V teilt, haben wir $P^2 \equiv kNQ^2$ (modulo 5). In dieser Kongruenz kann Q kein Vielfaches von 5 sein, da es teilerfremd zu P ist, also können wir $(P/Q)^2 \equiv kN$ (modulo 5) schreiben. Wenn wir annehmen, dass P und Q zufällige teilerfremde ganze Zahlen sind, so dass die 24 möglichen Paare $(P \bmod 5, Q \bmod 5) \ne (0,0)$ gleich wahrscheinlich sind, ist die Wahrscheinlichkeit, dass 5 die Zahl V teilt, deshalb $\frac{4}{24}$, $\frac{8}{24}$, 0, 0 oder $\frac{8}{24}$ entsprechend zu $kN \bmod 5$ gleich 0, 1, 2, 3 oder 4. Ähnlich ist die Wahrscheinlichkeit, dass 25 die Zahl V teilt, 0, $\frac{40}{600}$, 0, 0, $\frac{40}{600}$ der Reihe nach, es sei denn, kN ist ein Vielfaches von 25. Sei allgemein eine ungerade Primzahl p mit $(kN)^{(p-1)/2} \bmod p = 1$ gegeben, so finden wir, dass V ein Vielfaches von p^e mit Wahrscheinlichkeit $2/\bigl(p^{e-1}(p+1)\bigr)$ ist; und die mittlere

Anzahl, wie oft p die Zahl V teilt, wird $2p/(p^2-1)$ sein. Diese von R. Schroeppel vorgeschlagene Analyse, legt es nahe, dass die beste Wahl von k derjenige Wert ist, der

$$\sum_{j=1}^{m} f(p_j, kN) \log p_j - \frac{1}{2} \log k \qquad (23)$$

maximiert, wobei f die in Übung 28 definierte Funktion ist, da diese im Wesentlichen der Erwartungswert von $\ln(\sqrt{N}/T)$ ist, wenn wir Schritt E4 erreichen.

Beste Ergebnisse wird man mit Algorithmus E erhalten, wenn k und m gut gewählt sind. Die geeignete Wahl von m kann nur experimentell erfolgen, da unsere asymptotische Analyse zu grobschlächtig für hinreichend genaue Informationen ist, und da eine Kombination von Verfeinerungen dieses Algorithmus zu unvorhersagbaren Auswirkungen tendiert. Zum Beispiel können wir ein wichtige Verbesserung durch Vergleich von Schritt E3 mit Algorithmus A machen: Die Faktorzerlegung von V kann aufhören, wann immer wir $T \bmod p_j \neq 0$ und $\lfloor T/p_j \rfloor \leq p_j$ finden, da T dann entweder 1 oder Primzahl sein wird. Wenn die Zahl T eine Primzahl größer p_m ist (sie wird höchstens $p_m^2 + p_m - 1$ in einem solchen Fall sein), können wir noch $(P, e_0, \ldots, e_m, T)$ ausgeben, da eine vollständige Faktorisierung erhalten wurde. Die zweite Phase des Algorithmus wird nur diejenigen Ausgaben verwenden, deren Primzahlen T mindestens zweimal auftraten. Diese Änderung ergibt die Wirkung einer viel längeren Liste von Primzahlen ohne Anwachsen der Faktorisierungszeit. Wunderlichs Experimente zeigen, dass $m \approx 150$ gut bei der Präsenz dieser Verfeinerung arbeitet, wenn N in der Nachbarschaft von 10^{40} liegt.

Da Schritt E3 bei weitem der zeitaufwändigste Teil des Algorithmus ist, haben Morrison, Brillhart und Schroeppel mehrere Wege vorgeschlagen, diesen Schritt abzubrechen, wenn der Erfolg unwahrscheinlich wird: (a) Wann immer T zu einem einfachgenauem Wert wird, fahre nur fort, wenn $\lfloor T/p_j \rfloor > p_j$ und $3^{T-1} \bmod T \neq 1$. (b) Gib auf, wenn T noch $> p_m^2$ ist nach dem Herauswerfen von Faktoren $< \frac{1}{10}p_m$. (c) Wirf Faktoren nur bis zu p_5 heraus, sagen wir, für Bündel von etwa 100 Zahlen V hintereinander; führe die Faktorisierung später fort, doch nur an den V eines jeden Bündels, das den kleinsten verbliebenen Rest T produziert hat. (Vor Auswurf der Faktoren bis p_5 ist es geschickt, V mod $p_1^{f_1}p_2^{f_2}p_3^{f_3}p_4^{f_4}p_5^{f_5}$ zu berechnen, wobei die f klein genug sind, dass $p_1^{f_1}p_2^{f_2}p_3^{f_3}p_4^{f_4}p_5^{f_5}$ in ein einfachgenaues Wort passt, doch groß genug, $V \bmod p_i^{f_i+1} = 0$ unwahrscheinlich zu machen. Ein einfachgenauer Rest wird deshalb den Wert V modulo fünf kleiner Primzahlen charakterisieren.)

Für Abschätzungen der Zykluslänge in der Ausgabe von Algorithmus E siehe H. C. Williams, *Math. Comp.* **36** (1981), 593–601.

***Eine theoretische obere Schranke.** Vom Komplexitätsstandpunkt her würden wir gerne wissen, ob es irgendeine Faktorisierungsmethode gibt, deren erwartete Laufzeit als $O(N^{\epsilon(N)})$ bewiesen werden kann, wobei $\epsilon(N) \to 0$ für $N \to \infty$. Wir haben gesehen, dass Algorithmus E wahrscheinlich ein solches Verhalten hat, doch scheint es hoffnungslos, einen strengen Beweis zu finden, weil

Kettenbrüche nicht ausreichend wohl diszipliniert sind. Der erste Beweis, dass ein guter Faktorisierungsalgorithmus in diesem Sinn existiert, wurde von John Dixon 1978 entdeckt; Dixon zeigte nämlich, dass es genügt, eine vereinfachte Version von Algorithmus E zu betrachten, in welcher der Kettenbruchapparat zwar weggenommen ist, aber der Grundgedanke von (18) erhalten bleibt.

Dixons Methode [*Math. Comp.* **36** (1981), 255–260] ist einfach diese: angenommen, dass N bekanntermaßen mindestens zwei verschiedene Primfaktoren hat und dass N nicht durch die ersten m Primzahlen $p_1, p_2, \ldots, p_m$ teilbar ist: Wähle eine zufällige ganze Zahl X in dem Bereich $0 < X < N$ und sei $V = X^2 \bmod N$. Wenn $V = 0$, ist $\operatorname{ggT}(X, N)$ ein eigentlicher Faktor von N. Sonst wirf alle kleinen Primfaktoren von V wie in Schritt E3 heraus; drücke in anderen Worten V in der Form

$$V = p_1^{e_1} \ldots p_m^{e_m}\, T \tag{24}$$

aus, wobei T nicht durch irgendeine der ersten m Primzahlen teilbar ist. Wenn $T = 1$, läuft der Algorithmus wie in Schritt E4 mit Ausgabe $(X, e_1, \ldots, e_m)$, welche eine Lösung von (19) mit $e_0 = 0$ repräsentiert. Dieser Prozess fährt fort mit neuen zufälligen Werten von X, bis es genügend viele Ausgaben zur Entdeckung eines Faktors von N nach der Methode von Übung 12 gibt.

Um diesen Algorithmus zu analysieren, wollen wir Schranken finden für (a) die Wahrscheinlichkeit, dass ein zufälliges X eine Ausgabe ergeben wird, und (b) die Wahrscheinlichkeit, dass eine große Zahl von Ausgaben nötig ist, bevor ein Faktor gefunden wird. Sei $P(m, N)$ die Wahrscheinlichkeit (a), dass nämlich $T = 1$, wenn X zufällig ausgewählt wird. Nachdem M Werte von X versucht wurden, werden wir $MP(m, N)$ Ausgaben im Mittel erhalten; und die Anzahl der Ausgaben hat eine binomiale Verteilung, also ist die Standardabweichung weniger als die Quadratwurzel des Mittels. Die Wahrscheinlichkeit (b) ist ziemlich leicht zu behandeln, da Übung 13 beweist, dass der Algorithmus mehr als $m + k$ Ausgaben mit Wahrscheinlichkeit $\le 2^{-k}$ benötigt.

Übung 30 beweist, dass $P(m, N) \ge m^r/(r!\,N)$, wenn $r = 2\lfloor \log N/(2 \log p_m)\rfloor$, also können wir die Laufzeit fast so wie in (22) schätzen, doch mit der Größe $2\sqrt{N}$ ersetzt durch N. Dieses Mal wählen wir

$$r = \sqrt{2 \ln N / \ln\ln N} + \theta,$$

wobei $|\theta| \le 1$ und r gerade ist, und wir wählen m so, dass

$$r = \ln N / \ln p_m + O(1/\log\log N);$$

dies bedeutet

$$\begin{aligned}
\ln p_m &= \sqrt{\frac{\ln N \ln\ln N}{2}} - \frac{\theta}{2} \ln\ln N + O(1),\\
\ln m = \ln \pi(p_m) &= \ln p_m - \ln\ln p_m + O(1/\log p_m)\\
&= \sqrt{\frac{\ln N \ln\ln N}{2}} - \frac{\theta + 1}{2} \ln\ln N + O(\log\log\log N),\\
\frac{m^r}{r!\,N} &= \exp\bigl(-\sqrt{2 \ln N \ln\ln N} + O(r \log\log\log N)\bigr).
\end{aligned}$$

Wir werden M so wählen, dass $Mm^r/(r!\,N) \geq 4m$; also wird die erwartete Anzahl von Ausgaben $MP(m, N)$ mindestens $4m$ sein. Die Laufzeit des Algorithmus ist von der Ordnung $Mm \log N$, plus $O(m^3)$ Schritte von Übung 12; es stellt sich heraus, dass $O(m^3)$ weniger ist als $Mm \log N$, was

$$\exp\bigl(\sqrt{8(\ln N)(\ln\ln N)} + O\bigl((\log N)^{1/2}(\log\log N)^{-1/2}(\log\log\log N)\bigr)\bigr)$$

ist. Die Wahrscheinlichkeit, dass diese Methode einen Faktor zu finden verfehlt, ist vernachlässigbar klein, da die Wahrscheinlichkeit höchstens $e^{-m/2}$ ist, dass weniger als $2m$ Ausgaben erhalten werden (siehe Übung 31), während die Wahrscheinlichkeit höchstens 2^{-m} ist, dass keine Faktoren von den ersten $2m$ Ausgaben gefunden werden, und $m \gg \ln N$. Wir haben die folgende Verschärfung von Dixons ursprünglichem Satz bewiesen:

Satz D. *Es gibt einen Algorithmus, dessen Laufzeit $O(N^{\epsilon(N)})$ ist, wobei $\epsilon(N) = c\sqrt{\ln\ln N/\ln N}$ und c irgendeine Konstante größer als $\sqrt{8}$ ist, der einen nichttrivialen Faktor von N mit Wahrscheinlichkeit $1 - O(1/N)$ findet, wann immer N mindestens zwei verschiedene Primteiler hat.* ▌

Andere Vorgehensweisen. Eine andere Faktorisierungstechnik wurde von John M. Pollard vorgeschlagen [*Proc. Cambridge Phil. Soc.* **76** (1974), 521–528], der einen praktischen Weg zur Entdeckung von Primfaktoren p von N angab, wenn $p - 1$ keine großen Primfaktoren hat. Der letztere Algorithmus (siehe Übung 19) ist wahrscheinlich das Erste, was man versuchen sollte, nachdem die Algorithmen A und B zu lang für ein großes N liefen.

Eine Übersichtsarbeit von R. K. Guy, geschrieben in Zusammenarbeit mit J. H. Conway, *Congressus Numerantium* **16** (1976), 49–89, gab eine einzigartige Perspektive der Entwicklungen bis zu dieser Zeit. Guy sagte „Ich wäre überrascht, wenn jemand routinemäßig Zahlen der Größe 10^{80} ohne spezielle Form während des gegenwärtigen Jahrhunderts faktorisierte"; und er war in der Tat für viele Überraschungen während der nächsten 20 Jahre vorgesehen.

Gewaltige Fortschritte in Faktorisierungstechniken für große Zahlen wurden während der achtziger Jahre gemacht, beginnend mit Carl Pomerances *quadratischer Siebmethode* von 1981 [siehe *Lecture Notes in Comp. Sci.* **209** (1985), 169–182]. Dann entwarf Hendrik Lenstra die *Elliptische-Kurven-Methode* [*Annals of Math.* **126** (1987), 649–673], welche heuristisch etwa $\exp\bigl(\sqrt{(2+\epsilon)(\ln p)(\ln\ln p)}\bigr)$ erwartete Multiplikationen zum Finden eines Primfaktors p benötigt. Dies ist asymptotisch die Quadratwurzel der geschätzten Laufzeit für Algorithmus E, wenn $p \approx \sqrt{N}$, und sie wird noch besser, wenn N relativ kleine Primfaktoren hat. Eine exzellente Darstellung dieser Methode wurde gegeben durch Joseph H. Silverman und John Tate in *Rational Points on Elliptic Curves* (New York: Springer, 1992), Kapitel 4.

John Pollard meldete sich 1988 zurück mit einer anderen neuen Technik, welche als das *Zahlkörpersieb* bekannt wurde; siehe *Lecture Notes in Math.* **1554** (1993) für ein Reihe von Arbeiten über diese Methode, welche zur Zeit der Gewinner bei der Faktorzerlegung äußerst großer ganzer Zahlen ist. Ihre

Laufzeit ist angekündigt als von der Ordnung

$$\exp\bigl((64/9+\epsilon)^{1/3}(\ln N)^{1/3}(\ln\ln N)^{2/3}\bigr) \tag{25}$$

für $N \to \infty$. Der Übernahmepunkt, an dem eine gut abgestimmte Version des Zahlkörpersiebs eine gut abgestimmte Version des quadratischen Siebs zu schlagen beginnt, scheint gemäß A. K. Lenstra bei $N \approx 10^{112}$ zu liegen.

Die Einzelheiten der neuen Methoden liegen außerhalb des Rahmens dieses Buchs, doch können wir eine Idee von ihrer Effektivität durch einige der frühen Erfolgsgeschichten bekommen, in welcher unzerlegte Fermatzahlen der Form $2^{2^k}+1$ geknackt wurden. Zum Beispiel wurde die Faktorisierung

$$2^{512}+1 = 2424833 \cdot 7455602825647884208337395736200454918783366342657 \cdot p_{99}$$

gefunden durch das Zahlkörpersieb nach vier Monaten von Rechnungen während der Leerlaufzeiten von über 700 Arbeitsplatzrechnern [Lenstra, Lenstra, Manasse und Pollard, *Math. Comp.* **61** (1993), 319–349; **64** (1995), 1357]; hier bezeichnet p_{99} eine 99-stellige Primzahl. Die nächste Fermat Zahl hat doppelt so viele Ziffern, doch sie lieferte der Elliptischen-Kurven-Methode am 20. Oktober 1995:

$$2^{1024}+1 = 45592577 \cdot 6487031809 \cdot 4659775785220018543264560743076778192897 \cdot p_{252}.$$

[Richard Brent, *Math. Comp.* **68** (1999), 429–451.] Tatsächlich hatte Brent bereits 1988 die Elliptische-Kurven-Methode zur Lösung des nächsten Falls verwendet:

$$2^{2048}+1 = 319489 \cdot 974849 \cdot 167988556341760475137 \cdot 3560841906445833920513 \cdot p_{564};$$

mit einem Quäntchen Glück waren alle bis auf einen der Primfaktoren $< 10^{22}$, also war die Elliptische-Kurven-Methode ein Gewinner.

Was ist mit $2^{4096}+1$? Gegenwärtig scheint diese Zahl vollständig außer Reichweite. Sie hat fünf Faktoren $< 10^{16}$, doch der unzerlegte Rest hat 1187 Dezimalziffern. Der nächste Fall $2^{8192}+1$ hat vier bekannte Faktoren $< 10^{27}$ [Crandall und Fagin, *Math. Comp.* **62** (1994), 321; Brent, Crandall, Dilcher und van Halewyn, *Math. Comp.* **69** (2000), 1297–1304] und einen riesigen unzerlegten Rest.

Geheime Faktoren. Weltweit wuchs das Interesse am Problem der Faktorisierung dramatisch 1977, als R. L. Rivest, A. Shamir und L. Adleman eine Methode zur Codierung von Mitteilungen entdeckten, die anscheinend nur bei Kenntnis der Faktoren einer großen Zahl N decodiert werden können, obwohl die Methode der Codierung jedermann bekannt ist. Da eine beträchtliche Zahl der größten Mathematiker der Welt unfähig waren, effiziente Methoden zur Faktorzerlegung zu finden, bietet dieses Schema [*CACM* **21** (1978), 120–126] nahezu gewiss einen sicheren Weg zum Schutz vertraulicher Daten und Kommunikation in Rechnernetzen.

Stellen wir uns ein kleines elektronisches Gerät, genannt eine *RSA-Box*, vor, das zwei große Primzahlen p und q gespeichert hat. Wir werden annehmen, dass $p - 1$ und $q - 1$ nicht durch 3 teilbar sind. Die RSA-Box ist irgendwie mit einem Rechner verbunden, und sie hat dem Rechner das Produkt $N = pq$ übermittelt; jedoch wird kein Mensch fähig sein, die Werte von p und q außer durch Faktorzerlegung von N zu entdecken, da die RSA-Box geschickt entworfen ist, sich selbst zu zerstören, wenn jemand versucht, sie zu missbrauchen. Mit anderen Worten, sie wird ihren Speicher löschen, wenn ihr jemand zu nahe kommt, oder wenn sie irgendeiner Strahlung, die die gespeicherten Daten ändern oder auslesen könnte, ausgesetzt wird. Weiterhin ist die RSA-Box hinreichend zuverlässig, dass sie niemals Wartung benötigt; wir würden sie einfach wegwerfen und eine andere kaufen, wenn ein Notfall aufträte oder sie verschlissen wäre. Die Primfaktoren p und q wären erzeugt worden durch die RSA-Box selbst mit einem Schema basierend auf echten Zufallsphänomenen in der Natur wie etwa kosmischer Strahlung. Der wichtige Punkt ist, dass *niemand* p oder q kennt, auch nicht eine Person oder Organisation, die diese RSA-Box besitzt oder Zugang zu ihr hat; es macht keinen Sinn, jemanden zu bestechen oder zu erpressen oder als Geisel zu nehmen, um die Faktoren von N zu entdecken.

Um eine geheime Mitteilung zum Besitzer einer RSA-Box zu senden, dessen Produktzahl N ist, bricht man die Mitteilung in eine Folge von Zahlen $(x_1,\ldots,x_k)$, wobei jedes x_i zwischen 0 und N liegt; dann überträgt man die Zahlen

$$(x_1^3 \bmod N,\ \ldots,\ x_k^3 \bmod N).$$

Die RSA-Box, in Kenntnis von p und q, kann die Mitteilung decodieren, weil sie eine Zahl $d < N$ vorberechnet hat mit $3d \equiv 1$ $\bigl(\text{modulo } (p-1)(q-1)\bigr)$; sie kann jetzt $(x^3)^d \bmod N = x$ in einer vernünftigen Zeitspanne mit den Methoden von Abschnitt 4.6.3 berechnen. Natürlich behält die RSA-Box diese magische Zahl d für sich selbst; tatsächlich braucht die RSA-Box nur d statt p und q zu behalten, weil ihre einzigen Pflichten nach der Berechnung von N die Bewahrung ihrer Geheimnisse und die Berechnung kubischer Wurzeln mod N sind.

Ein solches Codierungsschema ist nicht effektiv, wenn

$$x < \sqrt[3]{N},$$

da $x^3 \bmod N = x^3$ und die kubische Wurzel leicht gefunden werden kann. Das logarithmische Gesetz der führenden Ziffern in Abschnitt 4.2.4 impliziert, dass die führende Stelle x_1 einer k-stelligen Mitteilung $(x_1,\ldots,x_k)$ weniger als $\sqrt[3]{N}$ etwa in $\frac{1}{3}$ der Fälle sein wird, also ist dies ein Problem, das gelöst werden muss. Übung 32 präsentiert einen Weg zur Vermeidung dieser Schwierigkeit.

Die Sicherheit des RSA-Codierungsschemas hängt von der Tatsache ab, dass niemand bisher fähig war, zu entdecken, wie man kubische Wurzeln mod N ohne Kenntnis der Faktoren von N schnell ziehen kann. Es erscheint wahrscheinlich, dass keine derartige Methode gefunden werden wird, doch wir können dessen nicht absolut sicher sein. So weit ist alles, was man sicher sagen kann, dass alle gewöhnlichen Wege zum Ziehen kubischer Wurzeln fehlschlagen werden. Zum

Beispiel macht der Versuch wirklich keinen Sinn, die Zahl d als Funktion von N berechnen zu wollen; der Grund ist, dass wenn d bekannt ist, oder überhaupt, wenn irgendeine Zahl m vernünftiger Größe bekannt ist mit $x^m \bmod N = 1$ für eine signifikante Anzahl von Werten x, wir dann die Faktoren von N in ein paar mehr Schritten finden können (siehe Übung 34). Also kann irgendeine Methode der Attacke, die explizit oder implizit auf der Bestimmung eines solchen m basiert, nicht besser als Faktorzerlegung sein.

Einige Vorsichtsmaßnahmen sind jedoch notwendig. Wenn dieselbe Mitteilung zu drei verschiedenen Leuten in einem Rechnernetz gesendet wird, könnte jemand, der x^3 modulo N_1, N_2 und N_3 kennt, $x^3 \bmod N_1N_2N_3 = x^3$ nach dem chinesischen Restsatz rekonstruieren, also wäre x nicht länger geheim. Wenn sogar selbst eine „zeitmarkierte“ Mitteilung $(2^{\lceil \lg t_i \rceil}x + t_i)^3 \bmod N_i$ an sieben verschiedene Leute gesendet wird, mit bekannten oder erratbaren t_i, können die Werte von x erschlossen werden (siehe Übung 44). Deshalb haben einige Kryptographen Codierung mit dem Exponenten $2^{16} + 1 = 65537$ statt 3 empfohlen; dieser Exponent ist prim und die Berechnung von $x^{65537} \bmod N$ braucht nur etwa 8,5 mal so lange wie die Berechnung von $x^3 \bmod N$. [*CCITT Recommendations Blue Book* (Geneva: International Telecommunication Union, 1989), Fascicle VIII.8, Recommendation X.509, Annex C, Seiten 74–76.]

Der ursprüngliche Vorschlag von Rivest, Shamir und Adleman war, x durch $x^a \bmod N$ zu codieren, wobei a irgendein Exponent prim zu $\varphi(N)$ ist, nicht gerade $a = 3$; in der Praxis jedoch ziehen wir einen Exponenten vor, für welchen Codierung schneller als Decodierung ist.

Die Zahlen p und q sollten nicht lediglich „zufällige“ Primzahlen sein, um das RSA-Schema effektiv zu machen. Wir haben erwähnt, dass $p-1$ und $q-1$ nicht durch 3 teilbar sein sollten, da wir sicherstellen wollen, dass eindeutige kubische Wurzeln modulo N existieren. Eine andere Bedingung ist, dass $p-1$ mindestens einen sehr großen Primfaktor haben sollte, und ebenso $q-1$; sonst könnte N mit dem Algorithmus von Übung 19 faktorisiert werden. Denn in der Tat hängt jener Algorithmus im Wesentlichen davon ab, eine ziemlich kleine Zahl m mit der Eigenschaft zu finden, dass $x^m \bmod N$ häufig gleich 1 ist, und wir haben gerade gesehen, dass ein solches m gefährlich ist. Wenn $p-1$ und $q-1$ große Primfaktoren p_1 und q_1 haben, impliziert die Theorie in Übung 34, dass m entweder ein Vielfaches von p_1q_1 ist (also wird m schwer zu entdecken sein) oder die Wahrscheinlichkeit, dass $x^m \equiv 1$ wird weniger als $1/p_1q_1$ sein (also wird $x^m \bmod N$ fast nie 1 sein). Abgesehen von dieser Bedingung wünschen wir nicht, dass p und q nahe beieinander liegen, dass Algorithmus D sie nicht finden kann; tatsächlich sollte das Verhältnis p/q auch nicht zu nahe bei einem einfachen Bruch liegen, sonst könnte Lehmans Verallgemeinerung von Algorithmus C sie finden.

Das folgende Verfahren zur Erzeugung von p und q ist fast sicher nicht zu knacken: Beginne mit einer echten Zufallszahl p_0 zwischen, sagen wir, 10^{80} und 10^{81}. Suche die erste Primzahl p_1 größer als p_0; dies wird die Überprüfung von etwa $\frac{1}{2} \ln p_0 \approx 90$ ungeraden Zahlen erfordern, und es wird genügen, p_1 als eine „Pseudoprimzahl“ mit Wahrscheinlichkeit $> 1 - 2^{-100}$ nach 50 Versuchen mit Algorithmus P zu bestimmen. Dann wähle eine zweite echte Zufallszahl p_2

zwischen, sagen wir, 10^{39} und 10^{40}. Suche die erste Primzahl p der Form $kp_1 + 1$, wobei $k \geq p_2$, k gerade ist und $k \equiv p_1$ (modulo 3). Dies wird die Überprüfung von etwa $\frac{1}{3} \ln p_1 p_2 \approx 90$ Zahlen erfordern, bevor eine Primzahl p gefunden wird. Die Primzahl p wird über 120 Ziffern lang sein; ein ähnliche Konstruktion kann benutzt werden, eine Primzahl q mit etwa 130 Ziffern zu finden.

Für zusätzliche Sicherheit ist es wahrscheinlich ratsam zu prüfen, dass weder $p + 1$ noch $q + 1$ aus lauter kleinen Primfaktoren besteht (siehe Übung 20). Das Produkt $N = pq$, dessen Größenordnung etwa 10^{250} sein wird, erfüllt jetzt alle unsere Anforderungen und es ist zur Zeit unvorstellbar, dass ein solches N faktorisiert werden könnte.

Nehmen wir zum Beispiel an, wir kennten eine Methode, die eine 250-stellige Zahl N in $N^{0.1}$ Mikrosekunden faktorisieren könnte. Dies ergibt 10^{25} Mikrosekunden und das Jahr hat nur 31.556.952.000.000 μs, also bräuchten wir mehr als 3×10^{11} Jahre an CPU-Zeit zur vollständigen Faktorisierung. Selbst wenn eine Regierungsagentur 10 Milliarden Rechner kaufte und sie alle zur Bearbeitung dieses Problems ansetzte, würde es mehr als 31 Jahre dauern, bevor eine von ihnen N in Faktoren zerlegte; in der Zwischenzeit würde die Tatsache, dass die Regierung so viele spezialisierte Maschinen gekauft hatte, publik werden und Leute würden beginnen, mit 300-stelligen N zu arbeiten.

Da die Codierungsmethode $x \mapsto x^3 \bmod N$ jedermann bekannt ist, gibt es zusätzliche Vorteile außer der Tatsache, dass der Code nur durch die RSA-Box entschlüsselt werden kann. Solche „öffentlichen Schlüsselsysteme" wurden zuerst veröffentlicht von W. Diffie und M. E. Hellman in *IEEE Trans.* **IT-22** (1976), 644–654. Als ein Beispiel für das, was getan werden kann, wenn die Codierungsmethode öffentlich bekannt ist, nimm an, dass Alice mit Bob mittels elektronischer Post zu kommunizieren wünscht, und jeder von ihnen die Briefe *signieren* will, so dass die Empfänger sicher sein können, dass niemand sonst Mitteilungen vortäuscht. Sei $E_A(M)$ die Codierungsfunktion für an Alice gesendete Mitteilungen M, sei $D_A(M)$ die Decodierung durch Alices RSA-Box und seien $E_B(M)$, $D_B(M)$ die entsprechenden Codierungs- und Decodierungsfunktionen für Bobs RSA-Box. Dann kann Alice eine signierte Mitteilung durch Anheften ihres Namens und des Datums an eine vertrauliche Mitteilung senden, dann $E_B(D_A(M))$ zu Bob übertragen, indem sie ihre Maschine zur Berechnung von $D_A(M)$ benutzt. Wenn Bob diese Mitteilung bekommt, konvertiert seine RSA-Box sie zu $D_A(M)$ und er kennt E_A, also kann er $M = E_A(D_A(M))$ berechnen. Dies sollte ihn überzeugen, dass die Mitteilung in der Tat von Alice kommt; niemand sonst könnte die Mitteilung $D_A(M)$ gesendet haben. (Nun, Bob kennt jetzt $D_A(M)$ selbst, also könnte er Alice nachmachen und $E_X(D_A(M))$ an Xavier schicken. Um solche Betrugsversuche auszuschließen, sollte der Inhalt von M klar anzeigen, dass er nur für Bobs Augen bestimmt ist.)

Wir können fragen, wie kennen Alice und Bob des anderen Codierungsfunktionen E_A und E_B? Es würde nicht einfach ausreichen, sie in einer öffentlichen Datei gespeichert zu haben, da ein Charlie die Datei missbrauchen und ein N substituieren könnte, das er selbst berechnet hat; Charlie könnte dann unter der Hand eine private Mitteilung abfangen und decodieren, bevor Alice oder

Bob entdecken würden, dass etwas nicht stimmt. Die Lösung besteht darin, die Produktzahlen N_A und N_B in einem besonderen öffentlichen Verzeichnis zu halten, das seine eigene RSA-Box und seine eigene weit publizierte Produktzahl N_D hat. Wenn Alice wissen will, wie sie mit Bob kommunizieren kann, fragt sie das Verzeichnis nach Bobs Produktzahl; der Verzeichnisrechner sendet ihr eine *signierte* Mitteilung mit dem Wert von N_B. Niemand kann eine solche Mitteilung fälschen, also muss sie legitim sein.

Eine interessante Alternative zum RSA-Schema wurde von Michael Rabin vorgeschlagen [MIT Lab. for Comp. Sci., Report TR-212 (1979)], der eine Codierung durch die Funktion $x^2 \bmod N$ statt durch $x^3 \bmod N$ vorsieht. In diesem Fall ergibt der Decodierungsmechanismus, den wir eine SQRT-Box nennen können, vier verschiedene Mitteilungen; der Grund ist, dass vier verschiedene Zahlen dasselbe Quadrat modulo N haben, nämlich x, $-x$, $fx \bmod N$ und $(-fx) \bmod N$, wobei $f = (p^{q-1} - q^{p-1}) \bmod N$. Wenn wir von vorneherein vereinbaren, dass x gerade ist, oder, dass $x < \frac{1}{2}N$, dann wird die Mehrdeutigkeit auf zwei Mitteilungen reduziert, unter der Annahme, dass nur eine von ihnen irgendeinen Sinn macht. Die Mehrdeutigkeit kann tatsächlich ganz eliminiert werden, wie in Übung 35 gezeigt wird. Rabins Schema hat die wichtige Eigenschaft, dass das Finden von Quadratwurzeln mod N beweisbar ebenso schwierig ist wie die Faktorisierung $N = pq$; denn zum Ziehen der Quadratwurzel von $x^2 \bmod N$, wenn x zufällig ausgewählt wird, haben wir eine fünfzigprozentige Chance, einen Wert y derart zu finden, dass

$$x^2 \equiv y^2 \qquad \text{und} \qquad x \not\equiv \pm y,$$

wonach $\mathrm{ggT}(x - y, N) = p$ oder q. Jedoch hat das System einen fatalen Fehler, der im RSA-Schema nicht vorhanden zu sein scheint (siehe Übung 33): Jeder mit Zugang zu einer SQRT-Box kann leicht die Faktoren ihres N *bestimmen*! Dies erlaubt nicht nur Täuschung durch unehrliche Angestellte oder Erpressungsdrohungen, es ermöglicht auch Leuten, ihre p und q zu offenbaren, wonach sie behaupten können, dass ihre „Signatur" auf übertragenen Dokumenten eine Fälschung war. Es ist also klar, dass das Ziel sicherer Kommunikation zu subtilen Problemen ganz verschieden von denjenigen führt, mit denen wir es gewöhnlich beim Entwurf und der Analyse von Algorithmen zu tun haben.

Historische Bemerkung: Im Jahr 1998 wurde bekannt, dass Clifford Cocks schon 1973 die Codierung von Mitteilungen durch die Transformation $x^{pq} \bmod pq$ betrachtet hatte, jedoch wurde seine Arbeit geheim gehalten.

Die größten bekannten Primzahlen. Wir haben mehrere Rechenmethoden an anderen Stellen in diesem Buch besprochen, die die Verwendung großer Primzahlen erfordern, und die gerade beschriebenen Techniken können zur Auffindung von Primzahlen von bis zu, sagen wir, 25 Ziffern oder weniger, mit relativer Leichtigkeit benutzt werden. Tabelle 2 zeigt die zehn größten Primzahlen, die kleiner sind als die Wortgröße typischer Rechner. (Einige andere nützliche Primzahlen erscheinen in den Lösungen zu den Übungen 3.2.1.2–22 und 4.6.4–57.)

Tatsächlich sind viel größere Primzahlen von speziellen Formen bekannt und es ist gelegentlich wichtig, Primzahlen zu finden, die so groß wie möglich sind.

Tabelle 2

NÜTZLICHE PRIMZAHLEN

N	a_1	a_2	a_3	a_4	a_5	a_6	a_7	a_8	a_9	a_{10}
2^{15}	19	49	51	55	61	75	81	115	121	135
2^{16}	15	17	39	57	87	89	99	113	117	123
2^{17}	1	9	13	31	49	61	63	85	91	99
2^{18}	5	11	17	23	33	35	41	65	75	93
2^{19}	1	19	27	31	45	57	67	69	85	87
2^{20}	3	5	17	27	59	69	129	143	153	185
2^{21}	9	19	21	55	61	69	105	111	121	129
2^{22}	3	17	27	33	57	87	105	113	117	123
2^{23}	15	21	27	37	61	69	135	147	157	159
2^{24}	3	17	33	63	75	77	89	95	117	167
2^{25}	39	49	61	85	91	115	141	159	165	183
2^{26}	5	27	45	87	101	107	111	117	125	135
2^{27}	39	79	111	115	135	187	199	219	231	235
2^{28}	57	89	95	119	125	143	165	183	213	273
2^{29}	3	33	43	63	73	75	93	99	121	133
2^{30}	35	41	83	101	105	107	135	153	161	173
2^{31}	1	19	61	69	85	99	105	151	159	171
2^{32}	5	17	65	99	107	135	153	185	209	267
2^{33}	9	25	49	79	105	285	301	303	321	355
2^{34}	41	77	113	131	143	165	185	207	227	281
2^{35}	31	49	61	69	79	121	141	247	309	325
2^{36}	5	17	23	65	117	137	159	173	189	233
2^{37}	25	31	45	69	123	141	199	201	351	375
2^{38}	45	87	107	131	153	185	191	227	231	257
2^{39}	7	19	67	91	135	165	219	231	241	301
2^{40}	87	167	195	203	213	285	293	299	389	437
2^{41}	21	31	55	63	73	75	91	111	133	139
2^{42}	11	17	33	53	65	143	161	165	215	227
2^{43}	57	67	117	175	255	267	291	309	319	369
2^{44}	17	117	119	129	143	149	287	327	359	377
2^{45}	55	69	81	93	121	133	139	159	193	229
2^{46}	21	57	63	77	167	197	237	287	305	311
2^{47}	115	127	147	279	297	339	435	541	619	649
2^{48}	59	65	89	93	147	165	189	233	243	257
2^{59}	55	99	225	427	517	607	649	687	861	871
2^{60}	93	107	173	179	257	279	369	395	399	453
2^{63}	25	165	259	301	375	387	391	409	457	471
2^{64}	59	83	95	179	189	257	279	323	353	363
10^{6}	17	21	39	41	47	69	83	93	117	137
10^{7}	9	27	29	57	63	69	71	93	99	111
10^{8}	11	29	41	59	69	153	161	173	179	213
10^{9}	63	71	107	117	203	239	243	249	261	267
10^{10}	33	57	71	119	149	167	183	213	219	231
10^{11}	23	53	57	93	129	149	167	171	179	231
10^{12}	11	39	41	63	101	123	137	143	153	233
10^{16}	63	83	113	149	183	191	329	357	359	369

Die zehn größten Primzahlen kleiner N sind $N - a_1, \ldots, N - a_{10}$.

Schließen wir deshalb diesen Abschnitt mit einer Untersuchung der interessanten Wege, auf denen die größten explizit bekannten Primzahlen entdeckt worden sind. Solche Primzahlen sind von der Form $2^n - 1$ für verschiedene besondere Werte von n und sind so speziell geeignet für bestimmte Anwendungen binärer Rechner.

Eine Zahl der Form $2^n - 1$ kann keine Primzahl sein, es sei denn n ist Primzahl, da $2^{uv} - 1$ teilbar durch $2^u - 1$ ist. Im Jahre 1644 erstaunte Marin Mersenne seine Zeitgenossen durch seine Aussage, die darauf hinauslief, dass die Zahlen $2^p - 1$ prim sind für $p = 2$, 3, 5, 7, 13, 17, 19, 31, 67, 127, 257 und für kein anders p kleiner als 257. (Diese Behauptung erschien in Verbindung mit einer Besprechung vollkommener Zahlen im Vorwort zu seinen *Cogitata Physico-Mathematica*. Interessanterweise hat er auch die folgende Bemerkung gemacht: „Für die Feststellung, ob eine gegebene Zahl von 15 oder 20 Ziffern prim ist oder nicht, würde alle Zeit nicht ausreichen, was auch immer an bereits Bekanntem verwendet würde.") Mersenne, der häufig mit Fermat, Descartes und anderen über ähnliche Themen in zurückliegenden Jahren korrespondiert hatte, gab keinen Beweis seiner Behauptungen und für mehr als 200 Jahre wusste niemand, ob er Recht hatte. Euler zeigte, dass $2^{31} - 1$ prim ist im Jahr 1772 nach erfolglosen Versuchen in früheren Jahren, dies zu beweisen. Über 100 Jahre später entdeckte É. Lucas, dass $2^{127} - 1$ prim ist, doch $2^{67} - 1$ war fraglich; deshalb hätte es sein können, dass Mersenne nicht vollständig Recht hatte. Dann bewies I. M. Pervushin im Jahr 1883, dass $2^{61} - 1$ Primzahl ist [siehe *Istoriko-Mat. Issledovaniia* **6** (1953), 559], und dies führte zu Spekulationen, dass Mersenne nur einen Schreibfehler gemacht hatte und 67 statt 61 geschrieben hatte. Schließlich wurden andere Fehler in Mersennes Behauptung entdeckt; R. E. Powers [*AMM* **18** (1911), 195] zeigte, dass $2^{89} - 1$ Primzahl ist, wie es einige frühere Autoren vermutet hatten, und drei Jahre später bewies er, dass $2^{107} - 1$ auch Primzahl ist. M. Kraitchik fand 1922, dass $2^{257} - 1$ *nicht* Primzahl ist [siehe seine *Recherches sur la Théorie des Nombres* (Paris: 1924), 21]; Rechenfehler mögen sich in seine Rechnungen eingeschlichen haben, doch seine Folgerung erwies sich als korrekt.

Zahlen der Form $2^p - 1$ werden heute *Mersenne-Zahlen* genannt, und es ist bekannt, dass man Mersenne-Primzahlen erhält für p gleich

$$\begin{gathered}2, 3, 5, 7, 13, 17, 19, 31, 61, 89, 107, 127, 521, 607, 1279, 2203, 2281,\\ 3217, 4253, 4423, 9689, 9941, 11213, 19937, 21701, 23209, 44497, 86243,\\ 110503, 132049, 216091, 756839, 859433, 1257787, 1398269, 2976221.\end{gathered} \tag{26}$$

Die meisten Einträge der letzten Zeile wurden von David Slowinski und Mitarbeitern während Tests neuer Supercomputer gefunden [siehe *J. Recreational Math.* **11** (1979), 258–261]; er fand 756839, 859433 und 1257787 in Zusammenarbeit mit Paul Gage während der neunziger Jahre. Jedoch wurden die zwei zur Zeit größten Exponenten, 1398269 und 2976221, von Joël Armengaud bzw. Gordon Spence mit handelsüblichen PCs gefunden; sie benutzten ein Programm von George Woltman, der die Große Internet-Mersenne-Primzahl-Suche (GIMPS) im Jahr 1996 gestartet hatte. Beachte, dass die Primzahl $8191 = 2^{13} - 1$ nicht in (26) vorkommt; Mersenne hatte behauptet, $2^{8191}-1$ sei Primzahl, und andere hatten vermutet, dass vielleicht jede Mersenne-Primzahl im Exponenten verwendet werden könnte.

Die Suche nach großen Primzahlen erfolgte nicht systematisch, weil die Leute im Allgemeinen versuchten, einen unschlagbaren Weltrekord aufzustellen statt Zeit mit kleineren Exponenten zuzubringen; zum Beispiel wurde $2^{132049}-1$ als prim im Jahr 1983 bewiesen und $2^{216091}-1$ im Jahr 1984, doch wurde der Fall $2^{110503}-1$ erst 1988 entdeckt. Deshalb mag die eine oder andere unbekannte Mersenne-Primzahl kleiner $2^{2976221}-1$ noch existieren. (Nach Woltman wurden alle Exponenten bis 1.000.000 bis zum 26. Mai 1997 geprüft und seine Freiwilligen füllen systematisch die verbleibenden Lücken.)

Da $2^{2976221}-1$ nahezu 900 000 Dezimalziffern hat, ist klar, dass einige spezielle Techniken verwendet wurden zum Beweis, dass solche Zahlen prim sind. (Tatsächlich nahm die erste Verifikation von $2^{1257787}-1$ am 12. April 1996 weniger als 8,3 Stunden auf ein Cray T94 in Anspruch. Die erste Verifikation von $2^{2976221}-1$ nahm im August 1997 15 Tage auf einem 100 MHz Pentium PC in Anspruch.) Ein effizienter Weg zur Überprüfung der Primalität einer gegebenen Mersenne-Zahl 2^p-1 wurde zuerst von É. Lucas entworfen [*Amer. J. Math.* **1** (1878), 184–239, 289–321, speziell Seite 316] und von D. H. Lehmer verbessert [*Annals of Math.* **31** (1930), 419–448, speziell Seite 443]. Der Lucas–Lehmer-Test, welcher ein spezieller Fall der heute benutzten Methode zum Test der Primalität von n ist, wenn die Faktoren von $n+1$ bekannt sind, arbeitet wie folgt:

Satz L. *Sei q eine ungerade Primzahl. Definiere die Folge $\langle L_n\rangle$ durch die Regel*

$$L_0 = 4, \qquad L_{n+1} = (L_n^2 - 2) \bmod (2^q - 1). \tag{27}$$

Dann ist 2^q-1 genau dann prim, wenn $L_{q-2}=0$.

Zum Beispiel ist 2^3-1 Primzahl, da $L_1=(4^2-2) \bmod 7 = 0$. Diese Prüfung ist besonders gut für Binärrechner geeignet, da die Rechnung mod (2^q-1) so leicht ist; siehe Abschnitt 4.3.2. Übung 4.3.2–14 erklärt, wie man Zeit sparen kann, wenn q äußerst groß ist.

Beweis. Wir werden Satz L nur mit sehr einfachen Grundtatsachen der Zahlentheorie beweisen, indem wir einige Eigenschaften von Rekurrenzen untersuchen, die unabhängig von Interesse sind. Betrachte die Folgen $\langle U_n\rangle$ und $\langle V_n\rangle$ definiert durch

$$\begin{aligned} U_0 &= 0, \qquad U_1 = 1, \qquad U_{n+1} = 4U_n - U_{n-1};\\ V_0 &= 2, \qquad V_1 = 4, \qquad V_{n+1} = 4V_n - V_{n-1}. \end{aligned} \tag{28}$$

Die folgenden Gleichungen werden leicht durch Induktion bewiesen:

$$V_n = U_{n+1} - U_{n-1}; \tag{29}$$

$$U_n = \bigl((2+\sqrt{3}\,)^n - (2-\sqrt{3}\,)^n\bigr)/\sqrt{12}; \tag{30}$$

$$V_n = (2+\sqrt{3}\,)^n + (2-\sqrt{3}\,)^n; \tag{31}$$

$$U_{m+n} = U_m U_{n+1} - U_{m-1} U_n. \tag{32}$$

Beweisen wir nun ein Hilfsergebnis, wenn p prim ist und $e \geq 1$:

$$\text{Wenn} \quad U_n \equiv 0 \text{ (modulo } p^e), \quad \text{dann} \quad U_{np} \equiv 0 \text{ (modulo } p^{e+1}). \tag{33}$$

Dies folgt aus den allgemeineren Betrachtungen in Übung 3.2.2–11, doch könnte ein direkter Beweis für die Folge (28) gegeben werden. Nehmen wir an, dass $U_n = bp^e$, $U_{n+1} = a$. Nach (32) und (28), $U_{2n} = bp^e(2a - 4bp^e) \equiv 2aU_n$ (modulo p^{e+1}), während wir $U_{2n+1} = U_{n+1}^2 - U_n^2 \equiv a^2$ haben. Ähnlich $U_{3n} = U_{2n+1}U_n - U_{2n}U_{n-1} \equiv 3a^2U_n$ und $U_{3n+1} = U_{2n+1}U_{n+1} - U_{2n}U_n \equiv a^3$. Im Allgemeinen

$$U_{kn} \equiv ka^{k-1}U_n \quad \text{and} \quad U_{kn+1} \equiv a^k \text{ (modulo } p^{e+1}),$$

also folgt (33), wenn wir $k = p$ nehmen.

Von den Formeln (30) und (31) können wir andere Ausdrücke für U_n und V_n erhalten, wenn wir $(2 \pm \sqrt{3}\,)^n$ nach dem Binomialsatz entwickeln:

$$U_n = \sum_k \binom{n}{2k+1} 2^{n-2k-1}3^k, \qquad V_n = \sum_k \binom{n}{2k} 2^{n-2k+1}3^k. \tag{34}$$

Wenn wir nun $n = p$ setzen, wobei p eine ungerade Primzahl ist, und die Tatsache verwenden, dass $\binom{p}{k}$ ein Vielfaches von p außer für $k = 0$ oder $k = p$ ist, finden wir, dass

$$U_p \equiv 3^{(p-1)/2}, \qquad V_p \equiv 4 \qquad \text{(modulo } p). \tag{35}$$

Wenn $p \neq 3$, sagt uns Fermats Satz, dass $3^{p-1} \equiv 1$; also $(3^{(p-1)/2} - 1) \times (3^{(p-1)/2} + 1) \equiv 0$ und $3^{(p-1)/2} \equiv \pm 1$. Wenn $U_p \equiv -1$, haben wir $U_{p+1} = 4U_p - U_{p-1} = 4U_p + V_p - U_{p+1} \equiv -U_{p+1}$; also $U_{p+1} \bmod p = 0$. Wenn $U_p \equiv +1$, haben wir $U_{p-1} = 4U_p - U_{p+1} = 4U_p - V_p - U_{p-1} \equiv -U_{p-1}$; also $U_{p-1} \bmod p = 0$. Wir haben bewiesen, dass es für alle Primzahlen p eine ganze Zahl $\epsilon(p)$ derart gibt, dass

$$U_{p+\epsilon(p)} \bmod p = 0, \qquad |\epsilon(p)| \leq 1. \tag{36}$$

Wenn jetzt N irgendeine positive ganze Zahl und $m = m(N)$ die kleinste positive ganze Zahl mit $U_{m(N)} \bmod N = 0$ ist, haben wir

$$U_n \bmod N = 0 \qquad \text{genau dann, wenn} \qquad n \text{ ein Vielfaches von } m(N) \text{ ist.} \tag{37}$$

(Diese Zahl $m(N)$ wird der *Rang des Auftretens* von N in der Folge genannt.) Um (37) zu beweisen, beachte, dass die Folge $U_m, U_{m+1}, U_{m+2}, \ldots$ kongruent (modulo N) zu $aU_0, aU_1, aU_2, \ldots$ ist, wobei $a = U_{m+1} \bmod N$ teilerfremd zu N wegen $\mathrm{ggT}(U_n, U_{n+1}) = 1$ ist.

Mit diesen Präliminarien aus dem Weg sind wir in der Lage, Satz L zu beweisen. Nach (27) und mittels Induktion

$$L_n = V_{2^n} \bmod (2^q - 1). \tag{38}$$

Weiterhin impliziert die Identität $2U_{n+1} = 4U_n + V_n$, dass $\mathrm{ggT}(U_n, V_n) \leq 2$, da jeder gemeinsame Faktor von U_n und V_n auch U_n und $2U_{n+1}$ teilen muss, während $U_n \perp U_{n+1}$. Also haben U_n und V_n keinen ungeraden Faktor gemein und, wenn $L_{q-2} = 0$, müssen wir haben

$$U_{2^{q-1}} = U_{2^{q-2}} V_{2^{q-2}} \equiv 0 \text{ (modulo } 2^q - 1),$$
$$U_{2^{q-2}} \not\equiv 0 \text{ (modulo } 2^q - 1).$$

Wenn nun $m = m(2^q - 1)$ der Rang des Auftretens von $2^q - 1$ ist, muss es ein Teiler von 2^{q-1} aber nicht von 2^{q-2} sein; also $m = 2^{q-1}$. Wir werden beweisen, dass $n = 2^q - 1$ deshalb prim sein muss: Die Faktorisierung von n sei $p_1^{e_1} \ldots p_r^{e_r}$. Alle Primzahlen p_j sind größer als 3, da n ungerade und kongruent zu $(-1)^q - 1 = -2$ (modulo 3) ist. Von (33), (36) und (37) wissen wir, dass $U_t \equiv 0$ (modulo $2^q - 1$), wobei

$$t = \operatorname{kgV}\bigl(p_1^{e_1-1}(p_1 + \epsilon_1), \ldots, p_r^{e_r-1}(p_r + \epsilon_r)\bigr),$$

und jedes ϵ_j den Wert ± 1 hat. Es folgt, dass t ein Vielfaches von $m = 2^{q-1}$ ist. Sei $n_0 = \prod_{j=1}^{r} p_j^{e_j-1}(p_j + \epsilon_j)$; wir haben $n_0 \le \prod_{j=1}^{r} p_j^{e_j-1}(p_j + \frac{1}{5}p_j) = (\frac{6}{5})^r n$. Auch gilt, weil $p_j + \epsilon_j$ gerade ist, $t \le n_0/2^{r-1}$, da ein Faktor von zwei jedes Mal verloren geht, wenn das kleinste gemeinsame Vielfache von zwei geraden Zahlen genommen wird. Kombinieren wir diese Ergebnisse, so erhalten wir $m \le t \le 2(\frac{3}{5})^r n < 4(\frac{3}{5})^r m < 3m$; also $r \le 2$ und $t = m$ oder $t = 2m$, eine Zweierpotenz. Deshalb $e_1 = 1$, $e_r = 1$, und wenn n nicht prim ist, müssen wir $n = 2^q - 1 = (2^k + 1)(2^l - 1)$ haben, wobei $2^k + 1$ und $2^l - 1$ Primzahlen sind. Die letzte Faktorisierung ist offenbar unmöglich, wenn q ungerade ist, also ist n Primzahl.

Nehmen wir umgekehrt an, dass $n = 2^q - 1$ Primzahl ist; wir müssen zeigen, dass $V_{2^{q-2}} \equiv 0$ (modulo n). Zu diesem Zweck genügt es, zu beweisen, dass $V_{2^{q-1}} \equiv -2$ (modulo n), da $V_{2^{q-1}} = (V_{2^{q-2}})^2 - 2$. Jetzt

$$V_{2^{q-1}} = \bigl((\sqrt{2} + \sqrt{6})/2\bigr)^{n+1} + \bigl((\sqrt{2} - \sqrt{6})/2\bigr)^{n+1}$$
$$= 2^{-n} \sum_k \binom{n+1}{2k} \sqrt{2}^{\,n+1-2k} \sqrt{6}^{\,2k} = 2^{(1-n)/2} \sum_k \binom{n+1}{2k} 3^k.$$

Da n eine ungerade Primzahl ist, ist der Binomialkoeffizient

$$\binom{n+1}{2k} = \binom{n}{2k} + \binom{n}{2k-1}$$

teilbar durch n, außer wenn $2k = 0$ und $2k = n + 1$; also

$$2^{(n-1)/2} V_{2^{q-1}} \equiv 1 + 3^{(n+1)/2} \text{ (modulo } n).$$

Hier $2 \equiv (2^{(q+1)/2})^2$, also $2^{(n-1)/2} \equiv (2^{(q+1)/2})^{(n-1)} \equiv 1$ nach Fermats Satz. Schließlich gilt nach einem einfachen Fall des Gesetzes von der quadratischen Reziprozität (siehe Übung 23) $3^{(n-1)/2} \equiv -1$, da $n \bmod 3 = 1$ und $n \bmod 4 = 3$. Dies bedeutet $V_{2^{q-1}} \equiv -2$, also müssen wir wie gewünscht $V_{2^{q-2}} \equiv 0$ haben. ∎

Ein anonymer Autor, dessen Werke jetzt in italienischen Bibliotheken aufbewahrt werden, hatte um 1460 entdeckt, dass $2^{17} - 1$ und $2^{19} - 1$ Primzahlen sind [siehe E. Picutti, *Historia Math.* **16** (1989), 123–136]. Fast immer seit damals waren der Welt größte explizit bekannte Primzahlen Mersenne-Primzahlen. Doch die Situation kann sich ändern, da es immer schwerer wird, Mersenne-Primzahlen zu finden, und da Übung 27 einen effizienten Test für Primzahlen in anderen Formen präsentiert.

Übungen

1. [*10*] Wenn die Folge $d_0, d_1, d_2, \ldots$ von Versuchsteilern in Algorithmus A eine Zahl enthält, die nicht Primzahl ist, warum wird sie nie in der Ausgabe erscheinen?

2. [*15*] Wenn es bekannt ist, dass die Eingabe N zu Algorithmus A gleich 3 oder größer ist, könnte dann Schritt A2 eliminiert werden?

3. [*M20*] Zeige, dass es eine Zahl P mit der folgenden Eigenschaft gibt: Wenn $1000 \leq n \leq 1000000$, dann ist n genau dann Primzahl, wenn $\operatorname{ggT}(n, P) = 1$.

4. [*M29*] Beweise in der Notation von Übung 3.1–7 und Abschnitt 1.2.11.3, dass der mittlere Wert des kleinsten n mit $X_n = X_{\ell(n)-1}$ zwischen $1{,}5Q(m) - 0{,}5$ und $1{,}625Q(m) - 0{,}5$ liegt.

5. [*21*] Verwende Fermats Methode (Algorithmus D) zum Finden der Faktoren von 11111 mit der Hand, wenn die Moduli 3, 5, 7, 8 und 11 sind.

6. [*M24*] Wenn p eine ungerade Primzahl und N kein Vielfaches von p ist, beweise, dass die Anzahl ganzer Zahlen x, so dass $0 \leq x < p$ und $x^2 - N \equiv y^2$ (modulo p) eine Lösung y hat, gleich $(p \pm 1)/2$ ist.

7. [*25*] Besprich die Programmierprobleme des Siebs in Algorithmus D auf einem binären Rechner, wenn die Tabelleneinträge für Modulus m_i nicht genau eine ganze Zahl von Speicherwörtern füllen.

▶ **8.** [*23*] (*Das Sieb des Eratosthenes*, 3. Jahrhundert v.Chr.) Das folgende Verfahren entdeckt evidenterweise alle ungeraden Primzahlen kleiner als eine gegebene ganze Zahl N, da es alle zusammengesetzten Zahlen wegnimmt: Beginne mit allen ungeraden Zahlen zwischen 1 und N; dann streiche sukzessiv die Vielfachen p_k^2, $p_k(p_k + 2)$, $p_k(p_k + 4)$, $\ldots$, der k-ten Primzahl p_k für $k = 2, 3, 4, \ldots$, bis eine Primzahl p_k mit $p_k^2 > N$ erreicht ist.

Zeige, wie das gerade beschriebene Verfahren zu einem Algorithmus zu adaptieren ist, der direkt zur effizienten Berechnung ohne Multiplikation geeignet ist.

9. [*M25*] Sei n eine ungerade Zahl, $n \geq 3$. Zeige, dass wenn die Zahl $\lambda(n)$ von Satz 3.2.1.2B ein Teiler von $n - 1$, doch nicht gleich $n - 1$ ist, dann n die Form $p_1 p_2 \ldots p_t$ haben muss, wobei die p_i verschiedene Primzahlen sind und $t \geq 3$.

▶ **10.** [*M26*] (John Selfridge.) Beweise: Wenn es für jeden Primteiler p von $n - 1$ eine Zahl x_p gibt mit $x_p^{(n-1)/p} \bmod n \neq 1$, wobei jedoch $x_p^{n-1} \bmod n = 1$, dann ist n prim.

11. [*M20*] Welche Ausgaben liefert Algorithmus E, wenn $N = 197209$, $k = 5$, $m = 1$? [*Hinweis:* $\sqrt{5 \cdot 197209} = 992 + //\overline{1, 495, 2, 495, 1, 1984}//$.]

▶ **12.** [*M28*] Entwirf einen Algorithmus, der die Ausgaben von Algorithmus E zur Auffindung eines eigentlichen Faktors von N verwendet, vorausgesetzt, dass Algorithmus E genug Ausgaben zum Folgern einer Lösung von (18) produziert hat.

13. [*HM25*] (J. D. Dixon.) Beweise, dass wann immer der Algorithmus von Übung 12 eine Lösung $(x, e_0, \ldots, e_m)$ präsentiert bekommt, deren Exponenten linear abhängig modulo 2 zu den Exponenten der vorigen Lösungen sind, die Wahrscheinlichkeit 2^{1-d} ist, dass eine Faktorisierung nicht gefunden wird, wenn N gerade d verschiedene Primfaktoren hat und x zufällig gewählt wird.

14. [*M20*] Beweise, dass die Zahl T in Schritt E3 von Algorithmus E niemals ein Vielfaches einer ungeraden Primzahl p sein wird, für welche $(kN)^{(p-1)/2} \bmod p > 1$.

▸ **15.** [*M34*] (Lucas und Lehmer.) Seien P und Q teilerfremde ganze Zahlen, und sei $U_0 = 0$, $U_1 = 1$, $U_{n+1} = PU_n - QU_{n-1}$ für $n \geq 1$. Beweise, dass wenn N eine positive ganze Zahl teilerfremd zu $2P^2 - 8Q$ ist, und wenn $U_{N+1} \bmod N = 0$, während $U_{(N+1)/p} \bmod N \neq 0$ für jeden Primteiler p von $N+1$, dann ist N prim. (Dies ergibt einen Test auf Primalität, wenn die Faktoren von $N+1$ statt der Faktoren von $N-1$ bekannt sind. Wir können U_m in $O(\log m)$ Schritten wie in Übung 4.6.3–26 auswerten.) [*Hinweis:* Siehe den Beweis von Satz L.]

16. [*M50*] Gibt es unendlich viele Mersenne-Primzahlen?

17. [*M25*] (V. R. Pratt.) Ein vollständiger Beweis der Primalität nach der Konversen von Fermats Satz nimmt die Form eines Baumes an, dessen Knoten die Form (q, x) haben, wobei q und x positive ganze Zahlen sind, die die folgenden arithmetischen Bedingungen erfüllen: (i) Wenn $(q_1, x_1), \ldots, (q_t, x_t)$ die Kinder von (q, x) sind, dann $q = q_1 \ldots q_t + 1$. [Insbesondere wenn (q, x) kinderlos ist, dann $q = 2$.] (ii) Wenn (r, y) ein Kind von (q, x) ist, dann $x^{(q-1)/r} \bmod q \neq 1$. (iii) Für jeden Knoten (q, x) haben wir $x^{q-1} \bmod q = 1$. Von diesen Bedingungen folgt, dass q Primzahl und x eine primitive Wurzel modulo q ist, für alle Knoten (q, x). [Zum Beispiel zeigt der Baum,

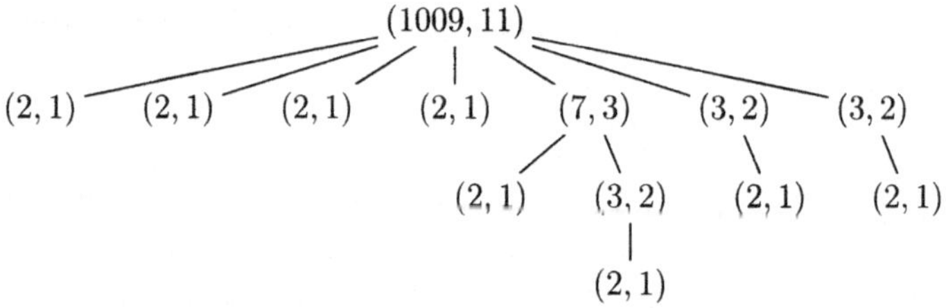

dass 1009 Primzahl ist.] Beweise, dass ein solcher Baum mit Wurzel (q, x) höchstens $f(q)$ Knoten hat, wobei f eine recht langsam wachsende Funktion ist.

▸ **18.** [*HM23*] Gib einen heuristischen Beweis von (7), analog zu der Ableitung im Text von (6). Was ist die näherungsweise Wahrscheinlichkeit, dass $p_{t-1} \leq \sqrt{p_t}$?

▸ **19.** [*M25*] (J. M. Pollard.) Zeige, wie man eine Zahl M berechnen kann, die durch alle ungeraden Primzahlen p teilbar ist, so dass $p-1$ ein Teiler einer gegebenen Zahl D ist. [*Hinweis:* Betrachte Zahlen der Form $a^n - 1$.] Ein solches M ist bei der Faktorisierung nützlich, denn durch Berechnung von $\text{ggT}(M, N)$ können wir einen Faktor von N entdecken. Erweitere diese Idee zu einer effizienten Methode, die mit hoher Wahrscheinlichkeit Primfaktoren p einer gegebenen großen Zahl N entdeckt, wenn alle Primzahlpotenzen Faktoren von $p-1$ kleiner 10^3 sind mit Ausnahme höchstens eines Primfaktors kleiner 10^5. [Zum Beispiel würde die zweitgrößte Primzahl, die (15) teilt, durch diese Methode entdeckt werden, da sie $1 + 2^4 \cdot 5^2 \cdot 67 \cdot 107 \cdot 199 \cdot 41231$ ist.]

20. [*M40*] Betrachte Übung 19 mit $p-1$ ersetzt durch $p+1$.

21. [*M49*] (R. K. Guy.) Sei $m(p)$ die Anzahl der von Algorithmus B erforderten Iterationen, den Primfaktor p auszuwerfen. Ist $m(p) = O(\sqrt{p \log p})$ für $p \to \infty$?

▸ **22.** [*M30*] (M. O. Rabin.) Sei p_n die Wahrscheinlichkeit, dass Algorithmus P falsch mutmaßt für gegebenes n. Zeige, dass $p_n < \frac{1}{4}$ für alle n.

23. [*M35*] Das *Jacobisymbol* $\left(\frac{p}{q}\right)$ ist nach Definition -1, 0 oder $+1$ für alle ganzen Zahlen $p \geq 0$ und alle ungeraden ganzen Zahlen $q > 1$ durch die Regeln $\left(\frac{p}{q}\right) \equiv p^{(q-1)/2}$

(modulo q), wenn q prim ist; $\left(\frac{p}{q}\right) = \left(\frac{p}{q_1}\right) \ldots \left(\frac{p}{q_t}\right)$, wenn q das Produkt $q_1 \ldots q_t$ von t (nicht notwendig verschiedenen) Primzahlen ist. Also verallgemeinert es das Legendresymbol von Übung 1.2.4–47.

a) Beweise, dass $\left(\frac{p}{q}\right)$ die folgenden Beziehungen erfüllt und deshalb effizient berechnet werden kann: $\left(\frac{0}{q}\right) = 0$; $\left(\frac{1}{q}\right) = 1$; $\left(\frac{p}{q}\right) = \left(\frac{p \bmod q}{q}\right)$; $\left(\frac{2}{q}\right) = (-1)^{(q^2-1)/8}$; $\left(\frac{pp'}{q}\right) = \left(\frac{p}{q}\right)\left(\frac{p'}{q}\right)$; $\left(\frac{p}{q}\right) = (-1)^{(p-1)(q-1)/4}\left(\frac{q}{p}\right)$, wenn sowohl p als auch q ungerade ist. [Das letztere Gesetz, welches eine Reziprozitätsrelation ist, reduziert die Auswertung von $\left(\frac{p}{q}\right)$ zur Auswertung von $\left(\frac{q}{p}\right)$ und wurde in Übung 1.2.4–47(d) bewiesen, wenn sowohl p als auch q prim ist, also kannst du seine Gültigkeit in diesem speziellen Fall annehmen.]

b) (Solovay und Strassen.) Beweise, dass wenn n ungerade, doch nicht Primzahl ist, die Anzahl ganzer Zahlen x mit $1 \le x < n$ und $0 \ne \left(\frac{x}{n}\right) \equiv x^{(n-1)/2}$ (modulo n) höchstens $\frac{1}{2}\varphi(n)$ ist. (Also entscheidet der folgende Test korrekt, ob ein gegebenes n Primzahl ist, mit Wahrscheinlichkeit mindestens 1/2 für alle festen n: „Erzeuge x zufällig mit $1 \le x < n$. Wenn $0 \ne \left(\frac{x}{n}\right) \equiv x^{(n-1)/2}$ (modulo n), sage, dass n wahrscheinlich Primzahl ist, sonst sage, dass n definitiv nicht Primzahl ist.")

c) (L. Monier.) Beweise, dass wenn n und x Zahlen sind, für welche Algorithmus P entscheidet, „n ist wahrscheinlich Primzahl", dann $0 \ne \left(\frac{x}{n}\right) \equiv x^{(n-1)/2}$ (modulo n). [Also ist Algorithmus P immer dem Test in (b) überlegen.]

▸ **24.** [*M25*] (L. Adleman.) Wenn $n > 1$ und $x > 1$ ganze Zahlen sind, n ungerade, wollen wir sagen, dass n „den x-Test von Algorithmus P passiert", wenn entweder x mod $n = 0$, oder wenn die Schritte P2–P5 zur Konklusion führen, dass n wahrscheinlich prim ist. Beweise, dass für jedes N eine Menge von positiven ganzen Zahlen $x_1, \ldots, x_m \le N$ mit $m \le \lfloor \lg N \rfloor$ existiert, so dass eine positive ungerade ganze Zahl im Bereich $1 < n \le N$ Primzahl genau dann ist, wenn sie den x-Test von Algorithmus P für $x = x_1 \bmod n, \ldots, x = x_m \bmod n$ passiert. Also können die probabilistischen Tests auf Primalität im Prinzip in eine effiziente Prüfung konvertiert werden, die nichts dem Zufall überlässt. (Du brauchst nicht zu zeigen, wie die x_j effizient zu berechnen sind; beweise lediglich, dass sie existieren.)

25. [*HM41*] (B. Riemann.) Beweise, dass

$$\pi(x) + \frac{\pi(x^{1/2})}{2} + \frac{\pi(x^{1/3})}{3} + \cdots = \int_2^x \frac{dt}{\ln t} - 2\sum \int_{-\infty}^{\sigma} \frac{e^{(t+i\tau)\ln x}\,dt}{t+i\tau} + O(1),$$

wobei die Summe über alle komplexen $\sigma + i\tau$ mit $\tau > 0$ und $\zeta(\sigma + i\tau) = 0$ läuft.

▸ **26.** [*M25*] (H. C. Pocklington, 1914.) Sei $N = fr + 1$, wobei $0 < r \le f + 1$. Beweise, dass N prim ist, wenn es für jeden Primteiler p von f eine ganze Zahl x_p mit x_p^{N-1} mod $N = \mathrm{ggT}(x_p^{(N-1)/p} - 1, N) = 1$ gibt.

▸ **27.** [*M30*] Zeige, dass es einen Weg zum Test von Zahlen der Form $N = 5{\cdot}2^n + 1$ auf Primalität gibt mit näherungsweise derselben Anzahl von Quadrierungen mod N wie beim Lucas–Lehmer-Test für Mersenne-Primzahlen in Satz L. [*Hinweis:* Siehe die vorige Übung.]

28. [*M27*] Gegeben sei eine Primzahl p und eine positive ganze Zahl d, was ist der Wert von $f(p, d)$, der mittleren Anzahl, wie oft p die Zahl $A^2 - dB^2$ (mit Vielfachheiten) teilt, wenn A und B zufällige ganze Zahlen sind, die bis auf die Bedingung $A \perp B$ unabhängig sind?

29. [*M25*] Beweise, dass die Anzahl positiver ganzer Zahlen $\leq n$, deren Primfaktoren alle in einer gegebenen Menge von Primzahlen $\{p_1, \ldots, p_m\}$ enthalten sind, mindestens $m^r/r!$ ist, wenn $r = \lfloor \log n / \log p_m \rfloor$ und $p_1 < \cdots < p_m$.

30. [*HM35*] (J. D. Dixon und Claus-Peter Schnorr.) Seien $p_1 < \cdots < p_m$ Primzahlen, die nicht die ungerade Zahl N teilen, und sei r eine gerade ganze Zahl $\leq \log N/\log p_m$. Beweise, dass die Anzahl ganzer Zahlen X im Bereich $0 \leq X < N$ mit $X^2 \bmod N = p_1^{e_1} \ldots p_m^{e_m}$ mindestens $m^r/r!$ ist. *Hinweis:* Sei die Primfaktorisierung von N $q_1^{f_1} \ldots q_d^{f_d}$. Zeige, dass eine Folge von Exponenten $(e_1, \ldots, e_m)$ zu 2^d Lösungen X führt, wann immer wir $e_1 + \cdots + e_m \leq r$ haben und $p_1^{e_1} \ldots p_m^{e_m}$ ein quadratischer Rest modulo q_i für $1 \leq i \leq d$ ist. Solche Exponentenfolgen können als geordnete Paare $(e_1', \ldots, e_m'; e_1'', \ldots, e_m'')$ erhalten werden, wobei $e_1' + \cdots + e_m' \leq \frac{1}{2}r$ und $e_1'' + \cdots + e_m'' \leq \frac{1}{2}r$ und

$$(p_1^{e_1'} \ldots p_m^{e_m'})^{(q_i-1)/2} \equiv (p_1^{e_1''} \ldots p_m^{e_m''})^{(q_i-1)/2} \pmod{q_i} \qquad \text{für } 1 \leq i \leq d.$$

31. [*M20*] Verwende Übung 1.2.10–21 zur Abschätzung der Wahrscheinlichkeit, dass Dixons Faktorisierungsalgorithmus (wie vor Satz D beschrieben) weniger als $2m$ Ausgaben erhält.

▶ **32.** [*M21*] Zeige, wie das RSA-Codierungsschema zu ändern ist, dass es kein Problem mit Mitteilungen $< \sqrt[3]{N}$ gibt, und zwar so, dass die Länge der Mitteilungen nicht wesentlich anwächst.

33. [*M50*] Beweise oder widerlege: Wenn ein vernünftig effizienter Algorithmus existiert, der mit einer nicht vernachlässigbaren Wahrscheinlichkeit $x \bmod N$ finden kann, für eine gegebene Zahl $N = pq$, deren Primfaktoren $p \equiv q \equiv 2$ (modulo 3) erfüllen, und für den gegebenen Wert $x^3 \bmod N$, dann gibt es einen vernünftig effizienten Algorithmus, der mit einer nicht vernachlässigbaren Wahrscheinlichkeit die Faktoren von N finden kann. [Wenn dies bewiesen werden könnte, wäre damit nicht nur gezeigt, dass das Problem kubischer Wurzeln ebenso schwierig ist wie die Faktorzerlegung, sondern es wäre auch gezeigt, dass das RSA-Schema denselben fatalen Fehler wie das SQRT-Schema hat.]

34. [*M30*] (Peter Weinberger.) Nimm $N = pq$ im RSA-Schema an und außerdem, dass du eine Zahl m kennst mit $x^m \bmod N = 1$ für mindestens 10^{-12} aller positiven ganzen Zahlen x. Erkläre, wie du die Faktorzerlegung von N ohne große Schwierigkeit bewerkstelligen könntest, wenn m nicht auch groß (sagen wir $m < N^{10}$) ist.

▶ **35.** [*M25*] (H. C. Williams, 1979.) Sei N das Produkt zweier Primzahlen p und q, wobei $p \bmod 8 = 3$ und $q \bmod 8 = 7$. Beweise, dass das Jacobisymbol $(\frac{-x}{N}) = (\frac{x}{N}) = -(\frac{2x}{N})$ erfüllt, und verwende dies zum Entwurf eines Codierungs-/Decodierungsschemas analog zu Rabins SQRT-Box doch ohne Mehrdeutigkeit von Mitteilungen.

36. [*HM24*] Die asymptotische Analyse nach (22) ist zu grob für sinnvolle Werte, es sei denn, N ist äußerst groß, da $\ln \ln N$ immer recht klein ist, wenn N in einem praktikablen Bereich liegt. Führe eine mehrfachgenaue Analyse aus, die Einsicht in das Verhalten von (22) für vernünftige Werte von N gibt; erkläre auch, wie ein Wert von $\ln m$ zu wählen ist, der (22) bis auf einen Faktor höchstens von der Größe $\exp(O(\log \log N))$ minimiert.

37. [*M27*] Beweise, dass die Quadratwurzel jeder positiven ganzen Zahl D einen periodischen Kettenbruch der Form

$$\sqrt{D} = R + /\!/a_1, \ldots, a_n, 2R, a_1, \ldots, a_n, 2R, a_1, \ldots, a_n, 2R, \ldots /\!/$$

hat, es sei denn, D ist ein vollkommenes Quadrat, wobei $R = \lfloor\sqrt{D}\rfloor$ und $(a_1, \ldots, a_n)$ ein *Palindrom* ist, (d.h. $a_i = a_{n+1-i}$ für $1 \le i \le n$).

38. [*25*] (*Nutzlose Primzahlen.*) Für $0 \le d \le 9$ finde P_d, die größte 50-stellige Primzahl, die die größtmögliche Anzahl von Dezimalziffern gleich d hat. (Maximiere zuerst die Anzahl der d, dann finde die größte solche Primzahl.)

39. [*40*] Viele Primzahlen p haben die Eigenschaft, dass $2p+1$ auch prim ist; zum Beispiel $5 \to 11 \to 23 \to 47$. Allgemeiner sagen wir, q ist ein *Nachfolger* von p, wenn p und q beide prim sind und $q = 2^k p+1$ für ein $k \ge 0$. Z. B. $2 \to 3 \to 7 \to 29 \to 59 \to 1889 \to 3779 \to 7559 \to 4058207223809 \to 32465657790473 \to 4462046030502692971872257 \to 95\langle 30$ ausgelassene Ziffern$\rangle 37 \to \cdots$; der kleinste Nachfolger von $95\ldots37$ hat 103 Ziffern.

Finde die längste Kette nachfolgender Primzahlen, die du finden kannst.

▶ **40.** [*M36*] (A. Shamir.) Betrachte einen abstrakten Rechner, der die Operationen $x + y$, $x - y$, $x \cdot y$ und $\lfloor x/y \rfloor$ mit ganzen Zahlen x und y beliebiger Länge in einer einzigen Zeiteinheit ausführen kann, ohne Rücksicht, wie groß diese ganzen Zahlen auch sind. Die Maschine speichert ganze Zahlen in einem Speicher mit Zufallszugriff und kann verschiedene Programmschritte in Abhängigkeit davon auswählen, ob $x = y$ für gegebene Zahlen x und y. Der Zweck dieser Übung ist der Nachweis, dass es eine erfreulich schnelle Methode zur Faktorisierung von Zahlen auf einem solchen Rechner gibt. (Deshalb wird es wahrscheinlich ziemlich schwierig zu zeigen sein, dass Faktorisierung auf *realen* Maschinen inhärent kompliziert ist, obwohl wir genau diesen Verdacht hegen.)

a) Finde einen Weg zur Berechnung von $n!$ in $O(\log n)$ Schritten auf einem solchen Rechner für eine gegebene ganze Zahl $n \ge 2$. [*Hinweis:* Wenn A eine hinreichend große ganze Zahl ist, können die Binomialkoeffizienten $\binom{m}{k} = m!/(m-k)!\,k!$ leicht vom Wert von $(A+1)^m$ berechnet werden.]

b) Zeige, wie eine Zahl $f(n)$ in $O(\log n)$ Schritten auf einem solchen Rechner zu berechnen ist, wenn eine ganze Zahl $n \ge 2$ mit folgenden Eigenschaften gegeben ist: $f(n) = n$, wenn n prim ist, sonst ist $f(n)$ ein eigentlicher (doch nicht notwendig primer) Teiler von n. [*Hinweis:* Wenn $n \ne 4$, ist eine solche Funktion $f(n)$ gerade $\mathrm{ggT}(m(n), n)$, wobei $m(n) = \min\{m \mid m! \bmod n = 0\}$.]

(Als Folge von (b) können wir eine gegebene Zahl n mit nur $O(\log n)^2$ arithmetischen Operationen auf beliebig großen ganzen Zahlen vollständig faktorisieren: Gegeben eine teilweise Faktorisierung $n = n_1 \ldots n_r$; jedes zusammengesetzte n_i kann durch $f(n_i) \cdot (n_i/f(n_i))$ in $\sum O(\log n_i) = O(\log n)$ Schritten ersetzt werden und diese Verfeinerung kann wiederholt werden, bis alle n_i prim sind.)

▶ **41.** [*M28*] (Lagarias, Miller und Odlyzko.) Der Zweck dieser Übung ist der Nachweis, dass die Anzahl von Primzahlen kleiner N^3 lediglich durch Betrachtung von Primzahlen kleiner N^2 berechnet und deswegen $\pi(N^3)$ in $O(N^{2+\epsilon})$ Schritten ausgewertet werden kann.

Nenne einen „m-Überlebenden" eine positive ganze Zahl, deren Primfaktoren alle m überschreiten; also verbleibt ein m-Überlebender in dem Sieb des Eratosthenes (Übung 8), nachdem alle Vielfachen von Primzahlen $\le m$ ausgesiebt wurden. Sei $f(x, m)$ die Anzahl von m-Überlebenden, die $\le x$ sind, und sei $f_k(x, m)$ die Anzahl derjenigen Überlebenden, die genau k Primfaktoren (einschließlich Vielfachheit) haben.

a) Beweise, dass $\pi(N^3) = \pi(N) + f(N^3, N) - 1 - f_2(N^3, N)$.

b) Erkläre, wie $f_2(N^3, N)$ der Werte von $\pi(x)$ für $x \le N^2$ zu berechnen sind. Verwende deine Methode zur Auswertung von $f_2(1000, 10)$ per Hand.

c) Dieselbe Frage wie (b), doch werte $f(N^3, N)$ statt $f_2(N^3, N)$ aus. [*Hinweis:* Verwende die Identität $f(x, p_j) = f(x, p_{j-1}) - f(x/p_j, p_{j-1})$, wobei p_j die j-te Primzahl und $p_0 = 1$ ist.]

d) Gib Datenstrukturen für die effiziente Auswertung der Größen in (b) und (c) an.

42. [*M35*] (H. W. Lenstra, Jr.) Gegeben sei $0 < r < s < N$ mit $r \perp s$ und $N \perp s$; zeige, dass man alle Teiler von N, die $\equiv r$ (modulo s) sind, mit $O(\lceil N/s^3 \rceil^{1/2} \log s)$ wohl ausgewählten arithmetischen Operationen auf $(\lg N)$-Bit-Zahlen finden kann. [*Hinweis:* Wende Übung 4.5.3–49 an.]

▶ **43.** [*M43*] Sei $m = pq$ eine r-Bit-blumsche ganze Zahl wie in Satz 3.5P, und sei $Q_m = \{y \mid y = x^2 \bmod m \text{ für ein } x\}$. Q_m hat dann $(p+1)(q+1)/4$ Elemente und jedes Element $y \in S_m$ hat eine eindeutige Quadratwurzel $x = \sqrt{y}$ mit $x \in Q_m$. Nehmen wir an, $G(y)$ ist ein Algorithmus, der korrekt $\sqrt{y} \bmod 2$ mit Wahrscheinlichkeit $\ge \frac{1}{2} + \epsilon$ vermutet, wenn y ein zufälliges Element von Q_m ist. Das Ziel dieser Übung ist der Beweis, dass das durch G gelöste Problem nahezu genauso hart wie das Problem der Faktorzerlegung von m ist.

a) Konstruiere einen Algorithmus $A(G, m, \epsilon, y, \delta)$, der Zufallszahlen und Algorithmus G zur Vermutung verwendet, ob eine gegebene ganze Zahl y in Q_m ist, ohne $\sqrt{y}$ berechnen zu müssen. Dein Algorithmus sollte mit Wahrscheinlichkeit $\ge 1 - \delta$ korrekt vermuten und seine Laufzeit $T(A)$ sollte höchstens $O(\epsilon^{-2}(\log \delta^{-1}) T(G))$ betragen unter der Annahme, dass $T(G) \ge r^2$. (Wenn $T(G) < r^2$, ersetze $T(G)$ durch $(T(G) + r^2)$ in dieser Formel.)

b) Konstruiere einen Algorithmus $F(G, m, \epsilon)$, der die Faktoren von m mit einer erwarteten Laufzeit $T(F) = O(r^2(\epsilon^{-6} + \epsilon^{-4}(\log \epsilon^{-1}) T(G)))$ findet.

Hinweise: Für festes $y \in Q_m$ und für $0 \le v < m$ sei $\tau v = v\sqrt{y} \bmod m$ und $\lambda v = \tau v \bmod 2$. Beachte, dass $\lambda(-v) + \lambda v = 1$ und

$$\lambda(v_1 + \cdots + v_n) = (\lambda v_1 + \cdots + \lambda v_n + \lfloor (\tau v_1 + \cdots + \tau v_m)/m \rfloor) \bmod 2.$$

Weiterhin haben wir $\tau(\frac{1}{2}v) = \frac{1}{2}(\tau v + m\lambda v)$; hier steht $\frac{1}{2}v$ für $(\frac{m+1}{2}v) \bmod m$. Wenn $\pm v \in Q_m$, haben wir $\tau(\pm v) = \sqrt{v^2 y}$; deshalb gibt uns Algorithmus G einen Weg zur Vermutung von λv für etwa die Hälfte aller v.

44. [*M35*] (J. Håstad.) Zeige, dass es nicht schwierig ist, x zu finden, wenn $a_{i0} + a_{i1}x + a_{i2}x^2 + a_{i3}x^3 \equiv 0$ (modulo m_i), $0 < x < m_i$, $\operatorname{ggT}(a_{i0}, a_{i1}, a_{i2}, a_{i3}, m_i) = 1$ und $m_i > 10^{27}$ für $1 \le i \le 7$, wenn $m_i \perp m_j$ für $1 \le i < j \le 7$. (Alle Variablen sind ganze Zahlen; alle bis auf x sind bekannt.) *Hinweis:* Wenn L eine nicht-singuläre Matrix reeller Zahlen ist, findet der Algorithmus von Lenstra, Lenstra und Lovász [*Mathematische Annalen* **261** (1982), 515–534] effizient einen von null verschiedenen ganzzahligen Vektor $v = (v_1, \ldots, v_n)$ mit Länge$(vL) \le \sqrt{n2^n}\,|\det L|^{1/n}$.

▶ **45.** [*M41*] (J. M. Pollard und Claus-Peter Schnorr.) Zeige, dass es einen effizienten Weg zur Lösung der Kongruenz

$$x^2 - ay^2 \equiv b \quad (\text{modulo } n)$$

für ganze Zahlen x und y gibt, wenn ganze Zahlen a, b und n mit $ab \perp n$ und n ungerade gegeben sind, auch wenn die Faktorisierung von n unbekannt ist. [*Hinweis:* Verwende die Identität

$$(x_1^2 - ay_1^2)(x_2^2 - ay_2^2) = x^2 - ay^2,$$

wobei $x = x_1x_2 - ay_1y_2$ und $y = x_1y_2 + x_2y_1$.]

46. [*HM30*] (L. Adleman.) Sei p eine recht große Primzahl und a eine primitive Wurzel modulo p; also können alle ganzen Zahlen b im Bereich $1 \le b < p$ als $b = a^n \bmod p$ geschrieben werden für ein eindeutiges n mit $1 \le n < p$.

Entwirf einen Algorithmus, der fast immer n findet, wenn b gegeben ist, in $O(p^\epsilon)$ Schritten für alle $\epsilon > 0$ mit Ideen ähnlich zu jenen von Dixons Faktorisierungsalgorithmus. [*Hinweis:* Beginne mit dem Aufbau eines Repertoires von Zahlen n_i der Art, dass $a^{n_i} \bmod p$ nur kleine Primfaktoren hat.]

47. [*M50*] Ein bestimmtes literarisches Zitat $x = x_1x_2$ dargestellt in ASCII Code hat den chiffrierten Wert $(x_1^3 \bmod N, x_2^3 \bmod N) =$

```
(14E97EF5C531D92591B89CDBAB48444A04612C01AA29C2A8FA10FA804EF7AC3CE03D7D3667C4D3E132A24A68
 E6797FE28650DC3ADF327474B86B0CBD5387A49872CE012269A59B3E4B3BD83B74681A78AD7B6D1772A7451B,
 15B025E2AEE095A9542590184CF62F72B2E8E8DD794AEF8511F2591E6BC2C8B8A8E48AF1FE04FF2FD933E730
 9205A3418DBB9BB8C6A7665DA309531735FE86C741D1261B34CB2668FA34D0C0C28575A2454E3DB00E408AC7)
```

in hexadezimaler Notation, wobei $N =$

```
17B2353B9595ECA69FEF80940160C4084286D1255FFE49D114F2E633F82C88D5224FC4AA6F9104CED2BCA810
BEA76157FFDC78F9656A0ED9B3F6CCAB99001B8B2571F4EBD095925F07F9BEE5111E8375DFD71593628AD8D1.
```

Was ist x?

Die Aufgabe, die Primzahlen von den zusammengesetzten zu unterscheiden,
und letzere in ihre Primfaktoren zu zerlegen,
gehört zu den wichtigsten und nützlichsten der gesamten Arithmetik.
... ausserdem aber dürfte es die Würde der Wissenschaft
erheischen, alle Hülfsmittel zur Lösung
jenes so eleganten und berühmten Problems fleissig zu vervollkommnen.

— C. F. GAUSS, *Disquisitiones Arithmeticæ*, Artikel 329 (1801),

— Übersetzung nach H. Maser (1889)

4.6. Polynomarithmetik

Die bisher untersuchten Techniken sind in einer natürlichen Weise auf viele Arten von mathematischen Größen anwendbar, nicht einfach nur auf Zahlen. In diesem Abschnitt behandeln wir Polynome, welche nach Zahlen der nächste Schritt nach oben sind. Formal gesagt ist ein *Polynom über S* ein Ausdruck der Form

$$u(x) = u_n x^n + \cdots + u_1 x + u_0, \tag{1}$$

wobei die *Koeffizienten* u_n, ..., u_1, u_0 Elemente eines algebraischen Systems S sind und die *Variable* x als ein formales Symbol mit einer unbestimmten Bedeutung angesehen werden kann. Wir werden annehmen, dass das algebraische System S ein *kommutativer Ring mit Eins* ist; dies bedeutet, dass S die Operationen von Addition, Subtraktion und Multiplikation zulässt, die die gewohnten Eigenschaften erfüllen: Addition und Multiplikation sind binäre auf S definierte Operationen; sie sind assoziativ und kommutativ und Multiplikation distributiv über der Addition. Es gibt ein additives neutrales Element 0 und ein multiplikatives neutrales Element 1 mit $a + 0 = a$ und $a \cdot 1 = a$ für alle a in S. Subtraktion ist die Inverse der Addition, jedoch nehmen wir nichts über die Möglichkeit einer Division als einer Inversion der Multiplikation an. Das Polynom $0x^{n+m} + \cdots + 0x^{n+1} + u_n x^n + \cdots + u_1 x + u_0$ wird als dasselbe Polynom wie (1) angesehen, obwohl sein Ausdruck formal verschieden ist.

Wir sagen, dass (1) ein Polynom vom *Grad n* mit *führendem Koeffizienten* u_n ist, wenn $u_n \neq 0$; und in diesem Fall schreiben wir

$$\deg(u) = n, \qquad \ell(u) = u_n. \tag{2}$$

Aus Konvention setzen wir auch

$$\deg(0) = -\infty, \qquad \ell(0) = 0, \tag{3}$$

wobei „0" das Nullpolynom bezeichnet, dessen Koeffizienten alle null sind. Wir sagen, dass $u(x)$ ein *monisches Polynom* ist, wenn sein führender Koeffizient $\ell(u)$ 1 ist.

Arithmetik an Polynomen besteht hauptsächlich aus Addition, Subtraktion und Multiplikation; in einigen Fällen sind weitere Operationen wie Division, Exponentiation, Faktorzerlegung und Bestimmung des größten gemeinsamen Teilers wichtig. Addition, Subtraktion und Multiplikation sind in einer natürlichen Weise definiert, als ob die Variable x ein Element von S wäre: Wir addieren oder subtrahieren Polynome durch Addition oder Subtraktion der Koeffizienten gleicher Potenzen von x. Multiplikation wird nach der Regel

$$(u_r x^r + \cdots + u_0)(v_s x^s + \cdots + v_0) = w_{r+s} x^{r+s} + \cdots + w_0$$

ausgeführt, wobei

$$w_k = u_0 v_k + u_1 v_{k-1} + \cdots + u_{k-1} v_1 + u_k v_0. \tag{4}$$

In der letzten Formel werden u_i oder v_j als null behandelt, wenn $i > r$ oder $j > s$.

Das algebraische System S ist gewöhnlich die Menge der ganzen Zahlen oder der rationalen Zahlen oder es kann selbst wieder eine Menge von Polynomen (in anderen Variablen als x) sein, in welchem Fall (1) ein *multivariates* Polynom, ein Polynom in mehreren Variablen, ist. Ein anderer wichtiger Fall tritt auf, wenn das algebraische System S aus den ganzen Zahlen $0, 1, \ldots, m-1$ besteht, mit Addition, Subtraktion und Multiplikation mod m (siehe Gl. 4.3.2–(11)); dies wird *Polynomarithmetik modulo m* genannt. Polynomarithmetik modulo 2, wenn jeder der Koeffizienten den Wert 0 oder 1 hat, ist besonders wichtig.

Der Leser sollte die Ähnlichkeit zwischen Polynomarithmetik und mehrfachgenauer Arithmetik (Abschnitt 4.3.1) beachten, wobei die Basis b für x substituiert ist. Der Hauptunterschied ist der, dass der Koeffizient u_k von x^k der Polynomarithmetik in keiner wesentlichen Relation zu seinen Nachbarkoeffizienten $u_{k\pm1}$ steht, dass also die Idee eines „Übertrags" von einer Stelle auf die nächste fehlt. Tatsächlich ist Polynomarithmetik modulo b im Wesentlichen identisch mit mehrfachgenauer Arithmetik zur Basis b, außer dass alle Überträge unterdrückt sind. Vergleiche zum Beispiel die Multiplikation von $(1101)_2$ mit $(1011)_2$ im binären Zahlsystem mit der analogen Multiplikation von x^3+x^2+1 mit x^3+x+1 modulo 2:

Binärsystem	Polynome modulo 2
1101 × 1011	1101 × 1011
1101	1101
1101	1101
1101	1101
10001111	1111111

Das Produkt dieser Polynome modulo 2 erhält man durch Unterdrückung aller Überträge, und es ist $x^6+x^5+x^4+x^3+x^2+x+1$. Wenn wir dieselben Polynome über den ganzen Zahlen multipliziert hätten, ohne Reste modulo 2 zu nehmen, wäre das Ergebnis $x^6+x^5+x^4+3x^3+x^2+x+1$ gewesen; wieder wurden Überträge unterdrückt, doch in diesem Fall können die Koeffizienten beliebig groß werden.

Angesichts dieser starken Analogie mit mehrfachgenauer Arithmetik ist es unnötig, Polynomaddition, -subtraktion und -multiplikation noch weiter in diesem Abschnitt zu besprechen. Doch sollten wir auf einige Aspekte hinweisen, die in der Praxis Polynomarithmetik oft etwas verschieden von mehrfachgenauer Arithmetik sein lassen: Es gibt oft die Tendenz zu einer großen Zahl von Nullkoeffizienten und zu Polynomen sehr hoher Grade, so dass besondere Formen der Darstellung wünschenswert sind; siehe Abschnitt 2.2.4. Weiter führt Arithmetik an Polynomen in mehreren Variablen zu Routinen, die am besten in einem rekursiven Rahmen verstanden werden; diese Situation wird in Kapitel 8 besprochen.

Während die Techniken der Polynom-Addition, -Subtraktion und -Multiplikation relativ naheliegend sind, verdienen mehrere andere wichtige Aspekte von Polynomarithmetik besonderes Augenmerk. Die folgenden Unterabschnitte besprechen deshalb *Division* von Polynomen mit den assoziierten Techniken der

Bestimmung des größten gemeinsamen Teilers und der Faktorzerlegung. Wir werden auch die Probleme effizienter *Auswertung* von Polynomen besprechen, nämlich die Aufgabe, den Wert von $u(x)$ mit möglichst wenigen Operationen zu finden, wenn x ein gegebenes Element von S ist. Der Spezialfall der schnellen Auswertung von x^n für großes n ist an und für sich ganz wichtig, so dass er im Detail in Abschnitt 4.6.3 besprochen wird .

Das erste größere Paket von Rechnerprogrammen für Polynomarithmetik war das ALPAK System [W. S. Brown, J. P. Hyde und B. A. Tague, *Bell System Tech. J.* **42** (1963), 2081–2119; **43** (1964), 785–804, 1547–1562]. Ein anderer früher Meilenstein auf diesem Gebiet war das PM System von George Collins [*CACM* **9** (1966), 578–589]; siehe auch C. L. Hamblin, *Comp. J.* **10** (1967), 168–171.

Übungen

1. [*10*] Wenn wir Polynomarithmetik modulo 10 ausführen, was ist $7x + 2$ minus $x^2 + 5$? Was ist $6x^2 + x + 3$ mal $5x^2 + 2$?

2. [*17*] Wahr oder falsch: (a) Das Produkt monischer Polynome ist monisch. (b) Das Produkt von Polynomen vom Grade m und n hat Grad $m + n$. (c) Die Summe von Polynomen vom Grade m und n hat Grad $\max(m, n)$.

3. [*M20*] Wenn alle Koeffizienten $u_r, \ldots, u_0, v_s, \ldots, v_0$ in (4) ganze Zahlen sind, die die Bedingungen $|u_i| \leq m_1$, $|v_j| \leq m_2$ erfüllen, was ist der maximale Absolutwert der Produktkoeffizienten w_k?

▶ **4.** [*21*] Kann die Multiplikation von Polynomen modulo 2 mit den gewöhnlichen arithmetischen Operationen auf einem binären Rechner erleichtert werden, wenn die Koeffizienten in Rechnerwörter gepackt werden?

▶ **5.** [*M21*] Zeige, wie man zwei Polynome vom Grad $\leq n$ modulo 2 multiplizieren kann mit einer Ausführungszeit proportional zu $O(n^{\lg 3})$ für großes n durch eine Adaption von Karatsubas Methode (siehe Abschnitt 4.3.3).

4.6.1. Division von Polynomen

Man kann ein Polynom durch ein anderes in grundsätzlich derselben Weise dividieren, wie man eine mehrfachgenaue ganze Zahl durch eine andere dividiert, wenn Arithmetik an Polynomen über einem *Körper* ausgeführt wird. Ein Körper S ist ein kommutativer Ring mit Eins, in welchem exakte Division möglich ist wie auch die Operationen von Addition, Subtraktion und Multiplikation; dies bedeutet wie gewöhnlich, wann immer u und v Elemente von S sind und $v \neq 0$, gibt es ein Element w in S mit $u = vw$. Die in Anwendungen wichtigsten Koeffizientenkörper sind

a) die rationalen Zahlen (dargestellt als Brüche, siehe Abschnitt 4.5.1);
b) die reellen oder komplexen Zahlen (dargestellt in einem Rechner durch Gleitkommanäherungen; siehe Abschnitt 4.2);
c) die ganzen Zahlen modulo p, wobei p eine Primzahl ist (wobei Division wie in Übung 4.5.2–16 vorgeschlagen implementiert sein kann);

d) die *rationalen Funktionen* über einem Körper, d.h. Quotienten von zwei Polynomen, deren Koeffizienten im Körper liegen und deren Nenner monisch ist.

Von besonderer Bedeutung ist der Körper der ganzen Zahlen modulo 2, dessen einzige Elemente 0 und 1 sind. Polynome über diesem Körper (nämlich Polynome modulo 2) haben viele Analogien zu ganzen Zahlen ausgedrückt in binärer Notation; und rationale Funktionen über diesem Körper haben überraschende Analogien zu rationalen Zahlen, deren Zähler und Nenner in binärer Notation dargestellt sind.

Gegeben zwei Polynome $u(x)$ und $v(x)$ über einem Körper mit $v(x) \neq 0$. Wir können $u(x)$ durch $v(x)$ dividieren, um ein Quotientenpolynom $q(x)$ und ein Restpolynom $r(x)$ zu erhalten, die die Bedingungen

$$u(x) = q(x) \cdot v(x) + r(x), \qquad \deg(r) < \deg(v) \tag{1}$$

erfüllen.

Man sieht leicht, dass es höchstens ein Paar von Polynomen $\bigl(q(x), r(x)\bigr)$ gibt, die diese Relationen erfüllen; denn wenn sowohl $\bigl(q_1(x),\ r_1(x)\bigr)$ als auch $\bigl(q_2(x), r_2(x)\bigr)$ (1) bezüglich derselben Polynome $u(x)$ und $v(x)$ erfüllen, dann $q_1(x)v(x) + r_1(x) = q_2(x)v(x) + r_2(x)$, also $\bigl(q_1(x) - q_2(x)\bigr)v(x) = r_2(x) - r_1(x)$. Wenn nun $q_1(x) - q_2(x)$ von null verschieden ist, haben wir $\deg\bigl((q_1 - q_2) \cdot v\bigr) = \deg(q_1 - q_2) + \deg(v) \geq \deg(v) > \deg(r_2 - r_1)$, ein Widerspruch; also $q_1(x) - q_2(x) = 0$ und $r_1(x) = r_2(x)$.

Der folgende Algorithmus, der im Wesentlichen derselbe wie Algorithmus 4.3.1D für mehrfachgenaue Division ist, doch ohne Befassung mit Überträgen, kann zur Bestimmung von $q(x)$ und $r(x)$ benutzt werden:

Algorithmus D (*Division von Polynomen über einem Körper*). Gegeben Polynome

$$u(x) = u_m x^m + \cdots + u_1 x + u_0, \qquad v(x) = v_n x^n + \cdots + v_1 x + v_0$$

über einem Körper S, wobei $v_n \neq 0$ und $m \geq n \geq 0$; dieser Algorithmus findet die Polynome

$$q(x) = q_{m-n} x^{m-n} + \cdots + q_0, \qquad r(x) = r_{n-1} x^{n-1} + \cdots + r_0$$

über S, die (1) erfüllen.

D1. [Iteration über k.] Führe Schritt D2 für $k = m - n,\ m - n - 1,\ \ldots,\ 0$ aus; dann terminiere den Algorithmus mit $(r_{n-1}, \ldots, r_0) = (u_{n-1}, \ldots, u_0)$.

D2. [Divisionsschleife.] Setze $q_k \leftarrow u_{n+k}/v_n$, und dann setze $u_j \leftarrow u_j - q_k v_{j-k}$ für $j = n + k - 1,\ n + k - 2,\ \ldots,\ k$. (Die letzte Operation ersetzt $u(x)$ durch $u(x) - q_k x^k v(x)$, ein Polynom vom Grade $< n + k$.) ▮

Ein Beispiel für Algorithmus D erscheint unten in (5). Die Anzahl von arithmetischen Operationen ist im Wesentlichen proportional zu $n(m - n + 1)$. Beachte, dass explizite Division von Koeffizienten nur beim Beginn von Schritt D2 durchgeführt wird und der Divisor immer v_n ist; wenn $v(x)$ also ein monisches

Polynom (mit $v_n = 1$) ist, gibt es überhaupt keine Division. Wenn Multiplikation leichter als Division auszuführen ist, wird es vorzuziehen sein, $1/v_n$ am Anfang des Algorithmus zu berechnen und dann mit dieser Größe in Schritt D2 zu multiplizieren.

Wir werden oft $u(x) \bmod v(x)$ für den Rest $r(x)$ in (1) schreiben.

Eindeutige Faktorisierungbereiche. Wenn wir unsere Betrachtung auf Polynome über einem Körper beschränken, kommen wir nicht mit so vielen wichtigen Fällen in Berührung, wie bei Polynomen über den ganzen Zahlen oder Polynomen in mehreren Variablen. Betrachten wir deshalb jetzt die allgemeinere Situation, dass das algebraische System S der Koeffizienten ein *eindeutiger Faktorisierungsbereich* ist und nicht notwendig ein Körper. Dies bedeutet, dass S ein kommutativer Ring mit eins ist und

i) $uv \neq 0$, wann immer u und v von null verschiedene Elemente von S sind;
ii) jedes von null verschiedene Element u von S entweder eine *Einheit* ist oder eine „eindeutige“ Darstellung als ein Produkt von *Primelementen* $p_1, \ldots, p_t$ hat:

$$u = p_1 \ldots p_t, \qquad t \geq 1. \tag{2}$$

Eine *Einheit* ist ein Element, das ein Reziprokes hat, nämlich ein Element u mit $uv = 1$ für ein v in S; und ein *Primelement* ist eine Nichteinheit p derart, dass die Gleichung $p = qr$ nur wahr sein kann, wenn entweder q oder r eine Einheit ist. Die Darstellung (2) ist eindeutig in dem Sinn, dass wenn $p_1 \ldots p_t = q_1 \ldots q_s$, wobei alle die p und q Primelemente sind, dann $s = t$ und es gibt eine Permutation $\pi_1 \ldots \pi_t$ von $\{1, \ldots, t\}$, so dass $p_1 = a_1 q_{\pi_1}, \ldots, p_t = a_t q_{\pi_t}$ für Einheiten $a_1, \ldots, a_t$. In anderen Worten Faktorisierung in Primelemente ist bis auf Einheitenvielfache und die Ordnung der Faktoren eindeutig.

Ein Körper ist ein eindeutiger Faktorisierungsbereich, in welchem jedes von null verschiedene Element eine Einheit ist und es keine Primelemente gibt. Die ganzen Zahlen bilden einen eindeutigen Faktorisierungsbereich, in welchem die Einheiten $+1$ und -1 und die Primelemente ± 2, ± 3, ± 5, ± 7, ± 11, usw. sind. Der Fall, dass S die Menge aller ganzen Zahlen ist, ist von fundamentaler Bedeutung, weil es oft vorzuziehen ist, mit Ganzzahlkoeffizienten statt beliebigen rationalen Koeffizienten zu arbeiten.

Eine Schlüsseltatsache über Polynome (siehe Übung 10) ist, dass *die Polynome über einem eindeutigen Faktorisierungsbereich einen eindeutigen Faktorisierungsbereich bilden.* Ein Polynom, das ein Primelement in diesem Bereich ist, wird gewöhnlich *irreduzibles Polynom* genannt. Durch wiederholte Anwendung des Satzes von der eindeutigen Zerlegung in Primfaktoren, können wir beweisen, dass multivariate Polynome über den ganzen Zahlen oder jedem Körper in jeder Zahl von Variablen eindeutig in irreduzible Polynome faktorisierbar sind. Zum Beispiel ist das multivariate Polynom $90x^3 - 120x^2y + 18x^2yz - 24xy^2z$ über den ganzen Zahlen das Produkt von fünf irreduziblen Polynomen $2 \cdot 3 \cdot x \cdot (3x - 4y) \cdot (5x + yz)$. Dasselbe Polynom, als ein Polynom über den rationalen Zahlen, ist das Produkt von drei irreduziblen Polynomen $(6x) \cdot (3x - 4y) \cdot (5x + yz)$; diese

Faktorisierung kann auch $x \cdot (90x - 120y) \cdot (x + \frac{1}{5}yz)$ und auf unendlich viele andere Arten geschrieben werden, obwohl die Faktorisierung im Wesentlichen eindeutig ist.

Wie gewöhnlich sagen wir, dass $u(x)$ ein *Vielfaches* von $v(x)$, und dass $v(x)$ ein *Teiler* von $u(x)$ ist, wenn $u(x) = v(x)q(x)$ für ein Polynom $q(x)$. Wenn wir einen Algorithmus für die Entscheidung haben, ob u ein Vielfaches von v ist oder nicht, für beliebige von null verschiedene Elemente u und v eines eindeutigen Faktorisierungsbereichs S, und zur Bestimmung von w, wenn $u = v \cdot w$, dann gibt uns Algorithmus D eine Methode zur Entscheidung, ob $u(x)$ ein Vielfaches von $v(x)$ ist für beliebige von null verschiedene Polynome $u(x)$ und $v(x)$ über S. Denn wenn $u(x)$ ein Vielfaches von $v(x)$ ist, ist leicht zu sehen, dass u_{n+k} ein Vielfaches von v_n sein muss jedes Mal, wenn wir zu Schritt D2 kommen, also wird der Quotient $u(x)/v(x)$ gefunden. Wenden wir diese Beobachtung rekursiv an, so erhalten wir einen Algorithmus, der entscheidet, ob ein gegebenes Polynom über S in irgendeiner Anzahl von Variablen ein Vielfaches eines anderen gegebenen Polynoms über S ist, und der Algorithmus findet den Quotienten, wenn er existiert.

Eine Menge von Elementen eines eindeutigen Faktorisierungsbereichs heißt *teilerfremd*, wenn kein Primelement des eindeutigen Faktorisierungsbereichs sie alle teilt. Ein Polynom über einem eindeutigen Faktorisierungsbereich heißt *primitiv*, wenn seine Koeffizienten teilerfremd sind. (Dieser Begriff darf nicht verwechselt werden mit der ganz verschiedenen in Abschnitt 3.2.2. besprochenen Idee eines „primitiven Polynoms modulo p".) Die folgende Tatsache wurde eingeführt für den Fall ganzzahliger Polynome von C. F. Gauß in Artikel 42 seiner berühmten *Disquisitiones Arithmeticæ* (Leipzig: 1801) und ist von primärer Bedeutung:

Lemma G (Gauß' Lemma). *Das Produkt primitiver Polynome über einem eindeutigen Faktorisierungsbereich ist primitiv.*

Beweis. Seien $u(x) = u_m x^m + \cdots + u_0$ und $v(x) = v_n x^n + \cdots + v_0$ primitive Polynome. Wenn p ein Primelement des Bereichs ist, müssen wir zeigen, dass p nicht alle Koeffizienten von $u(x)v(x)$ teilt. Nach Vorrausetzung gibt es einen Index j, so dass u_j nicht durch p teilbar, und einen Index k, so dass v_k nicht durch p teilbar ist. Seien j und k so klein wie möglich; dann ist der Koeffizient von x^{j+k} in $u(x)v(x)$

$$u_j v_k + u_{j+1} v_{k-1} + \cdots + u_{j+k} v_0 + u_{j-1} v_{k+1} + \cdots + u_0 v_{k+j}$$

und es ist leicht zu sehen, dass er nicht ein Vielfaches von p sein kann (da sein erster Term es nicht ist, es jedoch alle seine anderen Terme sind). ∎

Wenn ein von null verschiedenes Polynom $u(x)$ über einem eindeutigen Faktorisierungsbereich S nicht primitiv ist, können wir schreiben $u(x) = p_1 \cdot u_1(x)$, wobei p_1 ein Primelement aus S ist, das alle Koeffizienten von $u(x)$ teilt, und $u_1(x)$ ein anderes von null verschiedenes Polynom über S ist. Alle Koeffizienten von $u_1(x)$ haben einen Primfaktor weniger als die entsprechenden Koeffizienten von $u(x)$. Wenn nun $u_1(x)$ noch nicht primitiv ist, können wir $u_1(x) = p_2 \cdot u_2(x)$ usw. schreiben; dieser Prozess muss schließlich und endlich in einer Darstellung $u(x) = c \cdot u_k(x)$ terminieren, wobei c ein Element von S und $u_k(x)$ primitiv ist. Tatsächlich haben wir das folgende Begleitlemma zu G:

Lemma H. *Alle von null verschiedenen Polynome $u(x)$ über einem eindeutigen Faktorisierungsbereich S können in die Form $u(x) = c \cdot v(x)$ faktorisiert werden, wobei c in S und $v(x)$ primitiv ist. Weiterhin ist diese Darstellung eindeutig in dem Sinn, dass wenn $u = c_1 \cdot v_1(x) = c_2 \cdot v_2(x)$, dann $c_1 = ac_2$ und $v_2(x) = av_1(x)$, wobei a eine Einheit von S ist.*

Beweis. Wir haben gezeigt, dass eine solche Darstellung existiert, also bleibt nur die Eindeutigkeit zu beweisen. Nimm an, dass $c_1 \cdot v_1(x) = c_2 \cdot v_2(x)$, wobei $v_1(x)$ und $v_2(x)$ primitiv sind. Sei p ein Primelement von S. Wenn p^k den Faktor c_1 teilt, dann teilt p^k auch c_2; sonst würde p^k alle Koeffizienten von $c_2 \cdot v_2(x)$ teilen, also würde p alle Koeffizienten von $v_2(x)$ teilen, ein Widerspruch. In gleicher Weise teilt p^k den Faktor c_2, nur wenn p^k den Faktor c_1 teilt. Also gilt auf Grund der eindeutigen Faktorisierbarkeit $c_1 = ac_2$, wobei a eine Einheit ist; und $0 = ac_2 \cdot v_1(x) - c_2 \cdot v_2(x) = c_2 \cdot \bigl(av_1(x) - v_2(x)\bigr)$, also $av_1(x) - v_2(x) = 0$. ∎

Deshalb können wir jedes von null verschiedene Polynom $u(x)$ schreiben als

$$u(x) = \operatorname{cont}(u) \cdot \operatorname{pp}\bigl(u(x)\bigr), \tag{3}$$

wobei $\operatorname{cont}(u)$, der *Inhalt* von u, ein Element von S ist und $\operatorname{pp}\bigl(u(x)\bigr)$, der *primitive Teil* von $u(x)$, ein primitives Polynom über S ist. Wenn $u(x) = 0$, ist es bequem, $\operatorname{cont}(u) = \operatorname{pp}\bigl(u(x)\bigr) = 0$ zu definieren. Kombination der Lemmas G und H gibt uns die Relationen

$$\begin{aligned} \operatorname{cont}(u \cdot v) &= a \operatorname{cont}(u) \operatorname{cont}(v), \\ \operatorname{pp}\bigl(u(x) \cdot v(x)\bigr) &= b \operatorname{pp}\bigl(u(x)\bigr) \operatorname{pp}\bigl(v(x)\bigr), \end{aligned} \tag{4}$$

wobei a und b Einheiten mit $ab = 1$ sind, je nachdem, wie Inhalte berechnet werden. Wenn wir mit Polynomen über den ganzen Zahlen arbeiten, sind die einzigen Einheiten $+1$ und -1, und es ist Konvention, $\operatorname{pp}\bigl(u(x)\bigr)$ mit positivem führenden Koeffizienten zu definieren; dann gilt (4) mit $a = b = 1$. Wenn wir mit Polynomen über einem Körper arbeiten, können wir $\operatorname{cont}(u) = \ell(u)$ nehmen, dass also $\operatorname{pp}\bigl(u(x)\bigr)$ monisch ist; in diesem Fall gilt wieder (4) mit $a = b = 1$ für alle $u(x)$ und $v(x)$.

Wenn wir uns zum Beispiel mit Polynomen über den ganzen Zahlen befassen, sei $u(x) = -26x^2 + 39$ und $v(x) = 21x + 14$. Dann

$$\begin{aligned} \operatorname{cont}(u) &= -13, & \operatorname{pp}\bigl(u(x)\bigr) &= 2x^2 - 3, \\ \operatorname{cont}(v) &= +7, & \operatorname{pp}\bigl(v(x)\bigr) &= 3x + 2, \\ \operatorname{cont}(u \cdot v) &= -91, & \operatorname{pp}\bigl(u(x) \cdot v(x)\bigr) &= 6x^3 + 4x^2 - 9x - 6. \end{aligned}$$

Größter gemeinsamer Teiler. Wenn es eindeutige Faktorisierung gibt, kann man sinnvollerweise von einem *größten gemeinsamen Teiler* von zwei Elementen sprechen; dies ist ein gemeinsamer Teiler, der durch so viele Primelemente wie möglich teilbar ist. (Siehe Gl. 4.5.2–(6).) Da ein eindeutiger Faktorisierungsbereich viele Einheiten haben kann, gibt es jedoch eine Mehrdeutigkeit in dieser Definition des größten gemeinsamen Teilers; wenn w ein größter gemeinsamer Teiler von u und v ist, so auch $a \cdot w$, wenn a eine Einheit ist. Umgekehrt impliziert die Annahme eindeutiger Faktorisierbarkeit, dass wenn w_1 und w_2 beide größte gemeinsame Teiler von u und v sind, dann $w_1 = a \cdot w_2$ für eine Einheit a ist. In anderen Worten, es macht keinen Sinn, allgemein von „dem" größten gemeinsamen Teiler von u und v zu sprechen; es gibt eine Menge größter gemeinsamer Teiler, von denen jeder ein Einheitenvielfaches des anderen ist.

Betrachte jetzt das Problem der Bestimmung eines größten gemeinsamen Teilers zweier gegebener Polynome über einem algebraischen System S, eine ursprünglich von Pablo Nuñez in seinem *Libro de Algebra* (Antwerpen: 1567) gestellte Frage. Ist S ein Körper, ist das Problem relativ einfach; unser Divisionsalgorithmus, Algorithmus D, kann erweitert werden zu einem Algorithmus, der größte gemeinsame Teiler berechnet, gerade wie Euklids Algorithmus (Algorithmus 4.5.2A) den größten gemeinsamen Teiler zweier gegebenen ganzen Zahlen ergibt auf der Basis eines Divisionsalgorithmus für ganze Zahlen:

$$\begin{aligned}&\text{Wenn } v(x) = 0, \text{ dann } \operatorname{ggT}\bigl(u(x), v(x)\bigr) = u(x);\\ &\text{sonst } \operatorname{ggT}\bigl(u(x), v(x)\bigr) = \operatorname{ggT}\bigl(v(x), r(x)\bigr),\end{aligned}$$

wobei $r(x)$ durch (1) gegeben ist. Dieses Verfahren wird Euklids Algorithmus für Polynome über einem Körper genannt. Es wurde zuerst benutzt von Simon Stevin in *L'Arithmetique* (Leiden: 1585); siehe A. Girard, *Les Œuvres Mathématiques de Simon Stevin* **1** (Leiden: 1634), 56.

Als Beispiel wollen wir den ggT von $x^8+x^6+10x^4+10x^3+8x^2+2x+8$ und $3x^6+5x^4+9x^2+4x+8$ mit Euklids Algorithmus für Polynome über den ganzen Zahlen modulo 13 bestimmen. Zuerst haben wir, wenn wir nur die Koeffizienten zur Anzeige der Schritte von Algorithmus D schreiben,

$$\begin{array}{ccccccccc}
1 & 0 & 1 & 0 & 10 & 10 & 8 & 2 & 8 \\
1 & 0 & 6 & 0 & 3 & 10 & 7 & & \\ \hline
 & 0 & 8 & 0 & 7 & 0 & 1 & 2 & 8 \\
 & & 8 & 0 & 9 & 0 & 11 & 2 & 4 \\ \cline{3-9}
 & & & 0 & 11 & 0 & 3 & 0 & 4,
\end{array}
\quad : \; 3\;0\;5\;0\;9\;4\;8 \; = \; 9\;0\;7 \tag{5}$$

so daß $x^8+x^6+10x^4+10x^3+8x^2+2x+8$ gleich

$$(9x^2+7)(3x^6+5x^4+9x^2+4x+8) \;+\; (11x^4+3x^2+4).$$

Ähnlich,

$$\begin{aligned}
3x^6+5x^4+9x^2+4x+8 &= (5x^2+5)(11x^4+3x^2+4) \;+\; (4x+1);\\
11x^4+3x^2+4 &= (6x^3+5x^2+6x+5)(4x+1) \;+\; 12;\\
4x+1 &= (9x+12)\cdot 12 \;+\; 0.
\end{aligned} \tag{6}$$

(Das Gleichheitszeichen hier bedeutet Kongruenz modulo 13, da alle Arithmetik an den Koeffizienten mod 13 ausgeführt wurde.) Diese Rechnung zeigt, dass 12 ein größter gemeinsamer Teiler der zwei ursprünglichen Polynome ist. Nun ist jedes von null verschiedene Element eines Körpers eine Einheit des Polynombereichs über diesem Körper, deshalb ist es Konvention im Fall von Körpern, das Ergebnis des Algorithmus durch seinen führenden Koeffizienten zu dividieren, was ein *monisches* Polynom liefert, das *der* größte gemeinsame Teiler dieser zwei gegebenen Polynome genannt wird. Als berechneter ggT in (6) wird dementsprechend 1, nicht 12, genommen. Der letzte Schritt in (6) könnte ausgelassen werden, denn wenn $\deg(v) = 0$, dann $\mathrm{ggT}\bigl(u(x), v(x)\bigr) = 1$ unabhängig davon, welches Polynom für $u(x)$ ausgewählt wird. Übung 4 bestimmt die mittlere Laufzeit von Euklids Algorithmus für zufällige Polynome modulo p.

Wenden wir uns nun der allgemeineren Situation zu, in der unsere Polynome über einem eindeutigen Faktorisierungsbereich gegeben sind, der kein Körper ist. Von Gln. (4) können wir die wichtigen Relationen

$$\begin{aligned} \mathrm{cont}\bigl(\mathrm{ggT}(u, v)\bigr) &= a \cdot \mathrm{ggT}\bigl(\mathrm{cont}(u), \mathrm{cont}(v)\bigr), \\ \mathrm{pp}\bigl(\mathrm{ggT}(u(x), v(x))\bigr) &= b \cdot \mathrm{ggT}\bigl(\mathrm{pp}(u(x)), \mathrm{pp}(v(x))\bigr) \end{aligned} \tag{7}$$

folgern, wobei a und b Einheiten sind. Hier bezeichnet $\mathrm{ggT}\bigl(u(x), v(x)\bigr)$ jedes besondere Polynom in x, das ein größter gemeinsam Teiler von $u(x)$ und $v(x)$ ist. Die Gleichungen (7) reduzieren das Problem der Bestimmung des größten gemeinsamen Teilers beliebiger Polynome auf das Problem der Bestimmung des größten gemeinsamen Teilers *primitiver* Polynome.

Algorithmus D für Division von Polynomen über einem Körper kann zu einer *Pseudodivision* von Polynomen über jedem algebraischen System verallgemeinert werden, das ein kommutativer Ring mit Eins ist. Wir können feststellen, dass Algorithmus D explizit Division nur durch $\ell(v)$, den führenden Koeffizienten von $v(x)$, erfordert und dass Schritt D2 genau $m - n + 1$ mal ausgeführt wird; wenn also $u(x)$ und $v(x)$ mit Ganzzahlkoeffizienten beginnen und wir über den rationalen Zahlen arbeiten, dann sind die einzigen Nenner, die in den Koeffizienten von $q(x)$ und $r(x)$ erscheinen, Teiler von $\ell(v)^{m-n+1}$. Dies legt nahe, dass wir immer Polynome $q(x)$ und $r(x)$ finden können, dass

$$\ell(v)^{m-n+1}u(x) = q(x)v(x) + r(x), \qquad \deg(r) < n, \tag{8}$$

wobei $m = \deg(u)$ und $n = \deg(v)$, für alle Polynome $u(x)$ und $v(x) \neq 0$, vorausgesetzt, dass $m \geq n$.

Algorithmus R (*Pseudo-Division von Polynomen*). Gegeben Polynome

$$u(x) = u_m x^m + \cdots + u_1 x + u_0, \qquad v(x) = v_n x^n + \cdots + v_1 x + v_0,$$

wobei $v_n \neq 0$ und $m \geq n \geq 0$; dieser Algorithmus findet Polynome $q(x) = q_{m-n}x^{m-n} + \cdots + q_0$ und $r(x) = r_{n-1}x^{n-1} + \cdots + r_0$, die (8) erfüllen.

R1. [k iterieren.] Führe Schritt R2 für $k = m - n$, $m - n - 1$, …, 0 aus; dann terminiere den Algorithmus mit $(r_{n-1}, \ldots, r_0) = (u_{n-1}, \ldots, u_0)$.

R2. [Multiplikationsschleife.] Setze $q_k \leftarrow u_{n+k}v_n^k$, und $u_j \leftarrow v_n u_j - u_{n+k}v_{j-k}$ für $j = n + k - 1$, $n + k - 2$, …, 0. (Wenn $j < k$ bedeutet dies, dass $u_j \leftarrow v_n u_j$, da wir v_{-1}, v_{-2}, … als null behandeln. Diese Multiplikationen hätten vermieden werden können, wenn wir den Algorithmus begonnen hätten durch Ersetzen von u_t durch $v_n^{m-n-t}u_t$ für $0 \le t < m - n$.) ▌

Eine Beispielrechnung erscheint unten in (10). Es ist leicht, die Gültigkeit von Algorithmus R durch Induktion über $m-n$ zu beweisen, da jede Ausführung von Schritt R2 im Wesentlichen $u(x)$ durch $\ell(v)u(x) - \ell(u)x^k v(x)$ ersetzt, wobei $k = \deg(u) - \deg(v)$. Beachte, dass keine wie auch immer geartete Division in diesem Algorithmus verwendet wird; die Koeffizienten von $q(x)$ und $r(x)$ sind selbst gewisse Polynomfunktionen von den Koeffizienten von $u(x)$ und $v(x)$. Wenn $v_n = 1$, ist der Algorithmus identisch mit Algorithmus D. Wenn $u(x)$ und $v(x)$ Polynome über einem eindeutigen Faktorisierungsbereich sind, können wir wie zuvor beweisen, dass die Polynome $q(x)$ und $r(x)$ eindeutig sind; deshalb besteht ein anderer Weg, die Pseudo-Division über einem eindeutigen Faktorisierungsbereich auszuführen darin, eine Multiplikation von $u(x)$ mit v_n^{m-n+1} Algorithmus D durchzuführen im Bewußtsein, dass dann alle Quotienten in Schritt D2 existieren werden.

Algorithmus R kann zu einem „verallgemeinerten euklidschen Algorithmus" für primitive Polynome über einem eindeutigen Faktorisierungsbereich erweitert werden in der folgenden Weise: Seien $u(x)$ und $v(x)$ primitive Polynome mit $\deg(u) \ge \deg(v)$; bestimme das (8) erfüllende Polynom $r(x)$ mittels Algorithmus R. Nun können wir beweisen, dass $\mathrm{ggT}\big(u(x), v(x)\big) = \mathrm{ggT}\big(v(x), r(x)\big)$: Jeder gemeinsame Teiler von $u(x)$ und $v(x)$ teilt $v(x)$ und $r(x)$; umgekehrt, jeder gemeinsame Teiler von $v(x)$ und $r(x)$ teilt $\ell(v)^{m-n+1}u(x)$ und muss primitiv sein $\big($da $v(x)$ primitiv ist$\big)$, also teilt er $u(x)$. Wenn $r(x) = 0$, haben wir deshalb $\mathrm{ggT}\big(u(x), v(x)\big) = v(x)$; wenn andererseits $r(x) \ne 0$, haben wir $\mathrm{ggT}\big(v(x), r(x)\big) = \mathrm{ggT}\big(v(x), \mathrm{pp}(r(x))\big)$, da $v(x)$ primitiv ist, also kann der Prozess iteriert werden.

Algorithmus E (*Verallgemeinerter euklidscher Algorithmus*). Gegeben von null verschiedene Polynome $u(x)$ und $v(x)$ über einem eindeutigen Faktorisierungsbereich S. Dieser Algorithmus berechnet einen größten gemeinsamen Teiler von $u(x)$ und $v(x)$. Wir nehmen die Existenz von Hilfsalgorithmen an zur Berechnung des größten gemeinsamen Teilers von Elementen aus S und zur Division von a durch b in S, wenn $b \ne 0$ und a ein Vielfaches von b ist.

E1. [Reduktion auf primitive Polynome.] Setze $d \leftarrow \mathrm{ggT}\big(\mathrm{cont}(u), \mathrm{cont}(v)\big)$ mit dem angenommenen Algorithmus zur Berechnung des größten gemeinsamen Teilers in S. $\big($Nach Definition, ist $\mathrm{cont}(u)$ ein größter gemeinsamer Teiler der Koeffizienten von $u(x)$.$\big)$ Ersetze $u(x)$ durch das Polynom $u(x)/\mathrm{cont}(u) = \mathrm{pp}\big(u(x)\big)$; ähnlich, ersetze $v(x)$ durch $\mathrm{pp}\big(v(x)\big)$.

E2. [Pseudo-Division.] Berechne $r(x)$ mit Algorithmus R. $\big($Es ist unnötig das Quotientenpolynom $q(x)$ zu berechnen.$\big)$ Wenn $r(x) = 0$, geh zu E4. Wenn $\deg(r) = 0$, ersetze $v(x)$ durch das konstante Polynom „1" und geh zu E4.

E3. [Mache Rest primitiv.] Ersetze $u(x)$ durch $v(x)$ und ersetze $v(x)$ durch $\mathrm{pp}\big(r(x)\big)$. Geh zurück zu Schritt E2. (Dies ist der „euklidsche Schritt" analog zu den anderen Instanzen von Euklids Algorithmus, die wir gesehen haben.)

E4. [Anheften des Inhalts.] Der Algorithmus terminiert mit $d \cdot v(x)$ als gewünschter Antwort. ▮

Als ein Beispiel von Algorithmus E berechnen wir den ggT von den Polynomen

$$\begin{aligned} u(x) &= x^8 + x^6 - 3x^4 - 3x^3 + 8x^2 + 2x - 5, \\ v(x) &= 3x^6 + 5x^4 - 4x^2 - 9x + 21, \end{aligned} \tag{9}$$

über den ganzen Zahlen. Diese Polynome sind primitiv, also setzt Schritt E1 $d \leftarrow 1$. In Schritt E2 haben wir die Pseudo-Division

$$\begin{array}{rrrrrrrrrl}
1 & 0 & 1 & 0 & -3 & -3 & 8 & 2 & -5 & : \; 3\;0\;5\;0\;-4\;-9\;21 \;=\; 1\;0\;-6 \\
3 & 0 & 3 & 0 & -9 & -9 & 24 & 6 & -15 & \\
3 & 0 & 5 & 0 & -4 & -9 & 21 & & & \\
\hline
 & 0 & -2 & 0 & -5 & 0 & 3 & 6 & -15 & \\
 & 0 & -6 & 0 & -15 & 0 & 9 & 18 & -45 & \\
 & 0 & 0 & 0 & 0 & 0 & 0 & 0 & 0 & \\
\cline{2-9}
 & & -6 & 0 & -15 & 0 & 9 & 18 & -45 & \\
 & & -18 & 0 & -45 & 0 & 27 & 54 & -135 & \\
 & & -18 & 0 & -30 & 0 & 24 & 54 & -126 & \\
\cline{3-9}
 & & & & -15 & 0 & 3 & 0 & -9 &
\end{array} \tag{10}$$

Der Quotient $q(x)$ ist hier

$$1 \cdot 3^2x^2 + 0 \cdot 3^1x + -6 \cdot 3^0;$$

wir haben

$$27u(x) = v(x)(9x^2 - 6) + (-15x^4 + 3x^2 - 9). \tag{11}$$

Nun ersetzt Schritt E3 $u(x)$ durch $v(x)$ und $v(x)$ durch

$$\mathrm{pp}\bigl(r(x)\bigr) = 5x^4 - x^2 + 3.$$

Die darauf folgende Berechnung ist in der folgenden Tabelle zusammengefasst, wobei nur die Koeffizienten gezeigt sind:

$u(x)$	$v(x)$	$r(x)$	
$1, 0, 1, 0, -3, -3, 8, 2, -5$	$3, 0, 5, 0, -4, -9, 21$	$-15, 0, 3, 0, -9$	
$3, 0, 5, 0, -4, -9, 21$	$5, 0, -1, 0, 3$	$-585, -1125, 2205$	
$5, 0, -1, 0, 3$	$13, 25, -49$	$-233150, 307500$	
$13, 25, -49$	$4663, -6150$	143193869	(12)

Es ist instruktiv, diese Berechnung mit der Berechnung desselben größten gemeinsamen Teilers über den *rationalen* Zahlen statt über den ganzen Zahlen zu vergleichen mittels Euklids Algorithmus für Polynome über einem Körper wie früher in diesem Abschnitt beschrieben. Die folgende erstaunlich komplizierte

Folge erscheint:

$$\begin{array}{rr} u(x) & v(x) \\ 1,0,1,0,-3,-3,8,2,-5 & 3,0,5,0,-4,-9,21 \\ 3,0,5,0,-4,-9,21 & -\frac{5}{9},0,\frac{1}{9},0,-\frac{1}{3} \\ -\frac{5}{9},0,\frac{1}{9},0,-\frac{1}{3} & -\frac{117}{25},-9,\frac{441}{25} \\ -\frac{117}{25},-9,\frac{441}{25} & \frac{233150}{19773},-\frac{102500}{6591} \\ \frac{233150}{19773},-\frac{102500}{6591} & -\frac{1288744821}{543589225} \end{array} \tag{13}$$

Um den Algorithmus zu verbessern, können wir $u(x)$ und $v(x)$ zu monischen Polynomen bei jedem Schritt reduzieren, da dies Einheitsfaktoren wegnimmt, die die Koeffizienten komplizierter als notwendig machen; dies ist dann tatsächlich Algorithmus E über den rationalen Zahlen:

$$\begin{array}{rr} u(x) & v(x) \\ 1,0,1,0,-3,-3,8,2,-5 & 1,0,\frac{5}{3},0,-\frac{4}{3},-3,7 \\ 1,0,\frac{5}{3},0,-\frac{4}{3},-3,7 & 1,0,-\frac{1}{5},0,\frac{3}{5} \\ 1,0,-\frac{1}{5},0,\frac{3}{5} & 1,\frac{25}{13},-\frac{49}{13} \\ 1,\frac{25}{13},-\frac{49}{13} & 1,-\frac{6150}{4663} \\ 1,-\frac{6150}{4663} & 1 \end{array} \tag{14}$$

Sowohl in (13) als auch in (14) ist die Folge von Polynomen im Wesentlichen dieselbe wie in (12), welche durch Algorithmus E über den ganzen Zahlen erhalten worden war; der einzige Unterschied besteht darin, dass die Polynome mit gewissen rationalen Zahlen multipliziert worden sind. Ob wir $5x^4 - x^2 + 3$ oder $-\frac{5}{9}x^4 + \frac{1}{9}x^2 - \frac{1}{3}$ oder $x^4 - \frac{1}{5}x^2 + \frac{3}{5}$ haben, die Rechnungen sind im Wesentlichen dieselben. Doch jeder Algorithmus mit rationaler Arithmetik tendiert dazu, langsamer als der reine Ganzzahlalgorithmus E zu laufen, da rationale Arithmetik gewöhnlich mehr Berechnungen ganzzahliger ggTs in jedem Schritt erfordert, wenn die Polynome großen Grad haben.

Es ist instruktiv, (12), (13) und (14) mit (6) oben zu vergleichen, wo wir den ggT von denselben Polynomen $u(x)$ und $v(x)$ modulo 13 mit beträchtlich weniger Mühe bestimmt haben. Da $\ell(u)$ und $\ell(v)$ nicht Vielfache von 13 sind, ist die Tatsache, dass $\operatorname{ggT}\big(u(x), v(x)\big) = 1$ modulo 13, hinreichend, um zu beweisen, dass $u(x)$ und $v(x)$ teilerfremd über den ganzen Zahlen (und deshalb über den rationalen Zahlen) sind. Wir werden zu dieser Beobachtung von Zeiteinsparung am Schluss von Abschnitt 4.6.2 zurückkehren.

Der Subresultantenalgorithmus. Ein genialer Algorithmus, der im Allgemeinen Algorithmus E überlegen ist, und der uns weitere Information über das Verhalten vo Algorithmus E gibt, wurde entdeckt von George E. Collins [*JACM* **14** (1967), 128–142] und danach verbessert durch W. S. Brown und J. F. Traub [*JACM* **18** (1971), 505–514; siehe auch W. S. Brown, *ACM Trans. Math. Software* **4** (1978), 237–249]. Dieser Algorithmus vermeidet die Berechnung von primitiven Polynomen in Schritt E3, stattdessen teilt er durch ein Element aus S, von dem man weiß, dass es ein Faktor von $r(x)$ ist:

Algorithmus C (*Größter gemeinsamer Teiler über einem eindeutigen Faktorisierungsbereich*). Dieser Algorithmus hat dieselbe Eingabe- und Ausgabe-Annahmen wie Algorithmus E und hat den Vorteil, dass weniger Berechnungen größter gemeinsamer Teiler von Koeffizienten benötigt werden.

C1. [Reduktion auf primitive Polynome.] Wie in Schritt E1 von Algorithmus E setze $d \leftarrow \mathrm{ggT}(\mathrm{cont}(u), \mathrm{cont}(v))$ und ersetze $(u(x), v(x))$ durch $(\mathrm{pp}(u(x)), \mathrm{pp}(v(x)))$. Setze $g \leftarrow h \leftarrow 1$.

C2. [Pseudo-Division.] Setze $\delta \leftarrow \deg(u) - \deg(v)$. Berechne $r(x)$ mit Algorithmus R. Wenn $r(x) = 0$, geh zu C4. Wenn $\deg(r) = 0$, ersetze $v(x)$ durch das konstante Polynom „1“ und geh zu C4.

C3. [Adjustiere Rest.] Ersetze das Polynom $u(x)$ durch $v(x)$, und ersetze $v(x)$ durch $r(x)/gh^\delta$. (An diesem Punkt sind alle Koeffizienten von $r(x)$ Vielfache von gh^δ.) Dann setze $g \leftarrow \ell(u)$, $h \leftarrow h^{1-\delta} g^\delta$ und kehre zurück nach C2. (Der neue Wert von h liegt im Bereich S, sogar wenn $\delta > 1$.)

C4. [Anheften des Inhalts.] Gib $d \cdot \mathrm{pp}(v(x))$ als Antwort zurück. ▌

Wenn wir diesen Algorithmus auf die früher betrachteten Polynome (9) anwenden, erhält man die folgende Folge von Ergebnissen zu Beginn von Schritt C2:

$u(x)$	$v(x)$	g	h	
$1, 0, 1, 0, -3, -3, 8, 2, -5$	$3, 0, 5, 0, -4, -9, 21$	1	1	
$3, 0, 5, 0, -4, -9, 21$	$-15, 0, 3, 0, -9$	3	9	
$-15, 0, 3, 0, -9$	$65, 125, -245$	-15	25	
$65, 125, -245$	$-9326, 12300$	65	169	(15)

Am Ende des Algorithmus haben wir $r(x)/gh^\delta = 260708$.

Die Folge von Polynomen besteht aus ganzzahligen Vielfachen von Polynomen in der durch den Algorithmus E produzierten Folge. Trotz der Tatsache, dass die Polynome nicht auf primitive Form reduziert sind, werden wegen des Reduktionsfaktors in Schritt C3 die Koeffizienten auf einer vernünftigen Größe gehalten.

Um Algorithmus C zu analysieren und zu beweisen, dass er gültig ist, werde die Folge von erzeugten Polynomen $u_1(x)$, $u_2(x)$, $u_3(x)$, ... genannt, wobei $u_1(x) = u(x)$ und $u_2(x) = v(x)$. Sei $\delta_j = n_j - n_{j+1}$ für $j \geq 1$, wobei $n_j = \deg(u_j)$; und sei $g_1 = h_1 = 1$, $g_j = \ell(u_j)$, $h_j = h_{j-1}^{1-\delta_{j-1}} g_j^{\delta_{j-1}}$ für $j \geq 2$. Dann haben wir

$$\begin{aligned}
g_2^{\delta_1+1} u_1(x) &= u_2(x) q_1(x) + g_1 h_1^{\delta_1} u_3(x), & n_3 &< n_2;\\
g_3^{\delta_2+1} u_2(x) &= u_3(x) q_2(x) + g_2 h_2^{\delta_2} u_4(x), & n_4 &< n_3; \qquad (16)\\
g_4^{\delta_3+1} u_3(x) &= u_4(x) q_3(x) + g_3 h_3^{\delta_3} u_5(x), & n_5 &< n_4;
\end{aligned}$$

und so fort. Der Prozess terminiert, wenn $n_{k+1} = \deg(u_{k+1}) \le 0$. Wir müssen zeigen, dass $u_3(x)$, $u_4(x)$, ..., Koeffizienten in S hat, nämlich dass die Faktoren $g_j h_j^{\delta_j}$ alle Koeffizienten der Reste exakt teilen, und wir müssen auch zeigen, dass alle Werte h_j zu S gehören. Der Beweis ist recht kompliziert und kann am leichtesten durch Betrachtung eines Beispiels verstanden werden.

Nimm an wie in (15), dass $n_1 = 8$, $n_2 = 6$, $n_3 = 4$, $n_4 = 2$, $n_5 = 1$, $n_6 = 0$, so dass $\delta_1 = \delta_2 = \delta_3 = 2$, $\delta_4 = \delta_5 = 1$. Schreiben wir $u_1(x) = a_8x^8 + a_7x^7 + \cdots + a_0$, $u_2(x) = b_6x^6 + b_5x^5 + \cdots + b_0$, ..., $u_5(x) = e_1x + e_0$, $u_6(x) = f_0$, so dass also $h_1 = 1$, $h_2 = b_6^2$, $h_3 = c_4^2/b_6^2$, $h_4 = d_2^2b_6^2/c_4^2$. Mit diesen Bezeichnungen ist es hilfreich, das in Tabelle 1 gezeigte Array zu betrachten. Um konkret zu sein, wollen wir annehmen, dass die Koeffizienten der Polynome ganze Zahlen sind. Wir haben $b_6^3u_1(x) = u_2(x)q_1(x) + u_3(x)$; also wenn wir Zeile A_5 mit b_6^3 multiplizieren und ein geeignetes Vielfaches von Zeilen B_7, B_6 und B_5 subtrahieren (entsprechend den Koeffizienten von $q_1(x)$), bekommen wir Zeile C_5. Wenn wir auch Zeile A_4 mit b_6^3 multipliziere und ein Vielfaches von den Zeilen B_6, B_5 und B_4 subtrahieren, bekommen wir Zeile C_4. In einer ähnlichen Weise haben wir $c_4^3u_2(x) = u_3(x)q_2(x) + b_6^5u_4(x)$; so dass wir Zeile B_3 mit c_4^3 multiplizieren, ein ganzzahliges Vielfaches von Zeilen C_5, C_4 und C_3 subtrahieren und dann durch b_6^5 dividieren können, um Zeile D_3 zu erhalten.

Um zu beweisen, dass $u_4(x)$ Ganzzahlkoeffizienten hat, betrachten wir die Matrix

$$\begin{matrix} A_2 \\ A_1 \\ A_0 \\ B_4 \\ B_3 \\ B_2 \\ B_1 \\ B_0 \end{matrix} \begin{pmatrix} a_8 & a_7 & a_6 & a_5 & a_4 & a_3 & a_2 & a_1 & a_0 & 0 & 0 \\ 0 & a_8 & a_7 & a_6 & a_5 & a_4 & a_3 & a_2 & a_1 & a_0 & 0 \\ 0 & 0 & a_8 & a_7 & a_6 & a_5 & a_4 & a_3 & a_2 & a_1 & a_0 \\ b_6 & b_5 & b_4 & b_3 & b_2 & b_1 & b_0 & 0 & 0 & 0 & 0 \\ 0 & b_6 & b_5 & b_4 & b_3 & b_2 & b_1 & b_0 & 0 & 0 & 0 \\ 0 & 0 & b_6 & b_5 & b_4 & b_3 & b_2 & b_1 & b_0 & 0 & 0 \\ 0 & 0 & 0 & b_6 & b_5 & b_4 & b_3 & b_2 & b_1 & b_0 & 0 \\ 0 & 0 & 0 & 0 & b_6 & b_5 & b_4 & b_3 & b_2 & b_1 & b_0 \end{pmatrix} = M. \qquad (17)$$

Die angegebenen Zeilenoperationen und eine Permutation der Zeilen wird M in

$$\begin{matrix} B_4 \\ B_3 \\ B_2 \\ B_1 \\ C_2 \\ C_1 \\ C_0 \\ D_0 \end{matrix} \begin{pmatrix} b_6 & b_5 & b_4 & b_3 & b_2 & b_1 & b_0 & 0 & 0 & 0 & 0 \\ 0 & b_6 & b_5 & b_4 & b_3 & b_2 & b_1 & b_0 & 0 & 0 & 0 \\ 0 & 0 & b_6 & b_5 & b_4 & b_3 & b_2 & b_1 & b_0 & 0 & 0 \\ 0 & 0 & 0 & b_6 & b_5 & b_4 & b_3 & b_2 & b_1 & b_0 & 0 \\ 0 & 0 & 0 & 0 & c_4 & c_3 & c_2 & c_1 & c_0 & 0 & 0 \\ 0 & 0 & 0 & 0 & 0 & c_4 & c_3 & c_2 & c_1 & c_0 & 0 \\ 0 & 0 & 0 & 0 & 0 & 0 & c_4 & c_3 & c_2 & c_1 & c_0 \\ 0 & 0 & 0 & 0 & 0 & 0 & 0 & 0 & d_2 & d_1 & d_0 \end{pmatrix} = M' \qquad (18)$$

transformieren.

Wegen der Art, wie M' von M abgeleitet worden ist, müssen wir

$$b_6^3 \cdot b_6^3 \cdot b_6^3 \cdot (c_4^3/b_6^5) \cdot \det M_0 = \pm \det M_0'$$

haben, wenn M_0 und M_0' bestimmte quadratische Matrizen repräsentieren, die man durch Auswahl acht entsprechender Spalten von M und M' erhält. Wir

Tabelle 1

KOEFFIZIENTEN, DIE IN ALGORITHMUS C AUFTRETEN

Zeile	Zeile														Multipliziere mit	Ersetze durch
A_5	a_8	a_7	a_6	a_5	a_4	a_3	a_2	a_1	a_0	0	0	0	0	0	b_6^3	C_5
A_4	0	a_8	a_7	a_6	a_5	a_4	a_3	a_2	a_1	a_0	0	0	0	0	b_6^3	C_4
A_3	0	0	a_8	a_7	a_6	a_5	a_4	a_3	a_2	a_1	a_0	0	0	0	b_6^3	C_3
A_2	0	0	0	a_8	a_7	a_6	a_5	a_4	a_3	a_2	a_1	a_0	0	0	b_6^3	C_2
A_1	0	0	0	0	a_8	a_7	a_6	a_5	a_4	a_3	a_2	a_1	a_0	0	b_6^3	C_1
A_0	0	0	0	0	0	a_8	a_7	a_6	a_5	a_4	a_3	a_2	a_1	a_0	b_6^3	C_0
B_7	b_6	b_5	b_4	b_3	b_2	b_1	b_0	0	0	0	0	0	0	0		
B_6	0	b_6	b_5	b_4	b_3	b_2	b_1	b_0	0	0	0	0	0	0		
B_5	0	0	b_6	b_5	b_4	b_3	b_2	b_1	b_0	0	0	0	0	0		
B_4	0	0	0	b_6	b_5	b_4	b_3	b_2	b_1	b_0	0	0	0	0		
B_3	0	0	0	0	b_6	b_5	b_4	b_3	b_2	b_1	b_0	0	0	0	c_4^3/b_6^5	D_3
B_2	0	0	0	0	0	b_6	b_5	b_4	b_3	b_2	b_1	b_0	0	0	c_4^3/b_6^5	D_2
B_1	0	0	0	0	0	0	b_6	b_5	b_4	b_3	b_2	b_1	b_0	0	c_4^3/b_6^5	D_1
B_0	0	0	0	0	0	0	0	b_6	b_5	b_4	b_3	b_2	b_1	b_0	c_4^3/b_6^5	D_0
C_5	0	0	0	0	c_4	c_3	c_2	c_1	c_0	0	0	0	0	0		
C_4	0	0	0	0	0	c_4	c_3	c_2	c_1	c_0	0	0	0	0		
C_3	0	0	0	0	0	0	c_4	c_3	c_2	c_1	c_0	0	0	0		
C_2	0	0	0	0	0	0	0	c_4	c_3	c_2	c_1	c_0	0	0		
C_1	0	0	0	0	0	0	0	0	c_4	c_3	c_2	c_1	c_0	0	$d_2^2b_6^4/c_4^5$	E_1
C_0	0	0	0	0	0	0	0	0	0	c_4	c_3	c_2	c_1	c_0	$d_2^2b_6^4/c_4^5$	E_0
D_3	0	0	0	0	0	0	0	0	d_2	d_1	d_0	0	0	0		
D_2	0	0	0	0	0	0	0	0	0	d_2	d_1	d_0	0	0		
D_1	0	0	0	0	0	0	0	0	0	0	d_2	d_1	d_0	0		
D_0	0	0	0	0	0	0	0	0	0	0	0	d_2	d_1	d_0	$e_2^2c_4^2/d_2^3b_6^2$	F_0
E_1	0	0	0	0	0	0	0	0	0	0	0	e_1	e_0	0		
E_0	0	0	0	0	0	0	0	0	0	0	0	0	e_1	e_0		
F_0	0	0	0	0	0	0	0	0	0	0	0	0	0	f_0		

wollen zum Beispiel die ersten sieben Spalten und die d_1 enthaltende Spalte auswählen; dann

$$b_6^3 \cdot b_6^3 \cdot b_6^3 \cdot (c_4^3/b_6^5) \cdot \det \begin{pmatrix} a_8 & a_7 & a_6 & a_5 & a_4 & a_3 & a_2 & 0 \\ 0 & a_8 & a_7 & a_6 & a_5 & a_4 & a_3 & a_0 \\ 0 & 0 & a_8 & a_7 & a_6 & a_5 & a_4 & a_1 \\ b_6 & b_5 & b_4 & b_3 & b_2 & b_1 & b_0 & 0 \\ 0 & b_6 & b_5 & b_4 & b_3 & b_2 & b_1 & 0 \\ 0 & 0 & b_6 & b_5 & b_4 & b_3 & b_2 & 0 \\ 0 & 0 & 0 & b_6 & b_5 & b_4 & b_3 & b_0 \\ 0 & 0 & 0 & 0 & b_6 & b_5 & b_4 & b_1 \end{pmatrix} = \pm b_6^4 \cdot c_4^3 \cdot d_1.$$

Da $b_6c_4 \neq 0$, beweist dies, dass d_1 eine ganze Zahl ist. In ähnlicher Weise sind d_2 und d_0 ganze Zahlen.

Allgemein können wir in einer ähnlichen Weise zeigen, dass $u_{j+1}(x)$ Ganzzahlkoeffizienten hat. Wenn wir mit der Matrix M bestehend aus den Zeilen

$A_{n_2-n_j}$ bis A_0 und $B_{n_1-n_j}$ bis B_0 beginnen und wenn wir die in Tabelle 1 angezeigten Zeilenoperationen ausführen, werden wir eine Matrix M' erhalten bestehend in einer bestimmten Reihenfolge aus Zeilen $B_{n_1-n_j}$ bis $B_{n_3-n_j+1}$, dann $C_{n_2-n_j}$ bis $C_{n_4-n_j+1}$, ..., $P_{n_{j-2}-n_j}$ bis P_1, dann $Q_{n_{j-1}-n_j}$ bis Q_0 und schließlich R_0 (ein Zeile, die die Koeffizienten von $u_{j+1}(x)$ enthält). Herausziehen geeigneter Spalten zeigt, dass

$$(g_2^{\delta_1+1}/g_1h_1^{\delta_1})^{n_2-n_j+1}(g_3^{\delta_2+1}/g_2h_2^{\delta_2})^{n_3-n_j+1}\ldots(g_j^{\delta_{j-1}+1}/g_{j-1}h_{j-1}^{\delta_{j-1}})^{n_j-n_j+1}$$
$$\times \det M_0 = \pm g_2^{n_1-n_3}g_3^{n_2-n_4}\ldots g_{j-1}^{n_{j-2}-n_j}g_j^{n_{j-1}-n_j+1}r_t, \quad (19)$$

wobei r_t ein gegebener Koeffizient von $u_{j+1}(x)$ und M_0 eine Teilmatrix von M ist. Die h werden sehr geschickt gewählt, so dass diese Gleichung sich zu

$$\det M_0 = \pm r_t \quad (20)$$

vereinfacht (siehe Übung 24). Deshalb kann *jeder Koeffizient von* $u_{j+1}(x)$ *als Determinante einer* $(n_1+n_2-2n_j+2)\times(n_1+n_2-2n_j+2)$ *Matrix ausgedrückt werden, deren Elemente Koeffizienten von* $u(x)$ *und* $v(x)$ *sind.*

Es verbleibt zu zeigen, dass die geschickt gewählten h auch ganze Zahlen sind. Eine ähnliche Technik lässt sich anwenden: Betrachten wir zum Beispiel die Matrix

$$\begin{matrix} A_1 \\ A_0 \\ B_3 \\ B_2 \\ B_1 \\ B_0 \end{matrix}\begin{pmatrix} a_8 & a_7 & a_6 & a_5 & a_4 & a_3 & a_2 & a_1 & a_0 & 0 \\ 0 & a_8 & a_7 & a_6 & a_5 & a_4 & a_3 & a_2 & a_1 & a_0 \\ b_6 & b_5 & b_4 & b_3 & b_2 & b_1 & b_0 & 0 & 0 & 0 \\ 0 & b_6 & b_5 & b_4 & b_3 & b_2 & b_1 & b_0 & 0 & 0 \\ 0 & 0 & b_6 & b_5 & b_4 & b_3 & b_2 & b_1 & b_0 & 0 \\ 0 & 0 & 0 & b_6 & b_5 & b_4 & b_3 & b_2 & b_1 & b_0 \end{pmatrix} = M. \quad (21)$$

Zeilenoperationen wie in Tabelle 1 spezifiziert und Zeilenpermutation führt zu

$$\begin{matrix} B_3 \\ B_2 \\ B_1 \\ B_0 \\ C_1 \\ C_0 \end{matrix}\begin{pmatrix} b_6 & b_5 & b_4 & b_3 & b_2 & b_1 & b_0 & 0 & 0 & 0 \\ 0 & b_6 & b_5 & b_4 & b_3 & b_2 & b_1 & b_0 & 0 & 0 \\ 0 & 0 & b_6 & b_5 & b_4 & b_3 & b_2 & b_1 & b_0 & 0 \\ 0 & 0 & 0 & b_6 & b_5 & b_4 & b_3 & b_2 & b_1 & b_0 \\ 0 & 0 & 0 & 0 & c_4 & c_3 & c_2 & c_1 & c_0 & 0 \\ 0 & 0 & 0 & 0 & 0 & c_4 & c_3 & c_2 & c_1 & c_0 \end{pmatrix} = M'; \quad (22)$$

so dass wir bei Betrachtung irgend zweier Teilmatrizen M_0 und M_0', erhalten durch Auswahl sechs entsprechender Spalten von M und M', die Beziehung $b_6^3 \cdot b_6^3 \cdot \det M_0 = \pm \det M_0'$ erhalten. Wenn M_0 als die ersten sechs Spalten von M ausgewählt wird, finden wir, dass $\det M_0 = \pm c_4^2/b_6^2 = \pm h_3$, also ist h_3 eine ganze Zahl.

Um allgemein zu zeigen, dass h_j eine ganze Zahl ist für $j \geq 3$, beginnen wir mit der Matrix M bestehend aus den Zeilen $A_{n_2-n_j-1}$ bis A_0 und $B_{n_1-n_j-1}$ bis B_0; dann führen wir geeignete Zeilenoperationen aus bis wir eine Matrix M' erhalten, bestehend aus den Zeilen $B_{n_1-n_j-1}$ bis $B_{n_3-n_j}$, dann $C_{n_2+n_j-1}$ bis $C_{n_4-n_j}$, ..., $P_{n_{j-2}-n_j-1}$ bis P_0, dann $Q_{n_{j-1}-n_j-1}$ bis Q_0. Wenn wir M_0 gleich den ersten $n_1 + n_2 - 2n_j$ Spalten von M setzen, erhalten wir

$$(g_2^{\delta_1+1}/g_1 h_1^{\delta_1})^{n_2-n_j}(g_3^{\delta_2+1}/g_2 h_2^{\delta_2})^{n_3-n_j}\dots(g_j^{\delta_{j-1}+1}/g_{j-1}h_{j-1}^{\delta_{j-1}})^{n_j-n_j}\det M_0$$
$$= \pm g_2^{n_1-n_3} g_3^{n_2-n_4}\dots g_{j-1}^{n_{j-2}-n_j} g_j^{n_{j-1}-n_j}, \quad (23)$$

eine Gleichung, die sich schön zu

$$\det M_0 = \pm h_j \quad (24)$$

vereinfacht. (Obwohl dieser Beweis für den Bereich der ganzen Zahlen geführt wurde, trifft er offenbar für jeden eindeutigen Faktorisierungsbereich zu.)

Im Prozess, Algorithmus C zu verifizieren, haben wir auch gelernt, dass jedes im Algorithmus auftretende Element von S ausgedrückt werden kann als eine Determinante, deren Einträge die Koeffizienten der primitiven Teile der ursprünglichen Polynome sind. Ein wohlbekannter Satz von Hadamard (siehe Übung 15) besagt, dass

$$|\det(a_{ij})| \le \prod_{1\le i\le n}\Bigl(\sum_{1\le j\le n} a_{ij}^2\Bigr)^{1/2}; \quad (25)$$

deshalb ist jeder Koeffizient in den von Algorithmus C berechneten Polynomen höchstens

$$N^{m+n}(m+1)^{n/2}(n+1)^{m/2}, \quad (26)$$

wenn alle Koeffizienten der gegebenen Polynome $u(x)$ und $v(x)$ durch N im Absolutwert beschränkt sind. Dieselbe obere Schranke gilt für die Koeffizienten aller während der Ausführung von Algorithmus E berechneten Polynome $u(x)$ und $v(x)$, da die in Algorithmus E erhaltenen Polynome immer Teiler der in Algorithmus C erhaltenen Polynome sind.

Diese obere Schranke für die Koeffizienten ist äußerst befriedigend, weil sie viel besser ist, als zu erwarten wir gewöhnlich ein Recht hätten. Zum Beispiel betrachte, was passierte, wenn wir die Korrekturen in den Schritten E3 und C3 ausließen und lediglich $v(x)$ durch $r(x)$ ersetzten. Dies ist der einfachste ggT-Algorithmus und derjenige, der traditionell in Lehrbüchern der Algebra erscheint (für theoretische Zwecke, nicht für praktische Rechnungen gedacht). Wenn wir $\delta_1 = \delta_2 = \cdots = 1$ annehmen, finden wir, dass die Koeffizienten von $u_3(x)$ beschränkt sind durch N^3, die Koeffizienten von $u_4(x)$ durch N^7, die von $u_5(x)$ durch N^{17}, …, die Koeffizienten von $u_k(x)$ durch N^{a_k} beschränkt sind, wobei $a_k = 2a_{k-1}+a_{k-2}$. Also wäre die obere Schranke an Stelle von (26) für $m = n+1$ näherungsweise

$$N^{0,5(2,414)^n}, \quad (27)$$

und Experimente zeigen, dass der einfache Algorithmus tatsächlich dieses Verhalten hat; die Zahl der Ziffern in den Koeffizienten wächst exponentiell bei jedem Schritt! In Algorithmus E dagegen, ist das Wachstum der Ziffernanzahl höchstens etwas mehr als linear.

Ein weiterer Vorteil unseres Beweises von Algorithmus C ist die Tatsache, dass die Grade der Polynome sich bei jedem Schritt fast immer um 1 erniedrigen, so dass die Zahl der Iterationen von Schritt C2 (oder E2) gewöhnlich $\deg(v)$ sein wird, wenn die gegebenen Polynome „zufällig" sind. Um zu sehen, warum dies so ist, beachte zum Beispiel, dass wir die ersten acht Spalten von M und M' in (17) und (18) hätten ausgewählen können; dann hätten wir gefunden, dass $u_4(x)$ genau dann Grad kleiner 3 hat, wenn $d_3 = 0$, d.h. genau dann, wenn

$$\det\begin{pmatrix} a_8 & a_7 & a_6 & a_5 & a_4 & a_3 & a_2 & a_1 \\ 0 & a_8 & a_7 & a_6 & a_5 & a_4 & a_3 & a_2 \\ 0 & 0 & a_8 & a_7 & a_6 & a_5 & a_4 & a_3 \\ b_6 & b_5 & b_4 & b_3 & b_2 & b_1 & b_0 & 0 \\ 0 & b_6 & b_5 & b_4 & b_3 & b_2 & b_1 & b_0 \\ 0 & 0 & b_6 & b_5 & b_4 & b_3 & b_2 & b_1 \\ 0 & 0 & 0 & b_6 & b_5 & b_4 & b_3 & b_2 \\ 0 & 0 & 0 & 0 & b_6 & b_5 & b_4 & b_3 \end{pmatrix} = 0.$$

Im allgemeinen wird δ_j genau dann größer als 1 sein für $j > 1$, wenn eine ähnliche Determinante in den Koeffizienten von $u(x)$ und $v(x)$ null ist. Da eine solche Determinante ein von null verschiedenes multivariates Polynom in den Koeffizienten ist, wird es „fast immer" oder „mit Wahrscheinlichkeit 1" von null verschieden sein. (Siehe Übung 16 für eine genauere Formulierung dieser Behauptung und siehe Übung 4 für einen dazugehörenden Beweis.) Die Beispielpolynome in (15) haben beide δ_2 und δ_3 gleich 2, sind also in der Tat Ausnahmen. Die obigen Betrachtungen können auch dazu benutzt werden, die wohlbekannte Tatsache abzuleiten, dass zwei Polynome genau dann teilerfremd sind, wenn ihre *Resultante* von null verschieden ist; die Resultante ist eine Determinante, die die Form der Zeilen A_5 bis A_0 und B_7 bis B_0 in Tabelle 1 hat. (Dies ist „Sylvesters Determinante"; siehe Übung 12. Weitere Eigenschaften von Resultanten werden in B. L. van der Waerdens *Algebra I*, 8. Auflage, (Heidelberg: Springer, 1971), Paragraph 34–35, angegeben. Vom oben besprochenen Standpunkt könnten wir sagen, dass der ggT „fast immer" vom Grade null ist, da Sylvesters Determinante fast nie null ist. Doch viele Berechnungen von praktischem Interesse würden niemals unternommen, wenn es keine vernünftige Chance gäbe, dass der ggT ein Polynom von positivem Grad wäre. Wir können genau sehen, was sich während der Algorithmen E und C ereignet, wenn der ggT nicht 1 ist, durch Betrachtung von $u(x) = w(x)u_1(x)$ und $v(x) = w(x)u_2(x)$, wobei $u_1(x)$ und $u_2(x)$ teilerfremd sind und $w(x)$ primitiv ist. Wenn die Polynome $u_1(x)$, $u_2(x)$, $u_3(x)$, ... berechnet werden durch Aufruf von Algorithmus E mit $u(x) = u_1(x)$ und $v(x) = u_2(x)$, ist es leicht zu sehen, dass die Folge für $u(x) = w(x)u_1(x)$ und $v(x) = w(x)u_2(x)$ einfach $w(x)u_1(x)$, $w(x)u_2(x)$, $w(x)u_3(x)$, $w(x)u_4(x)$, usw. ist. Bei Algorithmus C ist das Verhalten verschieden: Wenn die Polynome $u_1(x)$, $u_2(x)$, $u_3(x)$, ... berechnet werden durch Aufruf von Algorithmus C mit $u(x) = u_1(x)$ und $v(x) = u_2(x)$ und wenn wir annehmen, dass $\deg(u_{j+1}) = \deg(u_j) - 1$ (was meistens wahr ist, wenn $j > 1$), dann erhält man die Folge

$$w(x)u_1(x),\ w(x)u_2(x),\ \ell^2 w(x)u_3(x),\ \ell^4 w(x)u_4(x),\ \ell^6 w(x)u_5(x),\ \ldots \qquad (28)$$

wenn Algorithmus C angewandt wird auf die Eingaben $u(x) = w(x)u_1(x)$ und $v(x) = w(x)u_2(x)$, wobei $\ell = \ell(w)$. (Siehe Übung 13.) Obwohl diese zusätzlichen

ℓ-Faktoren präsent sind, wird Algorithmus C gegenüber Algorithmus E überlegen sein, weil es leichter ist, mit etwas größeren Polynomen zu arbeiten als ständig primitive Teile zu berechnen.

Polynomrestfolgen wie diese in den Algorithmen C und E sind nicht nur zur Bestimmung größter gemeinsamer Teiler und Resultanten nützlich. Eine andere wichtige Anwendung ist die Aufzählung reeller Wurzeln für ein gegebenes Polynom in einem gegebenen Intervall gemäß dem berühmten Satz von J. Sturm [*Mém. présentés par Divers Savants* **6** (Paris: 1835), 271–318]. Sei $u(x)$ ein Polynom über den reellen Zahlen mit lauter verschiedenen komplexen Wurzeln. Wir werden im nächsten Abschnitt sehen, dass die Wurzeln genau dann verschieden sind, wenn $\operatorname{ggT}\bigl(u(x), u'(x)\bigr) = 1$, wobei $u'(x)$ die Ableitung von $u(x)$ ist; dementsprechend gibt es eine Polynomrestfolge, die beweist, dass $u(x)$ zu $u'(x)$ teilerfremd ist. Wir setzen $u_0(x) = u(x)$, $u_1(x) = u'(x)$ (womit wir Sturm folgen), kehren die Vorzeichen aller Reste um und erhalten

$$\begin{aligned} c_1 u_0(x) &= u_1(x) q_1(x) - d_1 u_2(x), \\ c_2 u_1(x) &= u_2(x) q_2(x) - d_2 u_3(x), \\ &\;\vdots \\ c_k u_{k-1}(x) &= u_k(x) q_k(x) - d_k u_{k+1}(x), \end{aligned} \tag{29}$$

für positive Konstante c_j und d_j, wobei $\deg(u_{k+1}) = 0$. Wir sagen, dass die *Variation* $v(u, a)$ von $u(x)$ bei a die Anzahl von Vorzeichenwechseln in der Folge $u_0(a)$, $u_1(a)$, …, $u_{k+1}(a)$ ist, ohne die Nullstellen zu zählen. Wenn zum Beispiel die Folge von Vorzeichen $0, +, -, -, 0, +, +, -$ ist, haben wir $v(u, a) = 3$. Sturms Satz besagt, dass sich *die Anzahl der Wurzeln von $u(x)$ im Intervall $a < x \le b$ als $v(u, a) - v(u, b)$ ergibt*; und der Beweis ist erstaunlich kurz (siehe Übung 22).

Obwohl die Algorithmen C und E interessant sind, ist das nicht die ganze Geschichte. Wichtige Alternativen zur Berechnung des größten gemeinsamen Teilers von Polynomen über den ganzen Zahlen werden am Ende von Abschnitt 4.6.2 besprochen. Es gibt auch einen allgemeinen Determinanten-Algorithmus, von dem man sagen kann, dass er Algorithmus C als einen Spezialfall einschließt; siehe E. H. Bareiss, *Math. Comp.* **22** (1968), 565–578.

In der vierten Auflage dieses Buches plane ich, die Darstellung des gegenwärtigen Abschnitts zu überarbeiten, um die Forschung des 19-ten Jahrhunderts über Determinanten gebührend zu berücksichtigen, wie auch die Arbeit von W. Habicht, Comm. Math. Helvetici **21** *(1948), 99–116. Eine exzellente Besprechung der letzteren ist von R. Loos in Computing, Supplement 4 (1982), 115–137, gegeben worden. Eine interessante Methode für die Auswertung von Determinanten, hergeleitet von C. L. Dodgson (alias Lewis Carroll) aus einem Satz von Jacobi, ist ebenfalls hoch bedeutsam für diese Methoden. Siehe D. E. Knuth, Elektronics J. Combinatorics* **3**, *2 (1996), paper R5, §3, für eine Zusammenfassung der frühen Geschichte von Identitäten zwischen Determinanten von Teilmatrizen.*

Übungen

1. [*10*] Berechne den Pseudoquotienten $q(x)$ und Pseudorest $r(x)$ über den ganzen Zahlen, nämlich die (8) erfüllenden Polynome, für $u(x) = x^6+x^5-x^4+2x^3+3x^2-x+2$ und $v(x) = 2x^3+2x^2-x+3$.

2. [*15*] Was ist der größte gemeinsame Teiler des Polynoms $3x^6+x^5+4x^4+4x^3+3x^2+4x+2$ und seiner „Umkehrung" $2x^6+4x^5+3x^4+4x^3+4x^2+x+3$, modulo 7?

▶ **3.** [*M25*] Zeige, dass Euklids Algorithmus für Polynome über einem Körper S erweitert werden kann, um Polynome $U(x)$ und $V(x)$ über S zu finden mit

$$u(x)V(x) + U(x)v(x) = \mathrm{ggT}(u(x), v(x)).$$

(Siehe Algorithmus 4.5.2X.) Was sind die Grade der Polynome $U(x)$ und $V(x)$, die durch diesen erweiterten Algorithmus berechnet werden? Beweise, dass wenn S der Körper der rationalen Zahlen und wenn $u(x) = x^m - 1$ und $v(x) = x^n - 1$ ist, dann der erweiterte Algorithmus Polynome $U(x)$ und $V(x)$ mit *Ganzzahl*-Koeffizienten liefert. Finde $U(x)$ und $V(x)$ für $u(x) = x^{21} - 1$ und $v(x) = x^{13} - 1$.

▶ **4.** [*M30*] Sei p Primzahl. Nimm an, dass Euklids Algorithmus angewandt auf die Polynome $u(x)$ und $v(x)$ modulo p ein Folge von Polynomen mit Graden m, n, n_1, …, n_t, $-\infty$ der Reihe nach ergibt, wobei $m = \deg(u)$, $n = \deg(v)$ und $n_t \geq 0$. Nimm an, dass $m \geq n$. Wenn $u(x)$ und $v(x)$ monische Polynome sind, unabhängig und uniform verteilt über alle p^{m+n} Paare von monischen Polynomen mit Graden m bzw. n, was sind die Mittelwerte der drei Größen t, $n_1 + \cdots + n_t$ und $(n-n_1)n_1 + \cdots + (n_{t-1} - n_t)n_t$ als Funktionen von m, n und p? (Diese drei Größen sind die fundamentalen Faktoren in der Laufzeit von Euklids Algorithmus angewandt auf Polynome modulo p unter der Annahme, dass Division durch Algorithmus D ausgeführt wird.) [*Hinweis:* Zeige, dass $u(x) \bmod v(x)$ uniform verteilt und unabhängig von $v(x)$ ist.]

5. [*M22*] Was ist die Wahrscheinlichkeit, dass $u(x)$ und $v(x)$ teilerfremd modulo p sind, wenn $u(x)$ und $v(x)$ unabhängige und uniform verteilte monische Polynome vom Grad n sind?

6. [*M23*] Wir haben gesehen, dass Euklids Algorithmus 4.5.2A für ganze Zahlen direkt zu einem Algorithmus für den größten gemeinsamen Teiler von Polynomen adaptiert werden kann. Kann der binäre ggT-Algorithmus, Algorithmus 4.5.2B, in einer analogen Weise zu einem Polynomalgorithmus adaptiert werden?

7. [*M10*] Was sind die Einheiten im Bereich aller Polynome über einem eindeutigen Faktorisierungsbereich S?

▶ **8.** [*M22*] Zeige, dass wenn ein Polynom mit Ganzzahlkoeffizienten irreduzibel über dem Bereich der ganzen Zahlen ist, es als ein Polynom über dem Körper der rationalen Zahlen betrachtet irreduzibel ist.

9. [*M25*] Seien $u(x)$ und $v(x)$ primitive Polynome über einem eindeutigen Faktorisierungsbereich S. Beweise, dass $u(x)$ und $v(x)$ genau dann teilerfremd sind, wenn es Polynome $U(x)$ und $V(x)$ über S gibt, dass $u(x)V(x) + U(x)v(x)$ ein Polynom vom Grade null ist. [*Hinweis:* Erweitere Algorithmus E so, wie Algorithmus 4.5.2A in Übung 3 erweitert wird.]

10. [*M28*] Beweise, dass die Polynome über einem eindeutigen Faktorisierungbereich einen eindeutigen Faktorisierungsbereich bilden. [*Hinweis:* Verwende das Ergebnis von Übung 9 als Hilfe zu zeigen, dass höchstens eine Art von Faktorisierung möglich ist.]

11. [*M22*] Welche Zeilennamen wären in Tabelle 1 erschienen, wenn die Gradfolge 9, 6, 5, 2, $-\infty$ statt 8, 6, 4, 2, 1, 0 gewesen wäre?

▶ **12.** [*M24*] Sei $u_1(x)$, $u_2(x)$, $u_3(x)$, ... eine Folge von Polynomen, die aus einem Ablauf von Algorithmus C stammt. Die „Sylvestermatrix“ ist die quadratische Matrix gebildet aus den Zeilen A_{n_2-1} bis A_0 und B_{n_1-1} bis B_0 (in einer Notation analog zu der von Tabelle 1). Zeige, dass wenn $u_1(x)$ und $u_2(x)$ einen gemeinsamen Faktor von positivem Grad haben, dann die Determinante der Sylvestermatrix null ist; wenn umgekehrt gegeben ist, dass $\deg(u_k) = 0$ für ein k, zeige durch Ableiten einer Formel für ihren Absolutwert ausgedrückt durch $\ell(u_j)$ und $\deg(u_j)$, $1 \le j \le k$, dass die Determinante der Sylvestermatrix von null verschieden ist.

13. [*M22*] Zeige: der führende Koeffizient ℓ des primitiven Teils von $\mathrm{ggT}(u(x), v(x))$ tritt in der Polynomfolge von Algorithmus C auf wie in (28) gezeigt, wenn $\delta_1 = \delta_2 = \cdots = \delta_{k-1} = 1$. Wie ist das Verhalten für allgemeine δ_j?

14. [*M29*] Sei $r(x)$ der Pseudorest, wenn $u(x)$ durch $v(x)$ pseudodividiert wird. Wenn $\deg(u) \ge \deg(v) + 2$ und $\deg(v) \ge \deg(r) + 2$, zeige, dass $r(x)$ ein Vielfaches von $\ell(v)$ ist.

15. [*M26*] Beweise die Ungleichung von Hadamard (25). [*Hinweis:* Betrachte die Matrix AA^T.]

▶ **16.** [*M22*] Sei $f(x_1, \ldots, x_n)$ ein multivariates Polynom, das nicht identisch null ist, und sei $r(S_1, \ldots, S_n)$ die Menge von Wurzeln $(x_1, \ldots, x_n)$ von $f(x_1, \ldots, x_n) = 0$ derart, dass $x_1 \in S_1$, ..., $x_n \in S_n$. Wenn der Grad von f höchstens $d_j \le |S_j|$ in der Variablen x_j ist, beweise, dass

$$|r(S_1, \ldots, S_n)| \le |S_1| \ldots |S_n| - (|S_1| - d_1) \ldots (|S_n| - d_n).$$

Deshalb geht die Wahrscheinlichkeit, eine Wurzel zufällig zu finden, $|r(S_1, \ldots, S_n)| / |S_1| \ldots |S_n|$, gegen null für anwachsende Mengen S_j. [Diese Ungleichung hat viele Anwendungen beim Entwurf von randomisierten Algorithmen, weil sie einen guten Weg zur Prüfung abgibt, ob eine komplizierte Summe von Produkten von Summen identisch null ist, ohne alle Terme zu entwicklen.]

17. [*M32*] (*P. M. Cohns Algorithmus für Division von Stringpolynomen.*) Sei A ein *Alphabet*, d.h., eine Menge von Symbolen. Ein *String* α über A ist eine Folge von $n \ge 0$ Symbolen, $\alpha = a_1 \ldots a_n$, wobei jedes a_j in A ist. Die *Länge* von α, bezeichnet durch $|\alpha|$, ist die Anzahl n von Symbolen. Ein *Stringpolynom* über A ist eine endliche Summe $U = \sum_k r_k \alpha_k$, wobei jedes r_k eine von null verschiedene rationale Zahl und jedes α_k ein String über A ist; wir nehmen an, dass $\alpha_j \ne \alpha_k$, wenn $j \ne k$. Der *Grad* von U, $\deg(U)$, ist definiert als $-\infty$, wenn $U = 0$ (d.h. wenn die Summe leer ist), sonst $\deg(U) = \max |\alpha_k|$. Summe und Produkt von Stringpolynomen sind in einer offensichtlichen Weise definiert; also, $(\sum_j r_j \alpha_j)(\sum_k s_k \beta_k) = \sum_{j,k} r_j s_k \alpha_j \beta_k$, wobei das Produkt zweier Strings durch einfache Juxtaposition derselben erhalten wird, wonach wir gleiche Terme sammeln. Wenn zum Beispiel $A = \{a, b\}$, $U = ab + ba - 2a - 2b$ und $V = a + b - 1$, dann $\deg(U) = 2$, $\deg(V) = 1$, $V^2 = aa + ab + ba + bb - 2a - 2b + 1$ und $V^2 - U = aa + bb + 1$. Klarerweise $\deg(UV) = \deg(U) + \deg(V)$ und $\deg(U + V) \le \max(\deg(U), \deg(V))$ mit Gleichheit in der letzten Formel, wenn $\deg(U) \ne \deg(V)$. (Stringpolynome können als gewöhnliche multivariate Polynome über dem Körper der rationalen Zahlen angesehen werden, außer, dass die Variablen *nicht kommutativ* bezüglich der Multiplikation sind. In der konventionellen Sprache der reinen Mathematik, ist die Menge der Stringpolynome mit den hier definierten Operationen die „freie durch A erzeugte assoziative Algebra“ über den rationalen Zahlen.)

a) Seien Q_1, Q_2, U und V Stringpolynome mit $\deg(U) \geq \deg(V)$ und $\deg(Q_1U - Q_2V) < \deg(Q_1U)$. Gib einen Algorithmus an, ein Stringpolynom Q zu finden, dass $\deg(U - QV) < \deg(U)$. (Wenn wir also U und V gegeben haben mit $Q_1U = Q_2V + R$ und $\deg(R) < \deg(Q_1U)$ für bestimmte Q_1 und Q_2, dann gibt es eine Lösung für diese Bedingungen mit $Q_1 = 1$.)

b) Gegeben U und V als Stringpolynome mit $\deg(V) > \deg(Q_1U - Q_2V)$ für bestimmte Q_1 und Q_2, zeige, dass das Ergebnis von (a) verbessert werden kann, einen Quotient Q mit $U = QV + R$, $\deg(R) < \deg(V)$ zu finden. (Dies ist die Analogie von (1) für Stringpolynome; Teil (a) zeigte unter schwächeren Hypothesen, dass wir $\deg(R) < \deg(U)$ machen können.)

c) Ein *homogenes Polynom* ist eines, dessen Terme alle denselben Grad (Länge) haben. Wenn U_1, U_2, V_1, V_2 homogene Stringpolynome mit $U_1V_1 = U_2V_2$ und $\deg(V_1) \geq \deg(V_2)$ sind, zeige, dass es ein homogenes Stringpolynom U mit $U_2 = U_1U$ und $V_1 = UV_2$ gibt.

d) Gegeben, dass U und V homogene Stringpolynome mit $UV = VU$ sind, beweise, dass es ein homogenes Stringpolynom W mit $U = rW^m$, $V = sW^n$ für bestimmte ganze Zahlen m, n und rationale Zahlen r, s gibt. Gib einen Algorithmus zur Berechnung eines solchen W mit größtmöglichem Grad an. (Dieser Algorithmus ist von Interesse, wenn zum Beispiel $U = \alpha$ und $V = \beta$ Strings sind, die $\alpha\beta = \beta\alpha$ erfüllen; dann ist W einfach ein String γ. Wenn $U = x^m$ und $V = x^n$, ist die Lösung vom größten Grad der String $W = x^{\mathrm{ggT}(m,n)}$, also schließt dieser Algorithmus einen ggT-Algorithmus für ganze Zahlen als einen Speziafall ein.)

▸ **18.** [*M24*] (*Euklidscher Algorithmus für Stringpolynome.*) Seien V_1 und V_2 Stringpolynome, nicht beide null, die ein *gemeinsames Linksvielfaches* haben. (Dies bedeutet, dass Stringpolynome U_1 und U_2, nicht beide null, mit $U_1V_1 = U_2V_2$ existieren.) Der Zweck dieser Übung ist es, einen Algorithmus zur Berechnung ihres *größten gemeinsamen Rechtsteilers* $\mathrm{ggrT}(V_1, V_2)$ und ihres *kleinsten gemeinsamen Linksvielfachen* $\mathrm{kglV}(V_1, V_2)$ zu finden. Die letzteren Größen sind wie folgt definiert: $\mathrm{ggrT}(V_1, V_2)$ ist ein gemeinsamer Rechtsteiler von V_1 und V_2 (d.h. $V_1 = W_1 \,\mathrm{ggrT}(V_1, V_2)$ und $V_2 = W_2 \,\mathrm{ggrT}(V_1, V_2)$ für bestimmte W_1 und W_2), und jeder gemeinsame Rechtsteiler von V_1 und V_2 ist ein Rechtsteiler von $\mathrm{ggrT}(V_1, V_2)$; $\mathrm{kglV}(V_1, V_2) = Z_1V_1 = Z_2V_2$ für bestimmte Z_1 und Z_2, und jedes gemeinsame Linksvielfaches von V_1 und V_2 ist ein Linksvielfaches von $\mathrm{kglV}(V_1, V_2)$.

Seien zum Beispiel $U_1 = abbbab + abbab - bbab + ab - 1$, $V_1 = babab + abab + ab - b$; $U_2 = abb + ab - b$, $V_2 = babbabab + bababab + babab + abab - babb - 1$. Dann haben wir $U_1V_1 = U_2V_2 = abbbabbabab + abbabbabab + abbbababab + abbababab - bbabbabab + abbbabab - bbababab + 2abbabab - abbbabb + ababab - abbabb - bbabab - babab + bbabb - abb - ab + b$. Für diese Stringpolynome kann gezeigt werden, dass $\mathrm{ggrT}(V_1, V_2) = ab + 1$ und $\mathrm{kglV}(V_1, V_2) = U_1V_1$.

Der Divisionsalgorithmus von Übung 17 kann folgendermaßen umformuliert worden: Wenn V_1 und V_2 Stringpolynome sind mit $V_2 \neq 0$ und wenn $U_1 \neq 0$ und U_2 die Gleichung $U_1V_1 = U_2V_2$ erfüllen, dann existieren Stringpolynome Q und R mit

$$V_1 = QV_2 + R, \qquad \text{wobei } \deg(R) < \deg(V_2).$$

Es folgt leicht, dass Q und R eindeutig bestimmt sind; sie hängen nicht von den gegebenen U_1 und U_2 ab. Weiterhin ist das Ergebnis rechts-links symmetrisch in dem Sinn, dass

$$U_2 = U_1Q + R', \qquad \text{wobei } \deg(R') = \deg(U_1) - \deg(V_2) + \deg(R) < \deg(U_1).$$

Zeige, dass dieser Divisionsalgorithmus zu einem Algorithmus erweitert werden kann, der $\mathrm{kglV}(V_1, V_2)$ und $\mathrm{ggrT}(V_1, V_2)$ berechnet; tatsächlich findet der erweiterte Algorithmus Stringpolynome Z_1 und Z_2 mit $Z_1V_1 + Z_2V_2 = \mathrm{ggrT}(V_1, V_2)$. [*Hinweis:* Verwende Hilfsvariablen u_1, u_2, v_1, v_2, w_1, w_2, w_1', w_2', z_1, z_2, z_1', z_2', deren Werte Stringpolynome sind; beginne mit $u_1 \leftarrow U_1$, $u_2 \leftarrow U_2$, $v_1 \leftarrow V_1$, $v_2 \leftarrow V_2$ und während des Algorithmus halte die Bedingungen

$$\begin{aligned} U_1w_1 + U_2w_2 &= u_1, & z_1V_1 + z_2V_2 &= v_1,\\ U_1w_1' + U_2w_2' &= u_2, & z_1'V_1 + z_2'V_2 &= v_2,\\ u_1z_1 - u_2z_1' &= (-1)^nU_1, & w_1v_1 - w_1'v_2 &= (-1)^nV_1,\\ -u_1z_2 + u_2z_2' &= (-1)^nU_2, & -w_2v_1 + w_2'v_2 &= (-1)^nV_2 \end{aligned}$$

bei der n-ten Iteration aufrecht. Dies kann als „äußerste" Erweiterung von Euklids Algorithmus angesehen werden.]

19. [*M39*] (*Gemeinsame Teiler quadratischer Matrizen.*) Übung 18 zeigt, dass der Begriff des größten gemeinsamen Rechtsteilers sinnvoll sein kann, wenn die Multiplikation nicht kommutativ ist. Beweise, dass zwei beliebige $n \times n$ Matrizen A und B über den ganzen Zahlen einen größten gemeinsamen Matrixrechtsteiler D haben. [*Vorschlag:* Entwirf einen Algorithmus, dessen Eingaben A und B sind und dessen Ausgaben ganzzahlige Matrizen D, P, Q, X, Y sind, wobei $A = PD$, $B = QD$, und $D = XA + YB$.] Finde einen größten gemeinsamen Rechtsteiler der Matrizen $\binom{1\ 2}{3\ 4}$ und $\binom{4\ 3}{2\ 1}$.

20. [*M40*] Untersuche die Genauigkeit des euklidschen Algorithmus: Was kann über die Berechnung des größten gemeinsamen Teilers von Polynomen gesagt werden, deren Koeffizienten Gleitkommazahlen sind?

21. [*M25*] Beweise, dass die von Algorithmus C benötigte Rechenzeit für den ggT zweier Polynome vom n-ten Grad über den ganzen Zahlen $O(n^4(\log Nn)^2)$ ist, wenn die Koeffizienten der gegebenen Polynome durch N im Absolutwert beschränkt sind.

22. [*M23*] Beweise Sturms Satz. [*Hinweis:* Einige Vorzeichenfolgen sind unmöglich.]

23. [*M22*] Beweise, dass wenn $u(x)$ in (29) $\deg(u)$ viele reelle Wurzeln hat, wir dann $\deg(u_{j+1}) = \deg(u_j) - 1$ für $0 \le j \le k$ haben.

24. [*M21*] Zeige, dass (19) zu (20) und (23) zu (24) vereinfacht werden können.

25. [*M24*] (W. S. Brown.) Beweise, dass alle Polynome $u_j(x)$ in (16) für $j \ge 3$ Vielfache von $\mathrm{ggT}(\ell(u), \ell(v))$ sind, und erkläre, wie Algorithmus C entsprechend zu verbessern ist.

▸ **26.** [*M26*] Der Zweck dieser Übung ist es, ein Analogon für Polynome zu geben dafür, dass Kettenbrüche mit positiven ganzen Zahlen die besten Näherungen für reelle Zahlen ergeben (Übung 4.5.3–42).

Seien $u(x)$ und $v(x)$ Polynome über einem Körper mit $\deg(u) > \deg(v)$ und seien $a_1(x)$, $a_2(x)$, … die Quotientenpolynome, wenn Euklids Algorithmus auf $u(x)$ und $v(x)$ angewandt wird. Zum Beispiel ist die Folge von Quotienten in (5) und (6) $9x^2+7$, $5x^2+5$, $6x^3+5x^2+6x+5$, $9x+12$. Wir wollen zeigen, dass die Konvergenten $p_n(x)/q_n(x)$ der Kettenbrüche $/\!/a_1(x), a_2(x), \ldots /\!/$ die „besten Näherungen" niedrigen Grads an die rationale Funktion $v(x)/u(x)$ sind, wobei wir $p_n(x) = K_{n-1}(a_2(x), \ldots, a_n(x))$ und $q_n(x) = K_n(a_1(x), \ldots, a_n(x))$ haben, ausgedrückt durch die Kontinuantenpolynome von Gl. 4.5.3–(4). Wir benutzen die Konventionen $p_0(x) = q_{-1}(x) = 0$, $p_{-1}(x) = q_0(x) = 1$.

Beweise, dass wenn $p(x)$ und $q(x)$ Polynome mit $\deg(q) < \deg(q_n)$ und $\deg(pu - qv) \leq \deg(p_{n-1}u - q_{n-1}v)$ für ein $n \geq 1$ sind, dann $p(x) = cp_{n-1}(x)$ und $q(x) = cq_{n-1}(x)$ für eine Konstante c. Insbesondere ist jedes $q_n(x)$ ein „Rekordpolynom" in dem Sinn, dass kein von null verschiedenes Polynom $q(x)$ von kleinerem Grad für die Größe $p(x)u(x)-q(x)v(x)$, für irgend ein Polynom $p(x)$, einen so kleinen Grad erreichen kann wie es $p_n(x)u(x) - q_n(x)v(x)$ vermag.

27. [*M23*] Schlage einen Weg vor, die Geschwindigkeit der Division von $u(x)$ durch $v(x)$ zu erhöhen, wenn wir wissen, dass der Rest null sein wird.

*4.6.2. Faktorisierung von Polynome

Betrachten wir jetzt das Problem der *Faktorisierung* von Polynomen, nicht lediglich die Berechnung des größten gemeinsamen Teilers von zwei oder mehr von ihnen.

Faktorzerlegung modulo *p*. Wie im Fall ganzer Zahlen (Abschnitte 4.5.2, 4.5.4) scheint das Problem der Faktorzerlegung schwieriger als das Auffinden des größten gemeinsamen Teilers zu sein. Doch Faktorisierung von Polynomen modulo einer Primzahl p ist nicht so hart wie man erwarten sollte. Es ist viel leichter, die Faktoren eines beliebigen Polynoms vom Grad n, modulo 2, als nach allen bekannten Methoden die Faktoren einer beliebigen n-Bit-Binärzahl zu finden. Diese überraschende Situation ist eine Folge eines instruktiven, 1967 von Elwyn R. Berlekamp [*Bell System Technical J.* **46** (1967), 1853–1859] entdeckten Faktorisierungsalgorithmus.

Sei p eine Primzahl; alle Polynomarithmetik in der folgenden Diskussion wird modulo p durchgeführt werden. Nehmen wir an, jemand habe uns ein Polynom $u(x)$ gegeben, dessen Koeffizienten aus der Menge $\{0, 1, \ldots, p-1\}$ ausgewählt sind; wir können $u(x)$ monisch voraussetzen. Unser Ziel ist es, $u(x)$ in der Form

$$u(x) = p_1(x)^{e_1} \ldots p_r(x)^{e_r}, \tag{1}$$

auszudrücken, wobei $p_1(x), \ldots, p_r(x)$ verschiedene monische irreduzible Polynome sind.

Als ersten Schritt können wir eine Standardtechnik verwenden, um zu bestimmen, ob irgendein Exponent $e_1, \ldots, e_r$ größer als eins ist. Wenn

$$u(x) = u_n x^n + \cdots + u_0 = v(x)^2 w(x), \tag{2}$$

dann ist die Ableitung (gebildet wie gewöhnlich, jedoch modulo p)

$$u'(x) = nu_n x^{n-1} + \cdots + u_1 - 2v(x)v'(x)w(x) + v(x)^2 w'(x), \tag{3}$$

und diese ist ein Vielfaches des quadratischen Faktors $v(x)$. Deshalb besteht unser erster Schritt bei der Faktorzerlegung von $u(x)$ in der Bildung von

$$\operatorname{ggT}\bigl(u(x), u'(x)\bigr) = d(x). \tag{4}$$

Wenn $d(x)$ gleich 1 ist, wissen wir, dass $u(x)$ *quadratfrei* ist, das Produkt verschiedener Primelemente $p_1(x) \ldots p_r(x)$. Wenn $d(x)$ nicht gleich 1 ist und $d(x) \neq u(x)$, dann ist $d(x)$ ein eigentlicher Faktor von $u(x)$; die Relation zwischen den Faktoren von $d(x)$ und den Faktoren von $u(x)/d(x)$ beschleunigt schön den Faktorisierungsprozess in diesem Fall (siehe Übungen 34 und 36). Wenn schließlich $d(x) = u(x)$, müssen wir $u'(x) = 0$ haben; also ist der Koeffizient u_k von x^k nur dann von null verschieden, wenn k ein Vielfaches von p ist. Dies bedeutet, dass $u(x)$ als ein Polynom der Form $v(x^p)$ geschrieben werden kann, und in einem solchen Fall haben wir

$$u(x) = v(x^p) = \big(v(x)\big)^p; \tag{5}$$

der Faktorisierungsprozess kann durch Bestimmung der irreduziblen Faktoren von $v(x)$ und ihre Erhebung in die p-te Potenz vollendet werden.

Identität (5) mag dem Leser etwas fremd erscheinen; sie ist eine wichtige Tatsache, die dem Berlekampalgorithmus und mehreren anderen zu besprechenden Methoden zu Grunde liegt. Wir können sie wie folgt beweisen: Wenn $v_1(x)$ und $v_2(x)$ irgendwelche Polynome modulo p sind, dann

$$\begin{aligned}\big(v_1(x)+v_2(x)\big)^p &= v_1(x)^p + \tbinom{p}{1} v_1(x)^{p-1}v_2(x) + \cdots + \tbinom{p}{p-1} v_1(x)v_2(x)^{p-1} + v_2(x)^p\\ &= v_1(x)^p + v_2(x)^p,\end{aligned}$$

da die Binomialkoeffizienten $\binom{p}{1}, \ldots, \binom{p}{p-1}$ alle Vielfache von p sind. Wenn weiterhin a irgendeine ganze Zahl ist, gilt $a^p \equiv a$ (modulo p) nach Fermats Satz. Wenn deshalb $v(x) = v_m x^m + v_{m-1}x^{m-1} + \cdots + v_0$, finden wir

$$\begin{aligned}v(x)^p &= (v_m x^m)^p + (v_{m-1}x^{m-1})^p + \cdots + (v_0)^p\\ &= v_m x^{mp} + v_{m-1}x^{(m-1)p} + \cdots + v_0 \;=\; v(x^p).\end{aligned}$$

Die obigen Bemerkungen zeigen, dass sich das Problem der Faktorzerlegung eines Polynoms auf das Problem der Faktorzerlegung eines quadratfreien Polynoms reduziert. Nehmen wir deshalb an, dass

$$u(x) = p_1(x)p_2(x)\ldots p_r(x) \tag{6}$$

das Produkt verschiedener Primelemente ist. Wie können wir schlau genug sein, die $p_j(x)$ zu entdecken, wenn nur $u(x)$ gegeben ist? Berlekamps Idee verwendet den chinesischen Restsatz, welcher für Polynome ebenso wie für ganze Zahlen (siehe Übung 3) gültig ist. Wenn $(s_1, s_2, \ldots, s_r)$ irgendein r-Tupel ganzer Zahlen mod p ist, impliziert der chinesische Restsatz, dass *es ein eindeutiges Polynom $v(x)$ gibt mit*

$$\begin{aligned}v(x) \equiv s_1 \big(\text{modulo } p_1(x)\big), \quad \ldots, \quad v(x) \equiv s_r \big(\text{modulo } p_r(x)\big),\\ \deg(v) < \deg(p_1) + \deg(p_2) + \cdots + \deg(p_r) = \deg(u).\end{aligned} \tag{7}$$

Die Notation „$g(x) \equiv h(x)$ $\big(\text{modulo } f(x)\big)$“, die hier erscheint, hat dieselbe Bedeutung wie „$g(x) \equiv h(x)$ $\big(\text{modulo } f(x) \text{ und } p\big)$“ in Übung 3.2.2–11, da wir Polynomarithmetik modulo p betrachten. Das Polynom $v(x)$ in (7) gibt uns einen Weg, an die Faktoren von $u(x)$ zu kommen, denn wenn $r \geq 2$ und $s_1 \neq s_2$, werden wir $\mathrm{ggT}\big(u(x), v(x) - s_1\big)$ teilbar durch $p_1(x)$ doch nicht durch $p_2(x)$ haben.

Da diese Beobachtung zeigt, dass wir Information über die Faktoren von $u(x)$ von geeigneten Lösungen $v(x)$ von (7) bekommen können, wollen wir (7) näher analysieren. An erster Stelle können wir bemerken, dass das Polynom $v(x)$ die Bedingung $v(x)^p \equiv s_j^p = s_j \equiv v(x)$ (modulo $p_j(x)$) für $1 \le j \le r$ erfüllt; deshalb

$$v(x)^p \equiv v(x) \ \big(\text{modulo } u(x)\big), \qquad \deg(v) < \deg(u). \tag{8}$$

An zweiter Stelle haben wir die elementare Polynomidentität

$$x^p - x \equiv (x-0)(x-1)\ldots\big(x-(p-1)\big) \ (\text{modulo } p) \tag{9}$$

(siehe Übung 6); also ist

$$v(x)^p - v(x) = \big(v(x)-0\big)\big(v(x)-1\big)\ldots\big(v(x)-(p-1)\big) \tag{10}$$

eine Identität für jedes Polynom $v(x)$, wenn wir modulo p arbeiten. Wenn $v(x)$ (8) erfüllt, teilt folglich $u(x)$ die linke Seite von (10), also muss jeder irreduzible Faktor von $u(x)$ einen der p teilerfremden Faktoren der rechten Seite von (10) teilen. In andern Worten, *alle* Lösungen von (8) müssen die Form von (7) haben, für bestimmte $s_1, s_2, \ldots, s_r$; *es gibt genau p^r Lösungen von* (8).

Die Lösungen $v(x)$ der Kongruenz (8) geben deshalb einen Schlüssel zur Faktorisierung von $u(x)$. Es mag schwieriger erscheinen, alle Lösungen nach (8) zu finden als ursprünglich $u(x)$ zu faktorisieren, aber dies ist tatsächlich nicht wahr, da die Menge der Lösungen nach (8) unter Addition abgeschlossen ist. Sei $\deg(u) = n$; wir können die $n \times n$ Matrix

$$Q = \begin{pmatrix} q_{0,0} & q_{0,1} & \cdots & q_{0,n-1} \\ \vdots & \vdots & & \vdots \\ q_{n-1,0} & q_{n-1,1} & \cdots & q_{n-1,n-1} \end{pmatrix} \tag{11}$$

konstruieren, wobei

$$x^{pk} \equiv q_{k,n-1}x^{n-1} + \cdots + q_{k,1}x + q_{k,0} \ \big(\text{modulo } u(x)\big). \tag{12}$$

Dann ist $v(x) = v_{n-1}x^{n-1} + \cdots + v_1x + v_0$ genau dann eine Lösung von (8), wenn

$$(v_0, v_1, \ldots, v_{n-1})Q = (v_0, v_1, \ldots, v_{n-1}); \tag{13}$$

denn die letzte Gleichung gilt genau dann, wenn

$$v(x) = \sum_j v_j x^j = \sum_j \sum_k v_k q_{k,j} x^j \equiv \sum_k v_k x^{pk} = v(x^p) \equiv v(x)^p \ \big(\text{modulo } u(x)\big).$$

Berlekamps Faktorisierungsalgorithmus geht deshalb wie folgt vor:

B1. Stelle sicher, dass $u(x)$ quadratfrei ist; d.h. wenn $\mathrm{ggT}\big(u(x), u'(x)\big) \neq 1$, reduziere das Problem der Faktorzerlegung von $u(x)$ wie oben in diesem Abschnitt besprochen.

B2. Bilde die durch (11) und (12) definierte Matrix Q. Dies kann, wie unten erläutert, in einer von zwei Weisen getan werden jenachdem, ob p sehr groß ist oder nicht.

B3. „Triangularisiere" die Matrix $Q - I$, wobei $I = (\delta_{ij})$ die $n \times n$ Einheitsmatrix ist, finde ihren Rang $n - r$ und linear unabhängige Vektoren $v^{[1]}, \ldots, v^{[r]}$ mit

$v^{[j]}(Q-I) = (0,0,\ldots,0)$ für $1 \le j \le r$. (Der erste Vektor $v^{[1]}$ kann immer als $(1,0,\ldots,0)$ gewählt werden, wobei er die triviale Lösung $v^{[1]}(x) = 1$ von (8) darstellt. Die Rechnung kann mit geeigneten Spaltenoperationen durchgeführt werden, wie in Algorithmus N unten erklärt.) *An diesem Punkt, ist r die Anzahl irreduzibler Faktoren von $u(x)$*, weil die Lösungen von (8) die p^r den Vektoren $t_1 v^{[1]} + \cdots + t_r v^{[r]}$ entsprechenden Polynome für alle Wahlmöglichkeiten von ganzen Zahlen $0 \le t_1, \ldots, t_r < p$ sind. Wenn $r = 1$, wissen wir deshalb, dass $u(x)$ irreduzibel ist, und das Verfahren terminiert.

B4. Berechne $\mathrm{ggT}\bigl(u(x), v^{[2]}(x) - s\bigr)$ für $0 \le s < p$, wobei $v^{[2]}(x)$ das durch den Vektor $v^{[2]}$ dargestellte Polynom ist. Das Ergebnis wird eine nicht-triviale Faktorisierung von $u(x)$ sein, weil $v^{[2]}(x) - s$ von null verschieden ist und einen Grad kleiner als $\deg(u)$ hat, und nach Übung 7 haben wir

$$u(x) = \prod_{0 \le s < p} \mathrm{ggT}\bigl(v(x) - s,\, u(x)\bigr) \tag{14}$$

immer, wenn $v(x)$ (8) erfüllt.

Wenn die Verwendung von $v^{[2]}(x)$ das Polynom $u(x)$ nicht in r Faktoren erfolgreich aufspaltet, können weitere Faktoren durch Berechnung von $\mathrm{ggT}\bigl(v^{[k]}(x) - s,\, w(x)\bigr)$ für $0 \le s < p$ und alle so weit gefundenen Faktoren $w(x)$ erhalten werden, für $k = 3, 4, \ldots,$ bis r Faktoren erhalten wurden. (Wenn wir $s_i \ne s_j$ in (7) wählen, erhalten wir eine Lösung $v(x)$ für (8), die $p_i(x)$ von $p_j(x)$ unterscheidet; einige $v^{[k]}(x) - s$ werden durch $p_i(x)$, aber nicht durch $p_j(x)$ teilbar sein, also wird dieses Verfahren schließlich alle Faktoren finden.)

Wenn p gleich 2 oder 3 ist, sind die Berechnungen dieses Schritts ganz effizient; doch wenn p größer als, sagen wir, 25 ist, gibt es ein viel besseres Vorgehen, wie wir später sehen werden. ▮

Geschichtliche Bemerkungen: M. C. R. Butler [*Quart. J. Math.* **5** (1954), 102–107] bemerkte, dass die einem quadratfreien Polynom mit r irreduziblen Faktoren entsprechende Matrix $Q - I$ den Rang $n - r$ haben wird, modulo p. Diese Tatsache war jedoch schon implizit in einem allgemeineren Ergebnis von K. Petr [*Časopis pro Pěstování Matematiky a Fysiky* **66** (1937), 85–94] enthalten, der das charakteristische Polynom von Q bestimmte. Siehe auch Š. Schwarz, *Quart. J. Math.* **7** (1956), 110–124.

Als ein Beispiel für Algorithmus B wollen wir jetzt die Faktorisierung von

$$u(x) = x^8 + x^6 + 10x^4 + 10x^3 + 8x^2 + 2x + 8 \tag{15}$$

modulo 13 bestimmen. (Dieses Polynom erscheint in mehreren Beispielen in Abschnitt 4.6.1.) Eine schnelle Rechnung mit Algorithmus 4.6.1E zeigt, dass $\mathrm{ggT}\bigl(u(x), u'(x)\bigr) = 1$; deshalb ist $u(x)$ quadratfrei und wir gehen nach Schritt B2. Schritt B2 berechnet die Q Matrix, welche in diesem Fall ein 8×8 Array ist. Die erste Zeile von Q ist immer $(1,0,0,\ldots,0)$ das Polynom $x^0 \bmod u(x) = 1$ darstellend. Die zweite Zeile repräsentiert $x^{13} \bmod u(x)$ und im Allgemeinen kann

$x^k \bmod u(x)$ leicht (für relativ kleine Werte von k) wie folgt bestimmt werden: Wenn

$$u(x) = x^n + u_{n-1}x^{n-1} + \cdots + u_1 x + u_0$$

und wenn

$$x^k \equiv a_{k,n-1}x^{n-1} + \cdots + a_{k,1}x + a_{k,0} \pmod{u(x)},$$

dann

$$\begin{aligned} x^{k+1} &\equiv a_{k,n-1}x^n + \cdots + a_{k,1}x^2 + a_{k,0}x \\ &\equiv a_{k,n-1}(-u_{n-1}x^{n-1} - \cdots - u_1x - u_0) + a_{k,n-2}x^{n-1} + \cdots + a_{k,0}x \\ &= a_{k+1,n-1}x^{n-1} + \cdots + a_{k+1,1}x + a_{k+1,0}, \end{aligned}$$

wobei

$$a_{k+1,j} = a_{k,j-1} - a_{k,n-1}u_j. \tag{16}$$

In dieser Formel wird $a_{k,-1}$ als null behandelt, so dass $a_{k+1,0} = -a_{k,n-1}u_0$. Die einfache „Schieberegister"-Rekurrenz (16) macht es leicht, $x^k \bmod u(x)$ für $k = 1, 2, 3, \ldots, (n-1)p$ zu berechnen. Mit einem Rechner wird diese Rechnung natürlich im Allgemeinen durch Aufbau eines ein-dimensionalen Arrays $(a_{n-1}, \ldots, a_1, a_0)$ und wiederholtes Setzen

$$t \leftarrow a_{n-1},\ a_{n-1} \leftarrow (a_{n-2} - tu_{n-1}) \bmod p,\ \ldots,\ a_1 \leftarrow (a_0 - tu_1) \bmod p,$$

und

$$a_0 \leftarrow (-tu_0) \bmod p$$

durchgeführt. (Wir haben ähnliche Verfahren in Verbindung mit Zufallszahlerzeugung gesehen, 3.2.2–(10).)

Für das Beispielpolynom $u(x)$in (15), erhalten wir die folgende Folge von Koeffizienten von $x^k \bmod u(x)$ mit Arithmetik modulo 13:

k	$a_{k,7}$	$a_{k,6}$	$a_{k,5}$	$a_{k,4}$	$a_{k,3}$	$a_{k,2}$	$a_{k,1}$	$a_{k,0}$
0	0	0	0	0	0	0	0	1
1	0	0	0	0	0	0	1	0
2	0	0	0	0	0	1	0	0
3	0	0	0	0	1	0	0	0
4	0	0	0	1	0	0	0	0
5	0	0	1	0	0	0	0	0
6	0	1	0	0	0	0	0	0
7	1	0	0	0	0	0	0	0
8	0	12	0	3	3	5	11	5
9	12	0	3	3	5	11	5	0
10	0	4	3	2	8	0	2	8
11	4	3	2	8	0	2	8	0
12	3	11	8	12	1	2	5	7
13	11	5	12	10	11	7	1	2

Deshalb ist die zweite Zeile von Q gerade $(2, 1, 7, 11, 10, 12, 5, 11)$. In ähnlicher Weise können wir $x^{26} \bmod u(x)$, …, $x^{91} \bmod u(x)$ bestimmen und finden, dass

$$Q = \begin{pmatrix} 1 & 0 & 0 & 0 & 0 & 0 & 0 & 0 \\ 2 & 1 & 7 & 11 & 10 & 12 & 5 & 11 \\ 3 & 6 & 4 & 3 & 0 & 4 & 7 & 2 \\ 4 & 3 & 6 & 5 & 1 & 6 & 2 & 3 \\ 2 & 11 & 8 & 8 & 3 & 1 & 3 & 11 \\ 6 & 11 & 8 & 6 & 2 & 7 & 10 & 9 \\ 5 & 11 & 7 & 10 & 0 & 11 & 7 & 12 \\ 3 & 3 & 12 & 5 & 0 & 11 & 9 & 12 \end{pmatrix},$$
$$Q - I = \begin{pmatrix} 0 & 0 & 0 & 0 & 0 & 0 & 0 & 0 \\ 2 & 0 & 7 & 11 & 10 & 12 & 5 & 11 \\ 3 & 6 & 3 & 3 & 0 & 4 & 7 & 2 \\ 4 & 3 & 6 & 4 & 1 & 6 & 2 & 3 \\ 2 & 11 & 8 & 8 & 2 & 1 & 3 & 11 \\ 6 & 11 & 8 & 6 & 2 & 6 & 10 & 9 \\ 5 & 11 & 7 & 10 & 0 & 11 & 6 & 12 \\ 3 & 3 & 12 & 5 & 0 & 11 & 9 & 11 \end{pmatrix}. \qquad (17)$$

Das beendet Schritt B2; der nächste Schritt von Berlekamps Verfahren erfordert den „Nullraum“ von $Q - I$ zu finden. (Unter dem *Nullraum* einer Matrix A wird der Lösungsraum $\{x \mid x \cdot A = 0\}$ des homogenen linearen Gleichungssystems mit Matrix A verstanden. d.Ü.) Allgemein nimm an, dass A eine $n \times n$ Matrix über einem Körper sei, deren Rang $n - r$ zu bestimmen sei; nimm weiter an, dass wir linear unabhängige Vektoren $v^{[1]}$, $v^{[2]}$, …, $v^{[r]}$ derart bestimmen wollen, dass $v^{[1]}A = v^{[2]}A = \cdots = v^{[r]}A = (0, \ldots, 0)$. Ein Algorithmus für diese Rechnung könnte auf der Beobachtung beruhen, dass jede Spalte von A mit einer von null verschiedenen Größe multipliziert und irgendein Vielfaches einer ihrer Spalten zu einer anderen Spalte hinzugefügt werden kann, ohne den Rang oder die Vektoren $v^{[1]}, \ldots, v^{[r]}$ zu ändern. (Diese Transformationen laufen darauf hinaus, A durch AB zu ersetzen, wobei B eine nicht-singuläre Matrix ist.) Das folgende wohlbekannte „Triangularisierungs“-Verfahren kann deshalb verwendet werden.

Algorithmus N (*Nullraum-Algorithmus*). Sei A eine $n \times n$ Matrix, deren Elemente a_{ij} zu einem Körper gehören und Indizes im Bereich $0 \le i, j < n$ haben. Dieser Algorithmus gibt r Vektoren $v^{[1]}$, …, $v^{[r]}$ aus, die linear unabhängig über dem Körper sind und $v^{[j]}A = (0, \ldots, 0)$ erfüllen, wobei $n - r$ der Rang von A ist.

N1. [Initialisiere.] Setze $c_0 \leftarrow c_1 \leftarrow \cdots \leftarrow c_{n-1} \leftarrow -1$, $r \leftarrow 0$. (Während der Ausführung werden wir $c_j \ge 0$ haben, nur wenn $a_{c_j j} = -1$ und alle anderen Einträge von Zeile c_j null sind.)

N2. [Schleife über k.] Führe Schritt N3 für $k = 0, 1, \ldots, n-1$ aus, dann terminiere den Algorithmus.

N3. [Durchsuche Zeile auf Abhängigkeit.] Wenn es ein j im Bereich $0 \le j < n$ mit $a_{kj} \ne 0$ und $c_j < 0$ gibt, dann tu das Folgende: Multipliziere Spalte j

von A mit $-1/a_{kj}$ (so dass a_{kj} gleich -1 wird); dann füge a_{ki} mal Spalte j zu Spalte i hinzu für alle $i \neq j$; schließlich setze $c_j \leftarrow k$. (Da es nicht schwierig ist, $a_{sj} = 0$ für alle $s < k$ zu zeigen, haben diese Operationen keine Wirkung auf die Zeilen $0, 1, \ldots, k-1$ von A.)

Wenn es andererseits kein j im Bereich $0 \le j < n$ mit $a_{kj} \neq 0$ und $c_j < 0$ gibt, dann setze $r \leftarrow r + 1$ und gib den Vektor

$$v^{[r]} = (v_0, v_1, \ldots, v_{n-1})$$

aus, der definiert ist durch

$$v_j = \begin{cases} a_{ks}, & \text{wenn } c_s = j \ge 0; \\ 1, & \text{wenn } j = k; \\ 0, & \text{sonst.} \ \blacksquare \end{cases} \tag{18}$$

Ein Beispiel wird den Mechanismus dieses Algorithmus zeigen. Sei A die Matrix $Q - I$ von (17) über dem Körper der ganzen Zahlen modulo 13. Wenn $k = 0$, geben wir den Vektor $v^{[1]} = (1,0,0,0,0,0,0,0)$ aus. Wenn $k = 1$, können wir j in Schritt N3 entweder zu 0, 2, 3, 4, 5, 6 oder 7 nehmen; die Wahl ist hier vollständig beliebig, obwohl sie die besonderen Vektoren beeinflusst, die zur Ausgabe durch den Algorithmus ausgewählt werden. Für eine Handrechnung ist es höchst bequem, $j = 5$ zu nehmen, da damit $a_{15} = 12 = -1$ bereits entsteht; die Spaltenoperationen von Schritt N3 transformieren A in die Matrix

$$\begin{pmatrix} 0 & 0 & 0 & 0 & 0 & 0 & 0 & 0 \\ 0 & 0 & 0 & 0 & 0 & \textcircled{12} & 0 & 0 \\ 11 & 6 & 5 & 8 & 1 & 4 & 1 & 7 \\ 3 & 3 & 9 & 5 & 9 & 6 & 6 & 4 \\ 4 & 11 & 2 & 6 & 12 & 1 & 8 & 9 \\ 5 & 11 & 11 & 7 & 10 & 6 & 1 & 10 \\ 1 & 11 & 6 & 1 & 6 & 11 & 9 & 3 \\ 12 & 3 & 11 & 9 & 6 & 11 & 12 & 2 \end{pmatrix}.$$

(Das eingekreiste Element in Spalte „5", Zeile „1", ist hier zur Anzeige von $c_5 = 1$ verwendet. Wohlgemerkt zählt der Algorithmus N die Zeilen und Spalten der Matrix von 0, nicht 1, an.) Wenn $k = 2$, können wir $j = 4$ wählen und in ähnlicher Weise fortfahren, um die folgenden Matrizen zu erhalten, welche alle denselben Nullraum wie $Q - I$ haben:

$$\overset{k=2}{\begin{pmatrix} 0 & 0 & 0 & 0 & 0 & 0 & 0 & 0 \\ 0 & 0 & 0 & 0 & 0 & \textcircled{12} & 0 & 0 \\ 0 & 0 & 0 & 0 & \textcircled{12} & 0 & 0 & 0 \\ 8 & 1 & 3 & 11 & 4 & 9 & 10 & 6 \\ 2 & 4 & 7 & 1 & 1 & 5 & 9 & 3 \\ 12 & 3 & 0 & 5 & 3 & 5 & 4 & 5 \\ 0 & 1 & 2 & 5 & 7 & 0 & 3 & 0 \\ 11 & 6 & 7 & 0 & 7 & 0 & 6 & 12 \end{pmatrix}} \qquad \overset{k=3}{\begin{pmatrix} 0 & 0 & 0 & 0 & 0 & 0 & 0 & 0 \\ 0 & 0 & 0 & 0 & 0 & \textcircled{12} & 0 & 0 \\ 0 & 0 & 0 & 0 & \textcircled{12} & 0 & 0 & 0 \\ 0 & \textcircled{12} & 0 & 0 & 0 & 0 & 0 & 0 \\ 9 & 9 & 8 & 9 & 11 & 8 & 8 & 5 \\ 1 & 10 & 4 & 11 & 4 & 4 & 0 & 0 \\ 5 & 12 & 12 & 7 & 3 & 4 & 6 & 7 \\ 2 & 7 & 2 & 12 & 9 & 11 & 11 & 2 \end{pmatrix}}$$

$$k = 4 \qquad\qquad\qquad\qquad k = 5$$

$$\begin{pmatrix} 0 & 0 & 0 & 0 & 0 & 0 & 0 & 0 \\ 0 & 0 & 0 & 0 & 0 & \textcircled{12} & 0 & 0 \\ 0 & 0 & 0 & 0 & \textcircled{12} & 0 & 0 & 0 \\ 0 & \textcircled{12} & 0 & 0 & 0 & 0 & 0 & 0 \\ 0 & 0 & 0 & 0 & 0 & 0 & 0 & \textcircled{12} \\ 1 & 10 & 4 & 11 & 4 & 4 & 0 & 0 \\ 8 & 2 & 6 & 10 & 11 & 11 & 0 & 9 \\ 1 & 6 & 4 & 11 & 2 & 0 & 0 & 10 \end{pmatrix} \begin{pmatrix} 0 & 0 & 0 & 0 & 0 & 0 & 0 & 0 \\ 0 & 0 & 0 & 0 & 0 & \textcircled{12} & 0 & 0 \\ 0 & 0 & 0 & 0 & \textcircled{12} & 0 & 0 & 0 \\ 0 & \textcircled{12} & 0 & 0 & 0 & 0 & 0 & 0 \\ 0 & 0 & 0 & 0 & 0 & 0 & 0 & \textcircled{12} \\ \textcircled{12} & 0 & 0 & 0 & 0 & 0 & 0 & 0 \\ 5 & 0 & 0 & 0 & 5 & 5 & 0 & 9 \\ 12 & 9 & 0 & 0 & 11 & 9 & 0 & 10 \end{pmatrix}$$

Nun ist jede Spalte, die keinen eingekreisten Eintrag hat, vollständig null; wenn also $k = 6$ und $k = 7$, gibt der Algorithmus zwei Vektoren mehr aus, nämlich

$$v^{[2]} = (0, 5, 5, 0, 9, 5, 1, 0), \qquad v^{[3]} = (0, 9, 11, 9, 10, 12, 0, 1).$$

Von der Form der Matrix A nach $k = 5$ ist es evident, dass diese Vektoren die Gleichung $vA = (0, \ldots, 0)$ erfüllen. Da die Rechnung drei linear unabhängige Vektoren produziert hat, muss $u(x)$ genau drei irreduzible Faktoren haben.

Schließlich können wir nach Schritt B4 des Faktorisierungsverfahren gehen. Die Berechnung von $\mathrm{ggT}\big(u(x), v^{[2]}(x) - s\big)$ für $0 \le s < 13$, wobei $v^{[2]}(x) = x^6 + 5x^5 + 9x^4 + 5x^2 + 5x$, ergibt $x^5 + 5x^4 + 9x^3 + 5x + 5$ als Resultat für $s = 0$, und $x^3 + 8x^2 + 4x + 12$ für $s = 2$; der ggT ist eins für andere Werte von s. Deshalb gibt $v^{[2]}(x)$ uns nur zwei von den drei Faktoren. Wenn wir uns $\mathrm{ggT}\big(v^{[3]}(x) - s,\ x^5 + 5x^4 + 9x^3 + 5x + 5\big)$ zuwenden, wobei $v^{[3]}(x) = x^7 + 12x^5 + 10x^4 + 9x^3 + 11x^2 + 9x$, erhalten wir den Faktor $x^4 + 2x^3 + 3x^2 + 4x + 6$ für $s = 6$, $x + 3$ für $s = 8$ und 1 sonst. Also ist die vollständige Faktorisierung

$$u(x) = (x^4 + 2x^3 + 3x^2 + 4x + 6)(x^3 + 8x^2 + 4x + 12)(x + 3). \qquad (19)$$

Schätzen wir jetzt die Laufzeit von Berlekamps Methode ab, wenn ein Polynom vom n-ten Grad modulo p faktorisiert wird. Zuerst wollen wir annehmen, dass p relativ klein ist, so dass die vier arithmetischen Operationen modulo p im Wesentlichen in konstanter Zeit ausgeführt werden können. (Division modulo p kann zu Multiplikation konvertiert werden durch Abspeichern einer Tabelle von Reziprokwerten wie in Übung 9 vorgeschlagen; wenn wir zum Beispiel modulo 13 arbeiten, haben wir $\frac{1}{2} = 7$, $\frac{1}{3} = 9$, usw.) Die Rechnung in Schritt B1 braucht $O(n^2)$ Zeiteinheiten; Schritt B2 braucht $O(pn^2)$. Für Schritt B3 verwenden wir Algorithmus N, welcher höchstens $O(n^3)$ Zeiteinheiten erfordert. Schließlich können wir in Schritt B4 beobachten, dass die Berechnung von $\mathrm{ggT}\big(f(x), g(x)\big)$ mittels Euklids Algorithmus $O\big(\deg(f)\deg(g)\big)$ Zeiteinheiten braucht; also braucht die Berechnung von $\mathrm{ggT}\big(v^{[j]}(x) - s,\ w(x)\big)$ für feste j und s und für alle so weit gefundenen Faktoren $w(x)$ von $u(x)$ gerade $O(n^2)$ Einheiten. Schritt B4 erfordert deshalb höchstens $O(prn^2)$ Zeiteinheiten. *Berlekamps Verfahren faktorisiert ein beliebiges Polynom vom Grad n, modulo p, in $O(n^3 + prn^2)$ Schritten*, wenn p eine kleine Primzahl ist; und Übung 5 zeigt, dass die Durchschnittsanzahl von Faktoren, r, näherungsweise $\ln n$ ist. Also ist der

Algorithmus viel schneller als irgendeine bekannte Methode zur Faktorisierung von n-ziffrigen Zahlen im p-adischen Zahlsystem.

Wenn natürlich n und p klein sind, wird ein Faktorisierungsverfahren mittels Probieren analog zu Algorithmus 4.5.4A sogar noch schneller als Berlekamps Methode sein. Übung 1 impliziert, dass es ein gute Idee ist, Faktoren von kleinem Grad zuerst herauszuwerfen, wenn p klein ist, bevor man zu irgendeinem komplizierteren Verfahren übergeht, selbst wenn n groß ist.

Wenn p groß ist, würde man eine andere Implementierung von Berlekamps Verfahren für die Rechnungen verwenden. Division modulo p würde nicht mit einer Hilfstabelle von Reziprokwerten durchgeführt; stattdessen würde wahrscheinlich die Methode von Übung 4.5.2–16, welche $O\big((\log p)^2\big)$ Schritte braucht, benutzt. Dann würde Schritt B1 $O\big(n^2(\log p)^2\big)$ Zeiteinheiten in Anspruch nehmen; ähnlich würde Schritt B3 $O\big(n^3(\log p)^2\big)$ kosten. In Schritt B2 können wir $x^p \bmod u(x)$ in einer effizienteren Weise als nach (16) bilden, wenn p groß ist: Abschnitt 4.6.3 zeigt, dass dieser Wert im Wesentlichen mit $O(\log p)$ Operationen des Quadrierens $\bmod u(x)$ erhalten werden kann, von $x^k \bmod u(x)$ nach $x^{2k} \bmod u(x)$ fortschreitend, zusammen mit der Multiplikation mit x. Das Quadrieren ist relativ leicht durchzuführen, wenn wir zuerst ein Hilfstabelle von $x^m \bmod u(x)$ für $m = n, n+1, \ldots, 2n-2$ anlegen; wenn $x^k \bmod u(x) = c_{n-1}x^{n-1} + \cdots + c_1x + c_0$, dann

$$x^{2k} \bmod u(x) = \big(c_{n-1}^2 x^{2n-2} + \cdots + (c_1c_0 + c_1c_0)x + c_0^2\big) \bmod u(x),$$

wobei $x^{2n-2}, \ldots, x^n$ durch Polynome in der Hilfstabelle ersetzt werden können. Die ganze Zeit zur Berechnung von $x^p \bmod u(x)$ kommt auf $O\big(n^2(\log p)^3\big)$ Einheiten und wir erhalten die zweite Zeile von Q. Nach Erhalt weiterer Zeilen von Q können wir $x^{2p} \bmod u(x)$, $x^{3p} \bmod u(x)$, ..., einfach durch wiederholtes Multiplizieren mit $x^p \bmod u(x)$ berechnen in einer Art analog zum Quadrieren mod $u(x)$; Schritt B2 ist in $O\big(n^3(\log p)^2\big)$ zusätzlichen Zeiteinheiten vollendet. Also nehmen die Schritte B1 B2, und B3 insgesamt $O\big(n^2(\log p)^3 + n^3(\log p)^2\big)$ Zeiteinheiten in Anspruch; diese drei Schritte geben uns die Anzahl von Faktoren von $u(x)$.

Doch wenn p groß ist und wir nach Schritt B4 kommen, sind wir mit der Berechnung eines größten gemeinsamen Teilers für p verschiedene Werte von s konfrontiert und das steht außer Frage, selbst wenn p nur mäßig groß ist. Diese Hürde wurde erst durch Hans Zassenhaus [*J. Number Theory* **1** (1969), 291–311] überwunden, der die Bestimmung aller „nützlichen" Werte von s (siehe Übung 14) zeigte, doch ein noch besserer Weg wurde von Zassenhaus und Cantor 1980 gefunden. Wenn $v(x)$ irgendeine Lösung von (8) ist, wissen wir, dass $u(x)$ dann $v(x)^p - v(x) = v(x) \cdot \big(v(x)^{(p-1)/2} + 1\big) \cdot \big(v(x)^{(p-1)/2} - 1\big)$ teilt. Dies legt nahe, dass wir

$$\mathrm{ggT}\big(u(x),\, v(x)^{(p-1)/2} - 1\big) \tag{20}$$

berechnen; mit einem Quäntchen Glück wird (20) ein nicht-trivialer Faktor von $u(x)$ sein. Tatsächlich können wir genau bestimmen, wieviel Glück involviert ist durch Betrachtung von (7). Sei $v(x) \equiv s_j$ (modulo $p_j(x)$) für $1 \le j \le r$; dann teilt $p_j(x)$ genau dann $v(x)^{(p-1)/2}-1$, wenn $s_j^{(p-1)/2} \equiv 1$ (modulo p). Wir wissen, dass genau $(p-1)/2$ der ganzen Zahlen s im Bereich $0 \le s < p$ die Kongruenz $s^{(p-1)/2} \equiv 1$ (modulo p) erfüllen, also wird etwa die Hälfte der $p_j(x)$ im ggT (20) erscheinen. Genauer, wenn $v(x)$ eine zufällige Lösung von (8) ist, wobei alle p^r Lösungen gleichwahrscheinlich sind, ist die Wahrscheinlichkeit, dass der ggT (20) gleich $u(x)$ ist, genau

$$\bigl((p-1)/2p\bigr)^r$$

und die Wahrscheinlichkeit, dass er gleich 1 ist, genau

$$\bigl((p+1)/2p\bigr)^r.$$

Die Wahrscheinlichkeit, dass ein nicht-trivialer Faktor gefunden wird, ist deshalb

$$1-\left(\frac{p-1}{2p}\right)^r-\left(\frac{p+1}{2p}\right)^r = 1-\frac{1}{2^{r-1}}\left(1+\binom{r}{2}p^{-2}+\binom{r}{4}p^{-4}+\cdots\right) \ge \frac{4}{9},$$

für alle $r \ge 2$ und $p \ge 3$.

Es ist deshalb ein guter Gedanke, Schritt B4 durch das folgende Verfahren zu ersetzen, es sei denn, p ist ganz klein: Setze $v(x) \leftarrow a_1v^{[1]}(x)+a_2v^{[2]}(x)+\cdots+a_rv^{[r]}(x)$, wobei die Koeffizienten a_j zufällig im Bereich $0 \le a_j < p$ ausgewählt sind. Sei die gegenwärtige partielle Faktorisierung von $u(x)$ dann $u_1(x)\ldots u_t(x)$, wobei t anfangs 1 ist. Berechne

$$g_i(x) = \mathrm{ggT}\bigl(u_i(x),\, v(x)^{(p-1)/2}-1\bigr)$$

für alle i mit $\deg(u_i) > 1$; ersetze $u_i(x)$ durch $g_i(x)\cdot\bigl(u_i(x)/g_i(x)\bigr)$ und erhöhe den Wert von t, wann immer ein nicht-trivialer ggT gefunden wird. Wiederhole diesen Prozess für verschiedene Wahlmöglichkeiten von $v(x)$ bis $t = r$.

Wenn wir annehmen (was wir können), dass nur $O(\log r)$ zufällige Lösungen $v(x)$ von (8) nötig sein werden, können wir eine obere Schranke für die zur Ausführung dieser Alternative zu Schritt B4 erforderliche Zeit angeben. $O\bigl(rn(\log p)^2\bigr)$ Schritte zur Berechnung von $v(x)$ sind nötig; und wenn $\deg(u_i) = d$, dann $O\bigl(d^2(\log p)^3\bigr)$ Schritte zur Berechnung von $v(x)^{(p-1)/2} \bmod u_i(x)$ und $O\bigl(d^2(\log p)^2\bigr)$ weitere Schritte zur Berechnung des $\mathrm{ggT}\bigl(u_i(x),\, v(x)^{(p-1)/2}-1\bigr)$. Also ist die Gesamtzeit $O\bigl(n^2(\log p)^3\log r\bigr)$.

Faktoren verschiedener Grade. Wir werden uns nun einem etwas einfacheren Weg zur Bestimmung der Faktoren modulo p zuwenden. Die so weit in diesem Abschnitt untersuchten Ideen bieten viele instruktive Einsichten in die Computeralgebra , so dass sich der Autor beim Leser für ihre Präsentation nicht entschuldigt; doch es stellt sich heraus, dass das Problem der Faktorisierung modulo p tatsächlich auch ohne Rückgriff auf so viele Begriffe gelöst werden kann.

An erster Stelle können wir die Tatsache verwenden, dass ein irreduzibles Polynom $q(x)$ von Grad d ein Teiler von $x^{p^d}-x$ und kein Teiler von $x^{p^c}-x$ für $1 \le c < d$ ist; siehe Übung 16. Wir können deshalb die irreduziblen Faktoren von jedem Grad getrennt durch die folgende Strategie herauswerfen.

D1. Schließe quadratische Faktoren wie in Berlekamps Methode aus. Setze auch $v(x) \leftarrow u(x)$, $w(x) \leftarrow$ „x" und $d \leftarrow 0$. (Hier sind $v(x)$ und $w(x)$ Variablen, die Polynome als Werte haben.)

D2. (An diesem Punkt $w(x) = x^{p^d} \bmod v(x)$; alle irreduziblen Faktoren von $v(x)$ sind verschieden und haben Grad $> d$.) Wenn $d + 1 > \frac{1}{2}\deg(v)$, terminiert das Verfahren, da wir entweder $v(x) = 1$ haben oder $v(x)$ irreduzibel ist. Sonst erhöhe d um 1 und ersetze $w(x)$ durch $w(x)^p \bmod v(x)$.

D3. Finde $g_d(x) = \mathrm{ggT}\bigl(w(x) - x,\ v(x)\bigr)$. (Dies ist das Produkt aller irreduziblen Faktoren von $u(x)$, deren Grad d ist.) Wenn $g_d(x) \neq 1$, ersetze $v(x)$ durch $v(x)/g_d(x)$ und $w(x)$ durch $w(x) \bmod v(x)$; und wenn der Grad von $g_d(x)$ größer als d ist, verwende den unten folgenden Algorithmus zur Auffindung seiner Faktoren. Kehre nach Schritt D2 zurück. ▮

Dieses Verfahren bestimmt das Produkt aller irreduziblen Faktoren eines jeden Grades d und sagt uns deshalb, wie viele Faktoren von jedem Grad existieren. Da die drei Faktoren unseres Beispielpolynoms (19) verschiedene Grade haben, würde sie alle entdeckt ohne irgendeine Notwendigkeit, die Polynome $g_d(x)$ zu faktorisieren.

Zur Vervollständigung der Methode brauchen wir einen Weg, das Polynom $g_d(x)$ in seine irreduziblen Faktoren zu spalten, wenn $\deg(g_d) > d$. Michael Rabin wies 1976 daraufhin, dass dies durch Arithmetik im Körper mit p^d Elementen geschehen kann. David G. Cantor und Hans Zassenhaus entdeckten 1979, dass es einen noch einfacheren Weg gibt, der auf der folgenden Identität basiert: Wenn p irgendeine ungerade Primzahl ist, haben wir

$$g_d(x) = \mathrm{ggT}\bigl(g_d(x), t(x)\bigr) \cdot \mathrm{ggT}\bigl(g_d(x), t(x)^{(p^d-1)/2} + 1\bigr) \cdot \mathrm{ggT}\bigl(g_d(x), t(x)^{(p^d-1)/2} - 1\bigr) \qquad (21)$$

für alle Polynome $t(x)$, da $t(x)^{p^d} - t(x)$ ein Vielfaches aller irreduziblen Polynome vom Grad d ist. (Wir können $t(x)$ als ein Element des Körpers der Größe p^d betrachten, wenn der Körper aus allen Polynomen modulo eines irreduziblen $f(x)$ wie in Übung 16 besteht.) Jetzt zeigt Übung 29, dass

$$\mathrm{ggT}\bigl(g_d(x),\ t(x)^{(p^d-1)/2} - 1\bigr)$$

ein nicht-trivialer Faktor von $g_d(x)$ in über 50 Prozent der Fälle sein wird, wenn $t(x)$ ein zufälliges Polynom vom Grad $\le 2d - 1$ ist; also werden wir nicht viele Zufallsversuche zur Entdeckung all dieser Faktoren brauchen. Wir können ohne Beschränkung der Allgemeinheit annehmen, dass $t(x)$ monisch ist, da ganzzahlige Vielfache von $t(x)$ keinen Unterschied machen, außer möglicherweise $t(x)^{(p^d-1)/2}$ in sein Negatives zu ändern. Also können wir im Fall $d = 1$ dann $t(x) = x + s$ setzen, wobei s zufällig ausgewählt wird.

Manchmal wird in der Tat dieses Verfahren für $d > 1$ Erfolg haben, wenn nur lineare Polynome $t(x)$ benutzt werden. Als Beispiel geben wir acht irreduzible Polynome $f(x)$ von Grad 3, modulo 3, und sie werden alle durch Berechnung von $\mathrm{ggT}\big(f(x),\,(x+s)^{13}-1\big)$ für $0 \le s < 3$ unterschieden:

$f(x)$	$s=0$	$s=1$	$s=2$
$x^3 + 2x + 1$	1	1	1
$x^3 + 2x + 2$	$f(x)$	$f(x)$	$f(x)$
$x^3 + x^2 + 2$	$f(x)$	$f(x)$	1
$x^3 + x^2 + x + 2$	$f(x)$	1	$f(x)$
$x^3 + x^2 + 2x + 1$	1	$f(x)$	$f(x)$
$x^3 + 2x^2 + 1$	1	$f(x)$	1
$x^3 + 2x^2 + x + 1$	1	1	$f(x)$
$x^3 + 2x^2 + 2x + 2$	$f(x)$	1	1

Übung 31 enthält eine teilweise Erklärung, warum lineare Polynome effektiv sein können; wenn jedoch die Zahl irreduzibler Polynome vom Grad d die Zahl 2^p überschreitet, ist es klar, dass irreduzible Polynome existieren, die nicht durch lineare Wahlmöglichkeiten von $t(x)$ unterschieden werden können.

Eine Alternative zu (21), die für $p = 2$ funktioniert, wird in Übung 30 besprochen. Schnellere Algorithmen für Faktoren verschiedenen Grades für sehr großes p wurden von J. von zur Gathen, V. Shoup und E. Kaltofen und gefunden; die Laufzeit ist $O(n^{2+\epsilon} + n^{1+\epsilon}\log p)$ arithmetische Operationen modulo p für Zahlen von praktischer Größe und $O(n^{(5+\omega+\epsilon)/4}\log p)$ solcher Operationen für $n \to \infty$, wenn ω der Exponent „schneller" Matrixmultiplikation in Übung 4.6.4–66 ist. [Siehe *Computational Complexity* **2** (1992), 187–224; *J. Symbolic Comp.* **20** (1995), 363–397; *Math. Comp.* **67** (1998), 1179–1197.]

Geschichtliche Bemerkungen: Die Idee, alle linearen Faktoren eines quadratfreien Polynoms $f(x)$ modulo p zu finden, dadurch dass man zuerst $g(x) = \mathrm{ggT}\big(x^{p-1}-1,\,f(x)\big)$ und dann $\mathrm{ggT}\big(g(x),\,(x+s)^{(p-1)/2}\pm 1\big)$ für beliebiges s berechnet, stammt von A. M. Legendre, *Mémoires Acad. Sci. Paris* (1785), 484–490; sein Motiv war, alle ganzzahligen Lösungen von diophantischen Gleichungen der Form $f(x) = py$ zu finden, d.h. $f(x) \equiv 0$ (modulo p). Die allgemeinere in Algorithmus D realisierte Gradtrennungstechnik wurde durch C. F. Gauß vor 1800 entdeckt, doch nicht veröffentlicht [siehe seine *Werke* **2** (1876), 237], und dann durch Évariste Galois in seiner heute klassischen Arbeit, die die Theorie der endlichen Körper [*Bulletin des Sciences Mathématiques, Physiques et Chimiques* **13** (1830), 428–435; Nachdruck in *J. de Math. Pures et Appliquées* **11** (1846), 398–407] begründete. Jedoch waren die Arbeiten von Gauß und Galois ihrer Zeit voraus und nicht wohl verstanden, bis J. A. Serret eine detaillierte Darstellung etwas später [*Mémoires Acad. Sci. Paris*, series 2, **35** (1866), 617–688; Algorithmus D ist in §7] gab. Spezielle Verfahren zur Aufspaltung von $g_d(x)$ in irreduzible Faktoren wurden darauf von verschiedenen Autoren entworfen, doch Methoden voller Allgemeinheit, die für große p effizient arbeiten würden, wurden anscheinend erst entdeckt, als Rechner sie wünschenswert machten. Der erste solche randomisierte Algorithmus mit einer streng analysierten Laufzeit wurde von E. Berlekamp [*Math. Comp.* **24** (1970), 713–735] veröffentlicht; er wurde verfeinert und vereinfacht von Robert T. Moenck [*Math. Comp.* **31** (1977),

235–250], M. O. Rabin [*SICOMP* **9** (1980), 273–280], D. G. Cantor und H. J. Zassenhaus [*Math. Comp.* **36** (1981), 587–592]. Paul Camion fand unabhängig eine Verallgemeinerung auf spezielle Klassen multivariater Polynome [*Comptes Rendus Acad. Sci. Paris* **A291** (1980), 479–482; *IEEE Trans.* **IT-29** (1983), 378–385].

Die mittlere Anzahl von Operationen zur Faktorisierung eines zufälligen Polynoms mod p wurde von P. Flajolet, X. Gourdon, und D. Panario, *Lecture Notes in Comp. Sci.* **1099** (1996), 232–243, analysiert.

Faktorisierung über den ganzen Zahlen. Es ist etwas schwieriger, die vollständige Faktorisierung von Polynomen mit ganzzahligen Koeffizienten zu finden, wenn wir *nicht* modulo p arbeiten, doch einige recht effiziente Methoden sind für diesen Zweck verfügbar.

Isaac Newton gab ein Methode zur Auffindung linearer und quadratischer Faktoren von Polynomen mit Ganzzahlkoeffizienten in seiner *Arithmetica Universalis* (1707) an. Seine Methode wuder erweitert von einem Astronomen namens Friedrich von Schubert 1793, der zeigte, wie man alle Faktoren vom Grad n in einer endlichen Anzahl von Schritten finden kann; siehe M. Cantor, *Geschichte der Mathematik* **4** (Leipzig: Teubner, 1908), 136–137. L. Kronecker entdeckte unabhängig von Schuberts Methode über 90 Jahre später wieder; doch leider ist die Methode sehr ineffizient, wenn n fünf oder größer ist. Viel bessere Ergebnisse können mit Hilfe der oben präsentierten „mod p"-Faktorisierungsmethoden erhalten werden.

Angenommen, wir möchten die irreduziblen Faktoren eines gegebenen Polynoms

$$u(x) = u_n x^n + u_{n-1}x^{n-1} + \cdots + u_0, \qquad u_n \neq 0,$$

über den ganzen Zahlen finden. Als ersten Schritt können wir durch den größten gemeinsamen Teiler der Koeffizienten dividieren; dies liefert uns ein *primitives* Polynom. Wir können auch annehmen, dass $u(x)$ wie in Übung 34 nach Division mit $\mathrm{ggT}\big(u(x), u'(x)\big)$ quadratfrei ist.

Wenn jetzt $u(x) = v(x)w(x)$, wobei jedes dieser Polynome Ganzzahlkoeffizienten hat, haben wir offenbar $u(x) \equiv v(x)w(x)$ (modulo p) für alle Primzahlen p, also gibt es eine nicht-triviale Faktorisierung modulo p, es sei denn p teilt $\ell(u)$. Ein effizienter Algorithmus zur Faktorisierung von $u(x)$ modulo p kann deshalb versuchsweise benutzt werden, um mögliche Faktorisierungen von $u(x)$ über den ganzen Zahlen zu rekonstruieren.

Zum Beispiel sei

$$u(x) = x^8 + x^6 - 3x^4 - 3x^3 + 8x^2 + 2x - 5. \tag{22}$$

Wir haben oben in (19) gesehen, dass

$$u(x) \equiv (x^4 + 2x^3 + 3x^2 + 4x + 6)(x^3 + 8x^2 + 4x + 12)(x + 3) \ \ (\text{modulo } 13); \tag{23}$$

und die vollständige Faktorisierung von $u(x)$ modulo 2 zeigt einen Faktor vom Grad 6 und einen anderen vom Grad 2 (siehe Übung 10). Von (23) können wir sehen, dass $u(x)$ keinen Faktor vom Grad 2 hat, also muss es über den ganzen Zahlen irreduzibel sein.

Dieses besondere Beispiel war vielleicht zu einfach; die Erfahrung zeigt, dass die meisten irreduziblen Polynome als solche durch Prüfung ihrer Faktoren modulo einiger weniger Primzahlen erkannt werden können, doch es ist *nicht* immer so leicht, Irreduzibilität zu beweisen. Zum Beispiel gibt es Polynome, die echte Faktoren modulo p für alle Primzahlen p mit konsistenten Graden der Faktoren haben können, die nichtsdestotrotz über den ganzen Zahlen irreduzibel sind (siehe Übung 12).

Eine große Familie von irreduziblen Polynomen wird in Übung 38 gezeigt und Übung 27 beweist, dass fast alle Polynome über den ganzen Zahlen irreduzibel sind. Doch gewöhnlich versuchen wir nicht, ein zufälliges Polynom zu faktorisieren; es gibt wahrscheinlich einigen Grund, einen nicht-trivialen Faktor zu erwarten, weil sonst die Berechnung von Anfang an nicht versucht worden wäre. Wir brauchen eine Methode, Faktoren zu indentifizieren, wenn es sie gibt.

In Allgemeinen werden bei den Versuchen, die Faktoren von $u(x)$ durch Betrachtung seines Verhaltens modulo verschiedener Primzahlen zu finden, die Ergebnisse nicht leicht zu kombinieren sein. Wenn zum Beispiel $u(x)$ tatsächlich das Produkt vierer quadratischer Polynome ist, werden wir Schwierigkeiten haben, ihre Bilder bezüglich verschiedener Primzahlmoduli zusammenzufassen. Deshalb ist es wünschenswert, bei einer einzigen Primzahl zu bleiben und zu sehen, was wir aus ihr herausholen können, sobald wir das Gefühl haben, dass die Faktoren modulo dieser Primzahl die richtigen Grade haben.

Eine Idee besteht darin, modulo einer sehr *großen* Primzahl p zu arbeiten, groß genug also, dass die Koeffizienten in jeder echten Faktorisierung $u(x) = v(x)w(x)$ über den ganzen Zahlen aktuell zwischen $-p/2$ und $p/2$ liegen müssen. Dann können alle möglichen Faktoren über den ganzen Zahlen von denjenigen Faktoren abgelesen werden, von denen wir wissen, wie sie mod p zu berechnen sind.

Übung 20 zeigt, wie man ziemlich gute Schranken für die Koeffizienten von Polynomfaktoren erhalten kann. Zum Beispiel, wenn (22) reduzierbar wäre, würde sie einen Faktor $v(x)$ vom Grad ≤ 4 haben und die Koeffizienten von v wären höchstens dem Betrag nach 34 gemäß den Ergebnissen dieser Übung. Also wären alle potenziellen Faktoren von $u(x)$ ziemlich evident, wenn wir modulo einer Primzahl $p > 68$ arbeiteten. In der Tat ist die vollständige Faktorisierung modulo 71

$$(x+12)(x+25)(x^2-13x-7)(x^4-24x^3-16x^2+31x-12),$$

und wir sehen unmittelbar, dass keines dieser Polynome ein Faktor von (22) über den ganzen Zahlen sein könnte, da der konstante Terme nicht 5 teilt; weiterhin gibt es keinen Weg, einen Teiler von (22) durch Gruppierung zweier dieser Faktoren zu erhalten, da keiner der vorstellbaren konstanten Terme 12×25, $12\times(-7)$, $12\times(-12)$ kongruent zu ± 1 oder ± 5 (modulo 71) ist.

Nebenbei bemerkt ist es nicht trivial, gute Schranken für die Koeffizienten von Polynomfaktoren zu erhalten, da viele Auslöschungen vorkommen können, wenn Polynome multipliziert werden. Zum Beispiel hat das harmlos aussehende Polynom $x^n - 1$ irreduzible Faktoren, deren Koeffizienten $\exp(n^{1/\lg\lg n})$ für unendlich viele n überschreiten. [Siehe R. C. Vaughan, *Michigan Math. J.* **21** (1974), 289–295.] Die Faktorisierung von $x^n - 1$ wird in Übung 32 besprochen.

Statt eine große Primzahl p zu benutzen, welche wahrhaft enorm sein kann, wenn $u(x)$ großen Grad oder große Koeffizienten hat, können wir auch kleine p verwenden, vorausgesetzt, dass $u(x)$ mod p quadratfrei ist. In diesem Fall kann eine wichtige Konstruktion, bekannt als Hensels Lemma, zur Erweiterung einer Faktorisierung modulo p in eindeutiger Weise zu einer Faktorisierung modulo p^e für beliebig hohe Exponenten e benutzt werden (siehe Übung 22). Wenn wir Hensels Lemma auf (23) mit $p = 13$ und $e = 2$ anwenden, erhalten wir die eindeutige Faktorisierung

$$u(x) \equiv (x-36)(x^3 - 18x^2 + 82x - 66)(x^4 + 54x^3 - 10x^2 + 69x + 84)$$

(modulo 169). Wenn wir diese Faktoren $v_1(x)v_3(x)v_4(x)$ nennen, sehen wir, dass $v_1(x)$ und $v_3(x)$ nicht Faktoren von $u(x)$ über den ganzen Zahlen sind, noch ist ihr Produkt $v_1(x)v_3(x)$, wenn die Koeffizienten modulo 169 in den Bereich $(-\frac{169}{2}, \frac{169}{2})$ reduziert worden sind. Also haben wir alle Möglichkeiten erschöpft und einmal mehr bewiesen, dass $u(x)$ über den ganzen Zahlen irreduzibel ist – diesmal nur mit der Faktorisierung modulo 13.

Das betrachtete Beispiel ist in einem wichtigen Aspekt untypisch: Wir haben das *monische* Polynom $u(x)$ in (22) faktorisiert, so dass wir annehmen konnten, dass alle Faktoren monisch waren. Was sollten wir tun, wenn $u_n > 1$? In einem solchen Fall können alle führenden Koeffizienten der Polynomfaktoren bis auf einen fast beliebig modulo p^e verändert werden; wir wollen gewiss nicht alle Möglichkeiten ausprobieren. Veilleicht hat der Leser dieses Problem bereits bemerkt. Zum Glück gibt es einen einfachen Ausweg: Die Faktorisierung $u(x) = v(x)w(x)$ impliziert ein Faktorisierung $u_n u(x) = v_1(x)w_1(x)$, wobei $\ell(v_1) = \ell(w_1) = u_n = \ell(u)$. („Verzeihung, macht es Ihnen etwas aus, wenn ich Ihr Polynom mit seinem führenden Koeffizienten multipliziere, bevor ich es faktorisiere?") Wir können im Wesentlichen wie oben vorgehen, doch mit $p^e > 2B$, wobei B jetzt die maximalen Koeffizient von Faktoren von $u_n u(x)$ statt von $u(x)$ beschränkt. Ein anderer Weg, das Problem des führenden Koeffizienten zu lösen, ist in Übung 40 besprochen.

Diese Beobachtungen alle zusammen resultieren in folgendem Verfahren:

F1. Finde die eindeutige quadratfreie Faktorisierung

$$u(x) \equiv \ell(u)v_1(x)\ldots v_r(x) \pmod{p^e},$$

wobei p^e wie oben erklärt hinreichend groß ist, und wobei die $v_j(x)$ monisch sind. (Dies wird für alle Primzahlen p bis auf einige wenige möglich sein; siehe Übung 23.) Setze auch $d \leftarrow 1$.

F2. Für jede Kombination von Faktoren $v(x) = v_{i_1}(x)\ldots v_{i_d}(x)$, mit $i_1 = 1$, wenn $d = \frac{1}{2}r$, bilde das eindeutige Polynom $\bar{v}(x) \equiv \ell(u)v(x)$ (modulo p^e), dessen Koeffizienten alle im Interval $[-\frac{1}{2}p^e \,..\, \frac{1}{2}p^e)$ liegen. Wenn $\bar{v}(x)$ dann $\ell(u)u(x)$ teilt, gib den Faktor $\mathrm{pp}(\bar{v}(x))$ aus, dividiere $u(x)$ durch diesen Faktor und streiche die entsprechenden $v_i(x)$ von der Liste der Faktoren modulo

p^e; erniedrige r um die Anzahl weggenommener Faktoren und terminiere den Algorithmus, wenn $d > \frac{1}{2}r$.

F3. Erhöhe d um 1 und kehre zurück nach F2, wenn $d \le \frac{1}{2}r$. ▮

Am Ende dieses Prozesses wird der aktuelle Wert von $u(x)$ der letzte irreduzible Faktor des ursprünglich gegebenen Polynoms sein. Beachte, dass wenn $|u_0| < |u_n|$, ist es vorzuziehen, mit dem Umkehrpolynom $u_0x^n + \cdots + u_n$ zu arbeiten, dessen Faktoren die Umkehrungen der Faktoren von $u(x)$ sind.

Das dargestellte Verfahren erfordert $p^e > 2B$, wobei B eine Schranke für die Koeffizienten *irgendeines* Teilers von $u_nu(x)$ ist, doch können wir einen viel kleineren Wert von B verwenden, wenn wir nur garantieren, dass sie für Teiler vom Grad $\le \frac{1}{2}\deg(u)$ gültig ist. In diesem Fall sollte die Teilbarkeitsprüfung in Schritt F2 auf $w(x) = v_1(x)\ldots v_r(x)/v(x)$ statt auf $v(x)$ angewandt werden, wann immer $\deg(v) > \frac{1}{2}\deg(u)$.

Wir können B noch mehr erniedrigen, wenn wir beschließen nur zu garantieren, dass B die Koeffizienten *mindestens eines* eigentlichen Teilers von $u(x)$ beschränken sollte. (Wenn wir zum Beispiel eine zusammengesetzte ganze Zahl N statt eines Polynoms faktorisieren, können einige der Teiler sehr groß sein, doch mindestens einer wird $\le \sqrt{N}$ sein.) Diese Idee von B. Beauzamy, V. Trevisan und P. S. Wang [*J. Symbolic Comp.* **15** (1993), 393–413] wird in Übung 21 besprochen. Die Teilbarkeitsprüfung in Schritt F2 muss dann sowohl auf $v(x)$ als auch auf $w(x)$ angewandt werden, doch sind die Berechnungen schneller, weil p^e oft viel kleiner ist.

Der obige Algorithmus enthält eine offensichtliche Schwachstelle: Wir können bis zu $2^{r-1} - 1$ viele potenzielle Faktoren $v(x)$ zu prüfen haben. Der Mittelwert von 2^r in einer zufälligen Situation ist etwa n, oder vielleicht $n^{1,5}$ (siehe Übung 5), doch in nicht-zufälligen Situationen wollen wir diesen Teil der Routine so schnell wie möglich machen. Ein Weg, scheinbare Faktoren schnell auszuschließen, besteht darin, den letzten Koeffizienten $\bar{v}(0)$ zuerst zu berechnen und nur dann fortzufahren, wenn dieser $\ell(u)u(0)$ teilt; die im vorausgehenden Paragraphen erklärten Komplikationen müssen nur betrachtet werden, wenn diese Teilbarkeitsbedingung erfüllt ist, da ein solcher Test sogar für $\deg(v) > \frac{1}{2}\deg(u)$ gültig ist.

Ein anderer wichtiger Weg, das Verfahren zu beschleunigen, ist die Reduktion von r, so dass diese Größe tendenziell die wahre Anzahl von Faktoren wiederspiegelt. Der obige Algorithmus für Faktoren verschiedener Grade kann für verschiedene kleine Primzahlen p_j angewandt werden, um so für jede Primzahl eine Menge D_j von möglichen Graden von Faktoren modulo p_j zu erhalten; siehe Übung 26. Wir können D_j als einen String von n Bit repräsentieren. Jetzt berechnen wir den Durchschnitt $\bigcap D_j$, nämlich das bitweise „UND“ dieser Strings und führen Schritt F2 nur für

$$\deg(i_1) + \cdots + \deg(i_d) \in \bigcap D_j$$

aus. Weiterhin wird p ausgewählt als das p_j mit dem kleinsten Wert für r. Diese Technik stammt von David R. Musser, dessen Erfahrung es nahelegt, etwa fünf

Primzahlen p_j zu probieren [siehe *JACM* **25** (1978), 271–282]. Natürlich würden wir unmittelbar aufhören, wenn der aktuelle Durchschnitt $\bigcap D_j$ zeigte, dass $u(x)$ irreduzibel ist.

Musser hat eine vollständige Diskussion einer Faktorisierungsmethode ähnlich den oben angegebenen Schritten durchgeführt in *JACM* **22** (1975), 291–308. Die Schritte F1–F3 enthalten eine 1978 von G. E. Collins vorgeschlagene Verbesserung, nämlich Testteiler durch Kombinationen von d Faktoren auf einmal anstatt als Kombinationen von totalem Grad d zu bilden. Diese Verbesserung ist wichtig wegen des statistischen Verhaltens der modulo-p-Faktoren von Polynomen, die über den rationalen Zahlen irreduzibel sind (siehe Übung 37).

A.. K. Lenstra, H. W. Lenstra Jr. und L. Lovász führten ihren berühmten „LLL-Algorithmus" ein, um scharfe Schranken im schlimmsten Fall für den Aufwand der Faktorisierung eines Polynoms über den ganzen Zahlen zu erhalten [*Math. Annalen* **261** (1982), 515–534]. Ihre Methode erfordert keine zufälligen Zahlen und ihre Laufzeit für $u(x)$ vom Grad n beträgt $O\bigl(n^{12}+n^9(\log\|u\|)^3\bigr)$ Bit-Operationen, wobei $\|u\|$ in Übung 20 definiert ist. Diese Abschätzung schließt die Zeit zur Suche nach einer geeigneten Primzahl p und zum Finden aller Faktoren modulo p mit Algorithmus B ein. Natürlich laufen heuristische Methoden, die Randomisierung verwenden, merklich schneller in der Praxis.

Größter gemeinsamer Teiler. Ähnliche Techniken können zur Berechnung größter gemeinsamer Teiler von Polynomen verwendet werden: Wenn man

$$d(x) = \mathrm{ggT}\bigl(u(x), v(x)\bigr)$$

über den ganzen Zahlen und wenn $\mathrm{ggT}\bigl(u(x), v(x)\bigr) = q(x)$ (modulo p) hat, wobei $q(x)$ monisch ist, dann ist $d(x)$ ein gemeinsamer Teiler von $u(x)$ und $v(x)$ modulo p; also

$$d(x) \text{ teilt } q(x) \pmod{p}. \tag{24}$$

Wenn p nicht beide führenden Koeffizienten von u und v teilt, dann teilt es nicht den führenden Koeffizienten von d; in einem solchen Fall $\deg(d) \le \deg(q)$. Wenn $q(x) = 1$ für eine derartige Primzahl p, müssen wir deshalb $\deg(d) = 0$ haben und $d(x) = \mathrm{ggT}\bigl(\mathrm{cont}(u), \mathrm{cont}(v)\bigr)$. Dies rechtfertigt die in Abschnitt 4.6.1 gemachte Bemerkung, dass die einfache Berechnung von $\mathrm{ggT}\bigl(u(x), v(x)\bigr)$ modulo 13 in 4.6.1–(6) genügt zum Nachweis, dass $u(x)$ und $v(x)$ über den ganzen Zahlen teilerfremd sind; die vergleichsweise mühevolle Berechnungen von Algorithmus 4.6.1E oder Algorithmus 4.6.1C sind unnötig. Da zwei zufällige primitive Polynome fast immer teilerfremd über den ganzen Zahlen sind, und da sie modulo p mit Wahrscheinlichkeit $1 - 1/p$ nach Übung 4.6.1–5 teilerfremd sind, ist es gewöhnlich eine gute Idee, die Berechnungen modulo p auszuführen.

Wie zuvor bemerkt brauchen wir gute Methoden auch für nicht-zufällige Polynome, die in der Praxis vorkommen. Deshalb wünschen wir, unsere Techniken zu verschärfen und zu entdecken, wie $\mathrm{ggT}\bigl(u(x), v(x)\bigr)$ allgemein über den ganzen Zahlen zu finden ist, ausschließlich auf Grund von Information, die wir modulo Primzahlen p erhalten. Wir können annehmen, dass $u(x)$ und $v(x)$ primitiv sind.

Statt $\mathrm{ggT}\big(u(x), v(x)\big)$ direkt zu berechnen, wird es bequem sein, stattdessen das Polynom

$$\bar{d}(x) = c \cdot \mathrm{ggT}\big(u(x), v(x)\big) \tag{25}$$

zu suchen, wobei die Konstante c so gewählt wird, dass

$$\ell(\bar{d}) = \mathrm{ggT}\big(\ell(u), \ell(v)\big). \tag{26}$$

Diese Bedingung wird für ein geeignetes c immer gelten, da der führende Koeffizient jedes gemeinsamen Teilers von $u(x)$ und $v(x)$ ein Teiler von $\mathrm{ggT}\big(\ell(u), \ell(v)\big)$ sein muss. Wurde einmal ein diese Bedingungen erfüllendes $\bar{d}(x)$ gefunden, können wir leicht $\mathrm{pp}\big(\bar{d}(x)\big)$ berechnen, das der wahre größte gemeinsame Teiler von $u(x)$ und $v(x)$ ist. Bedingung (26) vermeidet passenderweise die Unsicherheit eines Einheitenvielfachen des ggT; wir haben im Wesentlichen dieselbe Idee zur Kontrolle des führenden Koeffizienten in unserer Faktorisierungsroutine verwendet.

Wenn p eine hinreichend große Primzahl ist, die auf den Koeffizientenschranken in Übung 20 angewandt entweder auf $\ell(\bar{d})u(x)$ oder $\ell(\bar{d})v(x)$ basiert, wollen wir das eindeutige Polynom $\bar{q}(x) \equiv \ell(\bar{d})q(x)$ (modulo p) mit allen Koeffizienten in $[-\frac{1}{2}p\,..\,\frac{1}{2}p)$ berechnen. Wenn das Polynom $\mathrm{pp}\big(\bar{q}(x)\big)$ sowohl $u(x)$ als auch $v(x)$ teilt, muss es gleich $\mathrm{ggT}\big(u(x), v(x)\big)$ sein wegen (24). Wenn es andererseits nicht $u(x)$ und $v(x)$ teilt, müssen wir $\deg(q) > \deg(d)$ haben. Eine Untersuchung von Algorithmus 4.6.1E zeigt, dass dies nur der Fall sein wird, wenn p den führenden Koeffizienten eines der von null verschiedenen Reste teilt, die mittels des Algorithmus mit exakter Ganzzahlarithmetik berechnet werden; sonst befasst sich Euklids Algorithmus modulo p mit genau derselben Folge von Polynome wie Algorithmus 4.6.1E bis auf von null verschiedene konstante Vielfache (modulo p). Also kann nur eine kleine Anzahl „ungeeigneter“ Primzahlen Ursache sein, den ggT zu verfehlen, und wir werden bald eine brauchbare Primzahl finden, wenn wir es weiter versuchen.

Wenn die Koeffizientenschranke so groß ist, dass einfachgenaue Primzahlen p nicht ausreichen, können wir den ggT $\bar{d}(x)$ modulo mehrerer Primzahlen p berechnen, bis er durch den chinesischen Restalgorithmus von Abschnitt 4.3.2 bestimmt werden konnte. Dieses Vorgehen, welches von W. S. Brown und G. E. Collins stammt, wurde im Detail von Brown in *JACM* **18** (1971), 478–504, beschrieben. Alternativ können wir, wie von J. Moses und D. Y. Y. Yun [*Proc. ACM Conf.* **28** (1973), 159–166] vorgeschlagen, Hensels Methode zur Bestimmung von $\bar{d}(x)$ modulo p^e für hinreichend große e verwenden. Hensels Konstruktion erscheint rechnerisch dem chinesischen Restverfahren überlegen; doch ist es direkt nur gültig, wenn

$$d(x) \perp u(x)/d(x) \qquad \text{oder} \qquad d(x) \perp v(x)/d(x), \tag{27}$$

da der Gedanke darin beteht, die Techniken von Übung 22 auf eine der Faktorisierungen $\ell(\bar{d})u(x) \equiv \bar{q}(x)u_1(x)$ oder $\ell(\bar{d})v(x) \equiv \bar{q}(x)v_1(x)$ (modulo p) anzuwenden. Übungen 34 und 35 zeigen, dass die Dinge so arrangiert werden können, dass (27) gilt, wann immer es notwendig ist. (Die in (27) verwendete Notation

$$u(x) \perp v(x) \tag{28}$$

bedeutet, dass $u(x)$ und $v(x)$ teilerfremd sind, analog zur Notation für teilerfremde ganze Zahlen.)

Die hier skizzierten ggT-Algorithmen sind signifikant schneller als diese von Abschnitt 4.6.1, außer wenn die Polynomrestfolge sehr kurz ist. Vielleicht ist das beste allgemeine Verfahren, die Berechnung von $\mathrm{ggT}\big(u(x), v(x)\big)$ modulo einer ziemlich kleinen Primzahl p zu beginnen, die $\ell(u)$ und $\ell(v)$ nicht teilt. Wenn das Ergebnis $q(x)$ eins ist, sind wir fertig; wenn es einen hohen Grad hat, verwenden wir Algorithmus 4.6.1C; sonst verwenden wir eine der obigen Methoden, berechnen zuerst eine Schranke für die Koeffizienten von $\bar{d}(x)$ auf Grund der Koeffizienten von $u(x)$ und $v(x)$, sowie des (kleinen) Grades von $q(x)$. Wie beim Faktorisierungsproblem, sollten wir dieses Verfahren nach der Umkehrungen von $u(x), v(x)$ und der Umkehrung des Ergebnisses anwenden, wenn die letzten Koeffizienten einfacher als die führenden sind.

Multivariate Polynome. Ähnliche Techniken führen zu nützlichen Algorithmen für die Faktorisierung oder ggT-Berechnungen mit multivariaten Polynomen mit Ganzzahlkoeffizienten. Es ist vorteilhaft, sich mit dem Polynom $u(x_1, \ldots, x_t)$ zu befassen, indem man modulo der irreduziblen Polynome $x_2 - a_2$, …, $x_t - a_t$ arbeitet, welche die Rolle von p in der obigen Diskussion spielen. Da $v(x) \bmod (x - a) = v(a)$, ist der Wert von

$$u(x_1, \ldots, x_t) \bmod \{x_2 - a_2, \ldots, x_t - a_t\}$$

das univariate Polynom $u(x_1, a_2, \ldots, a_t)$. Wenn die ganzen Zahlen a_2, …, a_t so ausgewählt werden, dass $u(x_1, a_2, \ldots, a_t)$ denselben Grad in x_1 wie das ursprüngliche Polynom $u(x_1, x_2, \ldots, x_t)$ hat, wird eine entsprechende Verallgemeinerung der Henselkonstruktion quadratfreie Faktorisierungen dieses univariaten Polynoms zu Faktorisierungen modulo $\{(x_2 - a_2)^{n_2}, \ldots, (x_t - a_t)^{n_t}\}$ „anheben“, wobei n_j der Grad von x_j in u ist; zur selben Zeit können wir auch modulo einer geeigneten Primzahl p arbeiten. Möglichst viele der a_j sollten null sein, so dass Lückenhaftigkeit der Zwischenergebnisse beibehalten wird. Zu Einzelheiten siehe P. S. Wang, *Math. Comp.* **32** (1978), 1215–1231, zusätzlich zu den früher zitierten Arbeiten von Musser sowie von Moses und Yun.

Signifikante Rechnererfahrung wurde akkumuliert seit den Tagen, als die oben zitierten Pionierarbeiten geschrieben wurden. Siehe R. E. Zippel, *Effective Polynomial Computations* (Boston: Kluwer, 1993) für eine jüngere Übersicht. Darüber hinaus ist es jetzt möglich, Polynome zu faktorisieren, die implizit durch ein „Blackbox“-Rechenverfahren gegeben sind, sogar wenn sowohl Eingabe- als auch Ausgabepolynome das Universum ausfüllten, würden sie explizit ausgeschrieben [siehe E. Kaltofen und B. M. Trager, *J. Symbolic Comp.* **9** (1990), 301–320; Y. N. Lakshman und B. David Saunders, *SICOMP* **24** (1995), 387–397].

Die asymptotisch besten Algorithmen stellen sich häufig als die schlechtesten bei allen Problemen heraus, bei denen sie verwendet werden.

— D. G. CANTOR und H. ZASSENHAUS (1981)

Übungen

▸ **1.** [*M24*] Sei p Primzahl und sei $u(x)$ ein zufälliges Polynom vom Grad n, wobei jedes der p^n monischen Polynome als gleichwahrscheinlich angenommen wird. Zeige, dass für $n \geq 2$ die Wahrscheinlichkeit, dass $u(x)$ einen linearen Faktor mod p hat, zwischen $(1 + p^{-1})/2$ und $(2 + p^{-2})/3$ einschließlich liegt. Gib eine geschlossene Form für diese Wahrscheinlichkeit an, wenn $n \geq p$. Was ist die mittlere Anzahl an Linearfaktoren?

▸ **2.** [*M25*] (a) Zeige, dass jedes monische Polynom $u(x)$ über einem eindeutigen Faktorisierungsbereich eindeutig in der Form

$$u(x) = v(x)^2 w(x)$$

ausgedrückt werden kann, wobei $w(x)$ quadratfrei ist (keinen Faktor von positivem Grad der Form $d(x)^2$ hat) und beide $v(x)$ und $w(x)$ monisch sind. (b) (E. R. Berlekamp.) Wie viele monische Polynome vom Grad n sind quadratfrei modulo p, wenn p eine Primzahl ist?

3. [*M25*] (*Der chinesische Restsatz für Polynome.*) Seien $u_1(x), \ldots, u_r(x)$ Polynome über einem Körper S mit $u_j(x) \perp u_k(x)$ für alle $j \neq k$. Für gegebene Polynome $w_1(x), \ldots, w_r(x)$ über S beweise, dass es ein eindeutiges Polynom $v(x)$ über S gibt, dass $\deg(v) < \deg(u_1) + \cdots + \deg(u_r)$ und $v(x) \equiv w_j(x)$ (modulo $u_j(x)$) für $1 \leq j \leq r$. Gilt dieses Ergebnis auch, wenn S die Menge der ganzen Zahlen ist?

4. [*HM28*] Sei a_{np} die Anzahl monischer irreduzibler Polynome vom Grad n modulo einer Primzahl p. Finde eine Formel für die Erzeugungsfunktion $G_p(z) = \sum_n a_{np} z^n$. [*Hinweis:* Zeige folgende, Potenzreihen verknüpfende Identität: $f(z) = \sum_{j\geq 1} g(z^j)/j^t$ genau dann, wenn $g(z) = \sum_{n\geq 1} \mu(n) f(z^n)/n^t$.] Was ist $\lim_{p\to\infty} a_{np}/p^n$?

5. [*HM30*] Sei A_{np} die mittlere Anzahl irreduzibler Faktoren eines zufällig ausgewählten Polynoms von Grad n modulo einer Primzahl p. Zeige, dass $\lim_{p\to\infty} A_{np} = H_n$. Was ist der asymptotische Mittelwert von 2^r, wenn r die Anzahl irreduzibler Faktoren ist?

6. [*M21*] (J. L. Lagrange, 1771.) Beweise die Kongruenz (9). [*Hinweis:* Faktorisiere $x^p - x$ im Körper von p Elementen.]

7. [*M22*] Beweise Gl. (14).

8. [*HM20*] Wieso können wir sicher sein, dass die von Algorithmus N ausgegebenen Vektoren linear unabhängig sind?

9. [*20*] Erkläre die Konstruktion einer Tabelle von Reziprokwerten mod 101 in einfacher Weise, wenn 2 eine primitive Wurzel von 101 ist.

▸ **10.** [*21*] Finde die vollständige Faktorisierung des Polynoms $u(x)$ in (22) modulo 2 mit Berlekamps Verfahren.

11. [*22*] Finde die vollständige Faktorisierung des Polynoms $u(x)$ in (22) modulo 5.

▸ **12.** [*M22*] Verwende Berlekamps Algorithmus zur Bestimmung der Anzahl von Faktoren von $u(x) = x^4 + 1$ modulo p für alle Primzahlen p. [*Hinweis:* Betrachte die Fälle $p = 2$, $p = 8k+1$, $p = 8k+3$, $p = 8k+5$, $p = 8k+7$ getrennt; Wie sieht die Matrix Q aus? Du brauchst nicht die Faktoren zu finden; bestimme gerade, wie viele es gibt.]

13. [*M25*] In Fortsetzung der vorigen Übung gib eine explizite Formel für die Faktoren von $x^4 + 1$ modulo p an für alle ungeraden Primzahlen p an, ausgedrückt durch die Größen $\sqrt{-1}$, $\sqrt{2}$, $\sqrt{-2}$, wenn solche Quadratwurzeln modulo p existieren.

14. [*M25*] (H. Zassenhaus.) Sei $v(x)$ eine Lösung von (8) und sei $w(x) = \prod(x - s)$, wobei das Produkt über alle $0 \le s < p$ läuft mit $\mathrm{ggT}(u(x), v(x) - s) \ne 1$. Erkläre, wie man $w(x)$ berechnet, wenn $u(x)$ und $v(x)$ gegeben sind. [*Hinweis:* Gl. (14) impliziert, dass $w(x)$ das Polynom vom kleinsten Grad ist, dass $u(x)$ $w(v(x))$ teilt.]

▶ **15.** [*M27*] (*Quadratwurzeln modulo einer Primzahl.*) Entwirf einen Algorithmus zur Berechnung der Quadratwurzel einer gegebenen ganzen Zahl u modulo einer gegebenen Primzahl p, d.h., eine ganze Zahl v ist gesucht, dass $v^2 \equiv u$ (modulo p), wann immer ein solches v existiert. Dein Algorithmus sollte sogar für sehr große Primzahlen p effizient sein. (Für $p \ne 2$ führt eine Lösung dieses Problems zu einem Verfahren zur Lösung einer gegebenen quadratischen Gleichung modulo p mittles der quadratischen Formel in üblicher Weise.) *Hinweis:* Betrachte, was geschieht, wenn die Faktorisierungsmethoden dieses Abschnitts auf das Polynom $x^2 - u$ angewandt werden.

16. [*M30*] (*Endlicher Körper.*) Der Zweck dieser Übung ist es, Grundeigenschaften der von É. Galois 1830 eingeführten Körper zu beweisen.

a) Gegeben sei ein modulo einer Primzahl p irreduzibles Polynom $f(x)$ vom Grad n, beweise, dass die p^n Polynome vom Grad weniger als n einen Körper unter Arithmetik modulo $f(x)$ und p bilden. (*Bemerkung:* Die Existenz irreduzibler Polynome jeden Grades wird in Übung 4 bewiesen; deshalb existieren Körper mit p^n Elementen für alle Primzahlen p und alle $n \ge 1$.)

b) Zeige, dass jeder Körper mit p^n Elementen eine „primitive Wurzel" als Element ξ derart hat, dass die Elemente des Körpers $\{0, 1, \xi, \xi^2, \ldots, \xi^{p^n-2}\}$ sind. [*Hinweis:* Übung 3.2.1.2–16 liefert einen Beweis im Spezialfall $n = 1$.]

c) Wenn $f(x)$ ein irreduzibles Polynom modulo p vom Grad n ist, beweise, dass $x^{p^m} - x$ genau dann durch $f(x)$ teilbar ist, wenn m ein Vielfaches von n ist. (Folglich können wir Irreduzibilität recht schnell prüfen: Ein gegebenes Polynom $f(x)$ *vonn*-tem Grad ist genau dann irreduzibel modulo p, wenn $x^{p^n} - x$ durch $f(x)$ teilbar ist, und $x^{p^{n/q}} - x \perp f(x)$ für alle Primzahlen q, die n teilen.)

17. [*M23*] Sei F ein Körper mit 13^2 Elementen. Wieviele Elemente von F haben Ordnung f für jede ganze Zahl f mit $1 \le f < 13^2$? (Die *Ordnung* eines Elements a ist die kleinste positive ganze Zahl m mit $a^m = 1$.)

▶ **18.** [*M25*] Sei $u(x) = u_n x^n + \cdots + u_0, u_n \ne 0$ ein primitives Polynom mit Ganzzahlkoeffizienten, und sei $v(x)$ das durch

$$v(x) = u_n^{n-1} \cdot u(x/u_n) = x^n + u_{n-1}x^{n-1} + u_{n-2}u_n x^{n-2} + \cdots + u_0 u_n^{n-1}$$

definierte monische Polynom. (a) Gegeben sei, dass $v(x)$ die vollständige Faktorisierung $p_1(x) \ldots p_r(x)$ über den ganzen Zahlen hat, wobei jedes $p_j(x)$ monisch ist; was ist die vollständige Faktorisierung von $u(x)$ über den ganzen Zahlen? (b) Wenn $w(x) = x^m + w_{m-1}x^{m-1} + \cdots + w_0$ ein Faktor von $v(x)$ ist, beweise, dass w_k ein Vielfaches von u_n^{m-1-k} für $0 \le k < m$ ist.

19. [*M20*] (*Eisensteins Kriterium.*) Vielleicht wurde die bestbekannte Klasse irreduzibler Polynome über den ganzen Zahlen eingeführt von T. Schönemann in *Crelle* **32** (1846), 100, und dann popularisiert von G. Eisenstein in *Crelle* **39** (1850), 166–169: Sei p eine Primzahl und habe $u(x) = u_n x^n + \cdots + u_0$ die folgenden Eigenschaften: (i) u_n ist nicht teilbar durch p; (ii) $u_{n-1}, \ldots, u_0$ sind teilbar durch p; (iii) u_0 ist nicht teilbar durch p^2. Zeige, dass $u(x)$ über den ganzen Zahlen irreduzibel ist.

20. [*HM33*] Wenn $u(x) = u_n x^n + \cdots + u_0$ ein Polynom über den komplexen Zahlen ist, sei $\|u\| = \bigl(|u_n|^2 + \cdots + |u_0|^2\bigr)^{1/2}$.

a) Sei $u(x) = (x - \alpha)w(x)$ und $v(x) = (\bar{\alpha}x - 1)w(x)$, wobei α eine komplexe und $\bar{\alpha}$ ihre konjugiert komplexe Zahl ist. Beweise, dass $\|u\| = \|v\|$.

b) Sei $u_n(x - \alpha_1)\ldots(x - \alpha_n)$ die vollständige Faktorisierung von $u(x)$ über den komplexen Zahlen und sei $M(u) = |u_n| \prod_{j=1}^{n} \max(1, |\alpha_j|)$. Beweise, dass $M(u) \le \|u\|$.

c) Zeige, dass $|u_j| \le \binom{n-1}{j} M(u) + \binom{n-1}{j-1} |u_n|$ für $0 \le j \le n$.

d) Kombiniere diese Ergebnisse zum Beweis, dass wenn $u(x) = v(x)w(x)$ und $v(x) = v_m x^m + \cdots + v_0$, wobei u, v, w alle Ganzzahlkoeffizienten haben, dann die Koeffizienten von v durch

$$|v_j| \le \binom{m-1}{j} \|u\| + \binom{m-1}{j-1} |u_n|$$

beschränkt sind.

21. [*HM32*] In Fortsetzung von Übung 20 werden wir nützliche Schranken für die Koeffizienten von *multivariaten* Polynomfaktoren über den ganzen Zahlen ableiten. Der Deutlichkeit halber werden fettgedruckte Buchstaben für Folgen von t ganzen Zahlen stehen; also statt

$$u(x_1, \ldots, x_t) = \sum_{j_1, \ldots, j_t} u_{j_1 \ldots j_t} x_1^{j_1} \ldots x_t^{j_t}$$

zu schreiben, werden wir einfach $u(\mathbf{x}) = \sum_{\mathbf{j}} u_{\mathbf{j}} \mathbf{x}^{\mathbf{j}}$ schreiben. Beachte die Konvention für $\mathbf{x}^{\mathbf{j}}$; wir schreiben auch $\mathbf{j}! = j_1! \ldots j_t!$ und $\Sigma\mathbf{j} = j_1 + \cdots + j_t$.

a) Beweise die Identität

$$\sum_{\mathbf{j},\mathbf{k}} \frac{1}{\mathbf{j}!\,\mathbf{k}!} \sum_{\mathbf{p},\mathbf{q} \ge 0} [\mathbf{p} - \mathbf{j} = \mathbf{q} - \mathbf{k}]\, a_{\mathbf{p}} b_{\mathbf{q}} \frac{\mathbf{p}!\,\mathbf{q}!}{(\mathbf{p} - \mathbf{j})!} \sum_{\mathbf{r},\mathbf{s} \ge 0} [\mathbf{r} - \mathbf{j} = \mathbf{s} - \mathbf{k}]\, c_{\mathbf{r}} d_{\mathbf{s}} \frac{\mathbf{r}!\,\mathbf{s}!}{(\mathbf{r} - \mathbf{j})!}$$
$$= \sum_{\mathbf{i} \ge 0} \mathbf{i}! \sum_{\mathbf{p},\mathbf{s} \ge 0} [\mathbf{p} + \mathbf{s} = \mathbf{i}]\, a_{\mathbf{p}} d_{\mathbf{s}} \sum_{\mathbf{q},\mathbf{r} \ge 0} [\mathbf{q} + \mathbf{r} = \mathbf{i}]\, b_{\mathbf{q}} c_{\mathbf{r}}\,.$$

b) Das Polynom $u(\mathbf{x}) = \sum_{\mathbf{j}} u_{\mathbf{j}} \mathbf{x}^{\mathbf{j}}$ wird *homogen* vom Grad n genannt, wenn jeder Term totalen Grad n hat; also, $\Sigma\mathbf{j} = n$, wann immer $u_{\mathbf{j}} \ne 0$. Betrachte die gewichtete Summe von Koeffizienten $B(u) = \sum_{\mathbf{j}} \mathbf{j}!\,|u_{\mathbf{j}}|^2$. Verwende Teil (a) zu zeigen, dass $B(u) \ge B(v)B(w)$, wann immer $u(\mathbf{x}) = v(\mathbf{x})w(\mathbf{x})$ homogen ist.

c) Die *Bombierinorm* $[u]$ eines Polynoms $u(\mathbf{x})$ ist als $\sqrt{B(u)/n!}$ definiert, wenn u homogen von Grad n ist. Sie ist auch definiert für nicht-homogene Polynome, indem eine neue Variable x_{t+1} hinzugefügt und jeder Term mit einer Potenz von x_{t+1} multipliziert wird, so dass u homogen wird, ohne dass sein maximaler Grad wächst. Zum Beispiel sei $u(x) = 4x^3 + x - 2$; das entsprechende homogene Polynom ist $4x^3 + xy^2 - 2y^3$ und wir haben $[u]^2 = (3!\,0!\,4^2 + 1!\,2!\,1^2 + 0!\,3!\,2^2)/3! = 16 + \frac{1}{3} + 4$. Wenn $u(x, y, z) = 3xy^3 - z^2$, haben wir ähnlich $[u]^2 = (1!\,3!\,0!\,0!\,3^2 + 0!\,0!\,2!\,2!\,1^2)/4! = \frac{9}{4} + \frac{1}{6}$. Was sagt uns Teil (b) über die Relation zwischen $[u]$, $[v]$ und $[w]$, wenn $u(\mathbf{x}) = v(\mathbf{x})w(\mathbf{x})$?

d) Beweise, dass wenn $u(x)$ ein reduzierbares Polynom vom Grad n in einer variablen ist, es einen Faktor hat, dessen Koeffizienten höchstens $n!^{1/4}[u]^{1/2}/(n/4)!$ dem Betrag nach sind. Was ist das entsprechende Ergebnis für homogene Polynome in t Variablen?

e) Berechne $[u]$ sowohl explizit als auch asymptotisch, wenn $u(x) = (x^2 - 1)^n$.

f) Beweise, dass $[u][v] \ge [uv]$.

g) Zeige, dass $2^{-n/2}M(u) \leq [u] \leq 2^{n/2}M(u)$, wenn $u(x)$ ein Polynom vom Grad n und $M(u)$ die in Übung 20 definierte Größe ist. (Deshalb ist die Schranke in Teil (d) grob gesprochen die Quadratwurzel der Schranke in jener Übung.)

▶ **22.** [*M24*] (*Hensels Lemma.*) Seien $u(x)$, $v_e(x)$, $w_e(x)$, $a(x)$ $b(x)$ Polynome mit Ganzzahlkoeffizienten, die die Relationen

$$u(x) \equiv v_e(x)w_e(x) \text{ (modulo } p^e), \qquad a(x)v_e(x) + b(x)w_e(x) \equiv 1 \text{ (modulo } p)$$

erfüllen, wobei p Primzahl ist, $e \geq 1$, $v_e(x)$ monisch ist, $\deg(a) < \deg(w_e)$, $\deg(b) < \deg(v_e)$ und $\deg(u) = \deg(v_e) + \deg(w_e)$. Zeige, wie Polynome $v_{e+1}(x) \equiv v_e(x)$ und $w_{e+1}(x) \equiv w_e(x)$ (modulo p^e) zu berechnen sind, die dieselben Bedingungen mit e um 1 erhöht erfüllen. Weiterhin, beweise, dass $v_{e+1}(x)$ und $w_{e+1}(x)$ modulo p^{e+1} eindeutig sind.

Verwende deine Methode für $p = 2$ zum Beweis, dass (22) irreduzibel über den ganzen Zahlen ist, beginnend mit seiner in Übung 10 gefundenen Faktorisierung modulo 2. (Beachte, dass Euklids erweiterter Algorithmus, Übung 4.6.1–3, den Prozess für $e = 1$ beginnt.)

23. [*HM23*] Sei $u(x)$ ein quadratfreies Polynom mit Ganzzahlkoeffizienten. Beweise, dass es nur endlich viele Primzahlen p gibt derart, dass $u(x)$ nicht quadratfrei modulo p ist.

24. [*M20*] Der Text spricht nur von Faktorisierung über den ganzen Zahlen, nicht über dem Körper der rationalen Zahlen. Erkläre, wie die vollständige Faktorisierung eines Polynoms mit rationalen Koeffizienten zu finden ist über dem Körper der rationalen Zahlen.

25. [*M25*] Was ist die vollständige Faktorisierung von $x^5 + x^4 + x^2 + x + 2$ über dem Körper der rationalen Zahlen?

26. [*20*] Seien $d_1, \ldots, d_r$ die Grade der irreduziblen Faktoren von $u(x)$ modulo p mit Vielfachheiten gezählt, so dass $d_1 + \cdots + d_r = n = \deg(u)$. Erkläre, wie die Menge $\{\deg(v) \mid u(x) \equiv v(x)w(x) \text{ (modulo } p) \text{ für bestimmte } v(x), w(x)\}$ durch Ausführung von $O(r)$ Operationen an Bitstrings der Länge n zu berechnen ist.

27. [*HM30*] Beweise, dass ein zufälliges primitives Polynom über den ganzen Zahlen in einem geeigneten Sinn „fast immer“ irreduzibel ist

28. [*M25*] Die Zerlegung in Faktoren verschiedener Grade ist „glücklich“, wenn es höchstens ein irreduzibles Polynom jeden Grades d gibt; dann muss $g_d(x)$ niemals in Faktoren zerfällt werden. Was ist die Wahrscheinlichkeit dafür, dass ein solch glücklicher Umstand eintritt, wenn ein zufälliges Polynom vom Grad n modulo p für festes n mit $p \to \infty$ faktorisiert wird?

29. [*M22*] Sei $g(x)$ Produkt von zwei oder mehr verschiedenen irreduziblen Polynomen vom Grad d modulo einer ungeraden Primzahl p. Zeige: $\mathrm{ggT}(g(x),\ t(x)^{(p^d-1)/2} - 1)$ ist ein eigentlicher Faktor von $g(x)$ mit Wahrscheinlichkeit $\geq 1/2 - 1/(2p^d)$ für ein festes $g(x)$, wenn $t(x)$ zufällig unter den p^{2d} Polynomen vom Grad $< 2d$ modulo p ausgewählt wird.

30. [*M25*] Beweise, dass wenn $q(x)$ ein irreduzibles Polynom vom Grad d ist, modulo p, und wenn $t(x)$ irgendein Polynom ist, dann der Wert von $(t(x) + t(x)^p + t(x)^{p^2} + \cdots + t(x)^{p^{d-1}}) \bmod q(x)$ eine ganze Zahl (d.h. ein Polynom vom Grad ≤ 0) ist. Verwende diese Tatsache zum Entwurf eines randomisierten Algorithmus für die Faktorzerlegung eines Produkts $g_d(x)$ von irreduziblen Polynomen, die alle vom Grad d sind, analog zu (21) für den Fall $p = 2$.

31. [*HM30*] Sei p eine ungerade Primzahl und sei $d \geq 1$. Zeige, dass eine Zahl $n(p,d)$ mit den folgenden zwei Eigenschaften existiert: (i) Für alle ganzen Zahlen t erfüllen genau $n(p,d)$ irreduzible Polynome $q(x)$ vom Grad d modulo p dann $(x+t)^{(p^d-1)/2} \bmod q(x) = 1$. (ii) Für alle ganzen Zahlen $0 \leq t_1 < t_2 < p$ erfüllen genau $n(p,d)$ irreduzible Polynome $q(x)$ vom Grad d modulo p dann $(x+t_1)^{(p^d-1)/2} \bmod q(x) = (x+t_2)^{(p^d-1)/2} \bmod q(x)$.

▸ **32.** [*M30*] (*Kreisteilungspolynome.*) Sei $\Psi_n(x) = \prod_{1 \leq k \leq n,\, k \perp n}(x - \omega^k)$, wobei $\omega = e^{2\pi i/n}$; also sind die Wurzeln von $\Psi_n(x)$ die komplexen n-ten Einheitswurzeln, die keine m-ten Wurzeln für $m < n$ sind.

a) Beweise, dass $\Psi_n(x)$ ein Polynom mit Ganzzahlkoeffizienten ist, und dass

$$x^n - 1 = \prod_{d \backslash n} \Psi_d(x); \qquad \Psi_n(x) = \prod_{d \backslash n} (x^d - 1)^{\mu(n/d)}.$$

(Siehe Übungen 4.5.2–10(b) und 4.5.3–28(c).)

b) Beweise, dass $\Psi_n(x)$ irreduzibel über den ganzen Zahlen ist, dass also die obige Formel die vollständige Faktorisierung von $x^n - 1$ über den ganzen Zahlen angibt. [*Hinweis:* Wenn $f(x)$ ein irreduzibler Faktor von $\Psi_n(x)$ über den ganzen Zahlen und wenn ζ eine komplexe Zahl mit $f(\zeta) = 0$ ist, beweise, dass $f(\zeta^p) = 0$ für alle Primzahlen p, die n nicht teilen. Es mag helfen, dass $x^n - 1$ quadratfrei modulo p für alle solche Primzahlen ist.]

c) Bespreche die Berechnung von $\Psi_n(x)$ und tabelliere die Werte für $n \leq 15$.

33. [*M18*] Wahr oder falsch: Wenn $u(x) \neq 0$ und die vollständige Faktorisierung von $u(x)$ modulo p gleich $p_1(x)^{e_1} \ldots p_r(x)^{e_r}$ ist, $u(x)/\mathrm{ggT}(u(x), u'(x)) = p_1(x) \ldots p_r(x)$.

▸ **34.** [*M25*] (*Quadratfreie Faktorisierung.*) Es ist klar, dass jedes primitive Polynom eines eindeutigen Faktorisierungsbereichs in der Form $u(x) = u_1(x)u_2(x)^2u_3(x)^3\ldots$ ausgedrückt werden kann, wobei die Polynome $u_i(x)$ quadratfrei und paarweise teilerfremd sind. Diese Darstellung, in welcher $u_j(x)$ das Produkt aller irreduziblen Polynome ist, die $u(x)$ genau j mal teilen, ist eindeutig bis auf Einheitsvielfache; und sie ist eine nützliche Weise, Polynome, die an Multiplikations-, Divisions- und ggT-Operationen teilnehmen, zu repräsentieren.

Sei $\mathrm{GGT}(u(x), v(x))$ ein Verfahren, das drei Antworten erbringt:

$$\mathrm{GGT}(u(x), v(x)) = (d(x), u(x)/d(x), v(x)/d(x)), \quad \text{wobei } d(x) = \mathrm{ggT}(u(x), v(x)).$$

Die im Text auf Gl. (25) folgende modulare Methode endet immer mit einer Versuchsdivision $u(x)/d(x)$ und $v(x)/d(x)$, um sicherzustellen, dass keine „ungeeignete Primzahl“ verwendet wurde, also sind die Größen $u(x)/d(x)$ und $v(x)/d(x)$ Abfallsprodukte der ggT-Berechnung; deshalb können wir $\mathrm{GGT}(u(x), v(x))$ im Wesentlichen so schnell wie $\mathrm{ggT}(u(x), v(x))$ berechnen, wenn wir eine modulare Methode benutzen.

Entwirf ein Verfahren, das die quadratfreie Darstellung $(u_1(x), u_2(x), \ldots)$ eines gegebenen primitiven Polynoms $u(x)$ über den ganzen Zahlen bestimmt. Dein Algorithmus sollte genau e Berechnungen eines GGT durchführen, wobei e der größte Index mit $u_e(x) \neq 1$ ist; weiterhin sollte jede GGT-Berechnung (27) erfüllen, so dass Hensels Konstruktion verwendet werden kann.

35. [*M22*] (D. Y. Y. Yun.) Entwirf einen Algorithmus, der die quadratfreie Darstellung $(w_1(x), w_2(x), \ldots)$ von $w(x) = \mathrm{ggT}(u(x), v(x))$ über den ganzen Zahlen berechnet, wenn die quadratfreien Darstellungen $(u_1(x), u_2(x), \ldots)$ und $(v_1(x), v_2(x), \ldots)$ von $u(x)$ und $v(x)$ gegeben sind.

36. [*M27*] Erweitere das Verfahren von Übung 34, so dass die quadratfrei Darstellung $(u_1(x), u_2(x), \ldots)$ eines gegebenen Polynoms $u(x)$ erhalten wird, wenn die Koeffizientenarithmetik modulo p durchgeführt wird.

37. [*HM24*] (George E. Collins.) Seien $d_1, \ldots, d_r$ positive ganze Zahlen, deren Summe n ist, und sei p eine Primzahl. Was ist die Wahrscheinlichkeit dafür, dass die irreduziblen Faktoren eines zufälligen ganzzahligen Polynoms $u(x)$ von n-tem Grad die Grade $d_1, \ldots, d_r$ haben, wenn es vollständig modulo p faktorisiert ist? Zeige, dass diese Wahrscheinlichkeit asymptotisch dieselbe wie die Wahrscheinlichkeit dafür ist, dass eine zufällige Permutation von n Elementen Zyklen der Längen $d_1, \ldots, d_r$ hat.

38. [*HM27*] (*Perrons Kriterium.*) Sei $u(x) = x^n + u_{n-1}x^{n-1} + \cdots + u_0$ ein Polynom mit Ganzzahlkoeffizienten mit $u_0 \neq 0$ und entweder $|u_{n-1}| > 1 + |u_{n-2}| + \cdots + |u_0|$ oder $(u_{n-1} = 0$ und $u_{n-2} > 1 + |u_{n-3}| + \cdots + |u_0|)$. Zeige, dass $u(x)$ irreduzibel über den ganzen Zahlen ist. [*Hinweis:* Beweise, dass fast alle Wurzeln von u kleiner 1 im Absolutwert sind.]

39. [*HM42*] (David G. Cantor.) Zeige, dass wenn das Polynom $u(x)$ irreduzibel über den ganzen Zahlen ist, es einen „knappen" Beweis der Irreduzibilität hat, in dem Sinn, dass die Anzahl von Bit im Beweis höchstens ein Polynom in $\deg(u)$ und der Länge der Koeffizienten ist. (Nur eine Schranke für die *Länge* des Beweises ist hier gefordert wie in Übung 4.5.4–17, nicht eine Schranke für die benötigte Zeit zum Finden eines solchen Beweises.) *Hinweis:* Wenn $v(x)$ irreduzibel und t irgendein Polynom über den ganzen Zahlen ist, haben alle Faktoren von $v(t(x))$ Grad $\geq \deg(v)$. Perrons Kriterium ergibt einen großen Vorrat an irreduziblen Polynomen $v(x)$.

▶ **40.** [*M20*] (P. S. Wang.) Wenn u_n der führende Koeffizient von $u(x)$ und B eine Koeffizientenschranke eines Faktors von u ist, erfordert der Faktorisierungsalgorithmus des Textes das Finden einer Faktorisierung modulo p^e, wobei $p^e > 2|u_n|B$. Doch kann $|u_n|$ größer als B sein, wenn B nach der Methode von Übung 21 ausgewählt wird. Zeige, dass wenn $u(x)$ reduzierbar ist, es einen Weg gibt, einen seiner wahren Faktoren von einer Faktorisierung modulo p^e, wann immer $p^e \geq 2B^2$, mittels des Algorithmus von Übung 4.5.3–51 zu gewinnen.

41. [*M47*] (Beauzamy, Trevisan und Wang.) Beweise oder widerlege: Es gibt eine Konstante c derart, dass wenn $f(x)$ irgendein ganzzahliges Polynom mit Koeffizienten $\leq B$ dem Betrag nach ist, dann einer seiner irreduziblen Faktoren durch cB beschränkte Koeffizienten hat.

4.6.3. Auswertung von Potenzen

In diesem Abschnitt werden wir das interessante Problem der effizienten Berechnung von x^n studieren, wenn x und n gegeben sind, wobei n eine positive ganze Zahl ist. Nehmen wir zum Beispiel an, dass wir x^{16} berechnen müssen; wir könnten einfach mit x beginnen und mit x fünfzehn mal multiplizieren. Doch ist es möglich, dieselbe Antwort mit nur vier Multiplikationen zu erhalten, wenn wir wiederholt das Quadrat von jedem Teilergebnis nehmen, indem wir sukzessiv x^2, x^4, x^8, x^{16} bilden.

Derselbe Gedanke ist allgemein auf jeden Wert von n in folgender Weise anwendbar: Schreibe n im binären Zahlsystem (ohne führende Nullen). Dann ersetze jede „1" durch das Buchstabenpaar SX, ersetze jede „0" durch S und streiche links „SX" weg. Das Ergebnis ist eine Regel zur Berechnung von x^n, wenn „S“ als Operation *quadrieren* und wenn „X“ als Operation *multiplizieren mit* x interpretiert wird. Wenn zum Beispiel $n = 23$, ist die binäre Darstellung 10111; also formen wir die Folge SX S SX SX SX und nehmen das führende SX weg, um die Regel SSXSXSX zu erhalten. Diese Regel besagt, wir sollten „quadrieren, quadrieren, multiplizieren mit x, quadrieren, multiplizieren mit x, quadrieren und multiplizieren mit x“; in anderen Worten, wir sollten sukzessive x^2, x^4, x^5, x^{10}, x^{11}, x^{22}, x^{23} berechnen.

Diese binäre Methode ist leicht durch eine Betrachtung der Folge von Exponenten in der Berechnung zu rechtfertigen: Wenn wir „S“ als die Operation der Multiplikation mit 2 und „X“ als die Operation des Hinzufügens von 1 neu interpretieren, und wenn wir mit 1 beginnen statt mit x, führt die Regel zu einer Berechnung von n nach den Eigenschaften des binären Zahlsystems. Die Methode ist ganz alt; sie tauchte vor 200 v.Chr. in Piṅgalas Hinduklassiker *Chandaḥ-sūtra* [siehe B. Datta und A. N. Singh, *History of Hindu Mathematics* **2** (Lahore: Motilal Banarsi Das, 1935), 76]. Es scheint keine andere Referenzen auf diese Methode außerhalb von Indien während der nächsten 1000 Jahre zu geben, doch wurde eine klare Diskussion, wie 2^n effizient für beliebige n zu berechnen sei, von al-Uqlīdisī von Damascus im Jahr 952 n.Chr. gegeben; siehe *The Arithmetic of al-Uqlīdisī* durch A. S. Saidan (Dordrecht: D. Reidel, 1975), 341–342, wo die allgemeinen Ideen für $n = 51$ illustriert sind. Siehe auch al-Bīrūnī's *Chronology of Ancient Nations*, herausgegeben und übersetzt von E. Sachau (London: 1879), 132–136; diese arabische Arbeit aus dem elften Jahrhundert hatte großen Einfluss.

Die S-und-X binäre Methode für x^n erfordert keinen temporären Speicher außer für x und das laufende teilweise Ergebnis, also ist sie gut geeignet für den Einbau in die Hardware eines binären Rechners. Die Methode kann auch leicht programmiert werden; doch sie erfordert, dass die binäre Darstellung von n von links nach rechts abgearbeitet wird. Rechnerprogramme ziehen es allgemein vor, den anderen Weg zu gehen, weil die verfügbaren Operationen der Division durch 2 und Rest mod 2 eine binäre Darstellung von rechts nach links deduzieren. Deshalb ist der folgende Algorithmus, der auf einem von rechts nach links laufenden Abarbeiten der Zahl basiert, oft leichter handhabbar:

Algorithmus A (*Binärmethode von rechts nach links für Exponentiation*). Dieser Algorithmus wertet x^n aus, wobei n eine positive ganze Zahl ist. (Hier gehört x zu irgendeinem algebraischen System, in welchem eine assoziative Multiplikation mit eins definiert ist.)

A1. [Initialisiere.] Setze $N \leftarrow n$, $Y \leftarrow 1$, $Z \leftarrow x$.

A2. [Halbiere N.] (An diesem Punkt $x^n = YZ^N$.) Setze $N \leftarrow \lfloor N/2 \rfloor$ und bestimme zur selben Zeit, ob N gerade oder ungerade war. Wenn N gerade, geh nach A5.

A3. [Multipliziere Y mit Z.] Setze $Y \leftarrow Z$ mal Y.

A4. [$N = 0$?] Wenn $N = 0$, terminiert der Algorithmus mit Y als Antwort.

A5. [Quadriere Z.] Setze $Z \leftarrow Z$ mal Z, und kehre zurück nach Schritt A2. ▮

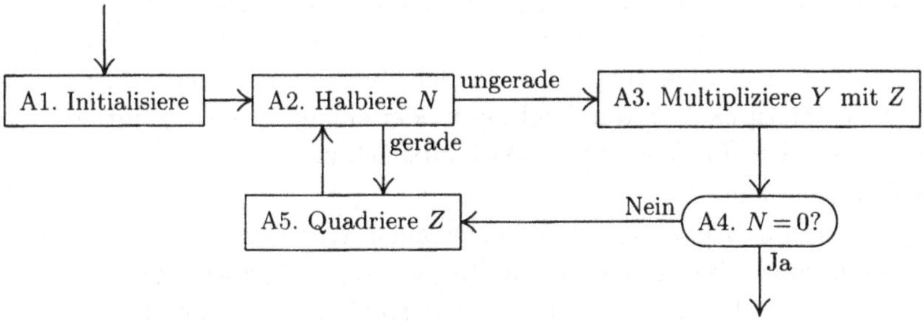

Fig. 13. x^n durch Abarbeiten von n_b von rechts nach links.

Als Beispiel zu Algorithmus A, hier die Schritte in der Berechnung von x^{23}:

	N	Y	Z
Nach Schritt A1	23	1	x
Nach Schritt A5	11	x	x^2
Nach Schritt A5	5	x^3	x^4
Nach Schritt A5	2	x^7	x^8
Nach Schritt A5	1	x^7	x^{16}
Nach Schritt A4	0	x^{23}	x^{16}

Ein zu Algorithmus A entsprechendes MIX-Programm erscheint in Übung 2.

Der große Kalkulator al-KĀscheī gab Algorithmus A im Jahr 1427 n.Chr. an [*Istoriko-Mat. Issledovaniîein* **7** (1954), 256–257]. Die Methode ist nahe verwandt mit einem Verfahren für die Multiplikation, das von ägyptischen Mathematikern schon so früh wie 2000 v.Chr. verwendet wurde; denn wenn wir Schritt A3 zu „$Y \leftarrow Y + Z$" und Schritt A5 nach „$Z \leftarrow Z + Z$" ändern, und wenn wir Y auf null statt auf eins in Schritt A1 setzen, terminiert der Algorithmus mit $Y = nx$. [Siehe A. B. Chace, *The Rhind Mathematical Papyrus* (1927); W. W. Struve, *Quellen und Studien zur Geschichte der Mathematik* **A1** (1930).] Dies ist eine praktische Methode zur Multiplikation per Hand, da sie nur die einfachsten Operationen von Verdoppeln, Halbieren, und Hinzufügen involviert. Sie wird oft die „Russische Bauernmethode" der Multiplikation genannt, da westliche Besucher von Russland im neunzehnten Jahrhundert die Methode dort in weiter Verbreitung fanden.

Die von Algorithmus A erforderte Anzahl von Multiplikationen ist

$$\lfloor \lg n \rfloor + \nu(n),$$

wobei $\nu(n)$ die Zahl der 1 in der binären Darstellung von n ist. Dies ist eine Multiplikation mehr als die am Beginn dieses Abschnitts erwähnte Links-nach-rechts-binärmethode erfordern würde, weil die erste Ausführung von Schritt A3 einfach eine Multiplikation mit eins ist.

Wegen der erforderlichen Buchführungszeit dieses Algorithmus ist die Binärmethode gewöhnlich ohne Bedeutung für kleine Werte von n, sagen wir $n \leq 10$, es sei denn, die Zeit für eine Multiplikation ist vergleichsweise groß. Wenn der

Wert von n von vorneherein bekannt ist, ist die Links-nach-rechts-binär-methode vorzuziehen. In einigen Situationen, wie der in Abschnitt 4.6.2. besprochenen Berechnung von $x^n \bmod u(x)$, ist es viel leichter, mit x zu multiplizieren als eine allgemeine Multiplikation durchzuführen oder einen Wert zu quadrieren, so dass binäre Methoden für Exponentiation hauptsächlich für ganz große n in solchen Fällen geeignet sind.

Wenn wir den exakten mehrfachgenauen Wert von x^n berechnen wollen, wenn x ein ganze Zahl größer als die Rechnerwortgröße ist, sind binäre Methoden nicht sehr hilfsreich es sei denn, n ist so riesig, dass die Hochgeschwindigkeitsmultiplikationsroutinen von Abschnitt 4.3.3 zum Zuge kommen; und solche Anwendungen sind selten. In ähnlicher Weise sind gewöhnlich binäre Methoden unangemessen zur Erhebung eines Polynoms zu einer Potenz; siehe R. J. Fateman, *SICOMP* **3** (1974), 196–213, für eine Besprechung der ausführlichen Literatur zur Polynomexponentiation.

Der Punkt dieser Bemerkungen ist, dass binäre Methoden schön, doch kein Allheilmittel sind. Sie sind höchstens anwendbar, wenn die Zeit zur Multiplikation von $x^j \cdot x^k$ im Wesentlichen unabhängig von j und k ist (wenn wir zum Beispiel Gleitpunktmultiplikation oder Multiplikation mod m ausführen); in solchen Fällen wird die Laufzeit reduziert von Ordnung n auf Ordnung $\log n$.

Weniger Multiplikationen. Mehrere Autoren haben Behauptungen (ohne Beweis) veröffentlicht, dass die binäre Methode tatsächlich die *Minimal*zahl von Multiplikationen erfordert. Doch das ist nicht wahr. Das kleinste Gegenbeispiel ist $n = 15$, wo die binäre Methode sechs Multiplikationen benötigt, doch können wir $y = x^3$ in zwei und $x^{15} = y^5$ in drei Multiplikationen mehr berechnen, um das gewünschte Ergebnis mit nur fünf Multiplikationen zu erreichen. Wir wollen jetzt einige andere Verfahren zur Auswertung von x^n besprechen unter der Annahme, dass n *a priopri* bekannt ist. Solche Verfahren sind von Interesse, wenn zum Beispiel ein optimierender Übersetzer Maschinencode erzeugt.

Die *Faktormethode* basiert auf einer Faktorisierung von n. Wenn $n = pq$, wobei p der kleinste Primfaktor von n und $q > 1$ ist, können wir x^n dadurch berechnen, dass wir zuerst x^p berechnen und dann diese Größe zur q-ten Potenz erheben. Wenn n Primzahl ist, können wir x^{n-1} berechnen und mit x multiplizieren. Und für $n = 1$ haben wir natürlich x^n ohne jede Rechnung. Wiederholte Anwendung dieser Regeln ergibt ein Verfahren zur Auswertung von x^n für jeden gegebenen Wert von n. Wenn wir zum Beispiel x^{55} berechnen wollen, werten wir zuerst $y = x^5 = x^4x = (x^2)^2x$ aus; danach bilden wir $y^{11} = y^{10}y = (y^2)^5y$. Der ganze Prozess braucht acht Multiplikationen, während die binäre Methode neun erfordert haben würde. Die Faktormethode ist im Mittel besser als die binäre Methode, doch gibt es Fälle ($n = 33$ ist das kleinste Beispiel), wo die binäre Methode glänzt.

Die binäre Methode kann auf eine *m-äre Methode* wie folgt verallgemeinert werden: Sei $n = d_0m^t + d_1m^{t-1} + \cdots + d_t$, wobei $0 \le d_j < m$ für $0 \le j \le t$. Die Rechnung beginnt mit der Bildung von $x, x^2, x^3, \ldots, x^{m-1}$. (Tatsächlich sind nur solche Potenzen x^{d_j} nötig, dass d_j in der Darstellung von n vorkommt, und diese

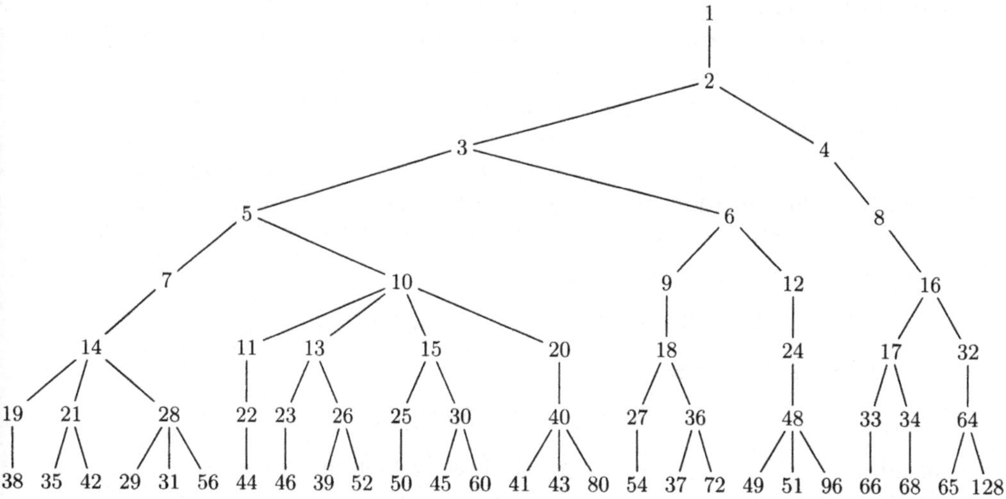

Fig. 14. Der „Potenzbaum".

Beobachtung spart oft einige Arbeit.) Dann erhebe x^{d_0} in die m-te Potenz und multipliziere mit x^{d_1}; wir haben $y_1 = x^{d_0 m + d_1}$ berechnet. Als nächstes erhebe y_1 in die m-te Potenz und multipliziere mit x^{d_2}, um $y_2 = x^{d_0 m^2 + d_1 m + d_2}$ zu erhalten. Der Prozess fährt in dieser Weise fort, bis $y_t = x^n$ berechnet worden ist. Wann immer $d_j = 0$, ist es natürlich unnötig, mit x^{d_j} zu multiplizieren. Beachte, dass sich diese Methode auf die früher besprochene Links-nach-rechts-binär-methode reduziert, wenn $m = 2$; es gibt auch eine weniger offensichtliche Rechts-nach-links-m-äre-methode, die mehr Speicher doch nur wenig mehr Schritte braucht (siehe Übung 9). Wenn m eine kleine Primzahl ist, wird die m-äre Methode besonders effizient zur Berechnung der Potenzen eines Polynoms modulo eines anderen sein, wenn die Koeffizienten modulo m behandelt werden, wegen Gl. 4.6.2–(5).

Eine systematische Methode, die die Minimalzahl von Multiplikationen für alle relativ kleinen Werte von n gibt (insbesondere für die meisten n, die in praktischen Anwendungen vorkommen), ist in Fig. 14 angezeigt. Um x^n zu berechnen, finde n in diesem Baum; dann die zeigt der Pfad von der Wurzel nach n eine Folge von Exponenten an, die in einer effizienten Auswertung von x^n vorkommen. Die Regel zur Erzeugung dieses „Potenzbaums" erscheint in Übung 5. Rechnertests haben gezeigt, dass der Potenzbaum optimale Ergebnisse für alle in der Abbildung aufgelisteten n ergibt. Doch für genügend große Werte von n ist die Potenzbaummethode nicht immer optimal; die kleinsten Beispiele sind $n = 77, 154, 233$. Der erste Fall, für welchen der Potenzbaum sowohl der binären Methode als auch der Faktormethode überlegen ist, ist $n = 23$. Der erste Fall, für welchen die Faktormethode die Potenzbaummethode schlägt, ist $n = 19879 = 103 \cdot 193$; solche Fälle sind ganz selten. (Für $n \leq 100.000$ ist die Potenzbaummethode 88.803 mal besser als die Faktor Methode, sie ist 11.191 mal gleich und verliert nur 6 mal.)

Additionsketten. Der ökonomischste Weg zur Berechnung von x^n durch Multiplikation ist ein mathematisches Problem mit einer interessanten Geschichte. Wir werden es jetzt im Detail prüfen, nicht nur weil es an und für sich klassisch und interessant ist, sondern weil es ein exzellentes Beispiel theoretischer Fragen ist, die bei der Untersuchung optimaler Berechnungsmethoden auftreten.

Obwohl wir mit Multiplikation von Potenzen von x befasst sind, kann das Problem leicht auf Addition reduziert werden, da die Exponenten additiv sind. Dies führt uns auf die folgende abstrakte Formulierung: Eine *Additionskette* für n ist ein Folge von ganzen Zahlen

$$1 = a_0, \quad a_1, \quad a_2, \quad \ldots, \quad a_r = n \tag{1}$$

mit der Eigenschaft, dass

$$a_i = a_j + a_k \qquad \text{für } k \le j < i \tag{2}$$

für alle $i = 1, 2, \ldots, r$. Man kann sich diese Definition veranschaulichen durch die Betrachtung eines einfachen Rechners, der einen Akkumulator hat und der dreier Operationen, `LDA`, `STA` und `ADD`, fähig ist; die Maschine beginnt mit der Zahl 1 in ihrem Akkumulator, und sie fährt fort, die Zahl n durch Addition voriger Ergebnisse zu berechnen. Beachte, dass a_1 gleich 2 sein muss, und a_2 ist entweder 2, 3 oder 4.

Die kürzeste Länge r, für welche ein Additionskette für n existiert, wird durch $l(n)$ bezeichnet. Also $l(1) = 0$, $l(2) = 1$, $l(3) = l(4) = 2$, usw. Unser Ziel im Rest dieses Abschnitts ist es, möglichst viel über diese Funktion $l(n)$ herauszufinden. Die Werte von $l(n)$ für kleine n werden in Fig. 15 in Baumform dargestellt, welche zeigt, wie x^n mit möglichst wenigen Multiplikationen für alle $n \le 100$ zu berechnen ist.

Das Problem, $l(n)$ zu bestimmen, wurde anscheinend zuerst von H. Dellac 1894 aufgeworfen. Eine teilweise Lösung von E. de Jonquières erwähnt die Faktormethode [siehe L'*Intermédiaire des Mathématiciens* **1** (1894), 20, 162–164]. In seiner Lösung listete de Jonquières die Werte von $l(p)$ nach seinem Gefühl für alle Primzahlen $p < 200$ auf, doch waren seine Tabelleneinträge für $p = 107$, 149, 163, 179 um eins zu hoch.

Die Faktormethode sagt uns unmittelbar, dass

$$l(mn) \le l(m) + l(n), \tag{3}$$

da wir die Ketten

$$1, \quad a_1, \quad \ldots, \quad a_r = m \qquad \text{und} \qquad 1, \quad b_1, \quad \ldots, \quad b_s = n$$

nehmen und damit die Kette

$$1, \quad a_1, \quad \ldots, \quad a_r, \quad a_r b_1, \quad \ldots, \quad a_r b_s = mn$$

bilden können.

Wir können auch die m-äre Methode in Additionskettenterminologie neu formulieren. Betrachte den Fall $m = 2^k$ und schreibe

$$n = d_0 m^t + d_1 m^{t-1} + \cdots + d_t$$

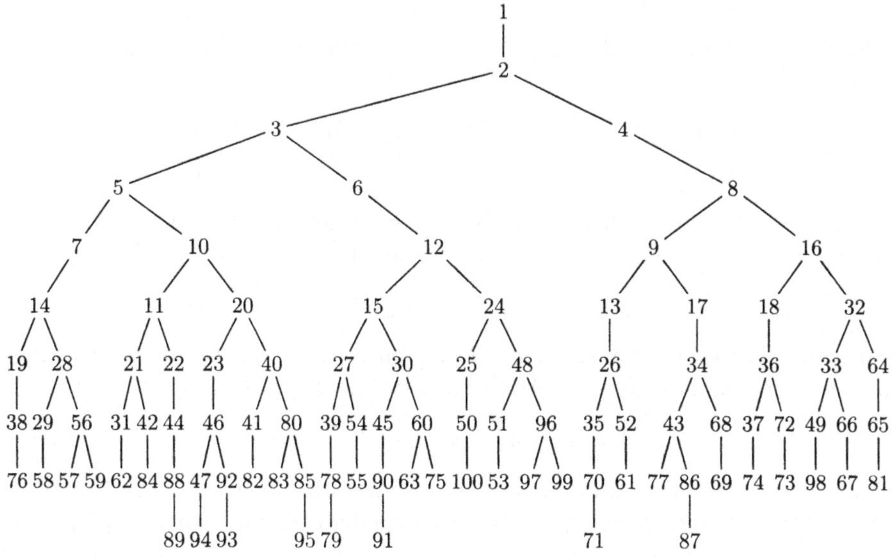

Fig. 15. Ein Baum, der die Anzahl von Multiplikationen minimiert, für $n \leq 100$.

im m-ären Zahlsystem; die entsprechende Additionskette nimmt die folgende Form an:

$$\begin{aligned}&1, 2, 3, \ldots, m-2, m-1,\\ &\quad 2d_0, 4d_0, \ldots, md_0, md_0+d_1,\\ &\qquad 2(md_0+d_1), 4(md_0+d_1), \ldots, m(md_0+d_1), m^2d_0+md_1+d_2,\\ &\qquad \ldots, \qquad m^td_0+m^{t-1}d_1+\cdots+d_t.\end{aligned} \tag{4}$$

Die Länge dieser Kette ist $m-2+(k+1)t$; und sie kann oft reduziert werden durch Löschen gewisser Elemente der ersten Zeile, die nicht unter den Koeffizienten d_j vorkommen, zusätzlich zu Elementen unter $2d_0$, $4d_0$, ..., die bereits in der ersten Zeile erscheinen. Wann immer Ziffer d_j null ist, kann der Schritt am rechten Ende der entsprechenden Zeile natürlich ausgelassen werden. Weiterhin können wir, wie E. G. Thurber bemerkt hat [*Duke Math. J.* **40** (1973), 907–913], alle geraden Zahlen (außer 2) in der ersten Zeile weglassen, wenn wir Werte der Form $d_j/2^e$ in der Rechnung e Schritte früher bringen.

Der einfachste Fall der m-ären Methode ist die binäre Methode ($m=2$), wo sich das allgemeine Schema (4) auf die „S-X"-Regel vereinfacht, die zu Beginn dieses Abschnitts erwähnt wurde: Die binäre Additionskette für $2n$ ist die binäre Kette für n gefolgt von $2n$; für $2n+1$ ist es die binäre Kette für $2n$ gefolgt von $2n+1$. Von der binären Methode schließen wir, dass

$$l(2^{e_0}+2^{e_1}+\cdots+2^{e_t}) \leq e_0+t, \qquad \text{wenn } e_0 > e_1 > \cdots > e_t \geq 0. \tag{5}$$

Die Definition zweier Hilfsfunktionen erleichtert die folgende Diskussion:

$$\lambda(n) = \lfloor \lg n \rfloor; \tag{6}$$

$$\nu(n) = \text{Anzahl der 1 in der binären Darstellung von } n. \qquad (7)$$

Also $\lambda(17) = 4$, $\nu(17) = 2$; diese Funktionen können durch die Rekurrenzrelationen

$$\lambda(1) = 0, \qquad \lambda(2n) = \lambda(2n+1) = \lambda(n) + 1; \qquad (8)$$

$$\nu(1) = 1, \qquad \nu(2n) = \nu(n), \qquad \nu(2n+1) = \nu(n) + 1 \qquad (9)$$

definiert werden. Ausgedrückt durch diese Funktionen erfordert die binäre Additionskette für n genau $\lambda(n) + \nu(n) - 1$ Schritte, und (5) wird

$$l(n) \leq \lambda(n) + \nu(n) - 1. \qquad (10)$$

Spezielle Klassen von Ketten. Wir können ohne Beschränkung der Allgemeinheit annehmen, dass eine Additionskette *aufsteigend* ist,

$$1 = a_0 < a_1 < a_2 < \cdots < a_r = n. \qquad (11)$$

Denn wenn irgend zwei a gleich sind, kann eines von ihnen weggelassen werden; und wir können auch die Folge (1) in aufsteigender Ordnung neu arrangieren und Terme $> n$ wegnehmen, ohne die Additionsketteneigenschaft (2) zu zerstören. *Von jetzt an werden wir nur aufsteigende Ketten betrachten*, ohne diese Annahme explizit zu erwähnen.

Es ist an diesem Punkt angebracht, ein paar spezielle Termini bezüglich von Additionsketten zu definieren. Kraft Definition haben wir für $1 \leq i \leq r$

$$a_i = a_j + a_k \qquad (12)$$

für bestimmte j und k, $0 \leq k \leq j < i$. Wenn diese Relation für mehr als ein Paar (j,k) gilt, sei j möglichst groß. Wir wollen sagen, dass Schritt i von (11) eine *Verdoppelung* ist, wenn $j = k = i-1$; dann hat a_i den größtmöglichen Wert $2a_{i-1}$ der auf die aufsteigende Kette $1, a_1, \ldots, a_{i-1}$ folgen kann. Wenn j (jedoch nicht notwendig k) gleich $i-1$ ist, wollen wir sagen, dass Schritt i ein *Sternschritt ist.* Die Bedeutung von Sternschritten wir unten erklärt. Schließlich wollen wir sagen, dass Schritt i ein *kleiner Schritt* ist, wenn $\lambda(a_i) = \lambda(a_{i-1})$. Da $a_{i-1} < a_i \leq 2a_{i-1}$, ist die Größe $\lambda(a_i)$ immer entweder $\lambda(a_{i-1})$ oder $\lambda(a_{i-1}) + 1$; es folgt, dass in jeder Kette (11), *die Länge r gleich $\lambda(n)$ plus die Anzahl kleiner Schritte ist.*

Mehrere elementare Relationen gelten zwischen diesen Typen von Schritten: Schritt 1 ist immer eine Verdopplung. Eine Verdopplung ist offenbar ein Sternschritt doch niemals ein kleiner Schritt. Eine Verdopplung muss von einem Sternschritt gefolgt werden. Weiterhin, wenn Schritt i *kein* kleiner Schritt ist, dann ist $i+1$ entweder ein kleiner Schritt oder ein Sternschritt oder beides; in andern Worten, wenn Schritt $i+1$ weder ein kleiner noch ein Sternschritt ist, muss Schritt i klein gewesen sein.

Eine *Sternkette* ist eine Additionskette, die nur Sternschritte besitzt. Dies bedeutet, dass jeder Term a_i die Summe von a_{i-1} und eines vorigen a_k ist; der einfache, oben nach Gl. (2) besprochene „Rechner" verwendet in einer Sternkette nur die zwei Operationen `STA` und `ADD` (nicht `LDA`), da jeder neue Term der Folge vom vorausgehenden Ergebnis im Akkumulator Gebrauch macht. Die meisten Additionsketten, die wir bisher besprochen haben, sind Sternketten. Die minimale Länge einer Sternkette für n wird mit $l^*(n)$ bezeichnet; klarerweise

$$l(n) \leq l^*(n). \tag{13}$$

Wir sind jetzt soweit, einige nicht-triviale Fakten über Additionsketten herzuleiten. Zuerst können wir zeigen, dass es ziemlich viele Verdopplungen geben muss, wenn r nicht weit von $\lambda(n)$ entfernt ist.

Satz A. *Wenn die Additionskette* (11) *gerade d Verdopplungen und $f = r - d$ Nicht-Verdopplungen enthält, dann*

$$n \leq 2^{d-1} F_{f+3}. \tag{14}$$

Beweis. Durch Induktion nach $r = d + f$ sehen wir, dass (14) gewiss wahr ist für $r = 1$. Für $r > 1$ gibt es drei Fälle: Wenn Schritt r ein Verdopplung ist, dann $\frac{1}{2}n = a_{r-1} \leq 2^{d-2}F_{f+3}$; also folgt (14). Wenn die Schritte r und $r-1$ beide Nicht-Verdopplungen sind, dann $a_{r-1} \leq 2^{d-1}F_{f+2}$ und $a_{r-2} \leq 2^{d-1}F_{f+1}$; also $n = a_r \leq a_{r-1} + a_{r-2} \leq 2^{d-1}(F_{f+2} + F_{f+1}) = 2^{d-1}F_{f+3}$ nach der Definition der Fibonaccifolge. Schließlich, wenn Schritt r eine Nicht-Verdopplung, jedoch Schritt $r-1$ eine Verdopplung ist, dann $a_{r-2} \leq 2^{d-2}F_{f+2}$ und $n = a_r \leq a_{r-1} + a_{r-2} = 3a_{r-2}$. Jetzt $2F_{f+3} - 3F_{f+2} = F_{f+1} - F_f \geq 0$; also $n \leq 2^{d-1}F_{f+3}$ in allen Fällen. ▮

Die Methode des benutzten Beweises zeigt, dass Ungleichung (14) die „bestmögliche" unter den besagten Annahmen ist; die Additionskette

$$1, 2, \ldots, 2^{d-1}, 2^{d-1}F_3, 2^{d-1}F_4, \ldots, 2^{d-1}F_{f+3} \tag{15}$$

hat d Verdopplungen und f Nicht-Verdopplungen.

Korrolar. *Wenn die* (11) *Additionskette f Nicht-Verdopplungen und s kleine Schritte enthält, dann*

$$s \leq f \leq 3{,}271s. \tag{16}$$

Beweis. Offenbar $s \leq f$. Wir haben $2^{\lambda(n)} \leq n \leq 2^{d-1}F_{f+3} \leq 2^d\phi^f = 2^{\lambda(n)+s}(\phi/2)^f$, da $d + f = \lambda(n) + s$, und da $F_{f+3} \leq 2\phi^f$, wenn $f \geq 0$. Also $0 \leq s \ln 2 + f \ln(\phi/2)$, und (16) folgt aus der Tatsache, dass $\ln 2/\ln(2/\phi) \approx 3{,}2706$. ▮

Werte von $l(n)$ für spezielle n. Es ist durch Induktion leicht zu zeigen, dass $a_i \leq 2^i$, und deshalb $\lg n \leq r$ in jeder Additionskette (11). Also

$$l(n) \geq \lceil \lg n \rceil. \tag{17}$$

Diese untere Schranke zusammen mit der durch die binäre Methode gegebenen oberen Schranke (10) gibt uns die Werte

$$l(2^A) = A; \tag{18}$$

$$l(2^A + 2^B) = A + 1, \qquad \text{für } A > B. \tag{19}$$

In anderen Worten, die binäre Methode ist optimal, wenn $\nu(n) \leq 2$. Mit einigen weiteren Rechnungen können wir diese Formeln auf den Fall $\nu(n) = 3$ erweitern:

Satz B. $$l(2^A + 2^B + 2^C) = A + 2, \qquad \text{für } A > B > C. \tag{20}$$

Beweis. Wir können tatsächlich ein stärkeres Ergebnis beweisen, das uns später in diesem Abschnitt von Nutzen sein wird: *Alle Additionsketten mit genau einem kleinen Schritt haben eine der folgenden sechs Arten* (wobei alle mit „. . . “ angezeigten Schritte Verdopplungen repräsentieren):

Typ 1. $1, \ldots, 2^A, 2^A + 2^B, \ldots, 2^{A+C} + 2^{B+C}$; $A > B \geq 0$, $C \geq 0$.

Typ 2. $1, \ldots, 2^A, 2^A + 2^B, 2^{A+1} + 2^B, \ldots, 2^{A+C+1} + 2^{B+C}$; $A > B \geq 0$, $C \geq 0$.

Typ 3. $1, \ldots, 2^A, 2^A + 2^{A-1}, 2^{A+1} + 2^{A-1}, 2^{A+2}, \ldots, 2^{A+C}$; $A > 0$, $C \geq 2$.

Typ 4. $1, \ldots, 2^A, 2^A + 2^{A-1}, 2^{A+1} + 2^A, 2^{A+2}, \ldots, 2^{A+C}$; $A > 0$, $C \geq 2$.

Typ 5. $1, \ldots, 2^A, 2^A + 2^{A-1}, \ldots, 2^{A+C} + 2^{A+C-1}, 2^{A+C+1} + 2^{A+C-2}, \ldots, 2^{A+C+D+1} + 2^{A+C+D-2}$; $A > 0$, $C > 0$, $D \geq 0$.

Typ 6. $1, \ldots, 2^A, 2^A + 2^B, 2^{A+1}, \ldots, 2^{A+C}$; $A > B \geq 0$, $C \geq 1$.

Ein einfache Rechnung von Hand zeigt, dass diese sechs Arten alle Möglichkeiten erschöpfen. Nach dem Korrolar nach Satz A gibt es höchstens drei Nicht-Verdopplungen, wenn es einen kleinen Schritt gibt; dieses Maximum kommt nur in Folgen von Typ 3 vor. Alle obigen Ketten sind Sternketten, außer Typ 6, wenn $B < A - 1$.

Der Satz folgt jetzt aus der Beobachtung, dass

$$l(2^A + 2^B + 2^C) \leq A + 2;$$

und $l(2^A + 2^B + 2^C)$ muss größer als $A + 1$ sein, da keine der sechs möglichen Arten $\nu(n) > 2$ hat. ∎

(E. de Jonquières behauptete ohne Beweis 1894, dass $l(n) \geq \lambda(n) + 2$, wenn $\nu(n) > 2$. Der erste veröffentlichte Beweis von Satz B stammt von A. A. Gioia, M. V. Subbarao und M. Sugunamma in *Duke Math. J.* **29** (1962), 481–487.)

Die Berechnung von $l(2^A + 2^B + 2^C + 2^D)$, wenn $A > B > C > D$, ist schwieriger. Nach der binären Methode ist diese Größe höchstens $A+3$ und nach dem Beweis von Satz B ist sie mindestens $A + 2$. Der Wert $A + 2$ ist möglich, da wir wissen, dass die binäre Methode nicht optimal ist, wenn $n = 15$ oder $n = 23$. Man kann das vollständige Verhalten für $\nu(n) = 4$ bestimmen, wie wir jetzt sehen werden.

Satz C. *Wenn $\nu(n) \geq 4$, dann $l(n) \geq \lambda(n) + 3$ außer unter den folgenden Umständen, wenn $A > B > C > D$ und $l(2^A + 2^B + 2^C + 2^D)$ gleich $A + 2$ ist:*

Fall 1. $A - B = C - D$. (Beispiel: $n = 15$.)

Fall 2. $A - B = C - D + 1$. (Beispiel: $n = 23$.)

Fall 3. $A - B = 3$, $C - D = 1$. (Beispiel: $n = 39$.)

Fall 4. $A - B = 5$, $B - C = C - D = 1$. (Beispiel: $n = 135$.)

Beweis. Wenn $l(n) = \lambda(n) + 2$, gibt es eine Additionskette für n, die gerade zwei kleine Schritte besitzt; eine solche Additionskette beginnt als eine der sechs Arten im Beweis von Satz B, gefolgt von einem kleinen Schritt, gefolgt von einer Folge von nicht-kleinen Schritten. Wir wollen n „speziell“ nennen, wenn $n = 2^A + 2^B + 2^C + 2^D$ für einen der vier im Satz aufgezählten Fälle. Wir können Additionsketten der geforderten Form für jedes spezielle n erhalten, wie in Übung 13 gezeigt wird; deshalb verbleibt uns zu beweisen, dass keine Kette mit genau zwei kleinen Schritten irgendwelche Elemente mit $\nu(a_i) \geq 4$ enthält, außer wenn a_i speziell ist.

Sei eine „Gegenbeispielskette“ eine Additionskette mit zwei kleinen Schritte derart, dass $\nu(a_r) \geq 4$, jedoch sei a_r nicht speziell. Wenn Gegenbeispielsketten existieren, sei $1 = a_0 < a_1 < \cdots < a_r = n$ eine solche Kette von kürzest möglicher Länge. Dann ist Schritt r nicht ein kleiner Schritt, da keine der sechs Arten im Beweis von Satz B von einem kleinen Schritt mit $\nu(n) \geq 4$ gefolgt werden kann, außer wenn n speziell ist. Weiterhin ist Schritt r keine Verdopplung, sonst wäre $a_0, \ldots, a_{r-1}$ eine kürzere Gegenbeispielskette; und Schritt r ist ein Sternschritt, sonst wäre $a_0, \ldots, a_{r-2}, a_r$ eine kürzere Gegenbeispielskette. Also

$$a_r = a_{r-1} + a_{r-k}, \qquad k \geq 2; \qquad \text{und } \lambda(a_r) = \lambda(a_{r-1}) + 1. \tag{21}$$

Sei c die Abzahl von Überträgen, die vorkommen, wenn a_{r-1} zu a_{r-k} im binären Zahlsystem nach Algorithmus 4.3.1A addiert wird. Mittels der Fundamentalrelation

$$\nu(a_r) = \nu(a_{r-1}) + \nu(a_{r-k}) - c, \tag{22}$$

können wir beweisen, dass *Schritt* $r-1$ *kein kleiner Schritt ist* (siehe Übung 14).

Sei $m = \lambda(a_{r-1})$. Da weder r noch $r-1$ ein kleinee Schritt ist, $c \geq 2$; und $c = 2$ kann nur gelten, wenn $a_{r-1} \geq 2^m + 2^{m-1}$.

Jetzt wollen wir annehmen, dass $r-1$ kein Sternschritt ist. Dann ist $r-2$ ein kleiner Schritt und $a_0, \ldots, a_{r-3}, a_{r-1}$ ist eine Kette mit nur einem kleinen Schritt; also $\nu(a_{r-1}) \leq 2$ und $\nu(a_{r-2}) \leq 4$. Die Relation (22) kann jetzt nur gelten, wenn $\nu(a_r) = 4$, $\nu(a_{r-1}) = 2$, $k = 2$, $c = 2$, $\nu(a_{r-2}) = 4$. Von $c = 2$ schließen wir, dass $a_{r-1} = 2^m + 2^{m-1}$; also ist $a_0, a_1, \ldots, a_{r-3} = 2^{m-1} + 2^{m-2}$ eine Additionskette mit nur einem kleinen Schritt, und sie muss von Typ 1 sein, also gehört a_r zu Fall 3. Also *ist* $r-1$ *ein Sternschritt.*

Jetzt nimm an, dass $a_{r-1} = 2^t a_{r-k}$ für ein bestimmtes t. Wenn $\nu(a_{r-1}) \leq 3$, dann gilt nach (22) $c = 2$, $k = 2$, und wir sehen, dass a_r zu Fall 3 gehören muss. Wenn andererseits $\nu(a_{r-1}) = 4$, dann ist a_{r-1} speziell, und es ist leicht zu sehen durch die Betrachtung eines jeden Falles, dass a_r auch zu einem der vier Fälle gehört. (Fall 4 entsteht zum Beispiel, wenn $a_{r-1} = 90$, $a_{r-k} = 45$; oder $a_{r-1} = 120$, $a_{r-k} = 15$.) Deshalb können wir schließen, dass $a_{r-1} \neq 2^t a_{r-k}$ für jedes t.

Wir haben bewiesen, dass $a_{r-1} = a_{r-2} + a_{r-q}$ für $q \geq 2$. Wenn $k = 2$, dann $q > 2$, und $a_0, a_1, \ldots, a_{r-2}, 2a_{r-2}, 2a_{r-2}+a_{r-q} = a_r$ ist eine Gegenbeispielsfolge, in welcher $k > 2$; deshalb nehmen wir an, dass $k > 2$.

Nun wollen wir annehmen, dass $\lambda(a_{r-k}) = m-1$; der Fall $\lambda(a_{r-k}) < m-1$ kann aus ähnlichen Gründen ausgeschlossen werden, wie es in Übung 14 gezeigt wird. Wenn $k = 4$, sind sowohl $r-2$ als auch $r-3$ kleine Schritte; also $a_{r-4} = 2^{m-1}$ und (22) ist unmöglich. Deshalb $k = 3$; Schritt $r-2$ ist klein, $\nu(a_{r-3}) = 2$,

$c = 2$, $a_{r-1} \geq 2^m + 2^{m-1}$ und $\nu(a_{r-1}) = 4$. Es nuss mindestens zwei Überträge geben, wenn a_{r-2} zu $a_{r-1} - a_{r-2}$ hinzugefügt wird; also $\nu(a_{r-2}) = 4$ und a_{r-2} (speziell und $\geq \frac{1}{2}a_{r-1}$) hat die Form $2^{m-1} + 2^{m-2} + 2^{d+1} + 2^d$ für ein d. Jetzt ist a_{r-1} entweder $2^m + 2^{m-1} + 2^{d+1} + 2^d$ oder $2^m + 2^{m-1} + 2^{d+2} + 2^{d+1}$ und in beiden Fällen muss a_{r-3} gleich $2^{m-1} + 2^{m-2}$ sein, also gehört a_r zu Fall 3. ▌

E. G. Thurber [*Pacific J. Math.* **49** (1973), 229–242] hat Satz C erweitert, um zu zeigen, dass $l(n) \geq \lambda(n) + 4$, wenn $\nu(n) > 8$. Man wird erwarten, dass im Allgemeinen $l(n) \geq \lambda(n) + \lg \nu(n)$, da A. Schönhage einem Beweis davon sehr nahe gekommen ist (siehe Übung 28) .

***Asymptotische Werte.** Satz C zeigt, dass es wahrscheinlich ganz schwierig ist, genaue Werte von $l(n)$ für große n zu bekommen, wenn $\nu(n) > 4$; jedoch können wir das ungefähre Verhalten im Grenzfall für $n \to \infty$ bestimmen.

Satz D (A. Brauer, *Bull. Amer. Math. Soc.* **45** (1939), 736–739).

$$\lim_{n\to\infty} l^*(n)/\lambda(n) = \lim_{n\to\infty} l(n)/\lambda(n) = 1. \qquad (23)$$

Beweis. Die Additionskette (4) für die 2^k-äre Methode ist eine Sternkette, wenn wir das zweite Vorkommen jedes Elements löschen, das zweimal in der Kette erscheint; denn wenn a_i das erste Element unter den $2d_0$, $4d_0$, ... der zweiten Zeile ist, das nicht in der ersten Zeile präsent ist, haben wir $a_i \leq 2(m-1)$; also $a_i = (m-1) + a_j$ für ein a_j in der ersten Zeile. Für die Gesamtlänge der Kette erhalten wir

$$\lambda(n) \leq l(n) \leq l^*(n) < (1 + 1/k) \lg n + 2^k \qquad (24)$$

für alle $k \geq 1$. Der Satz folgt beispielsweise für $k = \lfloor \frac{1}{2} \lg \lambda(n) \rfloor$. ▌

Wenn wir $k = \lambda\lambda(n) - 2\lambda\lambda\lambda(n)$ in (24) für große n setzen, wobei $\lambda\lambda(n)$ den Ausdruck $\lambda(\lambda(n))$ bezeichnet, erhalten wir die stärkere asymptotische Schranke

$$l(n) \leq l^*(n) \leq \lambda(n) + \lambda(n)/\lambda\lambda(n) + O\big(\lambda(n)\lambda\lambda\lambda(n)/\lambda\lambda(n)^2\big). \qquad (25)$$

Der zweite Term $\lambda(n)/\lambda\lambda(n)$ ist im Wesentlichen der beste, der von (24) erhalten werden kann. Eine viel tiefere Analyse der unteren Schranken kann ausgeführt werden zum Nachweis, dass dieser Term $\lambda(n)/\lambda\lambda(n)$ tatsächlichh wesentlich in (25) ist. Um zu sehen, warum dies so ist, wollen wir den folgenden Sachverhalt betrachten:

Satz E (Paul Erdős, *Acta Arithmetica* **6** (1960), 77–81). *Sei ϵ eine positive reelle Zahl. Die Anzahl von Additionsketten* (11) *mit*

$$\lambda(n) = m, \qquad r \leq m + (1-\epsilon)m/\lambda(m) \qquad (26)$$

ist kleiner als α^m für $\alpha < 2$ und alle genügend großen m. (In anderen Worten, die Anzahl der Additionsketten, die so kurz sind, dass (26) erfüllt ist, ist wesentlich kleiner als die Anzahl der Werte n mit $\lambda(n) = m$, wenn m groß ist.)

Beweis. Wir möchten die Anzahl der möglichen Additionsketten abschätzen und zu diesem Zweck ist unser erstes Ziel eine Verbesserung von Satz A, die uns eine befriedigendere Behandlung von Nicht-Verdopplungen erlaubt.

Lemma P. *Sei $\delta < \sqrt{2} - 1$ eine feste positive reelle Zahl. Nenne Schritt i einer Additionskette einen „Minischritt", wenn er keine Verdopplung ist und wenn $a_i < a_j(1+\delta)^{i-j}$ für ein j mit $0 \le j < i$. Wenn die Additionskette s kleine Schritte und t Minischritte enthält, dann*

$$t \le s/(1-\theta), \qquad \text{wobei } (1+\delta)^2 = 2^\theta. \tag{27}$$

Beweis. Für jeden Minischritt i_k, $1 \le k \le t$, haben wir $a_{i_k} < a_{j_k}(1+\delta)^{i_k - j_k}$ für ein $j_k < i_k$. Seien $I_1, \ldots, I_t$ die Intervalle $(j_1 \,..\, i_1], \ldots, (j_t \,..\, i_t]$, wobei die Notation $(j \,..\, i]$ für die Menge aller ganzen Zahlen k mit $j < k \le i$ steht. Es ist möglich (siehe Übung 17) nicht-überlappende Intervalle $J_1, \ldots, J_h = (j'_1 \,..\, i'_1], \ldots, (j'_h \,..\, i'_h]$ zu finden mit

$$\begin{aligned} &I_1 \cup \cdots \cup I_t = J_1 \cup \cdots \cup J_h, \\ &a_{i'_k} < a_{j'_k}(1+\delta)^{2(i'_k - j'_k)} \qquad \text{für } 1 \le k \le h. \end{aligned} \tag{28}$$

Jetzt haben wir für alle Schritte i außerhalb der Intervalle $J_1, \ldots, J_h$ die Ungleichung $a_i \le 2a_{i-1}$; wenn wir also

$$q = (i'_1 - j'_1) + \cdots + (i'_h - j'_h)$$

setzen, gilt $2^{\lambda(n)} \le n \le 2^{r-q}(1+\delta)^{2q} = 2^{\lambda(n)+s-(1-\theta)q} \le 2^{\lambda(n)+s-(1-\theta)t}$. ∎

Zurückkehrend zum Beweis von Satz E setzen wir $\delta = 2^{\epsilon/4} - 1$ und teilen die r Schritte jeder Additionskette in drei Klassen:

$$t \text{ Minischritte}, \qquad u \text{ Verdopplungen}, \qquad v \text{ andere Schritte}, \qquad t + u + v = r. \tag{29}$$

Anders gezählt haben wir s kleine Schritte, wobei $s + m = r$. Aus den Hypothesen, Satz A und Lemma P erhalten wir die Relationen

$$s \le (1-\epsilon)m/\lambda(m), \qquad t + v \le 3{,}271s, \qquad t \le s/(1-\epsilon/2). \tag{30}$$

Für gegebene s, t, u, v, die diese Bedingungen erfüllen, gibt es

$$\binom{r}{t,u,v} = \binom{r}{t+v}\binom{t+v}{v} \tag{31}$$

Wege, die Schritte den spezifizierten Klassen zuzuweisen. Für eine solchermaßen gegebene Verteilung der Schritte wollen wir betrachten, wie die Nicht-Minischritte ausgewählt werden können: Wenn Schritt i einer von den „anderen" Schritten in (29) ist, $a_i \ge (1+\delta)a_{i-1}$, also $a_i = a_j + a_k$, wobei $\delta a_{i-1} \le a_k \le a_j \le a_{i-1}$. Auch $a_j \le a_i/(1+\delta)^{i-j} \le 2a_{i-1}/(1+\delta)^{i-j}$, also $\delta \le 2/(1+\delta)^{i-j}$. Dies gibt höchstens β Möglichkeiten für j, wobei β eine Konstante ist, die nur von δ abhängt. Es gibt auch höchstens β Möglichkeiten für k, also ist die Anzahl der Wege, j und k für jeden der Nicht-Minischritte zuzuweisen, höchstens

$$\beta^{2v}. \tag{32}$$

Wenn schließlich die „j" und „k" für jeden der Nicht-Minischritte einmal ausgewählt worden sind, gibt es weniger als

$$\binom{r^2}{t} \tag{33}$$

Wege, die j und die k für die Minischritte zu wählen: Wir wählen t verschiedene Paare (j_1, k_1), ..., (j_t, k_t) von Indizes im Bereich $0 \le k_h \le j_h < r$ auf weniger als (33) Weisen. Dann verwenden wir der Reihe nach für jeden Minischritt i ein Paar von Indizes (j_h, k_h) mit:

a) $j_h < i$;

b) $a_{j_h} + a_{k_h}$ ist möglichst klein unter den nicht bereits für kleinere Minischritte i benutzten Paaren;

c) $a_i = a_{j_h} + a_{k_h}$ erfüllt die Definition von Minischritt.

Wenn kein solches Paar (j_h, k_h) existiert, bekommen wir keine Additionskette; andererseits muss jede Additionskette mit Minischritten an den designierten Stellen auf einem dieser Wege ausgewählt werden, also ist (33) eine obere Schranke für die Möglichkeiten.

Also ist die Gesmatzahl möglicher Additionsketten, die (26) erfüllen, beschränkt durch (31) mal (32) mal (33), summiert über alle beitragenden s, t, u und v. Der Beweis von Satz E kann jetzt durch eine recht standardmäßige Abschätzung dieser Funktionen vollendet werden (Übung 18). ∎

Korrolar. *Der Wert von $l(n)$ ist asymptotisch $\lambda(n) + \lambda(n)/\lambda\lambda(n)$ für fast alle n. Genauer gesagt gibt es eine Funktion $f(n)$ derart, dass $f(n) \to 0$ für $n \to \infty$ und*

$$\Pr\big(\big|l(n) - \lambda(n) - \lambda(n)/\lambda\lambda(n)\big| \ge f(n)\lambda(n)/\lambda\lambda(n) \big) = 0. \tag{34}$$

(Siehe Abschnitt 3.5 für die Definition dieser Wahrscheinlichkeit „Pr".)

Beweis. Die obere Schranke (25) zeigt, dass (34) ohne die Absolutbetragszeichen gilt. Die untere Schranke kommt von Satz E, wenn wir $f(n)$ langsam genug nach null gehen lassen, so dass für $f(n) \le \epsilon$ der Wert N so groß ist, dass höchstens ϵN Werte $n \le N$ die Ungleichung $l(n) \le \lambda(n) + (1 - \epsilon)\lambda(n)/\lambda\lambda(n)$ erfüllen.

***Sternketten.** Optimistische Leute finden die Annahme vernünftig, dass $l(n) = l^*(n)$; für eine gegebene Additionskette von minimaler Länge $l(n)$ erscheint es schwer zu glauben, dass wir keine derselben Länge finden können, welche die (scheinbar schwächere) Sternbedingung erfüllt. Doch 1958 bewies Walter Hansen den bemerkenswerten Satz, dass für gewisse große Werte von n der Wert von $l(n)$ definit kleiner als $l^*(n)$ ist, und er bewies auch mehrere verwandte Sätze, die wir jetzt untersuchen werden.

Hansens Sätze beginnen mit einer Untersuchung der detaillierten Struktur einer Sternkette. Sei $n = 2^{e_0} + 2^{e_1} + \cdots + 2^{e_t}$, wobei $e_0 > e_1 > \cdots > e_t \ge 0$, und sei $1 = a_0 < a_1 < \cdots < a_r = n$ eine Sternkette für n. Wenn es d Verdopplungen in dieser Kette gibt, definieren wir die Hilfsfolge

$$0 = d_0 \le d_1 \le d_2 \le \cdots \le d_r = d, \tag{35}$$

wobei d_i die Anzahl der Verdopplungen unter den Schritten 1, 2, ..., i ist. Wir definieren auch eine Folge von „Vielfachmengen" S_0, S_1, ..., S_r, welche die Zweierpotenzen enthalten, die in der Kette präsent sind. (Eine *Vielfachmenge* ist ein mathematisches Objekt wie eine Menge, das jedoch Elemente wiederholt enthalten kann; ein Gegenstand kann mehrfach ein Element einer Vielfachmenge sein und seine Vielfachheit ist von Bedeutung. Siehe Übung 19 für Beispiele häufig vorkommender Vielfachmengen.) Die Vielfachmengen S_i sind definiert durch die Regeln

a) $S_0 = \{0\}$;
b) Wenn $a_{i+1} = 2a_i$, dann $S_{i+1} = S_i + 1 = \{x + 1 \mid x \in S_i\}$;
c) Wenn $a_{i+1} = a_i + a_k$, $k < i$, dann $S_{i+1} = S_i \uplus S_k$.

(Das Symbol $\uplus$ bedeutet, dass die Vielfachmengen vereinigt werden unter Addition der Vielfachheiten.) Von dieser Definition folgt, dass

$$a_i = \sum_{x \in S_i} 2^x, \tag{36}$$

wobei die Terme in dieser Summe nicht notwendig verschieden sind. Insbesondere

$$n = 2^{e_0} + 2^{e_1} + \cdots + 2^{e_t} = \sum_{x \in S_r} 2^x. \tag{37}$$

Die Zahl der Elemente in der letzten Summe ist höchstens 2^f, wobei $f = r - d$ die Anzahl der Nicht-Verdopplungen ist.

Da n zwei verschiedene binäre Darstellungen in (37) hat, können wir die Vielfachmenge S_r in Vielfachmengen M_0, M_1, …, M_t zerlegen derart, dass

$$2^{e_j} = \sum_{x \in M_j} 2^x, \qquad 0 \le j \le t. \tag{38}$$

Diese kann durch Arragngierung der Elemente von S_r in nicht-fallender Anordnung $x_1 \le x_2 \le \cdots$ erreicht werden und durch Wahl von $M_t = \{x_1, x_2, \ldots, x_k\}$, wobei $2^{x_1} + \cdots + 2^{x_k} = 2^{e_t}$. Dies muss möglich sein, da e_t das kleinste Element der e ist. In ähnlicher Weise $M_{t-1} = \{x_{k+1}, x_{k+2}, \ldots, x_{k'}\}$ und so weiter; der Prozess kann leicht in binärer Notation visualisiert werden. Ein Beispiel erscheint unten.

Seien in M_j jeweils m_j Elemente (unter Berücksichtigung der Vielfachheiten) enthalten; dann $m_j \le 2^f - t$, da S_r höchstens 2^f Elemente hat und in $t+1$ nichtleere Vielfachmengen partitioniert wurde. Aus Gl. (38) können wir ersehen, dass

$$e_j \ge x > e_j - m_j, \qquad \text{für alle } x \in M_j. \tag{39}$$

Unsere Untersuchung der Sternkettenstruktur wird durch die Bildung der Vielfachmengen M_{ij} vollendet, die die Vorgeschichte der M_j wiedergeben. Die Vielfachmenge S_i wird in $t + 1$ Vielfachmengen wie folgt partitioniert:

a) $M_{rj} = M_j$;
b) Wenn $a_{i+1} = 2a_i$, dann $M_{ij} = M_{(i+1)j} - 1 = \{x - 1 \mid x \in M_{(i+1)j}\}$;
c) Wenn $a_{i+1} = a_i + a_k$, $k < i$, dann (da $S_{i+1} = S_i \uplus S_k$), setzen wir $M_{ij} = M_{(i+1)j}$ minus S_k, d.h. wir nehmen die Elemente von S_k von $M_{(i+1)j}$ weg. Wenn ein Element von S_k in zwei oder mehr verschiedenen Vielfachmengen $M_{(i+1)j}$ auftritt, nehmen wir es aus der Menge mit dem größtmöglichen Wert von j heraus; diese Regel definiert M_{ij} für jedes j eindeutig, wenn i fest ist.

Aus dieser Definition folgt

$$e_j + d_i - d \geq x > e_j + d_i - d - m_j, \qquad \text{für alle } x \in M_{ij}. \tag{40}$$

Als ein Beispiel dieser detaillierten Konstruktion betrachten wir die Sternkette 1, 2, 3, 5, 10, 20, 23, für welche $t = 3$, $r = 6$, $d = 3$, $f = 3$. Wir erhalten das folgende Array von Vielfachmengen:

$(d_0, d_1, \ldots, d_6)$:	0	1	1	1	2	3	3		
$(a_0, a_1, \ldots, a_6)$:	1	2	3	5	10	20	23		
$(M_{03}, M_{13}, \ldots, M_{63})$:							0	M_3	$e_3 = 0$, $m_3 = 1$
$(M_{02}, M_{12}, \ldots, M_{62})$:							1	M_2	$e_2 = 1$, $m_2 = 1$
$(M_{01}, M_{11}, \ldots, M_{61})$:			0	0	1	2	2	M_1	$e_1 = 2$, $m_1 = 1$
$(M_{00}, M_{10}, \ldots, M_{60})$:	0	1	1	1	2	3	3	M_0	$e_0 = 4$, $m_0 = 2$
				1	2	3	3		
	S_0	S_1	S_2	S_3	S_4	S_5	S_6		

Also $M_{40} = \{2, 2\}$ usw. Aus dieser Konstruktion können wir ersehen, dass d_i das größte Element von S_i ist; also

$$d_i \in M_{i0}. \tag{41}$$

Der wichtigste Teil dieser Struktur stammt von Gl. (40); eine seiner unmittelbaren Folgen ist

Lemma K. *Wenn M_{ij} und M_{uv} eine gemeinsame ganze Zahl x enthalten, dann*

$$-m_v < (e_j - e_v) - (d_u - d_i) < m_j. \quad \blacksquare \tag{42}$$

Obwohl Lemma K nicht extrem mächtig aussehen mag, besagt es (wenn m_j und m_v vernünftig klein sind und wenn M_{ij} ein Element gemeinsam mit M_{uv} enthält), dass die Anzahl von Verdopplungen zwischen Schritt u und i näherungsweise gleich der Differenz zwischen den Exponenten e_v und e_j ist. Dies prägt ein gewisses Ausmaß an Regelmäßigkeit der Additionskette auf; und es legt nahe, dass wir ein Ergebnis analog zu Satz B oben beweisen können, dass $l^*(n) = e_0 + t$, wenn die Exponenten e_j weit genug voneinander entfernt sind. Der nächste Satz zeigt, wie dies in die Tat umgesetzt werden kann.

Satz H (W. Hansen, *Crelle* **202** (1959), 129–136). *Sei $n = 2^{e_0} + 2^{e_1} + \cdots + 2^{e_t}$, wobei $e_0 > e_1 > \cdots > e_t \geq 0$. Wenn*

$$e_0 > 2e_1 + 2{,}271(t-1) \qquad \text{und} \qquad e_{i-1} \geq e_i + 2m \quad \text{für } 1 \leq i \leq t, \tag{43}$$

wobei $m = 2^{\lfloor 3{,}71(t-1) \rfloor} - t$, dann $l^*(n) = e_0 + t$.

Beweis. Wir können annehmen, dass $t > 2$, da das Ergebnis des Satzes wahr ist ohne Einschränkung an die e, wenn $t \leq 2$. Nehmen wir eine Sternkette $1 = a_0 < a_1 < \cdots < a_r = n$ für n mit $r \leq e_0 + t - 1$ an. Die ganzen Zahlen d, f, $d_0, \ldots, d_r$ und die Vielfachmengen M_{ij} und S_i mögen die Struktur dieser Kette wie oben definiert reflektieren. Von dem Korrolar zu Satz A wissen wir, dass

$f \leq \lfloor 3{,}271(t-1) \rfloor$; deshalb ist der Wert von m eine *bona fide* obere Schranke für die Anzahl m_j von Elementen in jeder Vielfachmenge M_j.

In der Summation

$$a_i = \Bigl(\sum_{x \in M_{i0}} 2^x\Bigr) + \Bigl(\sum_{x \in M_{i1}} 2^x\Bigr) + \cdots + \Bigl(\sum_{x \in M_{it}} 2^x\Bigr)$$

wandern keine Überträge vom M_{ij} entsprechenden Term zum $M_{i(j-1)}$ entsprechenden Term, wenn wir uns diese Summation im binären Zahlsystem ausgeführt denken, da die e so weit auseinander liegen. (Siehe (40).) Insbesondere wird die Summe aller Terme für $j \neq 0$ nicht durch Überträge die Terme für $j = 0$ beeinflussen, also müssen wir haben

$$a_i \geq \sum_{x \in M_{i0}} 2^x \geq 2^{\lambda(a_i)}, \qquad 0 \leq i \leq r. \tag{44}$$

Um Satz H zu beweisen, wollen wir zeigen, dass sozusagen die t extra Potenzen von n „nur jeweils eine auf einmal“ eingesetzt werden. Deshalb suchen wir nach einem Weg festzustellen, bei welchem Schritt jeder von diesen Termen eigentlich in die Additionskette eintritt.

Sei j eine Zahl zwischen 1 und t. Da M_{0j} leer und $M_{rj} = M_j$ nicht-leer ist, können wir den *ersten* Schritt i finden, für welchen M_{ij} nicht-leer ist.

Von der Definition der M_{ij} wissen wir, dass Schritt i eine Nicht-Verdopplung ist: $a_i = a_{i-1} + a_u$ für ein $u < i-1$. Wir wissen auch, dass alle Elemente von M_{ij} Elemente von S_u sind. Wir werden beweisen, dass a_u relativ klein verglichen mit a_i sein muss.

Sei x_j ein Element von M_{ij}. Da $x_j \in S_u$, gibt es dann ein v, für welches $x_j \in M_{uv}$. Es folgt, dass

$$d_i - d_u > m, \tag{45}$$

d.h. mindestens $m+1$ Verdopplungen kommen zwischen Schritte u und i vor. Denn wenn $d_i - d_u \leq m$, sagt uns Lemma K, dass $|e_j - e_v| < 2m$; also $v = j$. Doch dies ist unmöglich, weil M_{uj} leer ist nach unserer Wahl von Schritt i.

Alle Elemente von S_u sind kleiner oder gleich $e_1 + d_i - d$. Denn wenn $x \in S_u \subseteq S_i$ und $x > e_1 + d_i - d$, dann $x \in M_{u0}$ und $x \in M_{i0}$ nach (40); also impliziert Lemma K, dass $|d_i - d_u| < m$, im Widerspruch zu (45). Tatsächlich beweist diese Begründung, dass M_{i0} keine Elemente gemeinsam mit S_u hat, also $M_{(i-1)0} = M_{i0}$. Von (44) haben wir $a_{i-1} \geq 2^{\lambda(a_i)}$, und deshalb *ist Schritt i ein kleiner Schritt.*

Wir können jetzt das folgern, was wahrscheinlich der Schlüssel in diesem ganzen Beweis ist: *Alle Elemente von S_u sind in M_{u0}.* Denn wenn nicht, sei x ein Element von S_u mit $x \notin M_{u0}$. Da $x \geq 0$, impliziert (40), dass $e_1 \geq d - d_u$, also

$$e_0 = f + d - s \leq 2{,}271s + d \leq 2{,}271(t-1) + e_1 + d_u.$$

Nach Hypothese (43) impliziert dies $d_u > e_1$. Doch liegt $d_u \in S_u$ nach (41) und kann nicht in M_{i0} liegen, also $d_u \leq e_1 + d_i - d \leq e_1$, ein Widerspruch.

Gehen wir zurück zu unserem Element x_j in M_{ij}; wir haben $x_j \in M_{uv}$ und haben bewiesen, dass $v = 0$. Deshalb gilt, nach Gleichung (40) wieder,

$$e_0 + d_u - d \geq x_j > e_0 + d_u - d - m_0. \tag{46}$$

Für alle $j = 1, 2, \ldots, t$ haben wir eine Zahl x_j bestimmt, die (46) erfüllt, und einen kleinen Schritt i, bei welchem vom Term 2^{e_j} gesagt werden kann, er sei in die Additionskette eingetreten. Wenn $j \neq j'$, kann der Schritt i, bei welchem dies vorkommt, nicht derselbe für j und j' sein; denn (46) würde uns sagen, dass $|x_j - x_{j'}| < m$, während Elemente von M_{ij} und $M_{ij'}$ sich um mehr als m unterscheiden müssen, da e_j und $e_{j'}$ so weit auseinander liegen. Wir sind gezwungen zu schließen, dass die Kette mindestens t kleine Schritte enthält; doch dies ist ein Widerspruch. ∎

Satz F (W. Hansen).

$$l(2^A + xy) \leq A + \nu(x) + \nu(y) - 1, \qquad \text{falls } \lambda(x) + \lambda(y) \leq A. \tag{47}$$

Beweis. Eine Additionskette (welche im Allgemeinen *keine* Sternkette ist) möge durch Kombination der binären und der Faktormethode konstruiert sein. Seien $x = 2^{x_1} + \cdots + 2^{x_u}$ und $y = 2^{y_1} + \cdots + 2^{y_v}$, wobei $x_1 > \cdots > x_u \geq 0$ und $y_1 > \cdots > y_v \geq 0$.

Die ersten Schritte dieser Kette bilden aufeinander folgende Zweierpotenzen, bis 2^{A-y_1} erreicht ist; zwischen diesen Schritten werden die zusätzlichen Werte $2^{x_{u-1}} + 2^{x_u}$, $2^{x_{u-2}} + 2^{x_{u-1}} + 2^{x_u}$, … und x an den geeigneten Stellen eingesetzt. Nachdem eine Kette bis zu $2^{A-y_i} + x(2^{y_1-y_i} + \cdots + 2^{y_{i-1}-y_i})$ gebildet worden ist, fahren wir fort durch Addition von x und Verdopplung der resultierenden Summe, $y_i - y_{i+1}$ mal; dies ergibt

$$2^{A-y_{i+1}} + x(2^{y_1-y_{i+1}} + \cdots + 2^{y_i-y_{i+1}}).$$

Wenn diese Konstruktion für $i = 1, 2, \ldots, v$ durchgeführt wurde unter der Annahme $y_{v+1} = 0$, haben wir die gewünschte Additionskette für $2^A + xy$. ∎

Satz F befähigt uns Werte von n zu finden, für welche $l(n) < l^*(n)$, da Satz H einen expliziten Wert für $l^*(n)$ in gewissen Fällen gibt. Zum Beispiel sei $x = 2^{1016} + 1$, $y = 2^{2032} + 1$, und sei

$$n = 2^{6103} + xy = 2^{6103} + 2^{3048} + 2^{2032} + 2^{1016} + 1.$$

Gemäß Satz F haben wir $l(n) \leq 6106$. Doch Satz H kann auch angewendet werden mit $m = 508$, und dies beweist, dass $l^*(n) = 6107$.

Ausführliche Maschinenrechnungen haben gezeigt, dass $n = 12509$ der kleinste Wert mit $l(n) < l^*(n)$ ist. Keine Sternkette für diesen Wert von n ist so kurz wie die Folge 1, 2, 4, 8, 16, 17, 32, 64, 128, 256, 512, 1024, 1041, 2082, 4164, 8328, 8345, 12509. Das kleinste n mit $\nu(n) = 5$ und $l(n) \neq l^*(n)$ ist $16537 = 2^{14} + 9 \cdot 17$ (siehe Übung 15).

Jan van Leeuwen hat Satz H verallgemeinert, dass $l^*(k2^{e_0}) + t \leq l^*(kn) \leq l^*(k2^{e_t}) + e_0 - e_t + t$ für alle festen $k \geq 1$ gilt, wenn die Exponenten $e_0 > \cdots > e_t$ weit genug voneinander entfernt sind [*Crelle* **295** (1977), 202–207].

Einige Vermutungen. Obwohl es vernünftig war, auf den ersten Blick zu vermuten, dass $l(n) = l^*(n)$, haben wir jetzt gesehen, dass dies falsch ist. Eine andere plausible Vermutung [zuerst aufgestellt von A. Goulard und scheinbar „bewiesen" von E. de Jonquières in L'*Interméd. des math.* **2** (1895), 125–126] ist, dass $l(2n) = l(n)+1$; ein Verdopplungsschritt ist so effizient, dass eine kürzere Kette für $2n$ als die aus Hinzufügung eines Verdopplungsschritts an die kürzeste Kette für n entstehende Kette unwahrscheinlich scheint. Doch Maschinenberechnungen zeigen, dass auch diese Vermutung falsch liegt, da $l(191) = l(382) = 11$. (Eine Sternkette der Länge 11 für 382 ist nicht schwer zu finden; zum Beispiel 1, 2, 4, 5, 9, 14, 23, 46, 92, 184, 198, 382. Die Zahl 191 ist minimal derart, dass $l(n) = 11$, aber es scheint nicht-trivial, von Hand nachzuweisen, dass $l(191) > 10$. Des Autors rechnererzeugter Beweis dieser Tatsache mit einer in Abschnitt 7.2.2 skizzierten Rücksetzmethode involviert eine detaillierte Prüfung von 948 Fällen.) Die vier kleinsten Werte von n mit $l(2n) = l(n)$ sind $n = 191$, 701, 743, 1111; E. G. Thurber bewies in *Pacific J. Math.* **49** (1973), 229–242, dass die dritte Zahl von diesen ein Mitglied einer unendlichen Familie von solchen n ist, nämlich $23{\cdot}2^k{+}7$ für alle $k \geq 5$. Die Vermutung scheint vernünftig, dass $l(2n) \geq l(n)$, doch sogar dies kann falsch sein. Kevin R. Hebb hat gezeigt, dass $l(n) - l(mn)$ beliebig groß werden kann, für alle festen ganzen Zahlen m, die keine Zweierpotenzen sind [*Notices Amer. Math. Soc.* **21** (1974), A–294]. Der kleinste Fall, in welchem $l(mn) < l(n)$, ist $l\bigl((2^{13}+1)/3\bigr) = 15$.

Sei $c(r)$ der kleinste Wert von n mit $l(n) = r$. Die Berechnung von $l(n)$ scheint am härtesten für diejenige Folge von n zu sein, die wie folgt beginnt:

r	$c(r)$	r	$c(r)$	r	$c(r)$
1	2	10	127	19	18287
2	3	11	191	20	34303
3	5	12	379	21	65131
4	7	13	607	22	110591
5	11	14	1087	23	196591
6	19	15	1903	24	357887
7	29	16	3583	25	685951
8	47	17	6271	26	1176431
9	71	18	11231	27	2211837

Für $r \leq 11$ ist der Wert von $c(r)$ näherungsweise gleich $c(r-1) + c(r-2)$ und diese Tatsache führte zur Spekulation mehrerer Leute, dass $c(r)$ wie die Funktion ϕ^r wächst; doch das Ergebnis von Satz D $\bigl($mit $n = c(r)\bigr)$ impliziert, dass $r/\lg c(r) \to 1$ für $r \to \infty$. Die hier für $r > 18$ aufgelisteten Werte wurden von Achim Flammenkamp berechnet, außer $c(24)$, was zuerst von Daniel Bleichenbacher berechnet wurde. Flammenkamp bemerkt, dass $c(r)$ ziemlich gut durch die Formel $2^r \exp(-\theta r/ \mathit{wird}! \lg r)$ für $10 \leq r \leq 27$ approximiert wird, wobei θ nahe $\ln 2$ ist; diese stimmt schön mit der oberen Schranke (25) überein. Mehrere Leute hatten einmal angesichts der Faktormethode vermutet, $c(r)$ würde immer eine Primzahl sein; doch $c(15)$, $c(18)$ und $c(21)$ sind alle durch 11 teilbar. Vielleicht ist keine Vermutung über Additionsketten sicher!

Tafel 1

WERTE VON n FÜR SPEZIELLE ADDITIONSKETTEN

23	163	229	319	371	413	453	553	599	645	707	741	813	849	903
43	165	233	323	373	419	455	557	611	659	709	749	825	863	905
59	179	281	347	377	421	457	561	619	667	711	759	835	869	923
77	203	283	349	381	423	479	569	623	669	713	779	837	887	941
83	211	293	355	382	429	503	571	631	677	715	787	839	893	947
107	213	311	359	395	437	509	573	637	683	717	803	841	899	955
149	227	317	367	403	451	551	581	643	691	739	809	845	901	983

Tabellierte Werte von $l(n)$ zeigen, dass diese Funktion erstaunlich glatt ist; zum Beispiel $l(n) = 13$ für alle n im Bereich $1125 \leq n \leq 1148$. Die Maschinenrechnungen zeigen, dass eine Tafel von $l(n)$ für $2 \leq n \leq 1000$ mit der Formel

$$l(n) = \min(l(n-1)+1,\, l_n) - \delta_n \tag{48}$$

aufgestellt werden kann, wobei $l_n = \infty$, wenn n Primzahl ist, und $l_n = l(p) + l(n/p)$ sonst, wenn p der kleinste Primteiler von n ist, sowie $\delta_n = 1$ für n in Tafel 1 und $\delta_n = 0$ sonst.

Sei $d(r)$ die Anzahl der Lösungen n für die Gleichung $l(n) = r$. Die folgende Tafel listet die ersten paar Werte dieser Funktion nach Flammenkamp auf:

r	$d(r)$	r	$d(r)$	r	$d(r)$	r	$d(r)$	r	$d(r)$
1	1	6	15	11	246	16	4490	21	90371
2	2	7	26	12	432	17	8170	22	165432
3	3	8	44	13	772	18	14866	23	303475
4	5	9	78	14	1382	19	27128	24	558275
5	9	10	136	15	2481	20	49544	25	1028508

Sicher muss $d(r)$ eine wachsende Funktion von r sein, doch gibt es keinen offensichtlichen Weg, diese scheinbar einfache Behauptung zu beweisen, und erst recht keinen, das asymptotische Wachstum von $d(r)$ für große r zu bestimmen.

Das berühmteste offene Problem über Additionsketten ist die *Scholz–Brauer Vermutung*, welche besagt, dass

$$l(2^n - 1) \leq n - 1 + l(n). \tag{49}$$

Maschinelle Berechnungen zeigen tatsächlich, dass Gleichheit in (49) für $1 \leq n \leq 24$ gilt; und Handrechnungen von E. G. Thurber [*Diskret Math.* **16** (1976), 279–289] haben gezeigt, dass Gleichheit auch für $n = 32$ gilt. Große Forschungsanstrengungen über Additionsketten wurden Versuchen gewidmet, (49) zu beweisen; Additionsketten für die Zahl $2^n - 1$, welche so viele Einsen in ihrer Binärdarstellung hat, sind von speziellem Interesse, da dies der schlechteste Fall für die binäre Methode ist. Arnold Scholz prägte den Namen „Additionskette" (in Deutsch) und stellte (49) als Problem 1937 [*Jahresbericht der deutschen Mathematiker-Vereinigung*, Abteilung II, **47** (1937), 41–42]; Alfred Brauer bewies 1939, dass

$$l^*(2^n - 1) \leq n - 1 + l^*(n). \tag{50}$$

Hansens Sätze zeigen, dass $l(n)$ kleiner als $l^*(n)$ sein kann, deslhalb ist bestimmt mehr Arbeit notwendig, um (49) zu beweisen oder zu widerlegen. Als ein Schritt in diese Richtung hat Hansen den Begriff einer l^0-*Kette* definiert, welche „zwischen" l-Ketten und l^*-Ketten liegt. In einer l^0-Kette sind gewisse Elemente unterstrichen; die Bedingung ist $a_i = a_j + a_k$, wobei a_j das größte unterstrichene Element kleiner als a_i ist.

Als ein Beispiel einer l^0-Kette (gewiss nicht einer minimalen) betrachte

$$\underline{1}, \underline{2}, \underline{4}, 5, \underline{8}, 10, 12, \underline{18}; \tag{51}$$

es ist leicht zu verifizieren, dass die Differenz zwischen jedem Element und dem vorigen unterstrichenen Element in der Kette liegt. Wir bezeichnen mit $l^0(n)$ die minimale Länge einer l^0-Kette für n. Klarerweise $l(n) \le l^0(n) \le l^*(n)$.

Die in Satz F konstruierte Kette ist eine l^0-Kette (siehe Übung 22); also haben wir $l^0(n) < l^*(n)$ für gewisse n. Es ist nicht bekannt, ob $l(n) = l^0(n)$ in allen Fällen oder nicht; wäre diese Gleichung wahr, wäre die Scholz–Brauer Vermutung aufgeklärt, weil nach einem anderen Satz von Hansen:

Satz G. $l^0(2^n - 1) \le n - 1 + l^0(n)$.

Beweis. Sei $1 = a_0, a_1, \ldots, a_r = n$ eine l^0-Kette von minimaler Länge für n und sei $1 = b_0, b_1, \ldots, b_t = n$ die Teilfolge von unterstrichenen Elementen. (Wir können annehmen, dass n unterstrichen ist.) Dann können wir eine l^0-Kette für $2^n - 1$ wie folgt bekommen:

a) Füge die $l^0(n) + 1$ Zahlen $2^{a_i} - 1$ für $0 \le i \le r$ hinzu und zwar genau dann unterstrichen, wenn a_i unterstrichen ist.
b) Füge die Zahlen $2^i(2^{b_j} - 1)$ für $0 \le j < t$ und für $0 < i \le b_{j+1} - b_j$ alle unterstrichen hinzu. (Dies ist eine Gesamtheit von $b_1 - b_0 + \cdots + b_t - b_{t-1} = n - 1$ Zahlen.)
c) Sortiere die Zahlen von (a) und (b) in aufsteigender Ordnung.

Wir können leicht verifizieren, dass dies eine l^0-Kette ergibt: Die Zahlen von (b) sind alle gleich dem Doppelten eines anderen Elements von (a) oder (b); weiterhin ist dieses Element das vorausgehende unterstrichene Element. Wenn $a_i = b_j + a_k$, wobei b_j das größte unterstrichene Element kleiner a_i ist, dann $a_k = a_i - b_j \le b_{j+1} - b_j$, also erscheint $2^{a_k}(2^{b_j} - 1) = 2^{a_i} - 2^{a_k}$ unterstrichen in der Kette gerade vor $2^{a_i} - 1$. Da $2^{a_i} - 1$ gleich $(2^{a_i} - 2^{a_k}) + (2^{a_k} - 1)$, wobei beide diese Werte in der Kette erscheinen, haben wir eine Additionskette mit der l^0-Eigenschaft. ▌

Die entsprechend (51) im Beweis von Satz G konstruierte Kette ist

$$\underline{1}, \underline{2}, \underline{3}, \underline{6}, \underline{12}, \underline{15}, \underline{30}, 31, \underline{60}, \underline{120}, \underline{240}, \underline{255}, \underline{510}, \underline{1020}, 1023, \underline{2040},$$
$$\underline{4080}, 4095, \underline{8160}, \underline{16320}, \underline{32640}, \underline{65280}, \underline{130560}, \underline{261120}, \underline{262143}.$$

Graphische Darstellung. Eine Additionskette (1) entspricht in einer natürlichen Weise einem gerichteten Graphen, wobei die Knoten mit a_i für $0 \le i \le r$ markiert sind und wir Kanten von a_j nach a_i und von a_k nach a_i als Darstellung jedes Schrittes $a_i = a_j + a_k$ in (2) zeichnen. Zum Beispiel entspricht die Additionskette 1, 2, 3, 6, 12, 15, 27, 39, 78, 79, die in Fig. 15 erscheint, dem gerichteten Graphen

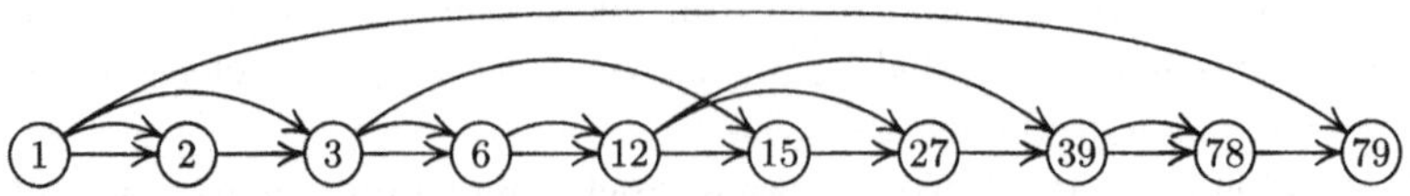

.

Wenn $a_i = a_j + a_k$ für mehr als ein Paar von Indizes (j, k), wählen wir ein bestimmtes j und k zum Zwecke dieser Konstruktion.

In allgemeinen werden alle bis auf den ersten Knoten eines solchen gerichteten Graphen Kopf von genau zwei Kanten sein; jedoch ist dies nicht eine wirklich wichtige Eigenschaft dieses Graphen, weil sie die Tatsache verdeckt, dass viele verschiedene Additionsketten im Wesentlichen äquivalent sein können. Wenn ein Knoten Aus-Grad 1 hat, wird er in einem einzigen späteren Schritt verwendet; also ist der spätere Schritt eigentlich eine Summe dreier Eingaben $a_j + a_k + a_m$, die entweder als $(a_j + a_k) + a_m$ oder als $a_j + (a_k + a_m)$ oder als $a_k+(a_j+a_m)$ berechnet werden kann. Diese drei Möglichkeiten sind unwesentlich, doch die Konventionen von Additionsketten zwingen uns, sie zu unterscheiden. Wir können solche Redundanz vermeiden durch Löschen eines jeden Knotens, dessen Aus-Grad 1 ist, und durch Anheften der Kanten seiner Vorgänger an seinen Nachfolger. Zum Beispiel würde der obige Graph zu

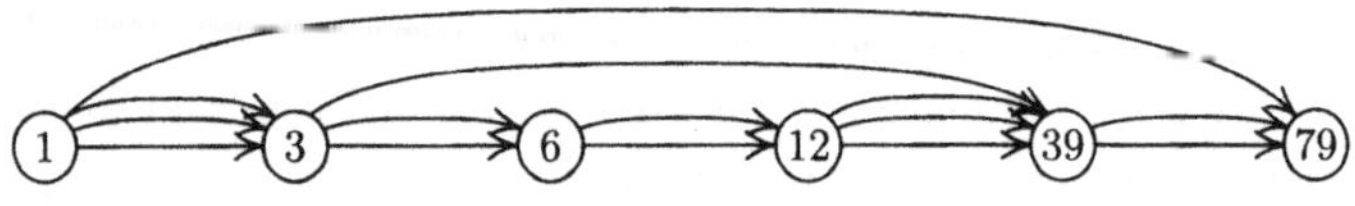

(52)

werden. Wir können auch einen jeden Knoten löschen, dessen Aus-Grad 0 ist, außer natürlich den finalen Knoten a_r, da ein solcher Knoten einem nutzlosen Schritt in der Additionskette entspricht.

Auf diese Weise führt jede Additionskette zu einem reduzierten gerichteten Graphen, der einen „Quell"-Knoten (markiert 1) und einen „Senke"-Knoten (markiert n) enthält; jeder Knoten bis auf die Quelle hat Ein-Grad ≥ 2 und jeder Knoten bis auf die Senke hat Aus-Grad ≥ 2. Umgekehrt entspricht jeder derartige gerichtete Graph ohne orientierte Zyklen mindestens einer Additionskette, da wir die Knoten topologisch sortieren und $d - 1$ Additionsschritte für jeden Knoten mit Ein-Grad $d > 0$ aufschreiben können. Die Länge der Additionskette unter Ausschluß nutzloser Schritte kann durch Nachsehen beim reduzierten Graphen rekonstruiert werden; sie ist

$$(\text{Anzahl der Kanten}) - (\text{Anzahl der Knoten}) + 1, \tag{53}$$

da Löschen eines Knotens vom Aus-Grad 1 auch eine Kante löscht.

Wir nennen zwei Additionsketten *äquivalent*, wenn sie denselben reduzierten gerichteten Graphen haben. Zum Beispiel ist die Additionskette 1, 2, 3, 6, 12, 15, 24, 39, 40, 79 äquivalent zur Kette, mit der wir begannen, da sie auch zu (52) führt. Dieses Beispiel zeigt, dass eine Nicht-Sternkette zu einer Sternkette äquivalent sein kann. Eine Additionskette ist genau dann äquivalent zu einer

Sternkette, wenn ihr reduzierter gerichteter Graph nur auf eine Weise topologisch sortiert werden kann.

Eine wichtige Eigenschaft dieser Graphendarstellung wurde von N. Pippenger gezeigt: Die Marke eines jeden Knotens ist genau gleich der Zahl orientierter Pfade von der Quelle zu diesem Knoten. Also ist das Problem, eine optimale Additionskette für n zu finden, äquivalent zur Minimierung der Größe (53) über alle gerichteten Graphen, die einen Quell- und einen Senkeknoten sowie genau n orientierte Pfade von der Quelle zur Senke haben.

Diese Charakterisierung hat ein überraschendes Korrolar auf Grund der Symmetrie des gerichteten Graphen. Wenn wir die Richtungen aller Kanten umkehren, die Rollen von Quelle und Senke vertauschen, erhalten wir einen anderen gerichteten Graphen, der einer Menge von Additionsketten für dasselbe n entspricht; diese Additionsketten haben die Länge (53) wie die Kette, mit der wir begannen. Wenn wir zum Beispiel die Pfeile in (52) von rechts nach links laufen lassen und die Knoten gemäß der Zahl der Pfade vom Knoten rechter Hand neu beschriften, bekommen wir

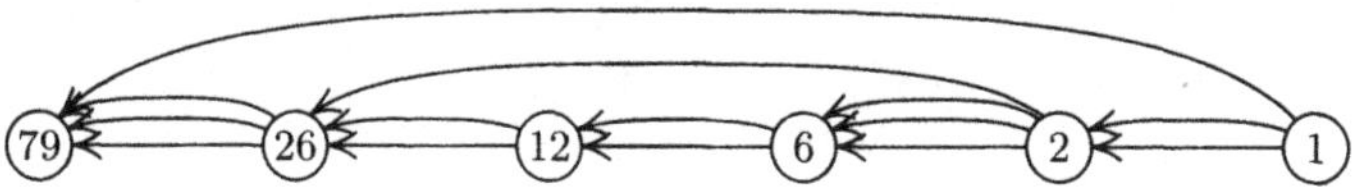

. (54)

Eine der Sternketten, die diesem reduzierten gerichteten Graph entsprechen, ist

$$1, 2, 4, 6, 12, 24, 26, 52, 78, 79;$$

wir können diese Kette eine zur ursprünglichen *duale* Additionskette nennen.

Übungen 39 und 40 besprechen wichtige Folgerungen dieser graphischen Darstellung und das Dualitätsprinzip.

Übungen

1. [*15*] Was ist der Wert von Z, wenn Algorithmus A terminiert?

2. [*24*] Schreibe ein `MIX`-Programm für Algorithmus A zur Berechnung von $x^n \bmod w$ für gegebene ganze Zahlen n und x, wobei w die Wortgröße ist. Nimm an, dass `MIX` die binären Operationen `SRB`, `JAE`, usw. hat, die in Abschnitt 4.5.2 beschrieben sind. Schreibe ein anderes Programm zur Berechnung von $x^n \bmod w$ in serieller Weise (durch wiederholte Multiplikationen mit x) und vergleiche die Laufzeiten dieser Programme.

▸ **3.** [*22*] Wie wird x^{975} berechnet durch (a) die binäre Methode? (b) die ternäre Methode? (c) die quaternäre Methode? (d) die Faktormethode?

4. [*M20*] Finde eine Zahl n, für welche die oktale (2^3-äre) Methode zehn Multiplikationen weniger als die binäre Methode liefert.

▸ **5.** [*24*] Figur 14 zeigt die ersten acht Ebenen des „Potenzbaumes." Die $(k+1)$-te Ebene dieses Baumes wird wie folgt definiert unter der Annahme, dass die ersten k Ebenen konstruiert worden sind: Nimm der Reihe nach jeden Knoten n der k-ten Ebene von links nach rechts und hefte unter ihm die Knoten

$$n+1,\ n+a_1,\ n+a_2,\ \ldots,\ n+a_{k-1}=2n$$

(in diese Reihenfolge) an, wobei $1, a_1, a_2, \ldots, a_{k-1}$ der Pfad von der Wurzel des Baumes nach n ist; doch lasse jeden Knoten aus, der eine Zahl dupliziert, die bereits im Baum erschienen ist.

Entwirf einen effizienten Algorithmus, der die ersten $r+1$ Ebenen des Potenzbaums konstruiert. [*Hinweis:* Verwende zwei Mengen von Variablen `LINKU`[j], `LINKR`[j] für $0 \le j \le 2^r$; diese zeigen aufwärts bzw. nach rechts, wenn j eine Zahl im Baum ist.]

6. [*M26*] Wenn eine kleine Änderung an der Definition des Potenzbaums vorgenommen wird, die in Übung 5 gegeben ist, so dass die Knoten unterhalb von n in *fallender* Ordnung

$$n + a_{k-1},\ \ldots,\ n + a_2,\ n + a_1,\ n + 1$$

statt in wachsender Ordnung angeheftet werden, bekommen wir einen Baum mit den ersten fünf Ebenen

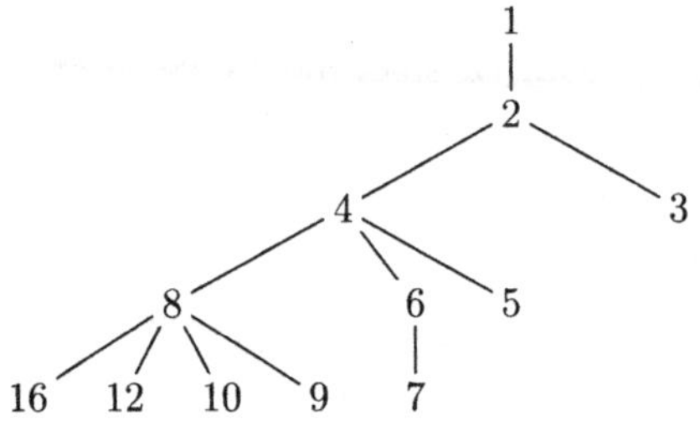

Zeige, dass dieser Baum eine Methode zur Berechnung von x^n gibt, die genau so viele Multiplikationen wie die binäre Methode erfordert; deshalb ist er nicht so gut wie der Potenzbaum, obwohl er fast in derselben Art konstruiert worden ist.

7. [*M21*] Beweise, dass es unendlich viele Werte von n gibt,

a) für welche die Faktormethode besser als die binäre Methode ist;

b) für welche die binäre Methode besser als die Faktormethode ist;

c) für welche die Potenzbaummethode besser als sowohl die binäre als auch die Faktormethode ist.

(Hier ist die „bessere“ Methode diejenige, die für x^n mit weniger Multiplikationen auskommt.)

8. [*M21*] Beweise, dass der Potenzbaum (Übung 5) niemals mehr Multiplikationen für die Berechnung von x^n als die binäre Methode erfordert.

▸ **9.** [*25*] Entwirf ein Exponentiationsverfahren analog zu Algorithmus A, doch auf Basis $m = 2^e$ fußend. Deine Methode sollte näherungsweise $\lg n + \nu + m$ Multiplikationen ausführen, wobei ν die Zahl der von null verschiedenen Ziffern in der m-ären Darstellung von n ist.

10. [*10*] Figur 15 zeigt einen Baum zur Berechnung von x^n mit möglichst wenig Multiplikationen für alle $n \le 100$. Wie kann dieser Baum bequem innerhalb eines Rechners in gerade 100 Speicherplätzen dargestellt werden?

▸ **11.** [*M26*] Der Baum von Fig. 15 beschreibt Additionsketten $a_0, a_1, \ldots, a_r$ mit $l(a_i) = i$ für alle i in der Kette. Finde alle Additionsketten für n, die diese Eigenschaft haben, für $n = 43$ und $n = 77$. Zeige, dass jeder wie in Fig. 15 geartete Baum entweder den Pfad 1, 2, 4, 8, 9, 17, 34, 43, 77 oder den Pfad 1, 2, 4, 8, 9, 17, 34, 68, 77 einschließen muss.

12. [*M10*] Ist es möglich, den in Fig. 15 gezeigten Baum zu einem unendlichen Baum zu erweitern, der eine Regel für minimale Multiplikationen zur Berechnung von x^n für alle positiven ganzen Zahlen n ergibt?

13. [*M21*] Finde eine Sternkette der Länge $A+2$ für jeden der vier in Satz C aufgelisteten Fälle. (Folglich gilt Satz C auch mit l ersetzt durch l^*.)

14. [*M29*] Vervollständige den Beweis von Satz C durch den Nachweis, dass (a) Schritt $r-1$ kein kleiner Schritt ist; und (b) $\lambda(a_{r-k})$ nicht kleiner als $m-1$ sein kann.

15. [*M43*] Schreibe ein Programm zur Erweiterung von Satz C, das alle n mit $l(n) = \lambda(n)+3$ und alle n mit $l^*(n) = \lambda(n)+3$ charakterisiert.

16. [*HM15*] Zeige, dass Satz D nicht schon wegen der binären Methode trivial erfüllt ist; wenn $l^B(n)$ die Länge der durch die binäre S-und-X-Methode produzierten Additionskette für n bezeichnet, strebt das Verhältnis $l^B(n)/\lambda(n)$ zu keinem Grenzwert für $n \to \infty$.

17. [*M25*] Erkläre, wie man die Intervalle $J_1, \ldots, J_h$ findet, die im Beweis von Lemma P erforderlich sind.

18. [*HM24*] Sei β eine positive Konstante. Zeige, dass es eine Konstante $\alpha < 2$ derart gibt, dass

$$\sum \binom{m+s}{t+v}\binom{t+v}{v}\beta^{2v}\binom{(m+s)^2}{t} < \alpha^m$$

für alle großen m, wobei die Summe über alle s, t, v läuft, die (30) erfüllen.

19. [*M23*] Eine „Vielfachmenge" gleicht einer Menge, doch kann sie identische Elemente endlich oft enthalten. Wenn A und B Vielfachmengen sind, definieren wir neue Vielfachmengen $A \uplus B$, $A \cup B$ und $A \cap B$ in folgender Weise: Ein Element, das genau a mal in A und b mal in B vorkommt, kommt genau $a+b$ mal in $A \uplus B$, genau $\max(a,b)$ mal in $A \cup B$ und genau $\min(a,b)$ mal in $A \cap B$ vor. (Eine „Menge" ist eine Vielfachmenge, die kein Elemente mehr als einmal enthält; wenn A und B Mengen sind, sind auch $A \cup B$ und $A \cap B$ solche, und die in dieser Übung gegebenen Definitionen stimmen mit den gewohnten Definitionen von Mengenvereinigung und -durchschnitt überein.)

a) Die Zerlegung in Primfaktoren einer positiven ganzen Zahl n ist eine Vielfachmenge N, deren Elemente Primzahlen sind mit $\prod_{p\in N} p = n$. Die Tatsache, dass jede positive ganze Zahl eindeutig in Primzahlen faktorisiert werden kann, gibt uns eine Eins-zu-eins-Entsprechung zwischen den positiven ganzen Zahlen und den endlichen Vielfachmengen von Primzahlen; wenn zum Beispiel $n = 2^2 \cdot 3^3 \cdot 17$, ist die entsprechende Vielfachmenge $N = \{2,2,3,3,3,17\}$. Wenn M und N die entsprechenden Vielfachmengen für m bzw. n sind, welche Vielfachmengen entsprechen dann $\mathrm{ggT}(m,n)$, $\mathrm{kgV}(m,n)$ und mn?

b) Jedes monische Polynom $f(z)$ über den komplexen Zahlen entspricht in natürlicher Weise der Vielfachmenge F seiner „Wurzeln"; man hat $f(z) = \prod_{\zeta\in F}(z-\zeta)$. Wenn $f(z)$ und $g(z)$ diejenigen Polynome sind, die den endlichen Vielfachmengen F und G von komplexen Zahlen entsprechen, welche Polynome entsprechen dann $F \uplus G$, $F \cup G$ und $F \cap G$?

c) Finde so viele interessante Identitäten, wie du kannst, die zwischen Vielfachmengen bezüglich der drei Operationen $\uplus$, $\cup$, $\cap$ gelten.

20. [*M20*] Welches sind die Folgen S_i und M_{ij} $(0 \le i \le r,\ 0 \le j \le t)$, die in Hansens struktureller Zerlegung von Sternketten entstehen (a) von Typ 3? (b) von Typ 5? (Die sechs „Typen" sind im Beweis von Satz B definiert.)

▶ **21.** [*M26*] (W. Hansen.) Sei q irgend eine positive ganze Zahl. Finde einen Wert für n mit $l(n) \le l^*(n) - q$.

22. [*M20*] Beweise, dass die im Beweis von Satz F konstruierte Additionskette eine l^0-Kette ist.

23. [*M20*] Beweise Brauers Ungleichung (50).

▶ **24.** [*M22*] Verallgemeinere den Beweis von Satz G dazu, dass $l^0\big((B^n-1)/(B-1)\big) \le (n-1)\,l^0(B) + l^0(n)$ für jede ganze Zahl $B > 1$; und beweise, dass $l(2^{mn}-1) \le l(2^m-1) + mn - m + l^0(n)$.

25. [*20*] Sei y ein Bruch, $0 < y < 1$, ausgedrückt im binären Zahlsystem als $y = (0{,}d_1 \ldots d_k)_2$. Entwirf einen Algorithmus zur Berechnung von x^y mittels der Operationen von Multiplikation und Quadratwurzelziehung.

▶ **26.** [*M25*] Entwirf einen effizienten Algorithmus, der die n-te Fibonacci-Zahl F_n modulo m für gegebene große ganze Zahlen n und m berechnet.

27. [*M21*] (A. Flammenkamp.) Was ist die kleinste Zahl n, für welche jede Additionskette mindestens sechs kleine Schritte enthält?

28. [*HM33*] (A. Schönhage.) Der Gegenstand dieser Übung ist es, einen ziemlich kurzen Beweis dafür zu geben, dass $l(n) \ge \lambda(n) + \lg \nu(n) - O\big(\log\log(\nu(n)+1)\big)$.

a) Wenn $x = (x_k \ldots x_0.x_{-1}\ldots)_2$ und $y = (y_k \ldots y_0.y_{-1}\ldots)_2$ reelle Zahlen in binärer Notation sind, wollen wir $x \subseteq y$ schreiben, wenn $x_j \le y_j$ für alle j. Gib eine einfache Regel zur Konstruktion der kleinsten Zahl z mit der Eigenschaft an, dass $x' \subseteq x$ und $y' \subseteq y$ die Relation $x' + y' \subseteq z$ impliziert. Bezeichne diese Zahl mit $x \nabla y$ und beweise, dass $\nu(x \nabla y) \le \nu(x) + \nu(y)$.

b) Gegeben sei irgendeine Additionskette (11) mit $r = l(n)$ und die Folge $d_0, d_1, \ldots, d_r$ sei definiert wie in (35); definiere die Folge $A_0, A_1, \ldots, A_r$ durch die folgenden Regeln: $A_0 = 1$; wenn $a_i = 2a_{i-1}$, dann $A_i = 2A_{i-1}$; sonst wenn $a_i = a_j + a_k$ für $0 \le k \le j < i$, dann $A_i = A_{i-1} \nabla (A_{i-1}/2^{d_j - d_k})$. Beweise, dass diese Folge die gegebene Kette „abdeckt" in dem Sinn, dass $a_i \subseteq A_i$ für $0 \le i \le r$.

c) Sei δ eine positive ganze Zahl (erst später zu wählen). Nenne den Nicht-Verdopplungsschritt $a_i = a_j + a_k$ einen „Babyschritt", wenn $d_j - d_k \ge \delta$, sonst nenne ihn einen „nahen Schritt". Sei $B_0 = 1$; $B_i = 2B_{i-1}$, wenn $a_i = 2a_{i-1}$; $B_i = B_{i-1} \nabla (B_{i-1}/2^{d_j - d_k})$, wenn $a_i = a_j + a_k$ ein Babyschritt ist; und $B_i = \rho(2B_{i-1})$ sonst, wobei $\rho(x)$ die kleinste Zahl y mit $x/2^e \subseteq y$ für $0 \le e \le \delta$ ist. Zeige, dass $A_i \subseteq B_i$ und $\nu(B_i) \le (1 + \delta c_i)2^{b_i}$ für $0 \le i \le r$, wobei b_i bzw. c_i die Anzahl von Babyschritten und nahen Schritten $\le i$ bezeichnen. [*Hinweis:* Zeige, dass die 1 in B_i in zusammenhängenden Blöcken der Größe $\ge 1 + \delta c_i$ erscheinen.]

d) Jetzt haben wir $l(n) = r = b_r + c_r + d_r$ und $\nu(n) \le \nu(B_r) \le (1 + \delta c_r)2^{b_r}$. Erkläre, wie δ zu wählen ist, um die zu Beginn dieser Übung genannte Ungleichung zu erhalten. [*Hinweis:* Siehe (16) und beachte, dass $n \le 2^r \alpha^{b_r}$ für ein bestimmtes $\alpha < 1$ in Abhängigkeit von δ.]

29. [*M49*] Ist $\nu(n) \le 2^{l(n)-\lambda(n)}$ für alle positiven ganzen Zahlen n? (Wenn dem so ist, haben wir die untere Schranke $l(2^n - 1) \ge n - 1 + \lceil \lg n \rceil$; siehe (17) und (49).)

30. [*20*] Eine *Additions-Subtraktionskette* hat die Regel $a_i = a_j \pm a_k$ an Stelle von (2); der im Text beschriebene imaginäre Rechner hat einen neuen Operationscode, `SUB`. (Dies entspricht in der Praxis einer Auswertung von x^n mittels Multiplikationen und Divisionen.) Finde eine Additions-Subtraktionskette, die für ein bestimmtes n weniger als $l(n)$ Schritte hat.

31. [*M46*] (D. H. Lehmer.) Untersuche das Problem der Minimierung von $\epsilon q + (r - q)$ in einer Additionskette (1), wobei q die Zahl „einfacher" Schritte ist, in welchen $a_i = a_{i-1} + 1$ für ein kleines gegebenes positives „Gewicht" ϵ gilt. (Dieses Problem kommt der Wirklichkeit für viele Berechnungen von x^n näher, wenn die Multiplikation mit x einfacher als eine allgemeine Multiplikation ist; siehe die Anwendungen in Abschnitt 4.6.2.)

32. [*M30*] (A. C. Yao, F. F. Yao, R. L. Graham.) Assoziiere die „Kosten" $a_j a_k$ mit jedem Schritt $a_i = a_j + a_k$ einer Additionskette (1). Zeige, dass die binäre Methode von links nach rechts eine Kette minimaler Gesamtkosten ergibt für alle positiven ganzen Zahlen n.

33. [*15*] Wie viele Additionsketten der Länge 9 haben (52) als ihren reduzierten gerichteten Graphen?

34. [*M23*] Die binäre Additionskette für $n = 2^{e_0} + \cdots + 2^{e_t}$, wenn $e_0 > \cdots > e_t \geq 0$, ist 1, 2, ..., $2^{e_0-e_1}$, $2^{e_0-e_1}+1$, ..., $2^{e_0-e_2}+2^{e_1-e_2}$, $2^{e_0-e_2}+2^{e_1-e_2}+1$, ..., n. Diese entspricht der zu Beginn dieses Abschnitts beschriebenen S-und-X-Methode, während Algorithmus A der durch Sortieren in aufsteigender Ordnung der zwei Folgen $(1, 2, 4, \ldots, 2^{e_0})$ und $(2^{e_{t-1}} + 2^{e_t}, 2^{e_{t-2}} + 2^{e_{t-1}} + 2^{e_t}, \ldots, n)$ erhaltenen Additionskette entspricht. Beweise oder widerlege: Jede dieser Additionsketten ist eine duale der anderen.

35. [*M27*] Wie viele Additionsketten ohne nutzlose Schritte sind zu jeder der in vorigen Übung besprochenen Additionsketten äquivalent, wenn $e_0 > e_1 + 1$?

▸ **36.** [*25*] (E. G. Straus.) Finde einen Weg zur Berechnung eines allgemeinen *Monoms* $x_1^{n_1} x_2^{n_2} \ldots x_m^{n_m}$ mittels höchstens $2\lambda(\max(n_1, n_2, \ldots, n_m)) + 2^m - m - 1$ Multiplikationen.

37. [*HM30*] (A. C. Yao.) Sei $l(n_1, \ldots, n_m)$ die Länge der kürzesten Additionskette, die m gegebene Zahlen $n_1 < \cdots < n_m$ enthält. Beweise, dass $l(n_1, \ldots, n_m) \leq \lambda(n_m) + m\lambda(n_m)/\lambda\lambda(n_m) + O(\lambda(n_m)\lambda\lambda\lambda(n_m)/\lambda\lambda(n_m)^2)$, wodurch (25) verallgemeinert wird.

38. [*M47*] Was ist der asymptotische Wert von $l(1, 4, 9, \ldots, m^2) - m$ mit $m \to \infty$ in der Notation von Übung 37?

▸ **39.** [*M25*] (J. Olivos, 1979.) Sei $l([n_1, n_2, \ldots, n_m])$ die minimale Anzahl von Multiplikationen, die zur Auswertung des Monoms $x_1^{n_1} x_2^{n_2} \ldots x_m^{n_m}$ im Sinn von Übung 36 benötigt werden, wobei jedes n_i eine positive ganze Zahl ist. Beweise, dass dieses Problem äquivalent zu dem der Übung 37 ist mit $l([n_1, n_2, \ldots, n_m]) = l(n_1, n_2, \ldots, n_m) + m - 1$. [*Hinweis:* Verallgemeinere die Konstruktion des gerichteten Graphen zu Graphen mit mehr als einem Quellknoten.]

▸ **40.** [*M21*] (J. Olivos.) Verallgemeinere die Faktormethode und Satz F und beweise, dass

$$l(m_1 n_1 + \cdots + m_t n_t) \leq l(m_1, \ldots, m_t) + l(n_1, \ldots, n_t) + t - 1,$$

wobei $l(n_1, \ldots, n_t)$ in Übung 37 definiert ist.

41. [*M40*] (P. Downey, B. Leong, R. Sethi.) Sei G ein zusammenhängender Graph mit n Knoten $\{1, \ldots, n\}$ und m Kanten, wobei die Kanten u_j mit v_j verbinden für $1 \leq j \leq m$. Beweise, dass $l(1, 2, \ldots, 2^{An}, 2^{Au_1} + 2^{Av_1} + 1, \ldots, 2^{Au_m} + 2^{Av_m} + 1) = An + m + k$ für alle hinreichend großen A, wobei k die minimale Anzahl von Knoten in einer Knotenüberdeckung für G ist (nämlich einer Menge, die entweder u_j oder v_j für $1 \leq j \leq m$ enthält).

42. [*M50*] Ist $l(2^n-1) \leq n-1+l(n)$ für alle positiven ganzen Zahlen n? Gilt Gleichheit immer? Gilt $l(n) = l^0(n)$?

4.6.4. Auswertung von Polynomen

Jetzt, da wir effiziente Methoden kennen, das spezielle Polynom x^n auszuwerten, wollen wir das allgemeine Problem betrachten, ein Polynom vom n-ten Grad

$$u(x) = u_n x^n + u_{n-1}x^{n-1} + \cdots + u_1 x + u_0, \qquad u_n \neq 0, \tag{1}$$

für gegebene Werte von x zu berechnen. Dieses Problem tritt häufig in der Praxis auf.

In der folgenden Diskussion werden wir uns konzentrieren auf das Minimieren der Anzahl von Operationen, die zur Auswertung der Polynome durch den Rechner erforderlich sind, unbeschwert annehmend, dass alle arithmetischen Operationen genau sind. Polynome werden allermeistens mit Gleitkomma-Arithmetik ausgewertet, die nicht genau ist, so dass verschiedene Schemata für die Auswertung im Allgemeinen verschiedene Antworten geben. Eine numerische Analyse der erreichten Genauigkeit hängt von den Koeffizienten des speziell betrachteten Polynoms ab und führt über den Rahmen dieses Buchs hinaus; der Leser sollte sorgfältig die Genauigkeit aller Rechnungen mit Gleitkomma-Arithmetik untersuchen. In den meisten Fällen sind die beschriebenen Methoden unter numerischen Gesichtspunkten recht befriedigend, doch können auch viele schlechte Beispiele angegeben werden. [Siehe Webb Miller, *SICOMP* **4** (1975), 105–107, für eine Übersicht der Literatur über die Stabilität schneller Polynomauswertung und für eine Demonstration, dass gewisse Arten von numerischer Stabilität für einige Familien von sehr schnellen Algorithmen nicht garantiert werden können.]

Während dieses Abschnitts werden wir so tun, als ob die Variable x eine einzige Zahl wäre. Doch es ist wichtig, im Kopf zu behalten, dass die meisten besprochenen Methoden auch gültig sind, wenn die Variablen große Objekte wie mehrfachgenaue Zahlen, Polynome oder Matrizen sind. In solchen Fällen führen effiziente Formeln sogar zu noch größerem Gewinn, besonders wenn wir die Anzahl der Multiplikationen reduzieren können.

Wer zu programmieren anfängt, wird oft das Polynom von (1) in einer Weise auswerten, die direkt dessen konventioneller Lehrbuchform entspricht: Zuerst wird $u_n x^n$ berechnet, dann $u_{n-1}x^{n-1}$, …, $u_1 x$ und schließlich werden alle die Terme von (1) zusammenaddiert. Doch gerade wenn die effizienten Methoden von Abschnitt 4.6.3 verwendet werden zur Auswertung der Potenzen von x bei diesem Vorgehen, ist die resultierende Rechnung unnötig langsam, es sei denn, dass nahezu alle Koeffizienten u_k verschwinden. Wenn die Koeffizienten alle von null verschieden sind, wäre eine naheliegende Alternative, (1) von rechts nach links auszuwerten durch Berechnung der Werte von x^k und $u_k x^k + \cdots + u_0$ für $k = 1, \ldots, n$. Ein solcher Prozess involviert $2n - 1$ Multiplikationen und n Additionen und kann weitere Befehle erfordern, Zwischenergebnisse in den Speicher zu schreiben und von dort wieder zu holen.

Horners Regel. Eines der ersten Dinge, die ein Anfänger im Programmieren gewöhnlich beigebracht bekommt, ist ein eleganter Weg, diese Berechnung neu zu arrangieren zur Auswertung von $u(x)$ wie folgt:

$$u(x) = \big(\ldots(u_n x + u_{n-1})x + \cdots\big)x + u_0. \qquad (2)$$

Beginne mit u_n, multipliziere mit x, füge u_{n-1} hinzu, multipliziere mit x, ..., multipliziere mit x, füge u_0 hinzu. Diese Form der Berechnung wird gewöhnlich „Horners Regel“ genannt; wir haben sie in Verbindung mit Basiskonversion in Abschnitt 4.4 verwendet gesehen. Der ganze Prozess erfordern n Multiplikationen und n Additionen minus eine Addition für jeden Koeffizienten, der null ist. Weiterhin besteht dort kein Speicherbedarf für Zwischenergebnisse, da jede Größe, die während der Berechnung ensteht, unmittelbar benutzt wird nachdem sie berechnet worden ist.

W. G. Horner gab diese Regel früh im neunzehnten Jahrhundert [*Philosophical Transactions*, Royal Society of London **109** (1819), 308–335] in Verbindung mit einem Verfahren zur Berechnung von Polynomwurzeln an. Der Ruhm letzterer Methode [siehe J. L. Coolidge, *Mathematicsa of Great Amateurs* (Oxford, 1949), Kapitel 15] hat dazu beigetragen, dass Horners Name mit (2) verknüpft wurde; doch tatsächlich hatte Isaac Newton Gebrauch von derselben Idee mehr als 150 Jahre früher gemacht. Zum Beispiel schrieb Newton in einer wohlbekannten Arbeit, betitelt *De Analysi per Æquationes Infinitas*, entstanden im Jahre 1669,

$$\overline{\overline{\overline{y-4}\times y:+5}\times y:-12}\times y:+17$$

für das Polynom

$$y^4 - 4y^3 + 5y^2 - 12y + 17,$$

um zu illustrieren, was später als Newtons Wurzelsuchverfahren bekannt wurde. Dies zeigt klar den Gedanken von (2), da er oft Gruppierung mit horizontalen Linien ausdrückte und Doppelpunkte an Stelle von Klammern setzte. Newton hatte die Idee mehrere Jahre in unveröffentlichten Notizen benutzt. [Siehe *The Mathematical Papers of Isaac Newton*, herausgegeben von D. T. Whiteside, **1** (1967), 490, 531; **2** (1968), 222.] Unabhängig davon war eine zur Hornerregel äquivalente Methode im China des 13. Jahrhundert durch Ch'in Chiu Shao [siehe Y. Mikami, *The developments of Mathematics in China and Japan* (1913), 73–77] verwendet worden.

Mehrere Verallgemeinerungen von Horners Regel sind vorgeschlagen worden. Betrachten wir zuerst die Auswertung von $u(z)$, wenn z eine komplexe Zahl ist, während die Koeffizienten u_k reell sind. Insbesondere, wenn

$$z = e^{i\theta} = \cos\theta + i\sin\theta,$$

besteht das Polynom $u(z)$ im Wesentlichen aus zwei Fourierreihen,

$$(u_0 + u_1\cos\theta + \cdots + u_n\cos n\theta) \;+\; i(u_1\sin\theta + \cdots + u_n\sin n\theta).$$

Komplexe Addition und Multiplikation kann offenbar auf eine Folge von gewöhnlichen Operationen an reellen Zahlen reduziert werden:

reell + komplex	erfordert	1 Addition
komplex + komplex	erfordert	2 Additionen
reell × komplex	erfordert	2 Multiplikationen
komplex × komplex	erfordert	4 Multiplikationen, 2 Additionen
	oder	3 Multiplikationen, 5 Additionen

(Siehe Übung 41. Subtraktion wird hier als zur Addition äquivalent betrachtet). Deshalb verwendet Horners Regel (2) entweder $4n-2$ Multiplikationen und $3n-2$ Additionen oder $3n-1$ Multiplikationen und $6n-5$ Additionen zur Auswertung von $u(z)$, wenn $z=x+iy$ komplex ist. Jedoch können $2n-4$ von diesen Additionen eingespart werden, da wir immer mit derselben Zahl z multiplizieren. Ein alternatives Verfahren zur Auswertung von $u(x+iy)$ ist

$$\begin{aligned} &a_1 = u_n, && b_1 = u_{n-1}, && r = x+x, \quad s = x^2+y^2; \\ &a_j = b_{j-1} + r a_{j-1}, && b_j = u_{n-j} - s a_{j-1}, && 1 < j \le n. \end{aligned} \tag{3}$$

Dann ist leicht durch Induktion zu beweisen, dass $u(z) = z a_n + b_n$. Dieses Schema [*BIT* **5** (1965), 142; siehe auch G. Goertzel, *AMM* **65** (1958), 34–35] erfordert nur $2n+2$ Multiplikationen und $2n+1$ Additionen, also ist es eine Verbesserung gegenüber Horners Regel, wenn $n \ge 3$. Im Fall der Fourierreihen, wenn $z = e^{i\theta}$, haben wir $s=1$, deswegen fällt die Anzahl der Multiplikationen auf $n+1$. Die Moral von dieser Geschichte ist, dass ein guter Programmierer nicht ohne sorgfältige Unterscheidung die eingebauten Eigenschaften der komplexen Arithmetik einer höheren Programmiersprache verwendet.

Betrachte den Prozess der Division eines Polynoms $u(x)$ durch $x-x_0$ mittels Algorithmus 4.6.1D, um $u(x)=(x-x_0)q(x)+r(x)$ zu erhalten; hier ist $\deg(r) < 1$, also ist $r(x)$ eine Konstante unabhängig von x und $u(x_0) = 0 \cdot q(x_0) + r = r$. Eine Prüfung dieses Divisionsprozesses offenbart, dass die Rechnung im Wesentlichen dieselbe wie Horners Regel zur Auswertung von $u(x_0)$ ist. Wenn wir in ähnlicher Weise $u(z)$ durch das Polynom $(z-z_0)(z-\bar{z}_0) = z^2 - 2x_0 z + x_0^2 + y_0^2$ dividieren, dann stellt sich die resultierende Rechnung als im Wesenlichen äquivalent zu (3) heraus; wir erhalten $u(z) = (z-z_0)(z-\bar{z}_0)q(z) + a_n z + b_n$, also $u(z_0) = a_n z_0 + b_n$.

Allgemein, wenn wir $u(x)$ durch $f(x)$ dividieren, um $u(x) = f(x)q(x)+r(x)$ zu erhalten, und wenn $f(x_0)=0$, haben wir $u(x_0) = r(x_0)$; diese Beobachtung führt zu weiteren Verallgemeinerungen von Horners Regel. Zum Beispiel sei $f(x) = x^2 - x_0^2$; dies ergibt die Hornerregel „zweiter Ordnung“

$$\begin{aligned} u(x) = {} & \bigl(\ldots(u_{2\lfloor n/2\rfloor}x^2 + u_{2\lfloor n/2\rfloor-2})x^2 + \cdots\bigr)\,x^2 + u_0 \\ & + \bigl((\ldots(u_{2\lceil n/2\rceil-1}x^2 + u_{2\lceil n/2\rceil-3})x^2 + \cdots)x^2 + u_1\bigr)\,x. \end{aligned} \tag{4}$$

Die Regel zweiter Ordnung braucht $n+1$ Multiplikationen und n Additionen (siehe Übung 5); also ist sie von diesem Standpunkt aus betrachtet keine Verbesserung gegenüber Horners Regel. Doch gibt es mindestens zwei Umstände, unter denen (4) nützlich ist: Wenn wir sowohl $u(x)$ als auch $u(-x)$ auswerten wollen, ergibt diese Vorgehensweise $u(-x)$ mit gerade einer zusätzlichen Additionsoperation; zwei Ergebnisse können fast so billig wie eines erhalten werden. Weiterhin, wenn wir einen Rechner haben, der parallele Rechnungen erlaubt, können die zwei Zeilen von (4) unabhängig ausgewertet werden, also sparen wir die halbe Laufzeit.

Wenn unser Rechner parallele Rechnungen auf k arithmetischen Einheiten auf einmal erlaubt, kann eine „k-te Ordnung" Hornerregel (erhalten in ähnlicher Weise mit $f(x) = x^k - x_0^k$) benutzt werden. Eine andere attraktive Methode für parallele Rechnung wurde von G. Estrin [*Proc. Western Joint Computing Conf.* **17** (1960), 33–40] vorgeschlagen; für $n = 7$ ist Estrins Methode:

Prozessor 1	Prozessor 2	Prozessor 3	Prozessor 4	Prozessor 5
$a_1 = u_7x + u_6$	$b_1 = u_5x + u_4$	$c_1 = u_3x + u_2$	$d_1 = u_1x + u_0$	x^2
$a_2 = a_1x^2 + b_1$		$c_2 = c_1x^2 + d_1$		x^4
$a_3 = a_2x^4 + c_2$				

Hier $a_3 = u(x)$. Jedoch zeigt eine interessante Analyse von W. S. Dorn [*IBM J. Res. and Devel.* **6** (1962), 239–245], dass diese Methoden keine wirkliche Verbesserung über die Regel zweiter Ordnung sein müssen, wenn jede arithmetische Einheit auf einen Speicher zugreifen muß, der nur mit einem Prozessor auf einmal kommunizieren kann.

Tabellen von Polynomwerten. Wenn wir ein Polynom n-ten Grades an vielen Punkten in einer arithmetischen Progression auswerten wollen (d.h. wenn wir $u(x_0)$, $u(x_0+h)$, $u(x_0+2h)$,... berechnen wollen), kann der Prozess auf Additionen alleine reduziert werden nach den ersten paar Schritten. Denn wenn wir mit irgendeiner Folge von Zahlen $(\alpha_0, \alpha_1, \ldots, \alpha_n)$ anfangen und die Transformation

$$\alpha_0 \leftarrow \alpha_0 + \alpha_1, \quad \alpha_1 \leftarrow \alpha_1 + \alpha_2, \quad \ldots, \quad \alpha_{n-1} \leftarrow \alpha_{n-1} + \alpha_n, \tag{5}$$

anwenden, finden wir, dass k Anwendungen von (5)

$$\alpha_j^{(k)} = \binom{k}{0}\beta_j + \binom{k}{1}\beta_{j+1} + \binom{k}{2}\beta_{j+2} + \cdots, \qquad 0 \le j \le n,$$

ergeben, wobei β_j den anfänglichen Wert von α_j und $\beta_j = 0$ für $j > n$ bezeichnet. Insbesondere ist

$$\alpha_0^{(k)} = \binom{k}{0}\beta_0 + \binom{k}{1}\beta_1 + \cdots + \binom{k}{n}\beta_n \tag{6}$$

ein Polynom vom Grad n in k. Durch richtige Wahl der β, wie in Übung 7 gezeigt, können wir die Dinge so einrichten, dass diese Größe $\alpha_0^{(k)}$ der gewünschte Wert $u(x_0 + kh)$ für alle k ist. Mit anderen Worten produziert jede Ausführung der n Additionen in (5) den nächsten Wert des gegebenen Polynoms.

Vorsicht: Rundungsfehler können sich nach vielen Wiederholungen von (5) akkumulieren und ein Fehler in α_j liefert einen entsprechenden Fehler in den Koeffizienten von $x^0, \ldots, x^j$ des auszuwertenden Polynoms. Deshalb sollten die Werte der α nach einer großen Zahl von Iterationen „aufgefrischt" werden.

Ableitungen und Veränderungen der Variablen. Manchmal wollen wir die Koeffizienten von $u(x+x_0)$ finden, wenn eine Konstante x_0 und die Koeffizienten von $u(x)$ gegeben sind. Wenn zum Beispiel $u(x) = 3x^2 + 2x - 1$, dann $u(x-2) = 3x^2 - 10x + 7$. Dies ist analog zu einem Basiskonversionsproblem von Basis x zur Basis $x+2$. Nach dem Taylorsatz sind die neuen Koeffizienten gegeben durch die Ableitungen von $u(x)$ an der Stelle $x = x_0$, nämlich

$$u(x+x_0) = u(x_0) + u'(x_0)x + \bigl(u''(x_0)/2!\bigr)x^2 + \cdots + \bigl(u^{(n)}(x_0)/n!\bigr)x^n, \qquad (7)$$

also ist das Problem äquivalent zur Auswertung von $u(x)$ und allen seinen Ableitungen.

Wenn wir $u(x) = q(x)(x-x_0)+r$ schreiben, dann $u(x+x_0) = q(x+x_0)x+r$; deshalb ist r der konstante Koeffizient von $u(x+x_0)$, und das Problem reduziert sich darauf, die Koeffizienten von $q(x+x_0)$ zu finden, wobei $q(x)$ ein bekanntes Polynom vom Grad $n-1$ ist. Also ist der folgende Algorithmus angebracht:

H1. Setze $v_j \leftarrow u_j$ für $0 \le j \le n$.

H2. Für $k = 0, 1, \ldots, n-1$ (in dieser Reihenfolge), setze $v_j \leftarrow v_j + x_0 v_{j+1}$ für $j = n-1, \ldots, k+1, k$ (in dieser Reihenfolge). ▌

Am Ende von Schritt H2 haben wir $u(x+x_0) = v_n x^n + \cdots + v_1 x + v_0$. Dieses Verfahren war ein Hauptbestandteil von Horners Wurzelsuchmethode und für $k=0$ ist es genau die Regel (2) zur Auswertung von $u(x_0)$.

Horners Methode erfordert $(n^2+n)/2$ Multiplikationen und $(n^2+n)/2$ Additionen; doch beachte, dass wir für $x_0 = 1$ alle Multiplikationen vermeiden. Zum Glück können wir das allgemeine Problem auf den Fall $x_0 = 1$ durch Einführung vergleichsweise weniger Multiplikationen und Divisionen reduzieren:

S1. Berechne und speichere die Werte $x_0^2, \ldots, x_0^n$.

S2. Setze $v_j \leftarrow u_j x_0^j$ für $0 \le j \le n$. (Nun $v(x) = u(x_0 x)$.)

S3. Schritt H2 mit $x_0 = 1$. (Nun $v(x) = u\bigl(x_0(x+1)\bigr) = u(x_0 x + x_0)$.)

S4. Setze $v_j \leftarrow v_j / x_0^j$ für $0 < j \le n$. (Nun $v(x) = u(x+x_0)$ wie gewünscht.) ▌

Diese Idee von M. Shaw und J. F. Traub [*JACM* **21** (1974), 161–167] hat dieselbe Anzahl von Additionen und dieselbe numerische Stabilität wie Horners Methode, doch sie benötigt nur $2n-1$ Multiplikationen und $n-1$ Divisionen, da $v_n = u_n$. Über $\frac{1}{2}n$ dieser Multiplikationen kann außerdem noch vermieden werden (siehe Übung 6).

Wenn wir nur die ersten oder letzten paar Ableitungen brauchen, haben Shaw und Traub weitere Wege gefunden, Zeit zu sparen. Wenn wir zum Beispiel gerade $u(x)$ und $u'(x)$ auswerten wollen, können wir die Aufgabe mit $2n-1$ Additionen und etwa $n + \sqrt{2n}$ Multiplikationen/Divisionen wie folgt erledigen:

D1. Berechne und speichere die Werte $x^2, x^3, \ldots, x^t, x^{2t}$, wobei $t = \lceil \sqrt{n/2} \rceil$.

D2. Setze $v_j \leftarrow u_j x^{f(j)}$ für $0 \le j \le n$, wobei $f(j) = t - 1 - \bigl((n-1-j) \bmod 2t\bigr)$ für $0 \le j < n$ und $f(n) = t$.

D3. Setze $v_j \leftarrow v_j + v_{j+1}x^{g(j)}$ für $j = n-1, \ldots, 1, 0$; hier $g(j) = 2t$, wenn $n-1-j$ ein positives Vielfaches von $2t$ ist, sonst $g(j) = 0$ und die Multiplikation mit $x^{g(j)}$ braucht nicht ausgeführt zu werden.

D4. Setze $v_j \leftarrow v_j + v_{j+1}x^{g(j)}$ für $j = n-1, \ldots, 2, 1$. Jetzt $v_0/x^{f(0)} = u(x)$ und $v_1/x^{f(1)} = u'(x)$. ▮

Adaption von Koeffizienten. Kehren wir nun zurück zu unserem ursprünglichen Problem der Auswertung eines gegebenen Polynoms $u(x)$ so schnell wie möglich für „zufällige" Werte x. Die Bedeutung dieses Problems rührt teilweise von der Tatsache her, dass Standardfunktionen $\sin x$, $\cos x$, e^x, usw. gewöhnlich durch Unterprogramme berechnet werden, die von der Auswertung gewisser Polynome abhängen; solche Polynome werden also oft ausgewertet und es ist wünschenswert, den schnellstmöglichen Weg zu dieser Berechnung zu finden.

Beliebige Polynome vom Grad fünf und höher können mit weniger Operationen, als sie Horners Regel braucht, ausgewertet werden, wenn wir die Koeffizienten u_0, u_1, …, u_n zuerst „adaptieren" oder „konditionieren". Dieser Adaptionsprozess mag eine Menge Arbeit kosten, wie unten erklärt wird; doch ist die anfängliche Rechnung nicht verschwendet, da sie nur einmal getan werden muss, während das Polynom viele Male ausgewertet wird. Für Beispiele „adaptierter" Polynome für Standardfunktionen siehe V. Y. Pan, *USSR Computational Math. and Math. Physics* **2** (1963), 137–146.

Der einfachste Fall, für den Adaption von Koeffizienten hilfreich ist, kommt für ein Polynom vom vierten Grad vor:

$$u(x) = u_4x^4 + u_3x^3 + u_2x^2 + u_1x + u_0, \qquad u_4 \neq 0. \tag{8}$$

Diese Gleichung kann in einer ursprünglich von T. S. Motzkin vorgeschlagenen Form geschrieben werden,

$$y = (x + \alpha_0)x + \alpha_1, \qquad u(x) = \big((y + x + \alpha_2)y + \alpha_3\big)\alpha_4, \tag{9}$$

für geeignet „adaptierte" Koeffizienten α_0, α_1, α_2, α_3, α_4. Die Rechnung nach diesem Schema involviert drei Multiplikationen, fünf Additionen und (auf einer Ein-Akkumulator-Maschine wie `MIX`) eine Instruktion, um das Zwischenergebnis y in temporärem Speicher zu halten. Im Vergleich mit Horners Regel haben wir eine Multiplikation für eine Addition und einen möglichen Speicherbefehl eingetauscht. Sogar diese relativ kleinen Einsparungen sind wertvoll, wenn das Polynom oft ausgewertet wird. (Wenn die Zeit für eine Multiplikation vergleichbar ist mit der Zeit für eine Addition, gibt (9) natürlich keine Verbesserung; wir werden sehen, dass ein allgemeines Polynom vom vierten Grad immer mindestens acht arithmetische Operationen für seine Auswertung erfordern wird.)

Durch Gleichsetzen der Koeffizienten in (8) und (9), erhalten wir Formeln zur Berechnung der α_j ausgedrückt durch die u_k:

$$\begin{aligned} &\alpha_0 = \tfrac{1}{2}(u_3/u_4 - 1), &&\beta = u_2/u_4 - \alpha_0(\alpha_0 + 1), &&\alpha_1 = u_1/u_4 - \alpha_0\beta,\\ &\alpha_2 = \beta - 2\alpha_1, &&\alpha_3 = u_0/u_4 - \alpha_1(\alpha_1 + \alpha_2), &&\alpha_4 = u_4. \end{aligned} \tag{10}$$

Ein ähnliches Schema, welches ein Polynom vierten Grades in derselben Zahl von Schritten wie (9) auswertet, erscheint in Übung 18; diese alternative Methode wird größere numerische Genauigkeit als (9) in gewissen Fällen ergeben, obwohl sie schlechtere Genauigkeit in anderen ergibt.

Polynome, die in der Praxis vorkommen, haben oft einen kleinen führenden Koeffizienten, so dass die Division durch u_4 in (10) zu Instabilität führt. In solch einem Fall ist es gewöhnlich vorzuziehen, x durch $|u_4|^{1/4}x$ im ersten Schritt zu ersetzen, (8) damit zu einem Polynom zu reduzieren, dessen führender Koeffizient ± 1 ist. Eine ähnliche Transformation kann auf Polynome höheren Grades angewendet werden. Dieser Gedanke stammt von C. T. Fike [*CACM* **10** (1967), 175–178], der mehrere interessante Beispiele präsentiert hat.

Jedes Polynom fünften Grades kann ausgewertet werden mit vier Multiplikationen, sechs Additionen und einer Speicheroperation mittels der Regel $u(x) = U(x)x + u_0$, wobei $U(x) = u_5x^4 + u_4x^3 + u_3x^2 + u_2x + u_1$ wie in (9) ausgewertet wird. Alternativ können wir die Auswertung mit vier Multiplikationen, fünf Additionen und drei Speicheropertionen durchführen, wenn die Rechnungen die Form

$$y = (x + \alpha_0)^2, \qquad u(x) = \big(((y + \alpha_1)y + \alpha_2)(x + \alpha_3) + \alpha_4\big)\alpha_5 \tag{11}$$

haben. Die Bestimmung der α_i erfordert diesmal die Lösung einer kubischen Gleichung (siehe Übung 19).

Auf vielen Rechnern ist die Zahl der in (11) geforderten „Speicher“-Operationen geringer als 3; wir könnten zum Beispiel in der Lage sein, $(x + \alpha_0)^2$ zu berechnen, ohne $x + \alpha_0$ abzuspeichern. Tatsächlich haben die meisten Rechner heutzutage mehr als ein arithmetisches Register für Gleitkommarechnungen, also können wir das Abspeichern ganz vermeiden. Aufgrund der breiten Vielfalt verfügbarer arithmetischer Eigenschaften verschiedener Rechner, werden wir von nun an in diesem Abschnitt nur noch die arithmetischen Operationen zählen, nicht die Operationen des Abspeicherns und Ladens des Akkumulators. Die Berechnungsschemata können gewöhnlich auf jeden einzelnen Rechner ohne Umstände adaptiert werden, so dass sehr wenige dieser Hilfsoperationen nötig sind; andererseits muss man daran denken, dass der Zusatzaufwand wohl die Ersparnis von einer oder zwei Multiplikation überschatten kann, insbesondere wenn der Maschinencode durch einen Compiler produziert wird, der nicht optimiert.

Ein Polynom $u(x) = u_6x^6 + \cdots + u_1x + u_0$ vom Grad sechs kann immer ausgewertet werden mit vier Multiplikationen und sieben Additionen mittels des Schemas

$$z = (x + \alpha_0)x + \alpha_1, \qquad w = (x + \alpha_2)z + \alpha_3,$$
$$u(x) = \big((w + z + \alpha_4)w + \alpha_5\big)\alpha_6. \tag{12}$$

[Siehe D. E. Knuth, *CACM* **5** (1962), 595–599.] Das spart zwei von den sechs nach Horners Regel benötigten Multiplikationen. Hier müssen wir wieder eine kubische Gleichung lösen: Da $\alpha_6 = u_6$, können wir annehmen, dass $u_6 = 1$. Unter dieser Annahme sei

$$\beta_1 = (u_5 - 1)/2, \qquad \beta_2 = u_4 - \beta_1(\beta_1 + 1),$$

$$\beta_3 = u_3 - \beta_1\beta_2, \qquad \beta_4 = \beta_1 - \beta_2, \qquad \beta_5 = u_2 - \beta_1\beta_3.$$

Sei β_6 eine reelle Wurzel der kubischen Gleichung

$$2y^3 + (2\beta_4 - \beta_2 + 1)y^2 + (2\beta_5 - \beta_2\beta_4 - \beta_3)y + (u_1 - \beta_2\beta_5) = 0. \tag{13}$$

(Diese Gleichung hat immer eine reelle Wurzel, da das Polynom auf der linken Seite gegen $+\infty$ für große positive y und gegen $-\infty$ für große negative y geht; es muss den Wert null irgendwo dazwischen annehmen.) Wenn wir jetzt

$$\beta_7 = \beta_6^2 + \beta_4\beta_6 + \beta_5, \qquad \beta_8 = \beta_3 - \beta_6 - \beta_7$$

definieren, haben wir schließlich

$$\begin{aligned} \alpha_0 &= \beta_2 - 2\beta_6, & \alpha_2 &= \beta_1 - \alpha_0, & \alpha_1 &= \beta_6 - \alpha_0\alpha_2, \\ \alpha_3 &= \beta_7 - \alpha_1\alpha_2, & \alpha_4 &= \beta_8 - \beta_7 - \alpha_1, & \alpha_5 &= u_0 - \beta_7\beta_8. \end{aligned} \tag{14}$$

Wir können dieses Verfahren mit einem zurechtgemachten Beispiel illustrieren: Nimm an, dass wir $x^6 + 13x^5 + 49x^4 + 33x^3 - 61x^2 - 37x + 3$ auswerten wollen. Wir erhalten $\alpha_6 = 1$, $\beta_1 = 6$, $\beta_2 = 7$, $\beta_3 = -9$, $\beta_4 = -1$, $\beta_5 = -7$, und so treffen wir auf die kubische Gleichung

$$2y^3 - 8y^2 + 2y + 12 = 0. \tag{15}$$

Diese Gleichung hat $\beta_6 = 2$ als Wurzel, und wir finden weiter

$$\beta_7 = -5, \qquad \beta_8 = -6,$$
$$\alpha_0 = 3, \quad \alpha_2 = 3, \quad \alpha_1 = -7, \quad \alpha_3 = 16, \quad \alpha_4 = 6, \quad \alpha_5 = -27.$$

Das resultierende Schema ist deshalb

$$z = (x+3)x - 7, \qquad w = (x+3)z + 16, \qquad u(x) = (w + z + 6)w - 27.$$

Durch reinen Zufall erscheint die Größe $x + 3$ hier zweimal, also haben wir eine Methode gefunden, die drei Multiplikationen und sechs Additionen verwendet.

Ein andere Methode zur Behandlung von Gleichungen sechsten Grads wurde von V. Y. Pan [*Problemy Kibernetiki* **5** (1961), 17–29] vorgeschlagen. Seine Methode erfordert eine Addition mehr, aber verwendet nur rationale Operationen in den vorbereitenden Schritten; es muß keine kubische Gleichung gelöst werden. Wir können wie folgt vorgehen:

$$\begin{aligned} z &= (x + \alpha_0)x + \alpha_1, \qquad w = z + x + \alpha_2, \\ u(x) &= \big(((z - x + \alpha_3)w + \alpha_4)z + \alpha_5\big)\alpha_6. \end{aligned} \tag{16}$$

Um die α zu bestimmen, dividieren wir das Polynom noch einmal durch $u_6 = \alpha_6$, also wird $u(x)$ monisch. Es kann dann verifiziert werden, dass $\alpha_0 = u_5/3$ und dass

$$\alpha_1 = (u_1 - \alpha_0u_2 + \alpha_0^2u_3 - \alpha_0^3u_4 + 2\alpha_0^5)/(u_3 - 2\alpha_0u_4 + 5\alpha_0^3). \tag{17}$$

Beachte, dass Pans Methode erfordert, dass der Nenner in (17) nicht verschwindet. In anderen Worten, (16) kann nur verwendet werden, wenn

$$27u_3u_6^2 - 18u_6u_5u_4 + 5u_5^3 \neq 0; \tag{18}$$

diese Größe sollte freilich nicht so klein sein, dass α_1 zu groß wird. Ist einmal α_1 bestimmt worden, können die verbleibenden α_i von den Gleichungen

$$\begin{aligned}
&\beta_1 = 2\alpha_0, && \beta_2 = u_4 - \alpha_0\beta_1 - \alpha_1,\\
&\beta_3 = u_3 - \alpha_0\beta_2 - \alpha_1\beta_1, && \beta_4 = u_2 - \alpha_0\beta_3 - \alpha_1\beta_2,\\
&\alpha_3 = \tfrac{1}{2}\big(\beta_3 - (\alpha_0 - 1)\beta_2 + (\alpha_0 - 1)(\alpha_0^2 - 1)\big) - \alpha_1, &&\\
&\alpha_2 = \beta_2 - (\alpha_0^2 - 1) - \alpha_3 - 2\alpha_1, && \alpha_4 = \beta_4 - (\alpha_2 + \alpha_1)(\alpha_3 + \alpha_1),\\
&\alpha_5 = u_0 - \alpha_1\beta_4 && \qquad (19)
\end{aligned}$$

bestimmt werden.

Wir haben die Fälle vom Grad $n = 4$, 5, 6 im Detail besprochen, weil die kleineren Werte von n am häufigsten in Anwendungen auftreten. Betrachten wir jetzt ein allgemeines Auswertungsschema für Polynome vom n-ten Grad, eine Methode, die höchstens $\lfloor n/2 \rfloor + 2$ Multiplikationen und n Additionen involviert.

Satz E. *Jedes Polynom* (1) *vom n-ten Grad mit reellen Koeffizienten, $n \geq 3$, kann ausgewertet werden durch das Schema*

$$y = x + c, \qquad w = y^2; \qquad z = \begin{cases} (u_n y + \alpha_0)y + \beta_0, & n \text{ gerade},\\ u_n y + \beta_0, & n \text{ ungerade}, \end{cases}$$

$$u(x) = \big(\ldots((z(w - \alpha_1) + \beta_1)(w - \alpha_2) + \beta_2)\ldots\big)(w - \alpha_m) + \beta_m, \qquad (20)$$

für geeignete reelle Parameter c, α_k und β_k, wobei $m = \lceil n/2 \rceil - 1$. Es ist sogar möglich, diese Parameter so zu wählen, dass $\beta_m = 0$.

Beweis. Prüfen wir zuerst, unter welchen Umständen die α_k und β_k in (20) ausgewählt werden können, wenn c fest ist. Sei

$$p(x) = u(x - c) = a_n x^n + a_{n-1}x^{n-1} + \cdots + a_1 x + a_0. \qquad (21)$$

Wir wollen zeigen, dass $p(x)$ die Form $p_1(x)(x^2 - \alpha_m) + \beta_m$ für ein Polynom $p_1(x)$ und mit Konstanten α_m, β_m hat. Wenn wir $p(x)$ durch $x^2 - \alpha_m$ dividieren, können wir sehen, dass der Rest β_m nur konstant ist, wenn das Hilfspolynom

$$q(x) = a_{2m+1}x^m + a_{2m-1}x^{m-1} + \cdots + a_1, \qquad (22)$$

gebildet von jedem ungeraden Koeffizienten von $p(x)$, ein Vielfaches von $x - \alpha_m$ ist. Umgekehrt, wenn $q(x)$ den Faktor $x - \alpha_m$ besitzt, dann gilt $p(x) = p_1(x)(x^2 - \alpha_m) + \beta_m$ für eine Konstante β_m, die durch Division bestimmt werden kann.

In gleicher Weise soll $p_1(x)$ die Form $p_2(x)(x^2 - \alpha_{m-1}) + \beta_{m-1}$ haben, was besagt, dass $q(x)/(x - \alpha_m)$ ein Vielfaches von $x - \alpha_{m-1}$ ist; denn wenn $q_1(x)$ das $p_1(x)$ entsprechende Polynom ist, wie $q(x)$ dem $p(x)$ entspricht, haben wir $q_1(x) = q(x)/(x - \alpha_m)$. Gleichermaßen fortfahrend finden wir, dass die Parameter α_1, β_1, …, α_m, β_m genau dann existieren, wenn

$$q(x) = a_{2m+1}(x - \alpha_1)\ldots(x - \alpha_m). \qquad (23)$$

In anderen Worten, entweder ist $q(x)$ identisch null (und dieses kann nur auftreten, wenn n gerade ist), oder $q(x)$ ist ein Polynom vom Grad m mit ausschließlich reellen Wurzeln.

Jetzt stehen wir vor einer überraschenden Tatsache, entdeckt von J. Eve [*Numer. Math.* **6** (1964), 17–21]: *Wenn $p(x)$ mindestens $n-1$ komplexe Wurzeln hat, deren Realteile alle nicht-negativ oder alle nicht-positiv sind, dann ist das entsprechende Polynom $q(x)$ entweder identisch null oder hat ausschließlich reelle Wurzeln.* (Siehe Übung 23.) Da $u(x) = 0$ genau dann, wenn $p(x+c) = 0$, brauchen wir lediglich den Parameter c groß genug zu wählen, dass mindestens $n-1$ der Wurzeln von $u(x) = 0$ einen Realteil $\geq -c$ haben, und (20) wird anwendbar, wann immer $a_{n-1} = u_{n-1} - ncu_n \neq 0$.

Wir können c auch so bestimmen, dass diese Bedingungen erfüllt sind und auch $\beta_m = 0$. Zuerst werden die n Wurzeln von $u(x) = 0$ bestimmt. Wenn $a + bi$ eine Wurzel ist, die den größten oder kleinsten Realteil hat, und wenn $b \neq 0$, sei $c = -a$ und $\alpha_m = -b^2$; dann ist $x^2 - \alpha_m$ ein Faktor von $u(x-c)$. Wenn die Wurzel mit kleinstem oder größtem Realteil reell ist, aber die Wurzel mit dem *zweit*kleinsten (oder zweitgrößten) Realteil nicht reell ist, kann dieselbe Transformation angewendet werden. Wenn die zwei Wurzeln mit kleinstem (oder größtem) Realteil beide reell sind, können sie ausgedrückt werden in der Form $a - b$ bzw. $a + b$; sei $c = -a$ und $\alpha_m = b^2$. Wieder ist $x^2 - \alpha_m$ ein Faktor von $u(x-c)$. (Oft sind noch andere Werte von c möglich; siehe Übung 24.) Der Koeffizient a_{n-1} wird von null verschieden sein für wenigstens eine dieser Alternativen, es sei denn $q(x)$ ist identisch null. ▌

Beachte, dass dieser Beweis gewöhnlich mindestens zwei Werte von c ergibt, und dass wir auch die Chance haben, $\alpha_1, \ldots, \alpha_{m-1}$ auf $(m-1)!$ Arten zu permutieren. Einige dieser Alternativen können mehr erwünschte numerische Genauigkeit als andere liefern.

Fragen numerischer Genauigkeit entstehen natürlich nicht, wenn wir mit ganzen Zahlen modulo m statt mit reellen Zahlen arbeiten. Schema (9) funktioniert für $n = 4$, wenn m zu $2u_4$ teilerfremd ist, und (16) funktioniert für $n = 6$, wenn m zu $6u_6$ und zum Nenner von (17) teilerfremd ist. Übung 44 zeigt, dass $n/2 + O(\log n)$ Multiplikationen und $O(n)$ Additionen ausreichen für jedes monische Polynom n-ten Grades modulo irgendeinem m.

***Polynomketten.** Betrachten wir nun Fragen der Optimalität. Was sind die *bestmöglichen* Schemata für die Auswertung von Polynomen verschiedener Grade bezogen auf die kleinstmögliche Zahl arithmetischer Operationen? Diese Frage wurde zuerst von A. M. Ostrowski analysiert im Fall, dass keine vorherige Adaption von Koeffizienten erlaubt ist [*Studies in Mathematics and Mechanics gewidmet R. von Mises* (New York: Academic Press, 1954), 40–48], und von T. S. Motzkin im Fall adaptierter Koeffizienten [siehe *Bull. Amer. Math. Soc.* **61** (1955), 163].

Um diese Frage zu untersuchen, können wir den Begriff des Abschnitts 4.6.3 von Additionsketten zum Begriff von *Polynomketten* erweitern. Eine Polynomkette ist eine Folge der Form

$$x = \lambda_0, \quad \lambda_1, \quad \ldots, \quad \lambda_r = u(x), \tag{24}$$

wobei $u(x)$ ein Polynom in x ist, und für $1 \leq i \leq r$

$$\begin{aligned} &\text{entweder } \lambda_i = (\pm\lambda_j) \circ \lambda_k, && 0 \le j,k < i, \\ &\text{oder } \lambda_i = \alpha_j \circ \lambda_k, && 0 \le k < i. \end{aligned} \tag{25}$$

Hier bezeichnet „∘" irgendeine der drei Operationen „+", „−" oder „×" und α_j bezeichnet einen sogenannten Parameter. Schritte der ersten Art werden *Kettenschritte* und Schritte der zweiten Art *Parameterschritte* genannt. Wir werden annehmen, dass in jedem Parameterschritt ein verschiedener Parameter α_j verwendet wird; wenn es s Parameterschritte gibt, sollten sie $\alpha_1, \alpha_2, \ldots, \alpha_s$ in dieser Reihenfolge involvieren.

Es folgt, dass das Polynom $u(x)$ am Ende der Kette die Form

$$u(x) = q_n x^n + \cdots + q_1 x + q_0 \tag{26}$$

hat, wobei $q_n, \ldots, q_1, q_0$ Polynome in $\alpha_1, \alpha_2, \ldots, \alpha_s$ mit Ganzzahlkoeffizienten sind. Wir werden die Parameter $\alpha_1, \alpha_2, \ldots, \alpha_s$ als reelle Zahlen interpretieren und wir können uns deshalb auf die Betrachtung der Auswertung von Polynomen mit reellen Koeffizienten beschränken. Die *Ergebnismenge* R einer Polynomkette ist definiert als die Menge aller Vektoren $(q_n, \ldots, q_1, q_0)$ von reellen Zahlen, die man erhält, wenn $\alpha_1, \alpha_2, \ldots, \alpha_s$ unabhängig alle möglichen reellen Werte annehmen.

Wenn es für jede Wahl von $t+1$ verschiedenen ganzen Zahlen $j_0, \ldots, j_t \in \{0, 1, \ldots, n\}$ ein von null verschiedenes multivariates Polynom $f_{j_0 \ldots j_t}$ mit Ganzzahlkoeffizienten gibt derart, dass $f_{j_0 \ldots j_t}(q_{j_0}, \ldots, q_{j_t}) = 0$ für alle $(q_n, \ldots, q_1, q_0)$ in R, so wollen wir sagen, dass die Ergebnismenge R höchstens t *Freiheitsgrade* und dass die Kette (24) höchstens t Freiheitsgrade hat. Wir sagen auch, dass die Kette (24) ein gegebenes Polynom $u(x) = u_n x^n + \cdots + u_1 x + u_0$ *berechnet*, wenn $(u_n, \ldots, u_1, u_0)$ in R ist. Es folgt, dass eine Polynomkette mit höchstens n Freiheitsgraden nicht alle Polynome vom n-ten Grad (siehe Übung 27) berechnen kann.

Als ein Beispiel einer Polynomkette betrachte die folgende Kette zu Satz E, wenn n ungerade ist:

$$\begin{aligned} \lambda_0 &= x \\ \lambda_1 &= \alpha_1 + \lambda_0 \\ \lambda_2 &= \lambda_1 \times \lambda_1 \\ \lambda_3 &= \alpha_2 \times \lambda_1 \\ \left.\begin{aligned} \lambda_{1+3i} &= \alpha_{1+2i} + \lambda_{3i} \\ \lambda_{2+3i} &= \alpha_{2+2i} + \lambda_2 \\ \lambda_{3+3i} &= \lambda_{1+3i} \times \lambda_{2+3i} \end{aligned}\right\} &\quad 1 \le i < n/2. \end{aligned} \tag{27}$$

Es gibt $\lfloor n/2 \rfloor + 2$ Multiplikationen und n Additionen; $\lfloor n/2 \rfloor + 1$ Kettenschritte und $n+1$ Parameterschritte. Nach Satz E schließt die Ergebnismenge R die Menge von allen $(u_n, \ldots, u_1, u_0)$ mit $u_n \neq 0$ ein, also berechnet(27) alle Polynome vom Grad n. Wir können nicht beweisen, dass R höchstens n Freiheitsgrade hat, da die Ergebnismenge $n+1$ unabhängige Komponenten hat.

Eine Polynomkette mit s Parameterschritten hat höchstens s Freiheitsgrade. In einem gewissen Sinn ist dies offensichtlich: Wir können nicht eine Funktion mit t Freiheitsgraden mit weniger als t beliebigen Parametern berechnen. Doch dieses intuitive Faktum ist nicht leicht formal zu beweisen; es gibt zum Beispiel stetige Funktionen („raumfüllende Kurven“), welche die reelle Achse auf eine Ebene abbilden, und solche Funktionen bilden einen einzigen Parameter auf zwei unabhängige Parameter ab. Für unsere Zwecke müssen wir verifizieren, dass Polynomfunktionen mit Ganzzahlkoeffizienten keine derartige Eigenschaft haben können; ein Beweis erscheint in Übung 28.

Mit dieses Faktum können wir fortfahren, die gesuchten Ergebnisse zu beweisen:

Satz M (T. S. Motzkin, 1954). *Eine Polynomkette mit $m > 0$ Multiplikationen hat höchstens $2m$ Freiheitsgrade.*

Beweis. Seien $\mu_1, \mu_2, \ldots, \mu_m$ die λ_i der Kette, die Multiplikationen sind. Dann

$$\mu_i = S_{2i-1} \times S_{2i} \quad \text{für} \quad 1 \le i \le m \qquad \text{und} \qquad u(x) = S_{2m+1}, \tag{28}$$

wobei jedes S_j eine bestimmte Summe der μ_i, x und α_k ist. Schreibe $S_j = T_j + \beta_j$, wobei T_j eine Summe der μ_i und x ist, während β_j eine Summe der α_k ist.

Jetzt ist $u(x)$ ausdrückbar als ein Polynom in $x, \beta_1, \ldots, \beta_{2m+1}$ mit Ganzzahlkoeffizienten. Da die β_j ausdrückbar sind als lineare Funktionen der $\alpha_1, \ldots, \alpha_s$, enthält die Menge der durch alle reellen Werte von $\beta_1, \ldots, \beta_{2m+1}$ dargestellten Werte die Ergebnismenge der Kette. Deshalb gibt es höchstens $2m + 1$ Freiheitsgrade; dies kann verbessert werden auf $2m$, wenn $m > 0$, wie in Übung 30 gezeigt wird. ▮

Ein Beispiel für die Konstruktion in diesem Beweis des Satzes M erscheint in Übung 24. Ein ähnliches Ergebnis kann für Additionen bewiesen werden:

Satz A (É. G. Belaga, 1958). *Eine Polynomkette mit q Additionen und Subtraktionen hat höchstens $q + 1$ Freiheitsgrade.*

Beweis. [*Problemy Kibernetiki* **5** (1961), 7–15.] Seien $\kappa_1, \ldots, \kappa_q$ die λ_i der Kette, die Addition oder Subtraktion entsprechen. Dann

$$\kappa_i = \pm T_{2i-1} \pm T_{2i} \quad \text{für} \quad 1 \le i \le q \qquad \text{und} \qquad u(x) = T_{2q+1}, \tag{29}$$

wobei jedes T_j ein Produkt der κ_i, x und α_k ist. Wir können $T_j = A_j B_j$ schreiben, wobei A_j ein Produkt der α_k und B_j ein Produkt der κ_i und x ist. Die folgende Transformation kann jetzt auf die Kette angewendet werden, sukzessiv für $i = 1, 2, \ldots, q$: Sei $\beta_i = A_{2i}/A_{2i-1}$, also $\kappa_i = A_{2i-1}(\pm B_{2i-1} \pm \beta_i B_{2i})$. Ändere dann κ_i zu $\pm B_{2i-1} \pm \beta_i B_{2i}$ und ersetze jedes Vorkommen von κ_i in künftigen Formeln $T_{2i+1}, T_{2i+2}, \ldots, T_{2q+1}$ durch $A_{2i-1}\kappa_i$. (Diese Ersetzung kann die Werte von $A_{2i+1}, A_{2i+2}, \ldots, A_{2q+1}$ ändern.)

Nachdem die Transformation für alle i ausgeführt wurde, sei $\beta_{q+1} = A_{2q+1}$; dann kann $u(x)$ als ein Polynom mit Ganzzahlkoeffizienten in $\beta_1, \ldots, \beta_{q+1}$ und x ausgedrückt werden. Wir sind fast soweit, den Beweis zu vervollständigen, doch müssen wir sorgfältig sein, weil die erhaltenen Polynome $\beta_1, \ldots, \beta_{q+1}$ über alle reellen Werte laufen, aber nicht alle durch die ursprüngliche Kette darstellbaren Polynome einschließen müssen (siehe Übung 26); man kann $A_{2i-1} = 0$ für einige Werte der α_i haben und dies macht β_i undefiniert.

Um den Beweis zu vervollständigen, wollen wir beachten, dass die Ergebnismenge R der ursprünglichen Kette $R = R_1 \cup R_2 \cup \cdots \cup R_q \cup R'$ geschrieben werden kann, wobei R_i die Menge aller Ergebnisvektoren, für die $A_{2i-1} = 0$, und R' die Menge aller Ergebnisvektoren ist, für die alle α_i von null verschieden sind. Die obige Diskussion beweist, dass R' höchstens $q + 1$ Freiheitsgrade hat. Wenn $A_{2i-1} = 0$, dann $T_{2i-1} = 0$, also kann Additionsschritt κ_i ausgelassen werden und man erhält eine andere Kette zur Berechnung der Ergebnismenge R_i; mit Induktion sehen wir, dass jedes R_i höchstens q Freiheitsgrade hat. Also hat nach Übung 29 R höchstens $q + 1$ Freiheitsgrade. ▌

Satz C. *Wenn eine Polynomkette (24) alle Polynome n-ten Grades $u(x) = u_n x^n + \cdots + u_0$ für $n \geq 2$ berechnet, dann enthält sie mindestens $\lfloor n/2 \rfloor + 1$ Multiplikationen und mindestens n Additionen oder Subtraktionen.*

Beweis. Es gebe m Multiplikationsschritte. Nach Satz M hat die Kette höchstens $2m$ Freiheitsgrade, also $2m \geq n + 1$. In ähnlicher Weise gibt es nach Satz A $\geq n$ Additionen oder Subtraktionen. ▌

Dieser Satz besagt, dass nicht eine *einzige* Methode, die weniger als $\lfloor n/2 \rfloor + 1$ Multiplikationen oder weniger als n Additionen hat, alle möglichen Polynome n-ten Grades auswerten kann. Das Ergebnis von Übung 29 erlaubt es uns, dies zu verschärfen und zu sagen, dass auch keine endliche Gesamtheit solcher Polynomketten ausreichen wird für alle Polynome eines gegebenen Grades. Einige spezielle Polynome können natürlich effizienter ausgewertet werden; alles, was wir wirklich bewiesen haben, besagt nur, dass Polynome mit *algebraisch unabhängigen* Koeffizienten in dem Sinne, dass sie keine nicht-triviale Polynomgleichung erfüllen, $\lfloor n/2 \rfloor + 1$ Multiplikationen und n Additionen benötigen. Leider sind die Koeffizienten, mit denen wir uns im Rechner befassen, immer rationale Zahlen, also sind die Sätze nicht wirklich anwendbar; so zeigt Übung 42 denn auch, dass wir immer mit $O(\sqrt{n})$ Multiplikationen (und einer möglicherweise riesigen Anzahl von Additionen) auskommen können. Von einem praktischen Standpunkt aus treffen die Schranken von Satz C auf „fast alle" Koeffizienten zu, und sie scheinen auf alle vernünftigen Schemata zur Auswertung zuzutreffen. Weiterhin ist es möglich, niedrigere Schranken entsprechend Satz C sogar im rationalen Fall zu erhalten: Durch Verschärfung der obigen Beweise hat V. Strassen zum Beispiel gezeigt, dass das Polynom

$$u(x) = \sum_{k=0}^{n} 2^{2^{kn^3}} x^k \tag{30}$$

durch keine Polynomkette der Länge $< n^2/\lg n$ ausgewertet werden kann, es sei denn, die Kette hat mindestens $\frac{1}{2}n - 2$ Multiplikationen und $n - 4$ Additionen [*SICOMP* **3** (1974), 128–149]. Die Koeffizienten von (30) sind sehr groß; doch man kann auch Polynome finden, deren Koeffizienten nur 0 und 1 sind, so dass jede sie berechnende Polynomkette mindestens $\sqrt{n}/(4\lg n)$ Kettenmultiplikationen für alle hinreichend großen n involviert, sogar wenn die Parameter α_j beliebige komplexe Zahlen sein können. [Siehe R. J. Lipton, *SICOMP* **7** (1978), 61–69; C.-P. Schnorr, *Lecture Notes in Comp. Sci.* **53** (1977), 135–147.] Jean-Paul van de Wiele hat gezeigt, dass die Auswertung von gewissen 0–1-Polynomen insgesamt mindestens $cn/\log n$ arithmetische Operationen erfordert für $c > 0$ [*FOCS* **19** (1978), 159–165].

Ein Lücke verbleibt noch zwischen den unteren Schranken von Satz C und der bekannten, tatsächlich erreichbaren Zahl an Operationen außer im trivialen Fall $n = 2$. Satz E gibt $\lfloor n/2 \rfloor + 2$ Multiplikationen an, nicht $\lfloor n/2 \rfloor + 1$, obwohl er die minimale Zahl an Additionen erreicht. Unsere besonderen Methoden für $n = 4$ und $n = 6$ haben die minimale Zahl von Multiplikationen, doch eine extra Addition. Wenn n ungerade ist, kann man leicht beweisen, dass die untere Schranke von Satz C nicht gleichzeitig sowohl für Multiplikationen als auch Additionen erreicht werden kann; siehe Übung 33. Für $n = 3$, 5 und 7 kann man zeigen, dass mindestens $\lfloor n/2 \rfloor + 2$ Multiplikationen notwendig sind. Die Übungen 35 und 36 zeigen, dass die unteren Schranken von Satz C nicht beide erreichbar sind, wenn $n = 4$ oder $n = 6$; also sind unsere besprochenen Methoden die bestmöglichen für $n < 8$. Wenn n gerade ist, hat Motzkin bewiesen, dass $\lfloor n/2 \rfloor + 1$ Multiplikationen ausreichend sind, doch involviert seine Konstruktion eine unbestimmte Zahl von Additionen (siehe Übung 39). Ein optimales Schema für $n = 8$ wurde von V. Y. Pan gefunden, der zeigte, dass $n + 1$ Additionen notwendig und hinreichend für diesen Fall sind, wenn es $\lfloor n/2 \rfloor + 1$ Multiplikationen gibt; er zeigte darüberhinaus, dass $\lfloor n/2 \rfloor + 1$ Multiplikationen und $n + 2$ Additionen ausreichen für alle geraden $n \geq 10$. Pans Arbeit [*STOC* **10** (1978), 162–172] etabliert auch die genaue minimale Zahl von benötigten Multiplikationen und Additionen, wenn die Berechnungen ganz mit komplexen Zahlen statt reellen Zahlen für alle Grade n ausgeführt werden. Übung 40 bespricht die interessante Situation, die für ungerade Werte von $n \geq 9$ entsteht.

Es ist klar, dass unsere für Kettenpolynome in einer einzigen Variablen erzielten Ergebnisse ohne Schwierigkeit auf multivariate Polynome erweitert werden können. Wenn wir zum Beispiel ein optimales Schema für Polynomauswertung *ohne* Adaption von Koeffizienten finden wollen, können wir $u(x)$ als ein Polynom in den $n + 2$ Variablen x, u_n, $\ldots$, u_1, u_0 betrachten; Übung 38 zeigt, dass n Multiplikationen und n Additionen in diesem Fall notwendig sind. In der Tat hat A. Borodin [*Theory of Maschines and Computations*, herausgegeben von Z. Kohavi und A. Paz (New York: Academic Press, 1971), 45–58] bewiesen, dass Horners Regel (2) im Wesentlichen der *einzige* Weg ist, $u(x)$ in $2n$ Operationen ohne Konditionierung zu berechnen.

Mit kleinen Veränderungen können die Methoden erweitert werden auf Ketten mit Division, d.h., auf rationale Funktionen als auch auf Polynome. Kurioserweise stellt sich das Kettenbruchanalogon zu Horners Regel jetzt als optimal vom Standpunkt des Operationenzählens heraus, wenn Multiplikations- und Divisionsgeschwindigkeit gleich sind, sogar wenn Konditionierung erlaubt ist (siehe Übung 37).

Manchmal ist Division hilfreich für die Auswertung von Polynomen, obwohl Polynome nur unter Bezug auf Multiplikation und Addition definiert sind; wir haben Beispiele dafür in den Shaw–Traub-Algorithmen für Polynomableitungen gesehen. Ein anderes Beispiel ist das Polynom

$$x^n + \cdots + x + 1;$$

da dieses Polynom $(x^{n+1} - 1)/(x - 1)$ geschrieben werden kann, können wir es mit $l(n + 1)$ Multiplikationen (siehe Abschnitt 4.6.3), zwei Subtraktionen und einer Division auswerten, während Techniken unter Vermeidung von Division etwa dreimal so viele Operationen (siehe Übung 43) zu erfordern scheinen.

Spezielle multivariate Polynome. Die *Determinante* einer $n \times n$ Matrix kann als ein Polynom in n^2 Variablen x_{ij}, $1 \le i, j \le n$, betrachtet werden. Wenn $x_{11} \neq 0$, haben wir

$$\det \begin{pmatrix} x_{11} & x_{12} & \ldots & x_{1n} \\ x_{21} & x_{22} & \ldots & x_{2n} \\ x_{31} & x_{32} & \ldots & x_{3n} \\ \vdots & \vdots & & \vdots \\ x_{n1} & x_{n2} & \ldots & x_{nn} \end{pmatrix} = x_{11} \det \begin{pmatrix} x_{22} - (x_{21}/x_{11})x_{12} & \ldots & x_{2n} - (x_{21}/x_{11})x_{1n} \\ x_{32} - (x_{31}/x_{11})x_{12} & \ldots & x_{3n} - (x_{31}/x_{11})x_{1n} \\ \vdots & & \vdots \\ x_{n2} - (x_{n1}/x_{11})x_{12} & \ldots & x_{nn} - (x_{n1}/x_{11})x_{1n} \end{pmatrix}. \quad (31)$$

Die Determinante einer $n \times n$ Matrix kann deshalb ausgewertet werden durch Auswertung der Determinante einer $(n - 1) \times (n - 1)$ Matrix und zusätzlichen $(n - 1)^2 + 1$ Multiplikationen, $(n - 1)^2$ Additionen und $n - 1$ Divisionen. Da eine 2×2 Determinante ausgewertet werden kann mit zwei Multiplikationen und einer Addition, sehen wir, dass die Determinante von fast allen Matrizen (nämlich von denjenigen, bei denen nicht durch null geteilt werden muß) mit höchstens $(2n^3 - 3n^2 + 7n - 6)/6$ Multiplikationen, $(2n^3 - 3n^2 + n)/6$ Additionen und $(n^2 - n - 2)/2$ Divisionen berechnet werden kann.

Wenn null auftritt, ist die Determinante sogar leichter zu berechnen. Wenn zum Beispiel $x_{11} = 0$, aber $x_{21} \neq 0$, haben wir

$$\det \begin{pmatrix} 0 & x_{12} & \ldots & x_{1n} \\ x_{21} & x_{22} & \ldots & x_{2n} \\ x_{31} & x_{32} & \ldots & x_{3n} \\ \vdots & \vdots & & \vdots \\ x_{n1} & x_{n2} & \ldots & x_{nn} \end{pmatrix} = -x_{21} \det \begin{pmatrix} x_{12} & \ldots & x_{1n} \\ x_{32} - (x_{31}/x_{21})x_{22} & \ldots & x_{3n} - (x_{31}/x_{21})x_{2n} \\ \vdots & & \vdots \\ x_{n2} - (x_{n1}/x_{21})x_{22} & \ldots & x_{nn} - (x_{n1}/x_{21})x_{2n} \end{pmatrix}. \quad (32)$$

Hier spart die Reduktion zu einer $(n - 1) \times (n - 1)$ Determinante $n - 1$ der in (31) benutzten Multiplikationen und $n - 1$ der Additionen in Kompensation für die zusätzliche Buchführung, diesen Fall zu erkennen. Also kann jede Determinante ausgewertet werden mit grob gesprochen $\frac{2}{3}n^3$ arithmetischen Operationen (einschließlich Division); dies ist beachtlich, da sie ein Polynom mit $n!$ Termen und n Variablen in jedem Term ist.

Wenn wir die Determinante einer Matrix mit *ganzzahligen* Elementen auswerten wollen, scheint das Verfahren von (31) und (32) unattraktiv zu sein, da es rationale Arithmetik erfordert. Jedoch können wir die Methode zur Auswertung der Determinante mod p für eine Primzahl p verwenden, da Division mod p (Übung 4.5.2–16) möglich ist. Wenn dies für hinreichend viele Primzahlen gemacht wurde, kann der genaue Wert der Determinante gefunden werden wie in Abschnitt 4.3.2 erklärt, da Hadamards Ungleichung 4.6.1–(25) eine obere Schranke für ihre Größenordnung angibt.

Die Koeffizienten eines *charakteristischen Polynoms* $\det(xI - X)$ einer $n \times n$ Matrix X können auch in $O(n^3)$ Schritte berechnet werden; siehe J. H. Wilkinson, *The Algebraic Eigenvalue Problem* (Oxford: Clarendon Press, 1965), 353–355, 410–411. Übung 70 bespricht eine interessante divisionslose $O(n^4)$-Schritt-Methode.

Die *Permanente* einer Matrix ist ein Polynom, das sehr ähnlich zur Determinante ist; der einzige Unterschied ist, dass alle ihre von null verschiedenen Koeffizienten +1 sind. Also haben wir

$$\operatorname{per}\begin{pmatrix} x_{11} & \dots & x_{1n} \\ \vdots & & \vdots \\ x_{n1} & \dots & x_{nn} \end{pmatrix} = \sum x_{1j_1} x_{2j_2} \dots x_{nj_n}, \tag{33}$$

summiert über alle Permutationen $j_1\, j_2 \dots j_n$ von $\{1, 2, \dots, n\}$. Es könnte scheinen, dass ihre Funktion sogar leichter zu berechnen sein sollte als ihre komplizierter aussehende Cousine, doch ist kein Weg zur Auswertung der Permanente von gleicher Effizienz wie bei der Determinante bekannt. Übungen 9 und 10 zeigen, dass wesentlich weniger als $n!$ Operationen ausreichen für großes n, doch wächst die Ausführungszeit aller bekannter Methoden immer noch exponentiell mit der Größe der Matrix. In der Tat hat Leslie G. Valiant gezeigt, dass es genau so schwierig ist, die Permanente einer gegeben 0–1-Matrix zu berechnen, wie die Zahl akzeptierender Berechnungen einer indeterministischen Polynom-Zeit-Turing-Maschine zu zählen, wenn wir Polynomzeitfaktoren für die Laufzeit der Berechnung ignorieren. Deshalb würde ein Algorithmus zur Auswertung der Permanente in Polynomzeit implizieren, dass eine Unmenge anderer wohlbekannter Probleme, die einer effizienten Lösung widerstanden haben, in Polynomzeit lösbar sein würde. Andererseits hat Valiant bewiesen, dass die Permanente einer $n \times n$ Ganzzahlmatrix modulo 2^k in $O(n^{4k-3})$ Schritten für alle $k \geq 2$ ausgewertet werden kann. [Siehe *Theoretical Comp. Sci.* **8** (1979), 189–201.]

Eine andere Grundoperation an Matrizen ist natürlich *Matrixmultiplikation:* Wenn $X = (x_{ij})$ eine $m \times n$ Matrix, $Y = (y_{jk})$ eine $n \times s$ Matrix und $Z = (z_{ik})$ eine $m \times s$ Matrix ist, dann bedeutet die Formel $Z = XY$, dass

$$z_{ik} = \sum_{j=1}^{n} x_{ij} y_{jk}, \qquad 1 \leq i \leq m, \qquad 1 \leq k \leq s. \tag{34}$$

Diese Gleichung kann als die gleichzeitige Berechnung von ms Polynomen in $mn+ns$ Variablen angesehen werden; jedes Polynom ist das „innere Produkt" von zwei n-stelligen Vektoren. Eine direkte Berechnung würde mns Multiplikationen und $ms(n-1)$ Additionen kosten; doch entdeckte S. Winograd 1967, dass es einen

Weg gibt, etwa die Hälfte der Multiplikationen gegen Additionen einzuhandeln:

$$z_{ik} = \sum_{1\le j\le n/2} (x_{i,2j} + y_{2j-1,k})(x_{i,2j-1} + y_{2j,k}) - a_i - b_k + x_{in}y_{nk}[n \text{ ungerade}];$$

$$a_i = \sum_{1\le j\le n/2} x_{i,2j}x_{i,2j-1}; \qquad b_k = \sum_{1\le j\le n/2} y_{2j-1,k}y_{2j,k}. \tag{35}$$

Dieses Schema verwendet $\lceil n/2\rceil ms + \lfloor n/2\rfloor(m+s)$ Multiplikationen und $(n+2)ms+(\lfloor n/2\rfloor - 1)(ms+m+s)$ Additionen oder Subtraktionen; die Gesamtzahl von Operationen ist ein bißchen angewachsen, doch die Anzahl von Multiplikationen wurde grob gesprochen halbiert. [Siehe *IEEE Trans.* **C-17** (1968), 693–694.] Winograds überraschende Konstruktion veranlaßte viele Leute, das Problem der Matrixmultiplikation genauer zu betrachten, und es verursachte eine weit verbreitete Spekulation, dass $n^3/2$ Multiplikationen zur Multiplikation von $n\times n$ Matrizen notwendig seien, wegen der in etwa ähnlichen unteren Schranke, die für Polynome in einer Variablen gilt.

Ein noch besseres Schema für große n wurde entdeckt durch Volker Strassen; er fand einen Weg, das Produkt zweier 2×2 Matrizen mit nur sieben Multiplikationen zu berechnen, ohne von der Kommutativität der Multiplikation wie in (35) Gebrauch zu machen. Da $2n\times 2n$ Matrizen in vier $n\times n$ Matrizen zerlegt werden können, kann seine Idee rekursiv verwendet werden, um das Produkt von $2^k\times 2^k$ Matrizen mit nur 7^k Multiplikationen an Stelle von $(2^k)^3 = 8^k$ zu erhalten. Die Zahl von Additionen wächst ebenfalls von der Ordnung 7^k. Strassens ursprüngliche 2×2 Identität [*Numer. Math.* **13** (1969), 354–356] benutzt 7 Multiplikationen und 18 Additionen; S. Winograd entdeckte später die folgende ökonomischere Formel:

$$\begin{pmatrix} a & b\\ c & d\end{pmatrix}\begin{pmatrix} A & C\\ B & D\end{pmatrix} = \begin{pmatrix} aA+bB & w+v+(a+b-c-d)D\\ w+u+d(B+C-A-D) & w+u+v\end{pmatrix}, \tag{36}$$

wobei $u=(c-a)(C-D)$, $v=(c+d)(C-A)$, $w=aA+(c+d-a)(A+D-C)$. Wenn Zwischenergebnisse geeignet gespeichert werden, benötigt dies 7 Multiplikationen und nur 15 Additionen; mit Induktion nach k können wir $2^k\times 2^k$ Matrizen mit 7^k Multiplikationen und $5(7^k-4^k)$ Additionen multiplizieren. Die Gesamtzahl von Operationen, um $n\times n$ Matrizen zu multiplizieren, wurde deshalb von der Ordnung n^3 auf $O(n^{\lg 7}) = O(n^{2{,}8074})$ reduziert. Eine ähnliche Reduktion läßt sich auch auf die Auswertung von Determinanten und die Matrixinversion anwenden; siehe J. R. Bunch und J. E. Hopcroft, *Math. Comp.* **28** (1974), 231–236.

Strassens Exponent $\lg 7$ widerstand zahlreichen Verbesserungsversuchen bis 1978 Viktor Pan entdeckte, dass er auf $\log_{70} 143640 \approx 2{,}795$ erniedrigt werden kann (siehe Übung 60). Dieser neue Durchbruch führte zur weiteren intensiven Analyse des Problems und die vereinten Anstrengungen von D. Bini, M. Capovani, D. Coppersmith, G. Lotti, F. Romani, A. Schönhage, V. Pan und S. Winograd produzierte eine dramatische Reduktion in der asymptotischen Laufzeit. Die Übungen 60–67 besprechen einige der interessanten Techniken, durch welche solche oberen Schranken aufgestellt wurden; insbesondere enthält Übung 66 einen recht einfachen Beweis, dass $O(n^{2,55})$ Operationen ausreichen. Die beste 1997 bekannte obere Schranke ist $O(n^{2,376})$ dank Coppersmith und Winograd [*J. Symbolic Comp.* **9** (1990), 251–280]. Im Kontrast dazu ist die beste gegenwärtige untere Schranke $2n^2 - 1$ (siehe Übung 12).

Diese theoretischen Ergebnisse sind ganz beeindruckend, doch von einem praktischen Standpunkt sind sie von wenig Nutzen, weil n sehr groß sein muss, bevor wir den Effekt der zusätzlichen Buchführungskosten kompensieren. Richard Brent [Stanford Computer Science Report CS157 (March 1970), siehe auch *Numer. Math.* **16** (1970), 145–156] fand, dass eine sorgfältige Implementierung von Winograds Schema (35) mit angemessener Skalierung für die numerische Stabilität erst für $n \geq 40$ besser als die konventionelle Methode wurde, und sie sparte nur etwa 7 Prozent der Laufzeit für $n = 100$. Für komplexe Arithmetik war die Situation etwas anders; Schema (35) wurde vorteilhafter für $n > 20$ und sparte 18 Prozent für $n = 100$. Er schätzt, dass Strassens Schema (36) nicht anfinge, gegenüber (35) überlegen zu sein, bis $n \approx 250$; und solch enorme Matrizen kommen in der Praxis selten vor, es sei denn, sie sind sehr lückenhaft, wo dann aber andere Techniken greifen. Weiterhin haben die bekannten Methoden der Ordnung n^ω mit $\omega < 2{,}7$ so große Proportionalitätskonstanten, dass sie mehr als 10^{23} Multiplikationen erfordern, bevor sie (36) zu schlagen beginnen.

Im Gegensatz dazu sind die Methoden, die wir als nächste besprechen werden, eminent praktisch und haben weite Verwendung gefunden. Die *diskrete Fouriertransformation* f einer komplex-wertigen Funktion F in n Variablen über entsprechenden Bereichen mit $m_1, \ldots, m_n$ Elementen ist definiert durch die Gleichung

$$f(s_1,\ldots,s_n) = \sum_{\substack{0\le t_1<m_1\\ \cdots\\ 0\le t_n<m_n}} \exp\left(2\pi i\Big(\frac{s_1t_1}{m_1}+\cdots+\frac{s_nt_n}{m_n}\Big)\right) F(t_1,\ldots,t_n) \qquad (37)$$

für $0 \le s_1 < m_1, \ldots, 0 \le s_n < m_n$; der Name „Transformation" ist gerechtfertigt, weil wir die Werte $F(t_1,\ldots,t_n)$ von den Werten $f(s_1,\ldots,s_n)$ wie in Übung 13 gezeigt wiederfinden können. Im wichtigen Spezialfall, dass alle $m_j = 2$, haben wir

$$f(s_1,\ldots,s_n) = \sum_{0\le t_1,\ldots,t_n\le 1} (-1)^{s_1t_1+\cdots+s_nt_n} F(t_1,\ldots,t_n) \qquad (38)$$

für $0 \le s_1,\ldots,s_n \le 1$ und das kann als gleichzeitige Auswertung von 2^n linearen Polynomen in 2^n Variablen $F(t_1,\ldots,t_n)$ angesehen werden. Eine wohlbekannte Technik von F. Yates [*The Design and Analysis of Factorial Experiments* (Harpenden: Imperial Bureau of Soil Sciences, 1937)] kann benutzt werden, die Zahl der Additionen in (38) von $2^n(2^n-1)$ auf $n2^n$ zu reduzieren. Yates' Methode kann durch Betrachtung des Falls $n = 3$ verstanden werden: Sei

$$x_{t_1t_2t_3} = F(t_1,t_2,t_3).$$

Gegeben	erster Schritt	Zweiter Schritt	Dritter Schritt
x_{000}	$x_{000}+x_{001}$	$x_{000}+x_{001}+x_{010}+x_{011}$	$x_{000}+x_{001}+x_{010}+x_{011}+x_{100}+x_{101}+x_{110}+x_{111}$
x_{001}	$x_{010}+x_{011}$	$x_{100}+x_{101}+x_{110}+x_{111}$	$x_{000}-x_{001}+x_{010}-x_{011}+x_{100}-x_{101}+x_{110}-x_{111}$
x_{010}	$x_{100}+x_{101}$	$x_{000}-x_{001}+x_{010}-x_{011}$	$x_{000}+x_{001}-x_{010}-x_{011}+x_{100}+x_{101}-x_{110}-x_{111}$
x_{011}	$x_{110}+x_{111}$	$x_{100}-x_{101}+x_{110}-x_{111}$	$x_{000}-x_{001}-x_{010}+x_{011}+x_{100}-x_{101}-x_{110}+x_{111}$
x_{100}	$x_{000}-x_{001}$	$x_{000}+x_{001}-x_{010}-x_{011}$	$x_{000}+x_{001}+x_{010}+x_{011}-x_{100}-x_{101}-x_{110}-x_{111}$
x_{101}	$x_{010}-x_{011}$	$x_{100}+x_{101}-x_{110}-x_{111}$	$x_{000}-x_{001}+x_{010}-x_{011}-x_{100}+x_{101}-x_{110}+x_{111}$
x_{110}	$x_{100}-x_{101}$	$x_{000}-x_{001}-x_{010}+x_{011}$	$x_{000}+x_{001}-x_{010}-x_{011}-x_{100}-x_{101}+x_{110}+x_{111}$
x_{111}	$x_{110}-x_{111}$	$x_{100}-x_{101}-x_{110}+x_{111}$	$x_{000}-x_{001}-x_{010}+x_{011}-x_{100}+x_{101}+x_{110}-x_{111}$

Um von „Gegeben“ zum „Ersten Schritt“ zu kommen brauchen wir vier Additionen und vier Subtraktionen; und die interessante Eigenschaft von Yates' Methode ist, dass genau dieselbe Transformation, die uns von „Gegeben“ zum „Ersten Schritt“ führt, uns auch vom „Ersten Schritt“ zum „Zweiten Schritt“ und vom „Zweiten Schritt“ zum „Dritten Schritt“ führt. In jedem Fall führen wir vier Additionen aus, dann vier Subtraktionen und nach drei Schritten haben wir magischerweise die gewünschte Fouriertransformation $f(s_1, s_2, s_3)$ an der Stelle, die ursprünglich von $F(s_1, s_2, s_3)$ eingenommen worden war.

Dieser spezielle Fall wird häufig die *Walsh-Transformation* von 2^n Datenelementen genannt, da die entsprechenden Vorzeichenmuster von J. L. Walsh [*Amer. J. Math.* **45** (1923), 5–24] untersucht wurden. Beachte, dass die Zahl von Vorzeichenänderungen von links nach rechts im „Dritten Schritt“ die Werte

$$0, 7, 3, 4, 1, 6, 2, 5$$

der Reihe nach annimt; dies ist eine Permutation der Zahlen $\{0, 1, 2, 3, 4, 5, 6, 7\}$. Walsh bemerkte, dass es genau 0, 1, ..., $2^n - 1$ Vorzeichenänderungen im allgemeinen Fall geben wird, wenn wir die transformierten Elemente geeignet permutieren, so dass die Koeffizienten diskrete Näherungen zu Sinusschwingungen verschiedener Frequenzen darstellen. (Siehe H. F. Harmuth, *IEEE Spectrum* **6**, 11 (November 1969), 82–91, für Anwendungen dieser Eigenschaft; und siehe Abschnitt 7.2.1 für eine weitere Behandlung der Walshkoeffizienten.)

Yates' Methode kann auf die Auswertung jeder diskreten Fouriertransformierten verallgemeinert werden, und sogar auf die Auswertung jeder Menge von Summen, die in folgender allgemeiner Form geschrieben werden können:

$$f(s_1, s_2, \ldots, s_n) = \sum_{\substack{0 \le t_1 < m_1 \\ \cdots \\ 0 \le t_n < m_n}} g_1(s_1, s_2, \ldots, s_n, t_1) g_2(s_2, \ldots, s_n, t_2) \ldots g_n(s_n, t_n) F(t_1, t_2, \ldots, t_n) \quad (39)$$

für $0 \le s_j < m_j$ und die gegebenen Funktionen $g_j(s_j, \ldots, s_n, t_j)$.

Wir gehen wie folgt vor.

$$
\begin{aligned}
f_0(t_1,t_2,t_3,\ldots,t_n) &= F(t_1,t_2,t_3,\ldots,t_n);\\
f_1(s_n,t_1,t_2,\ldots,t_{n-1}) &= \sum_{0\le t_n<m_n} g_n(s_n,t_n) f_0(t_1,t_2,\ldots,t_n);\\
f_2(s_{n-1},s_n,t_1,\ldots,t_{n-2}) &= \sum_{0\le t_{n-1}<m_{n-1}} g_{n-1}(s_{n-1},s_n,t_{n-1}) f_1(s_n,t_1,\ldots,t_{n-1});\\
&\ \vdots\\
f_n(s_1,s_2,s_3,\ldots,s_n) &= \sum_{0\le t_1<m_1} g_1(s_1,\ldots,s_n,t_1) f_{n-1}(s_2,s_3,\ldots,s_n,t_1);\\
f(s_1,s_2,s_3,\ldots,s_n) &= f_n(s_1,s_2,s_3,\ldots,s_n). \qquad (40)
\end{aligned}
$$

Für Yates' oben gezeigte Methode repräsentiert $g_j(s_j,\ldots,s_n,t_j) = (-1)^{s_j t_j}$; $f_0(t_1,t_2,t_3)$ das „Gegebene"; $f_1(s_3,t_1,t_2)$ repräsentiert den „Ersten Schritt"; und so fort. Wann immer eine gewünschte Menge von Summen in die Form von (39) gebracht werden kann für recht einfache Funktionen $g_j(s_j,\ldots,s_n,t_j)$, wird das Schema (40) den Umfang der Rechnung von der Ordnung N^2 auf die Ordnung $N\log N$ oder in deren Nachbarschaft reduzieren, wobei $N = m_1\ldots m_n$ die Zahl der Datenpunkte ist; weiterhin ist dieses Schema ideal geeignet zur parallelen Berechnung. Der wichtige Spezialfall eindimensionaler Fouriertransformation wird in den Übungen 14 und 53 besprochen; wir haben den eindimensionalen Fall auch in Abschnitt 4.3.3C betrachtet.

Betrachten wir einen spezielleren Fall von Polynomauswertung. *Lagranges Interpolationspolynom* der Ordnung n, das wir als

$$
\begin{aligned}
u_{[n]}(x) = y_0\frac{(x-x_1)(x-x_2)\ldots(x-x_n)}{(x_0-x_1)(x_0-x_2)\ldots(x_0-x_n)} &+ y_1\frac{(x-x_0)(x-x_2)\ldots(x-x_n)}{(x_1-x_0)(x_1-x_2)\ldots(x_1-x_n)}\\
+\cdots+y_n&\frac{(x-x_0)(x-x_1)\ldots(x-x_{n-1})}{(x_n-x_0)(x_n-x_1)\ldots(x_n-x_{n-1})} \qquad (41)
\end{aligned}
$$

schreiben, ist das einzige Polynom vom Grad $\le n$ in x, das der Reihe nach die Werte y_0, y_1, …, y_n an den $n+1$ verschiedenen Punkten $x = x_0$, x_1, …, x_n annimmt. (Denn es ist evident von (41), dass $u_{[n]}(x_k) = y_k$ für $0 \le k \le n$. Wenn $f(x)$ irgendein solches Polynom vom Grad $\le n$ ist, dann ist $g(x) = f(x) - u_{[n]}(x)$ vom Grad $\le n$ und $g(x)$ verschwindet für $x = x_0$, x_1, …, x_n; deshalb muss $g(x)$ ein Vielfaches des Polynoms $(x-x_0)(x-x_1)\ldots(x-x_n)$ sein. Der Grad letzteren Polynoms ist größer als n, also $g(x) = 0$.) Wenn wir annehmen, dass die Funktionwerte in einer Tafel gut durch ein Polynom approximiert werden, kann deshalb Formel (41) benutzt werden zur „Interpolation" für Funktionswerte an Punkten x, die in der Tafel nicht erscheinen. Lagrange präsentierte (41) seinen Studenten an der Pariser École Normale 1795 [siehe seine *Œuvres* **7** (Paris: 1877), 286]; doch Edward Waring von Cambridge University gebührt eigentlich das Verdienst für (41), weil er bereits dieselbe Formel ganz klar und explizit in *Philosophical Transactions* **69** (1779), 59–67 präsentiert hatte.

Es scheint eine ganze Menge Additionen, Subtraktionen, Multiplikationen und Divisionen in Warings und Lagranges Formel zu geben; in der Tat gibt es genau n Additionen, $2n^2 + 2n$ Subtraktionen, $2n^2 + n - 1$ Multiplikationen und $n + 1$ Divisionen. Doch zum Glück (auf welchen Verdacht wir inzwischen vorbereitet sein sollten) ist Verbesserung möglich.

Die Grundeinsicht zur Vereinfachung von (41) nutzt die Tatsache, dass

$$u_{[n]}(x) - u_{[n-1]}(x) = 0 \qquad \text{für } x = x_0, \ldots, x_{n-1},$$

also $u_{[n]}(x) - u_{[n-1]}(x)$ ein Polynom vom Grad n oder weniger ist und ein Vielfaches von $(x - x_0) \ldots (x - x_{n-1})$. Wir folgern $u_{[n]}(x) = \alpha_n(x - x_0) \ldots (x - x_{n-1}) + u_{[n-1]}(x)$, wobei α_n eine Konstante ist. Dies führt uns zu *Newtons Interpolationformel*

$$\begin{aligned} u_{[n]}(x) = {} & \alpha_n(x - x_0)(x - x_1) \ldots (x - x_{n-1}) + \cdots \\ & + \alpha_2(x - x_0)(x - x_1) + \alpha_1(x - x_0) + \alpha_0, \end{aligned} \qquad (42)$$

wobei die α_i Koeffizienten sind, die wir aus den gegebenen Zahlen $x_0, x_1, \ldots, x_n$, $y_0, y_1, \ldots, y_n$ bestimmen wollen. Beachte, dass diese Formel für alle n gilt; der Koeffizient α_k hängt nicht von $x_{k+1}, \ldots, x_n$ oder von $y_{k+1}, \ldots, y_n$ ab. Sind einmal die α_i bekannt, ist Newtons Interpolationsformel zum Rechnen bequem, da wir wieder einmal Horners Regel verallgemeinern können, indem wir

$$u_{[n]}(x) = \big((\ldots(\alpha_n(x - x_{n-1}) + \alpha_{n-1})(x - x_{n-2}) + \cdots)(x - x_0) + \alpha_0\big) \qquad (43)$$

schreiben. Dies erfordert n Multiplikationen und $2n$ Additionen. Alternativ können wir jeden der individuellen Terme in (42) von rechts nach links auswerten; mit $2n - 1$ Multiplikationen und $2n$ Additionen berechnen wir dadurch alle Werte $u_{[0]}(x)$, $u_{[1]}(x)$, $\ldots$, $u_{[n]}(x)$, und dies zeigt an, ob ein Interpolationsprozess konvergiert.

Die Koeffizienten α_k in Newtons Formel können durch Berechnung der *dividierten Differenzen* in folgendem Tableau gefunden werden (gezeigt für $n = 3$):

$$\begin{array}{llll} y_0 & & & \\ & (y_1 - y_0)/(x_1 - x_0) = y_1' & & \\ y_1 & & (y_2' - y_1')/(x_2 - x_0) = y_2'' & \\ & (y_2 - y_1)/(x_2 - x_1) = y_2' & & (y_3'' - y_2'')/(x_3 - x_0) = y_3''' \\ y_2 & & (y_3' - y_2')/(x_3 - x_1) = y_3'' & \\ & (y_3 - y_2)/(x_3 - x_2) = y_3' & & \\ y_3 & & & \end{array} \qquad (44)$$

Man kann beweisen, dass $\alpha_0 = y_0$, $\alpha_1 = y_1'$, $\alpha_2 = y_2''$ usw. und zeigen, dass die dividierten Differenzen in wichtigen Beziehungen zu den Ableitungen der interpolierten Funktion stehen, siehe Übung 15. Deshalb kann die folgende Rechnung (gemäß (44)) verwendet werden, die α_i zu erhalten:

Beginne mit $(\alpha_0, \alpha_1, \ldots, \alpha_n) \leftarrow (y_0, y_1, \ldots, y_n)$;
dann setze für $k = 1, 2, \ldots, n$ (in dieser Reihenfolge)
$\alpha_j \leftarrow (\alpha_j - \alpha_{j-1})/(x_j - x_{j-k})$ für $j = n, n-1, \ldots, k$ (in dieser Reihenfolge).

Dieser Prozess erfordert $\frac{1}{2}(n^2 + n)$ Divisionen und $n^2 + n$ Subtraktionen, also konnte etwa drei Viertel des Aufwands in (41) eingespart werden.

Nimm zum Beispiel an, dass wir 1,5! schätzen wollen aus den Werten von 0!, 1!, 2! und 3! mittels eines kubischen Polynoms. Die dividierten Differenzen sind

x	y	y'	y''	y'''
0	1			
		0		
1	1		$\frac{1}{2}$	
		1		$\frac{1}{3}$
2	2		$\frac{3}{2}$	
		4		
3	6			

also $u_{[0]}(x) = u_{[1]}(x) = 1$, $u_{[2]}(x) = \frac{1}{2}x(x-1) + 1$, $u_{[3]}(x) = \frac{1}{3}x(x-1)(x-2) + \frac{1}{2}x(x-1)+1$. Wenn wir $x = 1{,}5$ in $u_{[3]}(x)$ setzen, erhalten wir $-0{,}125+0{,}375+1 = 1{,}25$; anzunehmenderweise ist der „korrekte" Wert $\Gamma(2{,}5) = \frac{3}{4}\sqrt{\pi} \approx 1{,}33$. (Doch es gibt natürlich noch viele andere Folgen, die mit den Zahlen 1, 1, 2 und 6 beginnen.)

Wenn wir mehrere Polynome interpolieren wollen, welche dieselben Interpolationspunkte $x_0, x_1, \ldots, x_n$, jedoch verschiedene Werte $y_0, y_1, \ldots, y_n$ haben, ist es wünschenswert, (41) in einer von W. J. Taylor [*J. Research Nat. Bur. Standards* **35** (1945), 151–155] vorgeschlagenen Form neu zu schreiben:

$$u_{[n]}(x) = \left(\frac{y_0 w_0}{x - x_0} + \cdots + \frac{y_n w_n}{x - x_n}\right) \Big/ \left(\frac{w_0}{x - x_0} + \cdots + \frac{w_n}{x - x_n}\right), \qquad (45)$$

wenn $x \notin \{x_0, x_1, \ldots, x_n\}$, wobei

$$w_k = 1/(x_k - x_0) \ldots (x_k - x_{k-1})(x_k - x_{k+1}) \ldots (x_k - x_n). \qquad (46)$$

Diese Form wird auch empfohlen durch ihre numerische Stabilität [siehe P. Henrici, *Essentials of Numerical Analysis* (New York: Wiley, 1982), 237–243]. Der Nenner von (45) ist die Partialbruchentwicklung von $1/(x - x_0)(x - x_1) \ldots (x - x_n)$.

Eine wichtige und etwas überraschende Anwendung der Polynominterpolation wurde von Adi Shamir [*CACM* **22** (1979), 612–613] entdeckt, der bemerkte, dass Polynome mod p dazu benutzt werden können, „ein Geheimnis zu teilen". Das heißt, dass wir ein System von geheimen Schlüsseln oder Passwörtern entwerfen können derart, dass die Kenntnis von $n+1$ der Schlüssel zur effizienten Berechnung einer magischen Zahl N befähigt, die (sagen wir) eine Tür öffnet, wobei jedoch die Kenntnis von irgendwelchen n der Schlüssel keinerlei Information über N liefert. Shamirs umwerfend einfache Lösung dieses Problems besteht in der Wahl eines Zufallspolynoms $u(x) = u_n x^n + \cdots + u_1 x + u_0$, wobei $0 \le u_i < p$ und p eine große Primzahl ist. Jeder Teil des Geheimnisses ist eine ganze Zahl x im Bereich $0 < x < p$ zusammen mit dem Wert von $u(x) \bmod p$; und die Supergeheimzahl N ist der konstante Term u_0. Sind $n+1$ Werte $u(x_i)$ gegeben, dann können wir N durch Interpolation erschließen. Doch wenn nur n Werte von $u(x_i)$ gegeben sind, gibt es ein eindeutiges Polynom $u(x)$ mit einem vorgegebenen konstanten Term, doch denselben Werten an den Stellen $x_1, \ldots, x_n$; also machen die n Werte kein besonderes N wahrscheinlicher als irgendein anderes.

Es ist instruktiv, sich klar zu machen, dass die Auswertung des Interpolationspolynoms just ein Spezialfall des chinesischen Restalgorithmus von Abschnitt 4.3.2 und Übung 4.6.2–3 ist, da wir die Werte von $u_{[n]}(x)$ modulo der teilerfremden Polynome $x - x_0, \ldots, x - x_n$ kennen. (Wie wir in Abschnitt 4.6.2 und in der Diskussion im Anschluß an (3) gesehen haben, $f(x) \bmod (x - x_0) = f(x_0)$.) In dieser Interpretation ist Newtons Formel (42) genau die „Gemischte-Basis-Darstellung" von Gl. 4.3.2–(25); und 4.3.2–(24) ergibt einen anderen Weg, α_0, $\ldots$, α_n zu berechnen mit derselben Zahl von Operationen wie (44).

Durch Anwendung der schnellen Fouriertransformation ist es möglich, die Laufzeit für Interpolation auf $O\big(n\,(\log n)^2\big)$ zu reduzieren und eine ähnliche Reduktion kann auch für verwandte Algorithmen gemacht werden, wie die Lösung des chinesischen Restproblems und die Auswertung eines Polynoms n-ten Grades an n verschiedenen Punkten. [Siehe E. Horowitz, *Inf. Proc. Letters* **1** (1972), 157–163; A. Borodin und R. Moenck, *J. Comp. Syst. Sci.* **8** (1974), 336–385; A. Borodin, *Complexity of Sequential and Paralell Numerical Algorithms*, herausgegeben von J. F. Traub (New York: Academic Press, 1973), 149–180; D. Bini und V. Pan, *Polynomial and Matrix Computations* **1** (Boston: Birkhäuser, 1994), Kapitel 1.] Jedoch sind diese Beobachtungen hauptsächlich von theoretischem Interesse, da die bekannten Algorithmen einen großen Zusatzaufwand besitzen, der sie unattraktiv macht, wenn n nicht sehr groß ist.

Eine bemerkenswerte Erweiterung der Methode der dividierten Differenzen für Quotienten von Polynomen als auch für Polynome wurde eingeführt von T. N. Thiele 1909. Thieles Methode der „reziproken Differenzen" ist besprochen in L. M. Milne-Thompsons *Calculus of finite Differences* (London: MacMillan, 1933), Kapitel 5; siehe auch R. W. Floyd, *CACM* **3** (1960), 508.

***Bilineare Formen.** Mehrere der in diesem Abschnitt betrachteten Probleme sind Spezialfälle des allgemeinen Auswertungproblems einer Menge von *Bilinearformen*

$$z_k = \sum_{i=1}^{m} \sum_{j=1}^{n} t_{ijk} x_i y_j, \qquad \text{für } 1 \le k \le s, \tag{47}$$

wobei die t_{ijk} spezifische Koeffizienten eines gegebenen Körpers sind. Das dreidimensionale Array (t_{ijk}) wird ein $m \times n \times s$ *Tensor* genannt und wir können ihn anzeigen, indem wir s Matrizen der Größe $m \times n$ niederschreiben, eine für jeden Wert von k. Das Problem, zum Beispiel komplexe Zahlen zu multiplizieren, nämlich

$$z_1 + iz_2 = (x_1 + ix_2)(y_1 + iy_2) = (x_1y_1 - x_2y_2) + i(x_1y_2 + x_2y_1) \tag{48}$$

auszuwerten, ist das Problem der Berechnung der Bilinearformen spezifiziert durch den $2 \times 2 \times 2$ Tensor

$$\begin{pmatrix} 1 & 0 \\ 0 & -1 \end{pmatrix} \begin{pmatrix} 0 & 1 \\ 1 & 0 \end{pmatrix}.$$

Matrixmultiplikation wie in (34) definiert ist das Problem der Auswertung einer Menge von Bilinearformen, die einem besonderen $mn \times ns \times ms$ Tensor entsprechen. Fouriertransformationen (37) können ebenfalls in diese Form gegossen werden, obwohl sie linear statt bilinear sind, wenn wir die x konstant statt variabel sein lassen.

Die Auswertung von Bilinearformen kann am leichtesten untersucht werden, wenn wir uns auf das beschränken, was man *normale* Auswertungsschemata nennen könnte, in welchen alle Kettenmultiplikationen zwischen einer Linearkombination der x_i und einer Linearkombination der y_j stattfinden. Also bilden wir r Produkte

$$w_l = (a_{1l}x_1 + \cdots + a_{ml}x_m)(b_{1l}y_1 + \cdots + b_{nl}y_n), \qquad \text{für } 1 \le l \le r, \tag{49}$$

und erhalten die z_k als Linearkombinationen dieser Produkte,

$$z_k = c_{k1}w_1 + \cdots + c_{kr}w_r, \qquad \text{für } 1 \le k \le s. \tag{50}$$

Hier gehören alle a_{ij}, b_{kl} und c_{pq} zu einem gegebenen Koeffizientenkörper. Durch Vergleich von (50) mit (47) sehen wir, dass ein normales Auswertungsschema für den Tensor (t_{ijk}) genau dann korrekt ist, wenn

$$t_{ijk} = a_{i1}b_{j1}c_{k1} + \cdots + a_{ir}b_{jr}c_{kr} \tag{51}$$

für $1 \le i \le m$, $1 \le j \le n$ und $1 \le k \le s$.

Ein von null verschiedener Tensor (t_{ijk}) heißt vom Rang eins, wenn es drei Vektoren $(a_1, \ldots, a_m)$, $(b_1, \ldots, b_n)$, $(c_1, \ldots, c_s)$ gibt mit $t_{ijk} = a_i b_j c_k$ für alle i, j, k.

Wir können diese Definition auf alle Tensoren dadurch erweitern, dass wir *den Rang von* (t_{ijk}) *die Minimalzahl* r *nennen, so dass* (t_{ijk}) *ausdrückbar ist als Summe von* r *Tensoren vom Rang eins* im gegebenen Körper. Ein Vergleich dieser Definition mit Gl. (51) zeigt, dass der Rang eines Tensors die Minimalzahl von Kettenmultiplikationen bei einer normalen Auswertung der entsprechenden Bilinearformen ist. Wenn $s = 1$, ist der Tensor (t_{ijk}) gerade eine gewöhnliche Matrix und der Rang von (t_{ij1}) als Tensor ist derselbe wie der Rang als Matrix (siehe Übung 49).

Der Begriff des Tensorrangs wurde von F. L. Hitchcock in *J. Math. and Physics* **6** (1927), 164–189, eingeführt; auf seine Anwendung auf die Komplexität von Polynomauswertung wurde in einer wichtigen Arbeit von V. Strassen, *Crelle* **264** (1973), 184–202, hingewiesen.

Winograds Schema (35) für Matrixmultiplikation ist „anomal“, weil es die x_i und y_j vermischt, bevor es sie multipliziert. Das Strassen–Winograd-Schema (36) andererseits hängt nicht von der Kommutativiät der Multiplikation ab, also ist es normal. In der Tat entspricht (36) dem folgenden Weg, den $4 \times 4 \times 4$ Tensor für 2×2 Matrixmultiplikation als eine Summe von sieben Tensoren vom Rang eins zu repräsentieren:

$$\begin{pmatrix}1000\\0100\\0000\\0000\end{pmatrix}\begin{pmatrix}0000\\0000\\1000\\0100\end{pmatrix}\begin{pmatrix}0010\\0001\\0000\\0000\end{pmatrix}\begin{pmatrix}0000\\0000\\0010\\0001\end{pmatrix}=\begin{pmatrix}1000\\0000\\0000\\0000\end{pmatrix}\begin{pmatrix}1000\\0000\\0000\\0000\end{pmatrix}\begin{pmatrix}1000\\0000\\0000\\0000\end{pmatrix}\begin{pmatrix}1000\\0000\\0000\\0000\end{pmatrix}$$
$$+\begin{pmatrix}0000\\0100\\0000\\0000\end{pmatrix}\begin{pmatrix}0000\\0000\\0000\\0000\end{pmatrix}\begin{pmatrix}0000\\0000\\0000\\0000\end{pmatrix}\begin{pmatrix}0000\\0000\\0000\\0000\end{pmatrix}+\begin{pmatrix}0000\\0000\\0000\\0000\end{pmatrix}\begin{pmatrix}00\bar{1}1\\0000\\001\bar{1}\\0000\end{pmatrix}\begin{pmatrix}0000\\0000\\0000\\0000\end{pmatrix}\begin{pmatrix}00\bar{1}1\\0000\\001\bar{1}\\0000\end{pmatrix}$$
$$+\begin{pmatrix}0000\\0000\\0000\\0000\end{pmatrix}\begin{pmatrix}0000\\0000\\0000\\\bar{1}11\bar{1}\end{pmatrix}\begin{pmatrix}0000\\0000\\0000\\0000\end{pmatrix}\begin{pmatrix}0000\\0000\\0000\\0000\end{pmatrix}+\begin{pmatrix}0000\\0000\\0000\\0000\end{pmatrix}\begin{pmatrix}0000\\0000\\0000\\0000\end{pmatrix}\begin{pmatrix}0000\\0000\\\bar{1}010\\\bar{1}010\end{pmatrix}\begin{pmatrix}0000\\0000\\\bar{1}010\\\bar{1}010\end{pmatrix}$$
$$+\begin{pmatrix}0000\\0000\\0000\\0000\end{pmatrix}\begin{pmatrix}0000\\0000\\0000\\0000\end{pmatrix}\begin{pmatrix}0001\\0001\\000\bar{1}\\000\bar{1}\end{pmatrix}\begin{pmatrix}0000\\0000\\0000\\0000\end{pmatrix}+\begin{pmatrix}0000\\0000\\0000\\0000\end{pmatrix}\begin{pmatrix}\bar{1}01\bar{1}\\0000\\10\bar{1}1\\10\bar{1}1\end{pmatrix}\begin{pmatrix}\bar{1}01\bar{1}\\0000\\10\bar{1}1\\10\bar{1}1\end{pmatrix}\begin{pmatrix}\bar{1}01\bar{1}\\0000\\10\bar{1}1\\10\bar{1}1\end{pmatrix}. \qquad (52)$$

(Hier steht $\bar{1}$ für -1.)

Die Tatsache, dass (51) symmetrisch in i, j, k und invariant unter verschiedenen Transformationen ist, macht die Untersuchung des Tensorrangs mathematisch behandelbar und führt auch zu einigen überraschenden Folgerungen über Bilinearformen. Wir können die Indizes i, j, k permutieren, um die „transponierten" Bilinearformen zu erhalten, und der transponierte Tensor hat klarerweise denselben Rang; doch sind die entsprechenden Bilinearformen begrifflich ganz verschieden. Ein normales Schema zum Beispiel zur Auswertung eines $(m \times n)$ mal $(n \times s)$ Matrixprodukts impliziert die Existenz eines normalen Schemas zur Auswertung eines $(n \times s)$ mal $(s \times m)$ Matrixprodukts mit derselben Zahl von Kettenmultiplikationen. Bezogen auf Matrizen scheint es kaum so, dass diese beiden Probleme überhaupt aufeinader bezogen sind – sie benötigen verschiedene Anzahlen von Skalarprodukten von Vektoren verschiedener Größen – doch bezogen auf Tensoren sind sie äquivalent. [Siehe V. Y. Pan, *Uspekhi Mat. Nauk* **27**, 5 (September–October 1972), 249–250; J. E. Hopcroft und J. Musinski, *SICOMP* **2** (1973), 159–173.]

Wenn der Tensor (t_{ijk}) als Summe (51) von r Tensoren vom Rang eins dargestellt werden kann, seien A, B, C die Matrizen (a_{il}), (b_{jl}), (c_{kl}) der Reihe nach von der Größe $m \times r$, $n \times r$, $s \times r$; wir werden sagen, (A, B, C) sei eine *Realisierung* des Tensors (t_{ijk}). Die Realisierung von 2×2 Matrixmultiplikation in (52) kann zum Beispiel durch die Matrizen

$$A=\begin{pmatrix}1&0&\bar{1}&0&0&1&\bar{1}\\0&1&0&0&0&1&0\\0&0&1&0&1&\bar{1}&1\\0&0&0&1&1&\bar{1}&1\end{pmatrix},\quad B=\begin{pmatrix}1&0&0&\bar{1}&\bar{1}&0&1\\0&1&0&1&0&0&0\\0&0&1&1&1&0&\bar{1}\\0&0&\bar{1}&\bar{1}&0&1&\bar{1}\end{pmatrix},\quad C=\begin{pmatrix}1&1&0&0&0&0&0\\1&0&1&1&0&0&1\\1&0&0&0&1&1&1\\1&0&1&0&1&0&1\end{pmatrix} \qquad (53)$$

spezifiziert werden.

Ein $m \times n \times s$ Tensor (t_{ijk}) kann auch als eine Matrix dargestellt werden, in der seine Subskripte zusammengefasst werden. Wir werden $(t_{(ij)k})$ schreiben für die $mn \times s$ Matrix, deren Zeilen durch das Paar von Subskripten $\langle i,j\rangle$ und deren Spalten durch k indiziert sind. In ähnlicher Weise steht $(t_{k(ij)})$ für die $s \times mn$ Matrix, die t_{ijk} in Zeile k und Spalte $\langle i,j\rangle$ enthält; $(t_{(ik)j})$ ist eine $ms \times n$ Matrix, und so fort. Die Indizes eines Array müssen nicht ganze Zahlen sein und wir verwenden hier geordnete Paare wie Indizes. Wir können diese Notation zur Ableitung der folgenden einfachen doch nützlichen unteren Schranke für den Rang eines Tensors verwenden.

Lemma T. *Sei (A,B,C) eine Realisierung eines $m \times n \times s$ Tensors (t_{ijk}). Dann* $\operatorname{rank}(A) \geq \operatorname{rank}(t_{i(jk)})$, $\operatorname{rank}(B) \geq \operatorname{rank}(t_{j(ik)})$ *und* $\operatorname{rank}(C) \geq \operatorname{rank}(t_{k(ij)})$; *folglich*

$$\operatorname{rank}(t_{ijk}) \geq \max\bigl(\operatorname{rank}(t_{i(jk)}), \operatorname{rank}(t_{j(ik)}), \operatorname{rank}(t_{k(ij)})\bigr).$$

Beweis. Es genügt wegen der Symmetrie, $r \geq \operatorname{rank}(A) \geq \operatorname{rank}(t_{i(jk)})$ zu zeigen. Da A eine $m \times r$ Matrix ist, kann offensichtlich A keinen Rang größer als r haben. Weiterhin ist gemäß (51) die Matrix $(t_{i(jk)})$ gleich AQ, wobei Q die durch $Q_{l\langle j,k\rangle} = b_{jl}c_{kl}$ definierte $r \times ns$ Matrix ist. Wenn x ein Zeilenvektor mit $xA = 0$ ist, dann $xAQ = 0$, also kommen alle lineare Abhängigkeiten in A auch in AQ vor. Es folgt, dass $\operatorname{rank}(AQ) \leq \operatorname{rank}(A)$. ▮

Als Beispiel für die Verwendung des Lemmas T wollen wir das Problem der Polynommultiplikation betrachten. Nimm an, wir wollen ein allgemeines Polynom vom Grad 2 mit einem allgemeinen Polynom vom Grad 3 multiplizieren, um die Koeffizienten des Produkts

$$(x_0 + x_1u + x_2u^2)(y_0 + y_1u + y_2u^2 + y_3u^3)$$
$$= z_0 + z_1u + z_2u^2 + z_3u^3 + z_4u^4 + z_5u^5 \quad (54)$$

zu erhalten. Das ist das Problem der Auswertung von sechs Bilinearformen, die dem $3 \times 4 \times 6$ Tensor

$$\begin{pmatrix}1&0&0&0\\0&0&0&0\\0&0&0&0\end{pmatrix}\begin{pmatrix}0&1&0&0\\1&0&0&0\\0&0&0&0\end{pmatrix}\begin{pmatrix}0&0&1&0\\0&1&0&0\\1&0&0&0\end{pmatrix}\begin{pmatrix}0&0&0&1\\0&0&1&0\\0&1&0&0\end{pmatrix}\begin{pmatrix}0&0&0&0\\0&0&0&1\\0&0&1&0\end{pmatrix}\begin{pmatrix}0&0&0&0\\0&0&0&0\\0&0&0&1\end{pmatrix} \quad (55)$$

entsprechen. Der Kürze halber können wir (54) als $x(u)y(u) = z(u)$ schreiben, wobei wir mit $x(u)$ das Polynom $x_0 + x_1u + x_2u^2$ usw. bezeichnen (Wir haben den vollen Kreis geschlossen, mit dem wir diesen Abschnitt begannen, da sich Gl. (1) auf $u(x)$, nicht $x(u)$, bezieht; die Notation hat sich geändert, weil die *Koeffizienten* der Polynome jetzt die für uns interessanten Variablen sind.)

Wenn jede der sechs Matrizen in (55) als ein Vektor der Länge 12 indiziert mit $\langle i,j\rangle$ angesehen wird, sind die Vektoren offensichtlich linear unabhängig, da sie in verschiedenen Positionen von null verschieden sind; also ist der Rang von (55) mindestens 6 nach Lemma T. Umgekehrt ist es möglich, die Koeffizienten $z_0, z_1, \ldots, z_5$ mit nur sechs Kettenmultiplikationen zu erhalten, zum Beispiel mittels

$$x(0)y(0),\ x(1)y(1),\ \ldots,\ x(5)y(5); \quad (56)$$

das ergibt die Werte von $z(0), z(1), \ldots, z(5)$ und die oben für Interpolation entwickelten Formeln liefern die Koeffizienten von $z(u)$. Die Auswertung von $x(j)$

und $y(j)$ kann in Gänze ausschließlich mit Additionen und/oder Parametermultiplikationen ausgeführt werden und die Interpolationsformel braucht lediglich Linearkombinationen dieser Werte. Also sind alle Kettenmultiplikationen in (56) angegeben, und der Rang von (55) ist 6. (Wir verwendeten im Wesentlichen dieselbe Technik bei der Multiplikation hochgenauer Zahlen in Algorithmus 4.3.3T.)

Die in den vorigen Paragraphen skizzierte Realisierung (A, B, C) von (55) ergibt sich zu

$$\begin{pmatrix}1&1&1&1&1&1\\0&1&2&3&4&5\\0&1&4&9&16&25\end{pmatrix},\quad \begin{pmatrix}1&1&1&1&1&1\\0&1&2&3&4&5\\0&1&4&9&16&25\\0&1&8&27&64&125\end{pmatrix},\quad \begin{pmatrix}120&0&0&0&0&0\\-274&600&-600&400&-150&24\\225&-770&1070&-780&305&-50\\-85&355&-590&490&-205&35\\15&-70&130&-120&55&-10\\-1&5&-10&10&-5&1\end{pmatrix}\times\frac{1}{120}. \tag{57}$$

Also erreicht das Schema in der Tat die Minimalzahl an Kettenmultiplikationen, doch ist es völlig unpraktisch, weil es so viele Additionen und Parametermultiplikationen involviert. Wir werden jetzt einen praktischen Weg zur Erzeugung effizienterer Schemata untersuchen, der von S. Winograd eingeführt wurde.

Erstens können wir zur Auswertung der Koeffizienten von $x(u)y(u)$, wenn $\deg(x) = m$ und $\deg(y) = n$, die Identität

$$x(u)y(u) = \bigl(x(u)y(u) \bmod p(u)\bigr) + x_m y_n p(u) \tag{58}$$

verwenden, wenn $p(u)$ ein monisches Polynom vom Grad $m+n$ ist. Das Polynom $p(u)$ sollte so gewählt werden, dass die Koeffizienten von $x(u)y(u) \bmod p(u)$ leicht auszuwerten sind.

Zweitens können wir zur Auswertung der Koeffizienten von $x(u)y(u) \bmod p(u)$, wenn das Polynom $p(u)$ in $q(u)r(u)$ mit $\operatorname{ggT}\bigl(q(u), r(u)\bigr) = 1$ zerlegt werden kann, die Identität

$$\begin{aligned} x(u)y(u) \bmod q(u)r(u) = \bigl(&a(u)r(u)(x(u)y(u) \bmod q(u))\\ &+ b(u)q(u)(x(u)y(u) \bmod r(u))\bigr) \bmod q(u)r(u) \end{aligned} \tag{59}$$

verwenden, wobei $a(u)r(u) + b(u)q(u) = 1$; dies ist im Wesentlichen der chinesische Restsatz angewandt auf Polynome.

Drittens können wir immer die Koeffizienten des Polynoms $x(u)y(u) \bmod p(u)$ durch die triviale Identität

$$x(u)y(u) \bmod p(u) = \bigl(x(u) \bmod p(u)\bigr)\bigl(y(u) \bmod p(u)\bigr) \bmod p(u) \tag{60}$$

auswerten. Wiederholte Anwendung von (58), (59) und (60) tendiert zu effizienten Schemata, wie wir sehen werden.

Für unser Beispielproblem (54) wählen wir $p(u) = u^5 - u$ und wenden (58) an; der Grund für diese Wahl von $p(u)$ wird sich im weiteren Verlauf herausstellen. Wenn wir $p(u) = u(u^4 - 1)$ schreiben, reduziert sich Regel (59) auf

$$\begin{aligned} x(u)y(u) \bmod u(u^4-1) = \bigl(-(u^4-1)x_0y_0 + u^4(x(u)y(u) \bmod (u^4-1))\bigr)&\\ \bmod (u^5-u).& \end{aligned} \tag{61}$$

Hier haben wir die Tatsache verwendet, dass $x(u)y(u) \bmod u = x_0y_0$; allgemein ist es eine gute Idee, $p(u)$ so zu wählen, dass $p(0) = 0$, dass also diese Vereinfachung verwendet werden kann. Wenn wir jetzt die Koeffizienten w_0, w_1, w_2, w_3 des Polynoms $x(u)y(u) \bmod (u^4 - 1) = w_0 + w_1u + w_2u^2 + w_3u^3$ bestimmen könnten, wäre unser Problem gelöst, da

$$u^4\bigl(x(u)y(u) \bmod (u^4 - 1)\bigr) \bmod (u^5 - u) = w_0u^4 + w_1u + w_2u^2 + w_3u^3,$$

und die Kombination von (58) und (61) würde sich reduzieren auf

$$x(u)y(u) = x_0y_0 + (w_1 - x_2y_3)u + w_2u^2 + w_3u^3 + (w_0 - x_0y_0)u^4 + x_2y_3u^5. \quad (62)$$

(Diese Formel kann natürlich direkt verifiziert werden.)

Das verbleibende Problem ist die Berechnung von $x(u)y(u) \bmod (u^4 - 1)$; und dieses Teilproblem ist für sich genommen interessant. Es sei uns momentan erlaubt, dass $x(u)$ vom Grad 3 statt vom Grad 2 sei. Dann sind die Koeffizienten von $x(u)y(u) \bmod (u^4 - 1)$ der Reihe nach

$$x_0y_0 + x_1y_3 + x_2y_2 + x_3y_1, \quad x_0y_1 + x_1y_0 + x_2y_3 + x_3y_2,$$
$$x_0y_2 + x_1y_1 + x_2y_0 + x_3y_3, \quad x_0y_3 + x_1y_2 + x_2y_1 + x_3y_0,$$

und der entsprechende Tensor ist

$$\begin{pmatrix}1&0&0&0\\0&0&0&1\\0&0&1&0\\0&1&0&0\end{pmatrix}\begin{pmatrix}0&1&0&0\\1&0&0&0\\0&0&0&1\\0&0&1&0\end{pmatrix}\begin{pmatrix}0&0&1&0\\0&1&0&0\\1&0&0&0\\0&0&0&1\end{pmatrix}\begin{pmatrix}0&0&0&1\\0&0&1&0\\0&1&0&0\\1&0&0&0\end{pmatrix}. \quad (63)$$

Allgemein heißen für $\deg(x) = \deg(y) = n-1$ die Koeffizienten von $x(u)y(u) \bmod (u^n-1)$ *zyklische Konvolution* von $(x_0, x_1, \ldots, x_{n-1})$ und $(y_0, y_1, \ldots, y_{n-1})$. Der k-te Koeffizient w_k ist die Bilinearform $\sum x_iy_j$ summiert über alle i und j mit $i + j \equiv k$ (modulo n).

Die zyklische Konvolution vom Grad 4 kann durch Anwenden der Regel (59) erhalten werden. Im ersten Schritt muss man die Faktoren von $u^4 - 1$ finden, nämlich $(u - 1)(u + 1)(u^2 + 1)$. Wir könnten dies als $(u^2 - 1)(u^2 + 1)$ schreiben, dann Regel (59) anwenden und dann (59) wieder beim Teil modulo $(u^2 - 1) = (u - 1)(u + 1)$ verwenden; doch es ist leichter, die chinesische Rest-Regel (59) direkt auf den Fall mehrerer teilerfremder Faktoren zu verallgemeinern. Wir haben zum Beispiel

$$\begin{aligned}&x(u)y(u) \bmod q_1(u)q_2(u)q_3(u)\\&= \bigl(a_1(u)q_2(u)q_3(u)\bigl(x(u)y(u) \bmod q_1(u)\bigr) + a_2(u)q_1(u)q_3(u)\bigl(x(u)y(u) \bmod q_2(u)\bigr)\\&\qquad + a_3(u)q_1(u)q_2(u)\bigl(x(u)y(u) \bmod q_3(u)\bigr)\bigr) \bmod q_1(u)q_2(u)q_3(u), \quad (64)\end{aligned}$$

wobei $a_1(u)q_2(u)q_3(u) + a_2(u)q_1(u)q_3(u) + a_3(u)q_1(u)q_2(u) = 1$. (Diese Gleichung kann auch in einer anderen Weise verstanden werden durch die Feststellung, dass die Partialbruchentwicklung von $1/q_1(u)q_2(u)q_3(u)$ gerade $a_1(u)/q_1(u) + a_2(u)/q_2(u) + a_3(u)/q_3(u)$ ist.) Von (64) erhalten wir

$$\begin{aligned}x(u)y(u) \bmod (u^4-1) &= \bigl(\tfrac14(u^3+u^2+u+1)x(1)y(1) - \tfrac14(u^3-u^2+u-1)x(-1)y(-1)\\&\quad - \tfrac12(u^2-1)\bigl(x(u)y(u) \bmod (u^2+1)\bigr)\bigr) \bmod (u^4-1). \quad (65)\end{aligned}$$

Das verbleibende Problem ist die Auswertung von $x(u)y(u) \bmod (u^2+1)$ und es ist Zeit, Regel (60) aufzurufen. Erst reduzieren wir $x(u)$ und $y(u)$ mod (u^2+1) und erhalten $X(u) = (x_0-x_2)+(x_1-x_3)u$, $Y(u) = (y_0-y_2)+(y_1-y_3)u$. Dann heißt uns (60), $X(u)Y(u) = Z_0+Z_1u+Z_2u^2$ auszuwerten und dies modulo (u^2+1) zu reduzieren, um $(Z_0-Z_2)+Z_1u$ zu erhalten. Die Aufgabe, $X(u)Y(u)$ zu berechnen, ist einfach; wir können Regel (58) mit $p(u) = u(u+1)$ verwenden, und wir bekommen

$$Z_0 = X_0Y_0, \quad Z_1 = X_0Y_0 - (X_0-X_1)(Y_0-Y_1) + X_1Y_1, \quad Z_2 = X_1Y_1.$$

(Wir haben dadurch den Kunstgriff von Gl. 4.3.3–(2) in einer systematischeren Weise wiederentdeckt.) Alles zusammen ergibt die folgende Realisierung (A, B, C) der zyklischen Konvolution vom Grade 4:

$$\begin{pmatrix}1&1&1&0&1\\1&\bar1&0&1&\bar1\\1&1&\bar1&0&\bar1\\1&\bar1&0&\bar1&1\end{pmatrix}, \quad \begin{pmatrix}1&1&1&0&1\\1&\bar1&0&1&\bar1\\1&1&\bar1&0&\bar1\\1&\bar1&0&\bar1&1\end{pmatrix}, \quad \begin{pmatrix}1&1&2&\bar2&0\\1&\bar1&2&2&\bar2\\1&1&\bar2&2&0\\1&\bar1&\bar2&\bar2&2\end{pmatrix} \times \frac{1}{4}. \qquad (66)$$

Hier steht $\bar1$ für -1 und $\bar2$ für -2.

Der Tensor für die zyklische Konvolution vom Grad n erfüllt

$$t_{i,j,k} = t_{k,-j,i}, \qquad (67)$$

wobei die Subskripte modulo n genommen werden, da $t_{ijk} = 1$ genau dann, wenn $i+j \equiv k$ (modulo n). Wenn also (a_{il}), (b_{jl}), (c_{kl}) eine Realisierung der zyklischen Konvolution ist, so auch (c_{kl}), $(b_{-j,l})$, (a_{il}); insbesondere können wir (63) realisieren durch Transformation von (66) in

$$\begin{pmatrix}1&1&2&\bar2&0\\1&\bar1&2&2&\bar2\\1&1&\bar2&2&0\\1&\bar1&\bar2&\bar2&2\end{pmatrix} \times \frac{1}{4}, \quad \begin{pmatrix}1&1&1&0&1\\1&\bar1&0&\bar1&1\\1&1&\bar1&0&\bar1\\1&\bar1&0&1&\bar1\end{pmatrix}, \quad \begin{pmatrix}1&1&1&0&1\\1&\bar1&0&1&\bar1\\1&1&\bar1&0&\bar1\\1&\bar1&0&\bar1&1\end{pmatrix}. \qquad (68)$$

Jetzt erscheinen alle die komplizierten Skalare in der Matrix A. Dies ist in der Praxis wichtig, da wir oft die Konvolution für viele Werte von y_0, y_1, y_2, y_3 doch nur für eine feste Wahl von x_0, x_1, x_2, x_3 berechnen wollen. In einer solchen Situation kann die Arithmetik an den x_i ein für alle Mal getan werden, und wir brauchen sie nicht zu zählen. Also führt (68) zum folgenden Schema für die Auswertung der zyklischen Konvolution w_0, w_1, w_2, w_3, wenn x_0, x_1, x_2, x_3 von vorneherein bekannt sind:

$$\begin{gathered}
s_1 = y_0 + y_2, \quad s_2 = y_1 + y_3, \quad s_3 = s_1 + s_2, \quad s_4 = s_1 - s_2,\\
s_5 = y_0 - y_2, \quad s_6 = y_3 - y_1, \quad s_7 = s_5 - s_6;\\
m_1 = \tfrac{1}{4}(x_0 + x_1 + x_2 + x_3) \cdot s_3, \quad m_2 = \tfrac{1}{4}(x_0 - x_1 + x_2 - x_3) \cdot s_4,\\
m_3 = \tfrac{1}{2}(x_0+x_1-x_2-x_3) \cdot s_5, \quad m_4 = \tfrac{1}{2}(-x_0+x_1+x_2-x_3) \cdot s_6, \quad m_5 = \tfrac{1}{2}(x_3-x_1) \cdot s_7;\\
t_1 = m_1 + m_2, \quad t_2 = m_3 + m_5, \quad t_3 = m_1 - m_2, \quad t_4 = m_4 - m_5;\\
w_0 = t_1 + t_2, \quad w_1 = t_3 + t_4, \quad w_2 = t_1 - t_2, \quad w_3 = t_3 - t_4. \qquad (69)
\end{gathered}$$

Hier gibt es 5 Multiplikationen und 15 Additionen, während die Definition der zyklischen Konvolution 16 Multiplikationen und 12 Additionen involviert. Wir werden später beweisen, dass 5 Multiplikationen notwendig sind.

Gehen wir zurück zu unserem ursprünglichen Multiplikationsproblem (54). Mit (62) haben wir die Realisierung

$$\begin{pmatrix} 4&0&1&1&2&\bar{2}&0 \\ 0&0&1&\bar{1}&2&2&\bar{2} \\ 0&4&1&1&\bar{2}&2&0 \end{pmatrix} \times \frac{1}{4}, \quad \begin{pmatrix} 1&0&1&1&1&0&1 \\ 0&0&1&\bar{1}&0&\bar{1}&1 \\ 0&0&1&1&\bar{1}&0&\bar{1} \\ 0&1&1&\bar{1}&0&1&\bar{1} \end{pmatrix}, \quad \begin{pmatrix} 1&0&0&0&0&0&0 \\ 0&\bar{1}&1&\bar{1}&0&1&\bar{1} \\ 0&0&1&1&\bar{1}&0&\bar{1} \\ 0&0&1&\bar{1}&0&\bar{1}&1 \\ \bar{1}&0&1&1&1&0&1 \\ 0&1&0&0&0&0&0 \end{pmatrix} \qquad (70)$$

abgeleitet. Diese Schema verwendet eine mehr als die Minimalzahl von Kettenmultiplikationen, doch es erfordert weit weniger Parametermultiplikationen als (57). Natürlich muß man zugeben, dass das Schema noch recht kompliziert ist: Wenn es unser Ziel ist, einfach die Koeffizienten z_0, z_1, ..., z_5 des Produkts zweier gegebener Polynome

$$(x_0 + x_1 u + x_2 u^2)(y_0 + y_1 u + y_2 u^2 + y_3 u^3)$$

als einmalige Angelegenheit zu berechnen, kann es sehr wohl unsere beste Wahl sein, die naheliegende Methode zu verwenden, die 12 Multiplikationen und 6 Additionen braucht – außer wenn die x und y (sagen wir) Matrizen sind. Ein anderes recht attraktives Schema, welches 8 Multiplikationen und 18 Additionen erfordert, erscheint in Übung 58(b). Beachte, wenn die x fest sind und die y sich ändern, schafft (70) die Auswertung mit 7 Multiplikationen und 17 Additionen. Obwohl dieses Schema so, wie es steht, nicht sonderlich brauchbar ist, hat unsere Ableitung wichtige Techniken illustriert, die in einer Reihe anderer Situationen nützlich sind. Zum Beispiel hat Winograd diese Vorgehensweise dazu benutzt, Fouriertransformationen mit signifikant weniger Multiplikationen zu berechnen als sie der FFT-Algorithmus benötigt (siehe Übung 53).

Schließen wir diesen Abschnitt mit der Bestimmung des genauen Rangs des $n \times n \times n$ Tensors, welcher der Multiplikation zweier Polynome modulo eines dritten,

$$\begin{aligned} &z_0 + z_1 u + \cdots + z_{n-1} u^{n-1} \\ &\quad = (x_0 + x_1 u + \cdots + x_{n-1} u^{n-1})(y_0 + y_1 u + \cdots + y_{n-1} u^{n-1}) \bmod p(u), \end{aligned} \qquad (71)$$

entspricht. Hier steht $p(u)$ für irgendein gegebenes monisches Polynom vom Grad n; insbesondere kann $p(u)$ gerade $u^n - 1$ sein, so dass ein Ergebnis unserer Untersuchung sein wird, den Rang des Tensors abzuleiten, der einer zyklischen Konvolution vom Grad n entspricht. Es wird bequem sein, $p(u)$ in der Form

$$p(u) = u^n - p_{n-1} u^{n-1} - \cdots - p_1 u - p_0, \qquad (72)$$

zu schreiben, so dass $u^n \equiv p_0 + p_1 u + \cdots + p_{n-1} u^{n-1}$ (modulo $p(u)$).

Das Tensorelement t_{ijk} ist der Koeffizient von u^k in $u^{i+j} \bmod p(u)$; und das ist das Element in Zeile i und Spalte k der Matrix P^j, wobei

$$P = \begin{pmatrix} 0 & 1 & 0 & \dots & 0 \\ 0 & 0 & 1 & \dots & 0 \\ \vdots & \vdots & \vdots & & \vdots \\ 0 & 0 & 0 & \dots & 1 \\ p_0 & p_1 & p_2 & \dots & p_{n-1} \end{pmatrix} \tag{73}$$

die *Begleitmatrix* von $p(u)$ genannt wird. (Die Indizes i, j, k in unserer Diskussion laufen von 0 nach $n-1$ statt von 1 nach n.) Es bietet sich an, den Tensor zu transponieren, denn wenn $T_{ijk} = t_{ikj}$, werden die individuellen Schichten von (T_{ijk}) für $k = 0, 1, 2, \dots, n-1$ einfach durch die Matrizen

$$I \qquad P \qquad P^2 \qquad \dots \qquad P^{n-1} \tag{74}$$

gegeben.

Die ersten Zeilen der Matrizen in (74) sind der Reihe nach die Einheitsvektoren $(1,0,0,\dots,0)$, $(0,1,0,\dots,0)$, $(0,0,1,\dots,0)$, $\dots$, $(0,0,0,\dots,1)$, also wird eine Linearkombination $\sum_{k=0}^{n-1} v_k P^k$ genau dann die Nullmatrix sein, wenn die Koeffizienten v_k alle null sind. Weiterhin sind die meisten dieser Linearkombinationen in Wirklichkeit nicht-singuläre Matrizen, denn wir haben

$$(w_0, w_1, \dots, w_{n-1}) \sum_{k=0}^{n-1} v_k P^k = (0, 0, \dots, 0)$$

$$\text{genau dann, wenn} \quad V(u)w(u) \equiv 0 \quad \bigl(\text{modulo } p(u)\bigr),$$

wobei $v(u) = v_0 + v_1 u + \cdots + v_{n-1}u^{n-1}$ und $w(u) = w_0 + w_1 u + \cdots + w_{n-1}u^{n-1}$. Also ist $\sum_{k=0}^{n-1} v_k P^k$ genau dann eine singuläre Matrix, wenn das Polynom $v(u)$ ein Vielfaches eines Faktors von $p(u)$ ist. Wir sind jetzt in der Lage, das gewünschte Ergebnis zu beweisen.

Satz W (S. Winograd, 1975). *Sei $p(u)$ ein monisches Polynom vom Grad n, dessen vollständige Faktorisierung über einem gegebenen unendlichen Körper*

$$p(u) = p_1(u)^{e_1} \dots p_q(u)^{e_q} \tag{75}$$

ist. Dann ist der Rang des Tensors (74), der den Bilinearformen (71) zugeordnet ist, $2n - q$ über diesem Körper.

Beweis. Die Bilinearformen können mit nur $2n - q$ Kettenmultiplikationen mit den Regeln (58), (59), (60) in einer geeigneten Weise ausgewertet werden, also brauchen wir nur zu beweisen, dass der Rang $r \geq 2n - q$ ist. Die obige Diskussion hat gezeigt, dass $\operatorname{rank}(T_{(ij)k}) = n$; also hat nach Lemma T jede $n \times r$ Realisierung (A, B, C) von (T_{ijk}) $\operatorname{rank}(C) = n$. Unsere Strategie wird sein, Lemma T wieder zu verwenden und zwar durch Auffinden eines Vektors $(v_0, v_1, \dots, v_{n-1})$ mit den folgenden zwei Eigenschaften:

i) Der Vektor $(v_0, v_1, \dots, v_{n-1})C$ hat höchstens $q + r - n$ von null verschiedene Koeffizienten.

ii) Die Matrix $v(P) = \sum_{k=0}^{n-1} v_k P^k$ ist nicht-singulär.

Das und Lemma T werden beweisen, dass $q + r - n \geq n$, da die Identität

$$\sum_{l=1}^{r} a_{il} b_{jl} \left(\sum_{k=0}^{n-1} v_k c_{kl} \right) = v(P)_{ij}$$

zeigt, wie man den $n \times n \times 1$ Tensor $v(P)$ vom Rang n mit $q + r - n$ Kettenmultiplikationen realisieren kann.

Wir nehmen der Einfachheit halber an, dass die ersten n Spalten von C linear unabhängig sind. Sei D die $n \times n$ Matrix derart, dass die ersten n Spalten von DC gleich der Einheitsmatrix sind. Wir werden am Ziel sein, wenn es eine Linearkombination $(v_0, v_1, \ldots, v_{n-1})$ von höchstens q Zeilen von D gibt, so dass $v(P)$ nicht-singulär ist; ein solcher Vektor wird die Bedingungen (i) und (ii) erfüllen.

Da die Zeilen von D linear unabhängig sind, kann kein irreduzibler Faktor $p_\lambda(u)$ die jeder Zeile entsprechenden Polynome dividieren. Sei ein Vektor

$$w = (w_0, w_1, \ldots, w_{n-1})$$

gegeben und sei die Abdeckung(w) die Menge aller λ, so dass $w(u)$ nicht ein Vielfaches von $p_\lambda(u)$ ist. Für zwei Vektoren v und w können wir eine Linearkombination $v + \alpha w$ derart finden, dass

$$\text{Abdeckung}(v + \alpha w) = \text{Abdeckung}(v) \cup \text{Abdeckung}(w) \tag{76}$$

für ein α im Körper. Der Grund ist, wenn λ durch v oder w, aber nicht durch beide, abgedeckt wird, dass dann λ durch $v+\alpha w$ für alle von null verschiedenen α abgedeckt wird; wenn λ durch beide, v und w, aber nicht durch $v+\alpha w$, abgedeckt wird, dass dann wird λ durch $v + \beta w$ abgedeckt für alle $\beta \neq \alpha$. Wenn man $q + 1$ verschiedene Werte von α ausprobiert, muss mindestens einer (76) ergeben. Auf diese Weise können wir systematisch eine Linearkombination konstruieren von höchstens q Zeilen von D, die alle λ für $1 \leq \lambda \leq q$ abdecken. ▌

Eines der wichtigsten Korrolare von Satz W ist, dass der Rang eines Tensors vom Körper abhängen kann, aus welchem wir die Elemente der Realisierung (A, B, C) beziehen. Betrachte zum Beispiel den Tensor, der einer zyklischen Konvolution vom Grad 5 entspricht; das ist äquivalent zur Multiplikation von Polynomen mod $p(u) = u^5 - 1$. Über dem Körper der rationalen Zahlen ist die vollständige Faktorisierung von $p(u)$ gerade $(u - 1)(u^4 + u^3 + u^2 + u + 1)$ nach Übung 4.6.2–32, also ist der Tensorrang $10 - 2 = 8$. Andererseits ist die vollständige Faktorisierung über den reellen Zahlen, ausgedrückt durch die Zahl $\phi = \frac{1}{2}(1 + \sqrt{5})$, gerade $(u - 1)(u^2 + \phi u + 1)(u^2 - \phi^{-1}u + 1)$; also ist der Rang nur 7, wenn wir das Auftreten beliebiger reeller Zahlen in A, B, C erlauben. Über den komplexen Zahlen ist der Rang 5. Dieses Phänomen tritt nicht bei zweidimensionalen Tensoren (Matrizen) auf, wo der Rang durch die Auswertung von Determinanten von Teilmatrizen bestimmt werden kann, die auf 0 geprüft werden. Der Rang einer Matrix ändert sich nicht, wenn der Elementkörper in einen größeren Körper eingebettet wird, doch *kann* der Rang eines Tensors sich erniedrigen, wenn der Körper größer wird.

In der Arbeit, in der Satz W [*Math. Systems Theory* **10** (1977), 169–180] eingeführt wurde, zeigte Winograd weiter, dass *alle* Realisierungen von (71) in $2n - q$ Kettenmultiplikationen der Verwendung von (59) entsprechen, wenn q größer als 1 ist. Darüber hinaus hat er gezeigt, dass der einzige Weg, die Koeffizienten von $x(u)y(u)$ in $\deg(x) + \deg(y) + 1$ Kettenmultiplikationen auszuwerten, die Verwendung von Interpolation oder (58) mit einem Polynom ist, das in verschiedene Linearfaktoren über dem Körper zerfällt. Schließlich hat er bewiesen, dass der einzige Weg, $x(u)y(u) \bmod p(u)$ mit $2n-1$ Kettenmultiplikationen auszuwerten für $q = 1$ im Wesentlichen darin besteht, (60) zu verwenden. Diese Ergebnisse gelten für *alle* Polynomketten, nicht nur für „normale“. Er hat die Ergebnisse auf multivariate Polynome in *SICOMP* **9** (1980), 225–229, erweitert.

Der Tensorrang eines beliebigen $m \times n \times 2$ Tensors in einem genügend großen Körper ist von Joseph Ja'Ja', *SICOMP* **8** (1979), 443–462; *JACM* **27** (1980), 822–830, bestimmt worden. Siehe auch seine interessante Diskussion kommutativer Bilinearformen in *SICOMP* **9** (1980), 713–728. Jedoch ist das Problem, den Tensorrang eines beliebigen $n \times n \times n$ Tensors über einem endlichen Körper zu bestimmen, NP-vollständig [J. Håstad, *Journal of Algorithms* **11** (1990), 644–654].

Weitere Lektüre. In diesem Abschnitt haben wir lediglich die Oberfläche eines sehr großen Themengebiets angekratzt, in welchem viele schöne Theorien in Entstehung begriffen sind. Beträchtlich umfassendere Behandlungen können in den Büchern *Computational Complexity of Algebraic and Numeric Problems* von A. Borodin und I. Munro (New York: American Elsevier, 1975); *Polynomial and Matrix Computations* **1** von D. Bini und V. Pan (Boston: Birkhäuser, 1994); *Algebraic Complexity Theory* von P. Bürgisser, M. Clausen, und M. Amin Shokrollahi (Heidelberg: Springer, 1997) gefunden werden.

Übungen

1. [*15*] Was ist ein guter Weg, ein ungerades Polynom

$$u(x) = u_{2n+1}x^{2n+1} + u_{2n-1}x^{2n-1} + \cdots + u_1 x$$

auszuwerten?

▶ **2.** [*M20*] Statt $u(x + x_0)$ durch Schritte H1 und H2 wie im Text zu berechnen, besprich die Anwendung von Horners Regel (2), wenn *Polynom*-Multiplikation und -Addition statt der Arithmetik im Koeffizientenbereich verwendet werden.

3. [*20*] Gib eine Methode analog zu Horners Regel an für die Auswertung eines Polynoms in zwei Variablen $\sum_{i+j \le n} u_{ij}x^i y^j$. (Dieses Polynom hat $(n + 1)(n + 2)/2$ Koeffizienten und sein „totaler Grad“ ist n.) Zähle die Anzahl der von dir verwendeten Additionen und Multiplikationen.

4. [*M20*] Der Text zeigt, dass Schema (3) über Horners Regel überlegen ist, wenn wir ein Polynom mit reellen Koeffizienten an einer komplexen Stelle z auswerten. Vergleiche (3) mit Horners Regel, wenn *sowohl* die Koeffizienten *als auch* die Variable z komplexe

Zahlen sind; wie viele (reelle) Multiplikationen und Additionen oder Subtraktionen werden bei jeder Methode benötigt?

5. [*M15*] Zähle die Anzahl der bei der Regel zweiter Ordnung benötigten Multiplikationen und Additionen(4).

6. [*22*] (L. de Jong und J. van Leeuwen.) Zeige, wie man die Schritte S1, ..., S4 des Shaw-Traub-Algorithmus dadurch verbessern kann, dass man nur etwa $\frac{1}{2}n$ Potenzen von x_0 berechnet.

7. [*M25*] Wie können $\beta_0, \ldots, \beta_n$ berechnet werden, so dass (6) die Werte $u(x_0+kh)$ für alle ganzen Zahlen k wiedergibt?

8. [*M20*] Die Fakultätspotenz $x^{\underline{k}}$ ist definiert als $k!\binom{x}{k} = x(x-1)\ldots(x-k+1)$. Erkläre, wie $u_n x^{\underline{n}} + \cdots + u_1 x^{\underline{1}} + u_0$ mit höchstens n Multiplikationen und $2n-1$ Additionen auszuwerten ist, wenn man mit x und den $n+3$ Konstanten $u_n, \ldots, u_0, 1, n-1$ anfängt.

9. [*M25*] (H. J. Ryser.) Zeige, dass wenn $X = (x_{ij})$ eine $n \times n$ Matrix ist, dann ist

$$\operatorname{per}(X) = \sum (-1)^{n-\epsilon_1-\cdots-\epsilon_n} \prod_{1\le i\le n} \sum_{1\le j\le n} \epsilon_j x_{ij}$$

summiert über alle 2^n Wahlmöglichkeiten von $\epsilon_1, \ldots, \epsilon_n$ unabhängig voneinander gleich 0 oder 1. Zähle die Anzahl der Additionen und Multiplikationen, um $\operatorname{per}(X)$ nach dieser Formel auszuwerten.

10. [*M21*] Die Permanente einer $n \times n$ Matrix $X = (x_{ij})$ kann wie folgt berechnet werden: Beginne mit den n Größen $x_{11}, x_{12}, \ldots, x_{1n}$. Für $1 \le k < n$ nimm an, dass die $\binom{n}{k}$ Größen A_{kS} schon berechnet worden sind für alle k-elementigen Teilmengen S von $\{1, 2, \ldots, n\}$, wobei $A_{kS} = \sum x_{1j_1} \ldots x_{kj_k}$ summiert über alle $k!$ Permutationen $j_1 \ldots j_k$ der Elemente von S; dann bilde alle Summen

$$A_{(k+1)S} = \sum_{j\in S} A_{k(S\setminus\{j\})}\, x_{(k+1)j}.$$

Wir erhalten $\operatorname{per}(X) = A_{n\{1,\ldots,n\}}$. Wie viele Additionen und Multiplikationen benötigt diese Methode? Wieviel temporärer Speicher wird benötigt?

11. [*M46*] Gibt es irgendeinen Weg, die Permanente einer allgemeinen $n \times n$ Matrix mit weniger als 2^n arithmetischen Operationen auszuwerten?

12. [*M50*] Was ist die Minimalzahl erforderlicher Multiplikationen, das Produkt zweier $n \times n$ Matrizen zu bilden? Was ist der kleinste Exponent ω, dass $O(n^{\omega+\epsilon})$ Multiplikationen ausreichen für alle $\epsilon > 0$? (Finde gute obere und untere Schranken für kleine als auch große n.)

13. [*M23*] Finde die Inverse der allgemeinen diskreten Fouriertransformation (37), indem $F(t_1, \ldots, t_n)$ durch die Werte von $f(s_1, \ldots, s_n)$ ausgedrückt wird. [*Hinweis:* Siehe Gl. 1.2.9–(13).]

▶ **14.** [*HM28*] (*Schnelle Fouriertransformation.*) Zeige, dass das Schema (40) zur Auswertung einer eindimensionalen diskreten Fouriertransformation

$$f(s) = \sum_{0\le t<2^n} F(t)\,\omega^{st}, \qquad \omega = e^{2\pi i/2^n}, \qquad 0 \le s < 2^n,$$

mit der Arithmetik komplexer Zahlen benutzt werden kann. Schätze die Anzahl der ausgeführten arithmetischen Operationen.

▶ **15.** [*HM28*] Die n-te *dividierte Differenz* $f(x_0, x_1, \ldots, x_n)$ einer Funktion $f(x)$ an $n+1$ verschiedenen Punkten x_0, x_1, …, x_n wird durch die Formel

$$f(x_0, x_1, \ldots, x_n) = \bigl(f(x_0, x_1, \ldots, x_{n-1}) - f(x_1, \ldots, x_{n-1}, x_n)\bigr)/(x_0 - x_n),$$

für $n > 0$ definiert. Also ist $f(x_0, x_1, \ldots, x_n) = \sum_{k=0}^{n} f(x_k)/\prod_{0\le j\le n,\, j\ne k}(x_k - x_j)$ eine symmetrische Funktion ihrer $n+1$ Argumente. (a) Beweise, dass $f(x_0, \ldots, x_n) = f^{(n)}(\theta)/n!$ für ein θ zwischen $\min(x_0, \ldots, x_n)$ und $\max(x_0, \ldots, x_n)$, wenn die n-te Ableitung $f^{(n)}(x)$ existiert und stetig ist. [*Hinweis:* Beweise die Identität

$$f(x_0, x_1, \ldots, x_n) = \int_0^1 dt_1 \int_0^{t_1} dt_2 \ldots \int_0^{t_{n-1}} dt_n f^{(n)}\bigl(x_0(1 - t_1) + x_1(t_1 - t_2) + \cdots + x_{n-1}(t_{n-1} - t_n) + x_n(t_n - 0)\bigr).$$

Diese Formel definiert auch $f(x_0, x_1, \ldots, x_n)$ in einer nützlichen Weise, wenn die x_j nicht verschieden sind.] (b) Mit $y_j = f(x_j)$ zeige, dass $\alpha_j = f(x_0, \ldots, x_j)$ in Newtons Interpolationspolynom (42).

16. [*M22*] Wie können wir die Koeffizienten von $u_{[n]}(x) = u_n x^n + \cdots + u_0$ leicht berechnen, wenn wir die Werte von x_0, x_1, …, x_{n-1}, α_0, α_1, …, α_n in Newtons Interpolationspolynom (42) gegeben haben?

17. [*M20*] Zeige, dass sich die Interpolationsformel (45) zu einem sehr einfachen Ausdruck mit Binomialkoeffizienten reduziert, wenn $x_k = x_0 + kh$ für $0 \le k \le n$. [*Hinweis:* Siehe Übung 1.2.6–48.]

18. [*M20*] Nimm an, das Schema vierten Grades (9) würde geändert zu

$$y = (x + \alpha_0)x + \alpha_1, \qquad u(x) = \bigl((y - x + \alpha_2)y + \alpha_3\bigr)\alpha_4.$$

Welche Formeln zur Berechnung der α_j durch die u_k würden die Stelle von (10) einnehmen?

▶ **19.** [*M24*] Erkläre, wie die adaptierten Koeffizienten α_0, α_1, …, α_5 in (11) aus den Koeffizienten u_5 …, u_1, u_0 von $u(x)$ zu bestimmen sind, und finde die α_i für das besondere Polynom $u(x) = x^5 + 5x^4 - 10x^3 - 50x^2 + 13x + 60$.

▶ **20.** [*21*] Schreibe ein `MIX`-Programm, das ein Polynom fünften Grades gemäß Schema (11) auswertet; versuche, das Programm durch geringe Änderungen von (11) so effizient wie möglich zu machen. Verwende `MIX`' Gleitkomma-Arithmetik-Operatoren `FADD` und `FMUL`, welche in Abschnitt 4.2.1 beschrieben sind.

21. [*20*] Finde zwei zusätzliche Wege, das Polynom $x^6 + 13x^5 + 49x^4 + 33x^3 - 61x^2 - 37x + 3$ durch Schema (12) auszuwerten mittels der zwei Wurzeln von (15), die im Text nicht betrachtet wurden.

22. [*18*] Was ist das Schema für die Auswertung von $x^6 - 3x^5 + x^4 - 2x^3 + x^2 - 3x - 1$ mit Pans Methode (16)?

23. [*HM30*] (J. Eve.) Sei $f(z) = a_n z^n + a_{n-1} z^{n-1} + \cdots + a_0$ ein Polynom vom Grad n mit reellen Koeffizienten, das mindestens $n - 1$ Wurzeln mit einem nicht-negativen Realteil hat. Sei

$$g(z) = a_n z^n + a_{n-2} z^{n-2} + \cdots + a_{n \bmod 2} z^{n \bmod 2},$$
$$h(z) = a_{n-1} z^{n-1} + a_{n-3} z^{n-3} + \cdots + a_{(n-1) \bmod 2} z^{(n-1) \bmod 2}.$$

Nimm an, dass $h(z)$ nicht identisch null ist.

a) Zeige, dass $g(z)$ mindestens $n-2$ imaginäre Wurzeln (d.h. Wurzeln, deren Realteil null ist), und $h(z)$ mindestens $n-3$ imaginäre Wurzeln hat. [*Hinweis:* Betrachte die Anzahl der Male, dass der Pfad von $f(z)$ den Ursprung umschlingt, wenn z den in Fig. 16 gezeigten Pfad für einen hinreichend großen Radius R durchläuft.]

b) Beweise, dass die Quadrate der Wurzeln von $g(z) = 0$ und $h(z) = 0$ alle reell sind.

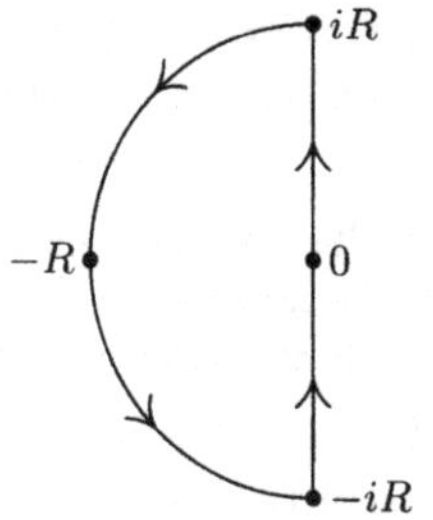

Fig. 16. Beweis von Eves Satz.

▶ **24.** [*M24*] Finde Werte von c und α_k, β_k, die die Bedingungen von Satz E für das Polynom $u(x) = (x+7)(x^2+6x+10)(x^2+4x+5)(x+1)$ erfüllen. Wähle diese Werte so, dass $\beta_2 = 0$. Gib zwei verschiedene Lösungen.

25. [*M20*] Wenn die Konstruktion im Beweis von Theorem M auf die (ineffiziente) Polynomkette

$$\lambda_1 = \alpha_1 + \lambda_0, \quad \lambda_2 = -\lambda_0 - \lambda_0, \quad \lambda_3 = \lambda_1 + \lambda_1, \quad \lambda_4 = \alpha_2 \times \lambda_3,$$
$$\lambda_5 = \lambda_0 - \lambda_0, \quad \lambda_6 = \alpha_6 - \lambda_5, \quad \lambda_7 = \alpha_7 \times \lambda_6, \quad \lambda_8 = \lambda_7 \times \lambda_7,$$
$$\lambda_9 = \lambda_1 \times \lambda_4, \quad \lambda_{10} = \alpha_8 - \lambda_9, \quad \lambda_{11} = \lambda_3 - \lambda_{10}$$

angewandt wird, wie können dann die $\beta_1, \beta_2, \ldots, \beta_9$ durch die $\alpha_1, \ldots, \alpha_8$ ausgedrückt werden?

▶ **26.** [*M21*] (a) Gib die Polynomkette an, die Horners Regel zur Auswertung von Polynomen vom Grad $n = 3$ entspricht. (b) Drücke mittels der Konstruktion im Text beim Beweis von Satz A κ_1, κ_2, κ_3 und das Ergebnispolynom $u(x)$ durch β_1, β_2, β_3, β_4 und x aus. (c) Zeige, dass die Ergebnismenge von (b), wenn β_1, β_2, β_3 und β_4 unabhängig alle reellen Werte durchlaufen, gewisse Vektoren der Ergebnismenge von (a) ausläßt.

27. [*M22*] Sei R sei eine Menge, die alle $(n+1)$-Tupel $(q_n, \ldots, q_1, q_0)$ von reellen Zahlen einschließt mit $q_n \neq 0$; beweise, dass R nicht höchstens n Freiheitsgrade hat.

28. [*HM20*] Zeige, wenn $f_0(\alpha_1, \ldots, \alpha_s), \ldots, f_s(\alpha_1, \ldots, \alpha_s)$ multivariate Polynome mit Ganzzahlkoeffizienten sind, dass es ein von null verschiedenes Polynom $g(x_0, \ldots, x_s)$ mit Ganzzahlkoeffizienten und $g(f_0(\alpha_1, \ldots, \alpha_s), \ldots, f_s(\alpha_1, \ldots, \alpha_s)) = 0$ gibt für alle reellen $\alpha_1, \ldots, \alpha_s$. (Also hat jede Polynomkette mit s Parametern höchstens s Freiheitsgrade.) [*Hinweis:* Verwende die Sätze über „algebraische Abhängigkeit", die man zum Beispiel in B. L. van der Waerdens *Algebra I*, 8. Auflage, (Heidelberg: Springer, 1971), Paragraph 74] findet.

▶ **29.** [*M20*] Seien R_1, R_2, ..., R_m alle Mengen von $(n+1)$-Tupeln reeller Zahlen mit höchstens t Freiheitsgraden. Zeige, dass die Vereinigung $R_1 \cup R_2 \cup \cdots \cup R_m$ auch höchstens t Freiheitsgrade hat.

▶ **30.** [*M28*] Beweise, dass eine Polynomkette mit m_c Kettenmultiplikationen und m_p Parametermultiplikationen höchstens $2m_c + m_p + \delta_{0m_c}$ Freiheitsgrade hat. [*Hinweis:* Verallgemeinere Satz M durch den Nachweis, dass die erste Kettenmultiplikation und jede Parametermultiplikation im Wesentlichen nur einen neuen Parameter in die Ergebnismenge einbringen kann.]

31. [*M23*] Beweise, dass eine Polynomkette, die alle *monischen* Polynome vom Grad n berechnen kann, mindestens $\lfloor n/2 \rfloor$ Multiplikationen und mindestens n Additionen oder Subtraktionen hat.

32. [*M24*] Finde eine Polynomkette von minimal möglicher Länge, die alle Polynome von der Form $u_4x^4 + u_2x^2 + u_0$ berechnen kann und beweise, dass ihre Länge minimal ist.

▶ **33.** [*M25*] Sei $n \geq 3$ ungerade. Beweise, dass eine Polynomkette mit $\lfloor n/2 \rfloor + 1$ Multiplikationsschritten nicht alle Polynome vom Grad n berechnen kann, es sei denn sie hat mindestens $n + 2$ Additions-Subtraktionschritte. [*Hinweis:* Siehe Übung 30.]

34. [*M26*] Sei $\lambda_0, \lambda_1, \ldots, \lambda_r$ eine Polynomkette, in welcher alle Additions- und Subtraktionsschritte Parameterschritte sind und in welcher es mindestens eine Parametermultiplikation gibt. Nimm an, dass dieses Schema m Multiplikationen und $k = r - m$ Additionen oder Subtraktionen hat, und dass das durch die Kette berechnete Polynom maximalen Grad n hat. Beweise, dass alle durch diese Kette berechenbaren Polynome, für welche der Koeffizient von x^n nicht null ist, durch eine andere Kette berechnet werden können, die höchstens m Multiplikationen und höchstens k Additionen hat und keine Subtraktionen; weiterhin sollte der letzte Schritt der neuen Kette die einzige Parametermultiplikation sein.

▶ **35.** [*M25*] Zeige, dass eine Polynomkette, die ein allgemeines Polynom vierten Grades mit drei Multiplikationen berechnet, mindestens fünf Additionen oder Subtraktionen haben muss. [*Hinweis:* Nimm an, dass es nur vier Additionen oder Subtraktionen gibt, und zeige, dass Übung 34 anwendbar ist; deshalb muss das Schema eine besondere Form haben, die nicht in der Lage ist, alle Polynome vierten Grades darzustellen.]

36. [*M27*] Zeige in Fortsetzung der vorigen Übung, dass jede Polynomkette, die ein allgemeines Polynom sechsten Grades mit nur vier Multiplikationen berechnet, mindestens sieben Additionen oder Subtraktionen haben muss.

37. [*M21*] (T. S. Motzkin.) Zeige, dass „fast alle“ rationalen Funktionen von der Form

$$(u_nx^n + u_{n-1}x^{n-1} + \cdots + u_1x + u_0)/(x^n + v_{n-1}x^{n-1} + \cdots + v_1x + v_0)$$

mit Koeffizienten über einem Körper S mit dem Schema

$$\alpha_1 + \beta_1/(x + \alpha_2 + \beta_2/(x + \cdots + \beta_n/(x + \alpha_{n+1})\ldots))$$

für geeignete α_j, β_j in S ausgewertet werden können. (Dieses Kettenbruchschema hat n Divisionen und $2n$ Additionen; mit „fast alle“ rationale Funktionen meinen wir alle außer diejenigen, deren Koeffizienten eine nicht-triviale Polynomgleichung erfüllen.) Bestimme die α_i und β_j für die rationale Funktion $(x^2 + 10x + 29)/(x^2 + 8x + 19)$.

▶ **38.** [*HM32*] (V. Y. Pan, 1962.) Der Zweck dieser Übung ist zu beweisen, dass Horners Regel wirklich optimal ist, wenn keine Adaption der Koeffizienten zuvor durchgeführt wird; wir brauchen n Multiplikationen und n Additionen, um $u_nx^n + \cdots + u_1x + u_0$ zu berechnen, wenn die Variablen $u_n, \ldots, u_1, u_0, x$ und beliebige Konstante gegeben sind. Betrachte Ketten, die aussehen wie zuvor außer, dass $u_n, \ldots, u_1, u_0, x$ alle als Variablen betrachtet werden; wir können zum Beispiel sagen, dass $\lambda_{-j-1} = u_j$, $\lambda_0 = x$. Um zu zeigen, dass Horners Regel die beste ist, lohnt es sich, einen etwas allgemeineren Satz zu beweisen: Sei $A = (a_{ij})$, $0 \leq i \leq m$, $0 \leq j \leq n$, eine $(m + 1) \times (n + 1)$ Matrix reeller Zahlen vom Rang $n+1$; und sei $B = (b_0, \ldots, b_m)$ ein Vektor reeller Zahlen. Beweise, dass *jede Polynomkette, die*

$$P(x; u_0, \ldots, u_n) = \sum_{i=0}^{m} (a_{i0}u_0 + \cdots + a_{in}u_n + b_i)x^i$$

berechnet, mindestens n Kettenmultiplikationen braucht. (Beachte, dass dies nicht bedeutet, dass wir nur eine feste Kette betrachten, in der den Parametern α_j Werte abhängig von A und B zugewiesen sind; es bedeutet, dass sowohl die Kette *als auch* die Werte der α_i von der gegebenen Matrix A und dem Vektor B abhängen können. Wie auch immer A, B und die Werte der α_j gewählt werden, es ist unmöglich, $P(x; u_0, \ldots, u_n)$ ohne n „Kettenschritt-"Multiplikationen zu berechnen.) Die Annahme, dass A Rang $n+1$ hat, impliziert $m \geq n$. [*Hinweis:* Zeige, dass man von jedem solchen Schema ein anderes ableiten kann, das weniger Kettenmultiplikationen hat und zwar n erniedrigt um eins.]

39. [*M29*] (T. S. Motzkin, 1954.) Zeige, dass Schemata der Form

$$w_1 = x(x + \alpha_1) + \beta_1, \qquad w_k = w_{k-1}(w_1 + \gamma_k x + \alpha_k) + \delta_k x + \beta_k \quad \text{für } 1 < k \leq m,$$

wobei die α_k, β_k reell und die γ_k, δ_k ganze Zahlen sind, zur Auswertung aller monischen Polynome vom Grad $2m$ über den reellen Zahlen verwendet werden können. (Wir müssen die α_k, β_k, γ_k und δ_k unterschiedlich für verschiedene Polynome wählen.) Versuche, $\delta_k = 0$ zu wählen, wann immer dies möglich ist.

40. [*M41*] Kann die untere Schranke der Anzahl der Multiplikationen in Satz C von $\lfloor n/2 \rfloor + 1$ auf $\lceil n/2 \rceil + 1$ angehoben werden? (Siehe Übung 33.)

41. [*22*] Zeige, dass Real- und Imaginärteil von $(a+bi)(c+di)$ mit 3 Multiplikationen und 5 Additionen reeller Zahlen erhalten werden können, wobei zwei der Additionen nur a und b involvieren.

42. [*36*] (M. Paterson und L. Stockmeyer.) (a) Beweise, dass eine Polynomkette mit $m \geq 2$ Kettenmultiplikationen höchstens $m^2 + 1$ Freiheitsgrade hat. (b) Zeige, dass für alle $n \geq 2$ Polynome vom Grad n existieren, deren Koeffizienten alle 0 oder 1 sind, die durch keine Polynomkette mit weniger als $\lfloor \sqrt{n} \rfloor$ Multiplikationen ausgewertet werden können, wenn alle Parameter α_j ganzzahlig sein müssen. (c) Zeige, dass jedes Polynom vom Grad n mit Ganzzahlkoeffizienten durch einen reinen Ganzzahlalgorithmus ausgewertet werden kann, der höchstens $2\lfloor \sqrt{n} \rfloor$ Multiplikationen ausführt, wenn wir uns um die Anzahl der Additionen nicht kümmern.

43. [*22*] Erkläre, wie $x^n + \cdots + x + 1$ mit $2l(n+1) - 2$ Multiplikationen und $l(n+1)$ Additionen (keine Divisionen oder Subtraktionen) auszuwerten ist, wobei $l(n)$ die in Abschnitt 4.6.3 untersuchte Funktion ist.

▸ **44.** [*M25*] Zeige, dass jedes monische Polynom $u(x) = x^n + u_{n-1}x^{n-1} + \cdots + u_0$ mit $\frac{1}{2}n + O(\log n)$ Multiplikationen und $\leq \frac{5}{4}n$ Additionen mit Parametern α_1, α_2, $\ldots$, welche Polynome in u_{n-1}, u_{n-2}, $\ldots$ mit Ganzzahlkoeffizienten sind, ausgewertet werden kann. [*Hinweis:* Betrachte zuerst den Fall $n = 2^l$.]

▸ **45.** [*HM22*] Sei (t_{ijk}) ein $m \times n \times s$ Tensor und seien F, G, H nicht-singuläre Matrizen der Größen $m \times m$, $n \times n$ bzw. $s \times s$. Wenn

$$T_{ijk} = \textstyle\sum_{i'=1}^{m} \sum_{j'=1}^{n} \sum_{k'=1}^{s} F_{ii'} G_{jj'} H_{kk'} t_{i'j'k'}$$

für alle i, j, k, beweise, dass der Tensor (T_{ijk}) denselben Rang wie (t_{ijk}) hat. [*Hinweis:* Betrachte was passiert, wenn man F^{-1}, G^{-1}, H^{-1} in gleicher Weise auf (T_{ijk}) anwendet.]

46. [*M28*] Beweise, dass alle Paare (z_1, z_2) von Bilinearformen in (x_1, x_2) und (y_1, y_2) mit höchstens drei Kettenmultiplikationen ausgewertet werden können. In anderen Worten: zeige, dass jeder $2 \times 2 \times 2$ Tensor Rang ≤ 3 hat.

47. [*M25*] Beweise, dass es für alle m, n und s einen $m \times n \times s$ Tensor gibt, dessen Rang mindestens $\lceil mns/(m+n+s) \rceil$ ist. Umgekehrt zeige, dass jeder $m \times n \times s$ Tensor höchstens Rang $mns/\max(m, n, s)$ hat.

48. [*M21*] Wenn (t_{ijk}) und (t'_{ijk}) Tensoren der Größen $m \times n \times s$ bzw. $m' \times n' \times s'$ sind, ist ihre *direkte Summe* $(t_{ijk}) \oplus (t'_{ijk}) = (t''_{ijk})$ der $(m + m') \times (n + n') \times (s + s')$ Tensor definiert durch $t''_{ijk} = t_{ijk}$, wenn $i \le m$, $j \le n$, $k \le s$; $t''_{ijk} = t'_{i-m,j-n,k-s}$, wenn $i > m$, $j > n$, $k > s$ und $t''_{ijk} = 0$ sonst. Ihr direktes Produkt $(t_{ijk}) \otimes (t'_{ijk}) = (t'''_{ijk})$ ist der $mm' \times nn' \times ss'$ Tensor definiert durch $t_{\langle ii' \rangle \langle jj' \rangle \langle kk' \rangle} = t_{ijk} t'_{i'j'k'}$. Leite die obere Schranken $\operatorname{rank}(t''_{ijk}) \le \operatorname{rank}(t_{ijk}) + \operatorname{rank}(t'_{ijk})$ und $\operatorname{rank}(t'''_{ijk}) \le \operatorname{rank}(t_{ijk}) \cdot \operatorname{rank}(t'_{ijk})$ her.

▶ **49.** [*HM25*] Zeige, dass der Rang eines $m \times n \times 1$ Tensors (t_{ijk}) derselbe wie sein Rang als eine $m \times n$ Matrix (t_{ij1}) ist, gemäß der herkömmlichen Definition von Matrixrang als der maximalen Zahl linear unabhängiger Zeilen.

50. [*HM20*] (S. Winograd.) Sei (t_{ijk}) der $mn \times n \times m$ Tensor, welcher der Multiplikation einer $m \times n$ Matrix mit einem $n \times 1$ Spaltenvektor entspricht. Beweise, dass (t_{ijk}) den Rang mn hat.

▶ **51.** [*M24*] (S. Winograd.) Entwirf einen Algorithmus für zyklische Konvolution vom Grad 2, der 2 Multiplikationen und 4 Additionen braucht, wenn man Operationen an den x_i nicht zählt. Entwirf in ähnlicher Weise einen Algorithmus für Grad 3 mit 4 Multiplikationen und 11 Additionen. (Siehe Gln. (69), welche das analoge Problem für Grad 4 lösen.)

52. [*M25*] (S. Winograd.) Sei $n = n'n''$, wobei $n' \perp n''$. Gegeben seien normale Schemata für zyklische Konvolutionen vom Grade n' und n'' mit (m', m'') Kettenmultiplikationen, (p', p'') Parametermultiplikationen bzw. (a', a'') Additionen. Zeige, wie ein normales Schema für zyklische Konvolution vom Grad n mit $m'm''$ Kettenmultiplikationen, $p'n'' + m'p''$ Parameter Multiplikationen und $a'n'' + m'a''$ Additionen zu konstruieren ist.

53. [*HM40*] (S. Winograd.) Sei ω eine komplexe m-te Einheitswurzel. Betrachte die eindimensionale diskrete Fouriertransformation

$$f(s) = \sum_{t=1}^{m} F(t)\,\omega^{st}, \qquad \text{für } 1 \le s \le m.$$

a) Wenn $m = p^e$ eine Potenz einer ungeraden Primzahl ist, zeige, dass effiziente normale Schemata zur Berechnung zyklischer Konvolutionen vom Grad $(p-1)p^k$, für $0 \le k < e$, zu effizienten Algorithmen zur Berechnung der Fouriertransformation auf m komplexen Zahlen führen. Gib eine ähnliche Konstruktion für den Fall $p = 2$.

b) Wenn $m = m'm''$ und $m' \perp m''$, zeige, dass Fouriertransformationsalgorithmen für m' und m'' kombiniert werden können zu einem Fouriertransformationsalgorithmus für m Elemente.

54. [*M23*] Satz W bezieht sich auf einen unendlichen Körper. Wie viele Elemente muss ein endlicher Körper haben, dass der Beweis von Satz W gültig bleibt?

55. [*HM22*] Bestimme den Rang von Tensor (74), wenn P eine *beliebige* $n \times n$ Matrix ist.

56. [*M32*] (V. Strassen.) Zeige, dass jede Polynomkette, die eine Menge von *quadratischen Formen* $\sum_{i=1}^{n}\sum_{j=1}^{n}\tau_{ijk}x_ix_j$ für $1 \le k \le s$ auswertet, insgesamt mindestens $\frac{1}{2}\mathrm{rank}(\tau_{ijk}+\tau_{jik})$ Kettenmultiplikationen verwenden muss. [*Hinweis:* Zeige, dass die minimale Zahl von Kettenmultiplikationen der minimale Rang von (t_{ijk}) gebildet über alle Tensoren (t_{ijk}) ist, so dass $t_{ijk}+t_{jik}=\tau_{ijk}+\tau_{jik}$ für alle i, j, k.] Verwende dies zum Beweis dafür, dass jede Polynomkette, die eine Menge von Bilinearformen (47) auswertet, die einem Tensor (t_{ijk}) entsprechen, ob normal oder anomal, mindestens $\frac{1}{2}\mathrm{rank}(t_{ijk})$ Kettenmultiplikationen verwenden muss.

57. [*M20*] Zeige, dass die schnelle Fouriertransformation verwendet werden kann zur Berechnung der Koeffizienten des Produkts $x(u)y(u)$ zweier gegebener Polynome vom Grad n mit $O(n\log n)$ (exakten) Additionen und Multiplikationen komplexer Zahlen. [*Hinweis:* Betrachte das Produkt der Fouriertransformation der Koeffizienten.]

58. [*HM28*] (a) Zeige, dass jede Realisierung (A,B,C) des Polynommultiplikationstensors (55) die folgende Eigenschaft haben muss: Jede von null verschiedene Linearkombination dreier Zeilen von A muss ein Vektor mit mindestens vier von null verschiedenen Elementen sein; und jede von null verschiedene Linearkombination von vier Zeilen von B muss mindestens drei von null verschiedene Elemente haben. (b) Finde eine Realisierung (A,B,C) von (55), die nur 0, +1 und −1 als Elemente verwendet, wobei $r=8$. Versuche möglichst viele Nullen zu verwenden.

▸ **59.** [*M40*] (H. J. Nussbaumer, 1980.) Der Text definiert die zyklische Konvolution zweier Folgen $(x_0,x_1,\ldots,x_{n-1})$ und $(y_0,y_1,\ldots,y_{n-1})$ als die Folge $(z_0,z_1,\ldots,z_{n-1})$, wobei $z_k=x_0y_k+\cdots+x_ky_0+x_{k+1}y_{n-1}+\cdots+x_{n-1}y_{k+1}$. Definieren wir die *negazyklische Konvolution* ähnlich, doch mit

$$z_k = x_0y_k+\cdots+x_ky_0-(x_{k+1}y_{n-1}+\cdots+x_{n-1}y_{k+1}).$$

Konstruiere effiziente Algorithmen für zyklische und negazyklische Konvolution über den ganzen Zahlen, wenn n eine Zweierpotenz ist. Dein Algorithmus sollte ausschließlich mit ganzen Zahlen arbeiten und höchstens $O(n\log n)$ Multiplikationen und höchstens $O(n\log n\log\log n)$ Additionen oder Subtraktionen oder Divisionen gerader Zahlen durch 2 ausführen. [*Hinweis:* Eine zyklische Konvolution der Ordnung $2n$ kann auf zyklische und negazyklische Konvolutionen der Ordnung n mit (59) reduziert werden.]

60. [*M27*] (V. Y. Pan.) Das Problem der $(m\times n)$ mal $(n\times s)$ Matrixmultiplikation entspricht einem $mn\times ns\times sm$ Tensor $(t_{\langle i,j'\rangle\langle j,k'\rangle\langle k,i'\rangle})$, wobei $t_{\langle i,j'\rangle\langle j,k'\rangle\langle k,i'\rangle}=1$ genau dann, wenn $i'=i$ und $j'=j$ und $k'=k$. Der Rang dieses Tensors $T(m,n,s)$ ist die kleinste Zahl r derart, dass Zahlen $a_{ij'l}$, $b_{jk'l}$, $c_{ki'l}$ existieren, die

$$\sum_{\substack{1\le i\le m\\1\le j\le n\\1\le k\le s}} x_{ij}y_{jk}z_{ki} = \sum_{1\le l\le r}\Biggl(\sum_{\substack{1\le i\le m\\1\le j'\le n}} a_{ij'l}x_{ij'}\Biggr)\Biggl(\sum_{\substack{1\le j\le n\\1\le k'\le s}} b_{jk'l}y_{jk'}\Biggr)\Biggl(\sum_{\substack{1\le k\le s\\1\le i'\le m}} c_{ki'l}z_{ki'}\Biggr)$$

erfüllen. Sei $M(n)$ der Rang von $T(n,n,n)$. Die Zweck dieser Übung ist es, die Symmetrie von einer solchen trilinearen Darstellung auszunutzen, um effiziente Realisierungen von Matrixmultiplikation über den ganzen Zahlen zu erhalten, wenn $m=n=s=2\nu$. Zur bequemen Handhabung teilen wir die Indizes $\{1,\ldots,n\}$ in zwei Teilmengen $O=\{1,3,\ldots,n-1\}$ und $E=\{2,4,\ldots,n\}$ mit je ν Elementen und etablieren eine eineindeutige Entsprechung von O und E durch die Regel $\tilde{\imath} = i + 1$, wenn $i \in O$; $\tilde{\imath} = i - 1$, wenn $i \in E$. Also haben wir $\tilde{\tilde{\imath}} = i$ für alle Indizes i.

a) Die Identität

$$abc + ABC = (a + A)(b + B)(c + C) - (a + A)bC - A(b + B)c - aB(c + C)$$

impliziert, dass

$$\sum_{1 \le i,j,k \le n} x_{ij} y_{jk} z_{ki} = \sum_{(i,j,k) \in S} (x_{ij} + x_{\tilde{k}\tilde{\imath}})(y_{jk} + y_{\tilde{\imath}\tilde{\jmath}})(z_{ki} + z_{\tilde{\jmath}\tilde{k}}) - \Sigma_1 - \Sigma_2 - \Sigma_3,$$

wobei $S = E{\times}E{\times}E \cup E{\times}E{\times}O \cup E{\times}O{\times}E \cup O{\times}E{\times}E$ die Menge aller Tripel von Indizes ist, die höchstens einen ungeraden Index enthalten; Σ_1 ist die Summe aller Terme der Form $(x_{ij} + x_{\tilde{k}\tilde{\imath}}) y_{jk} z_{\tilde{\jmath}\tilde{k}}$ für $(i, j, k) \in S$; und ähnlich Σ_2, Σ_3 sind Summen der Terme $x_{\tilde{k}\tilde{\imath}}(y_{jk} + y_{\tilde{\imath}\tilde{\jmath}}) z_{ki}$, $x_{ij} y_{\tilde{\imath}\tilde{\jmath}}(z_{ki} + z_{\tilde{\jmath}\tilde{k}})$. S hat offensichtlich $4\nu^3 = \frac{1}{2}n^3$ Terme. Zeige, dass jedes Σ_1, Σ_2, Σ_3 als die Summe von $3\nu^2$ trilinearen Termen realisiert werden kann; weiterhin, wenn die 3ν Tripel der Formen $(i, i, \tilde{\imath})$ und $(i, \tilde{\imath}, i)$ und $(\tilde{\imath}, i, i)$ aus S herausgenommen werden, können wir Σ_1, Σ_2 und Σ_3 derart ändern, dass die Identität noch gültig ist ohne Hinzufügung neuer trilinearer Terme. Also $M(n) \le \frac{1}{2}n^3 + \frac{9}{4}n^2 - \frac{3}{2}n$, wenn n gerade ist.

b) Wende die Methode von (a) an, um zu zeigen, dass zwei *unabhängige* Matrixmultiplikationsprobleme der Größe $m{\times}n{\times}s$ mit $mns{+}mn{+}ns{+}sm$ nicht-kommutativen Multiplikationen gelöst werden können.

61. [*M26*] Sei (t_{ijk}) ein Tensor über einem beliebigen Körper. Den $\operatorname{rank}_d(t_{ijk})$ definieren wir als den minimalen Wert von r derart, dass es eine Realisierung der Form

$$\sum_{l=1}^{r} a_{il}(u) b_{jl}(u) c_{kl}(u) = t_{ijk} u^d + O(u^{d+1})$$

gibt, wobei $a_{il}(u)$, $b_{jl}(u)$, $c_{kl}(u)$ Polynome in u über dem Körper sind. Also ist rank_0 der gewöhnliche Rang eines Tensors. Beweise, dass

a) $\operatorname{rank}_{d+1}(t_{ijk}) \le \operatorname{rank}_d(t_{ijk})$;

b) $\operatorname{rank}(t_{ijk}) \le \binom{d+2}{2} \operatorname{rank}_d(t_{ijk})$;

c) $\operatorname{rank}_d((t_{ijk}) \oplus (t'_{ijk})) \le \operatorname{rank}_d(t_{ijk}) + \operatorname{rank}_d(t'_{ijk})$ im Sinne von Übung 48;

d) $\operatorname{rank}_{d+d'}((t_{ijk}) \otimes (t'_{ijk})) \le \operatorname{rank}_d(t_{ijk}) \cdot \operatorname{rank}_{d'}(t'_{ijk})$;

e) $\operatorname{rank}_{d+d'}((t_{ijk}) \otimes (t'_{ijk})) \le \operatorname{rank}_{d'}(r(t'_{ijk}))$, wobei $r = \operatorname{rank}_d(t_{ijk})$ und rT die direkte Summe $T \oplus \cdots \oplus T$ von r Kopien von T bezeichnet.

62. [*M24*] Der *Grenzrang* von (t_{ijk}), in Zeichen $\underline{\operatorname{rank}}(t_{ijk})$, ist $\min_{d \ge 0} \operatorname{rank}_d(t_{ijk})$, wobei rank_d in Übung 61 definiert ist. Beweise, dass der Tensor $\binom{1\ 0}{0\ 1}\binom{0\ 1}{0\ 0}$ Rang 3, jedoch Grenzrang 2, über jedem Körper hat.

63. [*HM30*] Sei $T(m, n, s)$ der Tensor für Matrixmultiplikation wie in Übung 60, und sei $M(N)$ der Rang von $T(N, N, N)$.

a) Zeige, dass $T(m, n, s) \otimes T(M, N, S) = T(mM, nN, sS)$.

b) Zeige, dass $\operatorname{rank}_d(T(mN, nN, sN)) \le \operatorname{rank}_d(M(N)T(m, n, s))$ (s. Übung 61(e)).

c) Für $T(m, n, s)$ vom Rang $\le r$ zeige, dass $M(N) = O(N^{\omega(m,n,s,r)})$ für $N \to \infty$, wobei $\omega(m, n, s, r) = 3 \log r / \log mns$.

d) Für $T(m, n, s)$ vom Grenzrang $\le r$ zeige, dass $M(N) = O(N^{\omega(m,n,s,r)}(\log N)^2)$.

64. [*M30*] (A. Schönhage.) Zeige, dass $\operatorname{rank}_2(T(3, 3, 3)) \le 21$, weshalb also $M(N) = O(N^{2.78})$.

▸ **65.** [*M27*] (A. Schönhage.) Zeige, dass $\mathrm{rank}_2(T(m,1,n) \oplus T(1,(m-1)(n-1),1)) = mn+1$. *Hinweis:* Betrachte die trilineare Form

$$\sum_{i=1}^{m}\sum_{j=1}^{n}(x_i + uX_{ij})(y_j + uY_{ij})(Z + u^2 z_{ij}) - (x_1 + \cdots + x_m)(y_1 + \cdots + y_n)Z,$$

wenn $\sum_{i=1}^{m} X_{ij} = \sum_{j=1}^{n} Y_{ij} = 0$.

66. [*HM33*] Wir können jetzt das Ergebnis von Übung 65 verwenden, um die asymptotischen Schranken von Übung 63 zu verschärfen.

a) Beweise, dass der Grenzwert $\omega = \lim_{n\to\infty} \log M(n)/\log n$ existiert.
b) Beweise, dass $(mns)^{\omega/3} \le \underline{\mathrm{rank}}(T(m,n,s))$.
c) Sei t der Tensor $T(m,n,s) \oplus T(M,N,S)$. Beweise, dass $(mns)^{\omega/3} + (MNS)^{\omega/3} \le \underline{\mathrm{rank}}(t)$. *Hinweis:* Betrachte direkte Produkte von t mit sich selbst.
d) Deshalb $16^{\omega/3} + 9^{\omega/3} \le 17$ und wir haben $\omega < 2{,}55$.

67. [*HM40*] (D. Coppersmith und S. Winograd.) Durch Verallgemeinerung der Übungen 65 und 66 können wir sogar bessere obere Schranken für ω erhalten.

a) Nenne den Tensor (t_{ijk}) *nicht-degeneriert*, wenn $\mathrm{rank}(t_{i(jk)}) = m$, $\mathrm{rank}(t_{j(ki)}) = n$ und $\mathrm{rank}(t_{k(ij)}) = s$ in der Notation von Lemma T. Beweise, dass der Tensor $T(m,n,s)$ für $mn \times ns$ Matrixmultiplikation nicht-degeneriert ist.
b) Zeige, dass die direkte Summe nicht-degenerierter Tensoren nicht-degeneriert ist.
c) Ein $m \times n \times s$ Tensor t mit Realisierung (A,B,C) der Länge r wird *unbeweisbar* genannt, wenn er nicht-degeneriert ist und es von null verschiedene Elemente d_1, …, d_r gibt mit $\sum_{l=1}^{r} a_{il}b_{jl}d_l = 0$ für $1 \le i \le m$ und $1 \le j \le n$. Beweise, dass in einem solchen Falle $t \oplus T(1,q,1)$ Grenzrang $\le r$ hat, wobei $q = r - m - n$. *Hinweis:* Es gibt $q \times r$ Matrizen V und W mit $\sum_{l=1}^{r} v_{il}b_{jl}d_l = \sum_{l=1}^{r} a_{il}w_{jl}d_l = 0$ und $\sum_{l=1}^{r} v_{il}w_{jl}d_l = \delta_{ij}$ für alle relevanten i und j.
d) Erkläre, warum das Ergebnis von Übung 65 ein Spezialfall von (c) ist.
e) Beweise, dass $\mathrm{rank}(T(m,n,s)) \le r$ impliziert

$$\mathrm{rank}_2(T(m,n,s) \oplus T(1, r - n(m+s-1), 1)) \le r + n.$$

f) Deshalb ist ω strikt kleiner als $\log M(n)/\log n$ für alle $n > 1$.
g) Verallgemeinere (c) auf den Fall, dass (A,B,C) das t nur in dem schwächeren Sinn von Übung 61 realisiert.
h) Von (d) haben wir $\underline{\mathrm{rank}}(T(3,1,3) \oplus T(1,4,1)) \le 10$; also nach Übung 61(d) haben wir auch $\underline{\mathrm{rank}}(T(9,1,9) \oplus 2T(3,4,3) \oplus T(1,16,1)) \le 100$. Beweise, dass wenn wir einfach die Zeilen von A und B löschen, die den $16+16$ Variablen von $T(1,16,1)$ entsprechen, wir eine Realisierung von $T(9,1,9) \oplus 2T(3,4,3)$ erhalten, die unbeweisbar ist. Deshalb haben wir $\underline{\mathrm{rank}}(T(9,1,9) \oplus 2T(3,4,3) \oplus T(1,34,1)) \le 100$.
i) Zeige in Verallgemeinerung von Übung 66(c), dass

$$\sum_{p=1}^{t}(m_p n_p s_p)^{\omega/3} \le \underline{\mathrm{rank}}\Bigl(\bigoplus_{p=1}^{t} T(m_p,n_p,s_p)\Bigr).$$

j) Deshalb $\omega < 2{,}5$.

68. [*M45*] Gibt es einen Weg zur Auswertung des Polynoms

$$\sum_{1\le i<j\le n} x_i x_j = x_1x_2 + \cdots + x_{n-1}x_n$$

mit weniger als $n-1$ Multiplikationen und $2n-4$ Additionen? (Es hat $\binom{n}{2}$ Terme.)

▶ **69.** [*HM27*] (V. Strassen, 1973.) Zeige, dass die Determinante (31) einer $n \times n$ Matrix mit $O(n^5)$ Multiplikationen und $O(n^5)$ Additionen oder Subtraktionen, aber ohne Divisionen, ausgewertet werden kann. [*Hinweis:* Betrachte $\det(I+Y)$, wobei $Y = X-I$.]

▶ **70.** [*HM25*] Das *charakteristische Polynom* $f_X(\lambda)$ einer Matrix X ist definiert als $\det(\lambda I - X)$. Beweise, dass wenn $X = \left(\begin{smallmatrix} x & u \\ v & Y \end{smallmatrix}\right)$, wobei X, u, v und Y der Reihe nach von der Größe $n \times n$, $1 \times (n-1)$, $(n-1) \times 1$ und $(n-1) \times (n-1)$ sind, wir

$$f_X(\lambda) = f_Y(\lambda)\left(\lambda - x - \frac{uv}{\lambda} - \frac{uYv}{\lambda^2} - \frac{uY^2v}{\lambda^3} - \cdots\right)$$

haben. Zeige, dass diese Relation es uns erlaubt, die Koeffizienten von f_X mit etwa $\frac{1}{4}n^4$ Multiplikationen, $\frac{1}{4}n^4$ Additionen oder Subtraktionen und ohne Divisionen zu berechnen. *Hinweis:* Verwende die Identität

$$\begin{pmatrix} A & B \\ C & D \end{pmatrix} = \begin{pmatrix} I & 0 \\ 0 & D \end{pmatrix} \begin{pmatrix} A - BD^{-1}C & B \\ 0 & I \end{pmatrix} \begin{pmatrix} I & 0 \\ D^{-1}C & I \end{pmatrix},$$

welche für alle Matrizen A, B, C und D der Größen $l \times l$, $l \times m$, $m \times l$ bzw. $m \times m$ gilt, wenn D nicht-singulär ist.

▶ **71.** [*HM30*] Eine *Quolynomkette* ist wie eine Polynomkette, außer dass sie Division so gut wie Addition, Subtraktion und Multiplikation erlaubt. Beweise, dass wenn die Funktion $f(x_1, \ldots, x_n)$ durch eine Quolynomkette, die m Kettenmultiplikationen und d Divisionen hat, berechnet werden kann, dann $f(x_1, \ldots, x_n)$ und alle ihre n partiellen Ableitungen $\partial f(x_1, \ldots, x_n)/\partial x_k$ für $1 \le k \le n$ durch eine einzige Quolynomkette berechnet werden können, die höchstens $3m + d$ Kettenmultiplikationen und $2d$ Divisionen hat. (Folglich führt zum Beispiel jede effiziente Methode zur Berechnung der Determinante einer Matrix zu einer effizienten Methode zur Berechnung aller ihrer Kofaktoren, also zu einer effizienten Methode zur Berechnung der inversen Matrix.)

72. [*M48*] Ist es möglich, in endlich vielen Schritten den Rang eines gegebenen Tensors (t_{ijk}) über, sagen wir, dem Körper der rationalen Zahlen zu bestimmen?

73. [*HM25*] (J. Morgenstern, 1973.) Beweise, dass jede Polynomkette für die diskrete Fouriertransformation (37) mindestens $\frac{1}{2}m_1 \ldots m_n \lg m_1 \ldots m_n$ Additionen-Subtraktionen hat, wenn es keine Kettenmultiplikationen gibt, und wenn jede Parametermultiplikation mit einer komplexen Konstanten mit $|\alpha_j| \le 1$ stattfindet. *Hinweis:* Betrachte die Matrizen der linearen Transformationen, die durch die ersten k Schritte berechnet werden.

74. [*HM35*] (A. Nozaki, 1978.) Die Theorie der Polynomauswertung befasst sich mit Schranken für Kettenmultiplikationen, doch Multiplikation mit nichtganzzahligen Konstanten kann auch wesentlich sein. Der Zweck dieser Übung ist die Entwicklung einer geeigneten Konstantentheorie. Wir wollen Vektoren $v_1, \ldots, v_s$ reeller Zahlen *Z-abhängig* nennen, wenn es ganze Zahlen $(k_1, \ldots, k_s)$ gibt, so dass $\mathrm{ggT}(k_1, \ldots, k_s) = 1$ und $k_1 v_1 + \cdots + k_s v_s$ ein rein ganzzahliger Vektor ist. Wenn keine solchen $(k_1, \ldots, k_s)$ existieren, heißen die Vektoren $v_1, \ldots, v_s$ *Z-unabhängig*.

a) Beweise, dass wenn die Spalten einer $r \times s$ Matrix V Z-unabhängig sind, so sind es auch die Spalten von VU, wenn U irgendeine unimodulare $s \times s$ Matrix (eine Matrix ganzer Zahlen mit Determinante ± 1) ist.

b) Sei V eine $r \times s$ Matrix mit Z-unabhängigen Spalten. Beweise, dass eine Polynomkette zur Auswertung von Elementen von Vx bei Eingaben $x_1, \ldots, x_s$, wobei $x = (x_1, \ldots, x_s)^T$, mindestens s Multiplikationen benötigt.

c) Sei V eine $r \times t$ Matrix mit s Z-unabhängigen Spalten. Beweise, dass eine Polynomkette zur Auswertung der Elemente von Vx bei Einagben $x_1, \ldots, x_t$, wobei $x = (x_1, \ldots, x_t)^T$, mindestens s Multiplikationen benötigt.
d) Zeige, wie das Paar von Werten $\{x/2+y,\, x+y/3\}$ von x und y mit nur einer Multiplikation berechnet werden kann, obwohl zwei Multiplikationen zur Berechnung des Paares $\{x/2+y,\, x+y/2\}$ benötigt werden.

*4.7. Operationen an Potenzreihen

SIND ZWEI POTENZREIHEN gegeben,

$$U(z) = U_0 + U_1 z + U_2 z^2 + \cdots, \qquad V(z) = V_0 + V_1 z + V_2 z^2 + \cdots, \tag{1}$$

deren Koeffizienten zu einem Körper gehören, können wir ihre Summe, ihr Produkt und manchmal ihren Quotienten bilden, um neue Potenzreihen zu erhalten. Ein Polynom ist offenbar ein Spezialfall einer Potenzreihe, die nur endlich viele Terme hat.

Natürlich kann nur eine endliche Anzahl von Termen dargestellt und im Rechner abgespeichert werden, weshalb es sinnvoll ist zu fragen, ob Potenzreihenarithmetik auf Rechnern überhaupt möglich ist; und falls sie möglich ist, was sie von Polynomarithmetik unterscheidet? Die Antwort lautet, dass wir nur mit den ersten N Koeffizienten der Potenzreihen arbeiten, wobei N ein Parameter ist, der im Prinzip beliebig groß sein kann; statt gewöhnlicher Polynomarithmetik führen wir im Wesentlichen Polynomarithmetik modulo z^N aus, und dies führt oft zu einer etwas verschiedenen Sicht. Weiterhin können spezielle Operationen wie „Umkehrung" auf Potenzreihen, nicht aber auf Polynomen, ausgeführt werden, da Polynome nicht abgeschlossen unter diesen Operationen sind.

Arithmetik von Potenzreihen besitzt viele numerische Anwendungen, doch liegt vielleich ihr größter Nutzen in der Bestimmung asymptotischer Entwicklungen (wie wir in Abschnitt 1.2.11.3 gesehen haben) oder in der Berechnung von Größen, die durch Erzeugungsfunktionen definiert sind. Letztere Anwendungen lassen es wünschenswert erscheinen, die Koeffizienten exakt statt mit Gleitkomma-Arithmetik zu berechnen. Alle Algorithmen dieses Abschnitts, mit offensichtlichen Ausnahmen, können mit ausschließlich rationalen Operationen ausgeführt werden, so dass nach Wunsch die Techniken von Abschnitt 4.5.1 benutzt werden können,

Die Berechnung von $W(z) = U(z) \pm V(z)$ ist natürlich trivial, da wir $W_n = [z^n]\,W(z) = U_n \pm V_n$ für $n = 0, 1, 2, \ldots$ haben. Es ist auch leicht, die Koeffizienten von $W(z) = U(z)V(z)$ zu berechnen mittels der bekannten Konvolutionsregel

$$W_n = \sum_{k=0}^{n} U_k V_{n-k} = U_0 V_n + U_1 V_{n-1} + \cdots + U_n V_0. \tag{2}$$

Der Quotient $W(z) = U(z)/V(z)$, wenn $V_0 \neq 0$, kann durch Vertauschung von U und W in (2) erhalten werden; wir erhalten die Regel

$$\begin{aligned} W_n &= \left(U_n - \sum_{k=0}^{n-1} W_k V_{n-k}\right) \Big/ V_0 \\ &= (U_n - W_0 V_n - W_1 V_{n-1} - \cdots - W_{n-1} V_1)/V_0. \end{aligned} \tag{3}$$

Diese Rekurrenz für die W macht die Bestimmung von $W_0, W_1, W_2, \ldots$ leicht der Reihe nach möglich ohne Eingabe von U_n und V_n, bis W_{n-1} berechnet wurde. Ein Potenzreihenalgorithmus mit dieser Eigenschaft wird üblicherweise *online* genannt; Mit einem Online-Algorithmus können wir N Koeffizienten $W_0, W_1, \ldots, W_{N-1}$ des Ergebnisses bestimmen, ohne von vorneherein N zu kennen, so dass wir im Prinzip den Algorithmus für immer laufen lassen und die ganze Potenzreihe berechnen könnten. Wir können den Algorithmus auch offline ausführen, bis jedwede gewünschte Bedingung erfüllt ist. (Das Gegenteil von „online" ist „offline".)

Sind die Koeffizienten U_k und V_k ganze Zahlen, die W_k aber nicht, erfordert die Rekurrenzrelation (3) Bruchrechnung. Das kann vermieden werden durch die Methode, alles mit ganzen Zahlen zu berechnen, die in Übung 2 beschrieben wird.

Betrachten wir nun die Operation $W(z) = V(z)^\alpha$, wobei α eine „willkürliche" Potenz ist. Z.B. könnten wir die Quadratwurzel von $V(z)$ berechnen mit $\alpha = \frac{1}{2}$, oder wir könnten $V(z)^{-10}$ bestimmen oder gar $V(z)^\pi$. Falls V_m der erste von null verschiedene Koeffizient von $V(z)$ ist, haben wir

$$\begin{aligned} V(z) &= V_m z^m \bigl(1 + (V_{m+1}/V_m)z + (V_{m+2}/V_m)z^2 + \cdots\bigr), \\ V(z)^\alpha &= V_m^\alpha z^{\alpha m} \bigl(1 + (V_{m+1}/V_m)z + (V_{m+2}/V_m)z^2 + \cdots\bigr)^\alpha. \end{aligned} \tag{4}$$

Das ist genau dann eine Potenzreihe, wenn αm eine natürliche Zahl ist. Von (4) können wir sehen, dass das Problem, allgemeine Potenzen zu berechnen, auf den Fall $V_0 = 1$ reduziert werden kann; dann ist das Problem, die Koeffizienten von

$$W(z) = (1 + V_1 z + V_2 z^2 + V_3 z^3 + \cdots)^\alpha \tag{5}$$

zu berechnen. Klarerweise $W_0 = 1^\alpha = 1$.

Der offensichtliche Weg, die Koeffizienten von (5) zu finden, ist die Benutzung des Binomialsatzes, Gl. 1.2.9–(19), oder (falls α eine positive ganze Zahl ist) wiederholtes Quadrieren wie in Abschnitt 4.6.3 zu versuchen. Doch Leonhard Euler entdeckte einen einfacheren und effizienteren Weg, Potenzreihenpotenzen zu bekommen, [*Introductio in Analysin Infinitorum* **1** (1748), §76]: Falls $W(z) = V(z)^\alpha$, haben wir durch Differentiation

$$W_1 + 2W_2 z + 3W_3 z^2 + \cdots = W'(z) = \alpha V(z)^{\alpha-1} V'(z); \tag{6}$$

deswegen

$$W'(z)V(z) = \alpha W(z)V'(z). \tag{7}$$

Wenn wir nun die Koeffizienten von z^{n-1} in (7) gleichsetzen, finden wir

$$\sum_{k=0}^{n} k W_k V_{n-k} = \alpha \sum_{k=0}^{n} (n-k) W_k V_{n-k}, \tag{8}$$

und das gibt uns eine nützliche Rechenregel für alle $n \geq 1$:

$$\begin{aligned} W_n &= \sum_{k=1}^{n} \Bigl(\Bigl(\frac{\alpha+1}{n}\Bigr)k - 1\Bigr) V_k W_{n-k} \\ &= \bigl((\alpha{+}1{-}n)V_1 W_{n-1} + (2\alpha{+}2{-}n)V_2 W_{n-2} + \cdots + n\alpha V_n W_0\bigr)/n. \end{aligned} \tag{9}$$

Gleichung (9) führt zu einem einfachen Online-Algorithmus, durch den wir sukzessiv W_1, W_2, ... bestimmen können, und zwar mit etwa $2n$ Multiplikationen zur Berechnung des n-ten Koeffizienten. Beachte den Sonderfall $\alpha = -1$, bei dem (9) der Spezialfall $U(z) = V_0 = 1$ von (3) wird.

Eine ähnliche Technik kann benutzt werden, $f\bigl(V(z)\bigr)$ zu bilden, wenn f irgendeine Funktion ist, die eine einfache Differentialgleichung erfüllt. (Als Beispiel siehe Übung 4.) Eine vergleichsweise direkte „Potenzreihenmethode" wird häufig zur Lösung von Differentialgleichungen benutzt; sie wird in nahezu allen Lehrbüchern über Differentialgleichungen erläutert.

Umkehrung von Reihen. Die Transformation von Potenzreihen von vielleicht größtem Interesse heißt „Reihenumkehr." Das Problem besteht darin, die Gleichung

$$z = t + V_2t^2 + V_3t^3 + V_4t^4 + \cdots \qquad (10)$$

in t zu lösen, um die Koeffizienten der Potenzreihe

$$t = z + W_2z^2 + W_3z^3 + W_4z^4 + \cdots. \qquad (11)$$

zu erhalten.

Es sind verschiedene interessante Wege bekannt, eine solche Umkehrung zu erreichen. Wir dürfen sagen, dass die „klassische" Methode auf Lagranges bemerkenswerter Inversionsformel basiert [*Mémoires Acad. Royale des Sciences et Belles-Lettres de Berlin* **24** (1768), 251–326], die besagt

$$W_n = \frac{1}{n}\,[t^{n-1}]\,(1 + V_2t + V_3t^2 + \cdots)^{-n}. \qquad (12)$$

Wir haben zum Beispiel $(1-t)^{-5} = \binom{4}{4} + \binom{5}{4}t + \binom{6}{4}t^2 + \cdots$; also ist der fünfte Koeffizient, W_5, in der Umkehrung von $z = t - t^2$ gleich $\binom{8}{4}/5 = 14$. Das stimmt mit der Formel für die Aufzählung von Binärbäumen in Abschnitt 2.3.4.4 überein.

Die Beziehung (12), die einen einfachen algorithmischen Beweis besitzt (siehe Übung 16), zeigt, dass wir die Reihe (10) umkehren können, wenn wir der Reihe nach die negativen Potenzen $(1{+}V_2t{+}V_3t^2{+}\cdots)^{-n}$ für $n = 1, 2, 3, \ldots$ berechnen. Eine direkte Anwendung dieser Idee würde zu einem Online-Umkehralgorithmus führen, der etwa $N^3/2$ Multiplikationen bräuchte, um N Koeffizienten zu finden, aber Gl. (9) erlaubt es, nur mit den ersten n Koeffizienten von $(1 + V_2t + V_3t^2 + \cdots)^{-n}$ zu arbeiten, was zu einem Online-Algorithmus führt, der nur etwa $N^3/6$ Multiplikationen braucht.

Algorithmus L (*Lagrangsche Potenzreihenumkehr*). Dieser Online-Algorithmus hat als Eingabe den Wert von V_n in (10) und als Ausgabe den Wert von W_n in (11) für $n = 2, 3, 4, \ldots, N$. (Die Anzahl N braucht nicht von vorneherein spezifiziert werden, jedes gewünschte Terminierungskriterium kann substituiert werden.)

L1. [Initialisiere.] Setze $n \leftarrow 1$, $U_0 \leftarrow 1$. (Die Relation

$$(1 + V_2t + V_3t^2 + \cdots)^{-n} = U_0 + U_1t + \cdots + U_{n-1}t^{n-1} + O(t^n) \qquad (13)$$

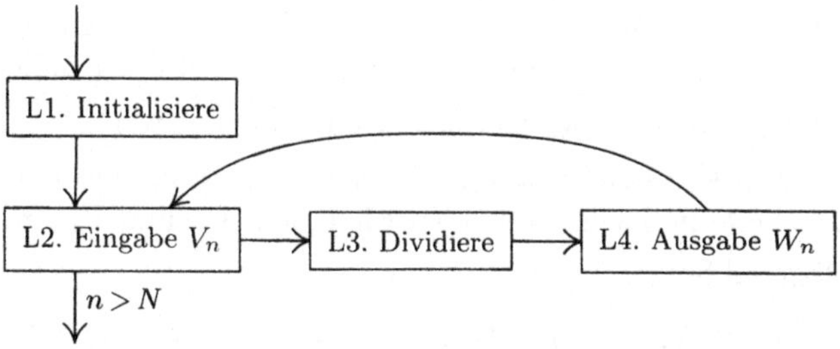

Fig. 17. Potenzreihenumkehr nach Algorithmus L.

gilt während des ganzen Algorithmus.)

L2. [Eingabe V_n.] Erhöhe n um 1. Falls $n > N$, terminiert der Algorithmus; sonst gib den nächsten Koeffizient V_n ein.

L3. [Dividiere.] Setze $U_k \leftarrow U_k - U_{k-1}V_2 - \cdots - U_1V_k - U_0V_{k+1}$, für $k = 1, 2, \ldots, n-2$ (in dieser Reihenfolge) dann setze

$$U_{n-1} \leftarrow -2U_{n-2}V_2 - 3U_{n-3}V_3 - \cdots - (n-1)U_1V_{n-1} - nU_0V_n.$$

(Damit haben wir $U(z)$ durch $V(z)/z$ geteilt; siehe (3) und (9).)

L4. [Ausgabe W_n.] Gib U_{n-1}/n (was W_n ist) aus und geh zurück nach L2. ▮

Angewendet auf das Beispiel $z = t - t^2$ berechnet Algorithmus L

n	V_n	U_0	U_1	U_2	U_3	U_4	W_n
1	1	1					1
2	−1	1	2				1
3	0	1	3	6			2
4	0	1	4	10	20		5
5	0	1	5	15	35	70	14

Übung 8 zeigt, dass eine geringe Änderung von Algorithmus L ein beträchtlich allgemeineres Problem mit nur wenig mehr Aufwand löst.

Betrachten wir nun die Lösung der Gleichung

$$U_1z + U_2z^2 + U_3z^3 + \cdots = t + V_2t^2 + V_3t^3 + \cdots \qquad (14)$$

für t, was die Koeffizienten der Potenzreihe

$$t = W_1z + W_2z^2 + W_3z^3 + W_4z^4 + \cdots, \qquad (15)$$

liefert. Gl. (10) ist der Spezialfall $U_1 = 1$, $U_2 = U_3 = \cdots = 0$. Wenn $U_1 \neq 0$, können wir $U_1 = 1$ annehmen, falls wir z durch (U_1z) ersetzen; doch werden wir die allgemeine Gleichung (14) betrachten, da U_1 verschwinden kann.

Algorithmus T (*Allgemeine Potenzreihenumkehr*). Dieser Online-Algorithmus hat als Eingaben die Werte von U_n und V_n in (14) und gibt den Wert von W_n in (15) aus für $n = 1, 2, 3, \ldots, N$. Eine Hilfsmatrix T_{mn}, $1 \leq m \leq n \leq N$, wird bei der Berechnung verwendet.

T1. [Initialisiere.] Setze $n \leftarrow 1$. Seien die beiden ersten Eingaben (nämlich U_1 und V_1) in T_{11} bzw. V_1 gespeichert. (Wir müssen $V_1 = 1$ haben.)

T2. [Ausgabe W_n.] Gib den Wert von T_{1n} aus (der W_n ist).

T3. [Eingaben U_n, V_n.] Erhöhe n um 1. Falls $n > N$, terminiert der Algorithmus; sonst speichere die nächsten beiden Eingaben (U_n und V_n) in T_{1n} und V_n.

T4. [Multipliziere.] Setze

$$T_{mn} \leftarrow T_{11}T_{m-1,n-1} + T_{12}T_{m-1,n-2} + \cdots + T_{1,n-m+1}T_{m-1,m-1}$$

und $T_{1n} \leftarrow T_{1n} - V_m T_{mn}$ für $2 \le m \le n$. (Nach diesem Schritt haben wir

$$t^m = T_{mm}z^m + T_{m,m+1}z^{m+1} + \cdots + T_{mn}z^n + O(z^{n+1}) \qquad (16)$$

für $1 \le m \le n$. Man kann (16) leicht durch Induktion verifizieren für $m \ge 2$, und für $m = 1$ haben wir $U_n = T_{1n} + V_2T_{2n} + \cdots + V_nT_{nn}$ nach (14) und (16).) Geh zurück nach Schritt T2. ▮

Gleichung (16) erklärt den Mechanismus dieses Algorithmus, der von Henry C. Thacher stammt, Jr. [*CACM* **9** (1966), 10–11]. Die Laufzeit ist im Wesentlichen dieselbe wie die von Algorithmus L, aber es wird beträchtlich mehr Speicher gebraucht. Ein Beispiel dieses Algorithmus wird in Übung 9 ausgearbeitet.

Noch eine andere Potenzreihenumkehr wurde von von R. P. Brent und H. T. Kung [*JACM* **25** (1978), 581–595] vorgeschlagen, die auf der Tatsache basiert, dass Standardverfahren zur iterativen Wurzelbestimmung von Gleichungen über den reellen Zahlen auch auf Gleichungen über Potenzreihen angewendet werden können. Insbesondere können wir Newtons Methode zur näherungsweisen Berechnung einer reellen Zahl t mit $f(t) = 0$ heranziehen, wobei f als eine in der Umgebung von t gutartige Funktion gegeben ist: Falls x eine gute Näherung zu t ist, dann wird $\phi(x) = x - f(x)/f'(x)$ noch besser sein, denn wenn wir $x = t + \epsilon$ schreiben, haben wir $f(x) = f(t) + \epsilon f'(t) + O(\epsilon^2)$, $f'(x) = f'(t) + O(\epsilon)$; folglich $\phi(x) = t+\epsilon-\bigl(0+\epsilon f'(t)+O(\epsilon^2)\bigr)/\bigl(f'(t)+O(\epsilon)\bigr) = t+O(\epsilon^2)$. Diese Idee angewandt auf Potenzreihen setzt $f(x) = V(x) - U(z)$, wobei U und V die Potenzreihen in Gl. (14) sind. Wir möchten die Potenzreihe t in z finden, so dass $f(t) = 0$. Sei $x = W_1z + \cdots + W_{n-1}z^{n-1} = t + O(z^n)$ eine „Näherung" von t der Ordnung n; dann wird $\phi(x) = x - f(x)/f'(x)$ eine Näherung der Ordnung $2n$ sein, da die Annahmen der Newtonmethode für diese Funktion f und Potenzreihe t gelten.

Mit anderen Worten, wir können das folgende Verfahren verwenden:

Algorithmus N (*Allgemeine Potenzreihenumkehr, Newtons Methode*). Dieser „Semi-online-Algorithmus" hat als Eingaben die Werte von U_n und V_n in (14) für $2^k \le n < 2^{k+1}$ und als Ausgaben die Werte von W_n in (15) für $2^k \le n < 2^{k+1}$, wobei er seine Antworten in Stücken von je 2^k produziert für $k = 0, 1, 2, \ldots, K$.

N1. [Initialisiere.] Setze $N \leftarrow 1$. (Wir werden $N = 2^k$ haben.) Gib die ersten Koeffizienten U_1 und V_1 (wobei $V_1 = 1$) ein, und setze $W_1 \leftarrow U_1$.

N2. [Ausgabe.] Gib W_n für $N \le n < 2N$ aus.

N3. [Eingabe.] Setze $N \leftarrow 2N$. Wenn $N > 2^K$, terminiert der Algorithmus; sonst gib die Werte U_n und V_n ein für $N \le n < 2N$.

N4. [Newtonschritt.] Verwende einen Algorithmus für Potenzreihenkomposition (siehe Übung 11) zur Evaluation der Koeffizienten Q_j und R_j $(0 \le j < N)$ in den Potenzreihen

$$U_1 z + \cdots + U_{2N-1} z^{2N-1} - V(W_1 z + \cdots + W_{N-1} z^{N-1}) \\ = R_0 z^N + R_1 z^{N+1} + \cdots + R_{N-1} z^{2N-1} + O(z^{2N}),$$

$$V'(W_1 z + \cdots + W_{N-1} z^{N-1}) = Q_0 + Q_1 z + \cdots + Q_{N-1} z^{N-1} + O(z^N),$$

wobei $V(x) = x + V_2 x^2 + \cdots$ und $V'(x) = 1 + 2V_2 x + \cdots$. Dann setze $W_N, \ldots, W_{2N-1}$ zu den Koeffizienten in der Potenzreihe

$$\frac{R_0 + R_1 z + \cdots + R_{N-1} z^{N-1}}{Q_0 + Q_1 z + \cdots + Q_{N-1} z^{N-1}} = W_N + \cdots + W_{2N-1} z^{N-1} + O(z^N)$$

und geh zurück nach N2. ▮

Die Laufzeit dieses Algorithmus ist $T(N)$, um die Koeffizienten bis $N = 2^K$ zu erhalten, wobei

$$T(2N) = T(N) + (\text{Zeit für Schritt N4}) + O(N). \tag{17}$$

Naheliegende Algorithmen für Komposition und Division in Schritt N4 werden von der Ordnung N^3 Schritte benötigen, deshalb wird Algorithmus N langsamer laufen als Algorithmus T. Doch haben Brent and Kung einen Weg gefunden, die erforderliche Komposition von Potenzreihen mit $O(N \log N)^{3/2}$ arithmetischen Operationen zu erledigen, und Übung 6 gibt einen noch schnelleren Algorithmus für Division; also zeigt (17), dass Potenzreihenumkehr mit nur $O(N \log N)^{3/2}$ Operationen erreicht werden kann für $N \to \infty$. (Andererseits ist die Proportionalitätskonstante von solcher Art, dass N wirklich sehr groß sein muss, bevor die Algorithmen L und T gegenüber dieser „Hochgeschwindigkeitsmethode“ zurückbleiben.)

Historische Bemerkung: J. N. Bramhall und M. A. Chapple publizierten die erste $O(N^3)$ Methode für Potenzreihenumkehr in *CACM* **4** (1961), 317–318, 503. Es war ein Offline-Algorithmus im Wesentlichen äquivalent zur Methode von Übung 16 mit Laufzeit nahezu gleich der von Algorithmus L und T.

Iteration von Reihen. Falls wir das Verhalten eines iterativen Prozesses $x_n \leftarrow f(x_{n-1})$ studieren wollen, sind wir an der n-fachen Komposition einer gegebenen Funktion f mit sich selbst interessiert, nämlich $x_n = f(f(\ldots f(x_0)\ldots))$. Definieren wir $f^{[0]}(x) = x$ und $f^{[n]}(x) = f(f^{[n-1]}(x))$, so dass

$$f^{[m+n]}(x) = f^{[m]}(f^{[n]}(x)) \tag{18}$$

für alle ganzen Zahlen $m, n \ge 0$. In vielen Fällen ist die Notation $f^{[n]}(x)$ sinnvoll, auch wenn n eine negative ganze Zahl ist, nämlich wenn $f^{[n]}$ und $f^{[-n]}$ inverse Funktionen sind mit $x = f^{[n]}(f^{[-n]}(x))$; wenn inverse Funktionen eindeutig sind, gilt (18) für *alle* ganzen Zahlen m und n. Umkehr von Reihen ist im Wesentlichen die Operation, die inverse Potenzreihe $f^{[-1]}(x)$ zu finden; zum Beispiel sagen die

Gln. (10) und (11) eigentlich, dass $z = V(W(z))$ und dass $t = W(V(t))$, also $W = V^{[-1]}$.

Angenommen, wir haben zwei Potenzreihen $V(z) = z + V_2z^2 + \cdots$ und $W(z) = z + W_2z^2 + \cdots$ gegeben derart, dass $W = V^{[-1]}$. Sei u eine von null verschiedene Konstante und betrachte die Funktion

$$U(z) = W(uV(z)). \tag{19}$$

Man sieht leicht, dass $U(U(z)) = W(u^2V(z))$ und allgemein, dass

$$U^{[n]}(z) = W(u^nV(z)) \tag{20}$$

für alle ganzen Zahlen n. Deshalb bekommen wir einen einfachen Ausdruck für die n-te Iterierte $U^{[n]}$, die grob gesprochen mit demselben Arbeitsaufwand für alle n berechnet werden kann. Weiterhin können wir sogar (20) verwenden, um $U^{[n]}$ für nicht-ganzzahlige Werte von n zu definieren; die „Halb-Iterierte" $U^{[1/2]}$, zum Beispiel ist eine Funktion mit $U^{[1/2]}(U^{[1/2]}(z)) = U(z)$. (Es gibt zwei solche Funktionen $U^{[1/2]}$, erhältlich durch Verwendung von $\sqrt{u}$ und $-\sqrt{u}$ als den Wert von $u^{1/2}$ in (20).)

Wir bekamen diese einfache Situation in (20) dadurch, dass wir mit V und u begannen, dann U definierten. Doch in der Praxis wollen wir im Allgemeinen den anderen Weg beschreiten: wir wollen mit einer gegebenen Funktion U anfangen und dann V und u so finden, dass (19) gilt, nämlich dass

$$V(U(z)) = uV(z). \tag{21}$$

Eine solche Funktion V heißt die *Schröderfunktion* von U, weil sie von Ernst Schröder in *Math. Annalen* **3** (1871), 296–322, eingeführt wurde. Wenden wir uns nun dem Problem zu, die Schröderfunktion $V(z) = z + V_2z^2 + \cdots$ einer gegebenen Potenzreihe $U(z) = U_1z + U_2z^2 + \cdots$ zu finden. Klarerweise $u = U_1$, wenn (21) gelten soll.

Entwicklung von (21) mit $u = U_1$ und Gleichsetzung von Koeffizienten von z führen zu einer Folge von Gleichungen, die mit

$$\begin{aligned} U_1^2V_2 + U_2 &= U_1V_2 \\ U_1^3V_3 + 2U_1U_2V_2 + U_3 &= U_1V_3 \\ U_1^4V_4 + 3U_1^2U_2V_3 + 2U_1U_3V_2 + U_2^2V_2 + U_4 &= U_1V_4 \end{aligned}$$

und so weiter beginnt. Klar, dass es keine Lösung gibt, wenn $U_1 = 0$ (außer, wenn trivialerweise $U_2 = U_3 = \cdots = 0$); sonst gibt es eine eindeutige Lösung mit Ausnahme, wenn U_1 eine Einheitswurzel ist. Wir hätten erwarten können, dass etwas Lustiges passiert, wenn $U_1^n = 1$, da Gl. (20) uns sagt, dass $U^{[n]}(z) = z$, wenn die Schröderfunktion in diesem Fall existiert. Für den Moment wollen wir annehmen, dass U_1 nicht verschwindet und keine Einheitswurzel ist; dann existiert die Schröderfunktion, und die nächste Frage ist, wie sie ohne allzu großen Aufwand zu berechnen ist.

Das folgende Verfahren wurde von R. P. Brent und J. F. Traub vorgeschlagen. Gleichung (21) führt auf Teilprobleme ähnlicher aber komplizierterer Form, weshalb wir uns die allgemeinere Aufgabe stellen, deren Teilaufgaben die gleiche Form haben: Finden wir $V(z) = V_0 + V_1 z + \cdots + V_{n-1} z^{n-1}$ derart, dass

$$V\big(U(z)\big) = W(z)V(z) + S(z) + O(z^n) \tag{22}$$

für gegebene $U(z)$, $W(z)$, $S(z)$ und n, wobei n eine Zweierpotenz ist, und $U(0) = 0$. Falls $n = 1$, sei einfach $V_0 = S(0)/\big(1 - W(0)\big)$ mit $V_0 = 1$, wenn $S(0) = 0$ und $W(0) = 1$. Weiterhin kann man von n nach $2n$ gehen: Zunächst finden wir $R(z)$ derart, dass

$$V\big(U(z)\big) = W(z)V(z) + S(z) - z^n R(z) + O(z^{2n}). \tag{23}$$

Dann berechnen wir

$$\hat{W}(z) = W(z)\big(z/U(z)\big)^n + O(z^n), \qquad \hat{S}(z) = R(z)\big(z/U(z)\big)^n + O(z^n), \tag{24}$$

und finden $\hat{V}(z) = V_n + V_{n+1} z + \cdots + V_{2n-1} z^{n-1}$ mit

$$\hat{V}\big(U(z)\big) = \hat{W}(z)\hat{V}(z) + \hat{S}(z) + O(z^n). \tag{25}$$

Es folgt, dass die Funktionen $V^*(z) = V(z) + z^n \hat{V}(z)$ wie gewünscht

$$V^*\big(U(z)\big) = W(z)V^*(z) + S(z) + O(z^{2n}),$$

erfüllen.

Die Laufzeit $T(n)$ dieses Verfahrens erfüllt

$$T(2n) = 2T(n) + C(n), \tag{26}$$

wobei $C(n)$ die Zeit ist, $R(z)$, $\hat{W}(z)$ und $\hat{S}(z)$ zu berechnen. Die Funktion $C(n)$ wird dominiert von der Zeit, $V\big(U(z)\big)$ modulo z^{2n} zu berechnen, und $C(n)$ wächst wahrscheinlich schneller als von der Ordnung $n^{1+\epsilon}$; deshalb wird die Lösung $T(n)$ von (26) von der Ordnung $C(n)$ sein. Wenn zum Beispiel $C(n) = cn^3$, haben wir $T(n) \approx \frac{4}{3}cn^3$; oder wenn $C(n)$ von der Ordnung $O(n \log n)^{3/2}$ ist mit Hilfe „schneller" Komposition, haben wir $T(n) = O(n \log n)^{3/2}$.

Das Verfahren bricht zusammen, wenn $W(0) = 1$ und $S(0) \neq 0$, deswegen müssen wir untersuchen, wann dies vorkommen kann. Durch Induktion nach n zeigt man leicht, dass die Lösung von (22) nach der Brent–Traub–Methode die Betrachtung von genau n Unterproblemen einschließt, bei denen der Koeffizient von $V(z)$ auf der rechten Seite der Reihe nach die Werte $W(z)\big(z/U(z)\big)^j + O(z^n)$ für $0 \le j < n$ in einer bestimmten Ordnung annimmt. Wenn $W(0) = U_1$ und U_1 keine Einheitswurzel ist, haben wir $W(0) = 1$ nur, wenn $j = 1$; das Verfahren läuft in diesem Fall nur schief, wenn (22) keine Lösung für $n = 2$ hat.

Als Folge hiervon kann die Schröderfunktion für U durch Lösen von (22) für $n = 2, 4, 8, 16, \ldots$ mit $W(z) = U_1$ und $S(z) = 0$ gefunden werden, wann immer U_1 von null verschieden und keine Einheitswurzel ist.

Wenn $U_1 = 1$, gibt es keine Schröderfunktion, es sei denn $U(z) = z$. Doch haben Brent und Traub einen schnellen Weg gefunden, $U^{[n]}(z)$ zu berechnen, sogar wenn $U_1 = 1$, mittels einer Funktion $V(z)$, so dass

$$V\big(U(z)\big) = U'(z)V(z). \tag{27}$$

Falls zwei Funktionen $U(z)$ und $\hat{U}(z)$ zugleich (27) für das gleiche V erfüllen, kann man leicht prüfen, dass ihre Komposition $U\bigl(\hat{U}(z)\bigr)$ es auch tut; deswegen sind alle Iterierten von $U(z)$ Lösungen von (27). Angenommen, wir haben $U(z) = z + U_k z^k + U_{k+1} z^{k+1} + \cdots$, wobei $k \geq 2$ und $U_k \neq 0$. Dann kann gezeigt werden, dass es eine eindeutige Potenzreihe der Form $V(z) = z^k + V_{k+1} z^{k+1} + V_{k+2} z^{k+2} + \cdots$ gibt, die (27) erfüllt. Umgekehrt, falls eine solche Funktion $V(z)$ gegeben ist und falls $k \geq 2$ und U_k gegeben sind, dann gibt es eine eindeutige Potenzreihe der Form $U(z) = z + U_k z^k + U_{k+1} z^{k+1} + \cdots$, die (27) erfüllt. Die gewünschte Iterierte $U^{[n]}(z)$ ist die eindeutige Potenzreihe $P(z)$, die

$$V\bigl(P(z)\bigr) = P'(z)V(z) \tag{28}$$

erfüllt mit $P(z) = z + nU_k z^k + \cdots$. Sowohl $V(z)$ als auch $P(z)$ können mit geeigneten Algorithmen gefunden werden (siehe Übung 14).

Wenn U_1 eine k-te Einheitswurzel ist, aber ungleich 1, kann dieselbe Methode auf die Funktion $U^{[k]}(z) = z + \cdots$ angewendet werden, und $U^{[k]}(z)$ kann von $U(z)$ durch $l(k)$ Kompositionsoperationen gefunden werden (siehe Abschnitt 4.6.3). Wir können auch den Fall $U_1 = 0$ behandeln: Wenn $U(z) = U_k z^k + U_{k+1} z^{k+1} + \cdots$, wobei $k \geq 2$ und $U_k \neq 0$, dann ist die Idee, eine Lösung zur Gleichung $V\bigl(U(z)\bigr) = U_k V(z)^k$ zu suchen; somit gilt

$$U^{[n]}(z) = V^{[-1]}\bigl(U_k^{[(k^n-1)/(k-1)]} V(z)^{k^n}\bigr). \tag{29}$$

Wenn schließlich $U(z) = U_0 + U_1 z + \cdots$, wobei $U_0 \neq 0$, sei α ein „Fixpunkt“ derart, dass $U(\alpha) = \alpha$, und sei

$$\hat{U}(z) = U(\alpha + z) - \alpha = zU'(\alpha) + z^2 U''(\alpha)/2! + \cdots; \tag{30}$$

dann gilt $U^{[n]}(z) = \hat{U}^{[n]}(z - \alpha) + \alpha$. Weitere Einzelheiten finden sich in Brents und Traubs Arbeit [*SICOMP* **9** (1980), 54–66]. Die Funktion V von (27) war zuvor von M. Kuczma behandelt worden, *Functional Equations in a Single Variable* (Warsaw: PWN–Polish Scientific, 1968), Lemma 9.4, und implizit von E. Jabotinsky ein paar Jahre früher (siehe Übung 23).

Algebraische Funktionen. Die Koeffizienten jeder Potenzreihe $W(z)$, die eine allgemeine Gleichung der Form

$$A_n(z)W(z)^n + \cdots + A_1(z)W(z) + A_0(z) = 0, \tag{31}$$

erfüllt, wobei jedes $A_i(z)$ ein Polynom ist, können effizient berechnet werden mittels Methoden von H. T. Kung und J. F. Traub; siehe *JACM* **25** (1978), 245–260. Siehe auch D. V. Chudnovsky und G. V. Chudnovsky, *J. Complexity* **2** (1986), 271–294; **3** (1987), 1–25.

Übungen

1. [*M10*] Der Text erklärt, wie man $U(z)$ durch $V(z)$ dividiert, wenn $V_0 \neq 0$; wie sollte die Division ausgeführt werden, wenn $V_0 = 0$ ist?

2. [*20*] Wenn die Koeffizienten von $U(z)$ und $V(z)$ ganze Zahlen sind und $V_0 \neq 0$, finde eine Rekurrenz für die ganzen Zahlen $V_0^{n+1} W_n$, wobei W_n definiert ist durch (3). Wie kann man das für Potenzreihendivision benutzen?

3. [*M15*] Gibt Formel (9) die richtigen Ergebnisse, wenn $\alpha = 0$? Wenn $\alpha = 1$?

▶ **4.** [*HM23*] Zeige unter Verwendung einfacher Änderungen von (9), wie $e^{V(z)}$ für $V_0 = 0$ und $\ln V(z)$ für $V_0 = 1$ berechnet werden können.

5. [*M00*] Was passiert, wenn eine Potenzreihe zweimal umgekehrt wird – d. h., wenn die Ausgabe von Algorithmus L oder T wieder umgekehrt wird?

▶ **6.** [*M21*] (H. T. Kung.) Wende Newtons Methode auf die Berechnung von $W(z) = 1/V(z)$ an, wenn $V(0) \neq 0$, durch Bestimmung der Potenzreihenwurzel der Gleichung $f(x) = 0$, wobei $f(x) = x^{-1} - V(z)$.

7. [*M23*] Verwende Lagranges Inversionsformel (12), um einen einfachen Ausdruck für den Koeffizienten W_n in der Umkehrung von $z = t - t^m$ zu erhalten.

▶ **8.** [*M25*] Wenn $W(z) = W_1z + W_2z^2 + W_3z^3 + \cdots = G_1t + G_2t^2 + G_3t^3 + \cdots = G(t)$, wobei $z = V_1t + V_2t^2 + V_3t^3 + \cdots$ und $V_1 \neq 0$, bewies Lagrange, dass

$$W_n = \frac{1}{n}[t^{n-1}]\,G'(t)/(V_1 + V_2t + V_3t^2 + \cdots)^n .$$

(Gleichung (12) ist der Spezialfall $G_1 = V_1 = 1$, $G_2 = G_3 = \cdots = 0$.) Erweitere Algorithmus L so, dass er die Koeffizienten $W_1, W_2, \ldots$ in dieser allgemeineren Situation berechnet, ohne seine Rechenzeit wesentlich zu erhöhen.

9. [*11*] Finde die Werte von T_{mn}, die Algorithmus T berechnet, wenn er die ersten fünf Koeffizienten bei der Umkehrung von $z = t - t^2$ bestimmt.

10. [*M20*] Gegeben sei $y = x^\alpha + a_1x^{\alpha+1} + a_2x^{\alpha+2} + \cdots$, $\alpha \neq 0$, zeige, wie die Koeffizienten in der Entwicklung $x = y^{1/\alpha} + b_2y^{2/\alpha} + b_3y^{3/\alpha} + \cdots$ zu berechnen sind.

▶ **11.** [*M25*] (*Komposition von Potenzreihen.*) Sei

$$U(z) = U_0 + U_1z + U_2z^2 + \cdots \quad \text{and} \quad V(z) = V_1z + V_2z^2 + V_3z^3 + \cdots.$$

Entwirf einen Algorithmus, der die ersten N Koeffizienten von $U(V(z))$ berechnet.

12. [*M20*] Finde einen Zusammenhang zwischen Polynomdivision und Potenzreihendivision: Gegeben seien Polynome $u(x)$ und $v(x)$ vom Grade m bzw. n über einem Körper, zeige, wie Polynome $q(x)$ und $r(x)$ nur mit Potenzreihenoperationen zu finden sind derart, dass $u(x) = q(x)v(x) + r(x)$ und $\deg(r) < n$.

13. [*M27*] (*Näherung einer rationalen Funktion.*) Es ist gelegentlich wünschenswert, Polynome zu finden, deren Quotient dieselben Anfangsterme wie eine gegebene Potenzreihe hat. Wenn zum Beispiel $W(z) = 1 + z + 3z^2 + 7z^3 + \cdots$, gibt es im Wesentlichen vier verschiedene Wege, $W(z)$ als $w_1(z)/w_2(z) + O(z^4)$ auszudrücken, wobei $w_1(z)$ und $w_2(z)$ Polynome mit $\deg(w_1) + \deg(w_2) < 4$ sind:

$$\begin{aligned}
(1 + z + 3z^2 + 7z^3)\,/\,1 &= 1 + z + 3z^2 + 7z^3 + 0z^4 + \cdots,\\
(3 - 4z + 2z^2)\,/\,(3 - 7z) &= 1 + z + 3z^2 + 7z^3 + \tfrac{49}{3}z^4 + \cdots,\\
(1 - z)\,/\,(1 - 2z - z^2) &= 1 + z + 3z^2 + 7z^3 + 17z^4 + \cdots,\\
1\,/\,(1 - z - 2z^2 - 2z^3) &= 1 + z + 3z^2 + 7z^3 + 15z^4 + \cdots.
\end{aligned}$$

Rationale Funktionen dieser Art werden gemeinhin *Padé-Approximationen* genannt, da sie ausführlich von H. E. Padé [*Annales Scient. de l'École Normale Supérieure* (3) **9** (1892), S1–S93 studiert wurden; (3) **16** (1899), 395–426].

Zeige, dass alle Padé-Approximationen $W(z) = w_1(z)/w_2(z) + O(z^N)$, $\deg(w_1) + \deg(w_2) < N$ erhalten werden können durch Anwendung des erweiterten euklidschen

Algorithmus auf die Polynome z^N und $W_0 + W_1 z + \cdots + W_{N-1} z^{N-1}$ und entwirf einen reinen Ganzzahlalgorithmus für den Fall, dass jedes W_i eine ganze Zahl ist. [*Hinweis:* siehe Übung 4.6.1–26.]

▶ **14.** [*HM30*] Ergänze die Einzelheiten der Brent- und Traub-Methode zur Berechnung von $U^{[n]}(z)$, wenn $U(z) = z + U_k z^k + \cdots$, mit (27) und (28).

15. [*HM20*] Für welche Funktionen $U(z)$ hat $V(z)$ die einfache Form z^k in (27)? Was kann für die Iterierte von $U(z)$ gefolgert werden?

16. [*HM21*] Sei $W(z) = G(t)$ wie in Übung 8. Der „offensichtliche" Weg, die Koeffizienten W_1, W_2, W_3 ... zu finden, ist wie folgt: Setze $n \leftarrow 1$ und $R_1(t) \leftarrow G(t)$. Dann wird die Relation $W_n V(t) + W_{n+1} V(t)^2 + \cdots = R_n(t)$ durch wiederholtes Setzen von $W_n \leftarrow [t]\, R_n(t)/V_1$, $R_{n+1}(t) \leftarrow R_n(t)/V(t) - W_n$, $n \leftarrow n+1$ beibehalten.

Beweise Lagranges Formel von Übung 8 mittels

$$\frac{1}{n}[t^{n-1}]\, R'_{k+1}(t)\, t^n/V(t)^n = \frac{1}{n+1}[t^n]\, R'_k(t)\, t^{n+1}/V(t)^{n+1} \qquad \text{für alle } n \geq 1 \text{ und } k \geq 1.$$

▶ **17.** [*M20*] Gegeben sei die Potenzreihe $V(z) = V_1 z + V_2 z^2 + V_3 z^3 + \cdots$; damit definieren wir die *Potenzmatrix* von V als das unendliche Array von Koeffizienten $v_{nk} = \frac{n!}{k!}[z^n]V(z)^k$; der n-te *Potenzoid* (engl. *poweroid* d. Ü.) von V ist dann definiert als $V_n(x) = v_{n0} + v_{n1}x + \cdots + v_{nn}x^n$. Beweise, dass Potenzoide das allgemeine Konvolutionsgesetz

$$V_n(x+y) = \sum_k \binom{n}{k} V_k(x) V_{n-k}(y)\,.$$

erfüllen. (Wenn wir zum Beispiel $V(z) = z$ haben, gilt $V_n(x) = x^n$, und dieses ist der Binomialsatz. Wenn $V(z) = \ln(1/(1-z))$, haben wir $v_{nk} = \left[{n \atop k}\right]$ nach Gl. 1.2.9–(26); also ist der Potenzoid $V_n(x)$ gerade $x^{\overline{n}}$, und die Identität ist das in Übung 1.2.6–33 bewiesene Ergebnis. Wenn wir $V(z) = e^z - 1$ haben, gilt $V_n(x) = \sum_k \left\{{n \atop k}\right\} x^k$, und die Formel ist äquivalent zu

$$\binom{l+m}{m}\left\{{n \atop l+m}\right\} = \sum_k \binom{n}{k}\left\{{k \atop l}\right\}\left\{{n-k \atop m}\right\},$$

eine Identität, die wir bisher noch nicht gesehen haben. Mehrere andere Dreiecksarrays von Koeffizienten, die in der Kombinatorik und der Analyse von Algorithmen vorkommen, stellen sich ebenfalls als Potenzmatrizen von Potenzreihen heraus.)

18. [*HM22*] In Fortsetzung von Übung 17 beweise, dass Potenzoide auch

$$xV_n(x+y) = (x+y)\sum_k \binom{n-1}{k-1} V_k(x) V_{n-k}(y)$$

erfüllen. [*Hinweis:* Betrachte die Ableitung von $e^{xV(z)}$.]

19. [*M25*] In Fortsetzung von Übung 17 drücke alle Zahlen v_{nk} durch die Zahlen $v_n = v_{n1} = n!\, V_n$ der ersten Spalte aus und finde eine einfache Rekurrenz, durch welche alle Spalten aus der Folge $v_1, v_2, \ldots$ berechnet werden können. Zeige insbesondere, dass wenn alle v_n ganze Zahlen sind, auch alle v_{nk} ganze Zahlen sind.

20. [*HM20*] In Fortsezung von Übung 17 nimm an, dass wir $W(z) = U(V(z))$ und $U_0 = 0$ haben. Beweise, dass die Potenzmatrix von W das Produkt der Potenzmatrizen von V und U: $w_{nk} = \sum_j v_{nj} u_{jk}$ ist.

▶ **21.** [*HM27*] In Fortsetzung der vorigen Übungen nimm an $V_1 \neq 0$ und $W(z) = -V^{[-1]}(-z)$. Der Zweck dieser Übung ist zu zeigen, dass die Potenzmatrizen von V und W „dual" zueinander sind; wenn zum Beispiel $V(z) = \ln(1/(1-z))$, haben wir $V^{[-1]}(z) = 1 - e^{-z}$, $W(z) = e^z - 1$, und die entsprechenden Potenzmatrizen sind die wohlbekannten Stirlingdreiecke $v_{nk} = \left[{n \atop k}\right]$, $w_{nk} = \left\{{n \atop k}\right\}$.

a) Beweise, dass die Inversionsformeln 1.2.6–(47) für Stirlingzahlen allgemein gelten:

$$\sum_k v_{nk} w_{km} (-1)^{n-k} = \sum_k w_{nk} v_{km} (-1)^{n-k} = \delta_{mn}\,.$$

b) Die Relation $v_{n(n-k)} = n^{\underline{k}} [z^k] \big(V(z)/z\big)^{n-k}$ zeigt, dass für festes k die Größe $v_{n(n-k)}/V_1^n$ ein Polynom in n vom Grad $\leq 2k$ ist. Wir können deshalb

$$v_{\alpha(\alpha-k)} = \alpha^{\underline{k}} [z^k] \big(V(z)/z\big)^{\alpha-k}$$

für beliebiges α definieren, wenn k eine natürliche Zahl ist, wie wir es für Stirlingzahlen in Abschnitt 1.2.6 taten. Beweise, dass $v_{(-k)(-n)} = w_{nk}$. (Das verallgemeinert Gl. 1.2.6–(58).)

▶ **22.** [*HM27*] Gegeben sei $U(z) = U_0 + U_1 z + U_2 z^2 + \cdots$ mit $U_0 \neq 0$. Die α-te *induzierte Funktion* $U^{\{\alpha\}}(z)$ ist die durch die Gleichung

$$V(z) = U\big(zV(z)^\alpha\big)$$

implizit definierte Potenzreihe $V(z)$.

a) Beweise, dass $U^{\{0\}}(z) = U(z)$ und $U^{\{\alpha\}\{\beta\}}(z) = U^{\{\alpha+\beta\}}(z)$.

b) Sei $B(z)$ die einfache Binomialreihe $1 + z$. Wo haben wir $B^{\{2\}}(z)$ zuvor gesehen?

c) Zeige, dass $[z^n]\, U^{\{\alpha\}}(z)^x = \frac{x}{x+n\alpha} [z^n]\, U(z)^{x+n\alpha}$. *Hinweis:* Wenn $W(z) = z/U(z)^\alpha$, haben wir $U^{\{\alpha\}}(z) = \big(W^{[-1]}(z)/z\big)^{1/\alpha}$.

d) Folglich erfüllt jeder Potenzoid $V_n(x)$ nicht nur die Identitäten der Übungen 17 und 18 sondern auch

$$\frac{(x+y)V_n(x+y+n\alpha)}{x+y+n\alpha} = \sum_k \binom{n}{k} \frac{xV_k(x+k\alpha)}{x+k\alpha} \frac{yV_{n-k}(y+(n-k)\alpha)}{y+(n-k)\alpha}\,;$$

$$\frac{V_n(x+y)}{y-n\alpha} = (x+y) \sum_k \binom{n-1}{k-1} \frac{V_k(x+k\alpha)}{x+k\alpha} \frac{V_{n-k}(y-k\alpha)}{y-k\alpha}\,.$$

[Spezielle Fälle schließen Abels Binomialtheorem, Gl. 1.2.6–(16), Rothes Identitäten 1.2.6–(26) und 1.2.6–(30) sowie Torellis Summe, Übung 1.2.6–34, ein.]

23. [*HM35*] (E. Jabotinsky.) Fortfahrend im selben Geiste nimm an, dass $U = (u_{nk})$ die Potenzmatrix von $U(z) = z + U_2 z^2 + \cdots$ ist. Sei $u_n = u_{n1} = n!\, U_n$.

a) Erkläre, wie eine Matrix $\ln U$ zu berechnen ist, so dass die Potenzmatrix von $U^{[\alpha]}(z)$ $\exp(\alpha \ln U) = I + \alpha \ln U + (\alpha \ln U)^2/2! + \cdots$ ist.

b) Sei l_{nk} der Eintrag in Zeile n und Spalte k von $\ln U$ und sei

$$l_n = l_{n1}, \qquad L(z) = l_2 \frac{z^2}{2!} + l_3 \frac{z^3}{3!} + l_4 \frac{z^4}{4!} + \cdots\,.$$

Beweise: $l_{nk} = \binom{n}{k-1} l_{n+1-k}$ für $1 \leq k \leq n$. [*Hinweis:* $U^{[\epsilon]}(z) = z + \epsilon L(z) + O(\epsilon^2)$.]

c) Betrachte $U^{[\alpha]}(z)$ als Funktion von α und z. Beweise, dass

$$\frac{\partial}{\partial \alpha} U^{[\alpha]}(z) = L(z) \frac{\partial}{\partial z} U^{[\alpha]}(z) = L(U^{[\alpha]}(z))\,.$$

(Folglich $L(z) = (l_k/k!)V(z)$, wobei $V(z)$ die Funktion in (27) und (28) ist.)

d) Zeige, dass für $u_2 \neq 0$ die Zahlen l_n aus der Rekurrenz

$$l_2 = u_2, \qquad \sum_{k=2}^{n} \binom{n}{k} l_k u_{n+1-k} = \sum_{k=2}^{n} l_k u_{nk} .$$

berechenbar sind. Wie würde man diese Rekurrenz verwenden, wenn $u_2 = 0$?

e) Beweise die Identität

$$u_n = \sum_{m=0}^{n-1} \frac{n!}{m!} \sum_{\substack{k_1+\cdots+k_m=n+m-1 \\ k_1,\ldots,k_m \geq 2}} \frac{n_0}{k_1!} \frac{n_1}{k_2!} \cdots \frac{n_{m-1}}{k_m!} l_{k_1} l_{k_2} \ldots l_{k_m} ,$$

wobei $n_j = 1 + k_1 + \cdots + k_j - j$.

24. [*HM25*] Gegeben sei die Potenzreihe $U(z) = U_1 z + U_2 z^2 + \cdots$, wobei U_1 keine Einheitswurzel ist. Sei $U = (u_{nk})$ die Potenzmatrix von $U(z)$.

a) Erkläre, wie eine Matrix $\ln U$ zu berechne ist, so dass die Potenzmatrix von $U^{[\alpha]}(z)$ dann $\exp(\alpha \ln U) = I + \alpha \ln U + (\alpha \ln U)^2/2! + \cdots$ ist.

b) Zeige, wenn $W(z)$ nicht identisch verschwindet und wenn $U(W(z)) = W(U(z))$, dann ist $W(z) = U^{[\alpha]}(z)$ für eine komplexe Zahl α.

25. [*M24*] Wenn $U(z) = z + U_k z^k + U_{k+1} z^{k+1} + \cdots$ und $V(z) = z + V_l z^l + V_{l+1} z^{l+1} + \cdots$, wobei $k \geq 2$, $l \geq 2$, $U_k \neq 0$, $V_l \neq 0$ und $U(V(z)) = V(U(z))$, beweise, dass wir $k = l$ und $V(z) = U^{[\alpha]}(z)$ für $\alpha = V_k/U_k$ haben müssen.

26. [*M22*] Zeige, dass wenn $U(z) = U_0 + U_1 z + U_2 z^2 \cdots$ und $V(z) = V_1 z + V_2 z^2 + \cdots$ Potenzreihen mit allen Koeffizienten 0 oder 1 sind, wir die ersten N Koeffizienten von $U(V(z)) \bmod 2$ in $O(N^{1+\epsilon})$ Schritten für ein $\epsilon > 0$ erhalten können.

27. [*M22*] (D. Zeilberger.) Finde eine Rekurrenz analog zu (9) für die Berechnung der Koeffizienten von $W(z) = V(z)V(qz)\ldots V(q^{m-1}z)$, wenn q, m und die Koeffizienten von $V(z) = 1 + V_1 z + V_2 z^2 + \cdots$ gegeben sind. Nimm an, dass q keine Einheitswurzel ist.

▸ **28.** [*HM26*] Eine *Dirichletreihe* ist eine Summe der Form $V(z) = V_1/1^z + V_2/2^z + V_3/3^z + \cdots$; das Produkt $U(z)V(z)$ von zwei Reihen ist die Dirichletreihe $W(z)$, wobei $W_n = \sum_{d\backslash n} U_d V_{n/d}$. Gewöhnliche Potenzreihen sind Spezialfälle von Dirichletreihen, da wir $V_0 + V_1 z + V_2 z^2 + V_3 z^3 + \cdots = V_0/1^s + V_1/2^s + V_2/4^s + V_3/8^s + \cdots$ haben, wenn $z = 2^{-s}$. Dirichletreihen sind tatsächlich im Wesentlichen äquivalent zu Potenzreihen $V(z_1, z_2, \ldots)$ in beliebig vielen Variablen, wobei $z_k = p_k^{-s}$ und p_k die k-te Primzahl ist.

Finde Rekurrenzrelationen, die (9) und die Formeln von Übung 4 verallgemeinern unter der Annahme, dass eine Dirichletreihe $V(z)$ gegeben ist und dass wir (a) $W(z) = V(z)^\alpha$ für $V_1 = 1$; (b) $W(z) = \exp V(z)$ für $V_1 = 0$; (c) $W(z) = \ln V(z)$ für $V_1 = 1$ berechnen wollen. [*Hinweis:* Sei $t(n)$ die Gesamtzahl von Primfaktoren von n, einschließlich ihrer Vielfachheiten, und sei $\delta \sum_n V_n/n^z = \sum_n t(n) V_n/n^z$. Zeige, dass δ analog ist zu einer Ableitung; zum Beispiel $\delta e^{V(z)} = e^{V(z)} \delta V(z)$.]

Nichts kann die Reihe *der Dinge tiefgreifend verändern*
ohne dieselbe Potenz, *die sie zuerst hervorgebracht.*

— EDWARD STILLINGFLEET, *Origines Sacræ*, 2:3:2 (1662)

Lösungen der Übungsaufgaben

Dieser Zweig der Mathematik ist, glaube ich, der einzige, in dem gute Autoren häufig völlig irrige Ergebnisse erhalten. . . . Man darf bezweifeln, ob es eine einzige eingehende Abhandlung über Wahrscheinlichkeiten gibt, die nicht absolut unhaltbare Lösungen enthielte.

— C. S. PEIRCE, in *Popular Science Monthly* (1878)

Hinweise zu den Übungen

1. Ein mittleres Problem für einen mathematisch orientierten Leser.

3. (Lösung von Roger Frye, nach etwa 110 Stunden Rechnung auf einer Connection Machine 1987.) $95800^4 + 217519^4 + 414560^4 = 422481^4$.

4. (Ein Leser des vorläufigen Manuskripts dieses Buchs berichtete, er habe einen wirklich bemerkenswerten Beweis gefunden, doch leider sei der Rand seines Exemplars zu klein gewesen, ihn zu fassen.)

Abschnitt 4.1

1. $(1010)_{-2}$, $(1011)_{-2}$, $(1000)_{-2}$, $\ldots$, $(11000)_{-2}$, $(11001)_{-2}$, $(11110)_{-2}$.

2. (a) $-(110001)_2$, $-(11{,}001001001001\ldots)_2$, $(11{,}0010010000111111\,0110101\ldots)_2$.
(b) $(11010011)_{-2}$, $(1101{,}001011001011\ldots)_{-2}$, $(111{,}011001000100000101\ldots)_{-2}$.
(c) $(\bar{1}11\bar{1}\bar{1})_3$, $(\bar{1}0{,}0\bar{1}\bar{1}011 0\bar{1}\bar{1}011\ldots)_3$, $(10{,}011\bar{1}111\bar{1}000\bar{1}011\bar{1}1101\bar{1}111110\ldots)_3$.
(d) $-(9.4)_{1/10}$, $-(\ldots 7582417582413)_{1/10}$, $(\ldots 3462648323979853562951413)_{1/10}$.

3. $(1010113{,}2)_{2i}$.

4. (a) Zwischen rA und rX. (b) der Rest in rX hat das Komma zwischen Byte 3 und 4; der Quotient in rA hat das Komma ein Byte rechts des am wenigsten signifikanten Teils des Registers.

5. Sie wurde von $999\ldots9 = 10^p - 1$ abgezogen, anstatt von $1000\ldots0 = 10^p$.

6. (a,c) $2^{p-1} - 1$, $-(2^{p-1} - 1)$; (b) $2^{p-1} - 1$, -2^{p-1}.

7. Eine Zehnerkomplementdarstellung erhält man durch Betrachtung von $10^n + x$ (wobei n groß genug sein muss, dass dies positiv ist) und Erweiterung zur Linken mit unendlich vielen Neunen. Die Neunerkomplementdarstellung kann man erhalten wie auch sonst. (Diese beiden Darstellungen sind gleich für nichtabbrechende Dezimalzahlen, andernfalls hat die Neunerkomplementdarstellung die Form $\ldots(a)99999\ldots$, während die Zehnerkomplementdarstellung die Form $\ldots(a+1)0000\ldots$. hat). Die Darstellungen können als sinnvoll angesehen werden, wenn wir den Wert der unendlichen Summe $N = 9 + 90 + 900 + 9000 + \cdots$ as -1 betrachten, da $N - 10N = 9$.

Siehe auch Übung 31, wo p-adische Zahlsysteme betrachtet werden. Die letzteren stimmen überein mit den hier betrachteten p-Komplementnotationen für Zahlen, deren Basis-p-Darstellung terminiert, aber es gibt keine einfache Beziehung zwischen dem Körper der p-adischen und dem der reellen Zahlen.

8. $\sum_j a_j b^j = \sum_j (a_{kj+k-1} b^{k-1} + \cdots + a_{kj}) b^{kj}$.

9. `A BAD ADOBE FACADE FADED`. [*Bemerkung:* Andere mögliche „Zahlsätze" könnten sein `DO A DEED A DECADE; A CAD FED A BABE BEEF, COCOA, COFFEE; BOB FACED A DEAD DODO`.]

10. $\begin{bmatrix} \ldots, a_3, a_2, a_1, a_0;\ a_{-1},\ a_{-2}, \ldots \\ \ldots, b_3, b_2, b_1, b_0;\ b_{-1},\ b_{-2}, \ldots \end{bmatrix} = \begin{bmatrix} \ldots, A_3, A_2, A_1, A_0;\ A_{-1},\ A_{-2}, \ldots \\ \ldots, B_3, B_2, B_1, B_0;\ B_{-1},\ B_{-2}, \ldots \end{bmatrix}$, wenn

$$A_j = \begin{bmatrix} a_{k_{j+1}-1}, a_{k_{j+1}-2}, \ldots, a_{k_j} \\ b_{k_{j+1}-2}, \ldots, b_{k_j} \end{bmatrix}, \qquad B_j = b_{k_{j+1}-1} \ldots b_{k_j},$$

wobei $\langle k_n \rangle$ eine unendliche Folge ganzer Zahlen ist mit $k_{j+1} > k_j$.

11. (Der folgende Algorithmus arbeitet sowohl für Addition als auch Subtraktion je nachdem, ob das Plus- oder Minuszeichen gewählt wird.)

Zu Anfang setze $k \leftarrow a_{n+1} \leftarrow a_{n+2} \leftarrow b_{n+1} \leftarrow b_{n+2} \leftarrow 0$; dann für $m = 0, 1, \ldots, n+2$ führe das Folgende aus: Setze $c_m \leftarrow a_m \pm b_m + k$; dann, falls $c_m \geq 2$, setze $k \leftarrow -1$ und $c_m \leftarrow c_m - 2$; andernfalls, wenn $c_m < 0$, setze $k \leftarrow 1$ und $c_m \leftarrow c_m + 2$; andernfalls (nämlich wenn $0 \leq c_m \leq 1$) setze $k \leftarrow 0$.

12. (a) Subtrahiere $\pm(\ldots a_3 0 a_1 0)_{-2}$ von $\pm(\ldots a_4 0 a_2 0 a_0)_{-2}$ im negabinären System. (Siehe auch Übung 7.1–18 für eine kunstvollere Lösung, die Vollwortbitoperationen benutzt.) (b) Subtrahiere $(\ldots b_3 0 b_1 0)_2$ von $(\ldots b_4 0 b_2 0 b_0)_2$ im Binärsystem.

13. $(1{,}909090\ldots)_{-10} = (0{,}090909\ldots)_{-10} = \frac{1}{11}$.

14.

```
1 1 3 2 1 · 1 1 3 2 1        [5 − 4i] · [5 − 4i]
---------------------
            1 1 3 2 1
          1 1 2 0 2
        1 2 1 2 3
      1 1 3 2 1
    1 1 3 2 1
---------------------
    0 1 0 3 1 1 2 0 1        [9 − 40i]
```

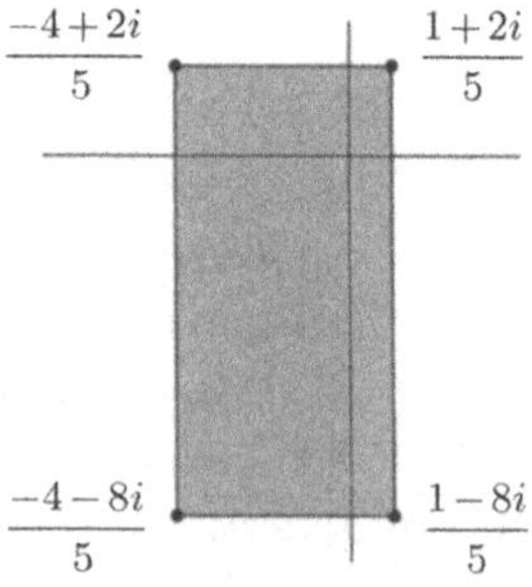

Fig. A–6. Grundbereich quater-imaginärer Zahlen

15. $[-\frac{10}{11} \,..\, \frac{1}{11}]$ und das Rechteck rechts.

16. Man ist versucht, das in einer sehr einfachen Weise zu tun durch Benutzung der Regel $2 = (1100)_{i-1}$ zur Behandlung der Überträge; aber dies führt zu einer nichtterminierenden Methode, wenn wir z. B. versuchen, 1 zu $(11101)_{i-1} = -1$ zu addieren.

Die folgende Lösung erledigt die Sache durch vier zusammenhängende Algorithmen (nämlich für Addition oder Subtraktion von 1 oder i). Wenn α eine Kette von Nullen und Einsen ist, sei α^P eine Kette von Nullen und Einsen, derart dass $(\alpha^P)_{i-1} = (\alpha)_{i-1} + 1$; und sei α^{-P}, α^Q, α^{-Q} entsprechend definiert mit -1, $+i$ und $-i$ der Reihe nach anstelle von $+1$. Dann gilt

$$(\alpha 0)^P = \alpha 1; \quad (\alpha x1)^P = \alpha^Q x0. \qquad (\alpha 0)^Q = \alpha^P 1; \quad (\alpha 1)^Q = \alpha^{-Q} 0.$$
$$(\alpha x0)^{-P} = \alpha^{-Q} x1; \quad (\alpha 1)^{-P} = \alpha 0. \qquad (\alpha 0)^{-Q} = \alpha^Q 1; \quad (\alpha 1)^{-Q} = \alpha^{-P} 0.$$

Hier steht x entweder für 0 oder 1 und die Ketten werden nötigenfalls links mit Nullen erweitert. Diese Prozesse terminieren offenbar immer. Also ist jede Zahl der Form $a+bi$ mit ganzzahligen a und b darstellbar im System mit Basis $i-1$.

17. Nein (im Sinne von Übung 28); die Zahl -1 kann so nicht dargestellt werden. Das kann durch Konstruktion einer Menge S wie in Fig. 1 bewiesen werden. Andererseits gibt es die Darstellung $-i = (0,1111\ldots)_{1+i}$, $i = (100,1111\ldots)_{1+i}$.

18. Sei S_0 die Punktmenge $(a_7a_6a_5a_4a_3a_2a_1a_0)_{i-1}$, wobei jedes a_k den Wert 0 oder 1 hat. (Also ist S_0 gegeben durch die 256 inneren in Fig. 1 gezeigten Punkte, wenn man dieses Bild mit 16 multipliziert.) Wir zeigen zuerst, dass S abgeschlossen ist: Wenn y_1, y_2, … eine unendliche Teilmenge von S ist, gilt $y_n = \sum_{k\ge1} a_{nk}16^{-k}$, wobei jedes a_{nk} in S_0 liegt. Konstruiere einen Baum mit Knoten $(a_{n1}, \ldots, a_{nr})$ für $1 \le r \le n$ und lasse einen Knoten dieses Baums ein Vorgänger eines anderen Knoten sein, wenn er eine Anfangsteilfolge dieses Knotens ist. Nach dem Unendlichkeitslemma (Satz 2.3.4.3K) besitzt dieser Baum einen unendlichen Pfad $(a_1, a_2, a_3, \ldots)$; folglich ist $\sum_{k\ge1} a_k 16^{-k}$ ein Häufungspunkt von $\{y_1, y_2, \ldots\}$ in S.

Nach der Antwort zu Übung 16 sind alle Zahlen der Form $(a+bi)/16^k$ darstellbar, wenn a und b ganzzahlig sind. Wenn deshalb x und y beliebige reelle Zahlen sind und $k \ge 1$, liegt die Zahl $z_k = (\lfloor 16^k x\rfloor + \lfloor 16^k y\rfloor i)/16^k$ in $S+m+ni$ für ganzzahlige m und n. Man kann zeigen, dass $S+m+ni$ beschränkt gegen den Ursprung ist, wenn $(m,n) \ne (0,0)$. Folglich erhalten wir für feste $|x|$ und $|y|$ sowie genügend große k, dass $z_k \in S$ und $\lim_{k\to\infty} z_k = x+yi$ in S liegt.

[B. Mandelbrot nannte S den „Zwillingsdrachen“, weil er feststellte, dass er im Wesentlichen aus zwei „Drachenkurven“ Bauch an Bauch erhalten werden kann; siehe sein Buch *Fractals: Form, Chance, and Dimension* (San Francisco: Freeman, 1977), 313–314, wo er ebenfalls feststellt, dass die Dimension des Rands $2\lg x \approx 1{,}523627$ ist, wobei $x = 1 + 2x^{-2} \approx 1{,}69562$. Andere Eigenschaften der Drachenkurve werden in C. Davis und D. E. Knuth, *J. Recr. Math.* **3** (1970), 66–81, 133–149, beschrieben. Die Menge S für Ziffern $\{0,1\}$ und andere komplexe Basen werden illustriert und analysiert von D. Goffinet in *AMM* **98** (1991), 249–255.]

I. Kátai und J. Szabó haben gezeigt, dass die Basis $-d+i$ ein Zahlensystem mit Ziffern $\{0,1,\ldots,d^2\}$ liefert; siehe *Acta Scient. Math.* **37** (1975), 255–260. Weitere Eigenschaften solcher Systeme wurden von W. J. Gilbert, *Canadian J. Math.* **34** (1982), 1335–1348; *Math. Magazine* **57** (1984), 77–81, untersucht. Ein weiterer interessanter Fall mit Ziffern $\{0,1,i,-1,-i\}$ und Basis $2+i$ wurde von V. Norton [*Math. Magazine* **57** (1984), 250–251] vorgeschlagen. Für Untersuchungen von Zahlsystemen, die auf allgemeineren algebraischen ganzen Zahlen basieren, siehe I. Kátai und B. Kovács, *Acta Math. Acad. Sci. Hung.* **37** (1981), 159–164, 405–407; B. Kovács, *Acta Math. Hung.* **58** (1991), 113–120; B. Kovács und A. Pethő, *Studia Scient. Math. Hung.* **27** (1992), 169–172.

19. Wenn $m > u$ oder $m < l$, wähle ein $a \in D$ derart, dass $m \equiv a$ (modulo b); die gewünschte Darstellung wird eine Darstellung von $m' = (m - a)/b$ gefolgt von a sein. Beachte, $m > u$ impliziert $l < m' < m$ und $m < l$ impliziert $m < m' < u$, so dass der Algorithmus terminiert.

[Es gibt keine Lösungen, wenn $b = 2$. Die Darstellung wird genau dann eindeutig sein, wenn $0 \in D$; nicht-eindeutige Darstellungen treten zum Beispiel auf, wenn $D = \{-3, -1, 7\}$, $b = 3$, da $(\alpha)_3 = (\bar{3}77\bar{3}\alpha)_3$. Wenn $b \geq 3$, kann leicht gezeigt werden, dass es genau 2^{b-3} Lösungsmengen D gibt, in denen $|a| < b$ für alle $a \in D$ gilt. Weiterhin ergibt die Menge $D = \{0,\ 1,\ 2 - \epsilon_2 b^n,\ 3 - \epsilon_3 b^n,\ \ldots,\ b - 2 - \epsilon_{b-2} b^n,\ b - 1 - b^n\}$ eine eindeutige Darstellung, für alle $b \geq 3$ und $n \geq 1$. wenn jedes ϵ_j den Wert 0 oder 1 hat. *Referenzen: Proc. IEEE Symp. Comp. Arith.* **4** (1978), 1–9; *JACM* **29** (1982), 1131–1143.]

20. (a) $0{,}\bar{1}\bar{1}\bar{1}\ldots = \bar{1}{,}888\ldots = \bar{1}8{,}\frac{111}{777}\ldots = \bar{1}8\frac{1}{7}{,}\frac{222}{666}\ldots = \cdots = \bar{1}8\frac{123456}{765432}{,}\frac{777}{111}\ldots$ hat neun Darstellungen. (b) Ein „D-Bruch" $0{,}a_1 a_2 \ldots$ liegt immer zwischen $-1/9$ und $+71/9$. Angenommen x hat 10 oder mehr D Dezimaldarstellungen. Dann hat für genügend großes k, $10^k x$ 10 Darstellungen, die sich links vom Komma unterscheiden: $10^k x = n_1 + f_1 = \cdots = n_{10} + f_{10}$, wobei jedes f_j ein D-Bruch ist. Nach der Eindeutigkeit der Ganzzahldarstellung sind die n_j verschieden, sagen wir $n_1 < \cdots < n_{10}$, also $n_{10} - n_1 \geq 9$; doch dies impliziert $f_1 - f_{10} \geq 9 > 71/9 - (-1/9)$, ein Widerspruch. (c) Jede Zahl der Form $0{,}a_1 a_2 \ldots$, wobei jedes a_j -1 oder 8 ist, ist gleich $\bar{1}{,}a_1' a_2' \ldots$, wobei $a_j' = a_j + 9$ (und es besitzt sogar sechs *weitere* Darstellungen $\bar{1}8{,}a_1'' a_2'' \ldots$, usw.).

21. Wir können in diese Darstellung konvertieren mittels einer Methode wie der im Text für die Konversion nach der balancierten ternären Darstellung.

Im Gegensatz zu dem System von Übung 20 kann die Null auf unendlich vielen Wegen dargestellt werden, die man alle aus $\frac{1}{2} + \sum_{k \geq 1}(-4\frac{1}{2}) \cdot 10^{-k}$ (oder vom Negativen dieser Darstellung) durch Multiplikation mit einer Zehnerpotenz erhält. Die Darstellungen der Eins sind $1\frac{1}{2} - \frac{1}{2}^*$, $\frac{1}{2} + \frac{1}{2}^*$, $5 - 3\frac{1}{2} - \frac{1}{2}^*$, $5 - 4\frac{1}{2} + \frac{1}{2}^*$, $50 - 45 - 3\frac{1}{2} - \frac{1}{2}^*$, $50 - 45 - 4\frac{1}{2} + \frac{1}{2}^*$, usw., wobei $\pm\frac{1}{2}^* = (\pm 4\frac{1}{2})(10^{-1} + 10^{-2} + \cdots)$. [*AMM* **57** (1950), 90–93.]

22. Sei eine Näherung $b_n \ldots b_1 b_0$ gegeben mit Fehler $\sum_{k=0}^{n} b_k 10^k - x > 10^{-t}$ für $t > 0$. Wir werden zeigen, wie der Fehler um etwa 10^{-t} reduziert werden kann. (Der Prozess kann durch Bestimmung einer geeigneten Summe $\sum_{k=0}^{n} b_k 10^k > x$ begonnen werden; danach werden eine endliche Anzahl von Reduktionen dieser Art den Fehler kleiner als ϵ machen.) Wähle einfach $m > n$ so groß, dass die Dezimaldarstellung von $-10^m \alpha$ eine 1 in Position 10^{-t} hat und keine 1 in Positionen $10^{-t+1}, 10^{-t+2}, \ldots, 10^n$. Dann ist $10^m \alpha +$ (eine geeignete Summe von Zehnerpotenzen zwischen 10^m und 10^n) $+ \sum_{k=0}^{n} b_k 10^k \approx \sum_{k=0}^{n} b_k 10^k - 10^{-t}$.

23. Die Menge $S = \{\sum_{k \geq 1} a_k b^{-k} \mid a_k \in D\}$ ist abgeschlossen wie in Übung 18, also ist sie meßbar und hat tatsächlich positives Maß. Da $bS = \bigcup_{a \in D}(a + S)$, haben wir $b\mu(S) = \mu(bS) \leq \sum_{a \in D} \mu(a + S) = \sum_{a \in D} \mu(S) = b\mu(S)$ und wir müssen deshalb $\mu((a + S) \cap (a' + S)) = 0$ erhalten, wenn $a \neq a' \in D$. Jetzt hat T Maß null, falls $0 \in D$, da T eine Vereinigung von abzählbar vielen Mengen der Form $b^k(n + ((a + S) \cap (a' + S)))$, $a \neq a'$, ist, jede vom Maß null. Andererseits hat jede reelle Zahl, worauf K. A. Brakke hinwies, unendlich viele Darstellungen im Zahlsystem von Übung 21.

[Die Menge T kann nicht leer sein, da die reellen Zahlen nicht als abzählbare Vereinigung von disjunkten, abgeschlossenen und beschränkten Mengen geschrieben werden können; siehe *AMM* **84** (1977), 827–828, und die detailliertere Analyse von Petkovšek in *AMM* **97** (1990), 408–411. Falls D weniger als b Elemente besitzt, hat die

Menge von Zahlen mit Basis b und Ziffern aus D Maß null. Falls D mehr als b Elemente hat und alle reellen Zahlen darstell, hat T unendliches Maß.]

24. $\{2a\cdot 10^k + a' \mid 0 \le a < 5, 0 \le a' < 2\}$ oder $\{5a'\cdot 10^k + a \mid 0 \le a < 5, 0 \le a' < 2\}$, für $k \ge 0$. [R. L. Graham hat gezeigt, dass es keine weiteren Mengen von ganzzahligen Ziffern mit diesen Eigenschaften gibt. Und Andrew Odlyzko hat gezeigt, dass die Beschränkung auf ganze Zahlen überflüssig ist in dem Sinne, dass wenn die beiden kleinsten Elemente von D den Wert 0 und 1 haben, alle Ziffern ganz sein müssen. *Beweis.* Sei $S = \{\sum_{k<0} a_k b^k \mid a_k \in D\}$ die Menge der „Brüche", und sei $X = \{(a_n \ldots a_0)_b \mid a_k \in D\}$ die Menge der „ganzen Zahlen"; dann hat $[0\,..\,\infty) = \bigcup_{x\in X}(x+S)$ und $(x+S)\cap(x'+S)$ Maß null für $x \ne x' \in X$. Wir haben $(0\,..\,1) \subseteq S$ und durch Induktion nach m werden wir zeigen, dass $(m\,..\,m+1) \subseteq x_m + S$ für bestimmte $x_m \in X$. Sei $x_m \in X$ derart, dass $(m\,..\,m+\epsilon)\cap(x_m+S)$ positives Maß hat für alle $\epsilon > 0$. Dann muss $x_m \le m$ und x_m eine ganze Zahl sein, sofern $x_{\lfloor x_m \rfloor} + S$ nicht zu viel mit $x_m + S$ überlappt. Falls $x_m > 0$, schließt die Tatsache, dass $(m - x_m\,..\,m - x_m + 1)\cap S$ positives Maß hat, durch Induktion ein, dass dieses Mass 1 ist und $(m\,..\,m+1) \subseteq x_m + S$, da S abgeschlossen ist. Falls $x_m = 0$ und $(m\,..\,m+1) \not\subseteq S$, müssen wir $m < x'_m < m+1$ haben für bestimmte $x'_m \in X$, wobei $(m\,..\,x'_m) \subseteq S$; aber dann überlappt $1+S$ $x'_m + S$. Siehe *Proc. London Math. Soc.* (3) **18** (1978), 581–595.]

Bemerkung: Wenn wir die Beschränkung $0 \in D$ fallen lassen, dann *gibt es* viele andere Fälle, von denen einige ganz interessant sind, speziell $\{1,2,3,4,5,6,7,8,9,10\}$, $\{1,2,3,4,5,51,52,53,54,55\}$ und $\{2,3,4,5,6,52,53,54,55,56\}$. Wenn wir andererseits negative Ziffern erlauben, so erhalten wir viele andere Lösungen nach der Methode von Übung 19, dazu weitere Mengen ungewöhnlicher Ziffern wie $\{-1,0,1,2,3,4,5,6,7,18\}$, welche die hier gestellten Bedingungen nicht erfüllen. Es erscheint hoffnungslos, eine schöne Charakterisierung aller Lösungen mit negativen Ziffern zu finden.]

25. Eine positive Zahl, deren Basis-b-Darstellung m konsekutive $(b-1)$ rechts vom Komma hat, muss die Form $c/b^n + (b^m - \theta)/b^{n+m}$ haben, wobei c und n nicht-negative ganze Zahlen sind und $0 < \theta \le 1$. Also, wenn u/v diese Form hat, finden wir $b^{m+n}u = b^m cv + b^m v - \theta v$. Deswegen ist θv eine ganze Zahl, die ein Vielfaches von b^m ist. Doch $0 < \theta v \le v < b^m$. [Es kann beliebig lange Folgen anderer Ziffern *aaaaa* geben, falls $0 \le a < b-1$, zum Beispiel in der Darstellung von $a/(b-1)$.]

26. Der Beweis des „Hinreichens" ist eine direkte Verallgemeinerung des üblichen Beweises für die Basis b durch sukzessive Konstruktion der gewünschten Darstellung. Der Beweis der „Notwendigkeit" zerfällt in zwei Teile: Wenn β_{n+1} größer ist als $\sum_{k\le n} c_k\beta_k$ für bestimmte n, dann hat $\beta_{n+1} - \epsilon$ keine Darstellung für kleine ϵ. Falls $\beta_{n+1} \le \sum_{k\le n} c_k\beta_k$ für alle n, wobei Gleichheit aber nicht immer gilt, dann können wir zeigen, dass es für bestimmte x zwei Darstellungen gibt. [Siehe *Transactions of the Royal Society of Canada*, series III, **46** (1952), 45–55.]

27. Beweis durch Induktion nach $|n|$. Wenn n gerade ist, müssen wir $e_0 > 0$ nehmen, und das Ergebnis folgt durch Induktion, da $n/2$ eine eindeutige Darstellung hat. Falls n ungerade ist, müssen wir $e_0 = 0$ nehmen und das Problem reduziert sich auf die Darstellung von $-(n-1)/2$; wenn letztere Größe entweder null oder eins ist, gibt es offensichtlich nur eine Möglichkeit fortzufahren, andernfalls hat sie nach Induktion eine eindeutige Darstellung.

[Es folgt, dass jede positive ganze Zahl genau *zwei* solche Darstellungen mit *abnehmenden* Exponenten $e_0 > e_1 > \cdots > e_t$ besitzt: eine mit geradem t und die andere mit ungeradem t.]

28. Ein Beweis kann wie bei Übung 27 gegeben werden. Beachte, dass $a + bi$ genau dann ein Vielfaches von $1 + i$ um eine komplexe ganze Zahl ist, wenn $a + b$ gerade ist. Diese Darstellung ist eng bezogen auf die Drachenkurve, die in der Antwort zu Übung 18 diskutiert wird.

29. Es genügt zu zeigen, dass jede Kollektion $\{T_0, T_1, T_2, \ldots\}$, die die Eigenschaft B erfüllt, erhalten werden kann durch Kollabierung einer Kollektion $\{S_0, S_1, S_2, \ldots\}$, wobei $S_0 = \{0, 1, \ldots, b-1\}$ und alle Elemente S_1, S_2, ... Vielfache von b sind.

Um letztere Aussage zu beweisen, dürfen wir annehmen, dass $1 \in T_0$ und dass es ein kleinstes Element $b > 1$ mit $b \notin T_0$ gibt. Wir werden durch Induktion nach n beweisen, dass wenn $nb \notin T_0$, dann die $nb+1$, $nb+2$, ..., $nb+b-1$ in keiner Menge T_j liegen; doch wenn $nb \in T_0$, dann $nb+1$, ..., $nb+b-1$ gleichermaßen. Das Ergebnis folgt dann mit $S_1 = \{nb \mid nb \in T_0\}$, $S_2 = T_1$, $S_3 = T_2$, usw.

Falls $nb \notin T_0$, dann $nb = t_0 + t_1 + \cdots$, wobei die t_1, t_2, ... Vielfache von b sind; also ist $t_0 < nb$ ein Vielfaches von b. Nach Induktion ist $(t_0 + k) + t_1 + t_2 + \cdots$ eine Darstellung von $nb + k$, für $0 < k < b$; also $nb + k \notin T_j$ für irgendein j.

Falls $nb \in T_0$ und $0 < k < b$, sei die Darstellung von $nb + k$ nun $t_0 + t_1 + \cdots$. Es kann $t_j = nb + k$ für $j \geq 1$ nicht gelten außer, wenn $nb + b$ zwei Darstellungen $(b-k) + \cdots + (nb+k) + \cdots = (nb) + \cdots + b + \cdots$ hat. Nach Induktion $t_0 \bmod b = k$ und die Darstellung $nb = (t_0 - k) + t_1 + \cdots$ impliziert $t_0 = nb + k$.

[Referenz: *Nieuw Archief voor Wiskunde* (3) **4** (1956), 15–17. Ein endliches Analogon dazu wurde hergeleitet von P. A. MacMahon, *Combinatory Analysis* **1** (1915), 217–223.]

30. (a) Sei A_j die Menge von Zahlen n, deren Darstellung nicht b_j enthält; dann gilt nach der Eindeutigkeitseigenschaft, dass $n \in A_j$ genau dann, wenn $n + b_j \notin A_j$. Folglich haben wir $n \in A_j$ genau dann, wenn $n + 2b_j \in A_j$. Es folgt, dass für $j \neq k$ wir $n \in A_j \cap A_k$ genau dann haben, wenn $n + 2b_j b_k \in A_j \cap A_k$. Sei m die Anzahl der ganzen Zahlen $n \in A_j \cap A_k$ derart, dass $0 \leq n < 2b_j b_k$. Dann enthält dieses Intervall genau m ganze Zahlen, die in A_j aber nicht in A_k, genau m, die in A_k aber nicht in A_j, und genau m, die weder in A_j noch in A_k liegen; also $4m = 2b_j b_k$. Deshalb können b_j und b_k nicht beide ungerade sein. Doch ist natürlich wenigsten ein b_j ungerade, da ungerade Zahlen dargestellt werden können.

(b) Gemäß (a) können wir die b so umnummerieren, dass b_0 ungerade und b_1, b_2, ... gerade sind; dann muss $\frac{1}{2}b_1$, $\frac{1}{2}b_2$, ... ebenfalls eine binäre Basis sein und der Prozess läßt sich wiederholen.

(c) Falls es eine binäre Basis ist, müssen wir positive und negative d_k für beliebig große k haben, um $\pm 2^n$ darzustellen, wenn n groß ist. Umgekehrt kann der folgende Algorithmus benutzt werden:

S1. [Initialisiere.] Setze $k \leftarrow 0$.

S2. [Fertig?] Falls $n = 0$, terminiere.

S3. [Wähle.] Falls n gerade ist, setze $n \leftarrow n/2$. Sonst füge $2^k d_k$ zur Darstellung und setze $n \leftarrow (n - d_k)/2$.

S4. [Erhöhe k.] Erhöhe k um 1 und gehe zurück nach S2. ▌

In jedem Schritt wird die Wahl erzwungen; außerdem vermindert Schritt S3 immer $|n|$, bis $n = -d_k$ gilt, also muss der Algorithmus terminieren.

(d) Zwei Iterationen von den Schritten S2–S4 im vorigen Algorithmus ändern $4m \to m$, $4m + 1 \to m + 5$, $4m + 2 \to m + 7$, $4m + 3 \to m - 1$. Mit derselben Begründung wie in Übung 19 brauchen wir nur zu zeigen, dass der Algorithmus für

$-2 \le n \le 8$ terminiert; alle anderen Werte von n werden zu diesem Intervall bewegt. In diesen Bereich $3 \to -1 \to -2 \to 6 \to 8 \to 2 \to 7 \to 0$ und $4 \to 1 \to 5 \to 6$. Also $1 = 7 \cdot 2^0 - 13 \cdot 2^1 + 7 \cdot 2^2 - 13 \cdot 2^3 - 13 \cdot 2^5 - 13 \cdot 2^9 + 7 \cdot 2^{10}$.

Bemerkung: Die Wahl $d_0, d_1, d_2, \ldots = 5, -3, 3, 5, -3, 3, \ldots$ liefert ebenfalls eine binäre Basis. Für weitere Details siehe *Math. Comp.* **18** (1964), 537–546; A. D. Sands, *Acta Math. Acad. Sci. Hung.* **8** (1957), 65–86.

31. (Siehe auch die hiermit verwandten Übungen 3.2.2–11, 4.3.2–13, 4.6.2–22.)

(a) Wenn wir Zähler und Nenner mit einer geeigneten Zweierpotenz erweitern, dürfen wir annehmen, dass $u = (\ldots u_2u_1u_0)_2$ und $v = (\ldots v_2v_1v_0)_2$ 2-adische ganze Zahlen sind, wobei $v_0 = 1$. Die folgende Rechenmethode bestimmt nun w, wobei wir $u^{(n)}$ für die ganze Zahl $(u_{n-1}\ldots u_0)_2 = u \bmod 2^n$ stehen lassen, wenn $n > 0$:

Sei $w_0 = u_0$ und $w^{(1)} = w_0$. Für $n = 1, 2, \ldots$ nimm an, wir hätten schon eine ganze Zahl $w^{(n)} = (w_{n-1}\ldots w_0)_2$ gefunden mit $u^{(n)} \equiv v^{(n)}w^{(n)}$ (modulo 2^n). Dann haben wir $u^{(n+1)} \equiv v^{(n+1)}w^{(n)}$ (modulo 2^n), also $w_n = 0$ oder 1 in Abhängigkeit davon, ob die Größe $(u^{(n+1)} - v^{(n+1)}w^{(n)}) \bmod 2^{n+1}$ den Wert 0 oder 2^n hat.

(b) Finde die kleinste ganze Zahl k mit $2^k \equiv 1$ (modulo $2n+1$). Dann haben wir $1/(2n+1) = m/(2^k - 1)$ für eine ganze Zahl m, $1 \le m < 2^{k-1}$. Sei α die k-Bit-Binärdarstellung von m; dann ist $(0{,}\alpha\alpha\alpha\ldots)_2$ mal $2n+1$ gleich $(0{,}111\ldots)_2 = 1$ im Binärsystem, und $(\ldots\alpha\alpha\alpha)_2$ mal $2n+1$ ist $(\ldots 111)_2 = -1$ im 2-adischen System.

(c) Ist u rational, sagen wir $u = m/(2^e n)$, wobei n ungerade und positiv ist, dann ist die 2-adische Darstellung von u periodisch, weil die Zahlmenge mit periodischen Entwicklungen $-1/n$ enthält und abgeschlossen ist unter den Operationen der Negation, Division durch 2 und Addition. Umgekehrt, ist $u_{N+\lambda} = u_N$ für alle $N \ge \mu$, dann ist die 2-adische Zahl $(2^\lambda - 1)2^{-\mu}u$ eine ganze Zahl.

(d) Das Quadrat irgendeiner Zahl der Form $(\ldots u_2u_1 1)_2$ hat die Form $(\ldots 001)_2$, weswegen die Bedingung notwendig ist. Dass sie hinreichend ist, zeigen wir mit dem folgenden Verfahren, um $v = \sqrt{n}$ zu berechnen, wenn $n \bmod 8 = 1$:

H1. [Initialisiere.] Setze $m \leftarrow (n-1)/8$, $k \leftarrow 2$, $v_0 \leftarrow 1$, $v_1 \leftarrow 0$, $v \leftarrow 1$. (Während dieses Algorithmus gilt $v = (v_{k-1}\ldots v_1v_0)_2$ und $v^2 = n - 2^{k+1}m$.)

H2. [Transformiere.] Falls m gerade ist, setze $v_k \leftarrow 0$, $m \leftarrow m/2$. Sonst setze $v_k \leftarrow 1$, $m \leftarrow (m - v - 2^{k-1})/2$, $v \leftarrow v + 2^k$.

H3. [Erhöhe k.] Erhöhe k um 1 und geh zurück nach H2. ▌

32. Ein allgemeineres Resultat erschien in *Math. Comp.* **29** (1975), 84–86.

33. Sei K_n die Menge von all solchen n-ziffrigen Zahlen, dass $k_n = |K_n|$. Falls S und T endliche Mengen von ganzen Zahlen sind, werden wir $S \sim T$ sagen, wenn $S = T + x$ für eine ganze Zahl x gilt, und wir werden schreiben $k_n(S) = |\mathcal{K}_n(S)|$, wobei $\mathcal{K}_n(S)$ die Familie aller Teilmengen von K_n ist, die $\sim S$ sind. Für $n = 0$ haben wir $k_n(S) = 0$, außer wenn$|S| \le 1$, da die null die einzige „0-Ziffer"-Zahl ist. Wenn $n \ge 1$ und $S = \{s_1, \ldots, s_r\}$, haben wir

$$\mathcal{K}_n(S) = \bigcup_{0 \le j < b} \; \bigcup_{(a_1,\ldots,a_r)} \{\{t_1 b + a_1, \ldots, t_r b + a_r\} \mid \{t_1, \ldots, t_r\} \in K_{n-1}(\{(s_i + j - a_i)/b \mid 1 \le i \le r\})\},$$

wobei sich die innere Vereinigung über alle Ziffernfolgen $(a_1, \ldots, a_r)$ erstreckt, die die Bedingung $a_i \equiv s_i + j$ (modulo b) für $1 \le i \le r$ erfüllen. In dieser Formel fordern wir $t_i - t_{i'} = (s_i - a_i)/b - (s_{i'} - a_{i'})/b$ für $1 \le i < i' \le r$, so dass die Benennung der Subskripte eindeutig bestimmt ist. Nach dem Prinzip der Inklusion und Exklusion haben wir deshalb $k_n(S) = \sum_{0\le j<b}\sum_{m\ge 1}(-1)^{m-1}f(S,m,j)$, wobei $f(S,m,j)$ die Anzahl der Mengen von ganzen Zahlen ist, die ausgedrückt werden können als $\{t_1b{+}a_1,\ldots,t_rb{+}a_r\}$ in obiger Weise für m verschiedene Folgen $(a_1,\ldots,a_r)$, summiert über alle Auswahlen von m verschiedenen Folgen $(a_1,\ldots,a_r)$. Gegeben m verschiedene Folgen $(a_1^{(l)},\ldots,a_r^{(l)})$ für $1\le l\le m$; die Anzahl dieser Mengen ist $k_{n-1}(\{(s_i+j-a_i^{(l)})/b \mid 1\le i\le r, 1\le l\le m\})$. Also gibt es eine Kollektion von Mengen $\mathcal{T}(S)$ mit

$$k_n(S) = \sum_{T\in\mathcal{T}(S)} c_T\, k_{n-1}(T),$$

wobei jedes c_T eine ganze Zahl ist. Darüber hinaus liegen, wenn $T\in\mathcal{T}(S)$, ihre Elemente nahe bei denen von S; wir haben $\min T \ge (\min S - \max D)/b$ und $\max T \le (\max S + b-1-\min D)/b$. Also erhalten wir simultane Rekurrenzrelationen für die Folgen $\langle k_n(S)\rangle$, wobei S durch die nicht-leeren Teilmengen ganzer Zahlen von $[l\,..\,u+1]$ läuft, in der Notation von Übung 19. Da $k_n = k_n(S)$ für jede 1-elementige Menge S, kommt die Folge $\langle k_n\rangle$ unter diesen Rekurrenzen vor. Die Koeffizienten c_T können von ein paar ersten Werten von $k_n(S)$ berechnet werden, so dass wir ein System von Gleichungen erhalten, die die Erzeugungsfunktionen $k_S(z) = \sum k_n(S)z^n = [|S|\le 1] + z\sum_{T\in\mathcal{T}(S)} c_T k_T(z)$ definieren. [Siehe *J. Algorithms* **2** (1981), 31–43.]

Wenn zum Beispiel $D=\{-1,0,3\}$ und $b=3$ ist, haben wir $l=-\frac{3}{2}$ und $u=\frac{1}{2}$, so dass die relevanten Mengen S gerade $\{0\}$, $\{0,1\}$, $\{-1,1\}$ und $\{-1,0,1\}$ sind. Die entsprechenden Folgen für $n\le 3$ sind $\langle 1,3,8,21\rangle$, $\langle 0,1,3,8\rangle$, $\langle 0,0,1,4\rangle$ und $\langle 0,0,0,0\rangle$; damit erhalten wir

$$k_0(z) = 1 + z(3k_0(z) - k_{01}(z)), \qquad k_{02}(z) = z(k_{01}(z) + k_{02}(z)),$$
$$k_{01}(z) = zk_0(z), \qquad k_{012}(z) = 0,$$

und $k(z) = 1/(1-3z+z^2)$. In diesem Fall $k_n = F_{2n+2}$ und $k_n(\{0,2\}) = F_{2n-1} - 1$.

34. Es gibt genau einen String α_n über den Zeichen $\{\bar{1},0,1\}$ mit $n=(\alpha_n)_2$ und α_n hat weder führende Nullen noch konsekutive von null verschiedene Ziffern: α_0 ist leer, sonst $\alpha_{2n}=\alpha_n0$, $\alpha_{4n+1}=\alpha_n01$, $\alpha_{4n-1}=\alpha_n0\bar{1}$. Jeder String, der n darstellt, kann konvertiert werden zu α_n mittels der Reduktionen $1\bar{1}\to 01$, $\bar{1}1\to 0\bar{1}$, $01\ldots 11 \to 10\ldots 0\bar{1}$, $0\bar{1}\ldots\bar{1}\bar{1}\to\bar{1}0\ldots 01$ und durch Einsetzen oder Löschen führender Nullen. Da diese Reduktionen die Anzahl von null verschiedener Ziffern nicht erhöht, hat α_n deren geringst mögliche Anzahl. [*Advances in Computers* **1** (1960), 244–260.] Die Anzahl von null verschiedener Ziffern in α_n, bezeichnet mit $\bar{\nu}(n)$, ist die Anzahl der 1 in der gewöhnlichen Darstellung, die auf 0 oder den Teilstring $00(10)^k1$ folgen für $k\ge 0$.

Eine Verallgemeinerung für Basen $b>2$ wurde von J. von zur Gathen, *Computational Complexity* **1** (1991), 360–394, angegeben.

Abschnitt 4.2.1

1. $N = (62, +0{,}60\ 22\ 14\ 00)$; $h = (37, +0{,}66\ 26\ 10\ 00)$. Beachte, dass die Größe $10h$ die Darstellung $(38, +0{,}06\ 62\ 61\ 00)$ besäße.

2. $b^{E-q}(1-b^{-p})$, b^{-q-p}; $b^{E-q}(1-b^{-p})$, b^{-q-1}.

3. Wenn e nicht seinen kleinsten Wert hat, braucht das signifikanteste 1-Bit (welches in allen solchen normierten Zahlen erscheint) nicht im Rechnerwort zu erscheinen.

4. $(51, +0{,}10209877)$; $(50, +0{,}12346000)$; $(53, +0{,}99999999)$. Die dritte Antwort wäre $(54, +0{,}10000000)$, wenn der erste Operand $(45, -0{,}50000000)$ gewesen wäre, da $b/2$ ungerade ist.

5. Wenn $x \sim y$ und m eine ganze Zahl ist, dann $mb + x \sim mb + y$. Weiterhin, $x \sim y$ impliziert $x/b \sim y/b$, wenn man alle möglichen Fälle betrachtet. Eine andere entscheidende Eigenschaft ist, dass x und y zur selben ganzen Zahl gerundet werden, wann immer $bx \sim by$.

Wenn jetzt $b^{-p-2}F_v \neq f_v$, müssen wir $(b^{p+2}f_v) \bmod b \neq 0$ haben; also lässt die Transformation f_v unverändert, es sei denn, $e_u - e_v \geq 2$. Da u normiert war, ist es von null verschieden und $|f_u + f_v| > b^{-1} - b^{-2} \geq b^{-2}$: Die führende von null verschiedene Stelle von $f_u + f_v$ muss höchstens zwei Stellen rechts des Basiskommas liegen, und die Rundungsoperation wird $b^{p+j}(f_u + f_v)$ zu einer ganzen Zahl konvertieren, wobei $j \leq 1$. Der Beweis wird vollständig sein, wenn wir zeigen können, dass $b^{p+j+1}(f_u+f_v) \sim b^{p+j+1}(f_u+b^{-p-2}F_v)$. Mit dem vorigen Paragraph haben wir $b^{p+2}(f_u+f_v) \sim b^{p+2}f_u + F_v = b^{p+2}(f_u + b^{-p-2}F_v)$, was das gewünschte Ergebnis für alle $j \leq 1$ impliziert. Ähnliche Bemerkungen gelten für Schritt M2 von Algorithmus M.

Beachte, dass wenn $b > 2$ gerade ist, eine solche ganze Zahl F_v immer existiert; doch wenn $b = 2$, brauchen wir $p+3$ Bit (sei $2F_v$ eine ganze Zahl). Wenn b ungerade ist, existiert eine ganze Zahl F_v immer, außer im Fall einer Division mit Algorithmus M, wenn ein Rest von $\frac{1}{2}b$ übrig bleiben kann.

6. (Betrachte den Fall $e_u = e_v$, $f_u = -f_v$ in Programm A.) Register A behält sein voriges Vorzeichen bei, wie bei `ADD`.

7. Nenne eine Zahl normiert genau dann, wenn sie null ist oder ihr Bruchteil im Bereich $\frac{1}{6} < |f| < \frac{1}{2}$ liegt. Ein $(p + 1)$-stelliger Akkumulator genügt zur Addition und Subtraktion; Rundung (außer bei der Division) ist äquivalent zum Abschneiden. In der Tat ein sehr erfreuliches System! Wir können Zahlen mit Exzess-null Exponenten repräsentieren, eingesetzt zwischen der ersten Stelle und den nachfolgenden Stellen des Bruchteils, und zwar komplementiert, wenn der Bruch negativ ist, so dass die Ordnung von Festkommazahlen bewahrt wird.

8. (a) $(06, +0{,}12345679) \oplus (06, -0{,}12345678)$, $(01, +0{,}10345678) \oplus (00, -0{,}94000000)$; (b) $(99, +0{,}87654321) \oplus$ sie selbst, $(99, +0{,}99999999) \oplus (91, +0{,}50000000)$.

9. $a = c = (-50, +0{,}10000000)$, $b = (-41, +0{,}20000000)$, $d = (-41, +0{,}80000000)$, $y = (11, +0{,}10000000)$.

10. $(50, +0{,}99999000) \oplus (55, +0{,}99999000)$.

11. $(50, +0{,}10000001) \otimes (50, +0{,}99999990)$.

12. Wenn $0 < |f_u| < |f_v|$, dann $|f_u| \leq |f_v| - b^{-p}$; also $1/b < |f_u/f_v| \leq 1 - b^{-p}/|f_v| < 1 - b^{-p}$. Wenn $0 < |f_v| \leq |f_u|$, haben wir $1/b < |f_u/f_v|/b \leq ((1 - b^{-p})/(1/b))/b = 1 - b^{-p}$.

13. Siehe J. Michael Yohe, *IEEE Transactions* **C-22** (1973), 577–586; siehe auch Übung 4.2.2–24.

14.
```
FIX  STJ  9F           Gleit-zu-Fest-Unterprogramm:
     STA  TEMP
     LD1  TEMP(EXP)    rI1 ← e.
     SLA  1            rA ← ± f f f f 0.
     JAZ  9F           Ist Eingabe null?
     DEC1 1
     CMPA =0=(1:1)     Wenn führendes Byte null ist,
     JE   *-4            verschiebe wieder nach links.
     ENN1 -Q-4,1
     J1N  FIXOVFLO     Ist Größe zu groß?
     ENTX 0
```

```
        SRAX 0,1
        CMPX =1//2=
        JL   9F
        JG   *+2
        JAO  9F             Der mehrdeutige Fall wird ungerade, da b/2 gerade ist.
        STA  *+1(0:0)       Runde, wenn nötig.
        INCA 1              Füge ±1 hinzu (Überlauf ist unmöglich).
    9H  JMP  *              Ausgang des Unterprogramms. ▌
```

15.

```
FP   STJ  EXITF             Bruchteil-Unterprogramm:
     JOV  OFLO              Stelle Überlauf aus.
     STA  TEMP              TEMP ← u.
     ENTX 0
     SLA  1                 rA ← f_u.
     LD2  TEMP(EXP)         rI2 ← e_u.
     DEC2 Q
     J2NP *+3
     SLA  0,2               Lösche ganzzahligen Teil von u.
     ENT2 0
     JANN 1F
     ENN2 0,2               Bruchteil ist negativ: Finde
     SRAX 0,2                 sein Komplement.
     ENT2 0
     JXNZ *+3
     JAZ  *+2
     INCA 1
     ADD  WM1               Addiere Wortgröße minus eins.
1H   INC2 Q                 Bereite Normierung des Resultats vor.
     JMP  NORM              Normiere, runde, fertig.
8H   EQU  1(1:1)
WM1  CON  8B-1,8B-1(1:4)    Wortgröße minus eins ▌
```

16. Wenn $|c| \geq |d|$, dann setze $r \leftarrow d \oslash c$, $s \leftarrow c \oplus (r \otimes d)$; $x \leftarrow \bigl(a \oplus (b \otimes r)\bigr) \oslash s$, $y \leftarrow \bigl(b \ominus (a \otimes r)\bigr) \oslash s$. Sonst setze $r \leftarrow c \oslash d$, $s \leftarrow d \oplus (r \otimes c)$; $x \leftarrow \bigl((a \otimes r) \oplus b\bigr) \oslash s$, $y \leftarrow \bigl((b \otimes r) \ominus a\bigr) \oslash s$. Dann ist $x + iy$ die gewünschte Näherung zu $(a + bi)/(c + di)$. [*CACM* **5** (1963), 435.

Andere Algorithmen für komplexe Arithmetik und Funktionsauswertung werden von P. Wynn angegeben, *BIT* **2** (1962), 232–255; siehe auch Paul Friedland, *CACM* **10** (1967), 665.]

17. Siehe Robert Morris, *IEEE Transactions* **C-20** (1971), 1578–1579. Fehleranalyse ist mit solchen Systemen schwieriger, also ist Intervallarithmetik entsprechend wünschenswerter.

18. Für positive Zahlen: schiebe den Bruchteil nach links, bis $f_1 = 1$, dann runde, wenn dann der Bruchteil null ist (Rundungsüberlauf), verschiebe ihn wieder nach rechts. Für negative Zahlen: verschiebe den Bruchteil nach links bis $f_1 = 0$, dann runde, wenn dann der Bruchteil null ist (Rundungsunterlauf), verschiebe ihn wieder nach rechts.

19. $(43 + [e_v < e_u] - [\text{Bruchteilüberlauf}] - 10[\text{Ergebnis } 0] + 4[\text{Größe wird aufgerundet}] + [\text{erste Rundungsstelle ist } \frac{b}{2}] + 5[\text{Rundungsziffern sind } \frac{b}{2}0\ldots0] + 7[\text{Rundungsüberlauf}] + 7N + (11[N > 0] - 1)[\text{rX bekommt nicht – verschwindende Ziffern}])u$, wobei N die Anzahl von Linksverschiebungen während der Normalisierung ist. Die maximale Zeit von

$73u$ zum Beispiel kommt vor, wenn

$$u = +50\ 01\ 00\ 00\ 00, \quad v = -46\ 49\ 99\ 99\ 99, \quad b = 100.$$

[Die mittlere Zeit wird angesichts der Daten in Abschnitt 4.2.4 etwa $45{,}5u$ sein.]

Abschnitt 4.2.2

1. $u \ominus v = u \oplus -v = -v \oplus u = -(v \oplus -u) = -(v \ominus u)$.

2. $u \oplus x \geq u \oplus 0 = u$, nach (8), (2), (6); also nach (8) wieder $(u \oplus x) \oplus v \geq u \oplus v$. Ähnlich implizieren (8) und (6) zusammen mit (2) $(u \oplus x) \oplus (v \oplus y) \geq (u \oplus x) \oplus v$.

3. $u = 8{,}0000001$, $v = 1{,}2500008$, $w = 8{,}0000008$; $(u \otimes v) \otimes w = 80{,}000064$, jedoch $u \otimes (v \otimes w) = 80{,}000057$.

4. Ja; sei $1/u \approx v = w$, wobei v groß ist.

5. Nicht immer; in Dezimalarithmetik nimm $u = v = 9$.

6. (a) Ja. (b) Nur für $b + p \leq 4$ (probiere $u = 1 - b^{-p}$). Doch siehe Übung 27.

7. Wenn u und v aufeinander folgende Gleitkomma-Binärzahlen sind, $u \oplus v = 2u$ oder $2v$. Wenn es $2v$ ist, haben wir oft $u^{②} \oplus v^{②} < 2v^{②}$. Zum Beispiel $u = (0{,}10\ldots001)_2$, $v = (0{,}10\ldots010)_2$, $u \oplus v = 2v$, und $u^{②} + v^{②} = (0{,}10\ldots011)_2$.

8. (a) $\sim$, $\approx$; (b) $\sim$, $\approx$; (c) $\sim$, $\approx$; (d) $\sim$; (e) $\sim$.

9. $|u - w| \leq |u - v| + |v - w| \leq \epsilon_1 \min(b^{e_u - q}, b^{e_v - q}) + \epsilon_2 \min(b^{e_v - q}, b^{e_w - q}) \leq \epsilon_1 b^{e_u - q} + \epsilon_2 b^{e_w - q} \leq (\epsilon_1 + \epsilon_2) \max(b^{e_u - q}, b^{e_w - q})$. Das Ergebnis kann im Allgemeinen nicht verschärft werden, da wir zum Beispiel e_u sehr klein verglichen mit sowohl e_v als auch e_w haben können, und dies bedeutet, dass $u - w$ ziemlich groß unter den Hypothesen sein kann.

10. Wir haben $(0{,}a_1 \ldots a_{p-1} a_p)_b \otimes (0{,}9\ldots 99)_b = (0{,}a_1 \ldots a_{p-1}(a_p - 1))_b$, wenn $a_p \geq 1$ und $a_1 \geq \frac{b}{2}$; hier steht „9" für $b - 1$. Weiterhin, $(0{,}a_1 \ldots a_{p-1} a_p)_b \otimes (1{,}0\ldots 0)_b = (0{,}a_1 \ldots a_{p-1} 0)_b$, also ist die Multiplikation nicht monoton, wenn $b > 2$ und $a_p \geq 1 + [a_1 \geq \frac{b}{2}]$. Doch wenn $b = 2$, kann dieses Argument erweitert werden zum Nachweis, dass Multiplikation monoton *ist*; offenbar hatte der „gewisse Rechner" $b > 2$.

11. Ohne Beschränkung der Allgemeinheit sei x eine ganze Zahl, $0 \leq x < b^p$. Wenn $e \leq 0$, dann $t = 0$. Wenn $0 < e \leq p$, dann hat $x - t$ höchstens $p + 1$ Ziffern, die am wenigsten signifikanten sind null. Wenn $e > p$, dann $x - t = 0$. [Das Ergebnis gilt auch unter der schwächeren Hypothese $|t| < b^e$; in diesem Fall können wir $x - t = b^e$ haben, wenn $e > p$.]

12. Nimm an, dass $e_u = p$, $e_v \leq 0$, $u > 0$. Fall 1, $u > b^{p-1}$. Fall (1a), $w = u + 1$, $v \geq \frac{1}{2}$, $e_v = 0$. Dann $u' = u$ oder $u + 1$, $v' = 1$, $u'' = u$, $v'' = 1$ oder 0. Fall (1b), $w = u$, $|v| \leq \frac{1}{2}$. Dann $u' = u$, $v' = 0$, $u'' = u$, $v'' = 0$. Wenn $|v| = \frac{1}{2}$ und allgemeinere Rundung erlaubt ist, können wir auch $u' = u \pm 1$, $v'' = \mp 1$ haben. Fall (1c), $w = u - 1$, $v \leq -\frac{1}{2}$, $e_v = 0$. Dann $u' = u$ oder $u - 1$, $v' = -1$, $u'' = u$, $v'' = -1$ oder 0. Fall 2, $u = b^{p-1}$. Fall (2a), $w = u + 1$, $v \geq \frac{1}{2}$, $e_v = 0$. Wie (1a). Fall (2b), $w = u$, $|v| \leq \frac{1}{2}$, $u' \geq u$. Wie (1b). Fall (2c), $w = u$, $|v| \leq \frac{1}{2}$, $u' < u$. Dann $u' = u - j/b$, wobei $v = j/b + v_1$ und $|v_1| \leq \frac{1}{2} b^{-1}$ für eine positive ganze Zahl $j \leq \frac{1}{2} b$; wir haben $v' = 0$, $u'' = u$, $v'' = j/b$. Fall (2d), $w < u$. Dann $w = u - j/b$, wobei $v = -j/b + v_1$ und $|v_1| \leq \frac{1}{2} b^{-1}$ für eine positive ganze Zahl $j \leq b$; wir haben $(v', u'') = (-j/b, u)$, und $(u', v'') = (u, -j/b)$ oder $(u - 1/b, (1 - j)/b)$, den letzten Fall, nur wenn $v_1 = \frac{1}{2} b^{-1}$. In allen Fällen $u \ominus u' = u - u'$, $v \ominus v' = v - v'$, $u \ominus u'' = u - u''$, $v \ominus v'' = v - v''$, $\mathrm{round}(w - u - v) = w - u - v$.

13. Da round$(x) = 0$ genau dann, wenn $x = 0$, wollen wir eine große Menge von Paaren (m, n) ganzer Zahlen finden mit der Eigenschaft, dass $m \oslash n$ eine ganze Zahl genau dann ist, wenn dies m/n ist. Nimm $|m|, |n| < b^p$ an. Wenn m/n eine ganze Zahl ist, dann ist es auch $m \oslash n = m/n$. Wenn umgekehrt m/n keine ganze Zahl ist, es jedoch $m \oslash n$ ist, haben wir $1/|n| \le |m \oslash n - m/n| < \frac{1}{2}|m/n|b^{1-p}$, also $|m| > 2b^{p-1}$. Unsere Antwort ist deshalb die Forderung $|m| \le 2b^{p-1}$ und $0 < |n| < b^p$. (Etwas schwächere Hypothesen sind auch möglich.)

14. $|(u \otimes v) \otimes w - uvw| \le |(u \otimes v) \otimes w - (u \otimes v)w| + |w|\,|u \otimes v - uv| \le \delta_{(u\otimes v)\otimes w} + b^{e_w - q - l_w}\delta_{u\otimes v} \le (1+b)\delta_{(u\otimes v)\otimes w}$. Jetzt $|e_{(u\otimes v)\otimes w} - e_{u\otimes(v\otimes w)}| \le 2$, also können wir $\epsilon = \frac{1}{2}(1+b)b^{2-p}$ nehmen.

15. $u \le v$ impliziert, dass $(u \oplus u) \oslash 2 \le (u \oplus v) \oslash 2 \le (v \oplus v) \oslash 2$, also gilt die Bedingung für alle u und v genau dann, wenn sie für $u = v$ erfüllt ist. Für Basis $b = 2$ ist die Bedingung deshalb immer erfüllt (und vermeidet Überlauf); doch für $b > 2$ gibt es Zahlen $v \ne w$ mit $v \oplus v = w \oplus w$, also wird die Bedingung falsch. [Andererseits gibt die Formel $u \oplus ((v \ominus u) \oslash 2)$ einen Mittelpunkt im korrekten Bereich. *Beweis.* Es genügt zu zeigen, dass $u + (v \ominus u) \oslash 2 \le v$, d.h., $(v \ominus u) \oslash 2 \le v - u$; und es ist leicht zu verifizieren, dass round$(\frac{1}{2}\text{round}(x)) \le x$ für alle $x \ge 0$.]

16. (a) Exponentenänderungen kommen vor bei $\sum_{10} = 11{,}111111$, $\sum_{91} = 101{,}11111$, $\sum_{901} = 1001{,}1102$, $\sum_{9001} = 10001{,}020$, $\sum_{90009} = 100000{,}91$, $\sum_{900819} = 1000000{,}0$; deshalb $\sum_{1000000} = 1109099{,}1$.

(b) Nach Berechnung von $\sum_{k=1}^{n} 1{,}2345679 = 1224782{,}1$ versucht (14), die Quadratwurzel von $-0{,}0053187053$ zu ziehen. Doch sind (15) und (16) in diesem Fall exakt. [Wenn $x_k = 1 + \lfloor (k-1)/2 \rfloor 10^{-7}$, haben (15) und (16) einen Fehler von der Ordnung n. Siehe Chan und Lewis, *CACM* **22** (1979), 526–531, für weitere Ergebnisse über die Genauigkeit von Berechnungen der Standardabweichung.]

(c) Wir müssen zeigen, dass $u \oplus ((v \ominus u) \oslash k)$ zwischen u und v liegt; siehe Übung 15.

17.
```
FCMP STJ  9F             Gleitkomma-Vergleichsunterprogramm:
     JOV  OFLO           Stelle Überlauf aus.
     STA  TEMP
     LDAN TEMP           v ← −v.
     (Kopiere Zeile 07–20 von Programm 4.2.1A hierher.)
     LDX  FV(0:0)        Setze rX zu null mit dem Vorzeichen von f_v.
     DEC1 5
     J1N  *+2
     ENT1 0              Ersetze große Differenz in Exponenten
     SRAX 5,1                durch eine kleinere.
     ADD  FU             rA ← Differenz der Operanden.
     JOV  7F             Bruchteilüberlauf: nicht ~.
     CMPA EPSILON(1:5)
     JG   8F             Springe, wenn nicht ~.
     JL   6F             Springe, wenn ~.
     JXZ  9F             Springe, wenn ~.
     JXP  1F             Wenn |rA| = ε, teste Vorzeichen von rA × rX.
     JAP  9F             Springe, wenn ~. (rA ≠ 0)
     JMP  8F
7H   ENTX 1
     SRC  1              Mache rA ≠ 0 mit demselben Vorzeichen.
```

```
      JMP  8F
1H    JAP  8F        Springe, wenn nicht ~. (rA ≠ 0)
6H    ENTA 0
8H    CMPA =0=       Setze Vergleichsindikator.
9H    JMP  *         Beende Unterprogramm. ▌
```

19. Sei $\gamma_k = \delta_k = \eta_k = \sigma_k = 0$ für $k > n$. Es genügt den Koeffizienten von x_1 zu finden, da der Koeffizient von x_k derselbe sein wird, außer dass alle Indizes um $k-1$ anwachsen. Bezeichne (f_k, g_k) der Reihe nach den Koeffizienten von x_1 in $(s_k - c_k, c_k)$. Dann $f_1 = (1+\eta_1)(1-\gamma_1-\gamma_1\delta_1-\gamma_1\sigma_1-\delta_1\sigma_1-\gamma_1\delta_1\sigma_1)$, $g_1 = (1+\delta_1)(1+\eta_1)(\gamma_1+\sigma_1+\gamma_1\sigma_1)$, und $f_k = (1-\gamma_k\sigma_k-\delta_k\sigma_k-\gamma_k\delta_k\sigma_k)f_{k-1}+(\gamma_k-\eta_k+\gamma_k\delta_k+\gamma_k\eta_k+\gamma_k\delta_k\eta_k+\gamma_k\eta_k\sigma_k+\delta_k\eta_k\sigma_k+\gamma_k\delta_k\eta_k\sigma_k)g_{k-1}$, $g_k = \sigma_k(1+\gamma_k)(1+\delta_k)f_{k-1} - (1+\delta_k)(\gamma_k+\gamma_k\eta_k+\eta_k\sigma_k+\gamma_k\eta_k\sigma_k)g_{k-1}$, für $1 < k \le n$. Also ist $f_n = 1 + \eta_1 - \gamma_1 + (4n$ Terme von 2. Ordnung$)$ + (Terme höherer Ordnung) $= 1+\eta_1-\gamma_1+O(n\epsilon^2)$ hinreichend klein. [Kahans Summationsformel wurde zuerst veröffentlicht in *CACM* **8** (1965), 40; siehe auch *Proc. IFIP Congress* (1971), **2**, 1232, und weitere Entwicklungen von K. Ozawa, *J. Information Proc.* **6** (1983), 226–230. Für ein anderes Vorgehen bei exakter Summation, siehe R. J. Hanson, *CACM* **18** (1975), 57–58. Wenn einige x negativ und andere positiv sind, können wir sie vielleicht vorteilhaft aufeinander beziehen, wie von T. O. Espelid erklärt, *SIAM Review* **37** (1995), 603–607. Siehe auch G. Bohlender, *IEEE Trans.* **C-26** (1977), 621–632, für Algorithmen, die $\mathrm{round}(x_1 + \cdots + x_n)$ und $\mathrm{round}(x_1 \ldots x_n)$ *exakt* berechnen, wenn $\{x_1, \ldots, x_n\}$ gegeben ist.]

20. Nach dem Beweis von Satz C ist (47) falsch für $e_w = p$, nur wenn $|v| + \frac{1}{2} \ge |w-u| \ge b^{p-1} + b^{-1}$; also $|f_u| \ge |f_v| \ge 1 - (\frac{1}{2}b - 1)b^{-p}$. Wir finden jetzt, dass eine notwendige und hinreichende Bedingung für Ungültigkeit ist, dass $|f_w|$ im Wesentlichen auf 2 während des Normalisierungsprozesses gerundet wird (tatsächlich auf $2/b$ nach rechter Skalierung für Bruchteilüberlauf) – ein in der Tat sehr seltener Fall!

21. (Lösung von G. W. Veltkamp.) Sei $c = 2^{\lceil p/2 \rceil} + 1$; wir können annehmen, dass $p \ge 2$, also ist c darstellbar. Zuerst berechne $u' = u \otimes c$, $u_1 = (u \ominus u') \oplus u'$, $u_2 = u \ominus u_1$; ähnlich $v' = v \otimes c$, $v_1 = (v \ominus v') \oplus v'$, $v_2 = v \ominus v_1$. Dann setze $w \leftarrow u \otimes v$, $w' \leftarrow (((u_1 \otimes v_1 \ominus w) \oplus (u_1 \otimes v_2)) \oplus (u_2 \otimes v_1)) \oplus (u_2 \otimes v_2)$.

Es genügt, dies zu beweisen, wenn $u, v > 0$ und $e_u = e_v = p$, so dass u und v ganze Zahlen $\in [2^{p-1} \,..\, 2^p)$ sind. Dann $u = u_1 + u_2$, wobei $2^{p-1} \le u_1 \le 2^p$, $u_1 \bmod 2^{\lceil p/2 \rceil} = 0$ und $|u_2| \le 2^{\lceil p/2 \rceil - 1}$; ähnlich $v = v_1 + v_2$. Die Operationen während der Berechnung von w' sind genau, weil $w - u_1v_1$ ein Vielfaches von 2^{p-1} mit $|w - u_1v_1| \le |w - uv| + |u_2v_1 + u_1v_2 + u_2v_2| \le 2^{p-1} + 2^{p+\lceil p/2 \rceil} + 2^{p-1}$ ist; und ähnlich $|w - u_1v_1 - u_1v_2| \le |w - uv| + |u_2v| < 2^{p-1} + 2^{\lceil p/2 \rceil - 1 + p}$, wobei der Wert $w - u_1v_1 - u_1v_2$ ein Vielfaches von $2^{\lceil p/2 \rceil}$ ist.

22. Wir können annehmen, dass $b^{p-1} \le u, v < b^p$. Wenn $uv \le b^{2p-1}$, dann $x_1 = uv - r$, wobei $|r| \le \frac{1}{2}b^{p-1}$, also $x_2 = \mathrm{round}(u - r/v) = x_0$ (da $|r/v| \le \frac{1}{2}b^{p-1}/b^{p-1} \le \frac{1}{2}$ und Gleichheit $v = b^{p-1}$ impliziert, also $r = 0$). Wenn $uv > b^{2p-1}$, dann $x_1 = uv - r$, wobei $|r| \le \frac{1}{2}b^p$, also $x_1/v = u - r/v < b^p + \frac{1}{2}b$ und $x_2 \le b^p$. Wenn $x_2 = b^p$, dann $x_3 = x_1$ (da die Bedingung $(b^p - \frac{1}{2})v \le x_1$ impliziert, dass x_1 ein Vielfaches von b^p ist, und wir $x_1 < b^p(v + \frac{1}{2})$ haben). Wenn $x_2 < b^p$ und $x_1 > b^{2p-1}$, dann sei $x_2 = x_1/v + q$, wobei $|q| \le \frac{1}{2}$; wir haben $x_3 = \mathrm{round}(x_1 + qv) = x_1$. Schließlich, wenn $x_2 < b^p$, $x_1 = b^{2p-1}$ und $x_3 < b^{2p-1}$, dann $x_4 = x_2$ nach dem ersten obigen Fall. Diese Situation entsteht zum Beispiel, wenn $b = 10$, $p = 2$, $u = 19$, $v = 55$, $x_1 = 1000$, $x_2 = 18$, $x_3 = 990$.

23. Wenn $u \ge 0$ oder $u \le -1$, haben wir $u \,\text{(mod)}\, 1 = u \bmod 1$, also gilt die Identität. Wenn $-1 < u < 0$, dann $u \,\text{(mod)}\, 1 = u \oplus 1 = u + 1 + r$, wobei $|r| \le \frac{1}{2}b^{-p}$; die Identität gilt genau dann, wenn round$(1 + r) = 1$, also gilt sie immer, wenn wir auf gerade runden. Mit der Rundungsregel des Textes wird die Identität genau dann falsch, wenn b ein Vielfaches von 4 und $-1 < u < 0$ und $u \bmod 2b^{-p} = \frac{3}{2}b^{-p}$ ist (zum Beispiel $p = 3$, $b = 8$, $u = -(0{,}0124)_8$).

24. Sei $u = [u_l \,..\, u_r]$, $v = [v_l \,..\, v_r]$. Dann $u \oplus v = [u_l \mathbin{\triangledown\mkern-14mu+} v_l \,..\, u_r \mathbin{\triangle\mkern-14mu+} v_r]$, wobei $x \mathbin{\triangle\mkern-14mu+} y = y \mathbin{\triangle\mkern-14mu+} x$, $x \mathbin{\triangle\mkern-14mu+} +0 = x$ für alle x, $x \mathbin{\triangle\mkern-14mu+} -0 = x$ für alle $x \neq +0$, $x \mathbin{\triangle\mkern-14mu+} +\infty = +\infty$ für alle $x \neq -\infty$, und $x \mathbin{\triangle\mkern-14mu+} -\infty$ braucht nicht definiert zu sein; $x \mathbin{\triangledown\mkern-14mu+} y = -((-x) \mathbin{\triangle\mkern-14mu+} (-y))$. Wenn $x \oplus y$ bei normaler Gleitkomma-Arithmetik überlaufen würde, weil $x + y$ zu groß ist, dann ist $x \mathbin{\triangle\mkern-14mu+} y = +\infty$ und $x \mathbin{\triangledown\mkern-14mu+} y$ die größte darstellbare Zahl.

Für Subtraktion sei $u \ominus v = u \oplus (-v)$, wobei $-v = [-v_r \,..\, -v_l]$.

Multiplikation ist etwas komplizierter. Das korrekte Verfahren setzt $u \otimes v = [\min(u_l \mathbin{\triangledown\mkern-14mu\times} v_l, u_l \mathbin{\triangledown\mkern-14mu\times} v_r, u_r \mathbin{\triangledown\mkern-14mu\times} v_l, u_r \mathbin{\triangledown\mkern-14mu\times} v_r) \,..\, \max(u_l \mathbin{\triangle\mkern-14mu\times} v_l, u_l \mathbin{\triangle\mkern-14mu\times} v_r, u_r \mathbin{\triangle\mkern-14mu\times} v_l, u_r \mathbin{\triangle\mkern-14mu\times} v_r)]$, wobei $x \mathbin{\triangle\mkern-14mu\times} y = y \mathbin{\triangle\mkern-14mu\times} x$, $x \mathbin{\triangle\mkern-14mu\times} (-y) = -(x \mathbin{\triangledown\mkern-14mu\times} y) = (-x) \mathbin{\triangle\mkern-14mu\times} y$; $x \mathbin{\triangle\mkern-14mu\times} +0 = (+0$ für $x > 0$, -0 für $x < 0)$; $x \mathbin{\triangle\mkern-14mu\times} -0 = -(x \mathbin{\triangle\mkern-14mu\times} +0)$; $x \mathbin{\triangle\mkern-14mu\times} +\infty = (+\infty$ für $x > +0$, $-\infty$ für $x < -0)$. (Es ist möglich, min und max einfach durch Inspektion der Vorzeichen von u_l, u_r, v_l und v_r zu bestimmen und dadurch nur zwei der acht Produkte zu berechnen, außer wenn $u_l < 0 < u_r$ und $v_l < 0 < v_r$; im letzten Fall berechnen wir vier Produkte und das Ergebnis ist $[\min(u_l \mathbin{\triangledown\mkern-14mu\times} v_r, u_r \mathbin{\triangledown\mkern-14mu\times} v_l) \,..\, \max(u_l \mathbin{\triangle\mkern-14mu\times} v_l, u_r \mathbin{\triangle\mkern-14mu\times} v_r)]$.)

Schließlich ist $u \oslash v$ undefiniert, wenn $v_l < 0 < v_r$; sonst verwenden wir die Formeln für Multiplikation mit v_l und v_r ersetzt durch v_r^{-1} bzw. v_l^{-1}, wobei $x \mathbin{\triangle\mkern-14mu\times} y^{-1} = x \mathbin{\triangle} y$, $x \mathbin{\triangledown\mkern-14mu\times} y^{-1} = x \mathbin{\triangledown} y$, $(\pm 0)^{-1} = \pm\infty$, $(\pm\infty)^{-1} = \pm 0$.

[Siehe E. R. Hansen, *Math. Comp.* **22** (1968), 374–384. Ein alternatives Schema, in welchem Division durch 0 keine Fehlermeldung ergibt und Intervalle Umgebungen von ∞ sein können, wurde von W. M. Kahan vorgeschlagen. In Kahans Schema ist zum Beispiel das Reziproke von $[-1 \,..\, +1]$ dann $[+1 \,..\, -1]$, und ein Versuch, ein Intervall enthaltend 0 mit einem Intervall enthaltend ∞ zu multiplizieren, ergibt $[-\infty \,..\, +\infty]$, die Menge aller Zahlen. Siehe *Numerical Analysis*, Univ. Michigan Engineering Summer Conf. Notes No. 6818 (1968).]

25. Löschung macht *frühere* Fehler in der Berechnung von u und v offenbar. Wenn zum Beispiel ϵ klein ist, bekommen wir oft schlechte Genauigkeit, wenn wir $f(x + \epsilon) \ominus f(x)$ berechnen, weil die gerundete Berechnung von $f(x+\epsilon)$ viel Information über ϵ zerstört. Es ist wünschenswert, solche Formeln wie $\epsilon \otimes g(x, \epsilon)$ neu zu schreiben, wobei $g(x, \epsilon) = (f(x + \epsilon) - f(x))/\epsilon$ zuerst symbolisch berechnet wird. Wenn also $f(x) = x^2$, dann $g(x, \epsilon) = 2x + \epsilon$; wenn $f(x) = \sqrt{x}$, dann $g(x, \epsilon) = 1/(\sqrt{x + \epsilon} + \sqrt{x}\,)$.

26. Sei $e = \max(e_u, e_{u'})$, $e' = \max(e_v, e_{v'})$, $e'' = \max(e_{u \oplus v}, e_{u' \oplus v'})$, und nimm $q = 0$ an. Dann $(u \oplus v) - (u' \oplus v') \le u + v + \frac{1}{2}b^{e''-p} - u' - v' + \frac{1}{2}b^{e''-p} \le \epsilon b^{e} + \epsilon b^{e'} + b^{e''-p}$, und $e'' \ge \max(e, e')$. Also $u \oplus v \sim u' \oplus v'$ $(2\epsilon + b^{-p})$.

Wenn $b = 2$, kann diese Abschätzung verbessert werden zu $1{,}5\epsilon + b^{-p}$. Denn $\epsilon + b^{-p}$ ist eine obere Schranke, wenn $u - u'$ und $v - v'$ entgegengesetztes Vorzeichen haben, und in dem andern Fall können wir nicht $e = e' = e''$ haben.

27. Die besagte Identität ist eine Folge der Tatsache, dass $1 \oslash (1 \oslash u) = u$, wann immer $b^{-1} \le f_u \le b^{-1/2}$. Wenn letztes falsch wäre, gäbe es ganze Zahlen x und y mit $b^{p-1} < x < b^{p-1/2}$ und entweder $y - \frac{1}{2} \le b^{2p-1}/x < b^{2p-1}/(x - \frac{1}{2}) \le y$ oder $y \le b^{2p-1}/(x + \frac{1}{2}) < b^{2p-1}/x \le y + \frac{1}{2}$. Doch das ist klarerweise unmöglich, es sei denn, wir haben $x(x + \frac{1}{2}) > b^{2p-1}$, doch impliziert die letzte Bedingung $y = \lfloor b^{p-1/2} \rfloor = x$.

28. Siehe *Math. Comp.* **32** (1978), 227–232.

29. Wenn $b = 2$ und $p = 1$ und $x > 0$, haben wir $\mathrm{round}(x) = 2^{e(x)}$, wobei $e(x) = \lfloor \lg \frac{4}{3}x \rfloor$. Sei $f(x) = x^\alpha$ und sei $t(n) = \lfloor \lfloor \alpha n + \lg \frac{4}{3} \rfloor / \alpha + \lg \frac{4}{3} \rfloor$. Dann $\hat{h}(2^e) = 2^{t(e)}$. Wenn $\alpha = 0{,}99$, finden wir $\hat{h}(2^e) = 2^{e-1}$ für $41 < e \le 58$.

31. Gemäß der Theorie in Abschnitt 4.5.3 sind die Konvergenten zu dem Kettenbruch $\sqrt{3} = 1 + /\!/1, 2, 1, 2, \ldots /\!/$ dann $p_n/q_n = K_{n+1}(1,1,2,1,2,\ldots)/K_n(1,2,1,2,\ldots)$. Diese Konvergenten sind exzellente Näherungen für $\sqrt{3}$, also $3q_n^2 \approx p_n^2$; in der Tat, $3q_n^2 - p_n^2 = 2 - 3(n \bmod 2)$. Das gegebene Beispiel ist $2p_{31}^2 + (3q_{31}^2 - p_{31}^2)(3q_{31}^2 + p_{31}^2) = 2p_{31}^2 - (p_{31}^2 - 1 + p_{31}^2) = 1$. Gleitkomma-Subtraktion $3q_{31}^2$ minus p_{31}^2 ergibt null, es sei denn, wir können $3q_{31}^2$ nahezu perfekt repräsentieren; Subtraktion $9q_{31}^4$ minus p_{31}^4 ergibt im Allgemeinen Rundungsfehler viel größer als $2p_{31}^2$. Ähnliche Beispiele können auf Kettenbruch-Näherungen für jede algebraische Zahl gegründet werden.

Abschnitt 4.2.3

1. Zuerst $(w_m, w_l) = (0{,}573,\ 0{,}248)$; dann $w_m v_l / v_m = 0{,}290$; also ist die Antwort $(0{,}572,\ 0{,}958)$. Dies ist in der Tat das auf sechs Dezimalstellen korrekte Ergebnis.

2. Das Ergebnis wird nicht beeinflusst, da die Normalisierungsroutine auf acht Stellen abschneidet und niemals an dieser besonderen Bytestelle nachsehen kann. (Skalieren nach links kommt höchstens einmal während der Normalisierung vor, da die Eingaben normiert sind.)

3. Überlauf kann offenbar nicht bei Zeile 09 vorkommen, da wir Zwei-Byte-Größen addieren, oder bei Zeile 22, da wir Vier-Byte-Größen addieren. In Zeile 30 berechnen wir die Summe von drei Vier-Byte-Größen, also kann diese nicht überlaufen. Schließlich ist in Zeile 32 Überlauf unmöglich, weil das Produkt $f_u f_v$ kleiner 1 sein muss.

4. Setze „`JOV OFLO; ENT1 0`" zwischen Zeile 03 und 04 ein. Ersetze Zeile 21–22 durch „`ADD TEMP(ABS); JNOV *+2; INC1 1`", und ändere die Zeilen 28–31 zu „`SLAX 5; ADD TEMP; JNOV *+2; INC1 1; ENTX 0,1; SRC 5`". Dies fügt fünf Programmzeilen hinzu und nur 1, 2 oder 3 Einheiten zur Ausführungszeit.

5. Setze „`JOV OFLO`" nach Zeile 06 ein. Ändere Zeile 22, 31 bzw. 39 zu „`SRAX 0,1`", „`SLAX 5`", „`ADD ACC`". Zwischen Zeile 40 und 41, setze „`DEC2 1; JNOV DNORM; INC2 1; INCX 1; SRC 1`" ein. (Es ist verführerisch, „`DEC2 1`" zu Gunsten von „`STZ EXPO`" wegzunehmen, doch dann kann „`INC2 1`" Überlauf von rI2 verursachen!) Dies fügt sechs Programmzeilen hinzu; die Laufzeit *erniedrigt* sich um $3u$, es sei denn, es gibt einen Bruchteil-Überlauf, wodurch sie um $7u$ anwächst.

6.
```
DOUBLE STJ  EXITDF       Konvertiere zu doppelter Genauigkeit:
       ENTX 0            Kläre rX.
       STA  TEMP
       LD2  TEMP(EXP)    rI2 ← e.
       INC2 QQ-Q         Korrektur für Differenz in Exzess.
       STZ  EXPO         EXPO ← 0.
       SLAX 1            Nimm Exponenten weg.
       JMP  DNORM        Normiere, fertig.

SINGLE STJ  EXITF        Konvertiere zu einfacher Genauigkeit:
       JOV  OFLO         Stelle Überlauf aus.
       STA  TEMP
       LD2  TEMP(EXPD)   rI2 ← e.
       DEC2 QQ-Q         Korrektur für Differenz in Exzess.
```

```
    SLAX 2          Nimm Exponenten weg.
    JMP  NORM       Normiere, runde, fertig. ▮
```

7. Alle drei Routinen geben null als Antwort genau dann, wenn das genaue Ergebnis null wäre, also brauchen wir uns nicht um null im Nenner der Ausdrücke für relative Fehler zu kümmern. Der schlimmste Fall der Additionsroutine ist ganz schön schlecht: Sichtbar gemacht in Dezimalnotation, wenn die Eingaben 1,0000000 und 0,99999999 sind, ist die Antwort b^{-7} statt b^{-8}; also ist der maximale relative Fehler δ_1 dann $b-1$, wobei b die Bytegröße ist.

Für Multiplikation und Division können wir annehmen, dass beide Operanden positiv sind und denselben Exponenten QQ haben. Der maximale Fehler bei der Multiplikation kann leicht durch Betrachtung von Fig. 4 beschränkt werden: Wenn $uv \geq 1/b$, haben wir $0 \leq uv - u \otimes v < 3b^{-9} + (b-1)b^{-9}$, also ist der relative Fehler beschränkt durch $(b+2)b^{-8}$. Wenn $1/b^2 \leq uv < 1/b$, haben wir $0 \leq uv - u \otimes v < 3b^{-9}$, also ist der relative Fehler in diesem Fall beschränkt durch $3b^{-9}/uv \leq 3b^{-7}$. Wir lassen δ_2 die größere der zwei Abschätzungen sein, nämlich $3b^{-7}$.

Division erfordert eine sorgfältigere Analyse von Programm D. Die durch das Unterprogramm tatsächlich berechnete Größe ist $\alpha - \delta - b\epsilon((\alpha - \delta'')(\beta - \delta') - \delta''') - \delta_n$, wobei $\alpha = (u_m + \epsilon u_l)/bv_m$, $\beta = v_l/bv_m$, und die nicht-negativen Abschneidefehler $(\delta, \delta', \delta'', \delta''')$ sind der Reihe nach weniger als $(b^{-10}, b^{-5}, b^{-5}, b^{-6})$; schließlich ist δ_n (das Abschneiden während der Normalisierung) nicht-negativ und weniger als entweder b^{-9} oder b^{-8}, abhängig davon, ob Skalieren vorkommt oder nicht. Der tatsächliche Wert des Quotienten ist $\alpha/(1 + b\epsilon\beta) = \alpha - b\epsilon\alpha\beta + b^2\alpha\beta^2\delta''''$, wobei δ'''' der nicht-negative Fehler wegen des Abschneidens der unendlichen Reihe (2) ist; hier $\delta'''' < \epsilon^2 = b^{-10}$, da es eine alternierende Reihe ist. Der relative Fehler ist deshalb der Absolutwert von $(b\epsilon\delta' + b\epsilon\delta''\beta/\alpha + b\epsilon\delta'''/\alpha) - (\delta/\alpha + b\epsilon\delta'\delta''/\alpha + b^2\beta^2\delta'''' + \delta_n/\alpha)$ mal $(1 + b\epsilon\beta)$. Die positiven Terme in diesem Ausdruck sind beschränkt durch $b^{-9} + b^{-8} + b^{-8}$ und die negativen Terme sind beschränkt durch $b^{-8} + b^{-12} + b^{-8}$ plus den Beitrag durch die Normierungsphase, welche etwa in der Größenordnung b^{-7} sein können. Es ist deshalb klar, dass der potenziell größte Beitrag zum relativen Fehler während der Normalisierungsphase entsteht und $\delta_3 = (b+2)b^{-8}$ eine sichere obere Schranke für den relativen Fehler ist.

8. Addition: Wenn $e_u \leq e_v + 1$, kommt der ganze relative Fehler von der Normalisierungsphase, also ist er etwa durch b^{-7} beschränkt. Wenn $e_u \geq e_v + 2$ und die Vorzeichen dieselben sind, kann wieder der ganze Fehler der Normalisierung zugeschrieben werden; wenn die Vorzeichen entgegengesetzt sind, geht der Fehler auf Grund des Verschiebens der Ziffern aus dem Register in die entgegengesetzte Richtung des nachfolgenden Fehlers durch die Normalisierung. Beide Fehler sind beschränkt durch b^{-7}, also $\delta_1 = b^{-7}$. (Dies ist wesentlich besser als das Ergebnis in Übung 7.)

Multiplikation: Eine Analyse wie in Übung 7 ergibt $\delta_2 = (b+2)b^{-8}$.

Abschnitt 4.2.4

1. Da Bruchüberlauf nur vorkommt, wenn die Operanden dasselbe Vorzeichen haben, ist dies die Wahrscheinlichkeit, dass Bruchüberlauf vorkommt, geteilt durch die Wahrscheinlichkeit, dass die Operanden dasselbe Vorzeichen haben, nämlich $7\%/(\frac{1}{2}(91\%)) \approx 15\%$.

3. $\log_{10} 2{,}4 - \log_{10} 2{,}3 \approx 1{,}84834\%$.

4. Die Seiten wären gleichmäßig grau.

5. Die Wahrscheinlichkeit, dass $10f_U \le r$, ist $(r-1)/10+(r-1)/100+\cdots = (r-1)/9$. Also sind in diesem Fall die führenden Ziffern *gleichmäßig* verteilt; zum Beispiel ist die führende Ziffer 1 mit Wahrscheinlichkeit $\frac{1}{9}$.

6. Die Wahrscheinlichkeit, dass es drei führende Nullbit gibt, ist $\log_{16} 2 = \frac{1}{4}$; die Wahrscheinlichkeit, dass es zwei führende Nullbit gibt, ist $\log_{16} 4 - \log_{16} 2 = \frac{1}{4}$; und ähnlich für die anderen beiden Fälle. Die „mittlere“ Anzahl führender Nullbit ist $1\frac{1}{2}$, also ist die „mittlere“ Anzahl „signifikanter Bit“ $p + \frac{1}{2}$. Der schlimmste Fall, $p - 1$ Bit, kommt jedoch mit recht hoher Wahrscheinlichkeit vor. In der Praxis muss man gewöhnlich Fehlerabschätzungen auf den schlimmsten Fall beziehen, da eine Kette von Rechnungen nur so stark ist wie ihr schwächstes Glied. In der Fehleranalyse von Abschnitt 4.2.2 ist die obere Schranke für den relativen Rundungsfehler für Gleitkomma-Hexadezimal-Arithmetik 2^{1-p}. Im binären Fall können wir $p + 1$ signifikante Bit bei allen normierten Zahlen haben (siehe Übung 4.2.1–3), mit einem relativen Rundungsfehler, der durch 2^{-1-p} beschränkt ist. Ausgiebige Rechenerfahrung bestätigt, dass Gleitkomma-Binär-Arithmetik signifikant genauere Ergebnisse als die äquivalente Gleitkomma-Hexadezimal-Arithmetik liefert, sogar wenn die binären Zahlen eine Genauigkeit von p statt $p + 1$ Bit haben.

Die Tabellen 1 und 2 zeigen, dass hexdezimale Arithmetik etwas schneller ausgeführt werden kann, da weniger Zyklen bei der Skalierung nach rechts oder Normierung nach links benötigt werden. Doch ist diese Tatsache unbedeutend verglichen mit den wesentlichen Vorteilen von $b = 2$ gegenüber anderen Basen (siehe auch Satz 4.2.2C und Übungen 4.2.2–13, 15, 21), insbesondere, da Gleitkomma-Binär-Arithmetik so schnell wie Gleitkomma-Hexadezimal-Arithmetik bei nur einer winzigen Erhöhung der Gesamtprozessorzeit gemacht werden kann.

7. Nimm zum Beispiel an, dass $\sum_m (F(10^{km} \cdot 5^k) - F(10^{km})) = \log 5^k / \log 10^k$, und auch, dass $\sum_m (F(10^{km} \cdot 4^k) - F(10^{km})) = \log 4^k / \log 10^k$; dann

$$\sum_m (F(10^{km} \cdot 5^k) - F(10^{km} \cdot 4^k)) = \log_{10} \frac{5}{4}$$

für alle k. Doch jetzt sei ϵ eine kleine positive Zahl und wähle $\delta > 0$, so dass $F(x) < \epsilon$ für $0 < x < \delta$, und wähle $M > 0$, so dass $F(x) > 1 - \epsilon$ für $x > M$. Wir können k so groß setzen, dass $10^{-k} \cdot 5^k < \delta$ und $4^k > M$; also gilt wegen der Monotonie von F

$$\begin{aligned}
&\sum_m (F(10^{km} \cdot 5^k) - F(10^{km} \cdot 4^k)) \\
&\qquad \le \sum_{m \le 0} (F(10^{km} \cdot 5^k) - F(10^{k(m-1)} \cdot 5^k)) + \sum_{m \ge 0} (F(10^{k(m+1)} \cdot 4^k) - F(10^{km} \cdot 4^k)) \\
&\qquad = F(10^{-k} 5^k) + 1 - F(10^k 4^k) < 2\epsilon.
\end{aligned}$$

8. Wenn $s > r$, ist $P_0(10^n s)$ gleich 1 für kleine n, und gleich 0, wenn $\lfloor 10^n s \rfloor > \lfloor 10^n r \rfloor$. Das kleinste n, für welches dies auftritt, kann beliebig groß sein, also kann es keine gleichmäßige Schranke für $N_0(\epsilon)$ unabhängig von s geben. (Allgemein beweisen Lehrbücher der Analysis, dass eine solche gleichmäßige Schranke implizieren würde, dass die Grenzwert-Funktion $S_0(s)$ stetig wäre, was sie nicht ist.)

9. Sei $q_1, q_2, \ldots$ mit $P_0(n) = q_1\binom{n-1}{0} + q_2\binom{n-1}{1} + \cdots$ für alle n. Es folgt, dass $P_m(n) = 1^{-m} q_1\binom{n-1}{0} + 2^{-m} q_2\binom{n-1}{1} + \cdots$ für alle m und n.

10. Wenn $1 < r < 10$, hat die Erzeugungsfunktion $C(z)$ einfache Pole an den Stellen $1 + w_n$, wobei $w_n = 2\pi ni/\ln 10$, also

$$C(z) = \frac{\log_{10} r - 1}{1 - z} + \sum_{n \neq 0} \frac{1 + w_n}{w_n} \frac{e^{-w_n \ln r} - 1}{(\ln 10)(z - 1 - w_n)} + E(z),$$

wobei $E(z)$ in der ganzen Ebene analytisch ist. Wenn also $\theta = \arctan(2\pi/\ln 10)$,

$$\begin{aligned} c_m &= \log_{10} r - 1 - \frac{2}{\ln 10} \sum_{n>0} \Re\Big(\frac{e^{-w_n \ln r} - 1}{w_n (1 + w_n)^m}\Big) + e_m \\ &= \log_{10} r - 1 + \frac{\sin(m\theta + 2\pi \log_{10} r) - \sin(m\theta)}{\pi\big(1 + 4\pi^2/(\ln 10)^2\big)^{m/2}} + O\Big(\frac{1}{\big(1 + 16\pi^2/(\ln 10)^2\big)^{m/2}}\Big). \end{aligned}$$

11. Wenn $(\log_b U) \bmod 1$ in $[0\,..\,1)$ gleichmäßig verteilt ist, so auch $(\log_b 1/U) \bmod 1 = (1 - \log_b U) \bmod 1$.

12. Wir haben

$$h(z) = \int_{1/b}^{z} f(x)\,dx\, g(z/bx)/bx + \int_{z}^{1} f(x)\,dx\, g(z/x)/x;$$

folglich

$$\frac{h(z) - l(z)}{l(z)} = \int_{1/b}^{z} f(x)\,dx\, \frac{g(z/bx) - l(z/bx)}{l(z/bx)} + \int_{z}^{1} f(x)\,dx\, \frac{g(z/x) - l(z/x)}{l(z/x)}.$$

Da $f(x) \geq 0$, $\big|(h(z) - l(z))/l(z)\big| \leq \int_{1/b}^{z} f(x)\,dx\, A(g) + \int_{z}^{1} f(x)\,dx\, A(g)$ für alle z, also $A(h) \leq A(g)$. Aus Symmetriegründen $A(h) \leq A(f)$. [*Bell System Tech. J.* **49** (1970), 1609–1625.]

13. Sei $X = (\log_b U) \bmod 1$ und $Y = (\log_b V) \bmod 1$, so dass X und Y unabhängig und gleichmäßig in $[0\,..\,1)$ verteilt sind. Es wird keine Linksverschiebung benötigt genau dann, wenn $X + Y \geq 1$, und dies kommt mit Wahrscheinlichkeit $\frac{1}{2}$ vor.

(Ähnlich ist die Wahrscheinlichkeit $\frac{1}{2}$, dass Gleitkomma-Division mit Algorithmus 4.2.1M keine Normalisierungsverschiebungen benötigt; dies benötigt nur die schwächere Annahme, dass beide Operanden unabhängig voneinander *dieselbe* Verteilung haben.)

14. Wir rechnen hier einfach mit Basis $b = 10$. Für $k = 0$ ist die Wahrscheinlichkeit eines Übertrags

$$\Big(\frac{1}{\ln 10}\Big)^2 \int_{\substack{1 \leq x,y \leq 10 \\ x+y \geq 10}} \frac{dx}{x} \frac{dy}{y}.$$

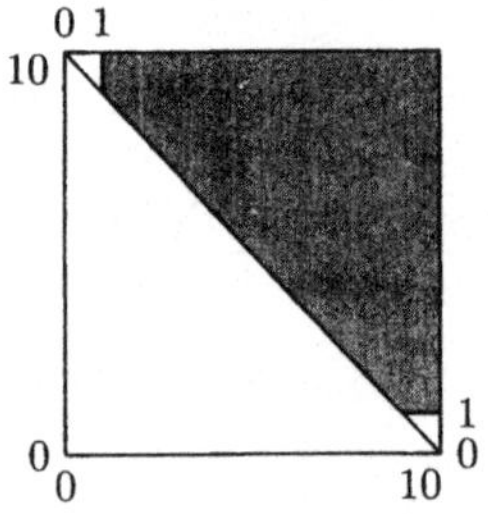

Fig. A–7.

(Siehe Fig. A–7.) Der Wert des Integrals ist

$$\int_0^{10} \frac{dy}{y} \int_{10-y}^{10} \frac{dx}{x} - 2\int_0^1 \frac{dy}{y} \int_{10-y}^{10} \frac{dx}{x},$$

und

$$\int_0^t \frac{dy}{y} \ln\Big(\frac{1}{1 - y/10}\Big) = \int_0^t \Big(\frac{1}{10} + \frac{y}{200} + \frac{y^2}{3000} + \cdots\Big)\,dy = \frac{t}{10} + \frac{t^2}{400} + \frac{t^3}{9000} + \cdots.$$

(Das letzte Integral ist im Wesentlichen ein „Dilogarithmus".) Also ist die Wahrscheinlichkeit eines Übertrags, wenn $k = 0$, $(1/\ln 10)^2(\pi^2/6 - 2\sum_{n\geq 1} 1/n^2 10^n) \approx 0{,}27154$.

[*Bemerkung:* Wenn $b = 2$ und $k = 0$, kommt Bruchüberlauf *immer* vor, also beweist diese Ableitung, dass $\sum_{n\geq 1} 1/n^2 2^n = \pi^2/12 - (\ln 2)^2/2$.]

Für $k > 0$ ist die Wahrscheinlichkeit

$$\left(\frac{1}{\ln 10}\right)^2 \int_{10^{-k}}^{10^{1-k}} \frac{dy}{y} \int_{10-y}^{10} \frac{dx}{x} = \left(\frac{1}{\ln 10}\right)^2 \left(\sum_{n\geq 1} \frac{1}{n^2 10^{nk}} - \sum_{n\geq 1} \frac{1}{n^2 10^{n(k+1)}}\right).$$

Wenn also $b = 10$, sollte ein Bruchüberlauf mit approximierter Wahrscheinlichkeit $0{,}272p_0 + 0{,}017p_1 + 0{,}002p_2 + \cdots$ vorkommen. Wenn $b = 2$, sind die entsprechenden Zahlen $p_0 + 0{,}655p_1 + 0{,}288p_2 + 0{,}137p_3 + 0{,}067p_4 + 0{,}033p_5 + 0{,}016p_6 + 0{,}008p_7 + 0{,}004p_8 + 0{,}002p_9 + 0{,}001p_{10} + \cdots$.

Wenn wir jetzt die Wahrscheinlichkeiten von Tabelle 1 verwenden, für die Elimination der Nulloperanden durch 0,91 teilen und annehmen, dass die Wahrscheinlichkeiten unabhängig vom Operandenvorzeichen sind, dann sagen wir eine Wahrscheinlichkeit von etwa 14 Prozent voraus, wenn $b = 10$, statt der 15 Prozent in Übung 1. Für $b = 2$, sagen wir etwa 48 Prozent voraus, während die Tabelle 44 Prozent ergibt. Innerhalb der Grenzen experimenteller Fehler stehen diese Ergebnisse sicherlich in Einklang.

15. Wenn $k = 0$, ist die führende Ziffer 1 genau dann, wenn es einen Übertrag gibt. (Es ist möglich bei Bruchüberlauf und nachfolgender Rundung, dass sich eine führende Ziffer von 2 ergibt, wenn $b \geq 4$, doch lassen wir Rundung in dieser Übung außer Acht.) Die Wahrscheinlichkeit eines Bruchüberlaufs ist näherungsweise 0,272, wie in der vorigen Übung gezeigt, und $0{,}272 < \log_{10} 2$.

Wenn $k > 0$, ist die führende Ziffer 1 mit Wahrscheinlichkeit

$$\left(\frac{1}{\ln 10}\right)^2 \left(\int_{10^{-k}}^{10^{1-k}} \frac{dy}{y} \int_{\substack{1\leq x<2-y \\ \vee 10-y\leq x<10}} \frac{dx}{x}\right) < \left(\frac{1}{\ln 10}\right)^2 \left(\int_{10^{-k}}^{10^{1-k}} \frac{dy}{y} \int_{1\leq x\leq 2} \frac{dx}{x}\right) = \log_{10} 2.$$

16. Um den Hinweis zu beweisen [der von Landau stammt, *Prace Matematyczno-Fizyczne* **21** (1910), 103–113], nimm zuerst an, dass $\limsup a_n = \lambda > 0$. Sei $\epsilon = \lambda/(\lambda + 4M)$ und wähle N, so dass $|a_1 + \cdots + a_n| < \frac{1}{10}\epsilon\lambda n$ für alle $n > N$. Sei $n > N/(1-\epsilon)$, $n > 5/\epsilon$ mit $a_n > \frac{1}{2}\lambda$. Dann gilt durch Induktion $a_{n-k} \geq a_n - kM/(n - \epsilon n) > \frac{1}{4}\lambda$ für $0 \leq k < \epsilon n$ und $\sum_{n-\epsilon n<k\leq n} a_k \geq \frac{1}{4}\lambda(\epsilon n - 1) > \frac{1}{5}\lambda\epsilon n$. Doch

$$\left|\sum\nolimits_{n-\epsilon n<k\leq n} a_k\right| = \left|\sum\nolimits_{1\leq k\leq n} a_k - \sum\nolimits_{1\leq k\leq n-\epsilon n} a_k\right| \leq \tfrac{1}{5}\epsilon\lambda n,$$

da $n - \epsilon n > N$. Ein ähnlicher Widerspruch ergibt sich, wenn $\liminf a_n < 0$.

Sei $P_{m+1}(n) \to \lambda$ für $n \to \infty$ und $a_k = P_m(k) - \lambda$. Wenn $m > 0$, erfüllen die a_k die Hypothesen des Hinweises (siehe Gl. 4.2.2–(15)), da $0 \leq P_m(k) \leq 1$; also $P_m(n) \to \lambda$.

17. Siehe *J. Math. Soc. Japan* **4** (1952), 313–322. (Die Tatsache, dass die harmonische Wahrscheinlichkeit die gewöhnliche Wahrscheinlichkeit erweitert, folgt aus einem Satz von Cesàro, [*Atti della Reale Accademia dei Lincei, Rendiconti* (4) **4** (1888), 452–457]. Persi Diaconis [Ph.D. thesis, Harvard University, 1974] hat unter anderem gezeigt, dass die Definition einer Wahrscheinlichkeit durch wiederholtes Mitteln schwächer als die harmonische Wahrscheinlichkeit ist in dem folgenden genauen Sinn: Wenn $\lim_{m\to\infty} \liminf_{n\to\infty} P_m(n) = \lim_{m\to\infty} \limsup_{n\to\infty} P_m(n) = \lambda$, dann ist die harmonische Wahrscheinlichkeit λ. Andererseits hat die Behauptung „$10^{k^2} \leq n < 10^{k^2+k}$ für eine ganze Zahl $k > 0$" die harmonische Wahrscheinlichkeit $\frac{1}{2}$, während wiederholtes Mitteln ihr niemals irgendeine besondere Wahrscheinlichkeit zuweist.)

18. Sei $p(a) = P(L_a)$ und $p(a,b) = \sum_{a\le k<b} p(k)$ für $1 \le a < b$. Da $L_a = L_{10a} \cup L_{10a+1} \cup \cdots \cup L_{10a+9}$ für alle a, haben wir $p(a) = p(10a, 10(a+1))$ nach (i). Weiterhin, da $P(S) = P(2S) + P(2S+1)$ nach (i), (ii), (iii), haben wir $p(a) = p(2a, 2(a+1))$. Es folgt, dass $p(a,b) = p(2^m 10^n a, 2^m 10^n b)$ für alle $m, n \ge 0$.

Wenn $1 < b/a < b'/a'$, dann $p(a,b) \le p(a',b')$. Der Grund ist die Existenz ganzer Zahlen m, n, m', n' mit $2^{m'}10^{n'}a' \le 2^m 10^n a < 2^m 10^n b \le 2^{m'}10^{n'}b'$ als Folge der Tatsache, dass $\log 2/\log 10$ irrational ist, also können wir (v) anwenden. (Siehe Übung 3.5–22 mit $k=1$ und $U_n = n \log 2/\log 10$.) Insbesondere $p(a) \ge p(a+1)$, und es folgt, dass $p(a,b)/p(a,b+1) \ge (b-a)/(b+1-a)$. (Siehe Gl. 4.2.2–(15).)

Jetzt können wir beweisen, dass $p(a,b) = p(a',b')$, wann immer $b/a = b'/a'$; für $p(a,b) = p(10^n a, 10^n b) \le c_n p(10^n a, 10^n b - 1) \le c_n p(a',b')$ für beliebig große Werte von n, wobei $c_n = 10^n(b-a)/(10^n(b-a)-1) = 1 + O(10^{-n})$.

Für jede positive ganze Zahl n gilt $p(a^n, b^n) = p(a^n, ba^{n-1}) + p(ba^{n-1}, b^2a^{n-2}) + \cdots + p(b^{n-1}a, b^n) = np(a,b)$. Wenn $10^m \le a^n \le 10^{m+1}$ und $10^{m'} \le b^n \le 10^{m'+1}$, dann $p(10^{m+1}, 10^{m'}) \le p(a^n, b^n) \le p(10^m, 10^{m'+1})$ wegen (v). Doch $p(1,10) = 1$ wegen (iv), also $p(10^m, 10^{m'}) = m' - m$ für alle $m' \ge m$. Wir schließen, dass $\lfloor \log_{10} b^n \rfloor - \lfloor \log_{10} a^n \rfloor - 1 \le np(a,b) \le \lfloor \log_{10} b^n \rfloor + \lfloor \log_{10} a^n \rfloor + 1$ für alle n und $p(a,b) = \log_{10}(b/a)$.

[Diese Übung wurde von D. I. A. Cohen inspiriert, der ein etwas schwächeres Ergebnis in *J. Combinatorial Theory* **A20** (1976), 367–370] bewies.

19. Äquivalent ist, dass $\langle(\log_{10} F_n) \bmod 1\rangle$ gleichverteilt im Sinne der Definition 3.5B ist. Da $\log_{10} F_n = n \log_{10} \phi - \log_{10} \sqrt{5} + O(\phi^{-2n})$ nach 1.2.8–(14), ist dies äquivalent zur Gleichverteilung von $\langle n \log_{10} \phi\rangle$, welche aus Übung 3.5–22 folgt. [*Fibonacci Quarterly* **5** (1967), 137–140.] Derselbe Beweis zeigt, dass die Folgen $\langle b^n\rangle$ dem logarithmischen Gesetz für alle ganzen Zahlen $b > 1$ gehorchen, die keine Zehnerpotenzen sind [Yaglom und Yaglom, *Challenging Problems with Elementary Solutions* (Moscow: 1954; Englische Übersetzung, 1964), Problem 91b].

Bemerkungen: Viele andere Folgen ganzer Zahlen haben diese Eigenschaft. Zum Beispiel zeigte Persi Diaconis [*Annals of Probability* **5** (1977), 72–81], dass $\langle n!\rangle$ eine derartige Folge ist, und dass auch Binomialkoeffizienten dem logarithmischen Gesetz gehorchen, in dem Sinn, dass

$$\lim_{n\to\infty} \frac{1}{n+1} \sum_{k=0}^{n} [10 f_{\binom{n}{k}} < r] = \log_{10} r\,.$$

P. Schatte [*Math. Nachrichten* **148** (1990), 137–144] bewies, dass die Nenner von Kettenbruch-Näherungen logarithmische Bruchteile haben, wann immer die partiellen Quotienten ein sich wiederholendes Muster mit polynomialer Variation wie in Übung 4.5.3–16 haben. Eine interessante offene Frage ist, ob die Folge $\langle 2!, (2!)!, ((2!)!)!, \ldots\rangle$ logarithmische Bruchteile hat; siehe J. H. Conway und M. J. T. Guy, *Eureka* **25** (1962), 18–19.

Abschnitt 4.3.1

2. Wenn die i-te zu addierende Zahl $u_i = (u_{i(n-1)} \ldots u_{i1} u_{i0})_b$ ist, verwende Algorithmus A mit Schritt A2 folgendermaßen geändert:

A2′. [Addiere Ziffern.] Setze

$$w_j \leftarrow (u_{1j} + \cdots + u_{mj} + k) \bmod b, \quad \text{und} \quad k \leftarrow \lfloor (u_{1j} + \cdots + u_{mj} + k)/b \rfloor.$$

(Der maximale Wert von k ist $m-1$, also müßte A3 geändert werden, wenn $m > b$.)

3.

```
    ENN1 N       1   Sicherstellen Überlauf ist aus.
    JOV  OFLO    1
    ENTX 0       1   k ← 0.
 2H SLAX 5       N   (rX ≡ nächster Wert von k)
    ENT3 M*N,1   N   (LOC(u_ij) ≡ U + n(i − 1) + j)
 3H ADD  U,3     MN  rA ← rA + u_ij.
    JNOV *+2     MN
    INCX 1       K   Übertrag 1.
    DEC3 N       MN  Wiederhole für m ≥ i ≥ 1.
    J3NN 3B      MN  (rI3 ≡ n(i − 1) + j)
    STA  W+N,1   N   w_j ← rA.
    INC1 1       N
    J1N  2B      N   Wiederhole für 0 ≤ j < n.
    STX  W+N     1   Speichere letzten Übertrag in w_n. ▮
```

Die Laufzeit beträgt unter der Annahme von $K = \frac{1}{2}MN$ gerade $5{,}5MN + 7N + 4$ Zyklen.

4. Wir nehmen die folgende Vorbedingung vor A1: „$n \geq 1$; und $0 \leq u_i, v_i < b$ für $0 \leq i < n$.“ Vor A2 behaupten wir: „$0 \leq j < n$; $0 \leq u_i, v_i < b$ für $0 \leq i < n$; $0 \leq w_i < b$ für $0 \leq i < j$; $0 \leq k \leq 1$; und $(u_{j-1} \ldots u_0)_b + (v_{j-1} \ldots v_0)_b = (kw_{j-1} \ldots w_0)_b$.“ Letztere Behauptung bedeutet genauer, dass

$$\sum_{0 \leq l < j} u_l b^l + \sum_{0 \leq l < j} v_l b^l = kb^j + \sum_{0 \leq l < j} w_l b^l.$$

Vor A behaupten wir: „$0 \leq j < n$; $0 \leq u_i, v_i < b$ für $0 \leq i < n$; $0 \leq w_i < b$ für $0 \leq i \leq j$; $0 \leq k \leq 1$ und $(u_j \ldots u_0)_b + (v_j \ldots v_0)_b = (kw_j \ldots w_0)_b$.“ Nach A3 behaupten wir, dass $0 \leq w_i < b$ für $0 \leq i < n$; $0 \leq w_n \leq 1$ und $(u_{n-1} \ldots u_0)_b + (v_{n-1} \ldots v_0)_b = (w_n \ldots w_0)_b$.

Man kann den Beweis nun einfach durch Verifizieren der notwendigen Implikationen zwischen den Zusicherungen und durch Nachweis der Terminierung des Algorithmus vervollständigen.

5. **B1.** Setze $j \leftarrow n - 1$, $w_n \leftarrow 0$.

B2. Setze $t \leftarrow u_j + v_j$, $w_j \leftarrow t \bmod b$, $i \leftarrow j$.

B3. Wenn $t \geq b$, setze $i \leftarrow i + 1$, $t \leftarrow w_i + 1$, $w_i \leftarrow t \bmod b$ und wiederhole diesen Schritt bis $t < b$.

B4. Erniedrige j um eins, und wenn $j \geq 0$, geh zurück nach B2. ▮

6. **C1.** Setze $j \leftarrow n - 1$, $i \leftarrow n$, $r \leftarrow 0$.

C2. Setze $t \leftarrow u_j + v_j$. Wenn $t \geq b$, setze $w_i \leftarrow r + 1$ und $w_k \leftarrow 0$ für $i > k > j$; dann setze $i \leftarrow j$ und $r \leftarrow t \bmod b$. Sonst wenn $t < b - 1$, setze $w_i \leftarrow r$ und $w_k \leftarrow b - 1$ für $i > k > j$; dann setze $i \leftarrow j$ und $r \leftarrow t$.

C3. Erniedrige j um eins. Wenn $j \geq 0$, geh zurück nach C2; sonst setze $w_i \leftarrow r$ und $w_k \leftarrow b - 1$ für $i > k \geq 0$. ▮

7. Wenn zum Beispiel $j = n - 3$, haben wir $k = 0$ mit Wahrscheinlichkeit $(b + 1)/2b$ und $k = 1$ mit Wahrscheinlichkeit $\bigl((b-1)/2b\bigr)(1 - 1/b)$; das ist nämlich die Wahrscheinlichkeit, dass ein Übertrag vorkommt und dass die vorausgehende Ziffer nicht $b - 1$ war; dann $k = 2$ mit Wahrscheinlichkeit $\bigl((b-1)/2b\bigr)(1/b)(1 - 1/b)$ und $k = 3$ mit Wahrscheinlichkeit $\bigl((b-1)/2b\bigr)(1/b)(1/b)(1)$. Für festes k können wir die

Wahrscheinlichkeiten für j von $n-1$ bis 0 addieren; dies ergibt die mittlere Zahl der Propagierung des Übertrags k Stellen zurück, nämlich

$$m_k = \frac{b-1}{2b^k}\left((n+1-k)\left(1-\frac{1}{b}\right)+\frac{1}{b}\right).$$

Zur Probe finden wir, dass die mittlere Zahl von Überträgen

$$m_1 + 2m_2 + \cdots + nm_n = \frac{1}{2}\left(n - \frac{1}{b-1}\left(1-\left(\frac{1}{b}\right)^n\right)\right),$$

in Übereinstimmung mit (6) ist.

8.

```
     ENT1 N-1   1        3H LDA  W,2  K
     JOV  OFLO  1           INCA 1    K
     STZ  W+N   1           STA  W,2  K
  2H LDA  U,1   N           INC2 1    K
     ADD  V,1   N           JOV  3B   K
     STA  W,1   N        4H DEC1 1    N
     JNOV 4F    N           J1NN 2B   N  ▮
     ENT2 1,1   L
```

Die Laufzeit hängt von L, der Zahl von Stellen, an denen $u_j + v_j \geq b$, und von K ab, der Gesamtzahl von Überträgen. Es ist nicht schwierig zu sehen, dass K dieselbe Größe ist, die in Programm A erscheint. Die Analyse im Text zeigt, dass L den Mittelwert $N((b-1)/2b)$ und K den Mittelwert $\frac{1}{2}(N - b^{-1} - b^{-2} - \cdots - b^{-n})$ hat. Wenn wir also Terme der Ordnung $1/b$ ignorieren, ist die Laufzeit $9N + L + 7K + 3 \approx 13N + 3$ Zyklen.

9. Ersetze „b" durch „b_j" überall in Schritt A2.

10. Wenn die Zeilen 06 und 07 vertauscht wären, hätten wir fast immer Überlauf, doch kann Register A einen negativen Wert in Zeile 08 haben, also würde dieser Weg nicht funktionieren. Wären die Instruktionen in den Zeilen 05 und 06 vertauscht, wäre die Folge von im Programm vorkommenden Überläufen in einigen Fällen etwas verschieden, doch wäre das Programm immer noch richtig.

11. Dies ist äquivalent zum lexikographischen Vergleich von Zeichenketten: (i) Setze $j \leftarrow n-1$; (ii) wenn $u_j < v_j$, terminiere mit $[u < v]$; wenn $u_j = v_j$ und $j = 0$ terminiere mit $[u = v]$; wenn $u_j = v_j$ und $j > 0$, setze $j \leftarrow j-1$ und wiederhole (ii); wenn $u_j > v_j$, terminiere mit $[u > v]$. Dieser Algorithmus tendiert dazu, recht schnell zu sein, da es gewöhnlich von geringer Wahrscheinlichkeit ist, dass j sehr viel abnehmen muß, bevor wir auf einen Fall mit $u_j \neq v_j$ treffen.

12. Verwende Algorithmus S mit $u_j = 0$ und $v_j = w_j$. Ein weiterer negativer Übertrag wird am Ende des Algorithmus auftreten; dieses Mal sollte er ignoriert werden.

13.

```
     ENN1 N       1     MUL  V      N     STA  W+N,1  N
     JOV  OFLO    1     SLC  5      N     INC1 1      N
     ENTX 0       1     ADD  CARRY  N     J1N  2B     N
  2H STX  CARRY   N     JNOV *+2    N     STX  W+N    1  ▮
     LDA  U+N,1   N     INCX 1      K
```

Die Laufzeit beträgt $23N + K + 5$ Zyklen und K ist grobgesprochen $\frac{1}{2}N$.

14. Die induktive Schlüsselbehauptung ist die, welche zu Beginn von Schritt M4 gültig sein sollte; alle anderen können leicht von dieser einen her eingefügt werden, die folgendermaßen lautet: $0 \leq i < m$; $0 \leq j < n$; $0 \leq u_l < b$ für $0 \leq l < m$; $0 \leq v_l < b$ für

$0 \le l < n$; $0 \le w_l < b$ für $0 \le l < j + m$; $0 \le k < b$ und in der Notation der Lösung zu Übung 4,

$$(w_{j+m-1} \dots w_0)_b + kb^{i+j} = u \times (v_{j-1} \dots v_0)_b + (u_{i-1} \dots u_0)_b \times v_j b^j.$$

15. Der Fehler ist nicht-negativ und kleiner als $(n-2)b^{-n-1}$. [Ähnlich, wenn wir die Produkte mit $i + j > n + 3$ ignorieren, ist der Fehler beschränkt durch $(n-3)b^{-n-2}$, usw.; doch in einigen Fällen müssen wir alle diese Produkte berechnen, wenn wir das wahre gerundete Ergebnis bekommen wollen. Eine weitere Analyse zeigt, dass korrekt gerundete Ergebnisse von mehrfachgenauen Gleitkommabrüchen fast immer erhalten werden können mit nur etwa halb soviel Arbeit als die Berechnung des vollen Produkts doppelter Länge benötigt; darüberhinaus kann ein einfacher Test die seltenen Fälle identifizieren, für welche volle Genauigkeit benötigt wird. Siehe W. Krandick und J. R. Johnson, *Proc. IEEE Symp. Computer Arithmetic* **11** (1993), 228–233.]

16. **S1.** Setze $r \leftarrow 0$, $j \leftarrow n - 1$.

S2. Setze $w_j \leftarrow \lfloor (rb + u_j)/v \rfloor$, $r \leftarrow (rb + u_j) \bmod v$.

S3. Erniedrige j um 1, und geh zurück nach S2, wenn $j \ge 0$. ▮

17. $u/v > u_n b^n/(v_{n-1}+1)b^{n-1} = b(1 - 1/(v_{n-1}+1)) > b(1 - 1/(b/2)) = b - 2$.

18. $(u_n b + u_{n-1})/(v_{n-1}+1) \le u/(v_{n-1}+1)b^{n-1} < u/v$.

19. $u - \hat{q}v \le u - \hat{q}v_{n-1}b^{n-1} - \hat{q}v_{n-2}b^{n-2} = u_{n-2}b^{n-2} + \cdots + u_0 + \hat{r}b^{n-1} - \hat{q}v_{n-2}b^{n-2} < b^{n-2}(u_{n-2} + 1 + \hat{r}b - \hat{q}v_{n-2}) \le 0$. Da $u - \hat{q}v < 0$, $q < \hat{q}$.

20. Wenn $q \le \hat{q} - 2$, dann $u < (\hat{q} - 1)v < \hat{q}(v_{n-1}b^{n-1} + (v_{n-2}+1)b^{n-2}) - v < \hat{q}v_{n-1}b^{n-1} + \hat{q}v_{n-2}b^{n-2} + b^{n-1} - v \le \hat{q}v_{n-1}b^{n-1} + (b\hat{r} + u_{n-2})b^{n-2} + b^{n-1} - v = u_n b^n + u_{n-1}b^{n-1} + u_{n-2}b^{n-2} + b^{n-1} - v \le u_n b^n + u_{n-1}b^{n-1} + u_{n-2}b^{n-2} \le u$. In anderen Worten $u < u$, und dies ist ein Widerspruch.

21. (Lösung von G. K. Goyal.) Die Ungleichung $\hat{q}v_{n-2} \le b\hat{r} + u_{n-2}$ impliziert, dass wir $\hat{q} \le (u_n b^2 + u_{n-1}b + u_{n-2})/(v_{n-1}b + v_{n-2}) \le u/((v_{n-1}b + v_{n-2})b^{n-2})$ haben. Jetzt $u \bmod v = u - qv = v(1 - \alpha)$, wobei $0 < \alpha = 1 + q - u/v \le \hat{q} - u/v \le u(1/((v_{n-1}b + v_{n-2})b^{n-2}) - 1/v) = u(v_{n-3}b^{n-3} + \cdots)/((v_{n-1}b + v_{n-2})b^{n-2}v) < u/(v_{n-1}bv) \le \hat{q}/(v_{n-1}b) \le (b-1)/(v_{n-1}b)$ und dies ist höchstens $2/b$, da $v_{n-1} \ge \frac{1}{2}(b-1)$.

22. Sei $u = 4100$, $v = 588$. Wir versuchen zuerst $\hat{q} = \lfloor \frac{41}{5} \rfloor = 8$, doch $8 \cdot 8 > 10(41 - 40) + 0$. Dann setzen wir $\hat{q} = 7$ und jetzt finden wir $7 \cdot 8 < 10(41 - 35) + 0$. Doch 7 mal 588 ist gleich 4116, also ist der wahre Quotient $q = 6$. (Zufällig zeigt dieses Beispiel, dass Satz B nicht unter den gegebenen Hypothesen verbessert werden kann, wenn $b = 10$.)

23. Offensichtlich $v\lfloor b/(v+1) \rfloor < (v+1)\lfloor b/(v+1) \rfloor \le b$; und die untere Schranke gilt gewiss, wenn $v \ge b/2$. Sonst $v\lfloor b/(v+1) \rfloor \ge v(b-v)/(v+1) \ge (b-1)/2 > \lfloor b/2 \rfloor - 1$.

24. Die näherungsweise Wahrscheinlichkeit ist nur $\log_b 2$, nicht $\frac{1}{2}$. (Wenn zum Beispiel $b = 2^{32}$, ist die Wahrscheinlichkeit, dass $v_{n-1} \ge 2^{31}$ näherungsweise $\frac{1}{32}$; dies ist noch hoch genug, um den speziellen Test für $d = 1$ in Schritte D1 und D8 zu rechtfertigen.)

25.

002	ENTA	1	1	
003	ADD	V+N-1	1	
004	STA	TEMP	1	
005	ENTA	1	1	
006	JOV	1F	1	Springe, wenn $v_{n-1} = b - 1$.
007	ENTX	0	1	
008	DIV	V+N-1	1	Sonst berechne $\lfloor b/(v+1) \rfloor$.
009	JOV	DIVBYZERO	1	Springe, wenn $v_{n-1} = 0$.

```
1H STA  D                 1        
   DECA 1                 1        
   JANZ *+3               1        Springe, wenn d ≠ 1.
   STZ  U+M+N           1 − A      Setze u_{m+n} ← 0.
   JMP  D2              1 − A      
   ENN1 N                 A        Multipliziere v mit d.
   ENTX 0                 A        
2H STX  CARRY             AN       
   LDA  V+N,1             AN       
   MUL  D                 AN       
...                                (wie in Übung 13)
   J1N  2B                AN       
   ENN1 M+N               Ein      (Jetzt rX = 0.)
2H STX  CARRY          Ein(M + N)  Multipliziere u mit d.
   LDA  U+M+N,1         A(M + N)   
...                                (wie in Übung 13)
   J1N  2B              A(M + N)   
   STX  U+M+N             Ein      ▮
```

26. (Siehe den Algorithmus von Übung 16.)

```
D8 LDA  D      1    (Rest bleibt übrig in
   DECA 1      1         den Stellen U bis U+N-1)
   JAZ  DONE   1    Terminiere, wenn d = 1.
   ENT1 N-1    Ein  rI1 ≡ j; j ← n − 1.
   ENTA 0      Ein  r ← 0.
1H LDX  U,1    AN   rAX ← rb + u_j.
   DIV  D      AN   
   STA  U,1    AN   
   SLAX 5      AN   (u_j, r) ← (⌊rAX/d⌋, rAX mod d).
   DEC2 1      AN   j ← j + 1.
   J2NN 1B     AN   Wiederhole für n > j ≥ 0. ▮
```

Hier ist die Divisionsroutine zu Ende; wegen der nächsten Übung gilt $\mathrm{rAX} = 0$.

27. Es ist $du \bmod dv = d(u \bmod v)$.

28. Bequemerweise wollen wir annehmen, dass v ein Dezimalkomma links hat, d.h., $v = (v_n, v_{n-1}v_{n-2}\ldots)_b$. Nach Schritt N1 haben wir $\frac{1}{2} \le v < 1 + 1/b$: Denn

$$v\left\lfloor\frac{b+1}{v_{n-1}+1}\right\rfloor \le \frac{v(b+1)}{v_{n-1}+1} = \frac{v(1+1/b)}{(1/b)(v_{n-1}+1)} < 1 + \frac{1}{b},$$

und

$$v\left\lfloor\frac{b+1}{v_{n-1}+1}\right\rfloor \ge \frac{v(b+1-v_{n-1})}{v_{n-1}+1} \ge \frac{1}{b}\,\frac{v_{n-1}(b+1-v_{n-1})}{v_{n-1}+1}.$$

Die letztere Größe nimmt ihren kleinsten Wert an, wenn $v_{n-1} = 1$, da sie eine konkave Funktion ist und der andere Extremwert größer ist.

Die Formel in Schritt N2 kann

$$v \leftarrow \left\lfloor\frac{b(b+1)}{v_{n-1}+1}\right\rfloor \frac{v}{b}$$

geschrieben werden, so dass wir wie oben sehen, dass v niemals $\ge 1 + 1/b$ wird.

Der Minimalwert von v nach einer Iteration über Schritt N2 ist $\geq$

$$\left(\frac{b(b+1)-v_{n-1}}{v_{n-1}+1}\right)\frac{v}{b} \geq \left(\frac{b(b+1)-v_{n-1}}{v_{n-1}+1}\right)\frac{v_{n-1}}{b^2} = \left(\frac{b(b+1)+1-t}{t}\right)\left(\frac{t-1}{b^2}\right)$$
$$= 1+\frac{1}{b}+\frac{2}{b^2}-\frac{1}{b^2}\left(t+\frac{b(b+1)+1}{t}\right),$$

wenn $t = v_{n-1}+1$. Das Minimum dieser Größe wird für $t = b/2+1$ angenommen; eine untere Schranke ist $1 - 3/2b$. Also $v_{n-1} \geq b-2$ nach einer Iteration über Schritt N2. Schließlich haben wir $(1-3/2b)(1+1/b)^2 > 1$, wenn $b \geq 5$, so dass höchstens zwei zusätzliche Iterationen benötigt werden. Die Behauptung läßt sich leicht verifizieren, wenn $b < 5$.

29. Wahr, da $(u_{j+n} \ldots u_j)_b < v$.

30. In den Algorithmen A und S ist eine solche Überlappung möglich, wenn die Algorithmen leicht verändert werden; zum Beispiel könnten wir in Algorithmus A Schritt A2 so neu schreiben: „Setze $t \leftarrow u_j + v_j + k$, $w_j \leftarrow t \bmod b$, $k \leftarrow \lfloor t/b \rfloor$."

In Algorithmus M kann v_j an derselben Stelle wie w_{j+n} sein. In Algorithmus D ist es am bequemsten (wie in Programm D, Übung 26), $r_{n-1} \ldots r_0$ dort zu plazieren, wo $u_{n-1} \ldots u_0$ liegt; und wir können auch $q_m \ldots q_0$ mit $u_{m+n} \ldots u_n$ identifizieren, vorausgesetzt, dass keine Änderung von u_{j+n} in Schritt D6 gemacht wird. (Zeile 098 von Programm D kann gefahrlos in „`J1N 2B`" geändert werden, da u_{j+n} in der nachfolgenden Rechnung nicht benutzt wird.)

31. Betrachte die Situation von Fig. 6 mit $u = (u_{j+n} \ldots u_{j+1}u_j)_3$ wie in Algorithmus D. Wenn die führenden von null verschiedenen Ziffern von u und v dasselbe Vorzeichen haben, setze $r \leftarrow u - v$, $q \leftarrow 1$; sonst setze $r \leftarrow u + v$, $q \leftarrow -1$. Wenn jetzt $|r| > |u|$, oder wenn $|r| = |u|$ und die erste von null verschiedene Ziffer von $u_{j-1} \ldots u_0$ dasselbe Vorzeichen wie die erste von null verschiedene Ziffer von r hat, setze $q \leftarrow 0$; sonst setze $u_{j+n} \ldots u_j$ gleich den Ziffern von r.

32. Siehe M. Nadler, *CACM* **4** (1961), 192–193; Z. Pawlak und A. Wakulicz, *Bull. de l'Acad. Polonaise des Sciences*, Classe III, **5** (1957), 233–236 (siehe auch die Seiten 803–804); und Übung 4.1–15.

34. Siehe zum Beispiel R. E. Maeder, *The Mathematica Journal* **6**, 2 (Spring 1996), 32–40; **6**, 3 (Summer 1996), 37–43.

36. Sei ϕ mit einer Genauigkeit von $\pm 2^{-2n}$ gegeben, wir können sukzessiv ϕ^{-1}, ϕ^{-2}, ... durch Subtraktion bis $\phi^{-k} < 2^{-n}$ berechnen; der akkumulierte Fehler wird 2^{1-n} nicht überschreiten. Dann können wir die Reihe $\ln\phi = \ln((1+\phi^{-3})/(1-\phi^{-3})) = 2(\phi^{-3} + \frac{1}{3}\phi^{-9} + \frac{1}{5}\phi^{-15} + \cdots)$ verwenden. [Siehe William Schoolings Artikel in *Napier Tercentenary Memorial*, herausgegeben von C. G. Knott (London: Longmans, 1915), 337–344.] Ein noch besseres Verfahren, vorgeschlagen 1965 von J. W. Wrench, Jr., besteht in der Berechnung von

$$\ln\phi = \tfrac{1}{2}\ln((1+5^{-1/2})/(1-5^{-1/2})) = (2\phi-1)(5^{-1} + \tfrac{1}{3}5^{-2} + \tfrac{1}{5}5^{-3} + \cdots).$$

37. Sei $d = 2^e$, so dass $b > dv_{n-1} \geq b/2$. Statt u und v in Schritt D1 zu normieren, berechne einfach die zwei führenden Ziffern $v'v''$ von $2^e(v_{n-1}v_{n-2}v_{n-3})_b$ durch Linksverschiebung um e Bit. In Schritt D3 verwende (v', v'') statt (v_{n-1}, v_{n-2}) und (u', u'', u''') statt $(u_{j+n}, u_{j+n-1}, u_{j+n-2})$, wobei die Ziffern $u'u''u'''$ von $(u_{j+n} \ldots u_{j+n-3})_b$ durch Linksverschiebung um e Bit erhalten werden. Lasse die Division durch d in Schritt D8 weg. (In Wesentlichen werden u und v „virtuell" verschoben. Diese Methode spart Rechnung, wenn m klein verglichen mit n ist.)

38. Setze $k \leftarrow n$, $r \leftarrow 0$, $s \leftarrow 1$, $t \leftarrow 0$, $w \leftarrow u$; wir werden die invariante Relation $uv = 2^{2k}(r + s^2 - s) + 2^{2k-n}t + 2^{2k-2n}vw$ mit $0 \le t, w < 2^n$, und mit $0 < r \le 2s$, außer wenn $(r, s) = (0, 1)$, beibehalten. Solange $k > 0$, sei $4w = 2^n w' + w''$ und $4t + w'v = 2^n t' + t''$, wobei $0 \le w'', t'' < 2^n$ und $0 \le t' \le 6$; dann setze $t \leftarrow t''$, $w \leftarrow w''$, $s \leftarrow 2s$, $r \leftarrow 4r + t' - s$, $k \leftarrow k - 1$. Wenn $r \le 0$, setze $s \leftarrow s - 1$ und $r \leftarrow r + 2s$; sonst, wenn $r > 2s$, setze $r \leftarrow r - 2s$ und $s \leftarrow s + 1$ (diese Korrektur kann möglicherweise zweimal nötig sein). Wiederhole, bis $k = 0$. Dann $uv = r + s^2 - s$, da w immer ein Vielfaches von 2^{2n-2k} ist. Folglich $r = 0$ genau dann, wenn $uv = 0$; sonst ist die Antwort s, weil $uv - s \le s^2 < uv + s$.

39. Sei $S_j = \sum_{k \ge 0} 16^{-k}/(8k + j)$. Wir wünschen zu wissen, ob $2^{n-1}\pi \bmod 1 < \frac{1}{2}$ oder nicht. Da $\pi = 4S_1 - 2S_4 - S_5 - S_6$, genügt es, gute Abschätzungen von $2^{n-1}S_j \bmod 1$ zu haben. Jetzt ist $2^{n-1}S_j$ kongruent (modulo 1) zu $\sum_{0 \le k < n/4} a_{njk}/(8k + j) + \sum_{k \ge n/4} 2^{n-1-4k}/(8k + j)$, wobei $a_{njk} = 2^{n-1-4k} \bmod (8k + j)$. Jeder Term in der ersten Summe kann approximiert werden innerhalb 2^{-m} durch Berechnung von a_{njk} in $O(\log n)$ Operationen (Abschnitt 4.6.3) gefolgt von der Bestimmung des skalierten Quotienten $\lfloor 2^m a_{njk}/(8k + j) \rfloor$. Die zweite Summe kann approximiert werden innerhalb 2^{-m} durch 2^m malige Berechnung ihrer ersten $m/4$ Terme. Wenn $m \approx 2 \lg n$, wird der Bereich der Unsicherheit $\approx 1/n$ und dies wird fast immer genau genug sein. [*Math. Comp.* **66** (1997), 903–913.]

Bemerkungen: Sei $\zeta = e^{\pi i/4} = (1 + i)/\sqrt{2}$ eine 8-te Einheitswurzel. Betrachte die Werte $l_j = \ln(1 - \zeta^j/\sqrt{2})$. Dann $l_0 = \ln(1 - 1/\sqrt{2})$, $l_1 = \bar{l}_7 = \frac{1}{2}\ln\frac{1}{2} - i\arctan 1$, $l_2 = \bar{l}_6 = \frac{1}{2}\ln\frac{3}{2} - i\arctan(1/\sqrt{2})$, $l_3 = \bar{l}_5 = \frac{1}{2}\ln\frac{5}{2} - i\arctan(1/3)$, $l_4 = \ln(1 + 1/\sqrt{2})$. Auch

$$-S_j/2^{j/2} = \frac{1}{8}(l_0 + \zeta^{-j}l_1 + \cdots + \zeta^{-7j}l_7)$$

für $1 \le j \le 8$ durch 1.2.9–(13). Deshalb

$$4S_1 - 2S_4 - S_5 - S_6 = 2l_0 - (2 - 2i)2l_1 + 2l_4 + (2 + 2i)l_7 = \pi.$$

Andere Identitäten von Interesse sind:

$$\begin{aligned}
\ln 2 &= S_2 + \tfrac{1}{2}S_4 + \tfrac{1}{4}S_6 + \tfrac{1}{8}S_8;\\
\ln 3 &= 2S_2 + \tfrac{1}{2}S_6;\\
\ln 5 &= 2S_2 + 2S_4 + \tfrac{1}{2}S_6;\\
\sqrt{2}\ln(\sqrt{2} + 1) &= S_1 + \tfrac{1}{2}S_3 + \tfrac{1}{4}S_5 + \tfrac{1}{8}S_7;\\
\sqrt{2}\arctan(1/\sqrt{2}) &= S_1 - \tfrac{1}{2}S_3 + \tfrac{1}{4}S_5 - \tfrac{1}{8}S_7;\\
\arctan(1/3) &= S_1 - S_2 - \tfrac{1}{2}S_4 - \tfrac{1}{4}S_5;\\
0 &= 8S_1 - 8S_2 - 4S_3 - 8S_4 - 2S_5 - 2S_6 + S_7.
\end{aligned}$$

In Allgemeinen haben wir

$$\sum_{k \ge 0} \frac{z^{8k+1}}{8k + 1} = A + B + C + D, \qquad \sum_{k \ge 0} \frac{z^{8k+5}}{8k + 5} = A - B + C - D,$$

$$\sum_{k \ge 0} \frac{z^{8k+3}}{8k + 3} = A - B - C + D, \qquad \sum_{k \ge 0} \frac{z^{8k+7}}{8k + 7} = A + B - C - D,$$

wobei

$$A = \frac{1}{8}\ln\frac{1+z}{1-z}, \qquad B = \frac{1}{2^{7/2}}\ln\frac{1+\sqrt{2}z+z^2}{1-\sqrt{2}z+z^2},$$
$$C = \frac{1}{4}\arctan z, \qquad D = \frac{1}{2^{5/2}}\arctan\frac{\sqrt{2}z}{1-z^2};$$

und

$$\sum_{k\geq 0}\frac{z^{mk+a}}{mk+a} = -\frac{1}{m}\Bigl(\ln(1-z) + (-1)^a[m\,\text{gerade}]\ln(1+z) + f_{am}(z)\Bigr),$$

$$f_{am}(z) = \sum_{k=1}^{\lfloor(m-1)/2\rfloor}\biggl(\cos\frac{2\pi ka}{m}\ln\Bigl(1-2z\cos\frac{2\pi k}{m}+z^2\Bigr) - 2\sin\frac{2\pi ka}{m}\arctan\frac{z\sin(2\pi k/m)}{1-z\cos(2\pi k/m)}\biggr).$$

40. Um die signifikantesten $n/2$ Stellen zu bekommen, brauchen wir etwa $\sum_{k=1}^{n/2} \approx \frac{1}{8}n^2$ Grundoperationen (siehe Übung 15). Und wir können die am wenigsten signifikanten $n/2$ Stellen mit einer b-adischen Methode bekommen, wenn b eine Potenz von 2 (siehe Übung 4.1–31) ist: Das Problem ist leicht reduzierbar auf den Fall, wo v ungerade ist. Sei $u = (\ldots u_2u_1u_0)_b$, $v = (\ldots v_2v_1v_0)_b$ und $w = (\ldots w_2w_1w_0)_b$, wobei wir $u = vw$ (modulo $b^{n/2}$) lösen wollen. Berechne v' derart, dass $v'v \bmod b = 1$ (siehe Übung 4.5.2–17). Dann $w_0 = v'u_0 \bmod b$, und wir können $u' = u - w_0v$, $w_1 = v'u'_0 \bmod b$, usw. berechnen. Die am weitesten rechts stehenden $n/2$ Stellen werden durch etwa $\frac{1}{8}n^2$ Grundoperationen gefunden. Also ist die Summe $\frac{1}{4}n^2 + O(n)$, während Algorithmus D etwa $n^2 + O(n)$ benötigt. Eine reine Methode von rechts nach links für alle n Ziffern würde $\frac{1}{2}n^2 + O(n)$ erfordern. [Siehe T. Jebelean, *J. Symbolic Comp.* **15** (1993), 169–180; A. Schönhage und E. Vetter, *Lecture Notes in Comp. Sci.* **855** (1994), 448–459.]

41. (a) Wenn $m = 0$, sei $v = u$. Sonst subtrahiere xw von $(u_{m+n-1}\ldots u_1u_0)_b$, wobei $x = u_0w' \bmod b$; dies besetzt die Einerziffer mit null, also haben wir m um 1 effektiv reduziert. (Diese Operation ist verwandt zur Berechnung von u/w in b-adischer Arithmetik, da $u/w = q + b^m v/w$ für eine ganze Zahl q; siehe Übung 4.1–31. Das ist besser als die gewöhnliche Division, weil wir niemals einen Versuchsdivisor zu korrigieren haben.)

(b) Wende (a) auf das Produkt uv an. Speicher wird gespart, wenn wir Multiplikation und Restbildung wie folgt verzahnen: Setze $k \leftarrow 0$, $t \leftarrow 0$. Solange dann $k < n$, behalten wir die Invariante $b^k t \equiv (u_{k-1}\ldots u_0)v$ (modulo w) bei durch $t \leftarrow t + u_kv$, $t \leftarrow (t - xw)/b$, $k \leftarrow k+1$, wobei $x = t_0w' \bmod b$ so ausgewählt wird, dass $t - xw$ ein Vielfaches von b wird. Diese Lösung nimmt an, dass t, u, und v eine Vorzeichen-Betrags-Darstellung haben; wir können auch mit nicht-negativen Zahlen $< 2w$ oder mit Komplementnotationen arbeiten, wie von Shand und Vuillemin und von Kornerup besprochen, [*IEEE Symp. Computer Arithmetic* **11** (1993), 252–259, 277–283]. Wenn n groß ist, beschleunigen die Techniken von Abschnitt 4.3.3 die Multiplikation.

(c) Repräsentiere alle Zahlen kongruent zu u (modulo w) durch einen internen Wert $r(u)$, wobei $r(u) \equiv b^n u$. Dann werden Addition und Subtraktion wie gewöhnlich behandelt, während Multiplikation $r(uv) = \text{bmult}(r(u), r(v))$ ist, wobei bmult die Operation von (b) ist. Zu Beginn der Rechnung ersetze jeden Operanden u durch $r(u) = \text{bmult}(u, a)$ mittels der vorberechneten Konstanten $a = b^{2n} \bmod w$. Am Ende ersetze jeden Wert $r(u)$ durch $u = \text{bmult}(r(u), 1)$. [In der Anwendung auf RSA-

Verschlüsselung, Abschnitt 4.5.4, könnten wir das Codierungsschema so neu definieren, dass Vorberechnung und Nachberechnung unnötig werden.]

42. Eine interessante Analyse von J. M. Holte in *AMM* **104** (1997), 138–149, stellt die genaue Formel auf:

$$P_{nk} = \frac{1}{m!} \sum_j \left[{m \atop m-j} \right] b^{-jn} \sum_{r=0}^{k} \binom{m+1}{r} (k+1-r)^{m-j}.$$

Die innere Summe ist $\sum_{r=0}^{k}(-1)^r\binom{m+1}{r}(k+1-r)^m = \left\langle {m \atop k} \right\rangle$, wenn $j = 0$. (Übung 5.1.3–25 erklärt, warum Eulersche Zahlen in diesem Zusammenhang auftreten.)

43. Nach Übung 1.2.4–35 haben wir $w = \lfloor W/2^{16} \rfloor$, wobei $W = (2^8+1)t = (2^8+1)(uv+2^7)$. Wenn deshalb $xy/255 > c + \frac{1}{2}$, haben wir $c < 2^8$, also $w \geq \lfloor (2^{16}(c+1) + 2^8 - c)/2^{16} \rfloor \geq c+1$; wenn $xy/255 < c + \frac{1}{2}$, haben wir $w \leq \lfloor (2^{16}(c+1) - c - 1)/2^{16} \rfloor = c$. [Siehe J. F. Blinn, *IEEE Comp. Graphics and Applic.* **14**, 6 (November 1994), 78–82.]

Abschnitt 4.3.2

1. Die Lösung ist eindeutig, da $7 \cdot 11 \cdot 13 = 1001$. Der konstruktive Beweis von Satz C gibt uns die Antwort $\big((11\cdot 13)^6 + 6\cdot(7\cdot 13)^{10} + 5\cdot(7\cdot 11)^{12}\big) \bmod 1001$. Doch diese Antwort ist vielleicht nicht explizit genug! Durch (24) haben wir $v_1 = 1$, $v_2 = (6-1)\cdot 8 \bmod 11 = 7$, $v_3 = \big((5-1)\cdot 2 - 7\big)\cdot 6 \bmod 13 = 6$, also $u = 6\cdot 7\cdot 11 + 7\cdot 7 + 1 = 512$.

2. Nein. Es gibt höchstens ein solches u; die zusätzliche Bedingung $u_1 \equiv \cdots \equiv u_r$ (modulo 1) ist notwendig und hinreichend und es folgt, dass eine solche Verallgemeinerung nicht sehr interessant ist.

3. $u \equiv u_i$ (modulo m_i) impliziert, dass $u \equiv u_i$ (modulo $\operatorname{ggT}(m_i, m_j)$), also muss die Bedingung $u_i \equiv u_j$ (modulo $\operatorname{ggT}(m_i, m_j)$) sicherlich gelten, wenn es eine Lösung gibt. Weiterhin, wenn $u \equiv v$ (modulo m_j) für alle j, dann ist $u - v$ ein Vielfaches von $\operatorname{kgV}(m_1, \ldots, m_r) = m$; also gibt es höchstens eine Lösung.

Der Beweis kann jetzt nicht-konstruktiv durch Zählen der Anzahl verschiedener r-Tupel $(u_1, \ldots, u_r)$ vollendet werden, welche die Bedingungen $0 \leq u_j < m_j$ und $u_i \equiv u_j$ (modulo $\operatorname{ggT}(m_i, m_j)$) erfüllen. Wenn diese Zahl m ist, muss es eine Lösung geben, da $(u \bmod m_1, \ldots, u \bmod m_r)$ gerade m verschiedene Werte annimmt, wenn u von a nach $a + m - 1$ läuft. Nimm an, dass $u_1, \ldots, u_{r-1}$ ausgewählt wurden und die gegebenen Bedingungen erfüllen; wir müssen jetzt $u_r \equiv u_j$ (modulo $\operatorname{ggT}(m_j, m_r)$) für $1 \leq j < r$ wählen, und nach dem verallgemeinerten chinesischen Restsatz für $r - 1$ Elemente gibt es

$$\begin{aligned} m_r/\operatorname{kgV}(\operatorname{ggT}(m_1, m_r), \ldots, \operatorname{ggT}(m_{r-1}, m_r)) &= m_r/\operatorname{ggT}(\operatorname{kgV}(m_1, \ldots, m_{r-1}), m_r) \\ &= \operatorname{kgV}(m_1, \ldots, m_r)/\operatorname{kgV}(m_1, \ldots, m_{r-1}) \end{aligned}$$

Möglichkeiten, dies zu tun. [Dieser Beweis beruht auf den Identitäten (10), (11), (12) und (14) von Abschnitt 4.5.2.]

Ein konstruktiver Beweis [A. S. Fraenkel, *Proc. Amer. Math. Soc.* **14** (1963), 790–791], verallgemeinert (25) und kann folgendermaßen angegeben werden. Sei $M_j = \operatorname{kgV}(m_1, \ldots, m_j)$; wir suchen $u = v_r M_{r-1} + \cdots + v_2 M_1 + v_1$, wobei $0 \leq v_j < M_j/M_{j-1}$. Nimm an, dass $v_1, \ldots, v_{j-1}$ bereits bestimmt wurden; dann müssen wir die Kongruenz

$$v_j M_{j-1} + v_{j-1} M_{j-2} + \cdots + v_1 \equiv u_j \pmod{m_j}$$

lösen. Hier $v_{j-1}M_{j-2} + \cdots + v_1 \equiv u_i \equiv u_j$ (modulo $\mathrm{ggT}(m_i, m_j)$) für $i < j$ nach Voraussetzung, also ist $c = u_j - (v_{j-1}M_{j-2} + \cdots + v_1)$ ein Vielfaches von

$$\mathrm{kgV}(\mathrm{ggT}(m_1, m_j), \ldots, \mathrm{ggT}(m_{j-1}, m_j)) = \mathrm{ggT}(M_{j-1}, m_j) = d_j.$$

Wir müssen deshalb $v_j M_{j-1} \equiv c$ (modulo m_j) lösen. Nach Euklids Algorithmus gibt es eine Zahl c_j mit $c_j M_{j-1} \equiv d_j$ (modulo m_j); also können wir

$$v_j = (c_j\, c)/d_j \bmod (m_j/d_j)$$

nehmen. Bemerke, dass wir, wie im nicht-konstruktiven Beweis, $m_j/d_j = M_j/M_{j-1}$ haben.

4. (Nach $m_4 = 91 = 7 \cdot 13$ haben wir alle Produkte von zwei oder mehr ungeraden Primzahlen benutzt, die kleiner 100 sein können, also müssen $m_5, \ldots$ alle prim sein.)

$$\begin{array}{lllll} m_7 = 79, & m_8 = 73, & m_9 = 71, & m_{10} = 67, & m_{11} = 61, \\ m_{12} = 59, & m_{13} = 53, & m_{14} = 47, & m_{15} = 43, & m_{16} = 41, \\ m_{17} = 37, & m_{18} = 31, & m_{19} = 29, & m_{20} = 23, & m_{21} = 17, \end{array}$$

und dann bleiben wir stecken ($m_{22} = 1$ hilft nichts).

5. Nein. Die offensichtliche obere Schranke,

$$3^4 5^2 7^2 11^1 \cdots = \prod_{\substack{p \text{ ungerade} \\ \text{p prim}}} p^{\lfloor \log_p 100 \rfloor},$$

wird angenommen, wenn wir $m_1 = 3^4$, $m_2 = 5^2$, usw. wählen. (Es ist jedoch schwieriger, $m_1 \ldots m_r$ zu maximieren, wenn r fest ist, oder $e_1 + \cdots + e_r$ mit teilerfremden Exponenten e_j zu maximieren, wie wir es mit Moduli $2^{e_j} - 1$ versuchen würden.)

6. (a) Wenn $e = f + kg$, dann $2^e = 2^f (2^g)^k \equiv 2^f \cdot 1^k$ (modulo $2^g - 1$). Also wenn $2^e \equiv 2^f$ (modulo $2^g - 1$), haben wir $2^{e \bmod g} \equiv 2^{f \bmod g}$ (modulo $2^g - 1$); und da letztere Größen zwischen null und $2^g - 1$ liegen, müssen wir $e \bmod g = f \bmod g$ haben. (b) Nach Teil (a) $(1 + 2^d + \cdots + 2^{(c-1)d}) \cdot (2^e - 1) \equiv (1 + 2^d + \cdots + 2^{(c-1)d}) \cdot (2^d - 1) = 2^{cd} - 1 \equiv 2^{ce} - 1 \equiv 2^1 - 1 = 1$ (modulo $2^f - 1$).

7. Wir haben $v_j m_{j-1} \ldots m_1 \equiv u_j - (v_{j-1} m_{j-2} \ldots m_1 + \cdots + v_1)$ und $C_j m_{j-1} \ldots m_1 \equiv 1$ (modulo m_j) nach (23), (25) und (26); siehe P. A. Pritchard, *CACM* **27** (1984), 57.

Diese Methode des Umschreibens der Formeln verwendet dieselbe Anzahl arithmetischer Operationen und weniger Konstante; doch ist die Anzahl der Konstanten nur dann kleiner, wenn wir die Moduli ordnen, so dass $m_1 < m_2 < \cdots < m_r$, sonst würden wir eine Tabelle der $m_i \bmod m_j$ benötigen. Diese Anordnung der Moduli erfordert scheinbar mehr Rechnung, als wenn wir m_1 am größten, m_2 am zweitgrößten usw. gemacht hätten, da viel mehr Operationen modulo m_r als modulo m_1 ausgeführt werden müssen; doch da v_j so groß wie $m_j - 1$ sein kann, kommen wir mit $m_1 < m_2 < \cdots < m_r$ auch in (24) besser weg. Also scheinen diese Ideen den Formeln im Text vorzuziehen zu sein, obwohl Abschnitt 4.3.3B zeigt, dass die Formeln im Text vorteilhaft sind, wenn die Moduli die Form (14) haben.

8. Modulo m_j: $m_{j-1} \ldots m_1 v_j \equiv m_{j-1} \ldots m_1 (\ldots((u_j - v_1)c_{1j} - v_2)c_{2j} - \cdots - v_{j-1}) \times c_{(j-1)j} \equiv m_{j-2} \ldots m_1 (\ldots(u_j - v_1)c_{1j} - \cdots - v_{j-2})c_{(j-2)j} - v_{j-1} m_{j-2} \ldots m_1 \equiv \cdots \equiv u_j - v_1 - v_2 m_1 - \cdots - v_{j-1} m_{j-2} \ldots m_1$.

9. $u_r \leftarrow ((\ldots(v_r m_{r-1} + v_{r-1})m_{r-2} + \cdots)m_1 + v_1) \bmod m_r, \ \ldots,$
$$u_2 \leftarrow (v_2 m_1 + v_1) \bmod m_2, \quad u_1 \leftarrow v_1 \bmod m_1.$$
(Die Rechnung sollte in dieser Reihenfolge ausgeführt werden, wenn wir u_j und v_j sich dieselben Speicherstellen teilen lassen wollen, wie sie es in (24) können.)

10. Wenn wir den „mod"-Operator neu definieren, so dass er Reste im symmetrischen Bereich liefert, bleiben die Grundformeln (2), (3), (4) für Arithmetik und (24), (25) für Konversion die gleichen und die Zahl u in (25) liegt im gewünschten Bereich (10). (Hier ist (25) eine *balancierte Gemischte-Basis*-Notation, die die balancierte ternäre Notation verallgemeinert.) Der Vergleich zweier Zahlen kann noch von links nach rechts durchgeführt werden in der einfachen im Text beschriebenen Weise. Weiterhin ist es möglich, den Wert u_j in einem einzigen Rechnerwort zu halten, wenn wir Vorzeichen-Betrag-Darstellung innerhalb des Rechners haben, sogar wenn m_j fast doppelte Wortgröße besitzt. Doch sind die arithmetischen Operationen analog zu (11) und (12) schwieriger, so dass diese Idee anscheinend auf den meisten Rechnern im Ergebnis ein wenig langsamere Operationen einbringt.

11. Multipliziere mit $\frac{1}{2}(m+1) = (\frac{1}{2}(m_1+1), \ldots, \frac{1}{2}(m_r+1))$. Beachte, dass $2t \cdot \frac{m+1}{2} \equiv t$ (modulo m). In Allgemeinen können wir, wenn v teilerfremd zu m ist, dann (mit Euklids Algorithmus) eine Zahl $v' = (v'_1, \ldots, v'_r)$ derart finden, dass $vv' \equiv 1$ (modulo m); und wenn dann von u bekannt ist, dass es ein Vielfaches von v ist, haben wir $u/v = uv'$, wobei letzteres mit modularer Multiplikation berechnet wird. Wenn v nicht teilerfremd zu m ist, ist Division viel schwerer.

12. Ersetze m_j durch m in (11). [Ein anderer Weg zur Prüfung auf Überlauf, wenn m ungerade ist, speichert extra Bits $u_0 = u \bmod 2$ und $v_0 = v \bmod 2$ ab. Dann trat Überlauf genau dann auf, wenn $u_0 + v_0 \not\equiv w_1 + \cdots + w_r$ (modulo 2), wobei $(w_1, \ldots, w_r)$ den Ziffern zur gemischten Basis von $u + v$ entsprechen.]

13. (a) $x^2 - x = (x-1)x \equiv 0$ (modulo 10^n) ist äquivalent zu $(x-1)x \equiv 0$ (modulo p^n) für $p = 2$ und 5. Entweder muss x oder $x - 1$ ein Vielfaches von p sein, und dann ist die andere Zahl teilerfremd zu p^n; also muss entweder x oder $x - 1$ ein Vielfaches von p^n sein. Wenn $x \bmod 2^n = x \bmod 5^n = 0$ oder 1, müssen wir $x \bmod 10^n = 0$ oder 1 haben; also gilt für automorphe Zahlen $x \bmod 2^n \neq x \bmod 5^n$. (b) Wenn $x = qp^n + r$, wobei $r = 0$ oder 1, dann $r \equiv r^2 \equiv r^3$, also
$$3x^2 - 2x^3 \equiv (6qp^n r + 3r) - (6qp^n r + 2r) \equiv r \pmod{p^{2n}}.$$
(c) Wähle c' als $(3(cx)^2 - 2(cx)^3)/x^2 = 3c^2 - 2c^3 x$.

Bemerkung: Da die letzten k Ziffern einer n-stelligen automorphen Zahl eine k-stellige automorphe Zahl bilden, macht es Sinn, von den zwei ∞-stelligen automorphen Zahlen x und $1 - x$ zu sprechen, welche 10-adische Zahlen (siehe Übung 4.1–31) sind. Die Menge 10-adischer Zahlen ist äquivalent unter modularer Arithmetik zur Menge geordneter Paare (u_1, u_2), wobei u_1 eine 2-adische Zahl und u_2 eine 5-adische Zahl ist.

14. Finde die zyklische Konvolution $(z_0, z_1, \ldots, z_{n-1})$ von Gleitkomma-Näherungen zu $(a_0u_0, a_1u_1, \ldots, a_{n-1}u_{n-1})$ und $(a_0v_0, a_1v_1, \ldots, a_{n-1}v_{n-1})$, wobei die Konstanten $a_k = 2^{-(kq \bmod n)/n}$ vorberechnet wurden. Die Identitäten $u = \sum_{k=0}^{n-1} u_k a_k 2^{kq/n}$ und $v = \sum_{k=0}^{n-1} v_k a_k 2^{kq/n}$ implizieren nun, dass $w = \sum_{k=0}^{n-1} t_k a_k 2^{kq/n}$, wobei $t_k \approx z_k/a_k$. Wenn hinreichend genau gerechnet wurde, wird jedes t_k sehr nahe bei einer ganzen Zahl liegen. Die Darstellung von w kann leicht von diesen ganzen Zahlen gefunden werden. [R. Crandall und B. Fagin, *Math. Comp.* **62** (1994), 305–324.]

Abschnitt 4.3.3

1.

12×23:	34×41:	22×18:	1234×2341:
02	12	02	0276
02	12	02	0276
− 01	+03	+00	−0396
06	04	16	1394
06	04	16	1394
0276	1394	0396	2888794

2. $\sqrt{Q+\lfloor\sqrt{Q}\rfloor} \le \sqrt{Q+\sqrt{Q}} < \sqrt{Q+2\sqrt{Q}+1} = \sqrt{Q}+1$, also $\lfloor\sqrt{Q+R}\rfloor \le \lfloor\sqrt{Q}\rfloor+1$.

3. Die Ergebnis ist wahr, wenn $k \le 2$, also nimm an, dass $k > 2$. Sei $q_k = 2^{Q_k}$, $r_k = 2^{R_k}$, so dass $R_k = \lfloor\sqrt{Q_k}\rfloor$ und $Q_k = Q_{k-1} + R_{k-1}$. Wir müssen zeigen, dass $1 + (R_k+1)2^{R_k} \le 2^{Q_{k-1}}$; diese Ungleichung kommt der Sache überhaupt nicht nahe. Ein Weg ist die Beobachtung, dass $1 + (R_k+1)2^{R_k} \le 1 + 2^{2R_k}$ und $2R_k < Q_{k-1}$, wenn $k > 2$. (Die Tatsache, dass $2R_k < Q_{k-1}$, kann leicht durch Induktion bewiesen werden, da $R_{k+1} - R_k \le 1$ und $Q_k - Q_{k-1} \ge 2$.)

4. Für $j = 1, \ldots, r$ berechne $U_e(j^2)$, $jU_o(j^2)$, $V_e(j^2)$, $jV_o(j^2)$; und berechne durch rekursiven Aufruf des Multiplikationsalgorithmus

$$W(j) = (U_e(j^2) + jU_o(j^2))(V_e(j^2) + jV_o(j^2)),$$
$$W(-j) = (U_e(j^2) - jU_o(j^2))(V_e(j^2) - jV_o(j^2)).$$

Dann haben wir $W_e(j^2) = \frac{1}{2}(W(j) + W(-j))$, $W_o(j^2) = \frac{1}{2}(W(j) - W(-j))$. Berechne auch $W_e(0) = U(0)V(0)$. Jetzt konstruiere Differenztabellen für W_e und W_o, die Polynome der Grade r bzw. $r-1$ sind.

Diese Methode reduziert die Größe der behandelten Zahlen und reduziert die Anzahl von Additionen und Multiplikationen. Ihr einziger Nachteil ist ein längeres Programm (da der Ablauf etwas komplexer ist und einige der Berechnungen mit vorzeichenbehafteten Zahlen ausgeführt werden müssen).

Eine andere Möglichkeit wäre vielleicht die Auswertung von W_e und W_o für 1^2, 2^2, 4^2, $\ldots$, $(2^r)^2$; obwohl die involvierten Zahlen größer sind, werden die Rechnungen schneller, da alle Multiplikationen durch Verschiebungen ersetzt werden und alle Divisionen durch binäre Zahlen der Form $2^j(2^k-1)$ erfolgen. (Einfache Verfahren für das Teilen durch derartige Zahlen sind verfügbar.)

5. Beginne die q und r Folgen mit q_0 und q_1 genügend groß, so dass die Ungleichung in Übung 3 gültig ist. Dann werden wir in den Formeln ähnlich denen, die Satz B vorausgehen, finden, dass wir $\eta_1 \to 0$ und $\eta_2 = (1+1/(2r_k))2^{1+\sqrt{2Q_k}-\sqrt{2Q_{k+1}}}(Q_k/Q_{k+1})$ haben. Wegen $Q_k/Q_{k+1} \to 1$ für $k \to \infty$ können wir den Faktor ignorieren, wenn wir zeigen wollen, dass $\eta_2 < 1 - \epsilon$ für alle großen k. Jetzt $\sqrt{2Q_{k+1}} = \sqrt{2Q_k + 2\lceil\sqrt{2Q_k}\,\rceil + 2} \ge \sqrt{(2Q_k + 2\sqrt{2Q_k} + 1) + 1} \ge \sqrt{2Q_k} + 1 + 1/(3R_k)$. Also $\eta_2 \le (1 + 1/(2r_k))2^{-1/(3R_k)}$ und $\lg \eta_2 < 0$ für genügend große k.

Bemerkung: Algorithmus T kann auch geändert werden, eine Folge $q_0, q_1, \ldots$ eines ähnlichen Typs zu definieren, die auf n basiert, so dass $n \approx q_k + q_{k+1}$ nach Schritt T1. Diese Änderung führt zur Abschätzung (21).

6. Jeder gemeinsame Teiler von $6q+d_1$ und $6q+d_2$ muss auch deren Differenz $d_2 - d_1$ teilen. Die $\binom{6}{2}$ Differenzen sind 2, 3, 4, 6, 8, 1, 2, 4, 6, 1, 3, 5, 2, 4, 2, so dass wir nur zeigen müssen, dass höchstens eine der gegebenen Zahlen durch die Primzahlen 2, 3, 5 teilbar ist. Klarerweise ist nur $6q+2$ gerade und nur $6q+3$ ist ein Vielfaches von 3; und es gibt höchstens ein Vielfaches von 5, da $q_k \not\equiv 3$ (modulo 5).

7. Sei $p_{k-1} < n \le p_k$. Wir haben $t_k \le 6t_{k-1} + ck3^k$ für eine Konstante c; also $t_k/6^k \le t_{k-1}/6^{k-1} + ck/2^k \le t_0 + c\sum_{j\ge1} j/2^j = M$. Deshalb $t_k \le M\cdot 6^k = O(p_k^{\log_3 6})$.

8. Falsch. Um den Fallstrick zu sehen, versuche es mit $k=2$.

9. $\tilde{u}_s = \hat{u}_{(qs) \bmod K}$. Insbesondere wenn $q=-1$, bekommen wir $\hat{u}_{(-r) \bmod K}$, was die Datenumdrehung vermeidet, wenn wir die inverse Transformation berechnen.

10. $A^{[j]}(s_{k-1},\ldots,s_{k-j},t_{k-j-1},\ldots,t_0)$ kann

$$\sum_{0\le t_{k-1},\ldots,t_{k-j}\le 1} \omega^{2^{k-j}(s_{k-j}\ldots s_{k-1})_2\cdot(t_{k-1}\ldots t_{k-j})_2}\Bigl(\sum_{0\le p<K}\omega^{tp}u_p\Bigr)\Bigl(\sum_{0\le q<K}\omega^{tq}v_q\Bigr),$$

geschrieben werden und dies ist $\sum_{p,q} u_p v_q S(p,q)$, wobei $|S(p,q)| = 0$ oder 2^j. Wir haben $|S(p,q)| = 2^j$ für genau $2^{2k}/2^j$ Werte von p und q.

11. Ein Automaton kann nicht $z_2 = 1$ haben, bis es $c \ge 2$ hat, und dies kommt zuerst für M_j zur Zeit $3j-1$ vor. Es folgt, dass M_j nicht $z_2z_1z_0 \ne 000$ bis zur Zeit $3(j-1)$ haben kann. Wenn weiterhin M_j die Beziehung $z_0 \ne 0$ zur Zeit t hat, können wir diese nicht zu $z_0 = 0$ ändern, ohne die Ausgabe zu beeinflussen; doch kann die Ausgabe nicht durch diesen Wert z_0 beeinflusst werden bis mindestens zur Zeit $t+j-1$, so dass wir $t+j-1 \le 2n$ haben müssen. Da der zuerst angegebene Grund beweist, dass $3(j-1) \le t$, müssen wir $4(j-1) \le 2n$ haben, d.h. $j-1 \le n/2$, also $j \le \lfloor n/2 \rfloor + 1$. Dies ist die bestmögliche Schranke, da die Eingaben $u = v = 2^n - 1$ die Verwendung von M_j für alle $j \le \lfloor n/2 \rfloor + 1$ erfordern. (Zum Beispiel zeigt Tafel 2, dass M_2 zur Multiplikation von 2-Bit-Zahlen zur Zeit 3 benötigt wird.)

12. Wir können durch K Listen MIX-ähnlicher Instruktionen „hindurchfegen" und die ersten Instruktionen einer jeden Liste in $O(K + (N\log N)^2)$ Schritten wie folgt ausführen: (i) Ein Listen-Radix-Sortieren (Abschnitt 5.2.5) führt alle identischen Instruktionen in Gruppen in $O(K+N)$ Zeit zusammen. (ii) Jede Menge von j identischen Instruktionen kann in $O(\log N)^2 + O(j)$ Schritten abgearbeitet werden, und es gibt $O(N^2)$ Mengen. Eine beschränkte Anzahl von Fegeläufen wird alle Listen beenden. Die verbleibenden Einzelheiten sind einfach; zum Beispiel können arithmetische Operationen durch Konvertierung von p und q in Binärdarstellung simuliert werden. [*SICOMP* **9** (1980), 490–508.]

13. Wenn man $T(n)$ Schritte zur Multiplikation von n-Bit-Zahlen braucht, können wir m-Bit- mal n-Bit-Multiplikation dadurch erreichen, dass wir die n-Bit-Zahl in $\lceil n/m \rceil$ m-Bit-Stücke mit $\lceil n/m \rceil T(m) + O(n+m)$ Operationen brechen. Die im Text zitierten Ergebnisse ergeben deshalb eine Laufzeitabschätzung von $O(n\log m\log\log m)$ auf Turingmaschinen oder $O(n\log m)$ auf RAM-Maschinen mit Wörtern beschränkter Größe oder $O(n)$ auf Zeigermaschinen.

15. Die beste bekannte obere Schranke ist $O(n(\log n)^2\log\log n)$ und M. J. Fischer und L. J. Stockmeyer [*J. Comp. und Syst. Sci.* **9** (1974), 317–331] zu verdanken; ihre Konstruktion arbeitet auf Mehrbandturingmaschinen und führt zu $O(n\log n)$ für Zeigermaschinen. Die beste bekannte untere Schranke ist von der Ordnung $n\log n/\log\log n$ und stammt von M. S. Paterson, M. J. Fischer und A. R. Meyer [*SIAM/AMS Proceedings* **7** (1974), 97–111]; diese gilt für Mehrbandturingmaschinen, jedoch nicht für Zeigermaschinen.

16. Sei 2^k die kleinste Zweierpotenz, die $2K$ überschreitet. Setze $a_t \leftarrow \omega^{-t^2/2}u_t$ und $b_t \leftarrow \omega^{(2K-2-t)^2/2}$, wobei $u_t = 0$ für $t \geq K$. Wir wollen die Konvolutionen $c_r = \sum_{j=0}^{r} a_j b_{r-j}$ für $r = 2K - 2 - s$ auswerten, wenn $0 \leq s < K$. Die Konvolutionen können mit drei schnellen Fouriertransformationen der Ordnung 2^k gefunden werden, wie im Multiplikationsverfahren des Textes. [Beachte, dass diese Technik, manchmal die „Chirptransformation“ genannt, für jede komplexe Zahl ω funktioniert, die nicht notwendig eine Einheitswurzel ist. Siehe L. I. Bluestein, *Northeast Electronics Res. and Eng. Meeting Record* **10** (1968), 218–219; D. H. Bailey und P. N. Swarztrauber, *SIAM Review* **33** (1991), 389–404.]

17. Die Größe $D_n = K_{n+1} - K_n$ erfüllt $D_1 = 2$, $D_{2n} = 2D_n$ und $D_{2n+1} = D_n$; also $D_n = 2^{e_1-t+2}$, wenn n die besagte Form hat. Folglich

$$K_n = 3^{e_1} + \sum_{l=2}^{t} 3^{e_l} 2^{e_1-e_l-l+3}$$

durch Induktion nach n.

Zufällig ist K_n ungerade und wir können eine n-stellige ganze Zahl mit einer $(n+1)$-stelligen ganzen Zahl mit $(K_n + K_{n+1})/2$ 1-stelligen Multiplikationen berechnen. Die Erzeugungsfunktion $K(z) = \sum_{n\geq 1} K_n z^n$ erfüllt $zK(z) + z^2 = K(z^2)(z+1)(z+2)$; also $K(-1) = 1$ und $K(1) = \frac{1}{5}$.

18. Das nachfolgende Schema verwendet $3N + S_N$ Stellen des Arbeitsspeichers, wobei $S_1 = 0$, $S_{2n} = S_n$ und $S_{2n-1} = S_n + 1$, also $S_n = e_1 - e_t - t + 2 - [t=1]$ in der Notation der vorigen Übung. Sei $N = 2n - \epsilon$, wobei ϵ den Wert 0 oder 1 hat, und nimm an, dass $N > 1$. Gegeben N-stellige Zahlen $u = 2^n U_1 + U_0$ und $v = 2^n V_1 + V_0$; wir bilden zuerst $|U_0 - U_1|$ und $|V_0 - V_1|$ in zwei n-stelligen Bereichen beginnend bei Position 0 und n des $(3N + S_N)$-stelligen Arbeitsbereichs. Dann plazieren wir ihr Produkt in den Arbeitsbereich bei Stelle $3n + S_n$ beginnend. Der nächste Schritt ist die Bildung des $2(n-\epsilon)$-stelligen Produkts U_1V_1 an Stelle 0 beginnend; mit diesem Produkt wechseln wir die $3n - 2\epsilon$ Plätze beginnend bei Stelle $3n + S_n$ zu dem Wert von $U_1V_1 - (U_0 - U_1)(V_0 - V_1) + 2^n U_1 V_1$. (Bemerke, dass $3n - 2\epsilon + 3n + S_n = 3N + S_N$.) Schließlich formen wir das $2n$-stellige Produkt U_0V_0 von Stelle 0 an und addieren es zum Teilergebnis von den Stellen $2n + S_n$ und $3n + S_n$ an. Wir müssen auch die $2N$-stellige Antwort an ihren endgültigen Platz durch Verschiebung um $2n + S_n$ Stellen nach unten bringen.

Der letzte Zug könnte durch eine kniffligere Veränderung vermieden werden, die ihre Ausgabe zyklisch um einen gegebenen Betrag innerhalb eines bestimmten Arbeitsbereichs rotiert. Wenn das $2N$-stellige Produkt nicht neben dem Hilfsspeicher liegen darf, brauchen wir etwa N mehr Speicherstellen (d.h. insgesamt etwa $6N$ statt $5N$ Stellen, für die Eingabe, die Ausgabe und temporären Speicher); siehe R. Maeder, *Lecture Notes in Comp. Sci.* **722** (1993), 59–65.

19. Sei $m = s^2 + r$, wobei $-s < r \leq s$. Wir können (2) mit $U_1 = \lfloor u/s \rfloor$, $U_0 = u \bmod s$, $V_1 = \lfloor v/s \rfloor$, $V_0 = v \bmod s$ verwenden, wobei s die Rolle von 2^n spielt. Wenn wir die Vorzeichen von $U_1 - U_0$ und $V_1 - V_0$ kennen, wissen wir, wie das Produkt $|U_1 - U_0|\,|V_1 - V_0|$ zu berechnen ist, das $< m$ ist, und ob wir es zu addieren oder zu subtrahieren haben. Es verbleibt, mit s und mit $s^2 \equiv -r$ zu multiplizieren. Jede dieser Operationen kann mit vier Multiplikationen/Divisionen mittels Übung 3.2.1.1–9 ausgeführt werden, doch werden nur sieben benötigt, weil eine der benötigten Multiplikationen zur Berechnung von $sx \bmod m$ geschieht mit r oder $r + s$. Also sind 14 Multiplikationen/Divisionen hinreichend (oder 12 im Fall, dass $u = v$ oder u konstant ist). Ohne die Fähigkeit zum

Vergleich der Operanden können wir die Aufgabe immer noch mit einer Multiplikation mehr lösen, und zwar durch getrennte Berechnung von U_0V_1 und U_1V_0.

Abschnitt 4.4

1. Wir berechnen $(\ldots(a_m b_{m-1} + a_{m-1})b_{m-2} + \cdots + a_1)b_0 + a_0$ durch Addition und Multiplikation im B_j-System.

	T.	= 20(lg.T.	= 8(St.	= 14(Pf.	= 16 Uz.)))
Starte mit null	0	0	0	0	0
Addiere 3	0	0	0	0	3
Multipliziere mit 24	0	0	0	4	8
Addiere 9	0	0	0	5	1
Multipliziere mit 60	0	2	5	9	12
Addiere 12	0	2	5	10	8
Multipliziere mit 60	8	3	1	0	0
Addiere 37	8	3	1	2	5

(Addition und Multiplikation mit einer Konstanten in einem System zu gemischter Basis kann leicht mit einer einfachen Verallgemeinerung der gewöhnlichen Übertragsregel durchgeführt werden; siehe Übung 4.3.1–9.)

2. Wir berechnen $\lfloor u/B_0 \rfloor$, $\lfloor \lfloor u/B_0 \rfloor / B_1 \rfloor$ usw. und die Reste sind A_0, A_1 usw. Die Division wird im b_j-System durchgeführt.

	d.	= 24(h.	= 60(m.	= 60 s.))	
Starte mit u	3	0	12	37	
Dividiere durch 16	0	5	4	32	Rest = 5
Dividiere durch 14	0	0	21	45	Rest = 2
Dividiere durch 8	0	0	2	43	Rest = 1
Dividiere durch 20	0	0	0	8	Rest = 3
Dividiere durch ∞	0	0	0	0	Rest = 8

Antwort: 8 Tonnen, 3 Zentner, 1 Stein, 2 Pfund, 5 Unzen.

3. Das folgende Verfahren von G. L. Steele Jr. und Jon L. White verallgemeinert Tarantos Algorithmus, der für $B = 2$ in *CACM* **2**, 7 (July 1959), 27, ursprünglich veröffentlicht worden war.

A1. [Initialisiere.] Setze $M \leftarrow 0$, $U_0 \leftarrow 0$.

A2. [Fertig?] Wenn $u < \epsilon$ oder $u > 1 - \epsilon$, geh zu Schritt A4. (Sonst wird kein M-stelliger Bruch die gegebenen Bedingungen erfüllen.)

A3. [Transformiere.] Setze $M \leftarrow M + 1$, $U_{-M} \leftarrow \lfloor Bu \rfloor$, $u \leftarrow Bu \bmod 1$, $\epsilon \leftarrow B\epsilon$ und kehre zurück nach A2. (Diese Transformation bringt uns im Wesentlichen zu demselben Zustand, in dem wir zuvor waren; das verbleibende Problem ist die Konvertierung von u zu U mit den wenigsten Basis-B-Stellen, so dass $|U - u| < \epsilon$. Beachte jedoch, dass ϵ jetzt ≥ 1 sein kann; in diesem Fall könnten wir sofort zu Schritt A4 gehen statt den neuen Wert von ϵ abzuspeichern.)

A4. [Runde.] Wenn $u \geq \frac{1}{2}$, erhöhe U_{-M} um 1. (Wenn exakt $u = \frac{1}{2}$, könnte eine andere Rundungsregel bevorzugt werden, wie „Erhöhe U_{-M} um 1 nur, wenn es ungerade ist“; siehe Abschnitt 4.2.2.) ▮

Schritt A4 wird niemals U_{-M} von $B - 1$ auf B erhöhen; denn wenn $U_{-M} = B - 1$, müssten wir $M > 0$ haben, doch war kein $(M - 1)$-stelliger Bruch hinreichend exakt.

Steele und White fahren in der Betrachtung von Gleitkommakonversionen in ihrer Arbeit [*SIGPLAN Notices* **25**, 6 (June 1990), 112–126] fort. Siehe auch D. E. Knuth in *Beauty is Our Business*, herausgegeben von W. H. J. Feijen et al. (New York: Springer, 1990), 233–242.

4. (a) $1/2^k = 5^k/10^k$. (b) Jeder Primteiler von b teilt B.

5. Genau wenn $10^n - 1 \le c < w$; siehe (3).

7. $\alpha u \le ux \le \alpha u + u/w \le \alpha u + 1$, also $\lfloor \alpha u \rfloor \le \lfloor ux \rfloor \le \lfloor \alpha u + 1 \rfloor$. Weiterhin haben wir in dem zitierten Spezialfall $ux < \alpha u + \alpha$ und $\lfloor \alpha u \rfloor = \lfloor \alpha u + \alpha - \epsilon \rfloor$ für $0 < \epsilon \le \alpha$.

8.

```
   ENT1 0
   LDA  U
1H MUL  =1//10=
3H STA  TEMP
   MUL  =-10=
   SLAX 5
   ADD  U
   JANN 2F
   LDA  TEMP        (Kann nur vorkommen bei
   DECA 1               der ersten Iteration,
   JMP  3B              nach Übung 7.)
2H STA  ANSWER,1    (Kann minus null sein.)
   LDA  TEMP
   INC1 1
   JAP  1B          ▌
```

9. Sei $N = 2^{2^{k+1}}$. Die Rechnung setzt

$$v \leftarrow \left\lfloor \frac{(2^2-1)}{2^1}\frac{(2^4+1)}{2^4}\frac{(2^8+1)}{2^8}\cdots\frac{(2^{2^k}+1)}{2^{2^k}}(u+1)\right\rfloor = \left\lfloor \frac{8}{5}\frac{N-1}{N}(u+1)\right\rfloor.$$

Deshalb $q = \lfloor u/10 + \epsilon_u \rfloor$, wobei $\epsilon_u = \frac{1}{10}(1 - (u+1)/N)$. Da $N \bmod 10 = 6$ und $0 \le \epsilon_u < 1/10$ für $0 \le u < N$, sehen wir, dass $q = \lfloor u/10 \rfloor$ für $0 \le u < N + 4$.

Wenn u in diesem Bereich liegt, haben wir

$$r = u \bmod 10 + \lfloor 1 - (u + 1 + 5\theta_u)/N \rfloor,$$

wobei $\theta_u = \frac{N-1}{5}(u+1) \bmod \frac{N}{8}$. Wenn θ_u groß ist, sagen wir $\theta_u = N/8 - t$, wobei $0 < t < N/40$, haben wir $u + 1 \equiv 5t$ (modulo $N/8$); also $u + 1 + 5\theta_u \le N$, wenn $u < N/2$. Sonst $\theta_u \le N/8 - N/40 = N/10$ und wir haben wieder $u + 1 + \theta_u \le N$, wenn $u < N/2$. Die Fälle $u = N/2$, $N/2 + 1$, $N/2 + 2$ und $N/2 + 3$ verursachen kein Problem, wie man leicht sieht. Doch wenn $u = N/2 + 4$, finden wir $u \bmod 10 = 2$ und $r = 1$.

[Die Alternative $r \leftarrow u - 8q$, $r \leftarrow r - 2q$ würde über einem größeren Bereich arbeiten, doch weniger schnell auf einem 8-Bit-Rechner. Diese Übung basiert auf Ideen von R. A. Vowels, *Australian Comp. J.* **24** (1992), 81–85.]

10. (i) Verschiebe um eins nach rechts; (ii) Extrahiere das linke Bit jeder Gruppe; (iii) Verschiebe das Ergebnis von (ii) um zwei nach rechts; (iv) Verschiebe das Ergebnis von (iii) um eins nach rechts und addiere es zum Ergebnis von (iii); (v) Subtrahiere das Ergebnis von (iv) vom Ergebnis von (i).

11.

```
   5,7 7 2 1
 - 1 0
   4 7,7 2 1
 -   9 4
   3 8 3,2 1
 -   7 6 6
   3 0 6 6,1
 -   6 1 3 2
   2 4 5 2 9     Ergebnis: (24529)10.
```

12. Zuerst konvertiere die ternäre Zahl zu nonärer (Basis 9) Notation, fahre dann fort wie in der Konversion von oktal nach dezimal, doch ohne Verdopplung. Dezimal zu nonär ist ähnlich. Im gegebenen Beispiel haben wir

```
    1,7 6 4 7 2 3
 -    1
    1 6,6 4 7 2 3                               9,8 7 6 5 4
 -    1 6                                  +       9
    1 5 0,4 7 2 3                             1 1 8,7 6 5 4
 -    1 5 0                                +    1 1 8
    1 3 5 4,7 2 3                             1 3 1 6,6 5 4
 -    1 3 5 4                              +    1 3 1 6
    1 2 1 9 3,2 3                             1 4 4 8 3,5 4
 -    1 2 1 9 3                            +    1 4 4 8 3
    1 0 9 7 3 9,3                             1 6 0 4 2 8,4
 -    1 0 9 7 3 9                          +    1 6 0 4 2 8
      9 8 7 6 5 4   Ergebnis: (987654)10.     1 7 6 4 7 2 3   Ergebnis: (1764723)9.
```

13.

```
BUF   ALF  .␣␣␣␣               (Basiskomma in erster Zeile)
      ORIG *+39
START JOV  OFLO                Stelle Überlauf ab.
      ENT2 -40                 Setze Pufferzeiger.
8H    ENT3 10                  Setze Schleifenzähler.
1H    ENT1 m                   Beginne Multiplikationsroutine.
      ENTX 0
2H    STX  CARRY
      ...                      (Siehe Übung 4.3.1–13, mit
      J1P  2B                      v = 10^9 und W = U.)
      SLAX 5                   rA ← nächste neun Ziffern.
      CHAR
      STA  BUF+40,2(2:5)       Speichere nächste neun Ziffern.
      STX  BUF+41,2
      INC2 2                   Erhöhe Pufferzeiger.
      DEC3 1
      J3P  1B                  Wiederhole zehnmal.
      OUT  BUF+20,2(PRINTER)
      J2N  8B                  Wiederhole, bis beide Zeilen gedruckt sind. ▮
```

14. Sei $K(n)$ die Anzahl von erforderlichen Schritten zur Konversion einer n-stelligen Dezimalzahl nach binär und gleichzeitig zur Berechnung der binären Darstellung von

10^n. Dann haben wir $K(2n) \le 2K(n) + O(M(n))$. *Beweis.* Gegeben sei die Zahl $U = (u_{2n-1} \ldots u_0)_{10}$, berechne $U_1 = (u_{2n-1} \ldots u_n)_{10}$ und $U_0 = (u_{n-1} \ldots u_0)_{10}$ und 10^n in $2K(n)$ Schritten, dann berechne $U = 10^n U_1 + U_0$ und $10^{2n} = 10^n \cdot 10^n$ in $O(M(n))$ Schritten. Es folgt, dass $K(2^n) = O(M(2^n) + 2M(2^{n-1}) + 4M(2^{n-2}) + \cdots) = O(nM(2^n))$.

[Gleichermaßen hat Schönhage bemerkt, dass wir eine $(2^n \lg 10)$-Bit-Zahl U von binär zu dezimal in $O(nM(2^n))$ Schritte konvertieren können. Zuerst bilde $V = 10^{2^{n-1}}$ in $O(M(2^{n-1}) + M(2^{n-2}) + \cdots) = O(M(2^n))$ Schritten, dann berechne $U_0 = (U \bmod V)$ und $U_1 = \lfloor U/V \rfloor$ in $O(M(2^n))$ weiteren Schritten, dann konvertiere U_0 und U_1.]

17. Siehe W. D. Clinger, *SIGPLAN Notices* **25**, 6 (June 1990), 92–101, und die Arbeit von Steele und White zitiert in der Lösung zu Übung 3.

18. Sei $U = \text{round}_B(u, P)$ und $v = \text{round}_b(U, p)$. Wir können annehmen, dass $u > 0$, also dass $U > 0$ und $v > 0$. *Fall 1*, $v < u$: Bestimme e und E derart, dass $b^{e-1} < u \le b^e$, $B^{E-1} \le U < B^E$. Dann $u \le U + \frac{1}{2}B^{E-P}$ und $U \le u - \frac{1}{2}b^{e-p}$; also $B^{P-1} \le B^{P-E}U < B^{P-E}u \le b^{p-e}u \le b^p$. *Fall 2*, $v > u$: Bestimme e und E derart, dass $b^{e-1} \le u < b^e$, $B^{E-1} < U \le B^E$. Dann $u \ge U - \frac{1}{2}B^{E-P}$ und $U \ge u + \frac{1}{2}b^{e-p}$; also $B^{P-1} \le B^{P-E}(U - B^{E-P}) < B^{P-E}u \le b^{p-e}u < b^p$. Also haben wir bewiesen, dass $B^{P-1} < b^p$, wann immer $v \ne u$.

Umgekehrt, wenn $B^{P-1} < b^p$, legt der obige Beweis nahe, dass das wahrscheinlichste Beispiel mit $u \ne v$ auftritt, wenn u eine Potenz von b und zur selben Zeit nahe einer Potenz von B ist. Wir haben $B^{P-1}b^p < B^{P-1}b^p + \frac{1}{2}b^p - \frac{1}{2}B^{P-1} - \frac{1}{4} = (B^{P-1} + \frac{1}{2})(b^p - \frac{1}{2})$; also $1 < \alpha = 1/(1 - \frac{1}{2}b^{-p}) < 1 + \frac{1}{2}B^{1-P} = \beta$. Es gibt ganze Zahlen e und E mit $\log_B \alpha < e \log_B b - E < \log_B \beta$ nach Übung 4.5.3–50. Also $\alpha < b^e/B^E < \beta$ für ein e und E. Jetzt haben wir $\text{round}_B(b^e, P) = B^E$ und $\text{round}_b(B^E, p) < b^e$. [*CACM* **11** (1968), 47–50; *Proc. Amer. Math. Soc.* **19** (1968), 716–723.]

Wenn zum Beispiel $b^p = 2^{10}$ und $B^P = 10^4$, wird die Zahl $u = 2^{6408} \approx 0{,}100049 \cdot 10^{1930}$ nach unten auf $U = 0{,}1 \cdot 10^{1930} \approx (0{,}1111111111011111111111)_2 \cdot 2^{6408}$ gerundet, was nach unten auf $2^{6408} - 2^{6398}$ gerundet wird. (Das *kleinste* Beispiel ist $\text{round}((0{,}1111111001)_2 \cdot 2^{784}) = 0{,}1011 \cdot 10^{236}$, $\text{round}(0{,}1011 \cdot 10^{235}) = (0{,}11111110010)_2 \cdot 2^{784}$, gefunden von Fred J. Tydeman.)

19. $m_1 = (\texttt{F0F0F0F0})_{16}$, $c_1 = 1 - 10/16$ ergibt $U = ((u_7u_6)_{10} \ldots (u_1u_0)_{10})_{256}$; dann $m_2 = (\texttt{FF00FF00})_{16}$, $c_2 = 1 - 10^2/16^2$ ergibt $U = ((u_7u_6u_5u_4)_{10}(u_3u_2u_1u_0)_{10})_{65536}$; und $m_3 = (\texttt{FFFF0000})_{16}$, $c_3 = 1 - 10^4/16^4$ beendet die Aufgabe. [Vergleiche mit Schönhages Algorithmus in Übung 14. Diese Technik ist Roy A. Keir, ungefähr 1958, zu verdanken.]

Abschnitt 4.5.1

1. Teste, ob $uv' < u'v$, da die Nenner positiv sind.

2. Wenn $c > 1$ sowohl u/d als auch v/d teilt, dann teilt cd auch u und v.

3. Sei p eine Primzahl. Wenn p^e ein Teiler von uv und $u'v'$ für $e \ge 1$ ist, dann gilt entweder $p^e \backslash u$ und $p^e \backslash v'$ oder $p^e \backslash u'$ und $p^e \backslash v$; also $p^e \backslash \text{ggT}(u, v')\,\text{ggT}(u', v)$. Die Umkehrung der Behauptung folgt aus der Umkehrung der Begründung.

4. Sei $d_1 = \text{ggT}(u, v)$, $d_2 = \text{ggT}(u', v')$; die Antwort ist $w = (u/d_1)(v'/d_2)\text{sign}(v)$, $w' = |(u'/d_2)(v/d_1)|$, mit einer „Division-durch-null"-Fehlermeldung, wenn $v = 0$.

5. $d_1 = 10$, $t = 17 \cdot 7 - 27 \cdot 12 = -205$, $d_2 = 5$, $w = -41$, $w' = 168$.

6. Sei $u'' = u'/d_1$, $v'' = v'/d_1$; unser Ziel ist zu zeigen, dass $\text{ggT}(uv'' + u''v, d_1) = \text{ggT}(uv'' + u''v, d_1u''v'')$. Wenn p eine Primzahl ist, die u'' teilt, dann teilt p nicht u

oder v'', also teilt p nicht $uv'' + u''v$. Ein ähnlicher Grund gilt für Primteiler von v'', also beeinflusst kein Primteiler von $u''v''$ den gegebenen ggT.

7. $(N-1)^2 + (N-2)^2 = 2N^2 - (6N-5)$. Wenn die Eingaben binäre n-Bit-Zahlen sind, können $2n+1$ Bit zur Repräsentation von t notwendig sein.

8. Für Multiplikation und Division folgen diese Größen den Regeln $x/0 = \text{sign}(x)\infty$, $(\pm\infty) \times x = x \times (\pm\infty) = (\pm\infty)/x = \pm\text{sign}(x)\infty$, $x/(\pm\infty) = 0$, vorausgesetzt, dass x endlich und von null verschieden ist, ohne Änderung der beschriebenen Algorithmen. Weiterhin können die Algorithmen leicht geändert werden, so dass $0/0 = 0 \times (\pm\infty) = (\pm\infty) \times 0 =$ „(0/0)", wobei das letztere eine Darstellung von „undefiniert" ist. Wenn irgendein Operand undefiniert ist, sollte das Ergebnis auch undefiniert sein.

Da die Multiplikations- und Divisionsunterprogramme diese ziemlich natürlichen Regeln einer erweiterten Arithmetik liefern, ist es manchmal sinnvoll, die Additions- und Subtraktionsoperationen so zu ändern, dass sie die Regeln $x \pm \infty = \pm\infty$, $x \pm (-\infty) = \mp\infty$ für endliches x erfüllen; $(\pm\infty) + (\pm\infty) = \pm\infty - (\mp\infty) = \pm\infty$; weiterhin $(\pm\infty) + (\mp\infty) = (\pm\infty) - (\pm\infty) = (0/0)$; und wenn ein Operand oder beide Operanden $(0/0)$ sind, sollte das Ergebnis auch $(0/0)$ sein. Gleichheitstests und Vergleiche können in ähnlicher Weise behandelt werden.

Die obigen Bemerkungen sind unabhängig von „Überlauf"-Anzeigen. Wenn ∞ zur Überlaufanzeige benutzt wird, ist es inkorrekt, $1/\infty$ null sein zu lassen, um nicht ungenaue Ergebnisse als wahre Antworten aussehen zu lassen. Es ist weit besser, Überlauf durch $(0/0)$ zu repräsentieren und der Konvention zu folgen, dass das Ergebnis jeder Operation undefiniert ist, wenn mindestens eine Eingabe undefiniert ist. Dieser Typ von Überlaufanzeige hat den Vorteil, dass Endergebnisse einer erweiterten Rechnung genau zeigen, welche Antworten definiert sind und welche nicht.

9. Wenn $u/u' \neq v/v'$, dann $1 \leq |uv' - u'v| = u'v'|u/u' - v/v'| < |2^{2n}u/u' - 2^{2n}v/v'|$; zwei um mehr als eins verschiedene Größen können nicht denselben „Flur" haben. (In anderen Worten, die ersten $2n$ Bit rechts vom Binärkomma genügen zur Charakterisierung des Werts eines binären Bruchs, wenn die Nenner n-Bit haben. Wir können dies nicht auf $2n-1$ Bit verbessern, denn für $n = 4$ haben wir $\frac{1}{13} = (0{,}00010011\ldots)_2$, $\frac{1}{14} = (0{,}00010010\ldots)_2$.)

11. Um durch $(v + v'\sqrt{5})/v''$ zu dividieren, wenn v und v' nicht beide null sind, multipliziere mit dem Reziproken, $(v - v'\sqrt{5})v''/(v^2 - 5v'^2)$ und kürze.

12. $((2^{q-1} - 1)/1)$; $\text{round}(x) = (0/1)$ genau, wenn $|x| \leq 2^{1-q}$. Ähnlich $\text{round}(x) = (1/0)$ genau, wenn $x \geq 2^{q-1}$.

13. Eine Idee ist die Begrenzung von Zähler und Nenner insgesamt auf 27 Bit, wobei wir nur 26 von diesen Bit speichern müssen (da das führende Bit des Nenners 1 ist, außer wenn der Nenner Länge 0 hat). Das lässt Raum für ein Vorzeichen und fünf Bit zur Anzeige der Nennergröße. Ein anderer Gedanke ist die Verwendung von 28 Bit für Zähler und Nenner, welche insgesamt höchstens sieben hexadezimale Ziffern haben sollen, zusammen mit einem Vorzeichen und einem 3-Bit-Feld zur Anzeige der Anzahl hexadezimaler Ziffern im Nenner.

[Mit den Formeln in der nächsten Übung führt die erste Alternative zu genau 2140040119 endlich darstellbaren Zahlen, während die zweite zu 1830986459 führt. Die erste Alternative ist vorzuziehen, weil sie mehr Werte repräsentiert, und weil sie sauberer ist und zu glatteren Übergängen zwischen den Bereichen führt. Mit 64-Bit-Wörtern würden wir in ähnlicher Weise Zähler und Nenner auf insgesamt höchstens $64 - 6 = 58$ Bit begrenzen.]

14. Die Anzahl von Vielfachen von n im Interval $(a\,..\,b]$ ist $\lfloor b/n\rfloor - \lfloor a/n\rfloor$. Also ist nach dem Inklusions- und Exklusionsprinzip die Antwort auf dieses Problem $S_0 - S_1 + S_2 - \cdots$, wobei S_k die Summe $\sum(\lfloor M_2/P\rfloor - \lfloor M_1/P\rfloor)(\lfloor N_2/P\rfloor - \lfloor N_1/P\rfloor)$ genommen über alle Produkte P von k verschiedenen Primzahlen ist. Wir können die Antwort auch ausdrücken als

$$\sum_{n=1}^{\min(M_2,N_2)} \mu(n)\,(\lfloor M_2/n\rfloor - \lfloor M_1/n\rfloor)\,(\lfloor N_2/n\rfloor - \lfloor N_1/n\rfloor).$$

Abschnitt 4.5.2

1. Substitutiere min, max, + konsistent der Reihe nach für ggT, kgV, $\times$ (nach der Vergewisserung, dass die Identitäten korrekt sind, wenn irgendeine Variable null ist).

2. Für eine Primzahl p seien $u_p, v_{1p}, \ldots, v_{np}$ die Exponenten von p in den kanonischen Faktorisierungen von $u, v_1, \ldots, v_n$. Nach Voraussetzung $u_p \le v_{1p} + \cdots + v_{np}$. Wir müssen zeigen, dass $u_p \le \min(u_p, v_{1p}) + \cdots + \min(u_p, v_{np})$, und dies ist gewiss wahr, wenn $u_p \ge v_{jp}$ ist, oder wenn u_p kleiner als ein bestimmtes v_{jp} ist.

3. *Lösung 1:* Wenn $n = p_1^{e_1} \ldots p_r^{e_r}$, ist die Anzahl in jedem Fall $(2e_1+1)\ldots(2e_r+1)$. *Lösung 2:* Eine Zuordnung eins-zu-eins erhalten wir, wenn wir $u = \mathrm{ggT}(d,n)$ und $v = n^2/\,\mathrm{kgV}(d,n)$ für jeden Teiler d von n^2 setzen. [E. Cesàro, *Annali di Matematica Pura ed Applicata* (2) **13** (1885), 235–250, §12.]

4. Siehe Übung 3.2.1.2–15(a).

5. Verschiebe u und v nach rechts, bis keine der beiden Zahlen ein Vielfaches von 3 ist, und merke dir die richtige Dreierpotenz, die im ggT erscheinen wird. Jede nachfolgende Iteration setzt $t \leftarrow u+v$ oder $t \leftarrow u-v$ (welches auch immer ein Vielfaches von 3 ist), verschiebt t nach rechts, bis es kein Vielfaches von 3 ist, und ersetzt dann $\max(u,v)$ durch das Ergebnis.

u	v	t
13634	24140	10506, 3502;
13634	3502	17136, 5712, 1904;
1904	3502	5406, 1802;
1904	1802	102, 34;
34	1802	1836, 612, 204, 68;
34	68	102, 34;
34	34	0.

Die Evidenz, dass $\mathrm{ggT}(40902, 24140) = 34$, ist nun überwältigend.

6. Die Wahrscheinlichkeit, dass sowohl u als auch v gerade sind, ist $\frac{1}{4}$; die Wahrscheinlichkeit, dass beide Vielfache von vier sind, ist $\frac{1}{16}$, usw. Also hat A die Verteilung gegeben durch die Erzeugungsfunktion

$$\frac{3}{4} + \frac{3}{16}z + \frac{3}{64}z^2 + \cdots = \frac{3/4}{1-z/4}.$$

Der Mittelwert ist $\frac{1}{3}$ und die Standardabweichung ist $\sqrt{\frac{2}{9} + \frac{1}{3} - \frac{1}{9}} = \frac{2}{3}$. Wenn u und v unabhängig und gleichmäßig verteilt mit $1 \le u, v < 2^N$ sind, werden einige kleine

Korrekturterme nötig; das Mittel ist dann tatsächlich

$$(2^N-1)^{-2}\sum_{k=1}^{N}(2^{N-k}-1)^2=\frac{1}{3}-\frac{4}{3}(2^N-1)^{-1}+N(2^N-1)^{-2}.$$

7. Wenn u und v nicht beide gerade sind, ist jeder der Fälle (gerade, ungerade), (ungerade, gerade), (ungerade, ungerade) gleich wahrscheinlich, und $B = 1, 0, 0$ in diesen Fällen. Also $B = \frac{1}{3}$ im Mittel. Um genau zu sein, sollte tatsächlich wie in Übung 6 eine kleine Korrektur angegeben werden, wenn $1 \le u, v < 2^N$; die Wahrscheinlichkeit, dass $B = 1$, ist tatsächlich

$$(2^N-1)^{-2}\sum_{k=1}^{N}(2^{N-k}-1)2^{N-k}=\frac{1}{3}-\frac{1}{3}(2^N-1)^{-1}.$$

8. Sei F die Anzahl von Subtraktionsschritten, bei denen $u > v$; dann $E = F + B$. Wenn wir die Eingaben von (u, v) zu (v, u) ändern, bleibt der Wert von C unverändert, während F zu $C - 1 - F$ wird. Also $E_{\text{ave}} = \frac{1}{2}(C_{\text{ave}} - 1) + B_{\text{ave}}$.

9. Der binäre Algorithmus kommt zuerst nach B6 mit $u = 1963$, $v = 1359$; dann $t \leftarrow 604, 302, 151$, usw. Der ggT ist 302. Mit Algorithmus X finden wir, dass $2 \cdot 31408 - 23 \cdot 2718 = 302$.

10. (a) Zwei ganze Zahlen sind genau dann teilerfremd, wenn sie nicht beide durch eine Primzahl teilbar sind. (b) Arrangiere die Summe in (a) neu, mit Nenner $k = p_1 \ldots p_r$. (Jede der Summen in (a) und (b) ist tatsächlich endlich.) (c) Da $(n/k)^2 - \lfloor n/k \rfloor^2 = O(n/k)$, haben wir $q_n - \sum_{k=1}^{n}\mu(k)(n/k)^2 = \sum_{k=1}^{n} O(n/k) = O(nH_n)$. Weiterhin $\sum_{k>n}(n/k)^2 = O(n)$. (d) $\sum_{d\backslash n}\mu(d) = \delta_{1n}$. [In der Tat haben wir das allgemeinere Ergebnis

$$\sum_{d\backslash n}\mu(d)\left(\frac{n}{d}\right)^s = n^s - \sum\left(\frac{n}{p}\right)^s + \sum\left(\frac{n}{pq}\right)^s - \cdots,$$

wie in Teil (b), wobei die Summen rechts über die Primteiler von n laufen, und dies ist gleich $n^s(1 - 1/p_1^s)\ldots(1 - 1/p_r^s)$, wenn $n = p_1^{e_1}\ldots p_r^{e_r}$.]

Bemerkungen: Ähnlich finden wir, dass eine Menge von k ganzen Zahlen teilerfremd mit Wahrscheinlichkeit $1/\zeta(k) = 1/(\sum_{n\ge1} 1/n^k)$ ist. Dieser Beweis von Satz D stammt von F. Mertens, *Crelle* **77** (1874), 289–291. Die Technik liefert tatsächlich ein viel stärkeres Ergebnis, nämlich, dass $6\pi^{-2}mn + O(n\log m)$ Paare von ganzen Zahlen $u \in [f(m)\,..\,f(m)+m)$, $v \in [g(n)\,..\,g(n)+n)$ teilerfremd sind, für beliebiges f und g, wenn $m \le n$.

11. (a) $6/\pi^2$ mal $1 + \frac{1}{4} + \frac{1}{9}$, nämlich $49/(6\pi^2) \approx 0{,}82746$. (b) $6/\pi^2$ mal $1/1 + 2/4 + 3/9 + \cdots$, nämlich ∞. (Dies ist wahr trotz der Ergebnisse von den Übungen 12 und 14.)

12. [*Annali di Mat.* (2) **13** (1885), 235–250, §3.] Sei $\sigma(n)$ die Anzahl positiver Teiler von n. Die Antwort ist

$$\sum_{k\ge1}\sigma(k)\cdot\frac{6}{\pi^2k^2}=\frac{6}{\pi^2}\left(\sum_{k\ge1}\frac{1}{k^2}\right)^2=\frac{\pi^2}{6}.$$

[Also, das Mittel ist *kleiner* 2, obwohl es immer mindestens zwei gemeinsame Teiler gibt, wenn u und v nicht teilerfremd sind.]

13. $1 + \frac{1}{9} + \frac{1}{25} + \cdots = 1 + \frac{1}{4} + \frac{1}{9} + \cdots - \frac{1}{4}(1 + \frac{1}{4} + \frac{1}{9} + \cdots)$.

14. (a)

$$L = (6/\pi^2)\sum_{d\ge1} d^{-2}\ln d = -\zeta'(2)/\zeta(2) = \sum_{p\,\text{prime}} (\ln p)/(2^p-1) \approx 0{,}56996.$$

(b)

$$(8/\pi^2)\sum_{d\ge1}[d\,\text{odd}]\,d^{-2}\ln d = L - \frac{1}{3}\ln 2 \approx 0{,}33891.$$

15. $v_1 = \pm v/u_3$, $v_2 = \mp u/u_3$ (das Vorzeichen hängt davon ab, ob die Anzahl der Iterationen gerade oder ungerade ist). Dies folgt aus der Tatsache, dass v_1 und v_2 zueinander teilerfremd sind (während des ganzen Algorithmus), und dass $v_1u = -v_2v$. [Also $v_1u = \text{kgV}(u,v)$ am Schluss des Algorithmus, doch ist dies kein besonders effizienter Weg zur Berechnung des kleinsten gemeinsamen Vielfachens. Für eine Verallgemeinerung siehe Übung 4.6.1–18.]

Weitere Einzelheiten befinden sich in Übung 4.5.3–48.

16. Wende Algorithmus X auf v und m an und erhalte so auch einen Wert x mit $xv \equiv 1$ (modulo m). (Dies kann durch Vereinfachung von Algorithmus X geschehen, so dass u_2, v_2 und t_2 nicht berechnet werden, da sie niemals im Ergebnis verwendet werden.) Dann setze $w \leftarrow ux \bmod m$. [Es folgt, wie in Übung 4.5.3–45, dass dieser Prozess $O(n^2)$ Zeiteinheiten erfordert, wenn er auf n-Bit große Zahlen angewandt wird. Siehe Übungen 17 und 39 für Alternativen zu Algorithmus X.]

17. Wir können $u' = (2u - vu^2) \bmod 2^{2e}$ wie in Newtons Methode (siehe das Ende von Abschnitt 4.3.1) benutzen. Äquivalent können wir, wenn $uv \equiv 1 + 2^e w$ (modulo 2^{2e}), $u' = 1 + 2^e((-uw) \bmod 2^e)$ benutzen.

18. Seien u_1, u_2, u_3, v_1, v_2, v_3 mehrfachgenaue Variable zusätzlich zu u und v. Der erweiterte Algorithmus wird auf u_3 und v_3 genauso arbeiten wie Algorithmus L auf u und v. Neue mehrfachgenaue Operationen sind $t \leftarrow Au_j$, $t \leftarrow t + Bv_j$, $w \leftarrow Cu_j$, $w \leftarrow w + Dv_j$, $u_j \leftarrow t$, $v_j \leftarrow w$ für alle j in Schritt L4; ebenso, wenn $B = 0$ in diesem Schritt, $t \leftarrow u_j - qv_j$, $u_j \leftarrow v_j$, $v_j \leftarrow t$ für alle j und für $q = \lfloor u_3/v_3 \rfloor$. Eine ähnliche Änderung wird an Schritt L1 durchgeführt, wenn v_3 klein ist. Die innere Schleife (Schritte L2 und L3) bleibt unverändert.

19. (a) Setze $t_1 = x + 2y + 3z$; dann $3t_1 + y + 2z = 1$, $5t_1 - 3y - 20z = 3$. Eliminiere y, dann $14t_1 - 14z = 6$: keine Lösung. (b) Dieses Mal $14t_1 - 14z = 0$. Dividiere durch 14, eliminiere t_1; die allgemeine Lösung ist $x = 8z - 2$, $y = 1 - 5z$, mit z beliebig.

20. Wir können annehmen, dass $m \ge n$. Wenn $m > n = 0$, kommen wir zu $(m - t, 0)$ mit Wahrscheinlichkeit 2^{-t} für $1 \le t < m$, zu $(0,0)$ mit Wahrscheinlichkeit 2^{1-m}. Mit *brutaler Anstrengung* kann man die folgenden Werte für $n > 0$ erhalten:

Fall 1, $m = n$. Von (n,n) gehen wir zu $(n-t,n)$ mit Wahrscheinlichkeit $t/2^t - 5/2^{t+1} + 3/2^{2t}$, für $2 \le t < n$. (Diese Werte sind $\frac{1}{16}$, $\frac{7}{64}$, $\frac{27}{256}$, ….) Zu $(0,n)$ ist die Wahrscheinlichkeit $n/2^{n-1} - 1/2^{n-2} + 1/2^{2n-2}$. Zu (n,k) ist die Wahrscheinlichkeit dieselbe wie zu (k,n). Der Algorithmus terminiert mit Wahrscheinlichkeit $1/2^{n-1}$.

Fall 2, $m = n+1$. Von $(n+1,n)$ kommen wir zu (n,n) mit Wahrscheinlichkeit $\frac{1}{8}$, wenn $n > 1$, oder 0, wenn $n = 1$; zu $(n-t,\,n)$ mit Wahrscheinlichkeit $11/2^{t+3} - 3/2^{2t+1}$ für $1 \le t < n-1$. (Diese Werte sind $\frac{5}{16}$, $\frac{1}{4}$, $\frac{19}{128}$, ….) Wir kommen zu $(1,n)$ mit Wahrscheinlichkeit $5/2^{n+1} - 3/2^{2n-1}$ für $n > 1$; zu $(0,n)$ mit Wahrscheinlichkeit $3/2^n - 1/2^{2n-1}$.

Fall 3, $m \geq n+2$. Die Wahrscheinlichkeiten sind in der folgenden Tafel gegeben:

$(m-1,\, n):$	$1/2 - 3/2^{m-n+2} - \delta_{n1}/2^{m+1};$
$(m-t,\, n):$	$1/2^t + 3/2^{m-n+t+1}, \qquad 1 < t < n;$
$(m-n,\, n):$	$1/2^n + 1/2^m, \qquad n > 1;$
$(m-n-1,\, n):$	$1/2^{n+1} + 1/2^{m-1};$
$(m-n-t,\, n):$	$1/2^{n+t}, \qquad 1 < t < m-n;$
$(0, n):$	$1/2^{m-1}.$

Das einzig Interessante an diesen Ergebnissen ist, dass sie so hässlich sind; und das macht sie uninteressant.

21. Zeige, dass für festes v und für $2^m < u < 2^{m+1}$, wenn m groß ist, jeder Subtraktions- und Verschiebungszyklus des Algorithmus $\lfloor \lg u \rfloor$ im Mittel um zwei reduziert.

22. Genau $(N-m)2^{m-1+\delta_{m0}}$ ganze Zahlen u im Bereich $1 \leq u < 2^N$ haben $\lfloor \lg u \rfloor = m$, nachdem u nach rechts verschoben wurde, bis es ungerade ist. Also

$$(2^N-1)^2 C = N^2 C_{00} + 2N \sum_{1\leq n\leq N} (N-n)2^{n-1} C_{n0}$$
$$+\, 2 \sum_{1\leq n<m\leq N} (N-m)(N-n)2^{m+n-2} C_{mn} + \sum_{1\leq n\leq N} (N-n)^2 2^{2n-2} C_{nn}.$$

(Dieselbe Formel gilt für D in Termini von D_{mn}.)

Die mitlere Summe ist $2^{2N-2}\sum_{0\leq m<n<N} mn2^{-m-n}\big((\alpha+\beta)N+\gamma-\alpha m-\beta n\big)$. Da

$$\sum_{0\leq m<n} m2^{-m} = 2-(n+1)2^{1-n} \quad \text{und} \quad \sum_{0\leq m<n} m(m-1)2^{-m} = 4-(n^2+n+2)2^{1-n},$$

ist die Summe über m

$$2^{2N-2}\sum_{0\leq n<N} n2^{-n}\Big((\gamma-\alpha-\beta n+(\alpha+\beta)N)(2-(n+1)2^{1-n})-\alpha(4-(n^2+n+2)2^{1-n})\Big)$$
$$= 2^{2N-2}\Big((\alpha+\beta)N\sum_{n\geq 0} n2^{-n}(2-(n+1)2^{1-n})+O(1)\Big).$$

Also findet man den Koeffizienten von $(\alpha+\beta)N$ in der Antwort zu $2^{-2}(4-(\frac{4}{3})^3) = \frac{11}{27}$. Ein ähnlicher Grund gilt für die anderen Summen.

Bemerkung: Den *genauen* Wert der Summe kann man nach einigen mühsamen Rechnungen mittels der allgemeinen Formel

$$\sum_{0\leq k<n} k^{\underline{m}} z^k = \frac{m!\, z^m}{(1-z)^{m+1}} - \sum_{k=0}^{m} \frac{m^{\underline{k}}\, n^{\underline{m-k}}\, z^{n+k}}{(1-z)^{k+1}}$$

erhalten, welche durch partielle Summierung folgt.

23. Wenn $x \leq 1$, ist $\Pr(u \geq v$ und $v/u \leq x) = \frac{1}{2}(1-G_n(x))$; und wenn $x \geq 1$, ist $\frac{1}{2}+\Pr(u \leq v$ und $v/u \geq 1/x) = \frac{1}{2}+\frac{1}{2}G_n(1/x)$. Nach (40) gilt die Formel $\frac{1}{2}(1-G_n(x))$ in beiden Fällen.

24. $\sum_{k\geq 1} 2^{-k} G(1/(2^k+1)) = S(1)$. Dieser Wert, welcher keine offensichtliche Verbindung zu klassischen Konstanten hat, ist näherungsweise 0,5432582959.

25. Richard Brent hat bemerkt, dass $G(e^{-y})$ eine ungerade Funktion ist, die analytisch für alle reellen Werte von y ist. Mit $G(e^{-y}) = \lambda_1 y + \lambda_3 y^3 + \lambda_5 y^5 + \cdots = \rho(e^{-y}-1)$ haben wir $-\rho_1 = \lambda_1 = \lambda$, $\rho_2 = \frac{1}{2}\lambda$, $-\rho_3 = \frac{1}{3}\lambda + \lambda_3$, $\rho_4 = \frac{1}{4}\lambda + \frac{3}{2}\lambda_3$, $-\rho_5 = \frac{1}{5}\lambda + \frac{7}{4}\lambda_3 + \lambda_5$;

$$(-1)^n \rho_n = \sum_k \left[{n \atop k}\right] \frac{k!}{n!} \lambda_k; \qquad \lambda_n = -\sum_k \left\{{n \atop k}\right\} \frac{k!}{n!} \rho_k.$$

Die ersten Werte sind $\lambda_1 \approx 0{,}3979226812$, $\lambda_3 \approx -0{,}0210096400$, $\lambda_5 \approx 0{,}0013749841$, $\lambda_7 \approx -0{,}0000960351$. Empirisch scheinen sich die Verhältnisse $-\lambda_{2k+1}/\lambda_{2k-1}$ dem Wert $1/\pi^2$ zu nähern, wenn k wächst.

26. Die linke Seite ist $2S(1/x) - 5S(1/2x) + 2S(1/4x) - 2S(x) + 5S(2x) - 2S(4x)$ nach (39); die rechte Seite ist $S(2x) - 2S(4x) + 2S(1/x) - S(1/2x) - 2S(x) + 4S(2x) - 4S(1/2x) + 2S(1/4x)$ nach (44). Die Fälle $x = 1$, $x = 1/\sqrt{2}$ und $x = \phi$ sind vielleicht die interessantesten; zum Beispiel ergibt $x = \phi$ dann $2G(4\phi) - 5G(2\phi) + G(\phi^2/2) - G(\phi^3) = 2G(2\phi^2)$.

27. $2\psi_n = [z^n]\, z \sum_{k\ge0} 2^{-2k} \sum_{j=0}^{2^k-1} \sum_{l\ge0} (jz/2^k)^l = \sum_{k\ge1} 2^{-k(n+1)} \sum_{j=0}^{2^k-1} j^{n-1} = \sum_{k\ge1} 2^{-k(n+1)} \sum_{l=0}^{n-1} \binom{n}{l} B_l 2^{k(n-l)}/n$ nach Übung 1.2.11.2–4, wenn $n > 1$; und natürlich $\sum_{k\ge1} 2^{-k(l+1)} = 1/(2^{l+1} - 1)$.

28. Mit $S_n(m) = \sum_{k=1}^{m-1} (1 - k/m)^n$ und $T_n(m) = 1/(e^{n/m} - 1)$ wie in Übung 6.3–34(b) haben wir $S_n(m) = T_n(m) + O(e^{-n/m} n/m^2)$ und $2\psi_{n+1} = \sum_{j\ge1} 2^{-2j} S_n(2^j) = \tau_n + O(n^{-3})$, wobei $\tau_n = \sum_{j\ge1} 2^{-2j} T_n(2^j)$. Da $\tau_{n+1} < \tau_n$ und $4\tau_{2n} - \tau_n = 1/(e^n - 1)$ positiv ist, jedoch exponentiell klein, folgt, dass $\tau_n = \Theta(n^{-2})$. Detailliertere Informationen können erzielt werden, indem man

$$\sum_{j\ge1} \frac{1}{2^{2j}} \frac{1}{e^{n/2^j} - 1} = \frac{1}{2\pi i} \sum_{j\ge1} \int_{3/2-i\infty}^{3/2+i\infty} \frac{\zeta(z)\Gamma(z) n^{-z}}{2^{j(2-z)}}\, dz = \frac{1}{2\pi i} \int_{3/2-i\infty}^{3/2+i\infty} \frac{\zeta(z)\Gamma(z) n^{-z}}{2^{2-z} - 1}\, dz$$

schreibt. Das Integral ist die Summe der Residuen an den Polen $2 + 2\pi ik/\ln 2$, nämlich n^{-2} mal $\pi^2/(6\ln 2) + f(n)$, wobei

$$f(n) = 2 \sum_{k\ge1} \Re(\zeta(2 + 2\pi ik/\ln 2)\Gamma(2 + 2\pi ik/\ln 2) \exp(-2\pi ik \lg n)/\ln 2)$$

eine periodische Funktion von $\lg n$ ist, deren „Mittelwert“ null ist.

29. (Lösung von P. Flajolet und B. Vallée.) Wenn $f(x) = \sum_{k\ge1} 2^{-k} g(2^k x)$ und $g^*(s) = \int_0^\infty g(x) x^{s-1}\, dx$, dann $f^*(s) = \sum_{k\ge1} 2^{-k(s+1)} g^*(s) = g^*(s)/(2^{s+1} - 1)$ und $f(x) = \frac{1}{2\pi i} \int_{c-i\infty}^{c+i\infty} f^*(s) x^{-s}\, ds$ unter geeigneten Bedingungen. Wenn wir $g(x) = 1/(1+x)$ setzen, finden wir, dass die Transformierte in diesem Fall $g^*(s) = \pi/\sin \pi s$ ist, wenn $0 < \Re s < 1$; also

$$f(x) = \sum_{k=1}^{\infty} \frac{1}{2^k} \frac{1}{1 + 2^k x} = \frac{1}{2\pi i} \int_{1/2-i\infty}^{1/2+i\infty} \frac{\pi x^{-s}\, ds}{(2^{s+1} - 1)\sin \pi s}.$$

Folglich ist $f(x)$ die Summe der Residuen von $\frac{\pi}{\sin \pi s} x^{-s}/(2^{s+1} - 1)$ für $\Re s \le 0$, nämlich $1 + x \lg x + \frac{1}{2}x + xP(\lg x) - \frac{2}{1}x^2 + \frac{4}{3}x^3 - \frac{8}{7}x^4 + \cdots$, wobei

$$P(t) = \frac{2\pi}{\ln 2} \sum_{m=1}^{\infty} \frac{\sin 2\pi mt}{\sinh(2m\pi^2/\ln 2)}$$

eine periodische Funktion ist, deren Absolutwert niemals 8×10^{-12} überschreitet. (Die Tatsache, dass $P(t)$ so klein ist, ließ sie Brent in seiner ursprünglichen Arbeit übersehen.)

Die Mellintransformierte von $f(1/x)$ ist $f^*(-s) = \pi/((1-2^{1-s})\sin \pi s)$ für $-1 < \Re s < 0$; also $f(1/x) = \frac{1}{2\pi i}\int_{-1/2-i\infty}^{-1/2+i\infty} \frac{\pi}{\sin \pi s} x^{-s}\,ds/(1-2^{1-s})$ und wir wünschen jetzt die Residuen des Integranden mit $\Re s \le -1$: $f(1/x) = \frac{1}{3}x - \frac{1}{7}x^2 + \cdots$. [Diese Formel hätten wir auch direkt erhalten können.] Wir haben $S_1(x) = 1 - f(x)$ und es folgt, dass $G_1(x) = f(x) - f(1/x) = x\lg x + \frac{1}{2}x + xP(\lg x) - \frac{x^2}{1+x} + (1-x^2)\phi(x)$, wobei $\phi(x) = \sum_{k=0}^{\infty}(-1)^k x^k/(2^{k+1}-1)$.

30. Wir haben $G_2(x) = \Sigma_1(x) - \Sigma_1(1/x) + \Sigma_2(x) - \Sigma_2(1/x)$, wobei

$$\Sigma_1(x) = \sum_{k,l\ge 1} \frac{1}{2^{k+l}} \frac{1}{1+2^l(1+2^k x)}, \qquad \Sigma_2(x) = \sum_{k,l\ge 1} \frac{1}{2^k} \frac{1}{1+2^l+2^k x}.$$

Die Mellintransformierten: $\Sigma_1^*(s) = \frac{\pi}{\sin \pi s} a(s)/(2^{s+1}-1)$, $\Sigma_2^*(s) = \frac{\pi}{\sin \pi s} b(s)/(2^{s+1}-1)$, wobei

$$a(s) = \sum_{l\ge 1} \frac{(1+2^{-l})^{s-1}}{2^{2l}} = \sum_{k\ge 0} \binom{s-1}{k} \frac{1}{2^{k+2}-1},$$

$$b(s) = \sum_{l\ge 1} (2^l+1)^{s-1} = \sum_{k\ge 0} \binom{s-1}{k} \frac{1}{2^{k+1-s}-1}.$$

Deshalb erhalten wir die folgenden Entwicklungen für $0 \le x \le 1$:

$$\Sigma_1(x) = a(0) + a(-1)x(\lg x + \tfrac{1}{2}) - a'(1)x/\ln 2 + xA(\lg x) - \sum_{k\ge 2} \frac{2^{k-1}}{2^{k-1}-1} a(-k)(-x)^k,$$

$$\Sigma_2(x) = b(0) + b(-1)x(\lg x + \tfrac{1}{2}) - b'(1)x/\ln 2 + xB(\lg x) - \sum_{k\ge 2} \frac{2^{k-1}}{2^{k-1}-1} b(-k)(-x)^k,$$

$$\Sigma_1(1/x) = \sum_{k\ge 1} \frac{-a(k)(-x)^k}{2^{k+1}-1},$$

$$\Sigma_2(1/x) = \sum_{k\ge 1} \frac{(-x)^k}{2^{k+1}-1} \left(\lg x - \hat{b}(k) - \frac{1}{2} - \frac{1}{2^{k+1}-1} + \frac{H_{k-1}}{\ln 2} + P_k(\lg x) \right),$$

$$\hat{b}(s) = \sum_{k=0}^{s-2} \binom{s-1}{k} \frac{1}{2^{k+1-s}-1};$$

$$A(t) = \frac{1}{\ln 2} \sum_{m\ge 1} \Re\left(\frac{2\pi i}{\sinh(2m\pi^2/\ln 2)}\, a(-1+2m\pi i/\ln 2)\, e^{-2m\pi i t} \right),$$

$$B(t) = \frac{1}{\ln 2} \sum_{m\ge 1} \Re\left(\frac{2\pi i}{\sinh(2m\pi^2/\ln 2)}\, b(-1+2m\pi i/\ln 2)\, e^{-2m\pi i t} \right),$$

$$P_k(t) = \frac{1}{\ln 2} \sum_{m\ge 1} \Re\left(\frac{2\pi i}{\sinh(2m\pi^2/\ln 2)} \binom{k-1-2m\pi i/\ln 2}{k-1} e^{-2m\pi i t} \right).$$

34. Brigitte Vallée [*Algorithmica* **22** (1998), 660–685] hat eine elegante und strenge Analyse von Algorithmus B durch ein Vorgehen gefunden, das ganz verschieden von dem Brents ist. In der Tat sind ihre Methoden verschieden genug, dass man bisher nicht weiß, ob sie dasselbe Verhalten wie Brents heuristisches Modell voraussagen. Also führt das Problem der Analyse des binären ggT-Algorithmus, das nun zum ersten Mal streng gelöst ist, zu immer verlockenderen Fragen höherer Mathematik.

35. Mittels Induktion ist die Länge $m + \lfloor n/2 \rfloor + 1 - [m=n=1]$, wenn $m \geq n$. Doch Übung 37 zeigt, dass der Algorithmus nicht so langsam laufen kann.

36. Sei $a_n = (2^n - (-1)^n)/3$; dann $a_0, a_1, a_2, \ldots = 0, 1, 1, 3, 5, 11, 21, \ldots$. (Diese Folge von Zahlen hat ein interessantes Muster von Nullen und Einsen in ihrer Binärdarstellung. Bemerke, dass $a_n = a_{n-1} + 2a_{n-2}$, und $a_n + a_{n+1} = 2^n$.) Für $m > n$ sei $u = 2^{m+1} - a_{n+2}$, $v = a_{n+2}$. Für $m = n > 0$ sei $u = \max(a_{n+2}, 2a_{n+1})$ und $v = a_{n+3} - u$. Ein anderes Beispiel für den Fall $m = n > 0$ ist $u = 2^{n+1} - 2$, $v = 2^{n+1} - 1$; diese Wahl braucht mehr Verschiebungen und ergibt $B = 1$, $C = n + 1$, $D = 2n$, $E = n$, den schlimmsten Fall für Programm B.

37. (Lösung von J. O. Shallit.) Dies ist ein Problem, wo es notwendig zu sein scheint, *mehr* zu beweisen als gefragt war, um gerade das Gefragte zu beweisen. Sei $S(u, v)$ die benötigte Anzahl von Subtraktionsschritten von Algorithmus B bei Eingaben u und v. Wir werden beweisen, dass $S(u,v) \leq \lg(u + v)$. Dies wird implizieren, dass $S(u,v) \leq \lfloor \lg(u+v) \rfloor \leq \lfloor \lg 2 \max(u,v) \rfloor = 1 + \lfloor \lg \max(u,v) \rfloor$, wie gewünscht.

Bemerke, dass $S(u,v) = S(v,u)$. Wenn u gerade ist, $S(u,v) = S(u/2, v)$; also können wir annehmen, dass u und v ungerade sind. Wir können auch annehmen, dass $u > v$, da $S(u,u) = 1$. Dann $S(u,v) = 1 + S((u-v)/2, v) \leq 1 + \lg((u-v)/2 + v) = \lg(u+v)$ durch Induktion.

Nebenbei folgt, dass der kleinste Fall, der n Subtraktionsschritte erfordert, $u = 2^{n-1} + 1$, $v = 2^{n-1} - 1$ ist.

38. Protokolliere die höchsten signifikanten und die am wenigsten signifikanten Wörter der Operanden (die höchsten signifikanten werden gebraucht, das Vorzeichen von t zu erraten, und die am wenigsten signifikanten zur Bestimmung des Ausmaßes der Rechtsverschiebung), während des Aufbaus einer 2×2 Matrix A von einfachgenauen ganzen Zahlen mit $A\binom{u}{v} = \binom{u'w}{v'w}$, wobei w die Rechnerwortgröße ist und wobei u' und v' kleiner als u und v sind. (Statt den simulierten ungeraden Operanden durch 2 zu teilen, multipliziere den anderen mit 2 bis zur Erhaltung eines Vielfachen von w nach genau $\lg w$ Verschiebungen.) Experimente zeigen, dass dieser Algorithmus vier mal schneller als Algorithmus L läuft – auf mindestens einem Rechner. Mit dem ähnlichen Algorithmus aus Übung 40 brauchen wir die höchsten signifikanten Wörter nicht.

Ein möglicherweise schnellerer binärer Algorithmus wurde von J. Sorenson, *J. Algorithms* **16** (1994), 110–144; Shallit und Sorenson, *Lecture Notes in Comp. Sci.* **877** (1994), 169–183, beschrieben.

39. (Lösung von Michael Penk.)

Y1. [Finde Zweierpotenz.] Dasselbe wie Schritt B1.

Y2. [Initialisiere.] Setze $(u_1, u_2, u_3) \leftarrow (1, 0, u)$ und $(v_1, v_2, v_3) \leftarrow (v, 1-u, v)$. Wenn u ungerade ist, setze $(t_1, t_2, t_3) \leftarrow (0, -1, -v)$ und geh nach Y4. Sonst setze $(t_1, t_2, t_3) \leftarrow (1, 0, u)$.

Y3. [Halbiere t_3.] Wenn t_1 und t_2 gerade sind, setze $(t_1, t_2, t_3) \leftarrow (t_1, t_2, t_3)/2$; sonst setze $(t_1, t_2, t_3) \leftarrow (t_1 + v, t_2 - u, t_3)/2$. (Im letzteren Fall werden $t_1 + v$ und $t_2 - u$ beide gerade sein.)

Y4. [Ist t_3 gerade?] Wenn t_3 gerade ist, geh zurück nach Y3.

Y5. [Ersetze $\max(u_3, v_3)$.] Wenn t_3 positiv ist, setze $(u_1, u_2, u_3) \leftarrow (t_1, t_2, t_3)$; sonst setze $(v_1, v_2, v_3) \leftarrow (v - t_1, -u - t_2, -t_3)$.

Y6. [Subtrahiere.] Setze $(t_1, t_2, t_3) \leftarrow (u_1, u_2, u_3) - (v_1, v_2, v_3)$. Wenn $t_1 \le 0$, setze $(t_1, t_2) \leftarrow (t_1 + v, t_2 - u)$. Wenn $t_3 \ne 0$, geh zurück nach Y3. Sonst terminiert der Algorithmus mit $(u_1, u_2, u_3 \cdot 2^k)$ als Ausgabe. ▌

Es ist klar, dass die Relationen in (16) bewahrt sind und dass $0 \le u_1, v_1, t_1 \le v$, $0 \ge u_2, v_2, t_2 \ge -u$, $0 < u_3 \le u$, $0 < v_3 \le v$ nach jedem der Schritte Y2–Y6. Wenn u ungerade ist nach Schritt Y2, dann kann Schritt Y3 vereinfacht werden, da t_1 und t_2 beide genau dann gerade sind, wenn t_2 gerade ist; ähnlich, wenn v ungerade ist, dann sind t_1 und t_2 beide genau dann gerade, wenn t_1 gerade ist. Also ist es wie in Algorithmus X möglich, alle Rechnungen mit u_2, v_2 und t_2 zu unterdrücken, vorausgesetzt, dass v nach Schritt Y2 ungerade ist. Diese Bedingung ist oft im Voraus bekannt (z.B. wenn v Primzahl ist und wir u^{-1} modulo v zu berechnen suchen).

Siehe auch A. W. Bojanczyk und R. P. Brent, *Computers and Math.* **14** (1987), 233, für eine ähnliche Erweiterung des Algorithmus in Übung 40.

40. Sei $m = \lg\max(|u|, |v|)$. Wir können induktiv zeigen, dass $|u| \le 2^{m-(s-c)/2}$, $|v| \le 2^{m-(s+c)/2}$, nachdem wir die Operation $c \leftarrow c+1$ in Schritt K3 s mal ausgeführt haben. Deshalb $s \le 2m$. Wenn K2 t mal ausgeführt wird, haben wir $t \le s + 2$, weil s jedes Mal wächst außer beim ersten und letzten Mal. [Siehe *VLSI '83* (North-Holland, 1983), 145–154.]

Bemerkungen: Wenn $u = 1$ und $v = 3 \cdot 2^k - 1$ und $k \ge 2$, haben wir $m = k + 2$, $s = 2k$, $t = k + 4$. Wenn $u = u_j$ und $v = 2u_{j-1}$ in der Folge, die durch $u_0 = 3$, $u_1 = 1$, $u_{j+1} = \min(|3u_j - 16u_{j-1}|, |5u_j - 16u_{j-1}|)$ definiert ist, haben wir $s = 2j+2$, $t = 2j+3$ und (empirisch) $m \approx \phi j$. Kann t asymptotisch größer als $2m/\phi$ sein?

41. In Allgemeinen finden wir, da $(a^u - 1) \bmod (a^v - 1) = a^{u \bmod v} - 1$ (siehe Gl. 4.3.2–(20)), dass $\mathrm{ggT}(a^m - 1, a^n - 1) = a^{\mathrm{ggT}(m,n)} - 1$ für alle positiven ganzen Zahlen a.

42. Subtrahiere die k-te Spalte von der $2k$-ten, $3k$-ten, $4k$-ten, usw., für $k = 1, 2, 3, \ldots$. Das Ergebnis ist eine Dreiecksmatrix mit x_k auf der Diagonale in Spalte k, wobei $m = \sum_{d\backslash m} x_d$. Es folgt, dass $x_m = \varphi(m)$ also ist die Determinante $\varphi(1)\varphi(2)\ldots\varphi(n)$.

[Allgemein ist die „Smith-Determinante", in der das (i,j)-Element $f(\mathrm{ggT}(i,j))$ für eine beliebige Funktion f ist, gleich $\prod_{m=1}^{n} \sum_{d\backslash m} \mu(m/d) f(d)$ mit derselben Begründung. Siehe L. E. Dickson, *History of the Theory of Numbers* **1** (Carnegie Inst. of Washington, 1919), 122–123.]

Abschnitt 4.5.3

1. Die Laufzeit ist etwa $19{,}02T + 6$, gerade ein Jota langsamer als Programm 4.5.2A.

2. $$\begin{pmatrix} K_n(x_1, x_2, \ldots, x_{n-1}, x_n) & K_{n-1}(x_1, x_2, \ldots, x_{n-1}) \\ K_{n-1}(x_2, \ldots, x_{n-1}, x_n) & K_{n-2}(x_2, \ldots, x_{n-1}) \end{pmatrix}.$$

3. $K_n(x_1, \ldots, x_n)$.

4. Durch Induktion oder mittels der Determinante des Matrixprodukts in Übung 2.

5. Wenn die x positiv sind, sind die q von (9) positiv und $q_{n+1} > q_{n-1}$; also ist (9) eine alternierende Reihe von fallenden Termen und sie konvergiert genau dann, wenn $q_n q_{n+1} \to \infty$. Durch Induktion, wenn die x größer als ϵ sind, haben wir $q_n \ge (1+\epsilon/2)^n c$, wobei c klein genug ausgewählt ist, um diese Ungleichung für $n = 1$ und 2 gültig zu machen. Doch wenn $x_n = 1/2^n$, haben wir $q_n \le 2 - 1/2^n$.

6. Es genügt zu beweisen, dass $A_1 = B_1$; und aus $0 \le /\!/x_1, \ldots, x_n/\!/ < 1$, wann immer $x_1, \ldots, x_n$ positive ganze Zahlen sind, folgern wir $B_1 = \lfloor 1/X \rfloor = A_1$.

7. Nur $1\,2 \ldots n$ und $n \ldots 2\,1$. (Die Variable x_k erscheint in genau $F_k F_{n+1-k}$ Termen; also können x_1 und x_n nur in x_1 und x_n permutiert sein. Wenn x_1 und x_n durch die Permutation fix sind, folgt durch Induktion, dass $x_2, \ldots, x_{n-1}$ auch fest sind.)

8. Dies ist äquivalent zu

$$\frac{K_{n-2}(A_{n-1}, \ldots, A_2) - XK_{n-1}(A_{n-1}, \ldots, A_1)}{K_{n-1}(A_n, \ldots, A_2) - XK_n(A_n, \ldots, A_1)} = -\frac{1}{X_n},$$

und nach (6) ist es äquivalent zu

$$X = \frac{K_{n-1}(A_2, \ldots, A_n) + X_n K_{n-2}(A_2, \ldots, A_{n-1})}{K_n(A_1, \ldots, A_n) + X_n K_{n-1}(A_1, \ldots, A_{n-1})}.$$

9. (a) Nach Definition. (b, d) Beweise dies, wenn $n = 1$, wende dann (a) an, um das Ergebnis für allgemeines n zu bekommen. (c) Beweise es, wenn $n = k + 1$, dann wende (a) an.

10. Wenn $A_0 > 0$, dann $B_0 = 0$, $B_1 = A_0$, $B_2 = A_1$, $B_3 = A_2$, $B_4 = A_3$, $B_5 = A_4$, $m = 5$. Wenn $A_0 = 0$, dann $B_0 = A_1$, $B_1 = A_2$, $B_2 = A_3$, $B_3 = A_4$, $m = 3$. Wenn $A_0 = -1$ und $A_1 = 1$, dann $B_0 = -(A_2 + 2)$, $B_1 = 1$, $B_2 = A_3 - 1$, $B_3 = A_4$, $m = 3$. Wenn $A_0 = -1$ und $A_1 > 1$, dann $B_0 = -2$, $B_1 = 1$, $B_2 = A_1 - 2$, $B_3 = A_2$, $B_4 = A_3$, $B_5 = A_4$, $m = 5$. Wenn $A_0 < -1$, dann $B_0 = -1$, $B_1 = 1$, $B_2 = -A_0 - 2$, $B_3 = 1$, $B_4 = A_1 - 1$, $B_5 = A_2$, $B_6 = A_3$, $B_7 = A_4$, $m = 7$. [Tatsächlich haben die letzten drei Fälle acht Unterfälle; wenn irgend ein B null gesetzt wird, sollten die Werte „kollabiert" werden mit der Regel von Übung 9(c). Wenn zum Beispiel $A_0 = -1$ und $A_1 = A_3 = 1$, haben wir $B_0 = -(A_2 + 2)$, $B_1 = A_4 + 1$, $m = 1$. Doppeltes Zusammenfallen kommt vor, wenn $A_0 = -2$ und $A_1 = 1$.]

11. Sei $q_n = K_n(A_1, \ldots, A_n)$, $q'_n = K_n(B_1, \ldots, B_n)$, $p_n = K_{n+1}(A_0, \ldots, A_n)$, $p'_n = K_{n+1}(B_0, \ldots, B_n)$. Nach (5) und (11) gilt $X = (p_m + p_{m-1}X_m)/(q_m + q_{m-1}X_m)$, $Y = (p'_n + p'_{n-1}Y_n)/(q'_n + q'_{n-1}Y_n)$; wenn deshalb $X_m = Y_n$, gilt die besagte Relation zwischen X und Y nach (8). Umgekehrt, wenn $X = (qY + r)/(sY + t)$ und $|qt - rs| = 1$, können wir annehmen, dass $s \ge 0$, und wir können durch Induktion nach s zeigen, dass die Partialquotienten von X und Y schließlich übereinstimmen. Das Ergebnis ist klar, wenn $s = 0$, nach Übung 9(d). Wenn $s > 0$, sei $q = as + s'$, wobei $0 \le s' < s$. Dann $X = a + 1/((sY + t)/(s'Y + r - at))$; da $s(r - at) - ts' = sr - tq$ und $s' < s$, wissen wir durch Induktion und Übung 10, dass die Partialquotienten von X und Y schließlich übereinstimmen. [*J. de Math. Pures et Appl.* **15** (1850), 153–155. Die Tatsache, dass m in Übung 10 immer ungerade ist, zeigt durch eine genaue Untersuchung dieses Beweises, dass $X_m = Y_n$ genau dann, wenn $X = (qY + r)/(sY + t)$, wobei $qt - rs = (-1)^{m-n}$.]

12. (a) Da $V_n V_{n+1} = D - U_n^2$, wissen wir, dass $D - U_{n+1}^2$ ein Vielfaches von V_{n+1} ist; also durch Induktion $X_n = (\sqrt{D} - U_n)/V_n$, wobei U_n und V_n ganze Zahlen sind. [*Bemerkungen:* Ein auf diesem Prozess basierender Algorithmus hat viele Anwendungen auf die Lösung von quadratischen Gleichungen in ganzen Zahlen; siehe zum Beispiel H. Davenport, *The Higher Arithmetic* (London: Hutchinson, 1952); W. J. LeVeque, *Topics in Number Theory* (Reading, Mass.: Addison–Wesley, 1956); siehe auch Abschnitt 4.5.4. Nach Übung 1.2.4–35 haben wir $A_{n+1} = \lfloor(\lfloor\sqrt{D}\rfloor + U_n)/V_{n+1}\rfloor$, wenn $V_{n+1} > 0$, und $A_{n+1} = \lfloor(\lfloor\sqrt{D}\rfloor + 1 + U_n)/V_{n+1}\rfloor$, wenn $V_{n+1} < 0$; also braucht ein solcher Algorithmus nur mit der positiven ganzen Zahl $\lfloor\sqrt{D}\rfloor$ zu arbeiten. Darüber hinaus macht die Identität $V_{n+1} = A_n(U_{n-1} - U_n) + V_{n-1}$ es unnötig, zu dividieren, wenn V_{n+1} bestimmt wird.]

(b) Sei $Y = (-\sqrt{D} - U)/V$, $Y_n = (-\sqrt{D} - U_n)/V_n$. Die besagte Identität gilt offenbar durch Ersetzung von $\sqrt{D}$ durch $-\sqrt{D}$ im Beweis von (a). Wir haben

$$Y = (p_n/Y_n + p_{n-1})/(q_n/Y_n + q_{n-1}),$$

wobei p_n und q_n in Teil (c) dieser Übung definiert sind; also

$$Y_n = (-q_n/q_{n-1})(Y - p_n/q_n)/(Y - p_{n-1}/q_{n-1}).$$

Doch wegen (12) sind p_{n-1}/q_{n-1} und p_n/q_n äußerst nahe bei X; da $X \neq Y$, werden $Y - p_n/q_n$ und $Y - p_{n-1}/q_{n-1}$ dasselbe Vorzeichen wie $Y - X$ für alle großen n haben. Dies beweist, dass $Y_n < 0$ für alle großen n; also $0 < X_n < X_n - Y_n = 2\sqrt{D}/V_n$; V_n muss positiv sein. Auch $U_n < \sqrt{D}$, da $X_n > 0$. Also $V_n < 2\sqrt{D}$, da $V_n \le A_n V_n < \sqrt{D} + U_{n-1}$.

Schließlich wollen wir zeigen, dass $U_n > 0$. Da $X_n < 1$, haben wir $U_n > \sqrt{D} - V_n$, also brauchen wir nur den Fall $V_n > \sqrt{D}$ zu betrachten. Dann $U_n = A_n V_n - U_{n-1} \ge V_n - U_{n-1} > \sqrt{D} - U_{n-1}$ und dies ist positiv, wie wir bereits bemerkt haben.

Bemerkungen: Im Wiederholungszyklus $\sqrt{D} + U_n = A_n V_n + (\sqrt{D} - U_{n-1}) > V_n$; also $\lfloor(\sqrt{D} + U_{n+1})/V_{n+1}\rfloor = \lfloor A_{n+1} + V_n/(\sqrt{D} + U_n)\rfloor = A_{n+1} = \lfloor(\sqrt{D} + U_n)/V_{n+1}\rfloor$. In anderen Worten, A_{n+1} ist bestimmt durch U_{n+1} und V_{n+1}; wir können (U_n, V_n) von seinem Nachfolger (U_{n+1}, V_{n+1}) in der Periode bestimmen. Denn wenn $0 < V_n < \sqrt{D} + U_n$ und $0 < U_n < \sqrt{D}$, beweist die obige Argumentation, dass $0 < V_{n+1} < \sqrt{D} + U_{n+1}$ und $0 < U_{n+1} < \sqrt{D}$; darüber hinaus, wenn das Paar (U_{n+1}, V_{n+1}) auf (U', V') mit $0 < V' < \sqrt{D} + U'$ und $0 < U' < \sqrt{D}$ folgt, dann $U' = U_n$ und $V' = V_n$. Also ist (U_n, V_n) *Teil des Zyklus genau dann, wenn* $0 < V_n < \sqrt{D} + U_n$ *und* $0 < U_n < \sqrt{D}$.

(c) $$\frac{-V_{n+1}}{V_n} = X_n Y_n = \frac{(q_n X - p_n)(q_n Y - p_n)}{(q_{n-1}X - p_{n-1})(q_{n-1}Y - p_{n-1})}.$$

Es gibt auch eine begleitende Identität, nämlich

$$V p_n p_{n-1} + U(p_n q_{n-1} + p_{n-1} q_n) + ((U^2 - D)/V) q_n q_{n-1} = (-1)^n U_n.$$

(d) Wenn $X_n = X_m$ für ein $n \neq m$, dann ist X eine irrationale Zahl, die die quadratische Gleichung $(q_n X - p_n)/(q_{n-1}X - p_{n-1}) = (q_m X - p_m)/(q_{m-1}X - p_{m-1})$ erfüllt.

Die dieser Übung zu Grunde liegenden Ideen gehen bis mindestens zu Jayadeva in Indien zurück, vor 1073 n.Chr.; siehe K. S. Shukla, *Ganita* **5** (1954), 1–20; C.-O. Selenius, *Historia Math.* **2** (1975), 167–184. Einige der Aspekte waren auch in Japan vor 1750 entdeckt worden; siehe Y. Mikami, *The Development of Mathematics in China and Japan* (1913), 223–229. Doch die Hauptprinzipien der Theorie der Kettenbrüche für quadratische Gleichungen stammen größtenteils von Euler [*Novi Commentar. Acad. Sci. Petrop.* **11** (1765), 28–66] und Lagrange [*Hist. Acad. Sci.* **24** (Berlin: 1768), 111–180].

14. Wie in Übung 9 müssen wir nur die besagten Identitäten verifizieren, wenn c der letzte Partialquotient ist, und diese Verifikation ist trivial. Jetzt gibt die hurwitzsche Regel $2/e = //1, 2, 1, 2, 0, 1, 1, 1, 1, 1, 0, 2, 3, 2, 0, 1, 1, 3, 1, 1, 0, 2, 5, \ldots//$. Wir nehmen das Reziproke, kollabieren die Nullen wie in Übung 9 heraus und durch Beachtung des sich ergebenden Musters finden wir, dass $e/2 = 1 + //\overline{2, 2m+1, 3, 1, 2m+1, 1, 3}//$, $m \ge 0$ (siehe Übung 16). [*Schriften der phys.-ökon. Gesellschaft zu Königsberg* **32** (1891), 59–62. Hurwitz hat auch die Multiplikation mit einer beliebigen positiven ganzen Zahl erklärt, in *Vierteljahrsschrift der Naturforschenden Gesellschaft in Zürich* **41** (1896), Jubelband II, 34–64, §2.]

15. (Diese Verfahren hält vier ganze Zahlen (A, B, C, D) mit der invarianten Bedeutung, dass es „unsere verbleibende Aufgabe ist, den Kettenbruch für $(Ay+B)/(Cy+D)$ auszugeben, wobei y noch ausstehende Eingabe ist.") Anfangs setze $j \leftarrow k \leftarrow 0$, $(A, B, C, D) \leftarrow (a, b, c, d)$; dann gib x_j ein und setze $(A, B, C, D) \leftarrow (Ax_j+B,\ A,\ Cx_j+D,\ C)$, $j \leftarrow j+1$, ein oder mehr Mal, bis $C+D$ dasselbe Vorzeichen wie C hat. (Wenn $j \geq 1$ und die Eingabe nicht terminiert wurde, wissen wir, dass $1 < y < \infty$; und wenn $C+D$ dasselbe Vorzeichen wie C hat, wissen wir deshalb, dass $(Ay+B)/(Cy+D)$ zwischen $(A+B)/(C+D)$ und A/C liegt.) Jetzt kommt der allgemeine Schritt: Wenn keine ganze Zahl strikt zwischen $(A+B)/(C+D)$ und A/C liegt, gib $X_k \leftarrow \min(\lfloor A/C \rfloor, \lfloor (A+B)/(C+D) \rfloor)$ aus und setze $(A, B, C, D) \leftarrow (C,\ D,\ A - X_kC,\ B - X_kD)$, $k \leftarrow k+1$; sonst gib x_j ein und setze $(A, B, C, D) \leftarrow (Ax_j + B,\ A,\ Cx_j + D,\ C)$, $j \leftarrow j+1$. Der allgemeine Schritt wird *ad infinitum* wiederholt. Wenn jedoch zu irgendeiner Zeit das *letzte* x_j eingegeben wird, wechselt der Algorithmus sofort die Gänge: er gibt den Kettenbruch für $(Ax_j + B)/(Cx_j + D)$ mit Euklids Algorithmus aus und terminiert.

Das folgende Tableau zeigt das Arbeiten für das geforderte Beispiel, wobei die Matrix $\binom{B\ A}{D\ C}$ in der oberen linken Ecke beginnt, dann eins nach rechts bei einer Eingabe und eins nach unten bei einer Ausgabe geht:

	x_j	-1	5	1	1	1	2	1	2	∞
X_k	39	97	-58	-193						
-2	-25	-62	37	123						
2			16	53						
3			5	17	22					
7			1	2	3	5				
1				3	1	4	5	14		
1					2	1	3	7		
1							2	7	9	25
12							1	0	1	2
2										1
∞										0

M. Mendès France hat gezeigt, dass die Anzahl der ausgegebenen Quotienten pro eingegebenen Quotienten asymptotisch beschränkt ist zwischen $1/r$ und r, wobei $r = 2\lfloor L(|ad - bc|)/2 \rfloor + 1$ und L die in Übung 38 definierte Funktion ist; diese Schranke ist die bestmögliche. [*Topics in Number Theory*, herausgegeben von P. Turán, *Colloquia Math. Soc. János Bolyai* **13** (1976), 183–194.]

Gosper hat auch gezeigt, dass der obige Algorithmus verallgemeinert werden kann zur Berechnung des Kettenbruchs für $(axy + bx + cy + d)/(Axy + Bx + Cy + D)$ aus den Kettenbrüchen für x und y (insbesondere zur Berechnung von Summen und Produkten). [MIT AI Laboratory Memo 239 (February 29, 1972), Hack 101.]

16. Es ist nicht schwierig, durch Induktion zu beweisen, dass $f_n(z) = z/(2n+1) + O(z^3)$ eine ungerade Funktion mit einer konvergenten Potenzreihe in einer Umgebung des Ursprungs ist und dass sie die gegebene Differentialgleichung erfüllt. Also

$$f_0(z) = /\!/z^{-1} + f_1(z)/\!/ = \cdots = /\!/z^{-1}, 3z^{-1}, \ldots, (2n+1)z^{-1} + f_{n+1}(z)/\!/.$$

Es verbleibt zu beweisen, dass $\lim_{n\to\infty} /\!/z^{-1}, 3z^{-1}, \ldots, (2n+1)z^{-1}/\!/ = f_0(z)$. [Im Alter von 24 Jahren erhielt Euler die Kettenbruchentwicklungen für die erheblich allgemeinere Differentialgleichung $f_n'(z) = az^m + bf_n(z)z^{m-1} + cf_n(z)^2$; doch er kümmerte sich nicht um einen Konvergenzbeweis, da formales Rechnen und Intuition im achtzehnten Jahrhundert gut genug waren.]

Es gibt mehrere Wege zum Beweis der gewünschten Limesgleichung. Zuerst setzen wir $f_n(z) = \sum_k a_{nk} z^k$, und wir können mit der Gleichung

$$(2n+1)a_{n1} + (2n+3)a_{n3}z^2 + (2n+5)a_{n5}z^4 + \cdots = 1 - (a_{n1}z + a_{n3}z^3 + a_{n5}z^5 + \cdots)^2$$

zeigen, dass $(-1)^k a_{n(2k+1)}$ eine Summe von Termen der Form $c_k/(2n+1)^{k+1}(2n+b_{k1})\ldots(2n+b_{kk})$ ist, wobei die c_k und b_{km} positive ganze Zahlen unabhängig von n sind. Zum Beispiel haben wir $-a_{n7} = 4/(2n+1)^4(2n+3)(2n+5)(2n+7) + 1/(2n+1)^4(2n+3)^2(2n+7)$. Also $|a_{(n+1)k}| \le |a_{nk}|$ und $|f_n(z)| \le \tan|z|$ für $|z| < \pi/2$. Diese uniforme Schranke für $f_n(z)$ macht den Konvergenzbeweis sehr einfach. Eine sorgfältige Untersuchung dieses Beweises zeigt, dass die Potenzreihe für $f_n(z)$ tatsächlich für $|z| < \pi\sqrt{2n+1}/2$ konvergiert; deshalb wandern die Singularitäten von $f_n(z)$ weiter und weiter weg vom Ursprung, wenn n wächst, und der Kettenbruch repräsentiert tatsächlich $\tanh z$ *in der ganzen* komplexen Ebene.

Ein anderer Beweis gibt weitere Information einer verschiedenen Art: Wenn wir

$$A_n(z) = n! \sum_{k=0}^{n} \binom{2n-k}{n} \frac{z^k}{k!} = \sum_{k\ge 0} \frac{(n+k)!\, z^{n-k}}{k!\,(n-k)!} = n!\, z^n\, {}_2F_0(n+1, -n;; -1/z)$$

wählen, dann

$$\begin{aligned} A_{n+1}(z) &= \sum_{k\ge 0} \frac{(n+k-1)!\,\big((4n+2)k + (n+1-k)(n-k)\big)}{k!\,(n+1-k)!} z^{n+1-k} \\ &= (4n+2)A_n(z) + z^2 A_{n-1}(z). \end{aligned}$$

Es folgt durch Induktion, dass

$$K_n\Big(\frac{1}{z}, \frac{3}{z}, \ldots, \frac{2n-1}{z}\Big) = \frac{A_n(2z) + A_n(-2z)}{2^{n+1} z^n},$$

$$K_{n-1}\Big(\frac{3}{z}, \ldots, \frac{2n-1}{z}\Big) = \frac{A_n(2z) - A_n(-2z)}{2^{n+1} z^n}.$$

Also

$$/\!/ z^{-1}, 3z^{-1}, \ldots, (2n-1)z^{-1} /\!/ = \frac{A_n(2z) - A_n(-2z)}{A_n(2z) + A_n(-2z)},$$

und wir wollen zeigen, dass dieses Verhältnis zu $\tanh z$ konvergiert. Nach den Gleichungen 1.2.9–(11) und 1.2.6–(24),

$$e^z A_n(-z) = n! \sum_{m\ge 0} z^m \Big(\sum_{k=0}^{n} \binom{m}{k} \binom{2n-k}{n} (-1)^k \Big) = \sum_{m\ge 0} \binom{2n-m}{n} z^m \frac{n!}{m!}.$$

Also

$$e^z A_n(-z) - A_n(z) = R_n(z) = (-1)^n z^{2n+1} \sum_{k\ge 0} \frac{(n+k)!\, z^k}{(2n+k+1)!\, k!}.$$

Wir haben jetzt $(e^{2z}-1)(A_n(2z)+A_n(-2z)) - (e^{2z}+1)(A_n(2z)-A_n(-2z)) = 2R_n(2z)$; also

$$\tanh z - /\!/ z^{-1}, 3z^{-1}, \ldots, (2n-1)z^{-1} /\!/ = \frac{2R_n(2z)}{(A_n(2z) + A_n(-2z))(e^{2z}+1)},$$

und wir haben eine exakte Formel für die Differenz. Wenn $|2z| \le 1$, ist der Faktor $e^{2z}+1$ von der Null weg beschränkt, $|R_n(2z)| \le e\,n!/(2n+1)!$ und

$$\frac{1}{2}|A_n(2z)+A_n(-2z)| \ge n!\left(\binom{2n}{n}-\binom{2n-2}{n}-\binom{2n-4}{n}-\binom{2n-6}{n}-\cdots\right)$$
$$\ge \frac{(2n)!}{n!}\left(1-\frac{1}{4}-\frac{1}{16}-\frac{1}{64}-\cdots\right)=\frac{2}{3}\frac{(2n)!}{n!}.$$

Also erfolgt die Konvergenz sehr schnell, sogar für komplexe Werte von z.

Um von diesem Kettenbruch zum Kettenbruch für e^z zu kommen, haben wir $\tanh z = 1-2/(e^{2z}+1)$; also bekommen wir die Kettenbruchdarstellung für $(e^{2z}+1)/2$ durch einfache Rechnungen. Die hurwitzsche Regel ergibt die Entwicklung von $e^{2z}+1$, wovon wir eins subtrahieren können. Für ungerades n

$$e^{-2/n} = /\!/\overline{1,\,3mn+\lfloor n/2\rfloor,\,(12m+6)n,\,(3m+2)n+\lfloor n/2\rfloor,\,1}/\!/, \qquad m\ge 0.$$

Ein andere Ableitung wurde von C. S. Davis, *J. London Math. Soc.* **20** (1945), 194–198, gegeben. Der Kettenbruch für e war zuerst empirisch gefunden worden von Roger Cotes, *Philosophical Transactions* **29** (1714), 5–45, Proposition 1, Scholium 3. Euler kommunizierte seine Ergebnisse in einem Brief an Goldbach am 25. November 1731 [*Correspondance Mathématique et Physique*, herausgegeben von P. H. Fuss, **1** (St. Petersburg: 1843), 56–60], und er veröffentlichte schließlich vollständigere Beschreibungen in *Commentarii Acad. Sci. Petropolitanæ* **9** (1737), 98–137; **11** (1739), 32–81.

17. (b) $/\!/x_1-1, 1, x_2-2, 1, x_3-2, 1, \ldots, 1, x_{2n-1}-2, 1, x_{2n}-1/\!/$. [*Bemerkung:* Man kann negative Parameter von Kontinuanten durch die Identität

$$K_{m+n+1}(x_1,\ldots,x_m,-x,y_n,\ldots,y_1)$$
$$=(-1)^{n-1}K_{m+n+2}(x_1,\ldots,x_{m-1},x_m-1,1,x-1,-y_n,\ldots,-y_1),$$

eliminieren, wovon wir

$$K_{m+n+1}(x_1,\ldots,x_m,-x,y_n,\ldots,y_1)$$
$$=-K_{m+n+3}(x_1,\ldots,x_{m-1},x_m-1,1,x-2,1,y_n-1,y_{n-1},\ldots,y_1)$$

nach einer zweiten Anwendung erhalten. Eine ähnliche Identität erscheint in Übung 41.]

(c) $1+/\!/1,1,3,1,5,1,\ldots/\!/ = 1+/\!/\overline{2m+1,1}/\!/$, $m\ge 0$.

18. Da wir $K_m(a_1,a_2,\ldots,a_m)\,/\!/a_1,a_2,\ldots,a_m,x/\!/ = K_{m-1}(a_2,\ldots,a_m)+(-1)^m/\big(K_{m-1}(a_1,\ldots,a_{m-1})+K_m(a_1,a_2,\ldots,a_m)x\big)$ nach Gln. (5) und (8) haben, gilt auch $K_m(a_1,a_2,\ldots,a_m)\,/\!/a_1,a_2,\ldots,a_m,x_1,a_1,a_2,\ldots,a_m,x_2,a_1,a_2,\ldots,a_m,x_3,a_1,\ldots/\!/ = K_{m-1}(a_2,\ldots,a_m)+/\!/(-1)^m(C+Ax_1),C+Ax_2,(-1)^m(C+Ax_3),\ldots/\!/$, wobei $A=K_m(a_1,a_2,\ldots,a_m)$ und $C=K_{m-1}(a_2,\ldots,a_m)+K_{m-1}(a_1,\ldots,a_{m-1})$. Folglich ist die besagte Differenz $\big(K_{m-1}(a_2,\ldots,a_m)-K_{m-1}(a_1,\ldots,a_{m-1})\big)/K_m(a_1,a_2,\ldots,a_m)$ nach (6). [Der Fall $m=2$ wurde von Euler in *Commentarii Acad. Sci. Petropolitanæ* **9** (1737), 98–137, §24–26] besprochen.

19. Die Summe für $1\le k\le N$ ist $\log_b\big((1+x)(N+1)/(N+1+x)\big)$.

20. Sei $H=SG$, $g(x)=(1+x)G'(x)$, $h(x)=(1+x)H'(x)$. Dann impliziert (37), dass $h(x+1)/(x+2)-h(x)/(x+1) = -(1+x)^{-2}g(1/(1+x))/(1+1/(1+x))$.

21. $\varphi(x)=c/(cx+1)^2+(2-c)/((c-1)x+1)^2$, $U\varphi(x)=1/(x+c)^2$. Wenn $c\le 1$, tritt das Minimum von $\varphi(x)/U\varphi(x)$ bei $x=0$ auf und ist $2c^2\le 2$. Wenn $c\ge\phi$, tritt das Minimum bei $x=1$ auf und ist $\le\phi^2$. Wenn $c\approx 1{,}31266$, sind die Werte bei $x=0$ und $x=1$ nahezu gleich und das Minimum ist $>3{,}2$; es werden die Schranken

$(0{,}29)^n\varphi \le U^n\varphi \le (0{,}31)^n\varphi$ erhalten. Noch bessere Schranken erhält man mit wohl ausgewählten Linearkombinationen der Form $Tg(x) = \sum a_j/(x+c_j)$.

23. Mit der Interpolationsformel von Übung 4.6.4–15 mit $x_0 = 0$, $x_1 = x$, $x_2 = x+\epsilon$, wobei wir $\epsilon \to 0$ setzen, haben wir die allgemeine Identität $R_n'(x) = \bigl(R_n(x) - R_n(0)\bigr)/x + \frac{1}{2}xR_n''(\theta_n(x))$ für ein $\theta_n(x)$ zwischen 0 und x, wann immer R_n eine Funktion mit stetiger zweiter Ableitung ist. Also ist in diesem Fall $R_n'(x) = O(2^{-n})$.

24. ∞. [A. Khinchin, in *Compos. Math.* **1** (1935), 361–382, bewies, dass die Summe $A_1 + \cdots + A_n$ der ersten n Partialquotienten einer reellen Zahl X asymptotisch $n\lg n$ für fast alle X wird. Übung 35 zeigt, dass das Verhalten für rationale X verschieden ist.]

25. Jede Vereinigung von Intervallen kann als eine Vereinigung disjunkter Intervalle geschrieben werden, da wir $\bigcup_{k\ge1} I_k = \bigcup_{k\ge1}\bigl(I_k \setminus \bigcup_{1\le j<k} I_j\bigr)$ haben, und dies ist eine disjunkte Vereinigung, in welcher $I_k\setminus\bigcup_{1\le j<k} I_j$ als eine endliche Vereinigung disjunkter Intervalle ausgedrückt werden kann. Deshalb können wir $\mathcal{I} = \bigcup I_k$ nehmen, wobei I_k ein Interval der Länge $\epsilon/2^k$ ist, das die k-te rationale Zahl in $[0\,.\,.\,1]$ enthält, bei Benutzung einer Aufzählung der rationalen Zahlen. In diesem Fall $\mu(\mathcal{I}) \le \epsilon$, doch $|\mathcal{I}\cap P_n| = n$ für alle n.

26. Die auftretenden Kettenbrüche $/\!/A_1,\ldots,A_t/\!/$ sind genau die, für welche $A_1 > 1$, $A_t > 1$, und $K_t(A_1, A_2, \ldots, A_t)$ ein Teiler von n ist. Deshalb vervollständigt (6) den Beweis. [*Bemerkung:* Wenn $m_1/n = /\!/A_1,\ldots,A_t/\!/$ und $m_2/n = /\!/A_t,\ldots,A_1/\!/$, wobei m_1 und m_2 teilerfremd zu n sind, dann $m_1m_2 \equiv \pm1$ (modulo n); diese Regel definiert die Entsprechung. Wenn $A_1 = 1$, ist eine analoge Symmetrie gemäß (46) gültig.]

27. Zuerst beweise das Ergebnis für $n = p^e$, dann für $n = rs$, wobei r und s teilerfremd sind. Alternativ verwende die Formeln der nächsten Übung.

28. (a) Die linke Seite ist multiplikativ (siehe Übung 1.2.4–31) und wird leicht ausgewertet, wenn n eine Potenz einer Primzahl ist. (c) Von (a) haben wir die *möbiussche Inversionsformel*: Wenn $f(n) = \sum_{d\backslash n} g(d)$, dann $g(n) = \sum_{d\backslash n} \mu(n/d)f(d)$.

29. Wir haben $\sum_{n=1}^{N} n\ln n = \frac{1}{2}N^2\ln N + O(N^2)$ nach Eulers Summenformel (siehe Übung 1.2.11.2–7). Ebenso $\sum_{n=1}^{N} n\sum_{d\backslash n}\Lambda(d)/d = \sum_{d=1}^{N}\Lambda(d)\sum_{1\le k\le N/d} k$ und das ist $O(\sum_{d=1}^{N}\Lambda(d)N^2/d^2) = O(N^2)$. In der Tat $\sum_{d\ge1}\Lambda(d)/d^2 = -\zeta'(2)/\zeta(2)$.

30. Der geänderte Algorithmus beeinflusst die Berechnung genau dann, wenn der folgende Divisionsschritt im unveränderten Algorithmus den Quotienten 1 haben würde, und in diesem Fall vermeidet er den folgenden Divisionsschritt. Die Wahrscheinlichkeit, dass ein gegebener Divisionsschritt vermieden wird, ist die Wahrscheinlichkeit, dass $A_k = 1$ und dass dieser Quotient auf eine gerade Anzahl von Quotienten gleich 1 folgt. Nach der Symmetriebedingung ist dies die Wahrscheinlichkeit, dass $A_k = 1$ und von einer geraden Anzahl von Quotienten gleich 1 *gefolgt* wird. Das Letztere ereignet sich genau dann, wenn $X_{k-1} > \phi - 1 = 0{,}618\ldots$, wobei ϕ der goldene Schnitt ist: Für $A_k = 1$ und $A_{k+1} > 1$ genau dann, wenn $\frac{2}{3} \le X_{k-1} < 1$; $A_k = A_{k+1} = A_{k+2} = 1$ und $A_{k+3} > 1$ genau dann, wenn $\frac{5}{8} \le X_{k-1} < \frac{2}{3}$; usw. Also sparen wir näherungsweise $F_{k-1}(1) - F_{k-1}(\phi-1) \approx 1 - \lg\phi \approx 0{,}306$ der Divisionsschritte. Die mittlere Anzahl von Schritten ist näherungsweise $\bigl((12\ln\phi)/\pi^2\bigr)\ln n$, wenn $v = n$ und u teilerfremd zu n ist.

K. Vahlen [*Crelle* **115** (1895), 221–233] betrachtete alle Algorithmen, die (u, v) durch $(v, (\pm u) \bmod v)$ bei jeder Iteration ersetzen, wenn $u \bmod v \ne 0$. Wenn $u \perp v$, gibt es genau v derartige Algorithmen, und sie können als ein Binärbaum mit v Blättern dargestellt werden. Die am wenigsten tief hängenden Blätter, welche der kürzest möglichen Anzahl von Iterationen über alle solche ggT-Algorithmen entsprechen, treten auf, wenn der kleinste Rest bei jedem Schritt benutzt wird; die tiefsten Blätter kommen vor, wenn immer der größte Rest ausgewählt wird. [Ähnliche Ideen waren von Lagrange in *Hist. Acad. Sci.* **23** (Berlin: 1768), 111–180, §58.] betrachtet worden. Für weitere Ergebnisse siehe N. G. de Bruijn und W. M. Zaring, *Nieuw Archief voor Wiskunde* (3) **1** (1953), 105–112; G. J. Rieger, *Math. Nachr.* **82** (1978), 157–180.

Auf vielen Rechnern macht der veränderte Algorithmus jeden Divisionsschritt länger; die Idee von Übung 1, welche *alle* Divisionsschritte spart, wenn der Quotient eins ist, wäre in solchen Fällen vorzuziehen.

31. Sei $a_0 = 0$, $a_1 = 1$, $a_{n+1} = 2a_n + a_{n-1}$; dann $a_n = ((1+\sqrt{2})^n - (1-\sqrt{2})^n)/2\sqrt{2}$ und der schlimmste Fall (im Sinn von Satz F) kommt vor, wenn $u = a_n + a_{n-1}$, $v = a_n$, $n \ge 2$. Dieses Ergebnis stammt von A. Dupré [*J. de Math.* **11** (1846), 41–64], der auch von J. Binet vorgeschlagene allgemeinere „Vorausschau"-Verfahren untersuchte.

32. (b) $K_{m-1}(x_1, \ldots, x_{m-1})K_{n-1}(x_{m+2}, \ldots, x_{m+n})$ entspricht den Morsecode-Folgen der Länge $m+n$, in welchen ein Strich die Positionen m und $m+1$ einnimmt; der andere Term entspricht dem gegenteiligen Fall. (Alternativ verwende Übung 2. Die allgemeinere Identität

$$\begin{aligned} &K_{m+n}(x_1, \ldots, x_{m+n})K_k(x_{m+1}, \ldots, x_{m+k}) = \\ &\qquad K_{m+k}(x_1, \ldots, x_{m+k})K_n(x_{m+1}, \ldots, x_{m+n}) \\ &\qquad\qquad + (-1)^k K_{m-1}(x_1, \ldots, x_{m-1})K_{n-k-1}(x_{m+k+2}, \ldots, x_{m+n}) \end{aligned}$$

erschien auch in Eulers Arbeit.)

33. (a) Die neuen Darstellungen sind $x = m/d$, $y = (n-m)/d$, $x' = y' = d = \text{ggT}(m, n-m)$ für $\frac{1}{2}n < m < n$. (b) Die Relation $(n/x') - y \le x < n/x'$ definiert x. (c) Zähle die x', die (b) erfüllen. (d) Ein Paar von ganzen Zahlen $x > y > 0$ mit $x \perp y$ kann eindeutig in der Form $x = K_m(x_1, \ldots, x_m)$, $y = K_{m-1}(x_1, \ldots, x_{m-1})$ geschrieben werden, wobei $x_1 \ge 2$ und $m \ge 1$; hier $y/x = /\!/x_m, \ldots, x_1/\!/$. (e) Es genügt zu zeigen, dass $\sum_{1 \le k \le n/2} T(k, n) = 2\lfloor n/2 \rfloor + h(n)$; dies folgt aus Übung 26.

34. (a) Teilen wir x und y durch $\text{ggT}(x, y)$, so ergibt sich $g(n) = \sum_{d \backslash n} h(n/d)$; nun wenden wir Übung 28(c) an und verwenden die Symmetrie zwischen gestrichenen und ungestrichenen Variablen. (b) Für feste y und t haben die Darstellungen mit $xd \ge x'$ die Beziehung $x' < \sqrt{nd}$; also gibt es $O(\sqrt{nd}/y)$ solche Darstellungen. Jetzt summiere für $0 < t \le y < \sqrt{n/d}$. (c) Wenn $s(y)$ die gegebene Summe ist, dann $\sum_{d \backslash y} s(d) = y(H_{2y} - H_y) = k(y)$ etwa; also $s(y) = \sum_{d \backslash y} k(y/d)$. Jetzt $k(y) = y \ln 2 - \frac{1}{4} + O(1/y)$. (d) $\sum_{y=1}^n \varphi(y)/y^2 = \sum_{y=1}^n [d \backslash y]\, \mu(d)/yd = \sum_{cd \le n} \mu(d)/cd^2$. (Ähnlich $\sum_{y=1}^n \sigma_{-1}(y)/y^2 = O(1)$.) (e) $\sum_{k=1}^n \mu(k)/k^2 = 6/\pi^2 + O(1/n)$ (siehe Übung 4.5.2–10(d)); und $\sum_{k=1}^n \mu(k) \log k/k^2 = O(1)$. Also haben wir $h_d(n) = n((3\ln 2)/\pi^2)\ln(n/d) + O(n)$ für $d \ge 1$. Schließlich $h(n) = 2\sum_{cd \backslash n} \mu(d) h_c(n/cd) = ((6 \ln 2)/\pi^2)n(\ln n - \sum - \sum') + O(n\sigma_{-1}(n)^2)$, wobei die verbleibenden Summen $\sum = \sum_{cd \backslash n} \mu(d) \ln(cd)/cd = 0$ und $\sum' = \sum_{cd \backslash n} \mu(d) \ln c/cd = \sum_{d \backslash n} \Lambda(d)/d$ sind. [Es ist wohl bekannt, dass $\sigma_{-1}(n) = O(\log\log n)$; siehe Hardy und Wright, *An Introduction to the Theory of Numbers*, §22.9.]

35. Siehe *Proc. Nat. Acad. Sci.* **72** (1975), 4720–4722. M. L. V. Pitteway und C. M. A. Castle [*Bull. Inst. Math. and its Applications* **24** (1988), 17–20] haben starke und verlockende empirische Evidenz gefunden, wie die Summe aller Partialquotienten wirklich aussieht:

$$\frac{\pi^2}{24(\ln 2)^2}\left(T_n+\frac{1}{2}-\frac{18(\ln 2)^2}{\pi^2}\right)^2+\frac{6}{\pi^2}\sum_{\substack{p \text{ prime}\\ p^r\backslash n}}\left(\frac{4r}{p^r}-\frac{p+1}{p^{2r}}\frac{p^r-1}{p-1}\right)(\ln p)^2$$
$$-\,2{,}542875+O(n^{-1/2}).$$

36. Wenn wir den Algorithmus rückwärts durcharbeiten und annehmen, dass t_k-1 Divisionen in Schritt C2 für einen gegebenen Wert von k vorkommen, erhalten wir ein minimales u_n, wenn $\mathrm{ggT}(u_{k+1},\ldots,u_n)=F_{t_1}\ldots F_{t_k}$ und $u_k\equiv F_{t_1}\ldots F_{t_{k-1}}F_{t_k-1}$ (modulo $\mathrm{ggT}(u_{k+1},\ldots,u_n)$); hier sind die t dann ≥ 2, $t_1\geq 3$ und $t_1+\cdots+t_{n-1}=N+n-1$. Ein Weg zur Minimierung von $u_n=F_{t_1}\ldots F_{t_{n-1}}$ unter diesen Bedingungen ist, $t_1=3$, $t_2=\cdots=t_{n-2}=2$, $u_n=2F_{N-n+2}$ zu nehmen. Wenn wir auch darauf bestehen, dass $u_1\geq u_2\geq\cdots\geq u_n$, hat die Lösung $u_1=2F_{N-n+3}+1$, $u_2=\cdots=u_{n-1}=2F_{N-n+3}$, $u_n=2F_{N-n+2}$ das minimale u_1. [Siehe *CACM* **13** (1970), 433–436, 447–448.]

37. Siehe *Proc. Amer. Math. Soc.* **7** (1956), 1014–1021; siehe auch Übung 6.1–18.

38. Sei $m=\lceil n/\phi\rceil$, so dass $m/n=\phi^{-1}+\epsilon=/\!/a_1,a_2,\ldots/\!/$, wobei $0<\epsilon<1/n$. Sei k minimal mit $a_k\geq 2$; dann $(\phi^{1-k}+(-1)^kF_{k-1}\epsilon)/(\phi^{-k}-(-1)^kF_k\epsilon)\geq 2$, also ist k gerade und $\phi^{-2}=2-\phi\leq\phi^kF_{k+2}\epsilon=(\phi^{2k+2}-\phi^{-2})\epsilon/\sqrt{5}$. [*Ann. Polon. Math.* **1** (1954), 203–206.]

39. Mindestens 287 Schläge; $/\!/2,1,95/\!/=96/287\approx 0{,}33449477$ und kein Bruch mit Nenner <287 liegt im Interval

$$[0{,}3335\,..\,0{,}3345]=[/\!/2,1,666/\!/\,..\,/\!/2,1,94,1,1,3/\!/].$$

Um die allgemeine Frage nach dem Bruch in $[a\,..\,b]$ mit kleinstem Nenner zu beantworten, wobei $0<a<b<1$, beachte, dass wir bezüglich regulärer Kettenbruchdarstellungen $/\!/x_1,x_2,\ldots/\!/</\!/y_1,y_2,\ldots/\!/$ genau dann haben, wenn $(-1)^jx_j<(-1)^jy_j$ für das kleinste j mit $x_j\neq y_j$, wobei wir „∞" nach dem letzten Partialquotienten einer rationalen Zahl plazieren. Also wenn $a=/\!/x_1,x_2,\ldots/\!/$ und $b=/\!/y_1,y_2,\ldots/\!/$ und wenn j minimal ist mit $x_j\neq y_j$, haben die Brüche in $[a\,..\,b]$ die Form $c=/\!/x_1,\ldots,x_{j-1},z_j,\ldots,z_m/\!/$, wobei $/\!/z_j,\ldots,z_m/\!/$ zwischen $/\!/x_j,x_{j+1},\ldots/\!/$ und $/\!/y_j,y_{j+1},\ldots/\!/$ einschließlich liegt. Sei $K_{-1}=0$. Der Nenner

$$K_{j-1}(x_1,\ldots,x_{j-1})K_{m-j+1}(z_j,\ldots,z_m)+K_{j-2}(x_1,\ldots,x_{j-2})K_{m-j}(z_{j+1},\ldots,z_m)$$

von c ist minimiert, wenn $m=j$ und $z_j=(j\text{ ungerade}\Rightarrow y_j+[y_{j+1}\neq\infty];\ x_j+[x_{j+1}\neq\infty])$. [Ein anderer Weg zur Ableitung dieser Methode stammt von der Theorie in der folgenden Übung.]

40. Man kann durch Induktion beweisen, dass $p_rq_l-p_lq_r=1$ an jedem Knoten, also p_l und q_l teilerfremd sind. Da $p/q<p'/q'$ impliziert, dass $p/q<(p+p')/(q+q')<p'/q'$, ist es auch klar, dass die Marken aller linken Nachkommen von p/q kleiner, während die Marken aller rechten Nachkommen größer als p/q sind. Deshalb kommt jede rationale Zahl höchstens einmal als eine Marke vor.

Es bleibt zu zeigen, dass jede rationale Zahl tatsächlich erscheint. Wenn $p/q=/\!/a_1,\ldots,a_r,1/\!/$, wobei jedes a_i eine positive ganze Zahl ist, kann man durch Induktion zeigen, dass der Knoten mit Marke p/q durch a_1-maliges nach links Gehen, dann a_2-maliges nach rechts Gehen, dann a_3-maliges nach links Gehen, usw. gefunden wird.

[Die Folge von Marken auf einander folgenden Ebenen dieses Baums wurde zuerst von M. A. Stern, *Crelle* **55** (1858), 193–220, untersucht, obwohl die Relation zu Binärbäumen in seiner Arbeit nicht explizit ist. Die Beobachtung, dass man alle möglichen Brüche durch sukzessive Interpolation $(p+p')/(q+q')$ zwischen adjazenten Elemente p/q und p'/q' erhalten kann, geht viel weiter zurück: Die wesentlichen Ideen wurden von Daniel Schwenter [*Deliciæ Physico-Mathematicæ* (Nürnberg: 1636), Teil 1, Problem 87; *Geometria Practica*, 3. Auflage (1641), 68, veröffentlicht; siehe M. Cantor, *Geschichte der Math.* **2** (1900), 763–765] und durch John Wallis in *Treatise of Algebra* (1685), Chapters 10–11. C. Huygens machte von diesen Ideen guten Gebrauch beim Entwurf der Getrieberäder seines Planetariums [siehe *Descriptio Automati Planetarii* (1703), veröffentlicht nach seinem Tod]. Lagrange gab eine vollständige Beschreibung in *Hist. Acad. Sci.* **23** (Berlin: 1767), 311–352, §24, und in seinen Hinzufügungen zur französischen Übersetzung von Eulers Algebra (1774), §18–§20. Siehe auch Übung 1.3.2–19; A. Brocot, *Revue Chronométrique* **6** (1860), 186–194; D. H. Lehmer, *AMM* **36** (1929), 59–67.]

41. In der Tat haben die regulären Kettenbrüche für Zahlen der allgemeinen Form

$$\frac{1}{l_1}+\frac{(-1)^{e_1}}{l_1^2 l_2}+\frac{(-1)^{e_2}}{l_1^4 l_2^2 l_3}+\cdots$$

ein interessantes Muster basierend auf der Kontinuantenidentität

$$\begin{aligned}K_{m+n+1}(x_1,\ldots,x_{m-1},x_m-1,1,y_n-1,y_{n-1},\ldots,y_1) &=\\ &x_m K_{m-1}(x_1,\ldots,x_{m-1})K_n(y_n,\ldots,y_1)\\ &+(-1)^n K_{m+n}(x_1,\ldots,x_{m-1},0,-y_n,-y_{n-1},\ldots,-y_1).\end{aligned}$$

Diese Identität ist am interessantesten, wenn $y_n=x_{m-1}$, $y_{n-1}=x_{m-2}$, usw., da

$$K_{n+1}(z_1,\ldots,z_k,0,z_{k+1},\ldots,z_n)=K_{n-1}(z_1,\ldots,z_{k-1},z_k+z_{k+1},z_{k+2},\ldots,z_n).$$

Insbesondere finden wir, dass wenn $p_n/q_n=K_{n-1}(x_2,\ldots,x_n)/K_n(x_1,\ldots,x_n)=//x_1,\ldots,x_n//$, dann $p_n/q_n+(-1)^n/q_n^2 r=//x_1,\ldots,x_n,r-1,1,x_n-1,x_{n-1},\ldots,x_1//$. Durch Änderung von $//x_1,\ldots,x_n//$ zu $//x_1,\ldots,x_{n-1},x_n-1,1//$ können wir das Vorzeichen $(-1)^n$ wie gewünscht kontrollieren.

Zum Beispiel haben die Partialsummen der ersten Reihe folgende Kettenbrüche von gerader Länge: $//1,1//$; $//1,1,1,1,0,1//=//1,1,1,2//$; $//1,1,1,2,1,1,1,1,1,1//$; $//1,1,1,2,1,1,1,1,1,1,1,1,0,1,1,1,1,1,2,1,1,1//=//1,1,1,2,1,1,1,1,1,1,1,2,1,1,1,1,2,1,1,1//$; und von diesem Punkt an kommt die Folge zur Ruhe und gehorcht einem einfachen Reflexionsmuster. Wir finden, dass der n-te Partialquotient a_n schnell wie folgt berechnet werden kann, wenn $n-1=20q+r$, wobei $0\le r<20$:

$$a_n=\begin{cases}1, & \text{wenn } r=0,2,4,5,6,7,9,10,12,13,14,15,17 \text{ or } 19;\\ 2, & \text{wenn } r=3 \text{ oder } 16;\\ 1+(q+r)\bmod 2, & \text{wenn } r=8 \text{ oder } 11;\\ 2-d_q, & \text{wenn } r=1;\\ 1+d_{q+1}, & \text{wenn } r=18.\end{cases}$$

Hier ist d_n die „Drachenfolge“, definiert durch die Regeln $d_0=1$, $d_{2n}=d_n$, $d_{4n+1}=0$, $d_{4n+3}=1$; die in Übung 4.1–18 besprochene Drachenkurve dreht sich nach rechts beim n-ten Schritt genau dann, wenn $d_n=1$.

Liouvilles Zahlen mit $l\ge 3$ sind gleich $//l-1,\ l+1,\ l^2-1,\ 1,\ l,\ l-1,\ l^{12}-1,\ 1,\ l-2,\ l,\ 1,\ l^2-1,\ l+1,\ l-1,\ l^{72}-1,\ldots//$. Der n-te Partialquotient a_n hängt von der Drachenfolge von $n \bmod 4$ wie folgt ab: Wenn $n \bmod 4=1$, ist er $l-2+d_{n-1}+(\lfloor n/2\rfloor \bmod 4)$, und wenn $n \bmod 4 = 2$, ist er $l + 2 - d_{n+2} - (\lfloor n/2 \rfloor \bmod 4)$; wenn $n \bmod 4 = 0$, ist er 1 oder $l^{k!(k-1)} - 1$ abhängig davon, ob $d_n = 0$ oder 1, wobei k die größte Zweierpotenz ist, die n teilt; und wenn $n \bmod 4 = 3$, ist er $l^{k!(k-1)} - 1$ oder 1, abhängig davon, ob $d_{n+1} = 0$ oder 1, wobei k die größte Zweierpotenz ist, die $n + 1$ teilt. Wenn $l = 2$, ist dieselbe Regel anwendbar, außer dass Nullen weggenommen werden müssen, also gibt es ein komplizierteres Muster abhängig von $n \bmod 24$.

[*Referenzen:* J. O. Shallit, *J. Number Theory* **11** (1979), 209–217; Allouche, Lubiw, Mendès France, van der Poorten und Shallit, *Acta Arithmetica* **77** (1996), 77–96.]

42. Nimm an, dass $\|qX\| = |qX - p|$. Wir können immer ganze Zahlen u und v derart finden, dass $q = uq_{n-1} + vq_n$ und $p = up_{n-1} + vp_n$, wobei $p_n = K_{n-1}(A_2, \ldots, A_n)$, da $q_n p_{n-1} - q_{n-1} p_n = \pm 1$. Das Ergebnis ist klar, wenn $v = 0$. Sonst müssen wir $uv < 0$ haben, also hat $u(q_{n-1}X - p_{n-1})$ dasselbe Vorzeichen wie $v(q_n X - p_n)$, und $|qX - p|$ ist gleich $|u|\,|q_{n-1}X - p_{n-1}| + |v|\,|q_n X - p_n|$. Dies vervollständigt den Beweis, da $u \neq 0$. Siehe Satz 6.4S für eine Verallgemeinerung.

43. Wenn x darstellbar ist, so sind es auch die Eltern von x im Stern–Brocot–Baum von Übung 40; also bilden die darstellbaren Zahlen einen Unterbaum des Binärbaums. Seien (u/u') und (v/v') adjazente darstellbare Zahlen. Dann ist die eine ein Ahne der anderen; sagen wir, (u/u') ist ein Ahne von (v/v'), da der andere Fall ähnlich ist. Dann ist (u/u') der nächste linke Ahne von (v/v'), also sind alle Zahlen zwischen u/u' und v/v' linke Nachkommen von (v/v') und die Mediante $((u + v)/(u' + v'))$ ist sein linkes Kind. Gemäß der Beziehung zwischen regulären Kettenbrüchen und dem Binärbaum wird die Mediante und alle ihre linken Nachkommen (u/u') als ihre letzte darstellbare Zahl p_i/q_i haben, während alle rechten Nachkommen der Medianten (v/v') eine Zahl unter den p_i/q_i haben werden. (Die Zahlen p_i/q_i markieren die *Eltern* der „Drehpunktknoten" auf dem Pfad zu x.)

44. Ein Gegenbeispiel zu $M = N = 100$ ist $(u/u') = \frac{1}{3}$, $(v/v') = \frac{67}{99}$. Jedoch ist die Identität fast immer wahr wegen (12); sie gilt nur dann nicht, wenn $u/u' + v/v'$ sehr nahe einem Bruch ist, der einfacher als (u/u') ist.

45. Die Bestimmung von A und r mit $u = Av + r$, $0 \leq r < v$, mittels gewöhnlicher langer Division benötigt $O((1 + \log A)(\log u))$ Zeiteinheiten. Wenn die Quotienten während des Algorithmus $A_1, A_2, \ldots, A_m$ sind, dann $A_1 A_2 \ldots A_m \leq u$, also $\log A_1 + \cdots + \log A_m \leq \log u$. Auch $m = O(\log u)$ nach Satz L.

46. Ja, auf $O(n(\log n)^2(\log\log n))$, sogar wenn wir auch die Folge von Partialquotienten zu berechnen hätten, die durch den euklidschen Algorithmus berechnet würde; siehe A. Schönhage, *Acta Informatica* **1** (1971), 139–144. Darüber hinaus ist Schönhages Algorithmus asymptotisch optimal zur Berechnung einer Kettenbruchentwicklung bezüglich der ausgeführten Multiplikationen und Divisionen [V. Strassen, *SICOMP* **12** (1983), 1–27]. Algorithmus 4.5.2L ist in der Praxis besser, es sei denn, n ist sehr groß; jedoch wird eine effiziente Implementierung für Zahlen größer als etwa 1800 Bit in dem Buch *Fast Algorithms* von A. Schönhage, A. F. W. Grotefeld und E. Vetter (Heidelberg: Spektrum Akademischer Verlag, 1994), §7.2, skizziert.

48. $T_j = (K_{j-2}(-a_2, \ldots, -a_{j-1}),\ K_{j-1}(-a_1, \ldots, -a_{j-1}),\ K_{n-j}(a_{j+1}, \ldots, a_n)d) = ((-1)^j K_{j-2}(a_2, \ldots, a_{j-1}), (-1)^{j-1} K_{j-1}(a_1, \ldots, a_{j-1}), K_{n-j}(a_{j+1}, \ldots, a_n)d)$.

49. Da $\lambda x_1 + \mu z_1 = \mu v$ und $\lambda x_{n+1} + \mu z_{n+1} = -\lambda v/d$, gibt es einen ungeraden Wert von j mit $\lambda x_j + \mu z_j \geq 0$ und $\lambda x_{j+2} + \mu z_{j+2} \leq 0$. Wenn $\lambda x_j + \mu z_j > \theta$ und $\lambda x_{j+2} + \mu z_{j+2} < -\theta$, haben wir $\mu > \theta/z_j$ und $\lambda > -\theta/x_{j+2}$. Es folgt, dass $0 < \lambda x_{j+1} + \mu z_{j+1} < \lambda\mu x_{j+1} z_j/\theta - \lambda\mu z_{j+1} x_{j+2}/\theta \leq 2\lambda\mu v/\theta = 2\theta$, weil die Relation

$|x_{k+1}z_k| = K_{k-1}(a_2, \ldots, a_k)K_{n-k}(a_{k+1}, \ldots, a_n) \leq K_{n-1}(a_2, \ldots, a_n) = v/d$ für alle k gilt. [H. W. Lenstra, Jr., *Math. Comp.* **42** (1984), 331–340.]

50. Sei $k = \lceil \beta/\alpha \rceil$. Wenn $k\alpha < \gamma$, ist die Antwort k; sonst ist sie

$$k - 1 + \left\lceil \frac{f((1/\alpha) \bmod 1, k - \gamma/\alpha, k - \beta/\alpha)}{\alpha} \right\rceil.$$

51. Wenn $ax - mz = y$ und $x \perp y$, haben wir $x \perp mz$. Betrachte den Stern-Brocot-Baum von Übung 40 mit einem zusätzlichen Knoten markiert mit $0/1$. Hefte die zusätliche Auszeichnung $y = ax - mz$ an jede Knotenmarke z/x. Wir wollen alle Knoten z/x finden, deren Auszeichnung y höchstens $\theta = \sqrt{m/2}$ in Absolutwert und dessen Nenner x auch $\leq \theta$ ist. Der einzig mögliche Pfad zu einem solchen Knoten hält eine positive Auszeichnung zur Linken und eine negative Auszeichnung zur Rechten. Diese Regel definiert einen eindeutigen Pfad, welcher sich nach rechts bewegt, wenn die Auszeichnung positiv ist und nach links, wenn die Auszeichnung negativ ist, und anhält, wenn die Auszeichnung null wird. Derselbe Pfad wird implizit verfolgt, wenn Algorithmus 4.5.2X mit $u = m$ und $v = a$ ausgeführt wird, außer dass der Algorithmus nach vorne eilt – er besucht nur Knoten des Pfads, gerade bevor die Auszeichnung das Vorzeichen ändert (die Eltern des „Drehpunkt"-Knotens wie in Übung 43).

Sei z/x der erste Knoten des Pfads, dessen Auszeichnung y die Beziehung $|y| \leq \theta$ erfüllt. Wenn $x > \theta$, gibt es keine Lösung, da die nachfolgenden Werte auf dem Pfad sogar größere Nenner haben. Sonst ist $(\pm x, \mp y)$ eine Lösung, vorausgesetzt $x \perp y$.

Es ist leicht zu sehen, dass es keine Lösung gibt, wenn $y = 0$, und dass, wenn $y \neq 0$, die Auszeichnung des nächsten Knotens des Pfads nicht dasselbe Vorzeichen wie y haben wird. Deshalb wird Knoten z/x von Algorithmus 4.5.2X besucht, und wir werden $x = x_j = K_{j-1}(a_1, \ldots, a_{j-1})$, $y = y_j = (-1)^{(j-1)}K_{n-j}(a_{j+1}, \ldots, a_n)d$, $z = z_j = K_{j-2}(a_2, \ldots, a_{j-1})$ für ein j haben (siehe Übung 48). Die nächste Möglichkeit für eine Lösung wird der mit $z'/x' = (z_{j-1} + kz_j)/(x_{j-1} + kx_j)$ markierte Knoten mit der Auszeichnung $y' = y_{j-1} + ky_j$ sein, wobei k so klein wie möglich mit $|y'| \leq \theta$ ist; wir haben $y'y < 0$. Jedoch muss x' jetzt θ überschreiten; sonst hätten wir $m = K_n(a_1, \ldots, a_n)d = x'|y| + x|y'| \leq \theta^2 + \theta^2 = m$ und Gleichheit kann nicht gelten.

Diese Diskussion beweist, dass das Problem durch Anwendung von Algorithmus 4.5.2X mit $u = m$ und $v = a$ effizient gelöst werden kann, jedoch mit der folgenden Ersetzung für Schritt X2: „Wenn $v_3 \leq \sqrt{m/2}$, terminiert der Algorithmus. Das Paar $(x, y) = (|v_2|, v_3\,\mathrm{sign}(v_2))$ ist dann die eindeutige Lösung, vorausgesetzt $x \perp y$ und $x \leq \sqrt{m/2}$; sonst gibt es keine Lösung." [P. S. Wang, *Lecture Notes in Comp. Sci.* **162** (1983), 225–235; P. Kornerup und R. T. Gregory, *BIT* **23** (1983), 9–20.]

Eine ähnliche Methode funktioniert, wenn wir $0 < x \leq \theta_1$ und $|y| \leq \theta_2$ fordern, wann immer $2\theta_1\theta_2 \leq m$.

Abschnitt 4.5.4

1. Wenn die Zahl d_k nicht prim ist, werden ihre Primfaktoren herausgesiebt, bevor d_k versucht wird.

2. Nein; der Algorithmus würde falsch laufen, wenn $p_{t-1} = p_t$, und „1" als unechten Primfaktor ausgeben.

3. Bezeichne P das Produkt der ersten 168 Primzahlen. [*Bemerkung:* Obwohl dieses $P = 19590\ldots5910$ eine 416-stellige Zahl ist, kann ein solcher ggT in viel weniger Zeit berechnet werden als 168 Divisionen dauern würden, wenn wir nur gerade testen wollen, ob n prim ist oder nicht.]

4. In der Notation von Übung 3.1–11,

$$\sum_{\mu,\lambda} 2^{\lceil \lg \max(\mu+1,\lambda)\rceil} P(\mu,\lambda) = \frac{1}{m}\sum_{l\ge 1} f(l) \prod_{k=1}^{l-1}\left(1-\frac{k}{m}\right),$$

wobei $f(l)=\sum_{1\le\lambda\le l} 2^{\lceil \lg \max(l+1-\lambda,\lambda)\rceil}$. Wenn $l=2^{k+\theta}$, wobei $0<\theta\le 1$, haben wir

$$f(l) = l^2(3\cdot 2^{-\theta} - 2\cdot 2^{-2\theta}),$$

wobei die Funktion $3\cdot 2^{-\theta} - 2\cdot 2^{-2\theta}$ ein Maximum von $\frac{9}{8}$ bei $\theta=\lg(4/3)$ erreicht und ein Minimum von 1 bei $\theta=0$ und 1. Deshalb liegt der mittlere Wert von $2^{\lceil \lg \max(\mu+1,\lambda)\rceil}$ zwischen 1,0 und 1,125 mal mittlerer Wert von $\mu+\lambda$ und das Ergebnis folgt.

Bemerkungen: Richard Brent hat bemerkt, dass mit $m\to\infty$ die Dichte

$$\prod_{k=1}^{l-1}(1-k/m) = \exp(-l(l-1)/2m + O(l^3/m^2))$$

gegen eine Normalverteilung strebt und wir annehmen können, dass θ uniform verteilt ist. Dann hat $3{\cdot}2^{-\theta} - 2{\cdot}2^{-2\theta}$ den Mittelwert $3/(4\ln 2)$ und die mittlere Anzahl an Iterationen in Algorithmus B kommt näherungsweise auf $(3/(4\ln 2)+\frac{1}{2})\sqrt{\pi m/2} = 1{,}98277\sqrt{m}$. Eine ähnliche Analyse der allgemeineren Methode in der Lösung zu Übung 3.1–7 ergibt $\sim 1{,}92600\sqrt{m}$, wenn $p\approx 2{,}4771366$ „optimal" als Wurzel von $(p^2-1)\ln p = p^2-p+1$ gewählt wird. Siehe *BIT* **20** (1980), 176–184.

Algorithmus B ist eine Verfeinerung von Pollards ursprünglichem Algorithmus, welcher auf Übung 3.1–6 (b) statt auf dem damals noch unentdeckten Ergebnis in Übung 3.1–7 basiert. Er zeigte, dass das kleinste n mit $X_{2n}=X_n$ den mittleren Wert $\sim(\pi^2/12)Q(m)\approx 1{,}0308\sqrt{m}$ hat; diese Konstante $\pi^2/12$ wird durch Gl. 4.5.3–(21) erklärt. Also ist der mittlere Arbeitsaufwand seines ursprünglichen Algorithmus etwa $1{,}03081\sqrt{m}$ ggT-Operationen (oder Multiplikationen mod m) und $3{,}09243\sqrt{m}$ Quadrierungen. Dies wird tatsächlich *besser* als Algorithmus B sein, wenn die Kosten des ggT um mehr als etwa das 1,17-fache die Kosten des Quadrierens übersteigen – wie es gewöhnlich bei großen Zahlen der Fall ist.

Brent hat jedoch bemerkt, dass Algorithmus B verbessert werden kann durch Auslassen des ggT, wenn $k>l/2$; wenn Schritt B4 wiederholt wird bis $k\le l/2$, werden wir den Zyklus nach $\lambda\lfloor \ell(\mu)/\lambda\rfloor = \ell(\mu) - (\ell(\mu) \bmod \lambda)$ weiteren Iterationen noch entdecken. Die mittleren Kosten werden jetzt näherungsweise $(3/(4\ln 2))\sqrt{\pi m/2}\approx 1{,}35611\sqrt{m}$ Iterationen, wenn wir quadrieren ohne ggT, plus $((\ln\pi-\gamma)/(4\ln 2)+\frac{1}{2})\sqrt{\pi m/2}\approx 0{,}88319\sqrt{m}$ Iterationen, wenn wir beide Operationen ausführen. [Siehe die Analyse von Henri Cohen in *A Course in Algebraic Number Theory* (Berlin: Springer, 1993), §8.5.]

5. Bemerkenswerterweise $11111\equiv 8616460799$ (modulo $3\cdot 7\cdot 8\cdot 11$), also ist (14) auch für $N=11111$ korrekt außer bezüglich des Modulus 5. Da die Reste $(x^2-N) \bmod 5$ die Werte 4, 0, 3, 3, 0 haben, müssen wir $x \bmod 5 = 0$, 1 oder 4 haben. Das erste $x\ge\lceil\sqrt{N}\,\rceil = 106$, das alle die Bedingungen erfüllt, ist $x=144$; doch die Quadratwurzel von $144^2-11111=9625$ ist nicht eine ganze Zahl. Der nächste Fall jedoch gibt $156^2-11111=13225=115^2$ und $11111=(156-115)\cdot(156+115)=41\cdot 271$.

6. Zählen wir die Anzahl von Lösungen (x,y) der Kongruenz $N\equiv(x-y)(x+y)$ (modulo p), wobei $0\le x,y<p$. Da $N\not\equiv 0$ und p Primzahl ist, $x+y\not\equiv 0$. Für jedes $v\not\equiv 0$ gibt es ein eindeutiges u (modulo p) mit $N\equiv uv$. Die Kongruenzen $x-y\equiv u$, $x+y\equiv v$ bestimmt jetzt eindeutig $x \bmod p$ und $y \bmod p$, da p ungerade ist. Also hat die besagte Kongruenz genau $p-1$ Lösungen (x,y). Wenn (x,y) eine Lösung ist, so

ist auch $(x, p-y)$ eine, wenn $y \neq 0$, da $(p-y)^2 \equiv y^2$; und wenn (x, y_1) und (x, y_2) Lösungen sind mit $y_1 \neq y_2$, haben wir $y_1^2 \equiv y_2^2$; also $y_1 = p - y_2$. Also ist die Anzahl verschiedener x-Werte unter den Lösungen (x, y) dann $(p-1)/2$, wenn $N \equiv x^2$ keine Lösungen hat, oder $(p+1)/2$, wenn $N \equiv x^2$ Lösungen hat.

7. Ein Verfahren besteht darin, zwei Indizes für jeden Modulus zu halten, einen für die laufende Wortstelle und einen für die laufende Bitstelle; das Laden zweier Wörter der Tabelle und ein indizierter Verschiebungsbefehl werden die Tabelleneinträge in eine geeignete Ausrichtung bringen. (Viele Rechner haben spezielle Möglichkeiten für eine derartige Bitmanipulation.)

8. (Wir können annehmen, dass $N = 2M$ gerade ist.) Der folgende Algorithmus verwendet ein Hilfstabelle $X[1]$, $X[2]$, ..., $X[M]$, wobei $X[k]$ die Primalität von $2k+1$ repräsentiert.

S1. Setze $X[k] \leftarrow 1$ für $1 \le k \le M$. Setze auch $j \leftarrow 1$, $p \leftarrow 3$, $q \leftarrow 4$. (Während dieses Algorithmus $p = 2j + 1$ und $q = 2j + 2j^2$.)

S2. Wenn $X[j] = 0$, geh zu S4. Sonst gib p aus, das prim ist, und setze $k \leftarrow q$.

S3. Wenn $k \le M$, dann setze $X[k] \leftarrow 0$, $k \leftarrow k + p$ und wiederhole diesen Schritt.

S4. Setze $j \leftarrow j + 1$, $p \leftarrow p + 2$, $q \leftarrow q + 2p - 2$. Wenn $j \le M$, kehre zurück nach S2. ▌

Ein größerer Teil dieser Rechnung könnte merklich schneller gemacht werden, wenn q (statt j) gegen M in Schritt S4 geprüft würde, und wenn eine neue Schleife angehängt würde, die $2j+1$ für alle verbleibenden $X[j]$ ausgibt, die 1 sind, und die die Manipulation von p und q unterdrückt.

Bemerkungen: Das ursprüngliche Sieb des Eratosthenes wurde beschrieben in Buch 1, Kapitel 13 von Nicomachus' *Einführung in die Arithmetik.* Es ist wohl bekannt, dass

$$\sum_{p \,\text{prim}} [p \le N]/p = \ln\ln N + M + O((\log N)^{-10000}),$$

wobei $M = \gamma + \sum_{k \ge 2} \mu(k) \ln \zeta(k)/k$ die Mertenskonstante

$$0{,}26149\,72128\,47642\,78375\,54268\,38608\,69585\,90516-$$

ist; siehe F. Mertens, *Crelle* **76** (1874), 46–62; Greene und Knuth, *Mathematics for the Analysis of Algorithms* (Boston: Birkhäuser, 1981), §4.2.3. Insbesondere ist die Anzahl der Operationen im ursprünglichen, von Nicomachus beschriebenen Algorithmus $N \ln\ln N + O(N)$. Verbesserungen in der Effizienz von Siebmethoden zur Erzeugung von Primzahlen werden in Übung 5.2.3–15 und in Abschnitt 7.1 besprochen.

9. Wenn p^2 ein Teiler von n für eine Primzahl p ist, dann ist p ein Teiler von $\lambda(n)$, doch nicht von $n-1$. Wenn $n = p_1 p_2$, wobei $p_1 < p_2$ Primzahlen sind, dann ist $p_2 - 1$ ein Teiler von $\lambda(n)$ und deshalb $p_1 p_2 - 1 \equiv 0$ (modulo $p_2 - 1$). Da $p_2 \equiv 1$, bedeutet dies, $p_1 - 1$ ist ein Vielfaches von $p_2 - 1$ im Widerspruch zur Annahme $p_1 < p_2$. [Werte von n, für welche $\lambda(n)$ eigentlicher Teiler von $n-1$ ist, werden *Carmichael-Zahlen* genannt. Als Beispiel stehen hier einige kleine Carmichael-Zahlen mit bis zu sechs Primfaktoren: $3 \cdot 11 \cdot 17$, $5 \cdot 13 \cdot 17$, $7 \cdot 11 \cdot 13 \cdot 41$, $5 \cdot 7 \cdot 17 \cdot 19 \cdot 73$, $5 \cdot 7 \cdot 17 \cdot 73 \cdot 89 \cdot 107$. Es gibt 8241 Carmichael-Zahlen kleiner 10^{12} und es gibt mindestens $\Omega(N^{2/7})$ Carmichael-Zahlen kleiner N [siehe W. R. Alford, A. Granville und C. Pomerance, *Annals of Math.* (2) **139** (1994), 703–722].

10. Sei k_p die Ordnung von x_p modulo n und sei λ das kleinste gemeinsame Vielfache von allen k_p. Dann ist λ ein Teiler von $n-1$, doch von keinem $(n-1)/p$, also $\lambda = n-1$. Da $x_p^{\varphi(n)} \bmod n = 1$, $\varphi(n)$ ein Vielfaches von k_p für alle p ist, gilt also $\varphi(n) \geq \lambda$. Doch $\varphi(n) < n-1$, wenn n nicht prim ist. (Ein anderer Weg, den Beweis durchzuführen, ist die Konstruktion eines Elements x der Ordnung $n-1$ von den x_p nach der Methode von Übung 3.2.1.2–15.)

11.

U	V	A	P	S	T	Ausgabe
1984	1	0	992	0	—	
1981	1981	1	992	1	1981	
1983	4	495	993	0	1	$993^2 \equiv +2^2$
1983	991	2	98109	1	991	
1981	4	495	2	0	1	$2^2 \equiv +2^2$
1984	1981	1	99099	1	1981	
1984	1	1984	99101	0	1	$99101^2 \equiv +2^0$

Die Faktorisierung $199 \cdot 991$ ist evident von den ersten oder letzten Ausgaben. Die Kürze des Zyklus und das Auftreten der notorischen Zahl 1984 sind wahrscheinlich Koinzidenzen.

12. Der folgende Algorithmus benutzt eine $(m+1) \times (m+1)$ Hilfsmatrix von ganzen Zahlen E_{jk}, $0 \leq j,k \leq m$; einen einfachgenauen Vektor $(b_0, b_1, \ldots, b_m)$; und einen vielfachgenauen Vektor $(x_0, x_1, \ldots, x_m)$ mit Einträgen im Bereich $0 \leq x_k < N$.

F1. [Initialisiere.] Setze $b_i \leftarrow -1$ für $0 \leq i \leq m$; dann setze $j \leftarrow 0$.

F2. [Nächste Lösung.] Erhalte die nächste Ausgabe $(x, e_0, e_1, \ldots, e_m)$ von Algorithmus E. (Es ist angebracht, die Algorithmen E und F als Koroutinen zu betrachten.) Setze $k \leftarrow m$.

F3. [Suche ungerade.] Wenn $k < 0$, geh zu Schritt F5. Sonst, wenn e_k gerade ist, setze $k \leftarrow k-1$ und wiederhole diesen Schritt.

F4. [Lineare Abhängigkeit?] Wenn $b_k \geq 0$, dann setze $i \leftarrow b_k$, $x \leftarrow (x_i x) \bmod N$, $e_r \leftarrow e_r + E_{ir}$ für $0 \leq r \leq m$; setze $k \leftarrow k-1$ und kehre zurück nach F3. Sonst setze $b_k \leftarrow j$, $x_j \leftarrow x$, $E_{jr} \leftarrow e_r$ für $0 \leq r \leq m$; setze $j \leftarrow j+1$ und kehre zurück nach F2. (Im letzten Fall haben wir eine neue linear unabhängige Lösung, modulo 2, deren erste ungerade Komponente e_k ist. Es kann nicht garantiert werden, dass die Werte E_{jr} einfachgenau bleiben, doch tendieren sie dazu, klein zu bleiben, wenn k von m zu 0 absteigt, wie es von Morrison und Brillhart empfohlen wird.)

F5. [Versuche, zu faktorisieren.] (Jetzt sind e_0, e_1, …, e_m gerade.) Setze

$$y \leftarrow \left((-1)^{e_0/2} p_1^{e_1/2} \ldots p_m^{e_m/2}\right) \bmod N.$$

Wenn $x = y$ oder wenn $x + y = N$, kehre zurück nach F2. Sonst berechne $\operatorname{ggT}(x-y, N)$, was ein eigentlicher Faktor von N ist, und terminiere den Algorithmus. ▌

Dieser Algorithmus findet einen Faktor, wann immer es möglich ist, einen solchen aus den gegebenen Ausgaben von Algorithmus E zu folgern. [*Beweis.* Seien die Ausgaben von Algorithmus E $(X_i, E_{i0}, \ldots, E_{im})$ für $1 \leq i \leq t$, und nehmen wir an, dass wir eine Faktorisierung $N = N_1 N_2$ finden könnten, wenn $x \equiv X_1^{a_1} \ldots X_t^{a_t}$ und $y \equiv (-1)^{e_0/2} p_1^{e_1/2} \ldots p_m^{e_m/2}$ (modulo N), wobei $e_j = a_1 E_{1j} + \cdots + a_t E_{tj}$ gerade ist für alle j. Dann $x \equiv \pm y$ (modulo N_1) und $x \equiv \mp y$ (modulo N_2). Es ist nicht schwierig zu sehen, dass diese Lösung in ein Paar (x, y) transformiert werden kann, das in Schritt F5 erscheint, und zwar in einer Reihe von Schritten, die systematisch (x, y) durch (xx', yy') ersetzen, wobei $x' \equiv \pm y'$ (modulo N).]

13. Es gibt 2^d Werte von x, die dieselben Exponenten $(e_0, \ldots, e_m)$ haben, da wir die Vorzeichen von x modulo $q_i^{f_i}$ beliebig wählen können, wenn $N = q_1^{f_1} \ldots q_d^{f_d}$. Genau zwei dieser 2^d Werte werden keinen Faktor liefern.

14. Da $P^2 \equiv kNQ^2$ (modulo p) für jeden Primteiler p von V, bekommen wir $1 \equiv P^{2(p-1)/2} \equiv (kNQ^2)^{(p-1)/2} \equiv (kN)^{(p-1)/2}$ (modulo p), wenn $P \not\equiv 0$.

15. $U_n = (a^n - b^n)/\sqrt{D}$, wobei $a = \frac{1}{2}(P + \sqrt{D})$, $b = \frac{1}{2}(P - \sqrt{D})$, $D = P^2 - 4Q$. Dann $2^{n-1}U_n = \sum_k \binom{n}{2k+1} P^{n-2k-1} D^k$; also $U_p \equiv D^{(p-1)/2}$ (modulo p), wenn p eine ungerade Primzahl ist. Ähnlich, wenn $V_n = a^n + b^n = U_{n+1} - QU_{n-1}$, dann $2^{n-1}V_n = \sum_k \binom{n}{2k} P^{n-2k} D^k$ und $V_p \equiv P^p \equiv P$. Also wenn $U_p \equiv -1$, finden wir, dass U_{p+1} mod $p = 0$. Wenn $U_p \equiv 1$, finden wir, dass $(QU_{p-1}) \bmod p = 0$; wenn hier Q ein Vielfaches von p ist, $U_n \equiv P^{n-1}$ (modulo p) für $n > 0$, also ist U_n niemals ein Vielfaches von p; wenn Q kein Vielfaches von p ist, $U_{p-1} \bmod p = 0$. Deshalb wie in Satz L, U_t mod $N = 0$, wenn $N = p_1^{e_1} \ldots p_r^{e_r}$, $N \perp Q$, und $t = \mathrm{kgV}_{1 \le j \le r}(p_j^{e_j - 1}(p_j + \epsilon_j))$. Unter den Voraussetzungen dieser Übung ist der Rang des Auftretens von N dann $N + 1$; also ist N teilerfremd zu Q und t ist ein Vielfaches von $N + 1$. Auch implizieren die Voraussetzungen dieser Übung, dass jedes p_j ungerade ist und jedes ϵ_j den Wert ± 1 hat, also $t \le 2^{1-r} \prod p_j^{e_j - 1}(p_j + \frac{1}{3}p_j) = 2(\frac{2}{3})^r N$; also $r = 1$ und $t = p_1^{e_1} + \epsilon_1 p_1^{e_1 - 1}$. Schließlich folgt $e_1 = 1$ und $\epsilon_1 = 1$.

Bemerkung: Wenn dieser Primalitätstest zu irgendetwas gut sein soll, müssen wir P und Q so wählen, dass der Test wahrscheinlich arbeiten wird. Lehmer schlägt vor, mit $P = 1$, so dass $D = 1 - 4Q$, und einem solchen Q zu arbeiten, dass $N \perp QD$. (Wenn die letzte Bedingung nicht gilt, wissen wir bereits, dass N nicht prim ist, es sei denn, $|QD| \ge N$.) Weiterhin zeigt die obige Ableitung, dass wir $\epsilon_1 = 1$ wünschen werden, d.h., $D^{(N-1)/2} \equiv -1$ (modulo N). Dies ist eine andere Bedingung, die die Wahl von Q bestimmt. Weiterhin wissen wir, wenn D diese Bedingung erfüllt, und $U_{N+1} \bmod N \ne 0$, dass N *nicht* prim ist.

Beispiel: Wenn $P = 1$ und $Q = -1$, haben wir die Fibonaccifolge mit $D = 5$. Da $5^{11} \equiv -1$ (modulo 23), können wir zu beweisen versuchen, dass 23 Primzahl ist, mittels der Fibonaccifolge:

$$\langle F_n \bmod 23 \rangle = 0, 1, 1, 2, 3, 5, 8, 13, 21, 11, 9, 20, 6, 3, 9, 12, 21, 10, 8, 18, 3, 21, 1, 22, 0, \ldots,$$

also ist 24 der Rang des Auftretens von 23 und der Test funktioniert. Jedoch kann die Fibonaccifolge nicht in dieser Weise verwendet werden, die Primalität von 13 oder 17 zu beweisen, da $F_7 \bmod 13 = 0$ und $F_9 \bmod 17 = 0$. Wenn $p \equiv \pm 1$ (modulo 10), haben wir $5^{(p-1)/2} \bmod p = 1$, also ist F_{p-1} (nicht F_{p+1}) durch p teilbar.

17. Sei $f(q) = 2 \lg q - 1$. Für $q = 2$ oder 3 hat der Baum höchstens $f(q)$ Knoten. Wenn $q > 3$ prim ist, sei $q = 1 + q_1 \ldots q_t$, wobei $t \ge 2$ und $q_1, \ldots, q_t$ prim sind. Die Größe des Baums ist $\le 1 + \sum f(q_k) = 2 + f(q - 1) - t < f(q)$. [*SICOMP* **7** (1975), 214–220.]

18. $x(G(\alpha) - F(\alpha))$ ist die Anzahl von $n \le x$, deren zweitgrößter Primfaktor $\le x^\alpha$ und deren größter Primfaktor $> x^\alpha$ ist. Also

$$xG'(t)\,dt = \bigl(\pi(x^{t+dt}) - \pi(x^t)\bigr) \cdot x^{1-t}\bigl(G(t/(1-t)) - F(t/(1-t))\bigr).$$

Die Wahrscheinlichkeit, dass $p_{t-1} \le \sqrt{p_t}$, ist $\int_0^1 F(t/2(1-t))t^{-1}\,dt$. [Interessanterweise kann gezeigt werden, dass diese auch gleich $\int_0^1 F(t/(1-t))\,dt$ ist, dem Mittelwert von

$\log p_t/\log x$, und auch gleich der Dickman–Golomb–Konstanten 0,62433 von Übungen 1.3.3–23 und 3.1–13 ist. Die Ableitung $G'(0)$ kann gleich

$$\int_0^1 F(t/(1-t))t^{-2}\,dt = F(1) + 2F(\tfrac{1}{2}) + 3F(\tfrac{1}{3}) + \cdots = e^\gamma$$

gezeigt werden. Für den drittgrößten Primfaktor haben wir

$$H(\alpha) = \int_0^\alpha \bigl(H(t/(1-t)) - G(t/(1-t))\bigr)t^{-1}\,dt$$

und $H'(0) = \infty$. Siehe P. Billingsley, *Period. Math. Hungar.* **2** (1972), 283–289; J. Galambos, *Acta Arith.* **31** (1976), 213–218; D. E. Knuth und L. Trabb Pardo, *Theoretical Comp. Sci.* **3** (1976), 321–348; J. L. Hafner und K. S. McCurley, *J. Algorithms* **10** (1989), 531–556.]

19. $M = 2^D - 1$ ist ein Vielfaches aller p, für welche die Ordnung von 2 modulo p die Zahl D teilt. Um diese Idee zu erweitern, sei $a_1 = 2$ und $a_{j+1} = a_j^{q_j} \bmod N$, wobei $q_j = p_j^{e_j}$, p_j die j-te Primzahl ist und $e_j = \lfloor \log 1000/\log p_j \rfloor$; sei $A = a_{169}$. Jetzt berechne $b_q = \mathrm{ggT}(A^q - 1, N)$ für alle Primzahlen q zwischen 10^3 und 10^5. Ein Weg hierzu ist, mit $A^{1009} \bmod N$ zu beginnen und dann abwechselnd mit $A^4 \bmod N$ und $A^2 \bmod N$ zu multiplizieren. (Eine ähnliche Methode wurde in den zwanziger Jahren von D. N. Lehmer benutzt, doch er veröffentlichte sie nicht.) Wie bei Algorithmus B können wir die meisten ggT-Operationen durch Bündeln vermeiden; da zum Beispiel $b_{30r-k} = \mathrm{ggT}(A^{30r} - A^k, N)$, können wir Bündel von 8 versuchen und $c_r = (A^{30r} - A^{29})(A^{30r} - A^{23})\ldots(A^{30r} - A) \bmod N$ berechnen, dann $\mathrm{ggT}(c_r, N)$ für $33 < r \le 3334$.

20. Siehe H. C. Williams, *Math. Comp.* **39** (1982), 225–234.

21. Eine interessante, für diese Vermutung bedeutsame Theorie wurde von Eric Bach eingeführt, *Information and Computation* **90** (1991), 139–155.

22. Algorithmus P gibt nur dann eine falsche Ausgabe, wenn die zufällige Zahl x nicht die Tatsache ans Licht bringt, dass n zusammengesetzt ist. Sagen wir, x ist *schlecht*, wenn $x^q \bmod n = 1$ oder wenn eine der Zahlen $x^{2^j q} \equiv -1$ (modulo n) für $0 \le j < k$ ist. Da 1 schlecht ist, haben wir $p_n = (b_n - 1)/(n-2) < b_n/(n-1)$, wobei b_n die Zahl von schlechten x mit $1 \le x < n$ ist, wenn n keine Primzahl ist.

Jedes schlechte x erfüllt $x^{n-1} \equiv 1$ (modulo n). Ist p prim, so ist die Anzahl der Lösungen dieser Kongruenz $x^q \equiv 1$ (modulo p^e) für $1 \le x < p^e$ dieselbe wie die Anzahl der Lösungen von $qy \equiv 0$ $\bigl(\text{modulo } p^{e-1}(p-1)\bigr)$ für $0 \le y < p^{e-1}(p-1)$, nämlich $\mathrm{ggT}\bigl(q, p^{e-1}(p-1)\bigr)$, da wir x durch a^y ersetzen können, wobei a eine primitive Wurzel ist.

Sei $n = n_1^{e_1}\ldots n_r^{e_r}$, wobei die n_i verschiedene Primzahlen sind. Nach dem chinesischen Restsatz ist die Anzahl der Lösungen der Kongruenz $x^{n-1} \equiv 1$ (modulo n) dann $\prod_{i=1}^r \mathrm{ggT}\bigl(n-1, n_i^{e_i-1}(n_i-1)\bigr)$ und diese ist höchstens $\prod_{i=1}^r (n_i - 1)$, da n_i teilerfremd zu $n-1$ ist. Wenn einige $e_i > 1$, haben wir $n_i - 1 \le \frac{2}{9}n_i^{e_i}$, also ist die Anzahl der Lösungen höchstens $\frac{2}{9}n$; in diesem Fall $b_n \le \frac{2}{9}n \le \frac{1}{4}(n-1)$, da $n \ge 9$.

Deshalb können wir annehmen, dass n das Produkt $n_1 \ldots n_r$ verschiedener Primzahlen ist. Sei $n_i = 1 + 2^{k_i}q_i$, wobei $k_1 \le \cdots \le k_r$. Dann $\mathrm{ggT}(n-1, n_i - 1) = 2^{k_i'}q_i'$, wobei $k_i' = \min(k, k_i)$ und $q_i' = \mathrm{ggT}(q, q_i)$. Modulo n_i ist die Anzahl solcher x, dass $x^q \equiv 1$ ist, q_i'; und die Anzahl solcher x, dass $x^{2^j q} \equiv -1$ ist $2^j q_i'$ für $0 \le j < k_i'$, sonst 0. Da $k \ge k_1$, haben wir $b_n = q_1' \ldots q_r' \bigl(1 + \sum_{0 \le j < k_1} 2^{jr}\bigr)$.

Um den Beweis zu vervollständigen, genügt es zu zeigen, dass

$$b_n \le \frac{1}{4}q_1 \ldots q_r 2^{k_1 + \cdots + k_r} = \frac{1}{4}\varphi(n),$$

da $\varphi(n) < n - 1$. Wir haben

$$\begin{aligned}(1 + \textstyle\sum_{0\le j<k_1} 2^{jr})/2^{k_1+\cdots+k_r} &\le (1 + \textstyle\sum_{0\le j<k_1} 2^{jr})/2^{k_1 r} \\ &= 1/(2^r - 1) + (2^r - 2)/(2^{k_1 r}(2^r - 1)) \le 1/2^{r-1},\end{aligned}$$

also folgt das Ergebnis, es sei denn, $r = 2$ und $k_1 = k_2$. Wenn $r = 2$, zeigt Übung 9, dass $n-1$ kein Vielfaches sowohl von $n_1 - 1$ als auch von $n_2 - 1$ ist. Wenn also $k_1 = k_2$, können wir nicht gleichzeitig $q_1' = q_1$ und $q_2' = q_2$ haben; es folgt, dass $q_1'q_2' \le \frac{1}{3}q_1q_2$ und $b_n \le \frac{1}{6}\varphi(n)$ in diesem Fall.

[*Referenz: J. Number Theory* **12** (1980), 128–138.] Dieser Beweis zeigt, dass p_n nahe $\frac{1}{4}$ in nur zwei Fällen ist, wenn $n = (1 + 2q_1)(1 + 4q_1)$ oder eine Carmichael-Zahl der speziellen Form $(1+2q_1)(1+2q_2)(1+2q_3)$ ist. Wenn zum Beispiel $n = 49939 \cdot 99877$, haben wir $b_n = \frac{1}{4}(49938 \cdot 99876)$ und $p_n \approx 0{,}24999$; wenn $n = 1667 \cdot 2143 \cdot 4523$, haben wir $b_n = \frac{1}{4}(1666 \cdot 2142 \cdot 4522)$, $p_n \approx 0{,}24968$. Siehe die nächste Lösung für weitere Bemerkungen.

23. (a) Die Beweise sind einfach, außer vielleicht für das Reziprozitätsgesetz. Sei $p = p_1 \ldots p_s$ und $q = q_1 \ldots q_r$, wobei die p_i und q_j prim sind. Dann

$$\left(\frac{p}{q}\right) = \prod_{i,j}\left(\frac{p_i}{q_j}\right) = \prod_{i,j}(-1)^{(p_i-1)(q_j-1)/4}\left(\frac{q_j}{p_i}\right) = (-1)^{\sum_{i,j}(p_i-1)(q_j-1)/4}\left(\frac{q}{p}\right),$$

also brauchen wir nur zu verifizieren, dass $\sum_{i,j}(p_i - 1)(q_j - 1)/4 \equiv (p-1)(q-1)/4$ (modulo 2). Doch $\sum_{i,j}(p_i - 1)(q_j - 1)/4 = (\sum_i(p_i - 1)/2)(\sum_j(q_j - 1)/2)$ ist genau dann ungerade, wenn eine ungerade Anzahl der p_i und eine ungerade Anzahl der q_j $\equiv 3$ (modulo 4) sind, und dies gilt genau dann, wenn $(p-1)(q-1)/4$ ungerade ist. [C. G. J. Jacobi, *Bericht Königl. Preuß. Akad. Wiss. Berlin* **2** (1837), 127–136; V. A. Lebesgue, *J. Math. Pures Appl.* **12** (1847), 497–520, bespricht die Effizienz.]

(b) Wie in Übung 22 können wir annehmen, dass $n = n_1 \ldots n_r$, wobei die $n_i = 1+2^{k_i}q_i$ verschiedene Primzahlen sind und $k_1 \le \cdots \le k_r$; wir setzen $\mathrm{ggT}(n-1, n_i-1) = 2^{k_i'}q_i'$ und nennen x *schlecht*, wenn es fälschlicherweise n als Primzahl aussehen lässt. Sei $\Pi_n = \prod_{i=1}^r q_i' 2^{\min(k_i,k-1)}$ die Anzahl der Lösungen von $x^{(n-1)/2} \equiv 1$. Die Anzahl schlechter x mit $(\frac{x}{n}) = 1$ ist Π_n mal einen zusätzlichen Faktor $\frac{1}{2}$, wenn $k_1 < k$. (Dieser Faktor $\frac{1}{2}$ ist nötig zur Sicherstellung, dass $(\frac{x}{n_i}) = -1$ für eine gerade Zahl der n_i mit $k_i < k$.) Die Zahl schlechter x mit $(\frac{x}{n}) = -1$ ist Π_n, wenn $k_1 = k$, sonst 0. [Wenn $x^{(n-1)/2} \equiv -1$ (modulo n_i), haben wir $(\frac{x}{n_i}) = -1$, wenn $k_i = k$, $(\frac{x}{n_i}) = +1$, wenn $k_i > k$, und einen Widerspruch, wenn $k_i < k$. Wenn $k_1 = k$, gibt es eine ungerade Anzahl k_i gleich k.]

Bemerkungen: Die Wahrscheinlichkeit einer schlechten Vermutung ist $> \frac{1}{4}$, nur wenn n eine Carmichael-Zahl mit $k_1 < k$ ist; zum Beispiel ist $n = 7 \cdot 13 \cdot 19 = 1729$, eine Zahl, die von Ramanujan in einem anderen Kontext berühmt gemacht wurde. Louis Monier hat die obigen Analysen erweitert, um die folgenden geschlossenen Formeln für die Anzahl schlechter x allgemein zu erhalten:

$$b_n = \left(1 + \frac{2^{rk_1} - 1}{2^r - 1}\right)\prod_{i=1}^r q_i'; \qquad b_n' = \delta_n \prod_{i=1}^r \mathrm{ggT}\left(\frac{n-1}{2}, n_i - 1\right).$$

Hier ist b_n' die Anzahl schlechter x in dieser Übung und δ_n ist entweder 2 (wenn $k_1 = k$), oder $\frac{1}{2}$ (wenn $k_i < k$ und e_i ungerade ist für bestimmte i) oder 1 (sonst).

(c) Wenn $x^q \bmod n = 1$, dann $1 = (\frac{x^q}{n}) = (\frac{x}{n})^q = (\frac{x}{n})$. Wenn $x^{2^j q} \equiv -1$ (modulo n), dann muss die Ordnung von x modulo n_i ein ungerades Vielfaches von 2^{j+1} für alle Primteiler n_i von n sein. Sei $n = n_1^{e_1} \dots n_r^{e_r}$ und $n_i = 1 + 2^{j+1} q_i''$; dann $(\frac{x}{n_i}) = (-1)^{q_i''}$, also $(\frac{x}{n}) = +1$ oder -1 je nachdem, ob $\sum e_i q_i''$ gerade oder ungerade ist. Da $n \equiv (1 + 2^{j+1} \sum e_i q_i'')$ (modulo 2^{j+2}), ist die Summe $\sum e_i q_i''$ ungerade genau dann, wenn $j + 1 = k$. [*Theoretical Comp. Sci.* **12** (1980), 97–108.]

24. Sei M_1 eine Matrix mit einer Zeile für jede zusammengesetzte ungerade Zahl n im Bereich $1 \le n \le N$ und mit $N - 1$ Spalten, die von 2 bis N gezählt werden; der Eintrag in Zeile n und Spalte x ist 1, wenn n den x-Test von Algorithmus P nicht passiert, sonst ist er null. Wenn $N = qn + r$ und $0 \le r < n$, wissen wir, dass Zeile n höchstens $-1 + q(b_n + 1) + \min(b_n + 1, r) < q(\frac{1}{4}(n-1) + 1) + \min(b_n + 1, r) \le \frac{1}{3}qn + \min(\frac{1}{4}n, r) = \frac{1}{3}N + \min(\frac{1}{4}n - \frac{1}{3}r, \frac{2}{3}r) \le \frac{1}{3}N + \frac{1}{6}n \le \frac{1}{2}N$ Einträge gleich 0 enthält, also sind mindestens die Hälfte der Einträge der Matrix 1. Deshalb hat eine bestimmte Spalte x_1 von M_1 mindestens die Hälfte ihrer Einträge gleich 1. Die Wegnahme der Spalte x_1 und aller Zeilen, in welchen diese Spalte 1 enthält, liefert eine Matrix M_2 mit ähnlichen Eigenschaften; eine Wiederholung dieser Konstruktion liefert Matrix M_r mit $N - r$ Spalten und weniger als $N/2^r$ Zeilen und mit mindestens $\frac{1}{2}(N-1)$ Einträgen pro Zeile gleich 1. [Siehe *FOCS* **19** (1978), 78.]

[Ein ähnlicher Beweis impliziert die Existenz einer *einzigen* unendlichen Folge $x_1 < x_2 < \cdots$, so dass die Zahl $n > 1$ genau dann Primzahl ist, wenn sie den x-Test von Algorithmus P für $x = x_1, \dots, x = x_m$ passiert, wobei $m = \frac{1}{2}\lfloor \lg n \rfloor (\lfloor \lg n \rfloor - 1)$. Existiert eine Folge $x_1 < x_2 < \cdots$ mit dieser Eigenschaft, doch mit $m = O(\log n)$?]

25. Dieser Satz wurde zuerst durch von Mangoldt streng bewiesen [*Crelle* **114** (1895), 255–305], der auch zeigte, dass der $O(1)$-Term $C + \int_x^\infty dt/((t^2 - 1)t \ln t)$, minus $1/2k$ ist, wenn n die k-te Potenz einer Primzahl ist. Die Konstante C ist $\mathrm{li}\,2 - \ln 2 = \gamma + \ln\ln 2 + \sum_{n\ge 2} (\ln 2)^n/nn! = 0{,}35201\ 65995\ 57547\ 47542\ 73567\ 67736\ 43656\ 84471+$.

[Für eine Zusammenfassung der Entwicklungen während der 100 auf von Mangoldts Arbeit folgenden Jahre siehe A. A. Karatsuba, *Complex Analysis in Number Theory* (CRC Press, 1995). Siehe auch Eric Bach und Jeffrey Shallit, *Algorithmic Number Theory* **1** (MIT Press, 1996), Kapitel 8, für eine exzellente Einführung über die Verbindung zwischen Riemanns Hypothese und konkreten Problemen ganzer Zahlen.]

26. Wenn die Zahl N nicht prim ist, hat sie einen Primfaktor $q \le \sqrt{N}$. Nach der Hypothese gibt es zu jedem Primteiler p von f eine ganze Zahl x_p, so dass die Ordnung von x_p modulo q ein Teiler von $N - 1$, doch nicht von $(N-1)/p$ ist. Wenn deshalb p^k die Zahl f teilt, ist die Ordnung von x_p modulo q ein Vielfaches von p^k. Übung 3.2.1.2–15 sagt uns jetzt, dass es ein Element x der Ordnung f modulo q gibt. Doch dies ist unmöglich, da es impliziert, dass $q^2 \ge (f+1)^2 \ge (f+1)\,r \ge N$, und Gleichheit kann nicht gelten. [*Proc. Camb. Phil. Soc.* **18** (1914), 29–30.]

27. Wenn k nicht durch 3 teilbar ist und wenn $k \le 2^n + 1$, dann ist die Zahl $k{\cdot}2^n + 1$ genau dann prim, wenn $3^{2^{n-1}k} \equiv -1$ (modulo $k{\cdot}2^n + 1$). Denn wenn diese Bedingung gilt, ist $k{\cdot}2^n + 1$ prim nach Übung 26; und wenn $k{\cdot}2^n + 1$ prim ist, ist die Zahl 3 ein quadratischer Nichtrest mod $k{\cdot}2^n + 1$ nach dem Gesetz der quadratischen Reziprozität, da $(k{\cdot}2^n + 1) \bmod 12 = 5$. [Dieser Test wurde ohne Beweis von Proth in *Comptes Rendus Acad. Sci. Paris* **87** (1878), 926.] angegeben.

Um Proths Test mit der notwendigen Effizienz zu implementieren, müssen wir $x^2 \bmod (k{\cdot}2^n + 1)$ mit etwa derselben Geschwindigkeit berechnen können wie die Größe $x^2 \bmod (2^n - 1)$. Sei $x^2 = A{\cdot}2^n + B$; dann $x^2 \equiv B - \lfloor A/k \rfloor + 2^n (A \bmod k)$, also ist der Rest leicht zu erhalten, wenn k eine einfachgenaue Zahl ist.

[Zum Test von Zahlen der Form $3{\cdot}2^n + 1$ auf Primalität ist die Aufgabe nur geringfügig schwieriger; wir erzeugen zuerst zufällige einfachgenaue Zahlen, bis wir eine finden, die ein quadratischer Nichtrest mod $3{\cdot}2^n+1$ nach dem Gesetz der quadratischen Reziprozität ist, dann verwenden wir diese Zahl an Stelle von „3" im obigen Test. Wenn $n \bmod 4 \neq 0$, kann die Zahl 5 verwendet werden. Es stellt sich heraus, dass $3{\cdot}2^n+1$ prim ist, wenn $n = 1$, 2, 5, 6, 8, 12, 18, 30, 36, 41, 66, 189, 201, 209, 276, 353, 408, 438, 534, 2208, 2816, 3168, 3189, 3912, 20909, 34350, 42294, 42665, 44685, 48150, 55182, 59973, 80190, 157169, 213321 und für kein anderes $n \leq 300000$; und $5{\cdot}2^n + 1$ ist prim, wenn $n = 1$, 3, 7, 13, 15, 25, 39, 55, 75, 85, 127, 1947, 3313, 4687, 5947, 13165, 23473, 26607, 125413, 209787, 240937 und für kein anderes $n \leq 300000$. Siehe R. M. Robinson, *Proc. Amer. Math. Soc.* **9** (1958), 673–681; G. V. Cormack und H. C. Williams, *Math. Comp.* **35** (1980), 1419–1421; H. Dubner und W. Keller, *Math. Comp.* **64** (1995), 397–405; J. S. Young, *Comp.* **67** (1998), 1735–1738.]

28. $f(p,p^2d) = 2/(p+1) + f(p,d)/p$, da $1/(p+1)$ ist die Wahrscheinlichkeit, dass A ein Vielfaches von p ist. $f(p,pd) = 1/(p+1)$, wenn $d \bmod p \neq 0$. $f(2,4k+3) = \frac{1}{3}$, da $A^2 - (4k+3)B^2$ kein Vielfaches von 4 sein kann; $f(2,8k+5) = \frac{2}{3}$, da $A^2 - (8k+5)B^2$ kein Vielfaches von 8 sein kann; $f(2,\, 8k+1) = \frac{1}{3} + \frac{1}{3} + \frac{1}{3} + \frac{1}{6} + \frac{1}{12} + \cdots = \frac{4}{3}$. $f(p,d) = (2p/(p^2-1),\, 0)$, wenn $d^{(p-1)/2} \bmod p = 1$ bzw. $p-1$ für ungerades p.

29. Die Anzahl von Lösungen der Gleichung $x_1 + \cdots + x_m \leq r$ in natürlichen Zahlen x_i ist $\binom{m+r}{r} \geq m^r/r!$ und jede derselben entspricht einer eindeutigen ganzen Zahl $p_1^{x_1} \ldots p_m^{x_m} \leq n$. [Für schärfere Abschätzungen in dem speziellen Fall, dass p_j die j-te Primzahl für alle j ist, siehe N. G. de Bruijn, *Indag. Math.* **28** (1966), 240–247; H. Halberstam, *Proc. London Math. Soc.* (3) **21** (1970), 102–107.]

30. Wenn $p_1^{e_1} \ldots p_m^{e_m} \equiv x_i^2$ (modulo q_i), kann man y_i mit $p_1^{e_1} \ldots p_m^{e_m} \equiv (\pm y_i)^2 \bmod q_i^{d_i}$ finden, also erhalten wir mit Hilfe des chinesischen Restsatzes 2^d Werte von X mit $X^2 \equiv p_1^{e_1} \ldots p_m^{e_m}$ (modulo N). Solche $(e_1, \ldots, e_m)$ entsprechen höchstens $\binom{r}{r/2}$ Paaren $(e_1', \ldots, e_m'; e_1'', \ldots, e_m'')$ mit den Eigenschaften im Hinweis. Jetzt sei für jede der 2^d binären Zahlen $a = (a_1 \ldots a_d)_2$, n_a die Anzahl der Exponenten $(e_1', \ldots, e_m')$ mit $(p_1^{e_1'} \ldots p_m^{e_m'})^{(q_i-1)/2} \equiv (-1)^{a_i}$ (modulo q_i); wir haben bewiesen, dass die geforderte Anzahl ganzer Zahlen X den Wert $\geq 2^d(\sum_a n_a^2)/\binom{r}{r/2}$ hat. Da $\sum_a n_a$ die Anzahl von Möglichkeiten ist, höchstens $r/2$ Gegenstände aus einer Menge von m Gegenständen bei erlaubten Wiederholungen auszuwählen, nämlich $\binom{m+r/2}{r/2}$, haben wir $\sum_a n_a^2 \geq \binom{m+r/2}{r/2}^2/2^d \geq m^r/(2^d(r/2)!^2)$. [Siehe *J. Algorithms* **3** (1982), 101–127, wo Schnorr viele weitere Verfeinerungen von Satz D präsentiert.]

31. Setze $n = M$, $pM = 4m$ und $\epsilon M = 2m$ um zu zeigen, dass $\Pr(X \leq 2m) \leq e^{-m/2}$.

32. Sei $M = \lfloor \sqrt[3]{N} \rfloor$ und seien die Stellen x_i von jeder Mitteilung auf den Bereich $0 \leq x < M^3 - M^2$ eingeschränkt. Wenn $x \geq M$, codiere $x^3 \bmod N$ wie zuvor, doch wenn $x < M$, wechsle die Codierung zu $(x+yM)^3 \bmod N$, wobei y eine Zufallszahl im Bereich $M^2 - M \leq y \leq M^2$ ist. Zur Decodierung ziehe zuerst die kubische Wurzel; und wenn das Ergebnis $M^3 - M^2$ oder mehr ist, nimm den Rest mod M.

34. Sei P die Wahrscheinlichkeit, dass $x^m \bmod p = 1$, und Q die Wahrscheinlichkeit, dass $x^m \bmod q = 1$. Die Wahrscheinlichkeit, dass $\mathrm{ggT}(x^m - 1,\, N) = p$ oder q, ist $P(1-Q) + Q(1-P) = P + Q - 2PQ$. Wenn $P \leq \frac{1}{2}$ oder $Q \leq \frac{1}{2}$, ist diese Wahrscheinlichkeit $\geq 2(10^{-6} - 10^{-12})$, also haben wir eine gute Chance, einen Faktor nach etwa $10^6 \log m$ arithmetischen Operationen modulo N zu finden. Andererseits, wenn $P > \frac{1}{2}$ und $Q > \frac{1}{2}$, dann $P \approx Q \approx 1$, da wir die allgemeine Formel $P = \mathrm{ggT}(m,\, p-1)/p$ haben; also ist m ein Vielfaches von $\mathrm{kgV}(p-1,\, q-1)$ in diesem Fall. Sei $m = 2^k r$, wobei r

ungerade ist, und bilde die Folge $x^r \bmod N$, $x^{2r} \bmod N$, ..., $x^{2^k r} \bmod N$; wir finden wie in Algorithmus P, dass das erste Auftreten von 1 nach einem Wert y verschieden von $N-1$ mit Wahrscheinlichkeit $\geq \frac{1}{2}$ erfolgt, also $\operatorname{ggT}(y-1, N) = p$ oder q.

35. Sei $f = (p^{q-1} - q^{p-1}) \bmod N$. Da $p \bmod 4 = q \bmod 4 = 3$, haben wir $(\frac{-1}{p}) = (\frac{-1}{q}) = (\frac{f}{p}) = -(\frac{f}{q}) = -1$, und wir haben auch $(\frac{2}{p}) = -(\frac{2}{q}) = -1$. Gegeben sei eine Mitteilung x im Bereich $0 \leq x \leq \frac{1}{8}(N-5)$, sei $\bar{x} = 4x+2$ oder $8x+4$, was auch immer $(\frac{\bar{x}}{N}) = 1$ erfüllt; dann übertrage die Mitteilung $\bar{x}^2 \bmod N$.

Um diese Mitteilung zu decodieren, verwenden wir zuerst eine SQRT-Box zur Auffindung der eindeutigen Zahl y mit $y^2 \equiv \bar{x}^2 \bmod N$ und $(\frac{y}{N}) = 1$, wobei y gerade ist. Dann $y = \bar{x}$, da die anderen drei Quadratwurzeln von $\bar{x}^2$ die Werte $N - \bar{x}$ und $(\pm f\bar{x}) \bmod N$ haben; die erste derselben ist ungerade und die anderen zwei haben negative Jacobisymbole. Die Decodierung wird jetzt durch $x \leftarrow \lfloor y/4 \rfloor$ vollendet, wenn $y \bmod 4 = 2$, sonst $x \leftarrow \lfloor y/8 \rfloor$.

Jeder, der solche Codierungen entschlüsseln kann, kann auch die Faktoren von N finden, weil die Decodierung einer falschen Mitteilung $\bar{x}^2 \bmod N$, wenn $(\frac{\bar{x}}{N}) = -1$, die Zahl $(\pm f) \bmod N$ offenbart und $((\pm f) \bmod N) - 1$ einen nicht-trivialen ggT mit N hat. [*Referenz: IEEE Transactions* **IT-26** (1980), 726–729.]

36. Die m-te Primzahl ist gleich $m \ln m + m \ln\ln m - m + m \ln\ln m / \ln m - 2m/\ln m + O(m(\log\log m)^2 (\log m)^{-2})$ gemäß (4), obwohl wir für dieses Problem nur die schwächere Abschätzung $p_m = m \ln m + O(m \log\log m)$ benötigen. (Wir werden annehmen, dass p_m die m-te Primzahl ist, da dies der Annahme entspricht, dass V gleichmäßig verteilt ist.) Wenn wir $\ln m = \frac{1}{2} c \sqrt{\ln N \ln\ln N}$ wählen, wobei $c = O(1)$, finden wir, dass $r = c^{-1}\sqrt{\ln N / \ln\ln N} - c^{-2} - c^{-2}(\ln\ln\ln N / \ln\ln N) - 2c^{-2}(\ln \frac{1}{2}c)/\ln\ln N + O(\sqrt{\ln\ln N / \ln N})$. Die geschätzte Laufzeit (22) vereinfacht sich jetzt etwas erstaunlich zu $\exp(f(c,N)\sqrt{\ln N \ln\ln N} + O(\log\log N))$, wobei wir $f(c,N) = c + (1 - (1 + \ln 2)/\ln\ln N)c^{-1}$ haben. Der $f(c,N)$ minimierende Wert c ist $\sqrt{1 - (1+\ln 2)/\ln\ln N}$, also erhalten wir die Abschätzung

$$\exp(2\sqrt{\ln N \ln\ln N}\sqrt{1 - (1+\ln 2)/\ln\ln N} + O(\log\log N)).$$

Wenn $N = 10^{50}$, ergibt dies $\epsilon(N) \approx 0{,}33$, was immer noch viel größer als das beobachtete Verhalten ist.

Bemerkungen: Die partiellen Quotienten von $\sqrt{D}$ scheinen sich gemäß der Verteilung zu verhalten, die man für zufällige reelle Zahlen in Abschnitt 4.5.3 erhält. Zum Beispiel schließt die erste Million partieller Quotienten der Quadratwurzel der Zahl $10^{18} + 314159$ genau (415236, 169719, 93180, 58606) Fälle ein, wobei A_n der Reihe nach entsprechend $(1,2,3,4)$ ist. Darüber hinaus haben wir $V_{n+1} = |p_n^2 - Dq_n^2| = 2\sqrt{D}q_n|p_n - \sqrt{D}q_n| + O(q_n^{-2})$ nach Übung 4.5.3–12(c) und Gl. 4.5.3–(12). Deshalb können wir erwarten, dass sich $V_n/2\sqrt{D}$ im Wesentlichen wie die Größe $\theta_n(x) = q_n|p_n - xq_n|$ verhält, wobei x eine zufällige reelle Zahl ist. Die Zufallsvariable θ_n hat bekannterweise die näherungsweise Dichte $\min(1, \theta^{-1} - 1)/\ln 2$ für $0 \leq \theta \leq 1$ [siehe Bosma, Jager und Wiedijk, *Indag. Math.* **45** (1983), 281–299], welche uniform ist, wenn $\theta \leq 1/2$. Also muss etwas anderes außer der Größe von V_n für die unvernünftige Effektivität von Algorithmus E verantwortlich sein.

37. Wende Übung 4.5.3–12 auf die Zahl $\sqrt{D} + R$ an, um zu sehen, dass der periodische Teil unmittelbar anfängt, und durchlaufe die Periode rückwärts, um die Palindromeigenschaft zu verifizieren. [Es folgt, dass die zweite Hälfte der Periode dieselben V wie die erste ergibt, und Algorithmus E könnte früher terminieren, sobald $U = U'$ oder

$V = V'$ in Schritt E5 auftritt. Jedoch ist die Periode im Allgemeinen so lang, dass wir niemals auch nur in die Nähe der Hälfte gelangen, so dass es keinen Sinn macht, den Algorithmus komplizierter zu machen.]

38. Sei $r = (10^{50} - 1)/9$. Dann $P_0 = 10^{49} + 9$; $P_1 = r + 3 \cdot 10^{46}$; $P_2 = 2r + 3 \cdot 10^{47} + 7$; $P_3 = 3r + 2 \cdot 10^{49}$; $P_4 = 4r + 2 \cdot 10^{49} - 3$; $P_5 = 5r + 3 \cdot 10^{49} + 4$; $P_6 = 6r + 2 \cdot 10^{48} + 3$; $P_7 = 7r + 2 \cdot 10^{25}$ (sehr hübsch); $P_8 = 8r + 10^{38} - 7$; $P_9 = 9r - 8000$.

39. Beachte, dass die Primalität von q leicht zu beweisen ist, wenn $q-1$ gerade 2 und p als Primfaktoren hat. Die einzigen Nachfolger von 2 sind Fermat-Primzahlen und die Existenz oder Nichtexistenz einer sechsten Fermat-Primzahl ist eines der berühmtesten ungelösten Probleme der Zahlentheorie. Also werden wir wahrscheinlich niemals wissen, wie wir bestimmen können, ob eine beliebige ganze Zahl irgendwelche Nachfolger hat. In einigen Fällen jedoch ist dies möglich; zum Beispiel bewies John Selfridge im Jahre 1962, dass 78557 und 271129 keine Nachfolger haben [siehe *AMM* **70** (1963), 101–102], nachdem W. Sierpiński die Existenz von unendlich vielen ungeraden Zahlen ohne Nachfolger bewiesen hatte [*Elemente der Math.* **15** (1960), 73–74]. Vielleicht ist 78557 die kleinste derselben, obwohl 69 andere Mitbewerber für diese Ehre 1983 noch existierten, gemäß G. Jaeschke und W. Keller [*Math. Comp.* **40** (1983), 381–384, 661–673; **45** (1985), 637].

Für Information über die traditionellere „Cunningham-Form" von Primzahlketten, in welcher die Übergänge $p \to 2p \pm 1$ sind, siehe Günter Löh, *Math. Comp.* **53** (1989), 751–759. Insbesondere fand Löh, dass $554688278430 \cdot 2^k - 1$ für $0 \le k < 12$ prim ist.

40. [*Inf. Proc. Letters* **8** (1979), 28–31.] Beachte, dass $x \bmod y = x - y\lfloor x/y \rfloor$ leicht auf einer solchen Maschine berechnet werden kann und wir einfache Konstante wie $0 = x - x$, $1 = \lfloor x/x \rfloor$, $2 = 1 + 1$ bekommen können; wir können $x > 0$ mittels $x = 1$ oder $\lfloor x/(x-1) \rfloor \ne 0$ testen.

(a) Zuerst berechne $l = \lfloor \lg n \rfloor$ in $O(\log n)$ Schritten durch wiederholte Division durch 2; zur selben Zeit berechne $k = 2^l$ und $A = 2^{2^{l+1}}$ in $O(\log n)$ Schritten durch wiederholte Zuweisungen $k \leftarrow 2k$, $A \leftarrow A^2$. Für die Hauptrechnung nehmen wir an, wir kennen schon $t = A^m$, $u = (A+1)^m$ und $v = m!$; dann können wir den Wert von m um 1 erhöhen durch die Zuweisungen $m \leftarrow m + 1$, $t \leftarrow At$, $u \leftarrow (A+1)u$, $v \leftarrow vm$; und wir können den Wert von m *verdoppeln* durch die Zuweisungen $m \leftarrow 2m$, $u \leftarrow u^2$, $v \leftarrow (\lfloor u/t \rfloor \bmod A)v^2$, $t \leftarrow t^2$, vorausgesetzt, dass A hinreichend groß ist. (Betrachte die Zahl u in Basis-A-Notation; A muss größer als $\binom{2m}{m}$ sein.) Wenn jetzt $n = (a_l \ldots a_0)_2$, sei $n_j = (a_l \ldots a_j)_2$; wenn $m = n_j$ und $k = 2^j$ und $j > 0$, können wir j um 1 erniedrigen durch die Zuweisungen $k \leftarrow \lfloor k/2 \rfloor$, $m \leftarrow 2m + (\lfloor n/k \rfloor \bmod 2)$. Also können wir $n_j!$ für $j = l, l-1, \ldots, 0$ in $O(\log n)$ Schritten berechnen. [Eine andere Lösung stammt von Julia Robinson: berechne $n! = \lfloor B^n/\binom{B}{n} \rfloor$, wenn $B > (2n)^{n+1}$; siehe *AMM* **80** (1973), 250–251, 266.]

(b) Zuerst berechne $A = 2^{2^{l+2}}$ wie in (a), dann finde das kleinste $k \ge 0$ mit $2^{k+1}! \bmod n = 0$. Wenn $\mathrm{ggT}(n, 2^k!) \ne 1$, sei $f(n)$ dieser Wert; beachte, dass dieser ggT in $O(\log n)$ Schritten mit Euklids Algorithmus berechnet werden kann. Sonst finden wir die kleinste ganze Zahl m mit $\binom{m}{\lfloor m/2 \rfloor} \bmod n = 0$; ferner sei $f(n) = \mathrm{ggT}(m, n)$. (Beachte, dass in diesem Fall $2^k < m \le 2^{k+1}$, also $\lceil m/2 \rceil \le 2^k$ und $\lceil m/2 \rceil!$ teilerfremd zu n ist; deshalb $\binom{m}{\lfloor m/2 \rfloor} \bmod n = 0$ genau dann, wenn $m! \bmod n = 0$. Weiterhin $n \ne 4$.)

Um m mit einer beschränkten Anzahl von Registern zu berechnen, können wir Fibonaccizahlen verwenden (siehe Algorithmus 6.2.1F). Nehmen wir an, wir wissen, dass $s = F_j$, $s' = F_{j+1}$, $t = A^{F_j}$, $t' = A^{F_{j+1}}$, $u = (A+1)^{2F_j}$, $u' = (A+1)^{2F_{j+1}}$,

$v = A^m$, $w = (A+1)^{2m}$, $\binom{2m}{m} \bmod n \neq 0$ und $\binom{2(m+s)}{m+s} \bmod n = 0$. Es ist leicht, diese Situation mit $m = F_{j+1}$ für geeignet große j in $O(\log n)$ Schritten zu erreichen; weiterhin wird A größer als $2^{2(m+s)}$ sein. Wenn $s = 1$, setzen wir $f(n) = \mathrm{ggT}(2m+1, n)$ oder $\mathrm{ggT}(2m+2, n)$, was auch immer $\neq 1$ ist, und terminieren den Algorithmus. Sonst reduzieren wir j um 1 wie folgt: Setze $r \leftarrow s$, $s \leftarrow s' - s$, $s \leftarrow r$, $r \leftarrow t$, $t \leftarrow \lfloor t'/t \rfloor$, $t' \leftarrow r$, $r \leftarrow u$, $u \leftarrow \lfloor u'/u \rfloor$, $u' \leftarrow r$; wenn dann $(\lfloor wu/vt \rfloor \bmod A) \bmod n \neq 0$, setze $m \leftarrow m + s$, $w \leftarrow wu$, $v \leftarrow vt$.

[Kann dieses Problem mit weniger als $O(\log n)$ Operationen gelöst werden? Kann der kleinste oder der größte Primfaktor von n in $O(\log n)$ Operationen berechnet werden?]

41. (a) Klarerweise $\pi(x) = \pi(m) + f_1(x,m) = \pi(m) + f(x,m) - f_0(x,m) - f_2(x,m) - f_3(x,m) - \cdots$, wenn $1 \leq m \leq x$. Setze $x = N^3$, $m = N$ und beachte, dass $f_k(N^3, N) = 0$ für $k > 2$.

(b) Man hat $f_2(N^3, N) = \sum_{N<p\leq q}[pq \leq N^3] = \sum_{N<p\leq N^{3/2}}(\pi(N^3/p) - \pi(p) + 1) = \sum_{N<p\leq N^{3/2}} \pi(N^3/p) - \binom{\pi(N^{3/2})}{2} + \binom{\pi(N)}{2}$, wobei p und q über Primzahlen laufen. Also $f_2(1000,10) = \pi(\frac{1000}{11}) + \pi(\frac{1000}{13}) + \pi(\frac{1000}{17}) + \pi(\frac{1000}{19}) + \pi(\frac{1000}{23}) + \pi(\frac{1000}{29}) + \pi(\frac{1000}{31}) - \binom{\pi(31)}{2} + \binom{\pi(10)}{2} = 24 + 21 + 16 + 15 + 14 + 11 + 11 - 55 + 6 = 63$.

(c) Die Identität im Hinweis besagt einfach, dass ein p_j-Überlebender ein p_{j-1}-Überlebender ist, der nicht ein Vielfaches von p_j ist. Also $f(N^3, N) = f(N^3, p_{\pi(N)})$. Wende diese Identität bis zum Erhalt von Termen $f(x, p_j)$ an, wobei entweder $j = 0$ oder $x \leq N^2$; das Ergebnis ist

$$f(N^3, N) = \sum_{k=1}^{N-1} \mu(k) f\Big(\frac{N^3}{k}, 1\Big)$$
$$- \sum_{j=1}^{\pi(N)} \sum_{N/p_j \leq k < N} \mu(k) f\Big(\frac{N^3}{kp_j}, p_{j-1}\Big)[k \text{ ist ein } p_j\text{-Überlebender}].$$

Jetzt $f(x,1) = \lfloor x \rfloor$, also ist die erste Summe $1000 - 500 - 333 - 200 + 166 - 142 = -9$, wenn $N = 10$. Die zweite Summe ist $-f(\frac{1000}{10}, 1) - f(\frac{1000}{14}, 1) - f(\frac{1000}{15}, 2) - f(\frac{1000}{21}, 2) - f(\frac{1000}{35}, 3) = -100 - 71 - 33 - 24 - 9 = -237$. Also $f(1000,10) = -9 + 237 = 228$ und $\pi(1000) = 4 + 228 - 1 - 63 = 168$.

(d) Wenn $N^2 \leq 2^m$, können wir ein Array konstruieren, in welchem $a_{2^m - 1 + n} = [n + 1 \text{ ein } p_j\text{-Überlebender}]$ für $1 \leq n \leq N^2$ ein Sieb nach j Pässen repräsentiert, und $a_n = a_{2n} + a_{2n+1}$ für $1 \leq n < 2^m$. Dann ist es leicht, $f(x, p_j)$ in $O(m)$ Schritten zu berechnen, wenn $x \leq N^2$, und Vielfache von p vom Sieb in $O(N^2 m/p)$ Schritten wegzunehmen. Die Gesamtlaufzeit zur Berechnung von $f(N^3, N)$ wird auf $O(N^2 \log N \log\log N)$ kommen, weil $\sum_{j=1}^{\pi(N)} 1/p_j = O(\log\log N)$.

Die Speicheranforderung kann von $2N^2 m$ auf $2Nm$ reduziert werden, wenn wir das Sieb in N Teile der Größe N brechen und auf jedem Teil getrennt arbeiten. Hilfstabellen mit p_j für $1 \leq j \leq \pi(N)$ und mit $\mu(k)$ und mit dem kleinsten Primfaktor von k für $1 \leq k \leq N$ sind hilfreich und leicht zu konstruieren, bevor die Hauptrechnung beginnt.

[Siehe *Math. Comp.* **44** (1985), 537–560. Eine ähnliche Methode wurde zuerst von D. F. E. Meissel eingeführt, *Math. Annalen* **2** (1870), 636–642; **3** (1871), 523–525; **21** (1883), 304; **25** (1885), 251–257. D. H. Lehmer machte mehrere Verfeinerungen in *Illinois J. Math.* **3** (1959), 381–388. Doch weder Meissel noch Lehmer hatten eine Abbruchregel für die Rekurrenz, die so effizient wie die oben beschriebene Methode war. Lagarias und Odlyzko entwickelten auch ein vollständig verschiedenes Vorgehen, wodurch $\pi(N)$ in $O(N^{1/2+\epsilon})$ Schritten ausgewertet werden kann, mit Prinzipien der analytischen Zahlentheorie; siehe *J. Algorithms* **8** (1987), 173–191. Doch wurde eine Verfeinerung der $O(N^{2/3+\epsilon})$-Methode in dieser Übung benutzt für den gegenwärtigen Weltrekord der Primzahldichte, erzielt von Deléglise und Rivat, *Math. Comp.* **65** (1996), 235–245; $\pi(10^{20}) = 2220819602560918840$.]

42. L1. [Initialisiere.] Finde $\bar r$ mit $r\bar r \equiv 1$ (modulo s); dann setze $r' \leftarrow n\bar r \bmod s$, $u \leftarrow r'\bar r \bmod s$, $v \leftarrow s$, $w \leftarrow (n - rr')\bar r/s \bmod s$, $\theta \leftarrow \lfloor\sqrt{N/s}\rfloor$, $(u_1, u_3) \leftarrow (1, u)$, $(v_1, v_3) \leftarrow (0, v)$. (Wir wollen alle Paare ganzer Zahlen (λ, μ) mit $(\lambda s+r)(\mu s+r') = N$ finden; dies impliziert, $\lambda u + \mu \equiv w$ (modulo s) und $\sqrt{\lambda\mu v} \le \theta$. Wir werden Algorithmus 4.5.2X anwenden und dabei t_2, u_2, v_2 unterdrücken; die Relationen

$$\lambda t_3 + \mu t_1 \equiv wt_1, \qquad \lambda u_3 + \mu u_1 \equiv wu_1, \qquad \lambda v_3 + \mu v_1 \equiv wv_1 \qquad \text{(modulo } s)$$

bleiben Invarianten.)

L2. [Versuche Teiler.] Wenn $v_1 = 0$, gib $\lambda s + r$ aus, wann immer $\lambda s + r$ die Zahl N teilt und $0 \le \lambda \le \theta/s$. Wenn $v_3 = 0$, gib $N/(\mu s + r')$ aus, wann immer $\mu s + r'$ die Zahl N teilt und $0 \le \mu \le \theta/s$. Sonst gib für alle k mit $|wv_1 + ks| \le \theta$, wenn $v_1 < 0$, oder $0 < wv_1 + ks \le 2\theta$, wenn $v_1 > 0$, und für $\sigma = +1$ und -1, $\lambda s + r$ aus, wenn $d = (wv_1 s + ks^2 + v_3 r + v_1 r')^2 - 4v_1 v_3 N$ ein vollkommenes Quadrat ist und wenn

$$\lambda = \frac{wv_1 s + ks^2 - v_3 r + v_1 r' + \sigma\sqrt{d}}{2v_3 s}, \qquad \mu = \frac{wv_1 s + ks^2 + v_3 r - v_1 r' - \sigma\sqrt{d}}{2v_3 s}$$

positive ganze Zahlen sind. (Diese sind die Lösungen von $\lambda v_3 + \mu v_1 = wv_1 + ks$, $(\lambda s + r)(\mu s + r') = N$.)

L3. [Fertig?] Wenn $v_3 = 0$, terminiert der Algorithmus.

L4. [Dividiere und subtrahiere.] Setze $q \leftarrow \lfloor u_3/v_3\rfloor$. Wenn $u_3 = qv_3$ und $v_1 < 0$, erniedrige q um 1. Dann setze

$$(t_1, t_3) \leftarrow (u_1, u_3) - (v_1, v_3)q, \quad (u_1, u_3) \leftarrow (v_1, v_3), \quad (v_1, v_3) \leftarrow (t_1, t_3)$$

und kehre zurück nach Schritt L2. ▌

[Siehe *Math. Comp.* **42** (1984), 331–340. Die Schranken in Schritt L2 können verschärft werden, zum Beispiel, um sicher zu stellen, dass $d \ge 0$. Einige Faktoren können mehr als einmal ausgegeben werden.]

43. (a) Zuerst stelle sicher, dass das Jacobisymbol $\left(\frac{y}{m}\right)$ den Wert $+1$ hat. (Wenn es 0 ist, ist die Aufgabe leicht; wenn es -1 ist, dann $y \notin Q_m$.) Dann wähle zufällig ganze Zahlen $x_1, \ldots, x_n$ in $[0\,..\,m)$ und setze $X_j = [G(y^2 x_j^4 \bmod m) = (yx_j^2 \bmod m) \bmod 2]$. Wenn $y \in Q_m$, haben wir $\mathrm{E}\, X_j \ge \frac{1}{2} + \epsilon$; sonst $m - y \in Q_m$ und $\mathrm{E}\, X_j \le \frac{1}{2} - \epsilon$. Berichte, dass $y \in Q_m$, wenn $X_1 + \cdots + X_n \ge \frac{1}{2}n$. Die Wahrscheinlichkeit eines Fehlers ist höchstens $e^{-2\epsilon^2 n}$ nach Übung 1.2.10–21. Deshalb wählen wir $n = \lceil\frac{1}{2}\epsilon^{-2}\ln\delta^{-1}\rceil$.

(b) Finde ein x mit Jacobisymbol $\left(\frac{x}{m}\right) = -1$ und setze $y \leftarrow x^2 \bmod m$. Dann sind die Primfaktoren von m erhältlich durch $\mathrm{ggT}(x + \sqrt{y}, m)$ und $\mathrm{ggT}(x - \sqrt{y}, m)$, also ist unsere Aufgabe, $\pm\sqrt{y}$ zu finden, wenn $y \in Q_m$ gegeben ist. Wenn wir τv für jedes von null verschiedene v finden können, sind wir fertig, da $\sqrt{y} = (v^{-1}\tau v) \bmod m$, es sei denn, $\mathrm{ggT}(v, m)$ ist ein Faktor von m.

Nehmen wir an, dass $\epsilon = 2^{-e}$ für ein $e \geq 1$. Wähle zufällige ganze Zahlen a und b in $[0\,..\,m)$, und nimm an, dass wir die binären Brüche α_0 und β_0 mit

$$\left|\frac{\tau a}{m} - \alpha_0\right| < \frac{\epsilon}{64}, \qquad \left|\frac{\tau b}{m} - \beta_0\right| < \frac{\epsilon^3}{64}$$

kennen; hier ist α_0 ein ungerades Vielfaches von $\epsilon/64$, während β_0 ein ungerades Vielfaches von $\epsilon^3/64$ ist. Nimm auch an, dass wir λa und λb kennen. Natürlich kennen wir α_0, β_0, λa oder λb nicht wirklich, doch wir werden alle $32\epsilon^{-1} \times 32\epsilon^{-3} \times 2 \times 2$ Möglichkeiten versuchen. Einige seltene Programmabschnitte, welche unter inkorrekten Annahmen ablaufen, werden keinen Schaden verursachen.

Definiere die Zahlen $u_{tj} = 2^{-t}(a + (j + \frac{1}{2})b) \bmod m$ und $v_{tj} = 2^{-t-1}(a + jb) \bmod m$. Sowohl u_{tj} als auch v_{tj} sind gleichmäßig verteilt in $[0\,..\,m)$, weil a und b zufällig ausgewählt waren. Weiterhin sind für festes t die Zahlen u_{tj} für $j_0 \leq j < j_0 + l$ *paarweise unabhängig* und ebenso sind es die Zahlen v_{tj} für $j_0 \leq j < j_0 + l$, solange l den kleinsten Primfaktor von m nicht überschreitet. Wir werden von u_{tj} und v_{tj} nur für $-2r\epsilon^{-2} \leq j < 2r\epsilon^{-2}$ Gebrauch machen; wenn irgendeiner dieser Werte einen von null verschiedenen Faktor mit m gemein hat, sind wir fertig.

Für alle $v \perp m$ definieren wir $\chi v = +1$, wenn $v \in Q_m$, $\chi v = -1$, wenn $-v \in Q_m$, und $\chi v = 0$, wenn $\left(\frac{v}{m}\right) = -1$. Beachte, dass $\chi u_{(t+2)j} = \chi u_{tj}$, da $u_{tj} = (2^2 u_{(t+2)j}) \bmod m$. Deshalb können wir χu_{tj} und χv_{tj} für alle t und j durch Anwendung von Algorithmus A auf u_{tj} und v_{tj} für $0 \leq t \leq 1$ und $-2r\epsilon^{-2} \leq j < 2r\epsilon^{-2}$ bestimmen. Wenn wir $\delta = \frac{1}{1440}\epsilon^2 r^{-1}$ in diesem Algorithmus setzen, wird sichergestellt, dass alle χ Werte mit Wahrscheinlichkeit $\geq 1 - \frac{1}{90}$ korrekt sind.

Der Algorithmus arbeitet auf höchstens r Ebenen. Zu Beginn von Ebene t nehmen wir für $0 \leq t < r$ an, dass wir $\lambda 2^{-t}a$, $\lambda 2^{-t}b$ und Brüche α_t, β_t mit

$$\left|\frac{\tau 2^{-t}a}{m} - \alpha_t\right| < \frac{\epsilon}{2^{t+6}}, \qquad \left|\frac{\tau 2^{-t}b}{m} - \beta_t\right| < \frac{\epsilon^3}{2^{t+6}}$$

kennen. Definiere $\alpha_{t+1} = \frac{1}{2}(\alpha_t + \lambda 2^{-t}a)$ und $\beta_{t+1} = \frac{1}{2}(\beta_t + \lambda 2^{-t}b)$; dies erhält die Ungleichungen. Der nächste Schritt ist, $\lambda 2^{-t-1}b$ zu finden, was

$$\lambda u_{tj} + \lambda 2^{-t}a + j\lambda 2^{-t}b + \lambda 2^{-t-1}b + \left\lfloor \frac{\tau 2^{-t}a + j\tau 2^{-t}b + \tau 2^{-t-1}b}{m} \right\rfloor \equiv 0 \quad (\text{modulo } 2)$$

erfüllt. Sei $n = 4\min(r, 2^t)\epsilon^{-2}$; wenn dann $|j| \leq \frac{n}{2}$, haben wir

$$\left|\frac{\tau 2^{-t}a}{m} + j\frac{\tau 2^{-t}b}{m} + \frac{\tau 2^{-t-1}b}{m} - (\alpha_t + j\beta_t + \beta_{t+1})\right| < \frac{\epsilon}{16}.$$

Wenn $\chi u_{tj} = 1$, ist es deshalb wahrscheinlich, dass $\lambda 2^{-t-1}b = G_j$, wobei $G_j = (G(u_{tj}^2 y \bmod m) + \lambda 2^{-t}a + j\lambda 2^{-t}b + \lfloor \alpha_t j\beta_t + \beta_{t+1}\rfloor) \bmod 2$. Genauer, wir werden

$$\lfloor(\tau 2^{-t}a + j\tau 2^{-t}b + \tau 2^{-t-1}b)/m\rfloor = \lfloor \alpha_t + j\beta_t + \beta_{t+1}\rfloor$$

haben, es sei denn, $\tau u_{tj} < \frac{\epsilon}{16}m$ oder $\tau u_{tj} > (1 - \frac{\epsilon}{16})m$. Sei $Y_j = (2G_j - 1)\chi u_{tj}$. Wenn $Y_j = +1$, ist es ein Votum für $\lambda 2^{-t-1}b = 1$; wenn $Y_j = -1$, ist es ein Votum für $\lambda 2^{-t-1}b = 0$; wenn $Y_j = 0$, ist es eine Enthaltung. Wir werden demokratisch sein und $\lambda 2^{-t-1}b = [\sum_{j=-n/2}^{n/2-1} Y_j \geq 0]$ setzen.

Was ist die Wahrscheinlichkeit, dass $\lambda 2^{-t-1}b$ korrekt ist? Sei $Z_j = -1$, wenn $\chi u_{tj} \neq 0$ und ($\tau u_{tj} < \frac{\epsilon}{16}m$ oder $\tau u_{tj} > (1 - \frac{\epsilon}{16})m$ oder $G(u_{tj}^2 y \bmod m) \neq \lambda u_{tj}$); sonst sei $Z_j = |\chi u_{tj}|$. Da Z_j eine Funktion von u_{tj} ist, sind die Zufallsvariablen Z_j paarweise unabhängig und haben dieselbe Verteilung. Sei $Z = \sum_{j=-n/2}^{n/2-1} Z_j$; wenn $Z > 0$, wird der Wert von $\lambda 2^{-t-1}b$ korrekt sein. Die Wahrscheinlichkeit, dass $Z_j = 0$, ist $\frac{1}{2}$ und die Wahrscheinlichkeit, dass $Z_j = +1$, ist $\geq \frac{1}{4} + \frac{\epsilon}{2} - \frac{\epsilon}{8}$; deshalb $\mathrm{E}\, Z_j \geq \frac{3}{4}\epsilon$. Klarerweise $\mathrm{var}(Z_j) \leq \frac{1}{2}$. Also ist die Chance eines Fehlers in demjenigen Zweig des Programms, der die korrekten Annahmen hat, höchstens $\Pr(Z \leq 0) \leq \Pr((Z - n\,\mathrm{E}\, Z_j)^2 \geq \frac{9}{16}n^2\epsilon^2) \leq \frac{8}{9}n^{-1}\epsilon^2 = \frac{2}{9}\min(r, 2^t)^{-1}$ nach Chebyshevs Ungleichung (Übung 3.5–42).

Eine ähnliche Methode mit v_{tj} an Stelle von u_{tj} kann zur Bestimmung von $\lambda 2^{-t-1}a$ mit einem Fehler von $\leq \frac{2}{9}\min(r, 2^t)^{-1}$ verwendet werden. Schließlich wird $\epsilon^3/2^{t+6} < 1/(2m)$, also wird $\tau 2^{-t}b$ die zu $m\beta_t$ nächste ganze Zahl sein. Dann können wir $\sqrt{y} = (2^t b^{-1}\tau 2^{-t}b) \bmod m$ berechnen; Quadrieren dieser Größe wird uns sagen, ob wir richtig liegen.

Die Gesamtchance eines Missverständnisses ist durch $\frac{4}{9}\sum_{t\geq 1} 2^{-t} = \frac{4}{9}$ in Ebene $t < \lg n$ beschränkt, und durch $\frac{4}{9}\sum_{t\leq r} r^{-1} = \frac{4}{9}$ in nachfolgenden Ebenen. Also liegt die Gesamtchance eines Fehlers einschließlich der Möglichkeit, dass die χ Werte nicht alle korrekt waren, bei höchstens $\frac{4}{9} + \frac{4}{9} + \frac{1}{90} = \frac{9}{10}$. Mindestens $\frac{1}{10}$ aller Programmläufe werden erfolgreich $\sqrt{y}$ finden; also werden im Mittel die Faktoren von m nach höchstens 10 maliger Wiederholung des Prozesses gefunden sein.

Die Gesamtlaufzeit wird dominiert von $O(r\epsilon^{-4}\log(r\epsilon^{-2})T(G))$ für die χ-Rechnung plus $O(r^2\epsilon^{-2}T(G))$ für nachfolgende Vermutungen plus $O(r^2\epsilon^{-6})$ für die Berechnungen von α_t, β_t, $\lambda 2^{-t}a$ und $\lambda 2^{-t}b$ in allen Abschnitten.

Dieses Verfahren, welches viele der Grundparadigmen randomisierter Algorithmen schön illustriert, stammt von R. Fischlin und C. P. Schnorr [*Lecture Notes in Comp. Sci.* **1233** (1997), 267–279], die es herleiteten von früheren Vorgehensweisen von Alexi, Chor, Goldreich und Schnorr [*SICOMP* **17** (1988), 194–209] und von Ben-Oder, Chor und Shamir [*STOC* **15** (1983), 421–430]. Wenn wir sie mit Lemma 3.5P4 kombinieren, bekommen wir einen Satz analog zu Satz 3.5P, doch mit der Folge 3.2.2–(16) an Stelle von 3.2.2–(17). Fischlin und Schnorr zeigten, wie die Berechnungen so zu trimmen sind, dass ihr Faktorisierungsalgorithmus $O(r\epsilon^{-4}\log(r\epsilon^{-1})T(G))$ Schritte braucht; die resultierende Zeitschranke zum „Knacken" von 3.2.2–(16) ist $T(F) = O(RN^4\epsilon^{-4}\log(RN\epsilon^{-1})(T(G) + R^2))$. Der konstante Faktor, der in diesen O impliziert wird, ist recht groß, doch nicht enorm. Eine ähnliche Methode findet x von der RSA-Funktion $y = x^a \bmod m$, wenn $a \perp \varphi(m)$, wenn wir $y^{1/a} \bmod 2$ mit Wahrscheinlichkeit $\geq \frac{1}{2} + \epsilon$ vermuten können.

44. Sei $\sum_{j=0}^{d-1} a_{ij}x^j \equiv 0$ (modulo m_i), $\mathrm{ggT}(a_{i0}, a_{i1}, \ldots, a_{i(d-1)}, m_i) = 1$ und $|x| < m_i$ für $1 \leq i \leq k = d(d-1)/2 + 1$, wobei $m_i \perp m_j$ für $1 \leq i < j \leq k$. Nimm ebenso an, dass $m = \min\{m_1, \ldots, m_k\} > n^{n/2}2^{n^2/2}d^d$, wobei $n = d + k$. Zuerst finde $u_1, \ldots, u_k$ mit $u_j \bmod m_i = \delta_{ij}$. Dann bilde die $n \times n$ Matrix

$$L = \begin{pmatrix} M & & & & & & & \\ 0 & mM & & & & & & \\ \vdots & \vdots & \ddots & & & & & \\ 0 & 0 & \ldots & m^{d-1}M & & & & \\ a_{10}u_1 & ma_{11}u_1 & \ldots & m^{d-1}a_{1(d-1)}u_1 & M/m_1d & & & \\ a_{20}u_2 & ma_{21}u_2 & \ldots & m^{d-1}a_{2(d-1)}u_2 & 0 & M/m_2d & & \\ \vdots & \vdots & & \vdots & \vdots & \vdots & \ddots & \\ a_{k0}u_k & ma_{k1}u_k & \ldots & m^{d-1}a_{k(d-1)}u_k & 0 & 0 & \ldots & M/m_kd \end{pmatrix}$$

wobei $M = m_1 m_2 \ldots m_k$; alle Einträge über der Diagonalen sind null, also $\det L = M^{n-1} m^{k-1} d^{-k}$. Jetzt sei $v = (t_0, \ldots, t_{d-1}, v_1, \ldots, v_k)$ ein ganzzahliger Vektor ungleich null mit $\text{Länge}(vL) \le \sqrt{n2^n} M^{(n-1)/n} m^{(k-1)/n} d^{-k/n}$. Da $M^{(n-1)/n} < M/m^{k/n}$, haben wir $\text{Länge}(vL) < M/d$. Sei $c_j = t_j M + \sum_{i=1}^{k} a_{ij} u_i v_i$ und $P(x) = c_0 + c_1 x + \cdots + c_{d-1} x^{d-1}$. Dann $P(x) \equiv v_i(a_{i0} + a_{i1}x + \cdots + a_{i(d-1)}x^{d-1}) \equiv 0$ (modulo m_i), für $1 \le i \le k$; also $P(x) \equiv 0$ (modulo M). Auch $|m^j c_j| < M/d$; es folgt, dass $P(x) = 0$. Doch $P(x)$ ist nicht identisch null, weil die Bedingungen $v_i a_{ij} \equiv 0$ (modulo m_i) und $\text{ggT}(a_{i0}, \ldots, a_{i(d-1)}, m_i) = 1$ die Relation $v_i \equiv 0$ (modulo m_i) implizieren, während $|\,v_i M/m_i d\,| < M/d$ die Beziehung $|v_i| < m_i$ impliziert; wir können nicht $v_1 = \cdots = v_k = 0$ haben. Also können wir x finden (genauer, höchstens $d-1$ Möglichkeiten für x), und die Gesamtlaufzeit ist polynomial in $\lg M$. [*Lecture Notes in Comp. Sci.* **218** (1985), 403–408.]

45. Tatsache 1. Eine Lösung existiert immer. Nimm zuerst an, dass n prim ist. Wenn $\left(\frac{b}{n}\right) = 1$, gibt es eine Lösung mit $y = 0$. Wenn $\left(\frac{b}{n}\right) = -1$, sei $j > 0$ minimal derart, dass wir $\left(\frac{-ja}{n}\right) = -1$ haben; dann $x_0^2 - a \equiv -ja$ und $b \equiv -ja(y_0)^2$ für ein x_0 und y_0 (modulo n), also $(x_0 y_0)^2 - a y_0^2 \equiv b$. Nimm als nächstes an, dass wir eine Lösung $x^2 - ay^2 \equiv b$ (modulo n) gefunden haben und dass wir diese zu einer Lösung modulo n^2 erweitern wollen. Wir können immer c und d derart finden, dass $(x+cn)^2 - a(y+dn)^2 \equiv b$ (modulo n^2), weil $(x+cn)^2 - a(y+dn)^2 \equiv x^2 - ay^2 + (2cx - 2ayd)n$ und $\text{ggT}(2x, 2ay) \perp n$. Also existiert immer eine Lösung, wenn n eine Potenz einer ungeraden Primzahl ist. (Wir müssen n ungerade annehmen, weil es zum Beispiel keine Lösung für $x^2 \pm y^2 \equiv 3$ (modulo 8) gibt.) Schließlich existiert eine Lösung für alle ungeraden n nach dem chinesischen Restsatz.

Tatsache 2. Die Anzahl von Lösungen für gegebene a und n mit $a \perp n$ ist dieselbe für alle $b \perp n$. Dies folgt aus der Identität im Hinweis und aus Tatsache 1, denn wenn $x_1^2 - ay_1^2 \equiv b$, dann läuft $(x_1x_2 - ay_1y_2, x_1y_2 + x_2y_1)$ durch alle Lösungen von $x^2 - ay^2 \equiv b$, wenn (x_2, y_2) durch alle Lösungen von $x^2 - ay^2 \equiv 1$ läuft. In anderen Worten, (x_2, y_2) ist eindeutig bestimmt durch (x_1, y_1) und (x, y), wenn $x_1^2 - ay_1^2 \perp n$.

Tatsache 3. Gegeben ganze Zahlen (a, s, z) mit $z^2 \equiv a$ (modulo s); wir können ganze Zahlen (x, y, m, t) mit $x^2 - ay^2 = m^2 st$ finden, wobei $(x, y) \ne (0{,}0)$ und $t^2 \le \frac{4}{3}|a|$. Denn wenn $z^2 = a + ms$, sei (u, v) ein von null verschiedenes Paar ganzer Zahlen, dass $(zu + mv)^2 + |a|u^2$ minimiert. Wir können (u, v) effizient mit den Methoden von Abschnitt 3.3.4 finden, und $(zu + mv)^2 + |a|u^2 \le \left(\frac{4}{3}|a|\right)^{1/2}$ nach Übung 3.3.4–9. Deshalb $(zu + mv)^2 - au^2 = mt$, wobei $t^2 \le \frac{4}{3}|a|$. Die Identität im Hinweis löst jetzt $x^2 - ay^2 = (ms)(mt)$.

Tatsache 4. Es ist leicht, $x^2 - y^2 \equiv b$ (modulo n) zu lösen, weil wir $x = (b+1)/2$, $y = (b-1)/2$ setzen können.

Tatsache 5. Es ist nicht schwierig, $x^2 + y^2 \equiv b$ (modulo n) zu lösen, weil die Methode in Übung 3.3.4–11 $x^2 + y^2 = p$ löst, wenn p prim ist und $p \bmod 4 = 1$; eine der Zahlen $b, b+n, b+2n, \ldots$ wird eine solche Primzahl sein.

Um jetzt das besagte Problem zu lösen, wenn $|a| > 1$, können wir wie folgt fortfahren. Wähle u und v zufällig zwischen 1 und $n-1$, dann berechne $w = (u^2 - av^2) \bmod n$ und $d = \text{ggT}(w, n)$. Wenn $1 < d < n$ oder wenn $\text{ggT}(v, n) > 1$, können wir n reduzieren; die zum Beweis der Tatsache 1 verwendeten Methoden werden Lösungen für Faktoren von n zu Lösungen für n selbst hochziehen. Wenn $d = n$ und $v \perp n$, haben wir $(u/v)^2 \equiv a$ (modulo n), also können wir a zu 1 reduzieren. Sonst $d = 1$ und setze $s = bw \bmod n$. Diese Zahl s ist unter den zu n teilerfremden Zahlen gleichmäßig verteilt gemäß Tatsache 2. Wenn $\left(\frac{a}{s}\right) = 1$, versuche $z^2 \equiv a$ (modulo s) zu lösen unter der Annahme, dass s prim ist (Übung 4.6.2–15). Wenn erfolglos, beginne wieder mit einer anderen zufälligen Wahl von u und v. Wenn erfolgreich, setze $z^2 = a + ms$ und berechne $d = \mathrm{ggT}(ms, n)$. Wenn $d > 1$, reduziere das Problem wie zuvor. Sonst verwende Tatsache 3, um $x^2 - ay^2 = m^2st$ mit $t^2 \le \frac{4}{3}|a|$ zu finden; dies ergibt $(x/m)^2 - a(y/m)^2 \equiv st$ (modulo n). Wenn $t = 0$, reduziere a zu 1. Sonst wende den Algorithmus rekursiv zur Lösung von $X^2 - tY^2 \equiv a$ (modulo n) an. (Da t viel kleiner als a ist, werden nur $O(\log\log n)$ Rekursionsebenen notwendig sein.) Wenn $\mathrm{ggT}(Y, n) > 1$, können wir n oder a reduzieren; sonst $(X/Y)^2 - a(1/Y)^2 \equiv t$ (modulo n). Schließlich ergibt die Identität im Hinweis eine Lösung von $x'^2 - ay'^2 \equiv s$ (siehe Tatsache 2), welche dann zu der gewünschten Lösung führt, weil $u^2 - av^2 \equiv s/b$.

In der Praxis sind nur $O(\log n)$ zufällige Versuche nötig, bevor die in diesem Algorithmus über Primzahlen gemachten Annahmen sich als wahr herausstellen. Doch würde ein formaler Beweis die Annahme der erweiterten Riemannschen Hypothese erfordern [*IEEE Trans.* **IT-33** (1987), 702–709]. Adleman, Estes und McCurley [*Math. Comp.* **48** (1987), 17–28] haben einen langsameren und komplizierteren Algorithmus entwickelt, der von keinen unbewiesenen Hypothesen abhängt.

46. [*FOCS* **20** (1979), 55–60.] Nach der Bestimmung von $a^{n_i} \bmod p = \prod_{j=1}^{m} p_j^{e_{ij}}$ für genügend viele n_i, können wir $\sum_i x_{ijk}e_{ij} + (p-1)t_{jk} = \delta_{jk}$ in ganzen Zahlen x_{ijk}, t_{jk} für $1 \le j, k \le m$ lösen (zum Beispiel wie in 4.5.2–(23)), wodurch wir die Lösungen $N_j = (\sum_i x_{ijk}e_{jk}) \bmod (p-1)$ zu $a^{N_j} \bmod p = p_j$ kennen. Wenn dann $ba^{n'} \bmod p = \prod_{j=1}^{m} p_j^{e'_j}$, haben wir $n + n' \equiv \sum_{j=1}^{m} e'_j N_j$ (modulo $p - 1$). [Verbesserte Algorithmen sind bekannt; siehe zum Beispiel Coppersmith, Odlyzko und Schroeppel, *Algorithmica* **1** (1986), 1–15.]

Abschnitt 4.6

1. $9x^2 + 7x + 7$; $5x^3 + 7x^2 + 2x + 6$.

2. (a) Wahr. (b) Falsch, wenn das algebraische System S *Nullteiler* enthält, d.h. von null verschiedene Zahlen, deren Produkt null ist, wie in Übung 1; sonst wahr. (c) Wahr, wenn $m \ne n$, doch falsch im Allgemeinen, wenn $m = n$, da die führenden Koeffizienten sich gegenseitig auslöschen können.

3. Nimm an, dass $r \le s$. Für $0 \le k \le r$ ist das Maximum $m_1m_2(k+1)$; für $r \le k \le s$ ist es $m_1m_2(r+1)$; für $s \le k \le r+s$ ist es $m_1m_2(r+s+1-k)$. Die kleinste obere Schranke gültig für alle k ist $m_1m_2(r+1)$. (Wer dieses Problem löst, wird wissen, wie das Polynom $x^7 + 2x^6 + 3x^5 + 3x^4 + 3x^3 + 3x^2 + 2x + 1$ zu faktorisieren ist.)

4. Wenn eines der Polynome weniger als 2^t von null verschiedene Koeffizienten hat, kann das Produkt dadurch gebildet werden, dass genau $t-1$ Nullen zwischen die Koeffizienten gesetzt werden, dann im binären Zahlsystem multipliziert wird, und schließlich mit einer bitweisen `AND`-Instruktion (präsent auf fast allen binären Rechnern, siehe Algorithmus 4.5.4D) die extra Bit auf null gesetzt werden. Zum Beispiel würde für $t = 3$ die Multiplikation im Text $(1001000001)_2 \times (1000001001)_2 = (10010010110010010 01)_2$ liefern; die gewünschte Antwort erhält man, wenn man `AND` auf dieses Ergebnis mit der Konstanten $(1001001\ldots1001)_2$ anwendet. Eine ähnliche Technik kann zum Multiplizieren von Polynomen mit nicht zu großen nicht-negativen Koeffizienten verwendet werden.

5. Polynome vom Grad $\le 2n$ können $U_1(x)x^n + U_0(x)$ geschrieben werden, wobei $\deg(U_1) \le n$ und $\deg(U_0) \le n$ und $(U_1(x)x^n + U_0(x))(V_1(x)x^n + V_0(x)) = U_1(x)V_1(x)(x^{2n} + x^n) + (U_1(x) + U_0(x))(V_1(x) + V_0(x))x^n + U_0(x)V_0(x)(x^n + 1)$. (Diese Gleichung nimmt Arithmetik modulo 2 an.) Also gelten Gln. 4.3.3–(3) und 4.3.3–(5).

Bemerkungen: S. A. Cook hat gezeigt, dass der Algorithmus 4.3.3T in einer ähnlichen Weise erweitert werden kann; und A. Schönhage [*Acta Informatica* **7** (1977), 395–398] hat gezeigt, wie man Polynome mod 2 mit nur $O(n \log n \log\log n)$ Bitoperationen multiplizieren kann. Polynome über jedem Ring S können mit nur $O(n \log n \log\log n)$ algebraischen Operationen multipliziert werden, sogar wenn S ein algebraisches System ist, in welchem Multiplikationen nicht kommutativ oder assoziativ sein müssen [D. G. Cantor und E. Kaltofen, *Acta Informatica* **28** (1991), 693–701]. Siehe auch Übungen 4.6.4–57 und 4.6.4–58. Doch diese Ideen sind nicht brauchbar für lückenhafte Polynome (die fast nur Nullkoeffizienten haben).

Abschnitt 4.6.1

1. $q(x) = 1 \cdot 2^3x^3 + 0 \cdot 2^2x^2 - 2 \cdot 2x + 8 = 8x^3 - 4x + 8$; $r(x) = 28x^2 + 4x + 8$.

2. Die von Euklids Algorithmus produzierte monische Folge von Polynomen hat die Koeffizienten $(1, 5, 6, 6, 1, 6, 3)$, $(1, 2, 5, 2, 2, 4, 5)$, $(1, 5, 6, 2, 3, 4)$, $(1, 3, 4, 6)$, 0. Also ist der größte gemeinsame Teiler $x^3 + 3x^2 + 4x + 6$. (Der größte gemeinsame Teiler von einem Polynom und seiner Umkehrung ist immer symmetrisch in dem Sinn, dass er ein Einheitenvielfaches seiner eigenen Umkehrung ist.)

3. Das Verfahren von Algorithmus 4.5.2X ist gültig mit Polynomen über S substituiert für ganze Zahlen. Wenn der Algorithmus terminiert, haben wir $U(x) = u_2(x)$, $V(x) = u_1(x)$. Sei $m = \deg(u)$, $n = \deg(v)$. Es ist leicht durch Induktion zu beweisen, dass $\deg(u_3) + \deg(v_1) = n$, $\deg(u_3) + \deg(v_2) = m$ nach Schritt X3, während der gesamten Ausführung des Algorithmus, vorausgesetzt, dass $m \geq n$. Also wenn m und n größer als $d = \deg(\mathrm{ggT}(u, v))$ sind, haben wir $\deg(U) < m - d$, $\deg(V) < n - d$; die genauen Grade sind $m - d_1$ und $n - d_1$, wobei d_1 der Grad vom zweitletzten von null verschiedenen Rest ist. Wenn $d = \min(m, n)$, sagen wir $d = n$, haben wir $U(x) = 0$ und $V(x) = 1$.

Wenn $u(x) = x^m - 1$ und $v(x) = x^n - 1$, zeigt die Identität $(x^m - 1) \bmod (x^n - 1) = x^{m \bmod n} - 1$, dass alle während der Rechnung auftretenden Polynome monisch sind und Ganzzahlkoeffizienten haben. Wenn $u(x) = x^{21} - 1$ und $v(x) = x^{13} - 1$, haben wir $V(x) = x^{11} + x^8 + x^6 + x^3 + 1$ und $U(x) = -(x^{19} + x^{16} + x^{14} + x^{11} + x^8 + x^6 + x^3 + x)$. [Siehe auch Gl. 3.3.3–(29), welche ein alternative Formel für $U(x)$ und $V(x)$ gibt. Siehe auch Übung 4.3.2–6, mit 2 ersetzt durch x.]

4. Da der Quotient $q(x)$ nur von $v(x)$ und den ersten $m - n$ Koeffizienten von $u(x)$ abhängt, ist der Rest $r(x) = u(x) - q(x)v(x)$ uniform verteilt und unabhängig von $v(x)$. Also kann jeder Schritt dieses Algorithmus als unabhängig von den anderen angesehen werden; dieser Algorithmus legt ein größeres Wohlverhalten an den Tag als Euklids Algorithmus über den ganzen Zahlen.

Die Wahrscheinlichkeit, dass $n_1 = n - k$ ist $p^{1-k}(1 - 1/p)$, und $t = 0$ mit Wahrscheinlichkeit p^{-n}. Jeder nachfolgende Schritt hat im Wesentlichen dasselbe Verhalten; also können wir sehen, dass jede gegeben Folge vom Grade n, n_1, ..., n_t, $-\infty$ mit Wahrscheinlichkeit $(p - 1)^t/p^n$ vorkommt. Um den Mittelwert von $f(n_1, \ldots, n_t)$ zu finden, sei S_t die Summe von $f(n_1, \ldots, n_t)$ über alle Folgen $n > n_1 > \cdots > n_t \geq 0$ mit einem gegebenen Wert von t; dann ist das Mittel $\sum_t S_t(p - 1)^t/p^n$.

Sei $f(n_1, \ldots, n_t) = t$; dann $S_t = \binom{n}{t}t$, also ist das Mittel $n(1 - 1/p)$. In ähnlicher Weise, wenn $f(n_1, \ldots, n_t) = n_1 + \cdots + n_t$, dann $S_t = \binom{n}{2}\binom{n-1}{t-1}$, und das Mittel ist $\binom{n}{2}(1 - 1/p)$. Schließlich, wenn $f(n_1, \ldots, n_t) = (n - n_1)n_1 + \cdots + (n_{t-1} - n_t)n_t$, dann

$$S_t = \binom{n+2}{t+2} - (n + 1)\binom{n+1}{t+1} + \binom{n+1}{2}\binom{n}{t},$$

und das Mittel ist $\binom{n+1}{2} - (n+1)p/(p-1) + (p/(p-1))^2(1 - 1/p^{n+1})$.

(Die Wahrscheinlichkeit, dass $n_{j+1} = n_j - 1$ für $1 \le j \le t = n$ ist $(1 - 1/p)^n$, was man durch $S_t = [t = n]$ erhält; also geht diese Wahrscheinlichkeit gegen 1 für $p \to \infty$. Als eine Folge haben wir weitere Evidenz für die Behauptung des Textes, dass Algorithmus C fast immer $\delta_2 = \delta_3 = \cdots = 1$ findet, weil alle Polynome, die die letzte Bedingung verfehlen, auch die frühere Bedingung modulo p für alle p verfehlen werden.)

5. Mit den in Übung 4 entwickelten Formeln mit $f(n_1, \ldots, n_t) = [n_t = 0]$, finden wir, dass die Wahrscheinlichkeit $1 - 1/p$ für $n > 0$ und 1 für $n = 0$ ist.

6. Angenommen, dass die konstanten Terme $u(0)$ und $v(0)$ von null verschieden sind, stelle dir einen „Rechts-nach-links"-Divisionalgorithmus vor, $u(x) = v(x)q(x) + x^{m-n}r(x)$, wobei $\deg(r) < \deg(v)$. Wir erhalten einen ggT-Algorithmus analog zu Algorithmus 4.5.2B, welcher im Wesentlichen Euklids Algorithmus angewandt auf die „Umkehrung" der ursprünglichen Eingaben (siehe Übung 2) mit nachfolgender Umkehrung des Ergebnisses und Multiplikation mit einer geeigneten Potenz von x ist.

Es gibt einen ähnlichen Algorithmus analog zu der Methode von Übung 4.5.2–40. Die mittelere Anzahl von Iterationen für beide Algorithmen wurde von G. H. Norton, *SICOMP* **18** (1989), 608–624; K. Ma und J. von zur Gathen, *J. Symbolic Comp.* **9** (1990), 429–455 gefunden.

7. Die Einheiten von S (als Polynome vom Grade null).

8. Wenn $u(x) = v(x)w(x)$, wobei $u(x)$ Ganzzahlkoeffizienten hat, während $v(x)$ und $w(x)$ rationale Koeffizienten haben, dann gibt es von null verschiedene ganze Zahlen m und n derart, dass $m \cdot v(x)$ und $n \cdot w(x)$ Ganzzahlkoeffizienten haben. Nun ist $u(x)$ primitiv, also impliziert Gl. (4), dass

$$u(x) = \mathrm{pp}\big((m \cdot v(x))(n \cdot w(x))\big) = \pm\,\mathrm{pp}(m \cdot v(x))\,\mathrm{pp}(n \cdot w(x)).$$

9. Wir können Algorithmus E wie folgt erweitern: Seien $(u_1(x), u_2(x), u_3, u_4(x))$ und $(v_1(x), v_2(x), v_3, v_4(x))$ Quadrupel, die die Relationen $u_1(x)u(x) + u_2(x)v(x) = u_3u_4(x)$ und $v_1(x)u(x) + v_2(x)v(x) = v_3v_4(x)$ erfüllen. Der erweiterte Algorithmus beginnt mit den Quadrupeln $(1, 0, \mathrm{cont}(u), \mathrm{pp}(u(x)))$ und $(0, 1, \mathrm{cont}(v), \mathrm{pp}(v(x)))$ und manipuliert sie so, dass die obigen Bedingungen beibehalten werden, wobei $u_4(x)$ und $v_4(x)$ durch dieselbe Folge wie $u(x)$ und $v(x)$ in Algorithmus E laufen. Wenn $au_4(x) = q(x)v_4(x) + br(x)$, haben wir $av_3(u_1(x), u_2(x)) - q(x)u_3(v_1(x), v_2(x)) = (r_1(x), r_2(x))$, wobei $r_1(x)u(x) + r_2(x)v(x) = bu_3v_3r(x)$, also bewahrt der erweiterte Algorithmus die gewünschten Relationen. Wenn $u(x)$ und $v(x)$ teilerfremd sind, findet der erweiterte Algorithmus schließlich $r(x)$ vom Grad null und wir erhalten $U(x) = r_2(x)$, $V(x) = r_1(x)$ wie gewünscht. (In der Praxis würden wir $r_1(x)$, $r_2(x)$ und bu_3v_3 durch $\mathrm{ggT}(\mathrm{cont}(r_1), \mathrm{cont}(r_2))$ dividieren.) Umgekehrt, wenn solche $U(x)$ und $V(x)$ existieren, dann haben $u(x)$ und $v(x)$ keine gemeinsamen Primteiler, da sie primitiv sind und keinen gemeinsamen Teiler von positivem Grad haben.

10. Durch sukzessive Faktorzerlegung reduzierbarer Polynome in Polynome von kleinerem Grad müssen wir eine endliche Faktorisierung eines jeden Polynoms in irreduzible Faktoren erhalten. Die Faktorisierung des *Inhalts* ist eindeutig. Um zu zeigen, dass es höchstens eine Faktorisierung des primitiven Teils gibt, ist das Schlüsselergebnis der Beweis, dass wenn $u(x)$ ein irreduzibler Faktor von $v(x)w(x)$, aber nicht ein Einheitenvielfaches des irreduziblen Polynoms $v(x)$ ist, dann $u(x)$ ein Faktor von $w(x)$ ist. Dies kann bewiesen werden mittels die Beobachtung, dass $u(x)$ ein Faktor von $v(x)w(x)U(x) = rw(x) - w(x)u(x)V(x)$ nach dem Ergebnis von Übung 9 ist, wobei r eine von null verschiedene Konstante ist.

11. Die einzig notwendigen Zeilennamen wären A_1, A_0, B_4, B_3, B_2, B_1, B_0, C_1, C_0, D_0. Sei allgemein $u_{j+2}(x) = 0$; dann wären die für den Beweis benötigten Zeilen $A_{n_2-n_j}$ bis A_0, $B_{n_1-n_j}$ bis B_0, $C_{n_2-n_j}$ bis C_0, $D_{n_3-n_j}$ bis D_0, usw.

12. Wenn $n_k = 0$, zeigt der Beweis von (24) im Text, dass der Wert der Determinante $\pm h_k$ ist, und dies ist gleich $\pm \ell_k^{n_{k-1}} / \prod_{1<j<k} \ell_j^{\delta_{j-1}(\delta_j-1)}$. Wenn die Polynome einen Faktor von positivem Grad haben, können wir künstlich annehmen, dass das Nullpolynom Grad null hat, und dieselbe Formel mit $\ell_k = 0$ verwenden.

Bemerkungen: Der Wert $R(u,v)$ der Sylvesterdeterminante wird die *Resultante* von u und v genannt und die Größe $(-1)^{\deg(u)(\deg(u)-1)/2}\ell(u)^{-1}R(u,u')$ heißt die *Diskriminante* von u, wobei u' die Ableitung von u ist. Wenn $u(x)$ die faktorisierte Form $a(x-\alpha_1)\ldots(x-\alpha_m)$ hat und wenn $v(x) = b(x-\beta_1)\ldots(x-\beta_n)$, ist die Resultante $R(u,v) = a^n v(\alpha_1)\ldots v(\alpha_m) = (-1)^{mn} b^m u(\beta_1)\ldots u(\beta_n) = a^n b^m \prod_{i=1}^m \prod_{j=1}^n (\alpha_i - \beta_j)$. Es folgt, dass die Polynome vom Grad mn in y definiert der Reihe nach als Resultanten von $v(x)$ mit $u(y-x)$, $u(y+x)$, $x^m u(y/x)$ und $u(yx)$ als Wurzeln der Reihe nach die Summen $\alpha_i + \beta_j$, Differenzen $\alpha_i - \beta_j$, Produkte $\alpha_i\beta_j$ und Quotienten α_i/β_j (wenn $v(0) \neq 0$) haben. Diese Idee wurde von R. G. K. Loos benutzt zur Konstruktion von Algorithmen für die Arithmetik algebraischer Zahlen [*Computing*, Supplement **4** (1982), 173–187].

Wenn wir jede Zeile A_i in der Sylvestermatrix durch

$$(b_0 A_i + b_1 A_{i+1} + \cdots + b_{n_2-1-i} A_{n_2-1}) - (a_0 B_i + a_1 B_{i+1} + \cdots + a_{n_2-1-i} B_{n_2-1})$$

ersetzen und dann die Zeilen B_{n_2-1} bis B_0 und die letzten n_2 Spalten löschen, erhalten wir eine $n_1 \times n_1$ Determinante für die Resultante statt der ursprünglichen $(n_1+n_2)\times(n_1+n_2)$ Determinante. In einigen Fällen kann die Resultante mittels dieser Determinante effizient ausgewertet werden; siehe *CACM* **12** (1969), 23–30, 302–303.

J. T. Schwartz hat gezeigt, dass es möglich ist, Resultanten und Sturmsche Ketten für Polynome vom Grad n mit insgesamt $O(n(\log n)^2)$ arithmetischen Operationen für $n \to \infty$ zu berechnen. [Siehe *JACM* **27** (1980), 701–717.]

13. Man kann durch Induktion nach j zeigen, dass die Werte von $(u_{j+1}(x), g_{j+1}, h_j)$ der Reihe nach durch $(\ell^{1+p_j} w(x) u_j(x), \ell^{2+p_j} g_j, \ell^{p_j} h_j)$ für $j \geq 2$ ersetzt werden, wobei $p_j = n_1 + n_2 - 2n_j$. [Trotz dieses Anwachsens bleibt die Schranke (26) gültig.]

14. Sei p ein Primelement dieses Bereichs und seien j, k maximal mit $p^k \backslash v_n = \ell(v)$, $p^j \backslash v_{n-1}$. Setze $P = p^k$. Nach Algorithmus R können wir $q(x) = a_0 + P a_1 x + \cdots + P^s a_s x^s$ schreiben, wobei $s = m - n \geq 2$. Betrachten wir die Koeffizienten von x^{n+1}, x^n und x^{n-1} in $v(x)q(x)$, nämlich $P a_1 v_n + P^2 a_2 v_{n-1} + \cdots$, $a_0 v_n + P a_1 v_{n-1} + \cdots$ und $a_0 v_{n-1} + P a_1 v_{n-2} + \cdots$, von welchen jeder ein Vielfaches von P^3 ist. Wir schließen vom ersten, dass $p^j \backslash a_1$, vom zweiten, dass $p^{\min(k,2j)} \backslash a_0$ und dann vom dritten, dass $P \backslash a_0$. Also $P \backslash r(x)$. [Wenn m nur $n+1$ wäre, könnten wir als Bestes beweisen, dass $p^{\lceil k/2 \rceil}$ das Polynom $r(x)$ teilt; betrachte zum Beispiel $u(x) = x^3+1$, $v(x) = 4x^2+2x+1$, $r(x) = 18$. Andererseits kann mittels eines Arguments, das auf Determinanten von Matrizen wie in (21) und (22) basiert, gezeigt werden, dass $\ell(r)^{\deg(v)-\deg(r)-1} r(x)$ immer ein Vielfaches von $\ell(v)^{(\deg(u)-\deg(v))(\deg(v)-\deg(r)-1)}$ ist.]

15. Sei $c_{ij} = a_{i1}a_{j1} + \cdots + a_{in}a_{jn}$; wir können annehmen, dass $c_{ii} > 0$ für alle i. Wenn $c_{ij} \neq 0$ für ein $i \neq j$, können wir Zeile i und Spalte i durch $(c_{i1} - tc_{j1}, \ldots, c_{in} - tc_{jn})$ ersetzen, wobei $t = c_{ij}/c_{jj}$; dies ändert nicht den Wert von $\det C$, aber es erniedrigt den Wert der oberen Schranke, die wir beweisen wollen, da c_{ii} durch $c_{ii} - c_{ij}^2/c_{jj}$ ersetzt ist. Soche Ersetzungen können in einer systematischen Weise für wachsende i und für $j < i$ ausgeführt werden, bis $c_{ij} = 0$ für alle $i \neq j$. [Der letztere Algorithmus heißt der *Gramm–Schmidt–Orthogonalisierungsprozess*: Siehe *Crelle* **94** (1883), 41–73; *Math. Annalen* **63** (1907), 442.] Dann $\det(A)^2 = \det(AA^T) = c_{11} \ldots c_{nn}$.

16. Ein univariates Polynom vom Grad d über einem eindeutigen Faktorisierungsbereich hat höchstens d Wurzeln (siehe Übung 3.2.1.2–16(b)); also ist für $n = 1$ klar, dass $|r(S_1)| \le d_1$. Wenn $n > 1$, haben wir $f(x_1, \ldots, x_n) = g_0(x_2, \ldots, x_n) + x_1 g_1(x_2, \ldots, x_n) + \cdots + x_1^{d_1} g_{d_1}(x_2, \ldots, x_n)$, wobei g_k von null verschieden ist für mindestens ein k. Gegeben $(x_2, \ldots, x_n)$, es folgt, dass $f(x_1, \ldots, x_n)$ null ist für höchstens d_1 Wahlmöglichkeiten von x_1, es sei denn $g_k(x_2, \ldots, x_n) = 0$; also $|r(S_1, \ldots, S_n)| \le d_1(|S_2| - d_2) \ldots (|S_n| - d_n) + |S_1|(|S_2| \ldots |S_n| - (|S_2| - d_2) \ldots (|S_n| - d_n))$. [R. A. DeMillo und R. J. Lipton, *Inf. Proc. Letters* **7** (1978), 193–195.]

Bemerkungen: Die angegebene obere Schranke ist die bestmögliche, weil Gleichheit für das Polynom $f(x_1, \ldots, x_n) = \prod\{x_j - s_k \mid s_k \in S_j,\ 1 \le k \le d_j,\ 1 \le j \le n\}$ auftritt. Doch in einem anderen Sinn kann die obere Schranke signifikant verbessert werden: Sei $f_1(x_1, \ldots, x_n) = f(x_1, \ldots, x_n)$ und sei $f_{j+1}(x_{j+1}, \ldots, x_n)$ ein von null verschiedener Koeffizient einer Potenz von x_j in $f_j(x_j, \ldots, x_n)$. Dann bezeichne d_j den Grad von x_j in f_j statt des (oft viel größeren) Grades von x_j in f. Zum Beispiel könnten wir $d_1 = 3$ und $d_2 = 1$ im Polynom $x_1^3 x_2^9 - 3x_1^2 x_2 + x_2^{100} + 5$ setzen. Diese Beobachtung stellt sicher, dass $d_1 + \cdots + d_n \le d$, wenn jeder Term von f totalen Grad $\le d$ besitzt; also ist die Wahrscheinlichkeit in solchen Fällen

$$\frac{|r(S, \ldots, S)|}{|S|} \le 1 - \left(1 - \frac{d_1}{|S|}\right) \ldots \left(1 - \frac{d_n}{|S|}\right) \le \frac{d_1 + \cdots + d_n}{|S|} \le \frac{d}{|S|},$$

wenn alle Mengen S_j gleich sind. Wenn diese Wahrscheinlichkeit $\le \frac{1}{2}$ ist, und wenn $f(x_1, \ldots, x_n)$ sich als null für 50 zufällig ausgewählte Vektoren $(x_1, \ldots, x_n)$ herausstellt, dann ist $f(x_1, \ldots, x_n)$ identisch null mit einer Wahrscheinlichkeit von mindestens $1 - 2^{-50}$.

Wenn darüberhinaus $f_j(x_j, \ldots, x_n)$ die besondere Form $x_j^{e_j} f_{j+1}(x_{j+1}, \ldots, x_n)$ mit $e_j > 0$ hat, können wir $d_j = 1$ setzen, weil x_j null sein muss, wenn $f_{j+1}(x_{j+1}, \ldots, x_n) \ne 0$. Ein lückenhaftes Polynom mit nur m von null verschiedenen Termen wird deshalb $d_j \le 1$ für mindestens $n - \lg m$ Werte von j haben.

Anwendungen dieser Ungleichung auf ggT-Berechnungen und andere Operationen an lückenhaften multivariaten Polynomen wurden von R. Zippel, *Lecture Notes in Comp. Sci.* **72** (1979), 216–226, eingeführt. J. T. Schwartz [*JACM* **27** (1980), 701–717] gab zusätzliche Erweiterungen, darunter einen Weg zur Vermeidung großer Zahlen mit Hilfe modularer Arithmetik: Wenn die Koeffizienten von f ganze Zahlen sind, wenn P eine Menge von Primzahlen $\ge q$ ist und wenn $|f(x_1, \ldots, x_n)| \le L$, wann immer jedes $x_j \in S_j$, dann ist die Zahl der Lösungen von $f(x_1, \ldots, x_n) \equiv 0$ (modulo p) für $p \in P$ höchstens

$$|S_1| \ldots |S_n||P| - (|S_1| - d_1) \ldots (|S_n| - d_n)(|P| - \log_q L).$$

17. (a) Beschreiben wir aus Bequemlichkeit diesen Algorithmus nur für $A = \{a, b\}$. Die Hypothesen implizieren, dass $\deg(Q_1 U) = \deg(Q_2 V) \ge 0$, $\deg(Q_1) \le \deg(Q_2)$. Wenn $\deg(Q_1) = 0$, dann ist Q_1 gerade eine von null verschiedene rationale Zahl, also setzen wir $Q = Q_2/Q_1$. Sonst seien $Q_1 = aQ_{11} + bQ_{12} + r_1$, $Q_2 = aQ_{21} + bQ_{22} + r_2$, wobei r_1 und r_2 rationale Zahlen sind; es folgt, dass

$$Q_1 U - Q_2 V = a(Q_{11} U - Q_{21} V) + b(Q_{12} U - Q_{22} V) + r_1 U - r_2 V.$$

Wir müssen entweder $\deg(Q_{11}) = \deg(Q_1) - 1$ oder $\deg(Q_{12}) = \deg(Q_1) - 1$ haben. Im ersten Fall $\deg(Q_{11} U - Q_{21} V) < \deg(Q_{11} U)$ durch Betrachtung der Terme höchsten

Grades, die mit a beginnen; also können wir Q_1 durch Q_{11}, Q_2 durch Q_{21} ersetzen und den Prozess wiederholen. In ähnlicher Weise können wir im zweiten Fall (Q_1, Q_2) durch (Q_{12}, Q_{22}) ersetzen und den Prozess wiederholen.

(b) Wir können annehmen, dass $\deg(U) \geq \deg(V)$. Wenn $\deg(R) \geq \deg(V)$, beachte, dass $Q_1U - Q_2V = Q_1R - (Q_2 - Q_1Q)V$ geringeren Grad hat als $\deg(V) \leq \deg(Q_1R)$, also können wir den Prozess mit U ersetzt durch R wiederholen; wir erhalten $R = Q'V + R'$, $U = (Q+Q')V + R'$, wobei $\deg(R') < \deg(R)$, also wird man schließlich eine Lösung erhalten.

(c) Der Algorithmus von (b) gibt $V_1 = UV_2 + R$, $\deg(R) < \deg(V_2)$; aus der Homogenität folgt $R = 0$, und U ist homogen.

(d) Wir können annehmen, dass $\deg(V) \leq \deg(U)$. Wenn $\deg(V) = 0$, setze $W \leftarrow U$; sonst verwende (c), um $U = QV$ zu finden, so dass $QVV = VQV$, $(QV - VQ)V = 0$. Dies impliziert, dass $QV = VQ$, also können wir $U \leftarrow V$, $V \leftarrow Q$ setzen und den Prozess wiederholen.

Für weitere Einzelheiten über den Gegenstand dieser Übung siehe P. M. Cohn, *Proc. Cambridge Phil. Soc.* **57** (1961), 18–30. Das beträchtlich schwierigere Problem, *alle* Stringpolynome mit $UV = VU$ zu charakterisieren, ist von G. M. Bergman [Ph.D. thesis, Harvard University, 1967] gelöst geworden.

18. [P. M. Cohn, *Transactions of the Amer. Math. Soc.* **109** (1963), 332–356.]

C1. Setze $u_1 \leftarrow U_1$, $u_2 \leftarrow U_2$, $v_1 \leftarrow V_1$, $v_2 \leftarrow V_2$, $z_1 \leftarrow z_2' \leftarrow w_1 \leftarrow w_2' \leftarrow 1$, $z_1' \leftarrow z_2 \leftarrow w_1' \leftarrow w_2 \leftarrow 0$, $n \leftarrow 0$.

C2. (An diesem Punkt gelten die in der Aufgabenstellung angegebenen Identitäten und $u_1v_1 = u_2v_2$; $v_2 = 0$ genau dann, wenn $u_1 = 0$.) Wenn $v_2 = 0$, terminiert der Algorithmus mit $\text{ggrT}(V_1, V_2) = v_1$, $\text{kglV}(V_1, V_2) = z_1'V_1 = -z_2'V_2$. (Aus Symmetriegründen haben wir auch $\text{gcld}(U_1, U_2) = u_2$ und $\text{lcrm}(U_1, U_2) = U_1w_1 = -U_2w_2$.)

C3. Finde Q und R mit $v_1 = Qv_2 + R$, wobei $\deg(R) < \deg(v_2)$. (Wir haben $u_1(Qv_2 + R) = u_2v_2$, also $u_1R = (u_2 - u_1Q)v_2 = R'v_2$.)

C4. Setze $(w_1, w_2, w_1', w_2', z_1, z_2, z_1', z_2', u_1, u_2, v_1, v_2) \leftarrow (w_1' - w_1Q, w_2' - w_2Q, w_1, w_2, z_1', z_2', z_1 - Qz_1', z_2 - Qz_2', u_2 - u_1Q, u_1, v_2, v_1 - Qv_2)$ und $n \leftarrow n+1$. Geh zurück nach C2. ▮

Diese Erweiterung von Euklids Algorithmus schließt die meisten Eigenschaften ein, die wir in den vorigen Erweiterungen gesehen haben, alle zur selben Zeit, so dass sie neue Einsicht in die bereits betrachteten Spezialfälle gewährt. Zum Nachweis ihrer Gültigigkeit, beachte erstens, dass $\deg(v_2)$ in Schritt C4 abnimmt, also der Algorithmus mit Sicherheit terminiert. Beim Abschluss des Algorithmus ist v_1 ein gemeinsamer Rechtsteiler von V_1 und V_2, da $w_1v_1 = (-1)^nV_1$ und $-w_2v_1 = (-1)^nV_2$; auch wenn d irgendein gemeinsamer Rechtsteiler von V_1 und V_2 ist, ist es ein Rechtsteiler von $z_1V_1 + z_2V_2 = v_1$. Also $v_1 = \text{ggrT}(V_1, V_2)$. Auch wenn m irgendein gemeinsames Linksvielfaches von V_1 und V_2 ist, können wir ohne Beschränkung der Allgemeinheit annehmen, dass $m = U_1V_1 = U_2V_2$, da die Folge der Werte von Q von U_1 und U_2 nicht abhängt. Also ist $m = (-1)^n(-u_2z_1')V_1 = (-1)^n(u_2z_2')V_2$ ein Vielfaches von $z_1'V_1$.

In der Praxis können wir, wenn wir gerade $\text{ggrT}(V_1, V_2)$ zu berechnen wünschen, die Berechnung von n, w_1, w_2, w_1', w_2', z_1, z_2, z_1', z_2' unterdrücken. Diese zusätzlichen Größen wurden zum Algorithmus hauptsächlich hinzugefügt, um seine Gültigkeit leichter nachweisen zu können.

Bemerkung: Nicht-triviale Faktorisierungen von Stringpolynomen, wie das mit dieser Übung gegebene Beispiel, können von Matrixidentitäten der Art

$$\begin{pmatrix} a & 1 \\ 1 & 0 \end{pmatrix}\begin{pmatrix} b & 1 \\ 1 & 0 \end{pmatrix}\begin{pmatrix} c & 1 \\ 1 & 0 \end{pmatrix}\begin{pmatrix} 0 & 1 \\ 1 & -c \end{pmatrix}\begin{pmatrix} 0 & 1 \\ 1 & -b \end{pmatrix}\begin{pmatrix} 0 & 1 \\ 1 & -a \end{pmatrix} = \begin{pmatrix} 1 & 0 \\ 0 & 1 \end{pmatrix},$$

bestimmt werden, da diese Identitäten sogar gelten, wenn die Multiplikation nicht kommutativ ist. Zum Beispiel

$$(abc + a + c)(1 + ba) = (ab + 1)(cba + a + c).$$

(Vergleiche dies mit den Kontinuantenpolynomen von Abschnitt 4.5.3.)

19. [Siehe Eugène Cahen, *Théorie des Nombres* **1** (Paris: 1914), 336–338.] Wenn ein solcher Algorithmus existiert, ist D ein ggrT aus dem in Übung 18 genannten Grund. Betrachten wir A und B als eine einzige $2n \times n$ Matrix C, deren erste n Zeilen die von A und deren zweite n Zeilen die von B sind. In ähnlicher Weise können P und Q in eine $2n \times n$ Matrix R kombiniert werden; X und Y können in eine $n \times 2n$ Matrix Z kombiniert werden. Die gewünschten Bedingungen reduzieren sich jetzt auf zwei Gleichungen $C = RD$, $D = ZC$. Wenn wir eine ganzzahlige $2n \times 2n$ Matrix U mit Determinante ± 1 finden können, so dass die letzten n Zeilen von $U^{-1}C$ alle null sind, dann erfüllt $R =$ (erste n Spalten von U), $D =$ (erste n Zeilen von $U^{-1}C$), $Z =$ (erste n Zeilen von U^{-1}) die gewünschten Bedingungen. Also kann zum Beispiel der folgende Algorithmus benutzt werden (mit $m = 2n$):

Algorithmus T (*Triangulierung*). Sei C eine $m \times n$ Matrix von ganzen Zahlen. Dieser Algorithmus findet $m \times m$ ganzzahlige Matrizen U und V mit $UV = I$, und VC ist in *oberer Dreiecksform.* (Dies bedeutet, dass das Element in Zeile i und Spalte j von VC null ist, wenn $i > j$.)

T1. [Initialisiere.] Setze $U \leftarrow V \leftarrow I$, die $m \times m$ Einheitsmatrix; und setze $T \leftarrow C$. (Während des Algorithmus haben wir $T = VC$ und $UV = 1$.)

T2. [Iteriere mit j.] Führe Schritt T3 für $j = 1, 2, \ldots, \min(m, n)$ aus, dann terminiert der Algorithmus.

T3. [Fülle Spalte j mit Nullen.] Führe die folgenden Aktionen null oder mehrmals aus bis T_{ij} null ist für alle $i > j$: Sei T_{kj} ein von null verschiedenes Element von $\{T_{ij}, T_{(j+1)j}, \ldots, T_{mj}\}$ mit dem kleinsten Absolutwert. Vertausche Zeilen k und j von T und von V; vertausche Spalten k und j von U. Dann subtrahiere $\lfloor T_{ij}/T_{jj} \rfloor$ mal Zeile j von Zeile i in den Matrizen T und V und füge dasselbe Vielfache von Spalte i zu Spalte j in Matrix U hinzu, für $j < i \leq m$. ▌

Für das besagte Beispiel ergibt der Algorithmus $\begin{pmatrix} 1 & 2 \\ 3 & 4 \end{pmatrix} = \begin{pmatrix} 1 & 0 \\ 3 & 2 \end{pmatrix}\begin{pmatrix} 1 & 2 \\ 0 & -1 \end{pmatrix}$, $\begin{pmatrix} 4 & 3 \\ 2 & 1 \end{pmatrix} = \begin{pmatrix} 4 & 5 \\ 2 & 3 \end{pmatrix}\begin{pmatrix} 1 & 2 \\ 0 & -1 \end{pmatrix}$, $\begin{pmatrix} 1 & 2 \\ 0 & -1 \end{pmatrix} = \begin{pmatrix} 1 & 0 \\ 2 & -2 \end{pmatrix}\begin{pmatrix} 1 & 2 \\ 3 & 4 \end{pmatrix} + \begin{pmatrix} 0 & 0 \\ 1 & 0 \end{pmatrix}\begin{pmatrix} 4 & 3 \\ 2 & 1 \end{pmatrix}$. (Tatsächlich würde *irgendeine* Matrix mit Determinante ± 1 ein ggrT in diesem besonderen Fall sein.)

20. Es mag hilfreich sein, die Konstruktion von Übung 4.6.2–22, mit p^m durch eine kleine Zahl ϵ ersetzt, zu betrachten.

21. Um eine obere Schranke zu bekommen, können wir annehmen, dass Algorithmus R nur, wenn $m - n \leq 1$, verwendet wird; weiterhin sind die Koeffizienten durch (26) mit $m = n$ beschränkt. [Die besagte Formel ist in der Tat die in der Praxis beobachtete Ausführungszeit, nicht lediglich eine obere Schranke. Für detailliertere Information siehe G. E. Collins, *Proc. 1968 Summer Inst. on Symbolic Mathematical Computation*, herausgegeben von Robert G. Tobey (IBM Federal Systems Center: June 1969), 195–231.]

22. Ein Folge von Vorzeichen kann nicht zwei Nullen hintereinander enthalten, da $u_{k+1}(x)$ eine von null verschiedene Konstante in (29) ist. Darüberhinaus können wir nicht „+, 0, +" oder „−, 0, −" als Teilfolgen haben. Die Formel $V(u,a) - V(u,b)$ ist klarerweise gültig, wenn $b = a$, also müssen wir sie nur verifizieren, wenn b wächst. Die Polynome $u_j(x)$ haben endlich viele Wurzeln und $V(u,b)$ ändert sich nur, wenn b solche Wurzeln erreicht oder passiert. Sei x eine Wurzel einiger (möglich sind mehrere) u_j. Wenn b von $x - \epsilon$ nach x wächst, geht die Vorzeichenfolge nahe j von „+, ±, −" zu „+, 0, −" oder von „−, ±, +" zu „−, 0, +" über, wenn $j > 0$; und von „+, −" zu „0, −" oder von „−, +" zu „0, +" über, wenn $j = 0$. (Da $u'(x)$ die Ableitung ist, ist $u'(x)$ negativ, wenn $u(x)$ fällt.) Also ist die Gesamtänderung in V gerade $-\delta_{j0}$. Wenn b von x nach $x + \epsilon$ wächst, zeigt ein ähnliches Argument, dass V unverändert bleibt.

[L. E. Heindel, *JACM* **18** (1971), 533–548, hat diese Ideen zur Konstruktion von Algorithmen zur Isolation reeller Nullstellen eines gegebenen Polynoms $u(x)$ in einer durch ein Polynom in $\deg(u)$ und $\log N$ beschränkten Zeit angewandt, wobei alle Koeffizienten y_j ganze Zahlen mit $|u_j| \le N$ und alle Operationen garantiert genau sind.]

23. Wenn v gerade $n-1$ reelle Wurzeln hat, die zwischen den n reellen Wurzeln von u liegen, dann liegen (durch Betrachtung der Vorzeichenänderungen) von $u(x) \bmod v(x)$ gerade $n-2$ reelle Wurzeln zwischen den $n-1$ Wurzeln von v.

24. Zeige zuerst, dass $h_j = g_j^{\delta_{j-1}} g_{j-1}^{\delta_{j-2}(1-\delta_{j-1})} \ldots g_2^{\delta_1(1-\delta_2)\ldots(1-\delta_{j-1})}$. Dann zeige, dass der Exponent von g_2 auf der linken Seite von (18) die Form $\delta_2 + \delta_1 x$ hat, wobei $x = \delta_2 + \cdots + \delta_{j-1} + 1 - \delta_2(\delta_3 + \cdots + \delta_{j-1} + 1) - \delta_3(1-\delta_2)(\delta_4 + \cdots + \delta_{j-1} + 1) - \cdots - \delta_{j-1}(1-\delta_2)\ldots(1-\delta_{j-2})(1)$. Doch $x = 1$, da es als unabhängig von δ_{j-1} erkannt wird, und wir können $\delta_{j-1} = 0$, usw. setzen. Eine ähnliche Ableitung führt zu $g_3, g_4, \ldots$ und eine einfachere Ableitung zu (23).

25. Jeder Koeffizient von $u_j(x)$ kann als eine Determinante ausgedrückt werden, in welcher eine Spalte nur $\ell(u)$, $\ell(v)$ und Nullen enthält. Um diese Tatsache zu verwenden, ändere Algorithmus C wie folgt: In Schritt C1, setze $g \leftarrow \mathrm{ggT}(\ell(u), \ell(v))$ und $h \leftarrow 0$. In Schritt C3, wenn $h = 0$, setze $u(x) \leftarrow v(x)$, $v(x) \leftarrow r(x)/g$, $h \leftarrow \ell(u)^\delta/g$, $g \leftarrow \ell(u)$, und kehre nach C2 zurück; sonst fahre wie im unveränderten Algorithmus fort. Die Wirkung dieser neuen Initialisierung ist einfach die Ersetzung von $u_j(x)$ durch $u_j(x)/\mathrm{ggT}(\ell(u), \ell(v))$ für alle $j \ge 3$; also wird ℓ^{2j-4} zu ℓ^{2j-5} in (28) werden.

26. Tatsächlich gilt sogar mehr. Beachte, dass der Algorithmus in Übung 3 $\pm p_n(x)$ und $\mp q_n(x)$ für $n \ge -1$ berechnet. Sei $e_n = \deg(q_n)$ und $d_n = \deg(p_n u - q_n v)$; wir bemerkten in Übung 3, dass $d_{n-1} + e_n = \deg(u)$ für $n \ge 0$. Wir werden beweisen, dass die Bedingungen $\deg(q) < e_n$ und $\deg(pu - qv) < d_{n-2}$ implizieren, dass $p(x) = c(x)p_{n-1}(x)$ und $q(x) = c(x)q_{n-1}(x)$: Gegeben solche p und q, können wir $c(x)$ und $d(x)$ mit $p(x) = c(x)p_{n-1}(x) + d(x)p_n(x)$ und $q(x) = c(x)q_{n-1}(x) + d(x)q_n(x)$ finden, da $p_{n-1}(x)q_n(x) - p_n(x)q_{n-1}(x) = \pm 1$. Also $pu - qv = c(p_{n-1}u - q_{n-1}v) + d(p_n u - q_n v)$. Wenn $d(x) \ne 0$, müssen wir $\deg(c) + e_{n-1} = \deg(d) + e_n$ haben, da $\deg(q) < \deg(q_n)$; es folgt, dass $\deg(c) + d_{n-1} > \deg(d) + d_n$, da dies sicherlich wahr ist, wenn $d_n = -\infty$, und wir sonst $d_{n-1} + e_n = d_n + e_{n+1} > d_n + e_{n-1}$ haben. Deshalb $\deg(pu - qv) = \deg(c) + d_{n-1}$. Doch wir haben angenommen, dass $\deg(pu - qv) < d_{n-2} = d_{n-1} + e_n - e_{n-1}$; also $\deg(c) < e_n - e_{n-1}$ und $\deg(d) < 0$, ein Widerspruch.

[Dieses Resultat stammt im Wesentlichen von L. Kronecker, *Monatsberichte Königl. preuß. Akad. Wiss.* (Berlin: 1881), 535–600. Es impliziert den folgenden Satz: „Seien $u(x)$ und $v(x)$ teilerfremde Polynome über einem Körper und sei $d \le \deg(v) < \deg(u)$. Wenn $q(x)$ ein Polynom von kleinstem Grad ist derart, dass Polynome $p(x)$

und $r(x)$ mit $p(x)u(x) - q(x)v(x) = r(x)$ und $\deg(r) = d$ existieren, dann $p(x)/q(x) = p_n(x)/q_n(x)$ für für ein n.“ Denn wenn $d_{n-2} > d \geq d_{n-1}$, gibt es Lösungen $q(x)$ mit $\deg(q) = e_{n-1} + d - d_{n-1} < e_n$ und wir haben bewiesen, dass alle Lösungen eines so niedrigen Grades die besagte Eigenschaft haben.]

27. Die Ideen von Lösung 4.3.1–40 sind anwendbar, doch in einfacherer Art, weil Polynomarithmetik übertragsfrei ist; die Rechts-nach-links-Division verwendet 4.7–(3). Alternativ könnten wir für große Werte von n Fouriertransformierte der Koeffizienten dividieren in Umkehrung von Übung 4.6.4–57.

Abschnitt 4.6.2

1. Für jede Wahl von $k \leq n$ verschiedenen Wurzeln, gibt es p^{n-k} monische Polynome, die diese Wurzeln mindestens einmal haben. Deshalb ist nach dem Prinzip von Inklusion und Exklusion (Abschnitt 1.3.3) die Anzahl der Polynome ohne Linearfaktoren $\sum_{k\leq n}\binom{p}{k}p^{n-k}(-1)^k$ und sie ist alternierend $\leq$ und $\geq$ als die Partialsummen dieser Reihe. Die besagten Schranken entsprechen $k \leq 2$ und $k \leq 3$. Für $n \geq p$ ist die Wahrscheinlichkeit mindestens eines Linearfaktors $1 - (1 - 1/p)^p$. Die mittlere Anzahl der Linearfaktoren ist p mal die mittlere Anzahl, wie oft x das Polynom $u(x)$ teilt, also $1 + p^{-1} + \cdots + p^{1-n} = \frac{p}{p-1}(1 - p^{-n})$.

[In einer ähnlichen Weise finden wir, dass es einen irreduziblen Faktor vom Grad 2 mit Wahrscheinlichkeit $\sum_{k\leq n/2}\binom{p(p-1)/2}{k}(-1)^k p^{-2k}$ gibt; diese Wahrscheinlichkeit liegt zwischen $\frac{3}{8} - \frac{1}{4}p^{-1}$ und $\frac{1}{2} - \frac{1}{2}p^{-1}$, wenn $n \geq 2$ und sie geht gegen $1 - e^{-1/2}(1 + \frac{1}{2}p^{-1}) + O(p^{-2})$ mit $n \to \infty$. Die mittlere Anzahl solcher Faktoren ist $\frac{1}{2} - \frac{1}{2}p^{-2\lfloor n/2\rfloor}$.]

Bemerkung: Sei $u(x)$ ein festes Polynom mit Ganzzahlkoeffizienten. Peter Weinberger hat beobachtet, dass wenn $u(x)$ über den ganzen Zahlen irreduzibel ist, die mittlere Zahl von Linearfaktoren von $u(x)$ modulo p gegen 1 mit $p \to \infty$ geht, weil die Galoisgruppe von $u(x)$ transitiv ist und die mittlere Anzahl von 1-Zyklen in einem zufällig ausgewählten Element jeder transitiven Permutationsgruppe 1 ist. Also ist *die mittlere Zahl von Linearfaktoren von $u(x)$ modulo p die Anzahl irreduzibler Faktoren von $u(x)$ über den ganzen Zahlen* mit $p \to \infty$. [Siehe die Bemerkungen in der Lösung zu Übung 37 und *Proc. Symp. Pure Math.* **24** (Amer. Math. Soc., 1972), 321–332.]

2. (a) Wir wissen, dass $u(x)$ eine Darstellung als ein Produkt irreduzibler Polynome hat; die führenden Koeffizienten dieser Polynome müssen Einheiten sein, da sie den führenden Koeffizient von $u(x)$ teilen. Deshalb können wir annehmen, dass $u(x)$ eine Darstellung als ein Produkt monischer irreduzibler Polynome $p_1(x)^{e_1} \ldots p_r(x)^{e_r}$ hat, wobei $p_1(x), \ldots, p_r(x)$ verschieden sind. Diese Darstellung ist eindeutig, bis auf die Ordnung der Faktoren, also sind die Bedingungen für $u(x)$, $v(x)$, $w(x)$ genau dann erfüllt, wenn

$$v(x) = p_1(x)^{\lfloor e_1/2\rfloor} \ldots p_r(x)^{\lfloor e_r/2\rfloor}, \qquad w(x) = p_1(x)^{e_1 \bmod 2} \ldots p_r(x)^{e_r \bmod 2}.$$

(b) Die Erzeugungsfunktion für die Anzahl monischer Polynome vom Grad n ist $1 + pz + p^2z^2 + \cdots = 1/(1 - pz)$. Die Erzeugungsfunktion für die Anzahl von Polynomen vom Grad n, die die Form $v(x)^2$ mit monischem $v(x)$ haben, ist $1 + pz^2 + p^2z^4 + \cdots = 1/(1 - pz^2)$. Wenn die Erzeugungsfunktion für die Anzahl monischer quadratfreier Polynome vom Grad n nun $g(z)$ ist, dann müssen wir $1/(1 - pz) = g(z)/(1 - pz^2)$ nach Teil (a) haben. Also $g(z) = (1 - pz^2)/(1 - pz) = 1 + pz + (p^2 - p)z^2 + (p^3 - p^2)z^3 + \cdots$. Die Antwort ist $p^n - p^{n-1}$ für $n \geq 2$. [Interessanterweise beweist dies, dass $u(x) \perp u'(x)$ mit Wahrscheinlichkeit $1 - 1/p$; sie ist dieselbe wie die Wahrscheinlichkeit, dass $u(x) \perp v(x)$, wenn $u(x)$ und $v(x)$ *unabhängig* sind nach Übung 4.6.1–5.]

Bemerkung: Mit ähnlicher Begründung hat jedes $u(x)$ eine eindeutige Darstellung $v(x)w(x)^r$, wobei $v(x)$ nicht durch die r-te Potenz irgendeines irreduziblen Faktors teilbar ist; die Anzahl solcher monischer Polynome $v(x)$ ist $p^n - p^{n-r+1}$ für $n \geq r$.

3. Sei $u(x) = u_1(x) \dots u_r(x)$. Es gibt *höchstens* ein solches $v(x)$ nach dem Beweis von Satz 4.3.2C. Es gibt *mindestens* eines, wenn wir für jedes j das System mit $w_j(x) = 1$ und $w_k(x) = 0$ für $k \neq j$ lösen können. Eine Lösung für letzteres ist $v_1(x)\prod_{k\neq j} u_k(x)$, wobei $v_1(x)$ und $v_2(x)$ durch den erweiterten euklidschen Algorithmus (Übung 4.6.1–3) gefunden werden können, so dass sie

$$v_1(x)\prod_{k\neq j} u_k(x) + v_2(x)u_j(x) = 1, \qquad \deg(v_1) < \deg(u_j)$$

erfüllen.

Über den ganzen Zahlen können wir nicht $v(x) \equiv 1$ (modulo x) und $v(x) \equiv 0$ (modulo $x-2$) machen, wenn $\deg(v) < 2$.

4. Wegen der eindeutigen Faktorisierung haben wir $(1-pz)^{-1} = \prod_{n\geq 1}(1-z^n)^{-a_{np}}$; wenn wir Logarithmen nehmen, kann dies

$$\ln(1/(1-pz)) = \textstyle\sum_{k,j\geq 1} a_{kp} z^{kj}/j = \sum_{j\geq 1} G_p(z^j)/j$$

geschrieben werden: Die besagte Identität ergibt jetzt die Antwort

$$G_p(z) = \sum_{m\geq 1} \mu(m)m^{-1}\ln(1/(1-pz^m)),$$

von welcher wir $a_{np} = \sum_{d\backslash n}\mu(n/d)p^d/n$ erhalten; also $\lim_{p\to\infty} a_{np}/p^n = 1/n$.

Zum Beweis der besagten Identität beachte, dass

$$\textstyle\sum_{n,j\geq 1}\mu(n)g(z^{nj})n^{-t}j^{-t} = \sum_{m\geq 1} g(z^m)m^{-t}\sum_{n\backslash m}\mu(n) = g(z).$$

[Die Zahlen a_{np} wurden zuerst von Gauß gefunden; siehe seine *Werke* **2**, 219–222.]

5. Sei a_{npr} die Anzahl monischer Polynome vom Grad n modulo p, die genau r irreduzible Faktoren haben. Dann $\mathcal{G}_p(z,w) = \sum_{n,r\geq 0} a_{npr}z^n w^r = \exp(\sum_{k\geq 1} G_p(z^k)w^k/k) = \exp(\sum_{m\geq 1} a_{mw}\ln(1/(1-pz^{-m}))$; siehe Gl. 1.2.9–(38). Wir haben

$$\begin{aligned}\textstyle\sum_{n\geq 0} A_{np}z^n = d\mathcal{G}_p(z/p,w)/dw\,|_{w=1} &= \textstyle(\sum_{k\geq 1} G_p(z^k/p^k))\,\mathcal{G}_p(z/p,1)\\ &= \textstyle(\sum_{n\geq 1}\ln(1/(1-p^{1-n}z^n))\varphi(n)/n)/(1-z),\end{aligned}$$

also $A_{np} = H_n + 1/2p + O(p^{-2})$ für $n \geq 2$. Der Mittelwert von 2^r ist $[z^n]\,\mathcal{G}_p(z/p,2) = n+1+(n-1)/p+O(np^{-2})$. (Die Varianz ist jedoch von der Ordnung n^3: setze $w = 4$.)

6. Für $0 \leq s < p$ ist $x - s$ ein Faktor von $x^p - x$ (modulo p) nach Fermats Satz. Also ist $x^p - x$ ein Vielfaches von $\mathrm{kgV}(x-0, x-1, \dots, x-(p-1)) = x^{\underline{p}}$. [*Bemerkung:* Deshalb sind die Stirlingschen Zahlen $\left[{p \atop k}\right]$ Vielfache von p, außer wenn $k = 1$ oder $k = p$. Gleichung 1.2.6–(45) zeigt, dass dieselbe Behauptung gültig ist für Stirlingsche Zahlen $\left\{{p \atop k}\right\}$ der anderen Art.]

7. Die Faktoren rechts sind teilerfremd und jeder ist Teiler von $u(x)$, also teilt ihr Produkt $u(x)$. Andererseits teilt $u(x)$

$$v(x)^p - v(x) = \textstyle\prod_{0\leq s<p}(v(x)-s),$$

also teilt es die rechte Seite nach Übung 4.5.2–2.

8. Der Vektor (18) ist die einzige Ausgabe, deren k-te Komponente von null verschieden ist.

9. Zum Beispiel beginne mit $x \leftarrow 1$ und $y \leftarrow 1$; dann setze wiederholt $R[x] \leftarrow y$, $x \leftarrow 2x \bmod 101$, $y \leftarrow 51y \bmod 101$, einhundert mal.

10. Die Matrix $Q - I$ unten hat einen Nullraum, der durch die zwei Vektoren $v^{[1]} = (1,0,0,0,0,0,0,0)$, $v^{[2]} = (0,1,1,0,0,1,1,1)$ erzeugt wird. Die Faktorisierung ist

$$(x^6 + x^5 + x^4 + x + 1)(x^2 + x + 1).$$

$$p = 2 \qquad \begin{pmatrix} 0&0&0&0&0&0&0&0\\ 0&1&1&0&0&0&0&0\\ 0&0&1&0&1&0&0&0\\ 0&0&0&1&0&0&1&0\\ 1&0&0&1&0&0&1&0\\ 1&0&1&1&1&0&0&0\\ 0&0&1&0&1&1&0&1\\ 1&1&0&1&1&1&0&1 \end{pmatrix} \qquad p = 5 \qquad \begin{pmatrix} 0&0&0&0&0&0&0\\ 0&4&0&0&0&1&0\\ 0&2&2&0&4&3&4\\ 0&1&4&4&4&2&1\\ 2&2&2&3&4&3&2\\ 0&0&4&0&1&3&2\\ 3&0&2&1&4&2&1 \end{pmatrix}$$

11. Wenn man den trivialen Faktor x wegnimmt, hat die Matrix $Q - I$ oben einen Nullraum erzeugt durch $(1,0,0,0,0,0,0)$ und $(0,3,1,4,1,2,1)$. Die Faktorisierung ist

$$x(x^2 + 3x + 4)(x^5 + 2x^4 + x^3 + 4x^2 + x + 3).$$

12. Wenn $p = 2$, $(x+1)^4 = x^4 + 1$. Wenn $p = 8k+1$, ist $Q - I$ die Nullmatrix, also gibt es vier Faktoren. Für andere Werte von p haben wir

$$\begin{matrix} & p = 8k+3 & p = 8k+5 & p = 8k+7 \\ Q - I = & \begin{pmatrix} 0&0&0&0\\ 0&-1&0&1\\ 0&0&-2&0\\ 0&1&0&-1 \end{pmatrix} & \begin{pmatrix} 0&0&0&0\\ 0&-2&0&0\\ 0&0&0&0\\ 0&0&0&-2 \end{pmatrix} & \begin{pmatrix} 0&0&0&0\\ 0&-1&0&-1\\ 0&0&-2&0\\ 0&-1&0&-1 \end{pmatrix}. \end{matrix}$$

Hier hat $Q - I$ Rang 2, also gibt es $4 - 2 = 2$ Faktoren. [Doch es ist leicht zu beweisen, dass das Polynom $x^4 + 1$ über den ganzen Zahlen irreduzibel ist, da es keine Linearfaktoren hat und der Koeffizient von x in jedem Faktor mit Grad zwei kleiner oder gleich 2 dem Betrag nach gemäß Übung 20 sein muss. (Siehe auch Übung 32, da $x^4 + 1 = \Psi_8(x)$.) Für alle $k \geq 2$ hat H. P. F. Swinnerton-Dyer Polynome vom Grad 2^k aufgezeigt, die irreduzibel über den ganzen Zahlen sind, doch die vollständig in lineare und quadratische Faktoren modulo jeder Primzahl zerfallen. Für Grad 8 ist sein Beispiel $x^8 - 16x^6 + 88x^4 + 192x^2 + 144$ mit Wurzeln $\pm\sqrt{2} \pm \sqrt{3} \pm i$ [siehe *Math. Comp.* **24** (1970), 733–734]. Gemäß dem in Übung 37 zitierten Satz von Frobenius wird jedes irreduzible Polynom vom Grad n, dessen Galoisgruppe keine n-Zyklen enthält, Faktoren modulo fast aller Primzahlen haben.]

13. Fall $p = 8k+1$: $(x + (1 + \sqrt{-1})/\sqrt{2})(x + (1 - \sqrt{-1})/\sqrt{2})(x - (1 + \sqrt{-1})/\sqrt{2}) \times (x - (1 - \sqrt{-1})/\sqrt{2})$. Fall $p = 8k+3$: $(x^2 + \sqrt{-2}x - 1)(x^2 - \sqrt{-2}x - 1)$. Fall $p = 8k+5$: $(x^2 + \sqrt{-1})(x^2 - \sqrt{-1})$. Fall $p = 8k+7$: $(x^2 + \sqrt{2}x + 1)(x^2 - \sqrt{2}x + 1)$. Die Faktorisierung für $p = 8k+7$ gilt auch über dem Körper der reellen Zahlen.

14. Algorithmus N kann zum Auffinden der Koeffizienten von w adaptiert werden: Sei A die $(r+1) \times n$ Matrix, deren k-te Zeile die Koeffizienten von $v(x)^k \bmod u(x)$ für $0 \leq k \leq r$ enthält. Wende die Methode von Algorithmus N an bis die erste Abhängigkeit in Schritt N3 gefunden ist; dann terminiert der Algorithmus mit $w(x) = v_0 + v_1 x + \cdots +$

$v_k x^k$, wobei v_j in (18) definiert ist. An diesem Punkt $2 \le k \le r$; es ist nicht notwendig, r im Voraus zu wissen, da wir nach der Erzeugung jeder Zeile von A auf Abhängigkeit prüfen können.

15. Wir können annehmen, dass $u \neq 0$ und p ungerade ist. Berlekamps Methode angewandt auf das Polynom $x^2 - u$ sagt uns, dass genau dann eine Quadratwurzel existiert, wenn $Q - I = O$, was genau dann gilt, wenn $u^{(p-1)/2} \bmod p = 1$; doch wußten wir dies bereits. Die Methode von Cantor und Zassenhaus in (20), oder besser noch in (21) mit $d = 1$, sagt uns, dass $\mathrm{ggT}(x^2 - u, (x+s)^{(p-1)/2} - 1)$ ein nicht-trivialer Faktor mit Wahrscheinlichkeit $> \frac{1}{2}$ sein wird, wenn s zufällig ausgewählt wird. In der Praxis scheint sequentielles Auswählen für s genau so gut wie zufälliges Auswählen zu funktionieren, also erhalten wir den folgenden Algorithmus: „Berechne $\mathrm{ggT}(x^2 - u, x^{(p-1)/2} - 1)$, $\mathrm{ggT}(x^2 - u, (x+1)^{(p-1)/2} - 1)$, $\mathrm{ggT}(x^2 - u, (x+2)^{(p-1)/2} - 1)$, …, bis der erste Fall gefunden wird, wo der ggT die Form $x + v$ hat. Dann $\sqrt{u} = \pm v$." Die erwartete Laufzeit wird $O(\log p)^3$ für großes p sein.

Eine nähere Betrachtung lehrt, dass der erste Schritt dieses Algorithmus genau dann erfolgreich ist, wenn $p \bmod 4 = 3$. Denn wenn $p = 2q + 1$, wobei q ungerade ist, haben wir $x^q \bmod (x^2 - u) = u^{(q-1)/2} x$ und $\mathrm{ggT}(x^2 - u, x^q - 1) \equiv x - u^{(q+1)/2}$, da $u^q \equiv 1$ (modulo p). Tatsächlich sehen wir, dass die Formel $\sqrt{u} = \pm u^{(p+1)/4} \bmod p$ die Quadratwurzel direkt angibt, wann immer $p \bmod 4 = 3$.

Doch wenn $p \bmod 4 = 1$, werden wir $x^{(p-1)/2} \bmod (x^2 - u) = u^{(p-1)/4}$ haben, und der ggT wird 1 sein. Der obige Algorithmus sollte deshalb nur benutzt werden, wenn $p \bmod 4 = 1$, und der erste ggT sollte dann ausgelassen werden.

Eine direkte Methode, die schön arbeitet, wenn $p \bmod 8 = 5$, wurde in den neunziger Jahren von A. O. L. Atkin entdeckt, die darauf beruht, dass dann $2^{(p-1)/2} \equiv -1$: Setze $v \leftarrow (2u)^{(p-5)/8} \bmod p$ und $i \leftarrow (2uv^2) \bmod p$; dann $\sqrt{u} = \pm(uv(i-1)) \bmod p$, und wir haben auch $\sqrt{-1} = \pm i$. [*Computational Perspectives on Number Theory* (Cambridge, Mass.: Pub. International Press, 1998); siehe auch H. C. Pocklington, *Proc. Camb. Phil. Soc.* **19** (1917), 57–59.]

Wenn $p \bmod 8 = 1$, scheint eine Probiermethode notwendig zu sein. Das folgende Verfahren stammt von Daniel Shanks und übertrifft oft alle anderen bekannten Algorithmen in solchen Fällen: Nimm $p = 2^e q + 1$ an, wobei $e \ge 3$.

S1. Wähle x zufällig im Bereich $1 < x < p$ und setze $z = x^q \bmod p$. Wenn $z^{2^{e-1}} \bmod p = 1$, wiederhole diesen Schritt. (Die mittlere Anzahl von Wiederholungen wird weniger als 2 sein. Zufallszahlen werden in Schritt S2 und S3 nicht benötigt. In der Praxis können wir durch Versuche mit kleinen ungeraden Primzahlen x Zeit sparen. Wir hören auf mit $z = x^q \bmod p$, wenn $p^{(x-1)/2} \bmod x = x - 1$; siehe Übung 1.2.4–47.)

S2. Setze $y \leftarrow z$, $r \leftarrow e$, $x \leftarrow u^{(q-1)/2} \bmod p$, $v \leftarrow ux \bmod p$, $w \leftarrow ux^2 \bmod p$.

S3. Wenn $w = 1$, terminiere; v ist das Resultat. Sonst finde das kleinste k derart, dass $w^{2^k} \bmod p$ gleich 1 ist. Wenn $k = r$, terminiere (es gibt kein Ergebnis); sonst setze $(y, r, v, w) \leftarrow (y^{2^{r-k}}, k, vy^{2^{r-k-1}}, wy^{2^{r-k}})$ und wiederhole Schritt S3. ▌

Die Gültigkeit dieses Algorithmus folgt aus den invarianten Kongruenzen $uw \equiv v^2$, $y^{2^{r-1}} \equiv -1$, $w^{2^{r-1}} \equiv 1$ (modulo p). Wenn $w \neq 1$, führt Schritt S3 $r+2$ Multiplikationen mod p aus; also ist die maximale Anzahl von Multiplikationen in diesem Schritt weniger als $\binom{e+3}{2}$ und die mittlere Anzahl ist weniger als $\frac{1}{2}\binom{e+4}{2}$. Also ist die Laufzeit $O(\log p)^3$ für Schritte S1 und S2 und zusätzlich von der Ordnung $e^2(\log p)^2$ für Schritt S3, verglichen mit gerade $O(\log p)^3$ für die randomisierte, auf (21) basierende Methode.

Doch die konstanten Faktoren in Shankss Methode sind klein. [*Congressus Numerantium* **7**(1972), 58–62. Eine verwandte, doch weniger effiziente Methode wurde von A. Tonelli, *Göttinger Nachrichten* (1891), 344–346, veröffentlicht. Der Erste, der einen Quadratwurzelalgorithmus mit erwarteter Laufzeit $O(\log p)^3$ entdeckte, war M. Cipolla, *Rendiconti Accad. Sci. Fis. Mat. Napoli* **9** (1903), 154–163.]

16. (a) Substitutiere Polynome modulo p für ganze Zahlen im Beweis für $n = 1$. (b) Der Beweis für $n = 1$ überträgt sich auf jeden endlichen Körper. (c) Da $x = \xi^k$ für ein k, gilt $x^{p^n} = x$ im durch $f(x)$ definierten Körper. Weiterhin sind die Elemente y, die die Gleichung $y^{p^m} = y$ im Körper erfüllen, unter Addition und Multiplikation abgeschlossen; wenn also $x^{p^m} = x$, dann erfüllt ξ (als Polynom in x mit Ganzzahlkoeffizienten) $\xi^{p^m} = \xi$.

17. Wenn ξ eine primitive Wurzel ist, ist jedes von null verschiedene Element eine Potenz von ξ. Also muss die Ordnung ein Teiler von $13^2 - 1 = 2^3 \cdot 3 \cdot 7$ sein und $\varphi(f)$ Elemente haben Ordnung f.

f	$\varphi(f)$	f	$\varphi(f)$	f	$\varphi(f)$	f	$\varphi(f)$
1	1	3	2	7	6	21	12
2	1	6	2	14	6	42	12
4	2	12	4	28	12	84	24
8	4	24	8	56	24	168	48

18. (a) $\text{pp}(p_1(u_n x)) \ldots \text{pp}(p_r(u_n x))$ nach dem Gaußschen Lemma. Sei zum Beispiel

$$u(x) = 6x^3 - 3x^2 + 2x - 1, \qquad v(x) = x^3 - 3x^2 + 12x - 36 = (x^2 + 12)(x - 3);$$

dann $\text{pp}(36x^2 + 12) = 3x^2 + 1$, $\text{pp}(6x - 3) = 2x - 1$. (Dies ist eine moderne Version eines Kunstgriffs aus dem vierzehnten Jahrhundert, der für viele Jahre als Hilfe beim Lösen algebraischer Gleichungen benutzt wurde.)

(b) Sei $\text{pp}(w(u_n x)) = \bar{w}_m x^m + \cdots + \bar{w}_0 = w(u_n x)/c$, wobei c der Inhalt von $w(u_n x)$ als Polynom in x ist. Dann $w(x) = (c\bar{w}/u_n^m)x^m + \cdots + c\bar{w}_0$, also $c\bar{w}_m = u_n^m$; da $\bar{w}_m$ ein Teiler von u_n ist, ist c ein Vielfaches von u_n^{m-1}.

19. Wenn $u(x) = v(x)w(x)$, $\deg(v)\deg(w) \geq 1$, dann $u_n x^n \equiv v(x)w(x)$ (modulo p). Aufgrund eindeutiger Faktorisierung modulo p sind alle bis auf die führenden Koeffizienten von v und w Vielfache von p, und p^2 teilt $v_0 w_0 = u_0$.

20. (a) $\sum(\alpha u_j - u_{j-1})(\bar{\alpha}\bar{u}_j - \bar{u}_{j-1}) = \sum(u_j - \bar{\alpha} u_{j-1})(\bar{u}_j - \alpha\bar{u}_{j-1})$. (b) Wir können annehmen, dass $u_0 \neq 0$. Sei $m(u) = \prod_{j=1}^n \min(1, |\alpha_j|) = |u_0|/M(u)$. Wann immer $|\alpha_j| < 1$, ändere den Faktor $x - \alpha_j$ zu $\bar{\alpha}_j x - 1$ in $u(x)$; dies beeinflusst nicht $\|u\|$, doch ändert es $|u_0|$ in $M(u)$. (c) $u_j = u_m \sum \alpha_{i_1} \ldots \alpha_{i_{m-j}}$, eine elementarsymmetrische Funktion, also $|u_j| \leq |u_m| \sum \beta_{i_1} \ldots \beta_{i_{m-j}}$ wobei $\beta_i = \max(1, |\alpha_i|)$. Wir vollständigen den Beweis durch den Nachweis, dass wenn $x_1 > 1, \ldots, x_n \geq 1$ und $x_1 \ldots x_n = M$, die elementarsymmetrische Funktion $\sigma_{nk} = \sum x_{i_1} \ldots x_{i_k}$ gerade $\leq \binom{n-1}{k-1}M + \binom{n-1}{k}$, das ist der Wert, der für $x_1 = \cdots = x_{n-1} = 1$ und $x_n = M$ angenommen wird. (Denn wenn $x_1 \leq \cdots \leq x_n < M$, erhöht die Transformation $x_n \leftarrow x_{n-1}x_n$, $x_{n-1} \leftarrow 1$ die Größe σ_{nk} um $\sigma_{(n-2)(k-1)}(x_n - 1)(x_{n-1} - 1)$, was positiv ist.) (d) $|v_j| \leq \binom{m-1}{j}M(v) + \binom{m-1}{j-1}|v_m| \leq \binom{m-1}{j}M(u) + \binom{m-1}{j-1}|u_n|$, da $M(v) \leq M(u)$ und $|v_m| \leq |u_n|$. [M. Mignotte, *Math. Comp.* **28** (1974), 1153–1157.]

Bemerkungen: Diese Lösung zeigt, dass $\binom{m-1}{j}M(u) + \binom{m-1}{j-1}|u_n|$ eine obere Schranke ist, also hätten wir gerne eine bessere Abschätzung von $M(u)$. Mehrere Methoden sind bekannt [W. Specht, *Math. Zeit.* **53** (1950), 357–363; Cerlienco, Mignotte und Piras, *J. Symbolic Comp.* **4** (1987), 21–33]. Die einfachste und am schnellsten konvergierende ist vielleicht das folgende Verfahren [siehe C. H. Graeffe, *Auflösung der höheren numerischen Gleichungen* (Zürich: 1837)]: Mit der Annahme von $u(x) = u_n(x-\alpha_1)\ldots(x-\alpha_n)$ sei $\hat{u}(x) = u(\sqrt{x})u(-\sqrt{x}) = (-1)^n u_n^2(x-\alpha_1^2)\ldots(x-\alpha_n^2)$. Dann $M(u)^2 = M(\hat{u}) \le \|\hat{u}\|$. Also können wir $c \leftarrow \|u\|$, $v \leftarrow u/c$, $t \leftarrow 0$ setzen und dann $t \leftarrow t+1$, $c \leftarrow \|\hat{v}\|^{1/2^t} c$, $v \leftarrow \hat{v}/\|\hat{v}\|$ wiederholen. Die invarianten Relationen $M(u) = cM(v)^{1/2^t}$ und $\|v\| = 1$ garantieren, dass $M(u) \le c$ bei jedem Schritt der Iteration. Beachte, dass wenn $v(x) = v_0(x^2) + xv_1(x^2)$, wir $\hat{v}(x) = v_0(x)^2 - xv_1(x)^2$ haben. Es kann gezeigt werden, dass wenn jedes $|\alpha_j|$ entweder $\le \rho$ oder $\ge 1/\rho$ ist, dann $M(u) = \|u\|(1+O(\rho))$; also wird c dann $M(u)(1+O(\rho^{2^t}))$ nach t Schritten sein.

Wenn zum Beispiel $u(x)$ das Polynom von (22) ist, stellen sich die aufeinander folgenden Werte von c für $t = 0, 1, 2, \ldots$ als 10,63, 12,42, 6,85, 6,64, 6,65, 6,6228, 6,62246, 6,62246, ... heraus. In diesem Beispiel ist $\rho \approx 0{,}90982$. Beachte, dass die Konvergenz nicht monoton ist. Schließlich wird $v(x)$ nach dem Monom x^m konvergieren, wobei m die Anzahl von Wurzeln mit $|\alpha_j| < 1$ ist unter der Annahme, dass $|\alpha_j| \ne 1$ für alle j; im Allgemeinen, wenn es k Wurzeln mit $|\alpha_j| = 1$ gibt, werden die Koeffizienten von x^m und x^{m+k} nicht gegen null gehen, im Gegensatz zu den Koeffizienten von höheren und niedrigeren Potenzen von x.

Eine berühmte Formel von Jensen [*Acta Mathematica* **22** (1899), 359–364] beweist, dass $M(u)$ das geometrische Mittel von $|u(x)|$ auf dem Einheitskreis ist, nämlich $\exp(\frac{1}{2\pi}\int_0^{2\pi} \ln|f(e^{i\theta})|\,d\theta)$. Übung 21(a) wird in ähnlicher Weise zeigen, dass $\|u\|$ das Wurzel-Mittel-Quadrat von $|u(x)|$ auf dem Einheitskreis ist. Die Ungleichung $M(u) \le \|u\|$, welche auf E. Landau [*Bull. Soc. Math. de France* **33** (1905), 251–261] zurückgeht, kann deshalb als eine Relation zwischen Mittelwerten verstanden werden. Die Zahl $M(u)$ wird oft das *Mahlermaß* eines Polynoms genannt, weil Kurt Mahler es in *Mathematika* **7** (1960), 98–100 benutzt. Nebenbei gesagt, bewies Jensen auch, dass $\frac{1}{2\pi}\int_0^{2\pi} e^{im\theta}\ln|f(e^{i\theta})|\,d\theta = -\sum_{j=1}^{n}\alpha_j^m/(2m\max(|\alpha_j|,1)^{2m})$, wenn $m > 0$.

21. (a) Der Koeffizient von $a_\mathbf{p} b_\mathbf{q} c_\mathbf{r} d_\mathbf{s}$ ist null auf beiden Seiten, es sei denn $\mathbf{p}+\mathbf{s} = \mathbf{q}+\mathbf{r}$. Und wenn diese Bedingung gilt, ist der Koeffizient auf der rechten Seite $(\mathbf{p}+\mathbf{s})!$; auf der linken Seite ist er

$$\sum_{\mathbf{j}} \binom{\mathbf{p}}{\mathbf{j}}\binom{\mathbf{s}}{\mathbf{r}-\mathbf{j}}\mathbf{q}!\,\mathbf{r}! = \binom{\mathbf{p}+\mathbf{s}}{\mathbf{r}}\mathbf{q}!\,\mathbf{r}! = (\mathbf{q}+\mathbf{r})!\,.$$

[B. Beauzamy und J. Dégot, *Trans. Amer. Math. Soc.* **345** (1995), 2607–2619; D. Zeilberger, *AMM* **101** (1994), 894–896.]

(b) Sei $a_\mathbf{p} = v_\mathbf{p}$, $b_\mathbf{q} = w_\mathbf{q}$, $c_\mathbf{r} = \overline{v}_\mathbf{r}$, $d_\mathbf{s} = \overline{w}_\mathbf{s}$. Dann ist die rechte Seite von (a) $B(u)$ und die linke Seite ist eine Summe von nicht-negativen Termen für jedes $\mathbf{j}$ und $\mathbf{k}$. Wenn wir nur die Terme betrachten, wo $\Sigma\mathbf{j}$ der Grad von v ist, verschwinden die Terme $v_\mathbf{p}/(\mathbf{p}-\mathbf{j})!$, außer wenn $\mathbf{p} = \mathbf{j}$. Diese Terme reduzieren sich deshalb auf

$$\sum_{\mathbf{j},\mathbf{k}} \frac{1}{\mathbf{j}!\,\mathbf{k}!}\,|v_\mathbf{j} w_\mathbf{k}\,\mathbf{j}!\,\mathbf{k}!|^2 = B(v)B(w)\,.$$

[B. Beauzamy, E. Bombieri, P. Enflo und H. Montgomery, *J. Number Theory* **36** (1990), 219–245.]

(c) Wenn man eine neue Variable nötigenfalls hinzufügt, um alles homogen zu machen, ändert das nicht die Relation $u = vw$. Wenn also v und w totale Grade m bzw. n haben, erhalten wir $(m+n)!\,[u]^2 \ge m!\,[v]^2\,n!\,[w]^2$; in anderen Worten, $[v][w] \le \binom{m+n}{m}^{1/2}[u]$.

Nebenbei gibt es eine schöne Art die Bombierinorm zu sehen, indem man sich die Variablen nicht-kommutativ vorstellt. Wir könnten zum Beispiel statt $3xy^3 - z^2w^2$ dann $\frac{3}{4}xyyy + \frac{3}{4}yxyy + \frac{3}{4}yyxy + \frac{3}{4}yyyx - \frac{1}{6}zzww - \frac{1}{6}zwzw - \frac{1}{6}zwwz - \frac{1}{6}wzzw - \frac{1}{6}wzwz - \frac{1}{6}wwzz$ schreiben. Dann ist die Bombierinorm die $\| \,\|$-Norm der neuen Koeffizienten. Eine andere interessante Formel für u homogen vom Grad n ist

$$[u]^2 = \frac{1}{n!\,\pi^n} \int_{\mathbf{x}} \int_{\mathbf{y}} e^{-x_1^2 - \cdots - x_t^2 - y_1^2 - \cdots - y_t^2} \, |u(\mathbf{x} + i\mathbf{y})|^2 \, d\mathbf{x}\, d\mathbf{y}\,.$$

(d) Der Fall einer Variablen entspricht $t = 2$. Nimm $u = vw$ an, wobei v homogen vom Grad m in t Variablen ist. Dann $|v_{\mathbf{k}}|^2\, \mathbf{k}!/m! \le [v]^2$ für alle $\mathbf{k}$ und $\mathbf{k}! \ge (m/t)!^t$, da $\log \Gamma(x)$ für $x > 0$ konvex ist; deshalb $|v_{\mathbf{k}}|^2 \le m!\,[v]^2/(m/t)!^t$. Wir können annehmen, dass $m!\,[v]^2/(m/t)!^t \le m'!\,[w]^2/(m'/t)!^t$, wobei $m' = n - m$ der Grad von w ist. Dann

$$|v_{\mathbf{k}}|^2 \le m!\,[v]^2/(m/t)!^t \le m!^{1/2} m'!^{1/2}\,[v][w]/(m/t)!^{t/2}(m'/t)!^{t/2} \le n!^{1/2}\,[u]/(n/2t)!^t\,.$$

(Eine bessere Schranke erhält man, wenn wir den zweitletzten Ausdruck über alle Grade m maximieren, für die ein Faktor nicht ausgeschlossen worden ist.) Die Größe $n!^{1/4}/(n/2t)!^{t/2}$ ist $c_t(2t)^{n/4} n^{-(2t-1)/8}(1 + O(\frac{1}{n}))$, wobei $c_t = 2^{1/8}\pi^{-(2t-1)/8} t^{t/4}$ etwa $\approx 1{,}004$ ist, wenn $t = 2$.

Bemerke, dass wir nicht die Existenz eines *irreduziblen* Faktors mit solch kleinen Koeffizienten gezeigt haben; weitere Zerfällung kann nötig sein. Siehe Übung 41.

(e) $[u]^2 = \sum_k \binom{n}{k}^2 / \binom{2n}{2k} = \sum_k \binom{2k}{k}\binom{2n-2k}{n-k} / \binom{2n}{n} = 4^n / \binom{2n}{n} = \sqrt{\pi n} + O(n^{-1/2})$. Wenn $v(x) = (x-1)^n$ und $w(x) = (x+1)^n$, haben wir $[v] = [w] = 2^n$; also ist die Ungleichung von (c) eine Gleichheit in diesem Fall.

(f) Sei u und v homogen vom Grad m bzw. n. Dann

$$[uv]^2 \le \sum_{\mathbf{k}} \frac{(\sum_{\mathbf{j}} |u_{\mathbf{j}} v_{\mathbf{k}-\mathbf{j}}|)^2}{\binom{m+n}{\mathbf{k}}} \le \sum_{\mathbf{k}} \biggl(\sum_{\mathbf{j}} \frac{|u_{\mathbf{j}}|^2}{\binom{m}{\mathbf{j}}} \frac{|v_{\mathbf{k}-\mathbf{j}}|^2}{\binom{n}{\mathbf{k}-\mathbf{j}}} \biggr) \biggl(\sum_{\mathbf{j}} \frac{\binom{m}{\mathbf{j}}\binom{n}{\mathbf{k}-\mathbf{j}}}{\binom{m+n}{\mathbf{k}}} \biggr) = [u]^2[v]^2$$

gemäß Cauchys Ungleichung. [B. Beauzamy, *J. Symbolic Comp.* **13** (1992), 465–472, Proposition 5.]

(g) Nach Übung 20, $\binom{n}{\lfloor n/2 \rfloor}^{-1} M(u)^2 \le \binom{n}{\lfloor n/2 \rfloor}^{-1} \|u\|^2 = \binom{n}{\lfloor n/2 \rfloor}^{-1} \sum_j |u_j|^2 \le [u]^2 = \sum_j \binom{n}{j}^{-1} |u_j|^2 \le \sum_j \binom{n}{j} M(u)^2 = 2^n M(u)^2$. Die obere Ungleichung folgt auch aus (f), denn wenn $u(x) = u_n \prod_{j=1}^n (x - \alpha_j)$, haben wir $[u]^2 \le |u_n|^2 \prod_{j=1}^n [x - \alpha_j]^2 = |u_n|^2 \prod_{j=1}^n (1 + |\alpha_j|^2) \le |u_n|^2 \prod_{j=1}^n (2 \max(1, |\alpha_j|)^2) = 2^n M(u)^2$.

22. Noch allgemeiner können wir annehmen, dass $u(x) \equiv v(x)w(x) \bmod q$, $a(x)v(x) + b(x)w(x) \equiv 1$ (modulo p) und $c \cdot \ell(v) \equiv 1$ (modulo r), $\deg(a) < \deg(w)$, $\deg(b) < \deg(v)$, $\deg(u) = \deg(v) + \deg(w)$, wobei $r = \mathrm{ggT}(p, q)$ und p, q keine Primzahlen zu sein brauchen. Wir werden Polynome $V(x) \equiv v(x)$ und $W(x) \equiv w(x)$ (modulo q) derart konstruieren, dass $u(x) \equiv V(x)W(x)$ (modulo qr), $\ell(V) = \ell(v)$, $\deg(V) = \deg(v)$, $\deg(W) = \deg(w)$; weiterhin, wenn r prim ist, werden die Ergebnisse eindeutig modulo qr sein.

Die Aufgabe fordert die Bestimmung von $\bar{v}(x)$ und $\bar{w}(x)$ mit $V(x) = v(x) + q\bar{v}(x)$, $W(x) = w(x) + q\bar{w}(x)$, $\deg(\bar{v}) < \deg(v)$, $\deg(\bar{w}) \le \deg(w)$; und die andere Bedingung

$$\bigl(v(x) + q\bar{v}(x)\bigr)\bigl(w(x) + q\bar{w}(x)\bigr) \equiv u(x) \pmod{qr}$$

ist äquivalent zu $\bar{w}(x)v(x) + \bar{v}(x)w(x) \equiv f(x)$ (modulo r), wobei $f(x)$ die Kongruenz $u(x) \equiv v(x)w(x) + qf(x)$ (modulo qr) erfüllt. Wir haben

$$\bigl(a(x)f(x) + t(x)w(x)\bigr)v(x) + \bigl(b(x)f(x) - t(x)v(x)\bigr)w(x) \equiv f(x) \pmod{r}$$

für alle $t(x)$. Da $\ell(v)$ ein Inverses modulo r hat, können wir einen Quotienten $t(x)$ mittels Algorithmus 4.6.1D derart finden, dass $\deg(bf-tv) < \deg(v)$; dafür $t(x)$, $\deg(af+tw) \le \deg(w)$, da wir $\deg(f) \le \deg(u) = \deg(v) + \deg(w)$ haben. Also ist die gewünschte Lösung $\bar{v}(x) = b(x)f(x) - t(x)v(x) = b(x)f(x) \bmod v(x)$, $\bar{w}(x) = a(x)f(x) + t(x)w(x)$. Wenn $(\bar{\bar{v}}(x), \bar{\bar{w}}(x))$ eine andere Lösung ist, haben wir $(\bar{w}(x) - \bar{\bar{w}}(x))v(x) \equiv (\bar{\bar{v}}(x) - \bar{v}(x))w(x)$ (modulo r). Wenn also r prim ist, muss $v(x)$ die Differenz $\bar{\bar{v}}(x) - \bar{v}(x)$ teilen; doch $\deg(\bar{\bar{v}} - \bar{v}) < \deg(v)$, also $\bar{\bar{v}}(x) = \bar{v}(x)$ und $\bar{\bar{w}}(x) = \bar{w}(x)$.

Wenn p aber q teilt, so dass $r = p$, erfüllt unsere Wahl von $V(x)$ und $W(x)$ auch $a(x)V(x) + b(x)W(x) \equiv 1$ (modulo p), wie von Hensels Lemma gefordert.

Für $p = 2$ schreitet die Faktorisierung wie folgt voran (wir schreiben nur die Koeffizienten und überstreichen negative Ziffern): Übung 10 besagt, dass $v_1(x) = (\bar{1}\,1\,\bar{1})$, $w_1(x) = (\bar{1}\,\bar{1}\,\bar{1}\,0\,0\,\bar{1}\,\bar{1})$ in Ein-Bit-Zweierkomplement-Notation. Euklids erweiterter Algorithmus ergibt $a(x) = (1\,0\,0\,0\,0\,1)$, $b(x) = (1\,0)$. Der Faktor $v(x) = x^2 + c_1x + c_0$ muss $|c_1| \le \lfloor 1 + \sqrt{113} \rfloor = 11$, $|c_0| \le 10$ nach Übung 20 haben. Drei Anwendungen von Hensels Lemma ergeben $v_4(x) = (1\,3\,\bar{1})$, $w_4(x) = (1\,\bar{3}\,\bar{5}\,\bar{4}\,4\,\bar{3}\,5)$. Also $c_1 \equiv 3$ und $c_0 \equiv -1$ (modulo 16); der einzig mögliche quadratische Faktor von $u(x)$ ist $x^2 + 3x - 1$. Der Divisiontest versagt, also ist $u(x)$ irreduzibel. (Da wir jetzt die Irreduzibilität dieses geliebten Polynoms mit vier getrennten Methoden bewiesen haben, ist es unwahrscheinlich, dass es irgendwelche Faktoren hat.)

Hans Zassenhaus hat beoachtet, dass wir oft solche Berechnungen durch Vergrößerung von sowohl p als auch q beschleunigen können: Wenn in der obigen Notation $r = p$, können wir $A(x)$, $B(x)$ so finden, dass $A(x)V(x) + B(x)W(x) \equiv 1$ (modulo p^2), nämlich indem wir $A(x) = a(x) + p\bar{a}(x)$, $B(x) = b(x) + p\bar{b}(x)$ setzen, wobei $\bar{a}(x)V(x) + \bar{b}(x)W(x) \equiv g(x)$ (modulo p), $a(x)V(x) + b(x)W(x) \equiv 1 - pg(x)$ (modulo p^2). Wir können auch C mit $\ell(V)C \equiv 1$ (modulo p^2) finden. In dieser Weise können wir eine quadratfreie Faktorisierung $u(x) \equiv v(x)w(x)$ (modulo p) zu ihren eindeutigen Erweiterungen modulo p^2, p^4, p^8, p^{16}, usw. anheben. Jedoch erreicht dieses „beschleunigte" Verfahren einen Punkt verminderten Nutzens in der Praxis, sobald wir doppeltgenaue Moduli bekommen, da der Zeitaufwand für die Multiplikation mehrfachgenauer Zahlen in praktischen Bereichen den Vorteil des direkten Quadrierens der Moduli überwiegt. Von einem rechnerischen Standpunkt scheint es am besten, mit den aufeinander folgenden Moduli p, p^2, p^4, p^8, $\ldots$, p^E, p^{E+e}, p^{E+2e}, p^{E+3e}, $\ldots$ zu arbeiten, wobei E die kleinste Zweierpotenz mit p^E größer als einfache Genauigkeit und e die größte ganze Zahl ist, dass p^e einfachgenau ist.

„Hensels Lemma" wurde tatsächlich durch C. F. Gauß etwa im Jahr 1799 gefunden, und zwar im Entwurf eines unvollendeten Buchs genannt *Analysis Residuorum*, §373–374. Gauß fügt das meiste Material dieses Manuskripts in seine *Disquisitiones Arithmeticæ* (1801), doch seine Ideen über Polynomfaktorisierung wurden bis nach seinem Tod [siehe sein *Werke* **2** (Göttingen, 1876), 238] nicht veröffentlicht. Hensels Name wurde der Methode gegeben, weil sie grundlegend für die Theorie der p-adischen Zahlen (siehe Übung 4.1–31) ist. Das Lemma kann in mehrfacher Weise verallgemeinert werden. Erstens, wenn es mehr Faktoren, sagen wir $u(x) \equiv v_1(x)v_2(x)v_3(x)$ (modulo p) gibt, können wir $a_1(x)$, $a_2(x)$, $a_3(x)$ derart finden, dass $a_1(x)v_2(x)v_3(x) + a_2(x)v_1(x)v_3(x) + a_3(x)v_1(x)v_2(x) \equiv 1$ (modulo p) und $\deg(a_i) < \deg(v_i)$. (Im Wesentlichen wird $1/u(x)$ in Partialbrüche wie $\sum a_i(x)/v_i(x)$ entwickelt.) Ein genau analoge Konstruktion erlaubt uns jetzt die Anhebung der Faktorisierung, ohne die führenden Koeffizienten von v_1 und v_2 zu ändern; wir setzen $\bar{v}_1(x) = a_1(x)f(x) \bmod v_1(x)$, $\bar{v}_2(x) = a_2(x)f(x) \bmod v_2(x)$, usw. Eine andere wichtige Verallgemeinerung ist die auf mehrere gleichzeitige Moduli der Formen p^e, $(x_2 - a_2)^{n_2}$, ..., $(x_t - a_t)^{n_t}$ der Reihe nach, wenn wir multivariate ggT-Berechnungen und Faktorisierungen durchführen. Siehe D. Y. Y. Yun, Ph.D. Thesis (M.I.T., 1974).

23. Die Diskriminante von $\mathrm{pp}(u(x))$ ist eine von null verschiedene ganze Zahl (siehe Übung 4.6.1–12), und es gibt genau dann mehrfache Faktoren modulo p, wenn p die Diskriminante teilt. [Die Faktorisierung von (22) modulo 3 ist $(x+1)(x^2-x-1)^2(x^3+x^2-x+1)$; quadratische Faktoren für dieses Polynom kommen nur für $p = 3$, 23, 233, und 121702457 vor. Es ist nicht schwierig zu beweisen, dass die kleinste nicht ungeeignete Primzahl höchstens von der Ordnung $O(n \log Nn)$ ist, wenn $n = \deg(u)$ und N die Koeffizienten von $u(x)$ beschränkt.]

24. Multipliziere ein monisches Polynom mit rationalen Koeffizienten mit einer geeigneten von null verschiedenen ganzen Zahl, um ein primitives Polynom über den ganzen Zahlen zu bekommen. Faktorisiere dieses Polynom über den ganzen Zahlen und mache dann die Faktoren wieder monisch. (Keine Faktorisierungen gehen auf diesem Weg verloren; siehe Übung 4.6.1–8.)

25. Betrachtung des konstanten Terms zeigt, es gibt keine Faktoren vom Grad 1, wenn also das Polynom reduzierbar ist, muß es einen Faktor vom Grad 2 und einen vom Grad 3 haben. Modulo 2 sind die Faktoren $x(x+1)^2(x^2+x+1)$; das ist keine große Hilfe. Modulo 3 sind die Faktoren $(x+2)^2(x^3+2x+2)$. Modulo 5 sind sie $(x^2+x+1)(x^3+4x+2)$. Also sehen wir, dass die Antwort $(x^2+x+1)(x^3-x+2)$ ist.

26. Beginne mit $D \leftarrow (0\ldots01)$, was die Menge $\{0\}$ darstellt. Für $1 \le j \le r$ setze dann $D \leftarrow D \vee (D \lll d_j)$, wobei $\vee$ bitweises „oder" und $D \lll d$ Linksverschiebung von D um d Bitstellen bezeichnet. (Tatsächlich brauchen wir nur mit einem Bitvektor der Länge $\lceil (n+1)/2 \rceil$ zu arbeiten, da $n - m$ genau dann in der Menge ist, wenn m es ist.)

27. Übung 4 besagt, dass ein Zufallspolynom vom Grad n mit recht kleiner Wahrscheinlichkeit irreduzibel modulo p ist, etwa mit $1/n$. Doch impliziert der chinesische Restsatz, dass ein zufälliges monisches Polynom vom Grad n über den ganzen Zahlen bezüglich einer jeden von k verschiedenen Primzahlen mit einer Wahrscheinlichkeit von etwa $(1-1/n)^k$ reduzierbar sein wird, und diese geht gegen null mit $k \to \infty$. Also sind fast alle Polynome über den ganzen Zahlen irreduzibel bezüglich unendlich vieler Primzahlen; und fast alle primitiven Polynome über den ganzen Zahlen sind irreduzibel. [Ein anderer Beweis wurde von W. S. Brown, *AMM* **70** (1963), 965–969, gegeben.]

28. Siehe Übung 4; die Wahrscheinlichkeit ist

$$[z^n]\,(1+a_{1p}z/p)(1+a_{2p}z^2/p^2)(1+a_{3p}z^3/p^3)\ldots,$$

welche den Grenzwert $g(z) = (1+z)(1+\frac{1}{2}z^2)(1+\frac{1}{3}z^3)\ldots$ hat. Für $1 \le n \le 10$ sind die Lösungen 1, $\frac{1}{2}$, $\frac{5}{6}$, $\frac{7}{12}$, $\frac{37}{60}$, $\frac{79}{120}$, $\frac{173}{280}$, $\frac{101}{168}$, $\frac{127}{210}$, $\frac{1033}{1680}$. [Sei $f(y) = \ln(1+y) - y = O(y^2)$. Wir haben

$$g(z) = \exp\bigl(\textstyle\sum_{n\ge1} z^n/n + \sum_{n\ge1} f(z^n/n)\bigr) = h(z)/(1-z),$$

und es kann gezeigt werden, dass die asymptotische Wahrscheinlichkeit

$$h(1) = \exp\Bigl(\sum_{n\ge1} f(1/n)\Bigr) = e^{-\gamma} \approx 0{,}56146$$

für $n \to \infty$ ist. In der Tat hat N. G. de Bruijn die asymptotische Formel $\lim_{p\to\infty} a_{np} = e^{-\gamma} + e^{-\gamma}/n + O(n^{-2}\log n)$ aufgestellt. [Siehe D. H. Lehmer, *Acta Arith.* **21** (1972), 379–388; D. H. Greene und D. E. Knuth, *Math. for the Analysis of Algorithms* (Boston:

Birkhäuser, 1981), §4.1.6.] Andererseits sind die Antworten für $1 \le n \le 10$, wenn $p = 2$, kleiner: $1, \frac{1}{4}, \frac{1}{2}, \frac{7}{16}, \frac{7}{16}, \frac{7}{16}, \frac{27}{64}, \frac{111}{256}, \frac{109}{256}, \frac{109}{256}$. A. Knopfmacher und R. Warlimont [*Trans. Amer. Math. Soc.* **347** (1995), 2235–2243] haben gezeigt, dass für festes p die Wahrscheinlichkeit $c_p + O(1/n)$ ist, wobei $c_p = \prod_{m\ge 1} e^{-1/m}(1 + a_{mp}/p^m)$ und $c_2 \approx 0{,}397$.]

29. Seien $q_1(x)$ und $q_2(x)$ zwei beliebige irreduzible Teiler von $g(x)$. Nach dem chinesischen Restsatz (Übung 3) ist die Wahl eines Zufallspolynoms $t(x)$ vom Grad $< 2d$ äquivalent zur Wahl zweier Zufallspolynome $t_1(x)$ und $t_2(x)$ vom Grade $< d$, wobei $t_i(x) = t(x) \bmod q_i(x)$. Der ggT wird ein echter Faktor sein, wenn $t_1(x)^{(p^d-1)/2} \bmod q_1(x) = 1$ und $t_2(x)^{(p^d-1)/2} \bmod q_1(x) \ne 1$ oder umgekehrt, und diese Bedingung gilt für genau $2((p^d-1)/2)((p^d+1)/2) = (p^{2d}-1)/2$ Wahlmöglichkeiten von $t_1(x)$ und $t_2(x)$.

Bemerkungen: Wir betrachten hier nur das Verhalten bezüglich zweier irreduzibler Faktoren, doch ist das wahre Verhalten wahrscheinlich viel besser. Nimm an, dass jeder irreduzible Faktor $q_i(x)$ Wahrscheinlichkeit $\frac{1}{2}$ hat, $t(x)^{(p^d-1)/2}-1$ für alle $t(x)$ zu teilen, unabhängig vom Verhalten anderer $q_j(x)$ und $t(x)$; und nimm an, dass $g(x)$ insgesamt r irreduzible Faktoren hat. Wenn wir dann jedes $q_i(x)$ durch eine Folge von 0 und 1 codieren, in Abhängigkeit davon, ob $q_i(x)$ den Ausdruck $t(x)^{(p^d-1)/2} - 1$ teilt für die Folge versuchter t, erhalten wir einen zufälligen binären digitalen Suchbaum mit r Blättern (siehe Abschnitt 6.3). Die mit einem internen Knoten von diesem Baum assoziierten Kosten, der m Blätter als Nachkommen hat, sind $O(m^2(\log p))$; und die Lösung der Rekurrenz $A_n = \binom{n}{2} + 2^{1-n}\sum\binom{n}{k}A_k$ ist $A_n = 2\binom{n}{2}$ nach Übung 5.2.2–36. Also ist die Summe der Kosten im gegebenen zufälligen digitalen Suchbaum –, die die erwartete Zeit, $g(x)$ *vollständig* zu faktorisieren, darstellen – $O(r^2(\log p)^3)$ unter dieser plausiblen Annahme. Die plausible Annahme wird streng gültig, wenn wir das Polynom $t(x)$ zufällig vom Grad $< rd$ wählen, statt es auf Grad $< 2d$ einzuschränken.

30. Sei $T(x) = x + x^p + \cdots + x^{p^{d-1}}$ die *Spur* von x und sei $v(x) = T(t(x)) \bmod q(x)$. Da $t(x)^{p^d} = t(x)$ im Polynomrestklassenkörper modulo $q(x)$, haben wir $v(x)^p = v(x)$ in diesem Körper; in anderen Worten, $v(x)$ ist eine der p Wurzeln der Gleichung $y^p - y = 0$. Also ist $v(x)$ eine ganze Zahl.

Folglich $\prod_{s=0}^{p-1} \mathrm{ggT}(g_d(x), T(t(x)) - s) = g_d(x)$. Wenn insbesondere $p = 2$, können wir wie in Übung 29 argumentieren, dass $\mathrm{ggT}(g_d(x), T(t(x)))$ ein eigentlicher Faktor von $g_d(x)$ mit Wahrscheinlichkeit $\ge \frac{1}{2}$ sein wird, wenn $g_d(x)$ mindestens zwei irreduzible Faktoren hat und $t(x)$ ein binäres Zufallspolynom vom Grad $< 2d$ ist.

[Beachte, dass $T(t(x)) \bmod g(x)$ berechnet werden kann, indem man mit $u(x) \leftarrow t(x)$ beginnt und $u(x) \leftarrow (t(x) + u(x)^p) \bmod g(x)$ wiederholt setzt, $d-1$ mal. Die Methode dieser Übung beruht auf der Polynomfaktorisierung $x^{p^d} - x = \prod_{s=0}^{p-1}(T(x)-s)$, welche für jedes p gilt, während Formel (21) auf der Polynomfaktorisierung $x^{p^d} - x = x(x^{(p^d-1)/2}+1)(x^{(p^d-1)/2}-1)$ für ungerade p beruht.]

Die Spur wurde von Richard Dedekind, *Abhandl. der Königl. Gesellschaft der Wissenschaften zu Göttingen* **29** (1882), 1–56, eingeführt. Die Technik, $\mathrm{ggT}(f(x), T(x)-s)$ zur Bestimmung von Faktoren von $f(x)$ zu berechnen, kann auf A. Arwin, *Arkiv för Mat., Astr. och Fys.* **14**, 7 (1918), 1–46, zurückverfolgt werden; doch seine Methode war unvollständig, weil er nicht $T(t(x))$ für $t(x) \ne x$ betrachtete. Ein vollständiger Faktorisierungsalgorithmus mit Spuren wurde später von R. J. McEliece, *Math. Comp.* **23** (1969), 861–867, entworfen; siehe auch von zur Gathen und Shoup, *Computational Complexity* **2** (1992), 187–224, Algorithmus 3.6, für asymptotisch schnelle Ergebnisse.

Henri Cohen hat bemerkt, dass es für $p = 2$ genügt, höchstens d spezielle Fälle $t(x) = x, x^3, \ldots, x^{2d-1}$ zu prüfen, wenn diese Methode angewendet wird. Eine von diesen Wahlmöglichkeiten von $t(x)$ zerfällt garantiert $g_d(x)$, wann immer g_d reduzierbar ist, weil wir die Wirkungen aller Polynome $t(x)$ vom Grad $< 2d$ von diesen speziellen Fällen erhalten können mit den Tatsachen, dass $T(t(x)^p) \equiv T(t(x))$ und $T(u(x) + t(x)) \equiv T(u(x)) + T(t(x))$ (modulo $g_d(x)$). [*A Course in Computational Algebraic Number Theory* (Springer, 1993), Algorithmus 3.4.8.]

31. Wenn α ein Element des Körpers mit p^d Elementen ist, sei $d(\alpha)$ der *Grad* von α, nämlich der kleinste Exponent e, dass $\alpha^{p^e} = \alpha$. Dann betrachte das Polynom

$$P_\alpha(x) = (x - \alpha)(x - \alpha^p)\ldots(x - \alpha^{p^{d-1}}) = q_\alpha(x)^{d/d(\alpha)},$$

wobei $q_\alpha(x)$ ein irreduzibles Polynom vom Grad $d(\alpha)$ ist. Wenn α durch alle Elemente des Körpers läuft, bewegt sich das entsprechende $q_\alpha(x)$ durch alle irreduziblen Polynome vom Grad e, der d teilt, wobei jedes solche irreduzible Polynom genau e mal vorkommt. Wir haben genau dann $(x+t)^{(p^d-1)/2} \bmod q_\alpha(x) = 1$, wenn $(\alpha+t)^{(p^d-1)/2} = 1$ im Körper. Wenn t eine ganze Zahl ist, haben wir $d(\alpha+t) = d(\alpha)$, also ist $n(p,d)$ gerade d^{-1} mal die Anzahl von Elementen α vom Grad d mit $\alpha^{(p^d-1)/2} = 1$. Wenn ähnlich $t_1 \neq t_2$, wollen wir die Anzahl von Elementen vom Grad d zählen mit $(\alpha+t_1)^{(p^d-1)/2} = (\alpha+t_2)^{(p^d-1)/2}$ oder äquivalent $((\alpha+t_1)/(\alpha+t_2))^{(p^d-1)/2} = 1$. Wenn α durch alle die Elemente vom Grad d läuft, so auch die Größe $(\alpha+t_1)/(\alpha+t_2) = 1 + (t_1 - t_2)/(\alpha+t_2)$.

[Wir haben $n(p,d) = \frac{1}{4}d^{-1}\sum_{c\backslash d}(3 + (-1)^c)\mu(c)(p^{d/c} - 1)$, was etwa die Häfte der Gesamtzahl irreduzibler Ploynome ist – genau die Hälfte in der Tat, wenn d ungerade ist. Dies beweist, dass $\mathrm{ggT}(g_d(x), (x+t)^{(p^d-1)/2} - 1)$ eine gute Chance hat, Faktoren von $g_d(x)$ zu finden, wenn t fest und $g_d(x)$ zufällig gewählt ist; doch ein randomisierter Algorithmus soll mit garantierter Wahrscheinlichkeit für *festes* $g_d(x)$ und *zufälliges* t wie in Übung 29 arbeiten.]

32. (a) Klarerweise $x^n - 1 = \prod_{d\backslash n}\Psi_d(x)$, da jede komplexe n-te Einheitswurzel eine primitive d-te Wurzel für ein eindeutiges $d\backslash n$ ist. Die zweite Identität folgt aus der ersten; und $\Psi_n(x)$ hat Ganzzahlkoeffizienten, da es durch Produkte und Quotienten von monischen Polynomen mit Ganzzahlkoeffizienten ausgedrückt ist.

(b) Die Bedingung im Hinweis genügt zum Beweis, dass $f(x) = \Psi_n(x)$, also werden wir den Hinweis annehmen. Wenn p nicht n teilt, haben wir $x^n - 1 \perp nx^{n-1}$ modulo p, also ist $x^n - 1$ quadratfrei modulo p. Seien $f(x)$ und ζ wie im Hinweis gegeben, dann sei $g(x)$ der irreduzible Faktor von $\Psi_n(x)$ mit $g(\zeta^p) = 0$. Falls $g(x) \neq f(x)$, dann sind $f(x)$ und $g(x)$ verschiedene Faktoren von $\Psi_n(x)$, also sind sie verschiedene Faktoren von $x^n - 1$, also haben sie keine gemeinsamen irreduziblen Faktoren modulo p. Jedoch ist ζ eine Wurzel von $g(x^p)$, also $\mathrm{ggT}(f(x), g(x^p)) \neq 1$ über den ganzen Zahlen, also ist $f(x)$ ein Teiler von $g(x^p)$. Nach (5), ist $f(x)$ ein Teiler von $g(x)^p$ modulo p, was der Annahme widerspricht, dass $f(x)$ und $g(x)$ keine irreduziblen Faktoren gemeinsam haben. Deshalb $f(x) = g(x)$. [Die Irreduzibilität von $\Psi_n(x)$ wurde zuerst für primes n von C. F. Gauß in *Disquisitiones Arithmeticæ* (Leipzig, 1801), Art. 341, bewiesen und für allgemeines n von L. Kronecker, *J. de Math. Pures et Appliquées* **19** (1854), 177–192.]

(c) $\Psi_1(x) = x - 1$; und wenn p Primzahl ist, $\Psi_p(x) = 1 + x + \cdots + x^{p-1}$. Wenn $n > 1$ ungerade ist, ist es nicht schwierig zu beweisen, dass $\Psi_{2n}(x) = \Psi_n(-x)$. Wenn p teilt n, dann zeigt die zweite Identität in (a), dass $\Psi_{pn}(x) = \Psi_n(x^p)$. Wenn p nicht n teilt, haben wir $\Psi_{pn}(x) = \Psi_n(x^p)/\Psi_n(x)$. Für zusammengesetztes $n \leq 15$ haben wir $\Psi_4(x) = x^2 + 1$, $\Psi_6(x) = x^2 - x + 1$, $\Psi_8(x) = x^4 + 1$, $\Psi_9(x) = x^6 + x^3 + 1$, $\Psi_{10}(x) = x^4 - x^3 + x^2 - x + 1$, $\Psi_{12}(x) = x^4 - x^2 + 1$, $\Psi_{14}(x) = x^6 - x^5 + x^4 - x^3 + x^2 - x + 1$, $\Psi_{15}(x) = x^8 - x^7 + x^5 - x^4 + x^3 - x + 1$. [Die Formel $\Psi_{pq}(x) = (1 + x^p + \cdots + x^{(q-1)p})(x - 1)/(x^q - 1)$ kann verwendet werden, um zu zeigen, dass $\Psi_{pq}(x)$ alle Koeffizienten ± 1 oder 0 hat, wenn p und q Primzahlen sind; doch die Koeffizienten von $\Psi_{pqr}(x)$ können beliebig groß sein.]

33. Falsch; wir verlieren alle p_j mit e_j teilbar durch p. Wahr, wenn $p > \deg(u)$. [Siehe Übung 36.]

34. [D. Y. Y. Yun, *Proc. ACM Symp. Symbolic und Algebraic Comp.* (1976), 26–35.] Setze $(t(x), v_1(x), w_1(x)) \leftarrow \mathrm{GGT}(u(x), u'(x))$. Wenn $t(x) = 1$, setze $e \leftarrow 1$; sonst setze $(u_i(x), v_{i+1}(x), w_{i+1}(x)) \leftarrow \mathrm{GGT}(v_i(x), w_i(x) - v_i'(x))$ für $i = 1, 2, \ldots, e-1$, bis $w_e(x) - v_e'(x) = 0$ gefunden wird. Schließlich setze $u_e(x) \leftarrow v_e(x)$.

Um die Gültigkeit dieses Algorithmus zu beweisen, bemerken wir, dass er die Polynome $t(x) = u_2(x)u_3(x)^2u_4(x)^3\ldots$, $v_i(x) = u_i(x)u_{i+1}(x)u_{i+2}(x)\ldots$ und

$$w_i(x) = u_i'(x)u_{i+1}(x)u_{i+2}(x)\ldots + 2u_i(x)u_{i+1}'(x)u_{i+2}(x)\ldots + 3u_i(x)u_{i+1}(x)u_{i+2}'(x)\ldots + \cdots$$

berechnet. Wir haben $t(x) \perp w_1(x)$, da ein irreduzibler Faktor von $u_i(x)$ alle bis auf den i-ten Term von $w_1(x)$ teilt und er zu diesem Term teilerfremd ist. Weiterhin haben wir klarerweise $u_i(x) \perp v_{i+1}(x)$.

[Obwohl Übung 2(b) beweist, dass die meisten Polynome quadratfrei sind, kommen nicht-quadratfreie Polynome tatsächlich oft in der Praxis vor; also stellt sich diese Methode als sehr wichtig heraus. Siehe Paul S. Wang und Barry M. Trager, *SICOMP* **8** (1979), 300–305, für Vorschläge zur Verbesserung der Effizienz. Quadratfreie Faktorisierung modulo p wird von Bach und Shallit, *Algorithmic Number Theory* **1** (MIT Press, 1996), Antwort zu Übung 7.27, besprochen.]

35. Wir haben $w_j(x) = \mathrm{ggT}(u_j(x), v_j^*(x)) \cdot \mathrm{ggT}(u_{j+1}^*(x), v_j(x))$, wobei

$$u_j^*(x) = u_j(x)u_{j+1}(x)\ldots \qquad \text{und} \qquad v_j^*(x) = v_j(x)v_{j+1}(x)\ldots.$$

[Yun bemerkt, dass die Laufzeit für quadratfreie Faktorisierung nach der Methode von Übung 34 höchstens etwa die doppelte Laufzeit der Berechnung von $\mathrm{ggT}(u(x), u'(x))$ ist. Wenn wir weiterhin eine beliebige Methode zur quadratfreien Faktorisierung gegeben haben, führt die Methode dieser Übung zu einem ggT-Verfahren. (Wenn $u(x)$ und $v(x)$ quadratfrei sind, ist ihr ggT einfach $w_2(x)$, wobei $w(x) = u(x)v(x) = w_1(x)w_2(x)^2$; die Polynome $u_j(x)$, $v_j(x)$, $u_j^*(x)$ und $v_j^*(x)$ sind alle quadratfrei.) Also ist das Problem der Konvertierung eines primitiven Polynoms vom Grad n in seine quadratfreie Darstellung rechnerisch *äquivalent* zu dem Problem der Berechnung des ggT von zwei Polynomen n-ten Grades im Sinn der asymptotischen Laufzeit im schlechtesten Fall.]

36. Sei $U_j(x)$ der für „$u_j(x)$" durch das Verfahren von Übung 34 berechnete Wert. Wenn $\deg(U_1) + 2\deg(U_2) + \cdots = \deg(u)$, dann $u_j(x) = U_j(x)$ für alle j. Doch im Allgemeinen werden wir $e < p$ und $U_j(x) = \prod_{k\ge 0} u_{j+pk}(x)$ für $1 \le j < p$ haben. Um diese Faktoren weiter zu trennen, können wir $t(x)/(U_2(x)U_3(x)^2\ldots U_{p-1}(x)^{p-2}) = \prod_{j\ge p} u_j(x)^{p\lfloor j/p\rfloor} = z(x^p)$ berechnen. Nach der rekursiven Berechnung der quadratfreien Darstellung von $z(x) = (z_1(x), z_2(x), \ldots)$, werden wir $z_k(x) = \prod_{0\le j<p} u_{j+pk}(x)$ haben, also können wir die individuellen $u_i(x)$ durch die Formel $\mathrm{ggT}(U_j(x), z_k(x)) = u_{j+pk}(x)$ für $1 \le j < p$ berechnen. Das Polynom $u_{pk}(x)$ wird übrigbleiben, wenn die anderen Faktoren von $z_k(x)$ weggenommen worden sind.

Bemerkung: Dieses Verfahren ist ziemlich einfach, doch ist das Programm länglich. Wenn jemand das Ziel eines kurzen Programms für vollständige Faktorisierung modulo p hat, anstatt eines äußerst effizienten, ist es wahrscheinlich am leichtesten, die Zerlegung in Faktoren verschiedener Grade so zu ändern, dass sie $\mathrm{ggT}(x^{p^d} - x, u(x))$ mehrere Male für denselben Wert von d herauswirft, bis der ggT 1 ist. In diesem Fall braucht man nicht zu beginnen, $\text{ggT}(u(x), u'(x))$ zu berechnen und vielfache Faktoren wie im Text vorgeschlagen wegzunehmen, da das Polynom $x^{p^d} - x$ quadratfrei ist.

37. Die genaue Wahrscheinlichkeit ist $\prod_{j\geq 1}(a_{jp}/p^j)^{k_j}/k_j!$, wobei k_j die Anzahl der d_i ist, die gleich j sind. Da $a_{jp}/p^j \approx 1/j$ nach Übung 4, bekommen wir die Formel von Übung 1.3.3–21.

Bemerkungen: Diese Übung besagt, dass wenn wir die Primzahl p festhalten und das Polynom $u(x)$ zufällig sein lassen, gibt es eine gewisse Wahrscheinlichkeit des Zerfallens in einer gegebenen Weise modulo p. Ein viel härteres Problem ist es, das Polynom $u(x)$ festzuhalten und p „zufällig" sein zu lassen; es stellt sich heraus, dass dasselbe asymptotische Ergebnis für fast alle $u(x)$ gilt. G. Frobenius bewies 1880, dass das ganzzahlige Polynom $u(x)$ modulo p in Faktoren vom Grade $d_1, \ldots, d_r$ zerfällt, wenn p eine große, zufällig gewählte Primzahl ist, mit einer Wahrscheinlichkeit gleich der Anzahl von Permutationen in der Galoisgruppe G von $u(x)$, die Zykluslängen $\{d_1, \ldots, d_r\}$ haben, geteilt durch die Gesamtzahl von Permutationen in G. [Wenn $u(x)$ rationale Koeffizienten und verschiedene Wurzeln $\xi_1, \ldots, \xi_n$ über den komplexen Zahlen hat, ist seine Galoisgruppe ist die (eindeutige) Gruppe G von Permutationen derart, dass das Polynom $\prod_{p(1)\ldots p(n)\in G}(z+\xi_{p(1)}y_1+\cdots+\xi_{p(n)}y_n) = U(z, y_1, \ldots, y_n)$ rationale Koeffizienten hat und irreduzibel über den rationalen Zahlen ist; siehe G. Frobenius, *Sitzungsberichte Königl. preuß. Akad. Wiss.* (Berlin: 1896), 689–703. Wegen dieser berühmten Arbeit wird die lineare Abbildung $x \mapsto x^p$ traditionell der Frobeniusautomorphismus genannt.] Weiterhin bewies B. L. van der Waerden 1934, dass fast alle Polynome vom Grad n die Menge aller $n!$ Permutationen als ihre Galois Gruppe [*Math. Annalen* **109** (1934), 13–16] haben. Deshalb zerfallen fast alle festen irreduziblen Polynome $u(x)$, wie wir es erwarten würden, bezüglich zufällig gewählter großer Primzahlen p. Siehe auch N. Chebotarev, *Math. Annalen* **95** (1926), für eine Verallgemeinerung von Frobenius' Satz auf Konjugiertenklassen der Galoisgruppe.

38. Die Bedingungen implizieren, dass für $|z| = 1$ wir entweder $|u_{n-2}z^{n-2} + \cdots + u_0| < |u_{n-1}| - 1 \leq |z^n + u_{n-1}z^{n-1}|$ oder $|u_{n-3}z^{n-3} + \cdots + u_0| < u_{n-2} - 1 \leq |z^n + u_{n-2}z^{n-2}|$ haben. Deshalb hat nach Rouchés Satz [*J. École Polytechnique* **21**, 37 (1858), 1–34], $u(z)$ mindestens $n-1$ oder $n-2$ Wurzeln innerhalb des Kreises $|z| = 1$. Wenn $u(z)$ reduzierbar ist, kann es $v(z)w(z)$ geschrieben werden, wobei v und w monische ganzzahlige Polynome sind. Die Produkte der Wurzeln von v und von w sind von null verschiedene ganze Zahlen, also hat jeder Faktor eine Wurzel mit Absolutwert ≥ 1. Also gibt es nur eine einzige Möglichkeit, dass v und w beide genau eine solche Wurzel haben und dass $u_{n-1} = 0$. Diese Wurzeln müssen reell sein, da die konjugiert komplexen auch Wurzeln sind; also hat $u(z)$ eine reelle Wurzel z_0 mit $|z_0| \geq 1$. Doch dies kann nicht sein, denn für $r = 1/z_0$ haben wir $0 = |1 + u_{n-2}r^2 + \cdots + u_0 r^n| \geq 1 + u_{n-2}r^2 - |u_{n-3}|r^3 - \cdots - |u_0|r^n > 1$. [O. Perron, *Crelle* **132** (1907), 288–307; für Verallgemeinerungen siehe A. Brauer, *Amer. J. Math.* **70** (1948), 423–432, **73** (1951), 717–720.]

39. Zuerst beweisen wir den Hinweis: Sei $u(x) = a(x - \alpha_1)\ldots(x - \alpha_n)$ mit Ganzzahlkoeffizienten. Die Resultante von $u(x)$ mit dem Polynom $y - t(x)$ ist eine Determinante, ebenso ist sie ein Polynom $r_t(y) = a^{\deg(t)}(y - t(\alpha_1))\ldots(y - t(\alpha_n))$ mit Ganzzahlkoeffizienten (siehe Übung 4.6.1–12). Wenn $u(x)$ das Polynom $v(t(x))$ teilt, dann $v(t(\alpha_1)) = 0$, also hat $r_t(y)$ einen Faktor mit $v(y)$ gemein. Wenn also v irreduzibel ist, haben wir $\deg(u) = \deg(r_t) \geq \deg(v)$.

Gegeben sei ein irreduzibles Polynom $u(x)$, für welches ein kurzer Beweis der Irreduzibilität gewünscht wird. Wir können annehmen, dass nach Übung 18 $u(x)$ monisch und dass $\deg(u) \geq 3$ ist. Die Idee ist es, die Existenz eines Polynoms $t(x)$ derart zu zeigen, dass $v(y) = r_t(y)$ irreduzibel nach dem Kriterium von Übung 38 ist. Dann teilen alle Faktoren von $u(x)$ das Polynom $v(t(x))$ und dies beweist, dass $u(x)$ irreduzibel ist. Der Beweis wird knapp sein, wenn die Koeffizienten von $t(x)$ hinreichend klein sind.

Das Polynom $v(y) = (y - \beta_1) \ldots (y - \beta_n)$ erfüllt nachweislich das Kriterium von Übung 38, wenn $n \geq 3$ und $\beta_1 \ldots \beta_n \neq 0$, und wenn die folgende „Kleinheitsbedingung" gilt: $|\beta_j| \leq 1/(4n)$, außer wenn $j = n$ oder wenn $\beta_j = \overline{\beta}_n$ und $|\Re\beta_j| \leq 1/(4n)$. Die Berechnungen sind nicht schwierig mit Hilfe der Tatsache, dass $|v_0| + \cdots + |v_n| \leq (1 + |\beta_1|) \ldots (1 + |\beta_n|)$.

Seien $\alpha_1, \ldots, \alpha_r$ reell und $\alpha_{r+1}, \ldots, \alpha_{r+s}$ komplex, wobei $n = r+2s$ und $\alpha_{r+s+j} = \overline{\alpha}_{r+j}$ für $1 \leq j \leq s$. Betrachte die linearen Ausdrücke $S_j(a_0, \ldots, a_{n-1})$, die definiert sind als $\Re(\sum_{i=0}^{n-1} a_i \alpha_j^i)$ für $1 \leq j \leq r+s$ und $\Im(\sum_{i=0}^{n-1} a_i \alpha_j^i)$ für $r+s < j \leq n$. Wenn $0 \leq a_i < b$ und $B = \lceil \max_{j=1}^{n-1} \sum_{i=0}^{n-1} |\alpha_i|^j \rceil$, haben wir $|S_j(a_1, \ldots, a_{n-1})| < bB$. Wenn wir also $b > (16nB)^{n-1}$ wählen, muss es verschiedene Vektoren $(a_0, \ldots, a_{n-1})$ und $(a'_0, \ldots, a'_{n-1})$ derart geben, dass $\lfloor 8nS_j(a_0, \ldots, a_{n-1}) \rfloor = \lfloor 8nS_j(a'_0, \ldots, a'_{n-1}) \rfloor$ für $1 \leq j < n$, da es b^n Vektoren, doch höchstens $(16nbB)^{n-1} < b^n$ mögliche $(n-1)$-Tupel von Werten gibt. Seien $t(x) = (a_0 - a'_0) + \cdots + (a_{n-1} - a'_{n-1})x^{n-1}$ und $\beta_j = t(\alpha_j)$. Dann ist die Kleinheitsbedingung erfüllt. Weiterhin $\beta_j \neq 0$; sonst würde $t(x)$ das Polynom $u(x)$ teilen. [*J. Algorithms* **2** (1981), 385–392.]

40. Gegeben sei ein Kandidatfaktor $v(x) = x^d + a_{d-1}x^{d-1} + \cdots + a_0$; ändere jedes a_j zu einem rationalen Bruch (modulo p^e) mit Zähler und Nenner $\leq B$. Dann multipliziere mit dem kleinsten gemeinsamen Nenner und sieh, ob das resultierende Polynom $u(x)$ über den ganzen Zahlen teilt. Wenn nicht, ist kein Faktor von $u(x)$ mit durch B beschränkte Koeffizienten kongruent modulo p^e zu einem Vielfachen von $v(x)$.

41. David Boyd hat beobachtet, dass $4x^8 + 4x^6 + x^4 + 4x^2 + 4 = (2x^4 + 4x^3 + 5x^2 + 4x + 2)(2x^4 - 4x^3 + 5x^2 - 4x + 2)$, und er hat Beispiele höheren Grads gefunden, um zu beweisen, dass c größer 2 sein muss, wenn es existiert.

Abschnitt 4.6.3

1. x^m, wobei $m = 2^{\lfloor \lg n \rfloor}$ die höchste Potenz von 2 kleiner oder gleich n ist.

2. Nimm, an dass x in Register A, n an Stelle `NN` eingegeben ist; die Ausgabe erfolgt in Register X.

A1	ENTX	1	1	A1. Initialisiere.
	STX	Y	1	$Y \leftarrow 1$.
	STA	Z	1	$Z \leftarrow x$.
	LDA	NN	1	$N \leftarrow n$.
	JAP	2F	1	Nach A2.
	JMP	DONE	0	Sonst ist die Antwort 1.
5H	SRB	1	$L+1-K$	
	STA	N	$L+1-K$	$N \leftarrow \lfloor N/2 \rfloor$.
A5	LDA	Z	L	A5. Quadriere Z.
	MUL	Z	L	
	STX	Z	L	$Z \leftarrow Z \times Z \bmod w$.
A2	LDA	N	L	A2. Halbiere N.
2H	JAE	5B	$L+1$	Nach A5, wenn N gerade ist.
	SRB	1	K	
A4	JAZ	4F	K	Springe, wenn $N = 1$.
	STA	N	$K-1$	$N \leftarrow \lfloor N/2 \rfloor$.

```
A3 LDA  Z     K − 1    A3. Multipliziere Y mit Z.
   MUL  Y     K − 1
   STX  Y     K − 1    Y ← Z × Y mod w.
   JMP  A5    K − 1    Nach A5.
4H LDA  Z       1
   MUL  Y       1      Letzte Multiplikation. ▌
```

Die Laufzeit ist $21L + 16K + 8$, wobei $L = \lambda(n)$ eins weniger als die Bitanzahl in der binären Darstellung von n, und $K = \nu(n)$ die Anzahl von 1-Bit in dieser Darstellung ist.

Für das serielle Programm können wir annehmen, dass n klein genug ist, um in ein Indexregister zu passen; andernfalls kommt serielle Exponentiation ohnehin nicht in Frage. Das folgende Programm hinterläßt die Ausgabe in Register A:

```
S1 LD1  NN     1      rI1 ← n.
   STA  X      1      X ← x.
   JMP  2F     1
1H MUL  X    N − 1    rA × X mod w
   SLAX 5    N − 1      → rA.
2H DEC1 1      N      rI1 ← rI1 − 1.
   J1P  1B     N      Multipliziere nochmals, falls rI1 > 0. ▌
```

Die Laufzeit für dieses Programm ist $14N - 7$; es ist schneller als das vorige Programm, wenn $n \le 7$, langsamer, wenn $n \ge 8$.

3. Die Folgen von Exponenten sind: (a) 1, 2, 3, 6, 7, 14, 15, 30, 60, 120, 121, 242, 243, 486, 487, 974, 975 [16 Multiplikationen]; (b) 1, 2, 3, 4, 8, 12, 24, 36, 72, 108, 216, 324, 325, 650, 975 [14 Multiplikationen]; (c) 1, 2, 3, 6, 12, 15, 30, 60, 120, 240, 243, 486, 972, 975 [13 Multiplikationen]; (d) 1, 2, 3, 6, 12, 15, 30, 60, 75, 150, 300, 600, 900, 975 [13 Multiplikationen]. [Die kleinstmögliche Zahl von Multiplikationen ist 12; diese ist errreichbar durch Kombination der Faktormethode mit der binären Methode, da $975 = 15 \cdot (2^6 + 1)$.]

4. $(777777)_8 = 2^{18} - 1$.

5. **T1.** [Initialisiere.] Setze LINKU[j] ← 0 für $0 \le j \le 2^r$ und setze $k \leftarrow 0$, LINKR[0] ← 1, LINKR[1] ← 0.

T2. [Wechsle Ebene.] (Jetzt wurde Ebene k des Baums von links nach rechts verknüpft, beginnend bei LINKR[0].) Wenn $k = r$, terminiert der Algorithmus. Sonst setze $n \leftarrow$ LINKR[0], $m \leftarrow 0$.

T3. [Vorbereitung für n.] (Jetzt ist n ein Knoten auf Ebene k und m zeigt auf den Knoten derzeit am weitesten rechts auf Ebene $k + 1$.) Setze $q \leftarrow 0$, $s \leftarrow n$.

T4. [Bereits im Baum?] (Jetzt ist s ein Knoten im Pfad von der Wurzel nach n.) Wenn LINKU[$n + s$] $\neq 0$, gehe nach T6 (der Wert $n + s$ ist bereits im Baum).

T5. [Setze unter n ein.] Wenn $q = 0$, setze $m' \leftarrow n+s$. Dann setze LINKR[$n+s$] ← q, LINKU[$n + s$] ← n, $q \leftarrow n + s$.

T6. [Aufwärts.] Setze $s \leftarrow$ LINKU[s]. Wenn $s \neq 0$, zurück nach T4.

T7. [Gruppe anheften.] Wenn $q \neq 0$, setze LINKR[m] ← q, $m \leftarrow m'$.

T8. [Bewege n.] Setze $n \leftarrow$ LINKR[n]. Wenn $n \neq 0$, zurück nach T3.

T9. [Ende der Ebene.] Setze LINKR[m] ← 0, $k \leftarrow k + 1$ und zurück nach T2. ▌

6. Beweise durch Induktion, dass der Pfad zur Zahl $2^{e_0}+2^{e_1}+\cdots+2^{e_t}$ die Folge 1, 2, $2^2, \ldots, 2^{e_0}, 2^{e_0}+2^{e_1}, \ldots, 2^{e_0}+2^{e_1}+\cdots+2^{e_t}$ ist, wenn $e_0 > e_1 > \cdots > e_t \geq 0$; weiterhin nehmen die Folgen von Exponenten auf jeder Ebene in lexikographischer Ordnung ab.

7. Die binäre und die Faktormethode erfordern einen Schritt mehr zur Berechnung von x^{2n} als x^n; die Potenzbaummethode erfordert höchstens einen Schritt mehr. Also (a) $15 \cdot 2^k$; (b) $33 \cdot 2^k$; (c) $23 \cdot 2^k$; $k = 0, 1, 2, 3, \ldots$.

8. Der Potenzbaum schließt immer den Knoten $2m$ eine Ebene unter m ein, es sei denn, er kommt auf derselben Ebene oder einer früheren Ebene vor; und er schließt immer den Knoten $2m+1$ eine Ebene unter $2m$ ein, es sei denn, er kommt auf derselben Ebene oder einer früheren Ebene vor. [Es ist nicht wahr, dass $2m$ ein Kind von m im Potenzbaum für alle m ist; das kleinste Beispiel, wo dies nicht stimmt, ist $m = 2138$, das auf Ebene 15 erscheint, während 4276 sonstwo auf Ebene 16 auftritt. Tatsächlich kommt $2m$ manchmal auf derselben Ebene wie m vor; das kleinste Beispiel ist $m = 6029$.]

9. Beginne mit $N \leftarrow n$, $Z \leftarrow x$ und $Y_q \leftarrow 1$ für $1 \leq q < m$, q ungerade; im Allgemeinen werden wir $x^n = Y_1 Y_3^3 Y_5^5 \ldots Y_{m-1}^{m-1} Z^N$ im Verlauf des Algorithmus haben. In der Annahme, dass $N > 0$, setze $k \leftarrow N \bmod m$, $N \leftarrow \lfloor N/m \rfloor$. Wenn dann $k = 0$, setze $Z \leftarrow Z^m$ und wiederhole; sonst wenn $k = 2^p q$, wobei q ungerade ist, setze $Z \leftarrow Z^{2^p}$, $Y_q \leftarrow Y_q \cdot Z$, und wenn $N > 0$, setze $Z \leftarrow Z^{2^{e-p}}$ und wiederhole. Schließlich setze $Y_k \leftarrow Y_k \cdot Y_{k+2}$ für $k = m-3, m-5, \ldots, 1$; die Antwort ist $Y_1(Y_3Y_5 \ldots Y_{m-1})^2$. (mehr als $m/2$ Multiplikationen erfolgen mit 1.)

10. Mit der in Abschnitt 2.3.3 besprochenen „`PARENT`"-Darstellung: Verwende eine Tafel $p[j]$, $1 \leq j \leq 100$, mit $p[1] = 0$, wobei $p[j]$ die Zahl der Knoten unmittelbar über j für $j \geq 2$ ist. (Die Tatsache, dass jeder Knoten dieses Baums einen Grad von höchstens zwei hat, wirkt sich nicht auf die Effizienz dieser Darstellung aus; es läßt nur den Baum als Illustration schöner aussehen.)

11. 1, 2, 3, 5, 10, 20, (23 oder 40), 43; 1, 2, 4, 8, 9, 17, (26 oder 34), 43; 1, 2, 4, 8, 9, 17, 34, (43 oder 68), 77; 1, 2, 4, 5, 9, 18, 36, (41 oder 72), 77. Wenn einer der beiden letzten zwei Pfade im Baum wären, würden wir keine Möglichkeit für $n = 43$ haben, da der Baum entweder 1, 2, 3, 5 oder 1, 2, 4, 8, 9 enthalten muss.

12. Kein solcher unendlicher Baum kann existieren, da $l(n) \neq l^*(n)$ für bestimmte n.

13. Für Fall 1 verwende eine Kette vom Typ-1 gefolgt von $2^{A+C} + 2^{B+C} + 2^A + 2^B$; oder verwende die Faktormethode. Für Fall 2 verwende eine Kette vom Typ-2 gefolgt von $2^{A+C+1} + 2^{B+C} + 2^A + 2^B$. Für Fall 3 verwende eine Kette vom Typ-5 gefolgt von Addition von $2^A + 2^{A-1}$ oder verwende die Faktormethode. Für Fall 4, $n = 135 \cdot 2^D$, also können wir die Faktormethode verwenden.

14. (a) Es ist leicht zu verifizieren, dass Schritte $r-1$ und $r-2$ nicht beide kleine Schritte sind, also wollen wir annehmen, dass Schritt $r-1$ klein ist und Schritt $r-2$ nicht. Wenn $c = 1$, dann $\lambda(a_{r-1}) = \lambda(a_{r-k})$, also $k = 2$; und da $4 \leq \nu(a_r) = \nu(a_{r-1}) + \nu(a_{r-k}) - 1 \leq \nu(a_{r-1}) + 1$, haben wir $\nu(a_{r-1}) \geq 3$, was $r-1$ zu einem Sternschritt macht (damit nicht $a_0, a_1, \ldots, a_{r-3}, a_{r-1}$ nur einen kleinen Schritt einschließt). Dann $a_{r-1} = a_{r-2} + a_{r-q}$ für ein q und, wenn wir a_{r-2}, a_{r-1}, a_r durch $a_{r-2}, 2a_{r-2}, 2a_{r-2} + a_{r-q} = a_r$ ersetzen, erhalten wir eine andere Kette als Gegenbeispiel, in welcher Schritt r klein ist; doch dies ist unmöglich. Wenn auf der anderen Seite $c \geq 2$, dann $4 \leq \nu(a_r) \leq \nu(a_{r-1}) + \nu(a_{r-k}) - 2 \leq \nu(a_{r-1})$; also $\nu(a_{r-1}) = 4$, $\nu(a_{r-k}) = 2$ und $c = 2$. Dies führt leicht zu einer unmöglichen Situation durch eine Betrachtung der sechs Typen im Beweis von Satz B.

(b) Wenn $\lambda(a_{r-k}) < m-1$, haben wir $c \geq 3$, also $\nu(a_{r-k}) + \nu(a_{r-1}) \geq 7$ nach (22); deshalb sind sowohl $\nu(a_{r-k})$ als auch $\nu(a_{r-1})$ beide ≥ 3. Alle kleinen Schritte müssen $\leq r-k$ sein und $\lambda(a_{r-k}) = m-k+1$. Wenn $k \geq 4$, müssen wir $c=4$, $k=4$, $\nu(a_{r-1}) = \nu(a_{r-4}) = 4$ haben; also $a_{r-1} \geq 2^m + 2^{m-1} + 2^{m-2}$ und a_{r-1} muss gleich $2^m + 2^{m-1} + 2^{m-2} + 2^{m-3}$ sein; doch $a_{r-4} \geq \frac{1}{8} a_{r-1}$ impliziert jetzt, dass $a_{r-1} = 8a_{r-4}$. Also $k=3$ und $a_{r-1} > 2^m + 2^{m-1}$. Da $a_{r-2} < 2^m$ und $a_{r-3} < 2^{m-1}$, muss Schritt $r-1$ eine Verdopplung sein; doch Schritt $r-2$ ist eine Nicht-Verdopplung, da $a_{r-1} \neq 4a_{r-3}$. Da weiterhin $\nu(a_{r-3}) \geq 3$, ist $r-3$ ein Sternschritt; und $a_{r-2} = a_{r-3} + a_{r-5}$ würde implizieren, dass $a_{r-5} = 2^{m-2}$, also müssen wir $a_{r-2} = a_{r-3} + a_{r-4}$ haben. Wie in einem ähnlichen im Text behandelten Fall zeigt sich jetzt $a_{r-4} = 2^{m-2} + 2^{m-3}$, $a_{r-3} = 2^{m-2} + 2^{m-3} + 2^{d+1} + 2^d$, $a_{r-1} = 2^m + 2^{m-1} + 2^{d+2} + 2^{d+1}$ als die einzige Möglichkeit, und sogar diese Möglichkeit ist unmöglich.

15. Achim Flammenkamp [Diplomarbeit in Mathematik (Universität Bielefeld, 1991), Teil 1] hat gezeigt, dass die Zahlen n mit $\lambda(n)+3 = l(n) < l^*(n)$ alle die Form $2^A + 2^B + 2^C + 2^D + 2^E$ haben, wobei $A > B > C > D > E$ und $B + E = C + D$; darüberhinaus werden sie genau dadurch beschrieben, dass keines der folgenden acht Muster auf sie passt, wobei $|\epsilon| \leq 1$: $2^A + 2^{A-3} + 2^C + 2^{C-1} + 2^{2C+2-A}$, $2^A + 2^{A-1} + 2^C + 2^D + 2^{C+D+1-A}$, $2^A + 2^B + 2^{2B-A+3} + 2^{2B+2-A} + 2^{3B+5-2A}$, $2^A + 2^B + 2^{2B-A+\epsilon} + 2^D + 2^{B+D+\epsilon-A}$, $2^A + 2^B + 2^{B-1} + 2^D + 2^{D-1}$, $2^A + 2^B + 2^{B-2} + 2^D + 2^{D-2}$ $(A > B+1)$, $2^A + 2^B + 2^C + 2^{2B+\epsilon-A} + 2^{B+C+\epsilon-A}$, $2^A + 2^B + 2^C + 2^{B+C+\epsilon-A} + 2^{2C+\epsilon-A}$.

16. $l^B(n) = \lambda(n) + \nu(n) - 1$; also gilt $l^B(n)/\lambda(n) = 1$ für $n = 2^k$, doch $l^B(n)/\lambda(n) = 2$ für $n = 2^{k+1} - 1$.

17. Sei $i_1 < \cdots < i_t$. Lösche irgendwelche Intervalle I_k, die, ohne die Vereinigung $I_1 \cup \cdots \cup I_t$ zu beeinflussen, weggenommen werden können. (Das Interval $(j_k \mathinner{..} i_k]$ kann ausgelassen werden, wenn entweder $j_{k+1} \leq j_k$ oder $j_1 < j_2 < \cdots$ und $j_{k+1} \leq i_{k-1}$.) Jetzt kombiniere überlappende Intervalle $(j_1 \mathinner{..} i_1], \ldots, (j_d \mathinner{..} i_d]$ in ein Interval $(j' \mathinner{..} i'] = (j_1 \mathinner{..} i_d]$ und beachte, dass

$$a_{i'} < a_{j'}(1+\delta)^{i_1 - j_1 + \cdots + i_d - j_d} \leq a_{j'}(1+\delta)^{2(i'-j')},$$

da jeder Punkt von $(j' \mathinner{..} i']$ höchstens zweimal durch $(j_1 \mathinner{..} i_1] \cup \cdots \cup (j_d \mathinner{..} i_d]$ abgedeckt wird.

18. Nenne $f(m)$ eine „schöne" Funktion, wenn $(\log f(m))/m \to 0$ für $m \to \infty$. Ein Polynom in m ist schön. Das Produkt schöner Funktionen ist schön. Wenn $g(m) \to 0$ und c eine positive Konstante ist, dann ist $c^{mg(m)}$ schön; auch $\binom{2m}{mg(m)}$ ist schön, denn mit Stirlings Näherung ist dies äquivalent zu $g(m)\log(1/g(m)) \to 0$.

Jetzt ersetze jeden Term der Summation durch den maximalen Term, der für bestimmte s, t, v erreicht wird. Die Gesamtzahl von Termen ist schön und so auch $\binom{m+s}{t+v}$, $\binom{t+v}{v} \leq 2^{t+v}$ und β^{2v}, weil $(t+v)/m \to 0$. Schließlich $\binom{(m+s)^2}{t} \leq (2m)^{2t}/t! < (4em^2/t)^t$, wobei $(4e)^t$ schön ist. Ersetzung von t durch seine obere Schranke $(1 - \epsilon/2)m/\lambda(m)$ zeigt, dass $(m^2/t)^t \leq 2^{m(1-\epsilon/2)} f(m)$, wobei $f(m)$ schön ist. Also ist die ganze Summe weniger als α^m für große m, wenn $\alpha = 2^{1-\eta}$, wobei $0 < \eta < \frac{1}{2}\epsilon$.

19. (a) $M \cap N$, $M \cup N$ bzw. $M \uplus N$; siehe Gln. 4.5.2–(6), 4.5.2–(7).

(b) $f(z)g(z)$, $\mathrm{kgV}(f(z), g(z))$, $\mathrm{ggT}(f(z), g(z))$. (Aus denselben Gründen wie (a), weil die monischen irreduziblen Polynome über den komplexen Zahlen genau die Polynome $z - \zeta$ sind.)

(c) Kommutativgesetze $A \uplus B = B \uplus A$, $A \cup B = B \cup A$, $A \cap B = B \cap A$. Assoziativgesetze $A \uplus (B \uplus C) = (A \uplus B) \uplus C$, $A \cup (B \cup C) = (A \cup B) \cup C$, $A \cap (B \cap C) =$

$(A \cap B) \cap C$. Distributivgesetze $A \cup (B \cap C) = (A \cup B) \cap (A \cup C)$, $A \cap (B \cup C) = (A \cap B) \cup (A \cap C)$, $A \uplus (B \cup C) = (A \uplus B) \cup (A \uplus C)$, $A \uplus (B \cap C) = (A \uplus B) \cap (A \uplus C)$. Idempotenzgesetze $A \cup A = A$, $A \cap A = A$. Absorptionsgesetze $A \cup (A \cap B) = A$, $A \cap (A \cup B) = A$, $A \cap (A \uplus B) = A$, $A \cup (A \uplus B) = A \uplus B$. Identitäts- und Nullgesetze $\emptyset \uplus A = A$, $\emptyset \cup A = A$, $\emptyset \cap A = \emptyset$, wobei $\emptyset$ die leere Vielfachmenge ist. Zählendes Gesetz $A \uplus B = (A \cup B) \uplus (A \cap B)$. Weitere Eigenschaften analog zu denen von Mengen kommen von der partiellen Ordnung definiert durch die Regel $A \subseteq B$ genau dann, wenn $A \cap B = A$ (genau dann, wenn $A \cup B = B$).

Bemerkungen: Andere übliche Anwendungen von Vielfachmengen sind Nullstellen und Pole meromorpher Funktionen, Invarianten von Matrizen in kanonischer Form, Invarianten von endlichen abelschen Gruppen, usw.; Vielfachmengen können in kombinatorischen Abzählungsbeweisen und in der Entwicklung der Maßtheorie nützlich sein. Die Terminalzeichen einer nichtzirkulären kontextfreien Grammatik bilden eine Vielfachmenge, die genau dann ein Menge ist, wenn die Grammtik eindeutig ist. Des Autors Arbeit in *Theoretical Studies in Computer Science*, herausgegeben von J. D. Ullman (Academic Press, 1992), 1–13, bespricht weitere Anwendungen zu kontextfreien Grammatiken und führt die Operation $A \Cap B$ ein, wobei jedes Element, das a mal in A und b mal in B vorkommt, ab mal in $A \Cap B$ vorkommt.

Obwohl Vielfachmengen häufig in der Mathematik vorkommen, müssen sie oft schwerfällig behandelt werden, weil es zur Zeit keine Standardmethode zur Behandlung von Mengen mit wiederholten Elementen gibt. Mehrere Mathematiker haben ihre Überzeugung artikuliert, dass der Mangel einer adäquaten Terminologie und Notation für diesen verbreiteten Begriff ein definitives Handikap für die Entwicklung der Mathematik geworden ist. (Ein Vielfachmenge ist natürlich formal äquivalent zu einer Abbildung von einer Menge in die natürlichen Zahlen, doch ist diese formale Äquivalenz von wenig oder keinem praktischen Wert für kreatives mathematisches Denken.) Der Autor besprach diesen Sachverhalt mit vielen Leuten während den sechziger Jahre in einem Versuch, eine gute Lösung zu finden. Einige der vorgeschlagenen Namen für den Begriff waren Liste, Paar, Sack, Halde, Probe, gewichtete Menge, Kollektion, Suite; doch diese Wörter standen entweder im Konflikt mit gegenwärtiger Terminologie oder hatten einen unangebrachten Beiklang, oder waren auch zu unhandlich zum Sprechen und Schreiben. Schließlich wurde klar, dass ein so wichtiger Begriff einen eigenen Name verdient, und das Wort „Vielfachmenge“ wurde geprägt von N. G. de Bruijn. Sein Vorschlag wurde weitgehend übernommen während der siebziger Jahre und ist jetzt Standardterminologie.

Die Notation „$A \uplus B$“ wurde gewählt vom Autor zur Vermeidung eines Konflikts mit existierenden Notationen und zur Betonung der Analogie mit der Mengenvereinigung. Es würde nicht so wünschenswert sein, „$A + B$“ für diesen Zweck zu verwenden, da Algebraiker herausgefunden haben, dass $A + B$ eine gute Notation für die Vielfachmenge $\{\alpha + \beta \mid \alpha \in A \text{ and } \beta \in B\}$ ist. Wenn A eine Vielfachmenge von natürlichen Zahlen ist, sei $G(z) = \sum_{n \in A} z^n$ eine A entsprechende Erzeugungsfunktion. (Erzeugungsfunktionen mit natürlichzahligen Koeffizienten entsprechen offenbar eins zu eins Vielfachmengen von natürlichen Zahlen.) Wenn $G(z)$ zu A und $H(z)$ zu B gehören, dann gehört $G(z) + H(z)$ zu $A \uplus B$ und $G(z)H(z)$ gehört zu $A + B$. Wenn wir „Dirichleterzeugungsfunktionen“ $g(z) = \sum_{n \in A} 1/n^z$, $h(z) = \sum_{n \in B} 1/n^z$ bilden, dann gehört das Produkt $g(z)h(z)$ zum Vielfachmengenprodukt AB.

20. Typ 3: $(S_0, \ldots, S_r) = (M_{00}, \ldots, M_{r0}) = (\{0\}, \ldots, \{A\}, \{A-1, A\}, \{A-1, A, A\}, \{A-1, A-1, A, A, A\}, \ldots, \{A+C-3, A+C-3, A+C-2, A+C-2, A+C-2\})$. Typ

5: $(M_{00}, \ldots, M_{r0}) = (\{0\}, \ldots, \{A\}, \{A-1, A\}, \ldots, \{A+C-1, A+C\}, \{A+C-1, A+C-1, A+C\}, \ldots, \{A+C+D-1, A+C+D-1, A+C+D\})$; $(M_{01}, \ldots, M_{r1}) = (\emptyset, \ldots, \emptyset, \emptyset, \ldots, \emptyset, \{A+C-2\}, \ldots, \{A+C+D-2\})$, $S_i = M_{i0} \uplus M_{i1}$.

21. Sei zum Beispiel $u = 2^{8q+5}$, $x = (2^{(q+1)u} - 1)/(2^u - 1) = 2^{qu} + \cdots + 2^u + 1$, $y = 2^{(q+1)u} + 1$. Dann $xy = (2^{2(q+1)u} - 1)/(2^u - 1)$. Wenn $n = 2^{4(q+1)u} + xy$, haben wir $l(n) \le 4(q+1)u + q + 2$ nach Satz F, doch $l^*(n) = 4(q+1)u + 2q + 2$ nach Satz H.

22. Unterstreiche alles außer den $u - 1$ Einsetzungen, die in der Berechnung von x verwendet werden.

23. Satz G (alles unterstrichen).

24. Verwende die Zahlen $(B^{a_i} - 1)/(B - 1)$, $0 \le i \le r$, unterstrichen, wenn a_i unterstrichen ist; und $c_k B^{i-1}(B^{b_j} - 1)/(B - 1)$ für $0 \le j < t$, $0 < i \le b_{j+1} - b_j$, $1 \le k \le l^0(B)$, unterstrichen, wenn c_k unterstrichen ist, wobei c_0, c_1, ... eine l^0-Kette minimaler Länge für B ist. Um die zweite Ungleichung zu beweisen, setze $B = 2^m$ und verwende (3). (Die zweite Ungleichung ist selten, wenn überhaupt jemals, eine Verbesserung von Satz G.)

25. Wir können annehmen, dass $d_k = 1$. Verwende die Regel R $A_{k-1} \ldots A_1$, wobei $A_j =$ „XR", wenn $d_j = 1$, $A_j =$ „R" sonst, und wobei „R" das Bilden der Quadratwurzel, „X" das Multiplizieren mit x bedeutet. Wenn zum Beispiel $y = (0{,}1101101)_2$, ist die Regel R R XR XR R XR XR. (Es gibt binäre Quadratwurzelalgorithmen, die für Rechnerhardware geeignet sind und die eine Ausführungszeit vergleichbar mit der der Division erfordern; Rechner mit solcher Hardware könnten deshalb allgemeinere gebrochene Potenzen mit der Technik dieser Übung berechnen.)

26. Wenn wir das Paar (F_k, F_{k-1}) kennen, haben wir $(F_{k+1}, F_k) = (F_k + F_{k-1}, F_k)$ und $(F_{2k}, F_{2k-1}) = (F_k^2 + 2F_kF_{k-1}, F_k^2 + F_{k-1}^2)$; also kann eine binäre Methode zur Berechnung von (F_n, F_{n-1}) mit $O(\log n)$ arithmetischen Operationen verwendet werden. Vielleicht ist es besser, das Wertepaar (F_k, L_k) zu verwenden, wobei $L_k = F_{k-1} + F_{k+1}$ (siehe Übung 4.5.4–15); dann haben wir $(F_{k+1}, L_{k+1}) = (\frac{1}{2}(F_k + L_k), \frac{1}{2}(5F_k + L_k))$, $(F_{2k}, L_{2k}) = (F_kL_k, L_k^2 - 2(-1)^k)$.

Für die allgemeine lineare Rekurrenz $x_n = a_1x_{n-1} + \cdots + a_dx_{n-d}$, können wir x_n in $O(d^3 \log n)$ arithmetischen Operationen berechnen mittels der n-ten Potenz einer geeigneten $d \times d$ Matrix. [Diese Beobachtung stammt von J. C. P. Miller und D. J. Spencer Brown, *Comp. J.* **9** (1966), 188–190.] Darüber hinaus kann, wie Richard Brent bemerkt hat, die Zahl der Operationen auf $O(d^2 \log n)$ reduziert werden, oder gar auf $O(d \log d \log n)$ mit Übung 4.7–6, wenn wir erst $x^n \bmod (x^d - a_1x^{d-1} - \cdots - a_d)$ berechnen und dann x^j durch x_j ersetzen.

27. Das kleinste n, das s kleine Schritte erfordert, muss $c(r)$ für ein bestimmtes r sein. Denn wenn $c(r) < n < c(r+1)$, haben wir $l(n) - \lambda(n) \le r - \lambda(c(r)) = l(c(r) - \lambda(c(r))$. Die Antworten für $1 \le s \le 6$ sind deshalb 3, 7, 29, 127, 1903, 65131; wahrscheinlich wird $c(28)$ dann 7 erfordern.

28. (a) $x \nabla y = x \vee y \vee (x + y)$, wobei „$\vee$" bitweises „Oder" ist, siehe Übung 4.6.2–26; klarerweise $\nu(x \nabla y) \le \nu(x \vee y) + \nu(x \wedge y) = \nu(x) + \nu(y)$. (b) Beachte erstens, dass $A_{i-1}/2^{d_{i-1}} \subseteq A_i/2^{d_i}$ für $1 \le i \le r$. Beachte zweitens, dass $d_j = d_{i-1}$ in einer Nicht-Verdopplung; denn sonst $a_{i-1} \ge 2a_j \ge a_j + a_k = a_i$. Also $A_j \subseteq A_{i-1}$ und $A_k \subseteq A_{i-1}/2^{d_j - d_k}$. (c) Eine leichte Induktion nach i, außer dass nahe Schritte näherer Beachtung bedürfen. Wir wollen sagen, dass die Zahl m die Eigenschaft $P(\alpha)$ hat, wenn die 1 in ihrer binären Darstellung alle in zusammenhängenden Blöcken $\ge \alpha$ nacheinander erscheinen. Wenn m und m' die Eigenschaft $P(\alpha)$ haben, so auch $m \nabla m'$;

wenn m die Eigenschaft $P(\alpha)$ hat, dann hat $\rho(m)$ die Eigenschaft $P(\alpha+\delta)$. Also hat B_i die Eigenschaft $P(1+\delta c_i)$. Wenn schließlich m die Eigenschaft $P(\alpha)$ hat, dann $\nu(\rho(m)) \le (\alpha+\delta)\nu(m)/\alpha$; für $\nu(m) = \nu_1+\cdots+\nu_q$, wobei jede Blockgröße ν_j größer oder gleich α ist, also $\nu(\rho(m)) \le (\nu_1+\delta)+\cdots+(\nu_q+\delta) \le (1+\delta/\alpha)\nu_1+\cdots+(1+\delta/\alpha)\nu_q$. (d) Sei $f = b_r + c_r$ die Anzahl von Nicht-Verdopplungen und s die Anzahl kleiner Schritte. Wenn $f \ge 3{,}271 \lg \nu(n)$, haben wir $s \ge \lg \nu(n)$ wie gewünscht gemäß (16). Sonst haben wir $a_i \le (1+2^{-\delta})^{b_i} 2^{c_i+d_i}$ für $0 \le i \le r$, also $n \le ((1+2^{-\delta})/2)^{b_r} 2^r$, und $r \ge \lg n + b_r - b_r \lg(1+2^{-\delta}) \ge \lg n + \lg \nu(n) - \lg(1+\delta c_r) - b_r \lg(1+2^{-\delta})$. Sei $\delta = \lceil \lg(f+1) \rceil$; dann $\ln(1+2^{-\delta}) \le \ln(1+1/(f+1)) \le 1/(f+1) \le \delta/(1+\delta f)$ und es folgt, dass $\lg(1+\delta x) + (f-x)\lg(1+2^{-\delta}) \le \lg(1+\delta f)$ für $0 \le x \le f$. Schließlich also $l(n) \ge \lg n + \lg \nu(n) - \lg(1 + (3{,}271 \lg \nu(n)) \lceil \lg(1+3{,}271 \lg \nu(n)) \rceil)$. [*Theoretical Comp. Sci.* **1** (1975), 1–12.]

29. In der gerade zitierten Arbeit verfeinert Schönhage die Methode von Übung 28, um zu beweisen, dass $l(n) \ge \lg n + \lg \nu(n) - 2.13$ für alle n. Kannn die verbleibende Lücke geschlossen werden?

30. $n = 31$ ist das kleinste Beispiel; $l(31) = 7$, doch 1, 2, 4, 8, 16, 32, 31 ist eine Additions-Subtraktionskette der Länge 6. [Nach dem Beweis von Satz E sagte Erdős, dass dasselbe Ergebnis auch für Additions-Subtraktionsketten gilt. Schönhage hat die untere Schranke von Übung 28 auf Additions-Subtraktionsketten erweitert mit $\nu(n)$ ersetzt durch $\overline{\nu}(n)$, wie in Übung 4.1–34 definiert. Eine verallgemeinerte binäre Methode für Exponentiation von rechts nach links, welche $\lambda(n) + \overline{\nu}(n) - 1$ Multiplikationen verwendet, wenn x und x^{-1} gegeben sind, kann auf die Darstellung von α_n in jener Übung basiert werden.]

32. Siehe *Discrete Math.* **23** (1978), 115–119. [Dieses Kostenmodell entspricht der Multiplikation großer Zahlen mit einer klassischen Methode wie Algorithmus 4.3.1M. Empirische Ergebnisse mit einem allgemeineren Modell, in welchem die Kosten $(a_j a_k)^{\beta/2}$ sind, wurden von D. P. McCarthy, *Math. Comp.* **46** (1986), 603–608, erhalten; dieses Modell kommt näher an die „schnellen Multiplikationsmethoden“ von Abschnitt 4.3.3, wenn zwei n-Bit-Zahlen in $O(n^\beta)$ Schritte multipliziert werden, doch die Kostenfunktion $a_j a_k^{\beta-1}$ wäre tatsächlich geeigneter (siehe Übung 4.3.3–13). H. Zantema hat das analoge Problem analysiert, wenn die Kosten von Schritt i nur $a_j + a_k$ anstatt $a_j a_k$ sind; siehe *J. Algorithms* **12** (1991), 281–307. In diesem Fall haben die optimalen Ketten Gesamtkosten $\frac{5}{2}n + O(n^{1/2})$. Weiterhin sind die optimalen Zusatzkosten, wenn n ungerade ist, mindestens $\frac{5}{2}(n-1)$, mit Gleichheit genau dann, wenn n als Produkt von Zahlen der Form $2^k + 1$ geschrieben werden kann.]

33. Acht; es gibt vier Wege zur Berechnung von $39 = 12+12+12+3$ und zwei Wege zur Berechnung von $79 = 39+39+1$.

34. Die Behauptung ist wahr. Die Marken im reduzierten Graphen der binären Kette sind $\lfloor n/2^k \rfloor$ für $k = e_0, \ldots, 0$; sie sind $1, 2, \ldots, 2^{e_0}, n$ im dualen Graphen. [ähnlich ist die m-äre Methode von rechts nach links aus Übung 9 die duale der Methode von links nach rechts.]

35. 2^t sind äquivalent zur binären Kette; es wären 2^{t-1}, wenn $e_0 = e_1 + 1$. Die Anzahl von Ketten äquivalent zum Schema von Algorithmus A ist die Anzahl von Möglichkeiten zur Berechnung der Summe von $t+2$ Zahlen, von welchen zwei identisch sind. Dies ist $\frac{1}{2}f_{t+1} + \frac{1}{2}f_t$, wobei f_m die Anzahl von Möglichkeiten zur Berechnung der Summe von $m+1$ verschiedenen Zahlen ist. Wenn wir Kommutativität in Betracht ziehen, sehen wir, dass f_m gerade 2^{-m} mal $(m+1)!$ mal die Anzahl binärer Bäume mit m Knoten ist, also $f_m = (2m-1)(2m-3)\ldots 1$.

36. Bilde zuerst die $2^m - m - 1$ Produkte $x_1^{e_1}\ldots x_m^{e_m}$ für alle Folgen von Exponenten mit $0 \le e_k \le 1$ und $e_1+\cdots+e_m \ge 2$. Sei $n_k = (d_{k\lambda}\ldots d_{k1}d_{k0})_2$; zur Vervollständigung der Berechnung nimm $x_1^{d_{1\lambda}}\ldots x_m^{d_{m\lambda}}$, quadriere dann und multipliziere mit $x_1^{d_{1i}}\ldots x_m^{d_{mi}}$ für $i = \lambda-1, \ldots, 1, 0$. [Straus zeigte in *AMM* **71** (1964), 807–808, dass $2\lambda(n)$ ersetzt werden kann durch $(1+\epsilon)\lambda(n)$ für ein $\epsilon > 0$, durch Verallgemeinerung dieser binären Methode zu einer 2^k-ären wie in Satz D.]

37. Berechne zuerst 2^q für $1 \le q \le \lambda(n_m)$, dann berechne jedes $n = n_j$ nach der folgenden Variante der 2^k-ären Methode: Für alle ungeraden $q < 2^k$, berechne $f_q = \sum\{2^{kt+e} \mid d_t = 2^e q\}$, wobei $n = (\ldots d_1 d_0)_{2^k}$, in höchstens $\lfloor \frac{1}{k}\lg n\rfloor$ Schritten; dann berechne $n = \sum q f_q$ in höchstens $\sum l(q) + 2^{k-1}$ weiteren Schritten. Die Anzahl von Schritten pro n_j ist $\le \lfloor \frac{1}{k}\lg n\rfloor + O(k2^k)$ und dies ist $\lambda(n)/\lambda\lambda(n) + O(\lambda(n)\lambda\lambda\lambda(n)/\lambda\lambda(n)^2)$, wenn $k = \lfloor \lg\lg n - 3\lg\lg\lg n\rfloor$.

[Eine Verallgemeinerung von Satz E ergibt die entsprechende untere Schranke. Referenz: *SICOMP* **5** (1976), 100–103.]

38. Die folgende Konstruktion nach D. J. Newman ergibt die beste zur Zeit bekannte obere Schranke: Sei $k = p_1 \ldots p_r$ das Produkt der ersten r Primzahlen. Berechne k und alle quadratischen Residuen mod k in $O(2^{-r}k\log k)$ Schritten (weil es näherungsweise $2^{-r}k$ quadratische Residuen gibt). Berechne auch alle Vielfachen von k, die $\le m^2$ sind, in etwa m^2/k weiteren Schritten. Jetzt reichen m Additionen aus zur Berechnung von $1^2, 2^2, \ldots, m^2$. Wir haben $k = \exp(p_r + O(p_r/(\log p_r)^{1000}))$, wobei p_r durch die Formel in der Antwort zu Übung 4.5.4–36 gegeben ist; siehe zum Beispiel Greene und Knuth, *Math. for the Analysis of Algorithms* (Boston: Birkhäuser, 1981), §4.1.6. Deshalb folgt durch die Wahl von

$$r = \lfloor (1 + \tfrac{1}{2}\ln 2/\lg\lg m)\ln m/\ln\ln m\rfloor,$$

dass $l(1^2, \ldots, m^2) = m + O(m\cdot\exp(-(\frac{1}{2}\ln 2 - \epsilon)\ln m/\ln\ln m))$.

Andererseits haben D. Dobkin und R. Lipton gezeigt, dass für $\epsilon > 0$, $l(1^2,\ldots,m^2) > m + m^{2/3-\epsilon}$, wenn m hinreichend groß ist [*SICOMP* **9** (1980), 121–125].

39. Die Größe $l([n_1, n_2, \ldots, n_m])$ ist das Minimum von Kanten − Knoten + m gebildet über alle gerichteten Graphen, die m Knoten s_j haben, deren Ein-Grad null ist, und einen Knoten t, dessen Aus-Grad null ist, wobei es genau n_j orientierte Pfade von s_j nach t für $1 \le j \le m$ gibt. Die Größe $l(n_1, n_2, \ldots, n_m)$ ist das Minimum von Kanten − Knoten + 1 gebildet über alle gerichteten Graphen, die einen Knoten s haben, dessen Ein-Grad null ist, und m Knoten t_j, deren Aus-Grad null ist, wobei es genau n_j orientierte Pfade von s nach t_j für $1 \le j \le m$ gibt. Diese Probleme sind dual zueinander, wenn wir die Richtung aller Kanten wechseln. [Siehe *J. Algorithms* **2** (1981), 13–21.]

Bemerkung: C. H. Papadimitriou hat bemerkt, dass dies ein Spezialfall eines viel allgemeineren Satzes ist. Sei $N = (n_{ij})$ eine $m \times p$ Matrix natürlicher Zahlen ohne eine Zeile oder Spalte, die nur Nullen enthält. Wir können $l(N)$ definieren als die Minimalzahl von Multiplikationen zur Berechnung der Menge von Monomen $\{x_1^{n_{1j}}\ldots x_m^{n_{mj}} \mid 1 \le j \le p\}$. Jetzt ist $l(N)$ auch das Minimum von Kanten − Knoten + m gebildet über alle gerichteten Graphen, die m Knoten s_i haben, deren Ein-Grad null ist, und p Knoten t_j, deren Aus-Grad null ist, wobei es genau n_{ij} orientierte Pfade von s_i nach t_j für jedes i und j gibt. Wegen der Dualität haben wir $l(N) = l(N^T) + m - p$. [*Bulletin of the Europ. Assoc. Theor. Comp. Sci.* **13** (February 1981), 2–3.]

N. Pippenger hat eine umfassende Verallgemeinerung der Ergebnisse der Übungen 36 und 37 bewiesen. Sei $L(m,p,n)$ das Maximum von $l(N)$ gebildet über alle $m \times p$ Matrizen N von natürlichen Zahlen $n_{ij} \le n$. Dann $L(m,p,n) = \min(m,p)\lg n + H/\lg H + O(m+p+H(\log\log H)^{1/2}(\log H)^{-3/2})$, wobei $H = mp\lg(n+1)$. [*SICOMP* **9** (1980), 230–250.]

40. Nach Übung 39 genügt es zu zeigen, dass $l(m_1n_1 + \cdots + m_tn_t) \le l(m_1,\ldots,m_t) + l([n_1,\ldots,n_t])$. Doch dies ist klar, da wir zuerst $\{x^{m_1},\ldots,x^{m_t}\}$ bilden und dann das Monom $(x^{m_1})^{n_1}\ldots(x^{m_t})^{n_t}$ berechnen können.

Bemerkung: Olivos' Satz läßt sich pointiert so ausdrücken: Wenn $a_0, \ldots, a_r$ und $b_0, \ldots, b_s$ beliebige Additionsketten sind, dann $l(\sum c_{ij}a_ib_j) \le r+s+\sum c_{ij} - 1$ für jede $(r+1)\times(s+1)$ Matrix natürlicher Zahlen c_{ij}.

41. [*SICOMP* **10** (1981), 638–646.] Die besagte Formel kann bewiesen werden, wann immer $A \ge 9m^2$. Da dies ein Polynom in m ist, und da das Problem, eine minimale Knotenabdeckung zu finden, NP-hart ist (siehe Abschnitt 7.9), ist das Problem der Berechnung von $l(n_1,\ldots,n_m)$ NP-vollständig. [Es ist unbekannt, ob das Problem der Berechnung von $l(n)$ NP-vollständig ist. Doch es scheint plausibel, dass eine optimale Kette für, sagen wir, $\sum_{k=0}^{m-1} n_{k+1}2^{Ak^2}$ eine optimale Kette für $\{n_1,\ldots,n_m\}$ implizieren würde, wenn A hinreichend groß ist.]

Abschnitt 4.6.4

1. Setze $y \leftarrow x^2$, berechne dann $((\ldots(u_{2n+1}y + u_{2n-1})y + \cdots)y + u_1)x$.

2. Ersetzen von x in (2) durch das Polynom $x + x_0$ führt zu folgendem Verfahren:

G1. Führe Schritt G2 für $k = n, n-1, \ldots, 0$ (in dieser Reihenfolge) aus und halte an.

G2. Setze $v_k \leftarrow u_k$ und dann setze $v_j \leftarrow v_j + x_0v_{j+1}$ für $j = k, k+1, \ldots, n-1$. (Wenn $k = n$, setzt dieser Schritt einfach $v_n \leftarrow u_n$.) ▮

Die Rechnungen stellen sich als zu denen in H1 und H2 identisch heraus, doch werden sie in einer anderen Reihenfolge ausgeführt. (Diese Anwendung war Newtons ursprüngliche Motivation, Schema (2) zu benutzen.)

3. Der Koeffizient von x^k ist ein Polynom in y, das mit Horners Regel: $(\ldots(u_{n,0}x + (u_{n-1,1}y + u_{n-1,0}))x + \cdots)x + ((\ldots(u_{0,n}y + u_{0,n-1})y + \cdots)y + u_{0,0})$ ausgewertet werden kann. [Für ein „homogenes" Polynom wie $u_nx^n + u_{n-1}x^{n-1}y + \cdots + u_1xy^{n-1} + u_0y^n$ ist ein anderes Schema effizienter: Wenn $0 < |x| \le |y|$, dividiere zuerst x durch y, werte ein Polynom in x/y aus, dann multipliziere mit y^n.]

4. Regel (2) involviert $4n$ oder $3n$ reelle Multiplikationen und $4n$ oder $7n$ reelle Additionen; Gl. (3) ist schlechter, sie braucht $4n+2$ oder $4n+1$ Multiplikationen und $4n+2$ oder $4n+5$ Additionen.

5. Eine Multiplikation, x^2 zu berechnen; $\lfloor n/2\rfloor$ Multiplikationen und $\lfloor n/2\rfloor$ Additionen zum Auswerten der ersten Zeile; $\lceil n/2\rceil$ Multiplikationen und $\lceil n/2\rceil - 1$ Additionen zum Auswerten der zweiten Zeile; und eine Addition, die zwei Zeilen zu addieren. Insgesamt: $n+1$ Multiplikationen und n Additionen.

6. **J1.** Berechne und speichere die Werte $x_0^2, x_0^3, \ldots, x_0^{\lceil n/2\rceil}$.

J2. Setze $v_j \leftarrow u_jx_0^{j-\lfloor n/2\rfloor}$ für $0 \le j \le n$.

J3. Für $k = 0, 1, \ldots, n-1$ setze $v_j \leftarrow v_j + v_{j+1}$ für $j = n-1, \ldots, k+1, k$.

J4. Setze $v_j \leftarrow v_jx_0^{\lfloor n/2\rfloor - j}$ für $0 \le j \le n$. ▮

Man hat hier $(n^2+n)/2$ Additionen, $n+\lceil n/2\rceil-1$ Multiplikationen, n Divisionen. Eine weitere Multiplikation und Division können durch die Behandlung von v_n und v_0 als Spezialfälle gespart werden. *Referenz: SIGACT News.* **7**, 3 (Summer 1975), 32–34.

7. Sei $x_j = x_0 + jh$, betrachte (42) und (44). Setze $y_j \leftarrow u(x_j)$ für $0 \le j \le n$. Für $k = 1, 2, \ldots, n$ (in dieser Reihenfolge) setze $y_j \leftarrow y_j - y_{j-1}$ für $j = n, n-1, \ldots, k$ (in dieser Reihenfolge). Jetzt setze $\beta_j \leftarrow y_j$ für alle j.

Jedoch wird der Rundungsfehler akkumuliert, wie im Text erklärt, sogar wenn die Operationen von (5) exakt ausgeführt werden. Ein besserer Weg, die Initialisierung, wenn (5) ausgeführt wird, mit Festpunktarithmetik durchzuführen, ist die Wahl von $\beta_0, \ldots, \beta_n$, dass

$$\begin{pmatrix} \binom{0}{0} & \binom{0}{1} & \cdots & \binom{0}{n} \\ \binom{d}{0} & \binom{d}{1} & \cdots & \binom{d}{n} \\ \vdots & \vdots & & \vdots \\ \binom{nd}{0} & \binom{nd}{1} & \cdots & \binom{nd}{n} \end{pmatrix} \begin{pmatrix} \beta_0 \\ \beta_1 \\ \vdots \\ \beta_n \end{pmatrix} = \begin{pmatrix} u(x_0) \\ u(x_d) \\ \vdots \\ u(x_{nd}) \end{pmatrix} + \begin{pmatrix} \epsilon_0 \\ \epsilon_1 \\ \vdots \\ \epsilon_n \end{pmatrix},$$

wobei $|\epsilon_0|, |\epsilon_1|, \ldots, |\epsilon_n|$ so klein wie möglich sind. [H. Hassler, *Proc. 12th Spring Conf. Computer Graphics* (Bratislava: Comenius University, 1996), 55–66.]

8. Siehe (43).

9. [*Combinatorial Mathematics* (Buffalo: Math. Assoc. of America, 1963), 26–28.] Diese Formel kann als eine Anwendung des Prinzips vom Ein– und Ausschluss (Abschnitt 1.3.3) angesehen werden, da die Summe der Terme für $n - \epsilon_1 - \cdots - \epsilon_n = k$ die Summe aller $x_{1j_1}x_{2j_2}\ldots x_{nj_n}$ ist, für welche keine k Werte der j_i auftreten. Ein direkter Beweis kann geführt werden, wenn man ausnutzt, dass der Koeffizient von $x_{1j_1}\ldots x_{nj_n}$ gerade

$$\sum (-1)^{n-\epsilon_1-\cdots-\epsilon_n}\epsilon_{j_1}\ldots\epsilon_{j_n}$$

ist; wenn die j verschieden sind, ist dies gleich 1, doch wenn die $j_1, \ldots, j_n \ne k$, dann ist dies 0, da die Terme mit $\epsilon_k = 0$ die Terme mit $\epsilon_k = 1$ auslöschen.

Um die Summe effizient auszuwerten, können wir mit $\epsilon_1 = 1$, $\epsilon_2 = \cdots = \epsilon_n = 0$ beginnen und können dann fortfahren durch alle Kombinationen der ϵ in der Art, dass sich von einem Term zum nächsten gerade nur ein ϵ ändert. (Siehe „Cray-Code“ in Kapitel 7.) Der Aufwand, die ersten Terme zu berechnen, ist $n-1$ Multiplikationen; von den nachfolgenden 2^n-2 Termen braucht jeder n Additionen, dann $n-1$ Multiplikationen, dann eine zusätzliche Addition. Insgesamt: $(2^n-1)(n-1)$ Multiplikationen und $(2^n-2)(n+1)$ Additionen. Nur $n+1$ temporäre Speicherplätze werden benötigt, einer für die Hauptpartialsumme und einer für jeden Faktor des laufenden Produkts.

10. $\sum_{1\le k<n}(k+1)\binom{n}{k+1} = n(2^{n-1}-1)$ Multiplikationen und $\sum_{1\le k<n} k\binom{n}{k+1} = n2^{n-1} - 2^n + 1$ Additionen. Dies sind näherungsweise halb so viele arithmetische Operationen wie in der Methode von Übung 9, obwohl sie ein komplizierteres Programm zur Ablaufkontrolle erfordert. Näherungsweise müssen $\binom{n}{\lceil n/2\rceil} + \binom{n}{\lceil n/2\rceil-1}$ temporäre Speicherplätze aufgewendet werden, und dies wächst exponentiell stark (von der Ordnung $2^n/\sqrt{n}$).

Die Methode dieser Übung ist äquivalent zu der ungewöhnlichen Matrixfaktorisierung der Permanente, die von Jurkat und Ryser in *J. Algebra* **5** (1967), 342–357, angegeben wurde. Sie kann auch in einem gewissen Sinn als Anwendung von (39) und (40) angesehen werden.

11. Effiziente Methoden sind bekannt für die Berechnung eines Näherungswerts, wenn die Matrix hinreichend dicht ist; siehe A. Sinclair, *Algorithms for Random Generation and Counting* (Boston: Birkhäuser, 1993). Doch diese Aufgabe fragt nach dem genauen Wert. Es mag einen Weg geben, die Permanente mit $O(c^n)$ Operationen für ein $c < 2$ auszuwerten.

12. Hier nun eine kurze Zusammenfassung des Fortschritts dieses berühmten Forschungsproblems: J. Hopcroft und L. R. Kerr bewiesen unter anderem, dass sieben Multiplikationen notwendig sind für 2×2 Matrixmultiplikation modulo 2 [*SIAM J. Appl. Math.* **20** (1971), 30–36]. R. L. Probert zeigte, dass alle 7-Multiplikationsschemata, bei denen jede Multiplikation eine Linearkombination von Elementen der einen Matrix nimmt und sie mit einer Linearkombination von Elementen der andern multipliziert, mindestens 15 Additionen [*SICOMP* **5** (1976), 187–203] haben müssen. Der Tensorrang von 2×2 Matrixmultiplikation ist 7 über jedem Körper [V. Y. Pan, *J. Algorithms* **2** (1981), 301–310]; der Rang von $T(2,3,2)$, des Tensors für das Produkt einer 2×3 Matrix mit einer 3×2 Matrix, ist 11 [V. B. Alekseyev, *J. Algorithms* **6** (1985), 71–85]. Für $n \times n$ Matrixmultiplikation stammt die beste bekannte obere Schranke für $n = 3$ von J. D. Laderman [*Bull. Amer. Math. Soc.* **82** (1976), 126–128], der zeigte, dass 23 nicht-kommutative Multiplikationen ausreichen. Seine Konstruktion wurde verallgemeinert von Ondrej Sýkora mit einer Methode, die $n^3 - (n-1)^2$ nicht-kommutative Multiplikationen und $n^3 - n^2 + 11(n-1)^2$ Additionen erfordert; dieses Ergebnis reduziert sich auf (36) für $n = 2$ [*Lecture Notes in Comp. Sci.* **53** (1977), 504–512]. Für $n = 5$ ist der derzeitige Rekord 100 nicht-kommutative Multiplikationen [O. M. Makarov, *USSR Comp. Math. and Math. Phys.* **27**, 1 (1987), 205–207]. Die beste soweit bekannte untere Schranke stammt von J. C. Lafon und S. Winograd, die zeigten, dass $2n^2 - 1$ nicht-skalare Multiplikationen notwendig sind und $mn + ns + m - n - 1$ im $m \times n \times s$-Fall [„A lower bound for the multiplicative complexity of the product of two matrices", Centre de Calcul, Univ. Louis Pasteur (Strasbourg, 1979)]. Wenn alle Rechnungen ohne Division ausgeführt werden müssen, wurde eine etwas bessere untere Schranke erhalten von N. H. Bshouty [*SICOMP* **18** (1989), 759–765], der bewies, dass $m \times n$ mal $n \times s$ Matrixmultiplikation mod 2 mindestens $\sum_{k=0}^{j-1} \lfloor ms/2^k \rfloor + \frac{1}{2}(n + (n \bmod j)) \times (n - (n \bmod j) - j) + n \bmod j$ Multiplikationen erfordert, wenn $n \geq s \geq j \geq 1$; $m = n = s$ und $j \approx \lg n$ ergibt $2{,}5n^2 - \frac{1}{2} n \lg n + O(n)$.

Die beste bekannte obere Schranken für große n wird im Text nach (36) besprochen.

13. Durch Summation der geometrischen Reihe finden wir, dass $F(t_1, \ldots, t_n)$ gleich

$$\textstyle\sum_{0 \leq s_1 < m_1, \ldots, 0 \leq s_n < m_n} \exp(-2\pi i(s_1 t_1/m_1 + \cdots + s_n t_n/m_n) f(s_1, \ldots, s_n))/m_1 \ldots m_n$$

ist. Die inverse Transformierte mal $m_1 \ldots m_n$ kann durch eine reguläre Transformation und Vertauschung von t_j mit $m_j - t_j$ gefunden werden, wenn $t_j \neq 0$; siehe Übung 4.3.3–9.

[Wenn wir $F(t_1, \ldots, t_n)$ als Koeffizienten eines $x_1^{t_1} \ldots x_n^{t_n}$ multivariaten Polynoms betrachten, läuft die diskrete Fouriertransformation auf die Auswertung dieses Polynoms für eine Einheitswurzel hinaus und die inverse Transformation bedeutet die Bestimmung des Interpolationspolynoms.]

14. Sei $m_1 = \cdots = m_n = 2$, $F(t_1, t_2, \ldots, t_n) = F(2^{n-1}t_n + \cdots + 2t_2 + t_1)$ und $f(s_1, s_2, \ldots, s_n) = f(2^{n-1}s_1 + 2^{n-2}s_2 + \cdots + s_n)$; beachte die umgekehrte Behandlung der t_i und s_j. Auch sei $g_k(s_k, \ldots, s_n, t_k)$ gerade ω zur $2^{k-1}t_k(s_n + 2s_{n-1} + \cdots + 2^{n-k}s_k)$-ten Potenz erhoben.

Bei jeder Iteration nehmen wir im Wesentlichen 2^{n-1} Paare komplexer Zahlen (α, β) und ersetzen sie durch $(\alpha + \zeta\beta,\ \alpha - \zeta\beta)$, wobei ζ eine geeignete Potenz von ω ist, so dass $\zeta = \cos\theta + i\sin\theta$ für ein θ. Wenn wir den Vorteil der Vereinfachungen für $\zeta = \pm 1$ oder $\pm i$ nutzen, ist der Gesamtaufwand $((n-3)\cdot 2^{n-1} + 2)$ komplexe Multiplikationen und $n \cdot 2^n$ komplexe Additionen; die Techniken von Übung 41 können verwendet werden zur Reduktion der reellen Multiplikationen und Additionen bei der Implementierung dieser komplexen Operationen.

Die Anzahl komplexer Multiplikationen kann um etwa 25 Prozent reduziert werden, ohne die Zahl der Additionen zu ändern, durch Kombination der Pässe k und $k+1$ für $k = 1, 3, \ldots$; dies bedeutet, dass 2^{n-2} Quadrupel $(\alpha, \beta, \gamma, \delta)$ ersetzt werden durch

$$(\alpha + \zeta\beta + \zeta^2\gamma + \zeta^3\delta,\ \alpha + i\zeta\beta - \zeta^2\gamma - i\zeta^3\delta,\ \alpha - \zeta\beta + \zeta^2\gamma - \zeta^3\delta,\ \alpha - i\zeta\beta - \zeta^2\gamma + i\zeta^3\delta).$$

Die Gesamtzahl komplexer Multiplikationen, wenn n gerade ist, wird dadurch reduziert auf $(3n-2)2^{n-3} - 5\lfloor 2^{n-1}/3 \rfloor$.

Diese Rechnungen nehmen an, dass die gegebenen Zahlen $F(t)$ komplex sind. Wenn die $F(t)$ reell sind, dann ist $f(s)$ konjugiert komplex zu $f(2^n - s)$, so dass wir die Redundanz durch Berechnung nur der 2^n unabhängigen reellen Zahlen $f(0)$, $\Re f(1)$, $\ldots$, $\Re f(2^{n-1}-1)$, $f(2^{n-1})$, $\Im f(1)$, $\ldots$, $\Im f(2^{n-1}-1)$ vermeiden können. Die ganze Rechnung kann in diesem Fall ausgeführt werden mit 2^n reellen Werten ausnutzend, dass $f_k(s_{n-k+1}, \ldots, s_n, t_1, \ldots, t_{n-k})$ konjugiert komplex zu $f_k(s'_{n-k+1}, \ldots, s'_n, t_1, \ldots, t_{n-k})$ ist, wenn $(s_1 \ldots s_n)_2 + (s'_1 \ldots s'_n)_2 \equiv 0$ (modulo 2^n). Nur etwa halb so viele Multiplikationen und Additionen wie im komplexen Fall werden benötigt.

[Der schnelle Fouriertransformationsalgorithmus wurde von C. F. Gauß 1805 entdeckt und seither viele Male unabhängig davon wiederentdeckt, höchst bemerkenswert von J. W. Cooley und J. W. Tukey, *Math. Comp.* **19** (1965), 297–301. Seine interessante Geschichte wurde zurückverfolgt von J. W. Cooley, P. A. W. Lewis und P. D. Welch, *Proc. IEEE* **55** (1967), 1675–1677; M. T. Heideman, D. H. Johnson und C. S. Burrus, *IEEE ASSP Magazine* **1**, 4 (Oktober 1984), 14–21. Einzelheiten seiner Verwendung wurden besprochen von Hunderten von Autoren, bewundernswert zusammengefaßt von Charles Van Loan, *Computational Frameworks for the Fast Fouriertransform* (Philadelphia: SIAM, 1992). Für eine Übersicht der schnellen Fouriertransformation auf endlichen Gruppen siehe M. Clausen und U. Baum, *Fast Fourier Transforms* (Mannheim: Bibliographisches Institut Wissenschaftsverlag, 1993).]

15. (a) Der Hinweis folgt durch Integration und Induktion. Nehme $f^{(n)}(\theta)$ alle Werte zwischen A und B einschließlich an, wenn θ von $\min(x_0, \ldots, x_n)$ bis $\max(x_0, \ldots, x_n)$ variiert. Ersetzung von $f^{(n)}$ durch jede dieser Schranken im angegebenen Integral ergibt $A/n! \le f(x_0, \ldots, x_n) \le B/n!$. (b) Es genügt, dies für $j = n$ zu beweisen. Sei f Newtons Interpolationpolynom, dann ist $f^{(n)}$ die Konstante $n!\,\alpha_n$. [Siehe *The Mathematical Papers of Isaac Newton*, herausgegeben von D. T. Whiteside, **4** (1971), 36–51, 70–73.]

16. Führe die Multiplikationen und Additionen von (43) wie Operationen an Polynomen aus. (Der Spezialfall $x_0 = x_1 = \cdots = x_n$ wird in Übung 2 betrachtet. Wir haben diese Methode in Schritt C8 von Algorithmus 4.3.3T verwendet.)

17. Mit $n = 5$ zum Beispiel haben wir

$$u_{[5]}(x) = \frac{\dfrac{y_0}{x-x_0} - \dfrac{5y_1}{x-x_1} + \dfrac{10y_2}{x-x_2} - \dfrac{10y_3}{x-x_3} + \dfrac{5y_4}{x-x_4} - \dfrac{y_5}{x-x_5}}{\dfrac{1}{x-x_0} - \dfrac{5}{x-x_1} + \dfrac{10}{x-x_2} - \dfrac{10}{x-x_3} + \dfrac{5}{x-x_4} - \dfrac{1}{x-x_5}},$$

unabhängig vom Wert von h.

18. $\alpha_0 = \frac{1}{2}(u_3/u_4 + 1)$, $\beta = u_2/u_4 - \alpha_0(\alpha_0 - 1)$, $\alpha_1 = \alpha_0\beta - u_1/u_4$, $\alpha_2 = \beta - 2\alpha_1$, $\alpha_3 = u_0/u_4 - \alpha_1(\alpha_1 + \alpha_2)$, $\alpha_4 = u_4$.

19. Da α_5 der führende Koeffizient ist, können wir ohne Beschränkung der Allgemeinheit annehmen, dass $u(x)$ monisch ist (nämlich dass $u_5 = 1$). Dann ist α_0 eine Wurzel der Gleichung $40z^3 - 24u_4z^2+(4u_4^2+2u_3)z+(u_2-u_3u_4) = 0$; diese Gleichung hat immer mindestens eine reelle Wurzel und kann drei haben. Ist einmal α_0 bestimmt, haben wir $\alpha_3 = u_4 - 4\alpha_0$, $\alpha_1 = u_3 - 4\alpha_0\alpha_3 - 6\alpha_0^2$, $\alpha_2 = u_1 - \alpha_0(\alpha_0\alpha_1 + 4\alpha_0^2\alpha_3 + 2\alpha_1\alpha_3 + \alpha_0^3)$, $\alpha_4 = u_0 - \alpha_3(\alpha_0^4 + \alpha_1\alpha_0^2 + \alpha_2)$.

Für das gegebene Polynom haben wir die kubische Gleichung $40z^3-120z^2+80z = 0$ zu lösen; dies führt zu drei Lösungen $(\alpha_0, \alpha_1, \alpha_2, \alpha_3, \alpha_4, \alpha_5) = (0, -10, 13, 5, -5, 1)$, $(1, -20, 68, 1, 11, 1)$, $(2, -10, 13, -3, 27, 1)$.

20.
```
LDA   X          STA   TEMP2     FADD  =α1=     FMUL  TEMP1
FADD  =α3=       FMUL  TEMP2     FMUL  TEMP2    FADD  =α4=
STA   TEMP1      STA   TEMP2     FADD  =α2=     FMUL  =α5=  ▌
FADD  =α0-α3=
```

21. $z = (x+1)x-2$, $w = (x+5)z+9$, $u(x) = (w+z-8)w-8$; oder $z = (x+9)x+26$, $w = (x-3)z+73$, $u(x) = (w+z-24)w-12$.

22. $\alpha_6 = 1$, $\alpha_0 = -1$, $\alpha_1 = 1$, $\beta_1 = -2$, $\beta_2 = -2$, $\beta_3 = -2$, $\beta_4 = 1$, $\alpha_3 = -4$, $\alpha_2 = 0$, $\alpha_4 = 4$, $\alpha_5 = -2$. Wir bilden $z = (x-1)x+1$, $w = z+x$ und $u(x) = ((z-x-4)w+4)z-2$. Hier kann eine der sieben Additionen gespart werden, wenn wir $w = x^2 + 1$, $z = w - x$ berechnen.

23. (a) Wir können Induktion nach n verwenden; die Behauptung ist trivial, wenn $n < 2$. Wenn $f(0) = 0$, dann ist die Behauptung wahr für das Polynom $f(z)/z$, also gilt sie für $f(z)$. Wenn $f(iy) = 0$ für ein reelles $y \neq 0$, dann $g(\pm iy) = h(\pm iy) = 0$; da die Behauptung wahr ist für $f(z)/(z^2 + y^2)$, gilt sie auch für $f(z)$. Deshalb können wir annehmen, dass $f(z)$ keine Wurzeln hat, deren Realteil null ist. Nun ist die Anzahl, wie oft der gegebene Pfad den Ursprung umschlingt, die Anzahl der Wurzeln von $f(z)$ innerhalb des Bereichs, die höchstens 1 ist. Wenn R groß ist, wird der Pfad von $f(Re^{it})$ für $\pi/2 \leq t \leq 3\pi/2$ den Ursprung im Uhrzeigersinn näherungsweise $n/2$ mal umwandern; also muß der Pfad $f(it)$ für $-R \leq t \leq R$ gegen den Uhrzeigersinn um den Ursprung mindestens $n/2 - 1$ mal laufen. Für n gerade impliziert dies, dass $f(it)$ die imaginäre Achse mindestens $n - 2$ mal überquert und die reelle Achse mindestens $n - 3$ mal; für n ungerade überquert $f(it)$ die reelle Achse mindestens $n - 2$ mal und die imaginäre Achse mindestens $n - 3$ mal. Diese Stellen sind Wurzeln von $g(it) = 0$ bzw. $h(it) = 0$.

(b) Wenn dies nicht der Fall wäre, würde g oder h eine Wurzel der Form $a + bi$ mit $a \neq 0$ und $b \neq 0$ haben. Doch dies würde die Existenz von mindestens drei anderen solchen Wurzeln implizieren, nämlich $a - bi$ und $-a \pm bi$, während $g(z)$ und $h(z)$ höchstens n Wurzeln haben.

24. Die Wurzeln von u sind -7, $-3 \pm i$, $-2 \pm i$ und -1; zulässige Werte von c sind 2 und 4 (doch *nicht* 3, da $c = 3$ die Summe der Wurzeln zu null macht). Fall 1, $c = 2$: $p(x) = (x+5)(x^2+2x+2)(x^2+1)(x-1) = x^6 + 6x^5 + 6x^4 + 4x^3 - 5x^2 - 2x - 10$; $q(x) = 6x^2 + 4x - 2 = 6(x+1)(x-\frac{1}{3})$. Sei $\alpha_2 = -1$, $\alpha_1 = \frac{1}{3}$; $p_1(x) = x^4 + 6x^3 + 5x^2 - 2x - 10 = (x^2 + 6x + \frac{16}{3})(x^2 - \frac{1}{3}) - \frac{74}{9}$; $\alpha_0 = 6$, $\beta_0 = \frac{16}{3}$, $\beta_1 = -\frac{74}{9}$. Fall 2, $c = 4$: Eine ähnliche Analyse ergibt $\alpha_2 = 9$, $\alpha_1 = -3$, $\alpha_0 = -6$, $\beta_0 = 12$, $\beta_1 = -26$.

25. $\beta_1 = \alpha_2$, $\beta_2 = 2\alpha_1$, $\beta_3 = \alpha_7$, $\beta_4 = \alpha_6$, $\beta_5 = \beta_6 = 0$, $\beta_7 = \alpha_1$, $\beta_8 = 0$, $\beta_9 = 2\alpha_1 - \alpha_8$.

26. (a) $\lambda_1 = \alpha_1 \times \lambda_0$, $\lambda_2 = \alpha_2 + \lambda_1$, $\lambda_3 = \lambda_2 \times \lambda_0$, $\lambda_4 = \alpha_3 + \lambda_3$, $\lambda_5 = \lambda_4 \times \lambda_0$, $\lambda_6 = \alpha_4 + \lambda_5$. (b) $\kappa_1 = 1 + \beta_1 x$, $\kappa_2 = 1 + \beta_2\kappa_1 x$, $\kappa_3 = 1 + \beta_3\kappa_2 x$, $u(x) = \beta_4\kappa_3 = \beta_1\beta_2\beta_3\beta_4 x^3 + \beta_2\beta_3\beta_4 x^2 + \beta_3\beta_4 x + \beta_4$. (c) Wenn irgendein Koeffizient null ist, muss der Koeffizient von x^3 in (b) auch null sein, während (a) ein beliebiges Polynom $\alpha_1 x^3 + \alpha_2 x^2 + \alpha_3 x + \alpha_4$ vom Grad ≤ 3 liefert.

27. Sonst gäbe es ein von null verschiedenes Polynom $f(q_n, \ldots, q_1, q_0)$ mit Ganzzahlkoeffizienten derart, dass $q_n \cdot f(q_n, \ldots, q_1, q_0) = 0$ für alle Mengen $(q_n, \ldots, q_0)$ reeller Zahlen. Dies kann nicht eintreten, da leicht durch Induktion nach n zu beweisen ist, dass ein von null verschiedenes Polynom immer einige von null verschiedene Werte annimmt. (Siehe Übung 4.6.1–16. Jedoch ist dieses Ergebnis falsch für *endliche* Körper an Stelle der reellen Zahlen.)

28. Die Unbestimmten $\alpha_1, \ldots, \alpha_s$ bilden eine algebraische Basis für den Polynombereich $Q[\alpha_1, \ldots, \alpha_s]$, wobei Q der Körper der rationalen Zahlen ist. Da $s+1$ größer als die Anzahl der Elemente in einer Basis ist, sind die Polynome $f_j(\alpha_1, \ldots, \alpha_s)$ algebraisch abhängig; dies bedeutet, dass es ein von null verschiedenes Polynom g mit rationalen Koeffizienten gibt derart, dass $g(f_0(\alpha_1, \ldots, \alpha_s), \ldots, f_s(\alpha_1, \ldots, \alpha_s))$ identisch null ist.

29. Gegeben $j_0, \ldots, j_t \in \{0, 1, \ldots, n\}$. Dann gibt es von null verschiedene Polynome mit Ganzzahlkoeffizienten mit $g_j(q_{j_0}, \ldots, q_{j_t}) = 0$ für alle $(q_n, \ldots, q_0)$ in R_j, $1 \leq j \leq m$. Das Produkt $g_1 g_2 \ldots g_m$ ist deshalb null für alle $(q_n, \ldots, q_0)$ in $R_1 \cup \cdots \cup R_m$.

30. Beginnend mit der Konstruktion aus Satz M werden wir beweisen, dass $m_p + (1 - \delta_{0m_c})$ der β_i effektiv eliminiert werden können: Wenn μ_i einer Parametermultiplikation entspricht, haben wir $\mu_i = \beta_{2i-1} \times (T_{2i} + \beta_{2i})$; füge $c\beta_{2i-1}\beta_{2i}$ zu jedem β_j, für welches $c\mu_i$ in T_j vorkommt, und ersetze β_{2i} durch null. Dies nimmt einen Parameter für jede Parametermultiplikation weg. Wenn μ_i die erste Kettenmultiplikation ist, dann $\mu_i = (\gamma_1 x + \theta_1 + \beta_{2i-1}) \times (\gamma_2 x + \theta_2 + \beta_{2i})$, wobei γ_1, γ_2, θ_1, θ_2 Polynome in $\beta_1, \ldots, \beta_{2i-2}$ mit Ganzzahlkoeffizienten sind. Hier können θ_1 und θ_2 in β_{2i-1} und β_{2i} der Reihe nach „absorbiert" werden, also können wir annehmen, dass $\theta_1 = \theta_2 = 0$. Jetzt füge $c\beta_{2i-1}\beta_{2i}$ zu jedem β_j hinzu, für welches $c\mu_i$ in T_j vorkommt; füge $\beta_{2i-1}\gamma_2/\gamma_1$ zu β_{2i} hinzu und setze β_{2i-1} auf null. Die Ergebnismenge ist durch diese Eliminierung von β_{2i-1} unverändert außer für diejenigen Werte von $\alpha_1, \ldots, \alpha_s$, für die γ_1 null ist. [Dieser Beweis stammt im Wesentlichen von V. Y. Pan, *Uspekhi Mat. Nauk* **21**, 1 (Januar–Februar 1966), 103–134.] Der letzte Fall kann wie im Beweis von Satz A behandelt werden, da die Polynome mit $\gamma_1 = 0$ ausgewertet werden können durch Elimination der β_{2i} (wie in der ersten Konstruktion, wobei μ_i einer Parametermultiplikation entspricht).

31. Sonst könnten wir eine Parametermultiplikation als einen finalen Schritt hinzufügen und damit Satz C verletzen. (Die Übung ist eine Verbesserung gegenüber Satz A in diesem speziellen Fall, da es dort nur n Freiheitsgrade in den Koeffizienten eines monischen Polynoms vom Grad n gibt.)

32. $\lambda_1 = \lambda_0 \times \lambda_0$, $\lambda_2 = \alpha_1 \times \lambda_1$, $\lambda_3 = \alpha_2 + \lambda_2$, $\lambda_4 = \lambda_3 \times \lambda_1$, $\lambda_5 = \alpha_3 + \lambda_4$. Wir brauchen mindestens drei Multiplikationen, um $u_4 x^4$ (siehe Abschnitt 4.6.3) zu berechnen, und mindestens zwei Additionen nach Satz A.

33. Wir müssen $n + 1 \leq 2m_c + m_p + \delta_{0m_c}$ und $m_c + m_p = (n+1)/2$ haben; also gibt es hier keine Parametermultiplikationen. Jetzt muss das erste λ_i, dessen führender Koeffizient (als ein Polynom in x) keine ganze Zahl ist, durch eine Kettenaddition erhalten werden; und es muss mindestens $n+1$ Parameter geben, also gibt es mindestens $n + 1$ Parameteradditionen.

34. Transformiere die gegebene Kette Schritt für Schritt und definiere auch den „Inhalt“ c_i von λ_i wie folgt: (Intuitiv ist c_i der führende Koeffizient von λ_i.) Definiere $c_0 = 1$. (a) Wenn der Schritt die Form $\lambda_i = \alpha_j + \lambda_k$ hat, ersetze ihn durch $\lambda_i = \beta_j + \lambda_k$, wobei $\beta_j = \alpha_j / c_k$ und definiere $c_i = c_k$. (b) Wenn der Schritt die Form $\lambda_i = \alpha_j - \lambda_k$ hat, ersetze ihn durch $\lambda_i = \beta_j + \lambda_k$, wobei $\beta_j = -\alpha_j / c_k$ und definiere $c_i = -c_k$. (c) Wenn der Schritt die Form $\lambda_i = \alpha_j \times \lambda_k$ hat, ersetze ihn durch $\lambda_i = \lambda_k$ (der Schritt wird später gelöscht) und definiere $c_i = \alpha_j c_k$. (d) Wenn der Schritt die Form $\lambda_i = \lambda_j \times \lambda_k$ hat, bleibt er unverändert und definiere $c_i = c_j c_k$.

Nachdem dieser Prozess beendet ist, lösche alle Schritte der Form $\lambda_i = \lambda_k$, ersetze λ_i durch λ_k in jedem künftigen Schritt, der λ_i verwendet. Dann füge einen finalen Schritt $\lambda_{r+1} = \beta \times \lambda_r$ hinzu, wobei $\beta = c_r$. Dies ist das gewünschte Schema, da es leicht zu verifizieren ist, dass die neuen λ_i gerade die alten dividiert durch den Faktor c_i sind. Die β_j sind gegebene Funktionen der α_i; Division durch null ist kein Problem, weil, wenn irgendein $c_k = 0$, wir $c_r = 0$ haben müssen (also ist der Koeffizient von x^n null), oder sonst trägt λ_k niemals zum Endergebnis bei.

35. Da es mindestens fünf Parameterschritte gibt, ist das Ergebnis trivial, wenn es nicht mindestens eine Parametermultiplikation gibt; wenn wir die Wege betrachten, auf welchen wir drei Multiplikationen $u_4 x^4$ bilden können, sehen wir, dass es eine Parametermultiplikation und zwei Kettenmultiplikationen geben muss. Deshalb müssen die vier Additionen oder Subtraktionen alle Parameterschritte sein und Übung 34 ist anwendbar.

Wir können jetzt annehmen, dass nur Additionen benutzt werden, und dass wir eine Kette zur Berechnung eines allgemeinen *monischen* Polynoms vierten Grades mit *zwei* Kettenmultiplikationen und vier Parameteradditionen haben. Das einzig mögliche Schema dieses Typs, das ein Polynom vierten Grades berechnet, hat die Form

$$\begin{aligned} \lambda_1 &= \alpha_1 + \lambda_0 \\ \lambda_2 &= \alpha_2 + \lambda_0 \\ \lambda_3 &= \lambda_1 \times \lambda_2 \\ \lambda_4 &= \alpha_3 + \lambda_3 \\ \lambda_5 &= \alpha_4 + \lambda_3 \\ \lambda_6 &= \lambda_4 \times \lambda_5 \\ \lambda_7 &= \alpha_5 + \lambda_6. \end{aligned}$$

Tatsächlich hat diese Kette eine Addition zuviel, doch jedes korrekte Schema kann in diese Form gebracht werden, wenn wir einige der α_i darauf beschränken, Funktionen der anderen zu sein. Jetzt hat λ_7 die Form

$$(x^2 + Ax + B)(x^2 + Ax + C) + D = x^4 + 2Ax^3 + (E + A^2)x^2 + EAx + F,$$

wobei

$$A = \alpha_1 + \alpha_2, B = \alpha_1\alpha_2 + \alpha_3, C = \alpha_1\alpha_2 + \alpha_4,$$

$$D = \alpha_6, \ E = B + C, \ F = BC + D;$$

und da dies nur drei unabhängige Parameter involviert, kann es nicht ein allgemeines monisches Polynom vierten Grades repräsentieren.

36. Wie in der Lösung zu Übung 35, können wir annehmen, dass die Kette ein allgemeines monisches Polynom vom Grad sechs berechnet mit nur drei Kettenmultiplikationen und sechs Parameteradditionen. Die Rechnung muss eine von zwei allgemeinen Formen

$$\begin{aligned}\lambda_1 &= \alpha_1 + \lambda_0 \\ \lambda_2 &= \alpha_2 + \lambda_0 \\ \lambda_3 &= \lambda_1 \times \lambda_2 \\ \lambda_4 &= \alpha_3 + \lambda_0 \\ \lambda_5 &= \alpha_4 + \lambda_3 \\ \lambda_6 &= \lambda_4 \times \lambda_5 \\ \lambda_7 &= \alpha_5 + \lambda_6 \\ \lambda_8 &= \alpha_6 + \lambda_6 \\ \lambda_9 &= \lambda_7 \times \lambda_8 \\ \lambda_{10} &= \alpha_7 + \lambda_9\end{aligned} \qquad \begin{aligned}\lambda_1 &= \alpha_1 + \lambda_0 \\ \lambda_2 &= \alpha_2 + \lambda_0 \\ \lambda_3 &= \lambda_1 \times \lambda_2 \\ \lambda_4 &= \alpha_3 + \lambda_3 \\ \lambda_5 &= \alpha_4 + \lambda_3 \\ \lambda_6 &= \lambda_4 \times \lambda_5 \\ \lambda_7 &= \alpha_5 + \lambda_3 \\ \lambda_8 &= \alpha_6 + \lambda_6 \\ \lambda_9 &= \lambda_7 \times \lambda_8 \\ \lambda_{10} &= \alpha_7 + \lambda_9\end{aligned}$$

annehmen, wobei wie in Übung 35 eine extra Addition eingesetzt wurde zur Abdeckung eines allgemeineren Falles. Keines dieser Schemata kann ein allgemeines monisches Polynom sechsten Grades berechnen, da der erste Fall ein Polynom von der Form

$$(x^3 + Ax^2 + Bx + C)(x^3 + Ax^2 + Bx + D) + E$$

ist und der zweite Fall ein Polynom von der Form

$$(x^4 + 2Ax^3 + (E + A^2)x^2 + EAx + F)(x^2 + Ax + G) + H;$$

beide involvieren nur fünf unabhängige Parameter.

37. Sei $p_0(x) = u_n x^n + u_{n-1}x^{n-1} + \cdots + u_0$ und $q_0(x) = x^n + v_{n-1}x^{n-1} + \cdots + v_0$. Für $1 \le j \le n$ dividiere $p_{j-1}(x)$ durch das monische Polynom $q_{j-1}(x)$, um $p_{j-1}(x) = \alpha_j q_{j-1}(x) + \beta_j q_j(x)$ zu erhalten. Nimm an, dass ein monisches Polynom $q_j(x)$ vom Grad $n-j$ existiert, das diese Relation erfüllt; dies wird für fast alle rationalen Funktionen wahr sein. Sei $p_j(x) = q_{j-1}(x) - xvq_j(x)$. Diese Definitionen implizieren, dass $\deg(p_n) < 1$, also können wir $\alpha_{n+1} = p_n(x)$ setzen.

Für die gegebene rationale Funktion haben wir

j	α_j	β_j	$q_j(x)$	$p_j(x)$
0			$x^2 + 8x + 19$	$x^2 + 10x + 29$
1	1	2	$x + 5$	$3x + 19$
2	3	4	1	5

also $u(x)/v(x) = p_0(x)/q_0(x) = 1 + 2/(x + 3 + 4/(x+5))$.

Bemerkungen: Eine allgemeine rationale Funktion von der genannten Form hat $2n+1$ „Freiheitsgrade“ in dem Sinn, dass sie nachweisbar im Wesentlichen $2n+1$ unabhängige Parameter hat. Wenn wir Polynomketten zu Quolynomketten verallgemeinern, die Division sowohl wie auch Addition, Subtraktion und Multiplikation (siehe Übung 71) erlauben, können wir die folgenden Ergebnisse mit geringen Änderungen an den Beweisen der Sätze A und M erhalten: *Eine Quolynomkette mit q Additions-Subtraktionsschritten hat höchstens $q+1$ Freiheitsgrade. Eine Quolynomkette mit m Multiplikations-Divisionsschritten hat höchstens $2m+1$ Freiheitsgrade.* Deshalb muss eine Quolynomkette, die fast alle rationalen Funktionen der besagten Form berechnet, mindestens $2n$ Additionen oder Subtraktionen und n Multiplikation-Divisionen haben; die Methode dieser Übung ist optimal.

38. Der Satz ist gewiss wahr, wenn $n = 0$. Nimm an, dass n positiv ist und dass eine Polynomkette zur Berechnung von $P(x; u_0, \ldots, u_n)$ gegeben ist, wobei jeder der

Parameter α_j durch eine reelle Zahl ersetzt ist. Sei $\lambda_i = \lambda_j \times \lambda_k$ der erste Kettenmultiplikationsschritt, der eines der $u_0, \ldots, u_n$ involviert; solch ein Schritt muss existieren wegen des Rangs von A. Ohne Beschränkung der Allgemeinheit können wir annehmen, dass λ_j u_n involviert; also hat λ_j die Form $h_0u_0 + \cdots + h_nu_n + f(x)$, wobei $h_0, \ldots, h_n$ reell sind, $h_n \neq 0$ und $f(x)$ ein Polynom mit reellen Koeffizienten ist. (Die h und die Koeffizienten von $f(x)$ stammen von den α_i zugewiesenen Werten.)

Ändere nun Schritt i zu $\lambda_i = \alpha \times \lambda_k$, wobei α eine beliebige reelle Zahl ist. (Wir könnten $\alpha = 0$ nehmen; ein allgemeines α wird hier lediglich benutzt, um ein gewisses Ausmaß an Flexibilität im Beweis aufzuzeigen.) Füge weitere Schritte zur Berechnung von

$$\lambda = (\alpha - f(x) - h_0u_0 - \cdots - h_{n-1}u_{n-1})/h_n$$

hinzu; diese neuen Schritte involvieren nur Additionen und Parametermultiplikationen (mit geeigneten neuen Parametern). Schließlich ersetze $\lambda_{-n-1} = u_n$ überall in der Kette durch dieses neue Element λ. Das Ergebnis ist eine Kette zur Berechnung von

$$Q(x; u_0, \ldots, u_{n-1}) = P(x; u_0, \ldots, u_{n-1}, (\alpha - f(x) - h_0u_0 - \cdots - h_{n-1}u_{n-1})/h_n);$$

und diese Kette hat eine Kettenmultiplikation weniger. Der Beweis wird fertig sein, wenn wir zeigen können, dass Q die Hypothesen erfüllt. Die Größe $(\alpha - f(x))/h_n$ führt zu einem möglicherweise angewachsenen Wert m und zu einem neuen Vektor B'. Wenn die Spalten von A gerade $A_0, A_1, \ldots, A_n$ sind (diese Vektoren sind linear unabhängig über den reellen Zahlen), hat die neue Matrix A', die Q entspricht, die Spaltenvektoren

$$A_0 - (h_0/h_n)A_n, \qquad \ldots, \qquad A_{n-1} - (h_{n-1}/h_n)A_n,$$

plus vielleicht ein paar Zeilen von Nullen zur Berücksichtigung eines angewachsenen Wertes m und diese Spalten sind klarerweise auch linear unabhängig. Durch Induktion hat die Kette, die Q berechnet, mindestens $n-1$ Kettenmultiplikationen, also hat die ursprüngliche Kette mindestens n.

[Pan zeigte auch, dass die Verwendung von Divisionen keine Verbesserung ergeben würde; siehe *Problemy Kibernetiki* **7** (1962), 21–30. Verallgemeinerungen auf die Berechnung mehrerer Polynome in mehreren Variablen, mit und ohne verschiedene Arten von Konditionierung, sind von S. Winograd, *Comm. Pure and Applied Math.* **23** (1970), 165–179, angegeben worden.]

39. Induktion nach m. Sei $w_m(x) = x^{2m} + u_{2m-1}x^{2m-1} + \cdots + u_0$, $w_{m-1}(x) = x^{2m-2} + v_{2m-3}x^{2m-3} + \cdots + v_0$, $a = \alpha_1 + \gamma_m$, $b = \alpha_m$ und

$$f(r) = \textstyle\sum_{i,j\geq 0}(-1)^{i+j}\binom{i+j}{j}u_{r+i+2j}a^ib^j.$$

Es folgt, dass $v_r = f(r+2)$ für $r \geq 0$, und $\delta_m = f(1)$. Wenn $\delta_m = 0$ und a gegeben ist, haben wir ein Polynom vom Grade $m-1$ in b mit führendem Koeffizient $\pm(u_{2m-1} - ma) = \pm(\gamma_2 + \cdots + \gamma_m - m\gamma_m)$.

In Motzkins unveröffentlichten Notizen gelang es ihm, fast immer $\delta_k = 0$ zu machen durch Wahl des γ, so dass dieser führende Koeffizient $\neq 0$ für m gerade, und $= 0$ für m ungerade ist; dann können wir fast immer b als eine (reelle) Wurzel eines Polynoms von ungeradem Grad wählen.

40. Nein; S. Winograd hat einen Weg gefunden, alle Polynome vom Grad 13 mit nur 7 (möglicherweise komplexen) Multiplikationen [*Comm. Pure and Applied Math.* **25** (1972), 455–457] zu berechnen. L. Revah fand Schemata, die fast alle Polynome vom Grad $n \geq 9$ mit $\lfloor n/2 \rfloor + 1$ (möglicherweise komplexen) Multiplikationen [*SICOMP* **4**

(1975), 381–392] auswerten; sie zeigte auch für $n = 9$, dass man $\lfloor n/2 \rfloor + 1$ Multiplikationen nur mit mindestens $n + 3$ Additionen erreichen kann. Durch Anhängen hinreichend vieler Additionen (siehe Übung 39) können die „fast alle"- und „möglicherweise komplexen"-Zusätze zum Verschwinden gebracht werden. V. Y. Pan [*STOC* **10** (1978), 162–172; IBM Research Report RC7754 (1979)] fand Schemata mit $\lfloor n/2 \rfloor + 1$ (komplexen) Multiplikationen und der Minimalzahl von $n + 2 + \delta_{n9}$ (komplexen) Additionen für alle ungeraden $n \geq 9$; seine Methode für $n = 9$ ist

$$v(x) = ((x+\alpha)^2 + \beta)(x+\gamma), \qquad w(x) = v(x) + x,$$
$$t_1(x) = (v(x) + \delta_1)(w(x) + \epsilon_1), \qquad t_2(x) = (v(x) + \delta_2)(w(x) + \epsilon_2),$$
$$u(x) = (t_1(x) + \zeta)(t_2(x) - t_1(x) + \eta) + \kappa.$$

Die Minimalzahl *reeller* Additionen, wenn die Minimalzahl (reeller) Multiplikationen erreicht wird, bleibt für $n \geq 9$ offen.

41. $a(c+d) - (a+b)d + i(a(c+d) + (b-a)c)$. [Achte auf numerische Instabilität. Drei Multiplikationen sind notwendig, da komplexe Multiplikation ein Spezialfall von (71) mit $p(u) = u^2 + 1$ ist. Ohne die Einschränkung an Additionen gibt es weitere Möglichkeiten. Die symmetrische Formel $ac - bd + i((a+b)(c+d) - ac - bd)$ wurde zum Beispiel von Peter Ungar 1963 vorgeschlagen; Gl. 4.3.3–(2) mit 2^n in der Rolle von i ist ähnlich. Siehe I. Munro, *STOC* **3** (1971), 40–44; S. Winograd, *Linear Algebra and its Appications* **4** (1971), 381–388.]

Alternativ, wenn $a^2 + b^2 = 1$ und $t = (1-a)/b = b/(1+a)$, wurde der Algorithmus „$w = c - td$, $v = d + bw$, $u = w - tv$" zur Berechnung des Produkts $(a+bi)(c+di) = u + iv$ vorgeschlagen von Oscar Buneman [*J. Comp. Phys.* **12** (1973), 127–128]. Bei dieser Methode, wenn $a = \cos\theta$ und $b = \sin\theta$, haben wir $t = \tan(\theta/2)$.

Helmut Alt und Jan van Leeuwen [*Computing* **27** (1981), 205–215] haben gezeigt, dass vier reelle Multiplikationen oder Divisionen notwendig sind zur Berechnung von $1/(a+bi)$ und vier sind hinreichend zur Berechnung von

$$\frac{a}{b+ci} = \frac{a}{b+c(c/b)} - i\frac{(c/b)a}{b+c(c/b)}.$$

Sechs Multiplikationen-Divisionen und drei Additionen oder Subtraktionen sind notwendig und hinreichend zur Berechnung von $(a+bi)/(c+di)$. [T. Lickteig, *SICOMP* **16** (1987), 278–311].

Trotz dieser unteren Schranken sollte man daran denken, dass komplexe Arithmetik nicht notwendig mit reeller Arithmetik implementiert werden muß. Zum Beispiel ist die Zeit zur Multiplikation zweier n-stelliger komplexer Zahlen asymptotisch nur die doppelte Zeit zur Multiplikation zweier n-stelliger reeller Zahlen mit schneller Fouriertransformation.

42. (a) Seien $\pi_1, \ldots, \pi_m$ die λ_i, die den Kettenmultiplikationen entsprechen; dann $\pi_i = P_{2i-1} \times P_{2i}$ und $u(x) = P_{2m+1}$, wobei jedes P_j die Form $\beta_j + \beta_{j0}x + \beta_{j1}\pi_1 + \cdots + \beta_{jr(j)}\pi_{r(j)}$ hat, wobei $r(j) \leq \lceil j/2 \rceil - 1$ und jedes der β_j und β_{jk} ein Polynom in α mit Ganzzahlkoeffizienten ist. Wir können die Kette (siehe Übung 30) systematisch ändern, so dass $\beta_j = 0$ und $\beta_{jr(j)} = 1$ für $1 \leq j \leq 2m$; weiterhin können wir annehmen, dass $\beta_{30} = 0$. Die Ergebnismenge hat jetzt höchstens $m + 1 + \sum_{j=1}^{2m}(\lceil j/2 \rceil - 1) = m^2 + 1$ Freiheitsgrade.

(b) Jede solche Polynomkette mit höchstens m Kettenmultiplikationen kann durch eine der in (a) betrachteten Form simuliert werden, außer dass wir jetzt $r(j) = \lceil j/2 \rceil - 1$ für $1 \leq j \leq 2m + 1$ setzen und nicht annehmen, dass $\beta_{30} = 0$ oder dass $\beta_{jr(j)} = 1$ für

$j \geq 3$. Diese einzige kanonische Form involviert m^2+2m Parameter. Wenn die α_i durch alle ganzen Zahlen laufen und wenn wir durch alle Ketten laufen, laufen die β_j durch höchstens 2^{m^2+2m} Wertemengen mod 2, also die Ergebnismenge ebenfalls. Um alle 2^n Polynome vom Grad n mit 0–1 Koeffizienten zu erhalten, benötigen wir $m^2+2m \geq n$.

(c) Setze $m \leftarrow \lfloor\sqrt{n}\rfloor$ und berechne $x^2, x^3, \ldots, x^m$. Sei $u(x) = u_{m+1}(x)x^{(m+1)m} + \cdots + u_1(x)x^m + u_0(x)$, wobei jedes $u_j(x)$ ein Polynom vom Grad $\leq m$ mit Ganzzahlkoeffizienten ist (also kann es ohne weitere Multiplikationen ausgewertet werden). Jetzt werte $u(x)$ nach Regel (2) als ein Polynom in x^m mit bekannten Koeffizienten aus. (Die Zahl der verwendeten Additionen ist näherungsweise die Summe der Absolutwerte der Koeffizienten, also ist dieser Algorithmus effizient für 0–1-Polynome. Paterson und Stockmeyer gaben auch einen anderen Algorithmus, der etwa $\sqrt{2n}$ Multiplikationen verwendet.)

Referenzen: SICOMP **2** (1973), 60–66; siehe auch J. E. Savage, *SICOMP* **3** (1974), 150–158; J. Ganz, *SICOMP* **24** (1995), 473–483. Für analoge Ergebnisse über Additionen, siehe Borodin und Cook, *SICOMP* **5** (1976), 146–157; Rivest und Van de Wiele, *Inf. Proc. Letters* **8** (1979), 178–180.

43. Wenn $a_i = a_j + a_k$ ein Schritt in einer optimalen Additionskette für $n+1$ ist, berechne $x^i = x^j x^k$ und $p_i = p_k x^j + p_j$, wobei $p_i = x^{i-1} + \cdots + x + 1$; lasse die Berechnung von x^{n+1} am Ende weg. Wir sparen eine Multiplikation, wann immer $a_k = 1$, insbesondere wenn $i = 1$. (Siehe Übung 4.6.3–31 mit $\epsilon = \frac{1}{2}$.)

44. Sei $l = \lfloor\lg n\rfloor$ und nimm an, dass $x, x^2, x^4, \ldots, x^{2^l}$ vorberechnet worden sind. Wenn $u(x)$ monisch vom Grad $n = 2m+1$ ist, können wir schreiben $u(x) = (x^{m+1}+\alpha)v(x) + w(x)$, wobei $v(x)$ und $w(x)$ monisch vom Grad m sind. Dies ergibt eine Methode für $n = 2^{l+1} - 1 \geq 3$, die $2^l - 1$ weitere Multiplikationen und $2^{l+1} + 2^{l-1} - 2$ Additionen erfordert. Wenn $n = 2^l$, können wir Horners Regel zur Reduktion von n um 1 anwenden. Und wenn $m = 2^l < n < 2^{l+1} - 1$, können wir $u(x) = x^m v(x) + w(x)$ schreiben, wobei v und w monisch vom Grad $n-m$ bzw. m sind; mit Induktion nach l erfordert dies höchstens $\frac{1}{2}n + l - 1$ Multiplikationen und $\frac{5}{4}n$ Additionen nach der Vorberechnung. [Siehe S. Winograd, *IBM Tech. Disclosure Bull.* **13** (1970), 1133–1135.]

Bemerkung: Es ist auch möglich, $u(x)$ mit $\frac{1}{2}n + O(\sqrt{n})$ Multiplikationen und $n + O(\sqrt{n})$ Additionen auszuwerten nach denselben Grundregeln, wenn unser Ziel die Minimierung der Multiplikationen + Additionen ist. Das generische Polynom

$$p_{jkm}(x) = \Bigl(\Bigl(\ldots(((x^m+\alpha_0)(x^{j+1}+\beta_1)+\alpha_1)(x^{j+2}+\beta_2) \\ +\alpha_2)\cdots\Bigr)(x^k+\beta_{k-j})+\alpha_{k-j}\Bigr)(x^j+\beta_0)$$

deckt die Koeffizienten von Exponenten $\{j, j+k, j+k+(k-1), \ldots, j+k+(k-1)+\cdots+(j+1), m'-k, m'-k+1, \ldots, m'-j\}$ ab, wobei

$$m' = m + j + (j+1) + \cdots + k = m + \binom{k+1}{2} - \binom{j}{2}.$$

Durch Addition solcher Polynome $p_{1km_1}(x)$, $p_{2km_2}(x)$, …, $p_{kkm_k}(x)$ für $m_j = \binom{j+1}{2} + \binom{k-j+2}{2}$, erhalten wir ein beliebiges monisches Polynom vom Grad k^2+k+1. [Rabin und Winograd, *Comm. on Pure and Applied Math.* **25** (1972), 433–458, §2; diese Arbeit beweist auch, dass Konstruktionen mit $\frac{1}{2}n + O(\log n)$ Multiplikationen und $\leq (1+\epsilon)n$ Additionen möglich sind für alle $\epsilon > 0$, wenn n groß genug ist.]

45. Es genügt zu zeigen, dass der (T_{ijk})-Rang *höchstens* der von (t_{ijk}) ist, da wir (t_{ijk}) von (T_{ijk}) durch Transformation mit F^{-1}, G^{-1}, H^{-1} in derselben Weise zurückerhalten können. Wenn $t_{ijk} = \sum_{l=1}^{r} a_{il} b_{jl} c_{kl}$, dann folgt unmittelbar, dass

$$T_{ijk} = \sum_{1\le l\le r} (\sum_{i'=1}^{m} F_{ii'} a_{i'l})(\sum_{j'=1}^{n} G_{jj'} b_{j'l})(\sum_{k'=1}^{s} H_{kk'} c_{k'l}).$$

[H. F. de Groote hat bewiesen, dass alle normalen Schemata, die 2×2 Matrixprodukte mit sieben Kettenmultiplikationen liefern, äquivalent sind in dem Sinn, dass sie voneinander durch nicht-singuläre Matrixmultiplikation wie in dieser Übung erhalten werden können. In diesem Sinn ist Strassens Algorithmus einzig. Siehe *Theor. Comp. Sci.* **7** (1978), 127–148.]

46. Nach Übung 45 können wir irgendein Vielfaches einer Zeile, Spalte oder Ebene zu einer anderen hinzufügen, ohne den Rang zu ändern; wir können auch ein Zeile, Spalte oder Ebene mit einer von null verschiedenen Konstanten multiplizieren oder den Tensor transponieren. Eine Folge solcher Operationen kann immer gefunden werden zur Reduktion eines gegebenen $2 \times 2 \times 2$ Tensors zu einer der Formen $\binom{0\,0}{0\,0}\binom{0\,0}{0\,0}$, $\binom{1\,0}{0\,0}\binom{0\,0}{0\,0}$, $\binom{1\,0}{0\,1}\binom{0\,0}{0\,0}$, $\binom{1\,0}{0\,0}\binom{0\,0}{0\,1}$, $\binom{1\,0}{0\,1}\binom{0\,1}{q\,r}$. Der letzte Tensor hat Rang 3 oder 2 in Abhängigkeit davon, ob das Polynom $u^2 - ru - q$ einen oder zwei irreduzible Faktoren im gerade interessierenden Körper nach Satz W hat (siehe (74)).

47. Ein allgemeiner $m \times n \times s$ Tensor hat mns Freiheitsgrade. Nach Übung 28 ist es unmöglich, alle $m \times n \times s$ Tensoren durch die $(m+n+s)r$ Elemente einer Realisierung (A, B, C) auszudrücken, außer wenn $(m+n+s)r \ge mns$. Andererseits nimm an, dass $m \ge n \ge s$. Der Rang einer $m \times n$ Matrix ist höchstens n, also können wir jeden Tensor in ns Kettenmultiplikationen realisieren durch getrennte Realisierung jeder Matrixebene. [Übung 46 zeigt, dass diese untere Schranke für den maximalen Tensorrang nicht die bestmögliche ist, noch ist es die obere Schranke. Thomas D. Howell (Ph.D. thesis, Cornell Univ., 1976) hat gezeigt, dass es Tensoren vom Rang $\ge \lceil mns/(m+n+s-2)\rceil$ über den komplexen Zahlen gibt.]

48. Wenn (A, B, C) und (A', B', C') Realisierungen von (t_{ijk}) und (t'_{ijk}) der Längen r bzw. r' sind, dann sind $A'' = A \oplus A'$, $B'' = B \oplus B'$, $C'' = C \oplus C'$ und $A''' = A \otimes A'$, $B''' = B \otimes B'$, $C''' = C \otimes C'$ Realisierungen von (t''_{ijk}) und (t'''_{ijk}) der Längen $r + r'$ bzw. $r \cdot r'$.

Bemerkung: Viele Leute äußerten die natürliche Vermutung, dass $\mathrm{rank}((t_{ijk}) \oplus (t'_{ijk})) = \mathrm{rank}(t_{ijk}) + \mathrm{rank}(t'_{ijk})$, doch die Konstruktionen in Übung 60(b) und Übung 65 lassen dies viel weniger plausibel scheinen als es einmal war.

49. Nach Lemma T $\mathrm{rank}(t_{ijk}) \ge \mathrm{rank}(t_{i(jk)})$. Wenn umgekehrt M eine Matrix vom Rang r ist, können wir sie durch Zeilen- und Spaltenoperationen transformieren und nicht-singuläre Matrizen F und G finden derart, dass FMG alle Elemente mit 0 außer r Diagonaleelemente mit 1 besitzt; siehe Algorithmus 4.6.2N. Der Tensorrang von FMG ist deshalb $\le r$ und derselbe wie der Tensorrang von M nach Übung 45.

50. Sei $i = \langle i', i''\rangle$, wobei $1 \le i' \le m$ und $1 \le i'' \le n$; dann $t_{\langle i',i''\rangle jk} = \delta_{i''j}\delta_{i'k}$, und es ist klar, dass $\mathrm{rank}(t_{i(jk)}) = mn$, da $(t_{i(jk)})$ eine Permutationsmatrix ist. Nach Lemma L $\mathrm{rank}(t_{ijk}) \ge mn$. Umgekehrt, da (t_{ijk}) nur mn von null verschiedene Elemente hat, ist sein Rang klarerweise $\le mn$. (Es gibt folglich kein normales Schema, das weniger als die mn offensichtlichen Multiplikationen erfordert, noch gibt es ein solches anomales Schema [*Comm. Pure and Appl. Math.* **3** (1970), 165–179]. Doch können einige Einsparungen erreicht werden, wenn dieselbe Matrix mit $s > 1$ verschiedenen Spaltenvektoren verwendet wird, da dies zur $(m \times n)$ mal $(n \times s)$ Matrixmultiplikation äquivalent ist.)

51. (a) $s_1 = y_0 + y_1$, $s_2 = y_0 - y_1$; $m_1 = \frac{1}{2}(x_0 + x_1)s_1$, $m_2 = \frac{1}{2}(x_0 - x_1)s_2$; $w_0 = m_1 + m_2$, $w_1 = m_1 - m_2$. (b) Hier sind einige Zwischenschritte mit der Methodik des Textes: $((x_0 - x_2) + (x_1 - x_2)u)((y_0 - y_2) + (y_1 - y_2)u) \bmod (u^2 + u + 1) = ((x_0 - x_2)(y_0 - y_2) - (x_1 - x_2)(y_1 - y_2)) + ((x_0 - x_2)(y_0 - y_2) - (x_1 - x_0)(y_1 - y_0))u$. Die erste Realisierung ist

$$\begin{pmatrix} 1 & 1 & \bar{1} & 0 \\ 1 & 0 & 1 & 1 \\ 1 & \bar{1} & 0 & \bar{1} \end{pmatrix}, \quad \begin{pmatrix} 1 & 1 & \bar{1} & 0 \\ 1 & 0 & 1 & 1 \\ 1 & \bar{1} & 0 & \bar{1} \end{pmatrix}, \quad \begin{pmatrix} 1 & 1 & 1 & \bar{2} \\ 1 & 1 & \bar{2} & 1 \\ 1 & \bar{2} & 1 & 1 \end{pmatrix} \times \frac{1}{3}.$$

Die zweiter Realisierung ist

$$\begin{pmatrix} 1 & 1 & 1 & \bar{2} \\ 1 & 1 & \bar{2} & 1 \\ 1 & \bar{2} & 1 & 1 \end{pmatrix} \times \frac{1}{3}, \quad \begin{pmatrix} 1 & 1 & \bar{1} & 0 \\ 1 & \bar{1} & 0 & \bar{1} \\ 1 & 0 & 1 & 1 \end{pmatrix}, \quad \begin{pmatrix} 1 & 1 & \bar{1} & 0 \\ 1 & 0 & 1 & 1 \\ 1 & \bar{1} & 0 & \bar{1} \end{pmatrix}.$$

Der resultierende Algorithmus berechnet $s_1 = y_0 + y_1$, $s_2 = y_0 - y_1$, $s_3 = y_2 - y_0$, $s_4 = y_2 - y_1$, $s_5 = s_1 + y_2$; $m_1 = \frac{1}{3}(x_0 + x_1 + x_2)s_5$, $m_2 = \frac{1}{3}(x_0 + x_1 - 2x_2)s_2$, $m_3 = \frac{1}{3}(x_0 - 2x_1 + x_2)s_3$, $m_4 = \frac{1}{3}(-2x_0 + x_1 + x_2)s_4$; $t_1 = m_1 + m_2$, $t_2 = m_1 - m_2$, $t_3 = m_1 + m_3$, $w_0 = t_1 - m_3$, $w_1 = t_3 + m_4$, $w_2 = t_2 - m_4$.

52. Sei $k = \langle k', k'' \rangle$, wenn $k \bmod n' = k'$ und $k \bmod n'' = k''$. Dann wollen wir $w_{\langle k',k'' \rangle} = \sum x_{\langle i',i'' \rangle} y_{\langle j',j'' \rangle}$ summiert über $i' + j' \equiv k'$ (modulo n') und $i'' + j'' \equiv k''$ (modulo n'') berechnen. Dies kann durch Anwendung des n'-Algorithmus auf die $2n'$ Vektoren $X_{i'}$ und $Y_{j'}$ der Länge n'' getan werden mit n' Vektoren $W_{k'}$ als Resultat. Jede Vektoraddition wird zu n'' Additionen, jede Parametermultiplikation wird zu n'' Parametermultiplikationen und jede Kettenmultiplikation von Vektoren wird durch eine zyklische Konvolution vom Grad n'' ersetzt. [Wenn die Unteralgorithmen die minimale Zahl von Kettenmultiplikationen über den rationalen Zahlen verwenden, braucht dieser Algorithmus $2(n' - d(n'))(n'' - d(n''))$ mehr als das Minimum, wobei $d(n)$ die Anzahl der Teiler von n ist, auf Grund von Übung 4.6.2–32 und Satz W.]

53. (a) Sei $n(k) = (p-1)p^{e-k-1} = \varphi(p^{e-k})$ für $0 \le k < e$ und $n(k) = 1$ für $k \ge e$. Repräsentiere die Zahlen $\{1, \ldots, m\}$ in der Form $a^i p^k$ (modulo m), wobei $0 \le k \le e$ und $0 \le i < n(k)$, und a ein festes primitives Element modulo p^e ist. Wenn z. B. $m = 9$, sei $a = 2$; die Werte sind $\{2^0 3^0, 2^1 3^0, 2^0 3^1, 2^2 3^0, 2^5 3^0, 2^1 3^1, 2^4 3^0, 2^3 3^0, 2^0 3^2\}$. Dann $f(a^i p^k) = \sum_{0 \le l \le e} \sum_{0 \le j < n(l)} \omega^{g(i,j,k,l)} F(a^j p^l)$, wobei $g(i,j,k,l) = a^{i+j} p^{k+l}$.

Wir werden $f_{ikl} = \sum_{0 \le j < n(l)} \omega^{g(i,j,k,l)} F(a^j p^l)$ für $0 \le i < n(k)$ und für jedes k und l berechnen. Dies ist eine zyklische Konvolution vom Grad $n(k+l)$ auf den Werten $x_i = \omega^{a^i p^{k+l}}$ und $y_s = \sum_{0 \le j < n(l)} [s + j \equiv 0 \text{ (modulo } n(k+l))]\, F(a^j p^l)$, da f_{ikl} gerade $\sum x_r y_s$ summiert über $r + s \equiv i$ (modulo $n(k+l)$) ist. Die Fouriertransformation wird durch Summation geeigneter f_{ikl} erhalten. [*Bemerkung:* Wenn die Linearkombinationen der x_i gebildet sind, wie zum Beispiel in (69), wird das Ergebnis rein reell oder rein imaginär sein, wenn der Algorithmus für die zyklische Konvolution mittels Regel (59) mit $u^{n(k)} - 1 = (u^{n(k)/2} - 1)(u^{n(k)/2} + 1)$ konstruiert ist. Der Grund ist, dass Reduktion mod $(u^{n(k)/2} - 1)$ ein Polynom mit reellen Koeffizienten $\omega^j + \omega^{-j}$, während Reduktion mod $(u^{n(k)/2} + 1)$ ein Polynom mit imaginären Koeffizienten $\omega^j - \omega^{-j}$ liefert.]

Für $p = 2$ kann eine analoge Konstruktion angewendet werden mit der Darstellung $(-1)^i a^j 2^k$ (modulo m), wobei $0 \le k \le e$ und $0 \le i \le \min(e-k, 1)$ und $0 \le j < 2^{e-k-2}$. Ist dies der Fall, verwenden wir die Konstruktion von Übung 52 mit $n' = 2$ und $n'' = 2^{e-k-2}$; obwohl diese Zahlen nicht teilerfremd sind, liefert die Konstruktion das gewünschte direkte Produkt zyklischer Konvolutionen.

(b) Sei $a'm' + a''m'' = 1$ und $\omega' = \omega^{a''m''}$, $\omega'' = \omega^{a'm'}$. Definiere $s' = s \bmod m'$, $s'' = s \bmod m''$, $t' = t \bmod m'$, $t'' = t \bmod m''$, so dass $\omega^{st} = (\omega')^{s't'}(\omega'')^{s''t''}$. Es folgt, dass $f(s', s'') = \sum_{t'=0}^{m'-1} \sum_{t''=0}^{m''-1} (\omega')^{s't'}(\omega'')^{s''t''} F(t', t'')$; in anderen Worten, die eindimensionale Fouriertransformation auf m Elementen ist tatsächlich eine etwas verkleidete zweidimensionale Fouriertransformation auf $m' \times m''$ Elementen.

Wir werden uns mit „normalen" Algorithmen befassen bestehend aus (i) einer Anzahl von Summen s_i der F und s, gefolgt von (ii) einer Anzahl von Produkten m_j, von denen jedes durch Multiplikation eines der F oder S mit einer reellen oder imaginären Zahl α_j gebildet wird, gefolgt von (iii) einer Anzahl weiterer Summen t_k, von welchen jede von den m oder t (nicht den F oder s) gebildet wird. Die Endwerte müssen die m oder t sein. Zum Beispiel ist das „normale" Fouriertransformationsschema für $m = 5$ konstruiert nach (69) und der Methode von Teil (a) folgendes: $s_1 = F(1) + F(4)$, $s_2 = F(3) + F(2)$, $s_3 = s_1 + s_2$, $s_4 = s_1 - s_2$, $s_5 = F(1) - F(4)$, $s_6 = F(2) - F(3)$, $s_7 = s_5 - s_6$; $m_1 = \frac{1}{4}(\omega + \omega^2 + \omega^4 + \omega^3)s_3$, $m_2 = \frac{1}{4}(\omega - \omega^2 + \omega^4 - \omega^3)s_4$, $m_3 = \frac{1}{2}(\omega + \omega^2 - \omega^4 - \omega^3)s_5$, $m_4 = \frac{1}{2}(-\omega + \omega^2 + \omega^4 - \omega^3)s_6$, $m_5 = \frac{1}{2}(\omega^3 - \omega^2)s_7$, $m_6 = 1 \cdot F(5)$, $m_7 = 1 \cdot s_3$; $t_0 = m_1 + m_6$, $t_1 = t_0 + m_2$, $t_2 = m_3 + m_5$, $t_3 = t_0 - m_2$, $t_4 = m_4 - m_5$, $t_5 = t_1 + t_2$, $t_6 = t_3 + t_4$, $t_7 = t_1 - t_2$, $t_8 = t_3 - t_4$, $t_9 = m_6 + m_7$. Beachte, dass Multiplikation mit 1 in m_6 und m_7 gezeigt wird; dies ist durch unsere Konventionen gefordert, und es ist wichtig, solche Fälle zur Verwendung in rekursiven Konstruktionen einzuschließen (obwohl die Multiplikationen nicht wirklich ausgeführt werden müssen). Hier $m_6 = f_{001}$, $m_7 = f_{010}$, $t_5 = f_{000} + f_{001} = f(2^0)$, $t_6 = f_{100} + f_{101} = f(2^1)$, usw. Wir können das Schema durch Einführung von $s_8 = s_3 + F(5)$ verbessern, wodurch m_1 durch $(\frac{1}{4}(\omega + \omega^2 + \omega^4 + \omega^3) - 1)s_3$ ersetzt wird [dies ist $-\frac{5}{4}s_3$], wenn man m_6 durch $1 \cdot s_8$ ersetzt sowie m_7 und t_9 löscht; das spart eine der trivialen Multiplikationen mit 1, was vorteilhaft sein wird, wenn man das Schema zum Bauen größerer Schemata verwendet. Im verbesserten Schema $f(5) = m_6$, $f(1) = t_5$, $f(2) = t_6$, $f(3) = t_8$, $f(4) = t_7$.

Jetzt werde angenommen, wir hätten normale eindimensionale Schemata für m' und m'' mit jeweils (a', a'') komplexen Additionen, (t', t'') trivialen Multiplikationen mit ± 1 oder $\pm i$ und einer Gesamtheit von (c', c'') komplexen Multiplikationen, die trivialen eingeschlossen. (Die nicht-trivialen komplexen Multiplikationen sind alle „einfach", da sie nur zwei reelle Multiplikationen und keine reellen Additionen involvieren.) Wir können ein normales Schema für den zweidimensionalen $m' \times m''$-Fall konstruieren durch Anwendung des m' Schemas auf Vektoren $F(t', *)$ der Länge m''. Jeder s_i Schritt wird zu m'' Additionen; jedes m_j wird eine Fouriertransformation auf m'' Elementen, doch mit allen α_i in diesem Algorithmus multipliziert mit α_j; und jedes t_k wird zu m'' Additionen. Also hat der neue Algorithmus $(a'm'' + c'a'')$ komplexe Additionen, $t't''$ triviale Multiplikationen und insgesamt $c'c''$ komplexe Multiplikationen.

Mit diesen Techniken hat Winograd normale eindimensionale Schemata gefunden für die folgenden kleinen Werte von m mit den folgenden Kosten (a, t, c):

$m = 2$	$(2, 2, 2)$	$m = 7$	$(36, 1, 9)$
$m = 3$	$(6, 1, 3)$	$m = 8$	$(26, 6, 8)$
$m = 4$	$(8, 4, 4)$	$m = 9$	$(46, 1, 12)$
$m = 5$	$(17, 1, 6)$	$m = 16$	$(74, 8, 18)$

Durch Kombination dieser Schemata wie oben beschrieben erhalten wir Methoden, die weniger arithmetische Operationen verwenden als die in Übung 14 besprochene „schnelle Fouriertransformation" (FFT). Zum Beispiel steigen für $m = 1008 = 7 \cdot 9 \cdot 16$ die Kosten auf $(17946, 8, 1944)$, so dass wir eine Fouriertransformation an 1008 komplexen Zahlen mit 3872 reellen Multiplikationen und 35892 reellen Additionen ausführen können. Es ist möglich, Winograds Methode für die Kombination teilerfremder Moduli zu verbessern durch mehrdimensionale Konvolutionen wie von Nussbaumer und Quandalle in *IBM J. Res. und Devel.* **22** (1978), 134–144, gezeigt wurde; ihr geniales Vorgehen reduziert den Aufwand für die Berechnung einer komplexen Fouriertransformation an 1008 Punkten auf 3084 reelle Multiplikationen und 34668 reelle Additionen. Im Gegensatz dazu braucht die FFT auf 1024 komplexen Zahlen 14344 reelle Multiplikationen und 27652 reelle Additionen. Wenn die Zwei-Pässe-auf-einmal-Verbesserung in der Antwort zu Übung 14 verwendet wird, benötigt die FFT auf 1024 komplexen Zahlen jedoch nur 10936 reelle Multiplikationen und 25948 Additionen und ist nicht schwierig zu implementieren. Deshalb sind die subtilen Methoden nur auf Maschinen schneller, die für die Multiplikation bedeutend länger als für die Addition brauchen.

[*Referenzen: Proc. Nat. Acad. Sci. USA* **73** (1976), 1005–1006; *Math. Comp.* **32** (1978), 175–199; *Advances in Math.* **32** (1979), 83–117; *IEEE Trans.* **ASSP-27** (1979), 169–181.]

54. $\max(2e_1\deg(p_1) - 1, \ldots, 2e_q\deg(p_q) - 1, q + 1)$.

55. $2n' - q'$, wobei n' der Grad des Minimalpolynoms von P (dasjenige monische Polynom μ kleinsten Grades, so dass $\mu(P)$ die Nullmatrix ist) und q' die Anzahl seiner verschiedenen irreduziblen Faktoren ist. (Reduziere P durch ähnliche Transformationen.)

56. Sei $t_{ijk}+t_{jik} = \tau_{ijk}+\tau_{jik}$ für alle i, j, k. Wenn (A, B, C) eine Realisierung von (t_{ijk}) vom Rang r ist, dann $\sum_{l=1}^{r} c_{kl}(\sum_i a_{il}x_i)(\sum_j b_{jl}x_j) = \sum_{i,j} t_{ijk}x_ix_j = \sum_{i,j} \tau_{ijk}x_ix_j$ für alle k. Umgekehrt, sei die l-te Kettenmultiplikation einer Polynomkette, für $1 \leq l \leq r$, das Produkt $(\alpha_l + \sum_i \alpha_{il}x_i)(\beta_l + \sum_j \beta_{jl}x_j)$, wobei α_l und β_l möglicherweise konstante Terme und/oder nichtlineare Terme bezeichnen. Alle Terme vom Grad 2, die bei irgendeinem Schritt der Kette auftreten, können als Linearkombination $\sum_{l=1}^{r} c_l(\sum_i a_{il}x_i)(\sum_j b_{jl}x_j)$ ausgedrückt werden; also definiert die Kette einen Tensor (t_{ijk}) vom Rang $\leq r$ derart, dass $t_{ijk} + t_{jik} = \tau_{ijk} + \tau_{jik}$. Das rechtfertigt den Hinweis. Jetzt gilt $\operatorname{rank}(\tau_{ijk} + \tau_{jik}) = \operatorname{rank}(t_{ijk} + t_{jik}) \leq \operatorname{rank}(t_{ijk}) + \operatorname{rank}(t_{jik}) = 2\operatorname{rank}(t_{ijk})$.

Eine Bilinearform in $x_1, \ldots, x_m, y_1, \ldots, y_n$ ist eine quadratische Form in $m + n$ Variablen, wobei $\tau_{ijk} = t_{i,j-m,k}$ für $i \leq m$ und $j > m$, sonst $\tau_{ijk} = 0$. Nun $\operatorname{rank}(\tau_{ijk}) + \operatorname{rank}(\tau_{jik}) \geq \operatorname{rank}(t_{ijk})$, da wir eine Realisierung von (t_{ijk}) erhalten durch Unterdrückung der letzten n Zeilen von A und der ersten m Zeilen von B in einer Realisierung (A, B, C) von $(\tau_{ijk} + \tau_{jik})$.

57. Sei N die kleinste Zweierpotenz, die $2n$ überschreitet, und sei $u_{n+1} = \cdots = u_{N-1} = v_{n+1} = \cdots = v_{N-1} = 0$. Wenn $U_s = \sum_{t=0}^{N-1} \omega^{st}u_t$ und $V_s = \sum_{t=0}^{N-1} \omega^{st}v_t$ für $0 \leq s < N$, wobei $\omega = e^{2\pi i/N}$, dann $\sum_{s=0}^{N-1} \omega^{-st}U_sV_s = N\sum u_{t_1}v_{t_2}$, wobei die letzte Summe gebildet wird über alle t_1 und t_2 mit $0 \leq t_1, t_2 < N$, $t_1+t_2 \equiv t$ (modulo N). Die Terme verschwinden, wenn nicht $t_1 \leq n$ und $t_2 \leq n$, also $t_1+t_2 < N$; also ist die Summe der Koeffizient von z^t im Produkt von $u(z)v(z)$. Wenn wir die Methode von Übung 14 verwenden zur Berechnung der Fouriertransformierten und der inversen Transformierten, ist die Zahl komplexer Operationen $O(N \log N)+O(N \log N)+O(N)+O(N \log N)$ und $N \leq 4n$. [Siehe Abschnitt 4.3.3C und die Arbeit von J. M. Pollard, *Math. Comp.* **25** (1971), 365–374.]

Für die Multiplikation ganzzahliger Polynome kann man eine *ganze Zahl* ω von der Ordnung 2^t modulo einer Primzahl p verwenden und die Ergebnisse modulo hinreichend vieler Primzahlen bestimmen. In dieser Beziehung geeignete Primzahlen, zusammen mit ihren kleinsten primitiven Wurzeln r (woraus wir $\omega = r^{(p-1)/2^t} \bmod p$, wenn $p \bmod 2^t = 1$ setzen), können wie in Abschnitt 4.5.4 beschrieben gefunden werden. Für $t = 9$

sind die zehn größten Fälle $< 2^{35}$ dann $p = 2^{35} - 512a + 1$, wobei $(a, r) = (28, 7)$, $(31, 10)$, $(34, 13)$, $(56, 3)$, $(58, 10)$, $(76, 5)$, $(80, 3)$, $(85, 11)$, $(91, 5)$, $(101, 3)$; die zehn größten Fälle $< 2^{31}$ sind $p = 2^{31} - 512a + 1$, wobei $(a, r) = (1, 10)$, $(11, 3)$, $(19, 11)$, $(20, 3)$, $(29, 3)$, $(35, 3)$, $(55, 19)$, $(65, 6)$, $(95, 3)$, $(121, 10)$. Für größere t werden alle Primzahlen p der Form $2^t q + 1$, wobei $q < 32$ ungerade ist und $2^{24} < p < 2^{36}$, gegeben durch $(p-1, r) = (11 \cdot 2^{21}, 3)$, $(25 \cdot 2^{20}, 3)$, $(27 \cdot 2^{20}, 5)$, $(25 \cdot 2^{22}, 3)$, $(27 \cdot 2^{22}, 7)$, $(5 \cdot 2^{25}, 3)$, $(7 \cdot 2^{26}, 3)$, $(27 \cdot 2^{26}, 13)$, $(15 \cdot 2^{27}, 31)$, $(17 \cdot 2^{27}, 3)$, $(3 \cdot 2^{30}, 5)$, $(13 \cdot 2^{28}, 3)$, $(29 \cdot 2^{27}, 3)$, $(23 \cdot 2^{29}, 5)$. Einige der letzten Primzahlen können mit $\omega = 2^e$ für geeignet kleine e verwendet werden. Für eine Besprechung derartiger Primzahlen, siehe R. M. Robinson, *Proc. Amer. Math. Soc.* **9** (1958), 673–681; S. W. Golomb, *Math. Comp.* **30** (1976), 657–663. Zusätzliche rein ganzzahlige Methoden werden in der Antwort zu Übung 4.6–5 zitiert.

Jedoch wird die Methode der Übung 59 in der Praxis fast immer vorzuziehen sein.

58. (a) Allgemein, wenn (A, B, C) den Tensor (t_{ijk}) realisiert, ist $((x_1, \ldots, x_m)A, B, C)$ eine Realisierung der $1 \times n \times s$ Matrix, deren Element in Zeile j, Spalte k dann $\sum x_i t_{ijk}$ ist. Also muss es mindestens so viele von null verschiedene Elemente in $(x_1, \ldots, x_m)A$ geben, wie der Rang dieser Matrix ist. Im Falle des $m \times n \times (m + n - 1)$ Tensors der Polynommultiplikation vom Grad $m - 1$ mit Grad $n - 1$ hat die entsprechende Matrix Rang n, wann immer $(x_1, \ldots, x_m) \neq (0, \ldots, 0)$. Eine ähnliche Aussage gilt mit $A \leftrightarrow B$ und $m \leftrightarrow n$.

Bemerkungen: Insbesondere wenn wir über dem Körper mit 2 Elemente arbeiten, besagt dies, dass die Zeilen von A modulo 2 einen „linearen Code“ von m Vektoren mit mindestens Abstand n bilden, wann immer (A, B, C) eine Realisierung nur aus ganzen Zahlen ist. Diese Beobachtung stammt von R. W. Brockett und D. Dobkin [*Linear Algebra and its Applications* **19** (1978), 207–235, Satz 14; siehe auch Lempel und Winograd, *IEEE Trans.* **IT-23** (1977), 503–508; Lempel, Seroussi und Winograd, *Theoretical Comp. Sci.* **22** (1983), 285–296] und kann zur Erhaltung nicht-trivialer unterer Schranken für den Rang über den ganzen Zahlen benutzt werden. Zum Beispiel haben das M. R. Brown und D. Dobkin [*IEEE Trans.* **C-29** (1980), 337–340] verwendet für den Nachweis, dass Realisierungen der $n \times n$ Polynommultiplikation über den ganzen Zahlen Rang $\geq \alpha n$ haben muss für alle hinreichend großen n, wenn α eine reelle Zahl kleiner als

$$\alpha_{\min} = 3{,}52762\,68026\,32407\,48061\,54754\,08128\,07512\,70182+$$

ist; hier $\alpha_{\min} = 1/H(\sin^2\theta, \cos^2\theta)$, wobei

$$H(p, q) = p \lg(1/p) + q \lg(1/q)$$

die binäre Entropiefunktion und $\theta \approx 1{,}34686$ die Lösung der Gleichung $\sin^2(\theta - \pi/4) = H(\sin^2\theta, \cos^2\theta)$ ist. Eine reine Ganzzahlrealisierung vom Rang $O(n \log n)$ auf der Basis von Kreisteilungspolynomen wurde konstruiert von M. Kaminski [*J. Algorithms* **9** (1988), 137–147].

$$\text{(b)}\ \begin{pmatrix} 1&0&0&0&0&1&1&1 \\ 0&1&0&0&1&1&0&1 \\ 0&0&1&1&0&0&1&1 \end{pmatrix}, \begin{pmatrix} 1&0&0&0&0&1&1&1 \\ 0&1&0&0&0&1&0&1 \\ 0&0&1&0&0&0&1&1 \\ 0&0&0&1&1&0&0&1 \end{pmatrix}, \begin{pmatrix} 1&0&0&0&0&0&0&0 \\ \bar{1}&\bar{1}&0&0&0&1&0&0 \\ \bar{1}&1&\bar{1}&0&0&0&1&0 \\ 1&0&0&\bar{1}&\bar{1}&\bar{1}&\bar{1}&1 \\ 0&0&1&0&1&0&0&0 \\ 0&0&0&1&0&0&0&0 \end{pmatrix}.$$

Die folgenden ökonomischen Wege, die Multiplikation von allgemeinen Polynomen vom Grade 2, 3 und 4 zu realisieren, wurden präsentiert von H. Cohen und A. K.

Lenstra [siehe *Math. Comp.* **48** (1987), S1–S2]:

$$\begin{pmatrix} 1&0&0&1&1&0\\ 0&1&0&1&0&1\\ 0&0&1&0&1&1 \end{pmatrix}, \quad \text{gleich}, \quad \begin{pmatrix} 1&0&0&0&0&0\\ \bar1&\bar1&0&1&0&0\\ \bar1&1&\bar1&0&1&0\\ 0&\bar1&\bar1&0&0&1\\ 0&0&1&0&0&0 \end{pmatrix};$$

$$\begin{pmatrix} 1&0&0&0&1&1&0&0&1\\ 0&1&0&0&1&0&0&1&1\\ 0&0&1&0&0&1&1&0&1\\ 0&0&0&1&0&0&1&1&1 \end{pmatrix}, \quad \text{gleich}, \quad \begin{pmatrix} 1&0&0&0&0&0&0&0&0\\ \bar1&\bar1&0&0&1&0&0&0&0\\ \bar1&1&\bar1&0&0&1&0&0&0\\ 1&1&1&1&\bar1&\bar1&\bar1&\bar1&1\\ 0&\bar1&1&\bar1&0&0&0&1&0\\ 0&0&\bar1&\bar1&0&0&1&0&0\\ 0&0&0&1&0&0&0&0&0 \end{pmatrix};$$

$$\begin{pmatrix} 1&0&0&1&1&0&1&0&1&1&0&0&0&0\\ 0&1&0&1&0&1&0&1&1&0&1&0&0&0\\ 0&0&1&0&1&1&0&0&0&1&1&0&0&0\\ 0&0&0&0&0&0&1&0&1&1&0&1&0&1\\ 0&0&0&0&0&0&0&1&1&0&1&0&1&1 \end{pmatrix}, \quad \text{gleich}, \quad \begin{pmatrix} 1&0&0&0&0&0&0&0&0&0&0&0&0&0\\ \bar1&\bar1&0&1&0&0&0&0&0&0&0&0&0&0\\ \bar1&1&\bar1&0&1&0&0&0&0&0&0&0&0&0\\ \bar1&\bar1&\bar1&0&0&1&1&0&0&0&0&\bar1&0&0\\ 1&1&1&\bar1&0&0&\bar1&\bar1&1&0&0&1&1&\bar1\\ 1&\bar1&0&0&\bar1&0&\bar1&1&0&1&0&0&\bar1&0\\ 0&1&0&0&0&\bar1&0&\bar1&0&0&1&1&0&0\\ 0&0&0&0&0&0&0&0&0&0&0&\bar1&\bar1&1\\ 0&0&0&0&0&0&0&0&0&0&0&0&1&0 \end{pmatrix}.$$

In jedem Fall sind die Matrizen A und B gleich.

59. [*IEEE Trans.* **ASSP-28** (1980), 205–215.] Beachte, dass zyklische Konvolution Polynommultiplikation mod $u^n - 1$ und negazyklische Konvolution Polynommultiplikation mod $u^n + 1$ ist. Ändern wir jetzt die Notation, indem wir n durch 2^n ersetzen; wir werden rekursive Algorithmen für zyklische und negazyklische Konvolution $(z_0, \ldots, z_{2^n-1})$ von $(x_0, \ldots, x_{2^n-1})$ mit $(y_0, \ldots, y_{2^n-1})$ betrachten. Die Algorithmen werden der Kürze und leichteren Darstellbarkeit halber in unoptimierter Form präsentiert; Leser, die sie implementieren, werden bemerken, dass vieles beschleunigt werden kann. Zum Beispiel wird der Endwert von $Z_{2m-1}(w)$ in Schritt N5 immer null sein.

C1. [Prüfung auf einfachen Fall.] Wenn $n = 1$, setze

$$z_0 \leftarrow x_0 y_0 + x_1 y_1, \qquad z_1 \leftarrow (x_0 + x_1)(y_0 + y_1) - z_0,$$

und terminiere. Sonst setze $m \leftarrow 2^{n-1}$.

C2. [Bilde Reste.] Für $0 \le k < m$ setze $(x_k, x_{m+k}) \leftarrow (x_k + x_{m+k}, x_k - x_{m+k})$ und $(y_k, y_{m+k}) \leftarrow (y_k + y_{m+k}, y_k - y_{m+k})$. (Jetzt haben wir $x(u) \bmod (u^m - 1) = x_0 + \cdots + x_{m-1}u^{m-1}$ und $x(u) \bmod (u^m + 1) = x_m + \cdots + x_{2m-1}u^{m-1}$; wir werden $x(u)y(u) \bmod (u^m - 1)$ und $x(u)y(u) \bmod (u^m + 1)$ berechnen, dann werden wir die Ergebnisse mit Hilfe von (59) kombinieren.)

C3. [Rekursion.] Sei $(z_0, \ldots, z_{m-1})$ die zyklische Konvolution von $(x_0, \ldots, x_{m-1})$ mit $(y_0, \ldots, y_{m-1})$. Sei ebenfalls $(z_m, \ldots, z_{2m-1})$ die negazyklische Konvolution von $(x_m, \ldots, x_{2m-1})$ mit $(y_m, \ldots, y_{2m-1})$.

C4. [Kompensiere Restbildung.] Für $0 \le k < m$ setze $(z_k, z_{m+k}) \leftarrow \frac{1}{2}(z_k + z_{m+k}, z_k - z_{m+k})$. Jetzt ist $(z_0, \ldots, z_{2m-1})$ die gewünscht Antwort. ▌

N1. [Prüfung auf einfachen Fall.] Wenn $n = 1$, setze $t \leftarrow x_0(y_0 + y_1)$, $z_0 \leftarrow t - (x_0 + x_1)y_1$, $z_1 \leftarrow t + (x_1 - x_0)y_0$ und terminiere. Sonst setze $m \leftarrow 2^{\lfloor n/2 \rfloor}$ und $r \leftarrow 2^{\lceil n/2 \rceil}$. (Die folgenden Schritte verwenden 2^{n+1} Hilfsvariablen X_{ij} für $0 \le i < 2m$ und $0 \le j < r$, um $2m$ Polynome $X_i(w) = X_{i0} + X_{i1}w + \cdots + X_{i(r-1)}w^{r-1}$ zu repräsentieren; ähnlich dazu gibt es 2^{n+1} Hilfsvariablen Y_{ij}.)

N2. [Initialisiere Hilfspolynome.] Setze $X_{ij} \leftarrow X_{(i+m)j} \leftarrow x_{mj+i}$, $Y_{ij} \leftarrow Y_{(i+m)j} \leftarrow y_{mj+i}$ für $0 \le i < m$ und $0 \le j < r$. (An diesem Punkt haben wir $x(u) = X_0(u^m) + uX_1(u^m) + \cdots + u^{m-1}X_{m-1}(u^m)$, und eine ähnliche Formel gilt für $y(u)$. Unsere Strategie wird sein, diese Polynome modulo $(u^{mr} + 1) = (u^{2^n} + 1)$ zu multiplizieren mit Operationen modulo $(w^r + 1)$ auf den Polynomen $X(w)$ und $Y(w)$, ihre zyklische Konvolution der Länge $2m$ zu finden und dadurch $x(u)y(u) \equiv Z_0(u^m) + uZ_1(u^m) + \cdots + u^{2m-1}Z_{2m-1}(u^m)$ zu erhalten.)

N3. [Transformiere.] (Nun führen wir de facto eine schnelle Fouriertransformation an den Polynomen $(X_0, \ldots, X_{m-1}, 0, \ldots, 0)$ und $(Y_0, \ldots, Y_{m-1}, 0, \ldots, 0)$ aus mit $w^{r/m}$ als eine $(2m)$-te Einheitswurzel. Das ist effizient, weil Multiplikation mit einer Potenz von w in Wirklichkeit überhaupt keine Multiplikation ist.) Für $j = \lfloor n/2 \rfloor - 1, \ldots, 1, 0$ (in dieser Reihenfolge), führe das Folgende für alle m binären Zahlen $s + t = (s_{\lfloor n/2 \rfloor} \ldots s_{j+1}0 \ldots 0)_2 + (0 \ldots 0t_{j-1} \ldots t_0)_2$ durch: Ersetze $(X_{s+t}(w), X_{s+t+2^j}(w))$ durch das Paar von Polynomen $(X_{s+t}(w) + w^{(r/m)s'}X_{s+t+2^j}(w),\ X_{s+t}(w) - w^{(r/m)s'}X_{s+t+2^j}(w))$, wobei $s' = 2^j(s_{j+1} \ldots s_{\lfloor n/2 \rfloor})_2$. (Wir werten 4.3.3–(39) mit $K = 2m$ und $\omega = w^{r/m}$ aus; beachte die Bitumkehrung in s'. Die Operation $X_i(w) \leftarrow X_i(w) + w^k X_l(w)$ bedeutet genauer, dass wir $X_{ij} \leftarrow X_{ij} + X_{l(j-k)}$ für $k \le j < r$ und $X_{ij} \leftarrow X_{ij} - X_{l(j-k+r)}$ für $0 \le j < k$ setzen. Ein Kopie von $X_l(w)$ kann ohne viel Platzverschwendung gemacht werden.) Führe dieselbe Transformation an den Y aus.

N4. [Rekursion.] Für $0 \le i < 2m$ sei $(Z_{i0}, \ldots, Z_{i(r-1)})$ die negazyklische Konvolution von $(X_{i0}, \ldots, X_{i(r-1)})$ und $(Y_{i0}, \ldots, Y_{i(r-1)})$.

N5. [Rücktransformation.] Für $j = 0, 1, \ldots, \lfloor n/2 \rfloor$ (in dieser Reihenfolge) setze

$$\begin{aligned}&(Z_{s+t}(w), Z_{s+t+2^j}(w)) \leftarrow \\ &\qquad \tfrac{1}{2}\big(Z_{s+t}(w) + Z_{s+t+2^j}(w),\ w^{-(r/m)s'}(Z_{s+t}(w) - Z_{s+t+2^j}(w))\big),\end{aligned}$$

für alle m Wahlmöglichkeiten von s und t wie in Schritt N3.

N6. [Umpacken.] (Jetzt haben wir das am Ende von Schritt N2 erwähnte Ziel erreicht, da es leicht zu zeigen ist, dass die Transformierte von Z das Produkt der Transformierten von X und von Y ist.) Setze $z_i \leftarrow Z_{i0} - Z_{(m+i)(r-1)}$ und $z_{mj+i} \leftarrow Z_{ij} + Z_{(m+i)(j-1)}$ für $0 < j < r$, für $0 \le i < m$. ▌

Es ist leicht zu verifizieren, dass höchstens n extra Bit an Genauigkeit benötigt werden für die Zwischenvariablen in dieser Rechnung; wenn zum Beispiel $|x_i| \le M$ für $0 \le i < 2^n$ am Anfang des Algorithmus, dann werden alle x- und X-Variablen durch $2^n M$ beschränkt sein während des ganzen Verlaufs. Alle z- und Z-Variablen werden durch $(2^n M)^2$ beschränkt, was n Bit mehr sind als die Konvolution am Ende braucht.

Algorithmus N führt A_n Additionen oder Subtraktionen, D_n Halbierungen und M_n Multiplikationen aus, wobei $A_1 = 5$, $D_1 = 0$, $M_1 = 3$; für $n > 1$ haben wir

$A_n = \lfloor n/2 \rfloor 2^{n+2} + 2^{\lfloor n/2 \rfloor + 1} A_{\lceil n/2 \rceil} + (\lfloor n/2 \rfloor + 1) 2^{n+1} + 2^n$, $D_n = 2^{\lfloor n/2 \rfloor + 1} D_{\lceil n/2 \rceil} + (\lfloor n/2 \rfloor + 1) 2^{n+1}$ und $M_n = 2^{\lfloor n/2 \rfloor + 1} M_{\lceil n/2 \rceil}$. Die Lösungen sind $A_n = 11 \cdot 2^{n-1+\lceil \lg n \rceil} - 3 \cdot 2^n + 6 \cdot 2^n S_n$, $D_n = 4 \cdot 2^{n-1+\lceil \lg n \rceil} - 2 \cdot 2^n + 2 \cdot 2^n S_n$, $M_n = 3 \cdot 2^{n-1+\lceil \lg n \rceil}$; hier erfüllt S_n die Rekurrenz $S_1 = 0$, $S_n = 2S_{\lceil n/2 \rceil} + \lfloor n/2 \rfloor$ und es ist nicht schwierig, die Ungleichungen $\frac{1}{2} n \lceil \lg n \rceil \leq S_n \leq S_{n+1} \leq \frac{1}{2} n \lg n + n$ für alle $n \geq 1$ zu beweisen. Algorithmus C hat näherungsweise denselben Aufwand wie Algorithmus N.

60. (a) In Σ_1 können wir zum Beispiel alle Terme zusammenfassen, die einen gemeinsamen Wert j und k in einem einzigen trilinearen Term haben; dies gibt ν^2 trilineare Terme, wenn $(j,k) \in E \times E$, plus ν^2, wenn $(j,k) \in E \times O$, und ν^2, wenn $(j,k) \in O \times E$. Wenn $\tilde{\jmath} = k$, können wir auch $-x_{jj} y_{j\tilde{\jmath}} z_{\tilde{\jmath}j}$ in Σ_1 ohne Kosten einschließen. [Im Falle $n = 10$ multipliziert die Methode 10×10 Matrizen mit 710 nicht-kommutativen Multiplikationen; dies ist fast so gut wie sieben 5×5 Multiplikationen mit der Methode von Makarov zitiert in der Antwort zu Übung 12, wiewohl Winograds Schema (35) nur 600 verwendet, wenn Kommutativität erlaubt ist. Mit einem ähnlichen Schema zeigte Pan zum ersten Mal, dass $M(n) < n^{2,8}$ für alle großen n, und dies erweckte großes Interesse an dem Problem. Siehe *SICOMP* **9** (1980), 321–342.]

(b) Hier lassen wir einfach S alle Indizes (i,j,k) des einen Problems sein und $\tilde{S}$ die Indizes des anderen. [Für $m = n = s = 10$ ist das Ergebnis ganz überraschend: Wir können zwei getrennte 10×10 Matrizen mit 1300 nicht-kommutativen Multiplikationen multiplizieren, während kein Schema bekannt ist, das jede von ihnen mit 650 multiplizieren würde.]

61. (a) Ersetze $a_{il}(u)$ durch $u a_{il}(u)$. (b) Sei $a_{il}(u) = \sum_\mu a_{il\mu} u^\mu$, usw., in einer Polynomrealisierung der Länge $r = \operatorname{rank}_d(t_{ijk})$. Dann $t_{ijk} = \sum_{\mu+\nu+\sigma=d} \sum_{l=1}^r a_{il\mu} b_{jl\nu} c_{kl\sigma}$. [Dieses Ergebnis kann verbessert werden zu $\operatorname{rank}(t_{ijk}) \leq (2d+1) \operatorname{rank}_d(t_{ijk})$ in einem unendlichen Körper, weil die trilineare Form $\sum_{\mu+\nu+\sigma=d} a_\mu b_\nu c_\sigma$ der Multiplikation von Polynomen modulo u^{d+1} entspricht, worauf von Bini und Pan hingewiesen wurde. Siehe *Calcolo* **17** (1980), 87–97.] (c, d) Das ist klar von den Realisierungen in Übung 48.

(e) Nimm an, wir hätten Realisierungen von t und rt' derart, dass $\sum_{l=1}^r a_{il} b_{jl} c_{kl} = t_{ijk} u^d + O(u^{d+1})$ und $\sum_{L=1}^R A_{\langle ii' \rangle L} B_{\langle jj' \rangle L} C_{\langle kk' \rangle L} = [i=j=k]\, t'_{i'j'k'} u^{d'} + O(u^{d'+1})$. Dann

$$\sum_{L=1}^R \sum_{l=1}^r a_{il} A_{\langle li' \rangle L} \sum_{m=1}^r b_{jm} B_{\langle mj' \rangle L} \sum_{n=1}^r c_{kn} C_{\langle nk' \rangle L} = t_{ijk} t'_{i'j'k'} u^{d+d'} + O(u^{d+d'+1}).$$

62. Der Rang ist 3 nach der Methode des Beweises von Satz W mit $P = \begin{pmatrix} 0 & 1 \\ 0 & 0 \end{pmatrix}$. Der Grenzrang kann nicht 1 sein, da wir nicht $a_1(u) b_1(u) c_1(u) \equiv a_1(u) b_2(u) c_2(u) \equiv u^d$ und $a_1(u) b_2(u) c_1(u) \equiv a_1(u) b_1(u) c_2(u) \equiv 0$ (modulo u^{d+1}) haben können. Der Grenzrang ist 2 wegen der Realisierung $\begin{pmatrix} 1 & 1 \\ u & 0 \end{pmatrix}$, $\begin{pmatrix} u & 0 \\ 1 & 1 \end{pmatrix}$, $\begin{pmatrix} 1 & -1 \\ 0 & u \end{pmatrix}$.

Die Begriff des Grenzrangs wurde eingeführt durch Bini, Capovani, Lotti und Romani in *Information Processing Letters* **8** (1979), 234–235.

63. (a) Seien die Elemente von $T(m,n,s)$ und $T(M,N,S)$ mit $t_{\langle i,j' \rangle \langle j,k' \rangle \langle k,i' \rangle}$ bzw. $T_{\langle I,J' \rangle \langle J,K' \rangle \langle K,I' \rangle}$ bezeichnet. Jedes Element $\mathcal{T}_{\langle \mathcal{I},\mathcal{J}' \rangle \langle \mathcal{J},\mathcal{K}' \rangle \langle \mathcal{K},\mathcal{I}' \rangle}$ des direkten Produkts, wobei $\mathcal{I} = \langle i, I \rangle$, $\mathcal{J} = \langle j, J \rangle$ und $\mathcal{K} = \langle k, K \rangle$, ist nach Definition gleich $t_{\langle i,j' \rangle \langle j,k' \rangle \langle k,i' \rangle} \times T_{\langle I,J' \rangle \langle J,K' \rangle \langle K,I' \rangle}$, also ist $[\mathcal{I}' = \mathcal{I}$ und $\mathcal{J}' = \mathcal{J}$ und $\mathcal{K}' = \mathcal{K}]$.

(b) Wende Übung 61(e) an mit $M(N) = \underline{\operatorname{rank}}_0(T(N,N,N))$.

(c) Wir haben $M(mns) \leq r^3$, da $T(mns, mns, mns) = T(m,n,s) \otimes T(n,s,m) \otimes T(s,m,n)$. Für $M(n) \leq R$ haben wir $M(n^h) \leq R^h$ für alle h und es folgt $M(N) \leq$

$M(n^{\lceil \log_n N \rceil}) \le R^{\lceil \log_n N \rceil} \le RN^{\log R/\log n}$. [Dieses Ergebnis erscheint in Pans Arbeit von 1972.]

(d) Wir haben $M_d(mns) \le r^3$ für ein d, wobei $M_d(n) = \operatorname{rank}_d(T(n,n,n))$. Wenn $M_d(n) \le R$, haben wir $M_{hd}(n^h) \le R^h$ für alle h und die besagte Formel folgt, da $M(n^h) \le \binom{hd+2}{2} R^h$ nach Übung 61(b). In einem unendlichen Körper sparen wir einen Faktor von $\log N$. [Dieses Ergebnis stammt von Bini und Schönhage, 1979.]

64. Wir haben $\sum_k (f_k(u) + \sum_{j\ne k} g_{j,k}(u)) = u^2 \sum_{1\le i,j,k\le 3} x_{ij}y_{jk}z_{ki} + O(u^3)$, wenn $f_k(u) = (x_{k1} + u^2x_{k2})(y_{2k} + u^2y_{1k})z_{kk} + (x_{k1} + u^2x_{k3})y_{3k}((1+u)z_{kk} - u(z_{k1} + z_{k2} + z_{k3})) - x_{k1}(y_{2k}+y_{3k})(z_{k1}+z_{k2}+z_{k3})$ und $g_{jk}(u) = (x_{k1}+u^2x_{j2})(y_{2k}-uy_{1j})(z_{kj}-uz_{jk}) + (x_{k1} + u^2x_{j3})(y_{2k} + uy_{1j})z_{kj}$. [Die beste bekannte obere Schranke für $\operatorname{rank}(T(3,3,3))$ ist 23; siehe die Antwort zu Übung 12. Der Grenzrang von $T(2,2,2)$ ist unbekannt.]

65. Das Polynom im Hinweis ist $u^2 \sum_{i=1}^m \sum_{j=1}^n (x_iy_jz_{ij} + X_{ij}Y_{ij}Z) + O(u^3)$. Seien X_{ij} und Y_{ij} Unbestimmte für $1 \le i < m$ und $1 \le j < n$; setze auch $X_{in} = Y_{mj} = 0$, $X_{mj} = -\sum_{i=1}^{m-1} X_{ij}$, $Y_{in} = -\sum_{j=1}^{n-1} Y_{ij}$. Also können wir mit $mn + 1$ Multiplikationen von Polynomen in den Unbestimmten x_iy_j für jedes i und j und auch $\sum_{i=1}^m \sum_{j=1}^n X_{ij}Y_{ij} = \sum_{i=1}^{m-1} \sum_{j=1}^{n-1} X_{ij}Y_{ij}$ berechnen. [*SICOMP* **10** (1981), 434–455. In dieser klassischen Arbeit hat Schönhage auch unter anderem die Ergebnisse der Übungen 64, 66 und 67(i) abgeleitet.]

66. (a) Sei $\omega = \liminf_{n\to\infty} \log M(n)/\log n$; wir haben $\omega \ge 2$ nach Lemma T. Für alle $\epsilon > 0$ gibt es ein N mit $M(N) < N^{\omega+\epsilon}$. Die Begründung in Übung 63(c) zeigt jetzt, dass $\log M(n)/\log n < \omega + 2\epsilon$ für alle hinreichend großen N.

(b) Dies ist eine unmittelbare Folge von Übung 63(d).

(c) Sei $r = \underline{\operatorname{rank}}(t)$, $q = (mns)^{\omega/3}$, $Q = (MNS)^{\omega/3}$. Gegeben $\epsilon > 0$. Dann gibt es eine ganzzahlige Konstante c_ϵ mit $M(p) \le c_\epsilon p^{\omega+\epsilon}$ für alle positiven ganzen Zahlen p. Für jede ganze Zahl $h > 0$ haben wir $t^h = \bigoplus_k \binom{h}{k} T(m^kM^{h-k}, n^kN^{h-k}, s^kS^{h-k})$ und $\underline{\operatorname{rank}}(t^h) \le r^h$. Seien h und k gegeben, sei $p = \lfloor \binom{h}{k}^{1/(\omega+\epsilon)} \rfloor$. Dann

$$\begin{aligned}\underline{\operatorname{rank}}(T(pm^kM^{h-k}, pn^kN^{h-k}, ps^kS^{h-k})) &\le \underline{\operatorname{rank}}(M(p)T(m^kM^{h-k}, n^kN^{h-k}, s^kS^{h-k}))\\ &\le \underline{\operatorname{rank}}(c_\epsilon \tbinom{h}{k} T(m^kM^{h-k}, n^kN^{h-k}, s^kS^{h-k}))\\ &\le c_\epsilon r^h\end{aligned}$$

nach Übung 63(b) und von Teil (b) folgt, dass

$$p^\omega q^k Q^{h-k} = (pm^kM^{h-k}pn^kN^{h-k}ps^kS^{h-k})^{\omega/3} \le c_\epsilon r^h.$$

Da $p \ge \binom{h}{k}^{1/(\omega+\epsilon)}/2$, haben wir

$$\binom{h}{k} q^k Q^{h-k} \le \binom{h}{k}^{\epsilon/(\omega+\epsilon)} (2p)^\omega q^k Q^{h-k} \le 2^{\epsilon h/(\omega+\epsilon)} 2^\omega c_\epsilon r^h.$$

Deshalb $(q+Q)^h \le (h+1)2^{\epsilon h/(\omega+\epsilon)}2^\omega c_\epsilon r^h$ für alle h. Und es folgt, dass wir $q + Q \le 2^{\epsilon/(\omega+\epsilon)} r$ für alle $\epsilon > 0$ haben müssen.

(d) Setze $m = n = 4$ in Übung 65 und beachte, dass $16^{0.85} + 9^{0.85} > 17$.

67. (a) Die $mn \times mns^2$ Matrix $(t_{\langle ij'\rangle(\langle jk'\rangle\langle ki'\rangle)})$ hat Rang mn, weil sie eine Permutationsmatrix ist eingeschränkt auf die mn Zeilen, für welche $k = k' = 1$.

(b) $((t \oplus t')_{i(jk)})$ ist im Wesentlichen $(t_{i(jk)}) \oplus (t'_{i(jk)})$ plus $n's + sn'$ zusätzliche Spalten von Nullen. [Ähnlich haben wir $((t \otimes t')_{i(jk)}) = (t_{i(jk)}) \otimes (t'_{i(jk)})$ für das direkte Produkt.]

(c) Sei D die Diagonalmatrix $\mathrm{diag}(d_1,\ldots,d_r)$, so dass $ADB^T = O$. Wir wissen von Lemma T, dass $\mathrm{rank}(A) = m$ und $\mathrm{rank}(B) = n$; also $\mathrm{rank}(AD) = m$ und $\mathrm{rank}(DB^T) = n$. Wir können ohne Beschränkung der Allgemeinheit annehmen, dass die ersten m Spalten von A linear unabhängig sind. Da die Spalten von B^T im Nullraum von AD liegen, können wir annehmen, dass die letzten n Spalten von B linear unabhängig sind. Schreibe A in der zerlegten Form $(A_1\,A_2\,A_3)$, wobei A_1 eine nicht-singuläre $m\times m$, A_2 eine $m\times q$ und A_3 eine $m\times n$ Matrix ist. Zerlege D ebenfalls, so dass $AD = (A_1D_1\,A_2D_2\,A_3D_3)$. Dann gibt es eine $q\times r$ Matrix $W = (W_1\,I\,O)$ mit $ADW^T = O$, nämlich $W_1 = -D_2A_2^TA_1^{-T}D_1^{-1}$. Ähnlich können wir schreiben $B = (B_1\,B_2\,B_3)$ und $VDB^T = O$ finden, wenn $V = (O\,I\,V_3)$ die $q\times r$ Matrix mit $V_3 = -D_2B_2^TB_3^{-T}D_3^{-1}$ ist. Beachte, dass $UDV^T = D_2$, also ist der Hinweis nachgewiesen (mehr oder weniger – es war nur ein Hinweis).

Jetzt sei $A_{il}(u) = a_{il}$ für $1\le i\le m$, $A_{(m+i)l}(u) = uv_{il}/d_{m+i}$; $B_{jl}(u) = b_{jl}$ für $1\le j\le n$, $B_{(n+j)l}(u) = w_{jl}u$; $C_{kl}(u) = u^2c_{kl}$ für $1\le k\le s$ $C_{(s+1)l}(u) = d_l$. Es folgt, dass $\sum_{l=1}^r A_{il}(u)B_{jl}(u)C_{kl}(u) = u^2t_{ijk}+O(u^3)$, wenn $k\le s$ und $u^2[i>m][j>n]$, wenn $k = s+1$. [In diesem Beweis brauchten wir nicht anzunehmen, dass t bezüglich C nicht-degeneriert ist.]

(d) Betrachte die folgende Realisierung von $T(m,1,n)$ mit $r = mn+1$: $a_{il} = [\lfloor l/n\rfloor = i-1]$, $b_{jl} = [l \bmod n = j]$, $b_{\langle ij\rangle l} = [l = (i-1)n+j]$, wenn $l\le mn$; $a_{ir} = 1$, $b_{jr} = -1$, $c_{\langle ij\rangle r} = 0$. Diese ist unbeweisbar mit $d_l = 1$ für $1\le l\le r$.

(e) Die Idee ist, eine unbeweisbare Realisierung von $T(m,n,s)$ zu finden. Nimm an, (A,B,C) sei eine Realisierung der Länge r. Mit beliebig gegebenen ganzen Zahlen $\alpha_1,\ldots,\alpha_m$, $\beta_1,\ldots,\beta_s$ erweitere A, B und C durch die Definition

$$A_{\langle ij'\rangle(r+p)} = \alpha_i[j'=p],\quad B_{\langle jk'\rangle(r+p)} = \beta_{k'}[j=p],\quad C_{\langle ki'\rangle(r+p)} = 0,\quad \text{für } 1\le p\le n.$$

Wenn $d_l = \sum_{i'=1}^m\sum_{k=1}^s \alpha_{i'}\beta_k c_{\langle ki'\rangle l}$ für $l\le r$ und $d_l = -1$ sonst, haben wir

$$\begin{aligned}\sum_{l=1}^{r+n} A_{\langle ij'\rangle l}B_{\langle jk'\rangle l}d_l &= \sum_{i'=1}^m\sum_{k=1}^s \alpha_{i'}\beta_k\sum_{l=1}^r A_{\langle ij'\rangle l}B_{\langle jk'\rangle l}C_{\langle ki'\rangle l} - \sum_{p=1}^n \alpha_i[j'=p]\,\beta_{k'}[j=p]\\ &= [j=j']\,\alpha_i\beta_{k'} - [j=j']\,\alpha_i\beta_{k'} = 0;\end{aligned}$$

also ist dies unbeweisbar, wenn $d_1\ldots d_r \ne 0$. Doch $d_1\ldots d_r$ ist ein nicht identisch verschwindendes Polynom in $(\alpha_1,\ldots,\alpha_m,\beta_1,\ldots,\beta_s)$, da wir ohne Beschränkung der Allgemeinheit annehmen können, dass C keine Spalten mit nur Nullen hat. Deshalb kann man geeignete α_i und β_k auswählen.

(f) Wenn $M(n) = n^\omega$, haben wir $M(n^h) = n^{h\omega}$, also

$$\underline{\mathrm{rank}}(T(n^h,n^h,n^h)\oplus T(1,n^{h\omega}-n^h(2n^h-1),1)) \le n^{h\omega}+n^h.$$

Übung 66(c) impliziert nun, dass $n^{h\omega}+(n^{h\omega}-2n^{2h}+n^h)^{\omega/3}\le n^{h\omega}+n^h$ für alle h. Deshalb $\omega = 2$; doch widerspricht dies der unteren Schranke $2n^2-1$ (siehe die Antwort zu Übung 12).

(g) Seien $f(u)$ und $g(u)$ Polynome der Art, dass die Elemente von $Vf(u)$ und $Wg(u)$ Polynome sind. Dann definieren wir

$$A_{(i+m)l} = u^{d+1}v_{il}f(u)/d_{i+m},\quad B_{(j+n)l} = u^{d+1}w_{jl}g(u)/p,\quad C_{kl} = u^{d+e+2}c_{kl}$$

um, wobei $f(u)g(u) = pu^e + O(u^{e+1})$. Es folgt, dass $\sum_{l=1}^r A_{il}(u)B_{jl}(u)C_{kl}(u)$ gleich $u^{d+e+2}t_{ijk}+O(u^{d+e+3})$ ist, wenn $k\le s$, $u^{d+e+2}[i>m][j>n]$ für $k = s+1$. [*Bemerkung:* Das Ergebnis von (e) gilt deshalb über jedem Körper, wenn rank_2 durch $\underline{\mathrm{rank}}$ ersetzt wird, da wir die α_i und β_k als Polynome der Form $1+O(u)$ wählen können].

(h) Entspreche Zeile p von C der Komponente $T(1,16,1)$. Der springende Punkt ist, dass $\sum_{l=1}^{r} a_{il}(u)b_{jl}(u)c_{pl}(u)$ null ist (nicht einfach $O(u^{d+1})$) für alle i und j, die nach der Löschung übrigbleiben; darüberhinaus $c_{pl}(u) \neq 0$ für alle l. Diese Eigenschaften sind wahr in den Konstruktionen von Teil (c) und (g) dieser Übung, und sie bleiben wahr, wenn wir direkte Produkte nehmen.

(i) Der Beweis läßt sich von Binomen auf Multinome in einer direkten Weise verallgemeinern.

(j) Nach Teil (h) haben wir $81^{\omega/3}+2(36^{\omega/3})+34^{\omega/3} \leq 100$, also $\omega < 2{,}52$. Nocheinmal quadrieren ergibt $\underline{\text{rank}}(T(81,1,81) \oplus 4T(27,4,27) \oplus 2T(9,34,9) \oplus 4T(9,16,9) \oplus 4T(3,136,3) \oplus T(1,3334,1)) \leq 10000$; das liefert

$$\omega < 2{,}4999.$$

Erfolg! Fortlaufendes Quadrieren führt zu immer besseren Schranken, die schnell zu 2,497723729083... konvergieren. Hätten wir mit $T(4,1,4) \oplus T(1,9,1)$ begonnen, statt mit $T(3,1,3) \oplus T(1,4,1)$, wäre die Schranke im Grenzfall 2,51096309... geworden.

[Ähnliche Kunstgriffe ergeben $\omega < 2{,}496$; siehe *SICOMP* **11** (1982), 472–492.]

68. T. M. Vari hat gezeigt, dass $n-1$ Multiplikationen notwendig sind, durch einen Beweis, dass man n Multiplikationen zur Berechnung von $x_1^2 + \cdots + x_n^2$ [Cornell Computer Science Report 120 (1972)] benötigt. C. Pandu Rangan zeigte, dass wenn wir die Polynome als $L_1R_1 + \cdots + L_{n-1}R_{n-1}$ berechnen, wobei die L und R Linearkombinationen der x sind, mindestens $n-2$ Additionen zur Bildung der L und R nötig sind [*J. Algorithms* **4** (1983), 282–285]. Doch ist es nicht offensichtlich, wie man seine untere Schranke auf alle Polynomketten anwenden kann.

69. Setze $y_{ij} = x_{ij} - [i=j]$ und wende die rekursive Konstruktion (31) auf die Matrix $I+Y$ mit Potenzreihenarithmetik in den n^2 Variablen y_{ij} an, doch lasse alle Terme von totalem Grad $> n$ außer Acht. Jedes Element h des Arrays wird als eine Summe $h_0+h_1+\cdots+h_n$ dargestellt, wobei h_k der Wert eines homogenen Polynoms vom Grad k ist. Dann wird jeder Additionsschritt zu $n+1$ Additionen und jeder Multiplikationsschritt zu $\approx \frac{1}{2}n^2$ Multiplikationen und $\approx \frac{1}{2}n^2$ Additionen. Weiterhin geschieht jede Division durch eine Größe der Form $1+h_1+\cdots+h_n$, da alle Divisionen in der rekursiven Konstruktion durch 1 geschehen, wenn die y_{ij} allesamt null sind; deshalb ist Division ein bißchen leichter als Multiplikation (siehe Gl. 4.7–(3), wenn $V_0 = 1$). Da wir beim Erreichen einer 2×2 Determinante aufhören, brauchen wir nicht 1 von y_{jj} zu subtrahieren, wenn $j > n-2$. Es stellt sich heraus, dass bei Unterdrückung redundanter Berechnungen diese Methode $20\binom{n}{5} + 8\binom{n}{4} + 12\binom{n}{3} - 4\binom{n}{2} + 5n - 4$ Multiplikationen und $20\binom{n}{5} + 8\binom{n}{4} + 4\binom{n}{3} + 24\binom{n}{2} - n$ Additionen, also $\frac{1}{6}n^5 - O(n^4)$ von jeder Operation erfordert. Eine ähnliche Methode kann zur Divisionselimination in vielen anderen Fällen benutzt werden; siehe *Crelle* **264** (1973), 184–202. (Doch die nächste Übung konstruiert ein sogar noch schnelleres divisionsloses Schema für Determinantenberechnung.)

70. Setze $A = \lambda - x$, $B = -u$, $C = -v$ und $D = \lambda I - Y$ in der Identität des Hinweises, dann bilde die Determinante auf beiden Seiten unter Benutzung der Tatsache, dass $I/\lambda + Y/\lambda^2 + Y^2/\lambda^3 + \cdots$ die Inverse von D als eine formale Potenzreihe in $1/\lambda$ ist. Wir brauchen uY^kv nur für $0 \leq k \leq n-2$ zu berechnen, weil wir wissen, dass $f_X(\lambda)$ ein Polynom vom Grad n ist; also sind nur $n^3+O(n^2)$ Multiplikationen und $n^3+O(n^2)$ Additionen nötigt, um vom Grad $n-1$ zu Grad n fortzuschreiten. Durch Rekursion erhalten wir die Koeffizienten von f_X von den Elementen von X nach $6\binom{n}{4}+7\binom{n}{3}+2\binom{n}{2}$ Multiplikationen und $6\binom{n}{4} + 5\binom{n}{3} + 2\binom{n}{2}$ Additionen oder Subtraktionen.

Wenn wir nur $\det X = (-1)^n f_X(0)$ berechnen wollen, sparen wir $3\binom{n}{2} - n + 1$ Multiplikationen und $\binom{n}{2}$ Additionen. Diese divisionsfreie Methode zur Determinantenberechnung ist tatsächlich ganz ökonomisch, wenn n von mäßiger Größe ist; es schlägt das naheliegende Kofaktorentwicklungsschema, wenn $n > 4$.

Wenn ω der Exponent der Matrixmultiplikation in Übung 66 ist, führt dasselbe Vorgehen zu einer divisionsfreien Rechnung in $O(n^{\omega+1+\epsilon})$ Schritten, weil die Vektoren uY^k für $0 \le k < n$ in $O(M(n)\log n)$ Schritten ausgewertet werden können: Bilde eine Matrix, deren erste 2^l Zeilen uY^k für $0 \le k < 2^l$ sind, und multipliziere sie mit Y^{2^l}; dann sind die ersten 2^l Zeilen des Produkts uY^k für $2^l \le k < 2^{l+1}$. [Siehe S. J. Berkowitz, *Inf. Processing Letters* **18** (1984), 147–150.] Natürlich ist asymptotisch „schnelle" Matrixmultiplikation strikt von theoretischem Interesse. E. Kaltofen hat gezeigt, wie man Determinanten mit nur $O(n^{2+\epsilon}\sqrt{M(n)}\,)$ Additionen, Subtraktionen und Multiplikationen [*Proc. Int. Symp. Symb. Alg. Comp.* **17** (1992), 342–349] auswerten kann; sein Methode ist sogar für $M(n) = n^3$ interessant.

71. Nimm an, dass $g_1 = u_1 \circ v_1, \ldots, g_r = u_r \circ v_r$, und $f = \alpha_1 g_1 + \cdots + \alpha_r g_r + p_0$, wobei $u_k = \beta_{k1}g_1 + \cdots + \beta_{k(k-1)}g_{k-1} + p_k$, $v_k = \gamma_{k1}g_1 + \cdots + \gamma_{k(k-1)}g_{k-1} + q_k$, jede $\circ$-Operation „$\times$" oder „/" und jedes p_j oder q_j ein Polynom vom Grad ≤ 1 in $x_1, \ldots, x_n$ ist. Berechne Hilfsgrößen w_k, y_k, z_k für $k = r, r-1, \ldots, 1$ wie folgt: $w_k = \alpha_k + \beta_{(k+1)k}y_{k+1} + \gamma_{(k+1)k}z_{k+1} + \cdots + \beta_{rk}y_r + \gamma_{rk}z_r$ und

$$\begin{aligned} &y_k = w_k \times v_k, \quad z_k = w_k \times u_k, \qquad \text{wenn } g_k = u_k \times v_k;\\ &y_k = w_k / v_k, \quad z_k = -y_k \times g_k, \qquad \text{wenn } g_k = u_k / v_k. \end{aligned}$$

Dann $f' = p_0' + p_1' y_r + q_1' z_1 + \cdots + p_r' y_r + q_r' z_r$, wobei $'$ die Ableitung bezüglich irgendeiner der Variablen $x_1, \ldots, x_n$ bezeichnet. [W. Baur und V. Strassen, *Theoretical Comp. Sci.* **22** (1983), 317–330. Eine verwandte Methode wurde von S. Linnainmaa, *BIT* **16** (1976), 146–160, der sie zur Analyse von Rundungsfehlern anwandte, veröffentlicht]. Wir sparen zwei Kettenmultiplikationen, wenn $g_r = u_r \times v_r$, da $w_r = \alpha_r$. Wiederholung der Konstruktion liefert alle zweiten partiellen Ableitungen mit höchstens $9m + 3d$ Kettenmultiplikationen und $4d$ Divisionen.

72. Es gibt einen Algorithmus zur Berechnung des Tensorrangs über algebraisch abgeschlossenen Körpern wie den komplexen Zahlen, da dies ein Spezialfall von Alfred Tarskis, *A Decision Methode for Elementary Algebra und Geometry* ist, 2. Auflage (Berkeley, California: Univ. of California Press, 1951); doch die bekannten Methoden machen diese Berechnung nicht wirklich möglich außer für sehr kleine Tensoren. Über dem Körper der rationalen Zahlen ist es sogar unbekannt, ob das Problem überhaupt lösbar ist in endlicher Zeit.

73. In einer solchen Polynomkette über N Variablen ist die Determinante jeder $N \times N$ Matrix für N Linearformen, die nach l Addition-Subtraktion Schritten bekannt sind, höchstens 2^l. Und bei der diskreten Fouriertransformation besitzt die Matrix der $N = m_1 \ldots m_n$ Linearformen am Ende die Determinante $N^{N/2}$, da ihr Quadrat das N-fache einer Permutationsmatrix nach Übung 13 ist. [*JACM* **20** (1973), 305–306.]

74. (a) Wenn $k = (k_1, \ldots, k_s)^T$ ein Vektor teilerfremder ganzer Zahlen ist, dann auch Uk, da jeder gemeinsame Teiler der Elemente von Uk auch alle Elemente von $k = U^{-1}Uk$ teilt. Deshalb kann VUk nicht ausschließlich ganzzahlige Komponenten haben.

(b) Man nehme an, es gäbe eine Polynomkette für Vx mit t Multiplikationen. Wenn $t = 0$, müssen die Elemente von V alle ganze Zahlen sein, also $s = 0$. Sonst sei $\lambda_i = \alpha \times \lambda_k$ oder $\lambda_i = \lambda_j \times \lambda_k$ sei der erste Multiplikationsschritt. Wir können annehmen, dass $\lambda_k = n_1 x_1 + \cdots + n_s x_s + \beta$, wobei $n_1, \ldots, n_s$ ganze Zahlen, nicht alle null, sind und β konstant ist. Finde eine unimodulare Matrix U mit $(n_1, \ldots, n_s)U = (0, \ldots, 0, d)$, wobei $d = \mathrm{ggT}(n_1, \ldots, n_s)$. (Der vor Gl. 4.5.2–(14) besprochene Algorithmus definiert implizit ein solches U.) Konstruiere eine neue Polynomkette mit Eingaben $y_1, \ldots, y_{s-1}$ wie folgt: Zuerst berechne $x = (x_1, \ldots, x_s)^T = U(y_1, \ldots, y_{s-1}, -\beta/d)^T$, dann fahre mit der für Vx angenommenen Polynomkette fort. Wenn Schritt i dieser Kette erreicht ist, werden wir $\lambda_k = (n_1, \ldots, n_s)x + \beta = 0$ haben, also können wir einfach $\lambda_i = 0$ setzen statt zu multiplizieren. Nach Auswertung von Vx füge den konstanten Vektor $w\beta/d$ zum Ergebnis hinzu, wobei w die Spalte am weitesten rechts von VU ist und nenne W die anderen $s-1$ Spalten von VU. Die neue Polynomkette hat $Vx + w\beta/d = VU(y_1, \ldots, y_{s-1}, -\beta/d)^T + w\beta/d = W(y_1, \ldots, y_{s-1})^T$ mit $t-1$ Multiplikationen berechnet. Doch sind nach Teil (a) die Spalten von W Z-unabhängig, also $t - 1 \geq s - 1$ mit Induktion nach s, also $t \geq s$.

(c) Sei $x_j = 0$ für die $t-s$ Werte von j, die nicht in der Menge von Z-unabhängigen Spalten liegen. Jede Kette für Vx wertet dann $V'x'$ für eine Matrix V' aus, auf welche Teil (b) anwendbar ist.

(d) $\lambda_1 = x-y$, $\lambda_2 = \lambda_1+\lambda_1$, $\lambda_3 = \lambda_2+x$, $\lambda_4 = (1/6)\times\lambda_3$, $\lambda_5 = \lambda_4+\lambda_4$, $\lambda_6 = \lambda_5+y$ $(= x+y/3)$, $\lambda_7 = \lambda_6 - \lambda_1$, $\lambda_8 = \lambda_7 + \lambda_4$ $(= x/2+y)$. Doch $\{x/2+y, x+y/2\}$ benötigt zwei Multiplikationen, da die Spalten von $\begin{pmatrix} 1/2 & 1 \\ 1 & 1/2 \end{pmatrix}$ Z-unabhängig sind. [*Journal of Information Processing* **1** (1978), 125–129.]

Abschnitt 4.7

1. Finde den ersten von null verschiedenen Koeffizienten V_m in (4) und dividiere sowohl $U(z)$ als auch $V(z)$ durch z^m (indem die Koeffizienten m Stellen nach links verschoben werden). Der Quotient wird genau dann eine Potenzreihe sein, wenn $U_0 = \cdots = U_{m-1} = 0$.

2. Wir haben $V_0^{n+1}W_n = V_0^n U_n - (V_0^1 W_0)(V_0^{n-1}V_n) - (V_0^2 W_1)(V_0^{n-2}V_{n-1}) - \cdots - (V_0^n W_{n-1})(V_0^0 V_1)$. Also können wir damit beginnen, (U_j, V_j) durch $(V_0^j U_j, V_0^{j-1}V_j)$ für $j \geq 1$ zu ersetzen, dann setzen wir $W_n \leftarrow U_n - \sum_{k=0}^{n-1} W_k V_{n-k}$ für $n \geq 0$, schließlich ersetzen wir W_j durch W_j/V_0^{j+1} für $j \geq 0$. Ähnliche Techniken sind in Verbindung mit anderen Algorithmen dieses Abschnitts möglich.

3. Ja. Wenn $\alpha = 0$, kann man leicht durch Induktion $W_1 = W_2 = \cdots = 0$ zeigen. Wenn $\alpha = 1$, finden wir $W_n = V_n$ durch die schöne Identität

$$\sum_{k=1}^{n} \left(\frac{k - (n-k)}{n} \right) V_k V_{n-k} = V_n V_0.$$

4. Wenn $W(z) = e^{V(z)}$, dann $W'(z) = V'(z)W(z)$; wir finden $W_0 = e^{V_0}$ und

$$W_n = \sum_{k=1}^{n} \frac{k}{n} V_k W_{n-k} \qquad \text{für } n \geq 1.$$

Wenn $W(z) = \ln V(z)$, werden die Rollen von V und W vertauscht; wenn $V_0 = 1$, ist die Regel $W_0 = 0$ und $W_n = V_n + \sum_{k=1}^{n-1}(k/n - 1)V_k W_{n-k}$ für $n \geq 1$.

[Nach Übung 6 kann man den Logarithmus bis zur Ordnung n in $O(n \log n)$ Operationen erhalten. R. P. Brent hat erkannt, dass $\exp(V(z))$ auch mit dieser asymptotischen Geschwindigkeit durch Anwendung von Newtons Methode auf $f(x) = \ln x - V(z)$ berechnet werden kann; deswegen ist allgemeine Exponentiation $(1 + V(z))^\alpha = \exp(\alpha \ln(1+V(z)))$ ebenfalls $O(n \log n)$. *Referenz: Analytic Computational Complexity*, herausgegeben von J. F. Traub (New York: Academic Press, 1975), 172–176.]

5. Wir bekommen die ursprünglichen Reihen wieder. Das kann zum Test eines Umkehralgorithmus verwendet werden.

6. $\phi(x) = x + x(1 - xV(z))$; siehe Algorithmus 4.3.3R. Also ist die Idee, nachdem $W_0, \ldots, W_{N-1}$ bekannt sind, $V_N, \ldots, V_{2N-1}$ einzugeben, $(W_0 + \cdots + W_{N-1}z^{N-1}) \times (V_0 + \cdots + V_{2N-1}z^{2N-1}) = 1 + R_0 z^N + \cdots + R_{N-1}z^{2N-1} + O(z^{2N})$ zu berechnen und $W_N + \cdots + W_{2N-1}z^{N-1} = -(W_0 + \cdots + W_{N-1}z^{N-1})(R_0 + \cdots + R_{N-1}z^{N-1}) + O(z^N)$ zu setzen. [*Numer. Math.* **22** (1974), 341–348; Dieser Algorithmus wurde im Wesentlichen zuerst von M. Sieveking, *Computing* **10** (1972), 153–156, publiziert]. Beachte, dass die Gesamtzeit für N Koeffizienten $O(N \log N)$ arithmetische Operationen sind, wenn wir „schnelle" Polynommultiplikation verwenden (Übung 4.6.4–57).

7. $W_n = \binom{mk}{k}/n$, wenn $n = (m-1)k + 1$, sonst 0. (Siehe Übung 2.3.4.4–11.)

8. **G1.** Eingabe von G_1 und V_1; setze $n \leftarrow 1$, $U_0 \leftarrow 1/V_1$; Ausgabe von $W_1 = G_1 U_0$.

G2. Erhöhe n um 1. Beende den Algorithmus, wenn $n > N$; sonst gib V_n und G_n ein.

G3. Setze $U_k \leftarrow (U_k - \sum_{j=1}^{k} U_{k-j}V_{j+1})/V_1$ für $k = 0, 1, \ldots, n-2$ (in dieser Reihenfolge); dann setze $U_{n-1} \leftarrow -\sum_{k=2}^{n} kU_{n-k}V_k/V_1$.

G4. Gib $W_n = \sum_{k=1}^{n} kU_{n-k}G_k/n$ aus und geh zurück nach G2. ▌

(Die Laufzeit des Algorithmus von der Ordnung N^3 wird hierbei nur um die Ordnung N^2 erhöht.)

Bemerkung: Die Algorithmen T und N bestimmen $V^{[-1]}(U(z))$; der Algorithmus in dieser Übung bestimmt $G(V^{[-1]}(z))$, was etwas anderes ist. Natürlich können die Ergebnisse durch eine Folge von Umkehr- und Kompositions-Operationen (siehe Übung 11) erhalten werden, doch ist es hilfreich, einen direkteren Algorithmus für jeden Fall zu haben.

9.

	$n=1$	$n=2$	$n=3$	$n=4$	$n=5$
T_{1n}	1	1	2	5	14
T_{2n}		1	2	5	14
T_{3n}			1	3	9
T_{4n}				1	4
T_{5n}					1

10. Bilde $y^{1/\alpha} = x(1 + a_1 x + a_2 x^2 + \cdots)^{1/\alpha} = x(1 + c_1 x + c_2 x^2 + \cdots)$ mittels Gl. (9); dann kehre die letzte Reihe um. (Siehe die Bemerkungen nach Gl. 1.2.11.3–(11).)

11. Setze $W_0 \leftarrow U_0$ und $(T_k, W_k) \leftarrow (V_k, 0)$ für $1 \le k \le N$. Dann führe für $n = 1, 2, \ldots, N$ das Folgende aus: Setze $W_j \leftarrow W_j + U_n T_j$ für $n \le j \le N$ und dann $T_j \leftarrow T_{j-1}V_1 + \cdots + T_n V_{j-n}$ für $j = N, N-1, \ldots, n+1$.

$T(z)$ repräsentiert hier $V(z)^N$. Ein *Online*-Potenzreihenalgorithmus für dieses Problem, analog zu Algorithmus T, könnte konstruiert werden, doch er würde über $N^2/2$ Speicherplätze erfordern. Es gibt auch einen Online-Algorithmus, der diese Aufgabe löst und nur $O(N)$ Speicherplätze benötigt: Wir können annehmen, dass $V_1 = 1$, wenn U_k durch $U_k V_1^k$ und V_k durch V_k/V_1 für alle k ersetzt ist. Dann können wir $V(z)$ durch Algorithmus L umkehren und seine Ausgabe als Eingabe zum Algorithmus von Übung 8 mit $G_1 = U_1$, $G_2 = U_2$, usw. verwenden, also indem wir $U(V^{[-1][-1]}(z)) - U_0$ berechnen. Siehe auch Übung 20.

Brent und Kung haben einige Algorithmen konstruiert, die asymptotisch schneller sind. Wir können zum Beispiel $U(x)$ für $x = V(z)$ auswerten durch eine leichte Variante zu Übung 4.6.4–42(c), wobei wir etwa $2\sqrt{N}$ Kettenmultiplikationen mit $M(N)$

Aufwand ausführen und etwa N Parametermultiplikationen mit Aufwand N, wobei $M(N)$ die Anzahl von Operationen ist, die man zur Multiplikation von Potenzreihen der Ordnung N braucht; die Gesamtzeit ist deshalb $O(\sqrt{N}M(N) + N^2) = O(N^2)$. Eine noch schnellere Methode kann auf die Identität $U(V_0(z)+z^m V_1(z)) = U(V_0(z)) + z^m U'(V_0(z))V_1(z) + z^{2m}U''(V_0(z))V_1(z)^2/2! + \cdots$ gegründet werden, indem man diese zu etwa N/m Termen erweitert, wobei wir $m \approx \sqrt{N/\log N}$ wählen; der erste Term $U(V_0(z))$ wird ausgewertet in $O(mN(\log N)^2)$ Operationen mit einer Methode ähnlich der in Übung 4.6.4–43. Da wir durch Differenzieren und Teilen durch $V_0'(z)$ von $U^{(k)}(V_0(z))$ zu $U^{(k+1)}(V_0(z))$ in $O(N \log N)$ Operationen gehen können, braucht das ganze Verfahren $O(mN(\log N)^2 + (N/m)\, N \log N) = O(N \log N)^{3/2}$ Operationen. [*JACM* **25** (1978), 581–595.]

Wenn die Polynome m-Bit-Ganzzahlkoeffizienten haben, führt dieser Algorithmus rund $N^{3/2+\epsilon}$ Multiplikationen mit $(N \lg m)$-Bit-Zahlen aus, so dass die Gesamtlaufzeit mehr als $N^{5/2}$ sein wird. Eine Alternative mit asymptotischer Laufzeit $O(N^{2+\epsilon})$ wurde von P. Ritzmann [*Theoretical Comp. Sci.* **44** (1986), 1–16] entwickelt. Komposition kann sehr viel schneller modulo einer kleinen Primzahl p durchgeführt werden (siehe Übung 26).

12. Polynomdivision ist trivial, wenn nicht $m \geq n \geq 1$. Angenommen das Letztere ist der Fall, dann ist die Gleichung $u(x) = q(x)v(x)+r(x)$ äquivalent zu $U(z) = Q(z)V(z)+ z^{m-n+1}R(z)$, wobei $U(x) = x^m u(x^{-1})$, $V(x) = x^n v(x^{-1})$, $Q(x) = x^{m-n}q(x^{-1})$ und $R(x) = x^{n-1}r(x^{-1})$ die „inversen“ Polynome zu u, v, q und r sind.

Finde $q(x)$ und $r(x)$, berechne die ersten $m-n+1$ Koeffizienten der Potenzreihe $U(z)/V(z) = W(z) + O(z^{m-n+1})$; dann berechne die Potenzreihe $U(z) - V(z)W(z)$, welche die Form $z^{m-n+1}T(z)$ hat, wobei $T(z) = T_0 + T_1 z + \cdots$. Beachte, dass $T_j = 0$ für alle $j \geq n$; also erfüllen $Q(z) = W(z)$ und $R(z) = T(z)$ die Forderungen.

13. Wende Übung 4.6.1–3 an mit $u(z) = z^N$ und $v(z) = W_0 + \cdots + W_{N-1}z^{N-1}$; die gewünschten Näherungen sind die Werte von $v_3(z)/v_2(z)$, die während des Ablaufs des Algorithmus anfallen. Übung 4.6.1–26 sagt uns, dass es keine weiteren Möglichkeiten mit teilerfremdem Zähler und Nenner gibt. Wenn jedes W_i eine ganze Zahl ist, wird eine rein ganzzahlige Erweiterung von Algorithmus 4.6.1C die gewünschten Eigenschaften haben.

Bemerkungen: Siehe das Buch *History of Continued Fractions and Padé Approximants* von Claude Brezinski (Berlin: Springer, 1991) für weitere Information. Der Fall $N = 2n+1$ und $\deg(w_1) = \deg(w_2) = n$ ist von besonderem Interesse, da er zu einem so genannten Toeplitzsystem äquivalent ist; eine Übersicht über asymptotisch schnelle Methoden für Toeplitzsysteme findet sich in Bini und Pan, *Polynom and Matrix Computations* **1** (Boston: Birkhäuser, 1994), §2.5. Die Methode dieser Übung kann verallgemeinert werden zu beliebiger rationaler Interpolation von der Form $W(z) \equiv p(z)/q(z)$ (modulo $(z-z_1)\ldots(z-z_N)$), wobei die z_i nicht verschieden sein müssen; also können wir den Wert von $W(z)$ und einige von den Ableitungen an mehreren Punkten spezifizieren. Siehe Richard P. Brent, Fred G. Gustavson und David Y. Y. Yun, *J. Algorithmen* **1** (1980), 259–295.

14. Wenn $U(z) = z + U_k z^k + \cdots$ und $V(z) = z^k + V_{k+1}z^{k+1} + \cdots$, finden wir, dass die Differenz $V(U(z)) - U'(z)V(z)$ ist $\sum_{j\geq 1} z^{2k+j-1} j(U_k V_{k+j} - U_{k+j} + (\text{Polynom nur in } U_k, \ldots, U_{k+j-1}, V_{k+1}, \ldots, V_{k+j-1}))$; also ist $V(z)$ eindeutig, wenn $U(z)$ gegeben ist, und $U(z)$ ist eindeutig, wenn $V(z)$ und U_k gegeben sind.

Die Lösung hängt ab von zwei Hilfsalgorithmen, deren erster die Gleichung $V(z + z^k U(z)) = (1 + z^{k-1}W(z))V(z) + z^{k-1}S(z) + O(z^{k-1+n})$ für $V(z) = V_0 + V_1 z +$

$\cdots + V_{n-1}z^{n-1}$ löst, wenn $U(z)$, $W(z)$, $S(z)$ und n gegeben sind. Für $n = 1$ sei $V_0 = -S(0)/W(0)$ oder V_0 sei beliebig, wenn $S(0) = W(0) = 0$. Um von n nach $2n$ zu kommen, sei

$$V(z + z^k U(z)) = (1 + z^{k-1}W(z))V(z) + z^{k-1}S(z) - z^{k-1+n}R(z) + O(z^{k-1+2n}),$$
$$1 + z^{k-1}\hat{W}(z) = (z/(z + z^k U(z)))^n (1 + z^{k-1}W(z)) + O(z^{k-1+n}),$$
$$\hat{S}(z) = (z/(z + z^k U(z)))^n R(z) + O(z^n),$$

und erfülle $V(z) = V_n + V_{n+1}z + \cdots + V_{2n-1}z^{n-1}$

$$\hat{V}(z + z^k U(z)) = (1 + z^{k-1}\hat{W}(z))\hat{V}(z) + z^{k-1}\hat{S}(z) + O(z^{k-1+n}).$$

Der zweite Algorithmus löst $W(z)U(z) + zU'(z) = V(z) + O(z^n)$ für $U(z) = U_0 + U_1 z + \cdots + U_{n-1}z^{n-1}$ für gegebene $V(z)$, $W(z)$ und n. Wenn $n = 1$, sei $U_0 = V(0)/W(0)$ oder U_0 sei beliebig im Fall $V(0) = W(0) = 0$. Um von n nach $2n$ zu kommen, sei $W(z)U(z) + zU'(z) = V(z) - z^n R(z) + O(z^{2n})$ und $\hat{U}(z) = U_n + \cdots + U_{2n-1}z^{n-1}$ sei eine Lösung der Gleichung $(n + W(z))\hat{U}(z) + z\hat{U}'(z) = R(z) + O(z^n)$.

Mit der Notation von (27) kann der erste Algorithmus verwendet werden zur Lösung von $\hat{V}(U(z)) = U'(z)(z/U(z))^k \hat{V}(z)$ zu jeder gewünschten Genauigkeit. Wir setzen $V(z) = z^k \hat{V}(z)$. Um $P(z)$ zu finden, nimm $V(P(z)) = P'(z)V(z) + O(z^{2k-1+n})$ an, eine Gleichung, die für $n = 1$ gilt, wenn $P(z) = z + \alpha z^k$ und α beliebig ist. Wir können von n nach $2n$ kommen, indem wir $V(P(z)) = P'(z)V(z) + z^{2k-1+n}R(z) + O(z^{2k-1+2n})$ setzen und $P(z)$ durch $P(z) + z^{k+n}\hat{P}(z)$ ersetzen, wobei der zweite Algorithmus zur Bestimmung von $\hat{P}(z)$ mit $(k + n - zV'(P(z))/V(z))\hat{P}(z) + z\hat{P}'(z) = (z^k/V(z))R(z) + O(z^n)$ verwendet wird.

15. Die Differentialgleichung $U'(z)/U(z)^k = 1/z^k$ impliziert, dass $U(z)^{1-k} = z^{1-k} + c$ für ein Konstante c. So finden wir $U^{[n]}(z) = z/(1 + cnz^{1-k})^{1/(k-1)}$.

Ein ähnliches Argument löst (27) für beliebiges $V(z)$: Wenn $W'(z) = 1/V(z)$, haben wir $W(U^{[n]}(z)) = W(z) + nc$ für ein c.

16. Wir wollen zeigen, dass $[t^n]\, t^{n+1}((n+1)R'_{k+1}(t)/V(t)^n - nR'_k(t)/V(t)^{n+1}) = 0$. Dieses folgt, da $(n+1)R'_{k+1}(t)/V(t)^n - nR'_k(t)/V(t)^{n+1} = \frac{d}{dt}(R_{k+1}(t)/V(t)^{n+1})$. Folglich haben wir $n^{-1}[t^{n-1}]\, R'_1(t)\, t^n/V(t)^n = (n-1)^{-1}[t^{n-2}]\, R'_2(t)\, t^{n-1}/V(t)^{n-1} = \cdots = 1^{-1}[t^0]\, R'_n(t)\, t/V(t) = [t]\, R_n(t)/V_1 = W_n$.

17. Setze Koeffizienten von $x^l y^m$ gleich. Nach der Konvolutionsformel $\binom{l+m}{m} v_{n(l+m)} = \sum_k \binom{n}{k} v_{kl} v_{(n-k)m}$, was gleich $[z^n]\, V(z)^{l+m} = \sum_k ([z^k]V(z)^l)([z^{n-k}]\, V(z)^m)$ und ein Spezialfall von (2) ist.

Bemerkungen: Der Name „Potenzoid (poweroid)" wurde eingeführt von J. F. Steffensen, welcher der erste von vielen Autoren war, die die auffallenden Eigenschaften dieser Polynome allgemein untersuchten, [*Acta Mathematica* **73** (1941), 333–366]. Für eine Übersicht der Literatur und für weitere Diskussionen der Themen der nächsten Übungen siehe D. E. Knuth, *The Mathematica Journal* **2** (1992), 67–78. Eines der in der Arbeit bewiesenen Ergebnisse ist die asymptotische Formel $V_n(x) = e^{xV(s)}(\frac{n}{es})^n(1 - V_2 y + O(y^2) + O(x^{-1}))$, wenn $V_1 = 1$ und $sV'(s) = y$ und $y = n/x$ beschränkt ist für $x \to \infty$ und $n \to \infty$.

18. Wir haben $V_n(x) = \sum_k x^k n!\, [z^n]\, V(z)^k/k! = n!\, [z^n]\, e^{xV(z)}$. Folglich $V_n(x)/x = (n-1)!\, [z^{n-1}]\, V'(z)\, e^{xV(z)}$, wenn $n > 0$. Wir bekommen die behauptete Identität durch Gleichsetzen der Koeffizienten von z^{n-1} in $V'(z)\, e^{(x+y)V(z)} = V'(z)\, e^{xV(z)} e^{yV(z)}$.

19. Wir haben

$$v_{nm} = \frac{n!}{m!}[z^n]\left(\frac{v_1}{1!}z + \frac{v_2}{2!}z^2 + \frac{v_3}{3!}z^3 + \cdots\right)^m$$

$$= \sum_{\substack{k_1+k_2+\cdots+k_n=m\\ k_1+2k_2+\cdots+nk_n=n\\ k_1,k_2,\ldots,k_n\geq 0}} \frac{n!}{k_1!\,k_2!\ldots k_n!}\left(\frac{v_1}{1!}\right)^{k_1}\left(\frac{v_2}{2!}\right)^{k_2}\cdots\left(\frac{v_n}{n!}\right)^{k_n}$$

durch den Multinomialsatz 1.2.6–(42). Diese Koeffizienten kommen auch in Arbogasts Formel, Übung 1.2.5–21, vor, und wir können die Terme mit Mengenzerlegungen assoziieren, wie in der Lösung zu dieser Übung erklärt wurde. Die Rekurrenz

$$v_{nk} = \sum_j \binom{n-1}{j-1} v_j v_{(n-j)(k-1)}$$

zeigt, wie Spalte k von den Spalten 1 und $k-1$ zu berechnen ist; sie ist leicht zu interpretieren bezüglich der Partitionen von $\{1,\ldots,n\}$, da es $\binom{n-1}{j-1}$ Wege gibt, das Element n in eine Teilmenge der Größe j einzusetzen. Die ersten paar Zeilen der Matrix sind

v_1				
v_2	v_1^2			
v_3	$3v_1v_2$	v_1^3		
v_4	$4v_1v_3+3v_2^2$	$6v_1^2v_2$	v_1^4	
v_5	$5v_1v_4+10v_2v_3$	$15v_1v_2^2+10v_1^2v_3$	$10v_1^3v_2$	v_1^5

20. $[z^n]\,W(z)^k = \sum_j([z^j]\,U(z)^k)([z^n]\,V(z)^j)$; also $w_{nk} = (n!/k!)\sum_j((k!/j!)u_{jk}) \times ((j!/n!)v_{nj})$. [E. Jabotinsky, *Comptes Rendus Acad. Sci. Paris* **224** (1947), 323–324.]

21. (a) Wenn $U(z) = \alpha W(\beta z)$, haben wir $u_{nk} = \frac{n!}{k!}[z^n]\,(\alpha W(\beta(z))^k = \alpha^k\beta^n w_{nk}$; insbesondere wenn $U(z) = V^{[-1]}(z) = -W(-z)$, haben wir $u_{nk} = (-1)^{n-k}w_{nk}$. Deshalb entsprechen $\sum_k u_{nk}v_{km}$ und $\sum_k v_{nk}u_{km}$ der Identitätsfunktion z gemäß Übung 20.

(b) [Lösung von Ira Gessel.] Diese Identität ist äquivalent zu Lagranges Inversionsformel: Wir haben $w_{nk} = (-1)^{n-k}u_{nk} = (-1)^{n-k}\frac{n!}{k!}[z^n]\,V^{[-1]}(z)^k$ und der Koeffizient von z^n in $V^{[-1]}(z)^k$ ist $n^{-1}[t^{n-1}]\,kt^{n+k-1}/V(t)^n$ nach Übung 16. Auf der anderen Seite haben wir $v_{(-k)(-n)}$ als $(-k)^{\underline{n-k}}[z^{n-k}]\,(V(z)/z))^{-n}$ definiert, welches gleich $(-1)^{n-k}(n-1)\ldots(k+1)k\,[z^{n-1}]\,z^{n+k-1}/V(z)^n$ ist.

22. (a) Wenn $V(z) = U^{\{\alpha\}}(z)$ und $W(z) = V^{\{\beta\}}(z)$, haben wir $W(z) = V(zW(z)^\beta) = U(zW(z)^\beta\,V(zW(z)^\beta)^\alpha) = U(zW(z)^{\alpha+\beta})$. (Beachte den Gegensatz zwischen diesem Gesetz und den ähnlichen Formeln $U^{[1]}(z) = U(z)$, $U^{[\alpha][\beta]}(z) = U^{[\alpha\beta]}(z)$, die auf Iteration angewendet werden.)

(b) $B^{\{2\}}(z)$ ist die Erzeugungsfunktion für Binärbäume, 2.3.4.4–(12), die $W(z)/z$ im Beispiel $z = t - t^2$ ist, das auf Algorithmus L folgt. Darüberhinaus ist $B^{\{t\}}(z)$ die Erzeugungsfunktion für t-äre Bäume, Übung 2.3.4.4–11.

(c) Der Hinweis ist äquivalent zu $zU^{\{\alpha\}}(z)^\alpha = W^{[-1]}(z)$, was wiederum äquivalent zu der Formel $zU^{\{\alpha\}}(z)^\alpha/U(zU^{\{\alpha\}}(z)^\alpha)^\alpha = z$ ist. Jetzt besagt Lagranges Inversionstheorem (Übung 8), dass $[z^n]\,W^{[-1]}(z)^x = \frac{x}{n}[z^{-x}]\,W(z)^{-n}$, wenn x eine positive ganze Zahl ist. (Hier ist $W(z)^{-n}$ eine Laurentreihe – eine Potenzreihe geteilt durch eine Potenz von z; wir können die Notation $[z^m]\,V(z)$ für Laurentreihen wie für Potenzreihen benutzen.) Also, $[z^n]\,U^{\{\alpha\}}(z)^x = [z^n]\,(W^{[-1]}(z)/z)^{x/\alpha} = [z^{n+x/\alpha}]\,W^{[-1]}(z)^{x/\alpha}$

gleich $\frac{x/\alpha}{n+x/\alpha}\,[z^{-x/\alpha}]\,W(z)^{-n-x/\alpha} = \frac{x}{x+n\alpha}\,[z^{-x/\alpha}]\,z^{-n-x/\alpha}U(z)^{x+n\alpha}$, wenn x/α eine positive ganze Zahl ist. Wir haben das Ergebnis für unendlich viele α verifiziert; das ist hinreichend, da die Koeffizienten von $U^{\{\alpha\}}(z)^x$ Polynome in α sind.

Wir haben spezielle Fälle von diesem Ergebnis in den Übungen 1.2.6–25 und 2.3.4.4–29 gesehen. Eine erinnernswerte Folge des Hinweises ist der Fall $\alpha = -1$:

$$W(z) = zU(z) \qquad \text{genau dann, wenn} \qquad W^{[-1]}(z) = z/U^{\{-1\}}(z)\,.$$

(d) Wenn $U_0 = 1$ und $V_n(x)$, ist der Potenzoid für $V(z) = \ln U(z)$. Wir haben gerade bewiesen, dass $xV_n(x+n\alpha)/(x+n\alpha)$ der Potenzoid für $\ln U^{\{\alpha\}}(z)$ ist. Deshalb können wir diesen Potenzoid in die früheren Identitäten einsetzen, wobei wir y zu $y-\alpha n$ in der zweiten Formel ändern.

23. (a) Wir haben $U = I+T$, wobei T^n null ist in den Zeilen $\le n$. Also $\ln U = T-\frac{1}{2}T^2+\frac{1}{3}T^3-\cdots$ wird die Eigenschaft haben, dass $\exp(\alpha \ln U) = I+\binom{\alpha}{1}T+\binom{\alpha}{2}T^2+\cdots = U^\alpha$. Jeder Eintrag in U^α ist ein Polynom in α und die Relationen von Übung 19 gelten, wann immer α eine positive ganze Zahl ist; deshalb ist U^α eine Potenzmatrix für alle α, und ihre erste Spalte definiert $U^{[\alpha]}(z)$. (Insbesondere ist U^{-1} eine Potenzmatrix; dies ist ein anderer Weg, $U(z)$ umzukehren.)

(b) Da $U^\epsilon = I+\epsilon\ln U + O(\epsilon^2)$, haben wir

$$l_{nk} = [\epsilon]u_{nk}^{[\epsilon]} = \frac{n!}{k!}\,[z^n][\epsilon]\,\bigl(z+\epsilon L(z)+O(\epsilon^2)\bigr)^k = \frac{n!}{k!}\,[z^n]\,kz^{k-1}L(z).$$

(c) $\frac{\partial}{\partial\alpha}U^{[\alpha]}(z) = [\epsilon]\,U^{[\alpha+\epsilon]}(z)$ und wir haben

$$U^{[\alpha+\epsilon]}(z) = U^{[\alpha]}\bigl(U^{[\epsilon]}(z)\bigr) = U^{[\alpha]}\bigl(z+\epsilon L(z)+O(\epsilon^2)\bigr).$$

Auch gilt $U^{[\alpha+\epsilon]}(z) = U^{[\epsilon]}\bigl(U^{[\alpha]}(z)\bigr) = U^{[\alpha]}(z)+\epsilon L\bigl(U^{[\alpha]}(z)\bigr)+O(\epsilon^2)$.

(d) Die Identität folgt aus der Tatsache, dass U mit $\ln U$ kommutiert. Sie bestimmt l_{n-1}, wenn $n \ge 4$, weil der Koeffizient von l_{n-1} auf der linken Seite nu_2 ist, während der Koeffizient auf der rechten Seite $u_{n(n-1)} = \binom{n}{2}u_2$ ist. In ähnlicher Weise, wenn $u_2 = \cdots = u_{k-1} = 0$ und $u_k \ne 0$, haben wir $l_k = u_k$ und die Rekurrenz für $n \ge 2k$ bestimmt $l_{k+1}, l_{k+2}, \ldots$: Die linke Seite hat die Form $l_n + \binom{n}{k-1}l_{n+1-k}u_k + \cdots$ und die rechte Seite die Form $l_n + \binom{n}{k}l_{n+1-k}u_k + \cdots$. Allgemein, $l_2 = u_2$, $l_3 = u_3 - \frac{3}{2}u_2^2$, $l_4 = u_4 - 5u_2u_3 + \frac{9}{2}u_2^3$, $l_5 = u_5 - \frac{15}{2}u_2u_4 - 5u_3^2 + \frac{185}{6}u_2^2u_3 - 20u_2^4$.

(e) Wir haben $U = \sum_m (\ln U)^m/m!$; für festes m ist der Beitrag vom m-ten Term zu $u_n = u_{n1}$ nämlich $\sum l_{n_m n_{m-1}} \ldots l_{n_2 n_1} l_{n_1 n_0}$ summiert über $n = n_m > \cdots > n_1 > n_0 = 1$. Jetzt wenden wir das Ergebnis von Teil (b) an. [Siehe *Trans. Amer. Math. Soc.* **108** (1963), 457–477.]

24. (a) Nach (21) und Übung 20 haben wir $U = VDV^{-1}$, wobei V die Potenzmatrix der Schröderfunktion und D die Diagonalmatrix $\mathrm{diag}(u, u^2, u^3, \ldots)$ ist. Deshalb können wir $\ln U = V\mathrm{diag}(\ln u, 2\ln u, 3\ln u, \ldots)V^{-1}$ setzen. (b) Die Gleichung $WVDV^{-1} = VDV^{-1}W$ impliziert $(V^{-1}WV)D = D(V^{-1}WV)$. Die Diagonaleinträge von D sind verschieden, also muss $V^{-1}WV$ eine Diagonalmatrix D' sein. Ebenso $W = VD'V^{-1}$, und W hat dieselbe Schröderfunktion wie U. Es folgt, dass $W_1 \ne 0$ und $W = VD^\alpha V^{-1}$, wobei $\alpha = (\ln W_1)/(\ln U_1)$.

25. Wir haben $k = l$, weil

$$[z^{k+l-1}]\,U\bigl(V(z)\bigr) = U_{k+l-1} + V_{k+l-1} + kU_kV_l.$$

Um den Beweis zu vervollständigen, genügt es zu zeigen, dass $U_k = V_k$ und $U(V(z)) = V(U(z))$ gerade $U(z) = V(z)$ implizieren. Nimm an, l ist minimal mit $U_l \ne V_l$ und $n =$

$k+l-1$. Dann haben wir $u_{nk}-v_{nk} = \binom{n}{l}(u_l-v_l)$; $u_{nj} = v_{nj}$ für alle $j > k$; $u_{nl} = \binom{n}{k}u_k$; und $u_{nj} = 0$ für $l < j < n$. Jetzt muss die Summe $\sum_j u_{nj}v_j = u_n+u_{nk}v_k+\cdots+u_{nl}v_l+v_n$ gleich $\sum_j v_{nj}u_j$ sein; so finden wir $\binom{n}{l}(u_l - v_l)v_k = \binom{n}{k}v_k(u_l - v_l)$. Doch haben wir $\binom{k+l-1}{k} = \binom{k+l-1}{l}$ genau dann, wenn $k = l$.

[Aus dieser Übung und der vorigen könnten wir den Verdacht schöpfen, dass $U(V(z)) = V(U(z))$ nur, wenn U und V Iterierte zueinander sind. Doch dies ist nicht notwendig wahr, wenn U_1 und V_1 Einheitswurzeln sind. Zum Beispiel, wenn $V_1 = -1$ und $U(z) = V^{[2]}(z)$, ist V nicht eine Iterierte von $U^{[1/2]}$, noch ist $U^{[1/2]}$ eine Iterierte von V.]

26. Wenn wir $U(z) = U_{[0]}(z^2)+zU_{[1]}(z^2)$ schreiben, haben wir $U(V(z)) \equiv U_{[0]}(V_1z^2 + V_2z^4 + \cdots) + V(z)U_{[1]}(V_1z^2 + V_2z^4 + \cdots)$ (modulo 2). Die Laufzeit erfüllt $T(N) = 2T(N/2) + C(N)$, wobei $C(N)$ im Wesentlichen die Zeit für Polynommultiplikation mod z^N ist. Wir können $C(N) = O(N^{1+\epsilon})$ erreichen durch die Methode von etwa Übung 4.6.4–59; siehe auch die Antwort zu Übung 4.6–5.

Eine ähnliche Methode arbeitet mod p in Zeit $O(pN^{1+\epsilon})$. [D. J. Bernstein, *J. Symbolic Computation* **26** (1998), 339–341.]

27. Von $(W(qz) - W(z))V(z) = W(z)(V(q^m z) - V(z))$ erhalten wir die Rekurrenz $W_n = \sum_{k=1}^n V_k W_{n-k}(q^{km} - q^{n-k})/(q^n - 1)$. [*J. Difference Eqs. und Applics.* **1** (1995), 57–60.]

28. Beachte zunächst, dass $\delta(U(z)V(z)) = (\delta U(z))V(z)+U(z)(\delta V(z))$, weil $t(mn) = t(m)+t(n)$. Deshalb $\delta(V(z)^n) = nV(z)^{n-1}\delta V(z)$ für alle $n \ge 0$ durch Induktion nach n; die Identität, die wir zeigen müssen, ist $\delta e^{V(z)} = \sum_{n\ge0} \delta(V(z)^n/n!) = e^{V(z)}\delta V(z)$. Ersetzen von $V(z)$ durch $\ln V(z)$ in dieser Gleichung ergibt $V(z)\,\delta \ln V(z) = \delta V(z)$; also $\delta(V(z)^\alpha) = \delta e^{\alpha \ln V(z)} = e^{\alpha \ln V(z)}\delta(\alpha \ln V(z)) = \alpha V(z)^{\alpha-1}$ für alle komplexen Zahlen α.

Es folgt, dass die gewünschten Rekurrenzen

$$\text{(a) } W_1 = 1,\ W_n = \textstyle\sum_{d\backslash n,\, d>1}((\alpha+1)t(d)/t(n) - 1)V_d W_{n/d}\,;$$
$$\text{(b) } W_1 = 1,\ W_n = \textstyle\sum_{d\backslash n,\, d>1}(t(d)/t(n))V_d W_{n/d}\,;$$
$$\text{(c) } W_1 = 0,\ W_n = V_n + \textstyle\sum_{d\backslash n,\, d>1}(t(d)/t(n) - 1)V_d W_{n/d}$$

sind. [Siehe H. W. Gould, *AMM* **81** (1974), 3–14. Diese Formeln gelten, wenn t irgendeine Funktion ist derart, dass $t(m) + t(n) = t(mn)$ und $t(n) = 0$ genau dann, wenn $n = 1$, doch die vorgeschlagene Funktion t ist am einfachsten. Die hier diskutierten Methoden funktionieren auch für Potenzreihen in beliebig vielen Variablen; dann ist t der totale Grad eines Terms.]

„Es ist gewiss eine Idee, die Du dort hast," sagte Poirot mit einigem Interesse.
„Ja, ja, ich spiele die Rolle des Rechners.
Man füttert die Information ein –"
„und Du bringst all die falschen Antworten, nehm' ich an?" sagte Mrs. Oliver.
„Dass würde unmöglich sein," sagte Hercule Poirot.
„Rechner tun so etwas nicht."
„Sie sollten nicht," sagte Mrs. Oliver,
„doch Du würdest staunen, was manchmal passiert."

— AGATHA CHRISTIE, *Hallowe'en Party* (1969)

Anhang A

Tabellen numerischer Grössen

Tabelle 1

Häufig in Standardrprogrammen und in der Analyse von Programmen benutzte Grössen (40 Dezimalstellen)

$\sqrt{2}$ =	1,41421 35623 73095 04880 16887 24209 69807 85697−
$\sqrt{3}$ =	1,73205 08075 68877 29352 74463 41505 87236 69428+
$\sqrt{5}$ =	2,23606 79774 99789 69640 91736 68731 27623 54406+
$\sqrt{10}$ =	3,16227 76601 68379 33199 88935 44432 71853 37196−
$\sqrt[3]{2}$ =	1,25992 10498 94873 16476 72106 07278 22835 05703−
$\sqrt[3]{3}$ =	1,44224 95703 07408 38232 16383 10780 10958 83919−
$\sqrt[4]{2}$ =	1,18920 71150 02721 06671 74999 70560 47591 52930−
$\ln 2$ =	0,69314 71805 59945 30941 72321 21458 17656 80755+
$\ln 3$ =	1,09861 22886 68109 69139 52452 36922 52570 46475−
$\ln 10$ =	2,30258 50929 94045 68401 79914 54684 36420 76011+
$1/\ln 2$ =	1,44269 50408 88963 40735 99246 81001 89213 74266+
$1/\ln 10$ =	0,43429 44819 03251 82765 11289 18916 60508 22944−
π =	3,14159 26535 89793 23846 26433 83279 50288 41972−
$1^\circ = \pi/180$ =	0,01745 32925 19943 29576 92369 07684 88612 71344+
$1/\pi$ =	0,31830 98861 83790 67153 77675 26745 02872 40689+
π^2 =	9,86960 44010 89358 61883 44909 99876 15113 53137−
$\sqrt{\pi} = \Gamma(1/2)$ =	1,77245 38509 05516 02729 81674 83341 14518 27975+
$\Gamma(1/3)$ =	2,67893 85347 07747 63365 56929 40974 67764 41287−
$\Gamma(2/3)$ =	1,35411 79394 26400 41694 52880 28154 51378 55193+
e =	2,71828 18284 59045 23536 02874 71352 66249 77572+
$1/e$ =	0,36787 94411 71442 32159 55237 70161 46086 74458+
e^2 =	7,38905 60989 30650 22723 04274 60575 00781 31803+
γ =	0,57721 56649 01532 86060 65120 90082 40243 10422−
$\ln \pi$ =	1,14472 98858 49400 17414 34273 51353 05871 16473−
ϕ =	1,61803 39887 49894 84820 45868 34365 63811 77203+
e^γ =	1,78107 24179 90197 98523 65041 03107 17954 91696+
$e^{\pi/4}$ =	2,19328 00507 38015 45655 97696 59278 73822 34616+
$\sin 1$ =	0,84147 09848 07896 50665 25023 21630 29899 96226−
$\cos 1$ =	0,54030 23058 68139 71740 09366 07442 97660 37323+
$-\zeta'(2)$ =	0,93754 82543 15843 75370 25740 94567 86497 78979−
$\zeta(3)$ =	1,20205 69031 59594 28539 97381 61511 44999 07650−
$\ln \phi$ =	0,48121 18250 59603 44749 77589 13424 36842 31352−
$1/\ln \phi$ =	2,07808 69212 35027 53760 13226 06117 79576 77422−
$-\ln\ln 2$ =	0,36651 29205 81664 32701 24391 58232 66946 94543−

Tabelle 2

Häufig in Standardrprogrammen und in der Analyse
von Programmen benutzte Grössen (45 oktale Stellen)

Die Namen links von den „="-Zeichen sind dezimal angegeben.

$0,1 =$	*0,06314 63146 31463 14631 46314 63146 31463 14631 46315–*
$0,01 =$	*0,00507 53412 17270 24365 60507 53412 17270 24365 60510–*
$0,001 =$	*0,00040 61115 64570 65176 76355 44264 16254 02030 44672+*
$0,0001 =$	*0,00003 21556 13530 70414 54512 75170 33021 15002 35223–*
$0,00001 =$	*0,00000 24761 32610 70664 36041 06077 17401 56063 34417–*
$0,000001 =$	*0,00000 02061 57364 05536 66151 55323 07746 44470 26033+*
$0,0000001 =$	*0,00000 00153 27745 15274 53644 12741 72312 20354 02151+*
$0,00000001 =$	*0,00000 00012 57143 56106 04303 47374 77341 01512 63327+*
$0,000000001 =$	*0,00000 00001 04560 27640 46655 12262 71426 40124 21742+*
$0,0000000001 =$	*0,00000 00000 06676 33766 35367 55653 37265 34642 01627–*
$\sqrt{2} =$	*1,32404 74631 77167 46220 42627 66115 46725 12575 17435+*
$\sqrt{3} =$	*1,56663 65641 30231 25163 54453 50265 60361 34073 42223–*
$\sqrt{5} =$	*2,17067 36334 57722 47602 57471 63003 00563 55620 32021–*
$\sqrt{10} =$	*3,12305 40726 64555 22444 02242 57101 41466 33775 22532+*
$\sqrt[3]{2} =$	*1,20505 05746 15345 05342 10756 65334 25574 22415 03024+*
$\sqrt[3]{3} =$	*1,34233 50444 22175 73134 67363 76133 05334 31147 60121–*
$\sqrt[4]{2} =$	*1,14067 74050 61556 12455 72152 64430 60271 02755 73136+*
$\ln 2 =$	*0,54271 02775 75071 73632 57117 07316 30007 71366 53640+*
$\ln 3 =$	*1,06237 24752 55006 05227 32440 63065 25012 35574 55337+*
$\ln 10 =$	*2,23273 06735 52524 25405 56512 66542 56026 46050 50705+*
$1/\ln 2 =$	*1,34252 16624 53405 77027 35750 37766 40644 35175 04353+*
$1/\ln 10 =$	*0,33626 75425 11562 41614 52325 33525 27655 14756 06220–*
$\pi =$	*3,11037 55242 10264 30215 14230 63050 56006 70163 21122+*
$1° = \pi/180 =$	*0,01073 72152 11224 72344 25603 54276 63351 22056 11544+*
$1/\pi =$	*0,24276 30155 62344 20251 23760 47257 50765 15156 70067–*
$\pi^2 =$	*11,67517 14467 62135 71322 25561 15466 30021 40654 34103–*
$\sqrt{\pi} = \Gamma(1/2) =$	*1,61337 61106 64736 65247 47035 40510 15273 34470 17762–*
$\Gamma(1/3) =$	*2,53347 35234 51013 61316 73106 47644 54653 00106 66046–*
$\Gamma(2/3) =$	*1,26523 57112 14154 74312 54572 37655 60126 23231 02452+*
$e =$	*2,55760 52130 50535 51246 52773 42542 00471 72363 61661+*
$1/e =$	*0,27426 53066 13167 46761 52726 75436 02440 52371 03355+*
$e^2 =$	*7,30714 45615 23355 33460 63507 35040 32664 25356 50217+*
$\gamma =$	*0,44742 14770 67666 06172 23215 74376 01002 51313 25521–*
$\ln \pi =$	*1,11206 40443 47503 36413 65374 52661 52410 37511 46057+*
$\phi =$	*1,47433 57156 27751 23701 27634 71401 40271 66710 15010+*
$e^\gamma =$	*1,61772 13452 61152 65761 22477 36553 53327 17554 21260+*
$e^{\pi/4} =$	*2,14275 31512 16162 52370 35530 11342 53525 44307 02171–*
$\sin 1 =$	*0,65665 24436 04414 73402 03067 23644 11612 07474 14505–*
$\cos 1 =$	*0,42450 50037 32406 42711 07022 14666 27320 70675 12321+*
$-\zeta'(2) =$	*0,74001 45144 53253 42362 42107 23350 50074 46100 27706+*
$\zeta(3) =$	*1,14735 00023 60014 20470 15613 42561 31715 10177 06614+*
$\ln \phi =$	*0,36630 26256 61213 01145 13700 41004 52264 30700 40646+*
$1/\ln \phi =$	*2,04776 60111 17144 41512 11436 16575 00355 43630 40651+*
$-\ln\ln 2 =$	*0,27351 71233 67265 63650 17401 56637 26334 31455 57005–*

Einige der 40-stelligen Werte in Tabelle 1 wurden auf einer Tischrechenmaschine von John W. Wrench, Jr., für die erste Auflage dieses Buchs berechnet. Als Software für solche Rechnungen in den Siebzigern verfügbar wurde, stellten sich alle seine Beiträge als korrekt heraus. Die 40-stelligen Werte anderer Fundamentalkonstanten befinden sich in den Gln. 4.5.2–(60), 4.5.3–(26), 4.5.3–(41), 4.5.4–(9) und in den Antworten zu den Übungen 4.5.4–8, 4.5.4–25, 4.6.4–58.

Tabelle 3

Werte der harmonischen Zahlen, Bernoullizahlen und Fibonaccizahlen für kleine Werte von n

n	H_n	B_n	F_n	n
0	0	1	0	0
1	1	−1/2	1	1
2	3/2	1/6	1	2
3	11/6	0	2	3
4	25/12	−1/30	3	4
5	137/60	0	5	5
6	49/20	1/42	8	6
7	363/140	0	13	7
8	761/280	−1/30	21	8
9	7129/2520	0	34	9
10	7381/2520	5/66	55	10
11	83711/27720	0	89	11
12	86021/27720	−691/2730	144	12
13	1145993/360360	0	233	13
14	1171733/360360	7/6	377	14
15	1195757/360360	0	610	15
16	2436559/720720	−3617/510	987	16
17	42142223/12252240	0	1597	17
18	14274301/4084080	43867/798	2584	18
19	275295799/77597520	0	4181	19
20	55835135/15519504	−174611/330	6765	20
21	18858053/5173168	0	10946	21
22	19093197/5173168	854513/138	17711	22
23	444316699/118982864	0	28657	23
24	1347822955/356948592	−236364091/2730	46368	24
25	34052522467/8923714800	0	75025	25
26	34395742267/8923714800	8553103/6	121393	26
27	312536252003/80313433200	0	196418	27
28	315404588903/80313433200	−23749461029/870	317811	28
29	9227046511387/2329089562800	0	514229	29
30	9304682830147/2329089562800	8615841276005/14322	832040	30

Für jedes x sei $H_x = \sum_{n\geq 1}\left(\frac{1}{n} - \frac{1}{n+x}\right)$. Dann

$$\begin{aligned}
H_{1/2} &= 2 - 2\ln 2,\\
H_{1/3} &= 3 - \tfrac{1}{2}\pi/\sqrt{3} - \tfrac{3}{2}\ln 3,\\
H_{2/3} &= \tfrac{3}{2} + \tfrac{1}{2}\pi/\sqrt{3} - \tfrac{3}{2}\ln 3,\\
H_{1/4} &= 4 - \tfrac{1}{2}\pi - 3\ln 2,\\
H_{3/4} &= \tfrac{4}{3} + \tfrac{1}{2}\pi - 3\ln 2,\\
H_{1/5} &= 5 - \tfrac{1}{2}\pi\phi^{3/2}5^{-1/4} - \tfrac{5}{4}\ln 5 - \tfrac{1}{2}\sqrt{5}\ln\phi,\\
H_{2/5} &= \tfrac{5}{2} - \tfrac{1}{2}\pi\phi^{-3/2}5^{-1/4} - \tfrac{5}{4}\ln 5 + \tfrac{1}{2}\sqrt{5}\ln\phi,\\
H_{3/5} &= \tfrac{5}{3} + \tfrac{1}{2}\pi\phi^{-3/2}5^{-1/4} - \tfrac{5}{4}\ln 5 + \tfrac{1}{2}\sqrt{5}\ln\phi,\\
H_{4/5} &= \tfrac{5}{4} + \tfrac{1}{2}\pi\phi^{3/2}5^{-1/4} - \tfrac{5}{4}\ln 5 - \tfrac{1}{2}\sqrt{5}\ln\phi,\\
H_{1/6} &= 6 - \tfrac{1}{2}\pi\sqrt{3} - 2\ln 2 - \tfrac{3}{2}\ln 3,\\
H_{5/6} &= \tfrac{6}{5} + \tfrac{1}{2}\pi\sqrt{3} - 2\ln 2 - \tfrac{3}{2}\ln 3,
\end{aligned}$$

und allgemein, wenn $0 < p < q$ (siehe Übung 1.2.9–19),

$$H_{p/q} = \frac{q}{p} - \frac{\pi}{2}\cot\frac{p}{q}\pi - \ln 2q + 2\sum_{1\leq n<q/2}\cos\frac{2pn}{q}\pi\cdot\ln\sin\frac{n}{q}\pi.$$

Index der Bezeichnungen

In den folgenden Formeln haben Buchstaben ohne weiteren Zusatz die folgende Bedeutung:

j, k	arithmetischer Ausdruck mit ganzzahligem Wert
m, n	arithmetischer Ausdruck mit natürlichzahligem Wert
x, y	arithmetischer Ausdruck mit reellem Wert
z	arithmetischer Ausdruck mit komplexem Wert
f	reell- oder komplexwertige Funktion
S, T	Menge oder Vielfachmenge

Formales Symbol	**Bedeutung**	**Wo definiert**
▮	Ende von Algorithmus, Programm, Beweis	1.1
A_n oder $A[n]$	das n te Element eines linearen Arrays A	1.1
A_{mn} oder $A[m,n]$	das Element in Zeile m und Spalte n eines rechteckigen Arrays A	1.1
$V \leftarrow E$	gib Variable V den Wert des Ausdrucks E	1.1
$U \leftrightarrow V$	vertausche die Werte der Variablen U und V	1.1
$(B \Rightarrow E;\ E')$	bedingter Ausdruck: bedeutet E, falls B wahr ist, E', falls B falsch ist	
$[B]$	charakteristische Funktion der Bedingung B: $(B \Rightarrow 1;\ 0)$	1.2.3
δ_{kj}	Kroneckers Delta: $[j = k]$	1.2.3
$[z^n]\,g(z)$	Koeffizient von z^n in Potenzreihe $g(z)$	1.2.9
$\sum_{R(k)} f(k)$	Summe aller $f(k)$ derart, dass die Variable k ganzzahlig und die Relation $R(k)$ wahr ist	1.2.3
$\prod_{R(k)} f(k)$	Produkt aller $f(k)$ derart, dass die Variable k ganzzahlig und die Relation $R(k)$ wahr ist	1.2.3
$\min_{R(k)} f(k)$	Minimaler Wert aller $f(k)$ derart, dass die Variable k ganzzahlig und die Relation $R(k)$ wahr ist	1.2.3
$\max_{R(k)} f(k)$	Maximaler Wert aller $f(k)$ derart, dass die Variable k ganzzahlig und die Relation $R(k)$ wahr ist	1.2.3

Formales Symbol	Bedeutung	Wo definiert
$\Re z$	Realteil von z	1.2.2
$\Im z$	Imaginärteil von z	1.2.2
$\overline{z}$	komplex konjugiert: $\Re z - i\,\Im z$	1.2.2
A^T	Transponierte eines rechteckigen Arrays A: $A^T[j,k] = A[k,j]$	1.2.3
x^y	x hoch y: Potenz (wenn x positiv ist)	1.2.2
x^k	x hoch k: Potenz $\left(k \geq 0 \Rightarrow \prod_{0\leq j<k} x;\quad 1/x^{-k}\right)$	1.2.2
$x^{\overline{k}}$	x hoch k steigend: $\Gamma(x+k)/\Gamma(x) = \left(k \geq 0 \Rightarrow \prod_{0\leq j<k} (x+j);\quad 1/(x+k)^{\overline{-k}}\right)$	1.2.5
$x^{\underline{k}}$	x hoch k fallend: $x!/(x-k)! = \left(k \geq 0 \Rightarrow \prod_{0\leq j<k} (x-j);\quad 1/(x-k)^{\underline{-k}}\right)$	1.2.5
$n!$	n Fakultät: $\Gamma(n+1) = n^{\underline{n}}$	1.2.5
$f'(x)$	Ableitung von f nach x	1.2.9
$f''(x)$	zweite Ableitung von f nach x	1.2.10
$f^{(n)}(x)$	n-te Ableitung: $\big(n = 0 \Rightarrow f(x);\ g'(x)\big)$, wobei $g(x) = f^{(n-1)}(x)$	1.2.11.2
$f^{[n]}(x)$	n-fach Iterierte: $\big(n = 0 \Rightarrow x; f(f^{[n-1]}(x))\big)$	4.7
$f^{\{n\}}(x)$	n-fach induzierte Funktion: $f^{\{n\}}(x) = f\big(xf^{\{n\}}(x)^n\big)$	4.7
$H_n^{(x)}$	harmonische Zahl der Ordng. x: $\sum_{1\leq k\leq n} 1/k^x$	1.2.7
H_n	harmonische Zahl: $H_n^{(1)}$	1.2.7
F_n	Fibonaccizahl: $(n \leq 1 \Rightarrow n;\ F_{n-1} + F_{n-2})$	1.2.8
B_n	Bernoullizahl: $n!\,[z^n]\,z/(e^z - 1)$	1.2.11.2
$X \cdot Y$	Skalarprodukt der Vekt. $X = (x_1, \ldots, x_n)$ und $Y = (y_1, \ldots, y_n)$: $x_1y_1 + \cdots + x_ny_n$	3.3.4
$j\backslash k$	j teilt k: $k \bmod j = 0$ und $j > 0$	1.2.4
$S \setminus T$	Mengendifferenz: $\{a \mid a \text{ in } S,\ a \text{ nicht in } T\}$	
$\oplus\ \ominus\ \otimes\oslash$	gerundete oder spezielle Operationen	4.2.1

Formales Symbol	Bedeutung	Wo definiert
$(\ldots a_1 a_0.a_{-1}\ldots)_b$	Basis-b-Stellenwertnotation: $\sum_k a_k b^k$	4.1
$//x_1, x_2, \ldots, x_n//$	Kettenbruch: $1/\bigl(x_1 + 1/(x_2 + 1/(\cdots + 1/(x_n)\ldots))\bigr)$	4.5.3
$\binom{x}{k}$	Binomialkoeffizient: $(k < 0 \Rightarrow 0;\ x^{\underline{k}}/k!)$	1.2.6
$\binom{n}{n_1, n_2, \ldots, n_m}$	multinomialer Koeffizient (definiert nur für $n = n_1 + n_2 + \cdots + n_m$)	1.2.6
$\left[{n \atop m}\right]$	Stirlingzahl der ersten Art: $\sum_{0<k_1<k_2<\cdots<k_{n-m}<n} k_1 k_2 \ldots k_{n-m}$	1.2.6
$\left\{{n \atop m}\right\}$	Stirlingzahl der zweiten Art: $\sum_{1\le k_1\le k_2\le\cdots\le k_{n-m}\le m} k_1 k_2 \ldots k_{n-m}$	1.2.6
$\{a \mid R(a)\}$	Menge aller a, für die Relation $R(a)$ wahr ist	
$\{a_1, \ldots, a_n\}$	Menge oder Vielfachmenge $\{a_k \mid 1 \le k \le n\}$	
$\{x\}$	gebrochener Teil (benutzt, wo ein reeller Wert, nicht eine Menge gemeint): $x - \lfloor x \rfloor$	1.2.11.2
$[a\,..\,b]$	geschlossenes Intervall: $\{x \mid a \le x \le b\}$	1.2.2
$(a\,..\,b)$	offenes Intervall: $\{x \mid a < x < b\}$	1.2.2
$[a\,..\,b)$	halboffenes Intervall: $\{x \mid a \le x < b\}$	1.2.2
$(a\,..\,b]$	halbgeschlossenes Intervall: $\{x \mid a < x \le b\}$	1.2.2
$\lvert S\rvert$	Kardinalität: Elementanzahl in Menge S	
$\lvert x\rvert$	Absolutwert von x: $(x \ge 0 \Rightarrow x;\ -x)$	
$\lvert z\rvert$	Absolutwert von z: $\sqrt{z\bar{z}}$	1.2.2
$\lfloor x \rfloor$	Flurfunktion von x :$\max_{k\le x} k$	1.2.4
$\lceil x \rceil$	Deckenfunktion von x: $\min_{k\ge x} k$	1.2.4
$((x))$	Sägezahnfunktion	3.3.3
$\langle X_n \rangle$	die unendliche Folge $X_0, X_1, X_2, \ldots$ (hier ist der Buchstabe n Teil des Symbols)	1.2.9

Formales Symbol	Bedeutung	Wo definiert
γ	Eulers Konstante: $\lim_{n\to\infty}(H_n - \ln n)$	1.2.7
$\gamma(x,y)$	unvollständige Gammafktn.: $\int_0^y e^{-t}t^{x-1}\,dt$	1.2.11.3
$\Gamma(x)$	Gammafunktion: $(x-1)! = \gamma(x,\infty)$	1.2.5
$\delta(x)$	charakteristische Fktn. der ganzen Zahlen	3.3.3
e	Basis der natürlichen Logarithm.: $\sum_{n\geq 0} 1/n!$	1.2.2
$\zeta(x)$	Zetafunktion: $\lim_{n\to\infty} H_n^{(x)}$ (wenn $x > 1$)	1.2.7
$K_n(x_1,\ldots,x_n)$	Kettenpolynom	4.5.3
$\ell(u)$	führender Koeffizient von Polynom u	4.6
$l(n)$	Länge der kürzesten Additionskette für n	4.6.3
$\Lambda(n)$	von Mangoldts Funktion	4.5.3
$\mu(n)$	Möbiusfunktion	4.5.2
$\nu(n)$	Quersumme	4.6.3
$O(f(n))$	Groß-O von $f(n)$ für $n \to \infty$	1.2.11.1
$O(f(z))$	Groß-O von $f(z)$ für $z \to 0$	1.2.11.1
$\Omega(f(n))$	Groß-Omega von $f(n)$ für $n \to \infty$	1.2.11.1
$\Theta(f(n))$	Groß-Theta von $f(n)$ für $n \to \infty$	1.2.11.1
$\pi(x)$	Primzahldichte: $\sum_{n\leq x}[n \text{ is prime}]$	4.5.4
π	Kreiszahl: $4\sum_{n\geq 0}(-1)^n/(2n+1)$	4.3.1
ϕ	goldener Schnitt: $\frac{1}{2}(1+\sqrt{5})$	1.2.8
$\emptyset$	leere Menge: $\{x \mid 0 = 1\}$	
$\varphi(n)$	Eulers Totientfunktion: $\sum_{0\leq k<n}[k \perp n]$	1.2.4
∞	unendlich: größer als jede Zahl	4.2.2
$\det(A)$	Determinante einer quadratischen Matrix A	1.2.3
$\operatorname{sign}(x)$	Vorzeichen von x: $\bigl(x = 0 \Rightarrow 0;\ x/\lvert x\rvert\bigr)$	
$\deg(u)$	Grad von Polynom u	4.6
$\operatorname{cont}(u)$	Inhalt von Polynom u	4.6.1
$\operatorname{pp}(u(x))$	primitiver Teil von Polynom u	4.6.1
$\log_b x$	Logarithmus, Basis b, von x (wenn $x > 0$, $b > 0$, und $b \neq 1$): y derart, dass $x = b^y$	1.2.2
$\ln x$	Natürlicher Logarithmus: $\log_e x$	1.2.2
$\lg x$	Binärer Logarithmus: $\log_2 x$	1.2.2
$\exp x$	Exponentialfunktion von x: e^x	1.2.9
$j \perp k$	j ist teilerfremd zu k: $\operatorname{ggT}(j,k) = 1$	1.2.4

Formales Symbol	Bedeutung	Wo definiert
$\mathrm{ggT}(j,k)$	größter gemeinsamer Teiler von j und k: $\left(j = k = 0 \Rightarrow 0;\ \max\limits_{d\backslash j,\, d\backslash k} d\right)$	4.5.2
$\mathrm{kgV}(j,k)$	kleinstes gemeinsames Vielfaches von j, k: $\left(jk = 0 \Rightarrow 0;\ \min\limits_{d>0,\, j\backslash d,\, k\backslash d} d\right)$	4.5.2
$x \bmod y$	mod-Funktion: $\bigl(y = 0 \Rightarrow x;\ x - y\lfloor x/y\rfloor\bigr)$	1.2.4
$u(x) \bmod v(x)$	Rest von Polynom u nach Division durch Polynom v	4.6.1
$x \equiv x' \pmod{y}$	Kongruenzrelation: $x \bmod y = x' \bmod y$	1.2.4
$x \approx y$	x ist näherungsweise gleich y	3.5, 4.2.2
$\Pr\bigl(S(n)\bigr)$	Wahrscheinlichkeit von $S(n)$ für zufällige positive ganze Zahlen n	3.5
$\Pr\bigl(S(X)\bigr)$	Wahrscheinlichkeit von $S(X)$ für Zufallswerte von X	1.2.10
$\mathrm{E}\,X$	Erwartungswert von X: $\sum_x x \Pr(X = x)$	1.2.10
$\mathrm{mean}(g)$	Mittelwert der Wahrscheinlichkeitsverteilung repr. von Erzeugungsfunktion g: $g'(1)$	1.2.10
$\mathrm{var}(g)$	Varianz der Wahrscheinlichkeitsverteilung repräsentiert durch Erzeugungsfunktion g: $g''(1) + g'(1) - g'(1)^2$	1.2.10
$(\min x_1,\ \mathrm{ave}\ x_2,\ \max x_3,\ \mathrm{dev}\ x_4)$	eine Zufallsvariable mit Minimum x_1, Mittel (Erwartungswert) x_2, Maximum x_3, Standardabweichung x_4	1.2.10
␣	ein Leerzeichen	1.3.1
rA	Register A (Akkumulator) von `MIX`	1.3.1
rX	Register X (Erweiterung) von `MIX`	1.3.1
rI1, …, rI6	(Indexregister) I1, …, I6 of `MIX`	1.3.1
rJ	(Sprungregister) J von `MIX`	1.3.1
`(L:R)`	Teilfeld von `MIX`-Wort, $0 \le$ `L` $\le$ `R` ≤ 5	1.3.1
`OP ADDRESS,I(F)`	Notation für `MIX`-Instruktion	1.3.1, 1.3.2
u	Zeiteinheit in `MIX`	1.3.1
`*`	„self“ in `MIXAL`	1.3.2
`0F`, `1F`, `2F`, …, `9F`	„forward“ lokales Symbol in `MIXAL`	1.3.2
`0B`, `1B`, `2B`, …, `9B`	„backward“ lokales Symbol in `MIXAL`	1.3.2
`0H`, `1H`, `2H`, …, `9H`	„here“ lokales Symbol in `MIXAL`	1.3.2

Index und Glossar

Suchet, so werdet ihr finden.
— Matth. 7,7

Bezieht sich ein Indexeintrag auf eine Seite mit einer relevanten Übung, siehe auch bei der *Lösung* zu der Übung für weitere Informationen. Eine Lösungsseite ist hier nicht aufgeführt, es sei denn, sie bezieht sich auf ein Thema, das in der Aufgabenstellung nicht enthalten ist.

DIESES BUCH wurde erstellt auf einer Sun SPARCstation mit Computer Modern Zeichensätzen, mit der TEX- und METAFONT-Software, wie sie in des Autors Büchern *Computers & Typesetting* (Reading, Mass.: Addison–Wesley, 1986), Bände A–E, beschrieben ist. Die Illustrationen wurden produziert mit John Hobbys METAPOST-System. Einige Namen im Index wurden mit zusätzlichen Zeichensätzen gesetzt, die von Yannis Haralambous (Greek, Hebrew, Arabic), Olga G. Lapko (Cyrillic), Frans J. Velthuis (Devanagari), Masatoshi Watanabe (Japanese), und Linbo Zhang (Chinese) entwickelt worden waren. D. E. K.

Der Übersetzung lag das amerikanische Original in TEX-Format zu Grunde, aus dem auch Figuren, Makros, Skripts und Zeichensätze übernommen wurden. Ebenso stammt das Layout vom Original. Die Formeln sind in Original und Übersetzung identisch, in ganz seltenen, unvermeidbaren Fällen etwas anders formatiert.

Zusätzlich wurden das Makropaket `ngerman.sty` von Bernd Raichle und die deutschen Trennmuster `dehyphn.tex` von Norbert Schwarz, Bernd Raichle und Walter Schmidt benutzt.

Die Übersetzung erfolgte auf einem IBM Thinkpad 770X unter Windows NT 4.0 mittels des GNU-Editors emacs.

Die Abbildung auf dem Buchumschlag zeigt das Fraktal „Zwillingsdrache“ von Seite 14. Hiermit gestaltete Alexandra Jakob von der Werbeagentur Künkel + Lopka, Heidelberg, den Umschlag. Das verwendete Naturpapier „Esprit“ der Firma Geese in Hamburg ist $80\,g/m^2$ stark und hat ein 1,4 faches Volumen. Die chamoisfarbene Tönung verbessert die Opazität des Papiers.

Die Druckerei Beltz in Hemsbach belichtete von den PostScript-Dateien in 2400 dpi die ausgeschossenen Filme (Computer to film) und druckte im Schön- und Widerdruck auf einer 7b Maschine der Firma König & Bauer.

Den Festeinband in Klebebindung fertigte die Binderei Schäffer in Grünstadt. Die Herstellung des Bandes betreute Peter Straßer vom Springer-Verlag. R. L.

Zeichensatz:

00	01	02	03	04	05	06	07	08	09	10	11	12	13	14	15	16	17	18	19	20	21	22	23
␣	A	B	C	D	E	F	G	H	I	Δ	J	K	L	M	N	O	P	Q	R	Σ	Π	S	T

00 *1*
No operation
`NOP(0)`
	01 *2*
	rA ← rA + V
	`ADD(0:5)`
	`FADD(6)`
		02 *2*
		rA ← rA − V
		`SUB(0:5)`
		`FSUB(6)`
			03 *10*
			rAX ← rA × V
			`MUL(0:5)`
			`FMUL(6)`

08 *2* rA ← V `LDA(0:5)`	**09** *2* rI1 ← V `LD1(0:5)`	**10** *2* rI2 ← V `LD2(0:5)`	**11** *2* rI3 ← V `LD3(0:5)`
16 *2* rA ← −V `LDAN(0:5)`	**17** *2* rI1 ← −V `LD1N(0:5)`	**18** *2* rI2 ← −V `LD2N(0:5)`	**19** *2* rI3 ← −V `LD3N(0:5)`
24 *2* M(F) ← rA `STA(0:5)`	**25** *2* M(F) ← rI1 `ST1(0:5)`	**26** *2* M(F) ← rI2 `ST2(0:5)`	**27** *2* M(F) ← rI3 `ST3(0:5)`
32 *2* M(F) ← rJ `STJ(0:2)`	**33** *2* M(F) ← 0 `STZ(0:5)`	**34** *1* Unit F busy? `JBUS(0)`	**35** *1 + T* Control, unit F `IOC(0)`
40 *1* rA : 0, jump `JA[+]`	**41** *1* rI1 : 0, jump `J1[+]`	**42** *1* rI2 : 0, jump `J2[+]`	**43** *1* rI3 : 0, jump `J3[+]`

48 *1*
rA ← [rA]? ± M
`INCA(0) DECA(1)`
`ENTA(2) ENNA(3)`
	49 *1*
	rI1 ← [rI1]? ± M
	`INC1(0) DEC1(1)`
	`ENT1(2) ENN1(3)`
		50 *1*
		rI2 ← [rI2]? ± M
		`INC2(0) DEC2(1)`
		`ENT2(2) ENN2(3)`
			51 *1*
			rI3 ← [rI3]? ± M
			`INC3(0) DEC3(1)`
			`ENT3(2) ENN3(3)`

56 *2*
CI ← rA(F) : V
`CMPA(0:5)`
`FCMP(6)`
	57 *2*
	CI ← rI1(F) : V
	`CMP1(0:5)`
		58 *2*
		CI ← rI2(F) : V
		`CMP2(0:5)`
			59 *2*
			CI ← rI3(F) : V
			`CMP3(0:5)`

Allgemeine Form:

C	*t*
Beschreibung `OP(F)`	

C = Operationscode, (5 : 5) Befehlsfeld
F = Op Variante, (4 : 4) Befehlsfeld
M = Adresse des Befehls nach Indizierung
V = M(F) = Inhalt des Feldes F an Stelle M
`OP` = Symbolischer Befehlsname
`(F)` = Voreinstellung F
t = Ausführungszeit; T = Totzeit

5	26	27	28	29	30	31	32	33	34	35	36	37	38	39	40	41	42	43	44	45	46	47	48	49	50	51	52	53	54	55
	W	X	Y	Z	0	1	2	3	4	5	6	7	8	9	.	,	(	)	+	-	*	/	=	$	<	>	@	;	:	'

04 *12*	**05** *10*	**06** *2*	**07** *1 + 2F*

rA ← rAX/V
rX ← remainder
`DIV(0:5)`
`FDIV(6)`
	Special
	`NUM(0)`
	`CHAR(1)`
	`HLT(2)`
		Shift M bytes
		`SLA(0)` `SRA(1)`
		`SLAX(2)` `SRAX(3)`
		`SLC(4)` `SRC(5)`
			Move F words from M to rI1
			`MOVE(1)`

12 *2*	**13** *2*	**14** *2*	**15** *2*
rI4 ← V `LD4(0:5)`	rI5 ← V `LD5(0:5)`	rI6 ← V `LD6(0:5)`	rX ← V `LDX(0:5)`
20 *2*	**21** *2*	**22** *2*	**23** *2*
rI4 ← −V `LD4N(0:5)`	rI5 ← −V `LD5N(0:5)`	rI6 ← −V `LD6N(0:5)`	rX ← −V `LDXN(0:5)`
28 *2*	**29** *2*	**30** *2*	**31** *2*
M(F) ← rI4 `ST4(0:5)`	M(F) ← rI5 `ST5(0:5)`	M(F) ← rI6 `ST6(0:5)`	M(F) ← rX `STX(0:5)`
36 *1 + T*	**37** *1 + T*	**38** *1*	**39** *1*

Input, unit F
`IN(0)`
	Output, unit F
	`OUT(0)`
		Unit F ready?
		`JRED(0)`
			Jumps
			`JMP(0)` `JSJ(1)`
			`JOV(2)` `JNOV(3)`
			also [*] below

44 *1*	**45** *1*	**46** *1*	**47** *1*
rI4 : 0, jump `J4[+]`	rI5 : 0, jump `J5[+]`	rI6 : 0, jump `J6[+]`	rX : 0, jump `JX[+]`
52 *1*	**53** *1*	**54** *1*	**55** *1*

rI4 ← [rI4]? ± M
`INC4(0)` `DEC4(1)`
`ENT4(2)` `ENN4(3)`
	rI5 ← [rI5]? ± M
	`INC5(0)` `DEC5(1)`
	`ENT5(2)` `ENN5(3)`
		rI6 ← [rI6]? ± M
		`INC6(0)` `DEC6(1)`
		`ENT6(2)` `ENN6(3)`
			rX ← [rX]? ± M
			`INCX(0)` `DECX(1)`
			`ENTX(2)` `ENNX(3)`

60 *2*	**61** *2*	**62** *2*	**63** *2*
CI ← rI4(F) : V `CMP4(0:5)`	CI ← rI5(F) : V `CMP5(0:5)`	CI ← rI6(F) : V `CMP6(0:5)`	CI ← rX(F) : V `CMPX(0:5)`

	[*]:		[+]:
rA = Register A	`JL(4)`	<	`N(0)`
rX = Register X	`JE(5)`	=	`Z(1)`
AX = Register A und X als eines	`JG(6)`	>	`P(2)`
r$\mathrm{I}i$ = Indexregister i, $1 \le i \le 6$	`JGE(7)`	≥	`NN(3)`
rJ = Register J	`JNE(8)`	≠	`NZ(4)`
CI = Vergleichsindikator	`JLE(9)`	≤	`NP(5)`

GPSR Compliance

The European Union's (EU) General Product Safety Regulation (GPSR) is a set of rules that requires consumer products to be safe and our obligations to ensure this.

If you have any concerns about our products, you can contact us on ProductSafety@springernature.com

In case Publisher is established outside the EU, the EU authorized representative is:

Springer Nature Customer Service Center GmbH
Europaplatz 3
69115 Heidelberg, Germany

Batch number: 10111957

Printed by Printforce, the Netherlands